Símbolos de Unidades

A	ampère	Gy	gray	ms	milissegundo
Å	angström (10^{-10} m)	H	henry	N	newton
a	ano	h	hora	nm	nanômetro (10^{-9} m)
atm	atmosfera	Hz	hertz	pt	pinta
Bq	becquerel	in	polegada	qt	quarto
Btu	unidade térmica britânica (British thermal unit)	J	joule	R	roentgen
		K	kelvin	rev	revolução
C	coulomb	keV	quiloelétron-volt	s	segundo
°C	grau Celsius	kg	quilograma	Sv	seivert
cal	caloria	km	quilômetro	T	tesla
Ci	curie	L	litro	u	unidade unificada de massa
cm	centímetro	lb	libra	V	volt
dyn	dina	lbf	libra-força	W	watt
eV	elétron-volt	m	metro	Wb	weber
°F	grau Fahrenheit	MeV	megaelétron-volt	yd	jarda
fm	femtômetro, fermi (10^{-15} m)	Mm	megâmetro (10^6 m)	μm	micrômetro (10^{-6} m)
ft	pé	mi	milha	μs	microssegundo
G	gauss	min	minuto	μC	microcoulomb
g	grama	mm	milímetro	Ω	ohm
Gm	gigâmetro (10^9 m)				

Alguns Fatores de Conversão

Comprimento
1 m = 39,37 in = 3,281 ft = 1,094 yd
1 m = 10^{15} fm = 10^{10} Å = 10^9 nm
1 km = 0,6214 mi
1 mi = 5280 ft = 1,609 km
1 ano-luz = 1 $c \cdot a$ = 9,461 × 10^{15} m
1 in = 2,540 cm

Volume
1 L = 10^3 cm³ = 10^{-3} m³ = 1,057 qt

Tempo
1 h = 3600 s = 3,6 ks
1 a = 365,24 d = 3,156 × 10^7 s

Rapidez
1 km/h = 0,278 m/s = 0,6214 mi/h
1 ft/s = 0,3048 m/s = 0,6818 mi/h

Ângulo–rapidez angular
1 rev = 2π rad = 360°
1 rad = 57,30°
1 rev/min = 0,1047 rad/s

Força–pressão
1 N = 10^5 dyn = 0,2248 lbf
1 lbf = 4,448 N
1 atm = 101,3 kPa = 1,013 bar = 76,00 cmHg = 14,70 lbf/in²

Massa
1 u = [(10^{-3} mol^{-1})/N_A] kg = 1,661 × 10^{-27} kg
1 t = 10^3 kg = 1 Mg
1 slug = 14,59 kg
1 kg equivale a aproximadamente 2,205 lb

Energia–potência
1 J = 10^7 erg = 0,7376 ft $\cdot$ lbf = 9,869 × 10^{-3} L $\cdot$ atm
1 kW $\cdot$ h = 3,6 MJ
1 cal = 4,184 J = 4,129 × 10^{-2} L $\cdot$ atm
1 L $\cdot$ atm = 101,325 J = 24,22 cal
1 eV = 1,602 × 10^{-19} J
1 Btu = 778 ft $\cdot$ lbf = 252 cal = 1054 J
1 HP = 550 ft $\cdot$ lbf/s = 746 W

Condutividade térmica
1 W/(m $\cdot$ K) = 6,938 Btu $\cdot$ in/(h $\cdot$ ft² $\cdot$ °F)

Campo magnético
1 T = 10^4 G

Viscosidade
1 Pa $\cdot$ s = 10 poise

FÍSICA PARA CIENTISTAS E ENGENHEIROS

Volume 2

Eletricidade e
Magnetismo,
Óptica

O GEN | Grupo Editorial Nacional – maior plataforma editorial brasileira no segmento científico, técnico e profissional – publica conteúdos nas áreas de ciências exatas, humanas, jurídicas, da saúde e sociais aplicadas, além de prover serviços direcionados à educação continuada e à preparação para concursos.

As editoras que integram o GEN, das mais respeitadas no mercado editorial, construíram catálogos inigualáveis, com obras decisivas para a formação acadêmica e o aperfeiçoamento de várias gerações de profissionais e estudantes, tendo se tornado sinônimo de qualidade e seriedade.

A missão do GEN e dos núcleos de conteúdo que o compõem é prover a melhor informação científica e distribuí-la de maneira flexível e conveniente, a preços justos, gerando benefícios e servindo a autores, docentes, livreiros, funcionários, colaboradores e acionistas.

Nosso comportamento ético incondicional e nossa responsabilidade social e ambiental são reforçados pela natureza educacional de nossa atividade e dão sustentabilidade ao crescimento contínuo e à rentabilidade do grupo.

SEXTA EDIÇÃO

FÍSICA PARA CIENTISTAS E ENGENHEIROS

Volume 2

Eletricidade e Magnetismo, Óptica

Paul A. Tipler
Gene Mosca

Tradução e Revisão Técnica
Naira Maria Balzaretti
Professora do Instituto de Física da Universidade Federal do Rio Grande do Sul

PT: Para Claudia

GM: Para Vivian

- Os autores deste livro e a editora empenharam seus melhores esforços para assegurar que as informações e os procedimentos apresentados no texto estejam em acordo com os padrões aceitos à época da publicação, *e todos os dados foram atualizados pelos autores até a data de fechamento do livro*. Entretanto, tendo em conta a evolução das ciências, as atualizações legislativas, as mudanças regulamentares governamentais e o constante fluxo de novas informações sobre os temas que constam do livro, recomendamos enfaticamente que os leitores consultem sempre outras fontes fidedignas, de modo a se certificarem de que as informações contidas no texto estão corretas e de que não houve alterações nas recomendações ou na legislação regulamentadora.

- Os autores e a editora se empenharam para citar adequadamente e dar o devido crédito a todos os detentores de direitos autorais de qualquer material utilizado neste livro, dispondo-se a possíveis acertos posteriores caso, inadvertida e involuntariamente, a identificação de algum deles tenha sido omitida.

- **Atendimento ao cliente:** (11) 5080-0751 | faleconosco@grupogen.com.br

- Traduzido de:
PHYSICS FOR SCIENTISTS AND ENGINEERS: WITH MODERN PHYSICS, SIXTH EDITION
Copyright © 2008 by W.H. Freeman and Company. All Rights Reserved
First published in the United States
by
W.H. FREEMAN AND COMPANY, New York and Basingstoke
Publicado originalmente nos Estados Unidos
por
W.H. FREEMAN AND COMPANY, New York and Basingstoke

- Direitos exclusivos para a língua portuguesa
Copyright © 2009, 2024 (11ª impressão) by
LTC | **Livros Técnicos e Científicos Editora Ltda.**
Uma editora integrante do GEN | Grupo Editorial Nacional
Travessa do Ouvidor, 11
Rio de Janeiro – RJ – 20040-040
www.grupogen.com.br

Reservados todos os direitos. É proibida a duplicação ou reprodução deste volume, no todo ou em parte, em quaisquer formas ou por quaisquer meios (eletrônico, mecânico, gravação, fotocópia, distribuição pela Internet ou outros), sem permissão, por escrito, da LTC | Livros Técnicos e Científicos Editora Ltda.

- Capa: Bernard Design
- Editoração Eletrônica: *Performa*
- Ficha catalográfica

CIP-BRASIL. CATALOGAÇÃO NA PUBLICAÇÃO
SINDICATO NACIONAL DOS EDITORES DE LIVROS, RJ

T499f
v.2

Tipler, Paul Allen, 1933-
Física para cientistas e engenheiros, volume 2 : eletricidade e magnetismo, óptica / Paul A. Tipler, Gene Mosca ; tradução e revisão técnica Naira Maria Balzaretti. - 6. ed. [11ª Reimp.] - Rio de Janeiro : LTC, 2024.
  il.   (Física para cientistas e engenheiros ; v.2)

Tradução de: Physics for scientists and engineers : with modern physics, 6th ed.
ISBN 978-85-216-1711-2

1. Física. I. Mosca, Gene. II. Título. III. Série.

09-2840.   CDD: 530
                                        CDU: 53

Sumário Geral

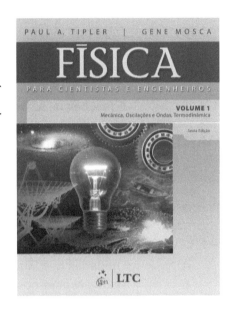

VOLUME 1

| 1 | Medida e Vetores |

PARTE I MECÂNICA

2	Movimento em Uma Dimensão
3	Movimento em Duas e Três Dimensões
4	Leis de Newton
5	Aplicações Adicionais das Leis de Newton
6	Trabalho e Energia Cinética
7	Conservação da Energia
8	Conservação da Quantidade de Movimento Linear
9	Rotação
10	Quantidade de Movimento Angular
R	Relatividade Especial
11	Gravitação
12	Equilíbrio Estático e Elasticidade
13	Fluidos

PARTE II OSCILAÇÕES E ONDAS

14	Oscilações
15	Ondas Progressivas
16	Superposição e Ondas Estacionárias

PARTE III TERMODINÂMICA

17	Temperatura e Teoria Cinética dos Gases
18	Calor e a Primeira Lei da Termodinâmica
19	A Segunda Lei da Termodinâmica
20	Propriedades Térmicas e Processos Térmicos

APÊNDICES

A	Unidades SI e Fatores de Conversão
B	Dados Numéricos
C	Tabela Periódica dos Elementos

Tutorial Matemático
Respostas dos Problemas Ímpares de Finais de Capítulo
Índice

VOLUME 2

PARTE IV ELETRICIDADE E MAGNETISMO

21	O Campo Elétrico I: Distribuições Discretas de Cargas
22	O Campo Elétrico II: Distribuições Contínuas de Cargas
23	Potencial Elétrico
24	Capacitância
25	Corrente Elétrica e Circuitos de Corrente Contínua
26	O Campo Magnético
27	Fontes de Campo Magnético
28	Indução Magnética
29	Circuitos de Corrente Alternada
30	Equações de Maxwell e Ondas Eletromagnéticas

PARTE V LUZ

31	Propriedades da Luz
32	Imagens Ópticas
33	Interferência e Difração

APÊNDICES

A	Unidades SI e Fatores de Conversão
B	Dados Numéricos
C	Tabela Periódica dos Elementos

Tutorial Matemático
Respostas dos Problemas Ímpares de Finais de Capítulo
Índice

VOLUME 3

PARTE VI FÍSICA MODERNA: MECÂNICA QUÂNTICA, RELATIVIDADE E A ESTRUTURA DA MATÉRIA

34	Dualidade Onda-Partícula e Física Quântica
35	Aplicações da Equação de Schrödinger
36	Átomos
37	Moléculas
38	Sólidos
39	Relatividade
40	Física Nuclear
41	Partículas Elementares e a Origem do Universo

APÊNDICES

A	Unidades SI e Fatores de Conversão
B	Dados Numéricos
C	Tabela Periódica dos Elementos

Tutorial Matemático
Respostas dos Problemas Ímpares de Finais de Capítulo
Índice

Sumário

Prefácio   xi
Sobre os Autores   xix

Capítulo 21
O CAMPO ELÉTRICO I: DISTRIBUIÇÕES DISCRETAS DE CARGAS   1

21-1	Carga Elétrica	2
21-2	Condutores e Isolantes	4
21-3	Lei de Coulomb	6
21-4	O Campo Elétrico	11
21-5	Linhas de Campo Elétrico	17
21-6	Ação do Campo Elétrico em Cargas	20

Física em Foco
Pintura Estática a Pó — Industrial   25

Resumo   26
Problemas   27

Capítulo 22
O CAMPO ELÉTRICO II: DISTRIBUIÇÕES CONTÍNUAS DE CARGAS   35

22-1	Calculando $\vec{E}$ da Lei de Coulomb	36
22-2	Lei de Gauss	46
22-3	Usando Simetria para Calcular $\vec{E}$ com a Lei de Gauss	49
22-4	Descontinuidade de E_n	57
22-5	Carga e Campo em Superfícies Condutoras	58
*22-6	A Equivalência da Lei de Gauss e da Lei de Coulomb na Eletrostática	60

Física em Foco
Distribuição de Cargas — Quente e Frio   62

Resumo   63
Problemas   64

Capítulo 23
POTENCIAL ELÉTRICO   71

23-1	Diferença de Potencial	72
23-2	Potencial Devido a um Sistema de Cargas Puntiformes	75
23-3	Calculando o Campo Elétrico a Partir do Potencial	80
23-4	Cálculos de V para Distribuições Contínuas de Carga	81
23-5	Superfícies Eqüipotenciais	88

23-6	Energia Potencial Eletrostática	94

Física em Foco
Relâmpagos — Campos de Atração   98

Resumo   99
Problemas   101

Capítulo 24
CAPACITÂNCIA   109

24-1	Capacitância	109
24-2	O Armazenamento de Energia Elétrica	114
24-3	Capacitores, Baterias e Circuitos	117
24-4	Dielétricos	124
24-5	Visão Molecular de um Dielétrico	130

Física em Foco
Mudanças em Capacitores — Carregamento no Futuro   134

Resumo   135
Problemas   136

Capítulo 25
CORRENTE ELÉTRICA E CIRCUITOS DE CORRENTE CONTÍNUA   145

25-1	Corrente e o Movimento de Cargas	145
25-2	Resistência e Lei de Ohm	149
25-3	Energia em Circuitos Elétricos	154
25-4	Combinações de Resistores	158
25-5	Leis de Kirchhoff	164
25-6	Circuitos RC	171

Física em Foco
Sistemas Elétricos em Veículos: Impulsionando a Inovação   177

Resumo   178
Problemas   180

Capítulo 26
O CAMPO MAGNÉTICO   191

26-1	A Força Exercida por um Campo Magnético	191
26-2	Movimento de uma Carga Puntiforme em um Campo Magnético	196

viii Sumário

26-3	Torques em Anéis de Corrente e Ímãs	203
26-4	O Efeito Hall	207

Física em Foco
A Terra e o Sol — Mudanças Magnéticas 210

	Resumo	211
	Problemas	212

Capítulo 27
FONTES DE CAMPO MAGNÉTICO 219

27-1	O Campo Magnético de Cargas Puntiformes em Movimento	220
27-2	O Campo Magnético de Correntes: A Lei de Biot-Savart	221
27-3	A Lei de Gauss para o Magnetismo	234
27-4	A Lei de Ampère	235
27-5	Magnetismo em Materiais	239

Física em Foco
Solenóide Trabalhando 249

	Resumo	250
	Problemas	252

Capítulo 28
INDUÇÃO MAGNÉTICA 261

28-1	Fluxo Magnético	262
28-2	FEM Induzida e a Lei de Faraday	263
28-3	Lei de Lenz	267
28-4	FEM Induzida por Movimento	271
28-5	Correntes Parasitas	275
28-6	Indutância	276
28-7	Energia Magnética	279
*28-8	Circuitos RL	281
*28-9	Propriedades Magnéticas de Supercondutores	285

Física em Foco
A Promessa dos Supercondutores 287

	Resumo	288
	Problemas	289

Capítulo 29
CIRCUITOS DE CORRENTE ALTERNADA 297

29-1	Corrente Alternada em um Resistor	298
29-2	Circuitos de Corrente Alternada	301
*29-3	O Transformador	305
*29-4	Circuitos LC e RLC sem um Gerador	308
*29-5	Fasores	311
*29-6	Circuitos RLC Forçados	312

Física em Foco
A Rede Elétrica: Energia para as Pessoas 320

	Resumo	321
	Problemas	323

Capítulo 30
EQUAÇÕES DE MAXWELL E ONDAS ELETROMAGNÉTICAS 331

30-1	Corrente de Deslocamento de Maxwell	331
30-2	Equações de Maxwell	335
30-3	A Equação de Onda para Ondas Eletromagnéticas	336
30-4	Radiação Eletromagnética	341

Física em Foco
Sem Fio: Compartilhando o Espectro 350

	Resumo	351
	Problemas	352

PARTE V   LUZ

Capítulo 31
PROPRIEDADES DA LUZ 357

31-1	A Velocidade da Luz	358
31-2	A Propagação da Luz	361
31-3	Reflexão e Refração	362
31-4	Polarização	371
31-5	Dedução das Leis da Reflexão e Refração	376
31-6	Dualidade Onda-Partícula	379
31-7	Espectros de Luz	379
*31-8	Fontes de Luz	380

Física em Foco
Pinças e Vórtices Ópticos: Luz Trabalhando 387

	Resumo	388
	Problemas	389

Capítulo 32
IMAGENS ÓPTICAS 395

32-1	Espelhos	395
32-2	Lentes	405
*32-3	Aberrações	417
*32-4	Instrumentos Ópticos	418

Física em Foco
Cirurgia de Olho: Novas Lentes por Velhas 427

	Resumo	428
	Problemas	430

Capítulo 33
INTERFERÊNCIA E DIFRAÇÃO 437

33-1	Diferença de Fase e Coerência	438
33-2	Interferência em Filmes Finos	439
33-3	Padrão de Interferência de Fenda Dupla	441
33-4	Padrão de Difração de Fenda Simples	445
*33-5	Usando Fasores para Somar Ondas Harmônicas	448
33-6	Difração de Fraunhofer e Fresnel	454
33-7	Difração e Resolução	455
*33-8	Redes de Difração	457

Física em Foco
Hologramas: Interferência Guiada 461

| Resumo | 462 |
| Problemas | 463 |

Apêndice A
UNIDADES SI E FATORES DE CONVERSÃO 471

Apêndice B
DADOS NUMÉRICOS 473

Apêndice C
TABELA PERIÓDICA DOS ELEMENTOS 477

TUTORIAL MATEMÁTICO 479

RESPOSTAS DOS PROBLEMAS ÍMPARES DE FINAIS DE CAPÍTULO 509

ÍNDICE 527

Prefácio

A sexta edição de *Física para Cientistas e Engenheiros* oferece um texto que inclui uma nova abordagem estratégica de solução de problemas, um Tutorial Matemático integrado e novas ferramentas para aprimorar a compreensão conceitual. Novos quadros Física em Foco tratam de tópicos de ponta que ajudam os estudantes a relacionar seu aprendizado com as tecnologias do mundo real.

CARACTERÍSTICAS PRINCIPAIS

ESTRATÉGIA PARA SOLUÇÃO DE PROBLEMAS

A sexta edição introduz uma nova estratégia para solução de problemas em que os Exemplos têm como formato uma seqüência consistente de **Situação**, **Solução** e **Checagem**. Este formato conduz os estudantes através dos passos envolvidos na análise do problema, sua solução e conferência de seus resultados. Os Exemplos incluem, com freqüência, as úteis seções **Indo Além**, que apresentam formas alternativas de resolver problemas, fatos de interesse, ou informação adicional relacionada com os conceitos apresentados. Quando apropriado, os Exemplos são seguidos por **Problemas Práticos** para que os estudantes possam avaliar seu domínio sobre os conceitos.

Nesta edição, os passos na solução de problemas são novamente justapostos com as necessárias equações, de forma a tornar mais fácil para os estudantes a visão de um problema desdobrado.

Após o enunciado de cada problema, os alunos são levados a situar-se no problema, na seção **Situação**. Aqui, o problema é analisado tanto conceitual quanto visualmente.

Na seção **Solução**, cada passo da solução é apresentado em linguagem descritiva na coluna da esquerda e com as respectivas equações matemáticas na coluna da direita.

A **Checagem** leva os estudantes a verificarem se seus resultados são precisos e razoáveis.

Indo Além sugere uma abordagem diferente para um Exemplo ou fornece alguma informação relevante ao Exemplo.

Um **Problema Prático** segue com freqüência a solução de um Exemplo, permitindo que os estudantes verifiquem sua compreensão. Resultados são incluídos no final do capítulo, fornecendo retorno imediato.

Exemplo 3-4 — Fazendo uma Curva

Um carro viaja para o leste a 60 km/h. Ele realiza uma curva e, 5,0 após, está viajando para o norte a 60 km/h. Encontre a aceleração média do carro.

SITUAÇÃO Podemos calcular a aceleração média a partir de sua definição, $\vec{a}_{méd} = \Delta\vec{v}/\Delta t$. Então, primeiro calculamos $\Delta\vec{v}$, que é o vetor que, somado a $\vec{v}_i$, resulta em $\vec{v}_f$.

SOLUÇÃO

1. A aceleração média é a variação da velocidade dividida pelo tempo transcorrido. Para encontrar $\vec{a}_{méd}$, primeiro encontramos a variação da velocidade:

$$\vec{a}_{méd} = \frac{\Delta\vec{v}}{\Delta t}$$

2. Para encontrar $\Delta\vec{v}$, primeiro identificamos $\vec{v}_i$ e $\vec{v}_f$. Desenhe $\vec{v}_i$ e $\vec{v}_f$ (Figura 3-7a) e trace o diagrama de soma vetorial (Figura 3-7b) correspondente a $\vec{v}_f = \vec{v}_i + \Delta\vec{v}$:

3. A variação da velocidade está relacionada às velocidades inicial e final:

$$\vec{v}_f = \vec{v}_i + \Delta\vec{v}$$

4. Faça as substituições para encontrar a aceleração média:

$$\vec{a}_{méd} = \frac{\vec{v}_f - \vec{v}_i}{\Delta t} = \frac{60\ \text{km/h}\,\hat{j} - 60\ \text{km/h}\,\hat{i}}{5{,}0\ \text{s}}$$

5. Converta 60 km/h para m/s:

$$60\ \text{km/h} \times \frac{1\ \text{h}}{3600\ \text{s}} \times \frac{1000\ \text{m}}{1\ \text{km}} = 16{,}7\ \text{m/s}$$

6. Expresse a aceleração média em metros por segundo ao quadrado:

$$\vec{a}_{méd} = \frac{\vec{v}_f - \vec{v}_i}{\Delta t} = \frac{16{,}7\ \text{m/s}\,\hat{j} - 16{,}7\ \text{m/s}\,\hat{i}}{5{,}0\ \text{s}}$$

$$= \boxed{-3{,}4\ \text{m/s}^2\,\hat{i} + 3{,}4\ \text{m/s}^2\,\hat{j}}$$

CHECAGEM A componente da velocidade que aponta para o leste decresce de 60 km/h para zero, e então devemos esperar uma componente negativa da aceleração na orientação x. A componente da velocidade que aponta para o norte cresce de zero para 60 km/h, e então devemos esperar uma componente positiva na orientação y. Nosso resultado do passo 6 confirma estas duas expectativas.

INDO ALÉM Note que o carro está sendo acelerado, mesmo sua rapidez se mantendo constante.

PROBLEMA PRÁTICO 3-1 Encontre a magnitude e a orientação do vetor aceleração média.

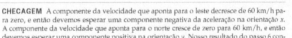

FIGURA 3-7

xii | Prefácio

Um boxe **Estratégia para Solução de Problemas** é incluído em quase todos os capítulos para reforçar o formato **Situação**, **Solução** e **Checagem** na correta solução de problemas.

> **ESTRATÉGIA PARA SOLUÇÃO DE PROBLEMAS**
>
> *Velocidade Relativa*
>
> **SITUAÇÃO** O primeiro passo na solução de um problema de velocidade relativa é identificar e dar nome às referenciais relevantes. Aqui, vamos chamá-los de referencial A e referencial B.
>
> **SOLUÇÃO**
> 1. Usando $\vec{v}_{pB} = \vec{v}_{pA} + \vec{v}_{AB}$ (Equação 3-9), relacione a velocidade do objeto em movimento (partícula p) em relação ao referencial A com a velocidade da partícula em relação ao referencial B.
> 2. Esboce uma soma vetorial para a equação $\vec{v}_{pB} = \vec{v}_{pA} + \vec{v}_{AB}$. Use o método geométrico de adição vetorial. Inclua os eixos coordenados no esboço.
> 3. Resolva para a quantidade procurada. Use apropriadamente a trigonometria.
>
> **CHECAGEM** Confira se você encontrou a velocidade ou a posição do objeto móvel em relação ao referencial requerido.

 TUTORIAL MATEMÁTICO INTEGRADO

Esta edição aprimorou a ajuda matemática para os estudantes que estão cursando cálculo simultaneamente com a física introdutória, ou para estudantes que precisam de uma revisão matemática.

O abrangente **Tutorial Matemático**

- revê resultados básicos de álgebra, geometria, trigonometria e cálculo,
- relaciona conceitos matemáticos com conceitos físicos no texto,
- fornece Exemplos e Problemas Práticos para que os estudantes possam testar sua compreensão dos conceitos matemáticos.

Exemplo M-13 Decaimento Radioativo do Cobalto-60

A meia-vida do cobalto-60 (^{60}Co) é 5,27 anos. Em $t = 0$, você possui uma amostra de ^{60}Co com 1,20 mg de massa. Em que tempo t (em anos) terão decaído 0,400 mg da amostra de ^{60}Co?

SITUAÇÃO Ao deduzirmos a meia-vida em um decaimento exponencial, fizemos $N/N_0 = 1/2$. Neste exemplo, devemos determinar o tempo em que dois terços de uma amostra permanecem, e portanto, a razão N/N_0 será 0,667.

SOLUÇÃO
1. Expresse a razão N/N_0 em forma exponencial: $\dfrac{N}{N_0} = 0{,}667 = e^{-\lambda t}$

2. Inverta os dois lados: $\dfrac{N_0}{N} = 1{,}50 = e^{\lambda t}$

3. Resolva para t: $t = \dfrac{\ln 1{,}50}{\lambda} = \dfrac{0{,}405}{\lambda}$

4. A constante de decaimento está relacionada à meia-vida por $\lambda = (\ln 2)/t_{1/2}$ (Equação M-70). Substitua λ por $(\ln 2)/t_{1/2}$ e determine o tempo: $t = \dfrac{\ln 1{,}5}{\ln 2} t_{1/2} = \dfrac{\ln 1{,}5}{\ln 2} \times 5{,}27 \text{ a} = 3{,}08 \text{ a}$

CHECAGEM Leva 5,27 anos para a massa de uma amostra de ^{60}Co decair a 50 por cento de sua massa inicial. Assim, esperamos que leve menos do que 5,27 anos para que a amostra perca 33,3 por cento de sua massa. Nosso resultado de 3,08 anos, do passo 4, é menor do que 5,27 anos, como esperado.

PROBLEMAS PRÁTICOS

27. A constante de tempo de descarga τ de um capacitor em um circuito RC é o tempo no qual o capacitor descarrega até atingir e^{-1} (ou 0,368) vezes a sua carga em $t = 0$. Se $\tau = 1$ s para um capacitor, em que tempo (em segundos) ele terá descarregado 50,0 por cento de sua carga inicial?

28. Se a população canina de seu estado cresce a uma taxa de 8,0 por cento a cada década e continua crescendo indefinidamente à mesma taxa, em quantos anos ela atingirá 1,5 vez o nível atual?

M-12 CÁLCULO INTEGRAL

A **integração** pode ser considerada como o inverso da derivação. Se uma função $f(t)$ é *integrada*, uma função $F(t)$ é encontrada tal que $f(t)$ seja a derivada de $F(t)$ em relação a t.

A INTEGRAL COMO UMA ÁREA SOB UMA CURVA; ANÁLISE DIMENSIONAL

O processo de determinação da área sob uma curva em um gráfico ilustra a integração. A Figura M-27 mostra uma função $f(t)$. A área do elemento sombreado é, aproximadamente, $f_i \Delta t_i$, onde f_i é calculado não importando em que ponto do intervalo Δt_i. Esta aproximação é muito boa, se Δt_i é muito pequeno. A área total sob um trecho da curva é determinada somando todos os elementos de área que ela cobre, e tomando o limite quando cada Δt_i tende a zero. Este limite é chamado de **integral** de f em relação a t e é escrito como

$$\int f \, dt = \text{área}_i = \lim_{\Delta t_i \to 0} \sum_i f_i \Delta t_i \qquad \text{M-74}$$

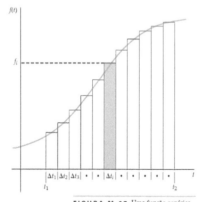

FIGURA M-27 Uma função genérica $f(t)$. A área do elemento sombreado vale aproximadamente $f_i \Delta t_i$, para qualquer f_i do intervalo.

As *dimensões físicas* de uma integral de uma função $f(t)$ são encontradas multiplicando as dimensões do *integrando* (a função que está sendo integrada) pelas dimensões da variável de integração t. Por exemplo, se o integrando é uma função velocidade $v(t)$

Adicionalmente, notas à margem permitem que os estudantes facilmente vejam as ligações entre conceitos físicos no texto e conceitos matemáticos.

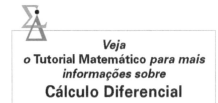

Veja o Tutorial Matemático para mais informações sobre **Cálculo Diferencial**

PEDAGOGIA QUE ASSEGURA A COMPREENSÃO CONCEITUAL

Ferramentas amigáveis ao estudante foram adicionadas para permitir uma melhor compreensão conceitual da física.

- Novos **Exemplos Conceituais** são introduzidos, quando apropriado, para ajudar os estudantes na completa compreensão de conceitos físicos essenciais. Estes Exemplos utilizam a estratégia de **Situação**, **Solução** e **Checagem**, de forma que os estudantes não apenas ganhem uma compreensão conceitual fundamental, mas também avaliem seus resultados.

- Novas **Checagens Conceituais** levam os estudantes a confirmarem sua compreensão dos conceitos físicos enquanto lêem os capítulos. Respostas estão colocadas no final dos capítulos, para permitir retorno imediato. As Checagens Conceituais são colocadas próximas a tópicos relevantes, de forma que os estudantes possam imediatamente reler qualquer material que eles não tenham compreendido perfeitamente.

- Novos **Alertas de Armadilha**, identificados por pontos de exclamação, ajudam os estudantes a evitar concepções alternativas comuns. Estes alertas estão próximos aos tópicos que normalmente causam confusão, para que os estudantes possam imediatamente lidar com quaisquer dificuldades.

onde U_0, a constante de integração arbitrária, é o valor da energia potencial em $y = 0$. Como apenas foi definida uma variação da energia potencial, o real valor de U não é importante. Por exemplo, se a energia potencial gravitacional do sistema Terra–esquiador é escolhida como seu zero quando o esquiador está na base da colina, seu valor quando o esquiador está a uma altura h da base é mgh. Também poderíamos ter escolhido o zero da energia potencial quando o esquiador está em um ponto P a meio caminho da descida, caso em que o valor em qualquer outro ponto seria mgy, onde y é a altura do esquiador acima do ponto P. Na metade mais baixa da descida, a energia potencial seria, então, negativa.

 Temos a liberdade de escolher U igual a zero em qualquer ponto de referência conveniente.

FÍSICA EM FOCO

Os **Física em Foco**, colocados no final de capítulos apropriados, discutem aplicações atuais da física e relacionam aplicações com conceitos descritos nos capítulos. Estes tópicos vão de fazendas de vento a termômetros moleculares e motores a detonação pulsada.

Vento Quente

© Andrei Merkulov/Dreamstime.com)

Fazendas de vento pontilham a costa dinamarquesa, as planícies do alto meio-oeste americano e colinas da Califórnia até Vermont (Estados Unidos). O aproveitamento da energia cinética do vento não é nada de novo. Moinhos de vento têm sido usados, há séculos, para bombear água, ventilar minas* e moer grãos.

Hoje, as turbinas a vento mais encontráveis alimentam geradores elétricos. Estas turbinas transformam energia cinética em energia eletromagnética. Turbinas modernas variam muito em tamanho, custo e produção. Algumas são máquinas muito pequenas e simples, custando menos de 500 dólares americanos por turbina, e produzem menos de 100 watts de potência.[†] Outras são gigantes complexos que custam mais de 2 milhões de dólares e produzem até 2,5 MW por turbina.[‡] Todas estas turbinas aproveitam uma amplamente disponível fonte de energia — o vento.

A teoria que está por trás da conversão de energia cinética em energia eletromagnética pelo moinho de vento é bem direta. As moléculas do ar em movimento empurram as pás da turbina, provocando seu movimento de rotação. As pás em rotação fazem girar, então, uma série de engrenagens. As engrenagens, por sua vez, aumentam a taxa de rotação e fazem girar um rotor gerador. O gerador envia a energia eletromagnética para as linhas de transmissão.

Mas a conversão da energia cinética do vento em energia eletromagnética não é 100 por cento eficiente. O mais importante a ser lembrado é que ela *não pode* ser 100 por cento eficiente. Se as turbinas convertessem 100 por cento da energia cinética do ar em energia elétrica, o ar restaria sem energia cinética. Isto é, as turbinas parariam o ar. Se o ar fosse completamente parado pela turbina ele circularia em torno da turbina e não através da turbina.

Então, a eficiência teórica de uma turbina a vento é um compromisso entre a captura da energia cinética do ar em movimento e o cuidado para evitar que a maior parte do vento fique circulando em torno da turbina. As turbinas do tipo hélice são as mais comuns e sua eficiência teórica para transformar energia cinética do ar em energia eletromagnética varia de 30 por cento a 59 por cento.[§] (Estas previsões de eficiência variam devido às suposições feitas a respeito do modo como o ar se comporta ao atravessar as hélices da turbina e ao circulá-las.)

Então, mesmo a turbina mais eficiente não pode converter 100 por cento da energia teoricamente disponível. O que ocorre? Antes da turbina, o ar se move ao longo de linhas de corrente retas. Depois da turbina, o ar sofre rotação e turbulência. A componente rotacional do movimento do ar depois da turbina requer energia. Alguma dissipação de energia acontece por causa da viscosidade do ar. Quando parte do ar se torna mais lenta, existe atrito entre o ar mais lento e o ar mais rápido que o atravessa. As pás da turbina esquentam e o próprio ar esquenta.[º] As engrenagens dentro das turbinas também convertem energia cinética em energia térmica, por atrito. Toda esta energia térmica precisa ser considerada. As pás da turbina vibram, individualmente — a energia associada com estas vibrações não pode ser usada. Finalmente, a turbina usa parte da eletricidade que gera para fazer funcionar bombas de lubrificação das engrenagens, além do motor responsável por direcionar as pás da turbina para a posição mais favorável em relação ao vento.

Ao final, a maior parte das turbinas opera entre 10 e 20 por cento de eficiência.[ª] Elas continuam sendo fontes de potência interessantes, já que o combustível é grátis. Um proprietário de turbina explica: "O importante é que a construímos para nosso negócio e para ajudar a controlar nosso futuro".[*]

* Agricola, Georgius, *De Re Metalic*. (Herbert and Lou Henry Hoover, Trnasl.) Reprint Mineola, NY: Dover, 1950, 200-203.
† Conally, Abe, and Conally, Josie, "Wind Powered Generator," *Make*, Feb. 2006, Vol. 5, 90-101.
‡ "Why Four Generators May Be Better than One," *Modern Power Systems*, Dec. 2005, 30.
§ Gorban, A. N., Gorlov, A. M., and Silantyev, V. M., "Limits of the Turbine Efficiency for Free Fluid Flow." *Journal of Energy Resources Technology*, Dec. 2001, Vol. 123, 311-317.
º Roy, S. B., S. W. Pacala, and R. L. Walko. "Can Large Wind Farms Affect Local Meteorology?" *Journal of Geophysical Research (Atmospheres)*, Oct. 16, 2004, 109, D19101.
ª Gorban, A. N., Gorlov, A. M., and Silantyev, V. M., "Limits of the Turbine Efficiency for Free Fluid Flow." *Journal of Energy Resources Technology*, December 2001, Vol. 123, 311-317.
* Wilde, Matthew, "Colwell Farmers Take Advantage of Grant to Produce Wind Energy." *Waterloo-Cedar Falls Courier*, May 1, 2006, B1+.

Agradecimentos

Somos gratos aos muitos professores, estudantes, colegas e amigos que contribuíram para esta edição e para edições anteriores.

Anthony J. Buffa, professor emérito da California Polytechnic State University, na Califórnia, escreveu muitos novos problemas de final de capítulo e editou as seções de problemas de final de capítulo. Laura Runkle escreveu os Física em Foco. Richard Mickey revisou a Revisão Matemática da quinta edição, que é agora o Tutorial Matemático da sexta edição. David Mills, professor emérito do College of the Redwoods, na Califórnia, revisou completamente o Manual de Soluções. Recebemos valiosa ajuda, na criação de texto e na conferência da precisão do texto e dos problemas, dos seguintes professores:

Thomas Foster
Southern Illinois University

Karamjeet Arya
San Jose State University

Mirley Bala
Texas A&M University — Corpus Christi

Michael Crivello
San Diego Mesa College

Carlos Delgado
Community College of Southern Nevada

David Faust
Mt. Hood Community College

Robin Jordan
Florida Atlantic University

Jerome Licini
Lehigh University

Dan Lucas
University of Wisconsin

Laura McCullough
University of Wisconsin, Stout

Jeannette Myers
Francis Marion University

Marian Peters
Appalachian State University

Todd K. Pedlar
Luther College

Paul Quinn
Kutztown University

Peter Sheldon
Randolph-Macon Woman's College

Michael G. Strauss
University of Oklahoma

Brad Trees
Ohio Wesleyan University

George Zober
Yough Senior High School

Patricia Zober
Ringgold High School

Muitos professores e estudantes forneceram extensas e úteis revisões de um ou mais capítulos desta edição. Cada um deles fez uma contribuição fundamental para a qualidade desta edição e merecem nosso agradecimento. Gostaríamos de agradecer aos seguintes revisores:

Ahmad H. Abdelhadi
James Madison University

Edward Adelson
Ohio State University

Royal Albridge
Vanderbilt University

J. Robert Anderson
University of Maryland, College Park

Toby S. Anderson
Tennessee State University

Wickram Ariyasinghe
Baylor University

Yildirim Aktas
University of North Carolina, Charlotte

Eric Ayars
California State University

James Battat
Harvard University

Eugene W. Beier
University of Pennsylvania

Peter Beyersdorf
San Jose State University

Richard Bone
Florida International University

Juliet W. Brosing
Pacific University

Ronald Brown
California Polytechnic State University

Richard L. Cardenas
St. Mary's University

Troy Carter
University of California, Los Angeles

Alice D. Churukian
Concordia College

N. John DiNardo
Drexel University

Jianjun Dong
Auburn University

Fivos R. Drymiotis
Clemson University

Mark A. Edwards
Hofstra University

James Evans
Broken Arrow Senior High

Nicola Fameli
University of British Columbia

N. G. Fazleev
University of Texas em Arlington

Thomas Furtak
Colorado School of Mines

Richard Gelderman
Western Kentucky University

Yuri Gershtein
Florida State University

Paolo Gondolo
University of Utah

Benjamin Grinstein
University of California, San Diego

Parameswar Hari
University of Tulsa

Joseph Harrison
University of Alabama — Birmingham

Patrick C. Hecking
Thiel College

Kristi R. G. Hendrickson
University of Puget Sound

xvi | Agradecimentos

Linnea Hess
Olympic College

Mark Hollabaugh
Normandale Community College

Daniel Holland
Illinois State University

Richard D. Holland II
Southern Illinois University

Eric Hudson
Massachusetts Institute of Technology

David C. Ingram
Ohio University

Colin Inglefield
Weber State University

Nathan Israeloff
Northeastern University

Donald J. Jacobs
California State University, Northridge

Erik L. Jensen
Chemeketa Community College

Colin P. Jessop
University of Notre Dame

Ed Kearns
Boston University

Alice K. Kolakowska
Mississippi State University

Douglas Kurtze
Saint Joseph's University

Eric T. Lane
University of Tennessee em Chattanooga

Christie L. Larochelle
Franklin & Marshall College

Mary Lu Larsen
Towson University

Clifford L. Laurence
Colorado Technical University

Bruce W. Liby
Manhattan College

Ramon E. Lopez
Florida Institute of Technology

Ntungwa Maasha
Coastal Georgia Community College and
University Center

Jane H. MacGibbon
University of North Florida

A. James Mallmann
Milwaukee School of Engineering

Rahul Mehta
University of Central Arkansas

R. A. McCorkle
University of Rhode Island

Linda McDonald
North Park University

Kenneth McLaughlin
Loras College

Eric R. Murray
Georgia Institute of Technology

Jeffrey S. Olafsen
University of Kansas

Richard P. Olenick
University of Dallas

Halina Opyrchal
New Jersey Institute of Technology

Russell L. Palma
Minnesota State University — Mankato

Todd K. Pedlar
Luther College

Daniel Phillips
Ohio University

Edward Pollack
University of Connecticut

Michael Politano
Marquette University

Robert L. Pompi
SUNY Binghamton

Damon A. Resnick
Montana State University

Richard Robinett
Pennsylvania State University

John Rollino
Rutgers University

Daniel V. Schroeder
Weber State University

Douglas Sherman
San Jose State University

Christopher Sirola
Marquette University

Larry K. Smith
Snow College

George Smoot
University of California em Berkeley

Zbigniew M. Stadnik
University of Ottawa

Kenny Stephens
Hardin-Simmons University

Daniel Stump
Michigan State University

Jorge Talamantes
California State University, Bakersfield

Charles G. Torre
Utah State University

Brad Trees
Ohio Wesleyan University

John K. Vassiliou
Villanova University

Theodore D. Violett
Western State College

Hai-Sheng Wu
Minnesota State University — Mankato

Anthony C. Zable
Portland Community College

Ulrich Zurcher
Cleveland State University

Também estamos em dívida com os revisores de edições anteriores. Queríamos, portanto, agradecer aos seguintes revisores, que forneceram imensurável apoio enquanto desenvolvíamos a quarta e quinta edições:

Edward Adelson
The Ohio State University

Michael Arnett
Kirkwood Community College

Todd Averett
The College of William and Mary

Yildirim M. Aktas
University of North Carolina em Charlotte

Karamjeet Arya
San Jose State University

Alison Baski
Virginia Commonwealth University

William Bassichis
Texas A&M University

Joel C. Berlinghieri
The Citadel

Gary Stephen Blanpied
University of South Carolina

Frank Blatt
Michigan State University

Ronald Brown
California Polytechnic State University

Anthony J. Buffa
California Polytechnic State University

John E. Byrne
Gonzaga University

Wayne Carr
Stevens Institute of Technology

George Cassidy
University of Utah

Lay Nam Chang
Virginia Polytechnic Institute

I. V. Chivets
Trinity College, University of Dublin

Harry T. Chu
University of Akron

Alan Cresswell
Shippensburg University

Robert Coakley
University of Southern Maine

Robert Coleman
Emory University

Brent A. Corbin
UCLA

Andrew Cornelius
University of Nevada em Las Vegas

Mark W. Coffey
Colorado School of Mines

Peter P. Crooker
University of Hawaii

Jeff Culbert
London, Ontario

Paul Debevec
University of Illinois

Ricardo S. Decca
Indiana University — Purdue University

Robert W. Detenbeck
University of Vermont

N. John DiNardo
Drexel University

Bruce Doak
Arizona State University

Michael Dubson
University of Colorado em Boulder

John Elliott
University of Manchester, Inglaterra

William Ellis
University of Technology — Sydney

Colonel Rolf Enger
U.S. Air Force Academy

John W. Farley
University of Nevada em Las Vegas

David Faust
Mount Hood Community College

Mirela S. Fetea
University of Richmond

David Flammer
Colorado School of Mines

Philip Fraundorf
University of Missouri, Saint Louis

Tom Furtak
Colorado School of Mines

James Garland
Aposentado

James Garner
University of North Florida

Ian Gatland
Georgia Institute of Technology

Ron Gautreau
New Jersey Institute of Technology

David Gavenda
University of Texas em Austin

Patrick C. Gibbons
Washington University

David Gordon Wilson
Massachusetts Institute of Technology

Christopher Gould
University of Southern California

Newton Greenberg
SUNY Binghamton

John B. Gruber
San Jose State University

Huidong Guo
Columbia University

Phuoc Ha
Creighton University

Richard Haracz
Drexel University

Clint Harper
Moorpark College

Michael Harris
University of Washington

Randy Harris
University of California em Davis

Tina Harriott
Mount Saint Vincent, Canadá

Dieter Hartmann
Clemson University

Theresa Peggy Hartsell
Clark College

Kristi R. G. Hendrickson
University of Puget Sound

Michael Hildreth
University of Notre Dame

Robert Hollebeek
University of Pennsylvania

David Ingram
Ohio University

Shawn Jackson
The University of Tulsa

Madya Jalil
University of Malaya

Monwhea Jeng
University of California — Santa Barbara

James W. Johnson
Tallahassee Community College

Edwin R. Jones
University of South Carolina

Ilon Joseph
Columbia University

David Kaplan
University of California — Santa Barbara

William C. Kerr
Wake Forest University

John Kidder
Dartmouth College

Roger King
City College of San Francisco

James J. Kolata
University of Notre Dame

Boris Korsunsky
Northfield Mt. Hermon School

Thomas O. Krause
Towson University

Eric Lane
University of Tennessee, Chattanooga

Andrew Lang (estudante de pós-graduação)
University of Missouri

David Lange
University of California — Santa Barbara

Donald C. Larson
Drexel University

Paul L. Lee
California State University, Northridge

Peter M. Levy
New York University

Jerome Licini
Lehigh University

Isaac Leichter
Jerusalem College of Technology

William Lichten
Yale University

Robert Lieberman
Cornell University

Fred Lipschultz
University of Connecticut

Graeme Luke
Columbia University

Dan MacIsaac
Northern Arizona University

Edward McCliment
University of Iowa

Robert R. Marchini
The University of Memphis

Peter E. C. Markowitz
Florida International University

Daniel Marlow
Princeton University

Fernando Medina
Florida Atlantic University

Howard McAllister
University of Hawaii

John A. McClelland
University of Richmond

Laura McCullough
University of Wisconsin em Stout

M. Howard Miles
Washington State University

Matthew Moelter
University of Puget Sound

Eugene Mosca
U.S. Naval Academy

Carl Mungan
U.S. Naval Academy

Taha Mzoughi
Mississippi State University

Charles Niederriter
Gustavus Adolphus College

John W. Norbury
University of Wisconsin em Milwaukee

Aileen O'Donughue
St. Lawrence University

Jack Ord
University of Waterloo

Jeffry S. Olafsen
University of Kansas

Melvyn Jay Oremland
Pace University

Richard Packard
University of California

Antonio Pagnamenta
University of Illinois em Chicago

George W. Parker
North Carolina State University

John Parsons
Columbia University

xviii | Agradecimentos

Dinko Pocanic
University of Virginia

Edward Pollack
University of Connecticut

Robert Pompi
The State University of New York em Binghamton

Bernard G. Pope
Michigan State University

John M. Pratte
Clayton College and State University

Brooke Pridmore
Claytons State University

Yong-Zhong Qian
University of Minnesota

David Roberts
Brandeis University

Lyle D. Roelofs
Haverford College

R. J. Rollefson
Wesleyan University

Larry Rowan
University of North Carolina em Chapel Hill

Ajit S. Rupaal
Western Washington University

Todd G. Ruskell
Colorado School of Mines

Lewis H. Ryder
University of Kent, Canterbury

Andrew Scherbakov
Georgia Institute of Technology

Bruce A. Schumm
University of California, Santa Cruz

Cindy Schwarz
Vassar College

Mesgun Sebhatu
Winthrop University

Bernd Schuttler
University of Georgia

Murray Scureman
Amdahl Corporation

Marllin L. Simon
Auburn University

Scott Sinawi
Columbia University

Dave Smith
University of the Virgin Islands

Wesley H. Smith
University of Wisconsin

Kevork Spartalian
University of Vermont

Zbigniew M. Stadnik
University of Ottawa

G. R. Stewart
University of Florida

Michael G. Strauss
University of Oklahoma

Kaare Stegavik
University of Trondheim, Noruega

Jay D. Strieb
Villanova University

Dan Styer
Oberlin College

Chun Fu Su
Mississippi State University

Jeffrey Sundquist
Palm Beach Community College – South

Cyrus Taylor
Case Western Reserve University

Martin Tiersten
City College of New York

Chin-Che Tin
Auburn University

Oscar Vilches
University of Washington

D. J. Wagner
Grove City College
Columbia University

George Watson
University of Delaware

Fred Watts
College of Charleston

David Winter

John A. Underwood
Austin Community College

John Weinstein
University of Mississippi

Stephen Weppner
Eckerd College

Suzanne E. Willis
Northern Illinois University

Frank L. H. Wolfe
University of Rochester

Frank Wolfs
University of Rochester

Roy C. Wood
New Mexico State University

Ron Zammit
California Polytechnic State University

Yuri Zhestkov
Columbia University

Dean Zollman
Kansas State University

Fulin Zuo
University of Miami

Naturalmente, nosso trabalho nunca está pronto. Esperamos receber comentários e sugestões de nossos leitores, de forma a podermos aprimorar o texto e corrigir eventuais erros. Se você acredita que encontrou um erro, ou tem quaisquer outros comentários, sugestões, ou questões, envie-nos uma mensagem para asktipler@whfreeman. com. Incorporaremos as correções ao texto nas reimpressões subseqüentes.

Finalmente, gostaríamos de agradecer a nossos amigos em W. H. Freeman and Company por sua ajuda e encorajamento. Susan Brennan, Clancy Marshall, Kharissia Pettus, Georgia Lee Hadler, Susan Wein, Trumbull Rogers, Connie Parks, John Smith, Dena Digilio Betz, Ted Szczepanski e Liz Geller foram extraordinariamente generosos com sua criatividade e trabalho duro em todos os estágios do processo.

Agradecemos, também, as contribuições e a ajuda de nossos colegas Larry Tankersley, John Ertel, Steve Montgomery e Don Treacy.

Sobre os Autores

Paul Tipler nasceu na pequena cidade rural de Antigo, no Wisconsin, em 1933. Ele concluiu o ensino médio em Oshkosh, Wisconsin, onde seu pai era superintendente das escolas públicas. Graduou-se pela Purdue University em 1955 e doutorou-se pela University of Illinois em 1962, onde estudou a estrutura dos núcleos. Lecionou por um ano na Wesleyan University em Connecticut, enquanto escrevia sua tese, e depois mudou-se para a Oakland University em Michigan, onde foi um dos membros fundadores do departamento de física, desempenhando papel importante no desenvolvimento do currículo de física. Ao longo dos 20 anos seguintes, lecionou praticamente todos os cursos de física e escreveu a primeira e segunda edições de seus largamente utilizados livros-texto *Física Moderna* (1969, 1978) e *Física* (1976, 1982). Em 1982 ele se mudou para Berkeley, na Califórnia, onde reside atualmente, e onde escreveu *Física Universitária* (1987) e a terceira edição de *Física* (1991). Além da física, seus interesses incluem música, excursões e acampamentos, e ele é um excelente pianista de jazz e jogador de pôquer.

Gene Mosca nasceu na Cidade de Nova York e cresceu em Shelter Island, estado de Nova York. Ele estudou na Villanova University, na University of Michigan e na University of Vermont, onde doutorou-se em física. Gene aposentou-se recentemente de suas funções docentes na U.S. Naval Academy, onde, como coordenador do conteúdo do curso de física, instituiu inúmeras melhorias tanto em sala de aula quanto no laboratório. Considerado por Paul Tipler como "o melhor revisor que eu já tive", Mosca tornou-se seu co-autor a partir da quinta edição desta obra.

Material Suplementar

Este livro conta com o seguinte material suplementar:

- Ilustrações da obra em formato de apresentação (acesso restrito a docentes).

O acesso ao material suplementar é gratuito. Basta que o leitor se cadastre, faça seu *login* em nosso *site* (www.grupogen.com.br) e, após, clique em Ambiente de aprendizagem.

O acesso ao material suplementar online fica disponível até seis meses após a edição do livro ser retirada do mercado.

Caso haja alguma mudança no sistema ou dificuldade de acesso, entre em contato conosco (gendigital@grupogen.com.br).

FÍSICA PARA CIENTISTAS E ENGENHEIROS

Volume 2

Eletricidade e
Magnetismo,
Óptica

ENCARTE EM CORES

As páginas que se seguem contêm um conjunto selecionado de figuras que reproduzem, em cores, fenômenos físicos e experimentos relacionados com eletricidade, magnetismo e óptica.

As figuras estão identificadas por capítulo.

CAPÍTULO 21

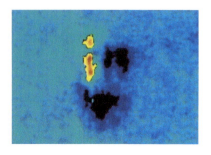

Carregamento por contato. Um pedaço de plástico de largura aproximadamente igual a 0,02 mm foi carregado por contato com um pedaço de níquel. Apesar de o plástico estar com uma carga líquida positiva, regiões de carga negativa (azul-escuro), bem como regiões de carga positiva (amarelo), são indicadas na figura. A fotografia foi obtida varrendo uma agulha carregada de largura 10^{-7} m sobre a amostra e registrando a força eletrostática na agulha. *(Bruce Terris/IBM Almaden Research Center.)*

CAPÍTULO 23

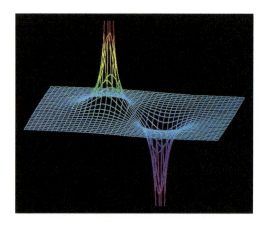

O potencial eletrostático em um plano contendo ambas as cargas de um dipolo elétrico. O potencial devido a cada carga puntiforme é proporcional à carga e inversamente proporcional à distância da carga. *(© 1990, Richard Menga/Fundamental Photographs.)*

CAPÍTULO 25

Tabela 25-3 O Código de Cores para Resistores e Outros Dispositivos

Numeral das Cores			Tolerância		
Preto	=	0	Marrom	=	1%
Marrom	=	1	Vermelho	=	2%
Vermelho	=	2	Dourado	=	5%
Laranja	=	3	Prateado	=	10%
Amarelo	=	4	Nenhum	=	20%
Verde	=	5			
Azul	=	6			
Violeta	=	7			
Cinza	=	8			
Branco	=	9			

Resistores de carbono com códigos coloridos em uma placa de circuito. (© Chris Rogers/The Stock Market.)

As faixas coloridas consistem em um grupo de três ou quatro faixas igualmente espaçadas que representam o valor da resistência em ohms, mais uma faixa adicional de tolerância que está separada do grupo. Os valores das faixas são lidos começando daquela mais próxima à extremidade do resistor. Se houver três faixas de valores, as duas primeiras representam um número entre 1 e 99 e a terceira faixa representa o número de zeros que seguem. Para o resistor mostrado, as cores das primeiras três faixas são, respectivamente, laranja, preto e azul. Assim, o número é 30 000 000 e o valor da resistência é 30 MΩ. (Se uma faixa verde tivesse sido inserida entre a preta e a azul, o valor da resistência seria 305 MΩ.) A faixa separada das demais é a de tolerância. Se a faixa de tolerância é prateada, como mostrado aqui, a tolerância é 10 por cento. 10 por cento de 30 é 3, logo o valor da resistência é (30 ± 3) MΩ.

CAPÍTULO 26

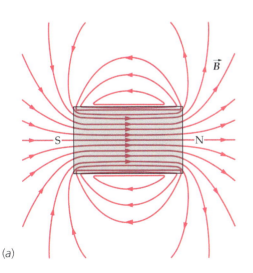

(a)

(b)

FIGURA 26-8 (a) Linhas de campo magnético no lado de dentro e no lado de fora de um ímã em barra. As linhas emergem do pólo norte e entram no pólo sul, mas elas não têm começo nem fim. Em vez disso, elas formam caminhos fechados. (b) Linhas de campo magnético no lado de fora de um ímã em barra, representadas por limalha de ferro.

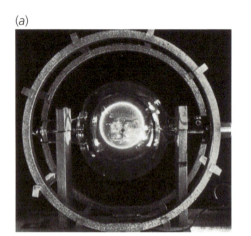
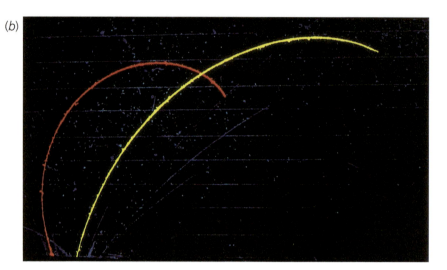

(a) Trajetória circular de elétrons se movendo no campo magnético produzido pela corrente em duas grandes bobinas. Os elétrons ionizam o gás disperso no tubo, provocando um clarão que indica a trajetória do feixe. (b) Fotografia com cores falsas mostrando as trajetórias de um próton de 1,6 MeV (vermelho) e uma partícula α de 7 MeV (amarelo) em uma câmara de bolhas. O raio da curva é proporcional à quantidade de movimento e inversamente proporcional à carga da partícula. Para estas energias, a quantidade de movimento da partícula α, que tem o dobro da carga do próton, é aproximadamente quatro vezes a do próton e, portanto, seu raio de curvatura é maior. ((a) *Larry Langrill.* (b) © *Lawrence Berkeley Laboratory/Science Photo Library.*)

CAPÍTULO 27

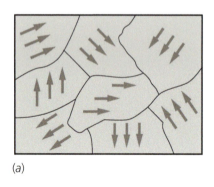

FIGURA 27-43 (a) Ilustração esquemática dos domínios ferromagnéticos. Dentro de cada domínio, os dipolos magnéticos estão alinhados, mas o sentido do alinhamento varia de domínio para domínio e, portanto, o momento magnético resultante é zero. Um pequeno campo magnético externo pode causar um aumento do tamanho destes domínios que estão alinhados paralelamente ao campo (à custa dos domínios vizinhos), ou ele pode fazer com que o alinhamento no interior de um domínio mude de direção. Em qualquer um dos casos, o resultado é um momento magnético resultante paralelo ao campo. (b) Domínios magnéticos na superfície de um cristal com 97%Fe–3%Si observados usando microscopia eletrônica de varredura com análise de polarização. As quatro cores indicam as quatro possíveis orientações dos domínios. (*Robert J. Celotta, National Institute Standards and Technology.*)

CAPÍTULO 30

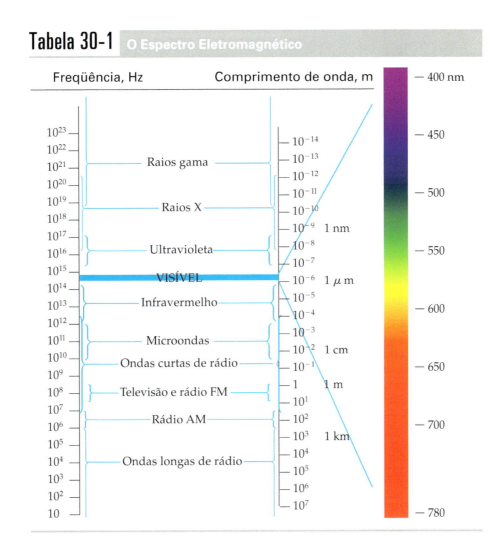

Tabela 30-1 O Espectro Eletromagnético

CAPÍTULO 31

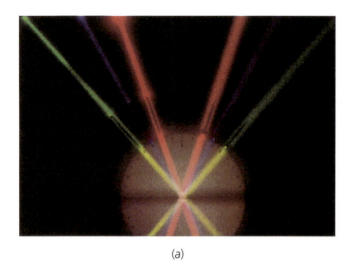

(a)

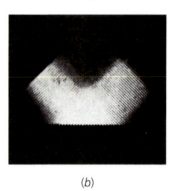

(b)

FIGURA 31-9 (a) Raios de luz refletindo na interface entre ar e vidro mostrando ângulos iguais de incidência e reflexão. (b) Ondas planas ultra-sônicas na água refletindo em uma placa de aço. ((a) Ken Kay/Fundamental Photographs. (b) Cortesia Battelle-Northwest Laboratories.)

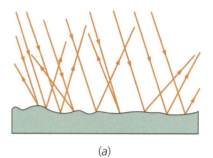

(a)

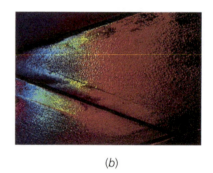

(b)

FIGURA 31-11 (a) Reflexão difusa a partir de uma superfície rugosa. (b) Reflexão difusa de luz colorida em uma calçada. ((b) Pete Saloutos/The Stock Market.)

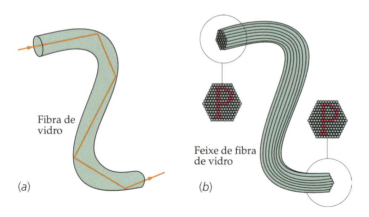

(c)

FIGURA 31-17 (a) Um tubo de luz. A luz no interior do tubo sempre incide em um ângulo maior que o ângulo crítico e, portanto, nenhuma luz escapa por refração. (b) Luz de um objeto é transportada por um feixe de fibras de vidro para formar uma imagem do objeto na outra extremidade do feixe. (c) Luz saindo de um feixe de fibras de vidro. ((c) Ted Horowitz/The Stock Market.)

(a) Nesta demonstração no Laboratório Naval de Pesquisa, uma combinação de fontes de laser gera diferentes cores que excitam elementos sensores adjacentes de fibras, conduzindo à separação da informação como indicado pela separação das cores. (b) A ponta da pré-forma de um guia de luz é amolecida por aquecimento e conformada em uma longa e fina fibra. As cores na pré-forma indicam uma estrutura em camadas de diferentes composições, que é preservada na fibra. *((a) Dan Boyd/Cortesia de Naval Research Laboratory. (b) Cortesia de AT&T Archives.)*

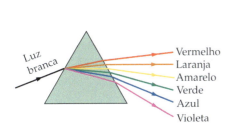
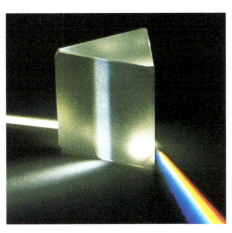

FIGURA 31-20 Um feixe de luz branca incidente em um prisma de vidro sofre dispersão nas cores que a compõem. O índice de refração diminui com o aumento do comprimento de onda e, assim, os maiores comprimentos de onda (vermelho) são menos desviados que os menores comprimentos de onda (azul). *(David Parker/Science Photo Library/Photo Researches.)*

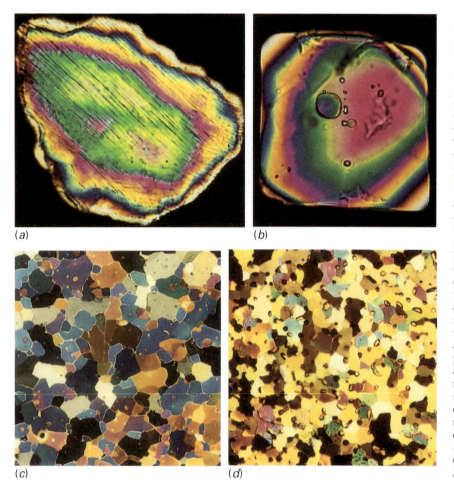

Quando os eixos de transmissão dos dois polarizadores são perpendiculares, dizemos que eles estão cruzados e nenhuma luz é transmitida. Entretanto, muitos materiais são birrefringentes ou tornam-se assim sob tensão. Estes materiais giram a direção de polarização da luz de forma que a luz de um particular comprimento de onda é transmitida através dos polarizadores. Quando um material birrefringente é visto entre polarizadores cruzados, informação sobre sua estrutura interna é revelada. (*a*) Um grão de quartzo da cratera de um meteorito. A estrutura em camadas, evidenciada pelas linhas paralelas, surge do choque devido ao impacto do meteorito. (*b*) Um grão de quartzo encontrado tipicamente em rochas vulcânicas silicílicas. Não são vistas linhas devidas a choque. (*c*) Seções finas de um núcleo de gelo de uma lâmina de gelo da Antártida revelam bolhas de CO_2 armazenadas, que aparecem com coloração âmbar. A amostra foi retirada de uma profundidade de 194 m, correspondente ao ar preso há 1600 anos, enquanto a amostra em (*d*) é de uma profundidade de 56 m, correspondente ao ar preso há 450 anos. Medidas de núcleos de gelo têm substituído a técnica menos confiável de análise do carbono em anéis de árvores para comparar os níveis atmosféricos atuais de CO_2 com os do passado recente. *((a, b) Glen A. Izett, US Geological Survey. (c, d) Dr. Anthony J Gow/Cold Regions Research and Engineering Laboratory, Hanover New Hampshire.)*

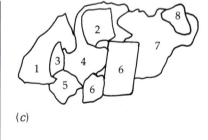

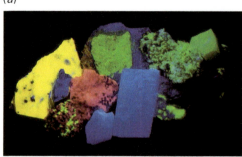

Uma coleção de minerais (*a*) na luz do dia e (*b*) sob iluminação ultravioleta (algumas vezes chamada de *luz negra*). Identificados pelo número no esquema (*c*), eles são 1, powerlita; 2, vilemita; 3, scheelita; 4, calcita; 5, compósito de calcita e vilemita; 6, calcita óptica; 7, vilemita; e 8, opala. A variação na cor é devida à fluorescência dos minerais sob iluminação ultravioleta. Na calcita óptica, ocorre fluorescência e fosforescência. *(Paul Silverman/Fundamental Photographs.)*

CAPÍTULO 32

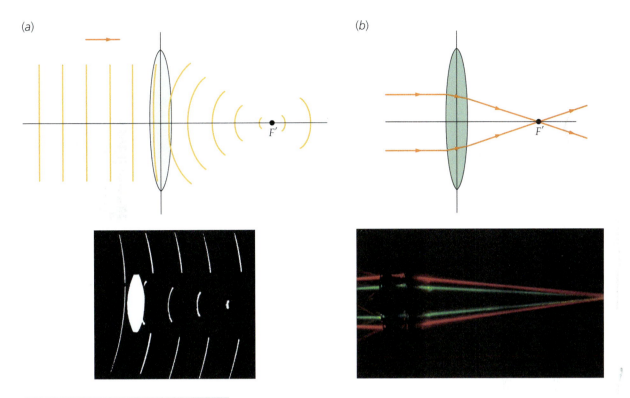

FIGURA 32-29 (a) *Topo:* Frentes de onda para ondas planas incidindo em uma lente convergente. A parte central da frente de onda se atrasa em relação à parte externa devido à lente, resultando em uma onda esférica que converge no ponto focal F'. *Embaixo:* Frentes de onda passando através da lente, mostradas através de uma técnica fotográfica chamada de *registro da luz em movimento* que usa um laser pulsado para fazer um holograma das frentes de onda da luz. (b) *Topo:* Raios para ondas planas incidindo uma lente convergente. Os raios são desviados em cada superfície e convergem para o ponto focal. *Embaixo:* Uma fotografia dos raios focalizados por uma lente convergente. ((a) Nils Abramson, (b) Fundamental Photographs.)

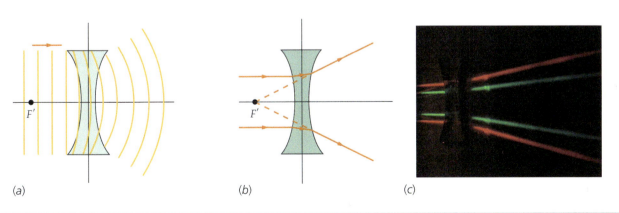

FIGURA 32-30 (a) Frentes de onda para ondas planas incidindo em uma lente divergente. Aqui, a parte externa da frente de onda se atrasa mais do que a parte central, resultando em uma onda esférica que diverge à medida que avança, como se ela viesse do ponto focal F' à esquerda da lente. (b) Raios para ondas planas incidindo na mesma lente divergente. Os raios são desviados para fora e divergem, como se estivessem vindo do ponto focal F'. (c) Uma fotografia dos raios passando através de uma lente divergente. (*Fundamental Photographs.*)

CAPÍTULO 33

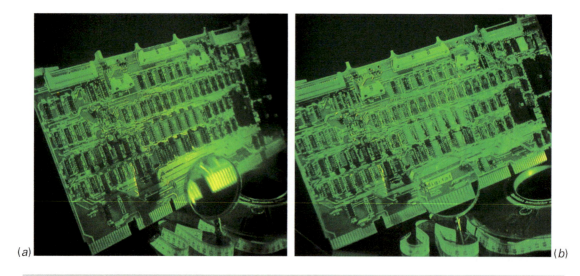

Um holograma visto de dois ângulos diferentes. Observe que partes diferentes da placa do circuito aparecem atrás da lupa. *(© 1981 por Ronald R. Erickson, Holograma de Nicklaus Phillips, 1978, para Digital Equipment Corporation.)*

PARTE IV ELETRICIDADE E MAGNETISMO

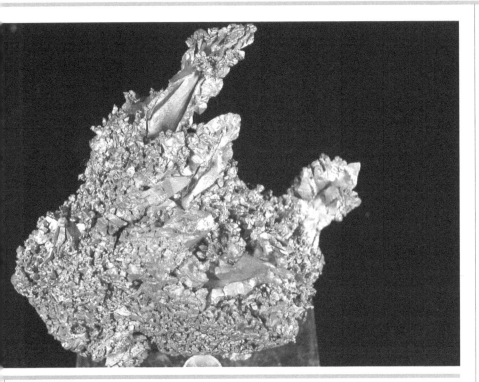

O Campo Elétrico I: Distribuições Discretas de Cargas

21-1 Carga Elétrica
21-2 Condutores e Isolantes
21-3 Lei de Coulomb
21-4 O Campo Elétrico
21-5 Linhas de Campo Elétrico
21-6 Ação do Campo Elétrico em Cargas

CAPÍTULO 21

O COBRE É UM CONDUTOR, UM MATERIAL QUE POSSUI PROPRIEDADES ESPECÍFICAS QUE CONSIDERAMOS ÚTEIS, POIS TORNAM POSSÍVEL TRANSPORTAR ELETRICIDADE.
(Brooks R. Dillard/www.yuprocks.com.)

 Qual é a carga total de todos os elétrons de uma moeda de cobre?
(Veja o Exemplo 21-1.)

Enquanto há apenas um século atrás tínhamos nada mais do que poucas lâmpadas elétricas, hoje em dia somos extremamente dependentes da eletricidade em nossa vida diária. Contudo, apesar da difusão do uso da eletricidade ter ocorrido apenas recentemente, o estudo sobre a eletricidade tem uma história muito mais antiga do que o acendimento da primeira lâmpada elétrica. Observações sobre a atração elétrica podem ser rastreadas à época dos antigos gregos, que perceberam que, depois de ter sido atritado, o âmbar atraía pequenos objetos, tais como fragmentos de palha e penas. De fato, a origem da palavra *elétrico* é a palavra grega para âmbar, *elektron*.

Atualmente, o estudo e o uso da eletricidade continuam em desenvolvimento. Engenheiros eletricistas aperfeiçoam as tecnologias existentes envolvendo a eletricidade, melhorando o desempenho e a eficiência em dispositivos, tais como os carros híbridos e as plantas de geração de energia elétrica. Tintas eletrostáticas são usadas na indústria automotiva para pintar partes de motores, chassis e carroçarias de automóveis. Este processo de pintura produz um recobrimento mais durável que o proporcionado pela tinta líquida e não prejudica o ambiente, pois não utiliza solventes.

> Neste capítulo, iniciaremos nosso estudo sobre eletricidade com a eletrostática, que é o estudo das cargas em repouso. Depois de introduzirmos o conceito de carga, analisaremos brevemente o que são condutores e isolantes e como os condutores podem apresentar uma carga líquida diferente de zero. Estudaremos, na seqüência, a lei de Coulomb, que descreve a força exercida por uma carga em outra. Logo após, introduziremos o conceito de campo elétrico e mostraremos como ele pode ser visualizado por linhas de campo elétrico, as quais indicam a intensidade e a direção do campo, da mesma forma como visualizamos o campo de velocidades de um fluido em movimento através das linhas de fluxo aerodinâmico (Capítulo 13 — Volume 1). Finalmente, discutiremos sobre o comportamento de cargas puntiformes e dipolos na presença de campos elétricos.

21-1 CARGA ELÉTRICA

Suponha que você esfregue um bastão de ebonite (borracha vulcanizada) com um pedaço de pele e, logo após, suspenda o bastão por uma corda, permitindo que ele gire livremente. Você, então, aproxima um segundo bastão de ebonite que também foi friccionado com pele. Os bastões se repelem mutuamente (Figura 21-1a). Dois bastões de vidro que tenham sido friccionados com tecido de seda (Figura 21-1b) também se repelem mutuamente. Mas, se você aproximar o bastão de ebonite friccionado com pele do bastão de vidro friccionado com tecido seda (Figura 21-1c), eles se atraem mutuamente.

O ato de friccionar o bastão faz com que ele se torne eletricamente carregado. Se repetirmos o experimento com vários materiais, perceberemos que todos os objetos carregados pertencem a um de apenas dois grupos — aqueles como o bastão de ebonite friccionado com pele e aqueles como o bastão de vidro friccionado com tecido de seda. Objetos do mesmo grupo repelem-se mutuamente, enquanto objetos de grupos diferentes atraem-se mutuamente. Benjamin Franklin propôs um modelo para explicar estas observações, de acordo com o qual cada objeto possui uma quantidade *normal* de eletricidade que pode ser transferida de um objeto para outro quando ambos estejam em contato íntimo, como é o caso quando são friccionados entre si. Um dos objetos teria um excesso de cargas e o outro objeto teria uma deficiência de cargas, sendo o excesso de cargas igual à deficiência de cargas. Franklin descreveu a carga resultante como positiva (sinal mais) ou negativa (sinal menos). Ele também escolheu como positiva a carga adquirida pelo bastão de vidro quando friccionado com um pedaço de tecido de seda. A seda, então, ganharia uma carga negativa de igual intensidade durante o procedimento. Através da convenção de Franklin, ao atritarmos ebonite e um pedaço de pele entre si, a ebonite adquire uma carga negativa e a pele adquire uma carga positiva. Dois objetos que tenham o mesmo sinal (ambos + ou ambos −) repelem-se mutuamente, e dois objetos que tenham cargas de sinais opostos atraem-se mutuamente (Figura 21-1). Um objeto que nem é positivamente carregado nem negativamente carregado é considerado *neutro*.

Hoje em dia sabemos que, quando o vidro é atritado com tecido de seda, elétrons são transferidos do vidro para a seda. Como a seda é carregada negativamente (de acordo com a convenção de Franklin, que adotaremos), dizemos que os elétrons têm carga negativa. A Tabela 21-1 é uma versão resumida da **série triboelétrica**. (Em grego,

Um gato e um balão. *(Roger Ressmeyer/ CORBIS.)*

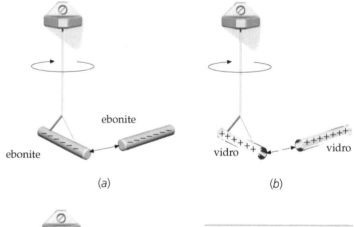

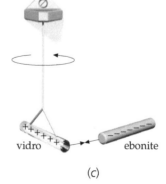

FIGURA 21-1 (a) Dois bastões de ebonite que foram atritados com um pedaço de pele repelem-se mutuamente. (b) Dois bastões de vidro que tenham sido atritados com tecido de seda repelem-se mutuamente. (c) Um bastão de ebonite que tenha sido friccionado com um pedaço de pele atrai um bastão de vidro que tenha sido friccionado com tecido de seda.

tribos significa "fricção".) Quanto mais abaixo estiver o material na série, maior é a sua afinidade por elétrons. Se dois materiais são colocados em contato, haverá transferência de elétrons do material que estiver mais acima na tabela para aquele que estiver mais abaixo. Por exemplo, se Teflon for atritado com náilon, elétrons serão transferidos no náilon para o Teflon.

QUANTIZAÇÃO DA CARGA

A matéria é constituída por átomos que são eletricamente neutros. Cada átomo tem um núcleo muito pequeno, porém massivo, que é constituído por prótons e nêutrons. Os prótons são carregados positivamente, enquanto os nêutrons são neutros. O número de prótons que um átomo de um elemento em particular tem é o número atômico Z daquele elemento. Em volta do núcleo há um número igual de elétrons carregados negativamente, deixando o átomo com carga resultante nula. Um elétron tem massa aproximadamente 2000 vezes menor que um próton, apesar de as cargas destas duas partículas serem exatamente iguais em magnitude. A carga do próton é e e a carga de um elétron é $-e$, onde e é chamada de **unidade fundamental de carga elétrica**. A carga de um elétron ou de um próton é uma propriedade intrínseca da partícula, assim como a massa e o *spin* são propriedades intrínsecas destas partículas.

Todas as cargas observáveis ocorrem em quantidades que são múltiplos inteiros da unidade fundamental de carga elétrica e; ou seja, *a carga elétrica é quantizada*. Qualquer carga Q observável na natureza pode ser escrita como $Q = \pm Ne$, onde N é um inteiro.* Para objetos comuns, entretanto, N é geralmente muito grande e a carga parece ser contínua, assim como o ar parece ser contínuo mesmo sabendo que ele é constituído por muitas partículas discretas (moléculas, átomos e íons). Para citar um exemplo de N comum no dia-a-dia, o processo de atritar um bastão plástico com um pedaço de pele transfere tipicamente 10^{10} ou mais elétrons para o bastão.

CONSERVAÇÃO DE CARGA

Quando objetos são atritados entre si, um objeto fica com um excesso de elétrons e torna-se, portanto, carregado negativamente; o outro objeto fica com uma deficiência de elétrons e torna-se, portanto, carregado positivamente. A carga resultante dos dois objetos permanece constante; isto é, *a carga elétrica é conservada*. A **lei da conservação da carga elétrica** é uma das leis fundamentais da natureza. Em certos tipos de interação entre partículas elementares, partículas carregadas, como os elétrons, são criadas ou aniquiladas. Entretanto, durante estes processos, quantidades iguais de cargas positivas e negativas são produzidas ou destruídas, preservando constante a carga resultante do universo.

A unidade de carga elétrica no SI é o coulomb, o qual é definido em termos da unidade de corrente elétrica, o ampère (A).* O **coulomb** (C) é a quantidade de carga que flui através da seção transversal de um fio em um segundo quando a corrente no fio é um ampère. (A seção transversal de um objeto sólido é a interseção do objeto com um plano. Consideraremos um plano que corta o fio perpendicularmente.) A unidade fundamental de carga elétrica e está relacionada ao coulomb por

$$e = 1{,}602177 \times 10^{-19} \text{ C} \approx 1{,}60 \times 10^{-19} \text{ C} \qquad 21\text{-}1$$

UNIDADE FUNDAMENTAL DE CARGA ELÉTRICA

PROBLEMA PRÁTICO 21-1

Uma carga de intensidade 50 nC (1,0 nC = 10^{-9} C) pode ser produzida no laboratório simplesmente atritando dois objetos entre si. Quantos elétrons devem ser transferidos para produzir esta carga?

Tabela 21-1 — A Série Triboelétrica

+ Extremidade Positiva da Série

Amianto
Vidro
Náilon
Lã
Chumbo
Seda
Alumínio
Papel
Algodão
Aço
Ebonite
Níquel e cobre
Latão e prata
Borracha sintética
Orlom (fibra têxtil sintética)
Saran (tipo de plástico)
Polietileno
Teflon
Borracha de silicone

− Extremidade Negativa da Série

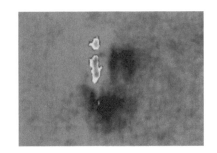

Carregamento por contato. Um pedaço de plástico de largura aproximadamente igual a 0,02 mm foi carregado por contato com um pedaço de níquel. Apesar de o plástico estar com uma carga líquida positiva, regiões de carga negativa (azul-escuro), bem como regiões de carga positiva (amarelo), são indicadas na figura. A fotografia foi obtida varrendo uma agulha carregada de largura 10^{-7} m sobre a amostra e registrando a força eletrostática na agulha. (*Bruce Terris/IBM Almaden Research Center.*) (Veja o Encarte em cores.)

---

* No modelo-padrão das partículas elementares, prótons, nêutrons e algumas outras partículas elementares são constituídas de partículas mais fundamentais, chamadas de *quarks*, que têm cargas $\pm\frac{1}{3}e$ ou $\pm\frac{2}{3}e$. Apenas são observadas as combinações que resultam em uma carga resultante $\pm Ne$, onde N é um inteiro.
* O ampère (A) é a unidade de corrente utilizada em eletricidade no cotidiano.

Exemplo 21-1 — Quantos Elétrons Existem em uma Moeda de Cobre?

Uma moeda de cobre ($Z = 29$) tem massa de 3,10 gramas. Qual é a carga total de todos os elétrons da moeda?

SITUAÇÃO Os elétrons têm carga total dada pelo número de elétrons na moeda, N_e, multiplicado pela carga de um elétron, $-e$. O número de elétrons em um átomo de cobre é 29 (o número atômico do cobre). Portanto, a carga total dos elétrons é 29 elétrons multiplicado pelo número de átomos de cobre N_{at} na moeda. Para encontrar N_{at}, utilizamos o fato que um mol de qualquer substância tem o número de Avogadro ($N_A = 6,02 \times 10^{23}$) de partículas (moléculas, átomos ou íons) e o número de gramas em um mol é a massa molar M, que é 63,5 g/mol para o cobre.

SOLUÇÃO

1. A carga total Q é o número de elétrons multiplicado pela carga: $Q = N_e(-e)$

2. O número de elétrons é Z multiplicado pelo número de átomos de cobre N_{at}: $N_e = ZN_{at}$

3. Calcule o número de átomos em 3,10 g de cobre:

$$N_{at} = (3,10 \text{ g})\frac{6,02 \times 10^{23} \text{ átomos/mol}}{63,5 \text{ g/mol}} = 2,94 \times 10^{22} \text{ átomos}$$

4. Calcule o número de elétrons N_e:

$$N_e = ZN_{at} = (29 \text{ elétrons/átomo})(2,94 \times 10^{22} \text{ átomos})$$
$$= 8,53 \times 10^{23} \text{ elétrons}$$

5. Utilize o valor de N_e para determinar a carga total:

$$Q = N_e \times (-e) = (8,53 \times 10^{23} \text{ elétrons})(-1,60 \times 10^{-19} \text{ C/elétron})$$
$$= \boxed{-1,37 \times 10^5 \text{ C}}$$

CHECAGEM Há $29 \times (6,02 \times 10^{23})$ elétrons em 63,5 g de cobre e, então, em 3,10 g de cobre há $(3,10/63,5) \times 29 \times (6,02 \times 10^{23}) = 8,53 \times 10^{23}$ elétrons — de acordo com o resultado do item 4.

PROBLEMA PRÁTICO 21-2 Se um milhão de elétrons fosse dado para cada pessoa nos Estados Unidos (aproximadamente 300 milhões de pessoas), que porcentagem do número de elétrons em uma moeda de cobre isso representaria?

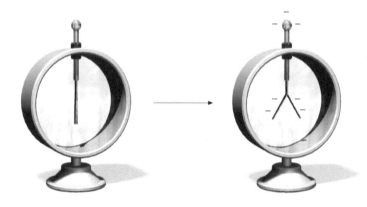

FIGURA 21-2 Um eletroscópio. Duas folhas de ouro são presas a uma coluna condutora que possui uma esfera condutora no topo. A esfera, a coluna e as folhas estão isoladas da carcaça. Quando as folhas estão descarregadas, elas ficam penduradas verticalmente. Quando a esfera é tocada por um bastão plástico carregado negativamente, parte da carga negativa do bastão é transferida para a esfera e move as folhas de ouro, as quais se afastam devido à repulsão elétrica entre suas cargas negativas. (Ao tocar a bola com um bastão de vidro carregado positivamente, as folhas também se afastarão. Neste caso, o bastão carregado positivamente removeria elétrons da esfera metálica, deixando uma carga resultante positiva na esfera, coluna e folhas de ouro.)

21-2 CONDUTORES E ISOLANTES

Em muitos materiais, como o cobre e outros metais, alguns dos elétrons são livres para se moverem por todo o material. Tais materiais são chamados de **condutores**. Em outros materiais, como a madeira e o vidro, todos os elétrons são ligados aos átomos da vizinhança e nenhum pode se mover livremente. Estes materiais são chamados de **isolantes**.

Em um único átomo de cobre, 29 elétrons estão ligados ao núcleo por atração eletrostática entre os elétrons carregados negativamente e o núcleo carregado positivamente. Os elétrons mais externos (de valência) são mais fracamente ligados ao núcleo que os elétrons mais internos (do caroço). Quando um grande número de átomos de cobre é combinado para formar um pedaço de cobre metálico, a intensidade das atrações dos elétrons ao núcleo de um átomo é reduzida devido às interações com os elétrons e núcleos dos átomos da vizinhança. Um ou mais elétrons de valência em cada átomo não permanece mais ligado ao átomo e torna-se livre para se mover por todo o pedaço de metal, tal como uma molécula de gás é livre para se mover em uma caixa. O número destes elétrons livres depende no metal em particular, mas é tipicamente um por átomo. (Os elétrons livres também são chamados de elétrons de condução ou elétrons não localizados.) Um átomo que tem um elétron removido ou adicionado, produzindo uma carga resultante para o átomo, é chamado de **íon**. No cobre metálico, os íons de cobre estão dispostos em um arranjo regular denominado *rede cristalina*. Um condutor é neutro se, para cada íon da rede que possui uma carga positiva $+e$, existe um elétron livre com carga negativa $-e$. A carga resultante do condutor pode mudar adicionando-se ou removendo-se elétrons. Um condutor que tem uma carga resultante negativa tem um número adicional de elétrons livres, enquanto um condutor com uma carga resultante positiva tem um déficit de elétrons livres.

CARGA POR INDUÇÃO

A conservação da carga é ilustrada através de um método simples de carregamento de um condutor, denominado **carga por indução**, como mostrado na Figura 21-3. Duas esferas metálicas neutras são colocadas em contato. Quando um bastão positivamente carregado (Figura 21-3a) é aproximado de uma das esferas, os elétrons de condução fluem de uma esfera para a outra em direção ao bastão carregado positivamente. O bastão positivo na Figura 21-3a atrai os elétrons carregados negativamente e a esfera mais próxima do bastão adquire elétrons da esfera mais distante. Isto deixa a esfera mais próxima com uma carga resultante negativa e a esfera mais distante com uma carga resultante de mesmo módulo, mas positiva. Um condutor que tenha cargas iguais em módulo e de sinais contrários *separadas* encontra-se **polarizado**. Se as esferas forem separadas antes que o bastão seja removido, elas permanecerão com quantidades iguais de cargas opostas (Figura 21-3b). Um resultado semelhante seria obtido com um bastão carregado negativamente, onde os elétrons da esfera mais próxima fluiriam para a esfera mais distante.

Para muitas situações, a própria Terra pode ser considerada como um condutor infinitamente grande que tem um suprimento infinito de partículas carregadas. Se um condutor está conectado eletricamente à Terra, dizemos que ele está **aterrado**. O aterramento de uma esfera metálica está indicado esquematicamente na Figura 21-4b através de um fio conector que termina em linhas horizontais paralelas. A Figura 21-4 demonstra como podemos induzir carga em um único condutor transferindo

CHECAGEM CONCEITUAL 21-1

Duas esferas condutoras idênticas, uma com carga inicial $+Q$ e a outra inicialmente neutra, são colocadas em contato. (a) Qual é a nova carga em cada esfera? (b) Enquanto as esferas estão em contato, um bastão carregado positivamente é aproximado de uma das esferas, provocando uma redistribuição de cargas nas duas esferas de forma tal que a carga na esfera mais próxima ao bastão seja $-Q$. Qual é a carga na outra esfera?

CHECAGEM CONCEITUAL 21-2

Duas esferas condutoras idênticas são carregadas por indução e, então, separadas por uma grande distância; a esfera 1 tem carga $+Q$ e a esfera 2 tem carga $-Q$. Uma terceira esfera idêntica está inicialmente sem carga resultante. Se a esfera 3 tocar na esfera 1 e for afastada, e então tocar a esfera 2 e for afastada, qual é a carga final em cada uma das três esferas?

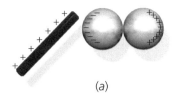 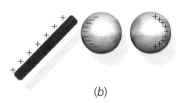

(a) (b) (c)

FIGURA 21-3 Carregamento por indução. (a) Condutores neutros em contato tornam-se carregados com cargas opostas quando um bastão atrai elétrons para a esfera da esquerda. (b) Se as esferas são separadas antes que o bastão seja removido, elas mantêm suas cargas iguais e de sinais opostos. (c) Quando o bastão é removido e as esferas são afastadas, a distribuição de cargas em cada esfera tende a ficar uniforme.

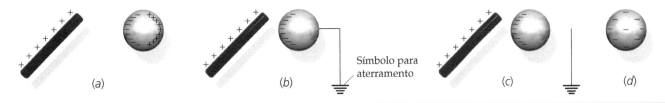

Símbolo para aterramento

(a) (b) (c) (d)

FIGURA 21-4 Indução através de aterramento. (a) A carga livre na esfera condutora neutra está polarizada pelo bastão carregado positivamente, o qual atrai as cargas negativas na esfera. (b) Quando o condutor é aterrado através de uma conexão com um fio a um condutor muito grande, como a Terra, os elétrons deste condutor neutralizam a carga positiva da face da esfera que está distante do bastão. O condutor fica, então, carregado negativamente. (c) A carga negativa permanece se o aterramento for rompido antes que o bastão seja removido. (d) Depois de o bastão ser removido, a esfera fica com uma carga negativa uniformemente distribuída.

carga da Terra através de um fio de aterramento e, então, rompendo a conexão com a Terra. (Na prática, uma pessoa parada no chão e tocando a esfera com sua mão proporciona um aterramento adequado para demonstrações de eletrostática tais como a descrita aqui.)

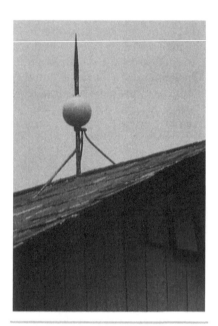

O pára-raios nesta casa está aterrado de forma que possa conduzir elétrons do solo para as nuvens carregadas positivamente, neutralizando-as. (© *Grant Heilman.*)

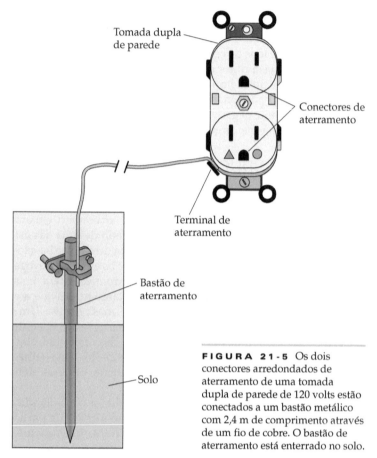

FIGURA 21-5 Os dois conectores arredondados de aterramento de uma tomada dupla de parede de 120 volts estão conectados a um bastão metálico com 2,4 m de comprimento através de um fio de cobre. O bastão de aterramento está enterrado no solo.

21-3 LEI DE COULOMB

Charles Coulomb (1736–1806) estudou a força exercida por uma carga em outra utilizando uma balança de torção que ele próprio inventou.* No experimento de Coulomb, as esferas carregadas eram muito menores que a distância entre elas e, portanto, podiam ser tratadas como cargas puntiformes. Coulomb utilizou o método de carga por indução para produzir esferas igualmente carregadas e para variar a quantidade de carga nas esferas. Por exemplo, começando com uma carga q_0 em cada esfera, ele poderia reduzir a carga para $\frac{1}{2}q_0$ através, primeiramente, do aterramento de uma das esferas para descarregá-la, depois a desconectando do aterramento e, finalmente, colocando as duas esferas em contato. Os resultados dos experimentos de Coulomb e de outros são resumidos na **lei de Coulomb**:

> A força entre duas cargas puntiformes é exercida ao longo da linha entre as cargas. Ela varia com o inverso do quadrado da distância que separa as cargas e é proporcional ao produto das cargas. A força é repulsiva se as cargas tiverem o mesmo sinal e atrativa se elas tiverem sinais opostos.
>
> LEI DE COULOMB

---

* O aparato experimental de Coulomb era essencialmente o mesmo descrito pelo experimento de Cavendish no Capítulo 11 (Volume 1), com as massas substituídas por pequenas esferas carregadas. Para as intensidades típicas das cargas facilmente transferidas por atrito, a atração gravitacional das esferas é completamente desprezível comparada à atração ou repulsão elétricas.

O Campo Elétrico I: Distribuições Discretas de Cargas

A *intensidade* da força elétrica exercida por uma carga puntiforme q_1 sobre outra carga puntiforme q_2 que se encontra a uma distância r é, portanto, dada por

$$F = \frac{k|q_1 q_2|}{r^2} \qquad 21\text{-}2$$

LEI DE COULOMB PARA A INTENSIDADE DA FORÇA EXERCIDA POR q_1 EM q_2

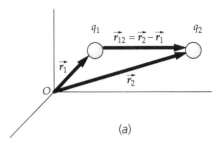

onde k é uma constante positiva determinada experimentalmente, denominada **constante de Coulomb**, que tem o valor

$$k = 8{,}99 \times 10^9 \, \text{N} \cdot \text{m}^2/\text{C}^2 \qquad 21\text{-}3$$

Se q_1 está na posição $\vec{r}_1$ e q_2 está em $\vec{r}_2$ (Figura 21-6), a força $\vec{F}_{12}$ exercida por q_1 em q_2 é

$$\vec{F}_{12} = \frac{k q_1 q_2}{r_{12}^2} \hat{r}_{12} \qquad 21\text{-}4$$

LEI DE COULOMB (FORMA VETORIAL)

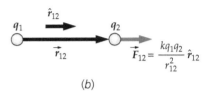

onde $\vec{r}_{12} = \vec{r}_2 - \vec{r}_1$ é o vetor que aponta de q_1 a q_2, e $\hat{r}_{12} = \vec{r}_{12}/r_{12}$ é o vetor unitário na mesma direção e sentido.

De acordo com a terceira lei de Newton, a força eletrostática $\vec{F}_{21}$ exercida por q_2 em q_1 é o negativo de $\vec{F}_{12}$. Observe a semelhança entre a lei de Coulomb e a lei de Newton para a gravidade. (Veja a Equação 11-3.) Ambas são leis do inverso do quadrado da distância. Mas a força gravitacional entre duas partículas é proporcional às massas das partículas e é sempre atrativa, enquanto a força elétrica é proporcional às cargas das partículas e é repulsiva se as cargas têm o mesmo sinal e atrativa se elas têm sinais opostos.

FIGURA 21-6 (*a*) Carga q_1 na posição $\vec{r}_1$ e carga q_2 em $\vec{r}_2$ com relação à origem *O*. (*b*) A força $\vec{F}_{12}$ exercida por q_1 em q_2 está na direção e sentido do vetor $\vec{r}_{12} = \vec{r}_2 - \vec{r}_1$ se ambas as cargas tiverem o mesmo sinal, e no sentido oposto se elas tiverem sinais opostos. O vetor unitário $\hat{r}_{12} = \vec{r}_{12}/r_{12}$ está na direção e sentido da linha que une q_1 a q_2.

! A Equação 21-4 fornece o sentido correto para a força, sejam as duas cargas ambas positivas, ambas negativas, ou uma positiva e a outra negativa.

Exemplo 21-2 Força Elétrica no Hidrogênio

Em um átomo de hidrogênio, o elétron está separado do próton por uma distância média de aproximadamente $5{,}3 \times 10^{-11}$ m. Calcule a intensidade da força eletrostática de atração exercida pelo próton no elétron.

SITUAÇÃO Considere o próton como q_1 e o elétron como q_2. Use a lei de Coulomb para determinar a intensidade da força de atração eletrostática exercida pelo próton no elétron.

SOLUÇÃO

1. Esboce o elétron e o próton e identifique cada um com símbolos apropriados (Figura 21-7):

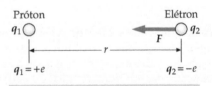

FIGURA 21-7

2. Use a informação fornecida na Equação 21-2 (lei de Coulomb) para calcular a força eletrostática:

$$F = \frac{k|q_1 q_2|}{r^2} = \frac{ke^2}{r^2} = \frac{(8{,}99 \times 10^9 \, \text{N} \cdot \text{m}^2/\text{C}^2)(1{,}60 \times 10^{-19} \, \text{C})^2}{(5{,}3 \times 10^{-11} \, \text{m})^2}$$

$$= \boxed{8{,}2 \times 10^{-8} \, \text{N}}$$

CHECAGEM A ordem de magnitude é aceitável. As potências de dez no numerador, combinadas, são $10^9 \times 10^{-38} = 10^{-29}$, a potência de dez no denominador é 10^{-22}, e $10^{-29}/10^{-22} = 10^{-7}$. Comparando, $8{,}2 \times 10^{-8} < 10^{-7}$.

INDO ALÉM Comparada com interações macroscópicas, a intensidade desta força é muito fraca. Entretanto, como a massa do elétron é, aproximadamente, apenas 10^{-30} kg, esta força produz uma aceleração $F/m < 8 \times 10^{22} \, \text{m/s}^2$. O próton tem uma massa quase 2000 vezes maior que o elétron e, portanto, a aceleração do próton é aproximadamente 4×10^{19} m/s². Para termos uma noção sobre o valor destas acelerações, a aceleração da gravidade g é apenas 10^1 m/s².

PROBLEMA PRÁTICO 21-3 Duas cargas puntiformes de 0,0500 μC cada estão separadas por 10,0 cm. Determine a intensidade da força exercida por uma carga sobre a outra.

Como a força elétrica e a força gravitacional entre quaisquer duas partículas são, ambas, inversamente proporcionais ao quadrado da separação entre as partículas, a razão entre estas forças é independente da separação. Podemos, então, comparar as intensidades relativas das forças elétricas e gravitacionais para partículas elementares tais como o elétron e o próton.

Exemplo 21-3 Razão entre a Força Elétrica e a Força Gravitacional

Calcule a razão entre a força elétrica e a força gravitacional exercida por um próton em um elétron de um átomo de hidrogênio.

SITUAÇÃO Use a lei de Coulomb com $q_1 = e$ e $q_2 = -e$ para determinar a força elétrica. Use a lei de Newton para a gravidade, a massa do próton, $m_p = 1,67 \times 10^{-27}$ kg, e a massa do elétron, $m_e = 9,11 \times 10^{-31}$ kg, para calcular a força gravitacional.

SOLUÇÃO

1. Expresse as intensidades da força elétrica F_e e da força gravitacional F_g em termos das cargas, massas, distância r de separação e das constantes elétrica e gravitacional.

$$F_e = \frac{ke^2}{r^2} \qquad F_g = \frac{Gm_p m_e}{r^2}$$

2. Determine a razão. Observe que a distância r de separação é cancelada.

$$\frac{F_e}{F_g} = \frac{ke^2}{Gm_p m_e}$$

3. Substitua os valores numéricos:

$$\frac{F_e}{F_g} = \frac{(8,99 \times 10^9 \text{ N} \cdot \text{m}^2/\text{C}^2)(1,60 \times 10^{-19} \text{ C})^2}{(6,67 \times 10^{-11} \text{ N} \cdot \text{m}^2/\text{kg}^2)(1,67 \times 10^{-27} \text{ kg})(9,11 \times 10^{-31} \text{ kg})}$$

$$= \boxed{2,27 \times 10^{39}}$$

CHECAGEM No numerador da fração no passo 3, a unidade Coulomb se cancela. No denominador da fração, a unidade quilograma se cancela. O resultado é que, tanto o numerador quanto o denominador, ficam com unidades N · m². A fração não tem unidade, como deveria ser para uma razão entre duas forças.

INDO ALÉM O fato de a razão (passo 3) ser tão grande revela por que os efeitos da gravidade não são considerados quando se discutem as interações atômicas ou moleculares.

Apesar de a força da gravidade ser tão incrivelmente fraca comparada à força elétrica e de desempenhar essencialmente nenhum papel em nível atômico, ela é a força dominante entre objetos grandes tais como os planetas e as estrelas. Como os objetos grandes contêm praticamente um número igual de cargas positivas e negativas, as forças elétricas atrativas e repulsivas se cancelam. A força resultante entre objetos astronômicos é, portanto, essencialmente apenas a força da atração gravitacional.

FORÇA EXERCIDA POR UM SISTEMA DE CARGAS

Em um sistema de cargas, cada carga exerce uma força, dada pela Equação 21-4, em cada uma das outras cargas. A força resultante em qualquer das cargas é a soma vetorial das forças individuais exercidas na carga por todas as outras cargas do sistema. Este resultado é conseqüência do *princípio da superposição de forças*.

Veja
o **Tutorial Matemático** *para mais informações sobre*
Trigonometria

Exemplo 21-4 Força Elétrica em uma Carga

Três cargas puntiformes estão sobre o eixo x; q_1 está na origem, q_2 está em $x = 2{,}0$ m e q_0 está em uma posição x ($x > 2{,}0$ m). (a) Determine a força elétrica total em q_0 devida a q_1 e q_2 se $q_1 = +25$ nC, $q_2 = -10$ nC, $q_0 = +20$ nC e $x = 3{,}5$ m. (b) Determine a expressão para a força elétrica total em q_0 devida a q_1 e q_2 ao longo da região $2{,}0$ m $< x < \infty$.

SITUAÇÃO A força elétrica total em q_0 é a soma vetorial da força $\vec{F}_{10}$ exercida por q_1 e da força $\vec{F}_{20}$ exercida por q_2. As forças individuais são calculadas usando a lei de Coulomb e o princípio da superposição. Observe que $\hat{r}_{10} = \hat{r}_{20} = \hat{i}$, pois $\hat{r}_{10}$ e $\hat{r}_{20}$ estão na direção e sentido de $+x$.

SOLUÇÃO

(a) 1. Desenhe esquematicamente o sistema de cargas (Figura 21-8a). Identifique as distâncias r_{10} e r_{20} no gráfico:

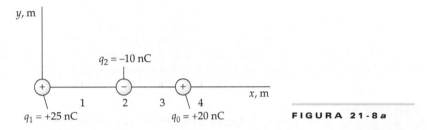

FIGURA 21-8a

2. Determine a força exercida por q_1 em q_0. Estas cargas têm o mesmo sinal e, portanto, se repelem. A força está na direção e sentido $+x$:

$$F_{10} = \frac{k|q_1 q_0|}{r_{10}^2}$$

$$\vec{F}_{10} = +F_{10}\hat{i} = +\frac{k|q_1 q_0|}{r_{10}^2}\hat{i} = \frac{(8{,}99 \times 10^9 \text{ N} \cdot \text{m}^2/\text{C}^2)(25 \times 10^{-9} \text{ C})(20 \times 10^{-9} \text{ C})}{(3{,}5 \text{ m})^2}\hat{i}$$

$$= (0{,}37 \times 10^{-6} \text{ N})\hat{i}$$

3. Determine a força exercida por q_2 em q_0. Estas cargas têm sinais opostos e, portanto, se atraem. A força está na direção e sentido $-x$:

$$F_{20} = \frac{k|q_2 q_0|}{r_{20}^2}$$

$$\vec{F}_{20} = -F_{20}\hat{i} = -\frac{k|q_2 q_0|}{r_{20}^2}\hat{i} = -\frac{(8{,}99 \times 10^9 \text{ N} \cdot \text{m}^2/\text{C}^2)(10 \times 10^{-9} \text{ C})(20 \times 10^{-9} \text{ C})}{(1{,}5 \text{ m})^2}\hat{i}$$

$$= -(0{,}80 \times 10^{-6} \text{ N})\hat{i}$$

4. Combine seus resultados para obter a força resultante.

$$\vec{F}_{res} = \vec{F}_{10} + \vec{F}_{20} = \boxed{-(0{,}43 \times 10^{-6} \text{ N})\hat{i}}$$

(b) 1. Desenhe esquematicamente o sistema de cargas. Identifique as distâncias r_{10} e r_{20} (Figura 21-8b):

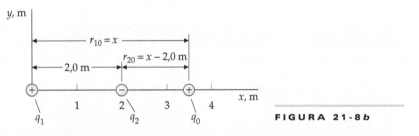

FIGURA 21-8b

2. Determine uma expressão para a força em q_0 devida a q_1.

$$\vec{F}_{10} = \frac{k|q_1 q_0|}{x^2}\hat{i}$$

3. Determine uma expressão para a força em q_0 devida a q_2.

$$\vec{F}_{20} = -\frac{k|q_2 q_0|}{(x - 2{,}0 \text{ m})^2}\hat{i}$$

4. Combine seus resultados para obter uma expressão para a força resultante.

$$\vec{F}_{res} = \vec{F}_{10} + \vec{F}_{20} = \left(\frac{k|q_1 q_0|}{x^2} - \frac{k|q_2 q_0|}{(x - 2{,}0 \text{ m})^2}\right)\hat{i}$$

CHECAGEM Nos passos 2, 3 e 4 da Parte (b), ambas as forças se aproximam de zero quando $x \to \infty$, como esperado. Além disso, o valor do resultado do passo 3 se aproxima do infinito quando $x \to 2{,}0$ cm, também como deveria ser esperado.

INDO ALÉM A carga q_2 está localizada entre as cargas q_1 e q_0. Você poderia pensar, portanto, que a presença de q_2 afetaria a força $\vec{F}_{10}$ exercida por q_1 em q_0. Entretanto, este não é o caso. Ou seja, a presença de q_2 não tem nenhum efeito na força $\vec{F}_{10}$ exercida por q_1 em q_0. (É por esta razão que este é chamado de princípio da superposição.) A Figura 21-9 mostra a componente x da força em q_0 como uma função da posição x de q_0 ao longo da região 2,0 m $< x <$ ∞. Próximo a q_2, a força devida a q_2 predomina e, como as cargas com sinais opostos se atraem, a força em q_2 está no sentido de $-x$. Para $x \gg 2{,}0$ m, a força está no sentido $+x$. Isto porque para grandes valores de x a distância entre q_1 e q_2 é desprezível e a força devida às duas cargas é praticamente a mesma de uma única carga de $+15$ nC.

PROBLEMA PRÁTICO 21-4 Se q_0 está em $x = 1{,}0$ m, determine a força elétrica total exercida em q_0.

Para que as cargas em um sistema permaneçam estacionárias, devem ser exercidas forças sobre elas, além das forças elétricas, para que a força resultante em cada carga seja zero. No exemplo anterior e em todos os que seguirão neste livro, consideraremos que estas forças existem e que todas as cargas permanecem estacionárias.

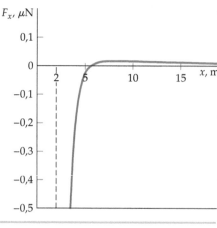

FIGURA 21-9

Exemplo 21-5 — Somando Forças em Duas Dimensões

A carga $q_1 = +25$ está na origem, a carga $q_2 = -15$ nC está no eixo x em $x = 2{,}0$ m e a carga $q_0 = +20$ nC está no ponto $x = 2{,}0$ m, $y = 2{,}0$ m, como mostrado na Figura 21-10. Determine a intensidade, a direção e o sentido da força elétrica resultante em q_0.

SITUAÇÃO A força elétrica resultante é o vetor soma das forças individuais exercidas pelas cargas em q_0. Calculamos cada uma das forças com a lei de Coulomb e as escrevemos em termos de suas componentes retangulares.

SOLUÇÃO

1. Desenhe os eixos coordenados mostrando as posições das três cargas. Mostre a força elétrica resultante $\vec{F}$ na carga q_0 como o vetor soma das forças $\vec{F}_{10}$, devida a q_1, e $\vec{F}_{20}$, devida a q_2 (Figura 21-10a):

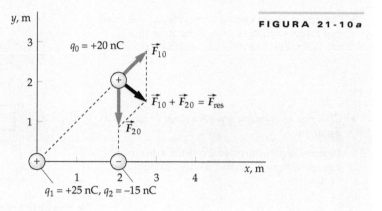

FIGURA 21-10a

2. A força resultante $\vec{F}$ em q_0 é a soma das forças individuais:

   $\vec{F} = \vec{F}_{10} + \vec{F}_{20}$

   então $\Sigma F_x = F_{10x} + F_{20x}$ e $\Sigma F_y = F_{10y} + F_{20y}$

3. A força $\vec{F}_{10}$ aponta em sentido que se afasta da origem ao longo da linha que une q_1 a q_0. Use $r_{10} = 2{,}0\sqrt{2}$ m como a distância entre q_1 e q_0 para calcular sua intensidade:

   $F_{10} = \dfrac{k|q_1 q_0|}{r_{10}^2} = \dfrac{(8{,}99 \times 10^9 \text{ N}\cdot\text{m}^2/\text{C}^2)(25 \times 10^{-9}\text{ C})(20 \times 10^{-9}\text{ C})}{(2{,}0\sqrt{2}\text{ m})^2}$

   $= 5{,}62 \times 10^{-7}$ N

4. Como a força $\vec{F}_{10}$ faz um ângulo de 45° com os eixos x e y, suas componentes x e y são iguais:

   $F_{10x} = F_{10y} = F_{10}\cos 45° = (5{,}62 \times 10^{-7}\text{N})\cos 45°$

   $= 3{,}97 \times 10^{-7}$ N

5. A força $\vec{F}_{20}$ exercida por q_2 em q_0 é atrativa e aponta na direção $-y$, como mostrado na Figura 21-10a:

   $\vec{F}_{20} = -\dfrac{k|q_2 q_0|}{r_{20}^2}\hat{j} = -\dfrac{(8{,}99 \times 10^9\text{ N}\cdot\text{m}^2/\text{C}^2)(15 \times 10^{-9}\text{ C})(20 \times 10^{-9}\text{ C})}{(2{,}0\text{ m})^2}\hat{j}$

   $= -(6{,}74 \times 10^{-7}\text{N})\hat{j}$

6. Calcule as componentes da força resultante:

   $F_x = F_{10x} + F_{20x} = (3{,}97 \times 10^{-7}\text{ N}) + 0 = 3{,}97 \times 10^{-7}$ N

   $F_y = F_{10y} + F_{20y} = (3{,}97 \times 10^{-7}\text{ N}) + (-6{,}74 \times 10^{-7}\text{ N})$

   $F_y = -2{,}77 \times 10^{-7}$ N

7. Desenhe a força resultante (Figura 21-10b) e suas componentes:

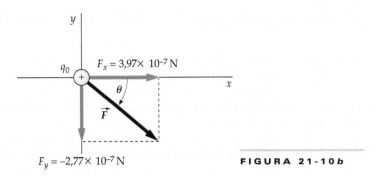

FIGURA 21-10b

8. A intensidade da força resultante é determinada a partir de suas componentes:

$$F = \sqrt{F_x^2 + F_y^2} = \sqrt{(3{,}97 \times 10^{-7}\,\text{N})^2 + (-2{,}77 \times 10^{-7}\,\text{N})^2}$$
$$= 4{,}84 \times 10^{-7}\,\text{N} = \boxed{4{,}8 \times 10^{-7}\,\text{N}}$$

9. A força resultante aponta para a direita e para baixo, como mostrado na Figura 21-10b, fazendo um ângulo θ com o eixo x dado por:

$$\tan\theta = \frac{F_y}{F_x} = \frac{-2{,}77}{3{,}97} = -0{,}698$$

$$\theta = \tan^{-1}(-0{,}698) = -34{,}9° = \boxed{-35°}$$

CHECAGEM Esperamos que as duas forças tivessem intensidades aproximadamente iguais, pois, ainda que q_1 seja um pouco maior que $|q_2|$, q_2 está um pouco mais próxima de q_0 do que q_1. Comparando os resultados dos passos 3 e 5, percebemos que este raciocínio está de acordo com o observado.

PROBLEMA PRÁTICO 21-5 Expresse $\hat{r}_{10}$ no Exemplo 21-5 em termos de $\hat{i}$ e $\hat{j}$.

PROBLEMA PRÁTICO 21-6 No Exemplo 21-5, a componente x da força $\vec{F}_{10} = (kq_1q_0/r_{10}^2)\hat{r}_{10}$ é igual a kq_1q_0/x_{10}^2 (onde x_{10} é a componente x de $\hat{r}_{10}$)?

21-4 O CAMPO ELÉTRICO

A força elétrica exercida por uma carga sobre outra é um exemplo de uma força de ação a distância, similar a força gravitacional exercida por uma massa sobre outra. Entender a idéia de ação a distância é um desafio conceitual complicado. Qual é o mecanismo através do qual uma partícula pode exercer uma força sobre outra através do espaço vazio entre elas? Suponha que uma partícula carregada, em algum ponto do espaço, seja movida repentinamente. Será que a força exercida na segunda partícula, que está a certa distância r, varia instantaneamente? Para encararmos o desafio de entender a ação à distância, introduziremos o conceito de **campo elétrico**. Uma carga produz um campo elétrico $\vec{E}$ em todos os pontos do espaço e este campo exerce a força na segunda carga. Portanto, é o *campo* $\vec{E}$ na posição da segunda partícula que exerce a força sobre ela, e não a primeira carga (a qual está a certa distância). Variações no campo se propagam no espaço com a velocidade da luz, c. Assim, se a carga for movida repentinamente, a força que ela exerce na segunda carga a uma distância r não muda antes de um intervalo de tempo r/c.

A Figura 21-11a mostra um conjunto de cargas puntiformes q_1, q_2 e q_3 arbitrariamente dispostas no espaço. Estas cargas produzem um campo elétrico $\vec{E}$ em todo o espaço. Se colocarmos uma pequena carga teste positiva q_0 em algum ponto próximo às três cargas, haverá uma força exercida em q_0 devida às outras cargas. A força resultante em q_0 é a soma vetorial das forças individuais exercidas em q_0 pelas outras cargas do sistema. Como cada uma destas forças é proporcional a q_0, a força resultante será proporcional a q_0. O campo elétrico $\vec{E}$ em um ponto é esta força dividida por q_0:*

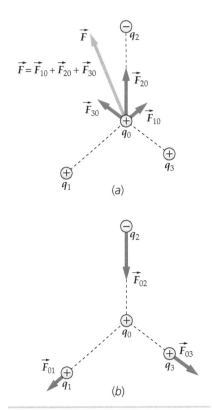

FIGURA 21-11 (a) Uma pequena carga de teste q_0 na vizinhança de um sistema de cargas q_1, q_2, q_3, ..., experimenta uma força elétrica resultante $\vec{F}$ que é proporcional a q_0. A razão $\vec{F}/q_0$ é o campo elétrico naquele ponto. (b) A carga de teste q_0 também exerce uma força em cada uma das cargas da vizinhança, e cada uma destas forças é proporcional a q_0.

---

* Esta definição é similar à do campo gravitacional da Terra, apresentada na Seção 4-3 como a força por unidade de massa exercida pela Terra em um objeto.

$$\vec{E} = \frac{\vec{F}}{q_0} \quad (q_0 \text{ é pequena}) \qquad 21\text{-}5$$

DEFINIÇÃO—CAMPO ELÉTRICO

Tabela 21-2 Alguns Campos Elétricos na Natureza

	E, N/C
Em fios domésticos	10^{-2}
Em ondas de rádio	10^{-1}
Na atmosfera	10^{2}
Na luz solar	10^{3}
Em uma nuvem de tempestade	10^{4}
Em um raio	10^{4}
Em um tubo de raios X	10^{6}
Em um elétron no átomo de hidrogênio	6×10^{11}
Na superfície de um núcleo de urânio	2×10^{21}

A unidade de campo elétrico no SI é o newton por coulomb (N/C). Além disso, a carga teste q_0 exercerá uma força em cada uma das outras cargas puntiformes (Figura 21-11b). Como estas forças podem provocar algum movimento das outras cargas, a carga q_0 deverá ser tão pequena que estas forças que ela exerce sobre as outras sejam desprezíveis. Portanto, o campo elétrico na posição em questão é, na verdade, definido pela Equação 21-5, mas no limite que q_0 se aproxima de zero. A Tabela 21-2 lista as intensidades de alguns campos elétricos encontrados na natureza.

O campo elétrico descreve a condição no espaço estabelecida pelo sistema de cargas puntiformes. Deslocando a carga teste q_0 de um ponto a outro, podemos determinar $\vec{E}$ para todos os pontos do espaço (exceto o ponto ocupado por uma carga q). O campo elétrico $\vec{E}$ é, portanto, uma função vetorial da posição. A força exercida em uma carga teste q_0 em qualquer ponto está relacionada ao campo elétrico naquele ponto por

$$\vec{F} = q_0 \vec{E} \qquad 21\text{-}6$$

PROBLEMA PRÁTICO 21-7

Quando uma carga teste de 5,0 nC é colocada em um certo ponto, ela experimenta uma força de $2,0 \times 10^{-4}$ N no sentido crescente de x. Qual é o campo elétrico $\vec{E}$ naquele ponto?

PROBLEMA PRÁTICO 21-8

Qual é a força em um elétron colocado em um ponto onde o campo elétrico é $\vec{E} = (4,0 \times 10^4 \text{ N/C})\hat{i}$?

O campo elétrico devido a uma única carga puntiforme pode ser calculado a partir da lei de Coulomb. Considere uma pequena carga de teste positiva q_0 em algum ponto P a uma distância r_{iP} de uma carga q_i. A força em q_0 é

$$\vec{F}_{i0} = \frac{kq_i q_0}{r_{iP}^2} \hat{r}_{iP}$$

O campo elétrico no ponto P devido à carga q_i (Figura 21-12) é, então

$$\vec{E}_{iP} = \frac{kq_i}{r_{iP}^2} \hat{r}_{iP} \qquad 21\text{-}7$$

LEI DE COULOMB $\vec{E}$

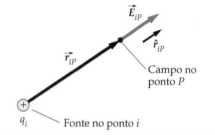

FIGURA 21-12 O campo elétrico $\vec{E}$ em um ponto P devido a uma carga q_i em um ponto i.

onde $\hat{r}_{iP}$ é o vetor unitário que aponta da **posição da fonte** i para o **ponto do campo** P.

O campo elétrico resultante em P devido a uma distribuição de cargas puntiformes é determinado pela soma dos campos devidos à cada uma das cargas separadamente:

$$\vec{E}_P = \sum_i \vec{E}_{iP} \qquad 21\text{-}8$$

CAMPO ELÉTRICO $\vec{E}$ DEVIDO A UM SISTEMA DE CARGAS PUNTIFORMES

Isto é, campos elétricos obedecem ao princípio da superposição.

! Apesar de a expressão para o campo elétrico (Equação 21-7) depender da posição do ponto P, ela *não* depende da carga teste q_0. Ou seja, q_0 não aparece na Equação 21-7.

ESTRATÉGIA PARA SOLUÇÃO DE PROBLEMAS

Calculando o Campo Elétrico Resultante

SITUAÇÃO Para calcular o campo elétrico resultante $\vec{E}_p$ no ponto P devido a uma distribuição específica de cargas puntiformes, desenhe a configuração das cargas. Inclua os eixos coordenados e o ponto P no desenho.

SOLUÇÃO

1. No desenho, identifique a distância r_{ip} de cada carga ao ponto P. Inclua um vetor campo elétrico $\vec{E}_{ip}$ para o campo elétrico em P para cada carga puntiforme.
2. Se o ponto P e as cargas puntiformes não estiverem ao longo de uma linha, então identifique os ângulos que cada vetor campo elétrico $\vec{E}_{ip}$ individual faz com um dos eixos coordenados.
3. Calcule as componentes de cada vetor campo individual $\vec{E}_{ip}$ ao longo das direções dos eixos e use-as para calcular as componentes do vetor campo elétrico resultante $\vec{E}_p$.

Exemplo 21-6 Direção do Campo Elétrico *Conceitual*

Uma carga puntiforme positiva $q_1 + q_2$ e uma carga puntiforme negativa $q_2 = -2q$ estão localizadas no eixo x em $x = a$ e em $x = -a$, respectivamente, como mostra a Figura 21-13. Considere as seguintes regiões no eixo x: região I ($x < -a$), região II ($-a < x < +a$) e região III ($x > a$). Em qual região, ou regiões, há um ponto no qual o campo elétrico resultante é igual a zero?

SITUAÇÃO Sejam $\vec{E}_1$ e $\vec{E}_2$ os campos elétricos devidos a q_1 e q_2, respectivamente. Como q_1 é positiva, $\vec{E}_1$ aponta no sentido que se afasta de q_1 em qualquer ponto do espaço e, como q_2 é negativa, $\vec{E}_2$ aponta no sentido que se aproxima de q_2 em qualquer ponto do espaço. O campo elétrico resultante $\vec{E}$ é igual à soma dos campos elétricos das duas cargas ($\vec{E} = \vec{E}_1 + \vec{E}_2$). O campo resultante é zero se $\vec{E}_1$ e $\vec{E}_2$ tiverem módulos iguais e sentidos opostos. O módulo do campo elétrico devido a uma carga puntiforme se aproxima do infinito em pontos próximos a uma carga puntiforme. Além disso, em pontos distantes da configuração de cargas, o campo elétrico se aproxima ao campo elétrico de uma carga puntiforme igual a $q_1 + q_2$ que está localizada no centro das cargas. O campo elétrico longe da configuração de cargas é igual ao de uma carga puntiforme negativa, pois $q_1 + q_2$ é negativo.

SOLUÇÃO

1. Desenhe uma figura mostrando as duas cargas, o eixo x e os campos elétricos devidos às cargas nos pontos do eixo x em cada uma das regiões I, II e III. Identifique estes pontos como P_I, P_{II} e P_{III}, respectivamente (Figura 21-13):

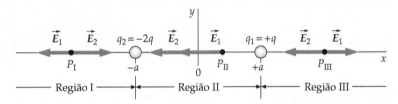

FIGURA 21-13

2. Verifique se os dois vetores campo elétrico podem ser iguais em módulo e terem sentidos opostos em algum ponto da região I:

Ao longo da região I, os dois vetores campo elétrico têm sentidos opostos. Entretanto, todos os pontos na região estão mais próximos de q_2 ($= -2q$) do que de q_1 ($= +q$), logo E_2 é maior do que E_1 em cada ponto nesta região. Portanto, na região I não há pontos onde o campo elétrico é igual a zero.

3. Verifique se os dois vetores campo elétrico podem ser iguais em módulo e terem sentidos opostos em algum ponto da região II:

Ao longo da região II, os dois vetores campo elétrico têm o mesmo sentido em qualquer ponto no eixo x. Portanto, na região II não há pontos onde o campo elétrico é igual a zero.

4. Verifique se os dois vetores campo elétrico podem ser iguais em módulo e terem sentidos opostos em algum ponto da região III:

Ao longo da região III, os dois vetores campo elétrico têm sentidos opostos. Em pontos muito próximos de $x = a$, E_1 é maior do que E_2 (porque em pontos próximos a uma carga puntiforme o módulo do campo elétrico devido à carga tende ao infinito). Entretanto, em pontos onde $x \gg a$, E_2 é maior do que E_1 (porque a grandes distâncias de duas cargas o sentido do campo é determinado pelo sinal de $q_1 + q_2$). Portanto, deve haver algum ponto na região III onde E_1 é igual a E_2. Naquele ponto o campo elétrico resultante é zero.

CHECAGEM O campo elétrico resultante é zero em um ponto na região III, a região na qual $\vec{E}_1$ e $\vec{E}_2$ têm sentidos opostos E na qual todos os pontos estão mais afastados de q_2, a carga com a maior magnitude do que de q_1. Este resultado está de acordo com o que esperaríamos.

Exemplo 21-7 — Campo Elétrico em uma Linha entre Duas Cargas Puntiformes Positivas

Uma carga puntiforme positiva $q_1 = +8{,}0$ nC está no eixo x em $x = x_1 = -1{,}0$ m, e uma segunda carga puntiforme positiva $q_2 = +12$ nC está no eixo x em $x = x_2 = 3{,}0$ Determine o campo elétrico resultante (a) no ponto A sobre o eixo $x = 6{,}0$ m e (b) no ponto B sobre o eixo x em $x = 2{,}0$ m.

SITUAÇÃO Sejam $\vec{E}_1$ e $\vec{E}_2$ os campos elétricos devidos a q_1 e q_2, respectivamente. Como q_1 é positiva, $\vec{E}_1$ aponta no sentido que se afasta de q_1 em qualquer lugar e, como q_2 é positiva, $\vec{E}_2$ aponta no sentido que se afasta de q_2 em qualquer lugar. Calculamos o campo resultante utilizando $\vec{E} = \vec{E}_1 + \vec{E}_2$.

SOLUÇÃO

(a) 1. Desenhe a configuração de cargas e coloque o ponto A no eixo x na posição apropriada. Desenhe vetores representando o campo elétrico em A devido a cada carga puntiforme. Repita o procedimento para o ponto B (Figura 21-14):

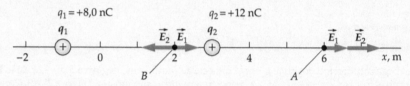

FIGURA 21-14 Como q_1 é uma carga positiva, $\vec{E}_1$ aponta para fora de q_1 em ambos os pontos, A e B. Como q_2 é uma carga positiva, $\vec{E}_2$ aponta para fora de q_2 em ambos os pontos, A e B.

2. Calcule $\vec{E}$ no ponto A usando $r_{1A} = |x_A - x_1|$ $= 6{,}0$ m $- (-1{,}0$ m$) = 7{,}0$ m e $r_{2A} = |x_A - x_2|$ $= 6{,}0$ m $- (3{,}0$ m$) = 3{,}0$ m:

$$\vec{E} = \vec{E}_1 + \vec{E}_2 = \frac{kq_1}{r_{1A}^2}\hat{r}_{1A} + \frac{kq_2}{r_{2A}^2}\hat{r}_{2A} = \frac{kq_1}{(x_A - x_1)^2}\hat{i} + \frac{kq_2}{(x_A - x_2)^2}\hat{i}$$

$$= \frac{(8{,}99 \times 10^9 \text{ N}\cdot\text{m}^2/\text{C}^2)(8{,}0 \times 10^{-9}\text{ C})}{(7{,}0 \text{ m})^2}\hat{i} + \frac{(8{,}99 \times 10^9 \text{ N}\cdot\text{m}^2/\text{C}^2)(12 \times 10^{-9}\text{ C})}{(3{,}0 \text{ m})^2}\hat{i}$$

$$= (1{,}47 \text{ N/C})\hat{i} + (12{,}0 \text{ N/C})\hat{i} = \boxed{(13 \text{ N/C})\hat{i}}$$

(b) Calcule $\vec{E}$ no ponto B usando $r_{1B} = |x_B - x_1| = 2{,}0$ m $- (-1{,}0$ m$) = 3{,}0$ m e $r_{2B} = |x_B - x_2| = |2{,}0$ m $- (3{,}0$ m$)| = 1{,}0$ m:

$$\vec{E} = \vec{E}_1 + \vec{E}_2 = \frac{kq_1}{r_{1B}^2}\hat{r}_{1B} + \frac{kq_2}{r_{2B}^2}\hat{r}_{2B} = \frac{kq_1}{(x_B - x_1)^2}\hat{i} + \frac{kq_2}{(x_B - x_2)^2}(-\hat{i})$$

$$= \frac{(8{,}99 \times 10^9 \text{ N}\cdot\text{m}^2/\text{C}^2)(8{,}0 \times 10^{-9}\text{ C})}{(3{,}0 \text{ m})^2}\hat{i} - \frac{(8{,}99 \times 10^9 \text{ N}\cdot\text{m}^2/\text{C}^2)(12 \times 10^{-9}\text{ C})}{(1{,}0 \text{ m})^2}\hat{i}$$

$$= (7{,}99 \text{ N/C})\hat{i} - (108 \text{ N/C})\hat{i} = \boxed{-(100 \text{ N/C})\hat{i}}$$

CHECAGEM O resultado da Parte (b) é grande e está no sentido $-x$. Este resultado é esperado, pois o ponto B está próximo de q_2, e q_2 é uma carga positiva grande ($+12$ nC) que produz um campo elétrico $\vec{E}_2$ no sentido $-x$ em B.

INDO ALÉM O campo elétrico resultante em pontos próximos a $q_1 = +8{,}0$ nC é dominado pelo campo $\vec{E}_1$ devido a q_1. Há um ponto entre q_1 e q_2 onde o campo resultante é nulo. Não haveria força elétrica em uma carga teste localizada neste ponto. Um esboço de E_x versus x para esta configuração de cargas é mostrado na Figura 21-15.

PROBLEMA PRÁTICO 21-9 Considerando o Exemplo 21-7, determine o ponto no eixo x onde o campo elétrico é zero.

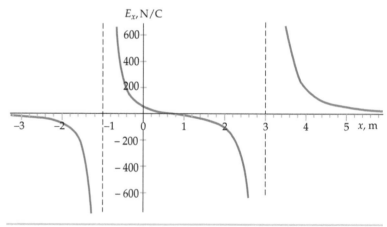

FIGURA 21-15

Exemplo 21-8 — Campo Elétrico Devido a Cargas Puntiformes no Eixo x — *Tente Você Mesmo*

Uma carga puntiforme $q_1 = +8{,}0$ nC está na origem e uma segunda carga puntiforme $q_2 = +12{,}0$ nC está no eixo x em $x = 4{,}0$ m. Determine o campo elétrico no eixo y em $y = 3{,}0$ m.

SITUAÇÃO Como no Exemplo 21-7, $\vec{E} = \vec{E}_1 + \vec{E}_2$. Em pontos no eixo y, o campo elétrico $\vec{E}_1$ devido à carga q_1 está ao longo do eixo y, e o campo $\vec{E}_2$ devido à carga q_2, está no segundo quadrante. Para determinar o campo resultante $\vec{E}$, primeiramente determinaremos as componentes x e y de $\vec{E}$.

SOLUÇÃO

Cubra a coluna da direita e tente por si só antes de olhar as respostas.

Passos **Respostas**

1. Desenhe as duas cargas e o ponto para o qual vamos calcular o campo. Inclua os eixos coordenados. Desenhe o campo elétrico devido a cada uma das cargas no ponto desejado e identifique as distâncias e os ângulos apropriadamente (Figura 21-16a):

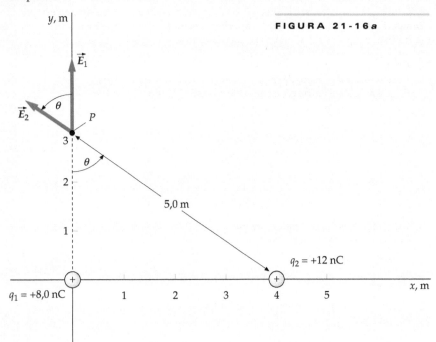

FIGURA 21-16a

2. Calcule o módulo do campo $\vec{E}_1$ em (0; 3,0 m) devido a q_1. Determine as componentes x e y de $\vec{E}_1$.
$E_1 = kq_1/y^2 = 7{,}99$ N/C
$E_{1x} = 0, E_{1y} = E_1 = 7{,}99$ N/C

3. Calcule o módulo de $\vec{E}_2$ em $(0, y)$ devido a q_2.
$E_2 = 4{,}32$ N/C

4. Escreva as componentes x e y de $\vec{E}_2$ em termos do ângulo θ.
$E_{2x} = -E_2 \operatorname{sen}\theta; E_{2y} = E_2 \cos\theta$

5. Calcule $\operatorname{sen}\theta$ e $\cos\theta$.
$\operatorname{sen}\theta = 0{,}80; \cos\theta = 0{,}60$

6. Calcule E_{2x} e E_{2y}.
$E_{2x} = -3{,}46$ N/C; $E_{2y} = 2{,}59$ N/C

7. Desenhe as componentes do campo resultante. Inclua o vetor $\vec{E}$ e o ângulo que $\vec{E}$ faz com o eixo x (Figura 21-16b):

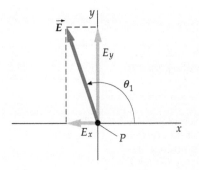

FIGURA 21-16b

8. Determine as componentes x e y do campo resultante $\vec{E}$.
$E_x = E_{1x} + E_{2x} = -3{,}46$ N/C
$E_y = E_{1y} + E_{2y} = 10{,}6$ N/C

9. Calcule o módulo de $\vec{E}$ a partir de suas componentes.
$E = \sqrt{E_x^2 + E_y^2} = 11{,}2$ N/C = $\boxed{11 \text{ N/C}}$

10. Determine o ângulo θ_1 entre $\vec{E}$ e o eixo x.
$\theta_1 = \tan^{-1}\left(\dfrac{E_y}{E_x}\right) = \boxed{108°}$

CHECAGEM Como esperado, E é maior do que E_1 ou E_2, mas menor do que $E_1 + E_2$. (Este resultado é esperado porque o ângulo entre $\vec{E}_1$ e $\vec{E}_2$ é menor do que 90°.)

Exemplo 21-9 — Campo Elétrico Devido a Duas Cargas de Mesmo Módulo e Sinais Opostos

Uma carga $+q$ está em $x = a$ e uma segunda carga $-q$ está em $x = -a$ (Figura 21-17). (a) Determine o campo elétrico no eixo x em um ponto arbitrário $x > a$. (b) Determine o valor limite do campo elétrico para $x \gg a$.

SITUAÇÃO Calculamos o campo elétrico no ponto P usando o princípio da superposição, $\vec{E}_p = \vec{E}_{1p} + \vec{E}_{2p}$. Para $x > a$, o campo elétrico $\vec{E}_+$ devido à carga positiva aponta no sentido $+x$ e o campo $\vec{E}_-$ devido à carga negativa aponta no sentido $-x$. As distâncias são $x - a$ para a carga positiva e $x - (-a) = x + a$ para a carga negativa.

SOLUÇÃO

(a) 1. Desenhe a configuração de cargas em um eixo coordenado e identifique as distâncias de cada carga até o ponto P (Figura 21-17):

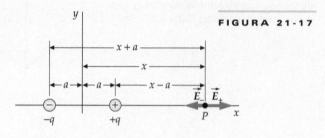

FIGURA 21-17

2. Calcule $\vec{E}$ devido às duas cargas para $x > a$: (*Nota:* A equação à direita vale apenas para $x > a$.)

$$\vec{E} = \vec{E}_+ + \vec{E}_- = \frac{kq}{[x-a]^2}\hat{i} + \frac{kq}{[x-(-a)]^2}(-\hat{i})$$

$$= kq\left[\frac{1}{(x-a)^2} - \frac{1}{(x+a)^2}\right]\hat{i}$$

3. Calcule o denominador comum com os termos entre colchetes e simplifique:

$$\vec{E} = kq\left[\frac{(x+a)^2 - (x-a)^2}{(x+a)^2(x-a)^2}\right]\hat{i} = \boxed{kq\frac{4ax}{(x^2-a^2)^2}\hat{i}} \quad x > a$$

(b) No limite $x \gg a$, podemos desprezar a^2 em relação a x^2 no denominador:

$$\vec{E} = kq\frac{4ax}{(x^2-a^2)^2}\hat{i} \approx kq\frac{4ax}{x^4}\hat{i} = \boxed{\frac{4kqa}{x^3}\hat{i}} \quad x \gg a$$

CHECAGEM Ambas as respostas enquadradas se aproximam de zero quando x tende ao infinito, conforme esperado.

INDO ALÉM A Figura 21-28 mostra E_x versus x para todos os valores de x, para $q = 1{,}0$ nC e $a = 1{,}0$ m. Para $|x| \gg a$ (distante das cargas), o campo é dado por

$$\vec{E} = \frac{4kqa}{|x|^3}\hat{i} \quad |x| \gg a$$

Entre as cargas, a contribuição de cada uma é no sentido negativo de x. Uma expressão para $\vec{E}$ é

$$\vec{E} = \frac{kq}{(x-a)^2}\hat{e}_+ + \frac{k(-q)}{(x+a)^2}\hat{e}_- \quad -a < x < a$$

onde $\hat{e}_+$ é um vetor unitário cujo sentido se afasta do ponto $x = a$ para qualquer valor de x (exceto $x = a$) e $\hat{e}_-$ é um vetor unitário cujo sentido se afasta do ponto $x = -a$ para todos os valores de x (exceto $x = -a$). (Note que $\hat{e}_+ = \frac{x-a}{|x-a|}\hat{i}$ e $\hat{e}_- = \frac{x+a}{|x+a|}\hat{i}$.)

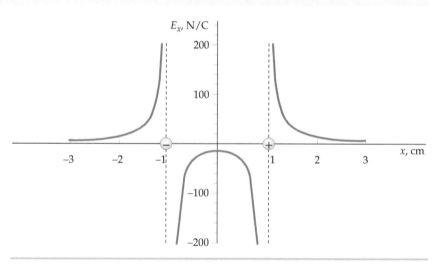

FIGURA 21-18 Um gráfico de E_x versus x no eixo x para a distribuição de cargas do Exemplo 21-9.

DIPOLOS ELÉTRICOS

Um sistema de duas cargas iguais q de sinais opostos, separadas por uma pequena distância L, é denominado **dipolo**. Sua magnitude e orientação são descritas pelo **momento de dipolo** $\vec{p}$, o qual é um vetor que aponta da carga negativa $-q$ para a carga positiva $+q$ e tem módulo igual à $q\vec{L}$ (Figura 21-19):

$$\vec{p} = q\vec{L}$$ 21-9

DEFINIÇÃO—MOMENTO DE DIPOLO

onde $\vec{L}$ é a posição da carga positiva em relação à carga negativa.

Para o sistema de cargas na Figura 21-17, $\vec{L} = 2a\hat{i}$ e o momento de dipolo é

$$\vec{p} = 2aq\hat{i}$$

Em termos do momento de dipolo $\vec{p}$, o campo elétrico no eixo do dipolo em um ponto a uma grande distância $|x|$ está na mesma direção e sentido de $\vec{p}$ e tem módulo

$$E = \frac{2kp}{|x|^3}$$ 21-10

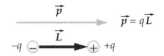

FIGURA 21-19 Um dipolo consiste em um par de cargas iguais com sinais contrários. O momento de dipolo é $\vec{p} = q\vec{L}$, onde q é o módulo de uma das cargas e $\vec{L}$ é a posição da carga negativa relativa à carga positiva.

(veja Exemplo 41-9). Em um ponto distante do dipolo em qualquer direção, o módulo do campo elétrico é proporcional ao módulo do momento de dipolo e diminui com o cubo da distância. Se um sistema tem uma carga resultante não-nula, o campo elétrico diminui com $1/r^2$ a grandes distâncias. Em um sistema que tem carga resultante zero, o campo elétrico decai mais rapidamente com a distância. No caso de um dipolo, o campo decai com $1/r^3$ em todas as direções.

21-5 LINHAS DE CAMPO ELÉTRICO

Podemos visualizar o campo elétrico desenhando linhas, denominadas **linhas de campo elétrico**, para representar tanto o módulo quanto a direção e o sentido do campo. Em um dado ponto, o vetor campo $\vec{E}$ é tangente à linha naquele ponto. (Linhas de campo elétrico também são chamadas de *linhas de força* porque elas mostram a direção e o sentido da força elétrica exercida em uma carga de teste positiva.) Em pontos muito próximos de uma carga puntiforme positiva, o campo elétrico $\vec{E}$ aponta em sentido contrário ao da carga. Conseqüentemente, as linhas de campo elétrico muito próximas a uma carga positiva também apontam no sentido contrário à carga. De forma semelhante, muito próximas a uma carga puntiforme negativa as linhas de campo elétrico apontam diretamente para a carga.

A Figura 21-20 mostra as linhas de campo elétrico de uma carga puntiforme positiva. O espaçamento entre as linhas está relacionado à intensidade do campo elétrico. Quando nos afastamos da carga, o campo torna-se menos intenso e as linhas ficam mais afastadas entre si. Considere uma superfície esférica imaginária de raio r cujo centro está na carga. Sua área é $4\pi r^2$. Assim, quando r aumenta, a densidade de linhas de campo (o número de linhas por unidade de área através de um elemento de superfície perpendicular às linhas de campo) diminui com $1/r^2$, a mesma taxa de decréscimo de E. Adotamos, então, a convenção de desenharmos um número fixo de linhas para uma carga puntiforme, sendo este número proporcional à carga q, e, se desenharmos as linhas igualmente espaçadas muito próximas à carga puntiforme, a intensidade do campo é representada pela densidade de linhas. Quanto mais próximas elas estiverem entre si, mais intenso será o campo elétrico. O módulo do campo elétrico também é chamado de **intensidade do campo**.

A Figura 21-21 mostra as linhas de campo elétrico para duas cargas puntiformes positivas iguais, q, separadas por uma pequena distância. Na vizinhança de cada carga puntiforme, o campo é aproximadamente igual ao da carga isolada. Isto ocorre porque o módulo do campo de uma carga puntiforme isolada é extremamente intenso em pontos muito próximos dela e porque a segunda carga está relativamente distante. Conseqüentemente, as linhas de campo na vizinhança de cada uma das cargas são radiais e igualmente espaçadas. Como as cargas têm o mesmo valor, desenhamos um número igual de linhas para cada carga. A grandes distâncias, os detalhes da configuração de cargas não são importantes e as linhas de campo elétrico são indistinguíveis daquelas de uma carga puntiforme de magnitude $2q$ a uma distância muito grande. (Por exemplo, se as cargas estivessem separadas por 1 mm e observássemos as linhas de campo a uma distância de 100 km, as linhas de campo se assemelhariam às de uma única carga com magnitude $2q$ a uma distância de 100 km.) Portanto, a uma grande distância das cargas, o campo é aproxima-

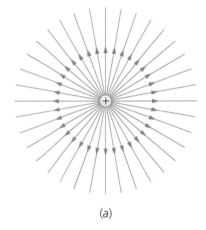

(a)

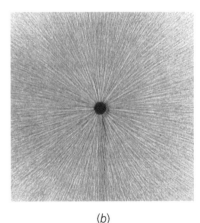

(b)

FIGURA 21-20 (a) Linhas de campo elétrico de uma única carga puntiforme positiva. Se a carga fosse negativa, as setas teriam sentidos contrários. (b) As mesmas linhas de campo elétrico mostradas por pedaços de fibra suspensos em óleo. O campo elétrico do objeto carregado no centro induz cargas opostas nas extremidades de cada pedaço de fibra, fazendo com que eles se alinhem paralelamente ao campo. (*Harold M. Waage.*)

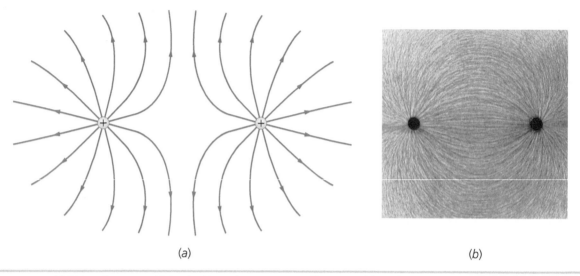

(a)   (b)

FIGURA 21-21 (*a*) Linhas de campo elétrico devidas a duas cargas puntiformes positivas. As setas teriam sentidos contrários se ambas as cargas fossem negativas. (*b*) Linhas de campo elétrico mostradas por pedaços de fibra em óleo para duas cargas puntiformes com sinais opostos. (*Harold M. Waage.*)

mente o mesmo que o de uma carga puntiforme $2q$ e as linhas estariam aproximadamente igualmente espaçadas. Observando a Figura 21-21, vemos que a densidade das linhas de campo na região entre as duas cargas é pequena comparada à densidade de linhas na região à esquerda ou à direita das cargas. Isto indica que o módulo do campo elétrico é menor na região entre as cargas do que nas regiões à direita ou à esquerda das cargas, onde as linhas estão mais próximas umas das outras. Esta informação também pode ser obtida calculando diretamente o campo em pontos nestas regiões.

Podemos aplicar este raciocínio para representar as linhas de campo elétrico para qualquer sistema de cargas puntiformes. Nas proximidades de cada carga, as linhas de campo estão igualmente espaçadas e saem ou chegam a cada carga radialmente, dependendo do sinal da carga. A grandes distâncias de todas as cargas, a configuração detalhada do sistema de cargas não é importante e, então, as linhas de campo são como aquelas de uma única carga puntiforme tendo o valor da carga resultante do sistema. As regras para desenhar as linhas de campo elétrico estão resumidas na seguinte Estratégia para Solução de Problemas.

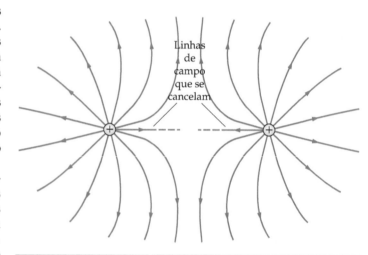

FIGURA 21-22 Há um número infinitamente maior de linhas emanando das duas cargas, duas das quais são linhas de campo que se cancelam. Estas linhas de campo terminam no ponto eqüidistante entre as duas cargas.

ESTRATÉGIA PARA SOLUÇÃO DE PROBLEMAS

Desenhando Linhas de Campo

SITUAÇÃO Linhas de campo elétrico saem de cargas positivas e chegam em cargas negativas.*

SOLUÇÃO
1. As linhas que saem de (ou terminam em) uma carga puntiforme isolada são desenhadas uniformemente espaçadas no local onde saem (ou terminam).

---

* As linhas de campo que se cancelam são linhas que não seguem a esta regra. Um exemplo desta linha é aquela que sai de uma das cargas positivas da Figura 21-22 e está direcionada para a outra carga. Esta linha de campo termina no ponto eqüidistante entre as duas cargas — assim como a linha de campo correspondente que sai da segunda carga positiva na figura. Para estas duas cargas há um número infinitamente maior de linhas de campo, duas das quais se cancelam.

2. O número de linhas que saem de uma carga positiva (ou terminam em uma carga negativa) é proporcional à intensidade da carga.
3. A densidade de linhas em qualquer ponto (o número de linhas por unidade de área através de um elemento de superfície perpendicular às linhas) é proporcional à intensidade do campo naquele ponto.
4. A grandes distâncias de um sistema de cargas que tenha uma carga resultante não-nula, as linhas de campo estão igualmente espaçadas e são radiais, como se saíssem de (ou terminassem em) uma carga puntiforme isolada igual à carga total do sistema.

CHECAGEM Se assegure que as linhas de campo nunca se interceptem. (Se duas linhas de campo se interceptassem, haveria duas direções para $\vec{E}$ no ponto de interseção.)

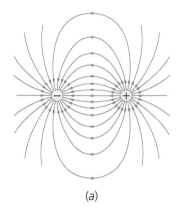

(a)

A Figura 21-23 mostra as linhas de campo elétrico devidas a um dipolo. Muito próximas à carga positiva, as linhas são radiais e apontam para fora da carga. Muito próximas à carga negativa, as linhas são radiais e apontam para a carga. Como as cargas têm valores iguais, o número de linhas que começam na carga positiva é igual ao número de linhas que terminam na carga negativa. Neste caso, o campo é mais intenso na região entre as cargas, como indicado pela alta densidade de linhas de campo nesta região.

A Figura 21-24a mostra as linhas de campo elétrico para uma carga negativa $-q$ a uma pequena distância de uma carga positiva $+2q$. Duas vezes mais linhas saem da carga positiva do que terminam na carga negativa. Portanto, metade das linhas que saem da carga positiva $+2q$ termina na carga negativa $-q$; a outra metade das linhas que saem da carga positiva continua indefinidamente. Muito distantes das cargas (Figura 21-24b), as linhas estão espaçadas de forma aproximadamente simétrica e apontam radialmente para fora de um único ponto, exatamente como seria para o caso de uma única carga puntiforme positiva $+q$.

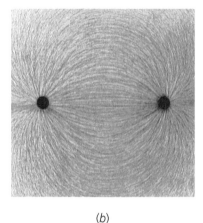

(b)

FIGURA 21-23 (a) Linhas de campo elétrico para um dipolo. (b) As mesmas linhas de campo mostradas por pedaços de fibra em óleo. (*Harold M. Waage.*)

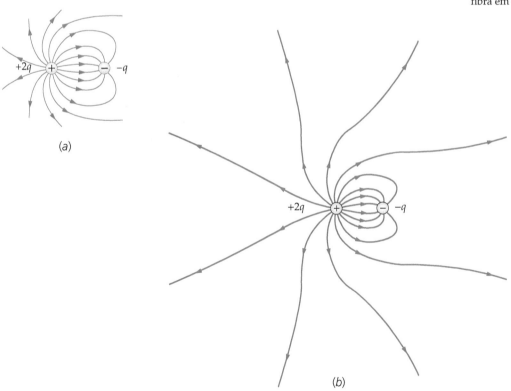

FIGURA 21-24 (a) Linhas de campo elétrico para uma carga puntiforme $+2q$ e uma segunda carga puntiforme $-q$. (b) A grandes distâncias das cargas, as linhas de campo se aproximam das de uma única carga puntiforme $+q$ localizada no centro de carga.

Exemplo 21-10 — Linhas de Campo para Duas Esferas Condutoras *Conceitual*

As linhas de campo elétrico para duas esferas condutoras estão mostradas na Figura 21-25. Qual é o sinal da carga em cada esfera e quais são as magnitudes relativas das cargas nas esferas?

SITUAÇÃO A carga em um objeto é positiva se mais linhas de campo saem dela do que terminam nela, e é negativa se mais linhas terminam nela do que saem dela. A razão entre as magnitudes das cargas é igual à razão entre o número resultante de linhas que saem ou terminam nas esferas.

SOLUÇÃO

1. Contando as linhas de campo, determine o número resultante de linhas que saem da esfera maior:
   Como 11 linhas de campo saem da esfera maior e 3 linhas terminam nela, o número resultante de linhas que saem dela é 8.

2. Contando as linhas de campo, determine o número resultante de linhas que saem da esfera menor:
   Como 8 linhas de campo saem da esfera menor e nenhuma linha termina nela, o número resultante de linhas que saem dela é 8.

3. Determine o sinal da carga em cada esfera:
   Como ambas as esferas têm mais linhas de campo saindo delas do que terminando nelas,

   ambas as esferas estão carregadas positivamente.

4. Determine as magnitudes relativas das cargas nas duas esferas:
   Como ambas as esferas têm o mesmo número resultante de linhas saindo delas, as

   cargas nas esferas são iguais em magnitude.

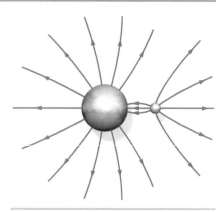

FIGURA 21-25

A convenção relacionando a intensidade do campo elétrico à densidade de linhas de campo funciona apenas porque o campo elétrico varia inversamente com o quadrado da distância à carga puntiforme. Como o campo gravitacional de uma massa puntiforme também varia inversamente com o quadrado da distância, o desenho de linhas de campo também é útil para representar campos gravitacionais. Na vizinhança de uma massa puntiforme, as linhas de campo gravitacional terminam na massa, assim como as linhas de campo elétrico terminam em uma carga negativa. Entretanto, diferentemente das linhas de campo elétrico na vizinhança de uma carga positiva, não há pontos no espaço dos quais saem as linhas de campo gravitacional. Isto ocorre porque a força gravitacional entre duas massas nunca é repulsiva.

21-6 AÇÃO DO CAMPO ELÉTRICO EM CARGAS

Um campo elétrico uniforme pode exercer uma força em uma partícula carregada isolada, e pode exercer tanto um torque quanto uma força resultante em um dipolo elétrico.

MOVIMENTO DE CARGAS PUNTIFORMES EM CAMPOS ELÉTRICOS

Quando uma partícula que tem carga q é colocada em um campo elétrico $\vec{E}$ ela experimenta uma força $q\vec{E}$. Se a força elétrica é a única força exercida na partícula, sua aceleração será

$$\vec{a} = \frac{\Sigma \vec{F}}{m} = \frac{q}{m}\vec{E}$$

onde m é a massa da partícula. (Se a partícula é um elétron, sua rapidez em um campo elétrico é, freqüentemente, uma fração significativa da velocidade da luz. Nes-

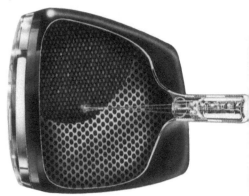

Desenho esquemático de um monitor de tubo de raios catódicos utilizado em televisores em cores. Os feixes de elétrons do canhão de elétrons à direita ativam o fósforo na tela à esquerda, dando origem a pontos brilhantes cujas cores dependem da intensidade relativa de cada feixe. Os campos elétricos entre as placas de deflexão no canhão (ou campos magnéticos de bobinas que circundam o canhão) defletem os feixes. Os feixes varrem a tela em uma linha horizontal, são defletidos para baixo e, então, varrem a tela novamente. A tela inteira é varrida desta maneira 30 vezes por segundo. (*Cortesia de Hulon Forrester/Video Display Corporation, Tucker Georgia.*)

tes casos, as leis de Newton para o movimento devem ser modificadas pela teoria da relatividade especial de Einstein.) Se o campo elétrico é conhecido, a razão carga–massa da partícula pode ser determinada através da medida da aceleração. J.J. Thomson usou a deflexão de elétrons em um campo elétrico uniforme em 1897 para demonstrar a existência de elétrons e para medir a razão carga–massa. Exemplos familiares de dispositivos baseados no movimento de elétrons em campos elétricos são osciloscópios, monitores de computadores e aparelhos de televisão que usam monitores de tubos de raios catódicos.

Exemplo 21-11   Elétron se Movendo Paralelamente a um Campo Elétrico Uniforme

Um elétron é projetado em um campo elétrico uniforme $\vec{E} = (1000 \text{ N/C})\hat{i}$ com uma velocidade inicial $\vec{v}_0 = (2,00 \times 10^6 \text{ m/s})\hat{i}$ na direção do campo (Figura 21-26). Qual a distância percorrida pelo elétron antes que ele atinja momentaneamente o repouso?

SITUAÇÃO Como a carga do elétron é negativa, a força $\vec{F} = -e\vec{E}$ exercida no elétron está no sentido oposto ao campo. Como $\vec{E}$ é constante, a força é constante e podemos utilizar as fórmulas para aceleração constante do Capítulo 2 (Volume 1). Escolhemos a direção e sentido do campo como $+x$.

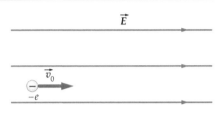

FIGURA 21-26

SOLUÇÃO

1. O deslocamento Δx está relacionado às velocidades inicial e final:
$$v_x^2 = v_{0x}^2 + 2a_x \Delta x$$

2. A aceleração é obtida da segunda lei de Newton:
$$a_x = \frac{F_x}{m} = \frac{-eE_x}{m}$$

3. Quando $v_x = 0$, o deslocamento é:
$$\Delta x = \frac{v_x^2 - v_{0x}^2}{2a_x} = \frac{0 - v_{0x}^2}{2(-eE_x/m)} = \frac{mv_0^2}{2eE} = \frac{(9,11 \times 10^{-31} \text{ kg})(2,00 \times 10^6 \text{ m/s})^2}{2(1,60 \times 10^{-19} \text{ C})(1000 \text{ N/C})}$$
$$= 1,14 \times 10^{-2} \text{ m} = \boxed{1,14 \text{ cm}}$$

CHECAGEM O deslocamento Δx é positivo, como é de se esperar para algo se movendo no sentido $+x$.

Exemplo 21-12   Elétron se Movendo Perpendicularmente a um Campo Elétrico Uniforme

Um elétron entra em um campo elétrico uniforme $\vec{E} = (-2,0 \text{ kN/C})\hat{j}$ com uma velocidade inicial $\vec{v}_0 = (1,0 \; 10^6 \text{ m/s})\hat{i}$ perpendicular ao campo (Figura 21-27). (a) Compare a força gravitacional exercida no elétron à força elétrica sobre ele. (b) Qual a deflexão do elétron depois de ele ter percorrido 1,0 cm na direção x?

SITUAÇÃO (a) Calcule a razão entre a magnitude da força elétrica $|q|E = eE$ e a da força gravitacional mg. (b) Como mg é, por comparação, desprezível, a força resultante no elétron é igual à força elétrica vertical para cima. O elétron move-se, portanto, com uma velocidade horizontal constante v_x e é defletido para cima por uma quantidade $\Delta y = \frac{1}{2}at^2$, onde t é o tempo para o deslocamento de 1,0 cm na direção x.

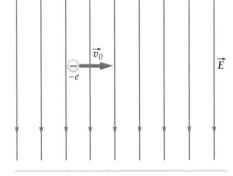

FIGURA 21-27

SOLUÇÃO

(a) 1. Calcule a razão entre as magnitudes da força elétrica, F_e, e da força gravitacional, F_g:
$$\frac{F_e}{F_g} = \frac{eE}{mg} = \frac{(1,60 \times 10^{-19} \text{ C})(2000 \text{ N/C})}{(9,11 \times 10^{-31} \text{ kg})(9,81 \text{ N/kg})}$$
$$= \boxed{3,6 \times 10^{13}}$$

(b) 1. Expresse a deflexão vertical em termos da aceleração a e do tempo t:
$$\Delta y = \frac{1}{2}a_y t^2$$

2. Expresse o tempo necessário para que o elétron percorra uma distância horizontal Δx com uma velocidade horizontal constante v_0:
$$t = \frac{\Delta x}{v_0}$$

3. Use este resultado para t e eE/m para a_y, para calcular Δy:

$$\Delta y = \frac{1}{2}\frac{eE}{m}\left(\frac{\Delta x}{v_0}\right)^2 = \frac{1}{2}\frac{(1{,}6 \times 10^{-19}\,\text{C})(2000\,\text{N/C})}{9{,}11 \times 10^{-31}\,\text{kg}}\left(\frac{0{,}010\,\text{m}}{10^6\,\text{m/s}}\right)^2$$

$$= \boxed{1{,}8\,\text{cm}}$$

CHECAGEM O resultado do passo 4 é positivo (para cima) como esperado para um objeto acelerado para cima que estava inicialmente se movendo na horizontal.

INDO ALÉM (a) Como geralmente ocorre, a força elétrica é imensa comparada à força gravitacional. Portanto, não é necessário considerar a gravidade quando se projeta um tubo de raios catódicos, por exemplo, ou quando se calcula a deflexão no problema aqui apresentado. De fato, um tubo de imagem de televisão funciona igualmente bem de cabeça para baixo ou de lado, como se a gravidade nem ao menos existisse. (b) O caminho de um elétron se movendo em um campo elétrico uniforme é uma parábola, o mesmo que a trajetória de uma partícula neutra se movendo em um campo gravitacional uniforme.

Exemplo 21-13 O Campo Elétrico em uma Impressora Jato de Tinta *Rico em Contexto*

Você acaba de imprimir um longo trabalho para seu professor de Português e se pergunta como a impressora jato de tinta sabe onde colocar a tinta. Você procura na Internet e encontra uma imagem (Figura 21-28) mostrando que as gotas de tinta estão carregadas eletricamente e passam entre um par de placas metálicas com cargas opostas que produzem um campo elétrico uniforme na região entre elas. Como você está estudando sobre campo elétrico nas aulas de física, você se pergunta se pode determinar a intensidade do campo usado neste tipo de impressora. Você pesquisa mais e encontra que uma gota de tinta de 40,0 μm de diâmetro tem uma velocidade inicial de 40,0 m/s e que uma gota que tem uma carga de 2,00 nC sofre uma deflexão para cima de 3,00 mm enquanto ela viaja através de uma região de 1,00 cm entre as placas. Determine a intensidade do campo elétrico. (Despreze quaisquer efeitos da gravidade no movimento das gotas.)

SITUAÇÃO O campo elétrico $\vec{E}$ exerce uma força elétrica constante $\vec{F}$ na gota enquanto ela passa entre as duas placas, onde $\vec{F} = q\vec{E}$. Estamos procurando por E. Podemos obter a força $\vec{F}$ determinando a massa e a aceleração $\vec{F} = m\vec{a}$. A aceleração pode ser encontrada por cinemática e a massa pode ser determinada usando o raio. Considere que a massa específica ρ da tinta seja de 1000 kg/m³ (a mesma massa específica da água).

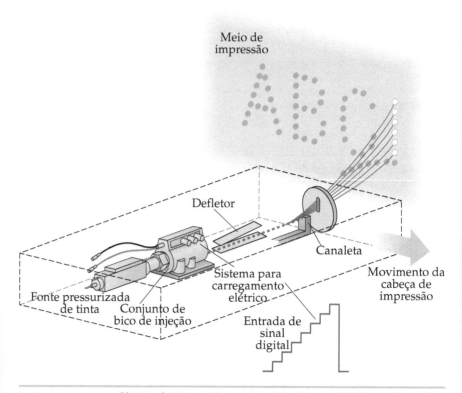

FIGURA 21-28 Um jato de tinta usado para imprimir. A tinta sai do bico na forma de gotas discretas. Qualquer gota que se destina a formar um ponto na imagem está carregada eletricamente. O defletor consiste em um par de placas carregadas com sinais opostos. Quanto maior a carga que a gota recebe, maior a deflexão que ela sofre ao passar entre as placas do defletor. Gotas que não receberam carga não são defletidas para cima. Estas gotas acabam na canaleta e retornam ao reservatório. (*Cortesia de Videojet Display Systems International.*)

SOLUÇÃO

1. A intensidade do campo elétrico é igual à razão entre a força e a carga:

   $E = \dfrac{F}{q}$

2. A força, que está na direção $+y$ (para cima), é igual à massa multiplicada pela aceleração:

   $F = ma_y$

3. O deslocamento vertical é obtido usando uma fórmula da cinemática com aceleração constante para $v_{0y} = 0$:

   $\Delta y = v_{0y}t + \tfrac{1}{2}a_y t^2 = 0 + \tfrac{1}{2}a_y t^2$

4. O tempo corresponde ao necessário para que a gota percorra $\Delta x = 1,00$ cm com $v_0 = 40,0$ m/s:

$$\Delta x = v_{0x}t = v_0 t, \text{ logo } t = \Delta x/v_0$$

5. Resolvendo para a_y, temos:

$$a_y = \frac{2\Delta y}{t^2} = \frac{2\Delta y}{(\Delta x/v_0)^2} = \frac{2v_0^2 \Delta y}{(\Delta x)^2}$$

6. A massa é igual à massa específica multiplicada pelo volume:

$$m = \rho V = \rho \tfrac{4}{3}\pi r^3$$

7. Resolvendo para E:

$$E = \frac{F}{q} = \frac{ma}{q} = \frac{\rho \tfrac{4}{3}\pi r^3}{q} \frac{2v_0^2 \Delta y}{(\Delta x)^2} = \frac{8\pi}{3} \frac{\rho r^3 v_0^2 \Delta y}{q(\Delta x)^2}$$

$$= \frac{8\pi}{3} \frac{(1000 \text{ kg/m}^3)(20,0 \times 10^{-6} \text{ m})^3 (40,0 \text{ m/s})^2 (3,00 \times 10^{-3} \text{ m})}{(2,00 \times 10^{-9} \text{ C})(0,0100 \text{ m})^2} = \boxed{1,61 \text{ kN/C}}$$

CHECAGEM As unidades na última linha do passo 7 são kg · m/(C · s²). As unidades estão corretas porque 1 N = 1 kg · m/s².

INDO ALÉM O jato de tinta neste exemplo é denominado jato de tinta contínuo com múltipla deflexão. Ele é utilizado em algumas impressoras industriais. As impressoras jato de tinta de baixo custo comercializadas para uso doméstico não utilizam gotículas carregadas defletidas por um campo elétrico.

DIPOLOS EM CAMPOS ELÉTRICOS

No Exemplo 21-9 determinamos o campo elétrico produzido por um dipolo, um sistema de duas cargas puntiformes iguais com sinais opostos que estão próximas entre si. Consideraremos, agora, o comportamento de um dipolo em um campo elétrico externo. Algumas moléculas têm momentos de dipolo permanentes devidos a uma distribuição não-uniforme de carga no seu interior. Tais moléculas são denominadas **moléculas polares**. Um exemplo é HCl, que é, essencialmente, um íon hidrogênio positivo de carga $+e$ combinado com um íon cloro negativo de carga $-e$. O centro de carga do íon positivo não coincide com o centro de carga do íon negativo e, portanto, a molécula tem um momento de dipolo permanente. Outro exemplo é a água (Figura 21-29).

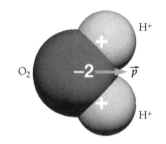

FIGURA 21-29 Uma molécula de H₂O tem um momento de dipolo permanente que aponta no sentido do centro da carga negativa para o centro da carga positiva.

Um campo elétrico externo uniforme não exerce força resultante em um dipolo, mas exerce um torque que tende a girar o dipolo para alinhá-lo com a direção do campo externo. Vemos na Figura 21-30 que o torque $\vec{\tau}$ calculado em relação à posição de qualquer uma das cargas tem módulo $F_1 L \text{ sen } \theta = qEL \text{ sen } \theta = pE \text{ sen } \theta$.* A direção e o sentido do vetor torque é para dentro da página, tendendo a girar o vetor momento de dipolo $\vec{p}$ para alinhá-lo com a direção de $\vec{E}$. O torque pode ser expresso de forma mais concisa como o produto vetorial:

$$\vec{\tau} = \vec{p} \times \vec{E} \qquad \qquad 21\text{-}11$$

Se o dipolo gira de um ângulo $d\theta$, o campo elétrico realiza trabalho:

$$dW = -\tau d\theta = -pE \text{ sen } \theta \; d\theta$$

(O sinal de menos surge porque o torque se opõe a qualquer aumento de θ.) Igualando o negativo deste trabalho à variação na energia potencial, temos

$$dU = -dW = +pE \text{ sen } \theta \; d\theta$$

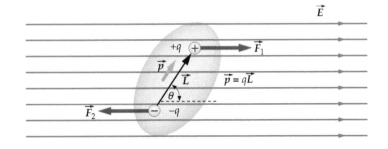

FIGURA 21-30 Um dipolo em um campo elétrico uniforme experimenta forças iguais com sentidos opostos que tendem a girá-lo para que seu momento de dipolo $\vec{p}$ seja alinhado com o campo elétrico $\vec{E}$.

---

* O torque produzido por duas forças iguais em módulo e de sentidos opostos (arranjo conhecido como par) é o mesmo em qualquer ponto no espaço.

Integrando, obtemos

$$U = -pE\cos\theta + U_0$$

Se escolhermos o zero da energia potencial U como quando $\theta = 90°$, então $U_0 = 0$ e a energia potencial do dipolo é

$$U = -pE\cos\theta = -\vec{p}\cdot\vec{E} \qquad 21\text{-}12$$

ENERGIA POTENCIAL DE UM DIPOLO EM UM CAMPO ELÉTRICO

Fornos de microondas aproveitam o momento de dipolo das moléculas de água para cozinhar alimentos. Assim como outras ondas eletromagnéticas, as microondas têm campos elétricos oscilantes que exercem torques em dipolos, torques que fazem girar as moléculas de água com energia cinética rotacional significativa. Desta maneira, energia é transferida da radiação de microondas para as moléculas de água a uma taxa elevada, o que é responsável pelos rápidos tempos de cozimento que tornam os fornos de microondas tão convenientes.

Moléculas apolares não têm momentos de dipolo permanentes. Entretanto, todas as moléculas neutras têm quantidades iguais de cargas positivas e negativas. Na presença de um campo elétrico externo $\vec{E}$, os centros das cargas positivas e negativas se separam no espaço. As cargas positivas tendem a se mover na direção e sentido de $\vec{E}$, e as cargas negativas, no sentido oposto. A molécula adquire, portanto, um momento de dipolo induzido paralelo ao campo elétrico externo e estará **polarizada**.

Em um campo elétrico não-uniforme, um dipolo experimenta uma força resultante, pois o campo elétrico tem magnitudes diferentes nos centros de cargas positivas e negativas. A Figura 21-31 mostra como uma carga puntiforme positiva polariza uma molécula apolar e, então, a atrai. Um exemplo familiar é a atração que mantém um balão carregado eletrostaticamente preso a uma parede. O campo não uniforme produzido pela carga no balão polariza as moléculas na parede e, então, as atrai. Uma força igual com sentido oposto é exercida pelas moléculas da parede no balão.

O diâmetro de um átomo ou molécula é da ordem de 10^{-12} m = 1 pm (um picômetro). Uma unidade conveniente para o momento de dipolo de átomos e moléculas é a carga fundamental e multiplicada pela distância de 1 pm. Por exemplo, o momento de dipolo de H_2O nestas unidades tem magnitude de aproximadamente 40 $e \cdot$ pm.

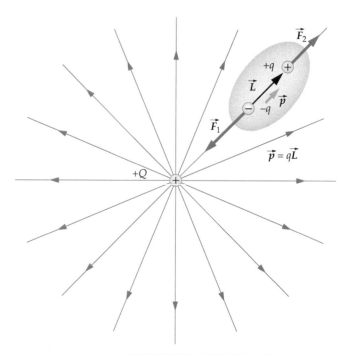

FIGURA 21-31 Uma molécula apolar em um campo elétrico não-uniforme de uma carga puntiforme positiva $+Q$. A carga puntiforme atrai as cargas negativas (os elétrons) na molécula e repele as cargas positivas (os prótons). Como resultado, o centro de carga negativa $-q$ fica mais próximo de $+Q$ do que o centro de carga positiva $+q$, e o momento de dipolo induzido $\vec{p}$ é paralelo ao campo da carga puntiforme. Como $-q$ está mais próxima de $+Q$ do que está $+q$, F_1 é maior do que F_2 e a molécula é atraída para a carga puntiforme. Além disso, se a carga puntiforme fosse negativa, o momento de dipolo induzido teria o sentido oposto, mas a molécula seria, novamente, atraída para a carga puntiforme.

Exemplo 21-14 Torque e Energia Potencial

Uma molécula polar tem um momento de dipolo de magnitude 20 $e \cdot$ pm que faz um ângulo de 20° com um campo elétrico uniforme de módulo igual a $3{,}0 \times 10^3$ N/C (Figura 21-32). Determine (a) o módulo do torque no dipolo e (b) a energia potencial do sistema.

SITUAÇÃO O torque é obtido de $\vec{\tau} = \vec{p} \times \vec{E}$ e a energia potencial é obtida de $U = -\vec{p}\cdot\vec{E}$.

SOLUÇÃO

1. Calcule o módulo do torque:

$$\tau = |\vec{p} \times \vec{E}| = pE\,\text{sen}\,\theta = (20\,e\cdot\text{pm})(3\times 10^3\,\text{N/C})(\text{sen}\,20°)$$
$$= (0{,}02)(1{,}6\times 10^{-19}\,\text{C})(10^{-9}\,\text{m})(3\times 10^3\,\text{N/C})(\text{sen}\,20°)$$
$$= \boxed{3{,}3 \times 10^{-27}\,\text{N}\cdot\text{m}}$$

2. Calcule a energia potencial:

$$U = -\vec{p}\cdot\vec{E} = -pE\cos\theta$$
$$= -(0{,}02)(1{,}6\times 10^{-19}\,\text{C})(10^{-9}\,\text{m})(3\times 10^3\,\text{N/C})\cos 20°$$
$$= \boxed{-9{,}0 \times 10^{-27}\,\text{J}}$$

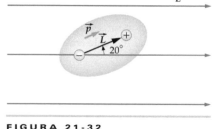

FIGURA 21-32

CHECAGEM O sinal da energia potencial é negativo. Isto porque a orientação de referência da função energia potencial $U = -\vec{p}\cdot\vec{E}$ é $U = 0$ para $\theta = 90°$. Para $\theta = 20°$, a energia potencial é menor do que zero. O sistema tem mais energia potencial se $\theta = 20°$ do que se $\theta = 90°$.

Pintura Estática a Pó — Industrial

Crianças em qualquer lugar do mundo aproveitam as propriedades triboelétricas. A companhia Ohio Art introduziu um brinquedo baseado nestas propriedades por volta de 1960 (figura ao lado).* Bolinhas de estireno, quando sacudidas, fornecem carga para um pó de alumínio muito fino. O pó carregado eletricamente é atraído para a tela translúcida do brinquedo. Uma pequena ponteira é, então, usada para desenhar linhas no pó. O brinquedo baseia-se no fato de que o alumínio e a tela se atraem com cargas opostas.

Embora um pó carregado eletricamente possa ser usado em um brinquedo, ele representa um assunto sério para muitas indústrias. Metais desprotegidos tendem a sofrer corrosão e, para prevenir a corrosão, partes metálicas de automóveis, utensílios e outros objetos metálicos, são recobertas. No passado, o recobrimento incluía tintas, laqueaduras, vernizes e esmaltes que eram aplicados como líquidos e, depois, secos. Estes líquidos apresentam desvantagens.[†] Os solventes levam muito tempo para secar ou liberam componentes voláteis indesejados. Superfícies com ângulos diferentes podem ser recobertas de maneira não-homogênea. Líquidos pulverizados geram desperdício e não podem ser reciclados de forma simples. O recobrimento com pó eletrostático reduz muitos destes problemas.[‡] Este processo de recobrimento foi introduzido pela primeira vez na década de 1950 e, atualmente, é popular dentre os fabricantes que aderiram à regulamentação para proteção do meio ambiente através da redução do uso de voláteis químicos.

Um pó fino é atraído na parte de trás da tela por eletrostática. O giro dos botões faz com que o pó seja retirado por uma pequena ponteira. *(Cortesia de The Ohio Art Company.)*

A pintura a pó é aplicada fornecendo carga elétrica ao item a ser recoberto.[#] Para fazer isso de forma confiável, é melhor que o objeto a ser recoberto seja condutor. Neste caso, partículas muito pequenas (de 1 μm a 100 μm)[°] em um pó recebem cargas com sinal oposto ao do objeto. As partículas da cobertura são fortemente atraídas para o objeto a ser recoberto. Partículas soltas podem ser recicladas e utilizadas novamente. Quando as partículas estão no objeto, o recobrimento passa, então, pelo processo de cura através do aumento da temperatura ou por luz ultravioleta. O processo de cura fixa as moléculas do recobrimento umas as outras, e as partículas e o objeto perdem suas cargas.

As partículas do recobrimento recebem carga por descarga corona ou por carregamento triboelétrico.[§] Na descarga corona, as partículas passam através de um plasma de elétrons, recebendo carga negativa. No carregamento triboelétrico, as partículas passam através de um tubo feito de um material que está na extremidade oposta do espectro triboelétrico, geralmente Teflon. As partículas do recobrimento recebem uma carga positiva neste rápido contato. O item a ser recoberto recebe uma carga que depende do método de recobrimento usado. Dependendo da cobertura e dos aditivos, as cargas do recobrimento variam de 500 a 1000 μC/kg.[¶] O processo de cura difere de acordo com os materiais de recobrimento e dos itens a serem recobertos. O tempo de cura pode variar de 1 a 30 minutos.[**]

Apesar de o recobrimento com pó ser econômico e ambientalmente correto, ele apresenta suas dificuldades. A capacidade das partículas do recobrimento de manterem sua carga[††] pode variar com a umidade, a qual deve ser precisamente controlada.[‡‡] Se o campo elétrico da descarga corona for muito intenso, o pó pulveriza muito rapidamente em direção ao item a ser recoberto, deixando um ponto descoberto no centro de um anel, o que conduz a um acabamento irregular do tipo "casca de laranja".[##] Pós eletrostáticos podem ser brinquedo de criança, mas o recobrimento com pó eletrostático é um processo complexo, útil e em desenvolvimento.

---

* Grandjean, A., "Tracing Device." *U.S. Patent No. 3,055,113*, Sept. 25, 1962.
† Matheson, R. D. "20th- to 21st-Century Technological Challenges in Soft Coatings." *Science*, Aug. 9, 2002, Vol. 297, No. 5583, pp. 976–979.
‡ Hammerton, D., and Buysens, K., "UV-Curable Powder Coatings: Benefits and Performance." *Paint and Coatings Industry*, Aug. 2000, p. 58.
# Zeren, S., and Renoux, D., "Powder Coatings Additives." *Paint and Coatings Industry*, Oct. 2002, p. 116.
° Hemphill, R., "Deposition of BaTiO$_3$ Nanoparticles by Electrostatic Spray Powder Charging." *Paint and Coatings Industry*, Apr. 2006, pp. 74–78.
§ Czyzak, S. J., and Williams, D. T., "Static Electrification of Solid Particles by Spraying." *Science*, Jul. 20, 1951, Vol 14, pp. 66–68.
¶ Zeren, S., and Renoux, D., op. cit.
** Hammerton, D., and Buysens, K., op. cit.
†† O'Konski, C. T., "The Exponential Decay Law in Spray De-electrification." *Science*, Oct. 5, 1951, Vol. 114, p. 368.
‡‡ Sharma, R., et al., "Effect of Ambient Relative Humidity and Surface in Modification on the Charge Decay Properties of Polymer Powders in Powder Coating." *IEEE Transactions on Industry Applications*, Jan./Feb. 2003, Vol. 39, No. 1, pp. 87–95.
Wostratzky, D., Lord, S., and Sitzmann, E. V., "Power!" *Paint and Coatings Industry*, Oct. 2000, p. 54.

26 | CAPÍTULO 21

Resumo

1. Quantização e conservação são propriedades fundamentais da carga elétrica.
2. A lei de Coulomb é a lei fundamental para a interação entre cargas em repouso.
3. O campo elétrico descreve a condição no espaço produzida por uma distribuição de cargas.

TÓPICO	EQUAÇÕES RELEVANTES E OBSERVAÇÕES
1. Carga	Há dois tipos de carga, positiva e negativa. Cargas de sinais iguais se repelem, com sinais opostos, se atraem.
Quantização	A carga é quantizada — ela sempre ocorre como múltiplos inteiros da carga fundamental e. A carga do elétron é $-e$ e a do próton é $+e$.
Magnitude	$e = 1{,}60 \times 10^{-19}$ C
Conservação	A carga é conservada. Quando partículas carregadas são criadas ou destruídas, a quantidade total de carga das partículas criadas ou destruídas é zero.
2. Condutores e Isolantes	Em metais, aproximadamente um elétron por átomo não está localizado (é livre para se mover ao longo de todo o material). Em isolantes, todos os elétrons estão ligados aos átomos da vizinhança.
Terra	Um condutor extenso (como a Terra) que pode fornecer ou absorver uma quantidade virtualmente ilimitada de carga é chamado de terra.
3. Carregamento por Indução	Para carregar um condutor por indução: conecte um terra ao condutor, mantenha uma carga externa próxima ao condutor (para atrair ou repelir elétrons de condução), então desconecte o condutor do terra e, finalmente, afaste a carga externa do condutor.
4. Lei de Coulomb	A força exercida por uma carga puntiforme q_1 em uma carga puntiforme q_2 a uma distância r_{12} é dada por $$\vec{F}_{12} = \frac{kq_1q_2}{r_{12}^2}\hat{r}_{12} \qquad \text{21-4}$$ onde o vetor unitário $\hat{r}_{12}$ aponta de q_1 em direção a q_2.
Constante de Coulomb	$k = 8{,}99 \times 10^9$ N · m²/C² $\qquad$ 21-3
5. Campo Elétrico	O campo elétrico devido a um sistema de cargas em um ponto é definido como a força resultante $\vec{F}$, exercida pelas cargas em uma pequena carga positiva de teste, q_0, dividido por q_0: $$\vec{E} = \frac{\vec{F}}{q_0} \qquad \text{21-5}$$
Devido a uma carga puntiforme	$$\vec{E}_{iP} = \frac{kq_i}{r_{iP}^2}\hat{r}_{iP} \qquad \text{21-7}$$
Devido a um sistema de cargas puntiformes	O campo elétrico em P devido a várias cargas é a soma vetorial dos campos em P devidos às cargas individuais: $$\vec{E}_P = \sum_i \vec{E}_{iP} \qquad \text{21-8}$$
6. Linhas de Campo Elétrico	O campo elétrico pode ser representado por linhas de campo elétrico que saem de cargas positivas e terminam em cargas negativas. A intensidade do campo elétrico é indicada pela densidade de linhas de campo elétrico.
7. Dipolo	Um dipolo é um sistema de duas cargas iguais com sinais opostos, separadas por uma pequena distância.
Momento de dipolo	$$\vec{p} = q\vec{L} \qquad \text{21-9}$$ onde $\vec{L}$ é a posição da carga positiva em relação à carga negativa.
Campo devido a um dipolo	A intensidade do campo elétrico longe de um dipolo é proporcional à magnitude do momento de dipolo e decresce com o cubo da distância.
Torque em um dipolo	Em um campo elétrico uniforme, a força resultante em um dipolo é zero, mas há um torque que tende a alinhá-lo na direção do campo. $$\vec{\tau} = \vec{p} \times \vec{E} \qquad \text{21-11}$$

O Campo Elétrico I: Distribuições Discretas de Cargas | **27**

TÓPICO	EQUAÇÕES RELEVANTES E OBSERVAÇÕES
Energia potencial de um dipolo	$$U = -\vec{p} \cdot \vec{E} + U_0 \qquad \text{21-12}$$ onde U_0 é geralmente considerada igual a zero.
8. Moléculas Polares e Apolares	Moléculas polares, como H_2O e HCl, têm momentos de dipolo permanentes porque os centros de suas cargas positivas e negativas não coincidem. Elas se comportam como simples dipolos em um campo elétrico. Moléculas apolares não têm momentos de dipolo permanentes, mas elas adquirem momentos de dipolo na presença de um campo elétrico.

Respostas das Checagens Conceituais

21-1   (a) $\frac{1}{2}Q$. Porque as esferas são idênticas, elas devem compartilhar igualmente a carga total. (b) $+2Q$, que é necessário para satisfazer à conservação de carga

21-2 $Q_1 = +Q/2$, $Q_2 = -Q/4$ e $Q_3 = -Q/4$

Respostas dos Problemas Práticos

21-1 $N = Q/e = (50 \times 10^{-9}\,C)/(1,6 \times 10^{-19}\,C) = 3,1 \times 10^{11}$. A quantização de carga não pode ser detectada em uma carga desta magnitude; mesmo a soma ou a subtração de um milhão de elétrons produziria um efeito desprezível.

21-2   Aproximadamente $3,5 \times 10^{-8}$ por cento

21-3 $2,25 \times 10^{-3}\,N$

21-4 $+(6,3\,\mu N)\hat{i}$

21-5 $\hat{r}_{10} = (\hat{i} + \hat{j})/\sqrt{2}$

21-6   Não, mas suponha que sim. Como a componente x de $\vec{r}_{10}$ é menor que o módulo de $\vec{r}_{10}$, o denominador de kq_1q_0/x_{10}^2 é menor que o denominador de kq_1q_0/r_{10}^2. Isto implicaria que a componente x de $\vec{F}_{10}$ seria maior que o módulo de $\vec{F}_{10}$, o que é impossível, pois a componente de um vetor nunca é maior do que o módulo do vetor. Portanto, a componente x da força $\vec{F}_{10} = (kq_1q_0/r_{10}^2)\hat{r}_{10}$ não é necessariamente igual à $\vec{F}_{10x} = kq_1q_0/x_{10}^2$.

21-7 $\vec{E} = \vec{F}/q_0 = (4,0 \times 10^4\,N/C)\hat{i}$

21-8 $\vec{F} = -(6,4 \times 10^{-15}\,N)\hat{i}$

21-9 $x = 1,80\,m$

Problemas

Em alguns problemas, você recebe mais dados do que necessita; em alguns outros, você deve acrescentar dados de seus conhecimentos gerais, fontes externas ou estimativas bem fundamentadas.

Interprete como significativos todos os algarismos de valores numéricos que possuem zeros em seqüência sem vírgulas decimais.

- • Um só conceito, um só passo, relativamente simples
- •• Nível intermediário, pode requerer síntese de conceitos
- ••• Desafiante, para estudantes avançados

Problemas consecutivos sombreados são problemas pareados.

PROBLEMAS CONCEITUAIS

1 • Objetos são compostos de átomos os quais consistem em partículas carregadas (prótons e elétrons); entretanto, raramente observamos os efeitos da força eletrostática. Explique por que não observamos estes efeitos.

2 • Um átomo de carbono pode se tornar um *íon* de carbono se for removido um ou mais de seus elétrons durante um processo chamado de *ionização*. Qual é a carga resultante de um átomo de carbono do qual foram removidos dois de seus elétrons? (a) $+e$, (b) $-e$, (c) $+2e$, (d) $-2e$.

3 •• Você faz uma demonstração simples para seu professor de física do colégio na qual você afirma que contesta a lei de Coulomb. Primeiramente você esfrega um pente de borracha em seu cabelo seco e, então, usa o pente para atrair pequenos pedaços neutros de papel que estão sobre a classe. Então você diz, "a lei de Coulomb afirma que, para que haja forças eletrostáticas de atração entre dois objetos, ambos devem estar carregados. Entretanto, o papel não estava carregado. Logo, de acordo com a lei de Coulomb, não deveria haver força eletrostática de atração entre eles, apesar de claramente ter havido." Você apresentou seu caso. (a) O que está errado em suas hipóteses? (b) A atração entre o papel e o pente requer que a carga resultante no pente seja negativa? Explique sua resposta.

4 •• Você tem um bastão isolante positivamente carregado e duas esferas metálicas em suportes isolantes. Forneça instruções passo a passo para descrever como o bastão, sem tocar em nenhuma das esferas, pode ser usado para dar a uma das esferas (a) uma carga negativa e (b) uma carga positiva.

5 •• (a) Duas partículas puntiformes que têm cargas $+4q$ e $-3q$ estão separadas por uma distância d. Use linhas de campo para desenhar uma visualização do campo elétrico na vizinhança do sistema. (b) Desenhe as linhas de campo a distâncias das cargas muito maiores que d.

6 •• Uma esfera metálica está carregada positivamente. É possível a esfera atrair eletricamente outra bola carregada positivamente? Explique sua resposta.

7 •• Uma simples demonstração de atração eletrostática pode ser feita prendendo na extremidade de uma corda uma pequena bola feita com uma folha de alumínio amassada e aproximando um bastão carregado. A bola será inicialmente atraída pelo bastão, mas, assim que eles se tocarem, a bola será fortemente repelida por ele. Explique estas observações.

8 •• Duas cargas puntiformes positivas iguais estão fixas, uma em $x = 0,00$ m e a outra em $x = 1,00$ m, no eixo x. Uma terceira carga puntiforme positiva é colocada em uma posição de equilíbrio. (a) Onde é esta posição de equilíbrio? (b) Esta posição de equilíbrio é estável se o movimento da terceira partícula está restrito ao eixo x? (c) O que aconteceria se o movimento dela estivesse restrito à direção paralela ao eixo y? Explique sua resposta.

9 •• Duas esferas neutras condutoras estão em contato e estão presas em bastões isolantes sobre uma grande mesa de madeira. Um bastão carregado positivamente é aproximado da superfície de uma das esferas no lado oposto ao ponto de contato com a outra esfera. (a) Descreva as cargas induzidas nas duas esferas condutoras e represente a distribuição de cargas em ambas. (b) As duas esferas são separadas e, então, o bastão carregado é afastado. A seguir, as esferas são afastadas por uma grande distância. Represente as distribuições de carga nas esferas depois de separadas.

10 •• Três cargas puntiformes, $+q$, $+Q$ e $-Q$ estão posicionadas nos vértices de um triângulo eqüilátero, como mostra a Figura 21-33. Não há nenhum outro objeto carregado nas proximidades. (a) Quais são a direção e o sentido da força resultante na carga $+q$ devida às outras duas cargas? (b) Qual é a força elétrica total no sistema de três cargas? Explique.

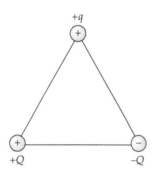

FIGURA 21-33 Problema 10

11 •• Uma partícula carregada positivamente está livre para se mover em uma região de campo elétrico não-nulo $\vec{E}$. Qual ou quais afirmações são verdadeiras?
(a) A partícula está acelerada na direção perpendicular a $\vec{E}$.
(b) A partícula está acelerada na mesma direção e sentido de $\vec{E}$.
(c) A partícula está se movendo na mesma direção e sentido de $\vec{E}$.
(d) A partícula poderia estar momentaneamente em repouso.
(e) A força na partícula tem sentido oposto ao de $\vec{E}$.
(f) A partícula está se movendo na mesma direção, mas em sentido oposto a $\vec{E}$.

12 •• Quatro cargas estão fixas nos vértices de um quadrado, como mostra a Figura 21-34. Nenhuma outra carga está nas proximidades. Qual das afirmações a seguir é verdadeira?
(a) $\vec{E}$ é zero nos pontos médios dos quatro lados do quadrado.
(b) $\vec{E}$ é zero no centro do quadrado.
(c) $\vec{E}$ é zero no ponto médio entre as duas cargas de cima e no ponto médio entre as duas cargas debaixo.

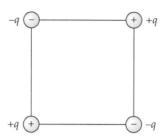

FIGURA 21-34 Problema 12

13 •• Duas partículas puntiformes com cargas $+q$ e $-3q$ estão separadas por uma distância d. (a) Utilize linhas de campo para representar o campo elétrico na vizinhança deste sistema. (b) Desenhe as linhas de campo a distâncias das cargas muito maiores que d.

14 •• Três cargas puntiformes positivas iguais (cada uma com carga $+q$) estão fixas nos vértices de um triângulo eqüilátero que tem lados com comprimento a. A origem está no ponto médio de um dos lados do triângulo, o centro do triângulo está no eixo x em $x = x_1$ e o vértice oposto à origem está no eixo x em $x = x_2$. (a) Expresse x_1 e x_2 em termos de a. (b) Escreva uma expressão para o campo elétrico no eixo x a uma distância x da origem no intervalo $0 < x < x_2$. (c) Mostre que a expressão que você obteve em (b) fornece os resultados esperados para $x = 0$ e $x = x_1$.

15 •• Uma molécula tem um momento de dipolo dado por $\vec{p}$. A molécula está momentaneamente em repouso com $\vec{p}$ fazendo um ângulo θ com um campo elétrico uniforme $\vec{E}$. Descreva o movimento subseqüente do momento de dipolo.

16 •• Verdadeiro ou falso:
(a) O campo elétrico de uma carga puntiforme sempre aponta no sentido que se afasta da carga.
(b) A força elétrica em uma partícula carregada em um campo elétrico é sempre na mesma direção e sentido que o campo.
(c) Linhas de campo nunca se interceptam.
(d) Todas as moléculas têm momentos de dipolo na presença de um campo elétrico externo.

17 •• Duas moléculas têm momentos de dipolo de igual magnitude. Os momentos de dipolo estão orientados em várias configurações, como mostra a Figura 21-35. Determine a direção e o sentido do campo elétrico em cada uma das configurações enumeradas. Explique suas respostas.

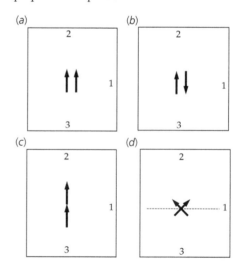

FIGURA 21-35 Problema 17

ESTIMATIVA E APROXIMAÇÃO

18 •• Estime o valor da força necessária para unir os dois prótons de um núcleo de He. *Dica: Considere os prótons como cargas puntiformes. Você precisará ter uma estimativa para a distância entre eles.*

19 •• Uma demonstração clássica em sala de aula consiste em esfregar um bastão plástico com pele para carregá-lo eletricamente e, então, aproximar o bastão de uma lata vazia de refrigerante que está deitada de lado (Figura 21-36). Explique por que a lata rolará em direção ao bastão.

FIGURA 21-36
Problema 19

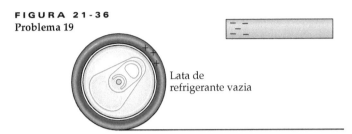

20 •• Faíscas no ar ocorrem quando íons no ar são acelerados com tamanha velocidade por um campo elétrico que, quando os íons colidem com moléculas neutras de gás, estas se transformam em íons. Se a intensidade do campo elétrico é grande o suficiente, os produtos ionizados da colisão são acelerados e produzem mais íons por impacto, e assim por diante. Esta avalanche de íons é o que chamamos de faísca. (a) Considere que um íon se move, em média, exatamente um livre caminho médio através do ar antes de colidir com uma molécula. Se o íon precisa adquirir aproximadamente 1,0 eV de energia cinética para ionizar uma molécula, faça uma estimativa para a intensidade do campo elétrico necessário à pressão e temperatura ambientes. Considere que a área da seção transversal de uma molécula de ar seja aproximadamente igual a 0,10 nm². (b) Como a intensidade do campo elétrico da Parte (a) depende da temperatura? (c) Como a intensidade do campo elétrico da Parte (a) depende da pressão?

CARGA

21 • Um bastão plástico é esfregado contra um blusão de lã, adquirindo uma carga de $-0,80$ μC. Quantos elétrons são transferidos do blusão de lã para o bastão plástico?

22 • Uma carga igual à carga do número de Avogadro de prótons ($N_A = 6,02 \times 10^{23}$) é denominada um *faraday*. Calcule o número de coulombs em um faraday.

23 • Qual é a carga total de todos os prótons em 1,00 kg de carbono?

24 •• Considere que um cubo de alumínio com aresta de 1,00 cm acumule uma carga resultante de $+2,50$ pC. (a) Que porcentagem dos elétrons originalmente presentes no cubo foi removida? (b) Qual foi a porcentagem que a massa do cubo diminuiu devido a esta remoção?

25 •• Durante o processo descrito pelo *efeito fotoelétrico*, luz ultravioleta pode ser usada para carregar eletricamente um pedaço de metal. (a) Se esta luz incide em uma barra de material condutor e elétrons são ejetados com energia suficiente para escapar da superfície do metal, quanto tempo depois o metal terá uma carga resultante de $+1,50$ nC se $1,00 \times 10^6$ elétrons são ejetados por segundo? (b) Se 1,30 eV é necessário para ejetar um elétron da superfície, qual é a potência do feixe de luz? (Considere que o processo seja 100 por cento eficiente.)

LEI DE COULOMB

26 • Uma carga puntiforme $q_1 = 4,0$ μC está na origem e uma carga puntiforme $q_2 = 6,0$ μC está no eixo x em $x = 3,0$ m. (a) Determine o campo elétrico na carga q_2. (b) Determine o campo elétrico na carga q_1. (c) Como as respostas das Partes (a) e (b) seriam alteradas se q_2 fosse igual a $-6,0$ μC?

27 • Três cargas puntiformes estão no eixo x: $q_1 = -6,0$ μC está em $x = -3,0$ m, $q_2 = 4,0$ μC está na origem e $q_3 = -6,0$ μC está em $x = 3,0$ m. Determine a força elétrica em q_1.

28 •• Uma carga puntiforme de 2,0 μC e uma carga puntiforme de 4,0 μC estão separadas por uma distância L. Onde deveria ser colocada uma terceira carga puntiforme para que a força elétrica nesta terceira carga fosse igual a zero?

29 •• Uma carga puntiforme de $-2,0$ μC e uma carga puntiforme de 4,0 μC estão separadas por uma distância L. Onde deveria ser colocada uma terceira carga puntiforme para que a força elétrica nesta terceira carga fosse igual a zero?

30 •• Três cargas puntiformes, cada uma com magnitude igual a 3,00 nC, estão em três dos vértices de um quadrado de aresta igual a 5,00 cm. As duas cargas puntiformes nos vértices opostos são positivas e a terceira carga é negativa. Determine a força exercida por estas cargas puntiformes em uma quarta carga puntiforme, $q_4 = +3,0$ μC, que está no quarto vértice.

31 •• Uma carga puntiforme de 5,00 μC está no eixo y em $y = 3,00$ cm, e uma segunda carga puntiforme de $-5,00$ μC está no eixo y em $y = -3,00$ cm. Determine a força elétrica em uma carga puntiforme de 2,00 μC que está no eixo x em $x = 8,00$ cm.

32 •• Uma partícula puntiforme que tem carga de $-2,5$ μC está localizada na origem. Uma segunda partícula puntiforme que tem carga de 6,0 μC está em $x = 0,10$ m, $y = 0,50$ m. Uma terceira partícula puntiforme, um elétron, está no ponto cujas coordenadas são (x, y). Determine os valores de x e y tal que o elétron esteja em equilíbrio.

33 •• Uma partícula puntiforme que tem uma carga de $-1,0$ μC está localizada na origem; uma segunda partícula puntiforme que tem carga de 2,0 μC está localizada em $x = 0$, $y = 0,10$ m; e uma terceira partícula puntiforme que tem uma carga de 4,0 μC está localizada em $x = 0,20$ m, $y = 0$. Determine a força elétrica em cada uma das três cargas puntiformes.

34 •• Uma partícula puntiforme que tem carga de 5,00 μC está localizada em $x = 0$, $y = 0$ e uma puntiforme que tem carga q está localizada em $x = 4,00$ cm, $y = 0$. A força elétrica em uma partícula puntiforme em $x = 8,00$ cm, $y = 0$ que tem uma carga de 2,00 μC é $-(19,7$ N)$\hat{i}$. Determine o valor da carga q.

35 ••• Cinco cargas puntiformes idênticas, cada uma com carga Q, estão igualmente espaçadas em um semicírculo de raio R como mostra a Figura 21-37. Determine a força (em termos de k, Q e R) em uma carga q localizada em um ponto eqüidistante das cinco outras cargas.

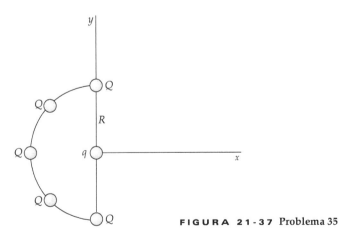

FIGURA 21-37 Problema 35

36 ••• A estrutura da molécula NH_3 é aproximadamente a de um tetraedro eqüilátero, onde três íons H^+ formam a base e um íon N^{3-} está no ápice do tetraedro. O comprimento de cada lado é $1,64 \times 10^{-10}$ m. Calcule a força elétrica exercida em cada íon.

O CAMPO ELÉTRICO

37 • Uma carga puntiforme de 4,0 μC está na origem. Quais são o módulo, a direção e o sentido do campo elétrico no eixo x em (a) $x = 6,0$ m e (b) $x = -10$ m? (c) Represente a função E_x versus × para os valores positivos e negativos de x. (Lembre que E_x é negativo quando $\vec{E}$ aponta no sentido de $-x$.)

38 • Duas cargas puntiformes, cada uma com +4,0 μC, estão no eixo x; uma das cargas está na origem e a outra em $x = 8,0$ m. Determine o campo elétrico no eixo x em (a) $x = -2,0$ m, (b) $x = 2,0$ m, (c) $x = 6,0$ m, e (d) $x = 10$ m. (e) Em que ponto no eixo x o campo elétrico é nulo? (f) Esboce um gráfico de E_x versus x para $-3,0$ m $< x < 11$ m.

39 • Quando uma carga puntiforme de 2,0 nC é colocada na origem, ela experimenta uma força elétrica de 8,0 × 10⁻⁴ na direção de $+y$. (a) Qual é o campo elétrico na origem? (b) Qual seria a força elétrica em uma carga puntiforme de −4,0 nC colocada na origem? (c) Se esta força é devida ao campo elétrico de uma carga puntiforme no eixo y em $y = 3,0$ cm, qual é o valor desta carga?

40 • O campo elétrico na vizinhança da superfície da Terra aponta para baixo e tem módulo de 150 N/C. (a) Compare a magnitude da força elétrica para cima em um elétron com a magnitude da força gravitacional no elétron. (b) Que carga deveria ser colocada em uma bola de pingue-pongue de massa 2,70 g para que a força elétrica equilibrasse o peso da bola próximo à superfície da Terra?

41 •• Duas cargas puntiformes q_1 e q_2, ambas têm uma carga igual a +6,0 nC e estão no eixo y em $y_1 = 13,0$ cm e $y_2 = -3,0$ cm, respectivamente. (a) Quais são o módulo, a direção e o sentido do campo elétrico no eixo x em $x = 4,0$ cm? (b) Qual é a força exercida em uma terceira carga $q_0 = 2,0$ nC quando ela é colocada no eixo x em $x = 4,0$ cm?

42 •• Uma carga puntiforme de +5,0 μC está localizada no eixo x em $x = -3,0$ cm, e uma segunda carga puntiforme de −8,0 μC está localizada no eixo x em $x = +4,0$ cm. Onde deveria ser colocada uma terceira carga, de +6,0 μC para que o campo elétrico na origem fosse igual a zero?

43 •• Uma carga puntiforme de −5,0 μC está localizada em $x = 4,0$ m, $y = -2,0$ m, e uma carga puntiforme de 12,0 μC está localizada em $x = 1,0$ m, $y = 2,0$ m. (a) Determine o módulo, a direção e o sentido do campo elétrico em $x = -1,0$ m, $y = 0$. (b) Calcule o módulo, a direção e o sentido da força elétrica em um elétron colocado em $x = -1,0$ m, $y = 0$.

44 •• Duas cargas positivas iguais, q, estão no eixo y; uma carga puntiforme está em $y = +a$ e a outra está em $y = -a$. (a) Mostre que, no eixo x, a componente x do campo elétrico é dada por $E_x = 2kqx/(x^2 + a^2)^{3/2}$. (b) Mostre que, próximo à origem, onde x é muito menor que a, $E_x \approx 2kqx/a^3$. (c) Mostre que, para valores de x muito maiores que a, $E_x \approx 2kq/x^2$. Explique por que poderíamos esperar este resultado mesmo sem calculá-lo tomando o limite apropriado.

45 •• Uma carga puntiforme de 5,0 μC está localizada em $x = 1,0$ m, $y = 3,0$ m, e uma carga puntiforme de −4,0 μC está localizada em $x = 2,0$ m, $y = -2,0$ m. (a) Determine o módulo, a direção e o sentido do campo elétrico em $x = 23$ m, $y = 1,0$ m. (b) Determine o módulo, a direção e o sentido da força em um próton colocado em $x = -3,0$ m, $y = 1,0$ m.

46 •• Duas cargas puntiformes positivas, com carga Q, estão no eixo y — uma em $y = +a$ e outra em $y = -a$. (a) Mostre que a intensidade do campo elétrico no eixo x é máxima em $x = a/\sqrt{2}$ e $x = -a/\sqrt{2}$, calculando $\partial E_x/\partial x$ e igualando a derivada a zero. (b) Represente graficamente a função E_x versus x usando os resultados da Parte (a) deste problema e levando em consideração que E_x é aproximadamente igual a $2kqx/a^3$ quando x é muito menor do que a e E_x é aproximadamente igual a $2kq/x^2$ quando x é muito maior que a.

47 •• Duas cargas puntiformes, cada uma com carga q, estão na base de um triângulo eqüilátero cujos lados têm comprimento L, como mostra a Figura 21-38. Uma terceira carga puntiforme tem carga igual a $2q$ e está no ápice do triângulo. Onde deve ser colocada uma carga puntiforme q para que o campo elétrico no centro do triângulo seja igual a zero? (O centro está no plano do triângulo e eqüidistante dos três vértices.)

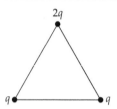

FIGURA 21-38 Problemas 47 e 48

48 •• Duas cargas puntiformes, cada uma com carga q, estão na base de um triângulo eqüilátero cujos lados têm comprimento L, como mostra a Figura 21-38. Uma terceira carga puntiforme tem carga igual a $2q$ e está no ápice do triângulo. Uma quarta carga puntiforme q' está colocada no ponto médio da linha de base fazendo com que o campo elétrico no centro do triângulo seja igual a zero. Qual é o valor de q'? (O centro está no plano do triângulo e eqüidistante dos três vértices.)

49 •• Duas cargas puntiformes positivas iguais, $+q$, estão no eixo y; uma está em $y = +a$ e a outra está em $y = -a$. O campo elétrico na origem é igual a zero. Uma carga teste q_0 colocada na origem estará, portanto, em equilíbrio. (a) Discuta a estabilidade do equilíbrio para uma carga teste positiva considerando pequenos deslocamentos da posição de equilíbrio ao longo do eixo x e pequenos deslocamentos ao longo do eixo y. (b) Repita a Parte (a) para uma carga teste negativa. (c) Determine o módulo e o sinal de uma carga q_0 que, quando colocada na origem, induza uma força resultante nula em cada uma das três cargas.

50 ••• Duas cargas puntiformes positivas $+q$ estão no eixo y em $y = +a$ e $y = -a$. Uma esfera de massa m e carga $+q$ possui um furo por onde passa um fio. Ela desliza sem atrito ao longo do fio esticado, paralelo ao eixo x. Seja x a posição da esfera. (a) Mostre que, para $x \ll a$, uma força restauradora linear é exercida sobre a esfera (uma força que é proporcional a x e dirigida para a posição de equilíbrio em $x = 0$) e, portanto, a esfera executa movimento harmônico simples. (b) Determine o período do movimento.

CARGAS PUNTIFORMES EM CAMPOS ELÉTRICOS

51 •• A aceleração de uma partícula em um campo elétrico depende de q/m (a razão carga sobre massa da partícula). (a) Calcule q/m para um elétron. (b) Quais são o módulo, a direção e o sentido da aceleração de um elétron em um campo elétrico uniforme que tem módulo de 100 N/C? (c) Calcule o tempo que um elétron colocado em repouso em um campo elétrico uniforme com módulo de 100 N/C leva para alcançar uma rapidez de 0,01c. (Quando a rapidez do elétron se aproxima da velocidade da luz c, deve ser utilizada a cinemática relativística para determinar seu movimento, mas a uma rapidez de 0,01c ou menor, a cinemática não-relativística é suficientemente precisa para a maior parte dos casos.) (d) Qual a distância percorrida pelo elétron neste intervalo de tempo?

52 • A aceleração de uma partícula em um campo elétrico depende da razão carga sobre massa da partícula. (a) Calcule q/m para um próton e determine sua aceleração em um campo elétrico uniforme que tem módulo de 100 N/C. (b) Determine o tempo que um próton inicialmente em repouso neste campo leva para atingir a rapidez de 0,01c (onde c é a velocidade da luz). (Quando a rapidez de um próton se aproxima da velocidade da luz, deve ser utilizada a cinemática relativística para calcular seu movimento, mas a uma rapidez de 0,01c ou menor, a cinemática não relativística é suficientemente precisa para a maior parte dos casos.)

53 • Um elétron tem uma velocidade inicial de $2,00 \times 10^6$ m/s no sentido de $+x$. Ele entra em uma região que tem um campo elétrico uniforme $\vec{E} = (300 \text{ N/C})\hat{j}$. (a) Determine a aceleração do elétron. (b) Quanto tempo leva para que o elétron percorra 10,0 cm ao longo do eixo x no sentido $+x$ na região que tem o campo? (c) Em que ângulo e em que direção o movimento do elétron é defletido enquanto ele percorre os 10,0 cm na direção x?

54 •• Um elétron é liberado a partir do repouso em um campo elétrico pouco intenso dado por $\vec{E} = -1,50 \times 10^{-10}$ N/C$\hat{j}$. Depois que o elétron percorre uma distância vertical de 1,0 μm, qual o valor do módulo de sua velocidade? (Não desprezar a força gravitacional no elétron.)

55 •• Uma partícula carregada de 2,00 g é liberada a partir do repouso em uma região que tem um campo elétrico uniforme $\vec{E} = (300 \text{ N/C})\hat{i}$. Depois de percorrer uma distância de 0,500 m nesta região, a partícula tem uma energia cinética de 0,120 J. Determine a carga da partícula.

56 •• Uma partícula carregada deixa a origem com uma velocidade de $3,00 \times 10^6$ m/s a um ângulo de 35° acima do eixo x. Um campo elétrico uniforme, dado por $\vec{E} = -E_0\hat{j}$, existe ao longo de toda esta região. Determine E_0 tal que a partícula cruze o eixo x em $x = 1,50$ cm se a partícula for (a) um elétron e (b) um próton.

57 •• Um elétron parte da posição mostrada na Figura 21-39 com uma rapidez inicial $v_0 = 5,00 \times 10^6$ m/s a 45° com relação ao eixo x. O campo elétrico está na direção $+y$ e tem módulo de $3,50 \times 10^3$ N/C. As linhas pretas na figura são placas metálicas carregadas. Em qual placa e em que posição o elétron colidirá?

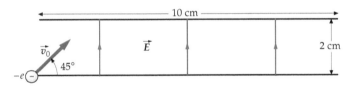

FIGURA 21-39 Problema 57

58 •• **APLICAÇÕES EM ENGENHARIA** Um elétron que tem uma energia cinética igual à $2,00 \times 10^{-16}$ J está se movendo para a direita ao longo do eixo de um tubo de raios catódicos, como mostra a Figura 21-40. Um campo elétrico $\vec{E} = (2,00 \times 10^4 \text{ N/C})\hat{j}$ existe na região entre as placas de deflexão e, fora desta região, o campo elétrico é nulo ($\vec{E} = 0$). (a) A que distância está o elétron do eixo do tubo quando ele sai da região entre as placas? (b) Em que ângulo o elétron está se movendo com relação ao eixo depois de sair da região entre as placas? (c) A que distância do eixo o elétron colidirá com a tela fluorescente?

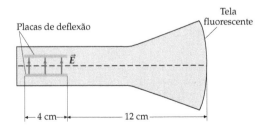

FIGURA 21-40 Problema 58

DIPOLOS

59 • Duas cargas puntiformes, $q_1 = 2,0$ pC e $q_2 = -2,0$ pC, estão separadas por 4,0 μm. (a) Qual é o módulo do momento de dipolo deste par de cargas? (b) Represente o par e mostre a direção e o sentido do momento de dipolo.

60 • Um momento de dipolo de 0,50 $e \cdot$ nm é colocado em um campo elétrico uniforme que tem módulo de $4,0 \times 10^4$ N/C. Qual é o módulo do torque no dipolo quando (a) ele está alinhado com o campo elétrico, (b) ele é transversal (perpendicular) ao campo elétrico, e (c) a direção do dipolo faz um ângulo de 30° com a direção do campo elétrico? (d) Definindo a energia potencial como zero quando o dipolo é transversal ao campo elétrico, determine a energia potencial do dipolo para as orientações especificadas nas Partes (a) e (c).

PROBLEMAS GERAIS

61 • Mostre que é possível colocar apenas um próton isolado em uma xícara de café comum e vazia considerando a seguinte situação. Considere que o primeiro próton esteja fixo no fundo da xícara. Determine a distância diretamente acima deste próton onde um segundo próton estaria em equilíbrio. Compare esta distância com a profundidade de uma xícara comum de café para completar seu argumento.

62 •• Cargas puntiformes de $-5,00$ μC, $+3,00$ μC e $+5,00$ μC estão localizadas no eixo x em $x = -1,00$ cm, $x = 0$ e $x = +1,00$ cm, respectivamente. Calcule o campo elétrico no eixo x em $x = 3,00$ cm e em $x = 15,00$ cm. Há pontos no eixo x onde o módulo do campo elétrico é igual a zero? Se a resposta for positiva, onde estão estes pontos?

63 •• Cargas puntiformes de $-5,00$ μC e $+5,00$ μC estão localizadas no eixo x em $x = -1,00$ cm e em $x = +1,00$ cm, respectivamente. (a) Calcule a intensidade do campo elétrico em $x = 10,00$ cm. (b) Estime a intensidade do campo elétrico em $x = 10,00$ cm considerando que as duas cargas constituam um dipolo localizado na origem e usando $E = 2kp/|x|^3$ (Equação 21-10). Compare seu resultado com o obtido na Parte (a) e explique a razão da diferença entre os dois resultados.

64 •• Uma carga puntiforme fixa de $+2q$ está conectada por cordas a cargas puntiformes $+q$ e $+4q$, como mostra a Figura 21-41. Determine as tensões T_1 e T_2.

FIGURA 21-41 Problema 64

65 •• Uma carga positiva Q será dividida em duas cargas puntiformes positivas, q_1 e q_2. Mostre que, para uma dada separação D, a força exercida por uma carga em outra é máxima se $q_1 = q_2 = \frac{1}{2}Q$.

66 •• Uma carga puntiforme Q está localizada no eixo x em $x = 0$, e uma carga puntiforme $4Q$ está localizada em $x = 12,00$ cm. A força elétrica em uma carga puntiforme de $-2,00$ μC é zero se esta carga for colocada em $x = 4,00$ cm, e 126 N na direção $+x$ se ela for colocada em x 5 8,00 cm. Determine a carga Q.

67 •• Duas partículas puntiformes separadas por 0,60 m têm uma carga total de 200 μC. (a) Se as duas partículas se repelem com uma força de 80 N, qual é a carga de cada uma das duas? (b) Se as duas partículas se atraem com uma força de 80 N, qual é a carga de cada uma das duas?

68 •• Uma partícula puntiforme que tem carga $+q$ e massa desconhecida, m, é liberada a partir do repouso em uma região que tem um campo elétrico uniforme $\vec{E}$ dirigido verticalmente para baixo. A partícula atinge o solo com uma rapidez $v = 2\sqrt{gh}$, onde h é a altitude inicial da partícula. Determine m em termos de E, q e g.

69 •• Um bastão rígido de 1,00 m de comprimento está fixo por um ponto no seu centro (Figura 21-42) de forma que possa girar em torno dele. Uma carga $q_1 = 5{,}00 \times 10^{-7}$ é colocada em uma extremidade do bastão, e uma carga $q_2 = -q_1$ é colocada a uma distância $d = 10{,}0$ cm diretamente abaixo dela. (*a*) Qual é a força exercida por q_2 em q_1? (*b*) Qual é o torque (medido em relação ao eixo de rotação) devido a esta força? (*c*) Para equilibrar a atração entre as duas cargas, penduramos um bloco a 25,0 cm do pivô, como mostrado. Que valor devemos escolher para a massa m do bloco? (*d*) Agora movemos o bloco e o penduramos a uma distância de 25,0 cm do ponto de fixo, no mesmo lado que estão as cargas. Mantendo q_1 e d os mesmos, que valor devemos escolher para q_2 para manter o sistema em equilíbrio, na horizontal?

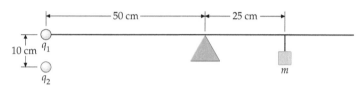

FIGURA 21-42 Problema 69

70 •• Duas cargas puntiformes de 3,0 μC estão posicionadas em $x = 0, y = 2{,}0$ m e em $x = 0, y = -2{,}0$ m. Outras duas cargas puntiformes, cada uma com carga Q, estão posicionadas em $x = 4{,}0$ m, $y = 2{,}0$ m e em $x = 4{,}0, y = -2{,}0$ m (Figura 21-43). O campo elétrico em $x = 0, y = 0$ devido à presença das quatro cargas é $(4{,}00 \times 10^3 \text{ N/C})\hat{i}$. Determine Q.

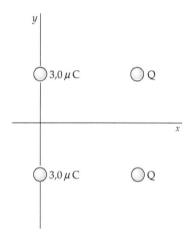

FIGURA 21-43 Problema 70

71 •• Duas cargas puntiformes têm uma carga total igual a 200 μC e estão separadas por 0,600 m. (*a*) Determine a carga de cada partícula se elas se repelem com uma força de 120 N. (*b*) Determine a força em cada partícula se a carga de cada uma for de 100 μC.

72 •• Duas cargas puntiformes têm uma carga total igual a 200 μC e estão separadas por 0,600 m. (*a*) Determine a carga de cada partícula se elas se atraem com uma força de 120 N. (*b*) Determine a força em cada partícula se a carga de cada uma for de 100 μC.

73 •• Uma carga puntiforme de $-3{,}00$ μC está localizada na origem; uma carga puntiforme de 4,00 μC está no eixo x em $x = 0{,}200$ m; uma terceira carga puntiforme Q está localizada no eixo x em $x = 0{,}320$ m. A força elétrica na carga de 4,00 μC é de 240 N no sentido de $+x$. (*a*) Determine a carga Q. (*b*) Com esta configuração de três cargas, em que posição ou posições o campo elétrico é zero?

74 •• Duas partículas puntiformes, cada uma com massa m e carga q, estão suspensas por fios de comprimento L que estão presos em um mesmo ponto. Cada fio faz um ângulo θ com a vertical, como mostra a Figura 21-44. (*a*) Mostre que $q = 2L \text{ sen } \sqrt{(mg/k)\tan\theta}$ onde k é a constante de Coulomb. (*b*) Determine o valor de q se $m = 10{,}0$ g, $L = 50{,}0$ cm e $\theta = 10{,}0°$.

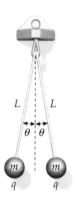

FIGURA 21-44 Problema 74

75 •• Suponha que, no Problema 74, $L = 1{,}5$ m e $m = 0{,}010$ kg. (*a*) Qual é o ângulo que cada corda faz com a vertical se $q = 0{,}75$ μC? (*b*) Qual é o ângulo que cada corda faz com a vertical se uma das partículas tem uma carga de 0,50 μC e a outra tem uma carga de 1,00 μC?

76 •• Quatro cargas puntiformes de mesma magnitude estão dispostas nos vértices de um quadrado de lado L, como mostra a Figura 21-45. (*a*) Determine o módulo, a direção e o sentido da força exercida na carga que está no vértice inferior esquerdo pelas outras três cargas. (*b*) Mostre que a direção do campo elétrico no ponto médio de um dos lados do quadrado é paralela à aresta, ele aponta para a carga negativa e tem módulo E dado por $E = k\dfrac{8q}{L^2}\left(1 - \dfrac{1}{5\sqrt{5}}\right)$.

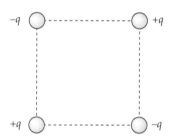

FIGURA 21-45 Problema 76

77 •• A Figura 21-46 mostra um haltere que consiste em duas partículas pequenas idênticas, cada uma com massa m, presas às extremidades de um bastão fino (sem massa) de comprimento a que pode girar em torno de um ponto que passa pelo seu centro. As partículas têm cargas de $+q$ e $-q$, e o haltere está localizado em um campo elétrico uniforme $\vec{E}$. Mostre que, para pequenos valores do ângulo θ entre a direção do dipolo e a direção do campo elétrico, o sistema começa a mover-se em movimento harmônico simples e obtenha uma expressão para o período de tal movimento.

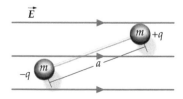

FIGURA 21-46 Problemas 77 e 78

78 •• Para o haltere do Problema 77, seja $m = 0{,}0200$ kg, $a = 0{,}300$ m e $\vec{E} = (600 \text{ N/C})\hat{i}$. O haltere está inicialmente em repouso e faz um ângulo de 60° com o eixo x. O haltere é, então, solto e, quando ele está momentaneamente alinhado com o campo elétrico, sua energia cinética é $5{,}00 \times 10^{-3}$ J. Determine a magnitude de Q.

79 •• Um elétron (carga $-e$, massa m) e um pósitron (carga $+e$, massa m) giram em torno de seu centro de massa sob a influência da força coulombiana atrativa entre eles. Determine a rapidez v de cada partícula em termos de e, m, k e da separação entre elas, L.

80 ••• Um pêndulo simples de comprimento 1,0 m e massa de $5{,}0 \times 10^{-3}$ kg é colocado em um campo elétrico uniforme $\vec{E}$ que aponta verticalmente para cima. O prumo do pêndulo tem uma carga de $-8{,}0$ μC. O período do pêndulo é 1,2 s. Quais são o módulo, a direção e o sentido de $\vec{E}$?

81 ••• Uma partícula de massa m e carga q está confinada a mover-se verticalmente dentro de um cilindro estreito sem atrito (Figura 21-47). No fundo do cilindro está uma carga puntiforme Q que tem o mesmo sinal de q. (*a*) Mostre que a partícula cuja massa é m estará em equilíbrio a uma altura de $y_0 = (kqQ/mg)^{1/2}$. (*b*) Mostre que, se a partícula é levemente deslocada de sua posição de equilíbrio e liberada, ela exibirá movimento harmônico simples com freqüência angular $\omega = (2g/y_0)^{1/2}$.

FIGURA 21-47 Problema 81

82 ••• Duas moléculas neutras no eixo x atraem-se mutuamente. Cada molécula tem um momento de dipolo $\vec{p}$, e estes momentos de dipolo estão na direção $+x$ e estão separados por uma distância d. Deduza uma expressão para a força de atração em termos de p e d.

83 ••• Duas partículas puntiformes positivas iguais, Q, estão no eixo x em $x = \frac{1}{2}a$ e $x = \frac{1}{2}a$. (*a*) Obtenha uma expressão para o campo elétrico no eixo y como função de y. (*b*) Uma partícula de massa m e carga q move-se ao longo do eixo y em um fio esticado sem atrito. Determine a força elétrica exercida na partícula em função de y e determine o sinal de q tal que esta força sempre aponte no sentido que se afaste da origem. (*c*) A partícula está inicialmente em repouso na origem. Se ela receber um pequeno cutução na direção $+y$, qual a rapidez da partícula no instante que a força resultante sobre ela for máxima? (Despreze quaisquer efeitos devidos à gravidade.)

84 ••• Um núcleo de ouro está a 100 fm (1 fm = 10^{-15} m) de um próton, que está inicialmente em repouso. Quando o próton é liberado, ele se afasta aceleradamente devido à repulsão gerada pela carga do núcleo de ouro. Qual é a rapidez do próton a uma distância muito grande (considere que seja infinita) do núcleo de ouro? (Considere que o núcleo de ouro permaneça estacionário.)

85 ••• Durante um experimento famoso em 1919, Ernest Rutherford disparou núcleos de hélio duplamente ionizados (também conhecidos como partículas alfa) contra uma folha de ouro. Ele descobriu que virtualmente toda a massa de um átomo reside em um núcleo extremamente compacto. Suponha que, durante tal experimento, uma partícula alfa distante da folha tenha uma energia cinética de 5,0 MeV. Se a partícula alfa se mover em direção a um núcleo de ouro e a única força exercida sobre ela for a força elétrica de repulsão do núcleo de ouro, qual a distância máxima de aproximação da partícula antes de ela voltar? Ou seja, qual é a separação mínima, centro a centro, da partícula alfa e do núcleo de ouro?

86 ••• Durante o experimento de Millikan usado para determinar a carga do elétron, uma microesfera de poliestireno carregada eletricamente é liberada em ar parado na presença de um campo elétrico vertical conhecido. A microesfera carregada será acelerada na direção da força resultante até atingir a velocidade terminal. A carga na microesfera é determinada medindo a velocidade terminal. Durante um destes experimentos, a microesfera tem raio $r = 5{,}50 \times 10^7$ m, e o campo tem módulo $E = 6{,}00 \times 10^4$ N/C. O módulo da força de arraste na esfera é dado por $F_A = 6\pi\eta r v$, onde v é a rapidez da esfera e η é a viscosidade do ar ($\eta = 1{,}80 \times 10^{-5}$ N · s/m²). A massa específica do poliestireno é $1{,}05 \times 10^3$ kg/m³. (*a*) Se o campo elétrico aponta para baixo e a microesfera de poliestireno está subindo com uma velocidade terminal de $1{,}16 \times 10^{-4}$ m/s, qual é a carga da esfera? (*b*) Quantos elétrons em excesso estão na esfera? (*c*) Se o sentido do campo elétrico for invertido, mas seu módulo permanecer o mesmo, qual será a nova velocidade terminal?

87 ••• No Problema 86 está uma descrição do experimento de Millikan usado para determinar a carga do elétron. Durante o experimento, uma chave é suada para inverter o sentido do campo elétrico sem alterar seu módulo, permitindo que seja medida a velocidade terminal da microesfera enquanto ela estiver subindo ou descendo. Seja v_c a velocidade terminal quando a partícula está se movendo para cima, e v_b a velocidade terminal quando ela está descendo. (*a*) Se considerarmos $u = v_c + v_b$, mostre $q = 3\pi\eta r u/E$, onde q é a carga resultante da microesfera. Para determinar q, que vantagens há em medir ambas as velocidades terminais, v_c e v_b, em relação a medir apenas uma delas? (*b*) Como a carga é quantizada, u só poderá variar em partes de magnitude $N\Delta$, onde N é um inteiro. Use os dados do Problema 86 para calcular Δ.

O Campo Elétrico II: Distribuições Contínuas de Cargas

22-1 Calculando $\vec{E}$ da Lei de Coulomb
22-2 Lei de Gauss
22-3 Usando Simetria para Calcular $\vec{E}$ com a Lei de Gauss
22-4 Descontinuidade de E_n
22-5 Carga e Campo em Superfícies Condutoras
*22-6 A Equivalência da Lei de Gauss e da Lei de Coulomb na Eletrostática

RELÂMPAGO É UM FENÔMENO ELÉTRICO. DURANTE UM RAIO, CARGAS SÃO TRANSFERIDAS ENTRE AS NUVENS E O SOLO. A LUZ QUE SE ENXERGA PROVÉM DE MOLÉCULAS DE AR RETORNANDO A ESTADOS DE MENOR ENERGIA. *(Photo Disc.)*

> Como você calcularia a carga na superfície da Terra?
> (Veja o Exemplo 22-15.)

Em uma escala microscópica, a carga elétrica é quantizada. Entretanto, freqüentemente ocorrem situações nas quais muitas cargas estão tão próximas entre si que a carga pode ser considerada uma grandeza distribuída de forma contínua. Aplicamos o conceito de densidade de carga à semelhança do que fazemos para descrever a matéria.

Além das distribuições contínuas de carga, examinaremos a importância da simetria no campo elétrico. Os trabalhos matemáticos de Carl Friedrich Gauss mostram que cada campo elétrico preserva propriedades de simetria. A compreensão sobre distribuição de cargas e simetria no campo elétrico auxilia os cientistas em uma ampla gama de situações.

> *Neste capítulo, mostraremos como a lei de Coulomb é usada para calcular o campo elétrico produzido por vários tipos de distribuições contínuas de carga. Introduziremos, então, a lei de Gauss e a usaremos para calcular os campos elétricos produzidos por distribuições de carga que apresentam certas simetrias.*

22-1 CALCULANDO $\vec{E}$ DA LEI DE COULOMB

A Figura 22-1 mostra um elemento de carga $dq = \rho\, dV$ que é pequeno o suficiente para ser considerado como uma carga puntiforme. O elemento de carga dq é a quantidade de carga no elemento de volume dV e ρ é a carga por unidade de volume. A lei de Coulomb diz que o campo elétrico $d\vec{E}$ em um ponto P devido a este elemento de carga é

$$d\vec{E} = dE_r\, \hat{r} = \frac{k\, dq}{r^2}\, \hat{r} \qquad 22\text{-}1a$$

onde $\hat{r}$ é um vetor unitário que aponta do elemento de carga dq para o ponto P, e dE_r (a componente de $d\vec{E}$ na direção de $\hat{r}$) é dada por $k\, dq/r^2$.

O campo total $\vec{E}$ em P é calculado integrando esta expressão sobre toda a distribuição de cargas. Isto é,

$$\vec{E} = \int d\vec{E} = \int \frac{k\hat{r}}{r^2}\, dq \qquad 22\text{-}1b$$

CAMPO ELÉTRICO DEVIDO A UMA DISTRIBUIÇÃO CONTÍNUA DE CARGA

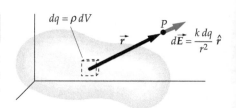

FIGURA 22-1 Um elemento de carga dq produz um campo $d\vec{E} = (k\, dq/r^2)\hat{r}$ em um ponto P. O campo em P é calculado integrando a Equação 22-1a sobre toda a distribuição de cargas.

O uso de uma densidade contínua de cargas para descrever um grande número de cargas discretas é semelhante ao uso de uma massa específica contínua de massa para descrever o ar, o qual, na verdade, consiste em um grande número de átomos e moléculas discretas. Em ambos os casos, geralmente é simples determinar um elemento de volume ΔV que seja grande o suficiente para conter uma quantidade enorme de portadores individuais de carga e, ainda assim, pequeno o suficiente para que a substituição de ΔV por dV e o uso de cálculo introduza erros desprezíveis. Se a carga estiver distribuída ao longo de uma superfície ou ao longo de uma linha, usamos $dq = \sigma\, dA$ ou $dq = \lambda\, dL$, e integramos sobre a superfície ou sobre a linha. (Nestes casos, σ e λ são a carga por unidade de área e a carga por unidade de comprimento, respectivamente.) A integração usualmente é feita expressando $\hat{r}$ em termos de suas componentes cartesianas e, então, integrando cada componente separadamente.

! A componente x de $\hat{r}$ é $\hat{r}\cdot\hat{i} = \cos\theta$, onde θ é o ângulo entre $\hat{r}$ e $\hat{i}$.* As componentes y e z de $\hat{r}$ são calculadas de maneira semelhante.

ESTRATÉGIA PARA SOLUÇÃO DE PROBLEMAS

Calculando $\vec{E}$ Usando as Equações 22-1a e 22-1b

SITUAÇÃO Represente a configuração de cargas e um ponto P (o ponto onde $\vec{E}$ deve ser calculado). Além disso, a representação deve incluir um incremento de carga dq em um ponto S arbitrário, considerado a fonte.

SOLUÇÃO
1. Acrescente eixos coordenados à representação. A escolha dos eixos deve explorar qualquer simetria da configuração de cargas. Por exemplo, se a carga estiver ao longo de uma linha reta, então selecione esta linha como um dos eixos coordenados. Desenhe um segundo eixo que passe através do ponto P. Inclua, ainda, as coordenadas dos pontos P e S, a distância r entre P e S, e o vetor unitário $\hat{r}$ dirigido de S a P.
2. Para calcular o campo elétrico $\vec{E}$ usando a Equação 22-1b, expressamos $d\vec{E} = dE_r\hat{r}$ em suas componentes. A componente x de $d\vec{E}$ é $dE_x = dE_r\hat{r}\cdot\hat{i} = dE_r\cos\theta$, onde θ é o ângulo entre $\hat{r}$ e $\hat{i}$ (veja a Figura 22-2), e a componente y de $d\vec{E}$ é $dE_y = dE_r\hat{r}\cdot\hat{j} = dE_r\,\text{sen}\,\theta$.
3. Expresse $\vec{E}$ na Equação 22-1b em termos de suas componentes x e y:

$$E_x = \int dE_x = \int dE_r\,\cos\theta = \int \frac{k\, dq}{r^2}\cos\theta$$

$$E_y = \int dE_y = \int dE_r\,\text{sen}\,\theta = \int \frac{k\, dq}{r^2}\,\text{sen}\,\theta$$

---

* A componente de um vetor em uma dada direção é igual ao produto escalar do vetor com o vetor unitário naquela direção. Produtos escalares são discutidos na Seção 6-3.

O Campo Elétrico II: Distribuições Contínuas de Cargas | **37**

4. Para calcular E_x, expresse dq como $\rho\,dV$ ou $\sigma\,dA$ ou $\lambda\,dL$ (o que for apropriado) e integre. Para calcular E_y, siga um procedimento similar ao usado para calcular E_x.
5. Argumentos de simetria são, às vezes, usados para mostrar que uma ou mais componentes de $\vec{E}$ são iguais a zero. (Por exemplo, um argumento de simetria é usado para mostrar que $E_y = 0$ no Exemplo 22-5.)

CHECAGEM Se a distribuição de cargas estiver confinada a uma região finita do espaço, a expressão para o campo elétrico a grandes distâncias da distribuição deve se aproximar daquela para uma carga puntiforme localizada no centro das cargas. (Se a configuração de cargas for suficientemente simétrica, então a localização do centro de cargas pode ser obtida por simples inspeção.)

Veja
o Tutorial Matemático para mais informações sobre
Trigonometria

Exemplo 22-1 Campo Elétrico Devido a uma Linha Carregada de Comprimento Finito

Um bastão fino de comprimento L e carga Q está uniformemente carregado e tem densidade linear de cargas igual a $\lambda = Q/L$. Determine o campo elétrico no ponto P, onde P é um ponto posicionado arbitrariamente.

SITUAÇÃO Escolha o eixo x de forma que o bastão esteja localizado entre os pontos x_1 e x_2, e escolha o eixo y tal que passe pelo ponto P. Seja r a distância radial de P ao eixo x. Para calcular o campo elétrico $\vec{E}$ em P, calculamos E_x e E_y separadamente. Usando as Equações 22-1, primeiramente encontramos o incremento de campo $d\vec{E}$ em P devido a um incremento arbitrário dq da distribuição de cargas. Integramos, então, cada componente de $d\vec{E}$ sobre toda a distribuição de cargas. (Como Q está distribuída uniformemente, a densidade linear de cargas λ é igual a Q/L.)

SOLUÇÃO

1. Esquematize a configuração de cargas e o ponto-campo P. Inclua os eixos x e y, estando o eixo x ao longo da linha de cargas e o eixo y passando pelo ponto P. Represente, ainda, um incremento *arbitrário* da linha de cargas no ponto S (em $x = x_S$) que tenha um comprimento dx_S e uma carga dq, e o campo elétrico em P devido à dq. Represente o vetor campo elétrico $d\vec{E}$ como se dq fosse positiva (Figura 22-2):

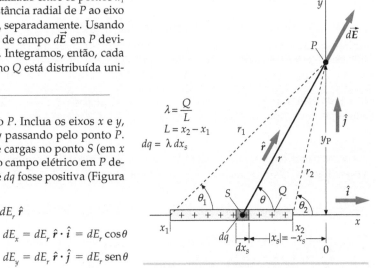

$\lambda = \dfrac{Q}{L}$
$L = x_2 - x_1$
$dq = \lambda\,dx_S$

FIGURA 22-2 Geometria para o cálculo do campo elétrico no ponto P devido a um bastão carregado uniformemente.

2. $\vec{E} = E_x\hat{i} + E_y\hat{j}$. Determine expressões para dE_x e dE_y em termos de dE_r e θ, onde dE_r é a componente de $d\vec{E}$ na direção de S para P:

$d\vec{E} = dE_r\,\hat{r}$
então $dE_x = dE_r\,\hat{r}\cdot\hat{i} = dE_r\cos\theta$
$dE_y = dE_r\,\hat{r}\cdot\hat{j} = dE_r\,\mathrm{sen}\,\theta$

3. Primeiramente resolveremos o problema para E_x. Expresse dE_r usando a Equação 21-1a, onde r é a distância da fonte S ao ponto-campo P. Vemos (Figura 22-2) que $\cos\theta = |x_S|/r = -x_S/r$. Além disso, use $dq = \lambda\,dx_S$:

$dE_r = \dfrac{k\,dq}{r^2}$ e $\cos\theta = \dfrac{-x_S}{r}$
então
$dE_x = \dfrac{k\,dq}{r^2}\cos\theta = \dfrac{k\cos\theta\,\lambda\,dx_S}{r^2}$

4. Integre o resultado do passo 3:

$dE_x = \int_{x_1}^{x_2}\dfrac{k\cos\theta\,\lambda\,dx_S}{r^2} = k\lambda\int_{x_1}^{x_2}\dfrac{\cos\theta\,dx_S}{r^2}$

5. A seguir, mude a variável de integração de x_S para θ. Da Figura 22-2, determine a relação entre x_S e θ, e entre r e θ.

$\tan\theta = \dfrac{y_P}{|x_S|} = \dfrac{y_P}{-x_S}$, então $x_S = -\dfrac{y_P}{\tan\theta} = -y_P\cot\theta$

$\mathrm{sen}\,\theta = \dfrac{y_P}{r}$, então $r = \dfrac{y_P}{\mathrm{sen}\,\theta}$

6. Diferencie o resultado do passo 5 para obter uma expressão para dx_S (o ponto-campo P permanece fixo, logo y_P é constante):

$dx_S = -y_P\dfrac{d\cot\theta}{d\theta} = y_P\csc^2\theta\,d\theta$

7. Substitua $y_P\csc^2\theta\,d\theta$ por dx_S e $y_P/\mathrm{sen}\,\theta$ por r na integral do passo 4 e simplifique:

$\int_{x_1}^{x_2}\dfrac{\cos\theta\,dx_S}{r^2} = \int_{\theta_1}^{\theta_2}\dfrac{\cos\theta\,y_P\csc^2\theta\,d\theta}{y_P^2/\mathrm{sen}^2\theta} = \dfrac{1}{y_P}\int_{\theta_1}^{\theta_2}\cos\theta\,d\theta$ $(y_P \neq 0)$

8. Resolva a integral e determine E_x:

$$E_x = k\lambda \frac{1}{y_P} \int_{\theta_1}^{\theta_2} \cos\theta \, d\theta = \frac{k\lambda}{y_P}(\text{sen}\,\theta_2 - \text{sen}\,\theta_1) = \frac{k\lambda}{y_P}\left(\frac{y_P}{r_2} - \frac{y_P}{r_1}\right)$$

$$= k\lambda\left(\frac{1}{r_2} - \frac{1}{r_1}\right) \quad (r_1 > 0 \text{ e } r_2 > 0)$$

9. E_y pode ser determinado usando um procedimento semelhante ao usado nos passos 3–7 para determinar E_x (para determinar E_y, veja o Problema 22-21):

$$E_y = -\frac{k\lambda}{y_P}(\cos\theta_2 - \cos\theta_1) = -k\lambda\left(\frac{\cot\theta_2}{r_2} - \frac{\cot\theta_1}{r_1}\right) \quad (y_P \neq 0)$$

e

$$E_y = 0 \quad (y_P = 0)$$

10. Combine os passos 8 e 9 para obter uma expressão para o campo elétrico em P:

$$\vec{E} = \boxed{E_x\hat{i} + E_y\hat{j}}$$

CHECAGEM Considere o plano que é perpendicular ao bastão e que passa pelo seu centro. Em pontos deste plano, a simetria indica que $\vec{E}$ se afasta do centro do bastão. Isto é, esperamos que $E_x = 0$ ao longo do plano. Em todos os pontos deste plano, $r_1 = r_2$. O resultado do passo 8 fornece $E_x = 0$ se $r_1 = r_2$, conforme era esperado.

INDO ALÉM A primeira expressão para E_y no resultado do passo 9 é válida em qualquer lugar do plano xy exceto no eixo x. As duas funções cotangentes na expressão para $E_y = 0$ são dadas por

$$\cot\theta_1 = \frac{-x_1}{y_P} \quad \text{e} \quad \cot\theta_2 = \frac{-x_2}{y_P}$$

e nenhuma destas funções é definida no eixo x (onde $y_P = 0$). A segunda expressão para E_y no resultado do passo 9 é obtida usando a Equação 22-1a. Reconhecendo que, no eixo x, $\hat{r} = \pm\hat{i}$, podemos ver que a Equação 22-1a nos diz que $d\vec{E} = \pm dE\hat{i}$, o que implica que $E_y > 0$.

PROBLEMA PRÁTICO 22-1 Usando a expressão para E_x do passo 8, mostre que $E_x > 0$ em todos os pontos no eixo x na região $x > x_2$.

O campo elétrico no ponto P devido a um bastão fino uniformemente carregado (veja Figura 22-3) localizado no eixo z é dado por $\vec{E} = E_z\hat{k} + E_R\hat{R}$, onde

$$E_z = \frac{k\lambda}{R}(\text{sen}\,\theta_2 - \text{sen}\,\theta_1) = k\lambda\left(\frac{1}{r_2} - \frac{1}{r_1}\right) \quad (r_1 \neq 0) \text{ e } (r_2 \neq 0) \quad 22\text{-}2a$$

$$E_R = -\frac{k\lambda}{R}(\cos\theta_2 - \cos\theta_1) = -k\lambda\left(\frac{\cot\theta_2}{r_2} - \frac{\cot\theta_1}{r_1}\right) \quad (R \neq 0) \quad 22\text{-}2b$$

Estas equações estão derivadas no Exemplo 22-1. As expressões para E_z (Equação 22-2a) são indefinidas nas extremidades do bastão fino carregado e as expressões para E_R (Equação 22-2b) são indefinidas em todos os pontos do eixo z (onde $R = 0$). Entretanto, $E_R = 0$ em todos os pontos onde $R = 0$.

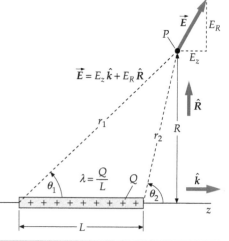

FIGURA 22-3 O campo elétrico devido a um bastão fino uniformemente carregado.

Exemplo 22-2 $\vec{E}$ de uma Linha Finita de Cargas e Distante das Cargas

Uma carga Q está distribuída uniformemente ao longo do eixo z, desde $z = -\frac{1}{2}L$ até $z = +\frac{1}{2}L$. Mostre que, para grandes valores de z, a expressão para o campo elétrico da linha de cargas no eixo z se aproxima da expressão para o campo elétrico de uma carga puntiforme Q localizada na origem.

SITUAÇÃO Use a Equação 22-2a para mostrar que, para grandes valores de z, a expressão para o campo elétrico de uma linha de cargas no eixo z se aproxima daquela de uma carga puntiforme Q na origem.

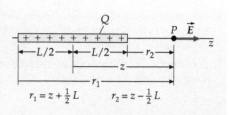

FIGURA 22-4 Geometria para o cálculo do campo elétrico no eixo de uma linha uniforme de cargas de comprimento L, carga Q e densidade linear de cargas $\lambda = Q/L$.

O Campo Elétrico II: Distribuições Contínuas de Cargas | **39**

SOLUÇÃO

1. O campo elétrico no eixo z tem apenas a componente z dada pela Equação 22-2a:

$$E_z = k\lambda\left(\frac{1}{r_2} - \frac{1}{r_1}\right)$$

2. Represente a linha de cargas. Inclua o eixo z, o ponto P, r_1 e r_2 (Figura 22-4):

3. Substitua $r_1 = z + \frac{1}{2}L$ e $r_2 = z - \frac{1}{2}L$ no resultado do passo 1 e simplifique:

$$E_z = k\lambda\left(\frac{1}{z - \frac{1}{2}L} - \frac{1}{z + \frac{1}{2}L}\right) = \frac{kQ}{L}\frac{L}{z^2 - \left(\frac{1}{2}L\right)^2} = \frac{kQ}{z^2 - \left(\frac{1}{2}L\right)^2} \qquad \left(z > \frac{1}{2}L\right)$$

4. Determine uma expressão aproximada para E_z quando $z \gg L$, a qual é feita desprezando $(\frac{1}{2}L)^2$ em comparação com z^2 no resultado do passo 3.

$$\boxed{E_z \approx \frac{kQ}{z^2} \qquad (z \gg L)}$$

CHECAGEM A expressão aproximada (passo 4) decai inversamente proporcional ao quadrado de z, a distância até a origem. Esta expressão é a mesma que a do campo elétrico de uma carga puntiforme Q localizada na origem.

PROBLEMA PRÁTICO 22-2 A validade do resultado do passo 3 é estabelecida para a região $L/2 > z > \infty$. Este resultado é válido, também, para a região $-L/2 < z < +L/2$? Explique sua resposta.

Exemplo 22-3 | $\vec{E}$ Devido a uma Linha Infinita de Cargas

Determine o campo elétrico devido a uma linha infinita carregada uniformemente, que tem densidade linear de carga λ.

SITUAÇÃO Uma linha de cargas é considerada infinita se as distâncias entre as extremidades da linha de carga e os pontos de interesse para o cálculo do campo são muito maiores do que as distâncias entre quaisquer distâncias radiais dos pontos-campo até a linha de carga. Para calcular o campo elétrico devido a tal linha de carga, consideramos o limite (veja Figura 22-2) quando $z_1 \to -\infty$ e $z_2 \to +\infty$. Da figura, vemos que é necessário tomar os limites $\theta_1 \to 0$ e $\theta_2 \to \pi$. Veja as Equações 22-2a e 22-2b para as expressões para o campo elétrico.

SOLUÇÃO

1. Escolha a primeira expressão para o campo elétrico em cada uma das Equações 22-2a e 22-2b:

$$E_z = \frac{k\lambda}{R}(\text{sen}\,\theta_2 - \text{sen}\,\theta_1)$$

$$E_R = -\frac{k\lambda}{R}(\cos\theta_2 - \cos\theta_1)$$

2. Tome os limites $\theta_1 \to 0$ e $\theta_2 \to \pi$.

$$E_z = \frac{k\lambda}{R}(\text{sen}\,\pi - \text{sen}\,0) = \frac{k\lambda}{R}(0 - 0) = 0$$

$$E_R = -\frac{k\lambda}{R}(\cos\pi - \cos 0) = -\frac{k\lambda}{R}(-1 - 1) = 2\frac{k\lambda}{R}$$

3. Expresse o campo elétrico na forma vetorial:

$$\vec{E} = E_z\hat{k} + E_R\hat{R} = 0\hat{k} + \frac{2k\lambda}{R}\hat{R} = \boxed{\frac{2k\lambda}{R}\hat{R}}$$

CHECAGEM O campo elétrico está na direção radial, conforme esperado. Isto é esperado devido à simetria. (A linha de cargas está uniformemente distribuída e estende-se até o infinito em ambos os sentidos.)

INDO ALÉM A magnitude do campo elétrico diminui com o inverso da distância radial à linha de carga.

O campo elétrico devido à linha uniforme de cargas que se estende ao infinito em ambos os sentidos é dado por

$$\vec{E} = \frac{2k\lambda}{R}\hat{R} \qquad\qquad 22\text{-}3$$

onde λ é a densidade linear de cargas, R é a distância radial da linha de cargas até o ponto-campo e $\hat{R}$ é o vetor unitário na direção radial. A obtenção da Equação 22-3 foi realizada no Exemplo 22-3.

PROBLEMA PRÁTICO 22-3

Mostre que, se k, λ e R estão em unidades no SI, então a Equação 22-3 fornece o campo elétrico em newtons por coulomb.

É comum escrever a constante de Coulomb k em termos de outra constante, ϵ_0, denominada **constante elétrica (permissividade do vácuo)**:

$$k = \frac{1}{4\pi\epsilon_0} \qquad 22\text{-}4$$

Usando esta notação, a lei de Coulomb para $\vec{E}$ (Equação 21-7) é escrita como

$$\vec{E} = k\frac{q}{r^2}\hat{r} = \frac{1}{4\pi\epsilon_0}\frac{q}{r^2}\hat{r} \qquad 22\text{-}5$$

e $\vec{E}$ para uma linha infinita uniforme de cargas (Equação 22-3) com densidade linear de carga λ é dado por

$$\vec{E} = \frac{1}{2\pi\epsilon_0}\frac{\lambda}{R}\hat{R} \qquad 22\text{-}6$$

O valor de ϵ_0 em unidades no SI é

$$\epsilon_0 = \frac{1}{4\pi k} = 8{,}85 \times 10^{-12}\,\text{C}^2/(\text{N}\cdot\text{m}^2) \qquad 22\text{-}7$$

Exemplo 22-4 — Aproximando as Equações 22-2a e 22-2b no Plano de Simetria

Uma carga Q está uniformemente distribuída no eixo z, desde $z = -\tfrac{1}{2}L$ até $z = +\tfrac{1}{2}L$. (a) Determine uma expressão para o campo elétrico no plano $z = 0$ como função de R, a distância radial do ponto-campo até o eixo z. (b) Mostre que, para $R \gg L$, a expressão encontrada na Parte (a) se aproxima da de uma carga puntiforme Q na origem. (c) Mostre que, para $R \ll L$, a expressão encontrada na Parte (a) se aproxima da de uma linha infinitamente longa de cargas no eixo z com uma densidade linear uniforme de carga $\lambda = Q/L$.

SITUAÇÃO A configuração de carga é a mesma do Exemplo 22-2 e a densidade linear de carga é $\lambda = Q/L$. Represente a linha de cargas no eixo z e coloque o ponto no plano $z = 0$. Então, use as Equações 22-2a e 22-2b para encontrar a expressão para o campo elétrico para a Parte (a). O campo elétrico devido a uma carga puntiforme diminui com o inverso do quadrado da distância até a carga. Examine o resultado da Parte (a) para ver como ele se aproxima daquele de uma carga puntiforme na origem para $R \gg L$. O campo elétrico devido a uma linha uniforme de cargas de comprimento infinito diminui com o inverso da distância radial até a linha (Equação 22-3). Examine o resultado da Parte (a) para ver como ele se aproxima da expressão para o campo elétrico de uma linha de cargas de comprimento infinito para $R \ll L$.

SOLUÇÃO

(a) 1. Escolha a primeira expressão para o campo elétrico em cada uma das Equações 22-2a e 22-2b:

$$E_z = \frac{k\lambda}{R}(\operatorname{sen}\theta_2 - \operatorname{sen}\theta_1)$$

$$E_R = -\frac{k\lambda}{R}(\cos\theta_2 - \cos\theta_1)$$

2. Represente a configuração de cargas com a linha no eixo z desde $z = -\tfrac{1}{2}L$ até $z = +\tfrac{1}{2}L$. Mostre o ponto P no plano $z = 0$ a uma distância R da origem (Figura 22-5):

3. Da figura, vemos que $\theta_2 + \theta_1 = \pi$, logo $\operatorname{sen}\theta_2 = \operatorname{sen}(\pi - \theta_1) = \operatorname{sen}\theta_1$ e $\cos\theta_2 = \cos(\pi - \theta_1) = -\cos\theta_1$. Substituindo no passo 1 resulta em:

$$E_z = \frac{k\lambda}{R}(\operatorname{sen}\theta_1 - \operatorname{sen}\theta_1) = 0$$

$$E_R = -\frac{k\lambda}{R}(-\cos\theta_1 - \cos\theta_1) = \frac{2k\lambda}{R}\cos\theta_1$$

4. Expresse $\cos\theta_1$ em termos de R e L e substitua no resultado do passo 3:

$$\cos\theta_1 = \frac{\tfrac{1}{2}L}{\sqrt{R^2 + \left(\tfrac{1}{2}L\right)^2}}$$

então

$$E_R = \frac{2k\lambda}{R}\frac{\tfrac{1}{2}L}{\sqrt{R^2 + \left(\tfrac{1}{2}L\right)^2}} = \frac{k\lambda L}{R\sqrt{R^2 + \left(\tfrac{1}{2}L\right)^2}}$$

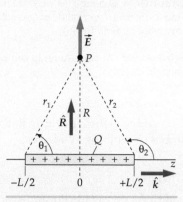

FIGURA 22-5

5. Expresse o campo elétrico na forma vetorial e substitua Q por λL:

$$\vec{E} = E_z \hat{k} + E_R \hat{R} = 0\hat{k} + E_R \hat{R}$$

então $$\vec{E} = E_R \hat{R} = \boxed{\frac{kQ}{R\sqrt{R^2 + \left(\frac{1}{2}L\right)^2}} \hat{R}}$$

(b) 1. Examine o resultado do passo 5. Se $R \gg L$, então $R^2 + (\frac{1}{2}L)^2 \approx R^2$. Substitua R^2 por $R^2 + (\frac{1}{2}L)^2$.

$$\vec{E} \approx \frac{kQ}{R\sqrt{R^2}} \hat{R} = \frac{kQ}{R^2} \hat{R} \quad (R \gg L)$$

2. Esta expressão (aproximada) para o campo elétrico diminui com o inverso do quadrado da distância à origem, exatamente como no caso de uma carga puntiforme Q na origem.

$$\vec{E} \approx \boxed{\frac{kQ}{R^2} \hat{R}} \quad (R \gg L)$$

(c) 1. Examine o resultado do passo 5 da Parte (a). Se $R \ll L$, então $R^2 + (\frac{1}{2}L)^2 \approx (\frac{1}{2}L)^2$. Substitua $(\frac{1}{2}L)^2$ por $R^2 + (\frac{1}{2}L)^2$. Esta expressão (aproximada) para o campo elétrico decai com o inverso da distância radial à linha de carga, assim como a expressão exata para uma linha infinita de cargas (Equação 22-3).

$$\vec{E} \approx \frac{k\lambda L}{R\sqrt{\left(\frac{1}{2}L\right)^2}} \hat{R} = \boxed{\frac{2k\lambda}{R} \hat{R}} \quad (R \ll L)$$

CHECAGEM As Partes (b) e (c) são checagens plausíveis para o resultado da Parte (a). Elas revelam a validade do resultado da Parte (a) em dois casos limites, $R \gg L$ e $R \ll L$.

INDO ALÉM A Figura 22-6 mostra o resultado exato para uma linha de cargas de comprimento $L = 10$ cm e densidade linear de cargas $\lambda = 4{,}5$ nC/m. Ela também mostra os casos limites para uma linha infinita com a mesma densidade de cargas e para uma carga puntiforme $Q = \lambda L$.

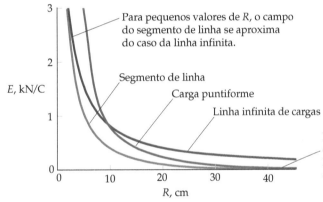

FIGURA 22-6 A magnitude do campo elétrico é representada em função da distância para uma linha de cargas com 10 cm de comprimento, uma carga puntiforme e uma linha infinita de cargas.

Exemplo 22-5 | $\vec{E}$ no Eixo de um Anel Carregado

Um anel fino (uma circunferência) de raio a está uniformemente carregado com carga total Q. Determine o campo elétrico devido a esta carga em todos os pontos no eixo perpendicular ao plano e que passa pelo centro do anel.

SITUAÇÃO Partindo de $d\vec{E} = (k\,dq/r^2)\hat{r}$ (Equação 22-1a), calcule o campo elétrico em um ponto arbitrariamente posicionado no eixo. Represente o anel carregado. Escolha o eixo z coincidente com o eixo do anel, que está no plano $z = 0$. Identifique um ponto-campo P em algum lugar do eixo $+z$ e represente a fonte S no anel.

SOLUÇÃO

1. Escreva a equação (Equação 22-1a) para o campo elétrico devido ao elemento de carga dq:

$$d\vec{E} = \frac{k\,dq}{r^2} \hat{r}$$

2. Represente o anel (Figura 22-7a) e o eixo (o eixo z), e mostre o vetor campo elétrico no ponto P devido a um incremento de carga dq na fonte:

3. Represente o anel (Figura 22-7b) e mostre as componentes axial e radial de $\vec{E}$ para elementos idênticos de carga em lados opostos do anel. As componentes radiais se cancelam aos pares, como pode ser visto, e, portanto, o campo resultante é axial:

$$E_R = 0$$

4. Expresse a componente z do campo elétrico do resultado do passo 1:

$$dE_z = \frac{k\,dq}{r^2} \cos\theta = \frac{k\,dq}{r^2}\frac{z}{r} = \frac{k\,dq\,z}{r^3}$$

5. Integre ambos os lados do resultado do passo 4. Fatore os termos constantes da integral:

$$E_z = \int \frac{kz\,dq}{r^3} = \frac{kz}{r^3}\int dq = \frac{kz}{r^3} Q$$

6. Usando o teorema de Pitágoras, temos $r = \sqrt{z^2 + a^2}$:

$$\vec{E} = E_z\hat{k} + E_R\hat{R} = E_z\hat{k} + 0 = \boxed{\dfrac{kQz}{(z^2 + a^2)^{3/2}}\hat{k}}$$

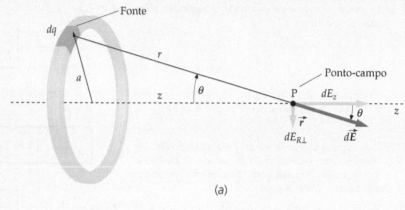

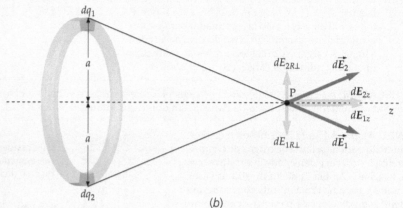

FIGURA 22-7 (a) Um anel de cargas com raio a. O campo elétrico no ponto P no eixo z devido ao elemento de carga dq mostrado tem uma componente ao longo do eixo z e uma perpendicular ao eixo z. (b) Para qualquer elemento de carga dq_1 há um elemento de carga igual, dq_2, oposto a ele, e as componentes do campo elétrico perpendiculares ao eixo z se anulam.

CHECAGEM Esperamos que o sentido do campo elétrico em pontos no eixo z se afaste da origem para $Q > 0$. O resultado do passo 6 está de acordo com esta expectativa pois z é positivo no eixo $+z$ e negativo no eixo $-z$. Além disso, para $z \gg a$ esperamos que E decresça com o inverso do quadrado da distância da origem. O resultado do passo 6 está de acordo com esta expectativa, fornecendo $E_z \approx kQ/z^2$ se a^2 for desprezível frente à z^2.

PROBLEMA PRÁTICO 22-4 Um gráfico de E_z versus z ao longo do eixo usando o resultado do passo 6 é mostrado na Figura 22-8. Encontre o ponto no eixo do anel onde E_z é máximo. *Dica: $dE_z/dz = 0$, onde E_z é máximo.*

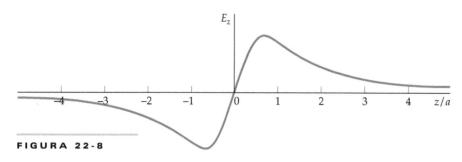

FIGURA 22-8

Exemplo 22-6 $\vec{E}$ no Eixo de um Anel Carregado   *Conceito*

Para o anel carregado do Exemplo 22-5, por que a magnitude do campo elétrico é menor próximo à origem, mesmo sabendo que a origem está mais próxima ao anel do que quaisquer outros pontos no eixo z (veja a Figura 22-9)?

SITUAÇÃO A chave para resolver este problema pode ser encontrada na Figura 22-7b. Redesenhe esta figura com o ponto P no eixo z, porém próximo à origem.

SOLUÇÃO

1. Redesenhe a Figura 22-7b com o ponto P próximo à origem:

2. Os campos elétricos próximos à origem devidos a dois elementos de carga (mostrados na Figura 22-9) são grandes, mas têm a mesma magnitude e estão praticamente na mesma direção com sentidos opostos, logo eles quase se cancelam.

Próximo à origem, o campo elétrico resultante é axial e pequeno.

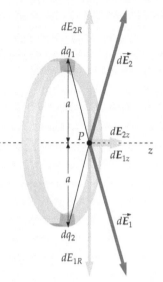

CHECAGEM Na origem, os dois campos elétricos são grandes, mas têm sentidos opostos e, portanto, se cancelam. Longe da origem ($|z| \gg a$), os dois campos elétricos (Figura 22-7b) estão praticamente na mesma direção e sentido e, portanto, não se cancelam.

FIGURA 22-9

O campo elétrico no eixo de um anel circular uniformemente carregado de raio a e carga Q é dado por $\vec{E} = E_z \hat{k}$, onde

$$E_z = \frac{kQz}{(z^2 + a^2)^{3/2}}$$ 22-8

A derivação da Equação 22-8 é feita no Exemplo 22-5.

Veja
o Tutorial Matemático para mais informações sobre
Expansão Binomial

Exemplo 22-7 $\vec{E}$ no Eixo de um Disco Carregado

Considere um disco fino uniformemente carregado de raio b e densidade superficial de carga σ. (a) Determine o campo elétrico em todos os pontos no eixo do disco. (b) Mostre que, para pontos no eixo e distantes dele, o campo elétrico se aproxima do caso de uma carga puntiforme na origem com a mesma carga do disco. (c) Mostre que, para um disco uniformemente carregado de raio infinito, o campo elétrico é uniforme em ambos os lados do disco.

SITUAÇÃO Podemos calcular o campo no eixo do disco tratando-o como um conjunto de anéis concêntricos uniformemente carregados.

SOLUÇÃO

(a) 1. Calcule o campo no eixo do disco tratando-o como um conjunto de anéis concêntricos de carga. O campo de um único anel carregado uniformemente, que tem carga Q e raio a, é mostrado na Equação 22-8:

$\vec{E} = E_z \hat{k}$, onde $E_z = \dfrac{kQz}{(z^2 + a^2)^{3/2}}$

2. Represente o disco (Figura 22-10) e ilustre o campo elétrico $d\vec{E}$ no seu eixo devido a um único anel de carga dq, raio a e largura da:

3. Substitua dq por Q e dE_z por E_z no resultado do passo 1. Integre, então, ambos os lados para calcular o campo resultante para o disco inteiro. O ponto-campo permanece fixo, logo z é constante:

$dE_z = \dfrac{kz\,dq}{(z^2 + a^2)^{3/2}}$

então $E_z = \displaystyle\int \dfrac{kz\,dq}{(z^2 + a^2)^{3/2}} = kz \int \dfrac{dq}{(z^2 + a^2)^{3/2}}$

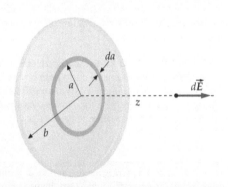

FIGURA 22-10 Um disco uniforme de cargas pode ser tratado como um conjunto de anéis de carga, cada um com raio a.

4. Para resolver esta integral podemos trocar as variáveis de integração de q para a. A carga $dq = \sigma dA$, onde $dA = 2\pi a da$ é a área de um anel de raio a com largura da:

$dq = \sigma dA = \sigma 2\pi a da$

então $E_z = \pi k z \sigma \int_0^b \dfrac{2a da}{(z^2 + a^2)^{3/2}} = \pi k z \sigma \int_{z^2+0^2}^{z^2+b^2} u^{-3/2} du$

onde $u = z^2 + a^2$, então $du = 2a da$.

5. Resolva a integral e simplifique o resultado:

$E_z = \pi k z \sigma \dfrac{u^{-1/2}}{-\frac{1}{2}} \Big|_{z^2}^{z^2+b^2} = -2\pi k z \sigma \left(\dfrac{1}{\sqrt{z^2+b^2}} - \dfrac{1}{\sqrt{z^2}} \right)$

$$\boxed{= \mathrm{sign}(z) \cdot 2\pi k \sigma \left(1 - \dfrac{1}{\sqrt{1 + \dfrac{b^2}{z^2}}} \right)}$$

onde $\mathrm{sign}(z) = z/|z|$. Por definição*:

$\mathrm{sign}(z) = \begin{cases} +1 & z > 0 \\ 0 & z = 0 \\ -1 & z < 0 \end{cases}$

(b) 1. Para $z \gg b$ (no eixo $+z$ distante do disco) esperamos que o campo elétrico decresça inversamente com z^2, como para o caso de uma carga puntiforme. Para mostrar isso, usamos a expansão binomial:

A expansão binomial (em primeira ordem) é $(1 + x)^n \approx 1 + nx$ para $|x| \ll 1$.

2. Aplique a expansão binomial para o termo à direita no resultado do passo 5:

$\dfrac{1}{\sqrt{1 + \dfrac{b^2}{z^2}}} = \left(1 + \dfrac{b^2}{z^2} \right)^{-1/2} \approx 1 - \dfrac{1}{2}\dfrac{b^2}{z^2} \quad z^2 \gg b^2$

3. Substitua no resultado do passo 5 e simplifique. [Para $z \gg b$, $\mathrm{sign}(z) = 1$.] Portanto, a expressão aproximada para o campo quando $z \gg b$ é a mesma que para uma carga puntiforme $Q = \sigma \pi b^2$ na origem:

$E_z \approx 2\pi k \sigma \left(1 - \left[1 - \dfrac{1}{2}\dfrac{b^2}{z^2} \right] \right) = 2\pi k \sigma \dfrac{1}{2}\dfrac{b^2}{z^2} = \boxed{\dfrac{kQ}{z^2}} \quad z \gg b$

onde $Q = \sigma \pi b^2$.

(c) 1. Tome o limite do passo 5 da Parte (a) quando $b \to \infty$. Este resultado é uma expressão para E_z que é uniforme, tanto na região $z > 0$ quanto na região $z < 0$:

$E_z = \mathrm{sign}(z) \cdot 2\pi k \sigma \left(1 - \dfrac{1}{\sqrt{1 + \infty}} \right) = \boxed{\mathrm{sign}(z) \cdot 2\pi k \sigma}$

CHECAGEM Esperamos que o campo elétrico tenha sentido oposto nos lados opostos do disco. O resultado do passo 6 da Parte (a) está de acordo com esta expectativa.

INDO ALÉM De acordo com o resultado da Parte (c), o campo elétrico tem uma descontinuidade em $z = 0$ (Figura 22-11) onde ele salta de $-2\pi k \sigma \,\hat{i}$ para $+2\pi k \sigma \,\hat{i}$ quando cruza o plano $z = 0$. Portanto, há uma descontinuidade em E_z de valor igual a $4\pi k \sigma = \sigma/\epsilon_0$.

PROBLEMA PRÁTICO 22-5 O campo elétrico devido a uma carga superficial uniforme sobre todo o plano $z = 0$ é dado pelo resultado da Parte (c). Que fração do campo no eixo z em $z = a$ é devida à carga superficial dentro de um círculo que tem raio $r = 5a$ centrado na origem? *Dica: Divida o resultado do passo 6 da Parte (a) pelo resultado da Parte (c) depois de substituir $5a$ por r e a por z.*

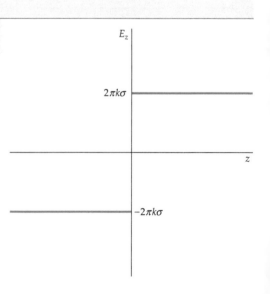

FIGURA 22-11 Gráfico mostrando a descontinuidade de $\vec{E}$ em um plano de cargas. Você consegue perceber a semelhança entre este gráfico e o da Figura 22-8?

---

* Excel e Mathematica usam a definição da função sinal dada aqui. A Texas Instruments, entretanto, utiliza a definição na qual sign(0) retorna ±1 no lugar de 0.

A resposta para o Problema Prático 22-5 depende não de a, mas da razão $r/a = 5$. Oitenta por cento do campo a qualquer distância a de uma superfície plana uniformemente carregada são devidos à carga no interior de um círculo cujo raio é igual a $5a$ multiplicado pela referida distância.

A fórmula para o campo elétrico no eixo de um disco circular uniformemente carregado, definida no Exemplo 22-7, é

$$E_z = \text{sign}(z) \cdot 2\pi k\sigma \left(1 - \frac{1}{\sqrt{1 + \frac{R^2}{z^2}}} \right) \qquad 22\text{-}9$$

CAMPO ELÉTRICO NO EIXO DE UM DISCO UNIFORME DE CARGAS

onde sign(z) é definida no passo 5 da Parte (a) do Exemplo 22-7 e R é o raio do disco. O campo de um plano uniformemente carregado pode ser obtido da Equação 22-9 para o caso R/z tendendo ao infinito. Então,

$$E_z = \text{sign}(z) \cdot 2\pi k\sigma = \text{sign}(z) \cdot \frac{\sigma}{2\epsilon_0} \qquad 22\text{-}10$$

CAMPO ELÉTRICO DE UM PLANO UNIFORME DE CARGAS

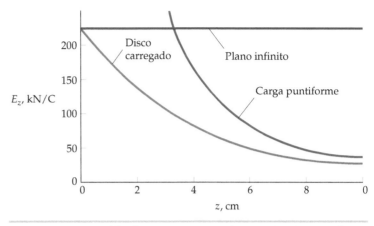

FIGURA 22-12 Um disco e um ponto tendo cargas iguais, e um plano infinito e um disco com densidades superficiais uniformes e iguais de carga. Observe que o campo do disco converge para o campo da carga puntiforme quando z se aproxima do infinito, e iguala o campo do plano infinito de cargas quando z se aproxima de zero.

A Figura 22-12 mostra os campos elétricos para uma carga puntiforme, um disco uniforme de cargas e um plano infinito de cargas como função da posição.

À medida que nos movemos ao longo do eixo z, o campo elétrico salta de $-2\pi k\sigma \, \hat{i}$ para $+2\pi k\sigma \, \hat{i}$ quando passamos pelo plano $z = 0$ (Figura 22-11). Portanto, em $z = 0$ há uma descontinuidade em E_z de valor igual a $4\pi k\sigma$.

Exemplo 22-8 — Campo Elétrico Devido a Dois Planos Infinitos

Na Figura 22-13, um plano infinito com densidade superficial de carga $\sigma = +4{,}5$ nC/m^2 está no plano $z = 0{,}00$ m, e um segundo plano com densidade superficial de carga $\sigma = -4{,}5$ nC/m^2, está no plano $z = 2{,}00$ m. Determine o campo elétrico em (a) $x = 1{,}80$ m e (b) $x = 5{,}00$ m.

SITUAÇÃO Cada plano produz um campo elétrico uniforme de módulo igual a $E = \sigma/(2\epsilon_0)$. Usamos a superposição para determinar o campo resultante. Entre os planos, os campos se somam, produzindo um campo resultante de módulo σ/ϵ_0 no sentido $+x$. Para $x > 2{,}00$ m e para $x < 0$, os dois campos têm sentidos opostos e se cancelam.

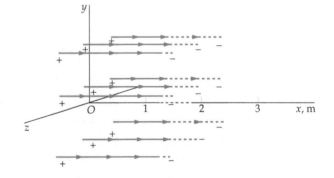

FIGURA 22-13

SOLUÇÃO

(a) 1. Calcule o módulo E do campo produzido por cada plano:

$E = |\sigma|/(2\epsilon_0)$
$= (4{,}50 \times 10^{-9} \text{ N/C})/(2 \cdot 8{,}85 \times 10^{-12})$
$= 254$ N/C

2. Em $x = 1{,}80$ m, entre os planos, o campo devido a cada plano aponta no sentido $+x$:

$E_{x\,\text{res}} = E_1 + E_2 = 254 \text{ N/C} + 254 \text{ N/C}$
$= \boxed{508 \text{ N/C}}$

(b) Em $x = 5{,}00$ m, os campos devidos aos dois planos têm sentidos opostos:

$E_{x\,\text{res}} = E_1 - E_2 = \boxed{0{,}00 \text{ N/C}}$

CHECAGEM Como os dois planos têm densidades de carga iguais com sinais opostos, as linhas de campo saem do plano positivo e terminam no plano negativo. $\vec{E}$ é zero em todo o lugar exceto na região entre os planos.

INDO ALÉM Observe que $E_{x\,res} = 508$ N/C não apenas em $x = 1,8$ m, mas em qualquer ponto na região entre os planos carregados. A configuração de cargas descrita neste exemplo é a de um capacitor de placas paralelas. Capacitores serão discutidos no Capítulo 24.

22-2 LEI DE GAUSS

No Capítulo 21, o campo elétrico é descrito visualmente através do uso das linhas de campo elétrico. Aqui esta descrição será apresentada em uma linguagem matemática rigorosa denominada lei de Gauss. A lei de Gauss é uma das equações de Maxwell — as equações fundamentais do eletromagnetismo — que serão o tópico do Capítulo 30. Na eletrostática, a lei de Gauss e a lei de Coulomb são equivalentes. Campos elétricos produzidos por algumas distribuições simétricas de carga, tais como a de uma casca esférica uniformemente carregada ou a de uma linha infinita uniformemente carregada, podem ser facilmente calculados usando a lei de Gauss. Nesta seção apresentaremos um argumento para a validade da lei de Gauss baseado em propriedades das linhas de campo elétrico. Uma derivação mais rigorosa da lei de Gauss é apresentada na Seção 22-6.

Uma superfície fechada — como a superfície de uma bolha de sabão — divide o universo em duas regiões distintas, a região no interior e a região no exterior da superfície. A Figura 22-14 mostra uma superfície fechada de formato arbitrário, no interior da qual há um dipolo. O número de linhas de campo elétrico que iniciam na carga positiva e que saem da superfície depende de onde ela for desenhada, mas qualquer linha que saia da superfície pelo lado de dentro também entrará de volta pelo lado de fora. Para contar o número resultante de linhas que saem de qualquer superfície fechada, contamos qualquer linha saindo como +1 e qualquer linha entrando como −1. Assim, para a superfície mostrada (Figura 22-14), o número resultante de linhas na superfície é zero. Para superfícies contendo outros tipos de distribuições de carga, tais como a mostrada na Figura 22-15, *o número resultante de linhas saindo de qualquer superfície contendo cargas no seu interior é proporcional à carga líquida no interior da superfície.* Esta regra é uma definição da lei de Gauss.

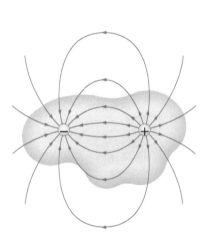

FIGURA 22-14 Uma superfície com formato arbitrário contendo um dipolo elétrico no seu interior. Contanto que a superfície contenha ambas as cargas, o número de linhas que saem da superfície é exatamente igual ao número de linhas que entram na superfície, não importa o local onde a superfície seja desenhada.

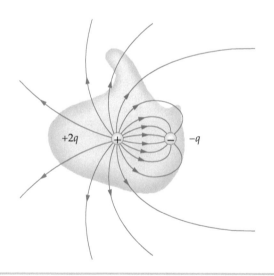

FIGURA 22-15 Uma superfície com formato arbitrário contendo as cargas $+2q$ e $-q$ no seu interior. Ou as linhas de campo que terminam em $-q$ não passam através da superfície ou elas saem dela o mesmo número de vezes que entram nela. O número resultante de linhas que saem, o mesmo que para uma única carga $+q$, é igual à carga líquida contida no interior da superfície.

FLUXO ELÉTRICO

A quantidade matemática que corresponde ao número de linhas de campo penetrando em uma superfície é denominada **fluxo elétrico** ϕ. Para uma superfície perpendicular a $\vec{E}$ (Figura 22-16), o fluxo elétrico é o produto da magnitude do campo, E, pela área A:

$$\phi = EA$$

As unidades de fluxo elétrico são $N \cdot m^2/C$. Como E é proporcional ao número de linhas de campo por unidade de área, o fluxo é proporcional ao número de linhas de campo penetrando a superfície.

Na Figura 22-17, a superfície de área A_2 não é perpendicular ao campo elétrico $\vec{E}$. Entretanto, o número de linhas que penetra a superfície de área A_2 é o mesmo que penetra a superfície de área A_1, a qual é normal (perpendicular) a $\vec{E}$. Estas áreas estão relacionadas por

$$A_2 \cos\theta = A_1 \qquad 22\text{-}11$$

onde θ é o ângulo entre $\vec{E}$ e o vetor unitário $\hat{n}$ que é normal à superfície A_2, como mostra a figura. O fluxo elétrico através de uma superfície é definido como

$$\phi = \vec{E} \cdot \hat{n} A = EA\cos\theta = E_n A \qquad 22\text{-}12$$

onde $E_n = \vec{E} \cdot \hat{n}$ é a componente de $\vec{E}$ normal à superfície.

A Figura 22-18 mostra uma superfície curva sobre a qual $\vec{E}$ pode variar. Se a área ΔA_i do elemento de superfície que escolhemos for pequena o suficiente, ela pode ser considerada como um plano, e a variação do campo elétrico através do elemento pode ser desprezada. O fluxo do campo elétrico através deste elemento é

$$\Delta \phi_i = E_{ni} \Delta A_i = \vec{E}_i \cdot \hat{n}_i \Delta A_i$$

onde $\hat{n}_i$ é o vetor unitário perpendicular ao elemento de superfície e $\vec{E}_i$ é o campo elétrico neste elemento. Se a superfície for curva, os vetores unitários para diferentes elementos de superfície terão direções diferentes. O fluxo total através da superfície é a soma de $\Delta \phi_i$ sobre todos os elementos que formam a superfície. No limite, quando o número de elementos se aproxima do infinito e a área de cada elemento se aproxima de zero, esta soma se transforma em uma integral. A definição geral de fluxo elétrico é, portanto,

$$\phi = \lim_{\Delta A_i \to 0} \sum_i \vec{E}_i \cdot \hat{n}_i \Delta A_i = \int_S \vec{E} \cdot \hat{n}\, dA \qquad 22\text{-}13$$

DEFINIÇÃO — FLUXO ELÉTRICO

onde S representa a superfície sobre a qual estamos realizando a integral.* O sinal do fluxo depende da escolha para a direção do vetor unitário $\hat{n}$. Escolhendo $\hat{n}$ como saindo de um dos lados de uma superfície, determinamos o sinal de $\vec{E} \cdot \hat{n}$ e, portanto, o sinal do fluxo através da superfície.

Em uma superfície *fechada* estamos interessados no fluxo elétrico através da superfície e, por convenção, sempre escolhemos o vetor unitário $\hat{n}$ como saindo da superfície em cada ponto. A integral sobre uma superfície fechada é indicada pelo símbolo $\oint$. O fluxo resultante ou total sobre uma superfície fechada S é, então, escrito como

$$\phi_{\text{res}} = \oint_S \vec{E} \cdot \hat{n}\, dA = \oint_S E_n\, dA \qquad 22\text{-}14$$

O fluxo resultante ϕ_{res} através de uma superfície fechada é positivo ou negativo, dependendo se $\vec{E}$ está predominantemente saindo ou entrando na superfície. Em pontos na superfície onde $\vec{E}$ está entrando, E_n é negativo.

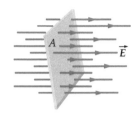

FIGURA 22-16 Linhas de campo elétrico de um campo uniforme penetrando em uma superfície de área A que está orientada perpendicularmente ao campo. O produto EA é o fluxo elétrico através da superfície.

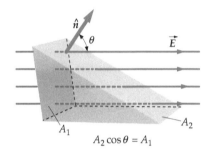

FIGURA 22-17 Linhas de um campo elétrico uniforme que é perpendicular a uma superfície de área A_1, mas que faz um ângulo θ com o vetor unitário $\hat{n}$, normal à superfície de área A_2. Onde $\vec{E}$ não é perpendicular à superfície, o fluxo é $E_n A$, onde $E_n = E \cos\theta$ é a componente de $\vec{E}$ perpendicular à superfície. O fluxo através da superfície de área A_2 é o mesmo que o fluxo através da superfície de área A_1.

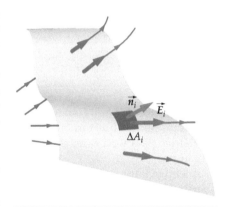

FIGURA 22-18 Se E_n varia de ponto a ponto na superfície, ou porque a magnitude E varia ou porque o ângulo entre $\vec{E}$ e $\hat{n}$ varia, a área da superfície é dividida em pequenos elementos de área ΔAi. O fluxo através da superfície é calculado somando $\vec{E}_i \cdot \hat{n}_i \Delta A_i$ sobre todos os elementos de área.

---

* O fluxo de um campo vetorial através de uma superfície é uma operação matemática usada para descrever a taxa de fluxo de fluidos e a taxa de transferência de calor. Além disso, ele é usado para relacionar campos elétricos com as cargas que os produzem.

DERIVAÇÃO QUANTITATIVA DA LEI DE GAUSS

A Figura 22-19 mostra uma superfície esférica de raio R que tem uma carga puntiforme Q no seu centro. O campo elétrico em qualquer lugar na superfície é normal à superfície e tem módulo

$$E_n = \frac{kQ}{R^2}$$

O fluxo resultante de $\vec{E}$ para fora desta superfície esférica é

$$\phi_{res} = \oint_S E_n \, dA = E_n \oint_S dA$$

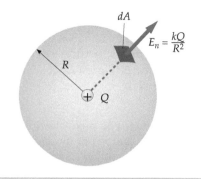

FIGURA 22-19 Uma superfície esférica contendo uma carga puntiforme Q. O fluxo resultante é facilmente calculado para uma superfície esférica. Ele é igual a E_n multiplicado pela área da superfície, ou $E_n 4\pi R^2$.

onde tiramos E_n para fora da integral, pois ele é constante em qualquer ponto da superfície. A integral de dA sobre a superfície é a área total da superfície, a qual, para uma esfera de raio R, é $4\pi R^2$. Usando isto e substituindo kQ/R^2 para E_n, obtemos

$$\phi_{res} = \frac{kQ}{R^2} 4\pi R^2 = 4\pi kQ = Q/\epsilon_0 \qquad 22\text{-}15$$

Assim, o fluxo resultante para fora de uma superfície esférica que tem uma carga puntiforme Q no seu centro é independente do raio R da esfera e é igual a Q dividido por ϵ_0. Isto é consistente com nossa observação anterior que o número resultante de linhas através de uma superfície fechada é proporcional à carga resultante no interior da superfície. *Este número de linhas é o mesmo para todas as superfícies fechadas circundando a carga, independentemente da forma da superfície.* Portanto, o fluxo resultante para fora de *qualquer superfície* circundando uma carga puntiforme Q é igual a Q/ϵ_0.

Podemos estender este resultado a sistemas contendo várias cargas. Na Figura 22-20, a superfície circunda duas cargas puntiformes, q_1 e q_2, e há uma terceira carga puntiforme q_3 no lado de fora da superfície. Como o campo elétrico em qualquer ponto na superfície é a soma vetorial dos campos elétricos produzidos por cada uma das três cargas, o fluxo resultante $\phi_{res} = \oint_S (\vec{E}_1 + \vec{E}_2 + \vec{E}_3) \cdot \hat{n} \, dA$ para fora da superfície é a soma dos fluxos ($\phi_{res} = \Sigma \phi_i$, onde $\phi_i = \oint_S \vec{E}_i \cdot \hat{n} \, dA$) devido às cargas individuais. O fluxo ϕ_3 (devido à carga q_3 que está do lado de fora da superfície) é zero pois cada linha de campo de q_3 que entra na região limitada pela superfície em um ponto sai da superfície em algum outro ponto. O fluxo resultante para fora da superfície devido à carga q_1 é $\phi_1 = q_1/\epsilon_0$ e o fluxo devido à carga q_2 é $\phi_2 = q_2/\epsilon_0$. O fluxo resultante para fora da superfície é, então, igual a $\phi_{res} = (q_1 + q_2)/\epsilon_0$, o qual pode ser positivo, negativo ou zero, dependendo dos sinais e das magnitudes de q_1 e q_2.

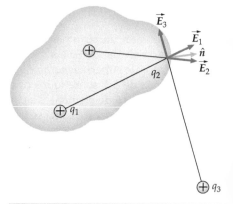

FIGURA 22-20 Uma superfície contendo cargas puntiformes q_1 e q_2, mas não q_3. O fluxo resultante saindo desta superfície é $4\pi k(q_1 + q_2)$.

> O fluxo resultante para fora de qualquer superfície fechada é igual à carga resultante no interior da superfície dividida por ϵ_0:
>
> $$\phi_{res} = \oint_S \vec{E} \cdot \hat{n} \, dA = \oint_S E_n \, dA = \frac{Q_{dentro}}{\epsilon_0} \qquad 22\text{-}16$$
>
> LEI DE GAUSS

Esta é a **lei de Gauss**. Ela reflete o fato que o campo elétrico devido a uma única carga puntiforme varia com o quadrado da distância à carga. Foi esta propriedade do campo elétrico que tornou possível desenhar um número fixo de linhas de campo elétrico para uma carga e ter a densidade de linhas proporcional à intensidade do campo.

A lei de Gauss é válida para todas as superfícies e distribuições de carga. Para distribuições de carga que tenham alto grau de simetria, ela pode ser usada para calcular o campo elétrico, como ilustramos nesta seção. Para distribuições estáticas, a lei de Gauss e a lei de Coulomb são equivalentes. Entretanto, a lei de Gauss é mais geral, pois ela sempre é válida, enquanto a validade da lei de Coulomb está restrita a distribuições estáticas de cargas.

Exemplo 22-9 — Fluxo através de uma Superfície Fechada Contínua

Um campo elétrico é dado por $\vec{E} = +(200 \text{ N/C})\hat{k}$ ao longo da região $z > 0$ e por $\vec{E} = -(200 \text{ N/C})\hat{k}$ ao longo da região $z < 0$. Uma superfície imaginária com o formato de uma lata, com comprimento igual a 20 cm e um raio R igual a 5,00 cm, tem seu centro na origem e seu eixo ao longo do eixo z, com uma extremidade em $z = +10$ cm e a outra em $z = -10$ cm (Figura 22-21). (a) Qual é o fluxo resultante para fora através da superfície fechada? (b) Qual é a carga resultante no interior da superfície fechada?

SITUAÇÃO A superfície fechada descrita, a qual é contínua, consiste em três partes — duas extremidades planas e um lado curvo. Calcule separadamente o fluxo de $\vec{E}$ para fora de cada parte desta superfície. Para calcular o fluxo de uma das partes, desenhe a normal para fora, $\hat{n}$, em um ponto escolhido arbitrariamente na parte e desenhe o vetor $\vec{E}$ no mesmo ponto. Se $E_n = \vec{E} \cdot \hat{n}$ é o mesmo em qualquer lugar nesta parte, então o fluxo através dela será $E_n A$, onde A é a área da parte. O fluxo resultante através de toda a superfície fechada é obtido somando os fluxos das partes individuais. O fluxo resultante para fora está relacionado com a carga no interior pela lei de Gauss (Equação 22-16).

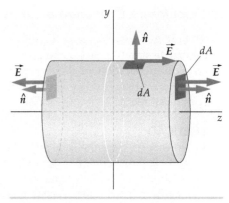

FIGURA 22-21

SOLUÇÃO

(a) 1. Desenhe a superfície em forma de lata. Em cada parte da superfície, desenhe a normal para fora, $\hat{n}$, e o vetor $\vec{E}$ (Figura 22-21):

2. Calcule o fluxo para fora através da extremidade direita da "lata" (a parte da superfície em $z = +10$ cm). Nesta parte, $\hat{n} = \hat{k}$:

$$\phi_{\text{direita}} = \vec{E}_{\text{direita}} \cdot \hat{n}_{\text{direita}} A = \vec{E}_{\text{direita}} \cdot \hat{k} \pi R^2 = +(200 \text{ N/C})\hat{k} \cdot \hat{k}(\pi)(0{,}0500 \text{ m})^2$$
$$= 1{,}57 \text{ N} \cdot \text{m}^2/\text{C}$$

3. Calcule o fluxo para fora através da extremidade esquerda da "lata" (a parte da superfície em $z = -10$ cm), onde $\hat{n} = -\hat{k}$:

$$\phi_{\text{esquerda}} = \vec{E}_{\text{esquerda}} \cdot \hat{n}_{\text{esquerda}} A = \vec{E}_{\text{esquerda}} \cdot (-\hat{k}) \pi R^2$$
$$= -(200 \text{ N/C})\hat{k} \cdot (-\hat{k})(\pi)(0{,}0500 \text{ m})^2$$
$$= 1{,}57 \text{ N} \cdot \text{m}^2/\text{C}$$

4. Calcule o fluxo para fora através da superfície curva. Na superfície curva, $\hat{n}$ está na direção radial, perpendicular ao eixo z:

$$\phi_{\text{curva}} = \vec{E}_{\text{curva}} \cdot \hat{n}_{\text{curva}} A = 0$$

($\phi_{\text{curva}} = 0$ pois $\vec{E} \cdot \hat{n} = 0$ em qualquer lugar da parte curva.)

5. O fluxo resultante para fora é a soma sobre todas as superfícies individuais:

$$\phi_{\text{res}} = \phi_{\text{direita}} + \phi_{\text{esquerda}} + \phi_{\text{curva}} = 1{,}57 \text{ N} \cdot \text{m}^2/\text{C} + 1{,}57 \text{ N} \cdot \text{m}^2/\text{C} + 0$$
$$= \boxed{3{,}14 \text{ N} \cdot \text{m}^2/\text{C}}$$

(b) A lei de Gauss relaciona a carga no interior com o fluxo resultante:

$$Q_{\text{dentro}} = \epsilon_0 \phi_{\text{res}} = (8{,}85 \times 10^{-12} \text{ C}^2/\text{N} \cdot \text{m}^2)(3{,}14 \text{ N} \cdot \text{m}^2/\text{C})$$
$$= \boxed{2{,}78 \times 10^{-11} \text{ C} = 27{,}8 \text{ pC}}$$

CHECAGEM O fluxo através de cada extremidade da lata não depende do comprimento dela. Este resultado é esperado para um campo elétrico que não varia com a distância ao plano $z = 0$.

INDO ALÉM O fluxo resultante não depende do comprimento da lata. Portanto, a carga no interior está inteiramente no plano $z = 0$.

22-3 USANDO SIMETRIA PARA CALCULAR $\vec{E}$ COM A LEI DE GAUSS

Para uma dada distribuição de cargas altamente simétrica, geralmente é mais simples calcular o campo elétrico utilizando a lei de Gauss do que utilizando a lei de Coulomb. Há três classes de simetria que devem ser consideradas. Uma configuração de cargas tem **simetria cilíndrica (ou em linha)** se a densidade de cargas depende apenas da distância à linha, **simetria plana** se a densidade de cargas depende apenas da distância ao plano e **simetria esférica (ou puntiforme)** se a densidade de cargas depende apenas da distância a um ponto.

ESTRATÉGIA PARA SOLUÇÃO DE PROBLEMAS

Calculando $\vec{E}$ Usando a Lei de Gauss

SITUAÇÃO Identifique se a configuração de cargas pertence a uma das três classes de simetria. Se ela não pertencer, então tente outro método para calcular o campo elétrico. Se ela pertencer, então esboce a configuração de cargas e estabeleça a magnitude e a direção do campo elétrico $\vec{E}$ utilizando considerações de simetria.

SOLUÇÃO

1. No esboço, desenhe uma superfície fechada imaginária, denominada **superfície gaussiana** (por exemplo, a lata do Exemplo 22-9). Esta superfície é escolhida de forma tal que, em cada parte da superfície, $\vec{E}$ é zero, ou normal à superfície com E_n igual em todos os pontos daquela parte, ou, ainda, paralelo à superfície ($E_n = 0$) em todos os pontos daquela parte. Para uma configuração que tenha simetria cilíndrica (linha), a superfície gaussiana é um cilindro coaxial com a linha de simetria. Para uma configuração que tenha simetria plana, a superfície gaussiana é um cilindro seccionado pelo plano de simetria e com seu eixo de simetria normal ao plano de simetria. Para uma configuração que tenha simetria esférica (puntiforme), a superfície gaussiana é uma esfera centrada no ponto de simetria. Em cada parte da superfície gaussiana, desenhe um elemento de área dA, uma normal saindo da superfície, $\hat{n}$, e o campo elétrico $\vec{E}$.
2. Superfícies cilíndricas fechadas são contínuas, constituídas por três partes. Superfícies esféricas consistem em uma única parte. O fluxo através de cada parte de uma superfície gaussiana escolhida adequadamente é igual a $E_n A$, onde E_n é a componente de $\vec{E}$ normal àquela parte e A é a área daquela parte da superfície. Adicione os fluxos para obter o fluxo resultante saindo através da superfície fechada.
3. Calcule a carga total no interior da superfície gaussiana.
4. Aplique a lei de Gauss para relacionar E_n às cargas no interior da superfície fechada e resolva para E_n.

CHECAGEM CONCEITUAL 22-1

O campo elétrico $\vec{E}$ na lei de Gauss é apenas aquela parte do campo elétrico devida às cargas no interior de uma superfície, ou é o campo elétrico total devido a todas as cargas, tanto no interior quanto no exterior da superfície?

Exemplo 22-10 $\vec{E}$ Devido a uma Placa Carregada Uniformemente

Uma placa muito grande (infinita), uniformemente carregada, feita de plástico, com largura $2a$, ocupa a região entre os planos $z = -a$ e $z = +a$. Determine o campo elétrico em todos os pontos devido a esta configuração de cargas. A carga por unidade de volume do plástico é ρ.

SITUAÇÃO A configuração de cargas tem simetria plana, tendo o plano $z = 0$ como plano de simetria. Use argumentos de simetria para determinar a direção e o sentido do campo elétrico em todos os pontos. Aplique, então, a lei de Gauss e resolva para o campo elétrico.

SOLUÇÃO

1. Use considerações de simetria para determinar a direção e o sentido de $\vec{E}$. Como a placa é infinita, não há direção preferencial paralela à placa:

   Para $\rho > 0$, $\vec{E}$ se afasta do plano $z = 0$ e, para $\rho < 0$, $\vec{E}$ aponta no sentido do plano $z = 0$. Neste plano, $\vec{E} = 0$.

2. Esboce a configuração de cargas que tem uma superfície Gaussiana apropriada — um cilindro seccionado pelo plano de simetria (o plano $z = 0$ com o eixo normal a este plano). O cilindro estende-se de $-z$ até $+z$ (Figura 22-22):

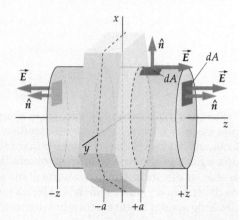

FIGURA 22-22 Superfície gaussiana para o cálculo de $\vec{E}$ devido a um plano infinito de cargas. (Está representada apenas a parte do plano que está no interior da superfície gaussiana.) Nas faces planas desta superfície em forma de lata, $\vec{E}$ é perpendicular à superfície e tem módulo constante. Na superfície curva, $\vec{E}$ é paralelo à superfície.

O Campo Elétrico II: Distribuições Contínuas de Cargas | 51

3. Escreva a lei de Gauss (Equação 22-16):

$$\phi_{res} = \oint_S \vec{E} \cdot \hat{n} \, dA = \frac{Q_{dentro}}{\epsilon_0}$$

4. O fluxo ϕ saindo da superfície é igual à soma dos fluxos através de cada parte da superfície. Desenhe $\hat{n}$ e $\vec{E}$ em um elemento de área em cada parte da superfície (Figura 22-22):

$$\phi_{res} = \phi_{lado\ esquerdo} + \phi_{lado\ direito} + \phi_{lado\ curvo}$$

onde
$$\phi_{lado\ esquerdo} = \int_{lado\ esquerdo} \vec{E} \cdot \hat{n} \, dA$$

$$\phi_{lado\ direito} = \int_{lado\ direito} \vec{E} \cdot \vec{E} \cdot \hat{n} \, dA$$

$$\phi_{lado\ curvo} = \int_{lado\ curvo} \vec{E} \cdot \hat{n} \, dA$$

5. Como $\vec{E} \cdot \hat{n}$ é zero em todos os pontos da parte curva da superfície, o fluxo através desta parte é zero:

$$\phi_{lado\ curvo} = 0$$

6. $\vec{E}$ é uniforme na extremidade direita da superfície e, portanto, $\vec{E} \cdot \hat{n} = E_n$ pode ser retirado para fora da integral. Seja A a área da extremidade direita da superfície:

$$\phi_{lado\ direito} = \int_{lado\ direito} \vec{E} \cdot \hat{n} \, dA = \int_{lado\ direito} E_n \, dA$$
$$= E_n \int_{lado\ direito} dA = E_n A$$

7. As duas extremidades da superfície estão à mesma distância do plano de simetria (o plano $z = 0$), logo $\vec{E}$ na extremidade esquerda é igual em módulo e direção e tem sentido contrário a $\vec{E}$ da extremidade direita. Da mesma forma, as normais nas duas extremidades têm a mesma direção e sentidos contrários. Portanto, $\vec{E} \cdot \hat{n} = E_n$ é a mesma nos dois lados. Conseqüentemente, o fluxo nas duas extremidades é o mesmo:

$\vec{E} \cdot \hat{n} = E_n$ é o mesmo em ambas as extremidades,
$\therefore \phi_{lado\ esquerdo} = \phi_{lado\ direito} = EA_n$

8. Adicione os fluxos individuais para obter o fluxo resultante saindo da superfície:

$$\phi_{res} = \phi_{lado\ esquerdo} + \phi_{lado\ direito} + \phi_{lado\ curvo} = E_n A + E_n A + 0 = 2E_n A$$

9. Resolva para a carga no interior da superfície gaussiana. O volume de um cilindro é a área da seção transversal multiplicado pelo comprimento. O cilindro tem comprimento $2z$.

$$Q_{dentro} = \rho A 2a \qquad (z \geq a)$$
$$Q_{dentro} = \rho A 2z \qquad (z \leq a)$$

10. Substitua os resultados dos passos 8 e 9 em $\phi_{res} = Q_{dentro}/\epsilon_0$ (o resultado do passo 3) e resolva para E_n na extremidade direita da superfície:

Para $|z| \geq a$, $2E_n A = \rho A 2a/\epsilon_0$, logo $E_n = \rho a/\epsilon_0$. Para $-a \leq z \leq a$, $2E_n A = \rho A 2|z|/\epsilon_0$, logo $E_n = \rho|z|/\epsilon_0$.

11. Resolva para $\vec{E}$ com função de z. Na região $z < 0$, $\hat{n} = -\hat{k}$, logo $E_z = -E_n$; isto significa que $\vec{E}$ está na direção $-z$ e, portanto, E_z é negativo:

$$\vec{E} = E_z \hat{k} = \boxed{\begin{cases} -(\rho a/\epsilon_0)\hat{k} & (z \leq -a) \\ (\rho z/\epsilon_0)\hat{k} & (-a \leq z \leq a) \\ +(\rho a/\epsilon_0)\hat{k} & (z \geq +a) \end{cases}}$$

ou

$$\vec{E} = E_z \hat{k} = \boxed{\begin{cases} \text{sign}(z) \cdot (\rho a/\epsilon_0)\hat{k} & (|z| \geq a) \\ \text{sign}(z) \cdot (\rho|z|/\epsilon_0)\hat{k} & (|z| \leq a) \end{cases}}$$

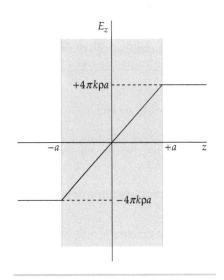

FIGURA 22-23 Um gráfico de E_z versus z para um plano infinito uniformemente carregado de espessura $2a$ e densidade de carga ρ.

CHECAGEM O campo elétrico tem unidades de N/C. De acordo com os resultados do passo 11, $\rho a/\epsilon_0$ deveria ter as mesmas unidades. E tem, pois $\epsilon_0 = 8{,}85 \times 10^{-12}\ \text{C}^2/(\text{N} \cdot \text{m}^2)$, ρ tem unidades de C/m^3, e a tem unidade de m.

INDO ALÉM Fora do plano, o campo elétrico é o mesmo que o do plano uniformemente carregado da Equação 22-10, com $\sigma = 2\rho a$. A Figura 22-23 mostra o gráfico de E_z versus z para o plano infinito carregado. Estes gráficos são facilmente comparados se você reconhecer que $2\pi k = 1/(2\epsilon_0)$.

Podemos usar a lei de Gauss para derivar a lei de Coulomb. Isto é feito aplicando a lei de Gauss para determinar o campo elétrico a uma distância r de uma carga puntiforme q. Defina a origem na posição da carga puntiforme e escolha uma superfície gaussiana esférica de raio r centrada na carga puntiforme. A normal a esta superfície, $\hat{n}$, é igual ao vetor unitário $\hat{r}$. Por simetria, $\vec{E}$ será radial apontando ou para fora, ou em direção à carga, logo $\vec{E} = E_r \hat{r}$. Como conseqüência, E_n, a componente de $\vec{E}$ normal à superfície, é igual à componente radial, E_r. Isto é, $E_n = \vec{E} \cdot \hat{n} = \vec{E} \cdot \hat{r} = E_r$. Além disso, a magnitude de $\vec{E}$ pode depender da distância à carga, mas não da direção em relação à carga. Assim, E_n tem o mesmo valor em qualquer ponto da superfície. O fluxo resultante de $\vec{E}$ através da superfície esférica de raio r é, portanto,

$$\phi_{res} = \oint_S \vec{E} \cdot \hat{n}\, dA = \oint_S E_n\, dA = E_n \oint_S dA = E_r 4\pi r^2$$

onde $\oint_S dA = 4\pi r^2$ (a área da superfície esférica). Como a carga total dentro da superfície é apenas a carga puntiforme q, a lei de Gauss fornece

$$E_r 4\pi r^2 = \frac{q}{\epsilon_0}$$

Resolvendo para E_r, obtemos

$$E_r = \frac{1}{4\pi\epsilon_0} \frac{q}{r^2}$$

que é a lei de Coulomb. Acabamos de derivar a lei de Coulomb a partir da lei de Gauss. Como, para cargas estáticas, a lei de Gauss também pode ser derivada da lei de Coulomb (veja Seção 22-6), mostramos que as duas leis são equivalentes (para cargas estáticas).

Exemplo 22-11 $\vec{E}$ Devido a uma Fina Casca Esférica de Cargas

Determine o campo elétrico devido a uma fina casca esférica carregada de raio R e carga total Q.

SITUAÇÃO Esta configuração de cargas depende apenas da distância a um único ponto — o centro da casca esférica. Portanto, a configuração tem simetria esférica (puntiforme). Esta simetria implica que $\vec{E}$ precisa ser radial e ter módulo que dependa apenas da distância r ao centro da esfera. É necessária uma superfície gaussiana esférica que tenha um raio arbitrário r e seja concêntrica com a configuração de cargas.

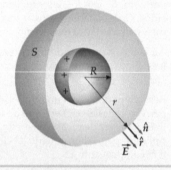

FIGURA 22-24 Superfície gaussiana esférica de raio $r > R$ para o cálculo do campo elétrico do lado de fora de uma fina casca esférica uniformemente carregada de raio R.

SOLUÇÃO

1. Esboce a configuração de cargas e uma superfície gaussiana esférica S de raio $r > R$. Inclua um elemento de área dA, a normal $\hat{n}$ e o campo elétrico $\vec{E}$ no elemento de área (Figura 22-24):

2. Expresse a lei de Gauss (Equação 22-16):

$$\phi_{res} = \oint_S E_n\, dA = \frac{Q_{dentro}}{\epsilon_0}$$

3. O valor de E_n é o mesmo em todos os pontos de S. Portanto, podemos fatorá-lo da integral:

$$E_n \oint_S dA = \frac{Q_{dentro}}{\epsilon_0}$$

4. A integral do elemento de área sobre a superfície S é a área da esfera. A área da esfera é $4\pi r^2$:

$$E_n 4\pi r^2 = \frac{Q_{dentro}}{\epsilon_0}$$

5. Devido à simetria, $E_n = E_r$. Substitua E_r por E_n e resolva para E_r:

$$E_r = \frac{1}{4\pi\epsilon_0} \frac{Q_{dentro}}{r^2}$$

6. Para $r > R$, $Q_{dentro} = Q$. Para $r < R$, $Q_{dentro} = 0$:

$$\vec{E} = E_r \hat{r}, \quad \text{onde}$$

$$\boxed{E_r = \frac{1}{4\pi\epsilon_0} \frac{Q}{r^2} \quad r > R}$$

$$\boxed{E_r = 0 \quad r < R}$$

O Campo Elétrico II: Distribuições Contínuas de Cargas | 53

CHECAGEM Do lado de fora da casca carregada, o campo elétrico é o mesmo que o de uma carga puntiforme Q no centro da casca. Este resultado é esperado para $r \gg R$.

INDO ALÉM O resultado do passo 6 também pode ser obtido pela integração direta da lei de Coulomb, mas o cálculo é muito mais envolvente.

A Figura 22-25 mostra E_r *versus* r para a distribuição de carga em uma casca esférica. Novamente, observe que o campo elétrico é descontínuo em $r = R$, onde a densidade de carga na superfície é $\sigma = Q/(4\pi R^2)$. Próximo à superfície externa da casca, o campo elétrico é $E_r = Q/(4\pi\epsilon_0 R^2) = \sigma/\epsilon_0$, pois $\sigma = Q/4\pi R^2$. Como o campo próximo à superfície interna da casca é zero, o campo elétrico é descontínuo em $r = R$ pela quantidade σ/ϵ_0.

O campo elétrico de uma fina casca esférica uniformemente carregada é dado por $\vec{E} = E_r \hat{r}$, onde

$$E_r = \frac{1}{4\pi\epsilon_0} \frac{Q}{r^2} \qquad r > R \qquad \text{22-17}a$$

$$E_r = 0 \qquad r < R \qquad \text{22-17}b$$

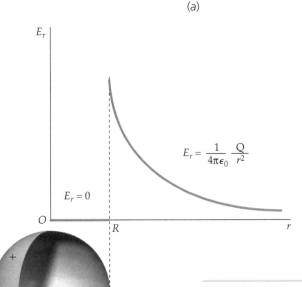
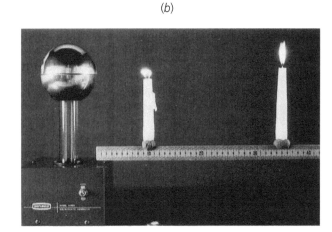

FIGURA 22-25 (*a*) Um gráfico de E_r *versus* r para uma distribuição de cargas em uma fina casca esférica. O campo elétrico é descontínuo em $r = R$, onde há uma densidade superficial de carga σ. (*b*) A diminuição de E_r, devido a uma casca esférica carregada, com a distância é evidente pelo efeito do campo nas chamas de duas velas. A casca esférica à esquerda (parte de um gerador Van de Graaff, um dispositivo que é discutido no Capítulo 23), tem uma grande carga negativa que atrai os íons positivos das chamas da vela nas proximidades. O efeito na chama à direita, a qual está mais afastada, não é perceptível. (*Runk/Schoenberger from Grant Heilmann.*)

Exemplo 22-12 Campo Elétrico Devido a uma Carga Puntiforme e uma Casca Esférica Carregada

Uma casca esférica de raio $R = 3{,}00$ m tem seu centro na origem e tem uma densidade superficial de carga $\sigma = 3{,}00$ nC/m². Uma carga puntiforme $q = 250$ nC está no eixo y em $y = 2{,}00$ m. Determine o campo elétrico no eixo x em (*a*) $x = 2{,}00$ m e (*b*) $x = 4{,}00$ m.

SITUAÇÃO Encontramos, separadamente, os campos devidos à carga puntiforme e à casca esférica, e somamos os campos vetoriais de acordo com o princípio da superposição. Para a Parte (*a*), o ponto para calcular o campo está dentro da casca e, portanto, o campo é devido apenas à carga puntiforme (Figura 22-26*a*). Para a Parte (*b*), o ponto para calcular o campo está do lado de fora da casca e, portanto, o campo devido à casca pode ser calculado como se a carga fosse puntiforme e estivesse na origem. Somamos, então, os campos devido às duas cargas puntiformes (Figura 22-26b).

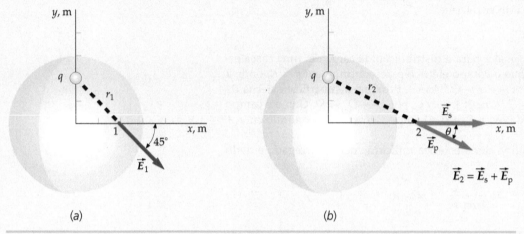

FIGURA 22-26

SOLUÇÃO

(a) 1. Dentro da casca, $\vec{E}_1$ é devido apenas à carga puntiforme:

$$\vec{E}_1 = \frac{kq}{r_1^2}\hat{r}_1$$

2. Calcule o quadrado da distância r_1:

$$r_1^2 = (2{,}00 \text{ m})^2 + (2{,}00 \text{ m})^2 = 8{,}00 \text{ m}^2$$

3. Use r_1 para calcular o módulo do campo:

$$E_1 = \frac{kq}{r_1^2} = \frac{(8{,}99 \times 10^9 \text{ N} \cdot \text{m}^2/\text{C}^2)(250 \times 10^{-9} \text{ C})}{8{,}00 \text{ m}^2} = 281 \text{ N/C}$$

4. Da Figura 22-26a, podemos ver que o campo faz um ângulo de 45° com o eixo x:

$$\theta_1 = 45{,}0°$$

5. Expresse $\vec{E}_1$ em termos de suas componentes:

$$\vec{E}_1 = E_{1x}\hat{i} + E_{1y}\hat{j} = E_1 \cos 45{,}0° \, \hat{i} - E_1 \sin 45{,}0° \, \hat{j}$$
$$= (281 \text{ N/C}) \cos 45{,}0° \, \hat{i} - (281 \text{ N/C}) \sin 45{,}0° \, \hat{j}$$
$$= \boxed{(199\hat{i} - 199\hat{j}) \text{ N/C}}$$

(b) 1. Fora de seu perímetro, o campo da casca pode ser calculado como se ela fosse uma carga puntiforme localizada na origem, e o campo devido à casca $\vec{E}_s$ está, portanto, ao longo do eixo x:

$$\vec{E}_s = \frac{kQ}{x_2^2}\hat{i}$$

2. Calcule a carga total Q na casca:

$$Q = \sigma 4\pi R^2 = (3{,}00 \text{ nC/m}^2)4\pi(3{,}00 \text{ m})^2 = 339 \text{ nC}$$

3. Use Q para calcular o campo devido à casca:

$$E_s = \frac{kQ}{x_2^2} = \frac{(8{,}99 \times 10^9 \text{ N} \cdot \text{m}^2/\text{C}^2)(339 \times 10^{-9}\text{C})}{(4{,}00 \text{ m})^2} = 190 \text{ N/C}$$

4. O campo devido à carga puntiforme é:

$$\vec{E}_p = \frac{kq}{r_2^2}\hat{r}_2$$

5. Calcule o quadrado da distância à carga puntiforme q no eixo y ao ponto x = 4,00 m:

$$r_2^2 = (2{,}00 \text{ m})^2 + (4{,}00 \text{ m})^2 = 20{,}0 \text{ m}^2$$

6. Calcule o módulo do campo devido à carga puntiforme:

$$E_p = \frac{kq}{r_2^2} = \frac{(8{,}99 \times 10^9 \text{ N} \cdot \text{m}^2/\text{C}^2)(250 \times 10^{-9} \text{ C})}{20{,}0 \text{ m}^2} = 112 \text{ N/C}$$

7. Este campo faz um ângulo θ com o eixo x, onde:

$$\tan \theta = \frac{2{,}00 \text{ m}}{4{,}00 \text{ m}} = 0{,}500 \Rightarrow \theta = \tan^{-1} 0{,}500 = 26{,}6°$$

8. As componentes x e y do campo elétrico resultante são, portanto:

$$E_x = E_{Px} + E_{Sx} = E_p \cos \theta + E_S$$
$$= (112 \text{ N/C}) \cos 26{,}6° + 190 \text{ N/C} = 290 \text{ N/C}$$
$$E_y = E_{Py} + E_{Sy} = -E_p \sin \theta + 0$$
$$= -(112 \text{ N/C}) \sin 26{,}6° = -50{,}0 \text{ N/C}$$
$$\vec{E}_2 = \boxed{(290\hat{i} - 50{,}0\hat{j}) \text{ N/C}}$$

O Campo Elétrico II: Distribuições Contínuas de Cargas | 55

CHECAGEM O resultado do passo 8 da Parte (*b*) está qualitativamente de acordo com a Figura 22-26*b*. Isto é, E_x é positivo, E_y é negativo e $|E_y| < E_x$.

INDO ALÉM As componentes *x*, *y* e *z* de um vetor especificam completamente este vetor. Nestes casos, a componente *z* é zero.

$\vec{E}$ DEVIDO A UMA ESFERA UNIFORMEMENTE CARREGADA

Exemplo 22-13 $\vec{E}$ Devido a uma Esfera Sólida Uniformemente Carregada

Determine o campo elétrico gerado por uma esfera sólida uniformemente carregada que tem raio *R* e uma carga total *Q*, distribuída uniformemente através do volume da esfera cuja densidade de carga é $\rho = Q/V$, onde $V = \frac{4}{3}\pi R^3$ é o volume da esfera.

SITUAÇÃO A configuração de cargas tem simetria esférica. Por simetria, o campo elétrico deve ser radial. Escolhemos uma superfície gaussiana esférica de raio *r* (Figura 22-27*a* e Figura 22-27*b*). Na superfície gaussiana, E_n é o mesmo em todos os pontos, e $E_n = E_r$. A lei de Gauss, portanto, relaciona E_r à carga total no interior da superfície gaussiana.

SOLUÇÃO
1. Desenhe uma esfera carregada de raio *R* e uma superfície gaussiana esférica com raio *r* (Figura 22-27*a* para $r > R$ e Figura 22-27*b* para $r < R$):

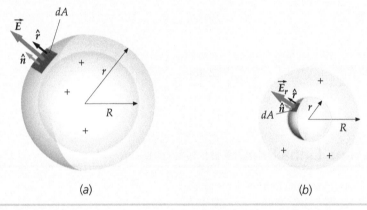

FIGURA 22-27

2. Relacione o fluxo através da superfície gaussiana ao campo elétrico E_r nela. Em cada ponto nesta superfície, $\hat{n} = \hat{r}$ e E_r tem o mesmo valor:

$\phi_{res} = \vec{E} \cdot \hat{n} A = \vec{E} \cdot \hat{r} A = E_r 4\pi r^2$
(A área da superfície de uma esfera de raio *r* é $4\pi r^2$.)

3. Aplique a lei de Gauss para relacionar o campo à carga total no interior da superfície:

$E_r 4\pi r^2 = \dfrac{Q_{dentro}}{\epsilon_0}$

4. Determine Q_{dentro} para todos os valores de *r*. A densidade de carga $\rho = Q/V$, onde $V = \frac{4}{3}\pi R^3$:

Para $r \geq R$, $Q_{dentro} = Q$
Para $r \leq R$, $Q_{dentro} = \rho V'$, onde $V' = \frac{4}{3}\pi r^3$
então
$Q_{dentro} = \dfrac{Q}{V}V' = \dfrac{Q}{\frac{4}{3}\pi R^3}\frac{4}{3}\pi r^3 = Q\dfrac{r^3}{R^3}$

5. Substitua no resultado do passo 3 e resolva para $\vec{E}$:

$\vec{E} = E_r \hat{r}$, onde

$$\boxed{E_r = \dfrac{1}{4\pi\epsilon_0}\dfrac{Q}{r^2} \qquad r \geq R}$$

$$\boxed{E_r = \dfrac{1}{4\pi\epsilon_0}\dfrac{Q}{r^2}\dfrac{r^3}{R^3} = \dfrac{1}{4\pi\epsilon_0 R^3}Q\,r \qquad r \leq R}$$

CHECAGEM No centro da esfera carregada o campo elétrico é zero, como sugere a simetria. Para $r \gg R$, o campo é idêntico ao de uma carga puntiforme Q no centro da esfera, como esperado.

INDO ALÉM A Figura 22-28 mostra E_r versus r para a distribuição de cargas deste exemplo. Dentro da esfera de carga, E_r aumenta com r. Observe que E_r é contínuo em $r = R$. Uma esfera uniformemente carregada é, algumas vezes, utilizada como modelo para descrever o campo elétrico de um núcleo atômico.

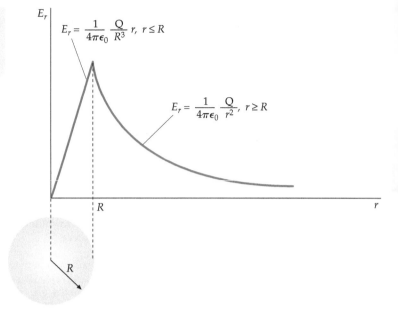

FIGURA 22-28

Vemos do Exemplo 22-13 que o campo elétrico a uma distância r do centro de uma esfera uniformemente carregada de raio R é dado por $\vec{E} = E_r \hat{r}$, onde

$$E_r = \frac{1}{4\pi\epsilon_0} \frac{Q}{r^2} \qquad r \geq R \qquad \text{22-18}a$$

$$E_r = \frac{1}{4\pi\epsilon_0} \frac{Q}{R^3} r \qquad r \leq R \qquad \text{22-18}b$$

e Q é a carga total da esfera.

Exemplo 22-14 Campo Elétrico Devido a uma Linha Infinita de Cargas

Use a lei de Gauss para determinar o campo elétrico gerado por uma linha infinitamente longa de cargas com densidade uniforme λ. (Este problema já foi resolvido no Exemplo 22-3 usando a lei de Coulomb.)

SITUAÇÃO Devido à simetria, sabemos que o campo elétrico aponta para longe da linha se λ for positivo (e em direção à linha se λ for negativo), e sabemos que a magnitude do campo depende apenas da distância radial à linha de cargas. Escolhemos, portanto, uma superfície gaussiana cilíndrica coaxial com a linha de cargas. Calculamos o fluxo de $\vec{E}$ através de cada parte da superfície e, usando a lei de Gauss, relacionamos o fluxo resultante de $\vec{E}$ à carga no interior do cilindro.

SOLUÇÃO

1. Esboce o fio e uma superfície gaussiana cilíndrica coaxial (Figura 22-29) com comprimento L e raio R. A superfície fechada consiste em três partes: as duas extremidades planas e o lado curvo. Em um ponto escolhido aleatoriamente em cada parte, desenhe um elemento de área e os vetores $\vec{E}$ e $\hat{n}$. Devido à simetria, sabemos que a direção de $\vec{E}$ é radial (ou saindo ou em direção à linha de carga) e sabemos que a magnitude E depende apenas da distância à linha de cargas.

2. Calcule o fluxo saindo através da parte curva da superfície gaussiana. Em cada ponto da parte curva, $\hat{R} = \hat{n}$, onde $\hat{R}$ é o vetor unitário na direção radial.

$$\phi_{\text{curva}} = \vec{E} \cdot \hat{n} A_{\text{curva}} = \vec{E} \cdot \hat{R} A_{\text{curva}} = E_R 2\pi R L$$

3. Calcule o fluxo saindo através de cada uma das extremidades planas da superfície gaussiana. Nestas partes a direção de $\hat{n}$ é paralela à linha de cargas (e, portanto, perpendicular à $\vec{E}$):

$$\phi_{\text{esquerda}} = \vec{E} \cdot \hat{n} A_{\text{esquerda}} = 0$$
$$\phi_{\text{direita}} = \vec{E} \cdot \hat{n} A_{\text{direita}} = 0$$

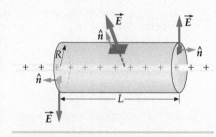

FIGURA 22-29

4. Aplique a lei de Gauss para relacionar o campo à carga total no interior da superfície, Q_{dentro}. O fluxo resultante saindo da superfície gaussiana é a soma dos fluxos saindo das três partes da superfície e Q_{dentro} é a carga em um comprimento L da linha de cargas:

$$\phi_{res} = \frac{Q_{dentro}}{\epsilon_0}$$

$$E_R 2\pi R L = \frac{\lambda L}{\epsilon_0} \quad \text{então} \quad \vec{E} = E_R \hat{R}, \quad \text{onde} \quad \boxed{E_R = \frac{1}{2\pi\epsilon_0} \frac{\lambda}{R}}$$

CHECAGEM Como $1/(2\pi\epsilon_0) = 2k$, o resultado do passo 4 também pode ser escrito como $2k\lambda/R$. Esta é a mesma expressão para E_R obtida usando a lei de Coulomb (veja o Exemplo 22-3).

No cálculo de $\vec{E}$ para uma linha de cargas (Exemplo 22-14), precisamos assumir que o ponto onde calculamos o campo estivesse bem afastado das extremidades da linha de carga de forma que E_n fosse constante em todos os pontos da superfície gaussiana cilíndrica. Se estivéssemos próximos à extremidade de uma linha finita de cargas, não poderíamos assumir que $\vec{E}$ fosse perpendicular à superfície curva do cilindro ou que E_n fosse constante em todos os pontos sobre ela e, portanto, não poderíamos usar a lei de Gauss para calcular o campo elétrico.

É importante compreender que, apesar de a lei de Gauss ser válida para qualquer superfície fechada e qualquer distribuição de cargas, ela é particularmente útil para calcular o campo elétrico de distribuições de cargas que tenham simetria cilíndrica, esférica ou plana. Ela é particularmente útil para cálculos envolvendo condutores em equilíbrio eletrostático, conforme veremos na Seção 22-5.

22-4 DESCONTINUIDADE DE E_n

Vimos que o campo elétrico para um plano infinito de cargas e para uma fina casca esférica de cargas é descontínuo pela quantidade σ/ϵ_0 na superfície com densidade de carga igual à σ. Mostraremos agora que este é um resultado geral para a componente do campo elétrico que é perpendicular à superfície com densidade de carga σ.

A Figura 22-30 mostra uma superfície arbitrária tendo densidade superficial de carga igual a σ. A superfície é arbitrariamente curva, apesar de não apresentar nenhuma dobra aguda onde a direção normal pudesse ser ambígua, e σ pode variar continuamente na superfície de um lugar a outro. Consideramos o campo elétrico $\vec{E}$ na vizinhança de um ponto P na superfície como a superposição do campo elétrico $\vec{E}_{disco}$, devido apenas à carga em um pequeno disco centrado no ponto P, e o campo elétrico $\vec{E}'$ devido a todas as outras cargas no universo. Assim,

$$\vec{E} = \vec{E}_{disco} + \vec{E}' \qquad 22\text{-}19$$

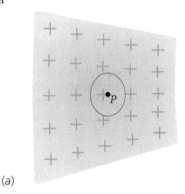

(a)

O disco é pequeno o suficiente para que possa ser considerado plano e uniformemente carregado. No eixo do disco, o campo elétrico $\vec{E}_{disco}$ é dado pela Equação 22-9. Em pontos no eixo muito próximos ao disco, a magnitude deste campo é dada por $E_{disco} = |\sigma|/(2\epsilon_0)$. A direção e o sentido de $\vec{E}_{disco}$ saem do disco se σ for positivo e aponta para o disco se σ for negativo. A magnitude e a direção do campo elétrico $\vec{E}'$ são desconhecidas. Na vizinhança do ponto P, entretanto, o campo é contínuo. Portanto, em pontos no eixo do disco e muito próximos a ele, $\vec{E}'$ é essencialmente uniforme.

O eixo do disco é normal à superfície e, assim, componentes vetoriais ao longo deste eixo podem ser referidas como componentes normais. As componentes normais dos vetores na Equação 22-19 estão relacionadas por $E_n = E_{disco\,n} + E'_n$. Se nos referirmos a um dos lados da superfície como o lado $+$ e o outro como o lado $-$, então $E_{n+} = \dfrac{\sigma}{2\epsilon_0} + E'_{n+}$ e $E_{n-} = -\dfrac{\sigma}{2\epsilon_0} + E'_{n-}$. Portanto, E_n varia descontinuamente de um lado ao outro da superfície. Isto é,

$$\Delta E_n = E_{n+} - E_{n-} = \frac{\sigma}{2\epsilon_0} - \left(-\frac{\sigma}{2\epsilon_0}\right) = \frac{\sigma}{\epsilon_0} \qquad 22\text{-}20$$

DESCONTINUIDADE DE E_n EM UMA CARGA DE SUPERFÍCIE

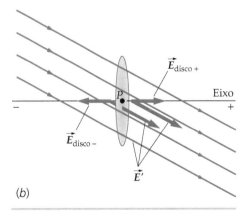

(b)

FIGURA 22-30 (a) Uma superfície contendo carga. (b) O campo elétrico $\vec{E}_{disco}$ devido à carga em um disco circular, mais o campo elétrico $\vec{E}$ devido a todas as outras cargas.

onde fizemos uso do fato que, próximo ao disco, $E'_{n+} = E'_{n-}$ (pois $\vec{E}'$ é contínuo e uniforme).

Observe que a descontinuidade de E_n ocorre em um disco finito de cargas, em um plano infinito de cargas (veja Figura 22-12) e em uma fina casca esférica de cargas (veja Figura 22-25). Entretanto, ela não ocorre no perímetro de uma esfera sólida de cargas (veja Figura 22-28). O campo elétrico é descontínuo em qualquer posição onde haja uma densidade volumétrica infinita de cargas. Isto inclui posições que tenham uma carga puntiforme finita, posições que tenham densidade linear finita de cargas e posições que tenham uma densidade superficial finita de cargas. Em todas as posições com uma densidade superficial finita de cargas, a componente normal do campo elétrico é descontínua — de acordo com a Equação 22-20.

22-5 CARGA E CAMPO EM SUPERFÍCIES CONDUTORAS

Um condutor contém uma quantidade enorme de carga que pode se mover livremente no seu interior. Se houver um campo elétrico no interior do condutor, haverá uma força resultante nestas cargas livres que provocará uma corrente elétrica momentânea (correntes elétricas são discutidas no Capítulo 25). Entretanto, a menos que haja uma fonte de energia para manter esta corrente, as cargas livres no condutor meramente se redistribuirão de forma a criar um campo elétrico que cancele o campo externo no interior do condutor. Dizemos que o condutor estará, então, em **equilíbrio eletrostático**. Portanto, em equilíbrio eletrostático, o campo elétrico no interior de um condutor é zero em todos os pontos. O tempo necessário para atingir o equilíbrio depende do condutor. Para o cobre e outros metais condutores, o tempo é tão pequeno que, na maioria dos casos, o equilíbrio eletrostático é atingido em poucos nanossegundos.*

Podemos usar a lei de Gauss para mostrar que, para um condutor em equilíbrio eletrostático, qualquer carga elétrica resultante no condutor reside inteiramente na superfície do condutor. Considere uma superfície gaussiana completamente dentro do material de um condutor em equilíbrio eletrostático (Figura 22-31). O tamanho e a forma da superfície gaussiana não são importantes, desde que toda ela esteja dentro do material do condutor. O campo elétrico é zero em qualquer ponto na superfície gaussiana, pois a superfície está completamente no interior do condutor, onde o campo é zero em todos os pontos. O fluxo resultante do campo elétrico através da superfície deve, portanto, ser zero e, pela lei de Gauss, a carga líquida no interior da superfície deve ser zero. Assim, não pode haver nenhuma carga líquida no interior de qualquer superfície que esteja completamente dentro do material de um condutor. Conseqüentemente, se um condutor possui uma carga resultante, ela deve residir na superfície do condutor. Na superfície de um condutor em equilíbrio eletrostático, $\vec{E}$ deve ser perpendicular à superfície. (Se o campo elétrico tivesse uma componente tangencial à superfície, a carga livre seria acelerada tangencialmente à superfície até que o equilíbrio eletrostático fosse restabelecido.)

Como E_n é descontínuo pela quantidade σ/ϵ_0 em qualquer superfície carregada, e como $\vec{E}$ é zero no interior do material de um condutor, o campo próximo à superfície, do lado de fora de um condutor, é dado por

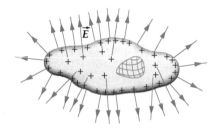

FIGURA 22-31 Uma superfície gaussiana completamente no interior do material de um condutor. Como o campo elétrico é zero dentro do material de um condutor em equilíbrio eletrostático, o fluxo resultante através desta superfície também deve ser zero. Portanto, a densidade resultante de carga ρ deve ser zero em qualquer lugar no interior do material de um condutor.

$$E_n = \frac{\sigma}{\epsilon_0} \qquad 22\text{-}21$$

E_n PRÓXIMO À SUPERFÍCIE DO LADO DE FORA DE UM CONDUTOR

Este resultado é exatamente o dobro do campo produzido por um disco uniforme com densidade superficial de carga σ. Podemos entender este resultado com a Figura 22-32. A carga em um condutor consiste em duas partes: (1) a carga próxima ao ponto

---

* A temperaturas muito baixas, alguns metais tornam-se supercondutores. Em um supercondutor, uma corrente é mantida por um tempo muito mais longo, mesmo sem uma fonte de energia. Metais supercondutores são discutidos nos Capítulos 27 e 38. (Volume 3).

O Campo Elétrico II: Distribuições Contínuas de Cargas

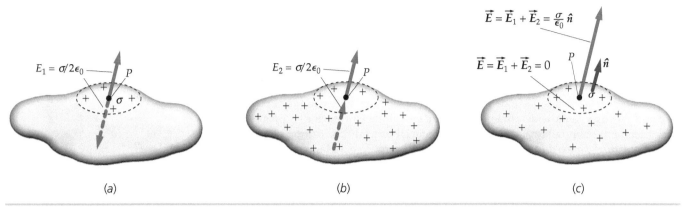

FIGURA 22-32 Um condutor com formato arbitrário contendo uma carga em sua superfície. (*a*) A carga na vizinhança do ponto *P* próximo à superfície parece um pequeno disco carregado uniformemente, centrado em *P*, produzindo um campo elétrico com magnitude $\sigma/(2\epsilon_0)$ saindo da superfície tanto pelo lado de dentro quanto pelo lado de fora. Dentro do condutor, este campo sai do ponto *P* no sentido oposto. (*b*) Como o campo resultante no interior do condutor é zero, o restante das cargas no universo deve produzir um campo de magnitude $\sigma/(2\epsilon_0)$ no sentido contrário. O campo devido a estas cargas é o mesmo próximo à superfície tanto no lado de dentro como no lado de fora dela. (*c*) Dentro da superfície, os campos mostrados em (*a*) e (*b*) se cancelam, mas do lado de fora, eles se somam e resultam em $E_n = \sigma/\epsilon_0$.

P e (2) todas as outras cargas. A carga próxima ao ponto *P* se assemelha a um disco carregado uniformemente, centrado em *P*, que produz um campo próximo a *P* com magnitude $\sigma/(2\epsilon_0)$, tanto no lado de dentro como no lado de fora da superfície do condutor. O restante das cargas no universo deve produzir um campo de magnitude $\sigma/(2\epsilon_0)$ que cancele exatamente o campo no lado de dentro do condutor. Este campo devido ao restante das cargas no universo se soma ao campo devido ao pequeno disco próximo à superfície do lado de fora do condutor para produzir um campo total de $\sigma/2\epsilon_0$.

Exemplo 22-15 | A Carga na Terra   *Rico em Contexto*

Enquanto você observa um show de ciência na atmosfera, você descobre que, em média, o campo elétrico na Terra é aproximadamente igual a 100 N/C, dirigido verticalmente para baixo. Como você está estudando campos elétricos em suas aulas de física, você se pergunta se conseguiria determinar qual é a carga total na superfície da Terra.

SITUAÇÃO A Terra é um condutor e, portanto, qualquer carga que ela tenha reside na sua superfície. A densidade superficial de carga σ está relacionada à componente normal do campo elétrico E_n pela Equação 22-21. A carga total *Q* é igual à densidade de carga σ multiplicada pela área da superfície *A*.

SOLUÇÃO

1. A densidade superficial de cargas σ está relacionada à componente normal do campo elétrico E_n pela Equação 22-21:

$$E_n = \frac{\sigma}{\epsilon_0}$$

2. Na superfície da Terra, $\hat{n}$ está para cima e $\vec{E}$ está para baixo, logo, E_n é negativo:

$$E_n = \vec{E} \cdot \hat{n} = E\cos 180° = -E = -100 \text{ N/C}$$

3. A carga *Q* é a carga por unidade de área multiplicada pela área. Combine isto com os resultados dos passos 1 e 2 para obter uma expressão para *Q*:

$$Q = \sigma A = \epsilon_0 E_n A = -\epsilon_0 EA$$

4. A área da superfície de uma esfera de raio *r* é dada por $A = 4\pi r^2$:

$$Q = -\epsilon_0 EA = -\epsilon_0 E 4\pi R_T^2 = -4\pi\epsilon_0 E R_T^2$$

5. O raio da Terra é $6,37 \times 10^6$ m:

$$Q = -4\pi\epsilon_0 E R_T^2$$
$$= -4\pi(8,85 \times 10^{-12} \text{ C}^2/\text{N} \cdot \text{m}^2)(100 \text{ N/C})(6,37 \times 10^6 \text{ m})^2$$
$$= \boxed{-4,51 \times 10^5 \text{ C}}$$

CHECAGEM Verificaremos se as unidades do cálculo do passo 5 estão corretas. Ao multiplicar as três quantidades, newtons e metros se cancelam, sobrando apenas coulombs, como esperado.

INDO ALÉM A quantidade $-4,53 \times 10^5$ C é uma quantidade grande de carga? No Exemplo 21-1 calculamos que a carga total de todos os elétrons em uma moeda de cobre era de $-1,37 \times 10^5$ C, logo, a carga total na superfície da Terra é apenas 3,3 vezes maior que a carga total de todos os elétrons em uma única moeda de cobre.

A Figura 22-33 mostra uma carga puntiforme positiva q no centro de uma cavidade esférica dentro de um condutor esférico. Como a carga líquida deve ser zero dentro de qualquer superfície gaussiana desenhada no interior do material de um condutor, deve haver uma carga negativa $-q$ induzida na superfície da cavidade. Na Figura 22-34, a carga puntiforme foi deslocada do centro da cavidade. As linhas de campo na cavidade são alteradas e a densidade superficial da carga negativa induzida na superfície interna deixa de ser uniforme. Entretanto, a densidade superficial de carga positiva na parte externa não é alterada — ainda é uniforme — pois ela está eletricamente blindada da cavidade pelo material condutor. O campo elétrico da carga puntiforme q e o da carga $-q$ na superfície interna da cavidade se superpõem para produzir um campo que é exatamente zero em qualquer lugar do lado de fora da cavidade. Isto é obviamente verdadeiro se a carga puntiforme estiver no centro da cavidade, mas isto ainda é verdadeiro mesmo que a carga esteja em qualquer outro ponto na cavidade. Além disso, a carga da superfície externa do condutor produz um campo elétrico que é exatamente zero em qualquer ponto dentro da superfície externa do condutor. Ademais, estas afirmações são válidas mesmo que as superfícies interna e externa do condutor não forem esféricas.

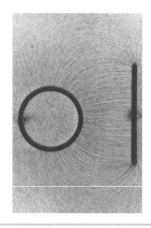

Linhas de campo elétrico para um cilindro e uma placa com cargas opostas, mostradas por pequenos pedaços de fibra suspensos em óleo. Observe que as linhas de campo são normais às superfícies dos condutores e que não há linhas no interior do cilindro. A região dentro do cilindro está blindada eletricamente da região do lado de fora. *(Harold M. Waage.)*

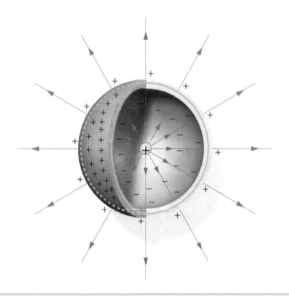

FIGURA 22-33 Uma carga puntiforme q no centro da cavidade de uma casca esférica espessa e condutora. Como a carga resultante no interior da superfície gaussiana deve ser zero, sabemos que uma carga superficial $-q$ é induzida na superfície interna da casca e, como o condutor é neutro, uma carga igual, porém com sinal oposto, $+q$, é induzida na casca externa. Linhas de campo elétrico começam na carga puntiforme e terminam na superfície interna. Linhas de campo começam novamente na superfície externa.

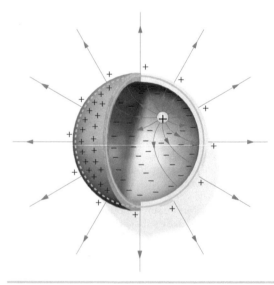

FIGURA 22-34 O mesmo condutor mostrado na Figura 22-33 com a carga puntiforme deslocada do centro da esfera. A carga na superfície externa e as linhas de campo elétrico no lado de fora da esfera não são afetadas.

*22-6 A EQUIVALÊNCIA DA LEI DE GAUSS E DA LEI DE COULOMB NA ELETROSTÁTICA

A lei de Gauss pode ser derivada matematicamente da lei de Coulomb para o caso da eletrostática usando o conceito de **ângulo sólido**. Considere um elemento de área ΔA em uma superfície esférica. O ângulo sólido $\Delta \Omega$ subtendido por ΔA no centro da esfera é definido como

$$\Delta \Omega = \frac{\Delta A}{r^2}$$

onde r é o raio da esfera. Como ΔA e r^2 têm dimensão de comprimento ao quadrado, o ângulo sólido é adimensional. A unidade de ângulo sólido no SI é o **esterorradiano** (sr). Como a área total de uma esfera é $4\pi r^2$, o ângulo sólido total subtendido por uma superfície esférica é

$$\frac{4\pi r^2}{r^2} = 4\pi \text{ esterorradiano}$$

Há uma analogia entre ângulo sólido e o ângulo plano usual $\Delta\theta$, que é definido como a razão entre o comprimento de um elemento de arco de um círculo Δs e o raio do círculo:

$$\Delta\theta = \frac{\Delta s}{r} \text{ radianos}$$

O ângulo plano total subtendido por um círculo é 2π radianos.

Na Figura 22-35, o elemento de área ΔA não é perpendicular às linhas radiais do ponto O. O vetor unitário normal $\hat{n}$ ao elemento de área forma um ângulo θ com o vetor unitário radial $\hat{r}$. Neste caso, o ângulo sólido subtendido por ΔA no ponto O é

$$\Delta\Omega = \frac{\Delta A \, \hat{n} \cdot \hat{r}}{r^2} = \frac{\Delta A \cos\theta}{r^2} \qquad 22\text{-}22$$

O ângulo sólido $\Delta\Omega$ é o mesmo que o subtendido pelo elemento de área correspondente de uma superfície esférica com qualquer raio.

A Figura 22-36 mostra uma carga puntiforme q circundada por uma superfície com formato arbitrário. Para calcular o fluxo de $\vec{E}$ através desta superfície, precisamos determinar $\vec{E} \cdot \hat{n}\Delta A$ para cada elemento de área na superfície e somar sobre toda a superfície. O campo elétrico no elemento de área mostrado é dado por

$$\vec{E} = \frac{kq}{r^2}\hat{r}$$

e, portanto, o fluxo através do elemento é

$$\Delta\phi = \vec{E} \cdot \hat{n}\Delta A = \frac{kq}{r^2}\hat{r} \cdot \hat{n}\Delta A = kq \, \Delta\Omega$$

A soma dos fluxos através de toda a superfície é kq multiplicado pelo ângulo sólido total subtendido pela superfície fechada, que é igual a 4π esterorradiano:

$$\phi_{\text{res}} = \oint_S \vec{E} \cdot \hat{n} \, dA = kq \oint d\Omega = kq4\pi = 4\pi kq = \frac{q}{\epsilon_0} \qquad 22\text{-}23$$

que é a lei de Gauss.

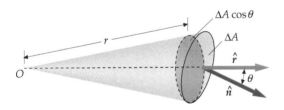

FIGURA 22-35 Um elemento de área ΔA cuja normal não é paralela à linha radial que sai de O até o centro do elemento. O ângulo sólido subtendido por este elemento em O é definido como $(\Delta A \cos\theta)/r^2$.

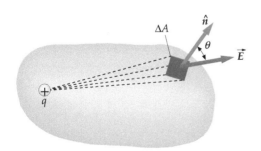

FIGURA 22-36 Uma carga puntiforme no interior de uma superfície arbitrária. O fluxo através de um elemento de área ΔA é proporcional ao ângulo sólido subtendido pelo elemento de área na carga. O fluxo resultante através da superfície, determinado através da soma sobre todos os elementos de área, é proporcional ao ângulo sólido total 4π na carga, o qual é independente da forma da superfície.

Física em Foco

Distribuição de Cargas — Quente e Frio

O momento de dipolo elétrico, ou *polaridade*, afeta a solubilidade de substâncias. Como a água tem um momento de dipolo elétrico muito intenso, ela funciona muito bem como um solvente para outras moléculas que tenham momentos de dipolo fracos ou fortes, e íons. Por outro lado, moléculas sem momentos de dipolo, ou moléculas que são tão grandes que apresentam regiões extensas sem momentos de dipolo, não se dissolvem bem em água. Alguns óleos, por exemplo, não têm momento de dipolo e são imiscíveis em água.

As distribuições de carga que as moléculas podem apresentar também controlam se as substâncias que não são classificadas estritamente como óleos se dissolvem bem em água. Qualquer pessoa que já mordeu uma pimenta forte e, então, tomou um grande copo de água pode testemunhar que a água não retira a sensação de dor. A capsaicina, a química ativa das pimentas vermelhas fortes, não se dissolve bem em água fria devido à sua distribuição de cargas.[*] Entretanto, a solubilidade da capsaicina em água aumenta com a adição de álcool etílico, como demonstrado por pessoas que refrescam suas bocas com cerveja depois de comerem pimentas. As moléculas de álcool têm momentos de dipolo fracos e se misturam bem com água e com a capsaicina. A capsaicina também se mistura bem com óleos, alguns tipos de amido e proteínas. Em muitas culturas, arroz ou carne, no lugar de álcool, é usado para dissolver a capsaicina.

A sensação de dor que as pessoas que comem pimenta sentem também é devida às distribuições de carga nas moléculas. A proteína TRPV1 é um receptor de neurônios em humanos que assinala quão quente — no sentido de temperatura — algo está. Esta proteína tem uma distribuição de cargas que é alterada por temperaturas acima de 43°C. Proteínas alteram suas formas (se dobram e desdobram) conforme varia a distribuição de cargas através delas.[†] Muitas funções das proteínas são determinadas pelo dobramento e desdobramento causado pelas variações nas distribuições de carga.[‡] Uma variação na distribuição de carga da proteína TRPV1[#] faz com que ela se dobre e passe informação para os neurônios sobre quão quente está o ambiente humano. A capsaicina provoca as mesmas alterações que o calor nas distribuições de carga das proteínas TRPV1,[#] razão pela qual as pessoas percebem as pimentas como quentes. Gengibre, um tempero "morno", contém gingerol, que ativa receptores similares através de alterações nas distribuições de carga.[°] O mentol provoca mudanças similares na distribuição de carga em proteínas que são receptoras de neurônios em humanos e indicam quão frio o ambiente está.[§] Este é o motivo pelo qual as pessoas percebem a menta como refrescante.

Alterações em distribuições de carga de proteínas podem provocar mudanças texturais. O salgar do caviar, por exemplo, altera a distribuição de carga das proteínas dentro dos ovos de peixe. Enquanto as proteínas se desdobram, elas engrossam o fluido originalmente fino dentro do ovo, dando-lhe uma textura cremosa.[¶]

---

[*] Turgut, C., Newby, B., and Cutright, T., "Determination of Optimal Water Solubility of Capsaicin for Its Usage as a Non-Toxic Antifoulant." *Environmental Science Pollution Research International*, Jan.-Feb. 2004, Vol. 11, No. 1, pp. 7–10.

[†] Suydam, I. T., et al., "Electric Fields at the Active Site of an Enzyme: Direct Comparison of Experiment with Theory." *Science*, Jul. 14, 2006, Vol. 313, No. 5784, pp. 200–204.

[‡] Honig, B., and Nicholls, A., "Classical Electrostatics in Biology and Chemisty." *Science*, May 26, 1995, Vol. 268, p. 1144.

[#] Montell, C., "Thermosensation: Hot Findings Make TRPNs Very Cool." *Current Biology*, Jun. 17, 2003, Vol. 13, No. 12, pp. R476–R478.

[°] Dedov, V. N., et al., "Gingerols: A Novel Class of Vanilloid Receptor (VR1) Agonists." *British Journal of Pharmacology*, 2002, Vol. 137, pp. 793–798.

[§] Montell, C., op. cit.

[¶] Sternin, V., and Dorè, I, *Caviar: The Resource Book*. Moscow: Cultura, 1993, in McGee, H., *On Food and Cooking: The Science and Lore of the Kitchen*. New York: Scribner, 2004.

O Campo Elétrico II: Distribuições Contínuas de Cargas | **63**

Resumo

1. A lei de Gauss é uma lei fundamental da física que é equivalente à lei de Coulomb para cargas estáticas.
2. Para distribuições de carga altamente simétricas, a lei de Gauss pode ser usada para calcular o campo elétrico.

TÓPICO	EQUAÇÕES RELEVANTES E OBSERVAÇÕES	
1. **Campo Elétrico para uma Distribuição Contínua de Carga**	$$\vec{E} = \int d\vec{E} = \int \frac{k\hat{r}}{r^2}\,dq \text{ (lei de Coulomb)}$$	22-1*b*

onde $dq = \rho\,dV$ para uma carga distribuída ao longo de um volume, $dq = \sigma\,dA$ para uma carga distribuída em uma superfície e $dq = \lambda\,dL$ para uma carga distribuída ao longo de uma linha.

2. **Fluxo Elétrico**	$$\phi = \lim_{\Delta A_i \to 0} \sum_i \vec{E}_i \cdot \hat{n}_i \Delta A_i = \int_S \vec{E} \cdot \hat{n}\,dA$$	22-13
3. **Lei de Gauss**	$$\phi_{res} = \oint_S \vec{E} \cdot \hat{n}\,dA = \oint_S E_n\,dA = \frac{Q_{dentro}}{\epsilon_0}$$	22-16

O fluxo elétrico resultante saindo de uma superfície fechada é igual à carga resultante no interior da superfície dividida por ϵ_0.

4. **Constante de Coulomb k e Constante Elétrica (Permissividade do Vácuo) ϵ_0**	$$k = \frac{1}{4\pi\epsilon_0} = 8{,}99 \times 10^9 \text{ N}\cdot\text{m}^2/\text{C}^2$$	
	$$\epsilon_0 = \frac{1}{4\pi k} = 8{,}85 \times 10^{-12} \text{ C}^2/(\text{N}\cdot\text{m}^2)$$	22-7
5. **Lei de Coulomb e Lei de Gauss**	$$\vec{E} = \frac{1}{4\pi\epsilon_0}\frac{q}{r^2}\hat{r}$$	22-5
	$$\phi_{res} = \oint_S E_n\,dA = \frac{Q_{dentro}}{\epsilon_0}$$	22-16

6. **Descontinuidade de E_n**	Em uma superfície tendo uma densidade superficial de carga σ, a componente do campo elétrico normal à superfície é descontínua por σ/ϵ_0.	
	$$E_{n+} - E_{n-} = \frac{\sigma}{\epsilon_0}$$	22-20

7. **Carga em um Condutor**	Em equilíbrio eletrostático, a densidade de carga é zero através do material do condutor. Todo o excesso ou deficiência de carga reside nas superfícies do condutor.

8. **$\vec{E}$ Próximo à Superfície Externa de um Condutor**	O campo elétrico resultante próximo à superfície externa de um condutor é normal à superfície e tem magnitude igual a σ/ϵ_0, onde σ é a densidade superficial de carga local no condutor:	
	$$E_n = \frac{\sigma}{\epsilon_0}$$	22-21

9. **Campos Elétricos para Distribuições Uniformes Selecionadas de Cargas**		
De uma linha de carga de comprimento infinito	$$E_R = 2k\frac{\lambda}{R} = \frac{1}{2\pi\epsilon_0}\frac{\lambda}{R}$$	22-6
No eixo de um anel carregado	$$E_z = \frac{kQz}{(z^2 + a^2)^{3/2}}$$	22-8
No eixo de um disco carregado	$$E_z = \text{sign}(z)\cdot\frac{\sigma}{2\epsilon_0}\left[1 - \left(1 + \frac{R^2}{z^2}\right)^{-1}\right]$$	22-9
De um plano infinito carregado	$$E_z = \text{sign}(z)\cdot\frac{\sigma}{2\epsilon_0}$$	22-10

TÓPICO	EQUAÇÕES RELEVANTES E OBSERVAÇÕES	
De uma fina casca esférica carregada	$E_r = \dfrac{1}{4\pi\epsilon_0} \dfrac{Q}{r^2} \quad r > R$	22-17a
	$E_r = 0 \quad r < R$	22-17b

Resposta da Checagem Conceitual

22-1 O $\vec{E}$ na lei de Gauss é o campo elétrico devido a todas as cargas. Entretanto, o fluxo do campo elétrico devido a todas as cargas do lado de fora da superfície é igual a zero, logo o fluxo do campo elétrico devido a todas as cargas é igual ao fluxo do campo devido apenas às cargas no interior da superfície.

Respostas dos Problemas Práticos

22-1 $E_x = k\lambda\left(\dfrac{1}{r_2} - \dfrac{1}{r_1}\right)$. Para $x > x_2$, $r_2 < r_1$ e, portanto, $\dfrac{1}{r_2} > \dfrac{1}{r_1}$ o que significa que $E_x > 0$.

22-2 Não. A simetria implica que E_x seja igual a zero em $z = 0$, enquanto a equação no passo 3 fornece um valor negativo para E_x em $z = 0$. Estes resultados contraditórios não podem, ambos, ser válidos.

22-3 As unidades no SI para k, λ e R são $N \cdot m^2/C^2$, C/m e m, respectivamente. Conseqüentemente, $k\lambda/R$ tem unidade de $(N \cdot m^2/C^2)(C/m)(1/m) = N/C$.

22-4 $z = a/\sqrt{2}$

22-5 80 por cento

Problemas

Em alguns problemas, você recebe mais dados do que necessita; em alguns outros, você deve acrescentar dados de seus conhecimentos gerais, fontes externas ou estimativas bem fundamentadas.

Interprete como significativos todos os algarismos de valores numéricos que possuem zeros em seqüência sem vírgulas decimais.

- • Um só conceito, um só passo, relativamente simples
- •• Nível intermediário, pode requerer síntese de conceitos
- ••• Desafiante, para estudantes avançados
- Problemas consecutivos sombreados são problemas pareados.

PROBLEMAS CONCEITUAIS

1 • A Figura 22-37 mostra um objeto em forma de L cujos lados têm comprimentos iguais. Uma carga positiva está distribuída uniformemente ao longo do comprimento do objeto. Quais são a direção e o sentido do campo elétrico ao longo da linha tracejada a 45°? Explique sua resposta.

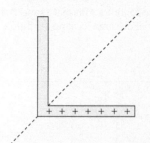

FIGURA 22-37 Problema 1

2 • Uma carga positiva está distribuída uniformemente ao longo de todo o comprimento do eixo x e uma carga negativa está distribuída uniformemente ao longo de todo o eixo y. A carga por unidade de comprimento nos dois eixos é idêntica, exceto pelo sinal. Determine a direção e o sentido do campo elétrico em pontos nas linhas definidas por $y = x$ e $y = -x$. Explique sua resposta.

3 • Verdadeiro ou falso:

(a) O campo elétrico devido a uma fina casca esférica oca, uniformemente carregada, é zero em todos os pontos no interior da casca.
(b) Em equilíbrio eletrostático, o campo elétrico em qualquer ponto no interior do material de um condutor precisa ser igual a zero.
(c) Se a carga resultante em um condutor é zero, a densidade de carga precisa ser igual a zero em cada ponto na superfície do condutor.

4 • Se o fluxo elétrico através de uma superfície fechada for igual a zero, o campo elétrico deve ser zero em todos os pontos nesta superfície? Se a resposta for não, dê um exemplo específico. A partir da informação fornecida, pode a carga resultante no interior da superfície ser determinada? Se a resposta for sim, qual é a carga?

5 • Verdadeiro ou falso:
(a) A lei de Gauss vale apenas para distribuições simétricas de carga.
(b) O resultado que $E = 0$ para todos os pontos no interior do material de um condutor em condições eletrostáticas pode ser derivado da lei de Gauss.

6 •• Uma carga puntiforme q isolada está localizada, simultaneamente, no centro de um cubo e de uma esfera imaginários. Como o fluxo elétrico através da superfície do cubo se compara com aquele através da superfície da esfera? Explique sua resposta.

7 •• Um dipolo elétrico está completamente no interior de uma superfície imaginária e não há outras cargas. Verdadeiro ou falso:
(a) O campo elétrico é zero em todos os pontos na superfície.
(b) O campo elétrico é normal à superfície em todos os pontos na superfície.

(c) O fluxo elétrico através da superfície é zero.
(d) O fluxo elétrico através da superfície poderia ser positivo ou negativo.
(e) O fluxo elétrico através de uma porção da superfície poderia não ser igual a zero.

8 •• Explique por que a intensidade do campo elétrico aumenta linearmente com r no lugar de decrescer com o inverso de r^2, entre o centro e a superfície de uma esfera sólida carregada uniformemente.

9 •• Suponha que a carga total na casca esférica condutora na Figura 22-38 seja igual a zero. A carga puntiforme negativa no centro tem uma magnitude Q. Qual é a direção e o sentido do campo elétrico nas seguintes regiões? (a) $r < R_1$, (b) $R_2 > r > R_1$, (c) $r > R_2$. Explique sua resposta.

10 •• A casca condutora na Figura 22-38 está aterrada e a carga puntiforme negativa no centro tem magnitude Q. Qual das seguintes afirmativas está correta?
(a) A carga na superfície interna da casca é $+Q$ e a carga na superfície externa é $-Q$.
(b) A carga na superfície interna da casca é $+Q$ e a carga na superfície externa é zero.
(c) A carga em ambas as superfícies da casca é $+Q$.
(d) A carga em ambas as superfícies da casca é zero.

11 •• A esfera condutora na Figura 22-38 está aterrada e a carga puntiforme negativa no centro tem magnitude Q. Quais são a direção e o sentido do campo elétrico nas seguintes regiões? (a) $r < R_1$, (b) $R_2 > r > R_1$, (c) $r > R_2$. Explique suas respostas.

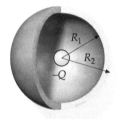

FIGURA 22-38 Problemas 9, 10 e 11

ESTIMATIVA E APROXIMAÇÃO

12 •• No capítulo, foi derivada a expressão para o campo elétrico devido a um disco carregado uniformemente (no seu eixo). Em qualquer posição sobre o eixo, a magnitude do campo é $|E| = 2\pi k\sigma \left[1 - \left(1 + \frac{R^2}{z^2}\right)^{-1}\right]$. A grandes distâncias ($|z| \gg R$), foi mostrado que esta equação se aproxima de $E \approx kQ/z^2$. Muito próximo ao disco ($|z| \ll R$), a intensidade do campo é aproximadamente igual a de um plano infinito de cargas ou $E \approx 2\pi k\sigma$. Suponha que você tenha um disco de raio 2,5 cm com densidade superficial de carga uniforme e igual a 3,6 $\mu C/m^2$. Utilize a expressão exata e a aproximação dadas acima para determinar a intensidade do campo elétrico no eixo a distâncias de (a) 0,010 cm, (b) 0,040 cm e (c) 5,0 m. Compare os dois valores em cada caso e comente sobre a qualidade das aproximações nas suas regiões de validade.

CALCULANDO $\vec{E}$ DA LEI DE COULOMB

13 • Uma linha uniformemente carregada, com densidade linear de carga λ igual à 3,5 nC/m², está no eixo x entre $x = 0$ e $x = 5,0$ m. (a) Qual é a sua carga total? Determine o campo elétrico no eixo x em (b) $x = 6,0$ m, (c) $x = 9,0$ m e (d) $x = 250$ m. (e) Estime o campo elétrico em $x = 250$ m usando a aproximação que a carga é uma carga puntiforme no eixo x em $x = 2,5$ m e compare seu resultado com o calculado na Parte (d). (Para fazer isso, você precisará considerar que os valores dados neste problema sejam válidos com mais de dois algarismos significativos.) Seu resultado aproximado é maior ou menor que o resultado exato? Explique sua resposta.

14 • Duas lâminas carregadas, infinitas e não-condutoras, são paralelas entre si, estando a lâmina A no plano $x = -2,0$ m e a lâmina B no plano $x = +2,0$ m. Determine o campo elétrico na região $x < -2,0$ m, na região $x < +2,0$ m e entre as lâminas para as seguintes situações. (a) Quando cada lâmina tem uma densidade superficial uniforme de carga igual à $+3,0$ $\mu C/m^2$ e (b) quando a lâmina A tem uma densidade superficial uniforme de carga igual a $+3,0$ $\mu C/m^2$ e a lâmina B uma densidade uniforme e igual à $-3,0$ $\mu C/m^2$. (c) Esboce o padrão de linhas de campo elétrico para cada caso.

15 • Uma carga de 2,75 μC está distribuída uniformemente em um anel de raio igual a 8,5 cm. Determine a intensidade do campo elétrico no eixo a distâncias de (a) 1,2 cm, (b) 3,6 cm e (c) 4,0 m do centro do anel. (d) Determine a intensidade do campo a 4,0 m usando a aproximação que o anel equivale a uma carga puntiforme na origem e compare seus resultados para as Partes (c) e (d). O resultado de sua aproximação é bom? Explique sua resposta.

16 • Um disco não-condutor de raio R está no plano $z = 0$ com seu centro na origem. O disco tem uma densidade superficial uniforme de carga σ. Determine o valor de z para o qual $E_z = \sigma/(4\epsilon_0)$. Observe que, nesta distância, a intensidade do campo elétrico é metade da intensidade em pontos no eixo x que estão muito próximos do disco.

17 • Um anel com raio a está no plano $z = 0$ com seu centro na origem. O anel está uniformemente carregado e tem uma carga total Q. Determine E_z no eixo z em (a) $z = 0,2a$, (b) $z = 0,5a$, (c) $z = 0,7a$, (d) $z = a$ e (e) $z = 2a$. (f) Use seus resultados para fazer um gráfico de E_z versus z para valores positivos e negativos de z. (Considere que estas distâncias sejam exatas.)

18 • Um disco não-condutor de raio a está no plano $z = 0$ com seu centro na origem. O disco está uniformemente carregado e tem uma carga total Q. Determine E_z no eixo z em (a) $z = 0,2a$, (b) $z = 0,5a$, (c) $z = 0,7a$, (d) $z = a$ e (e) $z = 2a$. (f) Use seus resultados para fazer um gráfico de E_z versus z para valores positivos e negativos de z. (Considere que estas distâncias sejam exatas.)

19 •• **PLANILHA ELETRÔNICA** (a) Usando uma **planilha eletrônica** ou uma calculadora gráfica faça um gráfico da intensidade do campo elétrico no eixo de um disco que tem um raio $a = 3,00$ cm e uma densidade superficial de carga $\sigma = 0,500$ nC/m^2. (b) Compare seus resultados com os baseados na aproximação $E = 2\pi k\sigma$ (a fórmula para a intensidade do campo elétrico de uma lâmina infinita uniformemente carregada). Em que distância a solução baseada na aproximação difere da solução exata por 10,0 por cento?

20 •• (a) Mostre que a intensidade do campo elétrico E no eixo de um anel carregado de raio a tem valor máximo em $z = \pm a/\sqrt{2}$. (b) Esboce a intensidade E do campo versus z para valores positivos e negativos de z. (c) Determine o valor máximo de E.

21 •• Uma linha de cargas com densidade linear uniforme λ está ao longo do eixo x desde $x = x_1$ até $x = x_2$, onde $x_1 < x_2$. Mostre que a componente x do campo elétrico em um ponto no eixo y é dado por $E_x = \frac{k\lambda}{y}(\cos\theta_2 - \cos\theta_1)$, onde $\theta_1 = \tan^{-1}(x_1/y)$, $\theta_2 = \tan^{-1}(x_2/y)$ e $y \neq 0$.

22 •• Um anel de raio a tem uma distribuição de cargas que varia como $\lambda(\theta) = \lambda_0$ sen θ, como mostra a Figura 22-39. (a) Quais são a direção e o sentido do campo elétrico no centro do anel? (b) Qual é a magnitude do campo no centro do anel?

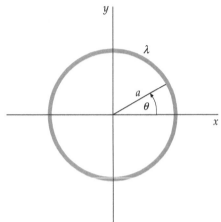

FIGURA 22-39
Problema 22

23 •• Uma linha de cargas com densidade linear uniforme λ está sobre o eixo x desde $x = 0$ até $x = a$. Mostre que a componente y do campo elétrico em um ponto no eixo y é dada por $y = \dfrac{k\lambda}{y} \dfrac{a}{\sqrt{y^2 + a^2}}$, $y \neq 0$.

24 ••• Calcule o campo elétrico a uma distância z de um plano não-condutor plano e infinito, uniformemente carregado, considerando o plano como um contínuo de infinitas linhas retas de carga.

25 •• Calcule o campo elétrico a uma distância z de um plano não-condutor plano e infinito, uniformemente carregado, considerando o plano como um contínuo de infinitos anéis circulares de carga.

26 ••• Uma fina casca hemisférica de raio R tem uma densidade superficial uniforme de carga σ. Determine o campo elétrico no centro da base da casca hemisférica.

LEI DE GAUSS

27 • Um quadrado com aresta de 10 cm está centrado no eixo x em uma região onde existe um campo elétrico uniforme dado por $\vec{E} = (2,00 \text{ kN/C})\hat{i}$. (a) Qual é o fluxo elétrico deste campo elétrico através da superfície do quadrado se a normal à superfície está na direção +x? (b) Qual é o fluxo elétrico através da mesma superfície quadrada se a normal à superfície faz um ângulo de 60° com o eixo y e um ângulo de 90° com o eixo z?

28 • Uma carga puntiforme isolada ($q = +2,00$ μC) está fixa na origem. Uma superfície esférica imaginária de raio 3,00 m está centrada no eixo x em $x = 5,00$ m. (a) Esboce linhas de campo elétrico para esta carga (em duas dimensões) considerando que doze linhas igualmente espaçadas no plano xy saem da posição da carga, com uma das linhas na direção +x. Alguma destas linhas entra na superfície esférica? Se a resposta for positiva, quantas? (b) Alguma destas linhas sai da superfície esférica? Se a resposta for positiva, quantas? (c) Contando as linhas que entram como negativas e as que saem como positivas, qual é o número líquido de linhas de campo que penetram na superfície esférica? (d) Qual é o fluxo elétrico resultante através da superfície esférica?

29 • Um campo elétrico é dado por $\vec{E} = \text{sign}(x) \cdot (300 \text{ N/C})\hat{i}$, onde sign (x) é igual a -1 se $x < 0$, 0 se $x = 0$ e $+1$ se $x > 0$. Um cilindro de comprimento 20 cm e raio 4,0 cm tem seu centro na origem e seu eixo ao longo do eixo x estando numa das extremidades em $x = +10$ cm e a outra em $x = -10$ cm. (a) Qual é o fluxo elétrico em cada extremidade? (b) Qual é o fluxo elétrico através da superfície curva do cilindro? (c) Qual é o fluxo elétrico através de toda a superfície fechada? (d) Qual é a carga resultante no interior do cilindro?

30 • Medidas cuidadosas do campo elétrico na superfície de uma caixa preta indicam que o fluxo elétrico resultante saindo da superfície da caixa é 6,0 kN · m²/C. (a) Qual é a carga resultante dentro da caixa? (b) Se o fluxo elétrico resultante saindo da superfície da caixa fosse zero, você poderia concluir que não há cargas no interior da caixa? Explique sua resposta.

31 • Uma carga puntiforme ($q = +2,00$ μC) está no centro de uma esfera imaginária que tem raio igual a 0,005 m. (a) Determine a área da superfície da esfera. (b) Determine a magnitude do campo elétrico em todos os pontos na superfície da esfera. (c) Qual é o fluxo do campo elétrico através da superfície da esfera? (d) A sua resposta para a Parte (c) mudaria se a carga puntiforme fosse deslocada de forma a permanecer dentro da esfera, mas não no centro dela? (e) Qual é o fluxo do campo elétrico através da superfície de um cubo imaginário que tem aresta de 1,00 m de comprimento e que engloba a esfera?

32 • Qual é o fluxo elétrico através de um dos lados de um cubo que tem uma carga puntiforme isolada de $-3,00$ μC colocada no seu centro? *Dica: Você não precisa integrar nenhuma equação para obter a resposta.*

33 • Uma carga puntiforme isolada é colocada no centro de um cubo imaginário que tem 20 cm de lado. O fluxo elétrico através de um dos lados do cubo é $-1,50$ kN · m²/C. Qual é o valor da carga que está no centro?

34 •• Como as fórmulas para a lei da gravidade de Newton e para a lei de Coulomb têm a mesma dependência com o inverso do quadrado da distância, uma fórmula análoga à da lei de Gauss pode ser determinada para a gravidade. O campo gravitacional $\vec{g}$ em uma determinada posição é a força por unidade de massa em uma massa teste m_0 colocada naquela posição. (Então, para uma massa puntiforme m na origem, o campo gravitacional g na posição $\hat{r}$ é $\vec{g} = -(Gm/r^2)\hat{r}$.) Determine o fluxo do campo gravitacional através de uma superfície esférica de raio R centrada na origem e verifique que o análogo gravitacional para a lei de Gauss é $\phi_{\text{res}} = -4\pi G m_{\text{dentro}}$.

35 •• Um cone circular reto imaginário (Figura 22-40) com ângulo de base θ e raio de base R está em uma região livre de cargas que tem um campo elétrico uniforme $\vec{E}$ (linhas de campo são verticais e paralelas ao eixo do cone). Qual é a razão entre o número de linhas de campo por unidade de área entrando na base e o número de linhas por unidade de área entrando na superfície cônica do cone? Use a lei de Gauss em sua resposta. (As linhas de campo na figura são apenas uma amostra representativa.)

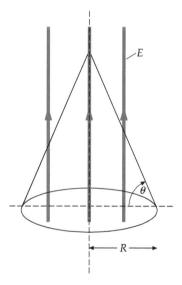

FIGURA 22-40 Problema 35

36 •• Na atmosfera e a uma altitude de 250 m, você mede um campo elétrico igual a 150 N/C dirigido para baixo, e, a uma altitude de 400 m, você mede um campo elétrico igual a 170 N/C dirigido para baixo. Calcule a densidade volumétrica de carga da atmosfera na região entre as altitudes de 250 m e 400 m, considerando que ela seja uniforme. (Você pode desprezar a curvatura da Terra. Por quê?)

APLICAÇÕES DA LEI DE GAUSS EM SITUAÇÕES DE SIMETRIA ESFÉRICA

37 • Uma fina casca esférica não-condutora de raio R_1 tem carga total q_1 uniformemente distribuída em sua superfície. Uma segunda fina casca esférica não-condutora e maior, de raio R_2, coaxial com a primeira, tem carga q_2 uniformemente distribuída em sua superfície. (a) Use a lei de Gauss para obter expressões para o campo elétrico em cada uma das três regiões: $r < R_1$, $R_1 < r < R_2$ e $r > R_2$. (b) Qual deveria ser a razão entre as cargas q_1/q_2 e os sinais relativos para q_1 e q_2 para que o campo elétrico fosse zero na região $r > R_2$? (c) Represente as linhas de campo elétrico para a situação da Parte (b) quando q_1 é positiva.

38 • Uma fina casca esférica não-condutora de raio 6,00 cm tem uma densidade superficial uniforme de carga de 9,00 nC/m². (a) Qual é a carga total na casca? Determine o campo elétrico nas seguintes distâncias ao centro da esfera: (b) 2,00 cm, (c) 5,90 cm, (d) 6,10 cm e (e) 10,0 cm.

39 •• Uma esfera não-condutora de raio 6,00 cm tem uma densidade volumétrica uniforme de carga 450 nC/m³. (a) Qual é a carga total na esfera? Determine o campo elétrico nas seguintes distâncias do centro da esfera: (b) 2,00 cm, (c) 5,90 cm, (d) 6,10 cm e (e) 10,0 cm.

40 •• Considere a esfera sólida condutora e a casca esférica condutora concêntrica na Figura 22-41. A casca esférica tem carga $-7Q$. A esfera sólida tem carga $+2Q$. (a) Quanta carga está na superfície externa e quanta carga está na superfície interna da casca esférica? (b) Considere, agora, que um fio metálico seja conectado entre a esfera sólida e a casca. Depois de o equilíbrio eletrostático ser restabelecido, quanta carga está na esfera sólida e em cada superfície da casca esférica? O campo elétrico na superfície da esfera sólida varia quando o fio é conectado? Se a resposta for positiva, de que maneira? (c) Considere as mesmas condições da Parte (a), com $+2Q$ na esfera sólida e $-7Q$ na casca esférica. Aterramos, então, a esfera sólida através de um fio metálico e, em seguida, desconectamos o fio. Neste caso, qual é a carga total na esfera sólida e em cada superfície da casca esférica?

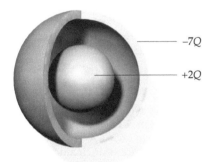

FIGURA 22-41
Problema 40

41 •• Uma esfera sólida não-condutora de raio 1,00 cm tem uma densidade volumétrica uniforme de carga. A magnitude do campo elétrico a 2,00 cm do centro da esfera é $1,88 \times 10^3$ N/C. (a) Qual é a densidade volumétrica de carga da esfera? (b) Determine a magnitude do campo elétrico a uma distância de 5,00 cm do centro da esfera.

42 •• Uma esfera sólida não-condutora de raio R tem uma densidade volumétrica de carga que é proporcional à distância ao centro. Ou seja, $\rho = Ar$ para $r \leq R$, onde A é uma constante. (a) Determine a carga total na esfera. (b) Determine as expressões para o campo elétrico no interior da esfera ($r < R$) e fora da esfera ($r > R$). (c) Represente a magnitude do campo elétrico como uma função da distância r ao centro da esfera.

43 •• Uma esfera de raio R tem densidade volumétrica de carga $\rho = B/r$ para $r < R$, onde B é uma constante, e $\rho = 0$ para $r > R$. (a) Determine a carga total na esfera. (b) Determine as expressões para o campo elétrico no interior e no exterior da distribuição de cargas. (c) Represente a magnitude do campo elétrico como uma função da distância r ao centro da esfera.

44 •• Uma esfera de raio R tem densidade volumétrica de carga $\rho = C/r^2$ para $r < R$, onde C é uma constante, e $\rho = 0$ para $r > R$. (a) Determine a carga total na esfera. (b) Determine as expressões para o campo elétrico no interior e no exterior da distribuição de cargas. (c) Represente a magnitude do campo elétrico como uma função da distância r ao centro da esfera.

45 ••• Uma casca esférica não-condutora de raio interno R_1 e raio externo R_2 tem densidade volumétrica uniforme de carga ρ. (a) Determine a carga total na casca. (b) Determine expressões para o campo elétrico em todas as regiões.

APLICAÇÕES DA LEI DE GAUSS EM SITUAÇÕES COM SIMETRIA CILÍNDRICA

46 • **RICO EM CONTEXTO, APLICAÇÃO EM ENGENHARIA** Para seu projeto no Ensino Médio, você está projetando um tubo Geiger para detecção de radiação no laboratório de física nuclear. Este instrumento consistirá em um longo tubo metálico cilíndrico que tem um fio metálico alinhado ao longo de seu eixo central. O diâmetro do fio será de 0,500 mm e o diâmetro interno do tubo será de 4,00 cm. O tubo será completo com um gás diluído no qual ocorre uma descarga elétrica (ruptura dielétrica do gás) quando o campo elétrico atinge o valor de $5,5 \times 10^6$ N/C. Determine a densidade linear máxima de carga no fio se a ruptura do gás não acontece. Considere que o tubo e o fio sejam infinitamente longos.

47 ••• No Problema 46, considere que radiação ionizante produza um íon e um elétron a uma distância de 1,50 cm do longo eixo do fio central do tubo Geiger. Suponha que o fio seja positivamente carregado e tenha uma densidade linear de carga igual a 76,5 pC/m. (a) Neste caso, qual será a rapidez do elétron quando ele colide com o fio? (b) Como a rapidez do elétron se compara com a rapidez final do íon quando ele colide com o cilindro? Explique sua resposta.

48 •• Mostre que o campo elétrico devido a uma fina casca cilíndrica, infinitamente longa e uniformemente carregada, com raio a e densidade superficial de carga σ, é dado pelas seguintes expressões: $E = 0$ para $0 \leq R < a$ e $E_R = \sigma a/(\epsilon_0 R)$ para $R > a$.

49 • Uma fina casca cilíndrica de comprimento 200 m e raio 6,00 cm tem uma densidade superficial uniforme de carga de 9,00 nC/m². (a) Qual é a carga total na casca? Determine o campo elétrico nas seguintes distâncias radiais do eixo do cilindro: (b) 2,00 cm, (c) 5,90 cm, (d) 6,10 cm e (e) 10,0 cm. (Use os resultados do Problema 48.)

50 •• Um cilindro sólido não-condutor infinitamente longo de raio a tem uma massa específica volumétrica uniforme de ρ_0. Mostre que o campo elétrico é dado pelas seguintes expressões: $E_R = \rho_0 R/(2\epsilon_0)$ para $0 \leq R < a$ e $E_R = \rho_0 a^2/(2\epsilon_0 R)$ para $R > a$, onde R é a distância ao eixo do cilindro.

51 •• Um cilindro sólido de comprimento 200 m e raio 6,00 cm tem densidade volumétrica uniforme de carga de 300 nC/m³. (a) Qual é a carga total do cilindro? Use as fórmulas dadas no Problema 50 para calcular o campo elétrico em um ponto eqüidistante das extremidades nas seguintes distâncias radiais do eixo do cilindro: (b) 2,00 cm, (c) 5,90 cm, (d) 6,10 cm e (e) 10,0 cm.

52 •• Considere duas finas cascas cilíndricas, infinitamente longas e coaxiais. A casca interna tem raio a_1 e uma densidade superficial uniforme de carga σ_1, e a casca externa tem raio a_2 e densidade superficial uniforme σ_2. (a) Use a lei de Gauss para determinar expressões para o campo elétrico nas três regiões: $0 \leq R < a_1$, $a_1 < R < a_2$ e $R > a_2$, onde R é a distância ao eixo. (b) Qual é a razão entre as densidades superficiais de carga σ_2/σ_1 e os sinais relativos se o campo elétrico for igual a zero em toda a região exterior ao cilindro maior? (c) Para o caso da Parte (b), qual seria o campo elétrico entre as cascas? (d) Esboce as linhas de campo elétrico para a situação da Parte (b) se σ_1 é positiva.

53 •• A Figura 22-42 mostra uma porção da seção transversal de um cabo concêntrico infinitamente longo. O condutor interno tem uma densidade linear de carga de 6,00 nC/m e o condutor externo não tem carga resultante. (a) Determine o campo elétrico para todos os valores de R, onde R é a distância perpendicular ao eixo comum do sistema cilíndrico. (b) Quais são as densidades superficiais de carga nas superfícies do lado de dentro e do lado de fora do condutor externo?

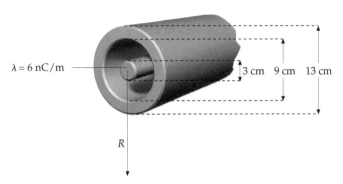

FIGURA 22-42 Problemas 53 e 57

54 •• Um cilindro sólido não-condutor, infinitamente longo, de raio a, tem densidade volumétrica não-uniforme de cargas. Esta densidade varia linearmente com R, a distância perpendicular ao seu eixo, de acordo com $\rho(R) = \beta R$, onde β é uma constante. (a) Mostre que a densidade linear de carga do cilindro é dada por $\lambda = 2\pi\beta a^3/3$. (b) Determine expressões para o campo elétrico para $R < a$ e $R > a$.

55 •• Um cilindro sólido não-condutor, infinitamente longo, de raio a, tem densidade volumétrica de carga não-uniforme. Esta densidade varia linearmente com R, a distância perpendicular ao seu eixo, de acordo com $\rho(R) = bR^2$, onde b é uma constante. (a) Mostre que a densidade linear de carga do cilindro é dada por $\lambda = \pi b a^4/2$. (b) Determine expressões para o campo elétrico para $R < a$ e $R > a$.

56 ••• Uma casca cilíndrica não-condutora, infinitamente longa, com raio interno a_1 e raio externo a_2 tem densidade volumétrica uniforme de carga ρ. Determine expressões para o campo elétrico para todas as regiões.

57 ••• O cilindro interno da Figura 22-42 é feito de um material não-condutor e tem uma distribuição volumétrica de carga dada por $\rho(R) = C/R$, onde $C = 200$ nC/m². O cilindro externo é metálico e ambos os cilindros são infinitamente longos. (a) Determine a carga por unidade de comprimento (ou seja, a densidade linear de carga) no cilindro interno. (b) Calcule o campo elétrico para todos os valores de R.

CARGA ELÉTRICA E CAMPO NA SUPERFÍCIE DE CONDUTORES

58 • Uma moeda não carregada está em uma região que tem um campo elétrico uniforme de módulo igual a 1,60 kN/C dirigido perpendicularmente às suas faces. (a) Determine a densidade de carga em cada face da moeda, considerando que elas sejam planas. (b) Se o raio da moeda é 1,00 cm, determine a carga total em uma das faces.

59 • Uma fina lâmina metálica tem carga resultante nula e tem faces quadradas com aresta de 12 cm. Ela está em uma região que tem um campo elétrico uniforme perpendicular às suas faces. A carga total induzida em uma das faces é 1,2 nC. Qual é o módulo do campo elétrico?

60 • Uma carga de −6,00 nC está uniformemente distribuída em uma fina lâmina quadrada de material não-condutor e aresta de 20,0 cm. (a) Qual é a densidade superficial de carga da lâmina? (b) Quais são o módulo, a direção e o sentido do campo elétrico próximo à lâmina e nas proximidades do centro da lâmina?

61 • Uma casca esférica condutora que tem carga resultante nula tem raio interno R_1 e raio externo R_2. Uma carga puntiforme positiva q é colocada no centro da casca. (a) Use a lei de Gauss e as propriedades de condutores em equilíbrio eletrostático para encontrar o campo elétrico nas três regiões: $0 \leq r < R_1$, $R_1 < r < R_2$ e $r > R_2$, onde r é a distância ao centro. (c) Determine a densidade de carga na superfície interna ($r = R_1$) e na superfície externa ($r = R_2$) da casca.

62 •• Medidas do campo elétrico logo acima da superfície da Terra têm resultado tipicamente em 150 N/C, apontando para baixo. (a) Qual é o sinal da carga resultante na superfície da Terra em condições típicas? (b) Qual é a carga total na superfície da Terra correspondente a este valor de medida?

63 •• Uma carga puntiforme positiva de 2,5 μC está no centro de uma casca esférica condutora que tem uma carga resultante nula, um raio interno igual a 60 cm e um raio externo igual a 90 cm. (a) Determine as densidades de carga nas superfícies interna e externa da casca e a carga total em cada superfície. (b) Determine o campo elétrico em todas as regiões. (c) Repita a Parte (a) com uma carga resultante de +3,5 μC colocada na casca.

64 •• Se o módulo de um campo elétrico no ar atinge $3,0 \times 10^6$ N/C, o ar se torna ionizado e começa a conduzir eletricidade. Este fenômeno é chamado de *ruptura dielétrica*. Uma carga de 18 μC deve ser colocada em uma esfera condutora. Qual é o raio mínimo da esfera que pode manter esta carga sem provocar ruptura?

65 •• Uma fina lâmina quadrada e condutora tem bordas com 5,00 m de comprimento e uma carga resultante de 80,0 μC. (Considere que a carga esteja uniformemente distribuída nas faces da lâmina.) (a) Determine a densidade de carga em cada face da lâmina e o campo elétrico nas proximidades de uma das faces. (b) A lâmina está colocada à direita de um plano infinito, não-condutor e carregado, com densidade de carga igual a 2,00 μC/m², com as faces da lâmina paralelas ao plano. Determine o campo elétrico em cada face da lâmina e determine a densidade de carga em cada face.

PROBLEMAS GERAIS

66 •• Considere a esfera metálica e as cascas esféricas concêntricas mostradas na Figura 22-43. Na parte mais interna está uma esfera sólida com raio R_1. Uma casca esférica circunda a esfera, tendo raio interno R_2 e raio externo R_3. A esfera e a casca estão circundadas por uma segunda casca esférica, que tem raio interno R_4 e raio externo R_5. Todos os três objetos têm, inicialmente, carga resultante nula. Então, uma carga negativa $-Q_0$ é colocada na esfera interna e uma carga positiva $+Q_0$ é colocada na casca mais externa. (a) Depois de atingido o equilíbrio, qual será a direção e o sentido do campo elétrico entre a esfera interna e a casca intermediária? (b) Qual será a carga na superfície interna da casca intermediária? (c) Qual será a carga na superfície exterior da casca intermediária? (d) Qual será a carga na superfície interna da casca mais externa? (e) Qual será a carga na superfície exterior da casca mais externa? (f) Faça um gráfico de E como função de r para todos os valores de r.

O Campo Elétrico II: Distribuições Contínuas de Cargas | 69

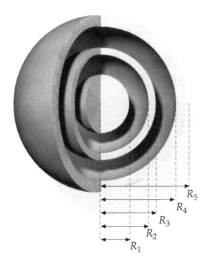

FIGURA 22-43 Problema 66

67 •• Uma superfície grande, plana, não-condutora e não uniformemente carregada está ao longo do plano $x = 0$. Na origem, a densidade superficial de carga é de $+3,10$ $\mu C/m^2$. A uma pequena distância da superfície no sentido positivo do eixo x, a componente x do campo elétrico é $4,65 \times 10^5$ N/C. Qual é o valor de E_x a uma pequena distância da superfície no sentido negativo do eixo x?

68 •• Uma linha infinitamente longa de cargas tem densidade linear uniforme igual a $-1,50$ $\mu C/m$ e é paralela ao eixo y em $x = -2,00$ m. Uma carga puntiforme positiva igual a 1,30 μC está localizada em $x = 1,00$ m, $y = 2,00$ m. Determine o campo elétrico em $x = 2,00$ m, $x = 1,50$ m.

69 •• Uma fina casca esférica não-condutora, uniformemente carregada, com raio R (Figura 22-44a), tem uma carga total positiva igual a Q. Um pequeno pedaço é removido da superfície. (a) Quais são o módulo, a direção e o sentido do campo elétrico no centro do buraco? (b) O pedaço é colocado de volta no buraco (Figura 22-44b). Usando o resultado da Parte (a), determine a força elétrica exercida no pedaço. (c) Usando a magnitude da força, calcule a "pressão eletrostática" (força/unidade de área) que tende a expandir a esfera.

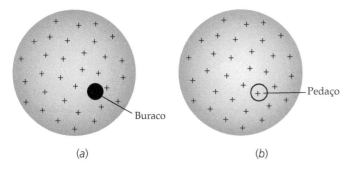

FIGURA 22-44 Problema 69

70 •• Uma fina lâmina infinita no plano $y = 0$ tem densidade superficial uniforme de carga $\sigma_1 = +65$ nC/m². Uma segunda fina lâmina infinita tem densidade uniforme de carga $\sigma_2 = +45$ nC/m², intercepta o plano $y = 0$ no eixo z e faz um ângulo de 30° com o plano xz, como mostra a Figura 22-45. Determine o campo elétrico em (a) $x = 6,0$ m, $y = 2,0$ m e (b) $x = 6,0$ m, $y = 5,0$ m.

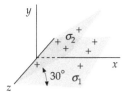

FIGURA 22-45 Problema 70

71 ••• Duas placas metálicas quadradas idênticas têm, cada uma, uma área de 500 cm². Elas estão separadas por 1,50 cm e estão, ambas, inicialmente descarregadas. A seguir, uma carga de $+1,50$ nC é transferida da placa à esquerda para a placa à direita e o equilíbrio eletrostático é estabelecido. (Despreze os efeitos de borda.) (a) Qual é o campo elétrico entre as placas a uma distância de 0,25 cm da placa à direita? (b) Qual é o campo elétrico entre as placas a uma distância de 1,00 cm da placa à esquerda? (c) Qual é o campo elétrico à esquerda da placa à esquerda? (d) Qual é o campo elétrico à direita da placa à direita?

72 •• Dois planos infinitos não-condutores uniformemente carregados são paralelos entre si e ao plano yz. Um está em $x = -2,00$ m e tem uma densidade superficial de carga de $-3,50$ $\mu C/m^2$. O outro está em $x = 2,00$ m e tem uma densidade superficial de carga de 6,00 $\mu C/m^2$. Determine o campo elétrico nas regiões: (a) $x < -2,00$ m, (b) $-2,00$ m $< x < 2,00$ m e (c) $x > 2,00$ m.

73 ••• Um tratamento baseado na mecânica quântica para o átomo de hidrogênio mostra que o elétron no átomo pode ser tratado como uma distribuição espalhada de carga negativa da forma $\rho(r) = -\rho_0 e^{-2r/a}$. Aqui, r representa a distância ao centro do núcleo e a representa o *primeiro raio de Bohr*, que tem um valor numérico igual a 0,0529 nm. Lembre que o núcleo de um átomo de hidrogênio consiste em apenas um próton e considere este próton como uma carga puntiforme positiva. (a) Calcule ρ_0 usando o fato que o átomo é neutro. (b) Calcule o campo elétrico a qualquer distância r do núcleo.

74 •• Um anel uniformemente carregado tem um raio a, está em um plano horizontal e tem carga negativa $-Q$. Uma pequena partícula de massa m tem uma carga positiva dada por q. A pequena partícula está localizada no eixo do anel. (a) Qual é o mínimo valor de q/m tal que a partícula esteja em equilíbrio sob a ação da gravidade e da força eletrostática? (b) Se q/m for o dobro do valor calculado na Parte (a), onde estará a partícula quando ela estiver em equilíbrio? Expresse sua resposta em termos de a.

75 •• Um bastão plástico não-condutor, fino e longo, é dobrado para formar uma circunferência de raio a. Entre as extremidades do bastão permanece um pequeno espaçamento de comprimento ℓ, onde $\ell \ll a$. Uma carga positiva de magnitude Q é distribuída uniformemente na circunferência. (a) Qual é a direção e o sentido do campo elétrico no centro da circunferência? Explique sua resposta. (b) Qual é a magnitude do campo elétrico no centro da circunferência?

76 •• Uma esfera sólida não-condutora tem diâmetro igual a 1,20 m, tem seu centro no eixo x em $x = 4,00$ m e tem uma densidade volumétrica uniforme de carga de $+5,00$ $\mu C/m^3$. Uma fina casca esférica não-condutora é concêntrica à esfera, tem diâmetro de 2,40 m e densidade superficial uniforme de carga de $-1,50$ $\mu C/m^2$. Calcule o módulo, a direção e o sentido do campo elétrico em (a) $x = 4,50$ m, $y = 0$, (b) $x = 4,00$ m, $y = 1,10$ m e (c) $x = 2,00$ m, $y = 3,00$ m.

77 •• Uma lâmina plana infinita não-condutora tem uma densidade superficial de carga $+3,00$ $\mu C/m^2$ e está no plano $y = -0,600$ m. Uma segunda lâmina plana infinita tem densidade superficial de carga de $-2,00$ $\mu C/m^2$ e está no plano $x = 1,00$ m. Finalmente, uma fina casca esférica não-condutora com raio de 1,00 m e com o centro no plano $z = 0$ na interseção dos dois planos carregados, tem uma densidade superficial de carga de $-3,00$ $\mu C/m^2$. Determine a magnitude, a direção e o sentido do campo elétrico no eixo x em (a) $x = 0,400$ m e (b) $x = 2,50$ m.

78 •• Uma lâmina plana infinita não-condutora está no plano $x = 2,00$ m e tem densidade superficial uniforme de carga de $+2,00$ $\mu C/m^2$. Uma linha infinita carregada e não-condutora, com densidade linear uniforme de carga igual a 4,00 $\mu C/m$, passa pela origem em um ângulo de 45,0° com o eixo x no plano xy. Uma esfera sólida não-condutora com densidade volumétrica de carga $-6,00$ $\mu C/m^3$ e raio 0,800 m está centrada no eixo x em $x = 1,00$ m. Calcule a magnitude, a direção e o sentido do campo elétrico no plano $z = 0$ em $x = 1,50$ m, $y = 0,50$ m.

79 •• Uma linha infinitamente longa uniformemente carregada com carga negativa, tem densidade linear de carga igual a λ e está localizada no eixo z. Uma pequena partícula carregada positivamente tem massa m e uma carga q, e está em órbita circular de raio R no plano xy centrada na linha de cargas. (a) Deduza uma expressão para a rapidez da partícula. (b) Obtenha uma expressão para o período da órbita da partícula.

80 •• Um anel estacionário de raio a está no plano yz e tem uma carga positiva uniforme Q. Uma pequena partícula com massa m e carga negativa $-q$ está localizada no centro do anel. (a) Mostre que, se $x \ll a$, o campo elétrico ao longo do eixo do anel é proporcional a x. (b) Determine a força na partícula como uma função de x. (c) Mostre que, se a partícula é deslocada levemente no sentido $+x$, ela iniciará um movimento harmônico simples. (d) Qual é a freqüência deste movimento?

81 •• As cargas Q e q do Problema 80 são $+5{,}00$ μC e $-5{,}00$ μC, respectivamente, e o raio do anel é 8,00 cm. Quando a partícula é levemente deslocada na direção x ela oscila em torno de sua posição de equilíbrio com uma freqüência de 3,34 Hz. (a) Qual é a massa da partícula? (b) Qual é a freqüência se o raio do anel dobrar para 16,0 cm, mantidos todos os outros parâmetros inalterados?

82 •• Se o raio do anel do Problema 80 for duplicado, mantendo a mesma densidade linear de carga, a freqüência de oscilação da partícula varia? Se a resposta for positiva, por qual fator ela varia?

83 ••• Uma esfera sólida não-condutora e uniformemente carregada, com raio R, tem seu centro na origem e tem uma densidade volumétrica de carga ρ. (a) Mostre que em um ponto no interior da esfera a uma distância r do centro $\vec{E} = \dfrac{r}{3\epsilon_0} r\hat{r}$. (b) É removido material da esfera formando uma cavidade esférica que tem um raio $b = R/2$ e seu centro em $x = b$ no eixo x (Figura 22-46). Calcule o campo elétrico nos pontos 1 e 2 mostrados na Figura 22-46. *Dica: Considere a esfera com a cavidade como duas esferas uniformes com densidades de carga iguais, com sinais contrários.*

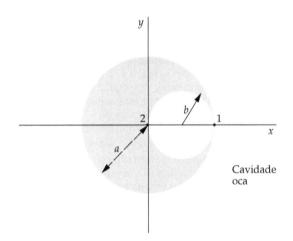

FIGURA 22-46 Problemas 83 e 85

84 ••• Mostre que o campo elétrico na cavidade do Problema 83b é uniforme e dado por $\vec{E} = \dfrac{r}{3\epsilon_0} b\hat{i}$.

85 ••• A cavidade no Problema 83b é agora preenchida com um material carregado uniformemente, não-condutor, com uma carga total Q. Calcule os novos valores do campo elétrico nos pontos 1 e 2 mostrados na Figura 22-46.

86 ••• Uma *pequena* superfície gaussiana na forma de um cubo tem faces paralelas aos planos xy, xz e yz (Figura 22-47) e está em uma região na qual o campo elétrico é paralelo ao eixo x. (a) Usando a aproximação diferencial, mostre que o fluxo elétrico resultante do campo elétrico saindo da superfície gaussiana é dado por $\phi_{\text{res}} \approx \dfrac{\partial E_x}{\partial x} \Delta V$, onde ΔV é o volume no interior da superfície gaussiana. (b) Usando a lei de Gauss e os resultados da Parte (a) mostre que $\dfrac{\partial E_x}{\partial x} = \dfrac{\rho}{\epsilon_0}$, onde ρ é a densidade volumétrica de carga dentro do cubo. (Esta equação é a versão unidimensional da forma puntiforme da lei de Gauss.)

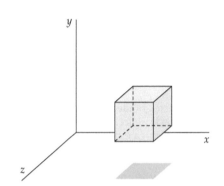

FIGURA 22-47 Problema 86

87 ••• Considere um modelo simples, mas surpreendentemente preciso para a molécula de hidrogênio: duas cargas puntiformes positivas, cada uma com carga $+e$, estão localizadas no interior de uma esfera uniformemente carregada de raio R, que tem uma carga igual a $-2e$. As duas cargas puntiformes estão colocadas simetricamente, eqüidistantes do centro da esfera (Figura 22-48). Determine a distância do centro, a, onde a força resultante em cada carga puntiforme é zero.

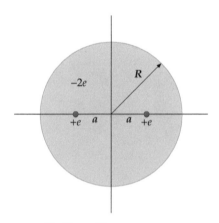

FIGURA 22-48 Problema 87

88 ••• Um dipolo elétrico que tem momento de dipolo $\vec{p}$ está localizado a uma distância perpendicular R de uma linha infinitamente longa de cargas que tem densidade linear uniforme λ. Considere que o momento de dipolo esteja na mesma direção e sentido do campo da linha de cargas. Determine uma expressão para a força elétrica no dipolo.

A MENINA ESTÁ EM UM POTENCIAL ELÉTRICO ELEVADO DEVIDO AO CONTATO COM A CÚPULA DE UM GERADOR DE VAN DE GRAAFF. ELA ESTÁ PARADA EM CIMA DE UMA PLATAFORMA QUE A ISOLA ELETRICAMENTE DO SOLO E, ASSIM, ELA ACUMULA CARGA ELÉTRICA DO VAN DE GRAAFF. SEU CABELO LEVANTA PORQUE AS CARGAS NOS FIOS DE CABELO TÊM O MESMO SINAL E CARGAS IGUAIS SE REPELEM MUTUAMENTE. (*Cortesia do U.S. Department of Energy.*)

Potencial Elétrico

23-1   Diferença de Potencial
23-2   Potencial Devido a um Sistema de Cargas Puntiformes
23-3   Calculando o Campo Elétrico a Partir do Potencial
23-4   Cálculos de *V* para Distribuições Contínuas de Carga
23-5   Superfícies Eqüipotenciais
23-6   Energia Potencial Eletrostática

> Você sabia que o máximo potencial que a cúpula de um gerador de Van de Graaff pode atingir é determinado pelo raio da cúpula? (Veja o Exemplo 23-14.)

A energia potencial gravitacional é introduzida no Capítulo 7 (Volume 1) e representa um poderoso auxílio conceitual e computacional. Neste capítulo, introduzimos a energia potencial elétrica e, assim como a energia potencial gravitacional, veremos que a energia potencial elétrica também representa um poderoso auxílio conceitual e computacional. Além disso, continuaremos a desenvolver o conceito de campo elétrico. Campos elétricos são discutidos nos Capítulos 21 e 22, e continuamos a discussão neste capítulo através da introdução do potencial elétrico — um campo escalar que está relacionado diretamente ao campo elétrico. Como ele é um campo escalar, em muitas circunstâncias é mais fácil calculá-lo do que o campo elétrico (um vetor). A medida do potencial também é geralmente muito mais fácil — usando um voltímetro — do que o campo elétrico. Tanto a energia potencial elétrica quanto o campo potencial elétrico serão ferramentas essenciais na análise da capacitância, resistência e circuitos elétricos — tópicos que são desenvolvidos nos Capítulos 24 e 25.

> *Neste capítulo, estabeleceremos a relação entre o campo elétrico e o potencial elétrico e calcularemos o potencial elétrico para várias distribuições contínuas de carga. Também calcularemos a energia potencial elétrica de um sistema de cargas puntiformes e de um sistema de condutores carregados.*

72 | CAPÍTULO 23

23-1 DIFERENÇA DE POTENCIAL

A força eletrostática exercida por uma carga puntiforme em outra carga puntiforme aponta na linha que une as cargas e varia inversamente com o quadrado da separação entre elas. Esta mesma dependência pode ser vista quando analisamos a força gravitacional entre duas massas. Assim como a força gravitacional, a força elétrica é conservativa e, portanto, há uma função energia potencial U associada a ela. Se o ponto de aplicação de uma força conservativa $\vec{F}$ sofrer um deslocamento $d\vec{\ell}$, a variação na função energia potencial U associada a este deslocamento é dada por

$$dU = -\vec{F} \cdot d\vec{\ell}$$

Se a força conservativa é exercida pelo campo eletrostático $\vec{E}$ em uma carga puntiforme q, então a força é dada por

$$\vec{F} = q\vec{E}$$

e se a carga puntiforme q sofrer um deslocamento $d\vec{\ell}$, a variação correspondente na energia potencial eletrostática é dada por

$$dU = -q\vec{E} \cdot d\vec{\ell} \qquad 23\text{-}1$$

Na Seção 21-4, revelamos que a força eletrostática $\vec{F}$ em uma carga teste q_0 é proporcional a q_0 e esta relação conduziu à definição de uma quantidade (a força por unidade de carga na posição da carga teste) chamada de campo elétrico $\vec{E}$. Há uma situação análoga aqui. A variação da energia potencial associada ao deslocamento de uma carga teste q_0 que sofre um deslocamento $d\vec{\ell}$ é dada por $dU = -q_0\vec{E} \cdot d\vec{\ell}$. Portanto, a variação da energia potencial é proporcional à carga teste. Esta relação sugere que definamos uma quantidade — a variação da energia potencial por unidade de carga — denominada **diferença de potencial** dV:

$$dV = \frac{dU}{q_0} = -\vec{E} \cdot d\vec{\ell} \qquad 23\text{-}2a$$

DEFINIÇÃO — DIFERENÇA DE POTENCIAL

Para um deslocamento finito do ponto a para o ponto b, a variação no potencial é

$$\Delta V = V_b - V_a = \frac{\Delta U}{q_0} = -\int_a^b \vec{E} \cdot d\vec{\ell} \qquad 23\text{-}2b$$

DEFINIÇÃO — DIFERENÇA DE POTENCIAL FINITA

A diferença de potencial $V_b - V_a$ é o negativo do trabalho por unidade de carga, realizado pelo campo elétrico em uma carga teste quando ela se move do ponto a para o ponto b (ao longo de *qualquer* caminho). Durante este cálculo, as posições de quaisquer outras cargas permanecem fixas. (Lembre que a carga teste é uma carga puntiforme cuja magnitude é tão pequena que ela exerce apenas forças desprezíveis em quaisquer outras cargas. Por conveniência, as cargas teste são invariavelmente consideradas positivas.)

A função V é denominada **potencial elétrico**; ele é freqüentemente referido como o **potencial**. Assim como o campo elétrico, o potencial V é uma função da posição. Diferentemente do campo elétrico, V é uma função escalar, enquanto $\vec{E}$ é uma função vetorial. Assim como no caso da energia potencial U, apenas *diferenças* no potencial V têm significado físico. Somos livres para escolher o potencial como zero em qualquer ponto conveniente, exatamente como no caso da energia potencial. Por conveniência, o potencial elétrico e a energia potencial de uma carga teste são escolhidos como zero no mesmo ponto de referência. Sob esta restrição, eles estão relacionados por

$$U = q_0 V \qquad 23\text{-}3$$

RELAÇÃO ENTRE ENERGIA POTENCIAL E POTENCIAL

CONTINUIDADE DE V

No Capítulo 22, vimos que o campo elétrico é descontínuo por $\sigma\epsilon_0$ em pontos onde há uma densidade superficial de carga σ. A função potencial, por outro lado, é contínua em todos os pontos, exceto nos quais o campo elétrico é infinito (pontos ocupados por uma carga puntiforme ou uma linha de cargas). Podemos entender este resultado partindo da definição de potencial. Considere uma região ocupada por um campo elétrico $\vec{E}$. A diferença de potencial entre dois pontos próximos, separados pelo deslocamento $d\vec{\ell}$, está relacionada ao campo elétrico por $dV = -\vec{E} \cdot d\vec{\ell}$ (Equação 23-2a). O produto escalar pode ser expresso como $E_\parallel \cdot d\ell$, onde $E_\parallel$ é a componente de $\vec{E}$ na direção de $d\vec{\ell}$ e $d\ell$ é o módulo de $d\vec{\ell}$. Substituindo na Equação 23-2a, obtemos $dV = -E_\parallel d\ell$. Se $\vec{E}$ é finito em cada um dos dois pontos e ao longo do segmento de reta de comprimento infinitesimal $d\ell$ que os une, então dV é infinitesimal. Portanto, a função potencial V é contínua em qualquer ponto não ocupado por uma carga puntiforme ou por uma linha de cargas.

UNIDADES

Como o potencial elétrico é a energia potencial por unidade de carga, a unidade para o potencial e para a diferença de potencial no SI é o joule por coulomb, denominada **volt** (V):

$$1\,\text{V} = 1\,\text{J/C} \qquad 23\text{-}4$$

A diferença de potencial entre dois pontos (medida em volts) é comumente chamada de **voltagem** entre os dois pontos. Em uma bateria de 12 V para carros, o terminal positivo tem um potencial 12 V maior do que o terminal negativo. Se anexarmos um circuito externo à bateria e um coulomb de carga for transferido do terminal positivo ao terminal negativo através do circuito, a energia potencial da carga decrescerá por $Q\,\Delta V = (1\,\text{C})(12\,\text{V}) = 12\,\text{J}$.

Podemos ver da Equação 23-2 que as dimensões do potencial também são aquelas para o produto do campo elétrico pela distância. Portanto, a unidade do campo elétrico é igual a um volt por metro:

$$1\,\text{N/C} = 1\,\text{V/m} \qquad 23\text{-}5$$

logo, podemos pensar na magnitude do campo elétrico E como a força por unidade de carga ou como a razão entre a variação do potencial (V) com relação à distância em uma determinada direção. Na física atômica e nuclear, freqüentemente temos partículas que têm cargas de magnitude e, tais como elétrons e prótons, movendo-se através de diferenças de potencial de vários milhares ou, mesmo, milhões de volts. Como energia tem dimensões de carga elétrica multiplicada por potencial elétrico, uma unidade de energia é definida como o produto da unidade fundamental de carga e e um volt. Esta unidade particularmente útil é denominada **elétron-volt** (eV). Energias utilizadas na física atômica e molecular são tipicamente de poucos eV, tornando o elétron-volt uma unidade conveniente para processos atômicos e moleculares. A conversão entre elétron-volt e joules é obtida expressando a unidade fundamental de carga em coulombs:

$$1\,\text{eV} = 1{,}60 \times 10^{-19}\,\text{C}\cdot\text{V} = 1{,}60 \times 10^{-19}\,\text{J} \qquad 23\text{-}6$$

O ELÉTRON-VOLT

Por exemplo, um elétron movendo-se do terminal negativo para o terminal positivo de uma bateria de 12 V para carros perde 12 eV de energia potencial.

POTENCIAL E CAMPOS ELÉTRICOS

Se colocarmos uma carga positiva q_0 em um campo elétrico $\vec{E}$ e a soltarmos, ela será acelerada na direção e sentido de $\vec{E}$. Como a energia cinética da carga aumenta, sua energia potencial diminui. A carga, portanto, é acelerada em direção à região onde sua energia potencial elétrica é menor, assim como

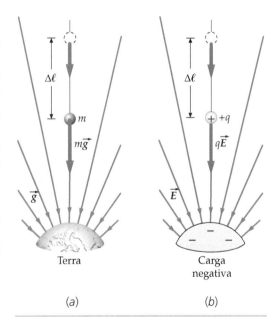

FIGURA 23-1 (a) O trabalho realizado pelo campo gravitacional $\vec{g}$ em uma massa m é igual ao decréscimo na energia potencial gravitacional. (b) O trabalho realizado pelo campo elétrico $\vec{E}$ em uma carga q é igual ao decréscimo na energia potencial elétrica.

uma massa em um campo gravitacional é acelerada em direção à região onde sua energia potencial gravitacional é menor (Figura 23-1). A energia potencial elétrica U está relacionada ao potencial elétrico V por $U = qV$ e, assim, *para uma carga positiva*, a região onde a carga tem menor energia potencial U é, também, a região de menor potencial elétrico V. Resumindo, uma carga positiva é acelerada na direção e sentido de $\vec{E}$ (Figura 23-2) em direção a uma região de menor potencial elétrico V. Portanto,

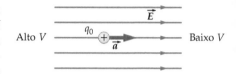

> O campo elétrico $\vec{E}$ aponta na direção e sentido no qual o potencial V diminui mais rapidamente.

FIGURA 23-2 O campo elétrico aponta na direção e sentido no qual o potencial diminui mais rapidamente. Se uma carga teste positiva q_0 estiver em um campo elétrico, ela será acelerada na direção e sentido do campo. Se ela for liberada a partir do repouso, sua energia cinética aumentará e sua energia potencial diminuirá.

PROBLEMA PRÁTICO 23-1
Se você colocar uma carga negativa em um campo elétrico, ela seria acelerada na direção e sentido na qual o potencial aumenta ou diminui?

Exemplo 23-1   Determine V para $\vec{E}$ Uniforme

Um campo eletrostático uniforme aponta na direção $+x$ e tem módulo igual a $E = 10$ N/C $= 10$ V/m. Determine o potencial como uma função de x, considerando que $V = 0$ em $x = 0$.

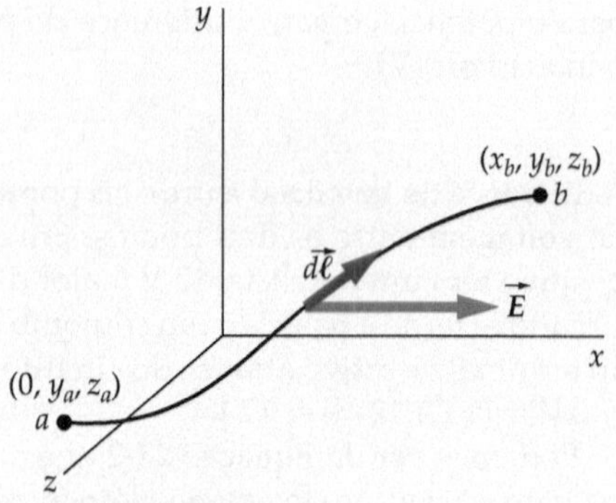

SITUAÇÃO Podemos resolver para V usando $V_b - V_a = -\int_a^b \vec{E} \cdot d\vec{\ell}$ (Equação 23-2b). Seja a um ponto no plano $x = 0$ (onde $V = 0$) e seja b um ponto posicionado arbitrariamente. Expresse $\vec{E}$ e $d\vec{\ell}$ em termos de suas componentes cartesianas e, então, calcule a integral.

SOLUÇÃO

1. A diferença de potencial está relacionada ao campo elétrico pela Equação 23-2b:
$$V_b - V_a = -\int_a^b \vec{E} \cdot d\vec{\ell}$$

2. Represente os pontos a e b e os eixos coordenados x, y e z. Além disso, represente um caminho de integração de a para b (Figura 23-3):

3. Expresse $\vec{E}$ e $d\vec{\ell}$ em termos de suas componentes cartesianas e simplifique a expressão para $\vec{E} \cdot d\vec{\ell}$:
$$\vec{E} \cdot d\vec{\ell} = E\hat{i} \cdot (dx\,\hat{i} + dy\,\hat{j} + dz\,\hat{k}) = E\,dx$$

4. Substitua o resultado do passo 3 no resultado do passo 1. Considere que o ponto a esteja no plano $x = 0$ (desta forma, $V_a = 0$):
$$V_b - V_a = -\int_{x_a}^{x_b} E\,dx$$

5. Como o ponto a é qualquer ponto no plano $x = 0$, $V_a = 0$ e $x_a = 0$. Além disso, E é uniforme e, portanto, pode ser fatorado do integrando:
$$V_b - 0 = -E\int_0^{x_b} dx \quad \text{então} \quad V_b = -Ex_b$$

6. Substitua x_a por x, substitua V_a por $V(x)$ e substitua 10 V/m para E:
$$V(x) = -Ex = \boxed{-(10\text{ V/m})x}$$

FIGURA 23-3

CHECAGEM O resultado do passo 6 é igual a zero se $x = 0$, o que está de acordo com a hipótese de $V = 0$ em $x = 0$ no enunciado do problema.

PROBLEMA PRÁTICO 23-2 Repita este exemplo para o campo elétrico $\vec{E} = (10\text{ V/m}^2)x\hat{i}$.

No Exemplo 23-1, o ponto a — o ponto onde o valor do potencial é especificado — é chamado de **ponto de referência** para a função potencial V. O potencial em um ponto b é obtido calculando $V - 0 = -\int_a^b \vec{E} \cdot d\vec{\ell}$, onde o potencial em a é considerado como zero. A integral deve ser calculada ao longo de qualquer caminho de a até b.

Mostraremos, agora, como calcular o potencial para um número de diferentes distribuições de carga.

23-2 POTENCIAL DEVIDO A UM SISTEMA DE CARGAS PUNTIFORMES

O potencial elétrico a uma distância r de uma carga puntiforme q na origem pode ser calculado usando $V_P - V_{ref} = -\int_{ref}^{P} \vec{E} \cdot d\vec{\ell}$ (Equação 23-2b), onde, no ponto de referência, o potencial é igual a V_{ref}, e P é um ponto arbitrário onde calculamos o campo (Figura 23-4). O campo elétrico devido à carga puntiforme é dado por

$$\vec{E} = \frac{kq}{r^2}\hat{r}$$

Substituindo $\vec{E}$ na integral de linha, obtemos

$$V_P - V_{ref} = -\int_{ref}^{P} \vec{E} \cdot d\vec{\ell} = -\int_{ref}^{P} \frac{kq}{r^2}\hat{r} \cdot d\vec{\ell} = -\int_{r_{ref}}^{r_P} \frac{kq}{r^2} dr$$

onde $r = \hat{r} \cdot d\vec{\ell}$ (veja a Figura 23-4) é a variação na distância r associada ao deslocamento $d\vec{\ell}$. Considerando V_{ref} igual a zero e integrando ao longo de um caminho desde um ponto arbitrário de referência até um ponto arbitrário de campo, obtemos

$$V_P - 0 = -\int_{ref}^{P} \vec{E} \cdot d\vec{\ell} = -kq \int_{r_{ref}}^{r_P} \frac{1}{r^2} dr = \frac{kq}{r_P} - \frac{kq}{r_{ref}}$$

ou

$$V = \frac{kq}{r} - \frac{kq}{r_{ref}} \qquad 23\text{-}7$$

POTENCIAL DEVIDO A UMA CARGA PUNTIFORME

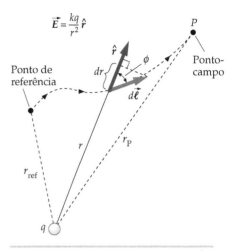

FIGURA 23-4 A variação em r é dr. É a componente de $d\vec{\ell}$ na direção de $\hat{r}$. Pode ser visto na figura que $|d\vec{\ell}| \cos \phi = dr$. Como $\hat{r} \cdot d\vec{\ell} = |d\vec{\ell}| \cos \phi$, segue que $dr = \hat{r} \cdot d\vec{\ell}$.

Veja o Tutorial Matemático para mais informações sobre **Integrais**

onde substituímos r_P (a distância ao ponto-campo P) por r e V_P por V. Temos liberdade para escolher a localização do ponto de referência, portanto, o escolhemos de maneira a conduzir à forma algébrica mais simples para o potencial. Escolhendo o ponto de referência infinitamente afastado da carga puntiforme (ou seja, $r_{ref} \to \infty$) satisfizemos a esta condição. Portanto,

$$V = \frac{kq}{r} \qquad 23\text{-}8$$

POTENCIAL DE COULOMB

O potencial dado pela Equação 23-8 é denominado **potencial de Coulomb**. Ele é positivo ou negativo, dependendo se q é positiva ou negativa.

A energia potencial U de uma carga puntiforme q' localizada a uma distância r de uma carga puntiforme q é

$$U = q'V = q'\frac{kq}{r} = \frac{kq'q}{r} \qquad 23\text{-}9$$

ENERGIA POTENCIAL ELETROSTÁTICA DE UM SISTEMA DE DUAS CARGAS

Esta é a energia potencial elétrica para um sistema de duas cargas relativa a $U = 0$ a uma separação infinita. Se liberarmos uma partícula puntiforme com carga q' a partir do repouso a uma distância r_0 de q (e mantivermos q fixa), a partícula puntiforme que tem carga q' será acelerada para longe de q (considerando que q tenha o mesmo sinal de q'). A uma distância muito grande de q, a energia potencial da partícula q' tenderá a zero e, portanto, sua energia cinética tenderá a kqq'/r_0.

O trabalho que um agente externo deve realizar para mover uma carga teste q_0 a partir do repouso no infinito para o repouso no ponto P, a uma distância r de q, é kq_0q/r (Figura 23-5). O trabalho por unidade de carga é kq/r, o qual é o potencial elétrico V no ponto P relativo ao potencial a uma distância infinita de P.

Escolher a energia potencial eletrostática de duas cargas puntiformes como zero a uma separação infinita é análogo à escolha que fizemos no Capítulo 11 (Volume 1) quando consideramos a energia potencial gravitacional de duas massas puntiformes

76 | CAPÍTULO 23

como zero a uma separação infinita. Se as duas cargas (ou as duas massas) estão a uma separação infinita, podemos pensar que elas não estão interagindo. Portanto, é razoável escolhermos a energia potencial como nula quando as partículas não estiverem interagindo.

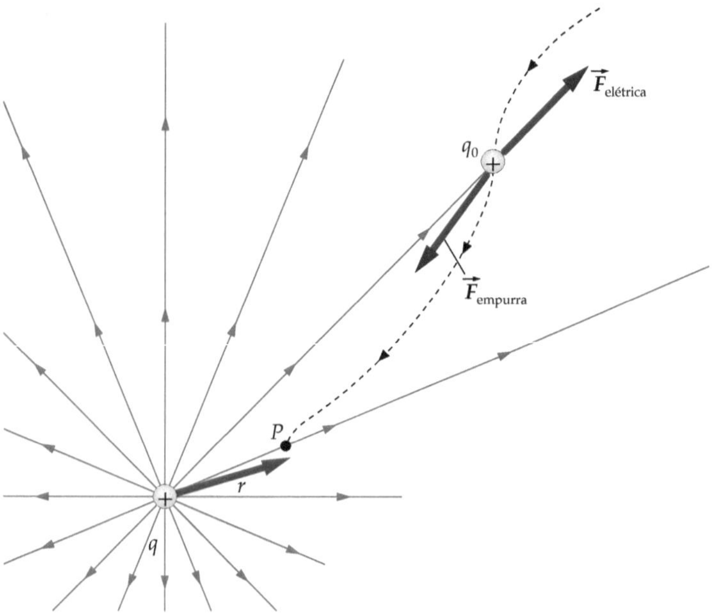

FIGURA 23-5 O trabalho necessário para trazer uma carga teste q_0 a partir do repouso no infinito para o repouso no ponto P é kq_0q/r, onde r é a distância de P à carga puntiforme positiva q. O trabalho por unidade de carga é kq/r, o qual é o potencial elétrico no ponto P relativo ao potencial zero no infinito. Se a carga teste for liberada a partir do ponto P, o campo elétrico realiza trabalho kq_0q/r acelerando a carga para o infinito.

Exemplo 23-2 — Energia Potencial de um Átomo de Hidrogênio

(a) Qual é o potencial elétrico a uma distância $r_0 = 0,529 \times 10^{-10}$ m de um próton? Esta é a distância média entre o próton e o elétron em um átomo de hidrogênio. (b) Qual é a energia potencial elétrica de um elétron e de um próton a esta separação?

SITUAÇÃO O potencial elétrico devido à carga do próton e a energia potencial das duas cargas puntiformes são dados pelas Equações 23-8 e 23-9.

SOLUÇÃO

(a) Use $V = kq/r$ para calcular o potencial V devido à carga no próton em $r = r_0$. Para o próton, $q = e$:

$$V = \frac{kq}{r_0} = \frac{ke}{r_0} = \frac{(8,99 \times 10^9 \, \text{N} \cdot \text{m}^2/\text{C}^2)(1,6 \times 10^{-19} \, \text{C})}{0,529 \times 10^{-10} \, \text{m}}$$

$$= 27,2 \, \text{N} \cdot \text{m/C} = \boxed{27,2 \, \text{V}}$$

(b) Use $U = q'V$, com $q' = -e$ para calcular a energia potencial:

$$U = q'V = (-e)(27,2 \, \text{V}) = \boxed{-27,2 \, \text{eV}}$$

CHECAGEM Examinando as unidades na equação $V = kq/r$ podemos ver que elas conduzem a $\text{N} \cdot \text{m/C}$. Como $1 \, \text{N} \cdot \text{m} = 1 \, \text{J}$ e $1 \, \text{J/C} = 1 \, \text{V}$, temos $1 \, \text{N} \cdot \text{m/C} = 1 \, \text{J/C} = 1 \, \text{V}$.

INDO ALÉM Se o elétron estivesse em repouso a esta distância do próton, seriam necessários, pelo menos, 27,2 eV para removê-lo do átomo. Entretanto, o elétron tem energia cinética igual a 13,6 eV, logo sua energia total no átomo é 13,6 eV − 27,2 eV = −13,6 eV. A mínima energia necessária para remover o elétron de um átomo de hidrogênio é, portanto, 13,6 eV. Esta energia é denominada *energia de ionização*.

PROBLEMA PRÁTICO 23-3 Qual é a energia potencial das duas cargas puntiformes do Exemplo 23-2 em unidades no SI?

Exemplo 23-3 — Energia Potencial de Produtos de Fissão Nuclear

Durante a fissão nuclear, um núcleo de urânio 235 captura um nêutron para formar um núcleo instável de urânio 236. O núcleo instável, então, se separa em dois núcleos mais leves (Figura 23-6). Além disso, dois ou três nêutrons são liberados. Algumas vezes os dois produtos da fissão são um núcleo de bário (carga $56e$) e um núcleo de criptônio (carga $36e$). Considere que, imediatamente depois da separação, estes núcleos são cargas puntiformes positivas separadas por $r = 14,6 \times 10^{-15}$ m ($14,6 \times 10^{-15}$ m é a soma dos raios dos núcleos de bário e criptônio). Calcule a energia potencial deste sistema de duas cargas em elétron-volts.

SITUAÇÃO A energia potencial para duas cargas puntiformes separadas por uma distância r é $U = kq_1q_2/r$. Para determinar esta energia em elétron-volts, calculamos o potencial devido a uma das cargas, kq_1/r, em volts, e multiplicamos esta quantidade pela outra carga expressa como múltiplo de e.

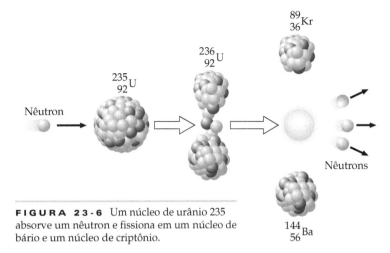

FIGURA 23-6 Um núcleo de urânio 235 absorve um nêutron e fissiona em um núcleo de bário e um núcleo de criptônio.

SOLUÇÃO

1. A Equação 23-9 fornece a energia potencial das duas cargas:

$$U = q_2 \frac{kq_1}{r}$$

2. Substitua os valores fornecidos e isole e:

$$U = e\frac{36 \cdot 56 ke}{r}$$

$$= e\frac{36 \cdot 56 \cdot (8{,}99 \times 10^9 \text{ N} \cdot \text{m}^2/\text{C}^2)(1{,}60 \times 10^{-19} \text{ C})}{14{,}6 \times 10^{-15} \text{ m}}$$

$$= e(199 \times 10^6 \text{ V}) = \boxed{199 \text{ MeV}}$$

CHECAGEM A energia potencial de um próton e um elétron em um átomo de hidrogênio, calculada no Exemplo 23-2, é sete ordens de magnitude menor que a energia potencial calculada neste exemplo. Como esperamos que as energias envolvidas em processos nucleares sejam muito maiores que as energias envolvidas em processos atômicos, este resultado está de acordo com o esperado.

INDO ALÉM Depois da fissão, os dois núcleos se separam devido à repulsão eletrostática. A energia potencial de 199 MeV é convertida em energia cinética. Nas colisões com os átomos da vizinhança, esta energia cinética é distribuída como energia térmica. Durante uma reação em cadeia, um ou mais dos nêutrons liberados produzem uma fissão de outro núcleo de urânio. A energia média liberada durante as reações em cadeia deste tipo é de aproximadamente 200 MeV por núcleo, como calculado neste exemplo.

O potencial em um ponto-campo devido à presença de várias cargas puntiformes é a soma dos potenciais devidos a cada uma destas cargas separadamente. (Este resultado é conseqüência do princípio da superposição para o campo elétrico.) O potencial devido a um sistema de cargas puntiformes q_i é, portanto, dado por

$$V = \sum_i \frac{kq_i}{r_i} \qquad 23\text{-}10$$

POTENCIAL DEVIDO A UM SISTEMA DE CARGAS PUNTIFORMES

onde a soma se estende sobre todas as cargas e r_i é a distância da i-ésima carga ao ponto-campo no qual o potencial deve ser calculado. Usando esta fórmula, o ponto de referência (onde $V = 0$) está no infinito e a distância entre quaisquer duas cargas puntiformes no sistema é finita.

ESTRATÉGIA PARA SOLUÇÃO DE PROBLEMAS

Calculando V Usando a Equação 23-10

SITUAÇÃO Podemos usar a Equação 23-10 para calcular o potencial em um ponto-campo devido a uma coleção de cargas puntiformes se cada carga estiver a uma distância finita de cada uma das outras cargas.

SOLUÇÃO

1. Esboce a configuração de cargas e inclua eixos coordenados convenientes. Identifique cada carga puntiforme com um símbolo distinto, tal como q_1. Desenhe uma linha reta a partir de cada carga puntiforme q_i até o ponto-campo P e identifique-a com um símbolo conveniente, tal como r_{iP}. Um desenho cuidadoso pode ser muito útil para relacionar as distâncias de interesse às distâncias dadas no enunciado do problema.
2. Use a fórmula $V = \sum kq_i/r_{iP}$ (Equação 23-10) para calcular o potencial em P devido à presença das cargas puntiformes.

CHECAGEM Se o ponto-campo é escolhido arbitrariamente, considere o limite quando este ponto vai ao infinito. Neste limite, o potencial deve tender a zero.

Exemplo 23-4   Potencial Devido a Duas Cargas Puntiformes

Duas cargas puntiformes de +5,0 nC estão no eixo x, uma na origem e a outra em $x = 8,0$ cm. Determine o potencial (a) no ponto P_1 no eixo x em $x = 4,0$ cm e (b) no ponto P_2 no eixo y em $y = 6,0$ cm. O ponto de referência (onde $V = 0$) está no infinito.

SITUAÇÃO As duas cargas puntiformes positivas no eixo x são mostradas na Figura 23-7 e o potencial deve ser calculado nos pontos P_1 e P_2.

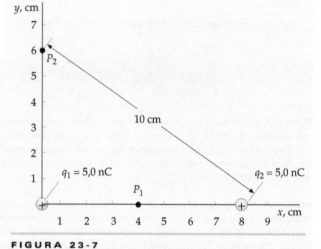

FIGURA 23-7

SOLUÇÃO

(a) 1. Use a Equação 23-10 para escrever V como uma função das distâncias r_1 e r_2 das cargas:

$$V = \sum_i \frac{kq_i}{r_i} = \frac{kq_1}{r_1} + \frac{kq_2}{r_2}$$

2. O ponto P_1 está a 4,0 cm de cada carga e as cargas são iguais:

$$r_1 = r_2 = r = 0,040 \text{ m}$$
$$q_1 = q_2 = q = 5,0 \times 10^{-9} \text{ C}$$

3. Use estas informações para determinar o potencial no ponto P_1:

$$V = \frac{kq}{r} + \frac{kq}{r} = \frac{2kq}{r}$$
$$= \frac{2 \times (8,99 \times 10^9 \text{ N} \cdot \text{m}^2/\text{C}^2)(5,0 \times 10^{-9} \text{ C})}{0,040 \text{ m}} = 2247 \text{ V} = \boxed{2,2 \text{ kV}}$$

(b) O ponto P_2 está a 6,0 cm de uma carga e a 10 cm da outra. Use isto para determinar o potencial em P_2:

$$V = \frac{(8,99 \times 10^9 \text{ N} \cdot \text{m}^2/\text{C}^2)(5,0 \times 10^{-9} \text{ C})}{0,060 \text{ m}} + \frac{(8,99 \times 10^9 \text{ N} \cdot \text{m}^2/\text{C}^2)(5,0 \times 10^{-9} \text{ C})}{0,10 \text{ m}}$$
$$= 749 \text{ V} + 450 \text{ V} = \boxed{1,2 \text{ kV}}$$

CHECAGEM Ambos os potenciais calculados são positivos. O potencial em um ponto-campo é o trabalho por unidade de carga para trazer uma carga teste de um ponto de referência (onde o potencial é zero) até o ponto-campo. Para a função potencial usada aqui, o ponto de referência está no infinito. Uma carga teste positiva em qualquer posição seria repelida tanto por q_1 quanto por q_2. Assim, um agente externo teria que realizar trabalho sobre a carga teste para trazê-la a partir do repouso em um ponto de referência no infinito até o repouso em qualquer ponto-campo. Portanto, é de se esperar que o potencial em qualquer ponto-campo seja positivo.

INDO ALÉM Observe que, na Parte (a), o campo elétrico é zero no ponto médio entre as cargas, mas o potencial não é. Um agente externo deve realizar um trabalho positivo para trazer uma carga teste para este ponto a partir de um ponto bem afastado, pois o campo elétrico é zero apenas na posição final.

Exemplo 23-5 — Potencial ao Longo do Eixo x

Uma carga puntiforme q_1 está na origem e uma segunda carga puntiforme q_2 está no eixo x em $x = a$. Usando a Equação 23-10, determine uma expressão para o potencial em qualquer ponto do eixo x como uma função de x.

SITUAÇÃO O potencial total em um ponto-campo é a soma dos potenciais devidos a cada carga separadamente.

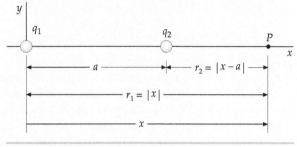

FIGURA 23-8

SOLUÇÃO
1. Desenhe o eixo x e coloque as duas cargas nele. Seja r_1 a distância de q_1 a um ponto-campo arbitrário P em uma posição x no eixo x, ou seja, $r_1 = |x|$. Seja r_2 a distância de q_2 a P, ou seja, $r_2 = |x - a|$ (Figura 23-8):

2. Escreva o potencial como uma função das distâncias às duas cargas:

$$V = \frac{kq_1}{r_1} + \frac{kq_2}{r_2}$$

$$= \boxed{\frac{kq_1}{|x|} + \frac{kq_2}{|x-a|}} \quad x \neq 0, \quad x \neq a$$

CHECAGEM Observe que $V \to \infty$ quando $x \to 0$ e quando $x \to a$, e $V \to 0$ quando $x \to -\infty$ e $x \to +\infty$, como deveria ser esperado.

INDO ALÉM A Figura 23-9 mostra V versus x no eixo x para $q_1 = q_2 > 0$.

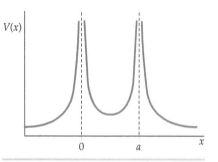

FIGURA 23-9

Exemplo 23-6 — Potencial Devido a um Dipolo Elétrico

Um dipolo elétrico consiste de uma carga puntiforme positiva $+q$ no eixo x em $x = +\ell/2$ e uma carga puntiforme negativa $-q$ no eixo x em $x = -\ell/2$. Determine o potencial no eixo x para $x \gg +\ell/2$ em termos do momento de dipolo $\vec{p} = q\ell \hat{i}$.

SITUAÇÃO O potencial em um ponto-campo é a soma dos potenciais para cada carga.

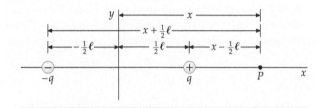

FIGURA 23-10

SOLUÇÃO
1. Desenhe o eixo x e coloque as duas cargas nele. Para $x > \ell/2$, a distância do ponto-campo P à carga positiva é $x - \frac{1}{2}\ell$ e a distância do ponto-campo à carga negativa é $x + \frac{1}{2}\ell$ (Figura 23-10):

2. Para $x > \ell/2$ o potencial devido às duas cargas é

$$V = \frac{kq}{x - (\ell/2)} + \frac{k(-q)}{x + (\ell/2)}$$

$$= \frac{kq\ell}{x^2 - (\ell^2/4)} \quad x > \frac{\ell}{2}$$

3. A magnitude de $\vec{p}$ é $p = q\ell$. Para $x \gg +\ell/2$, podemos desprezar $\ell^2/4$ comparado a x^2 no denominador.

$$V \approx \boxed{\frac{kq\ell}{x^2} = \frac{kp}{x^2}} \quad x \gg \ell$$

CHECAGEM Um dipolo tem uma carga total nula e, portanto, esperamos que a grandes distâncias, o potencial deve decrescer com o aumento da distância ao dipolo mais rapidamente que para uma configuração de cargas que tenha uma carga líquida não-nula. O resultado do passo 3 diz que o potencial decresce inversamente proporcional ao quadrado da distância. Distante de uma configuração com uma carga líquida diferente de zero, o potencial decresce inversamente proporcional à distância à configuração, que é mais lento que o decréscimo inversamente proporcional ao quadrado da distância.

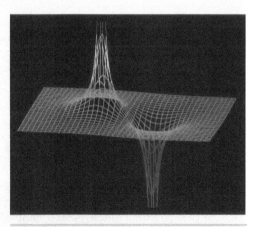

O potencial eletrostático em um plano contendo ambas as cargas de um dipolo elétrico. O potencial devido a cada carga puntiforme é proporcional à carga e inversamente proporcional à distância da carga. (© 1990, Richard Menga/Fundamental Photographs.) (Veja o Encarte em cores.)

23-3 CALCULANDO O CAMPO ELÉTRICO A PARTIR DO POTENCIAL

Na Seção 23-2, usamos o conhecimento sobre o campo elétrico para calcular a função potencial. Para realizar este cálculo, integramos ambos os lados da equação $dV = -\vec{E} \cdot d\vec{\ell}$. Nesta seção, utilizaremos o conhecimento sobre a função potencial e a mesma equação ($dV = -\vec{E} \cdot d\vec{\ell}$) para calcular o campo elétrico.

Considere um pequeno deslocamento $d\vec{\ell}$ em um campo eletrostático arbitrário $\vec{E}$. A correspondente variação no potencial é dada por $dV = -\vec{E} \cdot d\vec{\ell}$. Se o deslocamento $d\vec{\ell}$ é perpendicular a $\vec{E}$, então $dV = 0$ (o potencial não varia). Para um dado $|d\vec{\ell}|$, o máximo aumento em V ocorre quando o deslocamento $d\vec{\ell}$ está no sentido contrário a $\vec{E}$. Para calcular $\vec{E}$, primeiro resolvemos o cálculo para a componente de $\vec{E}$ na direção de $d\vec{\ell}$. Isto é,

$$dV = -\vec{E} \cdot d\vec{\ell} = -E \cos\theta \, d\ell = E_{\tan} d\ell \qquad 23\text{-}11$$

onde $E_{\tan} = E \cos\theta$ (a componente tangencial de $d\vec{\ell}$ é a componente de $\vec{E}$ na direção de $d\vec{\ell}$). Então

$$E_{\tan} = -\frac{dV}{d\ell} \qquad 23\text{-}12$$

Se o deslocamento $d\vec{\ell}$ é perpendicular ao campo elétrico, então $dV = 0$ (o potencial não varia). Para um dado $d\vec{\ell}$, o máximo aumento em V ocorre quando o deslocamento está no mesmo sentido que $-\vec{E}$. Um vetor que aponta na direção e sentido da variação máxima de uma função escalar e que tem módulo igual à derivada desta função com relação à distância naquela direção é denominado o **gradiente** da função. Portanto, o campo elétrico $\vec{E}$ é o negativo do gradiente do potencial V. Isto é, a direção e o sentido do campo elétrico são os mesmos que a direção e o sentido da máxima taxa de decréscimo da função potencial com relação à distância.

Se o potencial V depende apenas de x, não haverá variação em V para deslocamentos nas direções y ou z; conseqüentemente, E_y e E_z serão iguais a zero. Para um deslocamento na direção x, $d\vec{\ell} = dx\hat{i}$, e a Equação 23-11 torna-se

$$dV(x) = -\vec{E} \cdot d\vec{\ell} = -\vec{E} \cdot dx\hat{i} = -(\vec{E} \cdot \hat{i})\, dx = -E_x\, dx$$

Então

$$E_x = -\frac{dV(x)}{dx} \qquad 23\text{-}13$$

Para uma distribuição esfericamente simétrica de carga centrada na origem, um potencial pode ser uma função apenas da coordenada radial r. Deslocamentos perpendiculares à direção radial não provocam variação em $V(r)$ e, portanto, o campo elétrico deverá ser radial. Um deslocamento na direção radial é escrito como $d\vec{\ell} = dr\hat{r}$. A Equação 23-11 é, então,

$$dV(r) = -\vec{E} \cdot d\vec{\ell} = -\vec{E} \cdot dr\hat{r} = -E_r\, dr$$

e

$$E_r = -\frac{dV(r)}{dr} \qquad 23\text{-}14$$

Se conhecermos ou o potencial ou o campo elétrico em uma região do espaço, podemos usar um deles para calcular o outro. O potencial é, geralmente, mais fácil de calcular porque é uma função escalar, enquanto o campo elétrico é uma função vetorial. Observe que não podemos calcular $\vec{E}$ se conhecermos o potencial em apenas um único ponto — precisamos conhecer V sobre uma região do espaço para calcular a derivada necessária para obter $\vec{E}$ naquela região. Se conhecermos V apenas ao longo de uma curva ou em uma superfície, então podemos calcular apenas a componente de $\vec{E}$ tangente à curva ou à superfície.

CHECAGEM CONCEITUAL 23-1

Em que direção e sentido você pode se mover em relação a um campo elétrico de maneira a não provocar alteração no potencial elétrico?

CHECAGEM CONCEITUAL 23-2

Em que direção e sentido você pode se mover em relação a um campo elétrico de maneira a provocar a taxa máxima de aumento no potencial elétrico?

Potencial Elétrico | **81**

Exemplo 23-7 — $\vec{E}$ para um Potencial que Varia com *x*

Determine o campo elétrico para uma função potencial elétrico V dado por $V = 100\ \text{V} - (25\ \text{V/m})x$.

SITUAÇÃO Esta função potencial depende apenas de x. Use $E_x = -dV/dx$ (Equação 23-13) para calcular E_x. Como o potencial não varia com y ou z, $E_y = E_z = 0$.

SOLUÇÃO
O campo elétrico é calculado de $E_x = -dV/dx$ (Equação 23-13) usando $V = 100\ \text{V} - (25\ \text{V/m})x$:
$\qquad E_x = -\dfrac{dV}{dx}$ e $E_y = E_z = 0$ então $\qquad \vec{E} = \boxed{+(25\ \text{V/m})\hat{i}}$

CHECAGEM O potencial diminui com o aumento de x. Observe que o campo elétrico está no sentido $+x$, o sentido de decréscimo do potencial, como esperado.

INDO ALÉM Este campo elétrico é uniforme na direção $+x$. Observe que a constante 100 V na expressão para $V(x)$ não tem efeito no campo elétrico. O campo elétrico não depende da escolha do zero para a função potencial.

PROBLEMA PRÁTICO 23-4 (*a*) Em que pontos V é igual a zero neste exemplo? (*b*) Escreva a função potencial correspondente ao mesmo campo elétrico com $V = 0$ em todos os pontos do plano $x = 0$.

*RELAÇÃO GERAL ENTRE $\vec{E}$ E V

Na notação vetorial, o gradiente de V é escrito como $\overrightarrow{grad}V$ ou $\vec{\nabla}V$. Então

$$\vec{E} = -\vec{\nabla}V \qquad\qquad 23\text{-}15$$

Em geral, a função potencial pode depender de x, y e z. As componentes cartesianas do campo elétrico estão relacionadas às derivadas parciais do potencial com relação a x, y ou z. Por exemplo, a componente x do campo elétrico é dada por

$$E_x = -\frac{\partial V}{\partial x} \qquad\qquad 23\text{-}16a$$

De forma semelhante, as componentes y e z do campo elétrico estão relacionadas ao potencial por

$$E_y = -\frac{\partial V}{\partial y} \qquad\qquad 23\text{-}16b$$

e

$$E_z = -\frac{\partial V}{\partial z} \qquad\qquad 23\text{-}16c$$

Portanto, a Equação 23-15 em coordenadas cartesianas é escrita como

$$\vec{E} = -\vec{\nabla}V = -\left(\frac{\partial V}{\partial x}\hat{i} + \frac{\partial V}{\partial y}\hat{j} + \frac{\partial V}{\partial z}\hat{k}\right) \qquad\qquad 23\text{-}17$$

23-4 CÁLCULOS DE V PARA DISTRIBUIÇÕES CONTÍNUAS DE CARGA

O potencial devido a uma distribuição contínua de carga pode ser calculado escolhendo um elemento de carga dq, que é tratado como uma carga puntiforme, e utilizando a superposição, substituindo o somatório em $V = \Sigma kq_i/r_i$ (Equação 23-10) por uma integral:

$$V = \int \frac{k\,dq}{r} \qquad\qquad 23\text{-}18$$

POTENCIAL DEVIDO A UMA DISTRIBUIÇÃO CONTÍNUA DE CARGA

Esta equação considera que $V = 0$ a uma distância infinita das cargas e, portanto, não podemos utilizá-la para quaisquer distribuições de carga de dimensão infinita, como no caso das distribuições artificiais como uma linha infinita de cargas ou um plano infinito de cargas.

V NO EIXO DE UM ANEL CARREGADO

A Figura 23-11 mostra um anel uniformemente carregado de raio z e carga Q no plano $z = 0$ e centrado na origem. A distância de um elemento de carga dq ao ponto-campo P no eixo do anel é $r = \sqrt{z^2 + a^2}$. Como esta distância é a mesma para todos os elementos de carga no anel, podemos remover este termo da integral na Equação 23-18. O potencial no ponto P devido ao anel é então

$$V = \int \frac{k\,dq}{r} = \frac{k}{r}\int dq = \frac{kQ}{r}$$

ou

$$V = \frac{kQ}{\sqrt{z^2 + a^2}} \qquad\qquad 23\text{-}19$$

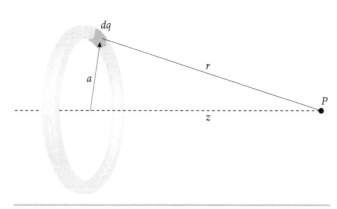

FIGURA 23-11 Geometria para o cálculo do potencial elétrico em um ponto no eixo de um anel carregado de raio a.

POTENCIAL NO EIXO DE UM ANEL CARREGADO

Observe que, quando $|z|$ é muito maior que a, o potencial tende a $kQ/|z|$, o mesmo que o potencial devido a uma carga puntiforme Q na origem.

Exemplo 23-8 — Um Anel e uma Partícula — *Tente Você Mesmo*

Um anel de raio 4,0 cm está no plano $z = 0$ e tem seu centro na origem. O anel tem uma carga uniforme de 8,0 nC. Uma pequena partícula com massa igual a 6,0 mg ($6,0 \times 10^{-6}$ kg) e carga igual a 5,0 nC é colocada no eixo z em $z = 3,0$ cm e liberada. Determine a rapidez da partícula quando ela está a uma distância grande do anel. Considere que os efeitos devidos à gravidade sejam desprezíveis.

SITUAÇÃO A partícula é repelida pelo anel. À medida que a partícula se move ao longo do eixo z, sua energia potencial decresce e sua energia cinética aumenta. Use a conservação da energia mecânica para determinar a energia cinética da partícula quando ela estiver bem afastada do anel. A rapidez final é determinada a partir da energia cinética final.

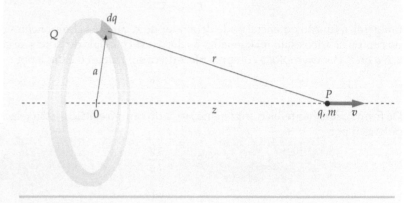

FIGURA 23-12

SOLUÇÃO

Cubra a coluna da direita e tente por si só antes de olhar as respostas.

Passos	Respostas
1. Desenhe o anel, a partícula e o eixo z. Identifique as partes do desenho apropriadamente (Figura 23-12).	
2. Escreva a relação entre a energia cinética e a rapidez.	$K = \tfrac{1}{2}mv^2$
3. Use $U = qV$, com V dado por $V = kQ/\sqrt{z^2 + a^2}$ (Equação 23-19) para obter uma expressão para a energia potencial U como função da distância z da carga puntiforme até o centro do anel.	$U = qV = \dfrac{kqQ}{\sqrt{z^2 + a^2}}$
4. Use a conservação da energia mecânica para relacionar a energia em $z_i = 0,030$ m à energia quando $z_f \to \infty$. Resolva para a rapidez quando z_f se aproxima do infinito.	$U_f + K_f = U_i + K_i$ $\dfrac{kqQ}{\sqrt{z_f^2 + a^2}} + \tfrac{1}{2}mv_f^2 = \dfrac{kqQ}{\sqrt{z_i^2 + a^2}} + \tfrac{1}{2}mv_i^2$ então $v_f^2 = \dfrac{2kqQ}{m\sqrt{z_i^2 + a^2}} = 2{,}40 \text{ m}^2/\text{s}^2$ $v_f = \boxed{1{,}6 \text{ m/s}}$

CHECAGEM No passo 3, encontramos que $v_f^2 = 2{,}40 \text{ m}^2/\text{s}^2$, um número positivo. Se nosso resultado fosse tal que v_f^2 fosse igual a um número negativo, ele indicaria claramente que foi cometido algum erro.

PROBLEMA PRÁTICO 23-5 Qual é a energia potencial da partícula quando ela está em $z = 9{,}0$ cm?

V NO EIXO DE UM DISCO UNIFORMEMENTE CARREGADO

Podemos usar nosso resultado para o potencial no eixo de um anel de carga para calcular o potencial no eixo de um disco uniformemente carregado.

Exemplo 23-9 Determine V para um Disco Carregado

Determine o potencial no eixo de um disco de raio R que contém uma carga total Q distribuída uniformemente em sua superfície.

SITUAÇÃO Consideramos que o eixo do disco é o eixo z e tratamos o disco como um conjunto de anéis carregados. O anel de raio a e espessura da na Figura 23-13 tem uma área de $2\pi a\, da$. A carga no anel é $dq = \sigma\, dA = \sigma 2\pi a\, da$, onde $\sigma = Q/(\pi R^2)$ é a densidade superficial de carga. O potencial no ponto P devido à carga neste anel é dado por $k\, dq/(z^2 + a^2)^{1/2}$ (Equação 23-19). Integramos, então, de $a = 0$ até $a = R$ para determinar o potencial total devido à carga no disco.

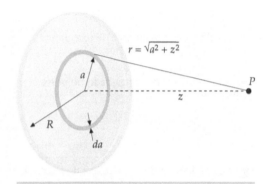

FIGURA 23-13

SOLUÇÃO

1. Escreva o potencial dV no ponto P devido ao anel carregado de raio a:

$$dV = \frac{k\, dq}{(z^2 + a^2)^{1/2}} = \frac{k\sigma 2\pi a\, da}{(z^2 + a^2)^{1/2}}$$

2. Integre de $a = 0$ até $a = R$:

$$V = \int_0^R \frac{k\sigma 2\pi a\, da}{(z^2 + a^2)^{1/2}} = k\sigma\pi \int_0^R (z^2 + a^2)^{-1/2} 2a\, da$$

3. A integral é da forma $\int u^n\, du$, com $u = z^2 + a^2$, $du = 2z\, dz$, e $n = -\tfrac{1}{2}$. Quando $a = 0$, $u = z^2 + 0^2$ e quando $a = R$, $u = z^2 + R^2$:

$$V = k\sigma\pi \int_{z^2+0^2}^{z^2+R^2} u^{-1/2}\, du = k\sigma\pi \left.\frac{u^{1/2}}{\tfrac{1}{2}}\right|_{z^2}^{z^2+R^2}$$

$$= 2k\sigma\pi\left(\sqrt{z^2 + R^2} - \sqrt{z^2}\right)$$

4. Ao reorganizar este resultado para encontrar V, obtém-se

$$\boxed{V = 2\pi k\sigma|z|\left(\sqrt{1 + \frac{R^2}{z^2}} - 1\right)}$$

CHECAGEM Para $|z| \gg R$, a função potencial V deve se aproximar da função potencial de uma carga puntiforme Q na origem. Isto é, esperamos que, para grandes valores de $|z|$, $V \approx kQ/|z|$. Para aproximarmos nosso resultado para $|z| \gg R$, usamos a expansão binomial:

$$\left(1 - \frac{R^2}{z^2}\right)^{1/2} = 1 + \frac{1}{2}\frac{R^2}{z^2} + \cdots$$

Então

$$V = 2\pi k\sigma|z|\left[\left(1 + \frac{1}{2}\frac{R^2}{z^2} + \cdots\right) - 1\right] \approx \frac{k(\sigma\pi R^2)}{|z|} = \frac{kQ}{|z|}$$

Do Exemplo 23-9, vemos que o potencial no eixo de um disco carregado uniformemente no plano $z = 0$ é

$$V = 2\pi k\sigma|z|\left(\sqrt{1 + \frac{R^2}{z^2}} - 1\right) \qquad 23\text{-}20$$

POTENCIAL NO EIXO DE UM DISCO CARREGADO UNIFORMEMENTE

Exemplo 23-10 Determine $\vec{E}$ a Partir de V

Calcule o campo elétrico no eixo de um disco carregado uniformemente que tem carga q e raio R usando a função potencial dada na Equação 23-20.

SITUAÇÃO Usando $E_z = -dV/dz$, podemos calcular E_z através da diferenciação direta. Não podemos calcular E_x nem E_y por diferenciação direta, pois não conhecemos como V varia nestas direções. Entretanto, a simetria da distribuição de carga implica que, *no eixo x*, $E_x = E_y = 0$.

SOLUÇÃO

1. Escreva a Equação 23-20 para o potencial no eixo de um disco carregado uniformemente:

$$V = 2\pi k\sigma |z| \left(\sqrt{1 + \frac{R^2}{z^2}} - 1 \right) = 2\pi k\sigma [(z^2 + R^2)^{1/2} - |z|]$$

2. Calcule $-dV/dz$ para encontrar E_z:

$$E_z = -\frac{dV}{dz} = -2\pi k\sigma \left[\frac{1}{2}(z^2 + R^2)^{-1/2} 2z - \frac{d|z|}{dz} \right]$$

3. Avalie $d|z|/dz$. É a inclinação de um gráfico de $|z|$ versus z (Figura 23-14):*

$$\frac{d|z|}{dz} = \text{sign}(z) = \begin{cases} +1 & z > 0 \\ 0 & z = 0 \\ -1 & z > 0 \end{cases}$$

4. Substituindo $d|z|/dz$ no resultado do passo 2 chegamos a:

$$E_z = -2\pi k\sigma \left(\frac{z}{\sqrt{z^2 + R^2}} - \text{sign}(z) \right)$$

$$= \boxed{2\pi k\sigma \left(\text{sign}(z) - \frac{z}{\sqrt{z^2 + R^2}} \right)}$$

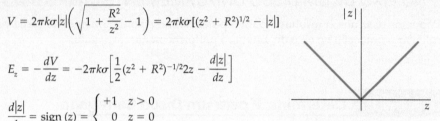

FIGURA 23-14 Um gráfico de $|z|$ versus z.

CHECAGEM Fatorando $|z|$ do radical no resultado do passo 4, obtemos

$$E_z = -2\pi k\sigma \left(\frac{z}{|z|\sqrt{1 + (a^2/z^2)}} - \text{sign}(z) \right) = \text{sign}(z) \cdot 2\pi k\sigma \left(1 - \frac{1}{\sqrt{1 + (a^2/z^2)}} \right)$$

onde usamos $z/|z| = \text{sign}(z)$. Esta expressão para E_z tem a mesma forma que a expressão encontrada na Equação 22-9.

INDO ALÉM O resultado do passo 3 ($d|z|/dz = \text{sign}\, z$) define $d|z|/dz$ como igual a zero em $z = 0$. De forma análoga, o uso de $d|z|/dz = \text{sign}\, z$ na Checagem define $z/|z|$ como igual a zero em $z = 0$. É comum definir o valor de uma função em um ponto onde ela não é contínua como igual à média dos valores da função em cada lado da descontinuidade. Isto é o que fizemos aqui com $d|z|/dz$ e com $z/|z|$.

PROBLEMA PRÁTICO 23-6 Usando a expressão para o potencial V no eixo de um anel carregado uniformemente, de raio R (Equação 23-20), calcule $-dV/dz$ no eixo e obtenha uma expressão para E_z no eixo. Mostre que esta expressão tem a mesma forma que a mostrada na Equação 22-8.

V DEVIDO A UM PLANO INFINITO DE CARGAS

Se considerarmos R muito grande, nosso disco uniformemente carregado se aproximará de um plano infinito. Quando R tende ao infinito, a função potencial $V = 2\pi k\sigma |z|(\sqrt{1 + (R^2/z^2)} - 1)$ (Equação 23-20) tende ao infinito. Entretanto, obtivemos a Equação 23-20 da Equação 23-18, a qual considera que $V = 0$ no infinito. Temos uma contradição — a Equação 23-20 não é uma função válida para o potencial de um disco uniformemente carregado de raio infinito. Para distribuições de carga com dimensões infinitas, não podemos escolher $V = 0$ em um ponto a uma distância infinita das cargas. Em vez disso, primeiro determinamos o campo elétrico $\vec{E}$ (através de integração direta ou a partir da lei de Gauss) e, então, calculamos a função potencial V a partir de sua definição $dV = -\vec{E} \cdot d\vec{\ell}$. Para um plano infinito de carga uniforme com densidade σ no plano $x = 0$, o campo elétrico na região $x > 0$ é dado pela Equação 22-10:

$$\vec{E} = \frac{\sigma}{2\epsilon_0} \hat{i} = 2\pi k\sigma \hat{i} \qquad x > 0$$

---
* Veja Indo Além no final deste exemplo.

Potencial Elétrico | 85

O incremento de potencial dV para um incremento arbitrário no deslocamento $d\vec{\ell} = dx\hat{i} + dy\hat{j} + dz\hat{k}$ é então

$$dV = -\vec{E} \cdot d\vec{\ell} = -(2\pi k\sigma \hat{i}) \cdot (dx\hat{i} + dy\hat{j} + dz\hat{k}) = -2\pi k\sigma\, dx \quad x > 0$$

Integrando ambos os lados desta equação, obtemos

$$V = -2\pi k\sigma x + V_0 \quad x > 0$$

onde a constante arbitrária de integração, V_0, é o potencial em $x = 0$. Observe que o valor desta função potencial diminui com a distância ao plano e se aproxima de $-\infty$ quando x tende a $+\infty$.

Para x negativo, o campo elétrico é

$$\vec{E} = -2\pi k\sigma \hat{i} \quad x < 0$$

então

$$dV = -\vec{E} \cdot d\vec{\ell} = +2\pi k\sigma\, dx \quad x < 0$$

e o potencial é

$$V = V_0 + 2\pi k\sigma x = V_0 - 2\pi k\sigma|x| \quad x < 0$$

A Figura 23-15 é um gráfico desta função potencial. Novamente o potencial diminui com a distância do plano carregado e se aproxima de $-\infty$ quando x tende a $-\infty$. Para valores positivos e negativos de x, o potencial V pode ser escrito como

$$V = V_0 - 2\pi k\sigma|x| \qquad 23\text{-}21$$

POTENCIAL PRÓXIMO A UM PLANO INFINITO DE CARGAS

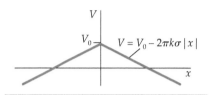

FIGURA 23-15 Gráfico de V versus x para um plano infinito de cargas no plano $x = 0$. Observe que o potencial é contínuo em $x = 0$ mesmo que $E_x = -dV/dx$ não seja contínuo neste ponto. O ponto de referência onde $V = V_0$ está na origem.

Exemplo 23-11 — Uma Lâmina de Cargas e uma Carga Puntiforme

Uma lâmina plana infinita com uma densidade superficial de carga uniforme σ está no plano $x = 0$, e uma carga puntiforme q está no eixo x em $x = a$ (Figura 23-16). Determine o potencial em algum ponto P a uma distância r da carga puntiforme.

SITUAÇÃO Podemos usar o princípio da superposição. O potencial total V é a soma dos potenciais individuais devidos ao plano e à carga puntiforme. Devemos somar uma constante arbitrária em nossa expressão para V que será determinada pela nossa escolha do ponto de referência, onde $V = 0$. Temos liberdade de escolha para a localização do ponto de referência, exceto $x = \pm\infty$ ou $x = a$. Para este cálculo, escolhemos $V = 0$ na origem.

SOLUÇÃO

1. Desenhe a configuração de carga. Inclua os eixos coordenados e um ponto-campo em (x, y, z):

2. O potencial devido ao plano carregado é dado por $V_{\text{plano}} = V_0 - 2\pi k\sigma|x|$ (Equação 23-21) e o potencial devido à carga puntiforme é dado por $V_{\text{punt}} = kq/r - kq/r_{\text{ref}}$ (Equação 23-7), onde r é a distância da carga puntiforme ao ponto-campo. O potencial total é a soma dos dois potenciais:

$$V = V_{\text{plano}} + V_{\text{punt}} = -2\pi k\sigma|x| + \frac{kq}{r} + C$$

onde a constante $C\,(= V_0 - kq/r_{\text{ref}})$ é escolhida de maneira a fazer com que o potencial seja zero no ponto de referência.

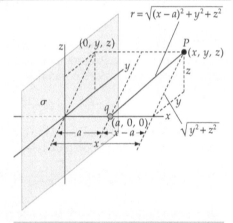

FIGURA 23-16

3. A distância r da carga puntiforme a $(a, 0, 0)$ ao ponto-campo em (x, y, z) é $\sqrt{(x-a)^2 + y^2 + z^2}$:

$$V = -2\pi k\sigma|x| + \frac{kq}{\sqrt{(x-a)^2 + y^2 + z^2}} + C$$

4. Escolha $V = 0$ na origem. Para fazer isso, iguale $V = 0$ em $x = y = z = 0$ e resolva para a constante C:

$$0 = 0 + \frac{kq}{a} + C \quad \text{então} \quad C = -\frac{kq}{a}$$

5. Substitua $-kq/a$ para C no resultado do passo 3:

$$V = -2\pi k\sigma|x| + \frac{kq}{\sqrt{(x-a)^2 + y^2 + z^2}} - \frac{kq}{a}$$

$$= \boxed{-2\pi k\sigma|x| + kq\left(\frac{1}{r} - \frac{1}{a}\right)}$$

86 | CAPÍTULO 23

CHECAGEM O resultado do passo 5 é o que você deveria esperar para a superposição do potencial para um plano uniformemente carregado e uma carga puntiforme.

INDO ALÉM A resposta não é única. Poderíamos ter especificado o potencial em qualquer ponto que não fosse em $x = a$ ou em $x = \pm\infty$.

V DENTRO E FORA DE UMA CASCA ESFÉRICA DE CARGAS

Agora vamos determinar o potencial devido a uma fina casca esférica que tem raio R e carga Q uniformemente distribuída na sua superfície. Estamos interessados no potencial em todos os pontos no interior, no exterior e na casca. Diferentemente do caso do plano infinito, esta distribuição de cargas está confinada a uma região finita do espaço e, portanto, em princípio poderíamos calcular o potencial pela integração direta da Equação 23-18. Entretanto, há uma maneira mais simples. Como o campo elétrico para esta distribuição de carga é facilmente obtido pela lei de Gauss, vamos calcular o potencial a partir do campo elétrico conhecido usando $dV = -\vec{E} \cdot d\vec{\ell}$.

Do lado de fora da casca esférica, o campo elétrico é radial e é o mesmo que se a carga Q fosse puntiforme e estivesse na origem:

$$\vec{E} = \frac{kQ}{r^2}\hat{r}$$

onde $\hat{r}$ é um vetor unitário que sai do centro da esfera. A variação no potencial para algum deslocamento $d\vec{\ell}$ fora da casca é então

$$dV = -\vec{E} \cdot d\vec{\ell} = -\frac{kQ}{r^2}\hat{r} \cdot d\vec{\ell} = -\frac{kQ}{r^2}dr$$

onde o produto $\hat{r} \cdot d\vec{\ell}$ é igual a dr (a componente de $d\vec{\ell}$ na direção de $\hat{r}$). Integrando ao longo de um caminho desde o ponto de referência até o infinito, obtemos

$$V_P = -\int_{\infty}^{\vec{r}_P}\vec{E} \cdot d\vec{\ell} = -\int_{\infty}^{r_P}\frac{kQ}{r^2}dr = -kQ\int_{\infty}^{r_P}r^{-2}dr = \frac{kQ}{r_P}$$

onde P é um ponto-campo arbitrário na região $r \geq R$,e r_P é a distância do centro da casca ao ponto-campo P. Escolhemos o zero do potencial no infinito. Como P é arbitrário, substituímos r_P por r para obter

$$V = \frac{kQ}{r} \qquad r \geq R$$

Dentro da casca esférica, o campo elétrico é igual a zero em todos os pontos. Integrando novamente do ponto de referência ao infinito, obtemos

$$V_P = -\int_{\infty}^{\vec{r}_P}\vec{E} \cdot d\vec{r} = -\int_{\infty}^{R}\frac{kQ}{r^2}dr - \int_{R}^{r_P}(0)\,dr = \frac{kQ}{R}$$

onde P é um ponto-campo arbitrário na região $r < R$, e r_P é a distância do centro da casca ao ponto-campo P. O potencial em todos os pontos dentro da casca é kQ/R, onde R é o raio da casca. Dentro da casca V é o mesmo em todos os pontos. O potencial em qualquer ponto dentro da casca é o trabalho por unidade de carga para trazer uma carga teste desde o infinito até a casca. Nenhum trabalho adicional é necessário para trazê-la da casca até qualquer ponto no interior da casca. Portanto,

$$V = \begin{cases} \dfrac{kQ}{r} & (r \geq R) \\[2mm] \dfrac{kQ}{R} & (r \leq R) \end{cases}$$

23-22

POTENCIAL DEVIDO A UMA FINA CASCA ESFÉRICA

O gráfico desta função potencial é mostrado na Figura 23-17.

Uma região de campo elétrico nulo implica, simplesmente, que o campo potencial é uniforme ao longo desta região. Considere uma casca esférica com um pequeno orifício através dela, que permite movermos uma carga teste para dentro e para fora da casca. Se movermos a carga teste desde uma distância infinita até a casca, o trabalho por unidade de carga que precisamos realizar é kQ/R. Dentro da casca não há campo

Potencial Elétrico | 87

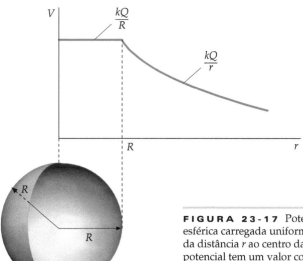

FIGURA 23-17 Potencial elétrico de uma fina casca esférica carregada uniformemente, de raio R, em função da distância r ao centro da casca. Dentro da casca, o potencial tem um valor constante kQ/R. Fora da casca, o potencial é o mesmo que o de uma carga puntiforme Q no centro da esfera.

elétrico e, portanto, não é necessário realizar trabalho para mover a carga teste no interior da casca. A quantidade total de trabalho por unidade de carga necessária para trazer a carga teste desde o infinito até qualquer ponto no interior da casca é apenas o trabalho por carga necessário para trazer a carga teste até o raio R da casca, que é kQ/R. O potencial é, portanto, kQ/R para qualquer ponto no interior da casca.

! Um erro comum é pensar que o potencial deve ser zero no interior da casca esférica, pois o campo elétrico é zero naquela região.

PROBLEMA PRÁTICO 23-7

Qual é o potencial de uma casca esférica de raio 10,0 cm que possui uma carga de 6,00 μC?

Exemplo 23-12 Determine V para uma Esfera Carregada Uniformemente — *Tente Você Mesmo*

Em um modelo, um próton é considerado como uma esfera sólida uniformemente carregada com raio R e carga Q. O campo elétrico no interior da esfera é dado por $E_r = k\frac{Q}{R^3}r$ (Equação 22-18b). Determine o potencial V dentro e fora da esfera.

SITUAÇÃO Fora da esfera, a carga é semelhante a uma carga puntiforme e o potencial é dado por $V = kQ/r$. Dentro da esfera, V pode ser determinado integrando $dV = -\vec{E} \cdot d\vec{\ell}$, onde o campo elétrico dentro da esfera é dado por $\vec{E} = (kQr/R^3)\hat{r}$ (Equação 22-18b).

SOLUÇÃO

Cubra a coluna da direita e tente por si só antes de olhar as respostas.

Passos

1. Fora da esfera, o campo elétrico é o mesmo que o de uma carga puntiforme. Se considerarmos o potencial como zero no infinito, o potencial lá será, também, o mesmo que o de uma carga puntiforme.

2. Para $r \leq R$, determine dV de $dV = -\vec{E} \cdot d\vec{\ell}$, onde o campo elétrico dentro da esfera é dado por $\vec{E} = (kQr/R^3)\hat{r}$ (Equação 23-18b).

3. Determine a integral definida usando a expressão do passo 2. Encontre a variação no potencial desde o infinito até um ponto arbitrário de campo P na região $r_P < R$, onde r_P é a distância do ponto P até o centro da esfera.

Respostas

$$V(r) = \boxed{\frac{kQ}{r}} \quad r \geq R$$

$$dV = -\vec{E} \cdot d\vec{\ell} = -\frac{kQr}{R^3}\hat{r} \cdot d\vec{\ell} = -\frac{kQr}{R^3}dr$$

$$V_P = -\int_\infty^{r_P} E_r\, dr = -\int_\infty^R \frac{kQ}{r^2}dr - \int_R^{r_P} \frac{kQ}{R^3}r\, dr$$

$$= \frac{kQ}{R} - \frac{kQ}{2R^3}(r_P^2 - R^2) = \frac{kQ}{2R}\left(3 - \frac{r_P^2}{R^2}\right)$$

4. Expresse o resultado em termos de $r = r_P$:
$$V(r) = \boxed{\frac{kQ}{2R}\left(3 - \frac{r^2}{R^2}\right) \quad r \leq R}$$

CHECAGEM Substituindo $r = R$ no resultado do passo 4 resulta em $V = kQ/R$, como necessário pelo resultado do passo 1. Em $r = 0$, $V = 3kQ/2R = 1{,}5\ kQ/R$, que é maior que kQ/R, como deveria ser, pois o campo elétrico está no sentido radial positivo para $r < R$. (Um campo eletrostático sempre aponta no sentido que o potencial diminui.)

INDO ALÉM A Figura 23-18 mostra $V(r)$ como função de r. Observe que $V(r)$ e $E_r = -dV/dr$ são contínuos em todas as regiões.

PROBLEMA PRÁTICO 23-8 Determine a função potencial se o ponto de referência onde $V = 0$ é em $r = R$ (no lugar de $r = \infty$).

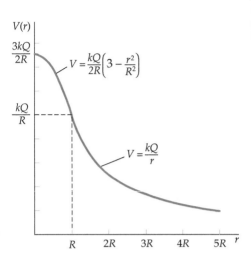

FIGURA 23-18

V DEVIDO A UMA LINHA INFINITA DE CARGAS

Vamos, agora, calcular o potencial devido a uma linha infinita uniformemente carregada. Seja a carga por unidade de comprimento igual a λ. Assim como no caso do plano infinito, esta distribuição de cargas não está confinada a uma região finita do espaço e, portanto, em princípio não podemos calcular o potencial pela integração direta de $dV = k\,dq/r$ (Equação 23-18). No lugar disso, determinamos o potencial integrando o campo elétrico diretamente. O campo elétrico de uma linha infinita uniformemente carregada é dado por $\vec{E} = (2k\lambda/R)\hat{R}$ (Equação 22-3), onde λ é a densidade linear de carga e R é a distância radial à linha. A variação no potencial para um deslocamento arbitrário $d\vec{\ell}$ é dada por

$$dV = -\vec{E}\cdot d\vec{\ell} = -\frac{2k\lambda}{R}\hat{R}\cdot d\vec{\ell}$$

onde $\hat{R}$ é a direção radial. O produto $\hat{R}\cdot d\vec{\ell} = dR$ (a componente de $d\vec{\ell}$ na direção radial de $\hat{R}$) e $dV = -(2k\lambda/R)dR$. Integrando de um ponto arbitrário de referência até um ponto arbitrário de campo P (Figura 23-19), obtemos

$$V_P - V_{\text{ref}} = -2k\lambda \int_{R_{\text{ref}}}^{R_P} \frac{dR}{R} = -2k\lambda \ln\frac{R_P}{R_{\text{ref}}}$$

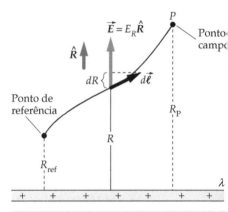

FIGURA 23-19

onde R_P e R_{ref} são as distâncias radiais dos pontos-campo e de referência, respectivamente, até a linha de carga. Por conveniência, escolhemos o potencial como zero no ponto de referência ($V_{\text{ref}} = 0$). Não podemos escolher R_{ref} igual a zero porque $\ln(0) = -\infty$, e não podemos escolher R_{ref} igual a infinito porque $\ln(\infty) = +\infty$. Entretanto, qualquer outra escolha no intervalo $0 < R_{\text{ref}} < \infty$ é aceitável e a função potencial é dada por

$$V = 2k\lambda \ln\frac{R_{\text{ref}}}{R} \qquad \text{23-23}$$

POTENCIAL DEVIDO A UMA LINHA UNIFORME DE CARGAS DE COMPRIMENTO INFINITO

Não encontramos, na natureza, distribuições de carga que realmente se estendam ao infinito. Entretanto, tais distribuições permitem construir excelentes modelos para algumas situações do mundo real como, por exemplo, o potencial nas proximidades de uma linha de transmissão de alta tensão, praticamente linear, de 500 m de comprimento.

23-5 SUPERFÍCIES EQÜIPOTENCIAIS

Como não há campo elétrico no interior do material de um condutor que está em equilíbrio estático, o valor do potencial é o mesmo ao longo de toda a região ocupada por um material condutor. Isto é, o condutor é uma **região eqüipotencial** tridimensional e a superfície de um condutor é uma **superfície eqüipotencial**.

O potencial V tem o mesmo valor em uma superfície eqüipotencial. Se uma carga teste em uma superfície eqüipotencial sofrer um pequeno deslocamento $d\vec{\ell}$ paralelo à superfície, $dV = -\vec{E} \cdot d\vec{\ell} = 0$. Como $\vec{E} \cdot d\vec{\ell}$ é zero para qualquer $d\vec{\ell}$ paralelo à superfície, $\vec{E}$ deve ser zero ou perpendicular à qualquer $d\vec{\ell}$ paralelo à superfície. A única maneira de $\vec{E}$ ser perpendicular à cada $d\vec{\ell}$ paralelo à superfície é sendo normal à superfície. Assim, concluímos que as linhas de campo elétrico são normais à qualquer superfície eqüipotencial que elas interceptam. As Figuras 23-20 e 23-21 mostram superfícies eqüipotenciais na vizinhança de um condutor esférico e de um condutor não-esférico. Observe que em qualquer ponto que a linha de campo encontra ou penetra na superfície eqüipotencial, mostrada em cinza, a linha é normal à superfície eqüipotencial. Se vamos de uma superfície eqüipotencial até a superfície vizinha através de um deslocamento $d\vec{\ell}$ ao longo de uma linha de campo na direção do campo, o potencial varia de $dV = -\vec{E} \cdot d\vec{\ell} = -Ed\ell$. Assim, superfícies eqüipotenciais que têm uma diferença de potencial fixa entre elas estão mais próximas onde a magnitude do campo elétrico é maior.

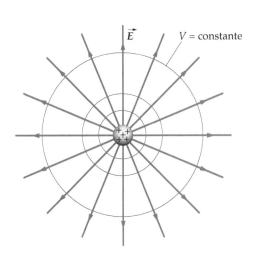

FIGURA 23-20 Superfícies eqüipotenciais e linhas de campo elétrico no lado de fora de um condutor esférico uniformemente carregado. As superfícies eqüipotenciais são esféricas e as linhas de campo são radiais. As linhas de campo são normais às superfícies eqüipotenciais.

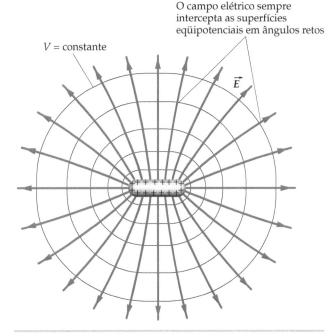

FIGURA 23-21 Superfícies eqüipotenciais e linhas de campo elétrico do lado de fora de um condutor não-esférico.

Exemplo 23-13 Uma Casca Esférica Oca

Uma casca esférica condutora, não carregada e oca, tem raio interno a e raio externo b. Uma carga puntiforme positiva $+q$ está localizada no centro da casca. (*a*) Determine a carga em cada uma das superfícies do condutor. (*b*) Determine o potencial $V(r)$ em todas as regiões, considerando $V = 0$ em $r = \infty$.

SITUAÇÃO (*a*) A distribuição de carga é esférica e, portanto, é conveniente aplicar a lei de Gauss para determinar as cargas nas superfícies interna e externa da casca. (*b*) Some os potenciais individuais para as cargas individuais para obter o potencial resultante. O potencial para uma carga puntiforme e para uma fina casca esférica uniforme já foram determinados (Equações 23-8 e 23-22).

SOLUÇÃO

(*a*) 1. A carga dentro de uma superfície fechada é proporcional ao fluxo de $\vec{E}$ através da superfície:

$\phi_{res} = 4\pi k Q_{dentro}$

onde $\phi_{res} = \oint_S E_n \, dA$

90 | CAPÍTULO 23

2. Desenhe a carga puntiforme e a casca esférica. Em um objeto condutor, a carga pode ficar nas suas superfícies, mas não no interior do material condutor. Identifique a carga em cada superfície da casca. Inclua uma superfície gaussiana completamente no interior do material condutor, contendo a superfície interna (Figura 23-22):

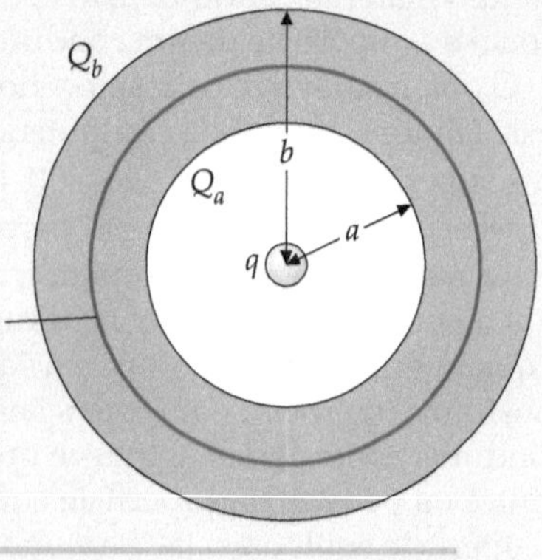

3. Aplique a lei de Gauss (resultado do passo 1) para a superfície gaussiana e resolva para a carga na superfície interna da casca:

$$E_n = 0 \Rightarrow Q_{dentro} = q + Q_a = 0$$

então $\quad Q_a = \boxed{-q}$

4. A casca é neutra, conseqüentemente, determine a carga na superfície externa:

$$Q_a + Q_b = 0$$

então $\quad Q_b = -Q_a = \boxed{+q}$

(b) 1. O potencial em qualquer ponto é a soma dos potenciais devidos às cargas individuais:

$$V = V_q + V_{Q_a} + V_{Q_b}$$

FIGURA 23-22

2. O potencial devido a uma fina casca esférica uniformemente carregada de raio R é dado pela Equação 23-22:

$$V = \begin{cases} \dfrac{kQ}{r} & (r \geq R) \\ \dfrac{kQ}{R} & (r \leq R) \end{cases}$$

3. Some os potenciais na região $r \geq b$:

$$V = \frac{kq}{r} + \frac{kQ_a}{r} + \frac{kQ_b}{r} = \frac{kq}{r} - \frac{kq}{r} + \frac{kq}{r} = \boxed{\frac{kq}{r}} \quad r \geq b$$

4. Some os potenciais na região $a \leq r \leq b$:

$$V = \frac{kq}{r} - \frac{kq}{r} + \frac{kq}{b} = \boxed{\frac{kq}{b}} \quad a \leq r \leq b$$

5. Some os potenciais na região $0 < r \leq a$:

$$V = \boxed{\frac{kq}{r} - \frac{kq}{a} + \frac{kq}{b}} \quad 0 < r \leq a$$

CHECAGEM Todas as funções potenciais devem ser contínuas. Portanto, esperamos que os resultados dos passos 3 e 4 da Parte (b) sejam iguais em $r = b$, e os resultados dos passos 4 e 5 da Parte (b) sejam iguais em $r = a$. Estes resultados esperados se confirmam. Em $r = b$, os resultados dos passos 3 e 4 são iguais a kq/b. O mesmo é válido para os resultados dos passos 4 e 5 em $r = a$.

INDO ALÉM Cada uma das funções potenciais individuais no passo 1 da Parte (b) tem seu ponto de referência de potencial zero em $r = \infty$. Portanto, a soma destas funções também tem seu ponto de referência de potencial zero em $r = \infty$. O resultado para o potencial obtido neste exemplo pode ser obtido calculando diretamente $-\int_\infty^P \vec{E} \cdot d\vec{\ell} = -\int_\infty^{r_P} Er\, dr$. Além disso, uma terceira maneira de obter o potencial é resolvendo a integral indefinida $-\int E_r\, dr$ em cada região para determinar as constantes de integração igualando as funções potenciais nas interfaces. Igualar as funções potenciais nas interfaces é válido porque o potencial deve ser uma função contínua.

A Figura 23-23 mostra o potencial elétrico como uma função da distância ao centro da cavidade. Dentro de um material condutor, onde $a \leq r \leq b$, o potencial tem um valor constante kq/b. Fora da casca, o potencial é o mesmo que o de uma carga puntiforme q no centro da casca. Observe que $V(r)$ é contínuo em todas as regiões. O campo elétrico é descontínuo nas superfícies do condutor, o que se reflete na descontinuidade da declividade de $V(r)$ em $r = a$ e em $r = b$.

Dois condutores separados no espaço não estarão, tipicamente, no mesmo potencial. A diferença de potencial entre tais condutores depende das suas formas geométricas, da separação no espaço e da carga líquida em cada um. Quando dois condutores se tocam, a carga nos condutores se redistribui até que o equilíbrio eletrostático seja atingido e o campo elétrico seja nulo no interior de ambos os condutores. Enquanto eles estiverem em contato, os dois condutores podem ser considerados como um único condutor com um único potencial. Se colocarmos um condutor esférico carregado em contato com um segundo condutor esférico que está descarregado, carga fluirá entre eles até que ambos estejam no mesmo potencial. Se os condutores esféricos forem idênticos, depois de se tocarem eles dividirão a carga original igualmente. Se os condutores esféricos idênticos forem, agora, separados, cada um terá metade da carga original.

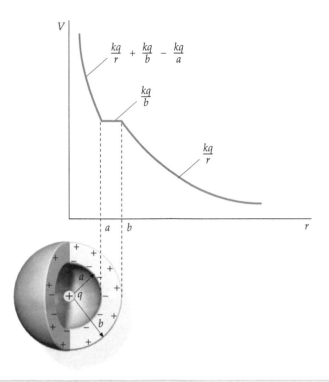

FIGURA 23-23

O GERADOR DE VAN DE GRAAFF

Na Figura 23-24, um pequeno condutor com carga positiva q está no interior da cavidade de um condutor maior. Em equilíbrio, o campo elétrico é zero dentro do material condutor para ambos os condutores. As linhas de campo elétrico que começam na carga positiva q devem terminar na superfície interna do condutor maior. Isto deve ocorrer não importa qual a carga que esteja do lado de fora da superfície do condutor maior. Independentemente da carga no condutor maior, o condutor menor na cavidade está a um potencial maior, pois as linhas de campo elétrico vão deste condutor para o maior. Se os condutores forem, então, conectados através, digamos, de um fino fio condutor, *toda* a carga originalmente no condutor menor fluirá para o condutor maior. Quando a conexão for rompida, não haverá carga no condutor menor na cavidade e não haverá linhas de campo entre os condutores. A carga positiva transferida do condutor menor residirá completamente na superfície externa do condutor maior. Se colocarmos mais carga positiva no condutor menor na cavidade e conectarmos novamente os condutores através de um fio fino, toda a carga do condutor interno fluirá novamente para o condutor externo. O procedimento pode ser repetido indefinidamente. Este método é usado para produzir grandes potenciais em um dispositivo denominado *gerador de Van de Graaff*, no qual a carga é levada para a superfície interna de um grande condutor esférico através de uma correia contínua e carregada (Figura 23-25). É necessário realizar trabalho pelo motor que conduz a correia para levar a carga da parte de baixo até o topo da correia, onde o potencial é bastante elevado. Muitas vezes podemos escutar a diminuição da velocidade do motor enquanto a esfera acumula carga. Quanto maior a carga no condutor externo, maior o potencial deste condutor e maior o campo elétrico no lado de fora de sua superfície externa. Um acelerador de Van de Graaff é um dispositivo que usa um campo elétrico intenso produzido por um gerador de Van de Graaff para acelerar íons e partículas subatômicas carregadas, como os prótons.

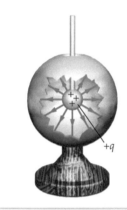

FIGURA 23-24 Condutor pequeno com carga positiva q no interior dentro de um condutor maior e oco.

RUPTURA DIELÉTRICA

Muitos materiais não-condutores são ionizados em campos elétricos muito intensos e tornam-se condutores. Este fenômeno, denominado **ruptura dielétrica**, ocorre no ar em campos elétricos com módulo de $E_{máx} \approx 3 \times 10^6$ V/m = 3 MN/C. No ar, al-

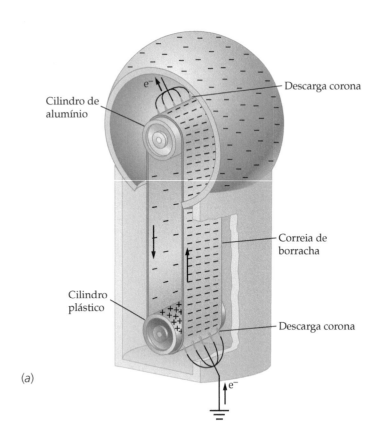

guns dos íons existentes são acelerados e atingem energias cinéticas maiores antes de colidirem com moléculas da vizinhança. A ruptura dielétrica ocorre quando estes íons são acelerados e atingem energias cinéticas suficientes para resultar em um aumento na concentração de íons devido à colisão com moléculas da vizinhança. O máximo potencial que pode ser obtido em um gerador de Van de Graaff é limitado pela ruptura dielétrica do ar. Os geradores de Van de Graaff podem atingir potenciais muito maiores em uma atmosfera controlada do que no ar à pressão atmosférica. Gás hexafloreto de enxofre em pressões de várias atmosferas é usado quando se deseja um desempenho otimizado. O módulo do campo elétrico para o qual ocorre a ruptura dielétrica em um material é chamado de **resistência dielétrica** daquele material. A resistência dielétrica do ar é de aproximadamente 3 MV/m. A descarga através do ar condutor resultante da ruptura dielétrica é chamada de **descarga em arco**. O choque elétrico que você recebe quando toca uma maçaneta metálica depois de ter caminhado sobre um tapete em um dia seco é um exemplo familiar de descarga em arco. Estas rupturas ocorrem com maior freqüência em dias secos porque o ar úmido pode conduzir e afastar a carga antes que a condição de ruptura seja atingida. O relâmpago é um exemplo de descarga em arco em grande escala.

FIGURA 23-25 (a) Diagrama esquemático de um gerador de Van de Graaff. O cilindro inferior torna-se carregado positivamente devido ao contato com a correia em movimento. (A superfície interna da correia adquire uma quantidade igual de carga negativa que é distribuída sobre uma área maior.) A densa carga positiva no cilindro atrai elétrons para as pontas do pente inferior onde ocorre a ruptura dielétrica e a carga negativa é transportada para a correia através de descarga corona. No cilindro superior, a correia carregada negativamente repele os elétrons das pontas do pente e carga negativa é transferida da correia para o pente. A carga é, então, transferida para a superfície externa da cúpula. (b) Estes grandes geradores de Van de Graaff para demonstração no Museu de Ciências de Boston (EUA) estão descarregando através da cabine aterrada que aloja o operador. ((b) © Karen R. Preuss.)

Exemplo 23-14 Ruptura Dielétrica para uma Esfera Carregada

Um condutor esférico tem raio de 30 cm. (a) Qual é a carga máxima que pode ser colocada na esfera antes que ocorra a ruptura dielétrica do ar na vizinhança? (b) Qual é o potencial máximo da esfera?

SITUAÇÃO (a) Encontramos a carga máxima relacionando a carga ao campo elétrico e igualando o campo à resistência dielétrica do ar, $E_{máx}$. (b) O potencial máximo é, então, determinado a partir da carga máxima calculada na Parte (a).

SOLUÇÃO
(a) 1. O campo elétrico na superfície de um condutor é proporcional à densidade de carga σ na superfície do condutor (Equação 22-21):

$$E = \frac{\sigma}{\epsilon_0} = 4\pi k\sigma$$

2. Iguale este campo ao $E_{máx}$:

$$E_{máx} = 4\pi k \sigma_{máx}$$

3. A carga máxima $Q_{máx}$ é determinada a partir de $\sigma_{máx}$:

$$\sigma_{máx} = \frac{carga}{área} = \frac{Q_{máx}}{4\pi R^2}$$

4. Resolvendo para $Q_{máx}$ obtemos:

$$Q_{máx} = 4\pi R^2 \sigma_{máx} = 4\pi R^2 \frac{E_{máx}}{4\pi k} = \frac{R^2 E_{máx}}{k}$$

$$= \frac{(0,30 \text{ m})^2 (3 \times 10^6 \text{ N/C})}{(8,99 \times 10^9 \text{ N} \cdot \text{m}^2/\text{C}^2)} = \boxed{3 \times 10^{-5} \text{ C}}$$

(b) Use a expressão para a carga máxima para calcular o potencial máximo da esfera:

$$V_{máx} = \frac{kQ_{máx}}{R} = \frac{k}{R}\left(\frac{R^2 E_{máx}}{k}\right) = R E_{máx}$$

$$= (0,30 \text{ m})(3 \times 10^6 \text{ N/C}) = \boxed{9 \times 10^5 \text{ V}}$$

CHECAGEM Pequenos geradores de Van de Graaff são geralmente usados em demonstrações que levantam os cabelos, as quais precisam atingir potenciais elevados. Nosso resultado para a Parte (b) é, certamente, um potencial elevado.

INDO ALÉM Os valores calculados são para um gerador de Van de Graaff que tem uma cúpula com 60 cm de diâmetro. Por motivos de segurança, a maioria dos geradores Van de Graaff utilizados em sala de aula tem cúpulas com diâmetros de 30 cm ou menores.

PROBLEMA PRÁTICO 23-9 Calcule a carga máxima e o potencial máximo de um gerador de Van de Graaff que tem uma cúpula com 30 cm de diâmetro.

Exemplo 23-15 Dois Condutores Esféricos Carregados

Dois condutores esféricos descarregados de raios $R_1 = 6,0$ cm e $R_2 = 2,0$ cm (Figura 23-26), separados por uma distância muito maior que 6,0 cm, estão conectados por um longo fio condutor muito fino. Uma carga total $Q = +80$ nC é colocada em uma das esferas e é permitido que o sistema atinja o equilíbrio eletrostático. (a) Qual é a carga em cada esfera? (b) Qual é o módulo do campo elétrico na superfície de cada esfera? (c) Qual é o potencial elétrico em cada esfera? (Considere que a carga no fio conector é desprezível.)

FIGURA 23-26

SITUAÇÃO A carga total será distribuída com Q_1 na esfera 1 e Q_2 na esfera 2, de forma que as esferas estarão no mesmo potencial. Podemos usar $V = kQ/R$ para o potencial de cada esfera.

SOLUÇÃO

(a) 1. A conservação de carga nos dá uma relação entre as cargas Q_1 e Q_2:

$$Q_1 + Q_2 = Q$$

2. A equação para o potencial das esferas nos dá uma segunda relação entre as cargas Q_1 e Q_2:

$$\frac{kQ_1}{R_1} = \frac{kQ_2}{R_2} \Rightarrow Q_2 = \frac{R_2}{R_1}Q_1$$

3. Combinando os resultados dos passos 1 e 2 e resolvendo para Q_1 e Q_2:

$$Q_1 + \frac{R_1}{R_2}Q_1 = Q \quad \text{então}$$

$$Q_1 = \frac{R_1}{R_1 + R_2}Q = \frac{6,0 \text{ cm}}{8,0 \text{ cm}}(80 \text{ nC}) = \boxed{60 \text{ nC}}$$

$$Q_2 = Q - Q_1 = \boxed{20 \text{ nC}}$$

(b) Use estes resultados para calcular os módulos do campo elétrico na superfície das esferas:

$$E_1 = \frac{kQ_1}{R_1^2} = \frac{(8,99 \times 10^9 \text{ N} \cdot \text{m}^2/\text{C}^2)(60 \times 10^{-9} \text{ C})}{(0,060 \text{ m})^2}$$

$$= \boxed{150 \text{ kN/C}}$$

$$E_2 = \frac{kQ_2}{R_2^2} = \frac{(8,99 \times 10^9 \text{ N} \cdot \text{m}^2/\text{C}^2)(20 \times 10^{-9} \text{ C})}{(0,020 \text{ m})^2}$$

$$= \boxed{450 \text{ kN/C}}$$

(c) Calcule o potencial comum a partir de kQ/R para cada esfera:

$$V_1 = \frac{kQ_1}{R_1} = \frac{(8{,}99 \times 10^9 \, \text{N} \cdot \text{m}^2/\text{C}^2)(60 \times 10^{-9} \, \text{C})}{0{,}060 \, \text{m}}$$

$$= \boxed{9{,}0 \, \text{kV}}$$

CHECAGEM Se usamos a esfera 2 para calcular V, obtemos $V_2 = kQ_2/R_2 = (8{,}99 \times 10^9 \, \text{N} \cdot \text{m}^2/\text{C}^2)(20 \times 10^{-9} \, \text{C})/0{,}020 \, \text{m} = 9{,}0 \times 10^3 \, \text{V}$. Uma checagem adicional está disponível, pois o módulo do campo elétrico na superfície de cada esfera é proporcional à sua densidade de carga. O raio da esfera 1 é três vezes o raio da esfera 2, logo sua área superficial é nove vezes a área superficial da esfera 2. E, como a esfera 1 tem três vezes a carga, sua densidade de carga é um terço da densidade de carga da esfera 2. Assim, a magnitude do campo elétrico na superfície da esfera 1 deve ser um terço da magnitude do campo elétrico na superfície da esfera 2, que é exatamente o que encontramos na Parte (b).

INDO ALÉM A presença de um fio condutor longo e muito fino conectando as esferas torna o resultado deste exemplo apenas aproximado, pois a função potencial $V = kQ/r$ é válida para a região do lado de fora de uma esfera condutora isolada. Na presença do fio, considerar as esferas como isoladas não é um modelo exato.

Quando uma carga é colocada em um condutor de formato não-esférico, como na Figura 23-27a, a superfície do condutor será uma superfície eqüipotencial, mas a densidade superficial de carga e o campo elétrico nas proximidades do lado de fora do condutor variarão de ponto a ponto. Próximo a um ponto onde o raio de curvatura é pequeno, tal como no ponto A na figura, a densidade superficial de carga e o campo elétrico serão grandes, enquanto nas proximidades de um ponto onde o raio de curvatura é grande, tal como o ponto B na figura, o campo e a densidade superficial de carga serão pequenos. Podemos entender isto qualitativamente considerando as extremidades do condutor como esferas de diferentes raios. Seja σ a densidade superficial de carga.

O potencial de uma esfera de raio R é

$$V = \frac{kq}{R} = \frac{1}{4\pi\epsilon_0}\frac{Q}{R} \qquad 23\text{-}24$$

Como a área de uma esfera é $4\pi R^2$, a carga em uma esfera está relacionada à densidade de carga por $Q = 4\pi R^2 \sigma$. Substituindo esta expressão para Q na Equação 23-24 temos

$$V = \frac{1}{4\pi\epsilon_0}\frac{4\pi R^2 \sigma}{R} = \frac{R\sigma}{\epsilon_0}$$

Resolvendo para σ, obtemos

$$\sigma = \frac{\epsilon_0 V}{R} \qquad 23\text{-}25$$

Como ambas as *esferas* estão no mesmo potencial, a esfera que tem raio menor terá uma maior densidade superficial de carga. E, como $E = \sigma\epsilon_0$ na superfície de um condutor, a magnitude do campo elétrico é máxima em pontos do condutor onde o raio de curvatura é mínimo.

Para um condutor com formato arbitrário, o potencial no qual ocorre a ruptura dielétrica depende do menor raio de curvatura de uma parte qualquer do condutor. Se o condutor tem pontos agudos com raios de curvatura muito pequenos, a ruptura dielétrica ocorrerá em potenciais relativamente baixos. No gerador de Van de Graaff (veja a Figura 23-25a), a carga é transferida para a correia por condutores pontudos próximos à base da correia. A carga é removida da correia por condutores pontudos próximos ao topo da correia.

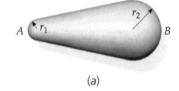

(a)

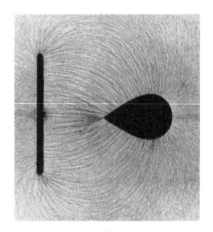

(b)

FIGURA 23-27 (a) Um condutor não-esférico. Se uma carga for colocada em tal condutor, ela produzirá um campo elétrico que é mais intenso próximo ao ponto A, onde o raio de curvatura é pequeno, do que no ponto B, onde o raio de curvatura é grande. (b) Linhas de campo elétrico nas proximidades de um condutor não-esférico e uma placa que tem cargas iguais de sinais opostos. As linhas são mostradas por pequenos pedaços de fibra suspensos em óleo. Observe que o campo elétrico é mais intenso próximo aos pontos de menor raio de curvatura, tais como nas extremidades da placa e no lado pontudo, da esquerda, no condutor. As superfícies eqüipotenciais estão mais próximas onde o módulo do campo é mais intenso. ((b) Harold M. Waage.)

23-6 ENERGIA POTENCIAL ELETROSTÁTICA

Objetos que se repelem entre si têm maior energia potencial se eles estão próximos, e objetos que se atraem têm maior energia potencial se eles estão bem afastados. Supo-

Potencial Elétrico | **95**

nha que exista uma carga puntiforme q_1 no ponto 1. Para trazer uma segunda carga puntiforme q_2 do repouso no infinito para o repouso no ponto 2, a uma distância r_{12} do ponto 1, é necessário realizar o trabalho:

$$W_2 = q_2 V_2 = q_2 \frac{kq_1}{r_{12}} = \frac{kq_2 q_1}{r_{12}}$$

onde V_2 é o potencial no ponto 2 devido à presença da carga q_1. (Como conseqüência, a energia potencial destas duas cargas puntiformes é o negativo deste valor de trabalho.)

$$V_2 = \frac{kq_1}{r_{12}}$$

O potencial no ponto 3, a uma distância r_{13} de q_1 e a uma distância r_{23} de q_2, é dado por

$$V_3 = \frac{kq_1}{r_{13}} + \frac{kq_2}{r_{23}}$$

e, portanto, para trazer uma carga puntiforme adicional q_3 do repouso no infinito para o repouso no ponto 3 é necessário realizar um trabalho adicional

$$W_3 = q_3 V_3 = \frac{kq_3 q_1}{r_{13}} + \frac{kq_3 q_2}{r_{23}}$$

O trabalho total necessário para agrupar as três cargas é a **energia potencial eletrostática** U do sistema de três cargas puntiformes:

$$U = \frac{kq_2 q_1}{r_{12}} + \frac{kq_3 q_1}{r_{13}} + \frac{kq_3 q_2}{r_{23}} \qquad \text{23-26}$$

Esta quantidade de trabalho é independente da ordem na qual as cargas são trazidas até suas posições finais. Em geral,

> A energia potencial eletrostática de um sistema de cargas puntiformes é o trabalho necessário para trazê-las desde uma separação infinita até suas posições finais.
>
> ENERGIA POTENCIAL ELETROSTÁTICA DE UM SISTEMA

Os dois primeiros termos no lado direito da Equação 23-26 podem ser escritos como

$$\frac{kq_2 q_1}{r_{12}} + \frac{kq_3 q_1}{r_{13}} = q_1 \left(\frac{kq_2}{r_{12}} + \frac{kq_3}{r_{13}} \right) = q_1 V_1$$

onde V_1 é o potencial na posição de q_1 devido às cargas q_2 e q_3. De maneira análoga, o segundo e o terceiro termos representam a carga q_3 multiplicada pelo potencial devido às cargas q_1 e q_2, e o primeiro e o terceiro termos são iguais à carga q_2 multiplicada pelo potencial devido às cargas q_1 e q_3. Podemos, então, reescrever a Equação 23-26 como

$$U = \frac{1}{2} U + \frac{1}{2} U$$

$$= \frac{1}{2} \left(\frac{kq_2 q_1}{r_{12}} + \frac{kq_3 q_1}{r_{13}} + \frac{kq_3 q_2}{r_{23}} \right) + \frac{1}{2} \left(\frac{kq_2 q_1}{r_{12}} + \frac{kq_3 q_1}{r_{13}} + \frac{kq_3 q_2}{r_{23}} \right)$$

$$= \frac{1}{2} q_1 \left(\frac{kq_2}{r_{12}} + \frac{kq_3}{r_{13}} \right) + \frac{1}{2} q_2 \left(\frac{kq_3}{r_{23}} + \frac{kq_1}{r_{12}} \right) + \frac{1}{2} q_3 \left(\frac{kq_1}{r_{13}} + \frac{kq_2}{r_{23}} \right)$$

$$= \frac{1}{2} (q_1 V_1 + q_2 V_2 + q_3 V_3)$$

A energia potencial eletrostática U de um sistema de n cargas puntiformes é então

$$U = \frac{1}{2} \sum_{i=1}^{n} q_i V_i \qquad \text{23-27}$$

ENERGIA POTENCIAL ELETROSTÁTICA DE UM SISTEMA DE CARGAS PUNTIFORMES

onde V_i é o potencial na posição da i-ésima carga devido à presença de todas as outras cargas no sistema.

A Equação 23-27 também pode descrever a energia potencial eletrostática de uma distribuição contínua de cargas. Considere um condutor esférico de raio R. Quando a esfera possui uma carga q, seu potencial relativo a $V = 0$ no infinito é

$$V = \frac{kq}{R}$$

O trabalho que devemos realizar para trazer uma quantidade adicional de carga dq do infinito ao condutor é $V\,dq$. Este trabalho é igual ao aumento na energia potencial do condutor:

$$dU = V\,dq = \frac{kq}{R}\,dq$$

A energia potencial total U é a integral de dU quando q aumenta desde zero até seu valor final Q. Integrando, obtemos

$$U = \frac{k}{R} \int_0^Q q\,dq = \frac{kQ^2}{2R} = \frac{1}{2}QV \qquad \text{23-28}$$

onde $V = kQ/R$ é o potencial na superfície de uma esfera completamente carregada. Podemos interpretar a Equação 23-28 como $U = Q \times \frac{1}{2}V$ onde $\frac{1}{2}V$ é o potencial médio de um condutor esférico durante o processo de carregamento. Durante o processo de carregamento, trazer o primeiro elemento de carga desde o infinito até a esfera descarregada não exige nenhum trabalho, pois a carga, ao estar sendo trazida, não está sendo repelida pela carga já existente na esfera. Quando a carga na esfera vai se acumulando, para trazer cada elemento adicional de carga para a esfera é preciso realizar trabalho adicional; quando a esfera está quase completamente carregada, trazer o último elemento de carga contra a força repulsiva da carga na esfera requer o trabalho máximo.* O potencial médio da esfera durante o processo de carregamento é metade de seu potencial final V, logo o trabalho total necessário para trazer a carga total Q é igual a $\frac{1}{2}QV$.

De maneira alternativa, se igualarmos $V_i = V$ e $Q = \sum_i q_i$, a Equação 23-27 torna-se a Equação 23-28. Podemos pensar nas cargas de uma casca esférica uniformemente carregada como uma coleção de cargas puntiformes infinitesimais — todas no mesmo potencial V. Portanto, a Equação 23-27 conduz diretamente à Equação 23-28.

Apesar de termos derivado a Equação 23-28 para um condutor esférico, ela é válida para qualquer condutor. O potencial de qualquer condutor é proporcional à sua carga q, e, portanto, podemos escrever $V = \alpha q$, onde α é uma constante de proporcionalidade. O trabalho necessário para trazer uma carga adicional dq desde o infinito até o condutor é $V\,dq = \alpha q\,dq$, logo o trabalho total para colocar uma carga Q no condutor é $\frac{1}{2}\alpha Q^2 = \frac{1}{2}QV$. Se tivermos um conjunto de n condutores, com o i-ésimo condutor a um potencial V_i e com uma carga Q_i, a energia potencial eletrostática é

$$U = \frac{1}{2} \sum_{i=1}^{n} Q_i V_i \qquad \text{23-29}$$

ENERGIA POTENCIAL ELETROSTÁTICA DE UM SISTEMA DE CONDUTORES

Corações atingem um estado denominado fibrilação ventricular em aproximadamente dois terços das pessoas que sofrem parada cardíaca. Neste estado, o coração estremece, tem espasmos de forma caótica e não bombeia. Para retirar o coração deste estado, um aparelho faz passar uma corrente expressiva pelo coração. Então, as células de marca-passo no coração podem, novamente, estabelecer uma batida regular. Um desfibrilador externo aplica uma alta voltagem através do peito.

---

* Estamos considerando que cada elemento de carga tem o mesmo tamanho.

Potencial Elétrico | 97

Exemplo 23-16 Trabalho Necessário para Mover Cargas Puntiformes

Quatro cargas puntiformes positivas idênticas, cada uma com carga q, estão inicialmente em repouso a uma separação infinita. (*a*) Calcule o trabalho total necessário para mover as cargas puntiformes para os quatro vértices de um quadrado de lado *a*, calculando separadamente o trabalho necessário para mover seqüencialmente cada carga até sua posição final. (*b*) Mostre que a Equação 23-27 fornece o trabalho total.

SITUAÇÃO Mova, seqüencialmente, as cargas para os vértices do quadrado. Nenhum trabalho é necessário para mover a primeira carga para um dos vértices porque o potencial neste vértice é zero quando as outras três cargas estão no infinito. À medida que cada carga adicional é movida para um vértice, é necessário realizar trabalho devido às forças repulsivas das cargas previamente colocadas nos outros vértices.

SOLUÇÃO

(*a*) 1. Represente o quadrado e identifique os vértices A, B, C e D (Figura 23-28):

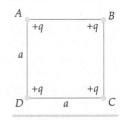

FIGURA 23-28

2. Coloque a primeira carga no ponto A. Para realizar esta etapa, o trabalho W_A necessário é zero:

$$W_A = 0 \quad x > 0$$

3. Traga a segunda carga para o ponto B. O trabalho necessário é $W_B = qV_A$, onde V_A é o potencial no ponto B devido à primeira carga no ponto A a uma distância a dele:

$$W_B = qV_A = q\left(\frac{kq}{a}\right) = \frac{kq^2}{a}$$

4. $W_C = qV_C$, onde V_C é o potencial no ponto C devido a q no ponto A a uma distância $\sqrt{2}a$ dele, e q no ponto B, a uma distância a dele:

$$W_C = qV_C = q\left(\frac{kq}{a} + \frac{kq}{\sqrt{2}a}\right) = \left(1 + \frac{1}{\sqrt{2}}\right)\frac{kq^2}{a}$$

5. Considerações similares fornecem W_D, o trabalho necessário para trazer a quarta carga até o ponto D:

$$W_D = qV_D = q\left(\frac{kq}{a} + \frac{kq}{\sqrt{2}a} + \frac{kq}{a}\right) = \left(2 + \frac{1}{\sqrt{2}}\right)\frac{kq^2}{a}$$

6. A soma das contribuições individuais fornece o trabalho total necessário para posicionar as quatro cargas:

$$W_{\text{total}} = W_A + W_B + W_C + W_D = \boxed{(4 + \sqrt{2})\frac{kq^2}{a}}$$

(*b*) 1. Calcule W_{total} a partir da Equação 23-27. Use V_D do passo 5 da Parte (*a*) para o potencial V_i na posição de cada carga:

$$W_{\text{total}} = U = \frac{1}{2}\sum_{i=1}^{4} q_i V_i$$

onde $V_1 = V_2 = V_3 = V_4 = V_D$ e $q_1 = q_2 = q_3 = q_4 = q$

2. O potencial na posição de cada carga é V_D. Substitua V_D e q para V_i e q_i, respectivamente, e resolva para W_{total}:

$$W_{\text{total}} = \frac{1}{2}\sum_{i=1}^{4} q_i V_i = \frac{1}{2}\sum_{i=1}^{4} qV_D = \frac{1}{2}qV_D\sum_{i=1}^{4} 1$$

$$= \frac{1}{2}qV_D 4 = 2q\left(2 + \frac{1}{\sqrt{2}}\right)\frac{kq}{a}$$

$$= \boxed{(4 + \sqrt{2})\frac{kq^2}{a}}$$

CHECAGEM As Partes (*a*) e (*b*) têm resultados idênticos.

INDO ALÉM W_{total} é igual à energia eletrostática total da distribuição de cargas. É o trabalho que um agente externo deve realizar para arranjar a configuração, partindo das quatro cargas a uma separação infinita.

PROBLEMA PRÁTICO 23-10 (*a*) Quanto trabalho adicional é necessário para trazer uma quinta carga positiva q desde o infinito até o centro do quadrado? (*b*) Qual é o trabalho total necessário para arranjar o sistema com as cinco cargas?

98 | CAPÍTULO 23

Física em Foco

Relâmpagos — Campos de Atração

Cientistas têm observado e analisado os relâmpagos por mais de 100 anos. Recentemente, registros digitais de alta velocidade,[*] câmeras de televisão de baixa luminosidade[†] e satélites com relógios sincronizados[‡] têm fornecido a cientistas atmosféricos novas informações sobre os eventos que ocorrem com um raio da nuvem ao solo.

Nuvens de tempestade têm camadas de cargas positivas e negativas e atuam como dipolos enormes, muito potentes. O raio da nuvem ao solo consiste, geralmente, em carga negativa da parte inferior de uma nuvem que viaja até o solo através da ionização do ar. Esta carga é, freqüentemente, "deslocada" através do ar com várias pausas da ordem de milissegundos. O raio visível é um *feixe* positivo de retorno que segue o caminho ionizado de volta do solo. A maior parte dos lampejos são 3 a 10 feixes de ida e volta entre a nuvem e o solo, separados por vários milissegundos. Os feixes seguem o caminho inicial, pois ele consiste em ar já aquecido e ionizado, e, usualmente, transferem uma carga negativa total de 20-35 C.[#] Têm sido registrados raios com mais de 1 milhão de volts de diferença de potencial conduzindo carga negativa da nuvem para o solo.[°]

Alguns raios da nuvem para o solo, extremamente fortes, conduzindo carga positiva ao solo, têm transferido cargas positivas de até 400 C,[§] e têm sido registrados mais de 10 milhões de volts de potencial. Em grandes tempestades com granizo e tornados,[¶,**] a maioria dos raios da nuvem para o solo conduz carga positiva do topo das nuvens para o solo no lugar de conduzirem carga negativa da parte debaixo ou intermediária das nuvens ao solo. Este relâmpago está associado com fortes explosões de energia irradiadas próximo ao início do relâmpago e com breves explosões de luz que ocorrem vários quilômetros acima do topo das nuvens um pouco depois da ocorrência dos raios.[††]

Entretanto, explosões muito fortes de energia irradiada têm sido observadas microssegundos antes de relâmpagos negativos não tão fortes.[‡‡,##,°°,§] Algumas explosões de energia se repetem, detectáveis por satélite por cerca de até uma hora depois do relâmpago. Apesar das explosões durarem menos de um milissegundo, elas têm energia tão intensa que estão associadas a ruído de rádio detectado no hemisfério oposto do planeta.[¶¶]

Como radiação eletromagnética de alta energia tem sido repetidamente medida associada a relâmpagos, os cientistas estão chegando a novos modelos sobre como eles são formados. Um possível modelo envolve "ruptura descontrolada". Como os campos elétricos associados a tempestades são muito intensos, pode ser possível que um elétron ou um íon soltos sejam acelerados pelo campo elétrico de uma tempestade até atingirem aproximadamente a velocidade da luz.[***] Nesta velocidade, o elétron teria tanta energia que a colisão com moléculas na nuvem não o faria parar, mesmo que ele as ionizasse. Os íons poderiam, então, ser mais acelerados pelo campo elétrico na tempestade, produzindo uma cascata, ou explosão, de energia. Muitos cientistas pensam que a ruptura descontrolada explica a formação do relâmpago da nuvem para o solo em nuvens que têm campos elétricos medidos dez vezes menores do que os necessários para superar a capacidade isolante do ar.[†††]

Como a tecnologia para detectar e cronometrar as explosões de energia em relação aos lampejos do relâmpago é recente, os cientistas estão agora desenvolvendo procedimentos para confirmar ou refutar estes novos modelos. O estudo sobre os relâmpagos é um campo muito atraente com grande potencial.

---

[*] Wang, D., et al., "Observed Leader and Return-Stroke Propagation Characteristics in the Bottom 400 m of a Rocket-Triggered Lightning Channel." *Journal of Geophysical Rese*, 27, 1999, Vol. 104, No. D12, pp. 14,369–14,376.

[†] Lyons, W. A., et al., "Upward Electrical Discharges from Thunderstorm Tops." *Bulletin of the American Meteorological Society*, Apr. 2003, pp. 445–454.

[‡] Gurevich, A. V., and Zybin, K. P., "Runaway Breakdown and the Mysteries of Lightning." *Physics Today*, May 2005, pp. 37–43.

[#] Uman, M. A., *Lightning*. New York: Dover, 1984.

[°] Uman, M. A., op. cit.

[§] Rakov, V. A., "A Review of Positive and Bipolar Lightning Discharges." *Bulletin of the American Meteorological Society*, Jun. 2003, pp. 767–776.

[¶] Lang, T. J., et al., "The Severe Thunderstorm Electrification and Precipitation Study." *Bulletin of the American Meteorological Society*, Aug. 2004, pp. 1107–1125

[**] Wiens, K. C., "The 29 June 2000 Supercell Observed During STEPS. Part II: Lightning and Charge Structure."[Need journal name, volume, pages.]

[††] Lyons, W. A., et al., op. cit.

[‡‡] Dwyer, J. H., et al., "X-Ray Bursts Associated Leader Steps in Cloud-to-Ground Lightning." *Geophysical Research Letters*, Vol. 32, Letter 01803, 2005.

[##] Dwyer, J. R., "A Ground Level Gamma-Ray Burst Observed in Association with Rocket-Triggered Lightning." *Geophysical Research Letters*, Vol. 31, Letter 05119, 2004.

[°°] Greenfield, M. B., et al., "Near-Ground Detection of Atmospheric γ Rays Associated with Lightning." *Journal of Applied Physics*, Feb. 1, 2003, Vol. 93, No. 3, pp. 1839–1844.

[§§] Gurevich, A. V., and Zybin, K. P., op. cit.

[¶¶] Inan, U., "Gamma Rays Made on Earth." *Science*, Feb. 18, 2005, Vol. 307, No. 5712, pp. 1054–1055.

[***] Inan, U., op. cit.

[†††] Schrope, M., "The Bolt Catchers." *Nature*, Sept. 19, 2004, Vol. 431, pp. 120–121.

Potencial Elétrico | **99**

Resumo

1. O potencial elétrico em uma posição, o qual é definido como a energia potencial elétrica por unidade de carga que uma carga teste teria naquela posição, é um importante conceito físico derivado que está relacionado ao campo elétrico.
2. Como o potencial é uma grandeza escalar, geralmente é mais fácil calculá-lo que o campo elétrico. Uma vez conhecido V, $\vec{E}$ pode ser calculado a partir dele.

TÓPICO	EQUAÇÕES RELEVANTES E OBSERVAÇÕES
1. Diferença de Potencial	A diferença de potencial $Vb - Va$ é definida como o negativo do trabalho por unidade de carga realizado pelo campo elétrico em uma carga teste enquanto ela se move do ponto a até o ponto b:

$$\Delta V = V_b - V_a = \frac{\Delta U}{q_0} = -\int_a^b \vec{E} \cdot d\vec{\ell} \qquad 23\text{-}2b$$

Diferença de potencial para deslocamentos infinitesimais	$$dV = -\vec{E} \cdot d\vec{\ell} \qquad 23\text{-}2a$$

2. Potencial Elétrico

Potencial devido a uma carga puntiforme	$$V = \frac{kq}{r} - \frac{kq}{r_{\text{ref}}} \qquad (V = 0 \text{ se } r = r_{\text{ref}}) \qquad 23\text{-}7$$
Potencial coulombiano	$$V = \frac{kq}{r} \qquad (V = 0 \text{ se } r = \infty) \qquad 23\text{-}8$$
Potencial devido a um sistema de cargas puntiformes	$$V = \sum_i \frac{kq_i}{r_i} \qquad (V = 0 \text{ se } r_i = \infty, i = 1, 2, \dots) \qquad 23\text{-}10$$
Potencial devido a uma distribuição contínua de carga	$$V = \int \frac{k\,dq}{r} \qquad (V = 0 \text{ se } r = \infty) \qquad 23\text{-}18$$

onde dq é um incremento de carga e r é a distância do incremento ao ponto-campo. Esta expressão pode ser usada apenas se a distribuição de carga está contida em um volume finito, permitindo que o potencial possa ser escolhido como zero no infinito.

Continuidade do potencial elétrico	A função potencial V é contínua em todos os pontos do espaço.
3. Calculando o Campo Elétrico a Partir do Potencial	Os pontos-campo elétrico na direção e sentido da maior diminuição do potencial.

A variação no potencial quando a carga teste sofre um deslocamento $d\vec{\ell}$ é dada por

$$E_{\text{tan}} = -\frac{dV}{d\ell} \qquad 23\text{-}12$$

Gradiente	Um vetor que aponta no sentido da maior taxa de variação de uma função escalar e que tem módulo igual à derivada daquela função com relação à distância naquela direção é denominado o gradiente da função. $\vec{E}$ é o negativo do gradiente de V.
Potencial, uma função apenas de x	$$E_x = -\frac{dV(x)}{dx} \qquad 23\text{-}13$$
Potencial, uma função apenas de r	$$E_r = -\frac{dV(r)}{dr} \qquad 23\text{-}14$$

4. *Relação Geral entre $\vec{E}$ e V

$$\vec{E} = -\vec{\nabla}V = -\left(\frac{\partial V}{\partial x}\hat{i} + \frac{\partial V}{\partial y}\hat{j} + \frac{\partial V}{\partial z}\hat{k}\right)$$

ou

$$V_b - V_a = -\int_a^b \vec{E} \cdot d\vec{\ell} \qquad 23\text{-}17$$

100 | CAPÍTULO 23

TÓPICO	EQUAÇÕES RELEVANTES E OBSERVAÇÕES	
5. Unidades		
V e ΔV	A unidade no SI para o potencial e para a diferença de potencial é o volt (V):	
	$$1\,\text{V} = 1\,\text{J/C}$$	23-4
Campo elétrico	$$1\,\text{N/C} = 1\,\text{V/m}$$	23-5
Elétron-volt	O elétron-volt (eV) é a variação na energia potencial de uma partícula de carga e enquanto ela se move de a até b, onde $V_b - V_a = 1$ volt:	
	$$1\,\text{e V} = 1{,}60 \times 10^{-19}\,\text{C} \cdot \text{V} = 1{,}60 \times 10^{-19}\,\text{J}$$	23-6
6. Energia Potencial de Duas Cargas Puntiformes	$$U = q_0 V = \frac{kq_0 q}{r} \qquad (U = 0 \text{ se } r = \infty)$$	23-9
7. Funções Potencial		
No eixo de um anel uniformemente carregado	$$V = \frac{kQ}{\sqrt{z^2 + a^2}} \qquad (V = 0 \text{ se } |z| = \infty)$$	23-19
No eixo de um disco uniformemente carregado	$$V = 2\pi k\sigma |z|\left(\sqrt{1 + \frac{R^2}{z^2}} - 1\right) \qquad (V = 0 \text{ se } |z| = \infty)$$	23-20
Para um plano infinito de carga	$$V = V_0 - 2\pi k\sigma |x| \qquad (V = V_0 \text{ se } x = 0)$$	23-21
Para uma casca esférica de carga	$$V = \begin{cases} \dfrac{kQ}{r} & r \geq R \\[2mm] \dfrac{kQ}{R} & r \leq R \end{cases} \qquad (V = 0 \text{ se } r = \infty)$$	23-22
Para uma linha infinita de carga	$$V = 2k\lambda \ln \frac{R_{\text{ref}}}{R} \qquad (V = 0 \text{ se } r = R_{\text{ref}})$$	23-23
8. Carga em um Condutor Não-esférico	Em um condutor de forma arbitrária, a densidade superficial de carga σ é máxima em pontos onde o raio de curvatura é o menor.	
9. Ruptura Dielétrica	A quantidade de carga que pode ser colocada em um condutor é limitada, pois as moléculas da vizinhança sofrem ruptura dielétrica em campos elétricos muito intensos, fazendo com que o meio se torne um condutor.	
Resistência dielétrica	A resistência dielétrica é a magnitude do campo elétrico na qual ocorre a ruptura dielétrica. A resistência dielétrica do ar seco é $$E_{\text{máx}} \approx 3 \times 10^6\,\text{V/m} = 3\,\text{MV/m}$$	
10. Energia Potencial Eletrostática	A energia potencial eletrostática de um sistema de cargas puntiformes é o trabalho necessário para trazer as cargas de uma separação infinita até suas posições finais.	
De cargas puntiformes	$$U = \frac{1}{2} \sum_{i=1}^{n} q_i V_i$$	23-27
De um condutor com carga Q e volume V	$$U = \tfrac{1}{2} QV$$	23-28
De um sistema de condutores	$$U = \frac{1}{2} \sum_{i=1}^{n} Q_i V_i$$	23-29

Respostas das Checagens Conceituais

23-1 A variação no potencial é zero se você mover em uma direção perpendicular à direção de $\vec{E}$.

23-2 O potencial aumenta a uma taxa máxima com relação à distância se você mover no sentido oposto ao de $\vec{E}$.

Respostas dos Problemas Práticos

23-1 Potencial aumentando

23-2 $V(x) = -(5\ \text{V}/\text{m}^2)x^2$

23-3 $-4{,}35 \times 10^{-18}\ \text{J}$

23-4 (a) o plano $x = 4{,}0$ m, (b) $V = -(25\ \text{V}/\text{m})x$

23-5 $3{,}7 \times 10^{-6}\ \text{J}$

23-6 $V = \text{sign}\,(z) \cdot 2\pi k\sigma \left(1 - \dfrac{1}{\sqrt{1 + (R^2/z^2)}} \right)$

23-7 $5{,}39 \times 10^5\ V = 539$ kV

23-8 $V(r) = kQ/r - kQ/R$ para $r \geq R$;
$V(r) = \tfrac{1}{2}(kQ/R)(1 - r^2/R^2)$ para $r \leq R$

23-9 $1{,}5 \times 10^{-5}$ C, $5{,}5 \times 10^5$ V

23-10 (a) $4\sqrt{2}\,kq^2/a$, (b) $(4 + 5\sqrt{2})\,kq^2/a$

Problemas

Em alguns problemas, você recebe mais dados do que necessita; em alguns outros, você deve acrescentar dados de seus conhecimentos gerais, fontes externas ou estimativas bem fundamentadas.

Interprete como significativos todos os algarismos de valores numéricos que possuem zeros em seqüência sem vírgulas decimais.

- • Um só conceito, um só passo, relativamente simples
- •• Nível intermediário, pode requerer síntese de conceitos
- ••• Desafiante, para estudantes avançados

Problemas consecutivos sombreados são problemas pareados.

PROBLEMAS CONCEITUAIS

1 • Um próton é deslocado para a esquerda em um campo elétrico uniforme que aponta para a direita. O próton está se movendo no sentido que o potencial aumenta ou diminui? A energia potencial eletrostática do próton está aumentando ou diminuindo?

2 • Um elétron é deslocado para a esquerda em um campo elétrico uniforme que aponta para a direita. O elétron está se movendo no sentido que o potencial aumenta ou diminui? A energia potencial eletrostática do elétron está aumentando ou diminuindo?

3 • Se o potencial elétrico é uniforme em uma região do espaço, o que pode ser dito sobre o campo elétrico nesta região?

4 • Se V é conhecido em um único ponto no espaço, $\vec{E}$ pode ser determinado naquele ponto? Explique sua resposta.

5 •• A Figura 23-29 mostra uma partícula puntiforme com carga positiva $+Q$ e uma esférica metálica com carga $-Q$. Represente as linhas de campo elétrico e as superfícies eqüipotenciais para este sistema de cargas.

FIGURA 23-29 Problema 5

6 •• A Figura 23-30 mostra uma partícula puntiforme de carga negativa $-Q$ e uma esférica metálica com carga $+Q$. Represente as linhas de campo elétrico e as superfícies eqüipotenciais para este sistema de cargas.

FIGURA 23-30 Problema 6

7 •• Represente as linhas de campo elétrico e as superfícies eqüipotenciais para a região em torno do condutor carregado mostrado na Figura 23-31, considerando que ele tenha uma carga resultante positiva.

FIGURA 23-31 Problema 7

8 •• Duas cargas puntiformes positivas estão separadas por uma distância finita. Represente as linhas de campo elétrico e as superfícies eqüipotenciais para este sistema.

102 | CAPÍTULO 23

9 •• Duas cargas puntiformes estão fixas no eixo x. (a) Cada uma tem carga positiva q. Uma está em $x = -a$ e a outra em $x = +a$. Na origem, qual das seguintes opções é verdadeira?
(1) $\vec{E} = 0$ e $V = 0$
(2) $\vec{E} = 0$ e $V = 2kq/a$
(3) $\vec{E} = (2kq/a^2)\hat{i}$ e $V = 0$
(4) $\vec{E} = (2kq/a^2)\hat{i}$ e $V = 2kq/a$
(5) Nenhuma das alternativas anteriores

(b) Uma carga puntiforme tem carga positiva $+q$ e a outra tem carga negativa $-q$. A carga puntiforme positiva está em $x = -a$ e a carga puntiforme negativa está em $x = +a$. Na origem, qual das seguintes opções é verdadeira?
(1) $\vec{E} = 0$ e $V = 0$
(2) $\vec{E} = 0$ e $V = 2kq/a$
(3) $\vec{E} = (2kq/a^2)\hat{i}$ e $V = 0$
(4) $\vec{E} = (2kq/a^2)\hat{i}$ e $V = 2kq/a$
(5) Nenhuma das alternativas anteriores

10 •• O potencial eletrostático (em volts) é dado por $V(x, y, z) = 4,00|x| + V_0$, onde V_0 é uma constante e x está em metros. (a) Represente o campo elétrico para este potencial. (b) Qual das seguintes distribuições de carga tem maior probabilidade de ser responsável por este potencial: (1) Uma lâmina plana negativamente carregada no plano $x = 0$, (2) uma carga puntiforme na origem, (3) uma lâmina plana carregada positivamente no plano $x = 0$ ou (4) uma esfera carregada uniformemente centrada na origem? Explique sua resposta.

11 •• O potencial elétrico é o mesmo em todos os pontos na superfície de um condutor. Isto significa que a densidade superficial de carga é também a mesma em todos os pontos da superfície? Explique sua resposta.

12 •• Três cargas puntiformes positivas idênticas estão localizadas nos vértices de um triângulo eqüilátero. Se o comprimento de cada lado do triângulo é reduzido a um quarto do seu comprimento original, por que fator a energia potencial eletrostática deste sistema varia? (A energia potencial eletrostática tende a zero se o comprimento de cada lado do triângulo tende ao infinito.)

ESTIMATIVA E APROXIMAÇÃO

13 • Estime o valor da diferença de potencial máxima entre uma nuvem de tempestade e a Terra, sabendo que a ruptura dielétrica do ar ocorre para campos de aproximadamente $3,0 \times 10^6$ V/m.

14 • As especificações para a distância explosiva típica nas velas de ignição automotivas são aproximadamente iguais à espessura do papelão utilizado em uma caixa de fósforos. Devido à alta compressão da mistura de gás com ar no cilindro, a resistência dielétrica da mistura é de aproximadamente $2,0 \times 10^7$ V/m. Estime o valor da máxima diferença de potencial na vela de ignição durante as condições de operação.

15 • O raio de um próton é de aproximadamente $1,0 \times 10^{-15}$ m. Considere dois prótons com momento de mesmo módulo, mas sentidos contrários, colidindo frontalmente. Estime o valor da energia cinética mínima (em MeV) necessária para cada próton para que eles vençam a repulsão eletrostática e colidam. *Dica: A energia de repouso de um próton é 938 MeV. Se as energias cinéticas dos prótons forem muito menores que esta energia de repouso, então é justificável utilizar as relações não-relativísticas.*

16 • Quando você toca em um amigo depois de ter caminhado sobre um tapete em um dia seco, você gera, tipicamente, uma faísca de aproximadamente 2,0 mm. Estime o valor da diferença de potencial entre você e seu amigo um instante antes da faísca.

17 • Estime a densidade superficial máxima de carga que pode existir na extremidade de um pára-raios para que não ocorra a ruptura dielétrica do ar.

18 •• A magnitude do campo elétrico na proximidade da superfície da Terra é de aproximadamente 300 V/m. (a) Estime o valor da densidade de carga na superfície da Terra. (b) Estime o valor da carga total na Terra. (c) Qual é o valor do potencial elétrico da superfície da Terra. (Considere que o potencial seja zero no infinito.) (d) Se a energia potencial eletrostática total na Terra pudesse ser aproveitada e convertida em energia elétrica com uma eficiência razoável, por quanto tempo ela seria usada para manter o consumo doméstico nos Estados Unidos? Considere que o consumo doméstico médio dos americanos seja de aproximadamente 500 kW · h de energia elétrica por mês.

DIFERENÇA DE POTENCIAL ELETROSTÁTICO, ENERGIA ELETROSTÁTICA E CAMPO ELÉTRICO

19 • Uma partícula puntiforme tem uma carga igual a $+2,00$ μC e está fixa na origem. (a) Qual é o potencial elétrico V em um ponto a 4,00 m da origem, considerando que $V = 0$ no infinito? (b) Quanto trabalho deve ser realizado para trazer uma segunda carga puntiforme que tem uma carga de $+3,00$ μC do infinito até uma distância de 4,00 m da carga de $+2,00$ μC?

20 •• As superfícies das faces de duas placas grandes, paralelas e condutoras, separadas por 10,0 cm, têm densidades superficiais uniformes de carga iguais em módulo, mas com sinais opostos. A diferença de potencial entre as placas é 500 V. (a) Qual das placas, a positiva ou a negativa, está em um potencial maior? (b) Qual é o módulo do campo elétrico entre as placas? (c) Um elétron é liberado a partir do repouso próximo à superfície carregada negativamente. Determine o trabalho realizado pelo campo elétrico sobre o elétron enquanto ele se move desde o ponto onde foi liberado até a placa positiva. Expresse sua resposta em elétron-volts e em joules. (d) Qual é a variação na energia potencial do elétron quando ele se move do ponto onde foi liberado até a placa positiva? (e) Qual é sua energia cinética quando ele atinge a placa positiva?

21 •• Um campo elétrico uniforme tem um módulo de 2,00 kV/m e aponta na direção $+x$. (a) Qual é a diferença de potencial elétrico entre o plano $x = 0,00$ m e o plano $x = 4,00$ m? Uma partícula puntiforme que tem carga de $+3,00$ μC é liberada do repouso na origem. (b) Qual é a variação da energia potencial elétrica da partícula enquanto ela viaja do plano $x = 0,00$ m até o plano $x = 4,00$ m? (c) Qual é a energia cinética da partícula quando ela chega ao plano $x = 4,00$ m? (d) Determine a expressão para o potencial elétrico $V(x)$ se seu valor é escolhido como zero em $x = 0$.

22 •• Em uma unidade de cloreto de potássio, a distância entre o íon potássio (K^+) e o íon cloro (Cl^-) é $2,80 \times 10^{-10}$ m. (a) Calcule a energia (em eV) necessária para separar os dois íons até uma distância de separação infinita. (Modele os dois íons como duas partículas puntiformes inicialmente em repouso.) (b) Se fosse fornecido o dobro da energia determinada na Parte (a), qual seria a quantidade de energia cinética total que os dois íons teriam quando estivessem a uma distância infinita?

23 •• Prótons são liberados a partir do repouso em um sistema acelerador de Van de Graaff. Os prótons estão inicialmente localizados onde o potencial elétrico tem um valor de 5,00 MV e, então, eles viajam através do vácuo até uma região onde o potencial é zero. (a) Determine a rapidez final destes prótons. (b) Determine a magnitude do campo elétrico acelerador se o potencial mudar *uniformemente* sobre uma distância de 2,00 m.

24 •• O tubo de imagem de um aparelho de televisão era, até recentemente, invariavelmente um tubo de raios catódicos. Em um tubo típico de raios catódicos, uma configuração do tipo "canhão" de elétrons é usada para acelerar elétrons do repouso até a tela. Os elétrons são acelerados através de uma diferença de potencial de 30,0 kV. (a) Qual região está em um maior potencial elétrico, a tela ou onde os elétrons estão inicialmente? Explique sua resposta. (*b*) Qual é a energia cinética (em eV e em J) de um elétron quando ele atinge a tela?

25 ••• (*a*) Uma partícula carregada positivamente está em uma trajetória para colidir frontalmente com um núcleo massivo carregado positivamente que está inicialmente em repouso. Inicialmente, a partícula tem energia cinética K_i e está bem distante do núcleo. Derive uma expressão para a distância de aproximação máxima. Sua expressão deve ser em termos da energia cinética inicial K_i da partícula, da carga ze da partícula e da carga Ze do núcleo, onde z e Z são inteiros. (*b*) Determine o valor numérico para a distância de aproximação máxima entre uma partícula α de 5,00 MeV e um núcleo estacionário de ouro, e entre uma partícula α de 9,00 MeV e um núcleo estacionário de ouro. (Os valores de 5,00 MeV e 9,00 MeV são as energias cinéticas iniciais das partículas alfa. Despreze o movimento dos núcleos de ouro depois das colisões.) (*c*) O raio do núcleo de ouro é aproximadamente 7×10^{-15} m. Se as partículas α se aproximam do núcleo por mais de 7×10^{-15} m, elas experimentam uma força nuclear forte, além da força de repulsão elétrica. No início do século XX, antes que a força nuclear forte fosse conhecida, Ernest Rutherford bombardeou núcleos de ouro com partículas α com energia cinética de aproximadamente 5 MeV. Você esperaria que este experimento revelasse a existência desta força nuclear forte? Explique sua resposta.

POTENCIAL DEVIDO A UM SISTEMA DE CARGAS PUNTIFORMES

Nota: Em todos os problemas nesta seção, considere que o potencial elétrico seja zero a grandes distâncias de todas as cargas, a menos que seja dito o contrário.

26 • Quatro cargas positivas, cada uma com magnitude igual a 2,00 μC, estão fixas nos vértices de um quadrado cujos lados têm 4,00 m de comprimento. Determine o potencial elétrico no centro do quadrado se (*a*) todas as cargas forem positivas, (*b*) três das cargas forem positivas e uma das cargas, negativa, e (*c*) duas das cargas forem positivas e duas negativas. (Considere que o potencial seja zero bem distante de todas as cargas.)

27 • Três cargas puntiformes estão fixas em posições no eixo x: q_1 está em $x = 0,00$ m, q_2 está em $x = 3,00$ m e q_3 está em $x = 6,00$ m. Determine o potencial elétrico no ponto no eixo y em $y = 3,00$ m se (*a*) $q_1 = q_2 = q_3 = +2,00$ μC, (*b*) $q_1 = q_2 = +2,00$ μC e $q_3 = -2,00$ μC, e (*c*) $q_1 = q_3 = +2,00$ μC e $q_2 = -2,00$ μC. (Considere que o potencial seja zero muito distante de todas as cargas.)

28 • Os pontos A, B e C estão fixos nos vértices de um triângulo eqüilátero cujos lados têm 3,00 m de comprimento. Duas partículas puntiformes com cargas de $+2,00$ μC estão fixas nos vértices A e B. (*a*) Qual é o potencial elétrico no ponto C? (Considere que o potencial seja zero bem distante das cargas.) (*b*) Quanto trabalho é necessário para mover uma partícula puntiforme com carga $+5,00$ μC de uma distância infinita até o ponto C? (*c*) Quanto trabalho adicional é necessário para mover a partícula puntiforme de $+5,00$ μC do ponto C até o ponto médio do lado AB?

29 •• Três partículas puntiformes idênticas de carga q estão nos vértices de um triângulo eqüilátero que está circunscrito em um círculo de raio a contido no plano $z = 0$ e centrado na origem. Os valores de q e a são $+3,00$ μC e 60,0 cm, respectivamente. (Considere que o potencial seja zero bem distante de todas as cargas.) (*a*) Qual é o potencial elétrico na origem? (*b*) Qual é o potencial elétrico no ponto do eixo z que está em $z = a$? (*c*) Como mudariam suas respostas para as Partes (*a*) e (*b*) se as cargas ainda estivessem no círculo, mas uma delas não estivesse mais em um dos vértices do triângulo? Explique sua resposta.

30 •• Duas cargas puntiformes q e q' estão separadas por uma distância a. Em um ponto a uma distância $a/3$ de q e ao longo da linha que une as duas cargas, o potencial é zero. (Considere que o potencial seja zero bem distante de todas as cargas.) (*a*) Qual das afirmativas a seguir é verdadeira?
 (1) As cargas têm o mesmo sinal.
 (2) As cargas têm sinais opostos.
 (3) Os sinais relativos das cargas não podem ser determinados usando as informações dadas.
(*b*) Qual das seguintes afirmações é verdadeira?
 (1) $|q| > |q'|$
 (2) $|q| < |q'|$
 (3) $|q| = |q'|$
 (4) As magnitudes relativas das cargas não podem ser determinadas usando as informações dadas.
(*c*) Determine a razão q/q'.

31 •• Duas partículas puntiformes idênticas, carregadas positivamente, estão fixas no eixo x em $x = +a$ e $x = -a$. (*a*) Escreva uma expressão para o potencial elétrico $V(x)$ como uma função de x para todos os pontos no eixo x. (*b*) Represente $V(x)$ versus x para todos os pontos no eixo x.

32 •• Uma carga puntiforme $+3e$ está na origem e uma segunda carga puntiforme $-2e$ está no eixo x em $x = a$. (*a*) Represente a função potencial $V(x)$ versus x para todos os pontos no eixo x. (*b*) Em que ponto ou pontos, se existir algum, $V = 0$ no eixo x?(*c*) Em que ponto ou pontos, se existir algum no eixo x, o campo elétrico é zero? Estas posições são as mesmas encontradas na Parte (*b*)? Explique sua resposta. (*d*) Quanto trabalho é necessário para trazer uma terceira carga $+e$ até o ponto $x = \frac{1}{2}a$ no eixo x?

33 ••• Um dipolo consiste em duas cargas iguais com sinais opostos, $+q$ e $-q$. Ele está localizado de forma tal que seu centro está na origem e seu eixo está alinhado com o eixo z (Figura 23-32). A distância entre as cargas é L. Seja $\vec{r}$ o vetor desde a origem até um ponto arbitrário de campo e θ, o ângulo que $\vec{r}$ faz com a direção $+z$. (*a*) Mostre que a grandes distâncias do dipolo (ou seja, para $r \gg L$) o potencial elétrico do dipolo é dado por $V(r, \theta) \approx k\vec{p} \cdot \hat{r}/r^2 = kp \cos \theta/r^2$, onde $\vec{p}$ é o momento de dipolo e θ é o ângulo entre $\vec{r}$ e $\vec{p}$. (*b*) Em que pontos na região $r \gg L$, além do infinito, o potencial elétrico é zero?

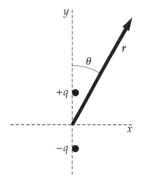

FIGURA 23-32 Problema 33

34 ••• Uma configuração de cargas consiste em três cargas puntiformes localizadas no eixo z (Figura 23-33). Uma tem carga igual a $-2q$, e está localizada na origem. As outras duas têm cargas iguais a $+q$, uma está localizada em $z = +L$ e a outra em $z = -L$. Esta configuração pode ser considerada como dois dipolos: um centrado em $z = +L/2$ e com um momento de dipolo na direção $+z$, o outro centrado em $z = -L/2$ e com um momento de dipolo na direção $-z$. Cada um destes dipolos tem um momento de dipolo com magnitude igual a qL. Dois dipolos arranjados desta maneira formam um *quadrupolo elétrico linear*. (Há outros arranjos geométricos de dipolos que criam quadrupolos, mas eles não são lineares.) (*a*) Usando o resultado do

Problema 33, mostre que a grandes distâncias do quadrupolo (ou seja, para $r \gg L$), o potencial elétrico é dado por $V_{quad}(r, \theta) = 2kB \cos^2 \theta / r^3$, onde $B = qL^2$. (B é a magnitude do momento de quadrupolo da configuração de cargas.) (b) Mostre que, no eixo positivo z, este potencial dá um campo elétrico (para $z \gg L$) de $\vec{E} = (6kB/z^4)\hat{k}$. (c) Mostre que você obtém o resultado da Parte (b) somando os campos elétricos das três cargas puntiformes.

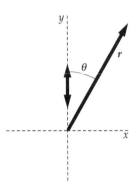

FIGURA 23-33 Problema 34

CALCULANDO O CAMPO ELÉTRICO A PARTIR DO POTENCIAL

35 • Um campo elétrico uniforme está na direção $-x$. Os pontos a e b estão no eixo x, com a em $x = 2{,}00$ m e b em $x = 6{,}00$ m. (a) A diferença de potencial $V_b - V_a$ é positiva ou negativa? (b) Se $|V_b - V_a|$ é 100 kV, qual é a magnitude do campo elétrico?

36 • Um campo elétrico é dado pela expressão $\vec{E} = bx^3\hat{i}$, onde $b = 2{,}00$ kV/m^4. Determine a diferença de potencial entre o ponto em $x = 1{,}00$ m e o ponto $x = 2{,}00$ m. Qual destes pontos está em um potencial maior?

37 •• O campo elétrico no eixo x devido a uma carga puntiforme fixa na origem é dado por $\vec{E} = (b/x^2)\hat{i}$, onde $b = 6{,}00$ kV · m e $x \neq 0$. (a) Determine a magnitude e o sinal da carga puntiforme. (b) Determine a diferença de potencial entre os pontos no eixo x em $x = 1{,}00$ m e $x = 2{,}00$ m. Qual destes pontos está em um potencial maior?

38 •• O potencial elétrico devido a uma distribuição particular de cargas é medido em muitos pontos ao longo do eixo x. Um gráfico dos dados está mostrado na Figura 23-34. Em que posição (ou posições) a componente x do campo elétrico é igual a zero? Nesta posição (ou posições), o potencial também é igual a zero? Explique sua resposta.

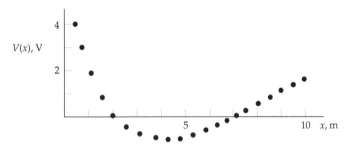

FIGURA 23-34 Problema 38

39 •• Três cargas puntiformes idênticas, cada uma com uma carga igual a q, estão no plano xy. Duas das cargas estão no eixo y em $y = -a$ e $y = +a$, e a terceira carga está no eixo x em $x = a$. (a) Determine o potencial como uma função da posição ao longo do eixo x. (b) Use o resultado da Parte (a) para obter uma expressão para $E_x(x)$, a componente x do campo elétrico como uma função de x. Confira suas respostas para as Partes (a) e (b) na origem e quando x tende a ∞ para ver se elas fornecem os resultados esperados.

CÁLCULOS DE V PARA DISTRIBUIÇÕES CONTÍNUAS DE CARGA

40 • Uma carga de $+10{,}0$ μC está uniformemente distribuída em uma fina casca esférica de raio 12,0 cm. (Considere que o potencial seja zero bem distante das cargas.) (a) Qual é a magnitude do campo elétrico próximo ao lado de fora e ao lado de dentro da casca? (b) Qual é a magnitude do potencial elétrico próximo ao lado de fora e ao lado de dentro da casca? (c) Qual é o potencial elétrico no centro da casca? (d) Qual é o módulo do campo elétrico no centro da casca?

41 • Uma linha infinita de cargas com densidade linear $+1{,}50$ μC/m está no eixo z. Determine o potencial elétrico nas seguintes distâncias da linha de carga: (a) 2,00 m, (b) 4,00 m e (c) 12,0 m. Considere que escolhemos $V = 0$ a uma distância de 2,50 m da linha de carga.

42 • (a) Determine a carga líquida máxima que pode ser colocada em um condutor esférico de raio 16 cm antes que a ruptura dielétrica do ar ocorra. (b) Qual é o potencial elétrico da esfera quando ela tem esta carga máxima? (Considere que o potencial seja zero bem distante de todas as cargas.)

43 • Determine a densidade superficial máxima de carga $\sigma_{máx}$ que pode existir na superfície de qualquer condutor antes que ocorra a ruptura dielétrica do ar.

44 •• Uma casca esférica condutora de raio interno b e raio externo c é concêntrica a uma pequena esfera metálica de raio $a < b$. A esfera metálica tem uma carga positiva Q. A carga total na casca esférica condutora é $-Q$. (Considere que o potencial seja zero bem distante de todas as cargas.) (a) Qual é o potencial elétrico da casca esférica? (b) Qual é o potencial elétrico da esfera metálica?

45 •• Duas cascas cilíndricas coaxiais condutoras têm cargas iguais com sinais opostos. A casca interna tem carga $+q$ e um raio externo a, e a casca externa tem carga $-q$ e um raio interno b. O comprimento de cada casca cilíndrica é L, e L é muito longo comparado a b. Determine a diferença de potencial $V_a - V_b$ entre as cascas.

46 •• Uma carga positiva é colocada em duas esferas condutoras que estão bem afastadas e conectadas por um fio condutor muito longo e fino. O raio da esfera menor é 5,00 cm e o da esfera maior é 12,0 cm. A magnitude do campo elétrico na superfície da esfera maior é 200 kV/m. Estime o valor da densidade superficial de carga em cada esfera.

47 •• Duas cascas esféricas condutoras concêntricas têm cargas iguais com sinais opostos. A casca interna tem raio externo a e carga $+q$; a casca externa tem raio interno b e carga $-q$. Determine a diferença de potencial $V_a - V_b$ entre as cascas.

48 •• O potencial elétrico na superfície de uma esfera uniformemente carregada é 450 V. Em um ponto do lado de fora da esfera a uma distância (radial) de 20,0 cm da sua superfície, o potencial elétrico é 150 V. (O potencial é zero bem distante da esfera.) Qual é o raio da esfera, e qual é a carga da esfera?

49 •• Considere duas finas lâminas carregadas, infinitas e paralelas, uma no plano $x = 0$ e a outra no plano $x = a$. O potencial é zero na origem. (a) Determine o potencial elétrico em todos os pontos no espaço se os planos têm densidades de carga positiva iguais, $+\sigma$. (b) Determine o potencial elétrico em todos os pontos do espaço se a lâmina no plano $x = 0$ tem densidade de carga $+\sigma$ e a lâmina no plano $x = a$ tem densidade $-\sigma$.

50 ••• A expressão para o potencial ao longo do eixo de um fino disco uniformemente carregado é dada por $V = 2\pi k\sigma|z|\left(\sqrt{1 + \dfrac{R^2}{z^2}} - 1\right)$

(Equação 23-20), onde R e σ são o raio e a carga por unidade de área do disco, respectivamente. Mostre que esta expressão se reduz a $V =$

$kQ/|z|$ para $|z| \gg R$, onde $Q = \sigma \pi R^2$ é a carga total no disco. Explique por que este resultado é esperado. *Dica: Use o teorema binomial para expandir o radical.*

51 •• Um bastão de comprimento L tem carga total Q distribuída uniformemente ao longo de seu comprimento. O bastão está ao longo do eixo y com seu centro na origem. (*a*) Determine uma expressão para o potencial elétrico como uma função da posição ao longo do eixo x. (*b*) Mostre que o resultado obtido na Parte (*a*) se reduz a $V = kQ/|x|$ para $|x| \gg L$. Explique por que este resultado é esperado.

52 •• Um bastão de comprimento L tem carga total Q distribuída uniformemente ao longo de seu comprimento. O bastão está ao longo do eixo y com uma extremidade na origem. (*a*) Determine uma expressão para o potencial elétrico como uma função da posição ao longo do eixo x. (*b*) Mostre que o resultado obtido na Parte (*a*) se reduz a $V = kQ/|x|$ para $|x| \gg L$. Explique por que este resultado é esperado.

53 •• Um disco de raio R tem uma distribuição superficial de carga dada por $\sigma = \sigma_0 r^2/R^2$, onde σ_0 é uma constante e r é a distância ao centro do disco. (*a*) Determine a carga total no disco. (*b*) Determine a expressão para o potencial elétrico a uma distância z do centro do disco no eixo que passa através do centro do disco e é perpendicular ao seu plano.

54 ••• Um disco de raio R tem uma distribuição superficial de cargas dada por $\sigma = \sigma_0 R/r$, onde σ_0 é uma constante e r é a distância ao centro do disco. (*a*) Determine a carga total no disco. (*b*) Determine uma expressão para o potencial elétrico a uma distância x do centro do disco no eixo que passa pelo centro do disco e é perpendicular ao seu plano.

55 •• Um bastão de comprimento L tem uma carga total Q uniformemente distribuída ao longo de seu comprimento. O bastão está ao longo do eixo x com seu centro na origem. (*a*) Qual é o potencial elétrico como função da posição ao longo do eixo x para $x > L/2$? (*b*) Mostre que, para $x \gg L/2$, seu resultado se reduz ao devido a uma carga puntiforme Q.

56 ••• Um círculo de raio a é removido do centro de um fino disco circular uniformemente carregado de raio b e carga por unidade de área σ. (*a*) Determine uma expressão para o potencial no eixo x a uma distância x do centro do disco. (*b*) Mostre que, para $x \gg b$ o potencial elétrico no eixo do disco uniformemente carregado com o corte tende a kQ/x, onde $Q = \sigma \pi (b^2 - a^2)$ é a carga total no disco.

57 ••• A expressão para o potencial elétrico dentro de uma esfera sólida uniformemente carregada é dado por $V(r) = \dfrac{kQ}{2R}\left(3 - \dfrac{r^2}{R^2} \right)$, onde R é o raio da esfera e r é a distância ao centro. Esta expressão foi obtida no Exemplo 23-12 descobrindo, primeiramente, o campo elétrico. Neste problema, você deriva a mesma expressão modelando a esfera como uma coleção de finas cascas esféricas e, então, somando os potenciais destas cascas em um ponto-campo dentro da esfera. O potencial dV que está a uma distância r do centro de uma fina casca esférica uniformemente carregada, com raio r' e uma carga dQ, é dado por $dV = kdQ/r$ para $r \geq r'$ e $dV = kd Q/r'$ para $r \leq r'$ (Equação 23-22). Considere uma esfera de raio R contendo uma carga Q que está uniformemente distribuída e você deseja determinar V em algum ponto dentro da esfera (ou seja, para $r < R$). (*a*) Determine uma expressão para a carga dQ na casca esférica de raio r' e espessura dr'. (*b*) Determine uma expressão para o potencial dV em r devido à carga em uma casca de raio r' e espessura dr', onde $r \leq r' \leq R$. (*c*) Integre sua expressão da Parte (*b*) desde $r' = r$ até $r' = R$ para determinar o potencial em r devido a todas as cargas na região mais afastada que r do centro da esfera. (*d*) Determine uma expressão para o potencial dV em r devido à carga em uma casca de raio r' e espessura dr', onde $r' \leq r$. (*e*) Integre sua expressão na Parte (*d*) desde $r' = 0$ até $r' = r$ para determinar o potencial em r devido a todas as cargas na região mais

próxima que r ao centro da esfera. (*f*) Determine o potencial total V em r somando seus resultados para a Parte (*c*) e para a Parte (*e*).

58 •• Calcule o potencial elétrico no ponto a uma distância $R/2$ do centro de uma fina casca esférica uniformemente carregada de raio R e carga Q. (Considere que o potencial é zero distante da casca.)

59 •• Um círculo de raio a é removido do centro de um fino disco circular carregado uniformemente de raio b. Mostre que o potencial em um ponto no eixo central do disco a uma distância z de seu centro geométrico é dado por $V(z) = 2\pi k\sigma(\sqrt{z^2 + b^2} + \sqrt{z^2 + a^2})$, onde σ é a densidade de carga do disco.

SUPERFÍCIES EQÜIPOTENCIAIS

60 • Uma lâmina plana infinita e carregada tem densidade superficial uniforme igual a 3,50 $\mu C/m^2$. Qual a distância entre as superfícies eqüipotenciais cujos potenciais difiram de 100 V?

61 •• Considere dois planos infinitos paralelos, uniformemente carregados com cargas iguais, mas com sinais opostos. (*a*) Qual(is) é(são) a(s) forma(s) das superfícies eqüipotenciais entre eles? Explique sua resposta. (*b*) Qual(is) é(são) a(s) forma(s) das superfícies eqüipotenciais nas regiões que não estão entre eles? Explique sua resposta.

62 •• Um tubo Geiger consiste em dois elementos, uma casca cilíndrica metálica e longa e um fio metálico esticado e longo com o mesmo eixo central. Considere o tubo como se o fio e o cilindro fossem infinitamente longos. O fio central está carregado positivamente e o cilindro externo está carregado negativamente. A diferença de potencial entre o fio e o cilindro é 1,00 kV. (*a*) Quais são a direção e o sentido do campo elétrico dentro do tubo? (*b*) Qual elemento está no maior potencial? (*c*) Qual(is) é(são) a(s) forma(s) das superfícies eqüipotenciais no interior do tubo? (*d*) Considere as duas superfícies eqüipotenciais descritas na Parte (*c*). Suponha que a diferença de potencial entre elas é de 10 V. Estas superfícies eqüipotenciais próximas ao fio central teriam o mesmo espaçamento se elas estivessem próximas ao cilindro externo? Se a resposta for não, onde, no tubo, estão as superfícies eqüipotenciais que estão mais espaçadas? Explique sua resposta.

63 •• Considere que o cilindro no tubo Geiger no Problema 62 tem um diâmetro interno de 4,00 cm e o fio tem um diâmetro de 0,500 mm. O cilindro está aterrado, portanto, seu potencial é igual a zero. (*a*) Qual é o raio da superfície eqüipotencial que tem um potencial igual a 500 V? Esta superfície está mais próxima do fio ou do cilindro? (*b*) Qual a distância entre as superfícies eqüipotenciais que têm potenciais de 200 e 225 V? (*c*) Compare seu resultado na Parte (*b*) com a distância entre as duas superfícies que têm potenciais de 700 e 725 V, respectivamente. O que esta comparação lhe diz sobre a magnitude do campo elétrico como função da distância ao fio central?

64 •• Uma partícula puntiforme que tem uma carga de +11,1 nC está na origem. (*a*) Qual(is) é(são) a(s) forma(s) das superfícies eqüipotenciais na região em volta desta carga? (*b*) Considerando o potencial como sendo zero em $r = \infty$, calcule os raios de cinco superfícies que têm potenciais iguais a 20,0 V, 40,0 V, 60,0 V, 80,0 V e 100,0 V e represente-as em escala, centradas na carga. (*c*) Estas superfícies estão igualmente espaçadas? Explique sua resposta. (*d*) Estime o valor da magnitude do campo elétrico entre as superfícies eqüipotenciais de 40,0 V e 60,0 V dividindo a diferença entre estes dois potenciais pela diferença entre os dois raios. Compare esta estimativa com o valor exato na posição intermediária entre estas duas superfícies.

ENERGIA POTENCIAL ELETROSTÁTICA

65 • Três cargas puntiformes estão no eixo x: q_1 está na origem, q_2 está em $x = +3,00$ m e q_3 está em $x = +6,00$ m. Determine a energia potencial eletrostática deste sistema de cargas para os seguintes valores de carga: (*a*) $q_1 = q_2 = q_3 = +2,00\ \mu C$; (*b*) $q_1 = q_2 = +2,00\ \mu C$

e $q_3 = -2{,}00$ μC; (c) $q_1 = q_3 = +2{,}00$ μC e $q_2 = -2{,}00$ μC. (Considere que a energia potencial seja zero quando as cargas estiverem muito afastadas.)

66 • Cargas puntiformes q_1, q_2 e q_3 estão fixas nos vértices de um triângulo eqüilátero cujos lados tem comprimento de 2,50 m. Determine a energia potencial eletrostática deste sistema de cargas para os seguintes valores de carga: (a) $q_1 = q_2 = q_3 = +4{,}20$ μC, (b) $q_1 = q_2 = +4{,}20$ μC e $q_3 = -4{,}20$ μC; e (c) $q_1 = q_2 = -4{,}20$ μC e $q_3 = +4{,}20$ μC. (Considere que a energia potencial seja zero quando as cargas estão muito afastadas.)

67 •• (a) Quanta carga está na superfície de um condutor esférico isolado que tem raio de 10,0 cm e está carregado com 2,00 kV? (b) Qual é a energia potencial eletrostática deste condutor? (Considere que o potencial é zero distante da esfera.)

68 ••• Quatro cargas puntiformes, cada uma com magnitude 2,00 μC, estão nos vértices de um quadrado com lados de 4,00 m de comprimento. Determine a energia potencial eletrostática deste sistema nas seguintes condições: (a) todas as cargas são negativas; (b) três das cargas são positivas e uma é negativa, (c) as cargas em dois vértices adjacentes são positivas e as outras duas são negativas e (d) as cargas em dois vértices opostos são positivas e as outras duas são negativas. (Considere que a energia potencial é zero quando as cargas puntiformes estão muito distantes.)

69 •• Quatro cargas puntiformes estão fixas nos vértices de um quadrado centrado na origem. O comprimento de cada lado do quadrado é $2a$. As cargas estão localizadas em: $+q$ está em $(-a, +a)$, $+2q$ está em $(+a, +a)$, $-3q$ está em $(+a, -a)$ e $+6q$ está em $(-a, -a)$. Uma quinta partícula com massa m e carga $+q$ é colocada na origem e liberada a partir do repouso. Determine sua rapidez quando ela estiver bem distante da origem.

70 •• Considere que duas partículas puntiformes, com carga $+e$, estão em repouso e separadas por $1{,}50 \times 10^{-15}$ m. (a) Quanto trabalho foi necessário para colocá-las juntas a partir de uma separação muito grande? (b) Se elas forem liberadas, quanta energia cinética elas terão quando estiverem separadas pelo dobro de sua separação inicial? (c) A massa de cada partícula é 1,00 u (1,00 uma). Que rapidez cada uma terá quando estiverem bem afastadas?

71 ••• Considere um elétron e um próton que estão inicialmente em repouso e separados por 2,00 nm. Desprezando qualquer movimento do próton, que é muito mais massivo, qual é a mínima (a) energia cinética e (b) rapidez com as quais o elétron deve ser projetado para que atinja um ponto a uma distância de 12,0 nm do próton? Considere que a velocidade do elétron esteja dirigida radialmente, se afastando do próton. (c) A que distância o elétron viajará do próton se ele tiver o dobro desta energia cinética inicial?

PROBLEMAS GERAIS

72 • Uma carga puntiforme positiva igual a $4{,}80 \times 10^{-19}$ C está separada de uma carga puntiforme negativa de mesma magnitude por $6{,}40 \times 10^{-10}$ m. Qual é o potencial elétrico em um ponto a $9{,}20 \times 10^{-10}$ m de cada uma das duas cargas?

73 • Duas cargas puntiformes positivas com carga $+q$ estão fixas no eixo y em $y = +a$ e $y = -a$. (a) Determine o potencial elétrico em qualquer ponto no eixo x. (b) Use seu resultado na Parte (a) para determinar o campo elétrico em qualquer ponto no eixo x.

74 • Se uma esfera condutora deve ser carregada com um potencial de 10,0 kV, qual é o menor raio possível da esfera para que o campo elétrico próximo à superfície da esfera não exceda a resistência do ar?

75 •• **Planilha Eletrônica** Dois fios paralelos infinitamente longos têm carga uniforme por unidade de comprimento λ e $-\lambda$, respectivamente. Os fios são paralelos ao eixo z. O fio carregado positivamente intercepta o eixo x em $x = -a$, e o fio carregado negativamente intercepta o eixo x em $x = +a$. (a) Escolha a origem como o ponto de referência onde o potencial é zero, e expresse o potencial em um ponto arbitrário (x, y) no plano xy em termos de x, y, λ e a. Use esta expressão para encontrar o potencial em todos os pontos do eixo y. (b) Usando $a = 5{,}00$ cm e $\lambda = 5{,}00$ nC/m, obtenha a equação para a superfície eqüipotencial no plano xy que passa através do ponto $x = \frac{1}{4}a$, $y = 0$. (c) Use um programa de planilha eletrônica para fazer um gráfico da superfície eqüipotencial encontrada na Parte (b).

76 •• A curva eqüipotencial cujo gráfico foi feito no Problema 75 deveria ser um círculo. (a) Mostre matematicamente que ela é um círculo. (b) O círculo eqüipotencial no plano xy é a interseção de uma superfície eqüipotencial tridimensional e o plano xy. Descreva a superfície tridimensional usando uma ou duas sentenças.

77 ••• O átomo de hidrogênio no seu estado fundamental pode ser modelado como uma carga puntiforme positiva de magnitude $+e$ (o próton) circundada por uma distribuição de carga negativa com densidade de carga (o elétron) que varia com a distância ao centro do próton r como $\rho(r) = -\rho_0 e^{-2r/a}$ (um resultado obtido da mecânica quântica), onde $a = 0{,}523$ nm é a distância mais provável do elétron ao próton. (a) Calcule o valor de ρ_0 necessário para que o átomo de hidrogênio seja neutro. (b) Calcule o potencial eletrostático (relativo ao infinito) deste sistema como função da distância r ao próton.

78 •• Carga é fornecida à cúpula metálica de um gerador de Van de Graaff pela correia a uma taxa de 200 μC/s quando a diferença de potencial entre a correia e a cúpula é 1,25 MV. A cúpula transfere carga para a atmosfera à mesma taxa, mantendo a diferença de potencial de 1,25 MV. Qual a potência mínima necessária para mover a correia e manter a diferença de potencial de 1,25 MV?

79 •• Uma carga puntiforme positiva $+Q$ está localizada no eixo x em $x = -a$. (a) Quanto trabalho é necessário para trazer uma carga puntiforme idêntica do infinito ao ponto no eixo x em $x = +a$? (b) Com as duas cargas puntiformes idênticas nos lugares, em $x = -a$ e em $x = +a$, quanto trabalho é necessário para trazer uma terceira carga puntiforme $-Q$ do infinito até a origem? (c) Quanto trabalho é necessário para mover a carga $-Q$ da origem até o ponto no eixo x em $x = 2a$ ao longo do caminho semicircular mostrado (Figura 23-25)?

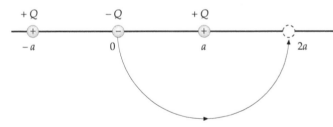

FIGURA 23-35 Problema 79

80 •• Uma carga de $+2{,}00$ nC está uniformemente distribuída em um anel de raio 10,0 cm que está no plano $x = 0$ e está centrada na origem. Um carga puntiforme de $+1{,}00$ nC está inicialmente localizada no eixo x em $x = 50{,}0$ cm. Determine o trabalho necessário para mover a carga puntiforme até a origem.

81 •• Duas esferas metálicas têm raio de 10,0 cm cada uma. Os centros das duas esferas estão separados por 50,0 cm. As esferas estão inicialmente neutras, mas uma carga Q é transferida de uma esfera para a outra, criando uma diferença de potencial entre elas de 100 V. Um próton é liberado do repouso na superfície da esfera carregada positivamente e viaja para a esfera carregada negativamente. (a) Qual é a energia cinética assim que ele chega na esfera carregada negativamente? (b) Com que rapidez ele colide na esfera?

82 • **Planilha Eletrônica** (*a*) Usando um programa com planilha eletrônica faça um gráfico de $V(z)$ *versus* z para um anel uniformemente carregado no plano $z = 0$ e centrado na origem. O potencial no eixo z é dado por $V(z) = kQ/\sqrt{a^2 + z^2}$ (Equação 23-19). (*b*) Use seu gráfico para estimar os pontos no eixo z onde a magnitude do campo elétrico é máxima.

83 •• Um condutor esférico de raio R_1 está carregado com 20 kV. Quando ele é conectado através de um fio condutor muito fino e longo, a um segundo condutor esférico bem distante, seu potencial cai para 12 kV. Qual é o raio da segunda esfera?

84 •• Uma esfera metálica centrada na origem tem uma densidade superficial de carga que tem magnitude de 24,6 nC/m^2 e um raio menor que 2,00 m. A uma distância de 2,00 m da origem, o potencial elétrico é 500 V e a magnitude do campo elétrico é 250 V/m. (Considere o potencial como zero muito longe da esfera.) (*a*) Qual é o raio da esfera metálica? (*b*) Qual é o sinal da carga na esfera? Explique sua resposta.

85 •• Ao longo do eixo central de um disco carregado uniformemente, em um ponto a 0,60 m do centro do disco, o potencial é 80 V e a intensidade do campo elétrico é 80 V/m. A uma distância de 1,5 m, o potencial é 40 V e a intensidade do campo elétrico é 23,5 V/m. (Considere que o potencial seja zero muito distante do disco). Determine a carga total do disco.

86 •• Um núcleo de ^{210}Po radioativo emite uma partícula α de carga $+2e$. Quando a partícula α está a uma grande distância do núcleo, ela tem uma energia cinética de 5,30 MeV. Considere que a partícula α tenha uma energia cinética desprezível quando ela deixa a superfície do núcleo. O núcleo "filho" (ou residual) ^{206}Pb tem uma carga de $+82e$. Determine o raio do núcleo de ^{206}Pb. (Despreze o raio da partícula α e considere que o núcleo de ^{206}Pb permanece em repouso.)

87 ••• (*a*) A configuração A consiste em duas partículas puntiformes, uma tem carga $+q$ e está no eixo x em $x = +d$ e a outra partícula tem carga $-q$ e está em $x = -d$ (Figura 23-26*a*). Considerando que o potencial seja zero a grandes distâncias das partículas carregadas, mostre que o potencial também é zero em todos os pontos do plano $x = 0$. (*b*) A configuração B consiste em uma placa plana metálica de extensão infinita e uma partícula puntiforme localizada a uma distância d da placa (Figura 23-36*b*). A partícula puntiforme tem uma carga igual a $+q$ e a placa está aterrada. (O aterramento da placa obriga o seu potencial a ser igual a zero.) Escolha a linha perpendicular à placa e que passa através da carga puntiforme como o eixo x, e escolha a origem na superfície da placa, o mais próximo da partícula. (Estas escolhas colocam a partícula no eixo x em $x = +d$). Para a configuração B, o potencial é zero em todos os pontos no semi-espaço $x \geq 0$ que estão muito afastados da partícula e em todos os pontos no plano $x = 0$ — assim como no caso da configuração A. Um teorema, denominado *teorema da unicidade*, implica que através do semi-espaço $x \geq 0$ a função potencial V — e, portanto, o campo elétrico $\vec{E}$ — para as duas configurações são idênticos. Usando este resultado, obtenha o campo elétrico $\vec{E}$ em cada ponto no plano $x = 0$ na configuração B. (O teorema da unicidade diz que na configuração B o campo elétrico em cada ponto no plano $x = 0$ é o mesmo que na configuração A.) Use este resultado para encontrar a densidade superficial de carga σ em cada ponto no plano condutor (na configuração B).

88 ••• Uma partícula de massa m e uma carga positiva q está restrita ao movimento ao longo do eixo x. Em $x = -L$ e em $x = L$, estão dois anéis carregados de raio L (Figura 23-37). Cada anel está centrado no eixo x e está em um plano perpendicular a ele. Cada anel tem uma carga total positiva Q uniformemente distribuída. (*a*) Obtenha uma expressão para o potencial $V(x)$ no eixo x devido à carga nos anéis. (*b*) Mostre que $V(x)$ tem um mínimo em $x = 0$. (*c*) Mostre que, para $|x| \ll L$, o potencial tende à forma $V(x) = V(0) + \alpha x^2$. (*d*) Use o resultado da Parte (*c*) para deduzir uma expressão para a freqüência angular de oscilação da massa m se ela for levemente deslocada da origem e liberada. (Considere que o potencial seja zero nos pontos distantes dos anéis.)

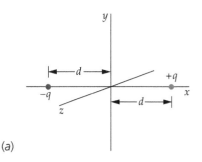

(a)

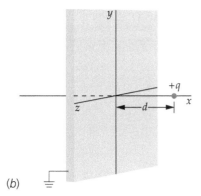

(b)

FIGURA 23-36 Problema 87

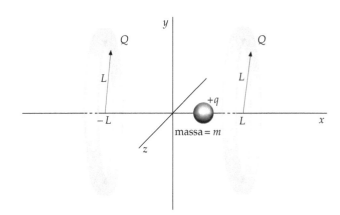

FIGURA 23-37 Problema 88

89 ••• Três finas cascas esféricas condutoras e concêntricas têm raio a, b e c e $a < b < c$. Inicialmente, a casca interna está descarregada, a casca intermediária tem uma carga positiva $+Q$ e a casca externa tem uma carga $-Q$. (Considere que o potencial seja zero em pontos bem distantes das cascas.) (*a*) Determine o potencial elétrico de cada uma das três cascas. (*b*) Se as cascas interna e externa forem, agora, conectadas por um fio condutor que está isolado e que passa através de um pequeno orifício pela esfera intermediária, qual é o potencial elétrico de cada uma das três cascas e qual é a carga final em cada uma?

90 ••• Considere duas finas cascas esféricas metálicas e concêntricas, de raio a e b, onde $b \geq a$. A casca externa tem uma carga Q, mas a interna está aterrada. Isso significa que o potencial na casca interna é o mesmo que o potencial nos pontos afastados das cascas. Determine a carga na casca interna.

91 ••• Mostre que o trabalho total necessário para agregar uma esfera carregada uniformemente que tem uma carga total Q e um

108 | CAPÍTULO 23

raio R é dado por $3Q^2/(20\pi\epsilon_0 R)$. A conservação de energia nos diz que este resultado é o mesmo que a energia potencial eletrostática da esfera. *Dica: Seja ρ a densidade de carga da esfera que tem carga Q e raio R. Calcule o trabalho dW para trazer uma carga dq do infinito até a superfície de uma esfera uniformemente carregada de raio r ($r < R$) e densidade de carga ρ. (Nenhum trabalho adicional é necessário para arrastar dq através da casca esférica de raio r, espessura dr e densidade de carga ρ. Por quê?)*

92 ••• (*a*) Use o resultado do Problema 91 para calcular o *raio clássico do elétron*, o raio de uma esfera uniforme que tem carga $-e$ e uma energia potencial eletrostática igual à energia de repouso do elétron ($5,11 \times 10^5$ eV). Comente sobre os defeitos deste modelo para o elétron. (*b*) Repita o cálculo na Parte (*a*) para um próton usando sua energia de repouso de 938 MeV. Experimentos indicam que o próton tem um raio aproximado de cerca de $1,2 \times 10^{-15}$ m. Seu resultado está próximo deste valor?

93 ••• (*a*) Considere uma esfera uniformemente carregada com raio R e carga Q e constituída por um fluido incompressível, tal como a água. Se a esfera fissiona (se parte) em duas metades de mesmo volume e mesma carga, e se estas metades se estabilizam em esferas carregadas uniformemente, qual é o raio R' de cada uma? (*b*) Usando a expressão para a energia potencial mostrada no Problema 91, calcule a variação na energia potencial eletrostática total do fluido carregado. Considere que as esferas estejam separadas por uma grande distância.

94 ••• O Problema 93 pode ser modificado para ser usado como um modelo muito simples para fissão nuclear. Quando um núcleo de ^{235}U absorve um nêutron, ele pode fissionar nos fragmentos ^{140}Xe, ^{94}Sr e 2 nêutrons. O ^{235}U tem 92 prótons, enquanto o ^{140}Xe tem 54 prótons e o ^{94}Sr tem 38 prótons. Estime o valor da energia liberada durante este processo de fissão (em MeV), considerando que a densidade de massa do núcleo é constante e tem um valor de 4×10^{17} kg/m^3.

Capacitância

24-1 Capacitância
24-2 O Armazenamento de Energia Elétrica
24-3 Capacitores, Baterias e Circuitos
24-4 Dielétricos
24-5 Visão Molecular de um Dielétrico

CAPÍTULO 24

Quantas pessoas você conhece que *não têm* uma câmera digital, um telefone celular, uma combinação de telefone celular/câmera digital ou qualquer um dentre uma miríade de dispositivos eletrônicos portáteis adicionais? Virtualmente todos os dispositivos eletrônicos portáteis contêm um ou mais capacitores e, hoje em dia, parece inimaginável a vida sem estes dispositivos. Vivemos em uma era agitada, apesar de conseguirmos nos comunicar com pessoas que são importantes para nós utilizando telefones celulares, de apreciarmos música usando dispositivos do tipo mp3 *players* e, até, de checarmos e enviarmos mensagens de correio eletrônico usando dispositivos PDA (assistente pessoal digital).[1]

Nos capítulos anteriores, discutimos a relação entre campos elétricos e cargas e como a relação entre as cargas se traduz em energia potencial elétrica. Agora mostraremos, usando o conceito de capacitância, que a energia potencial pode ser armazenada e liberada.

Neste capítulo, estudaremos circuitos contendo baterias e capacitores. Nos próximos capítulos, os conceitos de potencial elétrico e capacitância serão desenvolvidos adicionalmente à medida que eles serão relacionados a circuitos contendo resistores, indutores e outros dispositivos.

A ENERGIA PARA A LÂMPADA DE UMA CÂMERA FOI TRANSFERIDA DE UMA BATERIA PARA UM CAPACITOR.

? Como você determina quanta energia pode ser armazenada em um capacitor? (Veja o Exemplo 24.3.)

24-1 CAPACITÂNCIA

O potencial V de um condutor isolado devido à sua carga Q é proporcional a Q e depende do tamanho e da forma do condutor. Tipicamente, quanto maior é a área superficial de um condutor, mais carga ele pode armazenar para um dado potencial. Por exemplo, se o potencial é escolhido como zero no infinito, o potencial de um condutor esférico de raio R e carga Q é

$$V = \frac{kQ}{R}$$

(A equação para uma esfera isolada $V = kQ/R$ (Equação 23-22) foi determinada no Capítulo 23.) A razão Q/V da carga em relação ao potencial de um condutor isolado é denominada **autocapacitância** C. Um **capacitor** é um dispositivo que consiste em dois condutores, um com carga Q e o outro com carga $-Q$. A razão da carga Q pela diferença de potencial V entre os dois condutores é denominada **capacitância** do capacitor.

$$C = \frac{Q}{V} \qquad \qquad 24\text{-}1$$

DEFINIÇÃO — CAPACITÂNCIA

Capacitância é uma medida da capacidade de armazenar carga para uma dada diferença de potencial. Como a diferença de potencial é proporcional à carga, es-

Capacitores são usados em um grande número de dispositivos eletrônicos comuns, como os aparelhos de televisão. Alguns capacitores são usados para armazenar energia, mas a maioria é usada para filtrar freqüências elétricas indesejadas. (© *Tom Pantages Images.*)

---

[1] Do inglês, PDA é o acrônimo de *Personal Digital Assistant*. (N.T.)

ta razão não depende de Q ou V, mas apenas do tamanho, forma e posição relativa entre os condutores. A autocapacitância de um condutor esférico é

$$C = \frac{Q}{V} = \frac{Q}{kQ/R} = \frac{R}{k} = 4\pi\epsilon_0 R \qquad 24\text{-}2$$

A unidade de capacitância no SI é coulomb por volt, que é chamado de **farad** (F) em homenagem ao grande experimentalista inglês Michael Faraday:

$$1\,\text{F} = 1\,\text{C/V} \qquad 24\text{-}3$$

O farad é uma unidade um tanto grande e, portanto, geralmente são usados submúltiplos como o microfarad (1 μF = 10^{-6} F) ou o picofarad (1 pF = 10^{-12} F). Como a capacitância é dada em farads e R é dada em metros, vemos da Equação 24-2 que a unidade no SI para a constante elétrica (a permissividade do espaço vazio), ϵ_0, também pode ser escrita como farad por metro:

$$\epsilon_0 = 8{,}85 \times 10^{-12}\,\text{F/m} = 8{,}85\,\text{pF/m} \qquad 24\text{-}4$$

CONSTANTE ELÉTRICA

PROBLEMA PRÁTICO 24-1
Determine o raio de um condutor esférico que tem uma capacitância de 1,0 F.

CHECAGEM CONCEITUAL 24-1

Uma esfera de capacitância C_1 possui uma carga de 20 μC. Se a carga aumentar para 60 μC, qual será a nova capacitância C_2?

O farad é, de fato, uma unidade muito grande.

CAPACITORES

O processo de carga de um capacitor geralmente envolve a transferência de carga Q de um condutor para o outro, deixando um deles com uma carga $+Q$ e o outro com carga $-Q$. A capacitância do dispositivo é definida como Q/V, onde Q é a magnitude da carga em qualquer um dos condutores e V é a magnitude da diferença de potencial entre os condutores. Para calcular a capacitância, colocamos cargas iguais com sinais opostos nos condutores e, então, encontramos a diferença de potencial V primeiro calculando o campo elétrico $\vec{E}$ devido às cargas e, depois, calculando V a partir de $\vec{E}$.

Quando falamos da carga em um capacitor, estamos falando do módulo da carga em qualquer um dos dois condutores. O uso de V no lugar de ΔV para a magnitude da diferença de potencial entre as placas é padrão e simplifica muito as equações relacionadas à capacitância.

O primeiro capacitor foi a garrafa de Leyden (Figura 24-1), um recipiente de vidro revestido com metal no lado de fora e na base, e preenchido com água ou revestido com uma folha metálica no interior. Ela foi inventada na Universidade de Leyden na Holanda por experimentalistas que, enquanto estudavam os efeitos das cargas elétricas em pessoas e animais, tiveram a idéia de tentar armazenar uma grande quantidade de carga em uma garrafa de água. Um experimentalista segurava uma garrafa de água em uma das mãos enquanto era conduzida carga para a água através de uma corrente conectada a um gerador eletrostático. Quando o experimentalista tentou retirar a corrente da água com a outra mão, tomou um choque elétrico que o derrubou, inconsciente. Benjamin Franklin percebeu que o dispositivo para armazenamento de carga não precisava ter a forma de uma garrafa e usou vidro de janela recoberto com folhas metálicas, chamado de condensador de Franklin. Usando vários destes condensadores em paralelo, Franklin armazenou uma grande quantidade de carga e tentou matar um peru. Em vez disso, ele mesmo levou um choque. Mais tarde, Franklin escreveu, "Eu tentei matar um peru, mas quase consegui matar um pato".

CAPACITORES DE PLACAS PARALELAS

Um capacitor comum é o **capacitor de placas paralelas**, que utiliza duas placas condutoras paralelas. Na prática, as placas são geralmente finas folhas metálicas separadas e isoladas uma da outra por um fino filme plástico. Este "sanduíche" é, então, enrolado, o que permite uma grande área superficial em um espaço relativamente pequeno. Seja A a área da superfície (a área daquele lado de cada placa que está de

FIGURA 24-1 Garrafa de Leyden com sinetas. A sineta no pólo através da tampa está conectada a um condutor no lado interno da superfície da garrafa. A segunda sineta está conectada ao condutor na superfície externa da garrafa. O sistema é energizado conectando uma bateria entre as duas sinetas por um curto intervalo de tempo. Depois que a bateria é removida, a bola condutora oscila de uma sineta à outra, transferindo carga pouco a pouco ao longo do tempo. *(Cortesia de Bernhard Thomas.)*

frente à outra placa) e seja d a distância de separação, que é muito pequena comparada ao comprimento e à largura das placas. Colocamos uma carga $+Q$ em uma das placas e $-Q$ na outra. Estas cargas se atraem e se distribuem uniformemente nas superfícies internas das placas. Como as placas estão muito próximas, o campo elétrico entre elas é uniforme e tem módulo igual a $E = \sigma/\epsilon_0$. [No Capítulo 22 foi determinado que a magnitude do campo elétrico próximo à superfície externa de um condutor é dada por $E = \sigma/\epsilon_0$ (Equação 22-21).] Como $\vec{E}$ é uniforme entre as placas (Figura 24-2), a diferença de potencial entre elas é igual à magnitude do campo elétrico E multiplicada pela separação entre as placas d:

$$V = Ed = \frac{\sigma}{\epsilon_0}d = Qd/(\epsilon_0 A) \qquad \text{24-5}$$

onde substituímos Q/A por σ. A capacitância do capacitor de placas paralelas é, portanto,

$$C = \frac{Q}{V} = \frac{Q}{Qd/(\epsilon_0 A)} = \frac{\epsilon_0 A}{d} \qquad \text{24-6}$$

CAPACITÂNCIA DE UM CAPACITOR DE PLACAS
PARALELAS

(a)

(b)

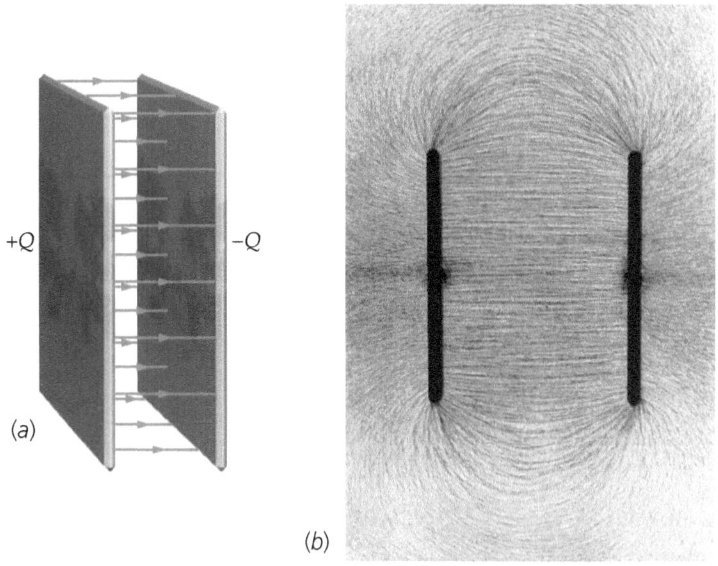

FIGURA 24-2 (a) Linhas de campo elétrico entre as placas de um capacitor de placas paralelas. As linhas estão igualmente espaçadas entre as placas, indicando que o campo elétrico é uniforme. (b) Linhas de campo elétrico de um capacitor de placas paralelas mostradas por pequenos pedaços de fibra suspensos em óleo. *(Harold M. Waage.)*

Observe que, como V é proporcional a Q, a capacitância não depende de Q nem de V. Para um capacitor de placas paralelas, a capacitância é proporcional à área das placas e é inversamente proporcional ao espaçamento (distância de separação). Em geral, a capacitância depende do tamanho, da forma e do arranjo geométrico dos condutores. A capacitância também depende das propriedades do meio isolante entre os condutores, como veremos na Seção 24-4.

ESTRATÉGIA PARA SOLUÇÃO DE PROBLEMAS

Calculando a Capacitância

SITUAÇÃO Faça um desenho do capacitor que tem uma carga $+Q$ em um condutor e uma carga $-Q$ no outro condutor.

SOLUÇÃO
1. Determine o campo elétrico $\vec{E}$, geralmente usando a lei de Gauss.
2. Determine a magnitude da diferença de potencial V entre os dois condutores integrando $dV = -\vec{E} \cdot d\vec{\ell}$ (Equação 23-2a).
3. A capacitância é igual a $C = Q/V$.

CHECAGEM Confira se o resultado depende apenas da constante elétrica* e dos fatores geométricos, como os comprimentos e áreas.

Exemplo 24-1 **A Capacitância de um Capacitor de Placas Paralelas**

Um capacitor de placas paralelas tem placas metálicas quadradas de lados com 10 cm de comprimento, separadas por 1,0 mm. (a) Calcule a capacitância deste dispositivo. (b) Quando este capacitor é carregado com 12 V, quanta carga é transferida de uma placa para a outra?

SITUAÇÃO A capacitância C é determinada pela área e pela separação entre as placas. Uma vez determinado C, a carga para uma dada tensão V é determinada pela definição de capacitância $C = Q/V$.

---

* A capacitância também depende das propriedades de qualquer material não-condutor colocado entre os condutores. Esta dependência será introduzida na Seção 24-4.

SOLUÇÃO

(a) Encontramos a capacitância usando $C = \epsilon_0 A/d$ (Equação 24-6):

$$C = \frac{\epsilon_0 A}{d} = \frac{(8{,}85 \text{ pF/m})(0{,}10 \text{ m})^2}{0{,}0010 \text{ m}} = 88{,}5 \text{ pF} = \boxed{89 \text{ pF}}$$

(b) A carga transferida é determinada por $Q = CV$ (a definição de capacitância):

$$Q = CV = (88{,}5 \text{ pF})(12 \text{ V}) = 1{,}06 \times 10^{-9} \text{ C} = \boxed{1{,}1 \text{ nC}}$$

CHECAGEM A expressão da Parte (b) tem unidade de farad multiplicado por volt. Como 1 F = 1 C/V (Equação 24-3), o produto de farad por volt é igual a coulomb, que é a unidade apropriada de carga.

INDO ALÉM Q é a magnitude da carga em cada placa do capacitor. Uma carga de 1,1 nC corresponde a uma transferência de $6{,}6 \times 10^9$ elétrons de uma placa para a outra.

PROBLEMA PRÁTICO 24-2 Qual deve ser a área da placa para que a capacitância seja igual a 1,0 F?

CAPACITORES CILÍNDRICOS

Um capacitor cilíndrico consiste em um longo cilindro condutor de raio R_1 e uma casca cilíndrica condutora, concêntrica, de raio R_2. Os cilindros têm o mesmo comprimento. Um cabo coaxial, como os utilizados em televisão a cabo, pode ser pensado como um capacitor cilíndrico. A capacitância por unidade de comprimento de um cabo coaxial é importante para determinar as características de transmissão do cabo.

Exemplo 24-2 Uma Expressão para a Capacitância de um Capacitor Cilíndrico

Determine uma expressão para a capacitância de um capacitor cilíndrico que consiste em dois condutores, cada um de comprimento L. Um dos condutores é um cilindro de raio R_1 e o segundo condutor é uma casca cilíndrica coaxial de raio interno R_2, onde $R_1 < R_2 \ll L$, como mostrado na Figura 24-3.

SITUAÇÃO Colocamos uma carga $+Q$ no condutor interno e uma carga $-Q$ no condutor externo e calculamos a diferença de potencial $V = V_{R_2} - V_{R_1}$ a partir do campo elétrico entre os condutores, o qual é determinado usando a lei de Gauss. Como o campo elétrico não é uniforme (ele depende da distância R do eixo), precisamos integrar $\vec{E}$ para determinar a diferença de potencial.

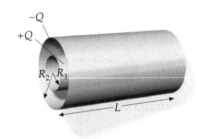

FIGURA 24-3

SOLUÇÃO

1. A capacitância é definida como a razão Q/V: $\qquad C = Q/V$

2. V está relacionado ao campo elétrico: $\qquad dV = -\vec{E} \cdot d\vec{\ell}$

3. Para determinar E_R escolha uma superfície gaussiana com o formato de uma lata de raio R e comprimento ℓ, onde $R_1 < R < R_2$ e $\ell \ll L$. A superfície gaussiana como um todo está localizada bem distante das extremidades dos condutores coaxiais (Figura 24-4):

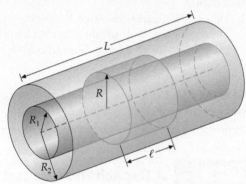

FIGURA 24-4

4. Na superfície gaussiana, $\vec{E}$ é nulo ou está na direção radial. Portanto, não há fluxo de $\vec{E}$ através das duas extremidades planas da lata. A área da superfície curva da lata é $2\pi R\ell$, e nesta superfície, $E_n = E_R$, e a lei de Gauss fornece:

$$\phi_{res} = \oint_S E_n \, dA = \frac{Q_{dentro}}{\epsilon_0}$$

onde

$$\oint_S E_n \, dA = \int_{\text{lado esquerdo}} E_n \, dA + \int_{\text{lado curvo}} E_n \, dA + \int_{\text{lado direito}} E_n \, dA$$

$$= 0 + \int_{\text{lado curvo}} E_R \, dA + 0 = E_R \int_{\text{lado curvo}} dA = E_R 2\pi R\ell$$

5. Substituindo $\oint_S E_n \, dA$ no passo anterior temos:

$$E_R 2\pi R\ell = \frac{Q_{dentro}}{\epsilon_0}$$

6. Considerando que a carga por unidade de comprimento na casca interna está uniformemente distribuída, encontre Q_{dentro}:

$$\frac{Q_{dentro}}{Q} = \frac{\ell}{L} \quad \text{então} \quad Q_{dentro} = \frac{\ell}{L}Q$$

7. Substitua Q_{dentro} no resultado do passo 5 e resolva para E_R:

$$E_R 2\pi R\ell = \frac{1}{\epsilon_0}\frac{\ell}{L}Q \quad \text{então} \quad E_R = \frac{Q}{2\pi L \epsilon_0 R}$$

8. Integre para determinar $V = |V_{R_2} - V_{R_1}|$:

$$V_{R_2} - V_{R_1} = \int_{V_{R_1}}^{V_{R_2}} dV = -\int_{R_1}^{R_2} E_R\, dR = -\frac{Q}{2\pi L\epsilon_0}\int_{R_1}^{R_2}\frac{dR}{R} = -\frac{Q}{2\pi L\epsilon_0}\ln\frac{R_2}{R_1}$$

então $\quad V = |V_{R_2} - V_{R_1}| = \frac{Q}{2\pi L\epsilon_0}\ln\frac{R_2}{R_1}$

9. Rearranje este resultado para determinar $C = Q/V$:

$$C = \frac{Q}{V} = \boxed{\frac{2\pi\epsilon_0 L}{\ln(R_2/R_1)}}$$

CHECAGEM O resultado do passo 9 está dimensionalmente correto. A capacitância sempre tem dimensão de ϵ_0 multiplicado pelo comprimento.

INDO ALÉM A capacitância de um capacitor cilíndrico é proporcional ao comprimento dos cilindros. Além disso, fomos capazes de fatorar E_R do integrando do passo 4 porque a simetria revela que E_R é o mesmo em todos os pontos do lado curvo da lata.

CHECAGEM CONCEITUAL 24-2

Como a capacitância é afetada se o potencial através de um capacitor cilíndrico aumentar de 20 V para 80 V?

Do Exemplo 24-2, vemos que a capacitância de um capacitor cilíndrico é dada por

$$C = \frac{2\pi\epsilon_0 L}{\ln(R_2/R_1)} \qquad 24\text{-}7$$

CAPACITÂNCIA DE UM CAPACITOR CILÍNDRICO

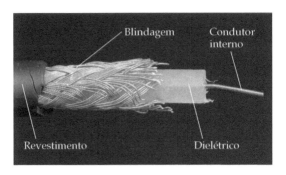

Um cabo coaxial é um longo capacitor cilíndrico que tem um fio sólido como condutor interno e uma blindagem de fio trançado como condutor externo. A cobertura externa de borracha foi removida para mostrar os condutores e o plástico branco isolante que os separa. A blindagem de fio trançado bloqueia o condutor interno dos campos elétricos do ambiente, pois este condutor conduz informações de interesse (como sinais de vídeo e de áudio para um programa de televisão). *(John Perry Fish.)*

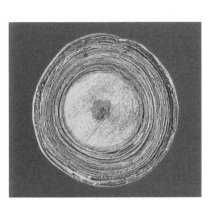

Seção transversal de um capacitor metálico enrolado. *(© Bruce Iverson.)*

Corte de um capacitor eletrolítico. O dielétrico é um isolante.

Um capacitor variável com espaçamento preenchido com ar, como os usados em circuitos de sintonia de velhos aparelhos de rádio. As placas semicirculares giram em relação às placas fixas, variando a área superficial entre as placas e, assim, a capacitância. (*Loren Winters/Visuals Unlimited.*)

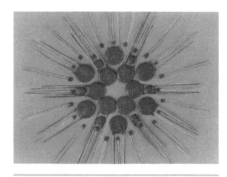

Capacitores cerâmicos para uso em circuitos eletrônicos. (*Cortesia de Tusonix, Tucson, AZ.*)

24-2 O ARMAZENAMENTO DE ENERGIA ELÉTRICA

Quando um capacitor está sendo carregado, elétrons são transferidos do condutor positivamente carregado para o condutor negativamente carregado. Isto deixa o condutor positivo com uma deficiência de elétrons e o condutor negativo com um excesso de elétrons. Alternativamente, a transferência de cargas positivas do condutor negativamente carregado para o positivamente carregado também pode carregar o capacitor. De qualquer forma, deve ser realizado trabalho para carregar o capacitor e, pelo menos parte deste trabalho, é armazenada como energia potencial eletrostática.

Iniciemos com dois condutores descarregados que não se tocam. Seja q a carga positiva que foi transferida durante os estágios iniciais do processo de carga. A diferença de potencial é, então, $V = q/C$. Se uma pequena quantidade de carga positiva adicional dq é, agora, transferida do condutor negativo para o positivo através de um aumento de potencial V (Figura 24-5), a energia potencial elétrica da carga e, portanto, do capacitor, aumenta de

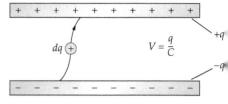

FIGURA 24-5 Quando uma pequena quantidade de carga positiva dq é movida do condutor negativo para o condutor positivo, sua energia potencial aumenta de $dU = V\,dq$, onde V é a diferença de potencial entre os condutores.

$$dU = V\,dq = \frac{q}{C}dq$$

O aumento total na energia potencial U é a integral de dU quando q aumenta desde zero até seu valor final Q (Figura 24-6):

$$U = \int dU = \int_0^Q \frac{q}{C}dq = \frac{1}{C}\int_0^Q q\,dq = \frac{1}{2}\frac{Q^2}{C}$$

Esta energia potencial é a energia armazenada no capacitor. Usando a definição de capacitância ($C = Q/V$), podemos expressar esta energia em termos de Q e V, C e V, ou Q e C:

$$U = \frac{1}{2}\frac{Q^2}{C} = \frac{1}{2}QV = \frac{1}{2}CV^2 \qquad 24\text{-}8$$

ENERGIA ARMAZENADA EM UM CAPACITOR

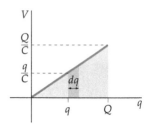

FIGURA 24-6 O trabalho necessário para carregar um capacitor é a integral de $V\,dq$ desde a carga original $q = 0$ até a carga final $q = Q$. Este trabalho é igual à área sob a curva. Isto é, o trabalho é igual à área do triângulo de altura Q/C e largura Q.

> **PROBLEMA PRÁTICO 24-3**
>
> Um capacitor de 185 μF é carregado com 200 V. Quanta energia é armazenada no capacitor?

> **PROBLEMA PRÁTICO 24-4**
>
> Obtenha a expressão para a energia eletrostática armazenada em um capacitor (Equação 24-8) de $U = \frac{1}{2}\sum_{i=1}^{n}Q_iV_i$ (Equação 23-29), usando $Q_1 = -Q$, $Q_2 = +Q$, $n = 2$ e $V_2 = V_1 + V$.

Considere que um capacitor seja carregado através da conexão com uma bateria. A diferença de potencial V quando o capacitor está totalmente energizado com carga $+Q$ em um dos condutores e carga $-Q$ no outro é simplesmente a diferença de potencial entre os terminais da bateria antes que eles fossem conectados ao capacitor. O trabalho total realizado *pela bateria* para carregar o capacitor é QV, que é o dobro da quantidade de energia armazenada no capacitor. O trabalho adicional realizado pela bateria é dissipado como energia térmica na bateria e nos fios conectores* ou irradiado na forma de ondas eletromagnéticas.†

Exemplo 24-3 Carregando um Capacitor de Placas Paralelas com uma Bateria

Um capacitor de placas paralelas com placas quadradas, cada uma com lado de 14 cm, separadas por 2,0 mm, é conectado a uma bateria e carregado com 12 V. (*a*) Qual é a carga no capacitor? (*b*) Quanta energia é armazenada no capacitor? (*c*) A bateria é, então, desconectada do capacitor e as placas são afastadas até que a separação entre elas aumente para 3,5 mm. Quanta varia a energia armazenada quando a separação entre as placas aumenta de 2,0 mm para 3,5 mm?

SITUAÇÃO (*a*) A carga no capacitor pode ser calculada a partir da capacitância. (*b*) A energia armazenada no capacitor pode ser calculada se conhecermos a carga e a capacitância. (*c*) A carga permanece constante quando as placas são afastadas, pois o capacitor não está conectado à bateria durante o afastamento. A variação na energia é determinada usando a carga e a nova diferença de potencial para calcular a nova energia, da qual subtraímos a energia original.

SOLUÇÃO

(*a*) 1. A carga Q no capacitor é igual ao produto de C_0 e V_0, onde C_0 é a capacitância e $V_0 = 12$ V é a tensão da bateria.

$$Q = C_0 V_0$$

2. A capacitância do capacitor de placas paralelas é dada pela Equação 24-6:

$$C_0 = \frac{\epsilon_0 A}{d_0}$$

3. Substitua para C_0 e calcule Q:

$$Q = C_0 V_0 = \frac{\epsilon_0 A}{d_0} V_0 = \frac{(8{,}85 \text{ pF/m})(0{,}14 \text{ m})^2}{0{,}0020 \text{ m}} (12 \text{ V}) = 1{,}04 \text{ nC}$$

$$= \boxed{1{,}0 \text{ nC}}$$

(*b*) Calcule a energia armazenada:

$$U_0 = \tfrac{1}{2} Q V_0 = \tfrac{1}{2}(1{,}04 \text{ nC})(12 \text{ V}) = 6{,}24 \text{ nJ} = \boxed{6{,}2 \text{ nJ}}$$

(*c*) 1. A bateria é desconectada e a separação entre as placas aumenta para 3,5 mm. A variação na energia é proporcional à variação na tensão:

$$\Delta U = U - U_0 = \tfrac{1}{2} Q V - \tfrac{1}{2} Q V_0 = \tfrac{1}{2} Q (V - V_0)$$

2. A tensão é a intensidade do campo E multiplicada pela separação d:

$$V = Ed \quad \text{e} \quad V_0 = E_0 d_0$$

3. Na superfície de um condutor, $E = \sigma/\epsilon_0$ (Equação 22-21). Enquanto o capacitor é desconectado, σ permanece constante. Logo, E permanece constante:

$$E = E_0$$

4. Combinando as duas últimas etapas chegamos a V proporcional a d:

$$E = \frac{V}{d} = \frac{V_0}{d_0} \quad \text{então} \quad V = \frac{d}{d_0} V_0$$

5. Substitua V na equação do passo 1 da Parte (*c*) usando o resultado do passo 4 da Parte (*c*). Resolva para ΔU usando o valor de U_0 da Parte (*b*):

$$\Delta U = \tfrac{1}{2} Q \left(\frac{d}{d_0} V_0 - V_0 \right) = \left(\frac{d}{d_0} - 1 \right) \left(\tfrac{1}{2} Q V_0 \right) = \left(\frac{d}{d_0} - 1 \right) U_0$$

$$= \left(\frac{3{,}5 \text{ mm}}{2{,}0 \text{ mm}} - 1 \right)(6{,}24 \text{ nJ}) = \boxed{4{,}7 \text{ nJ}}$$

CHECAGEM Um aumento na energia potencial provocado por um aumento na separação entre as cargas é esperado. As placas têm cargas com sinais opostos e, portanto, se atraem mutuamente. Assim, é necessário realizar trabalho para separá-las. Este trabalho realizado nas placas resulta em um aumento na energia potencial do sistema.

INDO ALÉM Uma aplicação da dependência da capacitância na distância de separação é mostrada na Figura 24-7.

PROBLEMA PRÁTICO 24-5 Determine a tensão final V entre as placas do capacitor.

PROBLEMA PRÁTICO 24-6 (*a*) Determine a capacitância inicial C_0 neste exemplo quando a separação entre as placas é 2,0 mm. (*b*) Determine a capacitância C quando a separação entre as placas é 3,5 mm.

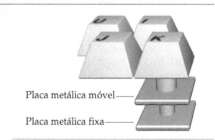

FIGURA 24-7 Variação da capacitância em teclados de computador. Uma placa metálica presa a cada uma das teclas atua como a placa superior de um capacitor. Ao pressionarmos alguma tecla, diminuímos a separação entre as placas superior e inferior, aumentando a capacitância, o que dispara o circuito eletrônico do computador para reconhecimento da tecla.

---

* Mostramos na Seção 25-6 que, se o capacitor estiver conectado a uma bateria ideal por fios com certa resistência R, metade da energia fornecida pela bateria para carregar o capacitor é dissipada como energia térmica nos fios.
† Mostramos na Seção 30-3 que, sob certas circunstâncias, o circuito atuará como uma antena de transmissão e uma porção significativa do trabalho será emitida na forma de radiação eletromagnética.

116 | CAPÍTULO 24

É instrutivo trabalhar a Parte (*c*) do Exemplo 24-3 de outra maneira. As placas de um capacitor, carregadas com sinais opostos, exercem forças atrativas entre si. É necessário realizar trabalho nas placas para vencer estas forças e aumentar a separação entre elas. Considere que a placa inferior seja mantida fixa e que a placa superior seja deslocada. A força na placa superior é a carga $+Q$ na placa multiplicada pelo campo elétrico $\vec{E}'$ *devido à carga* $-Q$ *na placa inferior*. Este campo é metade do campo total $\vec{E}$ entre as placas porque as cargas na placa superior e na placa inferior contribuem igualmente para o campo elétrico na região entre as placas. Quando a diferença de potencial é 12 V e a separação é 2,0 mm, a intensidade do campo total entre as placas é

$$E = \frac{V}{d} = \frac{12 \text{ V}}{2,0 \text{ mm}} = 6,0 \text{ V/mm} = 6,0 \text{ kV/m}$$

A intensidade da força exercida na placa superior pela placa inferior é, portanto,

$$F = QE' = Q(\tfrac{1}{2}E) = (1,04 \text{ nC})(3,0 \text{ kV/m}) = 3,1 \text{ } \mu\text{N}$$

O trabalho que precisa ser realizado para deslocar a placa superior por uma distância $\Delta d = 1,5$ mm é, então,

$$W = F \Delta d = (3,1 \text{ } \mu\text{N})(1,5 \text{ mm}) = 4,7 \text{ nJ}$$

Este valor é o mesmo que o número de joules calculado na Parte (*c*) do Exemplo 24-3. Este trabalho é igual ao aumento na energia potencial.

ENERGIA DO CAMPO ELETROSTÁTICO

Durante o processo de carga de um capacitor, um campo elétrico é produzido entre as placas. O trabalho necessário para carregar o capacitor pode ser entendido como o trabalho necessário para estabelecer o campo elétrico. Isto é, podemos pensar na energia armazenada no capacitor como sendo a energia armazenada no campo elétrico, denominada **energia do campo eletrostático**.

Considere um capacitor de placas paralelas. Podemos relacionar a energia armazenada no capacitor à intensidade do campo elétrico E entre as placas. A diferença de potencial entre as placas está relacionada ao campo elétrico por $V = Ed$, onde d é a distância de separação entre as placas. A capacitância é dada por $C = \epsilon_0 A/d$ (Equação 24-6). A energia armazenada (Equação 24-8) é

$$U = \frac{1}{2}CV^2 = \frac{1}{2}\left(\frac{\epsilon_0 A}{d}\right)(Ed)^2 = \frac{1}{2}\epsilon_0 E^2(Ad)$$

A quantidade Ad é o volume do espaço entre as placas do capacitor. Este volume é o volume da região que contém o campo elétrico. A energia por unidade de volume é chamada de **densidade de energia** u_e. A densidade de energia em um campo elétrico de intensidade E é, então,

$$u_e = \frac{energia}{volume} = \frac{1}{2}\epsilon_0 E^2 \qquad\qquad 24\text{-}9$$

DENSIDADE DE ENERGIA DE UM CAMPO ELETROSTÁTICO

Portanto, a energia por unidade de volume do campo eletrostático é proporcional ao quadrado da magnitude do campo elétrico. *Apesar de termos obtido a Equação 24-9 considerando o campo elétrico entre as placas de um capacitor de placas paralelas, o resultado se aplica a qualquer campo elétrico.* Sempre que houver um campo elétrico no espaço, a energia eletrostática por unidade de volume é dada pela Equação 24-9.

PROBLEMA PRÁTICO 24-7

(*a*) Calcule a densidade de energia u_e para o Exemplo 24-3 quando a separação entre as placas é 2,0 mm.

(*b*) Mostre que o aumento da energia no Exemplo 24-3 é igual a u_e multiplicado pelo aumento no volume ($A \Delta d$) da região entre as placas.

Podemos ilustrar a generalidade da Equação 24-9 calculando a energia do campo eletrostático de um condutor esférico de raio R e carga Q. A autocapacitância de um condutor esférico é dada por $C = R/k$ (Equação 24-2) e a energia potencial eletrostática é dada por $U = \frac{1}{2}Q^2/C$ (Equação 24-8). Assim, para um condutor esférico:

$$U = \frac{1}{2}\frac{Q^2}{C} = \frac{1}{2}\frac{Q^2}{R/k} = \frac{kQ^2}{2R} \qquad 24\text{-}10$$

Obtemos, agora, o mesmo resultado considerando a densidade de energia de um campo elétrico dado pela Equação 24-9. Quando o condutor tem uma carga Q, o campo elétrico é radial e é dado por

$$E_r = 0 \qquad r < R \text{ (dentro do condutor)}$$

$$E_r = \frac{kQ}{r^2} \qquad r > R \qquad \text{(fora do condutor)}$$

Como o campo elétrico é esfericamente simétrico, escolhemos uma casca esférica como elemento de volume. Se o raio da casca é r e sua espessura é dr, o volume é $d\mathcal{V} = 4\pi r^2\,dr$ (Figura 24-8). A energia dU neste elemento de volume é

$$dU = u_e\,d\mathcal{V} = \frac{1}{2}\epsilon_0 E^2 4\pi r^2\,dr$$

$$= \frac{1}{2}\epsilon_0\left(\frac{kQ}{r^2}\right)^2(4\pi r^2\,dr) = \frac{1}{2}(4\pi\epsilon_0 k^2)Q^2\frac{dr}{r^2} = \frac{1}{2}kQ^2\frac{dr}{r^2}$$

onde usamos $4\pi\epsilon_0 = 1/k$. Como o campo elétrico é zero para $r < R$, obtemos a energia total no campo elétrico integrando desde $r = R$ até $r = \infty$:

$$U = \int u_e\,d\mathcal{V} = \frac{1}{2}kQ^2\int_R^\infty r^{-2}\,dr = \frac{1}{2}k\frac{Q^2}{R} = \frac{1}{2}\frac{Q^2}{C} \qquad 24\text{-}11$$

que é igual à Equação 24-8.

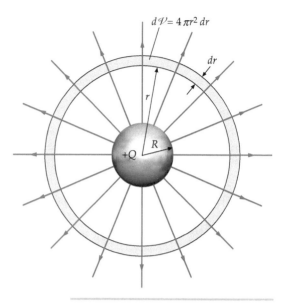

FIGURA 24-8 Geometria para o cálculo da energia eletrostática de um condutor esférico que tem carga Q. O volume do espaço entre r e $r + dr$ é $d\mathcal{V} = 4\pi r^2 dr$. A energia do campo eletrostático neste elemento de volume é $u_e d\mathcal{V}$, onde $u_e = \frac{1}{2}\epsilon_0 E^2$ é a densidade de energia.

24-3 CAPACITORES, BATERIAS E CIRCUITOS

A seguir examinaremos o que acontece quando um capacitor inicialmente descarregado é conectado aos terminais de uma bateria. A diferença de potencial entre os dois terminais de uma bateria é chamada de **tensão**. Os terminais de uma bateria (Figura 24-9) são conectados a condutores diferentes chamados de *eletrodos*, e, no interior da bateria, os eletrodos estão separados por um líquido condutor ou por uma pasta chamada de *eletrólito*. Devido às reações químicas na bateria, ocorre transferência de carga de um dos eletrodos para o outro. Isto deixa um dos eletrodos da bateria (o anodo) positivamente carregado, e o outro eletrodo (o catodo), negativamente carregado; esta separação de carga é mantida por reações químicas no interior da bateria. Dentro dela, há um campo elétrico apontando do eletrodo positivo em direção ao negativo.* Quando as placas de um capacitor descarregado são conectadas aos terminais da bateria, o eletrodo negativo compartilha sua carga negativa com a placa conectada a ele e o terminal positivo da bateria compartilha sua carga positiva com a placa conectada a ele. Este compartilhamento de carga momentaneamente reduz a quantidade de carga em cada um dos eletrodos da bateria e, portanto, diminui a diferença de potencial entre eles. Esta diminuição na tensão dispara as reações químicas no interior da bateria e ocorre transferência de carga de um eletrodo para o outro em um esforço para recuperar o nível inicial da tensão, que é chamada de **tensão de circuito aberto**. Estas reações químicas cessam quando a bateria transferiu suficiente carga de uma das placas do capacitor para a outra, a ponto de aumentar a diferença de potencial entre elas até o valor da tensão de circuito aberto da bateria.

Uma bateria é uma "bomba de cargas". Quando conectamos as placas de um capacitor descarregado aos terminais de uma bateria (Figura 24-10), a tensão da bateria

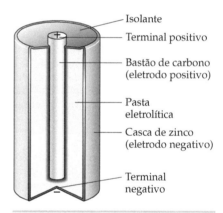

FIGURA 24-9 Uma célula de carbono e zinco.

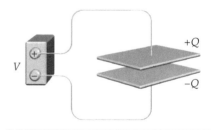

FIGURA 24-10 Quando os condutores de um capacitor descarregado são conectados aos terminais de uma bateria, ela "bombeia" cargas de um condutor para o outro até que a diferença de potencial entre eles seja igual à diferença de potencial de circuito aberto dos terminais da bateria.** A quantidade de carga transferida na bateria é $Q = CV$.

---
* Este campo elétrico do terminal positivo para o negativo existe tanto no lado de fora quanto no lado de dentro da bateria.
** Discutiremos sobre baterias em maiores detalhes no Capítulo 25. Aqui, tudo o que precisamos saber é que uma bateria é um dispositivo que armazena energia, fornece energia elétrica e bombeia carga em um esforço para recuperar a diferença de potencial entre seus terminais até atingir o valor da tensão de circuito aberto, V.

diminui. Isto resulta em um bombeamento de carga na bateria de uma das placas para a outra até que a tensão de circuito aberto seja novamente alcançada.

Em diagramas de circuitos elétricos, o símbolo que representa uma bateria é ⊣⊦⁺, onde a linha vertical mais longa representa o terminal positivo e a linha mais curta representa o terminal negativo. O símbolo que representa o capacitor é ⊣⊦.

> **PROBLEMA PRÁTICO 24-8**
>
> Um capacitor de 6,0 μF, inicialmente descarregado, é conectado aos terminais de uma bateria de 9,0 V. Qual é a quantidade total de carga que flui, então, através da bateria até que o capacitor atinja a tensão de circuito aberto da bateria?

COMBINAÇÕES DE CAPACITORES

Exemplo 24-4 Capacitores Conectados em Paralelo

Um circuito consiste em um capacitor de 6,0 μF, um capacitor de 12,0 μF, uma bateria de 12,0 V e um interruptor, conectados como mostra a Figura 24-11. Inicialmente, o interruptor está aberto e os capacitores estão descarregados. O interruptor é, então, fechado e os capacitores são carregados. Quando eles estiverem completamente carregados até que a tensão de circuito aberto da bateria seja estabelecida, (a) qual é o potencial de cada condutor no circuito? (Escolha o terminal negativo da bateria como o ponto de referência de potencial nulo.) (b) Qual é a carga em cada placa do capacitor? (c) Qual é o valor da carga total que passa através da bateria?

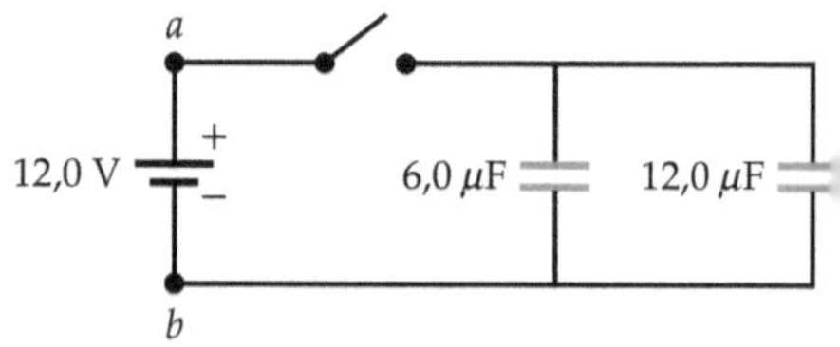

SITUAÇÃO O potencial é o mesmo através de um condutor em equilíbrio eletrostático. Assim, depois que cessa o fluxo de cargas, todos os condutores conectados entre si por um fio condutor estarão no mesmo potencial. A carga Q em um capacitor está relacionada à diferença de potencial V através do capacitor por $Q = CV$. Além disso, as cargas nas placas de um único capacitor são iguais em módulo e têm sinais contrários.

FIGURA 24-11

FIGURA 24-12

SOLUÇÃO

(a) Use uma caneta marcadora vermelha (①) para pintar o terminal positivo (+) da bateria e todos os condutores conectados a ele (Figura 24-12), e use uma caneta marcadora azul (②) para pintar o terminal negativo (−) da bateria e todos os condutores conectados a ele:

Todos os pontos pintados de vermelho (①) estão em um potencial $\boxed{V_a = 12\ \text{V}}$

Todos os pontos pintados de azul (②) estão em um potencial $\boxed{V_b = 0}$

(b) Use $Q = CV$ para determinar o módulo da carga nas placas. (A placa de um capacitor que tem o maior potencial tem uma carga positiva):

$Q_1 = C_1 V = (6{,}0\ \mu\text{F})(12{,}0\ \text{V}) = \boxed{72\ \mu\text{C}}$

$Q_2 = C_2 V = (12{,}0\ \mu\text{F})(12{,}0\ \text{V}) = \boxed{144\ \mu\text{C}}$

(c) As placas tornam-se carregadas porque a bateria age como uma bomba de cargas:

$Q = Q_1 + Q_2 = \boxed{216\ \mu\text{C}}$

CHECAGEM A carga no capacitor de 6,0 μF é o dobro da carga no capacitor de 12,0 μF quando a tensão em cada uma é de 12,0 V. Este resultado está de acordo com o esperado. A capacitância de um capacitor é uma medida de sua capacidade de armazenar carga para uma dada tensão.

INDO ALÉM A capacitância equivalente de uma combinação de dois capacitores é Q/V, onde Q é a carga passando pela bateria e V é a tensão do circuito aberto da bateria. Para este exemplo, $C_{eq} = (216\ \mu\text{C})/(12{,}0\ \text{V}) = 18{,}0\ \mu\text{F}$.

Quando dois capacitores estão conectados como mostrado na Figura 24-13, com as duas placas superiores dos dois capacitores conectadas a um fio condutor e, portanto, em um potencial comum, e as placas inferiores também conectadas entre si e em um potencial comum, como no caso dos capacitores do Exemplo 24-4, dizemos que eles estão **conectados em paralelo**. Dispositivos conectados em paralelo compartilham uma diferença de potencial comum *devido, somente, à maneira como eles estão conectados*.

Na Figura 24-13 considere que os pontos a e b estejam conectados a uma bateria ou algum outro dispositivo que mantenha uma diferença de potencial $V = V_a - V_b$

entre as placas de cada capacitor. Se as capacitâncias são C_1 e C_2, as cargas Q_1 e Q_2 armazenadas nas placas são dadas por

$$Q_1 = C_1 V$$

e

$$Q_2 = C_2 V$$

A carga total armazenada é

$$Q = Q_1 + Q_2 = C_1 V + C_2 V = (C_1 + C_2)V$$

Uma combinação de capacitores em um circuito pode, algumas vezes, ser substituída por um único capacitor que é equivalente, operacionalmente, à combinação. O capacitor substituto terá uma **capacitância equivalente**. Isto é, se uma combinação de capacitores inicialmente descarregados é conectada a uma bateria, a carga Q que flui através da bateria enquanto a combinação de capacitores é carregada é a mesma que flui através da mesma bateria se ela estiver conectada a um único capacitor descarregado com a capacitância equivalente. Assim, a capacitância equivalente de dois capacitores em paralelo é a razão entre as cargas $Q_1 + Q_2$ e a diferença de potencial:

$$C_{eq} = \frac{Q}{V} = \frac{Q_1 + Q_2}{V} = \frac{Q_1}{V} + \frac{Q_2}{V} = C_1 + C_2 \qquad 24\text{-}12$$

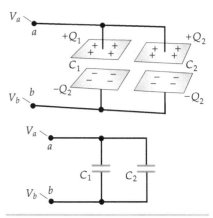

FIGURA 24-13 Dois capacitores em paralelo. As placas superiores estão conectadas entre si por um condutor e, portanto, estão em um potencial comum V_a; as placas inferiores estão conectadas de forma semelhante e, portanto, estão em um potencial comum V_b.

Portanto, para dois capacitores em paralelo, C_{eq} é a soma das capacitâncias individuais. Quando adicionamos um segundo capacitor em paralelo ao primeiro, aumentamos a capacitância da combinação. A área na qual a carga é distribuída aumenta efetivamente, permitindo que mais carga seja armazenada para uma mesma diferença de potencial.

O mesmo raciocínio pode ser estendido a três ou mais capacitores conectados em paralelo, como na Figura 24-14:

$$C_{eq} = C_1 + C_2 + C_3 + \ldots \qquad 24\text{-}13$$

CAPACITÂNCIA EQUIVALENTE PARA CAPACITORES EM PARALELO

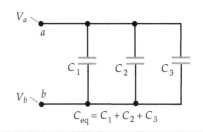

FIGURA 24-14 Três capacitores em paralelo. O efeito de adicionar um capacitor em paralelo a uma combinação de capacitores é o de aumentar a capacitância equivalente.

Exemplo 24-5 Capacitores Conectados em Série

Um circuito consiste em um capacitor de 6,0 μF, um capacitor de 12,0 μF, uma bateria de 12,0 V e um interruptor, conectados como mostra a Figura 24-15. Inicialmente, o interruptor está aberto e os capacitores estão descarregados. O interruptor é, então, fechado e os capacitores são carregados. Quando a tensão de circuito aberto é estabelecida, os capacitores estão totalmente carregados. (a) Qual é o potencial de cada condutor no circuito? (Escolha o terminal negativo da bateria como o ponto de referência de potencial nulo.) Se o potencial de um condutor não for conhecido, represente-o simbolicamente. (b) Qual é a carga em cada placa do capacitor? (c) Qual é o valor da carga total que passa através da bateria?

SITUAÇÃO O potencial é o mesmo através de um condutor em equilíbrio eletrostático. Depois que as cargas cessam de fluir, todos os condutores conectados por um fio condutor estarão no mesmo potencial. A carga no capacitor está relacionada à diferença de potencial no capacitor por $Q = CV$. A carga não viaja através do espaço entre as placas de um capacitor.

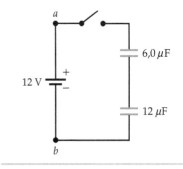

FIGURA 24-15

SOLUÇÃO

(a) Use uma caneta marcadora vermelha (①) para pintar o terminal positivo (+) da bateria e todos os condutores conectados a ele; use uma caneta marcadora azul (②) para pintar o terminal negativo (−) da bateria e todos os condutores conectados a ele, e use uma caneta marcadora verde (③) para pintar todos os outros condutores que estão conectados entre si (Figura 24-16):

Todos os pontos pintados de vermelho (①) estão no potencial $\boxed{V_a = 12\text{ V}}$

Todos os pontos pintados de azul (②) estão no potencial $\boxed{V_b = 0}$

Todos os pontos pintados de verde (③) estão em um potencial ainda desconhecido $\boxed{V_m}$

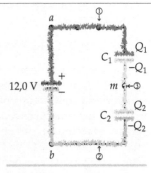

FIGURA 24-16

(b) 1. Expresse a diferença de potencial em cada capacitor em termos dos resultados da Parte (a):

$V_1 = V_a - V_m$ e $V_2 = V_m - V_b$

2. Use $Q = CV$ para relacionar a carga em cada capacitor à diferença de potencial:

$Q_1 = C_1 V_1 = C_1(V_a - V_m)$

e

$Q_2 = C_2 V_2 = C_2(V_m - V_b)$

3. Eliminando V_m obtém-se:

$$\left.\begin{array}{l}V_a - V_m = \dfrac{Q_1}{C_1} \\ V_m - V_b = \dfrac{Q_2}{C_2}\end{array}\right\} \Rightarrow V_a - V_b = \dfrac{Q_1}{C_1} + \dfrac{Q_2}{C_2}$$

4. Durante o processo de carga, não há transferência de cargas, nem entrando nem saindo na região em verde (③) na Figura 24-16, logo sua carga resultante permanece zero:

$(-Q_1) + Q_2 = 0$ então $Q_1 = Q_2$

5. Seja $Q = Q_1 = Q_2$. Substitua Q por Q_1 e Q_2 e resolva para Q:

$V_a - V_b = \dfrac{Q}{C_1} + \dfrac{Q}{C_2}$ então $Q = \dfrac{V_a - V_b}{\dfrac{1}{C_1} + \dfrac{1}{C_2}} = \dfrac{12\,\text{V} - 0}{\dfrac{1}{6{,}0\,\mu\text{F}} + \dfrac{1}{12\,\mu\text{F}}} = 48\,\mu\text{C}$

$Q_1 = Q_2 = \boxed{48\,\mu\text{C}}$

(c) Toda a carga que passa através da bateria acaba na placa superior de C_1:

$Q_1 = Q = \boxed{48\,\mu\text{C}}$

CHECAGEM A diferença de potencial em um capacitor é igual a Q/C. Logo, a diferença de potencial nos capacitores de 6,0 μF e 12,0 μF é (48 μC)/(6,0 μF) = 8,0 V e (48 μC)/(12 μF) = 4,0 V, respectivamente. A soma destas diferenças de potencial é 8,0 V + 4,0 V = 12,0 V, que está de acordo com o esperado, já que a bateria é de 12,0 V.

INDO ALÉM A capacitância equivalente da combinação de dois capacitores é Q/V, onde Q é a carga passando pela bateria e V é a tensão de circuito aberto da bateria. Para este exemplo, $C_{eq} = (48\,\mu\text{C})/(12\,\text{V}) = 4{,}0\,\mu\text{F}$.

PROBLEMA PRÁTICO 24-9 Determine o potencial V_m nos condutores pintados de verde (③) na Figura 24-16.

CHECAGEM CONCEITUAL 24-3

Durante a carga dos capacitores no Exemplo 24-5, a carga resultante no interior da bateria aumenta, diminui ou permanece a mesma?

Considere o circuito mostrado na Figura 24-15. Se começamos no ponto b e seguimos um percurso que dá uma volta no circuito no sentido horário, o potencial cresce até 12 V quando passamos pela bateria, cai por 4 V quando passamos pelo capacitor de 6 μF, cai por mais 8 V quando passamos pelo capacitor de 12 μF e permanece o mesmo no caminho de volta ao ponto b (completando, assim, o percurso ao longo do circuito). As variações no potencial (+12 V, −4 V e −8 V) somam zero, o que não é uma circunstância especial. As variações no potencial em qualquer circuito fechado sempre são nulas. Somar as variações no potencial ao longo de um circuito fechado e igualar a soma a zero é um procedimento muito útil para a análise de circuitos elétricos. Conhecida como **lei das malhas de Kirchhoff**, ela é uma conseqüência do fato que a diferença de potencial entre quaisquer dois pontos não depende da trajetória desde um ponto até o outro.

> A soma das variações no potencial em qualquer trajetória fechada sempre é igual a zero.
>
> LEI DAS MALHAS DE KIRCHHOFF

Uma **junção** é um ponto em um fio onde ele se divide em dois ou mais fios. Na Figura 24-17, dois capacitores estão conectados de maneira que uma placa de um capacitor está conectada à placa de um segundo capacitor por um fio sem junções, como o fio que conecta os capacitores no Exemplo 24-5. Dispositivos conectados desta maneira estão conectados em **série**.

Os capacitores C_1 e C_2 na Figura 24-17 estão conectados em série e inicialmente estão descarregados. Se os pontos a e b forem, então, conectados aos terminais de uma bateria, elétrons serão bombeados pela bateria da placa superior de C_1 para a placa

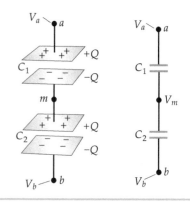

FIGURA 24-17 A carga total nas placas dos dois capacitores interconectados é igual a zero. A diferença de potencial através do par é igual à soma das diferenças de potencial através dos capacitores individuais. Os dois capacitores estão conectados em série.

inferior de C_2. Isto deixa a placa superior de C_1 com uma carga $+Q$ e a placa inferior de C_2 com uma carga $-Q$. Quando uma carga $+Q$ aparece na placa superior de C_1, o campo elétrico produzido por ela induz uma carga negativa igual em módulo, $-Q$, na placa inferior de C_1. A carga na placa inferior de C_1 vem dos elétrons retirados da placa superior de C_2. Assim, haverá uma carga igual a $+Q$ na placa superior de C_2. A diferença de potencial em C_1 é

$$V_1 = \frac{Q}{C_1}$$

De maneira similar, a diferença de potencial no segundo capacitor é

$$V_2 = \frac{Q}{C_2}$$

A diferença de potencial nos dois capacitores em série é a soma destas diferenças de potencial:

$$V = V_a - V_b = V_1 + V_2 = \frac{Q}{C_1} + \frac{Q}{C_2} = Q\left(\frac{1}{C_1} + \frac{1}{C_2}\right) \qquad 24\text{-}14$$

A capacitância equivalente dos dois capacitores é

$$C_{eq} = \frac{Q}{V} \qquad 24\text{-}15$$

onde Q é a carga que passa pela bateria durante o processo de carga. Substituindo Q/C_{eq} por V na Equação 24-14 e dividindo ambos os lados por Q, temos

$$\frac{1}{C_{eq}} = \frac{1}{C_1} + \frac{1}{C_2} \qquad 24\text{-}16$$

A Equação 24-16 pode ser generalizada para três ou mais capacitores conectados em série:

$$\frac{1}{C_{eq}} = \frac{1}{C_1} + \frac{1}{C_2} + \frac{1}{C_3} + \cdots \qquad 24\text{-}17$$

CAPACITÂNCIA EQUIVALENTE PARA CAPACITORES IGUALMENTE CARREGADOS E EM SÉRIE

Um banco de capacitores para armazenamento de energia para ser usada por um laser pulsado Nova nos Laboratórios de Lawrence Livermore (EUA). O laser é usado em estudos sobre fusão. *(Lawrence Livermore National Laboratory.)*

PROBLEMA PRÁTICO 24-10

Dois capacitores têm capacitâncias de 20 μF e 30 μF. Determine a capacitância equivalente se eles estiverem conectados (*a*) em paralelo e (*b*) em série.

Observe que, no Problema Prático 24-10, a capacitância equivalente dos dois capacitores em série é menor que a capacitância de cada um dos capacitores. Adicionar um capacitor em série aumenta $1/C_{eq}$, o que significa que a capacitância equivalente C_{eq} diminui. Quando adicionamos um segundo capacitor em série, diminuímos a capacitância equivalente da combinação. A separação entre as placas, de fato, aumenta, e, portanto, é necessária uma maior diferença de potencial para armazenar a mesma carga.

! A Equação 24-10 é válida se os capacitores estiverem conectados em série E se a carga total em cada par de placas dos capacitores conectados por um condutor isolado for zero.

Exemplo 24-6 Usando a Fórmula Equivalente

Um capacitor de 6,0 μF e um capacitor de 12 μF, cada um inicialmente descarregado, são conectados em série com uma bateria de 12 V. Usando a fórmula de equivalência para capacitores em série, determine a carga em cada capacitor e a diferença de potencial em cada um.

SITUAÇÃO A Figura 24-18*a* mostra o circuito deste exemplo e a Figura 24-18*b* mostra um capacitor equivalente que tem a mesma carga $Q = C_{eq}V$. Depois de determinar a carga, podemos determinar a queda de potencial em cada capacitor.

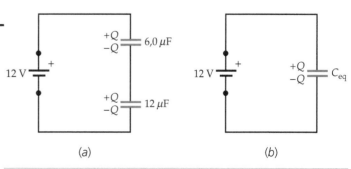

FIGURA 24-18

SOLUÇÃO

1. A carga em cada capacitor é igual à carga no capacitor equivalente:

$$Q = C_{eq}V$$

2. A capacitância equivalente da combinação em série é determinada com:

$$\frac{1}{C_{eq}} = \frac{1}{C_1} + \frac{1}{C_2} = \frac{1}{6,0\,\mu F} + \frac{1}{12\,\mu F} = \frac{3}{12\,\mu F}$$

$$C_{eq} = 4,0\,\mu F$$

3. Use este valor para determinar a carga Q. Esta é a carga que passa pela bateria. Ela também é a carga em cada capacitor:

$$Q = C_{eq}V = (4,0\,\mu F)(12\,V) = \boxed{48\,\mu C}$$

4. Use o resultado para Q para encontrar o potencial no capacitor de 6,0 μF:

$$V_1 = \frac{Q}{C_1} = \frac{48\,\mu C}{6,0\,\mu F} = \boxed{8,0\,V}$$

5. Novamente, use o resultado para Q para encontrar o potencial no capacitor de 12 μF:

$$V_2 = \frac{Q}{C_2} = \frac{48\,\mu C}{12\,\mu F} = \boxed{4,0\,V}$$

CHECAGEM A soma destas diferenças de potencial é 12 V, como necessário.

INDO ALÉM Os resultados são os mesmos que os obtidos no Exemplo 24-5.

Exemplo 24-7 Série, Paralelo ou Nenhum *Conceitual*

Considere os capacitores mostrados na Figura 24-19a. (a) Identifique todas as combinações de capacitores em paralelo. (b) Identifique todas as combinações de capacitores em série.

SITUAÇÃO Capacitores conectados em paralelo compartilham uma mesma diferença de potencial em cada capacitor devida apenas à maneira pela qual eles estão conectados. O potencial ao longo de um caminho condutor permanece constante. Use canetas marcadoras para colorir cada um dos caminhos condutores com uma cor distinta. Dois capacitores estão conectados em série se a placa de um deles estiver conectada à placa de um segundo capacitor por um fio condutor que não contém nenhuma junção.

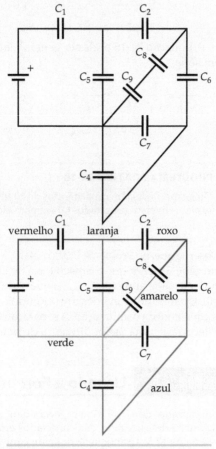

SOLUÇÃO

(a) 1. Use canetas marcadoras para dar a cada potencial elétrico uma cor distinta (Figura 24-19b). O potencial pode mudar apenas em um dispositivo do circuito tal como um capacitor ou uma bateria.

2. Capacitores conectados em paralelo compartilham uma diferença de potencial em comum em cada capacitor devida somente à maneira como eles estão conectados.

Os capacitores 4 e 7 são os únicos dois que estão conectados em paralelo um com o outro.

(b) Se dois capacitores estão conectados de forma que a placa de um deles está conectada à placa de um segundo capacitor por um fio condutor sem junções, então os capacitores estão conectados em série.

Os capacitores 8 e 9 são os únicos que estão ligados em série um com o outro.

FIGURA 24-19

INDO ALÉM Os capacitores 1 e 2 não estão em série. Chegamos a esta conclusão, pois há uma junção conectando o fio que liga os capacitores 1 e 2. Os capacitores 2 e 5 não estão em paralelo mesmo que uma placa de cada capacitor tenha um fio laranja conectado a elas. Entretanto, há um fio roxo conectado a uma das placas do capacitor 2 e não há um fio roxo conectado a uma das placas do capacitor 5. Portanto, sabemos que os dois capacitores não compartilham a mesma diferença de potencial devido à maneira como estão conectados.

Capacitância | 123

Exemplo 24-8 — Capacitores Conectados Novamente

Os dois capacitores no Exemplo 24-6 são desconectados da bateria e cautelosamente separados um do outro de maneira a preservar inalterada a carga em cada uma das placas (Figura 24-20a). Eles são, então, conectados novamente, placa positiva com placa positiva, e placa negativa com placa negativa (Figura 24-20b), em um circuito contendo interruptores abertos, S_1 e S_2. Encontre a diferença de potencial nos capacitores e a carga total em cada capacitor depois que os interruptores forem fechados e o fluxo de cargas tiver cessado.

SITUAÇÃO Logo depois que os dois capacitores são desconectados da bateria, eles têm cargas iguais a 48 µF. Depois que os interruptores S_1 e S_2 no novo circuito forem fechados, as tensões nos capacitores serão as mesmas. Use a definição de capacitância e conservação de carga para determinar a carga em cada capacitor. Uma vez conhecidas estas cargas, utilize-as para determinar a tensão.

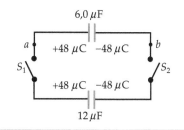

SOLUÇÃO

1. Desenhe e identifique o circuito depois que os dois interruptores foram fechados. Sejam C_1 e C_2 iguais a 6,0 µF e 12 µF, respectivamente (Figura 24-21).

2. A fiação é tal que, depois que os interruptores forem fechados, a tensão é a mesma em cada capacitor. $V = V_1 = V_2$

3. Para cada capacitor, $V = Q/C$. Substitua isto no resultado do passo 2. $\dfrac{Q_1}{C_1} = \dfrac{Q_2}{C_2}$

4. A soma das cargas nas duas placas à esquerda dos capacitores permanece igual a 96 µC. $Q_1 + Q_2 = 96\ \mu C$

5. Resolva simultaneamente as equações nos passos 3 e 4 para a carga em cada capacitor. $Q_1 = \boxed{32\ \mu C}$ $Q_2 = \boxed{64\ \mu C}$

6. Calcule a diferença de potencial. $V = \dfrac{Q_1}{C_1} = \boxed{5{,}3\ V}$

FIGURA 24-20

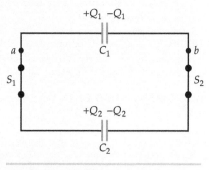

FIGURA 24-21

CHECAGEM Observe que $Q = Q_1 + Q_2 = 96\ \mu F$ e que $Q_2/C_2 = 5{,}33$ V, como exigido para manter a consistência.

INDO ALÉM Depois que os interruptores são fechados, os dois capacitores são conectados em paralelo com a diferença de potencial entre os pontos a e b sendo a diferença de potencial entre o par. Assim, $C_{eq} = C_1 + C_2 = 18\ \mu F$, $Q = Q_1 + Q_2 = 96\ \mu C$ e $V = Q/C_{eq} = 5{,}33$ V. Além disso, depois que os interruptores são fechados, os dois capacitores estão conectados em série. Entretanto, a fórmula da equivalência em série (Equação 24-17) NÃO é válida, pois a soma das cargas em cada par de placas de capacitor conectados por um único fio isolado NÃO é igual a zero.

PROBLEMA PRÁTICO 24-13 Determine a energia potencial armazenada nos capacitores antes e depois de eles serem conectados novamente.

Há uma diminuição na energia potencial armazenada em capacitores quando eles são conectados novamente. Esta energia potencial "desaparecida" é dissipada como energia térmica nos fios ou irradiada.

! A carga É conservada quando os capacitores são conectados novamente, mas, enquanto a energia É conservada, a energia potencial elétrica NÃO é conservada.

Exemplo 24-9 — Capacitores em Série e em Paralelo

Três capacitores estão conectados como mostra a Figura 24-22. (a) Encontre a capacitância equivalente da combinação dos três capacitores. (b) Os capacitores estão inicialmente descarregados. A combinação é, então, conectada a uma bateria de 6,0 V. Determine a diferença de potencial e a carga em cada capacitor depois de conectados à bateria quando o fluxo de cargas tiver cessado.

SITUAÇÃO O capacitor de 2,0 µF e o de 4,0 µF estão conectados em paralelo, e a combinação em paralelo está conectada em série com o capacitor de 3,0 µF. Primeiro, determinamos a capacitância equivalente da combinação em paralelo (Figura 24-23a) e, então, combinamos esta capacitância equivalente com o capacitor de 3,0 µF para encontrar a capacitância equivalente (Figura 24-23b). A carga na placa positiva do capacitor de 3,0 µF é a carga que passa através da bateria $Q = C_{eq}V$ como mostra a Figura 24-23a.

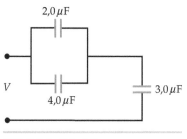

FIGURA 24-22

SOLUÇÃO

(a) 1. A capacitância equivalente dos dois capacitores em paralelo é a soma das capacitâncias:

$$C_{eq\,1} = C_1 + C_2 = 2{,}0\,\mu F + 4{,}0\,\mu F = 6{,}0\,\mu F$$

2. Encontre a capacitância equivalente do capacitor de 6,0 μF em série com o capacitor de 3,0 μF:

$$\frac{1}{C_{eq}} = \frac{1}{C_{eq\,1}} + \frac{1}{C_3} = \frac{1}{6{,}0\,\mu F} + \frac{1}{3{,}0\,\mu F} = \frac{1}{2{,}0\,\mu F}$$

$$C_{eq} = \boxed{2{,}0\,\mu F}$$

(b) 1. Calcule a carga Q que passa pela bateria durante a carga. Esta é a carga no capacitor de 3,0 μF:

$$Q = C_{eq}V = (2{,}0\,\mu F)(6{,}0\,V) = \boxed{12\,\mu C}$$

2. A queda de potencial no capacitor de 3,0 μF é Q/C_3:

$$V_3 = \frac{Q_3}{C_3} = \frac{Q}{C_3} = \frac{12\,\mu C}{3{,}0\,\mu F} = \boxed{4{,}0\,V}$$

3. A queda de potencial na combinação em paralelo V_{24} é $Q/C_{eq\,1}$:

$$V_{24} = \frac{Q}{C_{eq\,1}} = \frac{12\,\mu C}{6{,}0\,\mu F} = \boxed{2{,}0\,V}$$

4. A carga em cada um dos capacitores em paralelo é determinada a partir de $Q_i = C_i V_{24}$, onde $V_{24} = 2{,}0\,V$:

$$Q_2 = C_2 V_{24} = (2{,}0\,\mu F)(2{,}0\,V) = \boxed{4{,}0\,\mu C}$$

$$Q_4 = C_4 V_{24} = (4{,}0\,\mu F)(2{,}0\,V) = \boxed{8{,}0\,\mu C}$$

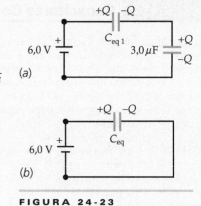

(a)

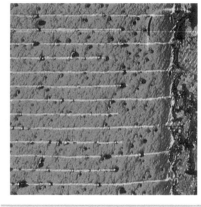

(b)

FIGURA 24-23

CHECAGEM A queda de potencial na combinação em paralelo (2,0 V) mais a queda de potencial no capacitor de 3,0 μF (4,0) é igual à tensão da bateria. Além disso, a soma das cargas nos capacitores em paralelo (4,0 μC + 8,0 μC) é igual à carga total (12 μC) no capacitor de 3,0 μF.

PROBLEMA PRÁTICO 24-14 Determine a energia armazenada em cada capacitor.

24-4 DIELÉTRICOS

Um material não-condutor (por exemplo, ar, vidro, papel ou madeira) é chamado de **dielétrico**. Quando o espaço entre os dois condutores de um capacitor é ocupado por um dielétrico, a capacitância aumenta por um fator que é característico do dielétrico, um fato descoberto experimentalmente por Michael Faraday. A razão para este aumento é que o campo elétrico entre as placas de um capacitor diminui na presença do dielétrico. Assim, para uma dada carga nas placas, a diferença de potencial V é reduzida e a capacitância (Q/V) aumenta.

Considere um capacitor carregado, isolado, sem um dielétrico entre suas placas. Uma lâmina dielétrica é, então, inserida entre as placas, preenchendo completamente o espaço entre elas. Se a intensidade do campo elétrico é E_0 antes de ser inserida a lâmina dielétrica, depois da inserção a intensidade do campo é

$$E = \frac{E_0}{\kappa} \qquad \qquad 24\text{-}18$$

CAMPO ELÉTRICO NO INTERIOR DE UM DIELÉTRICO

Uma seção transversal de um capacitor multicamadas em que a cerâmica dielétrica é azul. As linhas brancas são as extremidades das placas condutoras. (© Manfred Kage/Peter Arnold, Inc.)

onde κ (letra grega capa) é a **constante dielétrica** do material inserido. Para um capacitor de placas paralelas com uma separação d, a diferença de potencial V entre as placas é

$$V = Ed = \frac{E_0 d}{\kappa} = \frac{V_0}{\kappa}$$

onde V é a diferença de potencial com o dielétrico e $V_0 = E_0 d$ é a diferença de potencial original sem o dielétrico. A nova capacitância é

$$C = \frac{Q}{V} = \frac{Q}{V_0/\kappa} = \kappa \frac{Q}{V_0}$$

ou

$$C = \kappa C_0 \qquad \qquad 24\text{-}19$$

EFEITO DE UM DIELÉTRICO NA CAPACITÂNCIA

onde $C_0 = Q/V_0$ é a capacitância sem o dielétrico. A capacitância de um capacitor de placas paralelas preenchido com um dielétrico de constante κ é, portanto,

$$C = \frac{\kappa \epsilon_0 A}{d} = \frac{\epsilon A}{d} \qquad 24\text{-}20$$

onde

$$\epsilon = \kappa \epsilon_0 \qquad 24\text{-}21$$

O parâmetro ϵ é a **permissividade** do dielétrico.

Na discussão precedente, o capacitor estava eletricamente isolado (não fazia parte de um circuito) e, portanto, consideramos que a carga em suas placas não variava quando o dielétrico era inserido. Este é o caso se o capacitor é carregado e, então, desconectado da fonte de carga (a bateria) antes da inserção do dielétrico. Se o dielétrico é inserido enquanto a bateria permanece conectada, a bateria bombeia carga adicional para manter a diferença de potencial original. A carga total nas placas é, então, $Q = \kappa Q_0$. Em ambos os casos, a capacitância (Q/V) aumenta por um fator κ.

PROBLEMA PRÁTICO 24-13

O capacitor de 89 pF do Exemplo 24-1 é preenchido com um dielétrico de constante $\kappa = 2{,}0$. (*a*) Determine a nova capacitância. (*b*) Encontre a carga no capacitor quando o dielétrico está no lugar e o capacitor está conectado a uma bateria de 12 V.

PROBLEMA PRÁTICO 24-14

O capacitor no problema anterior é carregado a 12 V sem o dielétrico e é, então, desconectado da bateria. O dielétrico com constante $\kappa = 2{,}0$ é, então, inserido. Determine os novos valores para (*a*) a carga Q, (*b*) a tensão V e (*c*) a capacitância C.

Dielétricos não apenas aumentam a capacitância de um capacitor, mas também fornecem maneiras de manter placas condutoras paralelas separadas e aumentam a diferença de potencial na qual ocorre a ruptura dielétrica.* Considere um capacitor de placas paralelas feito com duas folhas de metal separadas por uma fina lâmina plástica. A lâmina plástica permite que as placas metálicas estejam bem próximas sem estar, de fato, em contato elétrico e, como a rigidez dielétrica do plástico é maior que a do ar, é possível atingir uma maior diferença de potencial antes que ocorra a ruptura dielétrica. A Tabela 24-1 lista as constantes dielétricas e a rigidez dielétrica de alguns materiais. Observe que, para o ar, $\kappa \approx 1$; assim, para a maioria das situações, não precisamos fazer distinção entre o ar e o vácuo.

Tabela 24-1 Constante Dielétrica e Rigidez Dielétrica de Vários Materiais

Material	Constante Dielétrica κ	Rigidez Dielétrica, kV/mm
Ar	1,00059	3
Baquelita	4,9	24
Gasolina	2,0 (70°F)	
Mica	5,4	10–100
Neoprene	6,9	12
Óleo de transformador	2,24	12
Papel	3,7	16
Parafina	2,1–2,5	10
Plexiglas	3,4	40
Poliestireno	2,55	24
Porcelana	7	5,7
Titanato de estrôncio	240	8
Vidro (Pirex)	5,6	14

---

* Lembre do Capítulo 23 que, para campos elétricos maiores que 3×10^6 V/m, ocorre a ruptura do ar; isto é, ele torna-se ionizado e começa a conduzir.

Exemplo 24-10   Usando um Dielétrico em um Capacitor de Placas Paralelas

Um capacitor de placas paralelas tem placas quadradas com lados de 10 cm de comprimento e uma separação $d = 4{,}0$ mm. Uma lâmina dielétrica de constante $\kappa = 2{,}0$ tem dimensões de 10 cm × 10 cm × 4,0 mm. (*a*) Qual é a capacitância sem o dielétrico? (*b*) Qual é a capacitância se o dielétrico preencher o espaço entre as placas? (*c*) Qual será a capacitância se uma lâmina dielétrica com dimensões 10 cm × 10 cm × 3,0 mm for inserida no espaçamento de 4,0 mm?

SITUAÇÃO A capacitância sem o dielétrico, C_0, é calculada a partir da área e do espaçamento entre as placas (Figura 24-24*a*). Quando o capacitor é preenchido com a lâmina de constante dielétrica κ (Figura 24-24*b*), a capacitância é $C = \kappa C_0$ (Equação 24-19). Se o dielétrico preenche apenas parcialmente o capacitor (Figura 24-24*c*), isolamos o capacitor e calculamos a diferença de potencial V com uma dada carga Q_0 e, então, aplicamos a definição de capacitância, $C = Q/V$.

FIGURA 24-24

SOLUÇÃO

(*a*) Se não há dielétrico, a capacitância C_0 é dada pela Equação 24-6:

$$C_0 = \frac{\epsilon_0 A}{d} = \frac{(8{,}85 \text{ pF/m})(0{,}10 \text{ m})^2}{0{,}0040 \text{ m}} = 22{,}1 \text{ pF} = \boxed{22 \text{ pF}}$$

(*b*) Quando o capacitor é preenchido com um material com constante dielétrica κ, sua capacitância C aumenta por um fator κ:

$$C = \kappa C_0 = (2{,}0)(22{,}1 \text{ pF}) = 44{,}2 \text{ pF} = \boxed{44 \text{ pF}}$$

(*c*) 1. Mantemos o capacitor eletricamente isolado, mantendo a carga constante quando as lâminas dielétricas são inseridas ou removidas. A capacitância está relacionada à carga Q_0 e à nova diferença de potencial V:

$$C = \frac{Q_0}{V}$$

2. Quando a lâmina de 3,00 mm de espessura está no lugar, a diferença de potencial V no espaçamento total é a diferença de potencial na porção vazia do espaçamento mais a diferença de potencial na lâmina dielétrica:

$$V = V_{\text{esp}} + V_{\text{lâmina}} = E_{\text{esp}}(\tfrac{1}{4}d) + E_{\text{lâmina}}(\tfrac{3}{4}d)$$

3. A intensidade do campo E_{esp} no espaçamento vazio é σ_0/ϵ_0, onde $\sigma_0 = Q_0/A$. Esta é mesma que a intensidade do campo E_0 quando não existe dielétrico entre as placas:

$$E_{\text{esp}} = E_0 = \frac{\sigma_0}{\epsilon_0} = \frac{Q_0}{\epsilon_0 A}$$

4. O campo na lâmina dielétrica diminui por um fator κ^{-1}:

$$E_{\text{lâmina}} = \frac{E_0}{\kappa}$$

5. Substituindo os resultados dos dois passos anteriores no resultado do passo 2 obtemos V em termos de κ. Observe que a diferença de potencial quando não há dielétrico entre as placas é $V_0 = E_0 d$:

$$V = E_0 d_{\text{esp}} + E_{\text{lâmina}} d_{\text{lâmina}} = E_0\left(\frac{1}{4}d\right) + \frac{E_0}{\kappa}\left(\frac{3}{4}d\right)$$

$$= E_0 d\left(\frac{1}{4} + \frac{3}{4\kappa}\right) = V_0\left(\frac{\kappa + 3}{4\kappa}\right)$$

6. Usando $C = Q_0/V$, encontramos a nova capacitância em termos da capacitância original, $C_0 = Q_0/V_0$:

$$C = \frac{Q_0}{V} = \frac{Q_0}{V_0\dfrac{\kappa + 3}{4\kappa}} = \frac{Q_0}{V_0}\left(\frac{4\kappa}{\kappa + 3}\right) = C_0\left(\frac{4\kappa}{\kappa + 3}\right)$$

$$= (22{,}1 \text{ pF})\left(\frac{4 \cdot 2{,}0}{2{,}0 + 3}\right) = \boxed{35 \text{ pF}}$$

CHECAGEM A ausência do dielétrico corresponde a $\kappa = 1$. A substituição de κ por 1 no passo final da Parte (*c*) resultaria em $C = C_0$, como esperado. Considere que a lâmina dielétrica seja uma lâmina condutora em vez de um dielétrico. Em um condutor, $E = 0$; logo, de acordo com $E = E_0/\kappa$ (Equação 24-18), κ para um condutor seria igual a infinito. Quando κ tende ao infinito, a quantidade $4\kappa/(\kappa + 3)$ se aproxima de 4 e, portanto, o resultado do passo final da Parte (*c*) tende a $4C_0$. Uma lâmina condutora simplesmente reduz a separação entre as placas pela espessura da lâmina. A separação entre as placas quando a lâmina condutora está no lugar seria $\tfrac{1}{4}d$. De acordo com a Equação 24-20 ($C = \kappa\epsilon_0 A/d$), C deveria ser $4C_0$, como o é para grandes valores de κ.

INDO ALÉM Os resultados deste exemplo são independentes da posição vertical da lâmina dielétrica (ou condutora) no espaço entre as placas.

ESTRATÉGIA PARA SOLUÇÃO DE PROBLEMAS

Calculando Capacitância II

SITUAÇÃO Para calcular a capacitância de um capacitor que tem duas ou mais lâminas dielétricas no espaçamento entre as placas, primeiro calcule a intensidade do campo elétrico E_0 usando a carga Q sem o dielétrico entre as placas.

SOLUÇÃO
1. Quando o dielétrico está no espaçamento, a intensidade do campo elétrico no interior da lâmina dielétrica é $E = E_0/\kappa$, onde κ é a constante dielétrica.
2. Use $\vec{E}$ no interior de uma lâmina dielétrica para calcular a tensão $V_{\text{lâmina}}$ na lâmina. A tensão V no espaçamento total é a soma das tensões nas lâminas individuais no espaçamento mais a soma das tensões em quaisquer regiões vazias neste espaçamento.
3. Calcule, então, C, usando $C = Q/V$.

CHECAGEM Avalie sua expressão para C no caso de κ ser igual a 1. Compare, então, seu resultado com a expressão para C_0 (a capacitância sem um dielétrico presente).

Exemplo 24-11 | Um Capacitor Caseiro — *Rico em Contexto*

Ao estudar capacitores nas aulas de física, seu professor alega que você poderia construir um capacitor de placas paralelas usando papel encerado e uma folha de alumínio. Você decide construir um do tamanho aproximado de uma folha de caderno. Antes de testar a capacidade de armazenamento de carga em seu ingênuo colega, você resolve calcular a quantidade de carga que o capacitor armazenará quando conectado a uma bateria de 9,0 V.

SITUAÇÃO Queremos o valor da carga, o qual podemos obter da definição $C = Q/V$ se conhecermos a capacitância. Podemos obter a capacitância da fórmula para o capacitor de placas paralelas, $C = \epsilon_0 A/d$. Precisaremos medir ou estimar a espessura do papel encerado.

SOLUÇÃO

1. A carga em um capacitor está relacionada à tensão e à capacitância pela definição de capacitância:

$$Q = CV$$

2. A capacitância é obtida da fórmula para o caso de placas paralelas:

$$C = \frac{\kappa\epsilon_0 A}{d}$$

3. Substituindo C e resolvendo para Q, obtemos:

$$Q = CV = \frac{\kappa\epsilon_0 V A}{d}$$

4. Uma folha de caderno tem aproximadamente 21,6 por 27,9 cm:

$$A = 21,6 \text{ cm} \times 27,9 \text{ cm} = 603 \text{ cm}^2 = 0,0603 \text{ m}^2$$

5. Consideramos que a espessura do papel encerado é a mesma da folha de papel de seu livro-texto de física. Meça a espessura das 300 folhas de papel em um livro (da página 1 até a página 600):

As 300 folhas de papel juntas têm espessura de 2,0 cm. Portanto, a espessura de uma única folha de papel é 0,020 m/300 = 66,7 μm.

6. Usando o resultado da etapa 3, resolva para a carga. Considere que a constante dielétrica do papel encerado é 2,3 (a mesma da parafina):

$$Q = \frac{\kappa\epsilon_0 AV}{d} = \frac{2,3 \, (8,85 \text{ pF/m})(0,0603 \text{ m}^2)(9,0 \text{ V})}{66,7 \times 10^{-6} \text{ m}}$$

$$= 1,66 \times 10^5 \text{ pC} = \boxed{0,17\,\mu\text{C}}$$

CHECAGEM Um farad é um coulomb por volt e, portanto, as unidades se reduzem, de fato, a coulombs.

ENERGIA ARMAZENADA NA PRESENÇA DE UM DIELÉTRICO

A energia armazenada em um capacitor de placas paralelas que contém um dielétrico é

$$U = \tfrac{1}{2}QV = \tfrac{1}{2}CV^2$$

128 | CAPÍTULO 24

Podemos expressar a capacitância C em termos da área e da separação entre as placas, e a diferença de potencial V em termos do campo elétrico e da separação entre as placas, para obter

$$U = \frac{1}{2}CV^2 = \frac{1}{2}\left(\frac{\epsilon A}{d}\right)(Ed)^2 = \frac{1}{2}\epsilon E^2 (Ad)$$

A quantidade Ad é o volume da região onde há um campo elétrico. (Esta é a região entre as duas placas.) A energia por unidade de volume é, portanto,

$$u_e = \tfrac{1}{2}\epsilon E^2 = \tfrac{1}{2}\kappa\epsilon_0 E^2 \qquad\qquad 24\text{-}22$$

Parte desta energia é a energia associada ao campo elétrico (Equação 24-9) e o restante é a energia associada com o estresse mecânico associado com a polarização do dielétrico (discutido na Seção 24-2).

Exemplo 24-12 | Inserindo o Dielétrico — Bateria Desconectada

Uma combinação em paralelo de dois capacitores de placas paralelas contendo ar entre as placas, cada um com capacitância de 2,00 μF, é conectada com uma bateria de 12,0 V. A bateria é desconectada da combinação em paralelo e, então, uma lâmina com constante dielétrica $\kappa = 2,50$ é inserida entre as placas de um dos capacitores, preenchendo completamente o espaçamento. Antes de a lâmina dielétrica ser inserida, determine (*a*) a carga e a energia armazenada em cada capacitor e (*b*) a energia total armazenada nos capacitores. Depois de a lâmina dielétrica ser inserida, determine (*c*) a diferença de potencial em cada capacitor, (*d*) a carga em cada capacitor e (*e*) a energia total armazenada nos capacitores.

SITUAÇÃO Os capacitores estão conectados em paralelo, logo a tensão em cada um é a mesma. A carga Q e a energia total U podem ser encontradas para cada capacitor a partir de sua capacitância C e da tensão V. Depois de os capacitores serem removidos da bateria, a carga total no par permanece a mesma. Quando o dielétrico é inserido em um dos capacitores, sua capacitância varia. O potencial na combinação em paralelo pode ser encontrado a partir da carga total e da capacitância equivalente.

SOLUÇÃO

(*a*) A carga em cada capacitor é determinada a partir de sua capacitância C e da tensão $V = 12,0$ V:

$$Q = CV = (2,00\ \mu\text{F})(12,0\text{ V}) = \boxed{24,0\ \mu\text{C}}$$

(*b*) 1. A energia armazenada em cada capacitor é determinada a partir de sua carga Q e de sua tensão V:

$$U = \tfrac{1}{2}QV = \tfrac{1}{2}(24,0\ \mu\text{C})(12,0\text{ V}) = 144\ \mu\text{J}$$

2. A energia potencial total é o dobro daquela armazenada em cada capacitor:

$$U_{\text{total}} = 2U = \boxed{288\ \mu\text{J}}$$

(*c*) 1. O potencial na combinação em paralelo está relacionado à carga total Q_{total} e à capacitância equivalente C_{eq}:

$$V = \frac{Q_{\text{total}}}{C_{\text{eq}}}$$

2. A capacitância do capacitor que tem o dielétrico aumenta por um fator κ. A capacitância equivalente é a soma das capacitâncias:

$$C_{\text{eq}} = C_1 + C_2 = C_1 + \kappa C_2 = (2,00\ \mu\text{F}) + 2,50(2,00\ \mu\text{F})$$
$$= 2,00\ \mu\text{F} + 5,00\ \mu\text{F} = 7,00\ \mu\text{F}$$

3. A carga total permanece sendo 48,0 μC. Substitua Q_{total} e C_{eq} para calcular V:

$$V = \frac{Q_{\text{total}}}{C_{\text{eq}}} = \frac{48,0\ \mu\text{C}}{7,00\ \mu\text{F}} = \boxed{6,86\text{ V}}$$

(*d*) A carga em cada capacitor é, novamente, obtida de $Q = CV$:

$$Q_1 = (2,00\ \mu\text{F})(6,86\text{ V}) = \boxed{13,7\ \mu\text{C}}$$
$$Q_2 = (5,00\ \mu\text{F})(6,86\text{ V}) = \boxed{34,3\ \mu\text{C}}$$

(*e*) A energia potencial armazenada em cada capacitor é determinada a partir de sua nova carga e do novo potencial:

$$U = U_1 + U_2 = \tfrac{1}{2}Q_1 V + \tfrac{1}{2}Q_2 V = \tfrac{1}{2}(Q_1 + Q_2)V$$
$$= \tfrac{1}{2}(13,7\ \mu\text{C} + 34,3\ \mu\text{C})(6,86\text{ V}) = \boxed{165\ \mu\text{J}}$$

CHECAGEM Quando o dielétrico é inserido em um dos capacitores, o campo elétrico diminui e, portanto, a diferença de potencial é reduzida. Como os dois capacitores estão conectados em paralelo, deve fluir carga do outro capacitor até que a diferença de potencial seja a mesma em ambos. Observe que o capacitor com o dielétrico tem a maior carga e que, quando as cargas calculadas para cada capacitor na Parte (*d*) são somadas, $Q_1 + Q_2 = 13,7\ \mu$C $+ 34,3\ \mu$C $= 48,0\ \mu$C, o resultado é o mesmo que o valor da carga líquida original.

INDO ALÉM A energia total de 165 μJ é 123 μJ menor que a energia original de 288 μJ. Quando o dielétrico é inserido, ele é atraído pelas cargas nas placas e, portanto, ele deve ser contido para não sofrer aceleração no espaçamento entre as placas. Durante este processo, −123 μJ de trabalho (165 μJ + 123 μJ = 288 μJ) é realizado sobre o dielétrico pelas forças de contenção. Para remover o dielétrico do espaço entre as placas, +123 μJ deve ser realizado sobre ele e este trabalho é armazenado como energia potencial nos capacitores.

Exemplo 24-13 Acabando o Combustível — *Rico em Contexto*

Você está viajando da Nova Zelândia até o Havaí quando os componentes eletrônicos do medidor de combustível no painel de instrumentos do pequeno avião onde você está começam a dar problemas. Seu companheiro fica muito preocupado e lhe pede para encontrar uma solução para o problema. O medidor consiste em um capacitor cilíndrico preenchido com ar no tanque de combustível (Figura 24-25). O eixo do seu capacitor é vertical e o combustível preenche o espaçamento até o seu nível no tanque. Você consegue encontrar uma maneira de fazer o mostrador funcionar? Você observou que o tanque estava pela metade quando o medidor estragou. Além disso, um multímetro manual capaz de medir capacitância (Figura 24-26) está a bordo.

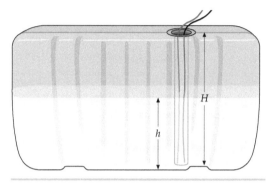

FIGURA 24-25 Um capacitor cilíndrico está em um tanque de combustível e orientado com seu eixo na vertical. O comprimento do capacitor é H, a altura do tanque, e o nível de combustível é h. O combustível preenche o espaçamento do capacitor até o seu nível.

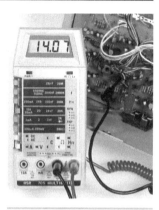

FIGURA 24-26 *(Paul Silverman/Fundamental Photographs.)*

SITUAÇÃO O capacitor cilíndrico pode ser modelado como uma combinação em paralelo de dois capacitores, sendo a porção submersa um dos capacitores, e a porção acima do combustível, o outro. A razão entre o comprimento da parte submersa e o comprimento total é a medida desejada.

SOLUÇÃO

1. Desconecte os dois fios do tanque de combustível no painel de instrumentos, conecte-os ao multímetro e meça a capacitância para conhecer o valor da leitura $C_{1/2}$ quando o tanque está pela metade:

   $C = C_{1/2}$

2. Considere o capacitor como uma combinação de dois capacitores em paralelo, um submerso e o outro não, e faça um diagrama esquemático da combinação. Identifique as capacitâncias C_1 e C_2, onde C_2 é a capacitância da parte submersa.

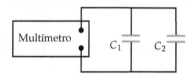

3. A capacitância de um capacitor cilíndrico é proporcional ao seu comprimento. Seja H a altura do tanque (e o comprimento do capacitor) e h a altura do combustível. A capacitância do capacitor é C_0 quando o tanque está vazio:

   $C_1 = \dfrac{H-h}{H}C_0$ e $C_2 = \dfrac{h}{H}\kappa C_0$

4. A capacitância equivalente C é a soma das capacitâncias:

   $C = C_1 + C_2 = \dfrac{H-h}{H}C_0 + \dfrac{h}{H}\kappa C_0 = \left[1 + (\kappa - 1)\dfrac{h}{H}\right]C_0$

5. Veja a constante dielétrica da gasolina na Tabela 24-1. (Com sorte, você tem o seu livro de física com você):

   $\kappa = 2{,}0$

   $C = \left[1 + (2{,}0 - 1)\dfrac{h}{H}\right]C_0 = \left[1 + 1{,}0\dfrac{h}{H}\right]C_0$

6. Um instante antes de o medidor ter estragado, o tanque estava pela metade. Considere $C = C_{1/2}$ e $h/H = \tfrac{1}{2}$, e resolva para C_0:

   $C_{1/2} = \left[1 + 1{,}0\dfrac{1}{2}\right]C_0 \Rightarrow C_0 = \dfrac{2}{3}C_{1/2}$

7. Substitua C_0 no resultado do passo 4 e, então, resolva para h/H. Você, agora, tem uma fórmula para converter as leituras da medida de C na fração de combustível restante:

   $C = \left[1 + 1{,}0\dfrac{h}{H}\right]\dfrac{2}{3}C_{1/2}$ então $\boxed{\dfrac{h}{H} = \dfrac{3}{2}\dfrac{C}{C_{1/2}} - 1}$

CHECAGEM Substituindo $C_{1/2}$ por C no resultado do passo 7 obtemos $h/H = \tfrac{1}{2}$, como esperado. Além disso, substituindo h por zero e C por C_0, obtemos $C_0 = \tfrac{2}{3}C_{1/2}$, que é a expressão para C_0 obtida no passo 6.

INDO ALÉM Como os tanques de combustível não têm alturas uniformes, este medidor de combustível não será muito preciso. Este é o caso para muitos medidores de combustível em automóveis.

Exemplo 24-14 — Inserindo o Dielétrico — Bateria Conectada *Tente Você Mesmo*

Para o circuito do Exemplo 24-12, o dielétrico é inserido lentamente em um dos capacitores enquanto a bateria permanece conectada. Determine (*a*) a carga em cada capacitor, (*b*) a energia total armazenada nos capacitores e (*c*) o trabalho realizado pela bateria durante o processo de inserção.

SITUAÇÃO Como a bateria ainda está conectada, a diferença de potencial nos capacitores permanece 12,0 V. Esta condição determina a carga e a energia armazenada em cada capacitor. Considere que o subscrito 1 refere-se ao capacitor sem o dielétrico e o subscrito 2 refere-se ao capacitor com o dielétrico.

SOLUÇÃO

Cubra a coluna da direita e tente por si só antes de olhar as respostas.

Passos   **Respostas**

(*a*) Calcule a carga em cada capacitor a partir de $Q = CV$ usando o resultado que $C_1 = 2,00\ \mu F$ e $C_2 = 5,00\ \mu F$, como determinado no Exemplo 24-12.

$Q_1 = C_1 V = \boxed{24,0\ \mu C}$

$Q_2 = C_2 V = \boxed{60,0\ \mu C}$

(*b*) 1. Calcule a energia armazenada em cada capacitor usando $U = \tfrac{1}{2}CV^2$. (Confira seus resultados usando $U = \tfrac{1}{2}QV$.)

$U_1 = 144\ \mu J \qquad U_2 = 360\ \mu J$

2. Some seus resultados para U_1 e U_2 para obter a energia final.

$U_{total} = \boxed{504\ \mu J}$

(*c*) O trabalho realizado pela bateria durante o processo de inserção é a tensão da bateria multiplicada pela carga que passa através da bateria. Esta carga aumenta pela carga em C_2.

$W = V\Delta Q = (12,0\ V)(60,0\ \mu C - 24,0\ \mu C) = \boxed{432\ \mu J}$

CHECAGEM A energia total dos dois capacitores é maior quando o dielétrico está colocado e o valor a mais é $504\ \mu J - 288\ \mu J = 216\ \mu J$, comparado ao caso sem o dielétrico. Este resultado é esperado, pois, durante a inserção, a bateria entrega $432\ \mu J$, que é mais do que necessário para dar conta do aumento na energia armazenada nos capacitores quando o dielétrico é inserido. (O dielétrico é empurrado por forças de atração elétrica e deve ser realizado trabalho sobre ele por forças de retenção para evitar que ele acelere durante a inserção.)

CHECAGEM CONCEITUAL 24-4

O trabalho realizado pelas forças de retenção para evitar que o dielétrico acelere durante a inserção é positivo ou negativo?

24-5 VISÃO MOLECULAR DE UM DIELÉTRICO

Um dielétrico enfraquece o campo elétrico entre as placas de um capacitor. Isto acontece porque as moléculas polarizadas do dielétrico produzem um campo elétrico no interior do material em um sentido oposto ao campo produzido pelas cargas nas placas. O campo elétrico produzido pelo dielétrico é devido aos momentos de dipolo elétrico das moléculas do material.

Apesar de os átomos e moléculas serem neutros, eles são afetados por campos elétricos, pois contêm cargas positivas e negativas que podem responder, individualmente, a campos externos. Podemos pensar no átomo como um núcleo muito pequeno, carregado positivamente, envolto por uma nuvem eletrônica carregada negativamente. Em alguns átomos e moléculas, a configuração de cargas é suficientemente simétrica para que o "centro de cargas negativas" coincida com o centro da carga positiva. Um átomo ou molécula com esta simetria tem um momento de dipolo nulo e é chamada de apolar. Na presença de um campo elétrico externo, entretanto, as cargas positivas e negativas são submetidas a forças em sentidos opostos e, portanto, se separam até que a força atrativa entre elas equilibre as forças devidas ao campo elétrico externo (Figura 24-27). A molécula está, então, polarizada e ela se comporta como um dipolo elétrico.

Em algumas moléculas (por exemplo, HCl e H_2O), os centros das cargas positivas e negativas não coincidem, mesmo na ausência de um campo elétrico externo. Como vimos no Capítulo 21, estas moléculas polares têm um momento de dipolo elétrico permanente.

Quando um dielétrico é colocado no campo de um capacitor carregado, suas moléculas são polarizadas de forma tal que há um momento de dipolo resultante para-

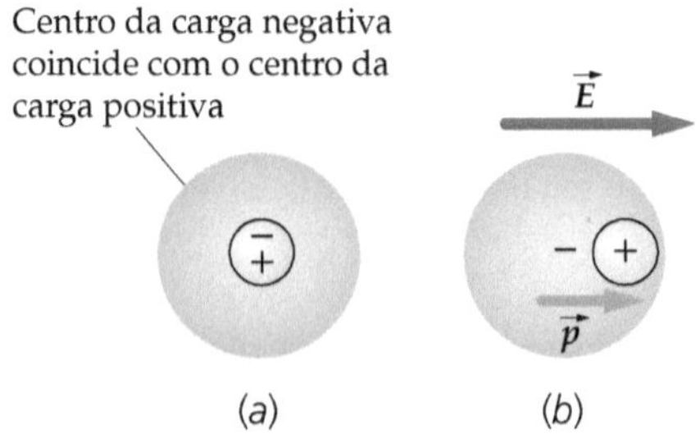

FIGURA 24-27 Diagramas esquemáticos das distribuições de carga de um átomo ou de uma molécula apolar. (*a*) Na ausência de um campo elétrico externo, o centro da carga positiva coincide com o centro da carga negativa. (*b*) Na presença de um campo elétrico externo, os centros das cargas positivas e negativas são deslocados, produzindo um momento de dipolo induzido na direção e sentido do campo externo.

lelo ao campo. Se as moléculas são polares, seus momentos de dipolo, originalmente orientados de forma aleatória, tendem a se alinhar devido ao torque exercido pelo campo.* Se as moléculas são apolares, o campo induz momentos de dipolo que são paralelos ao campo. Em ambos os casos, as moléculas no dielétrico estão polarizadas na direção do campo externo (Figura 24-28).

O efeito resultante da polarização de um dielétrico homogêneo em um capacitor de placas paralelas é a criação de cargas na superfície das faces do dielétrico próximas às placas, como mostra a Figura 24-29. A carga na superfície de um dielétrico é chamada de **carga ligada**, pois ela é ligada às moléculas da superfície do dielétrico e não pode se mover como a carga livre nas placas condutoras do capacitor. Esta carga ligada produz um campo elétrico com sentido oposto ao campo elétrico produzido pela carga livre nos condutores. Assim, o campo elétrico resultante entre as placas diminui, como ilustrado na Figura 24-30.

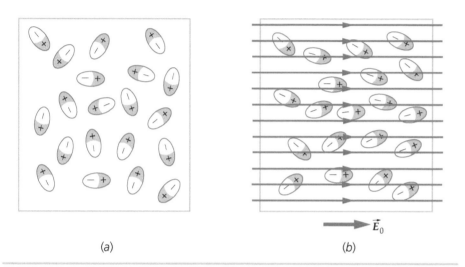

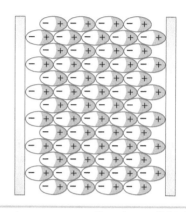

FIGURA 24-28 (a) Os dipolos elétricos orientados aleatoriamente em um dielétrico polar na ausência de um campo elétrico externo. (b) Na presença de um campo elétrico externo, os dipolos estão parcialmente alinhados paralelamente ao campo.

FIGURA 24-29 Quando um dielétrico é colocado entre as placas de um capacitor, o campo elétrico do capacitor polariza as moléculas do dielétrico. O resultado é uma carga ligada na superfície do dielétrico que produz seu próprio campo elétrico; este campo se opõe ao campo externo. O campo das cargas da superfície, portanto, diminui a intensidade do campo elétrico no interior do dielétrico.

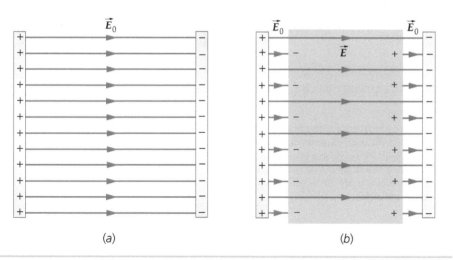

FIGURA 24-30 O campo elétrico entre as placas de um capacitor que tem (a) nenhum dielétrico e (b) um dielétrico. A carga da superfície no dielétrico diminui a intensidade do campo original entre as placas.

---

* O grau de alinhamento depende do campo externo e da temperatura. Ele é aproximadamente proporcional a $pE/(kT)$, onde pE é a energia máxima de um dipolo em um campo E e kT é a energia térmica característica.

132 | CAPÍTULO 24

Exemplo 24-15 | Momento de Dipolo Induzido — Átomo de Hidrogênio

Um átomo de hidrogênio consiste em um próton de carga $+e$ e um elétron de carga $-e$. A distribuição de carga do átomo é esfericamente simétrica e, portanto, o átomo é apolar. Considere um modelo no qual o átomo de hidrogênio consiste de uma carga puntiforme positiva $+e$ no centro de uma nuvem esférica uniformemente carregada de raio R e carga total $-e$. Mostre que, quando este átomo é colocado em um campo elétrico externo uniforme $\vec{E}$, o momento de dipolo induzido é proporcional à $\vec{E}$; isto é, $\vec{p} = \alpha\vec{E}$, onde α é chamada de *polarizabilidade*.

SITUAÇÃO No campo externo, o centro da nuvem negativa uniforme é deslocado da carga positiva por uma quantidade L e a força exercida pelo campo $e\vec{E}$ na carga puntiforme positiva é equilibrada pela força exercida sobre ela pela nuvem negativa, $e\vec{E}'$, onde $\vec{E}'$ é o campo devido à nuvem na posição da carga puntiforme (Figura 24-31). Usamos a lei de gauss para determinar $\vec{E}'$ e, então, calculamos o momento de dipolo induzido $\vec{p} = q\vec{L}$, onde $q = e$ e $\vec{L}$ é a posição da carga positiva em relação ao centro da nuvem. O momento de dipolo, definido como $q\vec{L}$, é discutido na Seção 21-4.

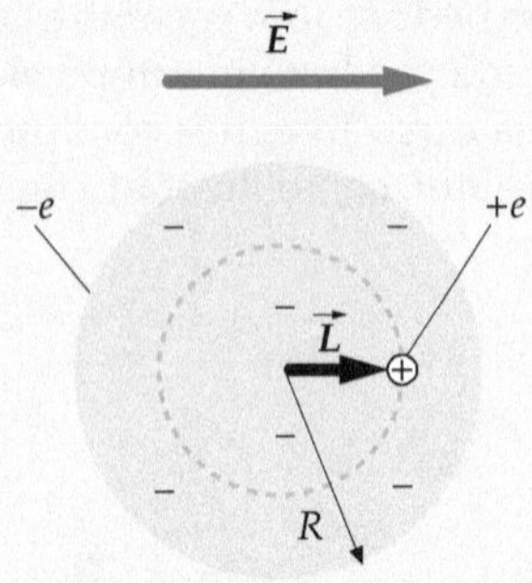

FIGURA 24-31

SOLUÇÃO

1. Escreva a intensidade do momento de dipolo induzido em termos de e e L:

$$p = eL$$

2. Podemos determinar L calculando o campo elétrico E'_n devido à nuvem carregada negativamente a uma distância L do centro. Usamos a lei de Gauss para calcular E'_n. Escolhermos uma superfície gaussiana esférica de raio L concêntrica à nuvem. Então, E'_n é o mesmo em todos os pontos nesta superfície:

$$\phi_{\text{res}} = \oint E_n\, dA = \frac{Q_{\text{dentro}}}{\epsilon_0}$$

$$E'_n = \frac{Q_{\text{dentro}}}{4\pi\epsilon_0 L^2}$$

3. A carga no interior da esfera de raio L é igual à densidade de carga multiplicada pelo volume:

$$Q_{\text{dentro}} = \rho\tfrac{4}{3}\pi L^3 = \frac{-e}{\frac{4}{3}\pi R^3}\tfrac{4}{3}\pi L^3 = -e\frac{L^3}{R^3}$$

4. Substitua este valor para Q_{dentro} e calcule E'_n:

$$E'_n = \frac{Q_{\text{dentro}}}{4\pi\epsilon_0 L^2} = \frac{-eL^3/R^3}{4\pi\epsilon_0 L^2} = -\frac{e}{4\pi\epsilon_0 R^3}L$$

5. Resolva para L:

$$L = -\frac{4\pi\epsilon_0 R^3}{e}E'_n$$

6. E'_n é negativo porque $\vec{E}'$ aponta para dentro da superfície gaussiana. Na carga positiva, $\vec{E}'$ aponta para a esquerda. Como E' é igual a E, concluímos que $E'_n = -E$:

$$E'_n = -E \quad \text{então} \quad L = \frac{4\pi\epsilon_0 R^3}{e}E$$

7. Substitua estes resultados para L e E'_n para expressar p em termos da intensidade do campo externo E:

$$p = eL = 4\pi\epsilon_0 R^3 E$$

$$\text{então} \quad \boxed{\vec{p} = \alpha\vec{E}}$$

$$\text{onde} \quad \alpha = 4\pi\epsilon_0 R^3$$

CHECAGEM Esperamos que α seja positivo, pois $\vec{p}$ e $\vec{E}$ têm a mesma direção e sentido. Nosso resultado do passo 7 está de acordo com esta expectativa.

INDO ALÉM A distribuição de carga negativa no átomo de hidrogênio, obtida da teoria quântica, é esfericamente simétrica, mas a densidade de carga diminui exponencialmente com a distância em vez de ser uniforme. Mesmo assim, o cálculo anterior mostra que o momento de dipolo é proporcional ao campo externo $p = \alpha E$, e a polarizabilidade α é da ordem de $4\pi\epsilon_0 R^3$, onde R é o raio do átomo ou molécula. A constante dielétrica κ pode ser relacionada à polarizabilidade α e ao número de moléculas por unidade de volume.

MAGNITUDE DA CARGA LIGADA

A densidade de carga ligada σ_b nas superfícies do dielétrico está relacionada à constante dielétrica κ e à densidade de carga livre σ_f nas superfícies das placas. Considere uma lâmina dielétrica entre as placas de um capacitor de placas paralelas, como mostra a Figura 24-32. Se o dielétrico é uma lâmina fina entre as placas que estão próximas, o campo elétrico no interior do dielétrico devido às densidades de carga ligada, $+\sigma_b$ à direita e $-\sigma_b$ à esquerda, é simplesmente o campo devido às densidades de carga de dois planos infinitos. Assim, o campo E_b tem módulo

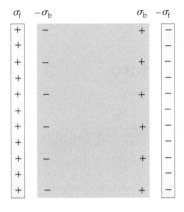

FIGURA 24-32 Um capacitor de placas paralelas com uma lâmina dielétrica entre as placas. Se as placas estiverem próximas, cada uma das superfícies pode ser considerada como um plano infinito de cargas. O campo elétrico devido à carga livre nas placas está direcionado para a direita e seu módulo é $E_0 = \sigma_f/\epsilon_0$. O campo devido à carga ligada está direcionado para a esquerda e tem módulo igual a $E_b = \sigma_b/\epsilon_0$.

$$E_b = \frac{\sigma_b}{\epsilon_0}$$

Este campo está dirigido para a esquerda e se subtrai do campo elétrico E_0 devido à densidade de carga livre nas placas do capacitor, que tem módulo

$$E_0 = \frac{\sigma_f}{\epsilon_0}$$

A intensidade do campo resultante $E = E_0/\kappa$ é a diferença entre estes dois módulos

$$E = E_0 - E_b = \frac{E_0}{\kappa}$$

ou

$$E_b = \left(1 - \frac{1}{\kappa}\right)E_0$$

Escrevendo σ_b/ϵ_0 para E_b e σ_f/ϵ_0 para E_0, obtemos

$$\sigma_b = \left(1 - \frac{1}{\kappa}\right)\sigma_f \qquad 24\text{-}23$$

A densidade de carga ligada σ_b é sempre menor ou igual à densidade de carga livre σ_f nas placas do capacitor e é zero se $\kappa = 1$, que é o caso quando não há dielétrico. Para uma lâmina condutora, $\kappa = \infty$ e $\sigma_b = \sigma_f$.

CHECAGEM CONCEITUAL 24-5

A capacitância sempre aumenta quando um dielétrico é inserido no espaçamento do capacitor? Explique sua resposta.

*OS EFEITOS PIEZOELÉTRICOS E PIROELÉTRICOS

Em certos cristais que contêm moléculas polares (por exemplo, quartzo, turmalina e topázio), uma tensão mecânica aplicada ao cristal produz polarização das moléculas. Isto é conhecido como **efeito piezoelétrico**. A polarização do cristal tensionado induz uma diferença de potencial no material, que pode ser usada para produzir uma corrente elétrica. Cristais piezoelétricos são usados como transdutores (por exemplo, microfones, agulha de toca-discos e dispositivos sensíveis à vibração) para converter deformação mecânica em sinais elétricos. O efeito piezoelétrico reverso, no qual uma tensão aplicada no cristal induz uma deformação mecânica (deformação), é usado em fones de ouvido e muitos outros dispositivos. Como a freqüência natural de vibração do quartzo está na faixa de freqüências de rádio, e como sua curva de ressonância é muito aguda,* o quartzo é amplamente usado para estabilizar osciladores de radiofreqüência e para construção de relógios precisos.

Muitos cristais que exibem o efeito piezoelétrico também exibem o **efeito piroelétrico**, que é a geração de um grande campo elétrico no interior do cristal quando a temperatura aumenta. Cristais piroelétricos são, algumas vezes, utilizados para acelerar partículas carregadas a velocidades tão elevadas que, quando elas colidem com o material do alvo, são gerados raios X e pode ocorrer, inclusive, fusão nuclear.

---

* A ressonância em circuitos de corrente alternada, que serão discutidos no Capítulo 29, é análoga à ressonância mecânica, que foi discutida no Capítulo 14 (Volume 1).

Mudanças em Capacitores — Carregamento no Futuro

Em 1746, logo após a propaganda feita para a garrafa de Leyden, 180 soldados demonstraram para uma corte francesa a potência de uma grande garrafa de Leyden. Eles se deram as mãos, formando um círculo, e ficaram aguardando até serem conectados a uma garrafa de Leyden. Quando um único choque da garrafa passou pelo círculo, todos os soldados pularam e gritaram simultaneamente.[*,†] A capacitância de algumas garrafas de Leyden tem valores de 2,5 nF a 10 kV.

Capacitores percorreram um longo caminho desde então. Uma mudança (dentre várias) que foi feita durante o século XIX foi a adição de óleo mineral como um dielétrico nos capacitores. Entretanto, condensadores com óleo mineral, como eles eram conhecidos, são inflamáveis quando aquecidos. Em 1929, a companhia química Swann produziu bifenil policlorinado, ou PCB, para uso como dielétrico em capacitores industriais.[‡] O PCB resiste à temperatura e não reage facilmente com outras substâncias. Ele também tem constante dielétrica levemente maior que o óleo mineral. Infelizmente, foi constatado que o PCB é cancerígeno e extremamente tóxico quando parcialmente queimado.[#] Em 1979, a produção de PCB foi proibida nos Estados Unidos e seu uso como dielétrico para capacitores° foi descontinuado. (Um grande número de antigos capacitores usando PCB ainda estava em serviço em 2006.[§]) A proibição do uso de PCB nos novos capacitores fez com que os pesquisadores tentassem desenvolver capacitores mais eficientes. (Neste contexto, eficiência significa, geralmente, maior capacitância por unidade de massa.)

Capacitores têm tamanhos e formatos muito diferentes, bem como existem de vários tipos diferentes. Os projetistas de circuitos escolhem o tamanho, o formato e o tipo mais adequado para atender às exigências de uma dada circunstância específica. (*Maynard & Bouchard/Scientifica/Visuals Unlimited.*)

Vários tipos de capacitores muito eficientes estão disponíveis. Muitos capacitores, hoje, tiram vantagem dos grandes coeficientes dielétricos de cerâmicas especializadas,[¶] filmes plásticos e géis poliméricos. Mas os capacitores mais eficientes são capacitores de camadas duplas elétricas (EDLCs).[2] Eles são compostos de eletrodos feitos de carbono poroso depositado dos dois lados de um *separador eletrolítico*. As camadas são enroladas firmemente e colocadas no interior de um recipiente. O carbono e o separador eletrolítico são tão finos que a distância entre as camadas de carbono é da espessura de moléculas.[**] A camada dupla refere-se ao fato de que cada camada de eletrólito tem duas camadas de carga.

Graças à natureza porosa do carbono, cada camada tem uma área superficial muito grande para que o carbono esteja em contato com o eletrólito — de 400 até 2000 m^2/g. Esta grande área superficial, combinada com a camada muito fina de eletrólito, conduz a uma grande capacitância. Como as camadas de eletrólito são muito finas, a maioria dos capacitores de camada dupla tem baixas tensões de ruptura. Um EDLC do tamanho de uma pilha pesa 60 gramas, tem uma capacitância de 350 farads e uma tensão de ruptura de 2,5 volts.[††] Devido à baixa tensão de ruptura, eles raramente são utilizados individualmente. Um conjunto de seis capacitores do tamanho de uma pilha, ligados em série, tem uma capacitância equivalente de 58 farads e uma tensão de ruptura de 15 volts.[‡‡]

Os EDLCs já estão incorporados em telefones celulares, câmeras e automóveis. Para itens recarregáveis de uso freqüente, os EDLCs poderão ser, em breve, baratos e potentes o suficiente para serem utilizados no lugar de baterias.

---

[*] Dray, P., *Stealing God's Thunder: Benjamin Franklin's Lightning Rod and the Invention of America*. New York: Random House, 2005, pp. 45–46.
[†] Cohen, I. B., *Benjamin Franklin's Science*. Cambridge: Harvard University Press, 1990, pp. 4–37.
[‡] *History of PCB Manufacturing in Anniston*. 2000. Solutia http://www.solutia.com/pages/anniston/pcbhistory.asp As of Sept. 2006.
[#] Lloyd, R. J. W., et al., *Current Intelligence Bulletin 7—Polychlorinated Biphenyls (PCBs)*. Washington, D.C.: Centers for Disease Control, Nov. 3, 1975. http://www.cdc.gov/niosh/78127_7.html As of Sept. 2006.
[°] *EPA Bans PCB Manufacture; Phases Out Uses*. United States Environmental Protection Agency, Apr. 19, 1979. http://www.epa.gov/history/topics/pcbs/01.htm As of Sept. 2006.
[§] *Brookhaven National Laboratory Reduces Mercury and PCBs*. United States Environmental Protection Agency, http://www.epa.gov/epaoswer/hazwaste/minimize/brookhav.htm As of Sept. 2006.
[¶] Chen, L., et al., "Migration and Redistribution of Oxygen Vacancy in Barium Titanate Ceramics." *Applied Physics Letters*, Aug. 14, 2006, Vol. 89, No. 7, Letter 071916.
[2] Sigla em inglês: *Electrical Double-Layer Capacitors*. (N.T.)
[**] Prophet, G., "Supercaps for Supercaches." *Electronic Design News*, Jan. 9, 2003, pp. 53–58.
[††] Blankenship, S., "It Looks Like a Battery, but It's an Ultracapacitor." *Power Engineering*, May 2004, pp. 64–65.
[‡‡] Everett, M., "Ultracapacitors Turn Malibus into Mercedes." *Machine Design*, Dec. 8, 2005, pp. 82–88.

Resumo

1. Capacitância é uma quantidade importante que relaciona carga à diferença de potencial.
2. Dois dispositivos conectados em *paralelo* compartilham uma diferença de potencial em comum em cada dispositivo *devido, somente, à maneira como estão conectados.*
3. Dois dispositivos conectados em *série* estão ligados por um caminho condutor que *não contém junções.*
4. A soma das variações no potencial em torno de qualquer caminho fechado *sempre* é zero. Isto é conhecido como a regra das malhas de Kirchhoff.

TÓPICO	EQUAÇÕES RELEVANTES E OBSERVAÇÕES	
1. Capacitor	Um capacitor é um dispositivo para armazenamento de carga e energia. Ele consiste em dois condutores isolados entre si, contendo cargas de mesmo módulo e de sinais opostos.	
2. Capacitância	Definição de capacitância $$C = \frac{Q}{V}$$	24-1
Condutor isolado	Q é a carga total do condutor, V é o potencial do condutor em relação à vizinhança.	
Capacitor	Q é o módulo da carga em cada um dos condutores, V é o módulo da diferença de potencial entre os condutores.	
De um condutor esférico isolado	$$C = 4\pi\epsilon_0 R$$	24-2
De um capacitor de placas paralelas	$$C = \frac{\epsilon_0 A}{d}$$	24-6
De um capacitor cilíndrico	$$C = \frac{2\pi\epsilon_0 L}{\ln(R_2/R_1)}$$	24-7
Energia armazenada em um capacitor	$$U = \frac{1}{2}QV = \frac{1}{2}\frac{Q^2}{C} = \frac{1}{2}CV^2$$	24-8
Densidade de energia de um campo elétrico	$$u_e = \tfrac{1}{2}\epsilon_0 E^2$$	24-9
3. Capacitância Equivalente		
Capacitores em paralelo	Quando dispositivos estão conectados em paralelo, a queda de tensão é a mesma em cada um. $$C_{eq} = C_1 + C_2 + C_3 + \dots$$	24-13
Capacitores em série	Quando capacitores estão em série, a queda de tensão se soma. Se a carga total em cada par de placas conectadas for zero, então: $$\frac{1}{C_{eq}} = \frac{1}{C_1} + \frac{1}{C_2} + \frac{1}{C_3} + \dots$$	24-17
4. Dielétricos		
Comportamento macroscópico	Um material não-condutor é chamado de dielétrico. Quando um dielétrico é inserido entre as placas de um capacitor, o campo elétrico no interior do dielétrico diminui e a capacitância é, portanto, acrescida por um fator κ, que é a constante dielétrica.	
Visão microscópica	O campo elétrico no dielétrico de um capacitor diminui porque os momentos de dipolo moleculares (preexistentes ou induzidos) tendem a se alinhar com o campo aplicado e, portanto, produzem um segundo campo elétrico no interior do dielétrico que se opõe ao campo elétrico. O momento de dipolo alinhado do dielétrico é proporcional ao campo aplicado.	
Campo elétrico no interior	$$E = \frac{E_0}{\kappa}$$	24-18
Efeito na capacitância	$$C = \kappa C_0$$	24-19
Permissividade ϵ	$$\epsilon = \kappa\epsilon_0$$	24-21

136 | CAPÍTULO 24

TÓPICO	EQUAÇÕES RELEVANTES E OBSERVAÇÕES
Usos de um dielétrico	1. Aumenta a capacitância 2. Aumenta a rigidez dielétrica 3. Separa fisicamente os condutores
*5. Efeito Piezoelétrico	Em certos cristais, uma tensão mecânica modifica a polarização do material, o que resulta em uma tensão no cristal. De maneira reversa, uma tensão aplicada induz uma tensão mecânica (deformação) no cristal.
*Efeito Piroelétrico	Em certos cristais, um aumento na temperatura varia a polarização do material, o que resulta em uma tensão no cristal.

Respostas das Checagens Conceituais

24-1 $C_2 = C_1$. A capacitância não depende da carga. Se a carga for triplicada, o potencial da esfera será triplicado e a razão Q/V, que depende apenas do raio da esfera, permanece inalterada.

24-2   A capacitância de qualquer capacitor não depende do potencial. Para aumentar V você deve aumentar a carga Q, e vice-versa. A razão Q/V depende apenas da geometria do capacitor e da natureza de qualquer material dielétrico que separa as placas.

24-3   A carga resultante permanece a mesma. Como uma bomba de água transfere água, uma bateria transfere carga. A quantidade de água em uma bomba de água não varia e a quantidade de carga em uma bateria não varia.

24-4   Um valor negativo.

24-5   Sim. A capacitância é definida como $C = Q/V$. Assim, para um capacitor carregado isolado, para o qual Q é constante, a capacitância C é inversamente proporcional à tensão V. Quando um dielétrico é inserido em um capacitor isolado, as cargas ligadas induzidas na superfície do dielétrico provocam uma redução na intensidade do campo elétrico no interior do dielétrico. A tensão é diretamente proporcional à intensidade do campo elétrico e, portanto, uma redução na intensidade do campo elétrico implica uma redução na tensão e um aumento na capacitância.

Respostas dos Problemas Práticos

24-1 $9,0 \times 10^9$ m, que é aproximadamente 1400 vezes o raio da Terra. (O farad é, de fato, uma unidade muito grande.)

24-2 $A = 1,1 \times 10^8$ m², que corresponde a um quadrado com lados de 11 km de comprimento

24-3   3,7 J

24-4 $U = \frac{1}{2} \sum_{i=1}^{n} Q_i V_i = \frac{1}{2} Q_1 V_1 + \frac{1}{2} Q_2 V_2$

      $= \frac{1}{2}(-Q)V_1 + \frac{1}{2}(+Q)(V_1 + V) = \frac{1}{2}QV$

24-5   21 V

24-6   (a) $C_0 = 87$ pF, (b) $C = 50$ pF

24-7   (a) $u_e = \frac{1}{2}\epsilon_0 E^2 = 160$ μJ/m³,

      (b) Δvol $= A\,\Delta d = 2,9 \times 10^{-5}$ m³, $u_e\Delta$vol $= 4,7$ nJ, de acordo como o Exemplo 24-3

24-8   54 μC

24-9   4,0 V

24-10   (a) 50 μF, (b) 12 μF

24-11 $U_i = q^2/(2C_1) + q^2/(2C_2)$, onde $q = 48$ μC. Portanto, $U_i = 288$ μJ. $U_f = Q_1^2/(2C_1) + Q_2^2/(2C_2) = 256$ μJ.

24-12 $U_2 = 4,0$ μJ, $U_3 = 24$ μJ, $U_4 = 8,0$ μJ. Observe que $U_2 + U_3 + U_4 = 36$ μJ $= \frac{1}{2}QV = \frac{1}{2}Q^2/C_{eq} = \frac{1}{2}C_{eq}V^2$.

24-13   (a) 0,18 nF, (b) 2,1 nC

24-14   (a) $Q = 1,1$ nC (que permanece inalterada), (b) $V = 6,0$ V, (c) $C = 180$ pF

Problemas

Em alguns problemas, você recebe mais dados do que necessita; em alguns outros, você deve acrescentar dados de seus conhecimentos gerais, fontes externas ou estimativas bem fundamentadas.

Interprete como significativos todos os algarismos de valores numéricos que possuem zeros em seqüência sem vírgulas decimais.

-   Um só conceito, um só passo, relativamente simples
- •• Nível intermediário, pode requerer síntese de conceitos
- ••• Desafiante, para estudantes avançados

Problemas consecutivos sombreados são problemas pareados.

PROBLEMAS CONCEITUAIS

1 • Se a tensão em um capacitor de placas paralelas é duplicada, sua capacitância (*a*) dobra, (*b*) cai à metade, (*c*) permanece a mesma?

2 • Se a carga em um condutor esférico isolado é duplicada, sua autocapacitância (*a*) dobra, (*b*) cai à metade, (*c*) permanece a mesma?

3 • Verdadeiro ou falso: A densidade de energia eletrostática está uniformemente distribuída na região entre os condutores de um capacitor cilíndrico.

4 • Se a distância entre as placas de um capacitor de placas paralelas, carregado e isolado, é duplicada, qual é a razão entre as energias final e inicial armazenadas?

5 • Um capacitor de placas paralelas é conectado a uma bateria. O espaço entre as duas placas está vazio. Se a separação entre as placas é triplicada enquanto o capacitor permanece conectado à bateria, qual é a razão entre as energias final e inicial armazenadas?

6 • Se o capacitor do Problema 5 é desconectado da bateria antes de a separação entre as placas ser triplicada, qual é a razão entre as energias final e inicial armazenadas?

7 • Verdadeiro ou falso:
(*a*) A capacitância equivalente de dois capacitores em paralelo é sempre maior que o maior valor das duas capacitâncias.
(*b*) A capacitância equivalente de dois capacitores em série é sempre menor que o menor valor das duas capacitâncias se a soma das cargas nas duas placas que estão conectadas por um condutor isolado é zero.

8 • Dois capacitores descarregados têm capacitâncias C_0 e $2C_0$, respectivamente, e estão conectados em série. Esta combinação em série é, então, conectada aos terminais de uma bateria. Qual das seguintes alternativas é verdadeira?
(*a*) O capacitor $2C_0$ tem o dobro da carga que o outro capacitor.
(*b*) A tensão em cada capacitor é a mesma.
(*c*) A energia armazenada em cada capacitor é a mesma.
(*d*) A capacitância equivalente é $3C_0$.
(*e*) A capacitância equivalente é $2C_0/3$.

9 • Um dielétrico é inserido entre as placas de um capacitor de placas paralelas, preenchendo completamente a região entre elas. Inicialmente o espaço entre as placas estava preenchido com ar. O capacitor estava conectado a uma bateria durante todo o processo. Verdadeiro ou falso:
(*a*) O valor da capacitância do capacitor aumenta quando o dielétrico é inserido entre as placas.
(*b*) A carga nas placas do capacitor diminui quando o dielétrico é inserido entre as placas.
(*c*) O campo elétrico entre as placas não varia quando o dielétrico é inserido entre elas.
(*d*) A energia armazenada no capacitor diminui quando o dielétrico é inserido entre as placas.

10 •• Os capacitores A e B (Figura 24-33) têm placas com áreas e separações idênticas. O espaço entre as placas de cada capacitor está preenchido pela metade com um dielétrico, como mostrado. Qual tem a maior capacitância, o capacitor A ou o B? Explique sua resposta.

11 •• (*a*) Dois capacitores idênticos estão conectados em paralelo. Esta combinação é, então, conectada aos terminais de uma bateria. Como a energia total armazenada na combinação em paralelo destes dois capacitores se compara à energia total armazenada se apenas um dos capacitores estivesse conectado aos terminais da mesma bateria? (*b*) Dois capacitores idênticos, descarregados, estão conectados em série. Esta combinação é, então, conectada

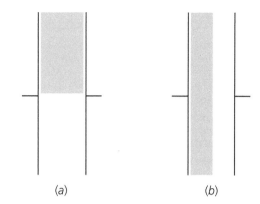

FIGURA 24-33 Problema 10

aos terminais de uma bateria. Como a energia total armazenada na combinação em série destes dois capacitores se compara à energia total armazenada se apenas um dos capacitores estivesse conectado aos terminais da mesma bateria?

12 •• Dois capacitores idênticos, descarregados, estão conectados em série aos terminais de uma bateria de 100 V. Quando apenas um dos capacitores está conectado nos terminais da bateria, a energia armazenada é U_0. Qual é a energia total armazenada nos dois capacitores quando a combinação em série é conectada à bateria? (*a*) $4U_0$, (*b*) $2U_0$, (*c*) U_0, (*d*) $U_0/2$, (*e*) $U_0/4$.

ESTIMATIVA E APROXIMAÇÃO

13 •• Desconecte o cabo coaxial de um aparelho de televisão ou qualquer outro e estime o valor do diâmetro do condutor interno e valor do diâmetro da camada de isolamento. Considere um valor plausível (veja a Tabela 24-1) para a constante dielétrica do material que separa os dois condutores e estime o valor da capacitância por unidade de comprimento do cabo.

14 •• **APLICAÇÃO EM ENGENHARIA, RICO EM CONTEXTO** Você faz parte de uma equipe de pesquisa em engenharia que está projetando um laser pulsado de nitrogênio. Para criar as altas densidades de energia necessárias para operar este tipo de laser, é usada a descarga elétrica de um capacitor de alta tensão. Tipicamente a energia necessária por pulso (isto é, por descarga) é 100 J. Estime o valor da capacitância necessária se a descarga deve criar uma faísca através de um espaçamento de aproximadamente 1,0 cm. Considere que o valor da tensão de ruptura dielétrica do nitrogênio é o mesmo que o do ar normal.

15 •• Estime o valor da capacitância da garrafa de Leyden mostrada na Figura 24-34. A figura do homem tem um décimo da altura média de um homem.

FIGURA 24-34 Problema 15

CAPITÂNCIA

16 • Uma esfera condutora isolada tem raio igual a 10,0 cm e um potencial elétrico de 2,00 kV (o potencial em pontos bem afastados da esfera é zero). (*a*) Quanta carga está na esfera? (*b*) Qual é a autocapacitância da esfera? (*c*) De quanto varia a autocapacitância se o potencial elétrico da esfera é aumentado para 6,00 kV?

17 • A carga em uma placa de um capacitor é +30,0 μC e a carga na outra placa é −30,0 μC. A diferença de potencial entre as placas é 400 V. Qual é a capacitância do capacitor?

18 •• Duas esferas condutoras isoladas de raios iguais R têm cargas +Q e −Q, respectivamente. Os centros das esferas estão separados por uma distância d, que é grande comparada ao raio delas. Estime o valor da capacitância deste capacitor não usual.

O ARMAZENAMENTO DE ENERGIA ELÉTRICA

19 • (*a*) A diferença de potencial entre as placas de um capacitor de 3,00 μF é 100 V. Quanta energia é armazenada no capacitor? (*b*) Quanta energia adicional é necessária para aumentar a diferença de potencial entre as placas de 100 V para 200 V?

20 • As cargas nas placas de um capacitor de 10 μF são ±4,0 μC. (*a*) Quanta energia está armazenada no capacitor? (*b*) Se a carga é transferida até que seja atingido o valor de ±2,0 μC nas placas, quanta energia permanece armazenada?

21 • (*a*) Determine a energia armazenada em um capacitor de 20,0 nF quando as cargas nas placas são ±5,00 μC. (*b*) Quanta energia adicional é armazenada se as cargas forem aumentadas de ±5,00 μC para ±10,0 μC?

22 • Qual é a máxima densidade de energia elétrica em uma região contendo ar seco em condições-padrão?

23 •• Um capacitor de placas paralelas contendo ar tem placas com área de 2,00 m² separadas por 1,00 mm e está carregado com 100 V. (*a*) Qual é o campo elétrico entre as placas? (*b*) Qual é a densidade de energia elétrica entre as placas? (*c*) Determine a energia total multiplicando sua resposta para a Parte (*b*) pelo volume entre as placas. (*d*) Determine a capacitância deste arranjo. (*e*) Calcule a energia total usando $U = \frac{1}{2}CV^2$ e compare sua resposta com o resultado da Parte (*c*).

24 •• Uma esfera metálica sólida tem raio de 10,0 cm e uma casca metálica esférica concêntrica tem um raio interno de 10,5 cm. A esfera sólida tem uma carga de 5,00 nC. (*a*) Estime o valor da energia armazenada no campo elétrico na região entre as esferas. *Dica: Você pode tratar as esferas essencialmente como lâminas planas e paralelas separadas por 0,5 cm.* (*b*) Estime o valor da capacitância deste sistema de duas esferas. (*c*) Estime o valor da energia total armazenada no campo elétrico usando $U = \frac{1}{2}Q^2/C$ e compare com sua resposta para a Parte (*a*).

25 •• Um capacitor de placas paralelas tem placas com área de 500 cm² e está conectado aos terminais de uma bateria. Depois de algum tempo, o capacitor é desconectado da bateria. Quando as placas são, então, afastadas por 0,40 cm a mais, a carga em cada uma permanece constante, mas a diferença de potencial entre elas aumenta de 100 V. (*a*) Qual o módulo da carga em cada placa? (*b*) Você espera que a energia armazenada no capacitor aumente, diminua ou permaneça constante quando as placas são afastadas desta maneira? Explique sua resposta. (*c*) Dê suporte à sua resposta para a Parte (*b*) determinando a variação na energia armazenada no capacitor devido ao movimento das placas.

COMBINAÇÕES DE CAPACITORES

26 • (*a*) Quantos capacitores de 1,00 μF conectados em paralelo seriam necessários para armazenar uma carga total de 1,00 mC se a diferença de potencial em cada capacitor fosse 10,0 V? Faça um diagrama da combinação em paralelo. (*b*) Qual seria a diferença de potencial nesta combinação em paralelo? (*c*) Se os capacitores da Parte (*a*) estão descarregados, conectados em série e, então, energizados até que a diferença de potencial em cada um seja de 10,0 V, determine a carga em cada capacitor e a diferença de potencial na conexão.

27 • Um capacitor de 3,00 μF e um capacitor de 6,00 μF são descarregados e, então, conectados em série, e a combinação é conectada em paralelo com um capacitor de 8,00 μF. Faça um diagrama desta combinação. Qual é a capacitância equivalente desta combinação?

28 • Três capacitores estão conectados em um triângulo, como mostra a Figura 24-35. Determine uma expressão para a capacitância equivalente entre os pontos *a* e *c* em termos dos três valores de capacitância.

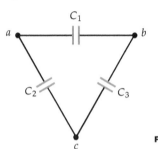

FIGURA 24-35 Problema 28

29 •• Um capacitor de 10,0 μF e um capacitor de 20,0 μF estão conectados em paralelo aos terminais de uma bateria de 6,00 V. (*a*) Qual é a capacitância equivalente desta combinação? (*b*) Qual é a diferença de potencial em cada capacitor? (*c*) Determine a carga em cada capacitor. (*d*) Determine a energia armazenada em cada capacitor.

30 •• Um capacitor de 10,0 μF e um capacitor de 20,0 μF são descarregados e, então, conectados em série. A combinação é, então, conectada aos terminais de uma bateria de 6,00 V. (*a*) Qual é a capacitância equivalente desta combinação? (*b*) Qual é a diferença de potencial em cada capacitor? (*c*) Determine a carga em cada capacitor. (*d*) Determine a energia armazenada em cada capacitor.

31 •• Três capacitores idênticos são conectados de forma tal que a capacitância equivalente máxima, de 15,0 μF, é obtida. (*a*) Determine como os capacitores estão conectados e faça um diagrama da combinação. (*b*) Há três maneiras adicionais de conectar todos os capacitores. Faça um diagrama destas três maneiras e determine as capacitâncias equivalentes para cada arranjo.

32 •• Para o circuito mostrado na Figura 24-36, os capacitores foram todos descarregados antes de serem conectados à fonte de tensão. Determine (*a*) a capacitância equivalente da combinação, (*b*) a carga armazenada na placa carregada positivamente de cada capacitor, (*c*) a tensão em cada capacitor e (*d*) a energia armazenada em cada capacitor.

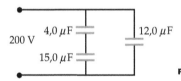

FIGURA 24-36 Problema 32

33 •• (*a*) Mostre que a capacitância equivalente para dois capacitores em série pode ser escrita como

$$C_{eq} = \frac{C_1 C_2}{C_1 + C_2}$$

(*b*) Usando apenas esta fórmula e um pouco de álgebra, mostre que C_{eq} deve ser, sempre, menor que C_1 e C_2, e, portanto, deve ser menor que o menor dos dois valores. (*c*) Mostre que a capacitância equivalente de três capacitores em série pode ser escrita como

$$C_{eq} = \frac{C_1 C_2 C_3}{C_1 C_2 + C_2 C_3 + C_1 C_3}$$

(*d*) Usando apenas esta fórmula e um pouco de álgebra, mostre que C_{eq} deve ser, sempre, menor que C_1, C_2 e C_3, e, portanto, deve ser menor que o menor dos três valores.

34 •• Para o circuito mostrado na Figura 24-37 determine (*a*) a capacitância equivalente entre os terminais, (*b*) a carga armazenada na placa carregada positivamente de cada capacitor, (*c*) a tensão em cada capacitor e (*d*) a energia total armazenada.

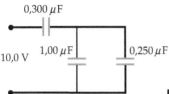

FIGURA 24-37 Problema 34

35 •• Cinco capacitores idênticos com capacitância C_0 estão conectados em uma rede em ponte, como mostrado na Figura 24-38. (*a*) Qual é a capacitância equivalente entre os pontos *a* e *b*? (*b*) Determine a capacitância equivalente entre os pontos *a* e *b* se o capacitor no centro for substituído por um capacitor que tem capacitância de $10C_0$.

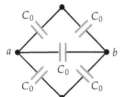

FIGURA 24-38 Problema 35

36 •• Você e seu grupo de laboratório receberam um projeto de seu professor de engenharia elétrica. Seu grupo deve projetar uma rede de capacitores que tem uma capacitância equivalente de 2,00 μF e uma tensão de ruptura de 400 V. A restrição é que seu grupo deve usar apenas capacitores de 2,00 μF que têm valores idênticos de tensão de ruptura de 100 V. Faça um diagrama da combinação.

37 •• Determine as diferentes capacitâncias equivalentes que podem ser obtidas usando dois ou três dos seguintes capacitores: um capacitor de 1,00 μF, um capacitor de 2,00 μF e um capacitor de 4,00 μF.

38 ••• Qual é a capacitância equivalente (em termos de *C*, que é a capacitância de um dos capacitores) da escada infinita de capacitores mostrada na Figura 24-39?

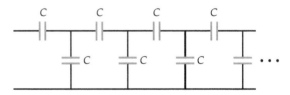

FIGURA 24-39 Problema 38

CAPACITORES DE PLACAS PARALELAS

39 • Um capacitor de placas paralelas tem uma capacitância de 2,00 μF e separação entre as placas de 1,60 mm. (*a*) Qual é a máxima diferença de potencial entre as placas para que não ocorra a ruptura dielétrica do ar entre as placas? (*b*) Quanta carga é armazenada nesta diferença de potencial?

40 • Um campo elétrico de $2,00 \times 10^4$ V/m existe entre as placas circulares de um capacitor de placas paralelas cuja separação é de 2,00 mm. (*a*) Qual é a diferença de potencial entre as placas do capacitor? (*b*) Que valor do raio das placas é necessário para que a placa carregada positivamente tenha uma carga de 10,0 μC?

41 •• Um capacitor de placas paralelas preenchido com ar tem uma capacitância de 0,14 μF. As placas estão separadas por 0,50 mm. (*a*) Qual é a área de cada placa? (*b*) Qual é a diferença de potencial entre as placas se a placa carregada positivamente tem uma carga de 3,2 μC? (*c*) Qual é a energia armazenada? (*d*) Qual é a energia máxima que este capacitor pode armazenar antes que ocorra a ruptura dielétrica entre as placas?

42 •• Projete um capacitor de placas paralelas de 0,100 μF que tem ar entre suas placas e que pode ser carregado com uma diferença de potencial máxima de 1000 V antes que ocorra a ruptura dielétrica. (*a*) Qual é a mínima separação possível entre as placas? (*b*) Qual é o valor mínimo que deve ter a área de cada placa do capacitor?

CAPACITORES CILÍNDRICOS

43 • Na preparação para um experimento que você fará em seu laboratório de introdução à física nuclear, você está olhando o lado interno de um tubo Geiger. Você mede o raio e o comprimento do fio central do tubo Geiger como 0,200 mm e 12,0 cm, respectivamente. A superfície externa do tubo é uma casca cilíndrica condutora que tem um raio interno de 1,50 cm. A casca é coaxial com o fio e tem o mesmo comprimento (12,0 cm). Calcule (*a*) a capacitância de seu tubo, considerando que o gás no tubo tenha uma constante dielétrica de 1,00, e (*b*) o valor da densidade linear de carga no fio quando a diferença de potencial entre o fio e a casca é de 1,20 kV.

44 •• Um capacitor cilíndrico consiste em um longo fio que tem um raio R_1, comprimento *L* e carga $+Q$. O fio está encoberto por uma casca cilíndrica coaxial externa que tem raio interno R_2, comprimento *L* e carga $-Q$. (*a*) Determine expressões para o campo elétrico e para a densidade de energia como função da distância *R* do eixo. (*b*) Quanta energia reside na região entre os condutores, que tem raio *R*, espessura *dR* e um volume de $2\pi r L\, dR$? (*c*) Integre sua expressão da Parte (*b*) para determinar a energia total armazenada no capacitor. Compare seu resultado com aquele obtido usando a fórmula $U = Q^2/(2C)$ em conjunto com a expressão conhecida para a capacitância de um capacitor cilíndrico.

45 ••• Três finas cascas cilíndricas condutoras, longas e concêntricas, têm raios de 2,00 mm, 5,00 mm e 8,00 mm. O espaço entre as cascas é preenchido com ar. A casca mais interna está conectada à casca mais externa por um fio condutor em uma das extremidades. Determine a capacitância por unidade de comprimento desta configuração.

46 ••• **APLICAÇÃO EM ENGENHARIA** Um *goniômetro* é um instrumento preciso para medida de ângulos. Um *goniômetro capacitor* está mostrado na Figura 24-40*a*. Cada placa do capacitor variável (Figura 24-40*b*) consiste em um semicírculo metálico plano que tem raio interno R_1 e raio externo R_2. As placas compartilham um eixo de rotação em comum e a largura do espaçamento de ar separando as placas é *d*. Calcule a capacitância como função do ângulo θ e dos parâmetros dados.

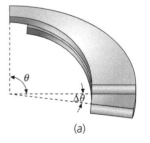
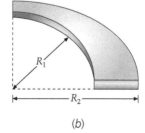

(a)   (b)

FIGURA 24-40 Problema 46

47 ••• **APLICAÇÃO EM ENGENHARIA** Um *medidor capacitivo de pressão* é mostrado na Figura 24-41. Cada placa tem uma área *A*. As placas estão separadas por um material que tem constante dielétrica κ, espessura d e um módulo de Young Y. Se um aumento de pressão ΔP é aplicado às placas, deduza uma expressão para a variação na capacitância.

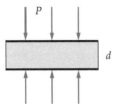

FIGURA 24-41 Problema 47

.CAPACITORES ESFÉRICOS

48 • • Considere a Terra como uma esfera condutora. (*a*) Qual é sua autocapacitância? (*b*) Considere que a magnitude do campo elétrico na superfície da Terra seja de 150 V/m. A que densidade de carga isto corresponde? Expresse este valor em unidades da carga fundamental *e* por centímetro quadrado.

49 • • Um capacitor esférico consiste em uma fina casca esférica de raio R_1 e de uma fina casca esférica concêntrica de raio R_2, onde $R_2 > R_1$. (*a*) Mostre que a capacitância é dada por $C = 4\pi\epsilon_0 R_1 R_2/(R_2 - R_1)$. (*b*) Mostre que, quando os raios das cascas são praticamente iguais, a capacitância é aproximadamente dada pela expressão para a capacitância de um capacitor de placas paralelas, $C = \epsilon_0 A/d$, onde A é a área da esfera e $d = R_2 - R_1$.

50 • • Um capacitor esférico é composto de uma esfera interna que tem raio R_1 e carga $+Q$, e uma fina casca esférica concêntrica que tem raio R_2 e carga $-Q$. (*a*) Determine o campo elétrico e a densidade de energia como função de r, onde r é a distância ao centro da esfera, para $0 \leq r < \infty$. (*b*) Calcule a energia associada com o campo eletrostático em uma casca esférica entre os condutores que tem raio r, espessura dr e volume $4\pi r^2 dr$. (*c*) Integre sua expressão para a Parte (*b*) para determinar a energia total e compare seu resultado com o obtido usando $U = \frac{1}{2}QV$.

51 • • • Uma esfera condutora isolada de raio R tem carga Q distribuída uniformemente sobre sua superfície. Determine a distância R' do centro da esfera tal que metade da energia eletrostática total do sistema está associada com o campo elétrico além desta distância.

CAPACITORES DESCONECTADOS E CONECTADOS NOVAMENTE

52 • • Um capacitor de 2,00 μF é energizado a uma diferença de potencial de 12,0 V. Os fios conectando o capacitor à bateria são, então, desconectados da bateria e conectados a um segundo capacitor que estava inicialmente descarregado. A diferença de potencial no capacitor de 2,00 μF cai, então, para 4,00 V. Qual é a capacitância do segundo capacitor?

53 • • Um capacitor de 100 pF e um capacitor de 400 pF são, ambos, carregados a 2,00 kV. Eles são, então, desconectados da fonte de tensão e conectados juntos, placa positiva à placa negativa e placa negativa à placa positiva. (*a*) Determine a diferença de potencial resultante em cada capacitor. (*b*) Determine a energia dissipada quando as conexões são feitas.

54 • • Dois capacitores, um com capacitância de 4,00 μF e o outro com capacitância de 12,0 μF, são, primeiramente, descarregados e, então, conectados em série. A seguir, a combinação em série é conectada aos terminais de uma bateria de 12,0 V. Depois, eles são cuidadosamente desconectados de maneira a que permaneçam carregados, e, então, conectados um ao outro novamente — placa positiva à placa positiva e placa negativa à placa negativa. (*a*) Determine a diferença de potencial em cada capacitor depois que eles foram conectados novamente. (*b*) Determine a energia armazenada nos capacitores antes de eles terem sido desconectados da bateria e determine a energia armazenada depois de eles terem sido conectados novamente.

55 • • Um capacitor de 1,2 μF é carregado a 30 V. Depois da carga, o capacitor é desconectado da fonte de tensão e é conectado aos terminais de um segundo capacitor que havia sido previamente descarregado. A tensão final no capacitor de 1,2 μF é 10 V. (*a*) Qual é a capacitância do segundo capacitor? (*b*) Quanta energia foi dissipada quando a conexão foi feita?

56 • • Um capacitor de 12 μF e um capacitor de capacitância desconhecida são, ambos, carregados a 2,00 kV. Depois da carga, os dois capacitores são desconectados da fonte de tensão. Os capacitores são, então, conectados um ao outro — placa positiva à placa negativa e placa negativa à placa positiva. A tensão final nos terminais do capacitor de 12 μF é 1,00 kV. (*a*) Qual é a capacitância do segundo capacitor? (*b*) Quanta energia foi dissipada quando a conexão foi feita?

57 • • Dois capacitores, um de capacitância igual a 4,00 μF e outro de capacitância igual a 12,0 μF, estão conectados em paralelo. A combinação em paralelo é, então, conectada aos terminais de uma bateria de 12,0 V. Depois, eles são cuidadosamente desconectados de maneira a que permaneçam carregados. Eles são, a seguir, conectados novamente um ao outro — a placa positiva de cada capacitor conectada à placa negativa do outro. (*a*) Determine a diferença de potencial em cada capacitor depois de eles terem sido conectados novamente. (*b*) Determine a energia armazenada nos capacitores antes de eles terem sido desconectados da bateria, e determine a energia armazenada depois de eles terem sido conectados novamente.

58 • • Um capacitor de 20 pF é carregado a 3,0 kV e, então, removido da bateria e conectado a um capacitor de 50 pF descarregado. (*a*) Qual é a nova carga em cada capacitor? (*b*) Determine a energia armazenada no capacitor de 20 pF antes de ele ser desconectado da bateria e a energia armazenada nos dois capacitores depois de eles terem sido conectados um ao outro. A energia armazenada aumenta ou diminui quando os dois capacitores são conectados um ao outro?

59 • • Os capacitores 1, 2 e 3 têm capacitâncias iguais a 2,00 μF, 4,00 μF e 6,00 μF, respectivamente. Os capacitores são conectados em paralelo e a combinação é conectada aos terminais de uma fonte de 200 V. A seguir, os capacitores são desconectados da fonte de tensão e uns dos outros, e então conectados a três interruptores, como mostra a Figura 24-42. (*a*) Qual é a diferença de potencial em cada capacitor quando as chaves S_1 e S_2 estão fechadas, mas S_2 permanece aberta? (*b*) Depois que a chave S_3 é fechada, qual é a carga final na placa esquerda de cada capacitor? (*c*) Calcule a diferença de potencial em cada capacitor depois que a chave S_3 é fechada.

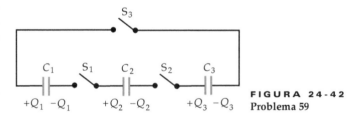

FIGURA 24-42 Problema 59

60 • • Um capacitor tem uma capacitância C e uma carga Q em sua placa carregada positivamente. Um estudante conecta um terminal do capacitor ao terminal de um capacitor idêntico cujas placas estão eletricamente neutras. Quando os dois terminais restantes são conectados, flui carga até que o equilíbrio eletrostático seja restabelecido e que ambos os capacitores tenham carga $Q/2$. Compare a energia total inicialmente armazenada em um capacitor à energia total armazenada nos dois capacitores nos quais o equilíbrio eletrostático foi restabelecido. Se há menos energia no final, para onde você acha que foi a energia que desapareceu? *Dica: Fios que transportam carga podem aquecer, o que é chamado de aquecimento Joule e é discutido em detalhes no Capítulo 25.*

DIELÉTRICOS

61 • **APLICAÇÃO EM ENGENHARIA, RICO EM CONTEXTO** Você é um assistente de laboratório em um departamento de física que tem problemas de orçamento. Seu supervisor deseja construir capacitores de placas paralelas baratos para usar em experimentos de laboratórios introdutórios. O projeto utiliza polietileno, que tem constante dielétrica de 2,30, entre duas folhas de alumínio. A área de cada lâmina de folha é 400 cm^2 e a espessura do polietileno é 0,300 mm. Determine a capacitância deste arranjo.

62 •• O raio e o comprimento do fio central no tubo Geiger são 0,200 mm e 12,0 cm, respectivamente. A superfície externa do tubo é uma casca cilíndrica condutora que tem raio interno de 1,50 cm. A casca é coaxial com o fio e tem o mesmo comprimento (12,0 cm). O tubo é preenchido com um gás que tem constante dielétrica de 1,08 e rigidez dielétrica de 2,00 × 10^6 V/m. (*a*) Qual é a máxima diferença de potencial que pode ser mantida entre o fio e a casca? (*b*) Qual é a carga máxima por unidade de comprimento do fio?

63 •• **APLICAÇÃO EM ENGENHARIA, RICO EM CONTEXTO** Você é um engenheiro de materiais e seu grupo fabricou um novo dielétrico que tem uma constante dielétrica excepcionalmente grande igual a 24 e uma rigidez dielétrica de 4,0 × 10^7 V/m. Suponha que você queira usar este material para construir um capacitor de placas paralelas de 0,10 μF que pode suportar uma diferença de potencial de 2,0 kV. (*a*) Qual é a mínima separação entre as placas necessária para isso? (*b*) Qual é a área de cada placa nesta separação?

64 •• Um capacitor de placas paralelas tem placas separadas por uma distância *d*. A capacitância deste capacitor é C_0 quando não há dielétrico no espaçamento entre as placas. Entretanto, o espaçamento está completamente preenchido por dois dielétricos diferentes. Um dos dielétricos tem espessura $\frac{1}{4}d$ e constante dielétrica κ_1 e o outro tem espessura $\frac{3}{4}d$ e constante dielétrica κ_2. Determine a capacitância deste capacitor.

65 •• Dois capacitores têm, ambos, duas placas condutoras com área de superfície *A* e a espessura da camada de ar é igual a *d*. Eles são conectados em paralelo, como mostra a Figura 24-43, e cada um tem carga *Q* na placa carregada positivamente. Uma lâmina que tem largura *d*, área *A* e constante dielétrica κ, é inserida entre as placas de *um* dos capacitores. Calcule a nova carga Q' na placa carregada positivamente deste capacitor depois que o equilíbrio eletrostático foi restabelecido.

FIGURA 24-43 Problema 65

66 •• Um capacitor de placas paralelas tem separação *d* entre as placas e uma capacitância igual a C_0 quando há apenas espaço vazio no espaço entre as placas. Uma placa de espessura *t*, onde *t < d*, que tem constante dielétrica κ, é colocada no espaçamento entre as placas — cobrindo completamente uma das placas. Qual é a capacitância com a lâmina inserida?

67 •• **APLICAÇÃO BIOLÓGICA** A membrana do axônio de uma célula nervosa pode ser modelada como uma fina casca cilíndrica de raio 1,00 × 10^{-5} m, tendo um comprimento de 10,0 cm e espessura de 10,0 nm. A membrana tem uma carga positiva em um lado e uma carga negativa no outro, e age como um capacitor de placas paralelas de área $2\pi rL$ e separação *d*. Considere que a membrana seja preenchida com um material cuja constante dielétrica é igual a 3,00. (*a*) Determine a capacitância da membrana. Se a diferença de potencial na membrana é 70,0 mV, determine (*b*) a carga no lado carregado positivamente da membrana e (*c*) a intensidade do campo elétrico na membrana.

68 •• O espaço entre as placas de um capacitor que está conectado aos terminais de uma bateria é preenchido com um material dielétrico. Determine a constante dielétrica do material se a carga ligada induzida por unidade de área nele é (*a*) 80 por cento da carga livre por unidade de área das placas, (*b*) 20 por cento da carga livre por unidade de área das placas e (*c*) 98 por cento da carga livre por unidade de área das placas.

69 •• A placa carregada positivamente de um capacitor de placas paralelas tem carga igual a *Q*. Quando é feito vácuo no espaçamento entre as placas, a intensidade do campo elétrico entre elas é 2,5 × 10^5 V/m. Quando o espaço é preenchido com certo material dielétrico, a intensidade do campo entre as placas é reduzida para 1,2 × 10^5 V/m. (*a*) Qual é a constante dielétrica do material? (*b*) Se *Q* = 10 nC, qual é a área das placas? (*c*) Qual é a carga ligada total induzida em cada uma das faces do material dielétrico?

70 •• Determine a capacitância do capacitor de placas paralelas mostrado na Figura 24-44.

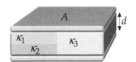

FIGURA 24-44 Problema 70

PROBLEMAS GERAIS

71 • Você recebe quatro capacitores idênticos e uma bateria de 100 V. Quando apenas um dos capacitores está conectado à bateria, a energia armazenada é U_0. Combine os quatro capacitores de maneira tal que a energia total armazenada em todos os quatro capacitores é U_0. Descreva a combinação e explique sua resposta.

72 • Três capacitores têm capacitâncias de 2,00 μF, 4,00 μF e 8,00 μF. Determine a capacitância equivalente se (*a*) os capacitores estão conectados em paralelo e (*b*) os capacitores estão conectados em série.

73 • Um capacitor de 1,00 μF é conectado em paralelo a um capacitor de 2,00 μF e esta combinação é conectada em série com um capacitor de 6,00 μF. Qual é a capacitância equivalente desta combinação?

74 • A tensão em um capacitor de placas paralelas cuja separação entre as placas é igual a 0,500 mm, é 1,20 kV. O capacitor é desconectado da fonte de tensão e a separação entre as placas é aumentada até que a energia armazenada no capacitor tenha sido dobrada. Determine a separação final entre as placas.

75 •• Determine a capacitância equivalente, em termos de C_0, de cada uma das combinações de capacitores mostrada na Figura 24-45.

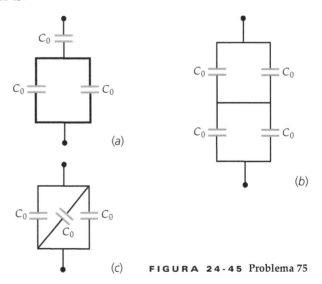

FIGURA 24-45 Problema 75

76 •• A Figura 24-46 mostra quatro capacitores conectados no arranjo conhecido como uma capacitância em ponte. Os capacitores estão inicialmente descarregados. Qual deve ser a relação entre as quatro capacitâncias para que a diferença de potencial entre os pontos c e d permaneça zero quando a tensão V é aplicada entre os pontos a e b?

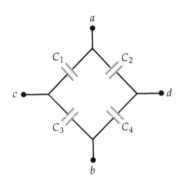

FIGURA 24-46 Problema 76

77 •• As placas de um capacitor de placas paralelas estão separadas por uma distância d e cada placa tem área A. O capacitor é carregado a uma diferença de potencial V e, então, é desconectado da fonte de tensão. A seguir, as placas são afastadas até que a separação seja $3d$. Determine (a) a nova capacitância, (b) a nova diferença de potencial e (c) a nova energia armazenada. (d) Quanto trabalho foi necessário para mudar a separação entre as placas de d para $3d$?

78 •• Um capacitor de placas paralelas tem capacitância C_0 quando não há um dielétrico no espaçamento entre as placas. Este espaçamento é, então, preenchido com um material que tem uma constante dielétrica κ. Quando um segundo capacitor de capacitância C' é conectado em série com o primeiro, a capacitância da combinação em série é C_0. Determine C' e C_0.

79 •• Uma combinação em paralelo de dois capacitores idênticos de 2,00 μF, de placas paralelas (sem dielétrico no espaço entre as placas) é conectada a uma bateria de 100 V. A bateria é, então, removida e a separação entre as placas de um dos capacitores é duplicada. Determine a carga na placa carregada positivamente de cada capacitor.

80 •• Um capacitor de placas paralelas não tem nenhum dielétrico no espaço entre as placas, tem capacitância C_0 e a separação entre as placas é d. Duas lâminas dielétricas que têm constantes dielétricas κ_1 e κ_2, respectivamente, são, então, inseridas entre as placas, como mostra a Figura 24-47. Cada lâmina tem uma espessura $\frac{1}{2}d$ e tem área A, a mesma área de cada placa do capacitor. Quando a carga na placa carregada positivamente é Q, determine (a) o campo elétrico em cada dielétrico e (b) a diferença de potencial entre as placas. (c) Mostre que a capacitância do sistema depois que as lâminas são inseridas é dada por $[2\kappa_1\kappa_2/(\kappa_1 + \kappa_2)]C_0$. (d) Mostre que $[2\kappa_1\kappa_2/(\kappa_1 + \kappa_2)]C_0$ é a capacitância equivalente de uma combinação em série de dois capacitores, cada um com placas de área A e espaçamento entre as placas igual a $d/2$. O espaço entre as placas de um é preenchido com um material que tem uma constante dielétrica igual a κ_1 e o espaço entre as placas do outro é preenchido com um material que tem uma constante dielétrica igual a κ_2.

FIGURA 24-47 Problema 80

81 •• As placas de um capacitor de placas paralelas são separadas por uma distância d_0 e cada placa tem área A. Uma lâmina metálica de espessura d e área A é inserida entre as placas de maneira tal que a lâmina é paralela às placas do capacitor. (a) Mostre que a nova capacitância é dada por $\epsilon_0 A/(d_0 - d)$, independentemente da distância entre a lâmina metálica e a placa carregada positivamente. (b) Mostre que este arranjo pode ser modelado como um capacitor que tem uma separação entre as placas a em série com um capacitor cuja separação entre as placas é b, onde $a + b + d = d_0$.

82 •• Um capacitor de placas paralelas tem área A e é preenchido com dois dielétricos de mesmo tamanho, como mostra a Figura 24-48. (a) Mostre que este sistema pode ser modelado como dois capacitores conectados em paralelo, cada um com a mesma área $\frac{1}{2}A$. (b) Mostre que a capacitância é dada por $\frac{1}{2}(\kappa_1 + \kappa_2)C_0$, onde C_0 é a capacitância se não houver materiais dielétricos no espaço entre as placas.

FIGURA 24-48 Problema 82

83 •• Um capacitor de placas paralelas, cujas áreas são A e o espaçamento entre elas é x, não tem dielétrico no espaço entre as placas. Uma carga Q está na placa carregada positivamente. (a) Determine a energia eletrostática armazenada como uma função de x. (b) Determine o aumento na energia dU devido ao aumento na separação entre as placas dx a partir de $dU = (dU/dx)dx$. (c) Se F é a força exercida por uma placa sobre a outra, o trabalho necessário para mover uma das placas por uma distância dx é $F\,dx = dU$. Mostre que $F = Q^2/(2\epsilon_0 A)$. (d) Mostre que a força na Parte (c) é igual a $\frac{1}{2}EQ$, onde Q é a carga em uma placa e E é o campo elétrico entre as placas. Dê uma explicação conceitual para o fator $\frac{1}{2}$ neste resultado.

84 •• Um capacitor retangular de placas paralelas tem comprimento a e largura b, e tem um dielétrico de largura b parcialmente inserido até uma distância x entre as placas, como mostra a Figura 24-49. (a) Determine a capacitância como função de x. Despreze efeitos de borda. (b) Mostre que sua resposta fornece os resultados esperados para $x = 0$ e $x = a$.

FIGURA 24-49 Problemas 84 e 85

85 ••• Um capacitor eletricamente isolado que tem uma carga Q na sua placa carregada positivamente está preenchido parcialmente com uma substância dielétrica como mostra a Figura 24-49. O capacitor consiste em duas placas retangulares que têm bordas com comprimentos a e b e estão separadas por uma distância d. O dielétrico é inserido no espaçamento até uma distância x. (a) Qual é a energia armazenada no capacitor? *Dica: O capacitor pode ser modelado como dois capacitores conectados em paralelo.* (b) Como a energia do capacitor diminui quando x aumenta, o campo elétrico deve estar realizando trabalho no dielétrico, significando que deve haver uma força elétrica empurrando-o. Calcule esta força examinando como a energia armazenada varia com x. (c) Expresse a força em termos da capacitância e a diferença de potencial V entre as placas. (d) De onde se origina esta força?

86 ••• Um capacitor esférico consiste em uma esfera condutora sólida de raio a e carga $+Q$, e uma casca esférica condutora e concêntrica que tem um raio interno b e uma carga $-Q$. O espaço entre as duas é preenchido com dois materiais dielétricos diferentes de constantes dielétricas κ_1 e κ_2. A interface entre os dois dielétricos ocorre a uma distância $\frac{1}{2}(a+b)$ do centro. (a) Calcule o campo elétrico nas regiões $a < r < \frac{1}{2}(a+b)$ e $\frac{1}{2}(a+b) < r < b$. (b) Integre a expressão $dV = -\vec{E} \cdot d\vec{\ell}$ para obter a diferença de potencial V entre os dois condutores. (c) Use $C = Q/V$ para obter uma expressão para a capacitância deste sistema. (d) Mostre que sua resposta para a Parte (c) simplifica-se para o valor esperado se κ_1 é igual a κ_2.

87 ••• Uma balança de capacitância é mostrada na Figura 24-50. A balança tem um peso preso em um lado e um capacitor com um espaçamento variável no outro lado. Considere que a placa superior do capacitor tenha uma massa desprezível. Quando a diferença de potencial entre as placas do capacitor é V_0, a força atrativa entre as placas equilibra o peso da massa suspensa. (a) Esta balança é estável? Isto é, se a desequilibrarmos aproximando levemente as placas, ela voltará para o ponto de equilíbrio? (b) Calcule o valor de V_0 necessário para equilibrar um objeto de massa M considerando que as placas estão separadas por uma distância d_0 e têm área A. *Dica: Uma relação útil é que a força entre as placas é igual à derivada da energia eletrostática armazenada em função da separação entre as placas.*

FIGURA 24-50 Problema 87

88 ••• **APLICAÇÃO EM ENGENHARIA, RICO EM CONTEXTO** Você trabalha em uma companhia de engenharia que produz capacitores usados para armazenamento de energia para lasers pulsados. Seu gerente pede à sua equipe para construir um capacitor de placas paralelas, preenchido com ar, que armazenará 100 kJ de energia. (a) Qual é o volume mínimo necessário entre as placas do capacitor? (b) Considere que você desenvolveu um dielétrico que tem rigidez dielétrica de $3,00 \times 10^8$ V/m e uma constante dielétrica igual a 5,00. Que volume deste dielétrico entre as placas do capacitor é necessário para ser capaz de armazenar 100 kJ de energia?

89 ••• Considere dois capacitores de placas paralelas, C_1 e C_2, conectados em paralelo. Os capacitores são idênticos exceto pelo fato de C_2 ter um dielétrico inserido entre suas placas. Uma bateria de 200 V é conectada na combinação até que o equilíbrio eletrostático é estabelecido e, então, a bateria é desconectada. (a) Qual é a carga em cada capacitor? (b) Qual é a energia total armazenada nos capacitores? (c) O dielétrico é removido de C_2. Qual é a energia final armazenada nos capacitores? (d) Qual é a tensão final nos dois capacitores?

90 ••• Um capacitor é construído com duas cascas cilíndricas condutoras, finas e coaxiais, de raios a e b ($b > a$), que têm comprimento $L \gg b$. Uma carga $+Q$ está no cilindro interno e uma carga $-Q$ está no cilindro externo. A região entre os dois cilindros está preenchida com um material que tem constante dielétrica κ. (a) Determine a diferença de potencial entre os cilindros. (b) Determine a densidade de carga livre σ_f no cilindro interno e no cilindro externo. (c) Determine a densidade de carga ligada σ_b na superfície do cilindro interno do dielétrico e na superfície cilíndrica externa do dielétrico. (d) Determine a energia total armazenada. (e) Se o dielétrico se move sem atrito, quanto trabalho mecânico é necessário para remover a casca cilíndrica dielétrico?

91 ••• Antes de a chave S ser fechada, como mostra a Figura 24-51, a tensão nos terminais do interruptor é 120 V e a tensão no capacitor C_1 é 40,0 V. A capacitância de C_1 é 0,200 μF. A energia total armazenada nos dois capacitores é 1,44 μJ. Depois de fechar a chave, a tensão em cada capacitor é 80,0 V e a energia armazenada pelos dois capacitores cai para 960 μJ. Determine a capacitância de C_2 e a carga neste capacitor antes de fechar a chave.

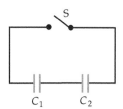

FIGURA 24-51 Problema 91

92 ••• Um capacitor de placas paralelas preenchido com ar tem espaçamento d e placas com área A. O capacitor é carregado a uma diferença de potencial V e é, então, removido da fonte de tensão. Uma lâmina dielétrica de constante dielétrica 2,00, espessura d e área $\frac{1}{2}A$, é, então, inserida, como mostra a Figura 24-52. Seja σ_1 a densidade de carga livre na superfície condutor–dielétrico e seja σ_2 a densidade de carga livre na superfície condutor–ar. (a) Explique por que o campo elétrico deve ter o mesmo valor no interior do dielétrico e no espaço vazio entre as placas. (b) Mostre que a capacitância final (depois de ser inserida a lâmina) é 1,50 vez a capacitância quando o capacitor é preenchido com ar. (d) Mostre que a diferença de potencial final é $\frac{2}{3}V$. (e) Mostre que a energia armazenada depois de ser inserida a lâmina é apenas dois terços da energia armazenada antes da inserção.

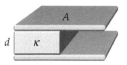

FIGURA 24-52 Problema 92

93 ••• Um capacitor tem placas retangulares de comprimento a e largura b. A placa superior está inclinada por um pequeno ângulo, como mostra a Figura 24-53. A separação entre as placas varia desde y_0 à esquerda, até $2y_0$ à direita, onde y_0 é muito menor que a e b. Calcule a capacitância deste arranjo. *Dica: Separe o problema em uma combinação em paralelo. Escolha faixas de largura dx e comprimento b, como se fossem pequenos capacitores (diferenciais, cada um tendo um valor dC). Cada um terá placas de área $b\,dx$ e distância de separação $y_0 + (y_0/a)x$. Argumente, então, que estes capacitores estão conectados em paralelo.*

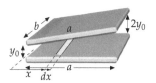

FIGURA 24-53 Problema 93

94 ••• Nem todos os dielétricos que separam as placas de um capacitor são rígidos. Por exemplo, a membrana de um nervo axônio é uma bicamada de lipídios que tem uma compressibilidade finita. Considere um capacitor de placas paralelas cuja separação entre as placas é mantida por um material que tem uma constante dielétrica de 3,00, uma rigidez dielétrica de 40,0 kV/mm e um módulo de Young para tensão compressiva de $5,00 \times 10^6$ N/m². Quando a diferença de potencial entre as placas do capacitor é zero, a espessura do dielétrico é igual a 0,200 mm e a capacitância do capacitor é dada por C_0. (a) Derive uma expressão para a capacitância em função da diferença de potencial entre as placas do capacitor. (b) Qual é o valor máximo desta diferença de potencial? (Considere que a constante dielétrica e a rigidez dielétrica *não* variam sob compressão.)

Corrente Elétrica e Circuitos de Corrente Contínua

25-1 Corrente e o Movimento de Cargas
25-2 Resistência e Lei de Ohm
25-3 Energia em Circuitos Elétricos
25-4 Combinações de Resistores
25-5 Leis de Kirchhoff
25-6 Circuitos RC

Quando acendemos a luz, conectamos o filamento da lâmpada a uma diferença de potencial que ocasiona o fluxo de carga pelo fio de maneira semelhante à diferença de pressão em uma mangueira de jardim, que faz com que a água flua através da mangueira. O fluxo de carga constitui uma corrente elétrica. Geralmente pensamos em correntes em fios condutores, mas o feixe de elétrons em um monitor de vídeo e o feixe de íons carregados em um acelerador de partículas também constituem correntes elétricas.

No Capítulo 25, analisaremos circuitos de corrente contínua (dc), onde o sentido da corrente elétrica em um elemento do circuito não varia com o tempo. Correntes contínuas podem ser produzidas por baterias conectadas a resistores e capacitores. No Capítulo 29, analisaremos circuitos de corrente alternada (ac), nos quais o sentido da corrente varia alternadamente.

ENTENDER O FUNCIONAMENTO DE CIRCUITOS DE CORRENTE CONTÍNUA PODE AJUDÁ-LO A REALIZAR TAREFAS POTENCIALMENTE PERIGOSAS COMO FAZER UMA LIGAÇÃO DIRETA EM UM VEÍCULO.

Quando você faz uma ligação direta em seu carro usando um segundo carro, que terminal da bateria do seu carro deve ser conectado ao terminal positivo da bateria do segundo carro? (Veja Exemplo 25-15.)

25-1 CORRENTE E O MOVIMENTO DE CARGAS

Quando um interruptor é acionado para ligar um circuito, uma pequena quantidade de carga se acumula ao longo das superfícies dos fios e dos outros elementos condutores do circuito, e estas cargas superficiais produzem campos elétricos que direcionam o movimento das cargas através dos materiais condutores do circuito. Nos circuitos que consideraremos aqui, o tempo necessário para que estas pequenas cargas superficiais sejam estabelecidas é muito pequeno. O tempo para que um fluxo estacionário seja estabelecido depende do tamanho e da condutividade dos elementos no circuito, mas, para nossa capacidade de percepção, este tempo é instantâneo. No estado estacionário, não há mais acúmulo de carga em pontos ao longo do circuito e a corrente é constante. (Para os circuitos neste capítulo que contêm capacitores e resistores, a corrente pode aumentar ou diminuir lentamente, mas variações apreciáveis ocorrem somente após um período muito maior que o necessário para atingir o estado estacionário.)

Corrente elétrica é a taxa de fluxo de carga através de uma superfície — tipicamente a seção transversal de um fio condutor. A Figura 25-1 mostra um segmento de um fio que está conduzindo uma corrente (cargas estão em movimento). Se ΔQ é a carga que flui através da área da seção transversal, A, no tempo Δt, a corrente I é

$$I = \frac{\Delta Q}{\Delta t} \qquad 25\text{-}1$$

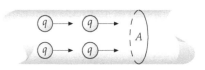

FIGURA 25-1 Um segmento de um fio conduzindo corrente. Se ΔQ é a quantidade de carga que flui através de uma seção transversal de área A no tempo Δt, a corrente através de A é $I = \Delta Q/\Delta t$ no limite em que Δt tende a zero.

no limite que Δt tende a zero. A unidade de corrente no SI é o **ampère** (A)*:

$$1 \text{ A} = 1 \text{ C/s} \qquad 25\text{-}2$$

Cargas móveis podem estar carregadas positivamente ou negativamente. Além disso, o sentido ao longo do fio é designado como o sentido positivo. Por convenção, o sinal da corrente é positivo se a corrente é devida a cargas positivas se movendo no sentido positivo ou a cargas negativas se movendo no sentido negativo. Entretanto, a corrente é negativa se ela é devida a cargas positivas se movendo no sentido negativo ou a cargas negativas se movendo no sentido positivo. Esta convenção foi estabelecida antes que fosse conhecido que os portadores de carga livres em metais eram elétrons livres. Portanto, em um fio condutor metálico, os elétrons livres se movem no sentido negativo quando a corrente é positiva e vice-versa.

Em um fio metálico, o movimento de elétrons livres carregados negativamente é bastante complexo. Quando não há campo elétrico no fio, os elétrons livres se movem em sentidos aleatórios com velocidades relativamente grandes, da ordem de 10^6 m/s.† Além disso, os elétrons colidem freqüentemente com os íons da rede no fio. Como os vetores velocidades dos elétrons estão orientados aleatoriamente, a velocidade *média* é zero. Quando um campo elétrico é aplicado, o campo exerce uma força $-e\vec{E}$ em cada elétron livre, variando sua velocidade no sentido oposto ao do campo. Entretanto, qualquer energia cinética adicional adquirida é rapidamente dissipada por colisões com íons da rede no fio. Durante o tempo entre duas colisões com íons da rede, os elétrons livres, em média, adquirem uma velocidade adicional no sentido oposto ao do campo. O resultado líquido desta repetição de aceleração e dissipação de energia é que os elétrons deslocam-se ao longo do fio com uma pequena velocidade média, dirigida no sentido oposto ao do campo elétrico, chamada de **velocidade de deriva**. A **rapidez de deriva** é o módulo da velocidade de deriva.

O movimento dos elétrons livres em um metal é semelhante ao de moléculas em um gás, como o ar. No ar parado à temperatura ambiente, as moléculas do gás se movem com grandes velocidades (aproximadamente 500 m/s) devido à energia térmica, mas a velocidade média delas é zero. Quando há uma brisa, as moléculas de ar têm uma pequena velocidade média, ou velocidade de deriva, no sentido da brisa, superposta aos seus movimentos aleatórios a altas velocidades. De maneira similar, quando não há campo elétrico aplicado, a velocidade média de todos os elétrons livres em um metal é zero, mas quando há um campo elétrico, a velocidade média não é zero devido às pequenas velocidades de deriva dos elétrons livres.

Seja n o número de partículas móveis carregadas (portadores de carga) por unidade de volume em um fio condutor de seção transversal A. Chamamos n de **densidade de número** de portadores de carga. Considere que cada partícula tenha uma carga q e se mova no sentido positivo com uma velocidade de deriva v_d. Durante o tempo Δt, todas as partículas no volume $Av_d \Delta t$, mostrado na Figura 25-2 como uma região sombreada, passam pelo elemento de área. O número de partículas neste volume é $nAv_d \Delta t$ e a carga livre total no volume é

$$\Delta Q = qnAv_d \Delta t$$

A corrente é, portanto,

$$I = \frac{\Delta Q}{\Delta t} = qnAv_d \qquad 25\text{-}3$$

RELAÇÃO ENTRE CORRENTE E RAPIDEZ DE DERIVA

A Equação 25-3 pode ser usada para determinar a corrente devida ao fluxo de qualquer espécie de partícula carregada. Se a corrente é o resultado do movimento de mais de uma espécie de carga móvel, como é o caso, às vezes, em soluções iônicas como água salgada, então a corrente total é a soma das correntes para cada uma das espécies individuais de cargas móveis.

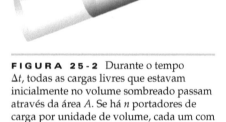

FIGURA 25-2 Durante o tempo Δt, todas as cargas livres que estavam inicialmente no volume sombreado passam através da área A. Se há n portadores de carga por unidade de volume, cada um com carga q, a carga livre total neste volume é $\Delta Q = qnAv_d \Delta t$, onde v_d é a rapidez de deriva dos portadores de carga.

---

* O ampère é definido operacionalmente (veja o Capítulo 26) em termos da força magnética que fios conduzindo corrente exercem um sobre o outro. O coulomb é, então, definido como ampère-segundo.
† A energia cinética média dos elétrons livres em um metal é bastante grande, mesmo a baixas temperaturas. Estes elétrons não obedecem à distribuição clássica de energia de Maxwell-Boltzmann e não seguem o teorema da eqüipartição clássico. Discutiremos sobre a distribuição de energia destes elétrons e calcularemos sua velocidade média no Capítulo 38.

Corrente Elétrica e Circuitos de Corrente Contínua

A densidade de número de portadores de carga em um condutor pode ser medida pelo efeito Hall, que será discutido no Capítulo 26. O resultado é que, para a maioria dos metais, há aproximadamente um elétron livre por átomo.

A corrente por unidade de área é qnv_d, que é obtida dividindo ambos os lados da Equação 25-3 pela área A. O vetor **densidade de corrente**, $\vec{J}$, é especificado por

$$\vec{J} = qn\vec{v}_d \qquad 25\text{-}4$$

DEFINIÇÃO — DENSIDADE DE CORRENTE

A **corrente** através de uma superfície S é definida como o fluxo do vetor densidade de corrente $\vec{J}$ através da superfície. Isto é,

$$I = \int_S \vec{J} \cdot d\vec{A} = \int_S \vec{J} \cdot \hat{n}\, dA \qquad 25\text{-}5$$

DEFINIÇÃO — CORRENTE

onde $d\vec{A}$ é um elemento de área para a superfície e $\hat{n}$ é o vetor unitário normal à superfície S no sentido de $d\vec{A}$ (veja a Figura 25-3). Se $\vec{J}$ é uniforme e se a superfície é plana, o que significa que $\hat{n}$ seria uniforme, então o fluxo pode ser expresso por

$$I = \int_S \vec{J} \cdot d\vec{A} = \vec{J} \cdot \vec{A} = \vec{J} \cdot \hat{n} A = JA \cos\theta$$

onde $\vec{A}$ é a área da superfície e θ é o ângulo entre $\vec{J}$ e $\hat{n}$. O sinal da corrente I é o mesmo de cos θ. Se $\theta < 90°$, I é positiva e se $\theta > 90°$, então I é negativa (Figura 25-4). A seta com o sinal positivo próximo a cada fio na figura indica a escolha para o sentido de $\hat{n}$ nas superfícies transversais do fio.

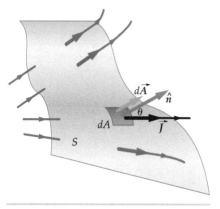

FIGURA 25-3 A densidade de corrente $\vec{J}$ é um campo vetorial que pode ser visualizado desenhando linhas de campo. As linhas vermelhas são linhas de campo da densidade de corrente. Estas linhas direcionam o fluxo de carga. A corrente I (através de S) é o fluxo de $\vec{J}$ através da superfície S.

! Para uma dada densidade de corrente $\vec{J}$ e superfície S, o sinal da corrente I é determinado pela escolha do sentido de $\hat{n}$.

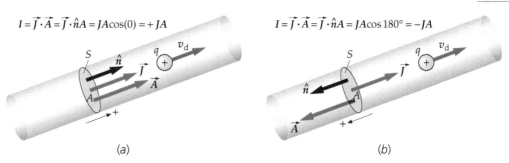

FIGURA 25-4 A superfície plana S é perpendicular ao vetor densidade de corrente $\vec{J}$. O vetor área $\vec{A}$ para a superfície S é definido como estando na mesma direção e sentido da normal $\hat{n}$ à superfície. Entretanto, há duas possibilidades de escolha para o sentido de $\hat{n}$. (a) A corrente I através da superfície S é positiva se o sentido de $\hat{n}$ é escolhido de forma tal que $\hat{n}$ e $\vec{J}$ estejam no mesmo sentido. (b) A corrente I através da superfície S é negativa se o sentido de $\hat{n}$ é escolhido de forma tal que $\hat{n}$ e $\vec{J}$ tenham sentidos opostos.

Exemplo 25-1 Determinando a Rapidez de Deriva

O fio usado para experimentos em laboratórios para estudantes é geralmente feito de cobre e tem raio de 0,815 mm. (a) Estime a carga total dos elétrons livres em cada metro deste fio conduzindo uma corrente que tem módulo igual a 1,0 A. Considere que haja um elétron livre por átomo. (b) Calcule a rapidez de deriva dos elétrons livres.

SITUAÇÃO A Equação 25-3 relaciona a rapidez de deriva à densidade de número de portadores de carga, que é aproximadamente igual à densidade de número de átomos de cobre n_a. Podemos determinar n_a através da densidade de massa, da massa molar do cobre e do número de Avogadro.

SOLUÇÃO

(a) 1. A rapidez de deriva está relacionada à corrente e à densidade de número de portadores de carga: $\qquad I = nqv_d A$

2. Se há um elétron livre por átomo, a densidade de número de elétrons livres n é igual à densidade de número de átomos n_a: $\qquad n = n_a$

148 CAPÍTULO 25

3. A densidade de número de átomos n_a está relacionada à densidade de massa ρ_m, ao número de Avogadro N_A e à massa molar M. Para o cobre, $\rho_m = 8,93 \text{ g/cm}^3$ e $M = 63,5 \text{ g/mol}$:

$$n_a = \frac{\rho_m N_A}{M}$$

$$= \frac{(8,93 \text{ g/cm}^3)(6,02 \times 10^{23} \text{ átomos/mol})}{63,5 \text{ g/mol}}$$

$$= 8,47 \times 10^{22} \text{ átomos/cm}^3 = 8,47 \times 10^{28} \text{ átomos/m}^3$$

4. A densidade de carga dos elétrons livres, ρ_{fe}, é igual à densidade de número multiplicada pela carga:

$$\rho_{fe} = -en$$

$$= -(1,60 \times 10^{-19} \text{ C})(8,47 \times 10^{28} \text{ m}^{-3})$$

$$= -1,36 \times 10^{10} \text{ C/m}^3$$

5. A carga é a densidade de carga multiplicada pelo volume:

$$Q = \rho_{fe}AL = -enAL \quad \text{então}$$

$$Q/L = -enA = (-1,36 \times 10^{10} \text{ C/m}^3)\,\pi(8,15 \times 10^{-4} \text{ m})^2$$

$$= -2,83 \times 10^4 \text{ C/m} = \boxed{-2,8 \times 10^4 \text{ C/m}}$$

(b) Substitua os valores numéricos na Equação 25-3 para obter v_d (A corrente é negativa, pois a Equação 25-3 é válida apenas para cargas se movendo no sentido positivo.):

$$v_d = \frac{I}{nqA} = \frac{I}{-neA} = \frac{I}{Q/L}$$

$$= \frac{-1,0 \text{ C/s}}{(-2,83 \times 10^4 \text{ C/m})} = \boxed{3,5 \times 10^{-2} \text{ mm/s}}$$

CHECAGEM Como há 28 000 coulombs de carga móvel por metro de fio [passo 5 da Parte (a)], esperamos uma pequena rapidez de deriva para uma corrente de um coulomb por segundo. O resultado da Parte (b) está de acordo com esta expectativa.

PROBLEMA PRÁTICO 25-1 Quanto tempo seria necessário para que um elétron se movesse desde a bateria do seu carro até o motor de partida, que estão a uma distância de aproximadamente 1 m, se a rapidez de deriva fosse $3,5 \times 10^{-5}$ m/s?

A rapidez de deriva dos elétrons móveis no fio do Exemplo 25-1 é de apenas poucos centésimos de um milímetro por segundo. Se os elétrons se movem ao longo dos fios com uma rapidez tão baixa, por que a luz de uma lâmpada no teto acende instantaneamente quando alguém aciona o interruptor na parede? Uma comparação com a água em uma mangueira pode ser útil. Se você prende uma mangueira vazia de 30 m de comprimento na torneira de água e abre a torneira, é preciso esperar normalmente vários segundos para que a água percorra o comprimento da mangueira até a saída. Entretanto, se a mangueira já estiver cheia de água quando a torneira é aberta, a água sai quase instantaneamente. Devido à pressão de água na torneira, o segmento de água próximo à ela empurra a água imediatamente a seguir, que empurra o próximo segmento de água e assim por diante, até que o último segmento de água seja empurrado pela saída. Esta onda de pressão move-se pela mangueira à velocidade do som na água e a água rapidamente atinge um fluxo estacionário.

Diferentemente do caso de uma mangueira de água, um fio metálico nunca está vazio. Isto é, sempre há um número muito grande de elétrons de condução através de um fio metálico. Portanto, eles começam a se mover ao longo de todo o comprimento do fio (incluindo a parte próxima à lâmpada) quase imediatamente quando o interruptor é acionado. O transporte de uma quantidade significativa de elétrons em um fio é feito não por poucos elétrons se movendo rapidamente no fio, mas por um número muito grande de elétrons se movendo lentamente no fio. Cargas superficiais são estabelecidas nos fios e elas produzem um campo elétrico. É este campo elétrico produzido por estas cargas que guia os elétrons de condução através do fio.

Exemplo 25-2   Determinando a Densidade de Número de Portadores

Em certo acelerador de partículas, uma corrente de 0,50 mA é conduzida por um feixe de prótons de 5,0 MeV que tem um raio igual a 1,5 mm. (a) Determine a densidade de número de prótons no feixe. (b) Se o feixe atinge um alvo, quantos prótons o atingem em 1,0 s?

SITUAÇÃO Para determinar a densidade de número de portadores de carga, usamos a relação $I = qnAv$ (Equação 25-3) onde v é a rapidez de deriva dos portadores de carga. (A rapidez de deriva é a magnitude da velocidade média.) Podemos determinar v a partir da energia.

(Em um feixe de 5,0 MeV, cada partícula do feixe tem uma energia cinética igual à 5,0 MeV.) A quantidade de carga Q que atinge o alvo em um tempo Δt é $I\Delta t$, e o número N de prótons que atinge o alvo é Q dividida pela carga do próton.

SOLUÇÃO

(a) 1. A densidade de número está relacionada à corrente, à carga, à área da seção transversal e à rapidez:

$$I = qnAv$$

2. Determinamos a rapidez dos prótons a partir de sua energia cinética:

$$K = \tfrac{1}{2}mv^2 = 5{,}0 \text{ MeV}$$

3. Use $m = 1{,}67 \times 10^{-27}$ kg para a massa de um próton e resolva para a rapidez:

$$v = \sqrt{\frac{2K}{m}} = \sqrt{\frac{(2)(5{,}0 \times 10^6 \text{ eV})}{1{,}67 \times 10^{-27} \text{ kg}} \times \frac{1{,}60 \times 10^{-19} \text{ J}}{1 \text{ eV}}}$$

$$= 3{,}09 \times 10^7 \text{ m/s} = \boxed{3{,}1 \times 10^7 \text{ m/s}}$$

4. Substitua para calcular n:

$$n = \frac{I}{qAv}$$

$$= \frac{0{,}50 \times 10^{-3} \text{ A}}{(1{,}60 \times 10^{-19} \text{ C/próton})\,\pi(1{,}5 \times 10^{-3} \text{ m})^2\,(3{,}10 \times 10^7 \text{ m/s})}$$

$$= 1{,}43 \times 10^{13} \text{ prótons/m}^3 = \boxed{1{,}4 \times 10^{13} \text{ prótons/m}^3}$$

(b) 1. O número de prótons N que atinge o alvo em 1,0 s está relacionado à carga total ΔQ que o atinge em 1,0 s e à carga do próton q:

$$\Delta Q = Nq$$

2. A carga ΔQ que atinge o alvo em um intervalo Δt é a corrente multiplicada pelo tempo:

$$\Delta Q = I\,\Delta t$$

3. O número de prótons é, então:

$$N = \frac{\Delta Q}{q} = \frac{I\,\Delta t}{q} = \frac{(0{,}50 \times 10^{-3} \text{ A})(1{,}0 \text{ s})}{1{,}60 \times 10^{-19} \text{ C/próton}}$$

$$= 3{,}13 \times 10^{15} \text{ prótons} = \boxed{3{,}1 \times 10^{15} \text{ prótons}}$$

CHECAGEM O número N de prótons atingindo o alvo em um intervalo Δt é o número no volume $Av\,\Delta t$. Assim, $N = Av\,\Delta t$. Substituindo $n = I/(qAv)$ resulta em $N = nAv\,\Delta t = [I/(qAv)](Av)\Delta t = I\,\Delta t/q = \Delta Q/q$, que é a expressão para N que usamos na Parte (b).

INDO ALÉM Pudemos utilizar a expressão clássica para a energia cinética no passo 2 da Parte (a) sem levar em consideração a relatividade, pois a energia cinética do próton de 5,0 MeV é muito menor que sua energia de repouso (aproximadamente 931 MeV). A rapidez encontrada, $3{,}1 \times 10^7$ m/s, é aproximadamente igual a um décimo da velocidade da luz.

PROBLEMA PRÁTICO 25-2 Usando a densidade de número de portadores encontrada na Parte (a), quantos prótons há em um volume de 1,0 mm³ no espaço contendo o feixe?

25-2 RESISTÊNCIA E LEI DE OHM

A corrente em um condutor é conduzida por um campo elétrico $\vec{E}$ no interior do condutor, o qual exerce uma força $q\vec{E}$ nas cargas livres. (Em equilíbrio eletrostático, o campo elétrico deve ser zero no interior de um condutor, mas quando há uma corrente, o condutor não estará mais em equilíbrio eletrostático.) As cargas livres se deslocam em movimento de deriva ao longo do condutor, guiadas pelas forças exercidas pelo campo elétrico. Em um metal, as cargas livres são negativas e, portanto, são guiadas no sentido oposto ao do campo elétrico $\vec{E}$. Se as únicas forças nas cargas livres fossem as de origem elétrica, então a rapidez das cargas aumentaria indefinidamente. Entretanto, isto não acontece porque os elétrons livres interagem com os íons da rede que constitui o metal e as forças de interação se opõem ao movimento de deriva destes elétrons.

A Figura 25-5 mostra um segmento de fio com comprimento ΔL, seção transversal de área A com uma corrente I. Como a direção e o sentido do campo elétrico apontam para a região de menor potencial, o potencial no ponto a é maior que no ponto b. Se considerarmos a corrente como o fluxo de portadores de carga positivos, o movimento de deriva será no sentido de decréscimo do potencial. Considerando que o campo elétrico $\vec{E}$ seja uniforme ao longo do segmento, a **queda de potencial** V entre os pontos a e b é

$$V = V_a - V_b = E\,\Delta L \qquad \text{25-6}$$

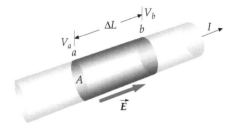

FIGURA 25-5 Um segmento de fio por onde passa uma corrente I. A queda de potencial $V_a - V_b$ está relacionada ao campo elétrico por $V_a - V_b = E\,\Delta L$.

A razão entre a queda de potencial no sentido da corrente* e a própria corrente é chamada de **resistência** do segmento,

$$R = \frac{V}{I} \qquad \text{25-7}$$
DEFINIÇÃO — RESISTÊNCIA

onde o *sentido da corrente* se refere ao sentido do vetor densidade de corrente. A unidade de resistência no SI, o volt por ampère, é chamada de **ohm** (Ω):

$$1\,\Omega = 1\text{ V/A} \qquad \text{25-8}$$

Para muitos materiais, a resistência de uma amostra do material não depende da queda de potencial nem da corrente. Tais materiais, que incluem a maioria dos metais, são chamados de **materiais ôhmicos**. Para muitos materiais ôhmicos, a resistência permanece essencialmente constante para uma ampla gama de condições. Nestes casos a queda de potencial em um segmento do material é proporcional à corrente no material. A Equação 25-7 é escrita tipicamente como:

$$V = IR \qquad \text{25-9}$$
LEI DE OHM

A relação $V = IR$ é usualmente chamada de lei de Ohm, mesmo quando a resistência R varia com a corrente I.

A Figura 25-6 mostra a diferença de potencial V *versus* a corrente I para dois condutores. Para um deles (Figura 25-6*a*), a relação é linear, mas, para o outro (Figura 25-6*b*), a relação não é linear. A lei de Ohm não é uma lei fundamental da natureza, como as leis de Newton ou as leis da termodinâmica, mas sim uma descrição empírica de uma propriedade compartilhada por muitos materiais sob condições específicas. Como veremos mais adiante, a resistência de um condutor, de fato, varia com a temperatura do condutor.

> *Veja*
> *o Tutorial Matemático para mais informações sobre*
> **Proporções Direta e Inversa**

PROBLEMA PRÁTICO 25-3

Um fio de resistência 3,0 Ω conduz uma corrente de 1,5 A. Qual é a queda de potencial no fio?

Observa-se que a resistência R de um fio condutor é proporcional ao comprimento L do fio e inversamente proporcional à área de sua seção transversal A:

$$R = \rho \frac{L}{A} \qquad \text{25-10}$$

onde a constante de proporcionalidade ρ é chamada de **resistividade** do material

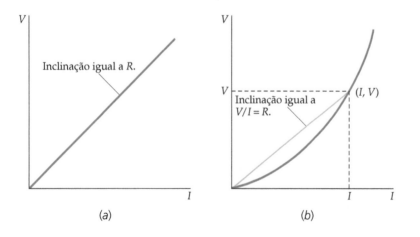

FIGURA 25-6 Gráficos de V *versus* I. (*a*) A queda de potencial é proporcional à corrente de acordo com a lei de Ohm. A resistência $R = V/I$, igual à inclinação da linha, é independente de I, como indica a inclinação constante da linha. (*b*) A queda de potencial não é proporcional à corrente. A resistência $R = V/I$, igual à inclinação da corda conectando a origem ao ponto (I, V), aumenta com o aumento de I.

---

* Como corrente é uma grandeza escalar, ela não tem direção e sentido.

condutor.* A unidade de resistividade é o ohm-metro ($\Omega \cdot m$). Observe que a Equação 25-9 e a Equação 25-10 para a condução e a resistência elétrica, são semelhantes à Equação 20-9 ($\Delta T = IR$) e à Equação 20-10 [$R = \Delta|x|/(kA)$] para a condução e a resistência térmica. Para as equações que descrevem a corrente, a diferença de potencial V é substituída pela diferença de temperatura ΔT e $1/\rho$ é substituído pela condutividade térmica k. (De fato, $1/\rho$ é chamada de *condutividade elétrica*.†) Ohm chegou a sua lei por similaridade entre a condução de eletricidade e a condução de calor.

> **PROBLEMA PRÁTICO 25-4**
>
> Um fio de níquel-cromo ($\rho = 110 \times 10^{-8}\ \Omega \cdot m$) tem raio de 0,65 mm. Que comprimento de fio é necessário para obter uma resistência de 2,0 Ω?

Para um segmento de fio de comprimento L, seção transversal com área A, corrente I e resistência R, a queda de tensão V ao longo do comprimento do segmento está relacionada à corrente I no segmento por

$$V = IR = I\rho \frac{L}{A}$$

A queda de tensão V e a magnitude do campo elétrico E estão relacionadas por $V = EL$. Substituindo EL por V e J por I/A obtemos

$$EL = \rho J L$$

Dividindo ambos os lados por L e expressando E e J como vetores, obtemos

$$\vec{E} = \rho \vec{J} \qquad 25\text{-}11$$

A Equação 25-11 é uma versão alternativa da lei de Ohm. Ela diz que o vetor densidade de corrente elétrica $\vec{J}$ em um ponto de um condutor conduzindo corrente é igual ao recíproco da resistividade multiplicado pelo vetor campo elétrico $\vec{E}$ no mesmo ponto.

A resistividade de qualquer metal depende da temperatura. A Figura 25-7 mostra a dependência da resistividade do cobre com a temperatura. Este gráfico é aproximadamente uma linha reta, o que significa que a resistividade varia de forma praticamente linear com a temperatura.** Em tabelas, a resistividade é usualmente dada em termos de seu valor a 20°C, ρ_{20}, juntamente com o **coeficiente de temperatura para a resistividade**, α, que é a razão entre a fração de variação na resistividade e a variação na temperatura:

$$\alpha = \frac{(\rho - \rho_0)/\rho_0}{T - T_0} \qquad 25\text{-}12$$

onde ρ_0 é a resistividade à temperatura T_0 e ρ é a resistividade à temperatura T.

A Tabela 25-1 fornece a resistividade e o coeficiente de temperatura a 20°C para vários materiais. Observe o imenso intervalo de variação dos valores de resistividade para os vários materiais a 20°C. A teoria clássica para a condução prevê que a resistividade dos metais diminua com o aumento da temperatura, o que é uma das várias razões pelas quais a teoria clássica para a condução passou a ser desacreditada. Entretanto, o aumento na resistividade dos metais com o aumento da temperatura é consistente com a teoria da mecânica quântica para a condução. Ambas as teorias, clássica e quântica, serão apresentadas no Capítulo 38 (Volume 3).

Fios elétricos são feitos em tamanhos padrões. O diâmetro da seção transversal circular é indicado pelo *número do calibre* — os maiores números correspondem aos menores diâmetros — como pode ser visto na Tabela 25-2.

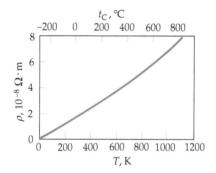

FIGURA 25-7 Gráfico da resistividade ρ *versus* a temperatura para o cobre. Como as temperaturas em Celsius e absoluta diferem apenas na escolha do zero, a resistividade tem a mesma inclinação para o gráfico feito em função de t_C ou T.

---

* O símbolo ρ adotado aqui para resistividade foi usado em capítulos anteriores para densidade volumétrica de carga. Deve-se ter cuidado para identificar a que quantidade ρ se refere a partir do contexto utilizado.
† A unidade de condutividade é o siemens (S), $1\ S = 1\ \Omega^{-1} \cdot m^{-1}$.
** Há uma ruptura nesta linearidade para todos os metais a temperaturas muito baixas, o que não é mostrado na Figura 25-7.

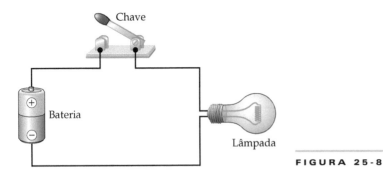

FIGURA 25-8

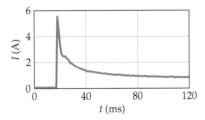

FIGURA 25-9 A corrente no filamento de tungstênio de uma lâmpada incandescente tem um pico assim que a lâmpada é conectada à bateria, mas durante os 100 ms subseqüentes, aproximadamente, a corrente diminui até seu valor de regime permanente de cerca de 0,75 A. Isto ocorre porque a resistência do filamento aumenta com o aumento da temperatura.

CHECAGEM CONCEITUAL 25-1

O filamento de uma lâmpada mostrado na Figura 25-8 é um fino fio de tungstênio, e a Figura 25-9 é um gráfico da corrente no filamento como função do tempo. Observe que a corrente aumenta rapidamente quando a chave é fechada e, então, decresce até que a corrente atinja um valor constante. (*a*) Por que a corrente inicialmente é maior do que o valor constante? (*b*) Por que a corrente permanece constante depois da oscilação inicial?

Tabela 25-1 Resistividade e Coeficientes de Temperatura

Material	Resistividade ρ a 20°C, $\Omega \cdot m$	Coeficiente de Temperatura, α a 20°C, K^{-1}
Elementos Condutores		
Alumínio	$2,8 \times 10^{-8}$	$3,9 \times 10^{-3}$
Cobre	$1,7 \times 10^{-8}$	$3,93 \times 10^{-3}$
Ferro	10×10^{-8}	$5,0 \times 10^{-3}$
Chumbo	22×10^{-8}	$4,3 \times 10^{-3}$
Mercúrio	96×10^{-8}	$0,89 \times 10^{-3}$
Platina	100×10^{-8}	$3,927 \times 10^{-3}$
Prata	$1,6 \times 10^{-8}$	$3,8 \times 10^{-3}$
Tungstênio	$5,5 \times 10^{-8}$	$4,5 \times 10^{-3}$
Carbono	3500×10^{-8}	$-0,5 \times 10^{-3}$
Ligas Condutoras		
Latão	$\sim 8 \times 10^{-8}$	2×10^{-3}
Constantan (60% Cu, 40% Ni)	$\sim 44 \times 10^{-8}$	$0,002 \times 10^{-3}$
Manganin ($\sim$84% Cu, $\sim$12% Mn, $\sim$4% Ni)	44×10^{-8}	$0,000 \times 10^{-3}$
Nichrome	100×10^{-8}	$0,4 \times 10^{-3}$
Semicondutores		
Germânio	0,45	$-4,8 \times 10^{-2}$
Silício	640	$-7,5 \times 10^{-2}$
Isolantes		
Neoprene	$\sim 10^9$	
Poliestireno	$\sim 10^8$	
Porcelana	$\sim 10^{11}$	
Madeira	$10^8 - 10^{14}$	
Vidro	$10^{10} - 10^{14}$	
Borracha endurecida	$10^{13} - 10^{16}$	
Âmbar	5×10^{14}	
Enxofre	1×10^{15}	
Teflon	1×10^{14}	
Material do corpo humano		
Sangue	1,5	
Gordura	25	

Tabela 25-2 Diâmetros e Áreas das Seções Transversais para Fios de Cobre Tipicamente Usados

Número do Calibre AWG[1]	Diâmetro* a 20°C, mm	Área, mm²
4	5,189	21,15
6	4,115	13,30
8	3,264	8,366
10	2,588	5,261
12	2,053	3,309
14	1,628	2,081
16	1,291	1,309
18	1,024	0,8235
20	0,8118	0,5176
22	0,6438	0,3255

[1] Acrônimo para *American Wire Gauge*: padrão americano para o calibre do fio. (N.T.)
* O diâmetro d está relacionado ao calibre n através de $d = 0,127 \times 92^{(36-n)/39}$.

Corrente Elétrica e Circuitos de Corrente Contínua | 153

Exemplo 25-3 — Resistência por Unidade de Comprimento

Calcule a resistência por unidade de comprimento para um fio de cobre calibre 14.

SITUAÇÃO Para calcular a resistência por unidade de comprimento para um fio de calibre 14, você precisará determinar a resistividade do cobre usando a Tabela 25-1 e a área da seção transversal do fio de cobre usando a Tabela 25-2.

SOLUÇÃO

1. Da Equação 25-10, a resistência por unidade de comprimento é igual à resistividade dividida por unidade de área:

$$R = \rho \frac{L}{A} \quad \text{então} \quad \frac{R}{L} = \frac{\rho}{A}$$

2. Determine a resistividade do cobre usando a Tabela 25-1 e a área da seção transversal do fio de cobre usando a Tabela 25-2:

$$\rho = 1{,}7 \times 10^{-8} \; \Omega \cdot m$$
$$A = 2{,}08 \; mm^2$$

3. Use estes valores para calcular R/L:

$$\frac{R}{L} = \frac{\rho}{A} = \frac{1{,}7 \times 10^{-8} \; \Omega \cdot m}{2{,}08 \times 10^{-6} \; m^2} = \boxed{8{,}2 \times 10^{-3} \; \Omega/m}$$

CHECAGEM O fio de cobre calibre 14 é comumente usado para circuitos domésticos usados na iluminação. A resistência de um filamento de lâmpada de 100 W, 120 V, é 144 Ω e a resistência de 100 m de fio de cobre calibre 14 é 0,82 Ω, logo a resistência do fio é desprezível comparada à resistência do filamento da lâmpada, como esperado.

O carbono, que tem uma resistividade relativamente elevada, é usado em resistores encontrados em equipamentos eletrônicos. Os resistores são geralmente marcados com faixas coloridas que indicam o valor de suas resistências. O código para interpretação destas cores é mostrado na Tabela 25-3.

Tabela 25-3 — O Código de Cores para Resistores e Outros Dispositivos

Numeral das Cores			Tolerância		
Preto	=	0	Marrom	=	1%
Marrom	=	1	Vermelho	=	2%
Vermelho	=	2	Dourado	=	5%
Laranja	=	3	Prateado	=	10%
Amarelo	=	4	Nenhum	=	20%
Verde	=	5			
Azul	=	6			
Violeta	=	7			
Cinza	=	8			
Branco	=	9			

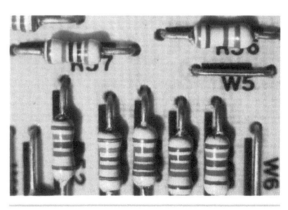

Resistores de carbono com códigos coloridos em uma placa de circuito. (© *Chris Rogers/The Stock Market.*) (Veja o Encarte em cores.)

As faixas coloridas consistem em um grupo de três ou quatro faixas igualmente espaçadas que representam o valor da resistência em ohms, mais uma faixa adicional de tolerância que está separada do grupo. Os valores das faixas são lidos começando daquela mais próxima à extremidade do resistor. Se houver três faixas de valores, as duas primeiras representam um número entre 1 e 99 e a terceira faixa representa o número de zeros que seguem. Para o resistor mostrado, as cores das primeiras três faixas são, respectivamente, laranja, preto e azul. Assim, o número é 30 000 000 e o valor da resistência é 30 MΩ. (Se uma faixa verde tivesse sido inserida entre a preta e a azul, o valor da resistência seria 305 MΩ.) A faixa separada das demais é a de tolerância. Se a faixa de tolerância é prateada, como mostrado aqui, a tolerância é 10 por cento. 10 por cento de 30 é 3, logo o valor da resistência é (30 ± 3) MΩ.

PROBLEMA PRÁTICO 25-5

Quais são os valores da resistência e da tolerância para o resistor mostrado no canto inferior esquerdo da foto?

Exemplo 25-4 O Campo Elétrico que Conduz a Corrente

Determine a intensidade do campo elétrico no fio de cobre calibre 14 do Exemplo 25-3 quando o fio tem uma corrente igual a 1,3 A.

SITUAÇÃO Determinamos a intensidade do campo elétrico através da queda de potencial para um dado comprimento do fio, $E = V/L$. A queda de potencial é determinada usando a lei de Ohm, $V = IR$, e a resistência por unidade de comprimento é dada no Exemplo 25-3.

SOLUÇÃO

1. A intensidade do campo elétrico é igual à queda de potencial por unidade de comprimento:
$$E = \frac{V}{L}$$

2. Escreva a lei de Ohm para a queda de potencial:
$$V = IR$$

3. Substitua esta expressão na equação para E:
$$E = \frac{V}{L} = \frac{IR}{L} = I\frac{R}{L}$$

4. Substitua o valor de R/L encontrado no Exemplo 25-3 para calcular E:
$$E = I\frac{R}{L} = (1{,}3 \text{ A})(8{,}2 \times 10^{-3} \ \Omega/\text{m}) = \boxed{0{,}011 \text{ V/m}}$$

CHECAGEM Um campo elétrico de 0,011 V/m significa que a queda de potencial para um fio de 100 m de comprimento é 1,1 V. Este resultado parece aceitável para um circuito doméstico de 120 V. Entretanto, uma corrente de 13 A significaria uma queda de 11 V, o que é muito menos aceitável. (É inaceitável porque muitos dispositivos não funcionam adequadamente se a diferença de potencial aplicada em seus terminais for significativamente menor que os 120 V.)

25-3 ENERGIA EM CIRCUITOS ELÉTRICOS

Quando há um campo elétrico em um condutor, os elétrons livres ganham energia cinética devido ao trabalho realizado sobre eles pelo campo. Entretanto, o estado estacionário é rapidamente atingido enquanto o ganho em energia cinética é continuamente dissipado em energia térmica no condutor por interações entre os elétrons livres e os íons da rede do material. Este mecanismo para aumento da energia térmica de um condutor é chamado de **aquecimento Joule**.

Considere o segmento de fio de comprimento L e seção transversal com área A mostrado na Figura 25-10a. O fio conduz uma corrente estacionária que consideraremos como carga livre positiva se movendo para a direita. Considere a carga livre Q inicialmente no segmento. Durante o tempo Δt, esta carga sofre um pequeno deslocamento para a direita (Figura 25-10b). Este deslocamento é equivalente a uma quantidade de carga ΔQ (Figura 25-10c) sendo movida da extremidade esquerda, onde ela tinha uma energia potencial $\Delta Q \, V_a$, para a extremidade direita, onde ela tem uma energia potencial $\Delta Q \, V_b$. A variação resultante na energia potencial de Q é, portanto,

$$\Delta U = \Delta Q(V_b - V_a)$$

Como $V_a > V_b$, isto representa uma perda líquida na energia potencial. A perda em energia potencial é, então,

$$-\Delta U = \Delta Q \, V$$

onde $V = V_a - V_b$ é a *queda de potencial* no segmento na direção e sentido da corrente. A taxa de perda de energia potencial é

$$-\frac{\Delta U}{\Delta t} = \frac{\Delta Q}{\Delta t} V$$

Tomando o limite quando Δt tende a zero, obtemos

$$-\frac{dU}{dt} = \frac{dQ}{dt} V = IV$$

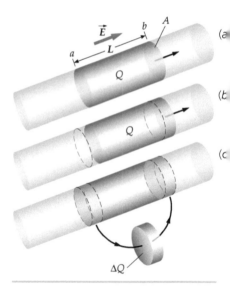

FIGURA 25-10 Durante o tempo Δt, uma quantidade de carga ΔQ passa pelo ponto a, onde o potencial é V_a. Durante o mesmo intervalo de tempo, uma mesma quantidade de carga deixa o segmento, passando pelo ponto b, onde a diferença de potencial é V_b. O efeito resultante durante o intervalo de tempo Δt é que a carga Q inicialmente no segmento perde uma quantidade de energia potencial igual a $\Delta Q \, V_a$ e ganha uma quantidade igual a $\Delta Q \, V_b$. Esta variação resulta em uma diminuição da energia potencial, pois $V_a > V_b$.

Corrente Elétrica e Circuitos de Corrente Contínua | **155**

onde $I = dQ/dt$ é a corrente. A taxa de perda de energia potencial é a potência P entregue ao segmento condutor e é igual à taxa de dissipação de energia potencial elétrica no segmento:

$$P = IV$$

TAXA DE PERDA DE ENERGIA POTENCIAL 25-13

Se V está em volts e I está em ampères, a potência estará em watts. A potência perdida é o produto IV, onde V é a diminuição na energia potencial por unidade de carga e I é a taxa na qual a carga flui através de uma seção transversal do segmento. A Equação 25-13 se aplica a qualquer dispositivo em um circuito. A taxa na qual a energia potencial é entregue ao dispositivo é o produto da queda de potencial no dispositivo no sentido da corrente e pela corrente através do dispositivo. Em um condutor (um resistor é um condutor), a energia potencial é dissipada como energia térmica. Usando $V = IR$, ou $I = V/R$, podemos escrever a Equação 25-13 em outras formas convencionais

$$P = IV = I^2R = \frac{V^2}{R}$$

POTÊNCIA ENTREGUE A UM RESISTOR 25-14

Exemplo 25-5 — Potência Entregue a um Resistor

Um resistor de 12,0 Ω tem uma corrente igual a 3,00 A. Determine a potência entregue a este resistor.

SITUAÇÃO Como temos a corrente e a resistência, mas não a queda de potencial, $P = I^2R$ (Equação 25-14) é a equação mais conveniente para usar. De maneira alternativa, poderíamos determinar a queda de potencial usando $V = IR$ e usar $P = IV$.

SOLUÇÃO
Calcule I^2R:

$$P = I^2R = (3,00\ \text{A})^2(12,0\ \Omega) = \boxed{108\ \text{W}}$$

CHECAGEM A queda de potencial no resistor é $V = IR = (3,00\ \text{A})(12,0\ \Omega) = 36,0\ \text{V}$. Podemos usar este valor para determinar a potência usando $P = IV = (3,00\ \text{A})(36,0) = 108\ \text{W}$.

PROBLEMA PRÁTICO 25-6 Um fio tem uma resistência igual a 5,0 Ω e uma corrente igual a 3,0 A durante 6,0 s. (*a*) Qual é a potência sendo entregue ao fio durante o tempo de 6,0 s? (*b*) Quanta energia térmica é produzida em 6,0 s?

FEM E BATERIAS

Para manter uma corrente estacionária em um condutor, precisamos de um fornecimento constante de energia elétrica. Um dispositivo que fornece energia elétrica para um circuito é chamado de **uma fonte de fem**. (As letras *fem* são o acrônimo para *força eletromotriz*, um termo que, atualmente, é raramente utilizado. Este termo tem algo de incorreto, pois, com certeza, ele não é uma força. Além disso, uma fonte de fem é, por vezes, chamada de uma sede de fem.) Exemplos de fontes de fem são uma bateria, que converte energia química em energia elétrica, e um gerador, que converte energia mecânica em energia elétrica. Uma fonte de fem realiza trabalho não-conservativo na carga que passa através dela, aumentando ou diminuindo a energia potencial da carga (muito similar ao aumento da energia potencial gravitacional de um peso provocado pelo fato de você o erguer). O trabalho por unidade de carga é chamado **fem** $\mathscr{E}$ da fonte. A unidade de fem é o volt, a mesma da diferença de potencial. Uma **bateria ideal** é uma fonte de fem que mantém uma diferença de potencial constante entre seus dois terminais, independentemente da corrente através da bateria. A diferença de potencial entre os terminais de uma bateria ideal é igual à magnitude da fem da bateria.

A raia elétrica tem dois grandes órgãos elétricos em cada lado de sua cabeça, onde passa corrente da superfície inferior para a superior do corpo. Estes órgãos são compostos por colunas, cada uma formada de cento e quarenta a meio milhão de placas gelatinosas. Em peixes de água salgada, estas baterias estão conectadas em paralelo, enquanto em peixes de água pura as baterias estão conectadas em série, transmitindo descargas de alta tensão. A água pura tem maior resistividade que a água salgada e, portanto, para ser efetiva, é necessária uma maior tensão. É com esta bateria que uma raia elétrica média pode eletrocutar um peixe, entregando 50 A a 50 V.

A Figura 25-11 mostra um circuito simples, formado por uma resistência R conectada a uma bateria ideal. A resistência é representada pelo símbolo -\/\/\/-. As linhas retas indicam fios conectores de resistência desprezível. A fonte de fem mantém, idealmente, uma diferença de potencial constante igual à fem $\mathcal{E}$ entre os pontos a e b, estando o ponto a em um potencial maior. Há uma diferença de potencial desprezível entre os pontos a e c e entre os pontos d e b, pois os fios conectores têm resistência desprezível. A queda de potencial entre os pontos c e d é, portanto, igual à magnitude da fem $\mathcal{E}$ e a corrente I através do resistor é dada por $I = \mathcal{E}/R$. A corrente no circuito está no sentido horário, como mostrado na figura.

Observe que *no interior* da fonte de fem, a carga flui da região onde sua energia potencial é baixa para uma região onde seu potencial é alto, ganhando energia potencial elétrica.* Quando uma carga ΔQ flui através de uma fonte ideal de fem $\mathcal{E}$ sua energia potencial aumenta pela quantidade $\Delta Q \mathcal{E}$. A carga, então, flui através do resistor, onde sua energia potencial é dissipada como energia térmica. A taxa na qual a energia é fornecida pela fonte de fem é a potência da fonte:

$$P = \frac{(\Delta Q)\mathcal{E}}{\Delta t} = I\mathcal{E} \qquad 25\text{-}15$$

POTÊNCIA FORNECIDA POR UMA FONTE IDEAL DE FEM

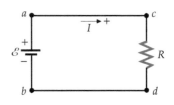

FIGURA 25-11 Um circuito simples constituído por uma bateria ideal de fem $\mathcal{E}$, uma resistência R e fios conectores que têm resistência desprezível.

No circuito simples da Figura 25-11, a potência da fonte ideal de fem é igual à potência entregue ao resistor.

Podemos imaginar que a bateria na Figura 25-11 esteja bombeando carga de uma região de menor energia potencial para uma região de energia potencial mais alta. A Figura 25-12 mostra um análogo mecânico do circuito elétrico simples aqui descrito.

Em uma **bateria real**, a diferença de potencial nos terminais da bateria, chamada de **tensão dos terminais**, não é simplesmente igual à fem da bateria. Considere um circuito formado por uma bateria real e um resistor variável. Se a corrente variar através da variação da resistência R e for medida a tensão dos terminais da bateria V, será constatado que ela diminui com o aumento da corrente (Figura 25-13), como se houvesse um resistor no interior da bateria.

Portanto, podemos considerar que uma bateria real consiste em uma fonte ideal de fem $\mathcal{E}$ e um resistor com resistência r, chamado de **resistência interna** da bateria.

O diagrama para o circuito de uma bateria não-ideal e um resistor é mostrado na Figura 25-14. Se a corrente no circuito é I, o potencial no ponto a está relacionado ao potencial no ponto b por

$$V_a = V_b + \mathcal{E} - Ir$$

A tensão nos terminais é, portanto,

$$V_a - V_b = \mathcal{E} - Ir \qquad 25\text{-}16$$

A tensão nos terminais da bateria diminui linearmente com a corrente, como vimos na Figura 25-13. A queda de potencial no resistor R é IR e é igual à tensão dos terminais:

$$IR = V_a - V_b = \mathcal{E} - Ir$$

Resolvendo para a corrente I, obtemos

$$I = \frac{\mathcal{E}}{R + r} \qquad 25\text{-}17$$

Se a bateria está conectada como mostrado na Figura 25-14, a tensão nos terminais dada pela Equação 25-16 é menor que a fem da bateria devido ao decréscimo no potencial devido à resistência interna da bateria. Baterias reais, tais como uma boa bateria de carro, geralmente têm uma resistência interna da ordem de poucos centésimos de ohm e, portanto, a tensão dos terminais é praticamente igual à fem, a menos que a corrente seja muito grande. Um sinal de que a bateria não está boa é

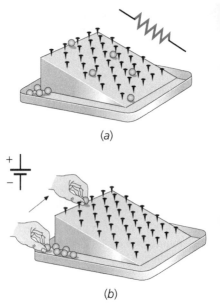

FIGURA 25-12 Um análogo mecânico de um circuito simples formado por uma resistência e uma fonte de fem. (*a*) As bolinhas partem de certa altura h acima da base e são aceleradas pelo campo gravitacional entre colisões com pregos. Os pregos representam os íons da rede no resistor. Durante as colisões, as bolinhas transferem para os pregos a energia cinética que adquiriram entre as colisões. Devido às várias colisões, as bolinhas têm, apenas, uma velocidade de deriva pequena e aproximadamente constante, em direção à base. (*b*) Quando as bolinhas atingem a base, uma criança as recolhe, eleva-as à altura original h e o processo reinicia. A criança, que realiza o trabalho mgh em cada bolinha de massa m, é análoga à fonte de fem. A fonte de energia neste caso é a energia química interna da criança.

---

* Quando uma bateria está sendo carregada (por um gerador ou por outra bateria), no interior dela a carga flui da região onde sua energia potencial é alta para uma região onde sua energia potencial é baixa, perdendo energia potencial elétrica. A energia perdida é convertida em energia química e armazenada na bateria que está sendo carregada.

quando ela apresenta uma resistência interna muito elevada. Se você suspeita que a bateria de seu carro não esteja boa, verificar a tensão nos terminais com um voltímetro, que consome uma corrente muito pequena, nem sempre é o suficiente. Você precisa conferir a tensão nos terminais enquanto uma corrente está passando pela bateria, como no caso de quando você tenta ligar o carro. Então, a tensão nos terminais pode cair consideravelmente, indicando uma alta resistência interna e que o estado da bateria não está bom.

As baterias são classificadas, geralmente, em ampère-hora (A · h), que é a carga máxima que ela pode fornecer:

$$1 \text{ A} \cdot \text{h} = (1 \text{ C/s})(3600 \text{ s}) = 3600 \text{ C}$$

A energia armazenada na bateria é o produto da fem pela carga total que ela pode fornecer:

$$E_{\text{armazenada}} = Q\mathcal{E} \qquad 25\text{-}18$$

A energia armazenada é a quantidade de trabalho que a bateria pode realizar.

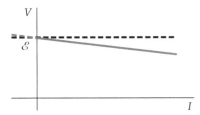

FIGURA 25-13 Tensão V do terminal *versus* I para uma bateria real. A linha tracejada mostra a tensão do terminal de uma bateria ideal, que tem a magnitude $\mathcal{E}$.

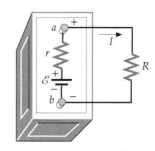

FIGURA 25-14 Uma bateria real pode ser representada por uma bateria ideal de fem $\mathcal{E}$ e uma pequena resistência r.

Exemplo 25-6 — Tensão dos Terminais, Potência e Energia Armazenada

Um resistor de 11,0 Ω é conectado a uma bateria de fem 6,00 V e resistência interna 1,00 Ω. Determine (a) a corrente, (b) a tensão dos terminais da bateria, (c) a potência fornecida pelas reações químicas na bateria, (d) a potência entregue ao resistor externo e (e) a potência entregue à resistência interna da bateria. (f) Se a bateria é classificada como 150 A · h, quanta energia ela armazena?

SITUAÇÃO O diagrama do circuito é o mesmo que o mostrado na Figura 25-14. Determinamos a corrente a partir de $I = \mathcal{E}/(R + r)$ (Equação 25-17) e, então, utilizamos isto para determinar a tensão dos terminais e a potência entregue aos resistores.

SOLUÇÃO

(a) A Equação 25-17 dá a corrente.

$$I = \frac{\mathcal{E}}{R + r} = \frac{6{,}00 \text{ V}}{11{,}0 \text{ Ω} + 1{,}00 \text{ Ω}} = \boxed{0{,}500 \text{ A}}$$

(b) Use a corrente para calcular a tensão dos terminais da bateria:

$$V_a - V_b = \mathcal{E} - Ir = 6{,}00 \text{ V} - (0{,}500 \text{ A})(1{,}00 \text{ Ω}) = \boxed{5{,}50 \text{ V}}$$

(c) A potência fornecida pelas reações químicas no interior da bateria é igual a $\mathcal{E}I$:

$$P = \mathcal{E}I = (6{,}00 \text{ V})(0{,}500 \text{ A}) = \boxed{3{,}00 \text{ W}}$$

(d) A potência entregue à resistência externa é igual a I^2R (Equação 25-14):

$$I^2R = (0{,}500 \text{ A})^2(11{,}0 \text{ Ω}) = \boxed{2{,}75 \text{ W}}$$

(e) A potência entregue à resistência interna é I^2r:

$$I^2r = (0{,}500 \text{ A})^2(1{,}00 \text{ Ω}) = \boxed{0{,}250 \text{ W}}$$

(f) A energia armazenada é a fem da bateria multiplicada pela carga total que a bateria pode entregar:

$$W = Q\mathcal{E} = \left(150 \text{ A} \cdot \text{h} \times \frac{3600 \text{ C}}{\text{A} \cdot \text{h}}\right)(6{,}00 \text{ V}) = \boxed{3{,}24 \text{ MJ}}$$

CHECAGEM Dos 3,00 W de potência fornecida pelas reações químicas da bateria, 2,75 W são entregues ao resistor externo e 0,250 W é dissipado devido à resistência interna da bateria.

INDO ALÉM O valor da resistência interna da bateria neste exemplo é maior que o da maioria das baterias. Este valor foi escolhido para simplificar os cálculos. Em outros exemplos, podemos considerar que a resistência interna da bateria é desprezível.

Exemplo 25-7 — Máxima Potência Fornecida

Para uma bateria com fem igual a $\mathcal{E}$ e resistência interna igual a r, que valor de resistência externa R deve ser colocado nos terminais para obter a potência máxima fornecida ao resistor?

SITUAÇÃO O diagrama do circuito é mostrado na Figura 25-14. A potência entregue ao resistor é I^2R (Equação 25-14), onde $I = \mathcal{E}/(R + r)$ (Equação 25-17). Para determinar o valor de R que resulta na potência máxima entregue ao resistor, igualamos dP/dR a zero e calculamos R.

SOLUÇÃO

1. Use $I = \mathcal{E}/(R + r)$ (Equação 25-17) para eliminar I de $P = I^2R$ e escreva P como uma função de R e das constantes $\mathcal{E}$ e r:

$$P = \frac{\mathcal{E}^2 R}{(R + r)^2}$$

2. Calcule a derivada dP/dR. (Usamos a regra do quociente.):

$$\frac{dP}{dR} = \frac{(R + r)^2 \mathcal{E}^2 - 2\mathcal{E}^2 R(R + r)}{(R + r)^4} = \frac{\mathcal{E}^2(r - R)}{(R + r)^3}$$

3. Resolva para o valor de R para o qual dP/dR é igual a zero:

$$\boxed{R = r}$$

CHECAGEM Para $R = 0$, a corrente é máxima, mas $P = 0$ e, portanto, nenhuma potência é entregue ao resistor externo quando $R = 0$. Para tomar o limite de P quando $R \to \infty$, fatoramos R do denominador para obter

$$P = \frac{\mathcal{E}^2 R}{(R + r)^2} = \frac{\mathcal{E}^2}{R(1 + r/R)^2}$$

Deste resultado podemos ver que, quando $R \to \infty$, $P \to 0$. Isto significa que P deve ser máxima para R no intervalo $0 < R < \infty$, logo $R = r$ é um resultado aceitável.

INDO ALÉM O valor máximo de P ocorre quando $R = r$, isto é, quando a resistência é igual à resistência interna. Um resultado similar vale para circuitos de corrente alternada. A escolha de $R = r$ para maximizar a potência entregue à resistência externa é conhecida como *casamento de impedância*. Um gráfico de P versus R é mostrado na Figura 25-15.

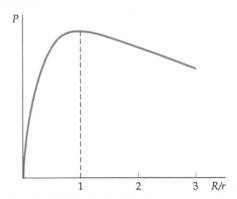

FIGURA 25-15 A potência entregue ao resistor externo é máximo se $R = r$.

25-4 COMBINAÇÕES DE RESISTORES

A análise de um circuito pode ser, muitas vezes, simplificada substituindo uma combinação de dois ou mais resistores por um único resistor equivalente que tenha a mesma corrente e a mesma queda de potencial que a combinação de resistores. A substituição de uma combinação de resistores por um resistor equivalente é semelhante à substituição de uma combinação de capacitores por um capacitor equivalente, discutida no Capítulo 24.

RESISTORES EM SÉRIE

Quando dois ou mais resistores estão conectados como R_1 e R_2 na Figura 25-16 de forma tal que, devido à maneira como eles estão conectados, a corrente em cada resistor é a mesma, dizemos que eles estão conectados em série. A queda de potencial em R_1 é IR_1 e a queda de potencial em R_2 é IR_2, onde I é a corrente em cada resistor. A queda de potencial nos dois resistores é a soma da queda de potencial nos resistores individuais:

$$V = IR_1 + IR_2 = I(R_1 + R_2) \qquad 25\text{-}19$$

A resistência equivalente R_{eq} que corresponde à mesma queda de potencial total V quando conduz a mesma corrente I é determinada igualando V a IR_{eq} (Figura 25-16b). Então, R_{eq} é dada por

$$R_{eq} = R_1 + R_2$$

Quando há mais de dois resistores conectados em série, a resistência equivalente é

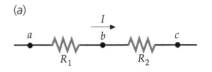

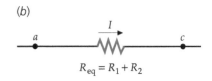

FIGURA 25-16 (a) Dois resistores conectados em série conduzindo a mesma corrente. (b) Os resistores da Figura 25-16a podem ser substituídos por um único resistor equivalente $R_{eq} = R_1 + R_2$ que dá a mesma queda de potencial total quando estiver conduzindo a mesma corrente que na Figura 25-16a.

$$R_{eq} + R_1 + R_2 + R_3 + \ldots \qquad 25\text{-}20$$

RESISTÊNCIA EQUIVALENTE PARA RESISTORES EM SÉRIE

RESISTORES EM PARALELO

Dois resistores conectados como na Figura 25-17a, de forma tal que, devido à maneira como estão ligados, eles têm a mesma diferença de potencial, estão conectados em paralelo. Observe que, devido à maneira como o circuito está ligado, um terminal de cada resistor está no potencial do ponto a e o outro terminal de cada resistor está no potencial do ponto b. Seja I a corrente no fio que chega ao ponto a. No ponto a, o circuito se separa em dois ramos e a corrente I se divide em duas partes — corrente I_1 no ramo superior contendo o resistor R_1 e corrente I_2 no ramo inferior, contendo R_2. A soma das *correntes nos ramos* I_1 e I_2 é igual à corrente I no fio que conduz ao ponto a:

$$I = I_1 + I_2 \qquad 25\text{-}21$$

No ponto b, as correntes nos ramos se recombinam e a corrente que sai do ponto b também é igual a $I = I_1 + I_2$. A queda de potencial V em cada resistor, $V = V_a - V_b$, está relacionada às correntes nos ramos por

$$V = I_1 R_1 \text{ e } V = I_2 R_2 \qquad 25\text{-}22$$

A resistência equivalente para os resistores em paralelo é R_{eq} para a qual a mesma corrente total I requer a mesma queda de potencial V (Figura 25-17b):

$$V = IR_{eq} \qquad 25\text{-}23$$

Resolvendo as Equações 25-22 e 25-23 para I, I_1 e I_2 e substituindo $I = I_1 + I_2$ (Equação 25-21), temos

$$\frac{V}{R_{eq}} = \frac{V}{R_1} + \frac{V}{R_2} = V\left(\frac{1}{R_1} + \frac{1}{R_2}\right) \qquad 25\text{-}24$$

Dividindo ambos os lados por V, obtemos

$$\frac{1}{R_{eq}} = \frac{1}{R_1} + \frac{1}{R_2}$$

que pode ser resolvida para a resistência equivalente R_{eq} para dois resistores em paralelo. Este resultado pode ser generalizado para combinações em paralelo tais como a mostrada na Figura 25-18, na qual três ou mais resistores estão conectados em paralelo:

$$\frac{1}{R_{eq}} = \frac{1}{R_1} + \frac{1}{R_2} + \frac{1}{R_3} + \ldots \qquad 25\text{-}25$$

RESISTÊNCIA EQUIVALENTE PARA RESISTORES EM PARALELO

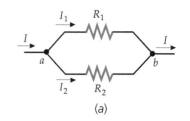
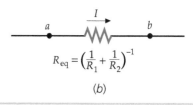

FIGURA 25-17 (a) Dois resistores estão em paralelo quando eles estão conectados em ambas as extremidades de maneira que a diferença de potencial seja a mesma em cada um. (b) Os dois resistores na Figura 25-17a podem ser substituídos por uma resistência equivalente R_{eq} que está relacionada a R_1 e R_2 por $1/R_{eq} = 1/R_1 + 1/R_2$.

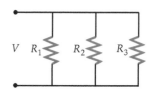

FIGURA 25-18 Três resistores em paralelo.

> A resistência equivalente de uma combinação em paralelo de resistores é menor que a resistência de qualquer um dos resistores individuais da combinação.

PROBLEMA PRÁTICO 25-7

Um resistor de 2,0 Ω e um resistor de 4,0 Ω estão conectados (a) em série e (b) em paralelo. Determine as resistências equivalentes para ambas as combinações.

A resistência equivalente de uma combinação de resistores em paralelo é menor que a resistência de qualquer um dos resistores da combinação. Da Equação 25-25, vemos que

$$\frac{1}{R_{eq}} > \frac{1}{R_i}$$

onde R_i é a resistência de qualquer um dos resistores na combinação. Multiplicando ambos os lados desta desigualdade pelo produto $R_{eq}R_i$, obtemos

$$R_i > R_{eq}$$

Resistores são, na realidade, condutores. (Eles não conduzem tão bem quanto os fios que os conectam nos circuitos, mas, mesmo assim, são condutores.) Somar mais resistores em

160 | CAPÍTULO 25

paralelo significa adicionar mais caminhos condutores para o fluxo das cargas. A criação de caminhos paralelos adicionais diminui a resistência equivalente da combinação.

Exemplo 25-8 | Identificando Combinações em Série e em Paralelo *Conceitual*

O circuito mostrado na Figura 25-19 tem uma bateria e seis resistores. (*a*) Quais resistores, se houver algum, estão conectados em série? (*b*) Quais resistores, se houver algum, estão conectados em paralelo?

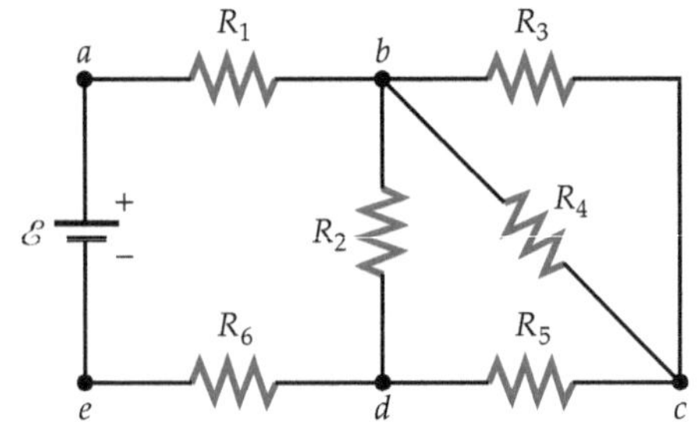

SITUAÇÃO Resistores estão conectados em série se a corrente em cada um deles é a mesma devido à maneira como estão conectados. Resistores estão conectados em paralelo se a diferença de potencial (tensão) em cada um deles é a mesma devido à maneira como estão conectados.

SOLUÇÃO

(*a*) Em um circuito, a corrente varia apenas em junções (pontos *b*, *c* e *d*):

Os resistores 1 e 6 estão conectados em série.

(*b*) 1. O potencial ao longo de qualquer caminho não varia, exceto em baterias, resistores ou capacitores. Sejam V_a, V_b, V_c, V_d e V_e os potenciais nos pontos *a*, *b*, *c*, *d* e *e*, respectivamente. Construa uma tabela que liste o potencial nos dois terminais de cada resistor:

Resistor	V_a	V_b	V_c	V_d	V_e
1	X	X			
2		X		X	
3		X	X		
4		X	X		
5			X	X	
6				X	X

2. A tabela revela que um terminal do resistor 3 e um terminal do resistor 4 estão, ambos, no potencial V_b, e os outros terminais dos mesmos resistores estão, ambos, no potencial V_c:

Os resistores 3 e 4 estão conectados em paralelo.

FIGURA 25-19

INDO ALÉM O resistor 5 está em série com a combinação em paralelo formada pelos resistores 3 e 4. O resistor 2 está em paralelo com a combinação formada pelos resistores 3, 4 e 5. Além disso, o resistor 6, a bateria, o resistor 1 e a combinação dos resistores 2, 3, 4 e 5 estão em série.

ESTRATÉGIA PARA SOLUÇÃO DE PROBLEMAS

Problemas Envolvendo Combinações em Série e/ou em Paralelo de Resistores

SITUAÇÃO Se não for apresentado o diagrama do circuito, desenhe um.

SOLUÇÃO

1. Identifique cada combinação em série e/ou paralelo de resistores e calcule a resistência equivalente de cada uma.
2. Redesenhe o circuito substituindo cada combinação em série ou em paralelo pelos respectivos resistores com resistências equivalentes.
3. Repita os passos 2 e 3 até que não haja mais nenhuma combinação em série ou em paralelo. (Neste ponto, o circuito deverá conter apenas um único resistor equivalente.) Aplique $V = IR$ e calcule a corrente.
4. Retorne ao desenho anterior e calcule a tensão e/ou a corrente em cada resistor no desenho.
5. Repita o passo 4 até que você tenha calculado todas as correntes e/ou tensões de interesse.

CHECAGEM Calcule a potência entregue a cada resistor (usando $P = IV$ ou seu equivalente) e calcule a potência fornecida pelas reações químicas em cada bateria usando $P = I\mathcal{E}$. Confira, então, se a potência total que está sendo entregue é igual à potência total fornecida.

Corrente Elétrica e Circuitos de Corrente Contínua | 161

Exemplo 25-9 — Resistores em Paralelo

Uma bateria ideal aplica uma diferença de potencial de 12 V na combinação em paralelo dos resistores de 4,0-Ω e 6,0-Ω mostrados na Figura 25-20. Determine (a) a resistência equivalente, (b) a corrente total, (c) a corrente em cada resistor, (d) a potência entregue a cada resistor e (e) a potência fornecida pela bateria.

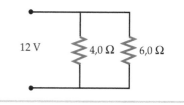

FIGURA 25-20

SITUAÇÃO Escolha símbolos e sentidos para as correntes na Figura 25-21.

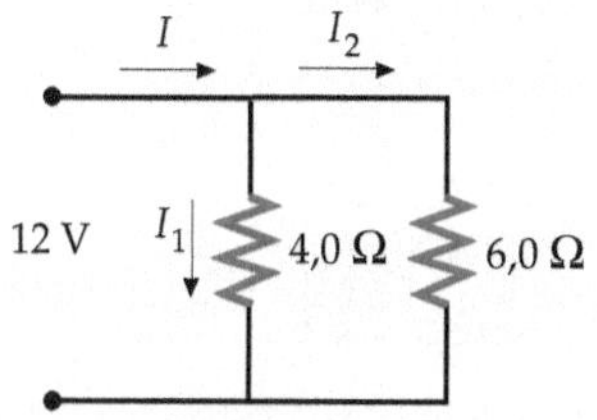

SOLUÇÃO

(a) Calcule a resistência equivalente:

$$\frac{1}{R_{eq}} = \frac{1}{4,0\ \Omega} + \frac{1}{6,0\ \Omega} = \frac{3,0}{12,0\ \Omega} + \frac{2,0}{12,0\ \Omega} = \frac{5,0}{12,0\ \Omega}$$

$$R_{eq} = \frac{12,0\ \Omega}{5,0} = \boxed{2,4\ \Omega}$$

FIGURA 25-21

(b) A corrente total é a queda de potencial dividida pela resistência equivalente:

$$I = \frac{V}{R_{eq}} = \frac{12\ V}{2,4\ \Omega} = \boxed{5,0\ A}$$

(c) Obtemos a corrente em cada resistor usando a Equação 25-22 e usando a queda de potencial na combinação em paralelo, 12 V:

$$V = IR$$
$$I_1 = \frac{12\ V}{4,0\ \Omega} = \boxed{3,0\ A}$$
$$I_2 = \frac{12\ V}{6,0\ \Omega} = \boxed{2,0\ A}$$

(d) Use $P = VI$ e $V = IR$ para determinar a potência entregue a cada resistor:

$$P = VI = (IR)R = I^2 R$$
$$P_1 = I_1^2 R = (3,0\ A)^2 (4,0\ \Omega) = \boxed{36\ W}$$
$$P_1 = I_2^2 R = (2,0\ A)^2 (6,0\ \Omega) = \boxed{24\ W}$$

(e) Use $P = \mathcal{E}I$ para determinar a potência fornecida pela bateria:

$$P = \mathcal{E}I = (12\ V)(5,0\ A) = \boxed{60\ W}$$

CHECAGEM A potência fornecida pela bateria é igual à potência total entregue aos dois resistores $P = 60\ W = 36\ W + 24\ W$. Na Parte (d), poderíamos ter calculado a potência entregue a cada resistor a partir de $P_1 = VI_1 = (12\ V)(3,0\ A) = 36\ W$ e $P_2 = VI_2 = (12\ V)(2,0\ A) = 24\ W$.

INDO ALÉM A razão entre as correntes nos dois resistores em paralelo é igual ao inverso da razão entre os resistores. Este resultado segue de $I_1 R_1 = I_2 R_2$ (Equação 25-22). Arranjando os termos obtemos

$$\frac{I_1}{I_2} = \frac{R_2}{R_1} \quad \text{(dois resistores em paralelo)} \qquad 25\text{-}26$$

Exemplo 25-10 — Resistores em Série   *Tente Você Mesmo*

Um resistor de 4,0 Ω e um resistor de 6,0 Ω estão conectados em série a uma bateria de fem igual a 12,0 V e resistência interna desprezível. Determine (a) a resistência equivalente dos dois resistores, (b) a corrente no circuito, (c) a queda de potencial em cada resistor, (d) a potência entregue a cada resistor e (e) a potência total entregue aos resistores.

SOLUÇÃO

Cubra a coluna da direita e tente por si só antes de olhar as respostas.

Passos	Respostas
(a) 1. Desenhe um diagrama para o circuito (Figura 25-22):	
2. Calcule R_{eq} para estes dois resistores em série:	$R_{eq} = \boxed{10,0\ \Omega}$
(b) Use $V = IR_{eq}$ para determinar a corrente na bateria:	$I = \boxed{1,2\ A}$
(c) Use a lei de Ohm para determinar a queda de potencial em cada resistor:	$V_4 = \boxed{4,8\ V} \quad V_6 = \boxed{7,2\ V}$

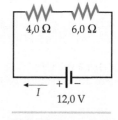

FIGURA 25-22

(d) Determine a potência entregue a cada resistor usando $P = I^2R$: $P_4 = \boxed{5,8\ W}$ $P_6 = \boxed{8,6\ W}$

(e) Adicione os resultados da Parte (d) para determinar a potência total: $P = \boxed{14,4\ W}$

CHECAGEM A corrente na bateria neste exemplo é 1,2 A, mas no circuito correspondente com os mesmos resistores em paralelo (Exemplo 25-9) a corrente na bateria é 5,0 A. A corrente em um circuito deve ser menor quando os resistores estão conectados em série.

Exemplo 25-11 Combinações em Série e em Paralelo   *Tente Você Mesmo*

Considere o circuito na Figura 25-23. Quando a chave S_1 está aberta e a chave S_2 está fechada, determine (a) a resistência equivalente do circuito, (b) a corrente na fonte de fem, (c) a queda de potencial em cada resistor e (d) a corrente em cada resistor. (e) Se a chave S_1 está, agora, fechada, determine a corrente no resistor de 2,0 Ω. (f) Se a chave S_2 está, agora, aberta (enquanto a chave S_1 permanece fechada), determine a queda de potencial no resistor de 6,0 Ω e na chave S_2.

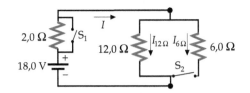

FIGURA 25-23

SITUAÇÃO (a) Para determinar a resistência equivalente do circuito, primeiro substitua os dois resistores em paralelo pela sua resistência equivalente. A lei de Ohm pode, então, ser usada para determinar a corrente e as quedas de potenciais. Para as Partes (b) e (c), use a lei de Ohm.

SOLUÇÃO

Cubra a coluna da direita e tente por si só antes de olhar as respostas.

Passos	Respostas
(a) 1. Determine a resistência equivalente para a combinação em paralelo dos resistores de 6,0 Ω e 12,0 Ω.	$R_{eq} = 4,0\ \Omega$
2. Combine seu resultado no passo 1 com o resistor de 2,0 Ω em série para determinar a resistência equivalente total do circuito.	$R'_{eq} = \boxed{6,0\ \Omega}$
(b) Determine a corrente usando a lei de Ohm. Esta é a corrente na bateria e no resistor de 2,0 Ω.	$I_{2\Omega} = \boxed{3,0\ A}$
(c) 1. Determine a queda de potencial no resistor de 2,0 Ω de $V_{2\Omega} = IR$.	$V_{2\Omega} = \boxed{6,0\ V}$
2. Determine a queda de potencial em cada resistor na combinação em paralelo usando $V_p = IR_{eq}$, onde V_p é a queda de potencial na combinação em paralelo.	$V_{6\Omega} = V_{12\Omega} = \boxed{12,0\ V}$
(d) Determine a corrente nos resistores de 6,0 Ω e 12,0 Ω de $I = V_p/R$.	$I_{6\Omega} = \boxed{2,0\ A}$ $I_{12\Omega} = \boxed{1,0\ A}$
(e) Quando S_1 está fechada, a queda de potencial no resistor de 2,0 Ω é zero. Usando $V_{2\Omega} = IR$, calcule a corrente no resistor de 2,0 Ω.	$I_{2\Omega} = \boxed{0}$
(f) Quando S_2 está aberta, a corrente no resistor de 6,0 Ω é zero. Usando $V_{6\Omega} = IR$, calcule a queda de potencial no resistor de 6,0 Ω. A queda de potencial no resistor de 6,0 Ω mais a queda de potencial na chave S_2 é igual à queda de potencial no resistor de 12,0 Ω.	$V_{6\Omega} = \boxed{0}$ $V_{S_2} = V_{12\Omega} = \boxed{18\ V}$

CHECAGEM Quando S_1 está aberta e S_2 está fechada, a corrente no resistor de 6,0 Ω é o dobro da corrente no resistor de 12,0 Ω, como deveríamos esperar. Além disso, estas duas correntes somadas correspondem à corrente no resistor de 2,0 Ω, como deve ser. Finalmente, observe que a queda de potencial no resistor de 2,0 Ω somada à queda de potencial na combinação em paralelo é igual à fem da bateria; $V_{2\Omega} + V_p = 6,0\ V + 12,0\ V = 18,0\ V$.

PROBLEMA PRÁTICO 25-8 Repita da Parte (a) até a Parte (d) deste exemplo, mas com o resistor de 6,0 Ω substituído por um fio de resistência desprezível.

Exemplo 25-12 — Combinações de Combinações
Tente Você Mesmo

Determine a resistência equivalente da combinação de resistores mostrada na Figura 25-24.

SITUAÇÃO Você pode analisar esta combinação complicada passo a passo. Primeiro, determine a resistência equivalente R_{eq} da combinação em paralelo dos resistores de 4,0 Ω e 12 Ω. A seguir, determine a resistência equivalente R'_{eq} da combinação em série dos resistores de 5,0 Ω e R_{eq}. Finalmente, determine a resistência equivalente R''_{eq} da combinação em paralelo do resistor de 24 Ω e R'_{eq}.

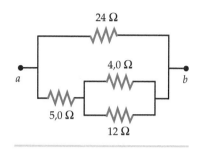

FIGURA 25-24

SOLUÇÃO
Cubra a coluna da direita e tente por si só antes de olhar as respostas.

Passos	Respostas
1. Determine a R_{eq} dos resistores de 4,0 Ω e de 12 Ω em paralelo.	$R_{eq} = 3,0\ \Omega$
2. Determine a resistência equivalente R'_{eq} de R_{eq} em série com o resistor de 5,0 Ω.	$R'_{eq} = 8,0\ \Omega$
3. Determine a resistência equivalente de R'_{eq} em paralelo com o resistor de 24 Ω.	$R''_{eq} = \boxed{6,0\ \Omega}$

CHECAGEM Como é esperado para combinações em paralelo, os resultados dos passos 1 e 3 são menores que as resistências de cada um dos dois resistores em paralelo. Além disso, o resultado do passo 2 é maior que o valor de cada um dos dois resistores em série, como é esperado para combinações em série.

Exemplo 25-13 — Queimando o Fusível
Rico em Contexto

Você está fazendo um lanche para você e alguns amigos para uma longa noite de estudos. Você decide que café, mistos quentes e pipocas são uma boa pedida. Você liga a torradeira, coloca pipocas no microondas e o liga. Como seu apartamento está em um edifício antigo, você sabe que o fusível pode queimar quando você liga muitos aparelhos elétricos ao mesmo tempo. Você deve ligar a cafeteira? Analisando os aparelhos, você descobre que a torradeira consome 900 W, o microondas consome 1200 W, e a cafeteira, 600 W. Você sabe que seu apartamento tem fusíveis de 20 A.

SITUAÇÃO Você pode considerar que os circuitos domésticos são ligados em paralelo, pois o fato de ligar um dispositivo não afeta os outros que estão no circuito. A tensão doméstica no Brasil é 120 V. (Podemos desprezar o fato que ela não é cc.) Se pudermos determinar a corrente em cada dispositivo, podemos somar a corrente total no circuito e verificar como ela se compara à corrente do fusível.

SOLUÇÃO
1. A potência entregue ao dispositivo é a corrente multiplicada pela tensão. Isto é, $P = IV$. Resolva para a corrente em cada dispositivo:

$$I_{torradeira} = \frac{P_{torradeira}}{V} = \frac{900\ W}{120\ V} = 7,5\ A$$

$$I_{microondas} = \frac{P_{microondas}}{V} = \frac{1200\ W}{120\ V} = 10,0\ A$$

$$I_{cafeteira} = \frac{P_{cafeteira}}{V} = \frac{600\ W}{120\ V} = 5,0\ A$$

2. A corrente no fusível é a soma destas correntes:

$$I_{fusível} = 22,5\ A$$

3. Uma corrente tão grande está acima dos 20 A do fusível:

Seus convidados terão que esperar pelo café.

CHECAGEM A potência máxima que pode ser entregue por um circuito de 120 V que tem um fusível de 20 A é $P_{máx} = I_{máx}V = (20\ A)(120\ V) = 2400\ W$. A potência total necessária para ligar os três aparelhos simultaneamente é 900 W + 1200 W + 600 W = 2700 W, que é 300 W maior que o máximo que o circuito pode entregar.

INDO ALÉM Consideramos que o apartamento tivesse apenas um circuito e, portanto, apenas um fusível. Tipicamente, há vários circuitos, cada um com fusíveis separados. A cafeteira pode ser ligada em uma tomada que está em um circuito diferente que a tomada onde a torradeira e o microondas estão ligados, não queimando o fusível.

25-5 LEIS DE KIRCHHOFF

Há muitos circuitos, como o mostrado na Figura 25-25, que não podem ser analisados simplesmente substituindo combinações de resistores por uma resistência equivalente. Os dois resistores R_1 e R_2 neste circuito parecem estar em paralelo, mas não estão. A queda de potencial não é a mesma em ambos os resistores devido à presença da fonte de fem $\mathcal{E}_2$ em série com R_2. Os resistores R_1 e R_2 também não estão em série, pois o fio que os conecta tem um ponto de ramificação — eles não têm a mesma corrente devido à maneira como estão conectados.

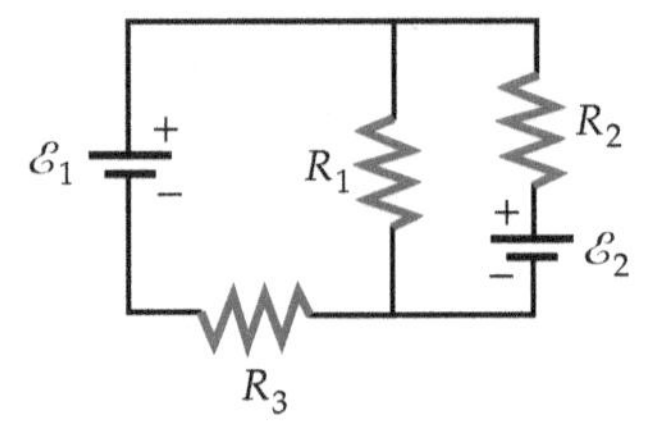

Duas regras, chamadas de **leis de Kirchhoff**, se aplicam a este e a qualquer outro circuito:

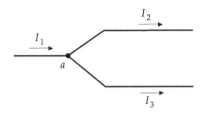

FIGURA 25-25 Um exemplo de um circuito que não pode ser analisado substituindo combinações de resistores em série e em paralelo com suas resistências equivalentes. As quedas de potencial em R_1 e R_2 não são iguais devido à fonte de fem $\mathcal{E}_2$, e, portanto, estes resistores não estão em paralelo. (Resistores em paralelo estariam ligados juntos em ambas as extremidades.) Os resistores não têm a mesma corrente, logo eles não estão em série.

1. Ao percorrer qualquer malha fechada, a soma algébrica das variações no potencial ao longo da malha deve ser igual a zero.
2. Em qualquer junção (ponto de ramificação) em um circuito onde a corrente pode se dividir, a soma das correntes que chegam na junção deve ser igual à soma das correntes que saem da junção.

LEIS DE KIRCHHOFF

A primeira lei de Kirchhoff, chamada de **lei das malhas**, foi introduzida no Capítulo 24. Esta lei segue diretamente da presença de um campo conservativo $\vec{E}$.* Dizer que um campo é conservativo significa dizer que

$$\oint_C \vec{E} \cdot d\vec{r} = 0 \qquad 25\text{-}27$$

onde a integral é calculada em qualquer curva fechada C. As variações no potencial ΔV e $\vec{E}$ estão relacionados por $\Delta V = V_b - V_a = -\int_a^b \vec{E} \cdot d\vec{r}$. Portanto, a Equação 25-27 significa que a soma das variações no potencial (a soma dos ΔVs) em qualquer trajetória fechada é igual a zero.

A segunda lei de Kirchhoff, chamada de **lei dos nós**, segue da conservação de carga. A Figura 25-26 mostra a junção de três fios conduzindo correntes I_1, I_2 e I_3. Como a carga não é criada nem acumulada neste ponto, a conservação de carga conduz à lei dos nós que, para este caso, é

$$I_1 = I_2 + I_3 \qquad 25\text{-}28$$

FIGURA 25-26 Ilustração da regra dos nós de Kirchhoff. A corrente I_1 no ponto a é igual à soma $I_2 + I_3$ das correntes que saem do ponto a.

De fato, as cargas se acumulam nas superfícies dos condutores. Entretanto, seria necessária uma área superficial muito grande, tal como a superfície das placas de alguns capacitores, para acumular uma quantidade significativa de carga. As áreas das superfícies dos condutores que são usados em circuitos comuns são muito menores e não servem para acumular grandes quantidades de carga.

CIRCUITOS DE MALHAS SIMPLES

Como um exemplo de uso da lei das malhas de Kirchhoff, considere o circuito mostrado na Figura 25-27, que contém duas baterias, com resistências internas r_1 e r_2, e três resistores externos. Queremos determinar a corrente em termos das fems e das resistências.

Escolhemos o sentido horário, como indicado pela seta com o sinal positivo próxima à ela na Figura 25-27. Aplicamos, então, a lei das malhas de Kirchhoff enquanto percorremos o circuito no sentido positivo, iniciando no ponto a. Observe que encontramos uma queda de potencial quando passamos pela fonte de fem entre os pontos c e d e encontramos um aumento de potencial quando percorremos a fonte de fem entre e e a. Considerando que

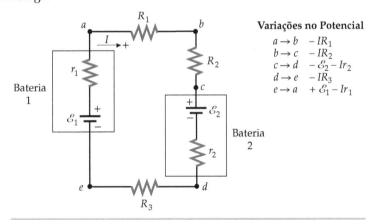

Variações no Potencial
$a \to b \quad -IR_1$
$b \to c \quad -IR_2$
$c \to d \quad -\mathcal{E}_2 - Ir_2$
$d \to e \quad -IR_3$
$e \to a \quad +\mathcal{E}_1 - Ir_1$

FIGURA 25-27 Circuito contendo duas baterias e três resistores externos.

---

* Também existem campos elétricos não-conservativos, que serão discutidos no Capítulo 28. O campo elétrico resultante é a superposição do campo elétrico conservativo e do não-conservativo. A lei das malhas de Kirchhoff se aplica apenas à parte conservativa do campo elétrico.

I é positiva, encontramos uma queda de potencial toda vez que percorremos cada resistor. Começando no ponto *a*, obtemos, da lei das malhas de Kirchhoff

$$(V_b - V_a) + (V_c - V_b) + (V_d - V_c) + (V_e - V_d) + (V_a - V_e) = 0$$

Expressando as variações no potencial em termos da corrente, das fems e das resistências fornecidas

$$(-IR_1) + (-IR_2) + (-\mathcal{E}_2 - Ir_2) + (-IR_3) + (\mathcal{E}_1 - Ir_1) = 0$$

Resolvendo para a corrente *I*, obtemos

$$I = \frac{\mathcal{E}_1 - \mathcal{E}_2}{R_1 + R_2 + R_3 + r_1 + r_2} \qquad 25\text{-}29$$

Se $\mathcal{E}_2$ é maior que $\mathcal{E}_1$, obtemos um valor negativo para a corrente *I*, indicando que ela está no sentido negativo (anti-horário).

Para este exemplo, consideramos que $\mathcal{E}_1$ é maior que $\mathcal{E}_2$, logo a corrente é positiva. Além disso, modelamos a corrente como positiva para portadores de carga positivos movendo-se no sentido horário ao longo do circuito. (Os portadores de carga são, de fato, negativamente carregados e movem-se no sentido anti-horário.) A carga flui, então, pela bateria 2 do terminal de maior potencial para o de menor potencial. Assim, uma carga positiva ΔQ movendo-se pela bateria 2 do ponto *c* até o ponto *d* perde energia potencial $\Delta Q \mathcal{E}_2$ (além de qualquer outra energia dissipada na bateria devido à resistência interna r_2). Se a bateria 2 for recarregável, boa parte desta perda de energia potencial é armazenada na bateria como energia química, o que significa que ela está *recarregando*.

A análise de um circuito é, geralmente, simplificada se definirmos o potencial como igual a zero em um ponto conveniente do circuito. Calculamos, então, o potencial nos outros pontos em relação a este. Como apenas as diferenças de potencial são importantes, qualquer ponto no circuito pode ser escolhido como tendo potencial igual a zero. Em muitos circuitos, entretanto, um ponto está conectado a um bastão que está conectado ao terra. Dizemos que este ponto está aterrado e o potencial é definido como zero neste ponto. Entretanto, em um automóvel, o terminal negativo da bateria está conectado ao bloco do motor por um cabo pesado (chamado de cabo de aterramento) e o ponto onde o cabo está conectado ao bloco do motor é referido como o terra. No exemplo a seguir, escolhemos o ponto *e* na figura como estando no potencial zero. Isto é indicado pelo símbolo de terra $\perp$ no ponto *e*.

Exemplo 25-14   Determinando o Potencial

Suponha que os elementos no circuito na Figura 25-28 tenham os valores $\mathcal{E}_1 = 12{,}0$ V, $\mathcal{E}_2 = 4{,}0$ V, $r_1 = r_2 = 1{,}0\ \Omega$, $R_1 = R_2 = 5{,}0\ \Omega$ e $R_3 = 4{,}0\ \Omega$. (*a*) Determine os potenciais nos pontos *a* até *e* na figura, considerando que o potencial seja zero no ponto *e*. (*b*) Discuta a transferência de energia no circuito.

SITUAÇÃO Para determinar as diferenças de potencial, primeiro precisamos calcular a corrente *I* no circuito. A queda de potencial em cada resistor é igual ao produto *IR*. Para discutir as transferências de energia, calculamos a potência entregue ou recebida por cada elemento usando as Equações 25-14 e 25-15.

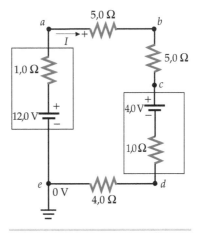

FIGURA 25-28

SOLUÇÃO

(*a*) 1. A corrente *I* no circuito é determinada usando a Equação 25-29:

$$I = \frac{12{,}0\ \text{V} - 4{,}0\ \text{V}}{5{,}0\ \Omega + 5{,}0\ \Omega + 4{,}0\ \Omega + 1{,}0\ \Omega + 1{,}0\ \Omega}$$

$$= \frac{8{,}0\ \text{V}}{16\ \Omega} = 0{,}50\ \text{A}$$

2. Agora, determinamos o potencial em cada ponto identificado no circuito:

$V_a = V_e + \mathcal{E}_1 - Ir_1 = 0 + 12,0\text{ V} - (0,50\text{ A})(1,0\text{ }\Omega) = \boxed{11,5\text{ V}}$

$V_b = V_a - IR_1 = 11,5\text{ V} - (0,50\text{ A})(5,0\text{ }\Omega) = \boxed{9,0\text{ V}}$

$V_c = V_b - IR_2 = 9,0\text{ V} - (0,50\text{ A})(5,0\text{ }\Omega) = \boxed{6,5\text{ V}}$

$V_d = V_c - \mathcal{E}_2 - Ir_2 = 6,5\text{ V} - 4,0\text{ V} - (0,50\text{ A})(1,0\text{ }\Omega) = \boxed{2,0\text{ V}}$

$V_e = V_d + IR_3 = 2,0\text{ V} - (0,50\text{ A})(4,0\text{ }\Omega) = \boxed{0,0\text{ V}}$

(b) 1. Primeiro, calculamos a potência fornecida pelas reações químicas na fonte de fem $\mathcal{E}_1$:

$P_{\mathcal{E}_1} = \mathcal{E}_1 I = (12,0\text{ V})(0,50\text{ A}) = 6,0\text{ W}$

2. Parte desta potência é entregue aos resistores, tanto internos quanto externos às baterias:

$P_R = I^2 R_1 + I^2 R_2 + I^2 R_3 + I^2 r_1 + I^2 r_2$
$= (0,50\text{ A})^2 (5,0\text{ }\Omega + 5,0\text{ }\Omega + 4,0\text{ }\Omega + 1,0\text{ }\Omega + 1,0\text{ }\Omega) = 4,0\text{ W}$

3. Os 2,0 W restantes de potência são usados para carregar a bateria 2:

$P_{\mathcal{E}_2} = \mathcal{E}_2 I = (4,0\text{ V})(0,50\text{ A}) = 2,0\text{ W}$

4. A taxa na qual a energia potencial está sendo entregue no circuito é

$P = P_R + P_{\mathcal{E}_1} = 6,0\text{ W}$

CHECAGEM A taxa na qual a bateria de 12 V converte energia química em energia potencial elétrica (6,0 W) é igual à taxa na qual a bateria de 4,0 V converte energia potencial elétrica em energia química (2,0 W) mais a taxa na qual a energia é dissipada (4,0 W).

Observe que a tensão dos terminais da bateria que está sendo carregada no Exemplo 25-14 é $V_c - V_d = 4,5$ v, que é maior que a fem da bateria. Se a mesma bateria de 4,0 V fosse usada para entregar 0,50 A a um circuito externo, sua tensão dos terminais seria de 3,5 V (considerando, novamente, que sua resistência interna seja de 1,0 Ω). Se a resistência interna é muito pequena, a tensão nos terminais da bateria é praticamente igual à sua fem, tanto no caso da bateria estar entregando energia a um circuito externo, como no caso de estar sendo carregada. Algumas baterias reais, como as usadas em automóveis, são praticamente reversíveis e podem ser facilmente recarregadas. Outros tipos de baterias não são reversíveis. Se você tenta recarregar uma destas baterias fazendo passar corrente através dela desde seu terminal positivo até o negativo, virtualmente toda a energia será dissipada como energia interna no lugar de ser transformada em energia química da bateria.

Exemplo 25-15 Ligação Direta em um Carro

Uma bateria de carro totalmente carregada* deve ser conectada por cabos a uma bateria descarregada de carro para carregá-la. (a) A qual terminal da bateria descarregada você deve conectar o terminal positivo da bateria carregada? (b) Considere que a bateria carregada tenha uma fem de $\mathcal{E}_1 = 12,0$ V, a bateria descarregada tenha uma fem de $\mathcal{E}_2 = 11,0$ V, as resistências internas das baterias sejam $r_1 = r_2 = 0,020$ Ω e a resistência dos cabos de ligação seja de $R = 0,010$ Ω. Qual será a corrente de carga? (c) Qual será a corrente se as baterias estão conectadas de maneira incorreta?

SITUAÇÃO Para a Parte (a) as baterias devem ser conectadas de forma que a bateria inicialmente descarregada seja carregada. Para calcular a corrente, aplique a lei das malhas de Kirchhoff.

SOLUÇÃO
(a) Para carregar a bateria descarregada, conectamos o terminal positivo ao terminal positivo e o terminal negativo ao terminal negativo, para conduzir corrente através da bateria descarregada desde o terminal positivo até o negativo (Figura 25-29):

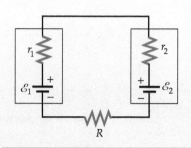

FIGURA 25-29

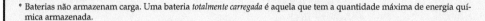

* Baterias não armazenam carga. Uma bateria *totalmente carregada* é aquela que tem a quantidade máxima de energia química armazenada.

(b) Use a lei das malhas de Kirchhoff para determinar a corrente de carga:

$\mathcal{E}_1 - Ir_1 - Ir_2 - \mathcal{E}_2 - IR = 0$

então

$I = \dfrac{\mathcal{E}_1 - \mathcal{E}_2}{R + r_1 + r_2} = \dfrac{12{,}0\ V - 11{,}0\ V}{0{,}050\ \Omega} = \boxed{20\ A}$

(c) Quando as baterias estão conectadas incorretamente, terminais positivos a terminais negativos, as fems se somam:

$\mathcal{E}_1 - Ir_1 + \mathcal{E}_2 - Ir_2 - IR = 0$

então

$I = \dfrac{\mathcal{E}_1 + \mathcal{E}_2}{R + r_1 + r_2} = \dfrac{12{,}0\ V + 11{,}0\ V}{0{,}050\ \Omega} = \boxed{460\ A}$

CHECAGEM Se as baterias estão conectadas incorretamente, como mostrado na Figura 25-30, a corrente é muito grande e as baterias podem explodir — produzindo uma chuva de ácido de bateria fervente.

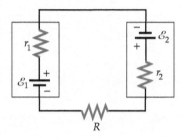

FIGURA 25-30 Duas baterias conectadas incorretamente — perigoso!

CIRCUITOS DE MÚLTIPLAS MALHAS

Em circuitos de múltiplas malhas, muitas vezes o sentido da corrente em um ou mais ramos do circuito não é óbvio. Felizmente as leis de Kirchhoff não exigem o conhecimento destes sentidos inicialmente. De fato, o oposto é verdadeiro. As leis de Kirchhoff permitem determinar os sentidos das correntes. Para fazer isso, para cada ramo do circuito designamos arbitrariamente um sentido positivo e indicamos a escolha colocando uma seta correspondente no diagrama do circuito (Figura 25-31). Se a densidade de corrente no ramo está nesta direção positiva, então quando calculamos esta corrente obtemos um valor positivo. Entretanto, se a densidade de corrente está no sentido oposto ao designado como sentido positivo, quando calculamos a corrente obtemos um valor negativo. Em um resistor, um campo elétrico no seu interior gera a corrente que está no mesmo sentido do campo elétrico. Como o campo sempre aponta na direção e sentido de decréscimo do potencial, sabemos que, no resistor, o sentido da corrente é também o sentido de diminuição do potencial. Assim, sempre que percorremos um resistor no sentido da corrente, a variação no potencial é negativa e vice-versa. Aqui está a regra:

FIGURA 25-31 Não se sabe se a corrente I tem um valor positivo ou negativo. Independentemente disso, $V_b - V_a = -IR$. Se a corrente está no sentido positivo, então I é positivo e $-IR$ é negativo. Se a corrente está no sentido negativo, entretanto, I é negativo e $-IR$ é positivo.

> Para cada ramo de um circuito, desenhamos uma seta para indicar o sentido positivo para aquele ramo. Então, se percorremos um resistor no sentido da flecha, a variação no potencial ΔV é igual a $-IR$ (e se percorremos um resistor no sentido oposto ao da flecha, ΔV é igual a $+IR$).
>
> REGRA DO SINAL PARA A A VARIAÇÃO NO POTENCIAL EM UM RESISTOR

Se percorremos um resistor no sentido positivo e se I é positivo, então $-IR$ é negativo. Isto está de acordo com o esperado, pois em um resistor a corrente está sempre no sentido de diminuição do potencial. Entretanto, se percorremos um resistor no sentido positivo, e se I é negativa, então $-IR$ é positivo. De maneira semelhante, se percorremos um resistor no sentido negativo, e se I é positiva, então $+IR$ é positivo. E se percorremos um resistor no sentido negativo e se I é negativo, então $+IR$ é negativo.

Para analisar circuitos contendo mais de uma malha, precisamos usar ambas as leis de Kirchhoff, com a lei dos nós aplicada às junções (pontos onde a corrente se separa em duas ou mais partes).

Exemplo 25-16 | Aplicando as Leis de Kirchhoff

(*a*) Determine a corrente em cada ramo do circuito mostrado na Figura 25-32. (*b*) Determine a energia dissipada no resistor de 4,0 Ω em 3,0 s.

SITUAÇÃO Há três correntes nos ramos, I, I_1 e I_2, para serem determinadas e, portanto, precisamos de três equações. Uma equação vem da aplicação da lei dos nós ao ponto b. (Também podemos aplicar a lei dos nós ao ponto e, a única outra junção no circuito, mas isso conduz a exatamente a mesma informação.) As outras duas relações são obtidas aplicando a lei das malhas. Há três malhas no circuito: as duas malhas no interior, *abefa* e *bcdeb*, e a malha exterior, *abcdefa*. Podemos usar quaisquer duas destas malhas — a terceira conduzirá a uma informação redundante. Há ao menos uma flecha indicando o sentido em cada um dos ramos na Figura 25-32. Cada flecha indica o sentido positivo para cada ramo. Se nossa análise resultar em um valor negativo para a corrente no ramo, então ela estará no sentido oposto ao da flecha para aquele ramo.

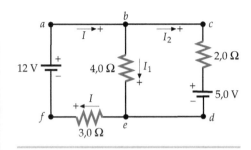

FIGURA 25-32

SOLUÇÃO

(*a*) 1. Aplique a lei dos nós ao ponto *b*:
$I = I_1 + I_2$

2. Aplique a lei das malhas à malha externa, *abcdefa*:
$-(2{,}0\ \Omega)I_2 - 5{,}0\ \text{V} - (3{,}0\ \Omega)(I_1 + I_2) + 12\ \text{V} = 0$

3. Divida a equação anterior por 1 Ω, lembrando que (1 V)/(1 Ω) = 1 A e, então, simplifique:
$7{,}0\ \text{A} - 3{,}0 I_1 - 5{,}0 I_2 = 0$

4. Para a terceira condição, aplique a lei das malhas à malha da direita, *bcdeb*:
$-(2{,}0\ \Omega)I_2 - 5{,}0\ \text{V} + (4{,}0\ \Omega)I_1$ então $-5{,}0\ \text{V} + 4{,}0 I_1 - 2{,}0 I_2 = 0$

5. Os resultados dos passos 3 e 4 podem ser combinados para determinar I_1 e I_2. Para fazer isso, primeiro multiplique o resultado do passo 3 por 2 e, então, multiplique o resultado do passo 4 por -5:
$14\ \text{A} - 6{,}0 I_1 - 10 I_2 = 0$
$25\ \text{A} - 20 I_1 + 10 I_2 = 0$

6. Some as equações no passo 5 para eliminar I_2 e resolva para I_1:
$39\ \text{A} - 26 I_1 = 0$
$I_1 = \dfrac{39\ \text{A}}{26} = \boxed{1{,}5\ \text{A}}$

7. Substitua I_1 nos resultados para o passo 3 ou 4 para determinar I_2:
$7{,}0\ \text{A} - 3{,}0(1{,}5\ \text{A}) - 5{,}0 I_2 = 0$
$I_2 = \dfrac{2{,}5\ \text{A}}{5{,}0} = \boxed{0{,}50\ \text{A}}$

8. Finalmente, com I_1 e I_2 determine I usando a equação do passo 1:
$I = I_1 + I_2 = 1{,}5\ \text{A} + 0{,}50\ \text{A} = \boxed{2{,}0\ \text{A}}$

(*b*) 1. A potência entregue ao resistor de 4,0 Ω é determinada usando $P = I_1^2 R$:
$P = I_1^2 R = (1{,}5\ \text{A})^2 (4{,}0\ \Omega) = 9{,}0\ \text{W}$

2. A energia total dissipada no resistor de 4,0 Ω durante o intervalo Δt é $W = P\,\Delta t$. Neste caso, $\Delta t = 3{,}0$ s:
$W = P\,\Delta t = (9{,}0\ \text{W})(3{,}0\ \text{s}) = \boxed{27\ \text{J}}$

CHECAGEM Na Figura 25-33 escolhemos o potencial como zero no ponto *f*, e identificamos as correntes e os potenciais nos outros pontos. Observe que $V_b - V_e = 6{,}0$ V e $V_e - V_f = 6{,}0$ V. Aplicando a lei das malhas à malha da esquerda obtemos +12 V − 6,0 V − 6,0 V = 0.

INDO ALÉM A aplicação da lei das malhas à malha da esquerda, *abefa*, resulta em $12\ \text{V} - (4{,}0\ \Omega)I_1 - (3{,}0\ \Omega)(I_1 + I_2) = 0$, ou $12\ \text{A} - 7{,}0 I_1 - 3{,}0 I_2 = 0$. Observe que este é o resultado do passo 3 menos o resultado do passo 4 e, portanto, não contém informação original, de acordo com o esperado.

PROBLEMA PRÁTICO 25-9 Determine I_1 para o caso no qual o resistor de 3,0 Ω tende a (*a*) resistência zero e (*b*) resistência infinita.

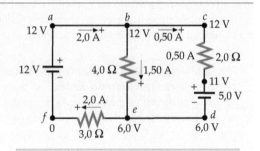

FIGURA 25-33

O Exemplo 25-16 ilustra os métodos gerais para a análise de circuitos de múltiplas malhas. Estes métodos são listados na estratégia para solução de problemas a seguir.

ESTRATÉGIA PARA SOLUÇÃO DE PROBLEMAS

Método para Análise de Circuitos de Múltiplas Malhas

SITUAÇÃO Desenhe um esboço do circuito.

SOLUÇÃO
1. Substitua qualquer combinação em série ou em paralelo de resistores ou capacitores por seus valores equivalentes.
2. Repita o passo 1 quantas vezes for possível.
3. A seguir, designe um sentido positivo para cada ramo do circuito e indique este sentido por uma seta. Identifique a corrente em cada ramo. Adicione um sinal de mais e um sinal de menos para indicar o terminal de mais alto potencial e o de mais baixo potencial da fonte de fem.
4. Aplique a lei dos nós a todas as junções exceto uma delas.
5. Aplique a lei das malhas às diferentes malhas até que o número total de equações independentes seja igual ao número de incógnitas. Quando percorrer um resistor no sentido positivo, a variação no potencial é igual a $-IR$. Quando percorre uma bateria do terminal negativo para o positivo, a variação no potencial é igual a $\mathcal{E} \pm Ir$.
6. Resolva as equações para obter os valores das incógnitas.

CHECAGEM Confira seus resultados designando um ponto do circuito como tendo potencial zero e use os valores das correntes encontrados para determinar os potenciais em outros pontos no circuito.

Exemplo 25-17 Um Circuito de Três Malhas

(a) Determine a corrente em cada ramo do circuito mostrado na Figura 25-34. (b) Designe $V = 0$ ao ponto c e determine o potencial em todos os outros pontos de a a f.

SITUAÇÃO Primeiro substitua os dois resistores em paralelo por uma resistência equivalente. Segundo, designe um sentido positivo para cada ramo e indique-o por uma seta. Terceiro, coloque um sinal de mais e um sinal de menos nos terminais de potencial mais alto e mais baixo de cada bateria. Identifique a corrente em cada ramo. Estas correntes nos ramos podem, então, ser determinadas aplicando a lei dos nós na junção b ou na junção e, e aplicando a lei das malhas duas vezes.

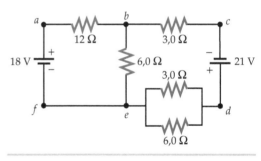

FIGURA 25-34

SOLUÇÃO

(a) 1. Determine a resistência equivalente dos resistores de 3,0 Ω e 6,0 Ω em paralelo: $R_{eq} = 2,0\ \Omega$

2. Redesenhe o circuito (Figura 25-35) com o resistor de 2,0 Ω no lugar da combinação em paralelo. Coloque uma seta em cada ramo indicando sua designação de sentidos para as correntes. Seja I a corrente no ramo contendo a bateria de 18 V, I_1 a corrente no resistor de 6,0 Ω e I_2 a corrente no ramo contendo a bateria de 21 V:

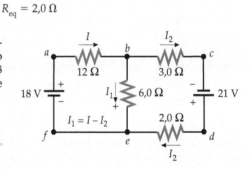

FIGURA 25-35

3. Aplique a lei dos nós ao ponto b: $I = I_1 + I_2$

4. Aplique a lei das malhas de Kirchhoff à malha $abefa$ para obter uma equação envolvendo I e I_2: $18\ V - (12\ \Omega)I - (6,0\ \Omega)I_1 = 0$

5. Simplifique a equação do passo 4 (dividindo ambos os lados por 6,0 Ω): $3,0\ A - 2,0I - 1,0I_1 = 0$

6. Aplique a lei das malhas de Kirchhoff à malha $bcdeb$: $-(3,0\Omega)I_2 + 21\ V - (2,0\ \Omega)I_2 + (6,0\ \Omega)I_1 = 0$

7. Simplifique a equação do passo 6 (dividindo ambos os lados por 1,0 Ω): $21\ A + 6,0I_1 - 5,0I_2 = 0$

8. Resolva as equações simultâneas (dos passos 3, 5 e 7) para I, I_1 e I_2. Uma maneira de fazer estes cálculos é substituir $I_1 + I_2$ por I na equação do passo 5 para obter $3,0\,A - 3,0I_1 - 2,0I_2 = 0$. Esta equação e a equação do passo 7 constituem as duas equações e as duas incógnitas. Resolva para as correntes:

$I_1 = \boxed{-1,0\,A}$ $I_2 = \boxed{3,0\,A}$ $I = \boxed{2,0\,A}$

9. Use $V = I_2 R_{eq}$ para determinar a queda de potencial na combinação em paralelo formada pelos resistores de $3,0\,\Omega$ e $6,0\,\Omega$:

$V = 6,0\,V$

10. Use o resultado do passo 9 e a lei de Ohm para determinar a corrente em cada um dos resistores em paralelo:

$I_{3\,\Omega} = \boxed{2,0\,A}$ $I_{6\,\Omega} = \boxed{1,0\,A}$

(b) Redesenhe a Figura 25-35 mostrando a direção e o valor da corrente em cada ramo do circuito (Figura 25-36). Comece com $V = 0$ no ponto c e calcule os potenciais nos pontos d, e, f, a e b:

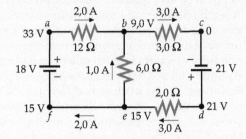

FIGURA 25-36

$V_d = V_c + 21\,V = 0 + 21\,V = \boxed{21\,V}$

$V_e = V_d - (3,0\,A)(2,0\,\Omega) = 21\,V - 6,0\,V = \boxed{15\,V}$

$V_f = V_e = \boxed{15\,V}$

$V_a = V_f + 18\,V = 15\,V + 18\,V = \boxed{33\,V}$

$V_b = V_a - (2,0\,A)(12,0\,\Omega) = 33\,V - 24\,V = \boxed{9\,V}$

CHECAGEM Do ponto b ao ponto c o potencial cai por $(3,0\,A)(3,0\,\Omega) = 9,0\,V$, que dá $V_c = 0$, como considerado. Do ponto e ao ponto b o potencial cai por $(1,0\,A)(6,0\,\Omega) = 6,0\,V$, logo $V_b = V_e - 6,0\,V = 15\,V - 6,0\,V = 9\,V$.

AMPERÍMETROS, VOLTÍMETROS E OHMÍMETROS

Os dispositivos que medem corrente, diferença de potencial e resistência são chamados de **amperímetros, voltímetros e ohmímetros**, respectivamente. Muitas vezes os três medidores estão incluídos em um único *multímetro* que pode ser selecionado para ser usado como um ou como outro. Você poderia usar um voltímetro para medir a tensão dos terminais da bateria do seu carro e um ohmímetro para medir a resistência de algum dispositivo elétrico em casa (por exemplo, uma torradeira ou uma lâmpada) quando você suspeita de um curto-circuito ou um fio quebrado.

Para medir a corrente em um resistor em um circuito simples, você coloca um amperímetro em série com o resistor, como mostrado na Figura 25-37, para que a corrente seja a mesma no amperímetro e no resistor. Como o amperímetro tem uma resistência muito baixa (mas finita), a corrente no circuito diminui muito pouco quando o amperímetro é inserido. Idealmente, o amperímetro deveria ter uma resistência insignificante para que a corrente a ser medida fosse afetada de maneira desprezível.

A diferença de potencial em um resistor é medida colocando-se um voltímetro no resistor (em paralelo com ele), como mostrado na Figura 25-38, para que a queda de potencial seja a mesma no voltímetro e no resistor. O voltímetro reduz a resistência entre os pontos a e b, aumentando, assim, a corrente total no circuito e variando a queda de potencial no resistor. O voltímetro deve ter uma resistência extremamente elevada para que seu efeito na corrente do circuito seja desprezível.

O principal componente de muitos amperímetros e voltímetros comumente usados é o **galvanômetro**, um dispositivo que detecta pequenas correntes que passam por ele. O galvanômetro é projetado para que a leitura da escala seja proporcional à corrente que passa. O tipo de galvanômetro usado em muitos laboratórios para estudantes consiste em uma bobina no campo magnético de um ímã permanente. Quando há corrente na bobina, o campo magnético exerce um torque sobre ela, fazendo-a

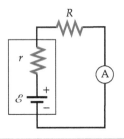

FIGURA 25-37 Para medir a corrente em um resistor R, um amperímetro A (circulado) é colocado em série com o resistor para que ele conduza a mesma corrente que o resistor.

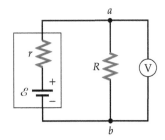

FIGURA 25-38 Para medir a queda de potencial em um resistor, um voltímetro V (circulado) é colocado em paralelo com o resistor para que a diferença de potencial no voltímetro seja a mesma do resistor.

girar. Um ponteiro preso à bobina indica a leitura na escala. A bobina contribui como alguma resistência quando o galvanômetro é colocado em um circuito.

Para construir um amperímetro a partir de um galvanômetro, colocamos um pequeno resistor, chamado de **resistor de derivação**, em *paralelo* com o galvanômetro. A resistência do resistor de derivação geralmente é muito menor que a resistência do galvanômetro para que a maior parte da corrente seja conduzida pelo resistor de derivação. A resistência equivalente do amperímetro é, então, aproximadamente igual à resistência do resistor de derivação, que é muito menor que a resistência interna do galvanômetro isolado. Para construir um voltímetro, colocamos um resistor com resistência elevada em *série* com o galvanômetro para que a resistência equivalente do voltímetro seja muito maior que a resistência da bobina do galvanômetro isolada. A Figura 25-39 ilustra a construção de um amperímetro e de um voltímetro a partir de um galvanômetro. A resistência do galvanômetro R_g é mostrada separadamente nestes desenhos esquemáticos, mas ela é, na verdade, parte do galvanômetro.

Um ohmímetro simples consiste em uma bateria conectada em série com um galvanômetro e um resistor, como mostra a Figura 25-40a. A resistência R_s é escolhida para que, quando os terminais *a* e *b* são colocados em curto (colocados em contato elétrico com resistência desprezível entre eles), a corrente no galvanômetro indica deflexão de fundo de escala. Assim, uma deflexão de fundo de escala indica que não há resistência entre os terminais *a* e *b*. Uma deflexão nula indica uma resistência infinita entre os terminais. Quando os terminais estão conectados a uma resistência desconhecida R, a corrente no galvanômetro depende de R e a escala pode ser calibrada para fornecer uma leitura direta de R, como mostrado na Figura 25-40b. Como um ohmímetro envia uma corrente através da resistência a ser medida, é preciso ter cuidado ao utilizar este instrumento. Por exemplo, você não deveria tentar medir a resistência de um galvanômetro sensível com um ohmímetro, pois a corrente fornecida pela bateria do ohmímetro possivelmente danificaria o galvanômetro.

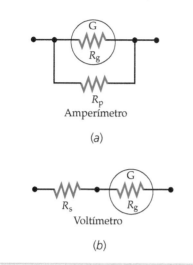

FIGURA 25-39 (*a*) Um amperímetro consiste em um galvanômetro G (circulado) cuja resistência é R_g e uma pequena resistência em paralelo R_p. (*b*) Um voltímetro consiste em um galvanômetro G (circulado) e uma grande resistência em série R_s.

25-6 CIRCUITOS *RC*

Um circuito contendo um resistor e um capacitor é chamado de **circuito *RC***. A corrente em um circuito *RC* tem apenas um sentido, como em todos os circuitos cc, mas a intensidade da corrente varia com o tempo. Um exemplo prático de um circuito *RC* é o de um dispositivo de lâmpada para instantâneo (*flash*) em uma câmera fotográfica. Antes de a fotografia ser tirada, uma bateria no dispositivo carrega o capacitor através de um resistor. Quando o capacitor está totalmente carregado, a lâmpada está pronta para disparar. Quando a foto é tirada, o capacitor descarrega através da lâmpada. A bateria, então, recarrega o capacitor e, um pequeno intervalo de tempo depois, o dispositivo está pronto para outra fotografia. Usando as leis de Kirchhoff podemos obter equações para a carga Q e para a corrente I como funções do tempo para a carga e a descarga de um capacitor através de um resistor.

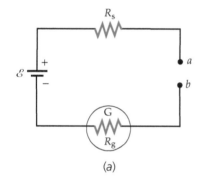

(*b*)

FIGURA 25-40 (*a*) Um ohmímetro consiste em uma bateria conectada em série com um galvanômetro e um resistor R_s, escolhido para que a deflexão no galvanômetro seja de escala completa quando os pontos *a* e *b* forem colocados em curto-circuito. (*b*) Quando um resistor R está conectado aos terminais *a* e *b*, a agulha do galvanômetro deflete por uma quantidade que depende do valor de R. A escala do galvanômetro está calibrada para dar a leitura em ohms.

DESCARREGANDO UM CAPACITOR

A Figura 25-41 mostra um capacitor que tem uma carga inicial $+Q_0$ na placa superior e uma carga inicial $-Q_0$ na placa inferior. O capacitor está conectado a um resistor R e a um interruptor S, que está inicialmente aberto. A diferença de potencial no capacitor é, inicialmente, $V_0 = Q_0/C$, onde C é a capacitância.

Fechamos o interruptor no instante $t = 0$. Como agora há uma diferença de potencial no resistor, há também uma corrente no resistor. Esta corrente inicial é

$$I_0 = \frac{V_0}{R} = \frac{Q_0}{RC} \qquad 25\text{-}30$$

A corrente é a taxa do fluxo de carga positiva da placa positiva do capacitor para a placa negativa através do resistor. (Consideramos que os portadores de carga estão positivamente carregados, quando, na verdade, eles são os elétrons carregados negativamente.) Quando o tempo passa, a carga no capacitor diminui. Se escolhermos o sentido positivo como o horário, então a corrente é igual à taxa de diminuição da carga. Se Q é a carga na placa superior do capacitor no instante t, a corrente está relacionada a Q por

$$I = -\frac{dQ}{dt} \qquad 25\text{-}31$$

(O sinal de menos é necessário porque, enquanto Q diminui, dQ/dt é negativo.*) Percorrendo o circuito no sentido horário, encontramos uma queda de potencial IR no resistor e um aumento de potencial Q/C no capacitor. Assim, a lei das malhas de Kirchhoff implica

$$\frac{Q}{C} - IR = 0 \qquad 25\text{-}32$$

onde Q e I, ambas funções do tempo, estão relacionadas pela Equação 25-31. Substituindo $-dQ/dt$ por I na Equação 25-32, temos

$$\frac{Q}{C} + R\frac{dQ}{dt} = 0$$

ou

$$\frac{dQ}{dt} = -\frac{1}{RC}Q \qquad 25\text{-}33$$

Para resolver esta equação, primeiramente separamos as variáveis Q e t multiplicando ambos os lados da equação por dt/Q e, então, integramos ambos os lados. Multiplicando por dt/Q, obtemos

$$\frac{dQ}{Q} = -\frac{1}{RC}dt \qquad 25\text{-}34$$

As variáveis Q e t estão, agora, em termos separados. Integrando desde Q_0 em $t = 0$ até Q' em t', obtemos

$$\int_{Q_0}^{Q'} \frac{dQ}{Q} = -\frac{1}{RC}\int_0^{t'} dt$$

então

$$\ln\frac{Q'}{Q_0} = -\frac{t'}{RC}$$

Como t' é arbitrário, podemos substituí-lo por t, e, então $Q' = Q(t)$. Resolvendo para $Q(t)$ obtemos

$$Q(t) = Q_0 e^{-t/(RC)} = Q_0 e^{-t/\tau} \qquad 25\text{-}35$$

onde τ, chamado de **constante de tempo**, é o tempo necessário para que a carga decresça por um fator e^{-1}:

$$\tau = RC \qquad 25\text{-}36$$

DEFINIÇÃO — CONSTANTE DE TEMPO

A Figura 25-42 mostra a carga no capacitor do circuito da Figura 25-41 como uma função do tempo. Depois de um tempo $t = \tau$, a carga é $Q = e^{-1}Q_0 = 0{,}37Q_0$. Depois de um tempo $t = 2\tau$, a carga é $Q = e^{-2}Q_0 = 0{,}135Q_0$, e assim por diante. Depois de um tempo igual a várias constantes de tempo, a carga Q é desprezível. Este tipo de diminuição, que é chamado de **decaimento exponencial**, é muito comum na natureza. Ele ocorre sempre que a taxa na qual uma quantidade diminui é proporcional à própria quantidade.**

A diminuição na carga de um capacitor pode ser pensada de forma semelhante à diminuição da quantidade de água em um balde que tem um pequeno orifício no fundo. (A taxa na qual a água sai pelo orifício é proporcional à diferença de pressão

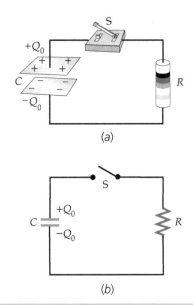

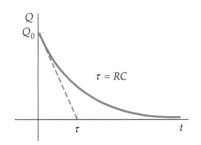

FIGURA 25-41 (a) Um capacitor de placas paralelas em série com um interruptor S e um resistor R. (b) Um diagrama do circuito para a Figura 25-41a.

Figura 25-42 Gráfico da carga de um capacitor *versus* tempo para o circuito mostrado na Figura 25-41. O interruptor é fechado no instante $t = 0$. A constante de tempo $\tau = RC$ é o tempo necessário para que a carga diminua por um fator e^{-1}. (A constante de tempo também é igual ao tempo que seria necessário para descarregar completamente o capacitor se a taxa de descarga permanecesse constante, como indicado pela linha tracejada.)

Veja o Tutorial Matemático para mais informações sobre **Funções Exponenciais**

---

* Se o sentido positivo tivesse sido escolhido como o anti-horário, então o sinal na Equação 25-31 seria positivo.
** Encontramos o decaimento exponencial no Capítulo 14 (Volume 1) quando estudamos o oscilador amortecido.

na água de cada lado do orifício a qual, por sua vez, é proporcional à quantidade de água restante no balde.)

A corrente é obtida derivando a Equação 25-35

$$I = -\frac{dQ}{dt} = \frac{Q_0}{RC}e^{-t/(RC)}$$

Substituindo, usando a Equação 25-30, obtemos

$$I = I_0 e^{-t/\tau} \qquad 25\text{-}37$$

onde $I_0 = V_0/R = Q_0/(RC)$ é a corrente inicial. A corrente como uma função do tempo é mostrada na Figura 25-43. Assim como com a carga, a corrente decresce exponencialmente com constante de tempo $\tau = RC$.

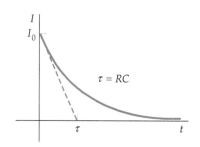

FIGURA 25-43 Gráfico da corrente *versus* tempo para o circuito mostrado na Figura 25-41. A curva tem a mesma forma da Figura 25-42. Se a taxa de diminuição da corrente permanecesse constante, a corrente atingiria o valor zero depois de uma constante de tempo, como indicado pela linha tracejada.

Exemplo 25-18 Descarregando um Capacitor

Um capacitor de 4,0 µF é carregado a 24 V e, então, conectado a um resistor de 200 Ω. Determine (*a*) a carga inicial no capacitor, (*b*) a corrente inicial no resistor de 200 Ω, (*c*) a constante de tempo e (*d*) a carga no capacitor após 4,0 ms.

SITUAÇÃO O diagrama do circuito é o mesmo que o mostrado na Figura 25-41.

SOLUÇÃO

(*a*) A carga inicial está relacionada à capacitância e à tensão:

$$Q_0 = CV_0 = (4{,}0\ \mu F)(24\ V) = \boxed{96\ \mu C}$$

(*b*) A corrente inicial é a tensão inicial dividida pela resistência:

$$I_0 = \frac{V_0}{R} = \frac{24\ V}{200\ \Omega} = \boxed{0{,}12\ A}$$

(*c*) A constante de tempo é *RC*:

$$\tau = RC = (200\ \Omega)(4{,}0\ \mu F) = 800\ \mu s = \boxed{0{,}80\ ms}$$

(*d*) Substitua $t = 4{,}0$ ms na Equação 25-35 para determinar a carga no capacitor a qualquer instante:

$$Q = Q_0 e^{-t/\tau} = (96\ \mu C)e^{-(4{,}0\ ms)/(0{,}80\ ms)}$$
$$= (96\ \mu C)e^{-5} = \boxed{0{,}65\ \mu C}$$

CHECAGEM Na corrente inicial de $I_0 = 0{,}12$ A, levaria $Q_0/I_0 = 96\ \mu C/0{,}12$ A = 0,80 ms para que o capacitor fosse completamente descarregado. Como a corrente decresce exponencialmente durante a descarga, não é surpreendente que leve 4,0 ms para que a carga diminua para 99,3 por cento de seu valor inicial.

INDO ALÉM Depois de cinco constantes de tempo, *Q* é menor que 1% de seu valor inicial.

PROBLEMA PRÁTICO 25-10 Determine a corrente no resistor de 200 Ω em $t = 4{,}0$ ms.

CARREGANDO UM CAPACITOR

A Figura 25-44*a* mostra um circuito para carga de um capacitor. O capacitor está inicialmente descarregado. O interruptor S, originalmente aberto, é fechado no instante $t = 0$. Imediatamente começa a fluir carga pela bateria (Figura 25-44*b*). Se a carga

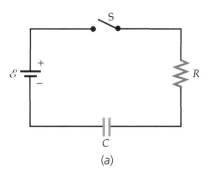
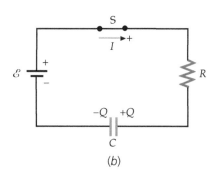

FIGURA 25-44 (*a*) Um circuito para carga de um capacitor a uma diferença de potencial $\mathcal{E}$. (*b*) Depois que o interruptor é fechado, há uma corrente e uma queda de potencial no resistor e uma carga e uma queda de potencial no capacitor.

na placa à direita do capacitor no instante t é Q, a corrente no circuito é I e o sentido horário é o positivo, então a lei das malhas de Kirchhoff fornece

$$\mathcal{E} - IR - \frac{Q}{C} = 0 \quad \text{25-38}$$

Inspecionando esta equação, vemos que, quando Q é zero (em $t = 0$), a corrente é $I = I_0 = \mathcal{E}/R$. A carga, então, aumenta e a corrente diminui. A carga tende a um valor máximo de $Q_f = C\mathcal{E}$ quando a corrente I tende a zero, como pode ser visto da Equação 25-38.

Neste circuito, escolhemos o sentido positivo de maneira que, se I é positiva, Q está aumentando. Portanto,

$$I = +\frac{dQ}{dt}$$

Substituindo dQ/dt por I na Equação 25-38, obtemos

$$\mathcal{E} - R\frac{dQ}{dt} - \frac{Q}{C} = 0 \quad \text{25-39}$$

A Equação 25-39 pode ser resolvida da mesma maneira que a Equação 25-33. Os detalhes são deixados como um problema (veja o Problema 101). O resultado é

$$Q = C\mathcal{E}[1 - e^{-t/(RC)}] = Q_f(1 - e^{-t/\tau}) \quad \text{25-40}$$

onde $Q_f = C\mathcal{E}$ é a carga final. A corrente é obtida de $I = dQ/dt$:

$$I = \frac{dQ}{dt} = C\mathcal{E}\left[-\frac{-1}{RC}e^{-t/(RC)}\right] = \frac{\mathcal{E}}{R}e^{-t/(RC)}$$

ou

$$I = \frac{\mathcal{E}}{R}e^{-t/(RC)} = I_0 e^{-t/\tau} \quad \text{25-41}$$

onde a corrente inicial é $I_0 = \mathcal{E}/R$.

A Figura 25-45 e a Figura 25-46 mostram a carga e a corrente como funções do tempo.

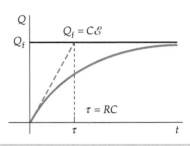

FIGURA 25-45 Gráfico da carga no capacitor *versus* tempo para o circuito da Figura 25-44 depois que o interruptor é fechado (em $t = 0$). Depois de um tempo $t = \tau = RC$, a carga no capacitor é $0,63C\mathcal{E}$, onde $C\mathcal{E}$ é a carga final. Se a taxa de carga fosse constante, o capacitor estaria completamente carregado depois de um tempo $t = \tau$.

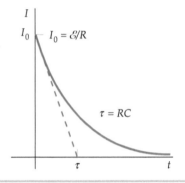

FIGURA 25-46 Gráfico da corrente *versus* tempo para o circuito da Figura 25-44. A corrente inicialmente é $\mathcal{E}/R$ e decresce exponencialmente com o tempo.

PROBLEMA PRÁTICO 25-11

Mostre que a Equação 25-40 de fato satisfaz à Equação 25-39 substituindo a expressão para Q e dQ/dt na Equação 25-39.

PROBLEMA PRÁTICO 25-12

Que fração da carga máxima está no capacitor depois de um tempo $t = 2\tau$?

Exemplo 25-19 Carregando um Capacitor — *Tente Você Mesmo*

Uma bateria de 6,0 V tem uma resistência interna desprezível e é usada para carregar um capacitor de 2,0 μF através de um resistor de 100 Ω. Determine (*a*) a corrente inicial, (*b*) a carga final no capacitor, (*c*) o tempo necessário para que a carga atinja 90 por cento de seu valor final e (*d*) a carga quando a corrente é a metade do seu valor inicial.

SITUAÇÃO A carga inicialmente é zero e, portanto, a tensão no resistor é igual à fem da bateria. Aplique a lei de Ohm ao resistor e resolva para a corrente. Depois de um tempo longo, a corrente é zero e a tensão no capacitor é igual à fem da bateria. Aplique a definição de capacitância e calcule a carga. Use a Equação 25-40 para relacionar a carga ao tempo, e use a lei das malhas de Kirchhoff para relacionar a carga à corrente.

SOLUÇÃO

Cubra a coluna da direita e tente por si só antes de olhar as respostas.

Passos	Respostas
(*a*) Determine a corrente inicial a partir de $I_0 = \mathcal{E}/R$.	$I_0 = 0,060$ A = $\boxed{60 \text{ mA}}$

(b) Determine a carga final de $Q = C\mathcal{E}$.

$Q_f = \boxed{12\ \mu C}$

(c) Utilize $Q = 0{,}90 Q_f$ na Equação 25-40 e resolva para t. (Primeiro resolva para $e^{t/\tau}$, então aplique o logaritmo natural em ambos os lados e resolva para t.)

$t = 2{,}3\tau = \boxed{0{,}46\ \text{ms}}$

(d) 1. Aplique a lei das malhas de Kirchhoff ao circuito usando a Figura 25-44b.

$\mathcal{E} - IR - \dfrac{Q}{C} = 0$

2. Considere $I = I_0/2$ e resolva para Q.

$Q = \dfrac{Q_f}{2} = \boxed{6{,}0\ \mu C}$

CHECAGEM A resposta da Parte (d) pode ser obtida resolvendo para t usando a Equação 25-41, substituindo este tempo na Equação 25-40 e resolvendo para Q. Entretanto, o uso da lei das malhas é certamente a maneira mais direta.

Exemplo 25-20 Determinando Valores em Tempos Curtos e Longos

O capacitor de 6,0 μF no circuito mostrado na Figura 25-47 está inicialmente descarregado. Determine a corrente no resistor de 4,0 Ω e a corrente no resistor de 8,0 Ω (a) imediatamente depois de o interruptor ter sido fechado e (b) um longo tempo depois de o interruptor ter sido fechado. (c) Determine a carga no capacitor após um longo tempo depois de o interruptor ter sido fechado.

SITUAÇÃO Como o capacitor está inicialmente descarregado (e o resistor de 4,0 Ω limita a corrente na bateria), a diferença de potencial inicial no capacitor é zero. O capacitor e o resistor de 8,0 Ω estão conectados em paralelo e a diferença de potencial é a mesma para eles. Portanto, a diferença de potencial inicial no resistor de 8,0 Ω também é zero. O sentido positivo para o ramo que contém a bateria é para cima na página e o sentido positivo para os outros dois ramos é para baixo na página. Considere que Q seja a carga na placa superior do capacitor.

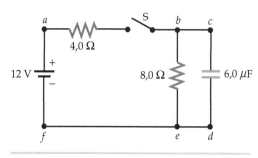

FIGURA 25-47

SOLUÇÃO

(a) Inicialmente a carga no capacitor é zero. Aplique a lei das malhas à malha externa e resolva para a corrente no resistor de 4,0 Ω. Aplique a lei das malhas à malha que contém o resistor de 8,0 Ω e o capacitor e resolva para a corrente no resistor de 8,0 Ω.

$12\ \text{V} - (4{,}0\ \Omega) I_{4\Omega} - \dfrac{0}{C} = 0$

$I_{4\Omega} = \boxed{3{,}0\ \text{A}}$

$I_{8\Omega}(8\ \Omega) - \dfrac{0}{C} = 0$

$I_{8\Omega} = \boxed{0}$

(b) Depois de um longo tempo, o capacitor estará completamente carregado (não haverá fluxo de carga em suas placas) e a corrente em ambos os resistores será a mesma. Aplique a lei das malhas à malha da esquerda e resolva para a corrente:

$12\ \text{V} - (4{,}0\ \Omega) I_f - (8{,}0\ \Omega) I_f = 0$

$I_f = \boxed{1{,}0\ \text{A}}$

(c) A diferença de potencial no resistor de 8,0 Ω e no capacitor é igual. Use isto para calcular Q:

$I_f (8{,}0\ \Omega) = \dfrac{Q_f}{C}$

$Q_f = (1{,}0\ \text{A})(8{,}0\ \Omega)(6{,}0\ \mu\text{F}) = \boxed{48\ \mu C}$

CHECAGEM A análise deste circuito nos limites de intervalos de tempo, quando o capacitor está descarregado ou completamente carregado, é simples. Quando o capacitor está descarregado, ele atua como um bom condutor (um curto-circuito) entre os pontos c e d; isto é, o circuito é o mesmo que o mostrado na Figura 25-48a onde substituímos o capacitor por um fio com resistência zero. Quando o capacitor está completamente carregado, ele atua como um interruptor aberto, como mostrado na Figura 25-48b.

(a)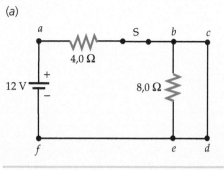

(b)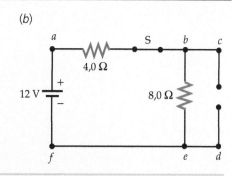

FIGURA 25-48

176 | CAPÍTULO 25

CONSERVAÇÃO DE ENERGIA DURANTE A CARGA DE UM CAPACITOR

Durante o processo de carga, uma carga total $Q_f = \mathcal{E}C$ flui na bateria. A bateria, portanto, realiza trabalho

$$W = Q_f\mathcal{E} = C\mathcal{E}^2$$

Metade deste trabalho é responsável pela energia armazenada no capacitor (veja Equação 24-8):

$$U = \tfrac{1}{2}Q_f\mathcal{E}$$

Vamos mostrar, agora, que a outra metade do trabalho realizado pela bateria é dissipada como energia térmica pela resistência do circuito. A taxa na qual a energia é dissipada pela resistência R é

$$\frac{dW_R}{dt} = I^2R$$

onde $I = (\mathcal{E}/R)e^{-t/(RC)}$ (Equação 25-41). Substituindo para I, obtemos

$$\frac{dW_R}{dt} = \left(\frac{\mathcal{E}}{R}e^{-t/(RC)}\right)^2 R = \frac{\mathcal{E}^2}{R}e^{-2t/(RC)}$$

Determinamos a energia total dissipada integrando desde $t = 0$ até $t = \infty$:

$$W_R = \int_0^\infty \frac{\mathcal{E}^2}{R}e^{-2t/(RC)}\,dt = \frac{\mathcal{E}^2}{R}\int_0^\infty e^{-at}\,dt$$

onde $a = 2/(RC)$. Portanto,

$$W_R = \frac{\mathcal{E}^2}{R}\frac{e^{-at}}{-a}\bigg|_0^\infty = -\frac{\mathcal{E}^2}{Ra}(0 - 1) = \frac{\mathcal{E}^2}{R}\frac{1}{a} = \frac{\mathcal{E}^2}{R}\frac{RC}{2}$$

A quantidade total de aquecimento Joule é, então

$$W_R = \frac{1}{2}\mathcal{E}^2C = \frac{1}{2}Q_f\mathcal{E}$$

onde $Q_f = \mathcal{E}C$. Este resultado é independente da resistência R. Assim, quando um capacitor é carregado através de um resistor por uma fonte constante de fem, metade da energia fornecida pela fonte é armazenada no capacitor e metade é transformada em energia térmica. Esta energia térmica inclui a energia que é dissipada pela resistência interna da fonte de fem.

Física em Foco

Sistemas Elétricos em Veículos:
Impulsionando a Inovação

Desde os anos de 1930, baterias de 6 volts (carregadas com 7 volts) e circuitos elétricos são padrões para automóveis nos Estados Unidos. Em meados de 1950, os fabricantes no mundo inteiro reconheceram que esta bateria era inadequada para a demanda elétrica de um carro e mudaram para baterias de 12 volts (carregadas com 14 volts), as quais podem alimentar sistemas elétricos de 14 volts.* A mudança levou vários anos.[†]

Em meados de 1960, a demanda do sistema elétrico dos carros incluía o contato de partida, a ignição, as lâmpadas, rádio e ar condicionado para carros de luxo.[‡] Hoje em dia, os sistemas elétrico e eletrônico de um carro[#] podem incluir sensores de colisão, sistemas de freio automáticos, motores para assentos, direção automática, freio automático, limpadores de pára-brisas com tempo intermitente, sistemas de entretenimento baseados em vídeo, controladores do motor, controle de cruzeiro e acionadores dos vidros. Alguns carros de luxo demandam ainda mais dos sistemas elétricos com controladores eletrônicos de válvulas, sistemas de radar para detectar objetos distantes,° controle eletrônico de estabilidade e suspensão, e aquecimento de assentos.[§] Atualmente, a necessidade de potência para um automóvel é 1,5 a 2,0 kW e deve aumentar para 3,0 a 3,5 kW ou mais no futuro próximo.[¶] O sistema elétrico e a eletrônica de um carro são responsáveis por mais de 20 por cento do custo de fabricação de um carro intermediário.**

Como a demanda do sistema elétrico dos carros deve aumentar ainda mais,[††] muitas pessoas estão sugerindo que seria uma boa idéia aprimorar o sistema elétrico para baterias de 36 volts e um sistema de 42 volts. (Como a potência é o produto da tensão e da corrente, isto significa que, quando a tensão aumenta, a corrente diminuiria para fornecer a mesma potência.) Muitas pessoas estão entusiasmadas com a perspectiva de usar fios menores e protetores mais leves para os circuitos para conduzir potência a todos os dispositivos elétricos.[‡‡] Além disso, uma tensão mais alta significaria motores de partida e alternadores menores e mais leves.

Mas, a mudança para um sistema de 42 volts está se mostrando ser mais difícil do que o esperado. Apesar de o conceito de carro baseado em um sistema de 42 volts ter sido construído, ele foi feito a partir de partes não padronizadas.[##] Em um sistema de 14 volts, uma conexão frouxa que vibra não produzirá arco de maneira persistente em um espaçamento de aproximadamente 1 milímetro. Em um sistema de 42 V, a mesma conexão frouxa produzirá arco, criando perigo de incêndio elétrico.°° Em 42 V, são necessários conectores elétricos mais caros. Em meados de 2005, vários fabricantes confirmaram que não estavam interessados em utilizar sistemas de 42 volts nos próximos anos.[§§,¶¶] Um consórcio de pesquisadores continua a investigar os sistemas envolvendo automóveis com 42 volts.*** Quando o aspecto econômico da troca para sistemas de 42 volts for atendido, então estes sistemas serão produzidos em larga escala para automóveis.

---

* Ribbens, W. B., *Understanding Automotive Electronics, 6th ed.* New York: Newnes (Elsevier), 2003.

[†] Corbett, B., "No Flick of the Switch." *Ward's Auto World,* April 2001, Vol. 37, No. 4, p. 50.

[‡] Ribbens, W. B., op. cit.

[#] *Automotive Electronics Handbook,* R. Jurgen, ed., New York: McGraw-Hill, 1995.

° Allen, R., "New Technologies Make Roads Safer... One Smart Car at a Time." *Electronic Design,* Jun. 29, 2006, pp. 41–44.

[§] "The 2007 S600 Sedan," Mercedes-Benz, http://www.mbusa.com/models/features/specs/overview.do?modelCode =S600V&class=07_S As of Sept. 2006.

[¶] Masrur, M. A., Monroe, J., Patel, R., and Garg, V. K., "42-volt Electrical Power System for Military Vehicles—Comparison with Commercial Automotive Systems," " *Vehicular Technology Conference,* 2002. Proceedings, VTC 2002-Fall, 2002 IEEE 56th, Vol. 3, pp. 1846–1850.

** Marsh, D., "LIN Simplifies and Standardizes In-Vehicle Networks." *Electronic Design News,* Apr. 8, 2005, pp. 29+.

[††] Huber, P. W., and Mills, M. P., "The End of the M. E.?" *Mechanical Engineering,* May 2005, pp. 26–29.

[‡‡] Truett, R., "42-Volt Systems Boost Fuel Economy Efforts." *Automotive News,* Oct. 21, 2001, Vol. 77, No. 6008, p. 6i.

[##] "No-Compromise Mild Hybrid Car Engine Has a Promising Future." *Asia-Pacific Engineer,* Jun. 1, 2003. http://www.engineerlive.com/asiapacific-engineer/automotive-design/1603/nocompromise-mild-hybrid-car-engine-has-a-promising-future.thtml As of Sept. 2006.

°° Moran, T., "42-Volt Challenges: Arcs and Sparks." *Automotive News,* Mar. 12, 2001, Vol. 75, No. 5920, p. 8.

[§§] Kelly, K., "DC Dumps 42-Volts." *Ward's AutoWorld,* Jun. 2004, p. 9.

[¶¶] Crain, K., "Let's Step Back, Rethink Technology." *Automotive News,* Jan. 3, 2005, Vol. 79, No. 6128, p. 12.

*** MIT/Industry Consortium on Advanced Automotive Electrical/Electronic Components and Systems. "Consortium Research Units." http://lees-web.mit.edu/public/Public%20Documents/Research_Units_and_Deliverables.pdf As of Sept. 2006.

178 | CAPÍTULO 25

Resumo

1. A lei de Ohm é uma lei empírica que vale apenas para certos materiais.
2. Corrente, resistência e fem são quantidades *definidas* importantes.
3. As leis de Kirchhoff seguem da conservação de carga e da natureza conservativa do campo elétrico.

TÓPICO	EQUAÇÕES RELEVANTES E OBSERVAÇÕES	
1. Corrente Elétrica	A corrente elétrica é a taxa de fluxo de carga elétrica através de uma seção transversal. $$I = \frac{\Delta Q}{\Delta t}$$ no limite que Δt tende a zero.	25-1
Velocidade de deriva	Em um fio condutor, a corrente elétrica é resultado de um pequeno deslocamento de elétrons negativamente carregados que são acelerados por um campo elétrico no fio e colidem com os íons da rede. A magnitude das velocidades típicas de deriva dos elétrons em fios é da ordem de poucos milímetros por segundo. Para cargas móveis se movendo no sentido positivo, $$I = qnAv_d$$ onde $q = -e$, n é a densidade do número de elétrons livres, A é a área da seção transversal e v_d é a rapidez de deriva.	25-3
Densidade de corrente	A densidade de corrente $\vec{J}$ está relacionada à velocidade de deriva por $$\vec{J} = qn\vec{v}_d$$ A corrente I através de uma superfície transversal é o fluxo da densidade de corrente através da superfície.	25-4
2. Resistência		
Definição de resistência	$$R = \frac{V}{I}$$	25-7
Resistividade, ρ	$$R = \rho\frac{L}{A}$$	25-10
Coeficiente de temperatura da resistividade, α	$$\alpha = \frac{(\rho - \rho_0)/\rho_0}{T - T_0}$$	25-12
3. Lei de Ohm	Para materiais ôhmicos, a resistência não depende da corrente nem da queda de potencial: $$V = IR, \ R \text{ constante}$$	25-9
4. Potência		
Fornecida para um dispositivo ou segmento	$$P = IV$$	25-13
Entregue a um resistor	$$P = IV = I^2R = \frac{V^2}{R}$$	25-14
5. Fem		
Fonte de fem	Um dispositivo que fornece energia elétrica a um circuito.	
Potência entregue por uma fonte ideal de fem	$$P = I\mathcal{E}$$	25-15
6. Bateria		
Ideal	Uma bateria ideal é uma fonte de fem que mantém uma diferença de potencial constante entre seus dois terminais, independentemente da corrente que passa pela bateria.	
Real	Uma bateria real pode ser considerada como uma bateria ideal em série com uma pequena resistência, chamada de sua resistência interna.	
Tensão terminal	$$V_a - V_b = \mathcal{E} - Ir$$ onde, na bateria, o sentido positivo é aquele de aumento do potencial.	25-16

TÓPICO	EQUAÇÕES RELEVANTES E OBSERVAÇÕES	
Energia total armazenada	$$E_{\text{armazenada}} = Q\mathcal{E}$$	25-18

7. Resistência Equivalente

Resistores em série	$$R_{\text{eq}} = R_1 + R_2 + R_3 + \ldots$$	25-20
Resistores em paralelo	$$\frac{1}{R_{\text{eq}}} = \frac{1}{R_1} + \frac{1}{R_1} + \frac{1}{R_3} + \ldots$$	25-25

8. Leis de Kirchhoff

1. Ao percorrer qualquer malha fechada, a soma algébrica das mudanças no potencial ao longo da malha deve ser igual a zero.
2. Em qualquer junção (ponto de ramificação) em um circuito onde a corrente pode ser dividida, a soma das correntes entrando na junção deve ser igual à soma das correntes que saem da junção.

9. Instrumentos de Medição

Amperímetro	Um amperímetro é um dispositivo com resistência muito pequena que é colocado em série com um elemento de circuito para medir a corrente no elemento.
Voltímetro	Um voltímetro é um dispositivo com uma resistência muito grande que é colocado em paralelo com um elemento de circuito para medir a diferença de potencial no elemento.
Ohmímetro	Um ohmímetro é um dispositivo contendo uma bateria conectada em série a um galvanômetro e a um resistor, que é usado para medir a resistência de um elemento de circuito colocado nos seus terminais.

10. Descarga de um Capacitor

Carga no capacitor	$$Q(t) = Q_0 e^{-t/(RC)} = Q_0 e^{-t/\tau}$$	25-35
Corrente no circuito	$$I = -\frac{dQ}{dt} = \frac{V_0}{R} e^{-t/(RC)} = I_0 e^{-t/\tau}$$	25-37
Constante de tempo	$$\tau = RC$$	25-36

11. Carga de um Capacitor

Carga no capacitor	$$Q = C\mathcal{E}[1 - e^{-t/(RC)}] = Q_{\text{f}}(1 - e^{-t/\tau})$$	25-40
Corrente no circuito	$$I = \frac{\mathcal{E}}{R} e^{-t/(RC)} = I_0 e^{-t/\tau}$$	25-41

Resposta da Checagem Conceitual

25-1   (*a*) A corrente é maior logo depois de a chave ser acionada, pois o filamento da lâmpada é um metal e está relativamente frio, logo sua resistência é menor do que quando a lâmpada já está acesa por um certo tempo. Menor resistência significa maior corrente. (*b*) A energia da bateria é fornecida, inicialmente, para o filamento a uma taxa maior do que o filamento relativamente frio libera calor. Depois de um tempo, a energia da bateria é fornecida ao filamento na mesma taxa que o filamento, agora aquecido, fornece calor. Nestas condições, a temperatura do filamento e, portanto, sua resistência, permanece constante.

Respostas dos Problemas Práticos

25-1	7,9 h
25-2	14 000
25-3	4,5 V
25-4	2,4 m
25-5	As faixas coloridas, de cima para baixo, são marrom, laranja, azul, vermelho e marrom. O valor da resistência é 13,6 kΩ e a tolerância é 1%.
25-6	(*a*) 45 W, (*b*) 270 J
25-7	(*a*) 6,0 Ω, (*b*) 1,3 Ω.
25-8	(*a*) $R'_{\text{eq}} = 2,0\ \Omega$; (*b*) $I = 9,0$ A; (*c*) $V_2 = 18$ V, $V_0 = 0$, $V_{12} = 0$; (*d*) $I_2 = 9,0$ A, $I_0 = 9,0$ A, $I_{12} = 0$
25-9	(*a*) 3,0 A, (*b*) 0,83 A
25-10	0,81 mA
25-12	0,86

Problemas

Em alguns problemas, você recebe mais dados do que necessita; em alguns outros, você deve acrescentar dados de seus conhecimentos gerais, fontes externas ou estimativas bem fundamentadas.

Interprete como significativos todos os algarismos de valores numéricos que possuem zeros em seqüência sem vírgulas decimais.

• Um só conceito, um só passo, relativamente simples
•• Nível intermediário, pode requerer síntese de conceitos
••• Desafiante, para estudantes avançados
Problemas consecutivos sombreados são problemas pareados.

PROBLEMAS CONCEITUAIS

1 • No nosso estudo sobre eletrostática, concluímos que não existe campo elétrico no interior do material de um condutor em equilíbrio eletrostático. Por que podemos discutir sobre campos elétricos no interior do material de condutores neste capítulo?

2 • A Figura 25-12 mostra um análogo mecânico de um circuito elétrico simples. Imagine outro análogo mecânico no qual a corrente é representada pelo fluxo de água no lugar de bolinhas. No circuito da água, qual seria o análogo à bateria? Qual seria o análogo do fio? Qual seria o análogo do resistor?

3 • Os fios A e B são, ambos, feitos de cobre. Os fios estão conectados em série e, portanto, sabemos que eles conduzem a mesma corrente. Entretanto, o diâmetro do fio A é o dobro do diâmetro de B. Qual fio tem a maior densidade de número de portadores de carga (número por unidade de carga)? (a) A, (b) B, (c) eles têm a mesma densidade de número de portadores de carga.

4 • Os diâmetros dos fios de cobre A e B são iguais. A corrente conduzida pelo fio A é o dobro da corrente conduzida pelo fio B. Em qual fio os portadores de carga têm a maior rapidez de deriva? (a) A, (b) B, (c) eles têm a mesma rapidez de deriva.

5 • A e B são fios idênticos de cobre. A corrente conduzida pelo fio A é o dobro da corrente conduzida pelo fio B. Qual fio tem a maior densidade de corrente? (a) A, (b) B, (c) eles têm a mesma densidade de corrente, (d) nenhuma das alternativas.

6 •• Considere um fio metálico cujas extremidades estão conectadas aos terminais de uma bateria. Seu amigo diz que a rapidez de deriva dos portadores de carga no fio é a mesma, não importa o comprimento do fio. Avalie a afirmação de seu amigo.

7 • Em um resistor, o sentido da corrente deve ser sempre "morro abaixo", isto é, no sentido de diminuição do potencial elétrico. Este também é o caso em uma bateria, o sentido da corrente também deve ser sempre "morro abaixo"? Explique sua resposta.

8 • Discuta a distinção entre uma fem e uma diferença de potencial.

9 • Os fios A e B são feitos do mesmo material e têm o mesmo comprimento. O diâmetro do fio A é o dobro do diâmetro do fio B. Se a resistência de B é R, então qual é a resistência de A? (Despreze quaisquer efeitos que a temperatura possa ter na resistência.) (a) R, (b) 2R, (c) R/2, (d) 4R, (e) R/4.

10 • Dois fios de cobre cilíndricos têm a mesma massa. O fio A tem o dobro do comprimento do fio B. (Despreze quaisquer efeitos que a temperatura possa ter na resistência.) Suas resistências estão relacionadas por (a) $R_A = 8R_B$, (b) $R_A = 4R_B$, (c) $R_A = 2R_B$, (d) $R_A = R_B$.

11 • Se a corrente em um resistor é I, a potência fornecida ao resistor é P. Se a corrente aumentar para 3I, qual será a potência fornecida, então, ao resistor? (Considere que a resistência do resistor não varie.) (a) P, (b) 3P, (c) P/3, (d) 9P, (e) P/9.

12 • Se a queda de potencial em um resistor é V, a potência fornecida ao resistor é P. Se queda de potencial aumentar para 2V, qual será a potência fornecida, então, ao resistor? (a) P, (b) 2P, (c) 4P, (d) P/2, (e) P/4.

13 • Um aquecedor consiste de um resistor variável (um resistor cuja resistência pode ser variada) conectado a uma fonte ideal de tensão. (Uma fonte ideal de tensão tem uma fem constante e uma resistência interna desprezível.) Para aumentar a saída de calor, você deve diminuir ou aumentar a resistência? Explique sua resposta.

14 • Um resistor tem uma resistência R_1 e outro resistor tem resistência R_2. Os resistores estão conectados em paralelo. Se $R_1 \gg R_2$, a resistência equivalente da combinação é aproximadamente igual a (a) R_1, (b) R_2, (c) 0, (d) infinito.

15 • Um resistor tem uma resistência R_1 e outro resistor tem resistência R_2. Os resistores estão conectados em série. Se $R_1 \gg R_2$, a resistência equivalente da combinação é aproximadamente igual a (a) R_1, (b) R_2, (c) 0, (d) infinito.

16 • Uma combinação em paralelo dos resistores A e B está conectada aos terminais de uma bateria. O resistor A tem o dobro da resistência do resistor B. Se a corrente conduzida pelo resistor A é I, então qual é a corrente conduzida pelo resistor B? (a) I, (b) 2I, (c) I/2, (d) 4I, (e) I/4.

17 • Uma combinação em série dos resistores A e B está conectada aos terminais de uma bateria. O resistor A tem o dobro da resistência do resistor B. Se a corrente conduzida pelo resistor A é I, então qual é a corrente conduzida pelo resistor B? (a) I, (b) 2I, (c) I/2, (d) 4I, (e) I/4.

18 • A lei das junções de Kirchhoff é considerada como uma conseqüência de (a) conservação de carga, (b) conservação de energia, (c) leis de Newton, (d) lei de Coulomb, (e) quantização de carga.

19 • Verdadeiro ou falso:
(a) Um voltímetro ideal tem resistência interna zero.
(b) Um amperímetro ideal tem resistência interna zero.
(c) Uma fonte ideal de tensão tem uma resistência interna zero.

20 • Antes de você e seus colegas realizarem um experimento, sua professora chama a atenção sobre segurança. Ela lembra que, para medir a tensão em um resistor, você conecta um voltímetro em paralelo com o resistor e que, para medir a corrente em um resistor, você coloca um amperímetro em série com ele. Ela também chama a atenção que a conexão de um voltímetro em série com um resistor não servirá para medir a tensão no resistor e que isto não causará qualquer dano ao circuito ou ao instrumento. Além disso, conectar um amperímetro em paralelo com um resistor não servirá para medir a corrente no resistor, mas isso pode causar danos significativos ao circuito e ao instrumento. Explique por que a conexão de um voltímetro em série a um resistor não causa danos, enquanto a conexão de um amperímetro em paralelo com um resistor pode causar danos significativos.

21 • O capacitor C na Figura 25-49 está inicialmente descarregado. Logo após o interruptor S ser fechado, (a) a tensão em C é igual a $\mathcal{E}$, (b) a tensão em R é $\mathcal{E}$, (c) a corrente no circuito é zero, (d) ambas as respostas (a) e (c) estão corretas.

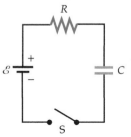

FIGURA 25-49 Problemas 21 e 24

22 •• Um capacitor está descarregando através de um resistor. Se levar um tempo T para que a carga no capacitor se reduza à metade do seu valor inicial, quanto tempo (em termos de T) levará para que a energia armazenada caia à metade de seu valor inicial?

23 •• Na Figura 25-50, os valores das resistências estão relacionadas como segue: $R_2 = R_3 = 2R_1$. Se a potência P é fornecida a R_1, qual é a potência fornecida a R_2 e a R_3?

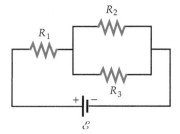

FIGURA 25-50
Problema 23

24 •• O capacitor na Figura 25-49 está inicialmente descarregado. A chave S está fechada e permanece fechada por um longo tempo. Durante este tempo, (a) a energia fornecida pela bateria é $\frac{1}{2}C\mathcal{E}^2$, (b) a energia dissipada no resistor é $\frac{1}{2}C\mathcal{E}^2$, (c) a energia no resistor é dissipada a uma taxa constante, (d) a carga total passando através do resistor é $\frac{1}{2}C\mathcal{E}^2$.

ESTIMATIVA E APROXIMAÇÃO

25 •• Não é uma boa idéia prender as extremidades de um clipe metálico de papel nas fendas retangulares de uma tomada elétrica doméstica. Explique por que fazendo uma estimativa do valor da corrente que o clipe de papel conduziria até que o fusível queimasse ou que o disjuntor caísse.

26 •• (a) Estime o valor da resistência de um cabo de bateria para automóveis. (b) Procure o valor da corrente necessária para ligar um carro típico. Nesta corrente, qual é a queda de potencial que ocorre no cabo de bateria? (c) Quanta potência é dissipada no campo quando ele conduz esta corrente?

27 •• **APLICAÇÃO EM ENGENHARIA, RICO EM CONTEXTO** Seu gerente deseja que você projete um novo aquecedor para água superisolado para o mercado residencial. Uma bobina de fio Nichrome deve ser usada como elemento aquecedor. Estime o valor necessário para o comprimento do fio. *Dica: Você precisará determinar o tamanho de um aquecedor típico de água e um tempo razoável para fornecer água quente.*

28 •• Uma lâmpada fluorescente compacta custa aproximadamente R$ 10,00 e tem um tempo de vida típico de 10 000 h. A lâmpada usa 20 W de potência, mas produz iluminação equivalente à de uma lâmpada incandescente de 75 W. Uma lâmpada incandescente custa aproximadamente R$ 2,70 e tem um tempo de vida típico de 1000 h. Sua família se pergunta se deveria comprar lâmpadas fluorescentes. Estime quanto dinheiro você economizaria a cada ano se usasse lâmpadas compactas fluorescentes no lugar de lâmpadas incandescentes.

29 •• **RICO EM CONTEXTO** Os fios em uma casa devem ter diâmetro grande o suficiente para não ficarem muito quentes a ponto de iniciarem um incêndio. Enquanto você trabalha para um construtor durante o verão, você se envolve na reforma de uma casa. O código de construção local exige que o aquecimento Joule dos fios usados nas casas não pode exceder 2,0 W/m. Estime o valor máximo do calibre do fio de cobre que você pode usar durante a reforma elétrica da casa com circuitos de 20 A.

30 •• Um laser de diodo usado para fazer uma ponteira laser é um elemento de circuito altamente não-linear. Seu comportamento está descrito a seguir. Para qualquer queda de tensão sobre ele que seja menor que aproximadamente 2,30 V, ele se comporta como se tivesse uma resistência interna infinita, mas, para tensões maiores que 2,30 V, ele tem uma resistência interna muito baixa — efetivamente zero. (a) Uma ponteira laser é feita colocando duas baterias de relógio de 1,55 V em série com o laser de diodo. Se as baterias têm, cada uma, uma resistência interna entre 1,00 Ω e 1,50 Ω, estime o valor da corrente no laser de diodo. (b) Aproximadamente metade da potência fornecida ao laser de diodo se transforma em energia de radiação. Usando este fato, estime o valor da potência do feixe de laser e compare seu valor com os valores típicos citados, de aproximadamente 3,00 mW. (c) Se cada bateria tem uma capacidade de 20,0 mA · h (isto é, elas podem fornecer uma corrente constante de 20,0 mA por aproximadamente 1 hora antes de descarregarem), estime por quanto tempo a ponteira poderá operar continuamente antes de ser necessária a substituição das baterias.

CORRENTE, DENSIDADE DE CORRENTE, RAPIDEZ DE DERIVA E O MOVIMENTO DAS CARGAS

31 • Um fio de cobre de calibre 10 conduz uma corrente igual a 20 A. Considerando que o cobre tenha um elétron livre por átomo, calcule a rapidez de deriva dos elétrons livres no fio.

32 •• Um fino anel não-condutor com raio a e densidade linear de carga λ gira com velocidade angular ω em torno de um eixo que passa pelo seu centro e é perpendicular ao plano do anel. Determine a corrente do anel.

33 •• Um pedaço de fio de cobre calibre 10 e um pedaço de fio de cobre calibre 14 estão soldados entre si nas duas extremidades. Os fios conduzem uma corrente de 15 A. (a) Se há um elétron livre para cada átomo de cobre em cada fio, determine a rapidez de deriva dos elétrons em cada fio. (b) Qual é a razão entre a magnitude da densidade de corrente no pedaço de fio de calibre 10 e a magnitude da densidade de corrente no pedaço de fio de calibre 14?

34 •• Um acelerador produz um feixe de prótons com uma seção circular de 2,0 mm de diâmetro e corrente de 1,0 mA. A densidade de corrente está uniformemente distribuída no feixe. A energia cinética de cada próton é 20 MeV. O feixe atinge um alvo metálico e é absorvido por ele. (a) Qual é a densidade do número de prótons no feixe? (b) Quantos prótons colidem no alvo a cada minuto? (c) Qual é a magnitude da densidade de corrente neste feixe?

35 •• Em um dos feixes que colidem em um *supercolisor* de prótons, os prótons estão se movendo com velocidades aproximadamente iguais à velocidade da luz e a corrente do feixe é 5,00 mA. A densidade de corrente está uniformemente distribuída no feixe. (a) Quantos prótons há por metro de comprimento do feixe? (b) Se a área da seção transversal do feixe é $1,00 \times 10^{-6}$ m², qual é a densidade do número de prótons? (c) Qual é a magnitude da densidade de corrente neste feixe?

36 •• **RICO EM CONTEXTO** O *vento solar* consiste em prótons vindo do Sol em direção à Terra (o vento é constituído, na verdade, por 95% de prótons). A densidade do número de prótons a uma distância do Sol igual ao raio da órbita da Terra é aproximadamente 7,0 prótons por centímetro cúbico. Sua equipe de pesquisa monitora um satélite que está em órbita em relação ao Sol a uma distância do Sol igual ao raio da órbita da Terra. Você está encarregado do *espectrômetro de massa* do satélite, um instrumento usado para medir a composição e a intensidade do vento solar. A abertura no seu espectrômetro é um círculo de raio igual a 25 cm. A taxa de coleção de prótons pelo espectrômetro é tal que constitui uma corrente medida de 85 nA. Qual é a rapidez dos prótons no vento solar? (Considere que eles entram na abertura com incidência normal.)

37 •• Um fio de ouro tem seção transversal com diâmetro de 0,10 mm. As extremidades deste fio estão conectadas aos terminais de uma bateria de 1,5 V. Se o comprimento do fio é 7,5 cm, quanto tempo, em média, é necessário para que os elétrons que saem do terminal negativo da bateria cheguem ao terminal positivo? Considere que a resistividade do ouro seja $2,44 \times 10^{-8}\ \Omega \cdot m$.

FIGURA 25-51
Problema 48

RESISTÊNCIA, RESISTIVIDADE E LEI DE OHM

Nota: Nesta seção, considere que os resistores sejam ôhmicos (resistência constante) a menos que seja dito o contrário.

38 • Um fio de 10 m de comprimento tem uma resistência igual a 0,20 Ω e conduz uma corrente igual a 5,0 A. (*a*) Qual é a diferença de potencial no comprimento total do fio? (*b*) Qual é a intensidade do campo elétrico no fio?

39 • Uma diferença de potencial de 100 V nos terminais de um resistor produz uma corrente de 3,00 A no resistor. (*a*) Qual é a resistência do resistor? (*b*) Qual é a corrente no resistor quando a diferença de potencial é apenas 25,0 V? (Considere que a resistência do resistor permaneça constante.)

40 • Um bloco de carbono tem 3,0 cm de comprimento e seção transversal quadrada cujos lados têm 0,50 cm de comprimento. Uma diferença de potencial de 8,4 V é mantida no seu comprimento. (*a*) Qual é a resistência do bloco? (*b*) Qual é a corrente neste resistor?

41 • Um fio de extensão consiste em um par de fios de cobre calibre 16 de 30 m de comprimento. Qual é a diferença de potencial que deve ser aplicada a um dos fios se ele deve conduzir uma corrente de 5,0 A?

42 • (*a*) Qual é o comprimento de um fio de cobre calibre 14 que tem resistência de 12,0 Ω? (*b*) Que corrente ele conduzirá se uma diferença de potencial de 120 V for aplicada em todo seu comprimento?

43 • Um cilindro de vidro de 1,00 cm de comprimento tem resistividade de $1,01 \times 10^{12}\ \Omega \cdot m$. Que comprimento de fio de cobre com a mesma área transversal terá a mesma resistência que o cilindro de vidro?

44 •• **APLICAÇÃO EM ENGENHARIA** Enquanto você está reformando sua garagem, você precisa emendar temporariamente um fio de cobre de 80 m de comprimento e 1,00 mm de diâmetro com um fio de alumínio de 49 m de comprimento, que tem o mesmo diâmetro. A corrente máxima nos fios é 2,00 A. (*a*) Determine a queda de potencial em cada fio deste sistema quando a corrente é 2,00 A. (*b*) Determine o campo elétrico em cada fio quando a corrente é 2,00 A.

45 •• Um fio de 1,00 m de comprimento tem resistência igual a 0,300 Ω. Um segundo fio, feito de material idêntico, tem comprimento de 2,00 m e massa igual à do primeiro fio. Qual é a resistência do segundo fio?

46 •• Um fio de cobre calibre 10 pode conduzir correntes de até 30,0 A. (*a*) Qual é a resistência de um fio de 100 m de comprimento do fio? (*b*) Qual é o campo elétrico no fio quando a corrente é 30,0 A? (*c*) Quanto tempo leva para que um elétron percorra 100 m no fio quando a corrente é 30,0 A?

47 •• Um cubo de cobre tem lados de 2,00 cm de comprimento. Se o cobre do cubo é usado para fazer um pedaço de fio de calibre 14, qual será a resistência do fio? Considere que a densidade do cobre não varia.

48 ••• Determine uma expressão para a resistência entre as extremidades do semi-anel mostrado na Figura 25-51. A resistividade do material que constitui o semi-anel é *ρ*. *Dica: Modele o semi-anel como uma combinação de um grande número de finos semi-anéis em paralelo. Considere que a corrente esteja uniformemente distribuída em uma seção transversal do semi-anel.*

49 ••• Considere um fio de comprimento *L* na forma de um cone truncado. O raio do fio varia com a distância *x* até a extremidade estreita de acordo com $r = a + [(b - a)/L]x$, onde $0 < x < L$. Deduza uma expressão para a resistência deste fio em termos de seu comprimento *L*, raio *a*, raio *b* e resistividade *ρ*. *Dica: Modele o fio como uma combinação em série de um grande número de discos finos. Considere que a corrente esteja uniformemente distribuída em uma seção transversal do cone.*

50 ••• O espaço entre duas cascas esféricas metálicas concêntricas é preenchido com um material que tem resistividade de $3,50 \times 10^{-5}\ \Omega \cdot m$. Se a casca metálica interna tem um raio externo de 1,50 cm e a casca metálica externa tem um raio interno de 5,00 cm, qual é a resistência entre os condutores? *Dica: Modele o material como uma combinação em série de um grande número de finas cascas esféricas.*

51 ••• O espaço entre dois cilindros metálicos coaxiais que têm o mesmo comprimento *L* é completamente preenchido com um material não-metálico que tem resistividade *ρ*. A casca metálica interna tem um raio externo *a* e a casca metálica externa tem um raio interno *b*. (*a*) Qual é a resistência entre os dois cilindros? *Dica: Modele o material como uma combinação em série de um grande número de finas cascas cilíndricas.* (*b*) Determine a corrente entre os dois cilindros metálicos se $\rho = 30,0\ \Omega \cdot m$, $a = 1,50$ cm, $b = 2,50$ cm, $L = 50,0$ cm e uma diferença de potencial de 10,0 V é mantida entre os dois cilindros.

DEPENDÊNCIA DA RESISTÊNCIA COM A TEMPERATURA

52 • Um bastão de tungstênio tem 50 cm de comprimento e uma seção transversal quadrada com lados de 1,0 mm. (*a*) Qual é sua resistência a 20°C? (*b*) Qual é sua resistência a 40°C?

53 • A que temperatura a resistência de um fio de cobre será 10% maior que sua resistência a 20°C?

54 •• **APLICAÇÃO EM ENGENHARIA** Você tem uma torradeira que usa fio de Nichrome como elemento aquecedor. Você precisa determinar a temperatura do fio de Nichrome em operação. Primeiramente você mede a resistência do elemento aquecedor a 20°C e encontra o valor de 80,0 Ω. Depois você mede a corrente imediatamente após ter ligado a torradeira na tomada — antes que a temperatura do fio aumente significativamente. Você descobre que esta corrente de partida é 8,70 A. Quando o elemento aquecedor atinge sua temperatura de operação, você determina que a corrente é 7,00 A. Use seus dados para determinar a temperatura máxima de operação do elemento aquecedor.

55 •• **APLICAÇÃO EM ENGENHARIA** Seu aquecedor elétrico tem um elemento aquecedor de Nichrome com resistência de 8,00 Ω a 20,0°C. Quando são aplicados 120 V, a corrente elétrica aquece o fio de Nichrome a 1000°C. (*a*) Qual é a corrente inicial no elemento aquecedor a 20°C? (*b*) Qual é a resistência do elemento aquecedor a 1000°C? (*c*) Qual é a potência de operação deste aquecedor?

56 •• Um resistor de Nichrome de 10,0 Ω é ligado em um circuito eletrônico usando finos fios de cobre com diâmetro de 0,600 mm. Os fios de cobre têm comprimento total de 50,0 cm. (*a*) Que resistência adicional é devida aos fios de cobre? (*b*) Que erro percentual na resistência total é gerado ao se desprezar a resistência dos fios de cobre? (*c*) Que variação na temperatura produziria uma variação na resistência do fio de Nichrome igual à resistência dos fios de cobre?

Considere que a seção do Nichrome seja a única para a qual a temperatura varia.

57 ••• Um fio com seção transversal de área A, comprimento L_1, resistividade ρ_1 e coeficiente de temperatura α_1, é conectado nas duas extremidades a um segundo fio que tem a mesma seção transversal, comprimento L_2, resistividade ρ_2 e coeficiente de temperatura α_2, de forma tal que os fios conduzem a mesma corrente. (a) Mostre que, se $\rho_1 L_1 \alpha_1 + \rho_2 L_2 \alpha_2 = 0$, então a resistência total é independente da temperatura para pequenas variações de temperatura. (b) Se um fio é feito de carbono e o outro é feito de cobre, determine a razão de seus comprimentos para a qual a resistência total seja aproximadamente independente da temperatura.

58 ••• A resistividade do tungstênio aumenta de forma aproximadamente linear com a temperatura de 56,0 n$\Omega \cdot$ m a 293 K para 1,10 $\mu\Omega \cdot$ m a 3500 K. Uma lâmpada recebe energia de uma fonte dc de 100 V. Sob estas condições de operação a temperatura do filamento de tungstênio é 2500 K, o comprimento do fio é igual a 5,00 cm e a potência fornecida ao filamento é 40 W. Estime (a) o valor da resistência do filamento e (b) o diâmetro do filamento.

59 ••• Uma lâmpada de 5,00 V usada em uma aula de eletrônica tem um filamento de carbono de comprimento igual a 3,00 cm e diâmetro de 40,0 μm. A temperaturas entre 500 K e 700 K, a resistividade do carbono usado para fazer pequenos filamentos de lâmpadas é aproximadamente 3,00 $\times$ 10^{-5} $\Omega \cdot$ m. (a) Considerando que a lâmpada é um radiador perfeito do tipo corpo negro, calcule a temperatura do filamento em condições de operação. (b) Uma preocupação em relação a lâmpadas com filamentos de carbono é que, diferentemente do caso de lâmpadas de tungstênio, a resistividade do carbono diminui com o aumento da temperatura. Explique por que este decréscimo na resistividade é uma preocupação.

ENERGIA EM CIRCUITOS ELÉTRICOS

60 • Um aquecedor de 1,00 kW é projetado para operar a 240 V. (a) Qual é a resistência do aquecedor e qual é a corrente nos fios que fornecem potência para o aquecedor? (b) Qual é a potência fornecida ao aquecedor se ele operar a 120 V? Considere que sua resistência permanece a mesma.

61 • Uma bateria tem fem de 12 V. Quanto trabalho ela realiza em 5,0 s se a corrente que ela entrega é 3,0 A?

62 • Uma bateria de automóvel tem uma fem de 12,0 V. Quando é fornecida potência para o motor de partida, a corrente na bateria é 20,0 A e a tensão terminal da bateria é 11,4 V. Qual é a resistência interna da bateria?

63 • (a) Quanta potência é fornecida pela bateria no Problema 62 devido às reações químicas no interior da bateria quando a corrente é 20 A? (b) Quanto desta potência é fornecida ao motor de partida quando a corrente na bateria é 20 A? (c) De quanto diminui a energia química da bateria se a corrente no motor de partida é 20 A durante 7,0 s? (d) Quanta energia é dissipada na bateria durante estes 7,0 segundos?

64 • Uma bateria com fem de 6,0 V e resistência interna de 0,30 Ω é conectada a um resistor variável com resistência R. Determine a corrente e a potência fornecida pela bateria quando R é (a) 0, (b) 5,0 Ω, (c) 10 Ω e (d) infinito.

65 •• **APLICAÇÃO EM ENGENHARIA, RICO EM CONTEXTO** Uma bateria de automóvel de 12,0 V que tem resistência interna desprezível pode fornecer uma carga total de 160 A $\cdot$ h. (a) Qual é a quantidade de energia armazenada na bateria? (b) Depois de estudar durante toda a noite para a prova de cálculo, você tenta ir de carro para a aula para fazer o teste. Entretanto, você descobre que a bateria de seu carro está "morta" porque você esqueceu de desligar os faróis! Considerando que a bateria era capaz de produzir corrente a uma taxa constante antes de ela morrer, por quanto tempo os faróis ficaram ligados? Considere que um par de faróis opera a uma potência de 150 W.

66 •• **APLICAÇÃO EM ENGENHARIA** A corrente medida em um circuito na casa de seu tio é 12,5 A. Neste circuito, o único equipamento que está ligado é um aquecedor de ambiente que está sendo utilizado para aquecer o banheiro. Um par de fios de cobre de calibre 12 conduz a corrente do painel de controle no porão até a tomada na parede do banheiro, a uma distância de 30,0 m. Você mede a tensão no painel e constata que ela é exatamente 120 V. Qual é a tensão na tomada da parede no banheiro ao qual o aquecedor está ligado?

67 •• **APLICAÇÃO EM ENGENHARIA** Um carro elétrico de baixo peso é alimentado por uma combinação em série de dez baterias de 12,0 V, cada uma com resistência interna desprezível. Cada bateria pode fornecer uma carga de 160 A $\cdot$ h antes de ser necessário recarregá-la. A uma rapidez de 80,0 km/h, a força média devida ao arraste do ar e ao atrito de rolamento é 1,20 kN. (a) Qual deve ser a potência mínima fornecida pelo motor elétrico se o carro viajar a uma rapidez de 80,0 km/h? (b) Qual é a carga total, em coulombs, que pode ser entregue pela combinação em série das dez baterias antes de ser necessária a recarga? (c) Qual é a energia elétrica total fornecida pelas dez baterias antes da recarga? (d) Qual é a distância que o carro viaja (a 80,0 km/h) antes de ser necessária a recarga? (e) Qual é o custo por quilômetro se o custo da recarga das baterias é nove centavos por quilowatt-hora?

68 ••• Um aquecedor de 100 W é projetado para operar com uma tensão aplicada de 120 V. (a) Qual é a resistência do aquecedor e qual é corrente que ele conduz? (b) Mostre que, se a diferença de potencial V no aquecedor varia por uma pequena quantidade ΔV, a potência P varia por uma pequena quantidade ΔP, onde $\Delta P/P \approx 2\Delta V/V$. *Dica: Aproxime as variações modelando-as como diferenciais e considere que a resistência é constante.* (c) Usando o resultado da Parte (b) determine a potência aproximada fornecida ao aquecedor se a diferença de potencial diminuir para 115 V. Compare seu resultado com a resposta exata.

COMBINAÇÕES DE RESISTORES

69 • Se a queda de potencial do ponto a ao ponto b (Figura 25-52) é 12,0 V, determine a corrente em cada resistor.

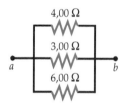

FIGURA 25-52 Problema 69

70 • Se a queda de potencial entre os pontos a e b (Figura 25-53) é 12,0 V, determine a corrente em cada resistor.

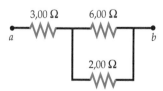

FIGURA 25-53 Problema 70

71 • (a) Mostre que a resistência equivalente entre os pontos a e b na Figura 25-54 é R. (b) Como a adição de um quinto resistor de resistência R entre os pontos c e d afeta a resistência equivalente entre os pontos a e b?

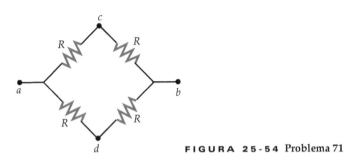

FIGURA 25-54 Problema 71

72 •• A bateria na Figura 25-55 tem resistência interna desprezível. Determine (*a*) a corrente em cada resistor e (*b*) a potência fornecida pela bateria.

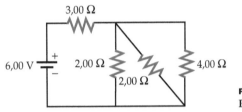

FIGURA 25-55 Problema 72

73 •• Uma fonte de potência de 5,00 V tem uma resistência interna de 50,0 Ω. Qual é o menor resistor que pode ser colocado em série com a fonte de potência para que a queda de potencial no resistor seja maior que 4,50 V?

74 •• **APLICAÇÃO EM ENGENHARIA** Você recebeu uma bateria desconhecida. Usando seu multímetro você observa que, quando um resistor de 5,00 Ω é conectado aos terminais da bateria, a corrente é de 0,500 A. Quando este resistor é substituído por um de 11,0 Ω, a corrente cai para 0,250 A. A partir destes dados, determine (*a*) a fem e (*b*) a resistência interna da bateria.

75 •• (*a*) Determine a resistência equivalente entre os pontos *a* e *b* na Figura 25-56. (*b*) Se a queda de potencial entre os pontos *a* e *b* é 12,0 V, determine a corrente em cada resistor.

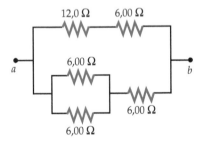

FIGURA 25-56 Problema 75

76 •• (*a*) Determine a resistência equivalente entre os pontos *a* e *b* na Figura 25-57. (*b*) Se a queda de potencial entre os pontos *a* e *b* é 12,0 V, determine a corrente em cada resistor.

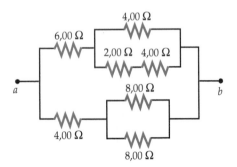

FIGURA 25-57 Problema 76

77 •• Um pedaço de fio tem resistência de 120 Ω. O fio é cortado em comprimentos iguais e, então, os pedaços são conectados em paralelo. A resistência do arranjo em paralelo é 1,88 Ω. Determine o número de pedaços nos quais o fio foi cortado.

78 •• Uma combinação em paralelo de um resistor de 8,00 Ω e um de valor de resistência desconhecida é conectada em série com um resistor de 16,0 Ω e uma bateria ideal. O circuito é desfeito e os três resistores, então, são conectados em série entre si e com a mesma bateria. Nos dois arranjos, a corrente no resistor de 8,00 Ω é a mesma. Qual é a resistência do resistor desconhecido?

79 •• Para o arranjo mostrado na Figura 25-58, seja R_{ab} a resistência equivalente entre os terminais *a* e *b*. Determine (*a*) R_3 tal que $R_{ab} = R_1$; (*b*) R_2 tal que $R_{ab} = R_3$; e (*c*) R_1 tal que $R_{ab} = R_1$.

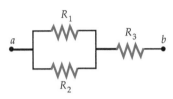

FIGURA 25-58 Problemas 79 e 80

80 •• Confira seus resultados para o Problema 79 usando os seguintes valores específicos: (*a*) $R_1 = 4,00$ Ω, $R_2 = 6,00$ Ω; (*b*) $R_1 = 4,00$ Ω, $R_3 = 3,00$ Ω; e (*c*) $R_2 = 6,00$ Ω, $R_3 = 3,00$ Ω.

LEIS DE KIRCHHOFF

Nota: **Apesar de os circuitos mais simples nesta seção poderem ser resolvidos usando conceitos de combinações de resistores equivalentes em série e em paralelo, o objetivo é adquirir prática sobre as leis de Kirchhoff. Use-as para resolver todos os problemas nesta seção.**

81 • Na Figura 25-59, a fem da bateria é 6,00 V e *R* é 0,500 Ω. A taxa de aquecimento Joule em *R* é 8,00 W. (*a*) Qual é a corrente no circuito? (*b*) Qual é a diferença de potencial em *R*? (*c*) Qual é a resistência *r*?

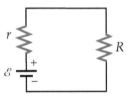

FIGURA 25-59 Problema 81

82 • As baterias no circuito da Figura 25-60 têm resistência interna desprezível. (*a*) Determine a corrente usando a lei das malhas de Kirchhoff. (*b*) Determine a potência entregue para ou fornecida por cada uma das baterias. (*c*) Determine a taxa de aquecimento Joule em cada resistor.

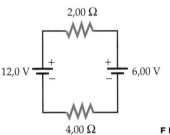

FIGURA 25-60 Problema 82

Corrente Elétrica e Circuitos de Corrente Contínua | 185

83 •• **APLICAÇÃO EM ENGENHARIA** A bateria de um carro velho, com fem $\mathcal{E}_1 = 11{,}4$ V e resistência interna de 50,0 m Ω, é conectada a um resistor de 2,00 Ω. Em uma tentativa de recarregar a bateria, você conecta uma segunda bateria com fem $\mathcal{E}_2 = 12{,}6$ V e resistência interna de 10,0 m Ω em paralelo com a primeira bateria e o resistor com um par de cabos para bateria. (a) Desenhe um diagrama do circuito. (b) Determine a corrente em cada ramo do circuito. (c) Determine a potência fornecida pela segunda bateria e discuta onde esta potência é entregue. Considere que as fems e as resistências internas de ambas as baterias permaneçam constantes.

84 •• No circuito da Figura 25-61, a leitura do amperímetro é a mesma quando ambos os interruptores estão abertos e quando ambos estão fechados. Qual é o valor da resistência desconhecida R?

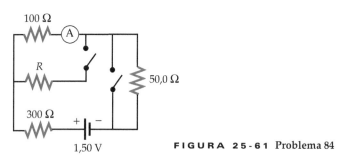

FIGURA 25-61 Problema 84

85 •• No circuito mostrado na Figura 25-62, as baterias têm resistências internas desprezíveis. Determine (a) a corrente em cada ramo do circuito, (b) a diferença de potencial entre os pontos a e b, e (c) a potência fornecida por cada bateria.

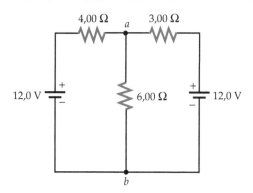

FIGURA 25-62 Problema 85

86 •• No circuito mostrado na Figura 25-63, as baterias têm resistências internas desprezíveis. Determine (a) a corrente em cada ramo do circuito, (b) a diferença de potencial entre os pontos a e b, e (c) a potência fornecida por cada bateria.

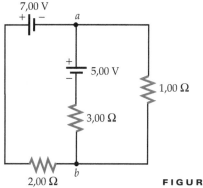

FIGURA 25-63 Problema 86

87 ••• Duas baterias idênticas, cada uma com fem $\mathcal{E}$ e resistência interna r, podem ser conectadas com uma resistência R com as baterias conectadas em série ou em paralelo. Em cada situação, determine explicitamente se a potência fornecida para R é maior quando R é menor que r ou quando R é maior que r.

88 •• **APLICAÇÃO EM ENGENHARIA** O fragmento de circuito mostrado na Figura 25-64 é chamado de *divisor de tensão*. (a) Se R_{carga} não está no circuito, mostre que $V_{saída} = VR_2/(R_1 + R_2)$. (b) Se $R_1 = R_2 = 10$ k Ω, qual é o menor valor de R_{carga} que pode ser usado para que $V_{saída}$ caia por menos de 10 por cento de seu valor sem carga? ($V_{saída}$ é medido em relação ao terra.)

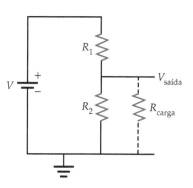

FIGURA 25-64 Problema 88

89 ••• Para o circuito mostrado na Figura 25-65, determine a diferença de potencial entre os pontos a e b.

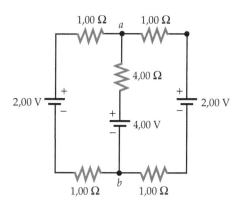

FIGURA 25-65 Problema 89

90 ••• Para o circuito mostrado na Figura 25-66, determine (a) a corrente em cada resistor, (b) a potência fornecida por cada fonte de fem e (c) a potência entregue a cada resistor.

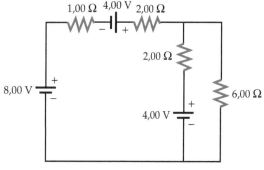

FIGURA 25-66 Problema 90

AMPERÍMETROS E VOLTÍMETROS

91 •• O voltímetro mostrado na Figura 25-67 pode ser modelado como um voltímetro ideal (um voltímetro que tem uma resistência interna infinita) em paralelo com um resistor de 10,0 MΩ. Calcule a leitura no voltímetro quando (a) $R = 1,00$ kΩ, (b) $R = 10,0$ kΩ, (c) $R = 1,00$ MΩ, (d) $R = 10,0$ MΩ, e (e) $R = 100$ MΩ. (f) Qual é o maior valor possível de R se a tensão medida deve estar dentro de 10 por cento da tensão *verdadeira* (isto é, a queda de tensão em R sem colocar o voltímetro)?

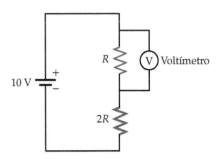

FIGURA 25-67 Problema 91

92 •• Você recebe um galvanômetro de Arsonval que sofrerá deflexão de fundo de escala se uma corrente de 50,0 μA passar por ele. Nesta corrente, há uma queda de tensão de 0,250 V no medidor. Qual é a resistência interna do galvanômetro?

93 •• Você recebe um galvanômetro de Arsonval que sofrerá deflexão de fundo de escala se uma corrente de 50,0 μA passar por ele. Nesta corrente, há uma queda de tensão de 0,250 V no medidor. Você deseja usar o galvanômetro para construir um amperímetro que pode medir correntes de até 100 mA. Mostre que isto pode ser feito colocando um resistor em paralelo com o medidor e determine o valor de sua resistência.

94 •• Você recebe um galvanômetro de Arsonval que sofrerá deflexão de fundo de escala se uma corrente de 50,0 μA passar por ele. Nesta corrente, há uma queda de tensão de 0,250 V no medidor. Você deseja usar o galvanômetro para construir um voltímetro que pode medir correntes de até 10,0 V. Mostre que isto pode ser feito colocando uma grande resistência em série com o movimento do medidor e determine a resistência necessária.

CIRCUITOS *RC*

95 • Para o circuito mostrado na Figura 25-68, $C = 6,00$ μF, $\mathcal{E} = 100$ V e $R = 500$ Ω. Depois de ter estado em contato com a por um longo tempo, o interruptor é girado para o contato b. (a) Qual é a carga na placa superior do capacitor logo após o movimento do interruptor para o contato a? (b) Qual é a corrente inicial logo após o movimento do interruptor para o contato a? (c) Qual é a constante de tempo deste circuito? (d) Quanta carga está na placa superior do capacitor 6,00 ms depois de o interruptor ser girado para o contato b?

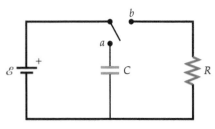

FIGURA 25-68 Problemas 95, 96 e 98

96 • Em $t = 0$ o interruptor na Figura 25-68 é girado para o contato b depois de ter estado no contato a por um longo tempo. (a) Determine a energia armazenada no capacitor depois de o interruptor ter sido girado para longe de a. (b) Determine a energia armazenada no capacitor como função do tempo. (c) Esboce um gráfico da energia armazenada no capacitor *versus* o tempo t.

97 •• No circuito da Figura 25-69, a fem é igual a 50,0 V e a capacitância é igual a 2,00 μF. A chave S é aberta depois de permanecer fechada por um longo tempo, e 4,00 s depois, a queda de tensão no resistor é 20,0 V. Determine a resistência do resistor.

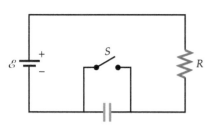

FIGURA 25-69 Problemas 97 e 99

98 •• Para o circuito mostrado na Figura 25-68, $C = 0,120$ μF e $\mathcal{E} = 100$ V. A chave é girada para o contato b depois de ter estado no contato a por um longo tempo, e 4,00 s depois, a diferença de potencial no capacitor é igual a $\frac{1}{2}\mathcal{E}$. Qual é o valor de R?

99 •• No circuito da Figura 25-69, a fem é igual a 6,00 V e a resistência interna é desprezível. A capacitância é igual a 1,50 μF e a resistência é igual a 2,00 MΩ. A chave S ficou fechada por um longo tempo. A chave S é aberta. Depois de um intervalo de tempo igual a uma constante de tempo do circuito, determine (a) a carga na placa da direita do capacitor, (b) a taxa na qual a carga está aumentando, (c) a corrente, (d) a potência fornecida pela bateria, (e) a potência entregue ao resistor e (f) a taxa na qual a energia armazenada no capacitor está aumentando.

100 •• Uma carga constante de 1,00 mC está na placa carregada positivamente do capacitor de 5,00 μF mostrado na Figura 25-70. Determine (a) a corrente na bateria e (b) as resistências R_1, R_2, R_3.

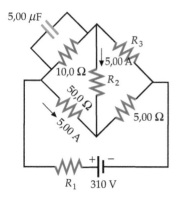

FIGURA 25-70 Problema 100

101 •• Mostre que a Equação 25-39 pode ser reescrita como $\dfrac{dQ}{\mathcal{E}C - Q} = \dfrac{dt}{RC}$. Integre esta equação para derivar a solução dada pela Equação 25-40.

102 •• A chave S mostrada na Figura 25-71 é fechada depois de ter permanecida aberta por um longo tempo. (*a*) Qual é o valor inicial da corrente na bateria logo após a chave S ter sido fechada? (*b*) Qual é a corrente na bateria depois de um longo tempo após a chave ter sido fechada? (*c*) Quais são as cargas nas placas dos capacitores depois de um longo tempo após a chave ter sido fechada? (*d*) A chave S é reaberta. Quais são as cargas nas placas dos capacitores depois de um longo tempo após a chave S ter sido reaberta?

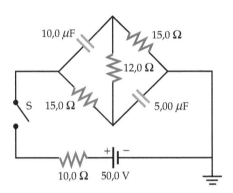

FIGURA 25-71 Problema 102

103 ••• Para o circuito mostrado na Figura 25-72, a chave S permaneceu aberta por um longo tempo. No instante $t = 0$, a chave é, então, fechada. (*a*) Qual é a corrente na bateria logo após a chave S ter sido fechada? (*b*) Qual é a corrente na bateria um longo tempo depois de a chave S ter sido fechada? (*c*) Qual é a corrente no resistor de 600 Ω como função do tempo?

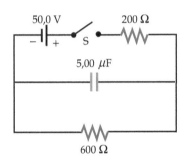

FIGURA 25-72 Problema 103

104 ••• Para o circuito mostrado na Figura 25-73, a chave S permaneceu aberta por um longo tempo. No instante $t = 0$ a chave é, então, fechada. (*a*) Qual é a corrente na bateria logo após a chave S ter sido fechada? (*b*) Qual é a corrente na bateria um longo tempo depois da chave S ter sido fechada? (*c*) A chave permaneceu fechada por um longo tempo. No tempo $t = 0$ a chave é, então, aberta. Determine a corrente no resistor de 600 kΩ como função do tempo.

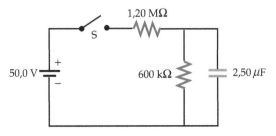

FIGURA 25-73 Problema 104

105 ••• No circuito mostrado na Figura 25-74, o capacitor tem capacitância de 2,50 μF e o resistor tem resistência de 0,500 MΩ. Antes de a chave ser fechada, a queda de potencial no capacitor é 12,0 V, como mostrado. A chave S é fechada em $t = 0$. (*a*) Qual é a corrente imediatamente depois de a chave S ter sido fechada? (*b*) Em que instante *t* a tensão no capacitor é 24,0 V?

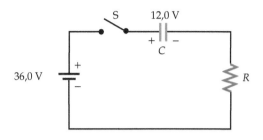

FIGURA 25-74 Problemas 105 e 106

106 ••• Repita o Problema 105 para o caso da polaridade inicial do capacitor ser oposta a mostrada na Figura 25-74.

PROBLEMAS GERAIS

107 •• Na Figura 25-75, $R_1 = 4,00$ Ω, $R_2 = 6,00$ Ω, $R_3 = 12,0$ Ω e a fem da bateria é 12,0 V. Sejam I_1, I_2 e I_3 as correntes nos resistores, respectivamente. (*a*) Decida qual das seguintes desigualdades vale para o circuito. Explique sua resposta conceitualmente. (1) $I_1 > I_2 > I_3$, (2) $I_2 = I_3$, (3) $I_3 > I_2$, (4) nenhuma das anteriores. (*b*) Para verificar que sua resposta para a Parte (*a*) está correta, calcule o valor das três correntes.

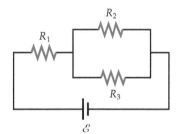

FIGURA 25-75 Problema 107

108 •• Uma lâmpada de 120 V e 25,0 W está conectada em série com uma lâmpada de 120 V e 100 W, e uma diferença de potencial de 120 V é aplicada à combinação. Considere que as lâmpadas tenham resistências constantes. (*a*) Qual lâmpada deveria ser mais brilhante nestas condições? Explique sua resposta conceitualmente. *Dica: O que significa "lâmpada de 25,0 W"? Isto é, sob que condições os 25 W de potência são entregues para a lâmpada?* (*b*) Determine a potência entregue a cada lâmpada sob estas condições. Seus resultados dão suporte à sua resposta para a Parte (*a*)?

109 •• O circuito mostrado na Figura 25-76 é uma *ponte de Wheatstone* e o resistor variável está sendo usado como um potenciômetro de fio deslizante. A resistência R_0 é conhecida. Esta "ponte" é usada para determinar o valor de uma resistência desconhecida R_x. As resistências R_1 e R_2 consistem em um fio de 1,00 m de comprimento. O ponto *a* é um contato deslizante que se move ao longo do fio para variar as resistências. A resistência R_1 é proporcional à distância da extremidade esquerda do fio (identificada como 0,00 cm) ao ponto *a*, e R_2 é proporcional à distância do ponto *a* até a extremidade direita do fio (identificada como 100 cm). A soma de R_1 e R_2 permanece constante. Quando os pontos a e b estão no mesmo potencial, não há corrente no galvanômetro e dizemos que a ponte está equilibrada. (Como o galvanômetro é usado para detectar a ausência de corrente, ele é chamado de *detector nulo*.) Se a resistência fixa R_0 = 200 Ω, determine o valor da resistência desconhecida R_x se (*a*) a ponte é equilibrada na marca de 18,0 cm, (*b*) a ponte é equilibrada na marca de 60,0 cm e (*c*) a ponte é equilibrada na marca 95,0 cm.

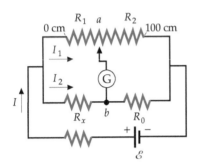

FIGURA 25-76 Problemas 109 e 110

110 •• Para a ponte de Wheatstone no Problema 109, suponha que o equilíbrio ocorra na marca de 98,0 cm. (*a*) Qual é o valor da resistência desconhecida? (*b*) Qual é o erro percentual no valor medido para R_x se há um erro de 2,00 mm na posição do ponto de equilíbrio? (*c*) De que valor R_0 deveria ser variado para que o ponto de equilíbrio para o resistor desconhecido ocorresse na vizinhança da marca de 50,0 cm? (*d*) Se o ponto de equilíbrio está na marca 50,0 cm, qual é o erro percentual no valor medido de R_x se há um erro de 2,00 mm na localização do ponto de equilíbrio?

111 •• Você está conduzindo um experimento que usa um acelerador que produz um feixe de prótons de 3,5 μA. Cada próton no feixe tem 60,0 MeV de energia cinética. Os prótons incidem e atingem o repouso no interior de um alvo de cobre de 50,0 g em uma câmara de vácuo. Você está preocupado que o alvo fique muito quente e provoque a fusão da solda em alguns fios que são cruciais para o experimento. (*a*) Determine o número de prótons que atinge o alvo por segundo. (*b*) Determine a quantidade de energia entregue ao alvo por segundo. (*c*) Determine quanto tempo passa antes que a temperatura do alvo aumente para 300°C. (Despreze qualquer calor liberado pelo alvo.)

112 •• A correia de um gerador de Van de Graaff conduz uma densidade superficial de carga de 5,00 mC/m². A correia tem 0,500 m de largura e se move a 20,0 m/s. (*a*) Qual a corrente conduzida pela correia? (*b*) Se o potencial da cúpula do gerador está 100 kV acima do terra, qual é a potência mínima necessária para que o motor conduza a correia?

113 •• **APLICAÇÃO EM ENGENHARIA** Grandes eletroímãs convencionais usam água gelada para prevenir aquecimento excessivo das bobinas. Um grande eletroímã de laboratório tem uma corrente de 100 A quando uma tensão de 240 V é aplicada aos terminais das bobinas energizadas. Para resfriá-las, água a uma temperatura inicial de 15°C circula pelas bobinas. Quantos litros de água devem circular pelas bobinas a cada segundo para que a temperatura não exceda 50°C?

114 ••• (*a*) Forneça argumentos favoráveis à declaração que um capacitor avariado (para o qual a resistência do dielétrico é finita) pode ser modelado como um capacitor com resistência infinita em paralelo com um resistor. (*b*) Mostre que a constante de tempo para descarga do capacitor é dada por $\tau = \kappa\mathcal{E}_0\rho$. (Por simplicidade, considere que o capacitor seja do tipo placas paralelas, completamente preenchido com um dielétrico avariado.) (*c*) A mica tem uma constante dielétrica igual a aproximadamente 5,0 e uma resistividade igual a aproximadamente $9,0 \times 10^{13}$ Ω · m. Calcule o tempo que leva para que a carga do capacitor preenchido com mica decresça para 10 por cento de seu valor inicial.

115 ••• **APLICAÇÃO EM ENGENHARIA** A Figura 25-77 mostra a base do circuito de varredura usado em um osciloscópio. A chave S é eletrônica e fecha sempre que o potencial nela aumenta para um valor V_c e abre quando o potencial nela cai para 0,200 V. A fem $\mathcal{E}$, que é muito maior que $V0_c$, carrega o capacitor C através de um resistor R_1. O resistor R_2 representa a resistência pequena, porém finita, da chave eletrônica. Em um circuito típico, $\mathcal{E}$ = 800 V, V_c = 4,20 V, R_2 = 1,00 mΩ, R_1 = 0,500 MΩ e C = 20,0 nF. (*a*) Qual é a constante de tempo para carga do capacitor C? (*b*) Mostre que, quando o potencial na chave S aumenta de 0,200 V para 4,20 V, o potencial no capacitor aumenta de forma praticamente linear com o tempo. *Dica: Use a aproximação $e^x \approx 1 + x$, para $|x| \ll 1$. (Esta aproximação para e^x pode ser obtida usando a aproximação diferencial.)* (*c*) Qual deveria ser a variação do valor de R_1 para que o capacitor carregasse de 0,200 V para 4,20 V em 0,100 s? (*d*) Quanto tempo passa durante a descarga do capacitor quando a chave S fecha? (*e*) Em que taxa média a energia é entregue ao resistor R_1 durante a carga e à resistência R_2 da chave durante a descarga?

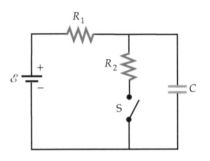

FIGURA 25-77
Problema 115

116 ••• No circuito mostrado na Figura 25-78, R_1 = 2,00 MΩ, R_2 = 5,00 MΩ, e C = 1,00 μF. O capacitor está inicialmente sem carga em ambas as placas. Em t = 0, a chave S é fechada e, em t = 2,00 s, a chave S é aberta. (*a*) Esboce um gráfico da tensão em C e da corrente em R_2 entre t = 0 e t = 10,0 s. (*b*) Determine a tensão no capacitor em t = 2,00 s e em t = 8,00 s.

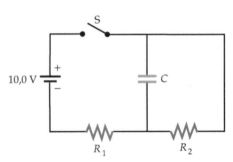

FIGURA 25-78 Problema 116

117 ••• Duas baterias com fems $\mathcal{E}_1$ e $\mathcal{E}_2$ e resistências internas r_1 e r_2, estão conectadas em paralelo. Prove que, se um resistor de resistência R é conectado em paralelo com a combinação, a resistência ótima (o valor de R para o qual a potência entregue é máxima) é dada por $R = r_1 r_2 / (r_1 + r_2)$.

118 ••• Os capacitores C_1 e C_2 estão conectados a um resistor de resistência R e a uma bateria ideal que tem tensão nos terminais V_0, como mostra a Figura 25-79. A chave S está inicialmente no contato a e ambos os capacitores estão descarregados. A chave é, então, girada para o contato b e deixada lá por um longo tempo. Finalmente, no instante t = 0, a chave retorna ao contato a. (*a*) Compare quantitativamente a energia total armazenada nos dois capacitores em t = 0 e em um longo tempo depois. (*b*) Determine a corrente através de R como uma função de t para t > 0. (*c*) Determine a energia entregue ao resistor como uma função de t para t > 0. (*d*) Determine a energia total dissipada no resistor depois de t = 0 e compare-a com a perda da energia armazenada determinada na Parte (*a*).

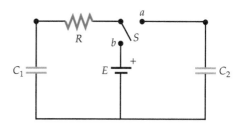

FIGURA 25-79 Problema 118

119 ••• (a) Calcule a resistência equivalente (em termos de R, a resistência de cada um dos resistores) entre os pontos a e b para a escada infinita de resistores mostrada na Figura 25-80, considerando que os resistores sejam idênticos. Isto é, considerando que $R = R_1 = R_2$. (b) Repita a Parte (a), mas não considere que $R_1 = R_2$, e expresse sua resposta em termos de R_1 e R_2. (c) Confira seus resultados mostrando que o resultado para a Parte (b) concorda com o da Parte (a) se você substituir R por R_1 e R_2.

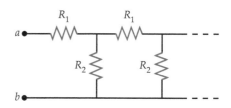

FIGURA 25-80 Problema 119

120 ••• Um gráfico da corrente como função da tensão para um diodo Esaki é mostrado na Figura 25-81. (a) Faça um gráfico da resistência diferencial do diodo como função da tensão. A resistência diferencial R_d de um elemento de circuito é definida como $R_d = dV/dI$, onde V é a queda de tensão no elemento e I é a corrente no elemento. (b) Em que valor da queda de tensão a resistência diferencial se torna negativa? (c) Qual é a resistência diferencial máxima para este diodo no intervalo mostrado e em que tensão ela ocorre? (d) Há algum lugar no intervalo de tensão mostrado onde o diodo exibe uma resistência diferencial igual a zero? Se há, em que valor(es) de tensão isto ocorre?

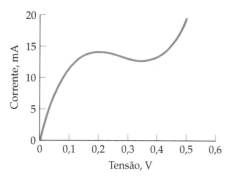

FIGURA 25-81 Problema 120

O Campo Magnético

26-1 A Força Exercida por um Campo Magnético
26-2 Movimento de uma Carga Puntiforme em um Campo Magnético
26-3 Torques em Anéis de Corrente e Ímãs
26-4 O Efeito Hall

CAPÍTULO 26

A AURORA BOREAL APARECE QUANDO O VENTO SOLAR, PARTÍCULAS CARREGADAS PRODUZIDAS POR REAÇÕES DE FUSÃO NUCLEAR NO SOL, É ATRAÍDO PELO CAMPO MAGNÉTICO DA TERRA.

Há mais de 2000 anos, os gregos já sabiam que certo tipo de pedra (agora conhecida como magnetita) atraía pedaços de ferro, e existem referências escritas, datadas do século XII, que descrevem o uso de ímãs para navegação.

Em 1269, Pierre de Maricourt descobriu que uma agulha disposta em várias posições sobre um ímã esférico natural orienta-se ao longo das linhas que passam através de pontos nas extremidades opostas da esfera. Ele chamou estes pontos de *pólos do ímã*. Depois disso, muitos experimentalistas observaram que cada ímã de qualquer formato tem dois pólos, chamados de pólo norte e pólo sul, onde a força exercida pelo ímã é máxima. Também foi observado que *pólos iguais* de dois ímãs se repelem e que pólos opostos se atraem.

Em 1600, William Gilbert descobriu que a Terra é um ímã natural que tem pólos magnéticos próximos aos pólos norte e sul geográficos. Como o pólo norte da agulha de uma bússola aponta para o pólo sul de um dado ímã, o que chamamos de pólo norte da Terra é, de fato, um pólo sul magnético, como ilustrado na Figura 26-1. Portanto, os pólos norte e sul de um ímã são citados, algumas vezes, como pólos que procuram o norte e que procuram o sul, respectivamente.

Apesar de as cargas elétricas e dos pólos magnéticos serem similares em muitos aspectos, há uma diferença importante: pólos magnéticos sempre ocorrem aos pares. Quando um ímã é quebrado ao meio, surgem pólos iguais e opostos em cada lado do ponto de quebra. O resultado é dois ímãs, cada um com um pólo norte e um pólo sul. Há muito tempo vem sendo especulada a existência de um pólo magnético isolado e, recentemente, um considerável esforço experimental tem sido feito para encontrar este objeto. Até agora não há evidências conclusivas de que existe um pólo magnético isolado.

Neste capítulo consideramos os efeitos de um dado campo magnético em cargas em movimento e em fios que conduzem correntes. As fontes de campos magnéticos são discutidas no próximo capítulo.

? Qual o efeito do campo magnético da Terra em partículas subatômicas? (Veja o Exemplo 26-1.)

26-1 A FORÇA EXERCIDA POR UM CAMPO MAGNÉTICO

A existência de um campo magnético $\vec{B}$ em algum ponto do espaço pode ser demonstrada usando uma bússola. Se há um campo magnético, a agulha se alinhará na direção e sentido do campo.*

Tem sido observado experimentalmente que, quando uma partícula de carga q e velocidade $\vec{v}$ está em uma região com um campo magnético $\vec{B}$, uma força é exercida na partícula e esta força é proporcional a q, v, B e ao seno do ângulo entre as direções de $\vec{v}$ e $\vec{B}$. Surpreendentemente, a força é perpendicular à velocidade e ao campo magnético. Estes resultados experimentais podem ser resumidos co-

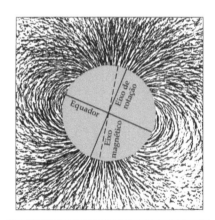

FIGURA 26-1 Linhas do campo magnético da Terra mostradas por limalha de ferro em torno de uma esfera uniformemente magnetizada. As linhas de campo saem do pólo norte magnético, que está próximo ao pólo sul geográfico, e entram no pólo sul magnético, que está próximo ao pólo norte geográfico.

---

* As agulhas de bússolas são suspensas de maneira a permanecerem na horizontal. Isto faz com que a agulha se alinhe na componente horizontal do campo magnético. Uma bússola com um ponto de suspensão sem restrições se alinharia no campo magnético.

192 | CAPÍTULO 26

mo: quando uma partícula de carga q e velocidade $\vec{v}$ está em uma região com um campo magnético $\vec{B}$, a força magnética $\vec{F}$ na partícula é

$$\vec{F} = q\vec{v} \times \vec{B} \quad \quad 26\text{-}1$$
FORÇA MAGNÉTICA EM UMA PARTÍCULA CARREGADA EM MOVIMENTO

Como $\vec{F}$ é perpendicular a $\vec{v}$ e a $\vec{B}$, $\vec{F}$ é perpendicular ao plano definido por estes dois vetores. A direção de $\vec{v} \times \vec{B}$ é dada pela regra da mão direita quando $\vec{v}$ é girado em direção a $\vec{B}$, como ilustrado na Figura 26-2. Se q é positivo, então $\vec{F}$ está no mesmo sentido de $\vec{v} \times \vec{B}$.

Exemplos da direção e sentido das forças exercidas em partículas carregadas em movimento quando um vetor campo magnético $\vec{B}$ está na direção vertical são mostrados na Figura 26-3.

A direção e sentido de qualquer campo magnético $\vec{B}$ em particular podem ser determinados experimentalmente medindo-se $\vec{F}$ e $\vec{v}$ para diferentes velocidades em diferentes direções e, então, aplicando a Equação 26-1.

A Equação 26-1 define o **campo magnético** $\vec{B}$ em termos da força exercida em uma partícula carregada em movimento. A unidade do campo magnético no SI é o **tesla** (T). Uma partícula que tem uma carga de um coulomb e está em movimento com uma velocidade de um metro por segundo perpendicular ao campo magnético de um tesla experimenta uma força de um Newton:

$$1\,\text{T} = 1\frac{\text{N}}{\text{C} \cdot \text{m/s}} = 1\,\text{N}/(\text{A} \cdot \text{m}) \quad \quad 26\text{-}2$$

CHECAGEM CONCEITUAL 26-1

A direção e o sentido de qualquer campo magnético $\vec{B}$ são especificados pela direção para a qual aponta o pólo norte da agulha de uma bússola quando ela está alinhada com o campo. Suponha que a direção do campo magnético $\vec{B}$ fosse, em vez disso, especificada pela direção para a qual aponta o pólo sul da agulha de uma bússola alinhada no campo. Neste caso, a regra da mão direita mostrada na Figura 26-2 daria a direção da força magnética na carga positiva em movimento ou seria necessária uma regra da mão esquerda? Explique sua resposta.

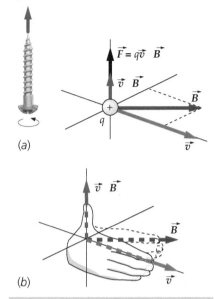

FIGURA 26-2 Regra da mão direita para determinar o sentido da força exercida em uma partícula carregada movendo-se em um campo magnético. Se q é positiva, então $\vec{F}$ está no mesmo sentido de $\vec{v} \times \vec{B}$. (a) O produto vetorial $\vec{v} \times \vec{B}$ é perpendicular a $\vec{v}$ e a $\vec{B}$ e está na direção e sentido do avanço do aperto de um parafuso se girado para levar $\vec{v}$ até $\vec{B}$. (b) Se os dedos da mão direita estão na direção de $\vec{v}$ e são dobrados em direção a $\vec{B}$, o polegar aponta na direção e sentido de $\vec{v} \times \vec{B}$.

CHECAGEM CONCEITUAL 26-2

A partícula na Figura 26-3(c) (a) está positivamente carregada, (b) está negativamente carregada, (c) pode estar carregada positiva ou negativamente. Explique sua resposta.

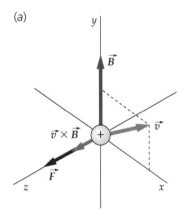 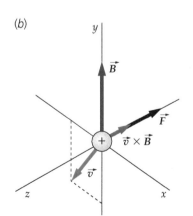 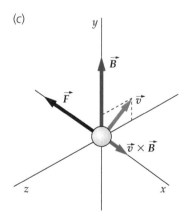

FIGURA 26-3 As partes (a) e (b) mostram a direção e o sentido da força magnética em uma partícula positivamente carregada movendo-se com velocidade $\vec{v}$ em um campo magnético $\vec{B}$. Na Checagem Conceitual 26-2, você deverá determinar o sinal da carga da partícula mostrada na parte (c) desta figura.

Assim como o farad, o tesla é uma unidade muito grande. A intensidade do campo magnético da Terra é um pouco menor que 10^{-4} T na superfície da Terra. As intensidades de campos magnéticos nas proximidades de ímãs permanentes potentes são de aproximadamente 0,1 T a 0,5 T, e eletroímãs potentes de laboratório ou industriais produzem campos de 1 T a 2 T. Campos maiores que 10 T são extremamente difíceis de produzir porque as forças magnéticas resultantes quebrarão ou esmagarão os ímãs. Uma unidade geralmente usada, derivada do sistema CGS, é o **gauss** (G), que está relacionado ao tesla da seguinte maneira:

$$1\,G = 10^{-4}\,T \qquad 26\text{-}3$$

DEFINIÇÃO — GAUSS

Como campos magnéticos são, muitas vezes, fornecidos em gauss, que não é uma unidade do SI, você precisa lembrar-se de converter de gauss para teslas para fazer os exercícios.

Exemplo 26-1 Força em um Próton Indo para o Norte

A intensidade do campo magnético da Terra é medida em um ponto na superfície, tem o valor de aproximadamente 0,6 G e está inclinado para baixo no hemisfério norte, fazendo um ângulo de aproximadamente 70° com a horizontal, como mostra a Figura 26-4. (O campo magnético da Terra varia para cada lugar. Estes dados são aproximadamente corretos para a região central dos Estados Unidos.) Um próton ($q = +e$) está se movendo horizontalmente em direção ao norte com rapidez $v = 1,0 \times 10^7$ m/s. Calcule a força magnética no próton (a) usando $F = qvB$ sen θ e (b) expressando $\vec{v}$ e $\vec{B}$ em termos dos vetores unitários $\hat{i}$, $\hat{j}$ e $\hat{k}$, e então calcule $\vec{F} = q\vec{v} \times \vec{B}$.

SITUAÇÃO Considere que as direções x e y representam o leste e o norte, respectivamente, e a direção z aponta verticalmente para cima (Figura 26-5). O vetor velocidade está, então, na direção $+y$.

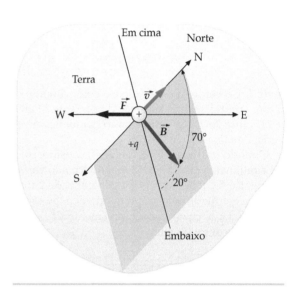

FIGURA 26-4

SOLUÇÃO

(a) Calcule $F = qvB$ sen θ usando $\theta = 70°$. Da Figura 26-4, vemos que a força aponta para o oeste.

$F = qvB$ sen $70°$
$= (1,6 \times 10^{-19}\,C)(10 \times 10^6\,m/s)(0,6 \times 10^{-4}\,T)(0,94)$
$= \boxed{9,0 \times 10^{-17}\,N}$

(b) 1. A força magnética é o produto vetorial de $q\vec{v}$ e $\vec{B}$:

$\vec{F} = q\vec{v} \times \vec{B}$

2. Expresse $\vec{v}$ e $\vec{B}$ em termos de suas componentes:

$\vec{v} = v_y \hat{j}$
$\vec{B} = B_y \hat{j} + B_z \hat{k}$

3. Escreva $\vec{F} = q\vec{v} \times \vec{B}$ em termos destas componentes:

$\vec{F} = q\vec{v} \times \vec{B} = q(v_y \hat{j}) \times (B_y \hat{j} + B_z \hat{k})$
$= qv_y B_y (\hat{j} \times \hat{j}) + qv_y B_z (\hat{j} \times \hat{k}) = qv_y B_z \hat{i}$

4. Calcule $\vec{F}$:

$\vec{F} = qv(-B\,\text{sen}\,\theta)\hat{i}$
$= -(1,6 \times 10^{-19}\,C)(10^7\,m/s)(0,6 \times 10^{-4}\,T)\text{sen}\,70°\,\hat{i}$
$= \boxed{-9,0 \times 10^{-17}\,N\hat{i}}$

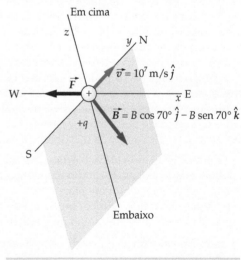

FIGURA 26-5

CHECAGEM O resultado da Parte (a) é igual ao módulo do resultado da Parte (b).

INDO ALÉM Observe que a direção de $\hat{i}$ é para o leste, logo a força está dirigida para o oeste, como mostra a Figura 26-5.

PROBLEMA PRÁTICO 26-1 Determine a força em um próton se movendo com velocidade $\vec{v} = 4 \times 10^6$ m/s $\hat{i}$ em um campo magnético $\vec{B} = 2,0$ T $\hat{k}$.

Quando um fio conduzindo corrente está em uma região onde existe um campo magnético, há uma força no fio que é igual à soma das forças magnéticas nos portadores individuais de carga no fio. A Figura 26-6 mostra um pequeno segmento de fio que tem seção transversal A, comprimento L e corrente I. Se o fio está em um campo magnético $\vec{B}$, a força magnética em cada carga é $q\vec{v}_d \times \vec{B}$, onde $\vec{v}_d$ é a velocidade de deriva dos portadores (a velocidade de deriva é a mesma que a velocidade média). O número de cargas no segmento de fio é o número n por unidade de volume multiplicado pelo volume AL. Portanto, a força total no segmento de fio é

$$\vec{F} = (q\vec{v}_d \times \vec{B})nAL$$

Da Equação 25-3, a corrente no fio é

$$I = nqv_d A$$

Assim, a força pode ser escrita como

$$\vec{F} = I\vec{L} \times \vec{B} \qquad 26\text{-}4$$

FORÇA MAGNÉTICA EM UM SEGMENTO RETILÍNEO DE UM FIO CONDUZINDO CORRENTE

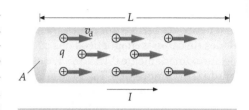

FIGURA 26-6 Segmento de fio com comprimento L que conduz uma corrente I. Se o fio está em um campo magnético $\vec{B}$, haverá uma força em cada portador de carga resultando em uma força no fio.

onde $\vec{L}$ é o vetor cujo módulo é o comprimento do segmento e cuja direção e sentido são os mesmos da corrente.* Para a corrente na direção $+x$ (Figura 26-7) e o vetor campo magnético no segmento no plano xy, a força no fio está na direção $+z$.

Quando usamos a Equação 26-4, consideramos que o segmento do fio é retilíneo e que o campo magnético não varia ao longo de seu comprimento. A equação pode ser generalizada para um fio de formato arbitrário em qualquer campo magnético. Se escolhemos um segmento de fio bastante curto, com comprimento $d\vec{\ell}$, e escrevemos a força neste segmento como $d\vec{F}$, temos

$$d\vec{F} = I\,d\vec{\ell} \times \vec{B} \qquad 26\text{-}5$$

FORÇA MAGNÉTICA EM UM ELEMENTO DE CORRENTE

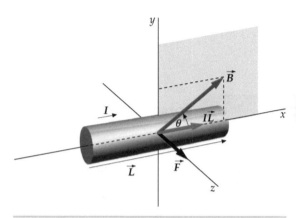

FIGURA 26-7 Força magnética em um segmento de fio conduzindo corrente em um campo magnético. A corrente está na direção x, o campo magnético está no plano xy e faz um ângulo θ com a direção $+x$. A força $\vec{F}$ está na direção $+z$, perpendicular a $\vec{B}$ e a $\vec{L}$ e tem magnitude $ILB\,\text{sen}\,\theta$.

onde $\vec{B}$ é o vetor campo magnético na posição do segmento. A quantidade $I\,d\vec{\ell}$ é chamada de **elemento de corrente**. Encontramos a força magnética total no fio conduzindo corrente somando (integrando) as forças magnéticas devidas a todos os elementos de corrente no fio. (Observe que a Equação 26-5 é a mesma que a Equação 26-1 com o elemento de corrente $I\,d\vec{\ell}$ substituindo $q\vec{v}$.)

Assim como o campo elétrico $\vec{E}$ pode ser representado por linhas de campo elétrico, o campo magnético $\vec{B}$ pode ser representado por **linhas de campo magnético**. Em ambos os casos, a direção do campo está indicada pela direção das linhas de campo e o módulo do campo é indicado pela densidade (número por unidade de área) das linhas na superfície perpendicular a elas. Há, entretanto, duas diferenças importantes entre linhas de campo elétrico e linhas de campo magnético:

1. As linhas de campo elétrico estão na direção da força elétrica sob uma carga positiva, mas as linhas de campo magnético são perpendiculares à força magnética sob uma carga em movimento.
2. As linhas de campo elétrico começam nas cargas positivas e terminam nas cargas negativas; as linhas de campo magnético nunca começam nem terminam.

A Figura 26-8 mostra as linhas de campo magnético no lado de dentro e no lado de fora de um ímã em barra.

> Não pense que as linhas de campo para o campo magnético de um ímã iniciam no pólo sul magnético e terminam no pólo norte magnético. Em realidade, elas nunca iniciam ou terminam. Em vez disso, elas entram em uma das extremidades do ímã e saem pela outra.

---

* Por direção e sentido da corrente queremos representar a direção e o sentido do vetor densidade de corrente $\vec{J}$.

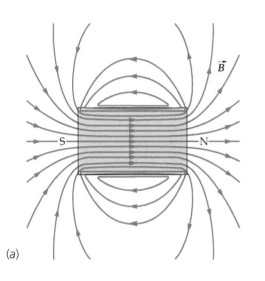
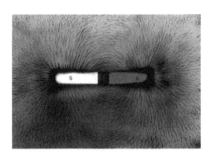

FIGURA 26-8 (a) Linhas de campo magnético no lado de dentro e no lado de fora de um ímã em barra. As linhas emergem do pólo norte e entram no pólo sul, mas elas não têm começo nem fim. Em vez disso, elas formam caminhos fechados. (b) Linhas de campo magnético no lado de fora de um ímã em barra, representadas por limalha de ferro. (Veja o Encarte em cores.)

Exemplo 26-2 — Força em um Fio Retilíneo

Um segmento de fio de 3,0 mm de comprimento conduz uma corrente de 3,0 A na direção $+x$. Ele está em um campo magnético de magnitude 0,020 T que está no plano xy e faz um ângulo de 30° com a direção $+x$, como mostrado na Figura 26-9. Qual é a força magnética exercida no segmento de fio?

SITUAÇÃO A força magnética está na direção de $\vec{L} \times \vec{B}$, a qual vemos, da Figura 26-9, que está na direção $+z$.

FIGURA 26-9

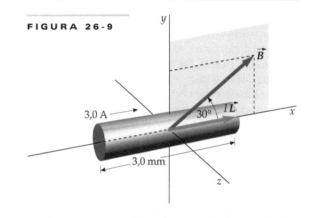

SOLUÇÃO
1. A força magnética é dada pela Equação 26-4:
$$\vec{F} = I\vec{L} \times \vec{B} = ILB \operatorname{sen} 30° \hat{k}$$
$$= (3{,}0 \text{ A})(0{,}0030 \text{ m})(0{,}020 \text{ T})(\operatorname{sen} 30°)\hat{k}$$
$$= \boxed{9{,}0 \times 10^{-5} \text{ N}\hat{k}}$$

CHECAGEM A força é perpendicular ao fio, como esperado.

Exemplo 26-3 — Força em um Fio Encurvado

Um fio formando um semicírculo de raio R está no plano xy. Ele conduz uma corrente I do ponto a ao ponto b, como mostra a Figura 26-10. Nesta região há um campo magnético uniforme $\vec{B} = B\hat{k}$ que é perpendicular ao plano do semicírculo. Determine a força magnética exercida na seção semicircular do fio.

FIGURA 26-10

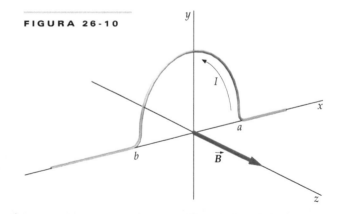

SITUAÇÃO A força magnética $d\vec{F}$ é exercida em um segmento do fio semicircular que está no plano xy, como mostra a Figura 26-11. Determinamos a força magnética total expressando as componentes x e y de $d\vec{F}$ em termos de θ e integrando-as separadamente desde $\theta = 0$ até $\theta = \pi$.

SOLUÇÃO
1. Escreva a força $d\vec{F}$ em um elemento de corrente $I\,d\vec{\ell}$.
$$d\vec{F} = I\,d\vec{\ell} \times \vec{B}$$

2. Expresse $d\vec{\ell}$ em termos dos vetores unitários $\hat{i}$ e $\hat{j}$:
$$d\vec{\ell} = -d\ell \operatorname{sen}\theta\,\hat{i} + d\ell \cos\theta\,\hat{j}$$

3. Calcule $I\,d\vec{\ell}$ usando $d\ell = R\,d\theta$ e $\vec{B} = B\hat{k}$:
$$d\vec{F} = I\,d\vec{\ell} \times \vec{B}$$
$$= I(-R\operatorname{sen}\theta\,d\theta\,\hat{i} + R\cos\theta\,d\theta\,\hat{j}) \times B\hat{k}$$
$$= IRB\operatorname{sen}\theta\,d\theta\,\hat{j} + IRB\cos\theta\,d\theta\,\hat{i}$$

4. Integre cada componente de $d\vec{F}$ desde $\theta = 0$ até $\theta = \pi$.
$$\vec{F} = \int d\vec{F} = IRB\hat{i}\int_0^\pi \cos\theta\,d\theta + IRB\hat{j}\int_0^\pi \operatorname{sen}\theta\,d\theta$$
$$= IRB\hat{i}(0) + IRB\hat{j}(2) = \boxed{2IRB\hat{j}}$$

CHECAGEM O resultado que a componente x de $\vec{F}$ é zero pode ser visto por simetria. Para a metade direita do semicírculo, $d\vec{F}$ aponta para a direita; para a metade esquerda, $d\vec{F}$ aponta para a esquerda.

INDO ALÉM A força resultante no fio semicircular é a mesma se o semicírculo fosse substituído por um segmento de linha reta de comprimento $2R$ conectando os pontos a e b. (Isto é um resultado geral que é derivado no Problema 26.)

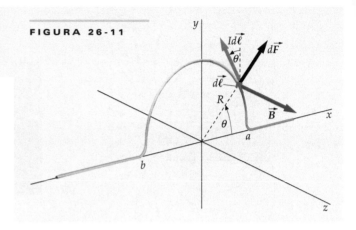

FIGURA 26-11

26-2 MOVIMENTO DE UMA CARGA PUNTIFORME EM UM CAMPO MAGNÉTICO

A força magnética em uma partícula carregada se movendo através de uma região com um campo magnético é sempre perpendicular à velocidade da partícula. A força magnética, portanto, varia a direção da velocidade, mas não o módulo da velocidade (a rapidez). Assim, *forças magnéticas não realizam trabalho nas partículas e não variam a energia cinética delas.*

No caso especial onde a velocidade de uma partícula carregada é perpendicular a um campo magnético uniforme, como mostrado na Figura 26-12, a partícula se move em uma órbita circular. A força magnética fornece a força centrípeta necessária para o movimento circular. Podemos usar a segunda lei de Newton para relacionar o raio do círculo ao campo magnético e à rapidez da partícula. Se a velocidade é $\vec{v}$, a força magnética em uma partícula que tem carga q é dada por $\vec{F} = q\vec{v} \times \vec{B}$. O módulo da força resultante é igual a qvB, pois $\vec{v}$ e $\vec{B}$ são perpendiculares. A segunda lei de Newton fornece

$$F = ma$$
$$qvB = m\frac{v^2}{r}$$

ou

$$r = \frac{mv}{qB} \qquad 26\text{-}6$$

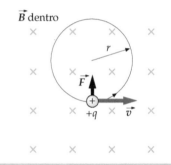

FIGURA 26-12 Partícula carregada se movendo em um plano perpendicular a um campo magnético uniforme. O campo magnético está entrando na página, como indicado pelas cruzes. (Cada cruz representa a extremidade traseira de uma flecha. Um campo para fora do plano da página seria indicado por pontos, cada um representando a ponta da flecha.) A força magnética é perpendicular à velocidade da partícula, fazendo com que ela se mova em uma órbita circular.

onde m é a massa da partícula.

O período do movimento circular é o tempo que leva a partícula para percorrer a circunferência do círculo uma vez. O período está relacionado à rapidez por

$$T = \frac{2\pi r}{v}$$

Substituindo $mv/(qB)$ por r (Equação 26-6), obtemos o período da órbita circular da partícula, que é chamado de **período de cíclotron**:

$$T = \frac{2\pi(mv/qB)}{v} = \frac{2\pi m}{qB} \qquad 26\text{-}7$$

PERÍODO DE CÍCLOTRON

A freqüência do movimento circular, chamada de **freqüência do cíclotron**, é o recíproco do período:

$$f = \frac{1}{T} = \frac{qB}{2\pi m} \quad \text{então} \quad \omega = 2\pi f = \frac{q}{m}B \qquad 26\text{-}8$$

FREQÜÊNCIA DE CÍCLOTRON

Observe que o período e a freqüência dados pelas Equações 26-7 e 26-8 dependem da razão carga sobre massa q/m, mas o período e a freqüência são independentes da

(a)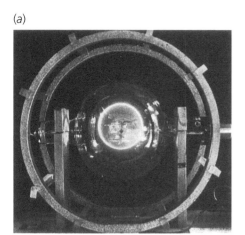
(b)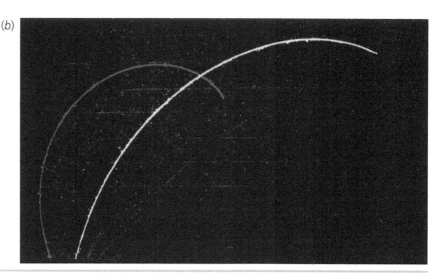

(a) Trajetória circular de elétrons se movendo no campo magnético produzido pela corrente em duas grandes bobinas. Os elétrons ionizam o gás disperso no tubo, provocando um clarão que indica a trajetória do feixe. (b) Fotografia com cores falsas mostrando as trajetórias de um próton de 1,6 MeV (vermelho) e uma partícula α de 7 MeV (amarelo) em uma câmara de bolhas. O raio da curva é proporcional à quantidade de movimento e inversamente proporcional à carga da partícula. Para estas energias, a quantidade de movimento da partícula α, que tem o dobro da carga do próton, é aproximadamente quatro vezes a do próton e, portanto, seu raio de curvatura é maior. ((a) *Larry Langrill*. (b) © *Lawrence Berkeley Laboratory/Science Photo Library*.) (Veja o Encarte em cores.)

velocidade v ou do raio r. Duas aplicações importantes do movimento circular de partículas carregadas em um campo magnético uniforme, o espectrômetro de massa e o cíclotron, são discutidas mais tarde nesta seção.

Exemplo 26-4 Período de Cíclotron

Um próton tem massa igual a $1,67 \times 10^{-27}$ kg, carga igual a $1,60 \times 10^{-19}$ C e se move em um círculo de raio $r = 21,0$ cm perpendicular a um campo magnético igual a 4000 G. Determine (a) a rapidez do próton e (b) o período de movimento.

SITUAÇÃO Aplique a segunda lei de Newton para determinar a rapidez e use distância igual à rapidez multiplicada pelo tempo para determinar o período.

SOLUÇÃO
(a) 1. Aplique a segunda lei de Newton ($F = ma$):

$$F = ma \Rightarrow qvB = m\frac{v^2}{r}$$

2. Calcule a rapidez:

$$v = \frac{rqB}{m} = \frac{(0,210 \text{ m})(1,60 \times 10^{-19} \text{ C})(0,400 \text{ T})}{1,67 \times 10^{-27} \text{ kg}}$$

$$= \boxed{8,05 \times 10^6 \text{ m/s} = 0,0268c}$$

(b) Use distância igual à rapidez multiplicada pelo tempo e resolva para o período:

$2\pi r = vT$

então

$$T = \frac{2\pi r}{v} = \frac{2\pi(0,210 \text{ m})}{(8,05 \times 10^6 \text{ m/s})} = 1,64 \times 10^7 \text{ s} = \boxed{164 \text{ ns}}$$

INDO ALÉM O raio da órbita circular é proporcional à rapidez, mas o período da órbita é independente da rapidez e do raio.

Considere que uma partícula carregada esteja em uma região que tem um campo magnético uniforme e está se movendo com uma velocidade que não é perpendicular a $\vec{B}$. Não há componente da força magnética e, portanto, não há componente de aceleração, paralela a $\vec{B}$, logo a componente da velocidade que é paralela a $\vec{B}$ permanece constante. A força magnética na partícula é perpendicular a $\vec{B}$, logo a variação no movimento da partícula devida a esta força é a mesma discutida anteriormente. A trajetória da partícula é, portanto, uma hélice, como mostra a Figura 26-13.

O movimento de partículas carregadas em campos magnéticos não-uniformes pode ser bastante complexo. A Figura 26-14 mostra uma *garrafa magnética*, uma interessante configuração de campo magnético na qual o campo é fraco no centro e intenso nas extremidades. Uma análise detalhada do movimento de uma partícula carregada em tal campo mostra que ela espirala em torno das linhas de campo e fica presa, oscilando para frente e para trás entre os pontos P_1 e P_2 na figura. Tais configurações de campo magnético são usadas para confinar feixes densos de partículas carregadas, chamados de plasmas, em pesquisa sobre fusão nuclear. Um fenômeno similar é a oscilação de íons para frente e para trás entre os pólos magnéticos da Terra nos cinturões de Van Allen (Figura 26-15).

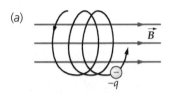

(a)

(b)

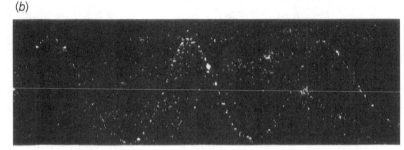

*O SELETOR DE VELOCIDADES

A força magnética em uma partícula carregada se movendo em um campo magnético uniforme pode ser equilibrada por uma força elétrica se as magnitudes e as direções do campo magnético e do campo elétrico forem escolhidas apropriadamente. Como a força elétrica está na direção e sentido do campo elétrico (para partículas com carga positiva) e a força magnética é perpendicular ao campo magnético, os campos elétrico e magnético na região através da qual a partícula está em movimento devem ser perpendiculares entre si para que as forças se equilibrem. Dizemos que, nesta região, temos **campos cruzados**.

A Figura 26-16 mostra uma região do espaço entre as placas de um capacitor onde há um campo elétrico e um campo magnético perpendicular (produzido por um ímã que tem um pólo de cada lado desta folha de papel). Considere uma partícula com carga q entrando neste espaço a partir da esquerda. A força resultante na partícula é

$$\vec{F} = q\vec{E} + q\vec{v} \times \vec{B}$$

FIGURA 26-13 (*a*) Quando uma partícula tem uma componente de velocidade paralela ao campo magnético, bem como uma componente de velocidade perpendicular ao campo, ela se move em uma trajetória helicoidal em torno das linhas de campo. (*b*) Fotografia de uma câmara contendo gás mostrando a trajetória helicoidal de um elétron se movendo em um campo magnético. A trajetória do elétron é visível graças à condensação de gotículas de água na câmara. (*Carl E. Nielson.*)

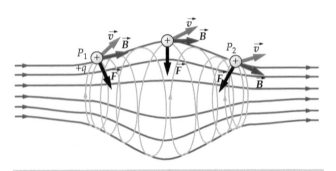

FIGURA 26-14 Garrafa magnética. Quando uma partícula carregada se move em um campo como este, que é mais intenso em ambas as extremidades e mais fraco no centro, ela fica presa e se move para frente e para trás, espiralando em volta das linhas de campo.

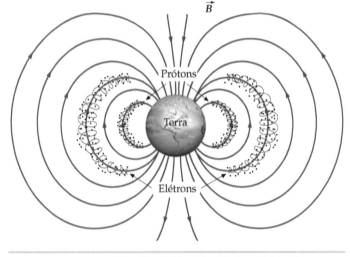

FIGURA 26-15 Cinturões de Van Allen. Prótons (cinturões internos) e elétrons (cinturões externos) são presos no campo magnético da Terra e espiralam em volta das linhas de campo entre os pólos norte e sul.

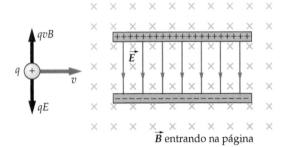

$\vec{B}$ entrando na página

FIGURA 26-16 Campos elétrico e magnético cruzados. Quando uma partícula com carga positiva se move para a direita, uma força elétrica para baixo e uma força magnética para cima são exercidas sobre ela. Estas forças se equilibram se a rapidez da partícula estiver relacionada às intensidades dos campos por $vB = E$.

Se q é positiva, a força elétrica, de módulo igual a qE, é para baixo e a força magnética, de módulo igual a qvB, é para cima. Se a carga é negativa, o sentido de cada força é o oposto. As duas forças entrarão em equilíbrio se $qE = qvB$, isto é, se

$$v = \frac{E}{B} \qquad 26\text{-}9$$

Para dadas magnitudes dos campos elétrico e magnético, as forças se equilibram apenas para partículas que tenham exatamente a rapidez dada pela Equação 26-9. Qualquer partícula que tenha esta rapidez, independentemente de sua massa ou carga, percorrerá o espaço sem sofrer deflexão. Uma partícula que tenha uma rapidez maior será defletida no sentido da força magnética, e uma partícula que tenha uma rapidez menor será defletida no sentido da força elétrica. Esta configuração de campos é, algumas vezes, chamada de **seletor de velocidades**, que é um dispositivo que permite que apenas partículas com a rapidez especificada pela Equação 26-9 passem.

> **PROBLEMA PRÁTICO 26-2**
>
> Um próton está se movendo na direção $+x$ em uma região de campos cruzados onde $\vec{E} = 2,00 \times 10^5 \, \text{N/C} \, \hat{k}$ e $\vec{B} = 0,300 \, \text{T} \, \hat{j}$. (a) Qual é a rapidez do próton se ele não é defletido? (b) Se o próton se move com o dobro desta rapidez, ele será defletido em que direção e sentido?

*MEDIDA DE THOMSON PARA q/m PARA ELÉTRONS

Um exemplo do uso de campos elétricos e magnéticos cruzados é o famoso experimento realizado por J. J. Thomson em 1897 onde ele mostrou que os raios de um tubo de raios catódicos podem ser defletidos por campos elétricos e magnéticos, indicando que eles devem ser constituídos de partículas carregadas. Medindo as deflexões destas partículas, Thomson mostrou que todas elas tinham a mesma razão carga sobre massa, q/m. Ele também mostrou que as partículas que têm esta razão carga sobre massa podem ser obtidas usando qualquer material como fonte, o que significa que estas partículas, agora chamadas de elétrons, são um constituinte fundamental de toda a matéria.

A Figura 26-17 mostra um diagrama esquemático do tubo de raios catódicos utilizado por Thomson. Elétrons são emitidos do catodo C, que está em um potencial negativo em relação ao potencial nas fendas A e B. Um campo elétrico no sentido de A para C acelera os elétrons e alguns passam pelas fendas A e B entrando em uma região livre de campo. Os elétrons, então, entram no campo elétrico entre as placas D e F do capacitor, o qual é perpendicular à velocidade dos elétrons. Este campo acelera os elétrons verticalmente por um curto intervalo de tempo, enquanto eles estiverem entre as placas. Os elétrons são defletidos e colidem com a tela fosforescente S a uma grande distância à direita no tubo, com certa deflexão Δy em relação ao ponto no qual eles colidiriam se não houvesse campo elétrico entre as placas. A tela brilha no ponto onde os elétrons colidem, indicando a localização do feixe. A rapidez dos elétrons v_0 é determinada introduzindo um campo magnético $\vec{B}$ entre as placas em uma direção e sentido tais que o campo seja perpendicular ao campo elétrico e à velocidade inicial dos elétrons. A intensidade de $\vec{B}$ é ajustada até que não haja deflexão do feixe. A rapidez é, então, determinada pela Equação 26-9.

Com o campo magnético desligado, o feixe sofre uma deflexão Δy, que consiste em duas partes: a deflexão Δy_1, que ocorre enquanto os elétrons estão entre as placas, e a deflexão Δy_2, que ocorre depois que os elétrons saem da região entre as placas (Figura 26-18).

Seja x_1 a distância horizontal das placas de deflexão D e F. Se o elétron está se movendo horizontalmente com

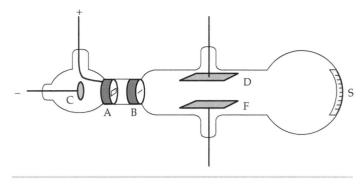

FIGURA 26-17 Tubo de Thomson para medida de q/m para as partículas dos raios catódicos (elétrons). Elétrons do catodo C passam através das fendas em A e B e colidem na tela fosforescente S. O feixe pode ser defletido por um campo elétrico entre as placas D e F ou por um campo magnético (não mostrado).

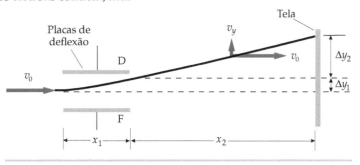

FIGURA 26-18 A deflexão total do feixe nos experimentos de J. J. Thomson consiste na deflexão Δy_1 enquanto os elétrons estão entre as placas, mais a deflexão Δy_2 que ocorre na região sem campo, desde as placas até a tela.

200 | CAPÍTULO 26

velocidade v_0 quando entra na região entre as placas, o tempo de viagem entre elas é $t_1 = x_1/v_0$ e a velocidade vertical quando ele deixa as placas é

$$v_y = a_y t_1 = \frac{qE_y}{m}t_1 = \frac{qE_y}{m}\frac{x_1}{v_0}$$

onde E_y é a componente para cima do campo elétrico entre as placas. A deflexão nesta região é

$$\Delta y_1 = \frac{1}{2}a_y t_1^2 = \frac{1}{2}\frac{qE_y}{m}\left(\frac{x_1}{v_0}\right)^2$$

O elétron viaja, a seguir, uma distância horizontal adicional x_2 na região livre de campo, desde as placas até a tela. Como a velocidade do elétron é constante nesta região, o tempo para atingir a tela é $t_2 = x_2/v_0$, e a deflexão vertical adicional é

$$\Delta y_2 = v_y t_2 = \frac{qE_y}{m}\frac{x_1}{v_0}\frac{x_2}{v_0}$$

A deflexão total na tela é, portanto,

$$\Delta y = \Delta y_1 + \Delta y_2 = \frac{1}{2}\frac{qE_y}{mv_0^2}x_1^2 + \frac{qE_y}{mv_0^2}x_1 x_2 \qquad\qquad 26\text{-}10$$

A deflexão medida Δy pode ser usada para determinar a razão carga sobre massa, q/m, com a Equação 26-10.

Exemplo 26-5 — Deflexão de um Feixe de Elétrons

Elétrons passam sem deflexão entre as placas do dispositivo de Thomson quando o campo elétrico é 3000 V/m e há um campo magnético cruzado de 0,140 mT. Se as placas têm 4,00 cm de comprimento e as extremidades das placas estão a 30,0 cm da tela, determine a deflexão na tela quando o campo magnético é desligado.

SITUAÇÃO A massa e a carga do elétron são conhecidas: $m = 9,11 \times 10^{-31}$ kg e $q = -e = -1,60 \times 10^{-19}$ C. A rapidez do elétron pode ser determinada a partir da razão entre os campos magnético e elétrico.

SOLUÇÃO

1. A deflexão total do elétron é dada pela Equação 26-10:

$$\Delta y = \Delta y_1 + \Delta y_2 = \frac{1}{2}\frac{qE_y}{mv_0^2}x_1^2 + \frac{qE_y}{mv_0^2}x_1 x_2$$

2. A rapidez v_0 é igual a E/B:

$$v_0 = \frac{E}{B} = \frac{3000 \text{ V/m}}{1,40 \times 10^{-4}\text{ T}} = 2,14 \times 10^7 \text{ m/s}$$

3. Substitua o valor para v_0 determinado no passo 2, o valor dado para E e os valores conhecidos para m e q na Equação 26-10 para determinar Δy:

$$\Delta y_1 = \frac{1}{2}\frac{(-1,60 \times 10^{-19}\text{ C})(-3000 \text{ V/m})}{(9,11 \times 10^{-31}\text{ kg})(2,14 \times 10^7\text{ m/s})^2}(0,0400 \text{ m})^2$$
$$= 9,20 \times 10^{-4} \text{ m}$$

$$\Delta y_2 = \frac{(-1,60 \times 10^{-19}\text{ C})(-3000 \text{ V/m})}{(9,11 \times 10^{-31}\text{ kg})(2,14 \times 10^7\text{ m/s})^2}(0,0400 \text{ m})(0,300 \text{ m})$$
$$= 1,38 \times 10^{-2} \text{ m}$$

$$\Delta y = \Delta y_1 + \Delta y_2$$
$$= 9,20 \times 10^{-4} \text{ m} + 1,38 \times 10^{-2} \text{ m}$$
$$= 0,92 \text{ mm} + 13,8 \text{ mm} = \boxed{14,7 \text{ mm}}$$

CHECAGEM Como esperado, Δy_2 é uma ordem de magnitude maior que Δy_1. Isto é esperado porque a distância das placas até a tela é uma ordem de magnitude maior que o comprimento das placas.

---

*O ESPECTRÔMETRO DE MASSA

O **espectrômetro de massa**, projetado originalmente por Francis William Aston em 1919, foi desenvolvido com o objetivo de medir as massas de isótopos. Tais medidas são importantes para determinar a presença de isótopos e sua abundância na natureza. Na Terra, por exemplo, foi observado que o magnésio natural consiste em 78,7 por cento de ^{24}Mg, 10,1 por cento de ^{25}Mg e 11,2 por cento de ^{26}Mg. Estes isótopos têm massas na razão aproximada de 24:25:26.

A Figura 26-19 mostra um desenho esquemático simples de um espectrômetro de massa. Íons positivos são formados bombardeando átomos com raios X ou com um feixe de elétrons. (Elétrons são arrancados dos átomos pelos raios X ou pelos elétrons incidentes, formando íons positivos.) Os íons são acelerados por um campo elétrico e entram em um campo magnético uniforme. Se os íons positivos partem do repouso e se movem através de uma diferença de potencial ΔV, a energia cinética dos íons quando entram no campo magnético é igual à perda de energia potencial $q|\Delta V|$:

$$\tfrac{1}{2}mv^2 = q|\Delta V| \qquad 26\text{-}11$$

Os íons se movem em um semicírculo de raio r dado pela Equação 26-6, $r = mv/qB$, e colidem com uma placa fotográfica no ponto P_2 a uma distância $2r$ do ponto P_1 onde os íons entram no campo magnético.

A rapidez v pode ser eliminada das Equações 26-6 e 26-11 para determinar m/q em termos das quantidades conhecidas V, B e r. Primeiramente, resolvemos a Equação 26-6 para v e elevamos ambos os termos ao quadrado, o que fornece

$$v^2 = \frac{r^2 q^2 B^2}{m^2}$$

Substituindo esta expressão para v^2 na Equação 26-11, obtemos

$$\frac{1}{2}m\left(\frac{r^2 q^2 B^2}{m^2}\right) = q|\Delta V|$$

Simplificando esta equação e resolvendo para m/q, obtemos

$$\frac{m}{q} = \frac{B^2 r^2}{2|\Delta V|} \qquad 26\text{-}12$$

No espectrômetro original de Aston, as diferenças de massa podiam ser medidas com uma precisão de aproximadamente 1 parte em 10.000. A precisão foi melhorada pela introdução de um seletor de velocidades entre a fonte de íons e o ímã, o que aumentou o grau de acuracidade com o qual as velocidades dos íons incidentes podem ser determinadas.

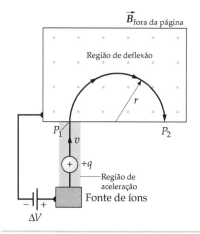

FIGURA 26-19 Desenho esquemático de um espectrômetro de massa. Íons positivos de uma fonte são acelerados através de uma diferença de potencial ΔV e entram em um campo magnético uniforme em P_1. O campo magnético é para fora do plano da página, como indicado pelos pontos. Os íons são desviados em um arco circular e emergem em P_2. O raio r do círculo varia com a massa do íon.

Exemplo 26-6   Separando Isótopos de Níquel

Um íon de ^{58}Ni com carga igual a $+e$ e massa igual a $9{,}62 \times 10^{-26}$ kg é acelerado através de uma diferença de potencial de 3,00 kV e defletido em um campo magnético de 0,120 T. (a) Determine o raio de curvatura da órbita do íon. (b) Determine a diferença nos raios de curvatura dos íons ^{58}Ni e ^{60}Ni. (Considere que a razão entre as massas seja 58:60.)

SITUAÇÃO O raio de curvatura r pode ser encontrado usando a Equação 26-12. Usando a dependência de r com a massa, podemos determinar o raio de curvatura para a órbita dos íons ^{60}Ni a partir do raio de curvatura para a órbita dos íons ^{58}Ni e, então, calcular a diferença entre os dois raios.

SOLUÇÃO

(a) Calcule a Equação 26-12 para r:

$$r = \sqrt{\frac{2m|\Delta V|}{qB^2}} = \left[\frac{2(9{,}62 \times 10^{-26}\text{ kg})(3000\text{ V})}{(1{,}60 \times 10^{-19}\text{ C})(0{,}120\text{ T})^2}\right]^{1/2}$$

$$= \boxed{0{,}501\text{ m}}$$

(b) 1. Sejam r_1 e r_2 os raios das órbitas dos íons ^{58}Ni e ^{60}Ni, respectivamente. Use o resultado da Parte (a) para determinar a razão entre r_2 e r_1:

$$\frac{r_2}{r_1} = \sqrt{\frac{m_2}{m_1}} = \sqrt{\frac{60}{58}} = 1{,}017$$

2. Use o resultado do passo anterior para calcular r_2 para ^{60}Ni:

$$r_2 = 1{,}017 r_1 = (1{,}017)(0{,}501\text{ m}) = 0{,}510\text{ m}$$

3. A diferença dos raios das órbitas é $r_2 - r_1$:

$$r_2 - r_1 = 0{,}510\text{ m} - 0{,}501\text{ m} = \boxed{9\text{ mm}}$$

CHECAGEM A diferença dos raios das órbitas é menor que 2 por cento do raio de curvatura de cada órbita. Este resultado é esperado para dois íons cujas massas diferem por menos de 4 por cento.

O CÍCLOTRON

O cíclotron foi inventado por E. O. Lawrence e M. S. Livingston em 1934 para acelerar partículas, tais como prótons e dêuterons, até altos valores de energia cinética.* As partículas de alta energia são usadas para bombardear núcleos atômicos, provocando reações nucleares que são, então, estudadas para obter informações sobre núcleos. Prótons e dêuterons de alta energia também são usados para produção de material radioativo e para aplicações médicas.

A Figura 26-20 é um desenho esquemático de um cíclotron. As partículas se movem em dois semicírculos metálicos chamados de ds (pois eles têm a forma da letra "D"). Os ds são encapsulados em uma câmara em vácuo que está em uma região com um campo magnético uniforme gerado por um eletroímã. A região na qual as partículas se movem deve estar em vácuo para que elas não sofram espalhamento através de colisões com moléculas de ar. Uma diferença de potencial ΔV, que varia no tempo com um período T, é mantida entre os ds. O período é escolhido como sendo o período de cíclotron $T = 2\pi m/(qB)$ (Equação 26-7). A diferença de potencial cria um campo elétrico no espaçamento entre os ds. Ao mesmo tempo, não há campo elétrico em cada d, pois eles são metálicos e atuam como blindagens.

Partículas carregadas positivamente são inicialmente injetadas em D_1 com uma pequena velocidade a partir de uma fonte de íons S próxima ao centro dos ds. Elas se movem em um semicírculo em D_1 e chegam ao espaçamento entre D_1 e D_2 depois de um tempo $\frac{1}{2}T$. O potencial é ajustado de forma tal que D_1 está a um potencial maior que D_2 quando as partículas chegam ao espaçamento entre eles. Cada partícula é, então, acelerada no espaçamento pelo campo elétrico e ganha energia cinética igual a $q\,\Delta V$.

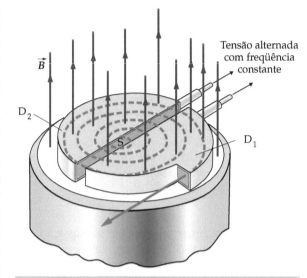

FIGURA 26-20 Desenho esquemático de um cíclotron. A face do pólo superior do ímã foi omitida. Partículas carregadas, tais como prótons, são aceleradas, a partir de uma fonte S central, por uma diferença de potencial através do espaçamento entre os ds. Quando as partículas chegam ao intervalo novamente, a diferença de potencial mudou de sinal e, então, elas são novamente aceleradas no intervalo e se movem em um círculo maior. A diferença de potencial entre os intervalos se alterna com a freqüência de cíclotron da partícula, que é independente do raio do círculo.

Como a partícula agora tem mais energia cinética, ela se move em um semicírculo de raio maior em D_2. Ela chega ao espaçamento novamente depois de um tempo $\frac{1}{2}T$, pois o período é independente da rapidez da partícula. Desta vez, a diferença de potencial entre os ds sofreu uma reversão e D_2 agora está em um potencial maior. Mais uma vez a partícula é acelerada através do espaçamento e ganha uma energia cinética adicional igual a $q\,\Delta V$. Cada vez que ela chega ao espaçamento, ela é acelerada e ganha energia cinética igual a $q\,\Delta V$. Assim, a partícula se move em órbitas semicirculares com raios cada vez maiores até que, finalmente, deixa a região do campo magnético. Em um cíclotron típico, cada partícula pode fazer de 50 a 100 revoluções e sair com energias de até várias centenas de megaelétron-volts.

A energia cinética de uma partícula saindo de um cíclotron pode ser calculada fazendo r na Equação 26-6 igual ao raio máximo dos ds e resolvendo a equação para v:

$$r = \frac{mv}{qB} \Rightarrow v = \frac{qBr}{m}$$

Então

$$K = \frac{1}{2}mv^2 = \frac{1}{2}\left(\frac{q^2 B^2}{m}\right)r^2 \qquad 26\text{-}13$$

---

* Um dêuteron é o núcleo do hidrogênio pesado, ^2H, que consiste em um próton e um nêutron fortemente ligados.

Exemplo 26-7 Energia de um Próton Acelerado

Um cíclotron para acelerar prótons tem um campo magnético de 0,150 T e um raio máximo de 0,500 m. (a) Qual é a freqüência de cíclotron? (b) Qual é a energia cinética dos prótons quando eles saem?

SITUAÇÃO Aplique a segunda lei de Newton ($F = ma$) com $F = |q\vec{v} \times \vec{B}|$. Use $v = r\omega$ e resolva para a freqüência e rapidez.

SOLUÇÃO

(a) 1. Aplique $F = ma$, onde F é a força magnética e a é a aceleração centrípeta. Substitua v por ωr e resolva para ω:

$$F = ma$$
$$qvB = m\frac{v^2}{r}$$
$$q\omega r B = m\frac{\omega^2 r^2}{r}$$
$$\omega = \frac{qB}{m} = \frac{(1{,}60 \times 10^{-19}\,\text{C})(0{,}150\,\text{T})}{1{,}67 \times 10^{-27}\,\text{kg}}$$
$$= 1{,}44 \times 10^7\,\text{rad/s}$$

2. Use $2\pi f = \omega$ para calcular a freqüência em ciclos por segundo (hertz):

$$f = \frac{\omega}{2\pi} = \frac{1{,}44 \times 10^7\,\text{rad/s}}{2\pi\,\text{rad}}$$
$$= 2{,}29 \times 10^6\,\text{Hz} = \boxed{2{,}29\,\text{MHz}}$$

(b) 1. Calcule a energia cinética

$$K = \frac{1}{2}mv^2 = \frac{1}{2}m\omega^2 r^2$$
$$= \frac{1}{2}(1{,}67 \times 10^{-27}\,\text{kg})(1{,}44 \times 10^7\,\text{rad/s})^2(0{,}500\,\text{m})^2$$
$$= 4{,}33 \times 10^{-14}\,\text{J}$$

2. As energias dos prótons e de outras partículas elementares são usualmente expressas em elétron-volts. Use $1\,\text{eV} = 1{,}60 \times 10^{-19}\,\text{J}$ para converter para eV:

$$K = 4{,}33 \times 10^{-14}\,\text{J} \times \frac{1\,\text{eV}}{1{,}60 \times 10^{-19}\,\text{J}} = \boxed{271\,\text{keV}}$$

CHECAGEM A rapidez de saída do próton é $v = r\omega = (0{,}500\,\text{m})(1{,}44 \times 10^7\,\text{rad/s}) = 7{,}20 \times 10^6\,\text{m/s}$. A velocidade da luz é $3{,}00 \times 10^8\,\text{m/s}$. Nosso valor calculado de $1{,}44 \times 10^7\,\text{rad/s}$ para a freqüência angular é plausível porque ela é uma alta rapidez que é menor que dez por cento da velocidade da luz.

26-3 TORQUES EM ANÉIS DE CORRENTE E ÍMÃS

Um anel conduzindo corrente não está submetido a nenhuma força resultante em um campo magnético uniforme, mas ele está sujeito a um torque resultante. A orientação do anel pode ser convenientemente descrita por um vetor unitário $\hat{n}$ que é normal ao plano do anel, como ilustrado na Figura 26-21. Se os dedos da mão direita se curvam em torno do anel no sentido da corrente, o polegar aponta no sentido de $\hat{n}$.

A Figura 26-22 mostra as forças exercidas por um campo magnético uniforme em um anel retangular conduzindo corrente cujo vetor $\hat{n}$ faz um ângulo θ com a direção do campo magnético $\vec{B}$. A força resultante no anel é zero. As forças $\vec{F}_1$ e $\vec{F}_2$ têm magnitudes

$$F_1 = F_2 = IaB$$

As forças formam um par e o torque que elas exercem é o mesmo para qualquer ponto. O ponto P na Figura 26-22 é conveniente para calcular o torque. A magnitude do torque é

$$\tau = F_2 B \operatorname{sen}\theta = IaBb \operatorname{sen}\theta = IAB \operatorname{sen}\theta$$

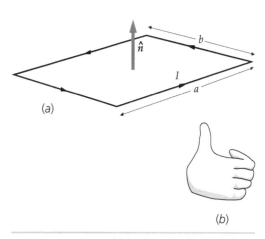

FIGURA 26-21 (a) A orientação de um anel de corrente é descrita por um vetor unitário $\hat{n}$ perpendicular ao plano do anel. (b) Regra da mão direita para determinar o sentido de $\hat{n}$. Se os dedos da mão direita se curvam em torno do anel no sentido da corrente, o polegar aponta no sentido de $\hat{n}$.

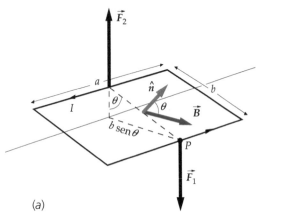
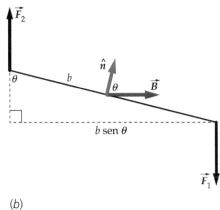

FIGURA 26-22 (a) Anel retangular de corrente cujo vetor normal $\hat{n}$ faz um ângulo θ com um campo magnético uniforme $\vec{B}$. (b) Uma visão lateral do anel de corrente. O torque no anel tem magnitude $IAB\,\mathrm{sen}\,\theta$ e está em uma direção e sentido tais que tendem a alinhar $\hat{n}$ com $\vec{B}$.

onde $A = ab$ é a área do anel. Para um anel que tem N voltas, o torque tem magnitude

$$\tau = NIAB\,\mathrm{sen}\,\theta$$

Este torque tende a girar o anel para que $\hat{n}$ fique na mesma direção de $\vec{B}$.

O torque pode ser convenientemente escrito em termos do **momento de dipolo magnético** $\vec{\mu}$ (também chamado, por simplicidade, de **momento magnético**) do anel de corrente, que é definido como

$$\vec{\mu} = NIA\hat{n} \qquad 26\text{-}14$$

MOMENTO DE DIPOLO MAGNÉTICO DE UM ANEL DE CORRENTE

A unidade do momento magnético no SI é o ampère-metro quadrado ($\mathrm{A \cdot m^2}$). Em termos do momento de dipolo magnético, o torque no anel de corrente é dado por

$$\vec{\tau} = \vec{\mu} \times \vec{B} \qquad 26\text{-}15$$

TORQUE EM UM ANEL DE CORRENTE

A Equação 26-15, a qual foi derivada para um anel retangular, tem validade geral para um anel de qualquer formato que está em um único plano. O torque em qualquer anel deste tipo é o produto vetorial do momento de dipolo magnético $\vec{\mu}$ do anel com o campo magnético $\vec{B}$, onde o momento magnético (Figura 26-23) é definido como o vetor que tem magnitude igual a NIA e tem a mesma direção e sentido de $\hat{n}$. Comparando a Equação 26-15 com a Equação 21-11 ($\vec{\tau} = \vec{p} \times \vec{E}$) para o torque em um dipolo elétrico, vemos que a expressão para o torque sobre um dipolo magnético em um campo magnético tem a mesma forma que o torque sobre um dipolo elétrico em um campo elétrico.

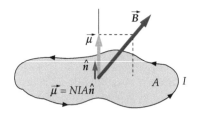

FIGURA 26-23 Um anel plano de corrente, de formato arbitrário, é descrito pelo seu momento magnético $\vec{\mu} = NIA\hat{n}$. Em um campo magnético $\vec{B}$, o anel está submetido a um torque $\vec{\mu} \times \vec{B}$.

Exemplo 26-8 Torque em um Anel de Corrente

Um anel circular com raio igual a 2,00 cm, tem 10 voltas de fio e conduz uma corrente igual a 3,00 A. O eixo do anel faz um ângulo de 30,0° com um campo magnético de 8000 G. Determine a magnitude do torque no anel.

SITUAÇÃO O torque em um anel de corrente é dado por $\vec{\tau} = \vec{\mu} \times \vec{B}$ (Equação 26-15) onde $\vec{\mu} = NIA\hat{n}$ (Equação 26-14).

SOLUÇÃO
A magnitude do torque é dada pela Equação 26-15:

$$\tau = |\vec{\mu} \times \vec{B}| = \mu B\,\mathrm{sen}\,\theta = NIAB\,\mathrm{sen}\,\theta$$
$$= (10,0)(3,00\ \mathrm{A})\pi(0,0200\ \mathrm{m})^2(0,800\ \mathrm{T})\,\mathrm{sen}\,30,0°$$
$$= \boxed{1,51 \times 10^{-2}\ \mathrm{N \cdot m}}$$

CHECAGEM De $\vec{F} = I\vec{L} \times \vec{B}$ (Equação 26-4) vemos que a unidade para o campo magnético no SI (o tesla) deve ter unidades de $\mathrm{N/(A \cdot m)}$. Tendo isso em mente, podemos ver, por inspeção, que as unidades para o lado direito da equação na solução resulta em $\mathrm{N \cdot m}$, que é a unidade para torque no SI.

Exemplo 26-9 Inclinando um Anel
Tente Você Mesmo

Um anel circular de raio R, massa m e corrente I está em uma superfície horizontal (Figura 26-24). Há um campo magnético horizontal $\vec{B}$. Qual o valor máximo da corrente I antes que um dos lados do anel decole da superfície?

SITUAÇÃO O anel (Figura 26-25) começará a girar quando a magnitude do torque resultante for maior do que zero. Para eliminar o torque devido à força normal, calculamos os torques em torno do ponto de contato entre a superfície e o anel. O torque magnético é dado por $\vec{\tau} = \vec{\mu} \times \vec{B}$. O torque magnético é o mesmo em todos os pontos, pois ele consiste em pares. O braço de alavanca para o torque gravitacional é o raio do anel.

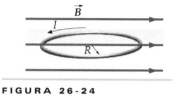

FIGURA 26-24

SOLUÇÃO

Cubra a coluna da direita e tente por si só antes de olhar as respostas.

Passos	Respostas
1. Determine a magnitude do torque magnético exercido no anel.	$\tau_m = \mu B \operatorname{sen}(90°) = I\pi R^2 B$
2. Determine a magnitude do torque gravitacional exercido no anel.	$\tau_g = mgR$
3. Iguale as magnitudes dos torques e resolva para a corrente I.	$I = \boxed{\dfrac{mg}{\pi RB}}$

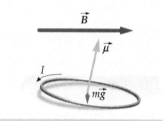

FIGURA 26-25

CHECAGEM A corrente é diretamente proporcional à massa para B constante, o que faz sentido. Quanto maior a massa, mais corrente é necessária para começar a fazer o anel girar.

ENERGIA POTENCIAL DE UM DIPOLO MAGNÉTICO EM UM CAMPO MAGNÉTICO

Quando um torque é exercido sobre um objeto girando, é realizado trabalho. Quando um dipolo magnético é girado de um ângulo $d\theta$, o trabalho realizado é

$$dW = -\tau\, d\theta = -\mu B \operatorname{sen}\theta\, d\theta$$

onde θ é o ângulo entre $\vec{\mu}$ e $\vec{B}$. O sinal de menos surge porque o torque magnético tende a decrescer θ. Igualando este trabalho ao decréscimo na energia potencial U, temos

$$dU = -dW = +\mu B \operatorname{sen}\theta\, d\theta$$

Integrando, obtemos

$$U = -\mu B \cos\theta + U_0$$

Escolhemos a energia potencial como zero quando $\theta = 90°$. Então $U_0 = 0$ e a energia potencial do dipolo é dada por

$$U = -\mu B \cos\theta = -\vec{\mu} \cdot \vec{B} \qquad 26\text{-}16$$

ENERGIA POTENCIAL DE UM DIPOLO ELÉTRICO

A Equação 26-16 dá a energia potencial de um dipolo magnético em um ângulo θ em relação à direção do campo magnético.

Exemplo 26-10 Torque em uma Bobina

Uma bobina quadrada de 12 voltas e comprimento lateral de 40,0 cm, conduz uma corrente de 3,00 A. Ela está no plano $z = 0$, como mostrado, em um campo magnético uniforme $\vec{B} = 0{,}300\ T\ \hat{i} + 0{,}400\ T\ \hat{k}$. A corrente está no sentido anti-horário quando vista de um ponto no eixo z positivo. Determine (a) o momento magnético da bobina e (b) o torque exercido na bobina. (c) Determine a energia potencial da bobina.

SITUAÇÃO Da Figura 26-26 vemos que o momento magnético do anel está na direção $+z$.

206 | CAPÍTULO 26

SOLUÇÃO

(a) Calcule o momento magnético do anel:
$$\vec{\mu} = NIA\hat{k} = (12)(3{,}00 \text{ A})(0{,}400 \text{ m})^2\hat{k}$$
$$= \boxed{5{,}76 \text{ A} \cdot \text{m}^2 \hat{k}}$$

(b) O torque no anel de corrente é dado pela Equação 26-15:
$$\vec{\tau} = \vec{\mu} \times \vec{B}$$
$$= (5{,}76 \text{ A} \cdot \text{m}^2 \hat{k}) \times (0{,}300 \text{ T } \hat{i} + 0{,}400 \text{ T } \hat{k})$$
$$= \boxed{1{,}73 \text{ N} \cdot \text{m } \hat{j}}$$

(c) A energia potencial é o negativo do produto escalar entre $\vec{\mu}$ e $\vec{B}$:
$$U = -\vec{\mu} \cdot \vec{B}$$
$$= -(5{,}76 \text{ A} \cdot \text{m}^2 \hat{k}) \cdot (0{,}300 \text{ T } \hat{i} + 0{,}400 \text{ T } \hat{k})$$
$$= \boxed{-2{,}30 \text{ J}}$$

CHECAGEM O torque no resultado da Parte (b) é perpendicular ao vetor momento magnético e ao vetor campo magnético, como é esperado para um produto vetorial.

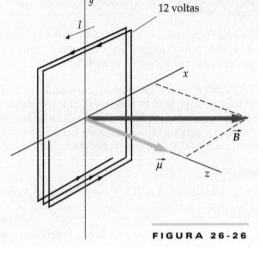

FIGURA 26-26

PROBLEMA PRÁTICO 26-3 A energia potencial de uma bobina conduzindo corrente em um campo magnético uniforme $\vec{B}$ é igual a zero quando o ângulo entre o momento de dipolo magnético da bobina, $\vec{\mu}$, e o campo magnético é 90°. Calcule a energia potencial do sistema se a bobina está orientada de forma que $\vec{B}$ e $\vec{\mu}$ estão (a) na mesma direção e sentido, e (b) na mesma direção, com sentidos opostos.

Quando um ímã permanente, como a agulha de uma bússola ou um ímã em barra, é colocado em uma região onde há um campo magnético $\vec{B}$, o campo exerce um torque no ímã que tende a girá-lo para que se alinhe com o campo. (Este efeito também ocorre com limalha de ferro não magnetizada previamente, que se torna magnetizada na presença de um campo $\vec{B}$.) O ímã em barra é caracterizado por um momento magnético $\vec{\mu}$, um vetor que aponta na mesma direção e sentido que uma flecha desenhada do pólo sul ao pólo norte do ímã. Um pequeno ímã em barra, portanto, se comporta como um anel de corrente.

Exemplo 26-11 $\vec{\mu}$ de um Disco Girando

Um fino disco não-condutor tem massa m, raio a e densidade superficial uniforme de carga σ, gira com velocidade angular $\vec{\omega}$ em torno de um eixo que passa pelo centro do disco e é perpendicular ao plano do disco. Determine o momento magnético do disco girando.

SITUAÇÃO Determinamos o momento magnético de um elemento circular que tem raio R e espessura dR e integramos (Figura 26-27). A carga no elemento é $dq = \sigma\, dA = \sigma 2\pi R\, dR$. Se a carga é positiva, o momento magnético está na direção e sentido de $\vec{\omega}$ e, portanto, precisamos apenas calcular sua magnitude.

SOLUÇÃO

1. A magnitude do momento magnético da faixa mostrada é a corrente multiplicada pela área do anel:
$$d\mu = A\, dI = \pi R^2\, dI$$

2. A corrente na faixa é a carga total dq na faixa dividida pelo período T. Durante um período, a carga dq passa por um ponto não girando com a faixa. O período é igual ao recíproco da freqüência f de rotação $1/T = f = \omega/(2\pi)$:
$$dI = \frac{dq}{T} = \frac{\omega}{2\pi}dq = \frac{\omega}{2\pi}\sigma\, dA$$
$$= \frac{\omega}{2\pi}\sigma 2\pi R\, dR = \sigma\omega R\, dR$$

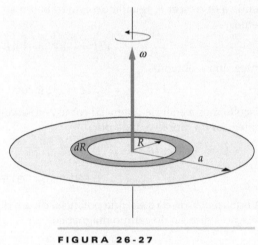

FIGURA 26-27

3. Substitua para obter a magnitude do momento magnético da faixa $d\mu$ em termos de r e dr:
$$d\mu = \pi R^2\, dI = \pi R^2 \sigma\omega R\, dR = \pi\sigma\omega R^3\, dR$$

4. Integre desde $r = 0$ até $r = a$:
$$\mu = \int_0^a \pi\sigma\omega R^3\, dR = \frac{1}{4}\pi\sigma\omega a^4$$

5. Use o fato que $\vec{\mu}$ é paralelo a $\vec{\omega}$ (se σ é positiva) para expressar o momento magnético como um vetor:
$$\vec{\mu} = \boxed{\tfrac{1}{4}\pi\sigma a^4 \vec{\omega}}$$

CHECAGEM Considere um fino anel girando, também de raio a, conduzindo a mesma carga $Q = \sigma\pi a^2$ que o disco. A magnitude do momento magnético do anel é dada por $\mu = IA = \frac{Q}{T}\pi a^2 = \frac{\sigma\pi a^2}{2\pi/\omega}\pi a^2 = \frac{1}{2}\sigma\pi a^4\omega$, que é o dobro do resultado do passo 5. O resultado do passo 5 é menor que a magnitude do momento magnético do anel, que é o que deveríamos esperar.

INDO ALÉM Em termos da carga total $Q = \sigma\pi a^2$, o momento magnético é $\vec{\mu} = \frac{1}{4}Qa^2\vec{\omega}$. O momento angular do disco é $\vec{L} = (\frac{1}{2}ma^2)\vec{\omega}$, logo o momento magnético pode ser escrito como $\vec{\mu} = \frac{Q}{2m}\vec{L}$, que é um resultado mais geral. (Veja o Problema 57.)

26-4 O EFEITO HALL

Como vimos, cargas em movimento em uma região onde há um campo magnético estão sujeitas a uma força perpendicular ao seu movimento. Quando estas cargas estão em movimento em um fio condutor, elas são empurradas para um dos lados do fio. Isto resulta em uma separação das cargas no fio — um fenômeno chamado de **efeito Hall**. Este fenômeno nos permite determinar o sinal da carga nos portadores de carga e o número de portadores por unidade de volume, n, em um condutor. O efeito Hall também fornece um método conveniente para medir campos magnéticos.

A Figura 26-28 mostra duas tiras condutoras; cada tira condutora conduz uma corrente I para a direita, pois o lado esquerdo delas está conectado ao terminal positivo de uma bateria e o lado direito está conectado ao terminal negativo. Um campo magnético $\vec{B}$ está entrando no papel. Vamos considerar, por enquanto, que a corrente na tira seja devida a partículas carregadas positivamente, movendo-se para a direita, como mostrado na Figura 26-28a. Em média, a força magnética nestas partículas é $q\vec{v}_d \times \vec{B}$ (onde $\vec{v}_d$ é a velocidade de deriva). Esta força é dirigida para cima na página. As partículas carregadas positivamente movem-se, então, para cima na página para a borda superior da tira, deixando a borda inferior com um excesso de cargas negativas. Esta separação de cargas produz um campo elétrico $\vec{E}$ na tira que exerce uma força nas partículas a qual se opõe à força magnética sobre elas. Quando as forças elétrica e magnética se equilibram, não ocorre mais a deriva dos portadores de carga para cima na página. Como o campo elétrico aponta na direção e sentido do decréscimo de potencial, a borda superior da tira está em um potencial maior que a borda inferior. Esta diferença de potencial pode ser medida usando um voltímetro sensível.

Por outro lado, considere que a corrente seja devida a partículas carregadas negativamente, movendo-se para a esquerda, como mostrado na Figura 26-28b. (As partículas carregadas negativamente na tira devem se mover para a esquerda porque a corrente, como antes, é para a direita.) A força magnética $q\vec{v}_d \times \vec{B}$ é, novamente, para cima na página, pois o sinal de q e o sentido de $\vec{v}_d$ foram invertidos. Novamente os portadores são forçados para a borda superior da tira, mas a borda superior agora conduz uma carga negativa (pois os portadores são negativos) e a borda inferior possui, desta vez, uma carga positiva.

Uma medida do sinal da diferença de potencial entre as partes superior e inferior da tira informa o sinal dos portadores de carga. Em semicondutores, os portadores de carga podem ser elétrons negativos ou "buracos" positivos. Uma medida do sinal

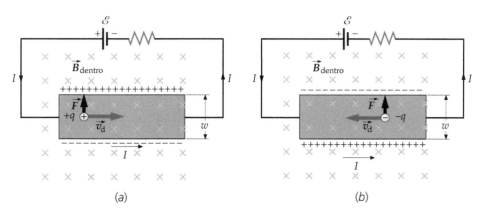

FIGURA 26-28 O efeito Hall. O campo magnético está dirigido para dentro do plano da página, como indicado pelas cruzes. A força magnética em uma partícula carregada é para cima para uma corrente para a direita se a corrente é devida a (a) partículas positivas se movendo para a direita ou (b) partículas negativas se movendo para a esquerda.

208 | CAPÍTULO 26

da diferença de potencial nos diz quais são dominantes para um semicondutor em particular. Para uma tira metálica, encontramos que a borda superior na Figura 26-28*b* está em um potencial menor que a borda superior — o que significa que a parte superior deve possuir uma carga negativa. Assim, a Figura 26-28*b* é a ilustração correta da corrente em uma tira metálica. Foi uma medida como estas que conduziu à descoberta que os portadores de carga em metais são carregados negativamente.

A diferença de potencial entre o topo e a base da tira é chamada de **tensão Hall**. Podemos calcular a magnitude da tensão Hall em termos da velocidade de deriva. A magnitude da força magnética na carga conduzida na tira é qv_dB. Esta força magnética é equilibrada pela força eletrostática de magnitude qE_H, onde E_H é o campo elétrico devido à separação entre as cargas. Portanto, temos $E_H = v_dB$. Se a largura da tira é ω, a diferença de potencial é $E_H\omega$. A tensão Hall é, então,

$$V_H = E_H w = v_d B w \qquad\qquad 26\text{-}17$$

PROBLEMA PRÁTICO 26-4

Uma tira condutora de largura $\omega = 2{,}0$ cm é colocada em um campo magnético de 0,80 T. A tensão Hall é medida e vale 0,64 μV. Calcule a velocidade de deriva dos elétrons.

Como a velocidade de deriva para correntes ordinárias é muito pequena, vemos da Equação 26-17 que a tensão Hall é muito pequena para tamanhos de tiras e campos magnéticos ordinários. A partir de medidas de tensão Hall para uma tira de um dado tamanho, podemos determinar o número de portadores de carga por unidade de volume na tira. A magnitude da corrente é dada pela Equação 26-3:

$$|I| = |q|nv_d A$$

onde A é a área da seção transversal da tira. Para uma tira de largura ω e espessura t, a área da seção transversal é $A = \omega t$. Como os portadores de carga são elétrons, a quantidade $|q|$ é a carga de um elétron, e. A densidade de número de portadores de carga n é, portanto, dada por

$$n = \frac{|I|}{A|q|v_d} = \frac{|I|}{wtev_d} \qquad\qquad 26\text{-}18$$

Substituindo V_H/B para $v_d\omega$ (Equação 26-17), temos

$$n = \frac{|I|B}{teV_H} \qquad\qquad 26\text{-}19$$

Exemplo 26-12 — Densidade de Número de Portadores de Carga na Prata

Uma lâmina de prata tem espessura igual a 1,00 mm, largura igual a 1,50 cm e corrente igual a 2,50 A, em uma região onde há um campo magnético de magnitude igual a 1,25 T perpendicular à lâmina. A tensão Hall é medida e vale 0,334 μV. (*a*) Calcule a densidade do número de portadores de carga. (*b*) Calcule a densidade de número de átomos de prata, que tem densidade $\rho = 10{,}5$ g/cm³ e massa molar $M = 107{,}9$ g/mol, e compare a densidade de número de átomos na prata com o resultado da Parte (*a*).

SITUAÇÃO Podemos usar a Equação 26-9 para determinar a densidade do número de portadores de carga. A densidade de número de átomos pode ser obtida a partir do conhecimento da densidade e da massa molar.

SOLUÇÃO

(*a*) Substitua os valores numéricos na Equação 26-19 para determinar n:

$$n = \frac{|I|B}{teV_H} = \frac{(2{,}50\ \text{A})(1{,}25\ \text{T})}{(1{,}00 \times 10^{-3}\ \text{m})(1{,}60 \times 10^{-19}\ \text{C})(3{,}34 \times 10^{-7}\ \text{V})}$$

$$= \boxed{5{,}85 \times 10^{28}\ \text{elétrons/m}^3}$$

(*b*) 1. O número de átomos por unidade de volume é $\rho N_A/M$:

$$n_a = \rho\frac{N_A}{M} = (10{,}5\ \text{g/cm}^3)\frac{6{,}02 \times 10^{23}\ \text{átomos/mol}}{107{,}9\ \text{g/mol}}$$

$$= \boxed{5{,}86 \times 10^{22}\ \text{átomos/cm}^3 = 5{,}86 \times 10^{28}\ \text{átomos/m}^3}$$

2. Compare o resultado do passo 1 da Parte (b) com o resultado da Parte (a):

Estes resultados indicam que o número de portadores de carga na prata é aproximadamente igual a um por átomo.

CHECAGEM Deveríamos esperar que a densidade de número de portadores de carga e a densidade de número de átomos em um metal sejam da mesma ordem de magnitude. Nossos resultados validam esta expectativa.

A tensão Hall fornece um método conveniente para medida de campos magnéticos. Se rearranjarmos a Equação 26-19, podemos escrever a tensão Hall como

$$V_H = \frac{|I|}{nte} B \qquad 26\text{-}20$$

Uma dada tira pode ser calibrada para medida da tensão Hall para uma dada corrente em um campo magnético conhecido. A tira pode, então, ser usada para medir um campo magnético desconhecido B medindo a tensão Hall para uma dada corrente.

*OS EFEITOS HALL QUÂNTICOS

De acordo com a Equação 26-20, a tensão Hall deveria aumentar linearmente com a intensidade do campo magnético B para uma dada corrente em uma dada lâmina. Em 1980, enquanto estudava o efeito Hall em semicondutores a temperaturas muito baixas e em campos magnéticos muito intensos, Klaus von Klitzing descobriu que um gráfico de V_H versus B resultava em uma série de platôs, como mostrado na Figura 26-29, em vez de uma linha reta. Isto é, a tensão Hall é quantizada. Pela descoberta do efeito Hall quântico, von Klitzing recebeu o Prêmio Nobel em Física em 1985.

Na teoria do efeito Hall quântico, a resistência Hall, definida como $R_H = V_H/I$, pode assumir apenas os valores

$$R_H = \frac{V_H}{I} = \frac{R_K}{n} \qquad n = 1, 2, 3, \ldots \qquad 26\text{-}21$$

onde n é um inteiro, e R_K, chamada de **constante von Klitzing**, está relacionada à carga elétrica fundamental e e à constante de Planck, h, por

$$R_K = \frac{h}{e^2} \qquad 26\text{-}22$$

Como a constante de von Klitzing pode ser medida com uma acuracidade de poucas partes por bilhão, o efeito Hall quântico é, atualmente, utilizado para definir o padrão de resistência. A partir de janeiro de 1990, o **ohm** é definido em termos do valor convencional* da constante de von Klitzing $R_{K\text{-}90}$, que tem o valor

$$R_{K\text{-}90} = 25\,812{,}8076\ \Omega \text{ (exato)} \qquad 26\text{-}23$$

Em 1982 foi observado que, sob certas condições especiais, a resistência Hall é dada pela Equação 26-22, mas com o inteiro n substituído por uma série de frações fracionais. Este é o chamado *efeito hall quântico fracionário*. Pela descoberta e explicação do efeito Hall quântico fracionário, os professores americanos Laughlin, Störmer e Tsui receberam o Prêmio Nobel de Física em 1998.

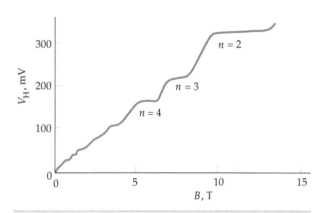

FIGURA 26-29 Um gráfico da tensão Hall *versus* o campo magnético aplicado mostra platôs, indicando que a tensão Hall é quantizada. Os dados foram obtidos à temperatura de 1,39 K com uma corrente I mantida fixa em 25,52 μA.

---

* O valor de $R_{K\text{-}90}$ difere do valor de R_K. O valor geralmente usado para a constante de von Klitzing é $R_K = (25\,812{,}807\,572 \pm 0{,}000\,095)\ \Omega$.

A Terra e o Sol — Mudanças Magnéticas

Os campos magnéticos do Sol e da Terra têm sido medidos de forma praticamente constante nos últimos anos por observatórios magnéticos em satélites e na Terra.* Geólogos e físicos têm colaborado no estudo dos campos paleomagnéticos da Terra[†] e do Sol.[‡] Os estudos paleomagnéticos e as observações em andamento mostram que os campos magnéticos da Terra e do Sol estão continuamente variando.

O campo magnético da Terra tem sido usado como auxílio à navegação por mais de 900 anos.[#] Navegadores logo descobriram que o norte magnético não coincide com o norte celeste, e que a declinação magnética (a diferença na direção entre o norte magnético e o norte celeste) variava de lugar a lugar. Medidas da declinação magnética feitas nos mesmos locais datadas do século XVI° mostram que a localização aparente do norte magnético variou com o tempo no mesmo local.[§] Estas medidas são a primeira evidência que o campo magnético da Terra é dinâmico.

Na década de 1960, perfurações mostraram muitas camadas de reversão magnética em rochas vulcânicas.[¶] Tornou-se claro que o campo magnético da Terra reverte a cada 200 000 anos, aproximadamente, mas tem havido intervalos de mais de seis milhões de anos durante os quais não houve reversão geomagnética. Imediatamente na vizinhança de uma reversão, os registros mostram que a intensidade do campo diminui, reverte e, então, aumenta durante um período de poucos milhares de anos.** A última reversão geomagnética foi há 700 000 anos. Ultimamente, a intensidade do campo magnético da Terra tem decrescido. Desde 1840 até o presente, o campo magnético tem decrescido de 15 nT/ano,[††] que corresponde a 3% por século, e a reconstrução dos dados de registros de navios mostra um decréscimo de aproximadamente 2 nT/ano de 1590 a 1840.

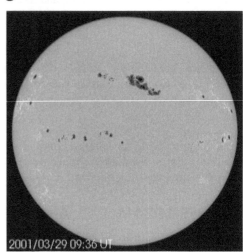

Manchas solares são regiões onde a intensidade do campo magnético é muito elevada. Elas são mais escuras porque a temperatura da mancha solar é menor que a temperatura da superfície à sua volta. (SOHO/NASA.)

No início do século XX, G. E. Hale observou que as manchas solares, que têm sido observadas por centenas de anos, têm campos magnéticos. Ele demonstrou que, durante o ciclo de 22 anos da mancha solar, o campo magnético do Sol diminui gradualmente, reverte, aumenta e recupera sua configuração original.[‡‡] A intensidade do campo magnético das manchas solares tem sido medida como maior que 200 mT.[##] Observações recentes têm mostrado que as manchas são vórtices acionados magneticamente no Sol. Apesar de a superfície do Sol ter um campo médio aparente de 0,10 mT nas regiões sem manchas solares, pequenas áreas de tais regiões têm intensidades magnéticas que variam de menos de 20 mT até 100 mT.°°

O vento solar, que consiste em partículas subatômicas carregadas ejetadas do Sol a aproximadamente 400 km/s,[§§] conduz campo magnético. Dados de satélite mostram que o campo magnético interplanetário é complexo e dinâmico.[¶¶,***] Próximo à Terra, a intensidade do campo magnético interplanetário varia entre 1 e 37 nT. Algumas vezes, o Sol ejeta um grande jato de partículas carregadas. Quando um grande jato chega ao campo magnético da Terra, ele provoca uma tempestade magnética que pode bloquear comunicações de rádio e causar blecautes de energia generalizados. A nave espacial *Voyager 1* estava a mais de 94 UA[2] do Sol quando mediu a intensidade do campo magnético interplanetário como 0,03 nT.[†††,‡‡‡] O vento solar conduz um campo magnético mensurável mesmo muito além da órbita de Plutão.

---

* "Geomagnetic Frequently Asked Questions." United States National Geophysical Data Center, National Oceanic and Atmospheric Administration. http://www.ngdc.noaa.gov/seg/geomag/faqgeom.shtml As of Sept., 2006.
† Yamazaki, T., and Oda, H., "Orbital Influence on Earth's Magnetic Field: 100,000-Year Periodicity in Inclination." *Science*, Mar. 29, 2002, Vol. 294 pp. 2435–2437.
‡ Solanki, S. K., et al., "11,000 Year Sunspot Number Reconstruction." *IBGP Pages/World Data Center for Paleoclimatology Data Contribution Series #2005-015*. 2005. ftp://ftp.ncdc.noaa.gov/pub/data/paleo/climate-forcing/solar_variability/solanki2004-ssn.txt As of Sept., 2006.
# Hellemans, A., and Bunch, B., *The Timetables of Science*. New York: Simon and Schuster, 1988. p. 75.
° Kono, M., "Ships' Logs and Archeomagnetism." *Science*, May 12, 2006, Vol. 312, pp. 865–66.
§ Hermanus Magnetic Observatory, "Detailed History." http://www.hmo.ac.za/detailed-history.html As of Sept., 2006.
¶ Dunn, J. R., et al., "Paleomagnetic Study of a Reversal of the Earth's Magnetic Field." *Science*, May 21, 1971, Vol. 172, pp. 840–844.
** Merrill, R. T., and McFadden, P. L., "Geomagnetic Polarity Transitions." *Reviews of Geophysics*, May 1999, Vol. 37, No. 2, pp. 201–226.
†† Gubbins, D., Jones, A. L., and Finlay, C., "Fall in Earth's Magnetic Field is Erratic." *Science*, May 12, 2006, Vol 312, pp. 900–902.
‡‡ Abbot, C. G., "Sun-Spots and Weather." *Science*, Dec. 8, 1933, Vol. 78, pp. 518–519.
Liang, H.-F., Zhao, H.-J., and Xiang, F.-Y., "Vector Magnetic Field Measurement of NOAA AR 10197." *Chinese Journal of Astronomy and Astrophysics*, Aug. 2006, Vol. 6, No. 4, pp. 470–476
°° Lin, H., and Rimmele, T., "The Granular Magnetic Fields of the Quiet Sun." *The Astrophysical Journal*, Mar. 20, 1999, Vol. 514, Pt. 1, pp. 448–455.
§§ Hathaway, D., "The Solar Wind." *Solar Physics*, Marshall Space Flight Center, NASA http://solarscience.msfc.nasa.gov/SolarWind.shtml. Jun. 1, 2006, As of Oct., 2006.
¶¶ Smith, E. J., et al., "The Sun and Heliosphere at Solar Maximum." *Science*, Nov. 14, 2003, Vol. 302, pp. 1165–1168.
*** Arnold, N., and Lyons, A., "Granta MIST: Meeting Report." *Astronomy and Geophysics*, Aug. 2006, Vol. 46, pp. 4.18–4.21.
[2] UA = Unidades Astronômicas. (N.T.)
††† Gurnett, D. A., and Kurth, W. S., "Electron Plasma Oscillations Upstream of the Solar Wind Termination Shock." *Science*, Sept. 23, 2005, Vol. 309, pp. 2025–2027.
‡‡‡ Burlaga, L. F., et al., "Crossing the Termination Shock into the Heloshealth: Magnetic Fields." *Science*, Sept. 23, 2005, Vol. 309, pp. 2027–2029.

O Campo Magnético | **211**

Resumo

1. O campo magnético descreve a condição no espaço na qual cargas em movimento experimentam uma força perpendicular à sua velocidade.
2. A força magnética é parte da interação eletromagnética, uma das três interações fundamentais conhecidas na natureza.
3. A magnitude, a direção e o sentido de um campo magnético $\vec{B}$ são definidos pela fórmula $\vec{F} = q\vec{v} \times \vec{B}$, onde $\vec{F}$ é a força exercida em uma partícula com carga q se movendo com velocidade $\vec{v}$.

TÓPICO	EQUAÇÕES RELEVANTES E OBSERVAÇÕES	
1. Força Magnética		
Em uma carga em movimento	$\vec{F} = q\vec{v} \times \vec{B}$	26-1
Em um elemento de corrente	$d\vec{F} = I\,d\vec{\ell} \times \vec{B}$	26-5
Unidade de campo magnético	A unidade de campos magnéticos no SI é o tesla (T). Uma unidade usada com freqüência é o gauss (G), que está relacionada ao tesla por $$1\,G = 10^{-4}\,T$$	26-3
2. Movimento de Cargas Puntiformes	Uma partícula de massa m e carga q movendo-se com rapidez v em um plano perpendicular a um campo magnético uniforme se move em uma órbita circular. O período e a freqüência do movimento circular são independentes do raio da órbita e da rapidez da partícula.	
Segunda lei de Newton	$$qvB = m\frac{v^2}{r}$$	26-6
Período de cíclotron	$$T = \frac{2\pi m}{qB}$$	26-7
Freqüência de cíclotron	$$f = \frac{1}{T} = \frac{qB}{2\pi m}$$	26-8
*Seletor de velocidade	Um seletor de velocidade consiste em campos elétricos e magnéticos cruzados de forma tal que as forças elétrica e magnética se equilibram para uma partícula se movendo com rapidez v: $$v = \frac{E}{B}$$	26-9
*Medida de Thomson para q/m	A deflexão de uma partícula carregada em um campo elétrico depende da rapidez da partícula e é proporcional à razão carga sobre massa q/m da partícula. J. J. Thomson usou campos elétricos e magnéticos cruzados para medir a rapidez de raios catódicos e, então, mediu q/m para estas partículas defletindo-as em um campo elétrico. Ele mostrou que todos os raios catódicos consistem em partículas que têm a mesma razão carga sobre massa. Estas partículas são, agora, chamadas de elétrons.	
*Espectrômetro de massa	A razão carga sobre massa de um íon de rapidez conhecida pode ser determinada medindo o raio da trajetória circular seguida pelo íon em um campo magnético conhecido.	
3. Anéis de Corrente		
Momento de dipolo magnético	$\vec{\mu} = NIA\hat{n}$	26-14
Torque	$\vec{\tau} = \vec{\mu} \times \vec{B}$	26-15
Energia potencial de um dipolo magnético	$U = -\vec{\mu} \cdot \vec{B}$	26-16
Força resultante	A força resultante em um anel de corrente em um campo magnético *uniforme* é zero.	
4. O Efeito Hall	Quando uma tira condutora conduzindo uma corrente é colocada em um campo magnético, a força magnética nos portadores de carga provoca uma separação de cargas chamada de efeito Hall. Isto resulta em uma tensão V_{H}, chamada de tensão Hall. O sinal dos portadores de carga pode ser determinado a partir da medida do sinal da tensão Hall, e o número de portadores de carga por unidade de volume pode ser determinado a partir da magnitude de V_{H}.	

212 | CAPÍTULO 26

TÓPICO	EQUAÇÕES RELEVANTES E OBSERVAÇÕES	
Tensão Hall	$$V_H = E_H w = v_d B w = \frac{|I|}{nte}B$$	26-17, 26-20
*Efeitos Hall Quânticos	Medidas a temperaturas muito baixas em campos magnéticos muito intensos indicam que a resistência Hall $R_H = V_H/I$ é quantizada e pode assumir apenas valores dados por $$R_H = \frac{V_H}{I} = \frac{R_K}{n} \quad n = 1, 2, 3, \ldots$$	26-21
*Constante de von Klitzing convencional (definição de ohm)	$R_{K-90} = 25812,8076\ \Omega$ (exato)	26-23

Respostas das Checagens Conceituais

26-1 A regra da mão esquerda é uma maneira de responder à questão. A definição da direção de $\vec{B}$ é uma convenção. Se a definição para a direção de $\vec{B}$ fosse mudada como descrito no enunciado da questão, uma lei de força correta poderia ser escrita como $\vec{F} = q\vec{v} \otimes \vec{B}$, onde o símbolo $\otimes$ significa a mesma operação que o símbolo $\times$, exceto que o produto representado por $\otimes$ exige o uso da regra da mão esquerda no lugar da regra da mão direita. Alternativamente, a lei de força poderia ser escrita como $\vec{F} = \vec{B} \times q\vec{v}$ e, então, você poderia continuar com a regra da mão direita.

26-2 (b) Negativamente carregada. A força $\vec{F}$ e o vetor $\vec{v} \times \vec{B}$ estão em sentidos opostos apenas se a partícula é negativamente carregada. Isto é consistente com a relação $\vec{F} = q\vec{v} \times \vec{B}$.

Respostas dos Problemas Práticos

26-1 $-1,3 \times 10^{-12}$ N $\hat{j}$
26-2 (a) 667 km/s, (b) na direção $-z$
26-3 (a) $-2,88$ J. Observe que esta energia potencial é menor que a energia potencial calculada no exemplo. (A energia potencial é mínima quando $\vec{\mu}$ e $\vec{B}$ estão na mesma direção e sentido.) (b) $+2,88$ J.
26-4 $4,0 \times 10^{-5}$ m/s

Problemas

Em alguns problemas, você recebe mais dados do que necessita; em alguns outros, você deve acrescentar dados de seus conhecimentos gerais, fontes externas ou estimativas bem fundamentadas.

Interprete como significativos todos os algarismos de valores numéricos que possuem zeros em seqüência sem vírgulas decimais.

• Um só conceito, um só passo, relativamente simples
•• Nível intermediário, pode requerer síntese de conceitos
••• Desafiante, para estudantes avançados
Problemas consecutivos sombreados são problemas pareados.

PROBLEMAS CONCEITUAIS

1 • Quando o eixo de um tubo de raios catódicos é horizontal em uma região na qual há um campo magnético dirigido verticalmente para cima, os elétrons emitidos do catodo seguem uma das trajetórias tracejadas até a face do tubo na Figura 26-30. A trajetória correta é (a) 1, (b) 2, (c) 3, (d) 4, (e) 5.

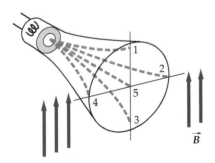

FIGURA 26-30
Problema 1

2 •• Definimos a direção e o sentido do campo elétrico como os mesmos da força em uma carga teste positiva. Por que, então, não definimos a direção e o sentido do campo magnético como os mesmos da força magnética em uma carga teste positiva em movimento?

3 • Uma *lâmpada oscilante* é uma lâmpada que tem um filamento longo, fino e flexível. Ela é projetada para ser ligada em uma tomada que fornece corrente a uma freqüência de 60 Hz. Há um pequeno ímã permanente dentro da lâmpada. Quando a lâmpada é acesa, o filamento oscila para frente e para trás. Em que freqüência ele oscila? Explique sua resposta.

4 • Em um cíclotron, a diferença de potencial entre os ds oscila com um período dado por $T = 2\pi m/(qB)$. Mostre que a expressão à direita do sinal de igualdade tem unidades de segundos se q, B e m tiverem unidades de coulombs, teslas e quilogramas, respectivamente.

5 • Um núcleo de ^{7}Li tem carga igual a $+3e$ e massa igual à massa de sete prótons. Um núcleo de ^{7}Li e um próton estão, ambos, em movimento perpendicular a um campo magnético uniforme $\vec{B}$. A magnitude da quantidade de movimento do próton é igual à magnitude da quantidade de movimento do núcleo. A trajetória do próton

tem um raio de curvatura igual a R_p e a trajetória do núcleo de ^{7}Li tem um raio de curvatura igual a R_{Li}. A razão R_p/R_{Li} é mais próxima de (a) 3/1, (b) 1/3, (c) 1/7, (d) 7/1, (e) 3/7, (f) 7/3.

6 • Um elétron se movendo na direção $+x$ entra em uma região que tem um campo magnético uniforme na direção $+y$. Quando o elétron entra nesta região, ele (a) será defletido na direção de $+y$, (b) será defletido na direção de $-y$, (c) será defletido na direção de $+z$, (d) será defletida na direção de $-z$, (e) continuará sem ser defletido, na direção $+x$.

7 • Em um seletor de velocidades, a rapidez da partícula carregada não defletida é dada pela razão entre a magnitude do campo elétrico e a magnitude do campo magnético. Mostre que E/B, de fato, tem unidade de m/s se E e B tiverem unidades de volts por metro e teslas, respectivamente.

8 • Quais são as semelhanças entre as linhas de campo magnético e as linhas de campo elétrico? Quais são as diferenças?

9 • Verdadeiro ou falso:
(a) O momento magnético de um ímã em barra aponta de seu pólo norte para o seu pólo sul.
(b) Dentro do material de um ímã em barra, o campo magnético devido ao ímã aponta do pólo sul do ímã para seu pólo norte.
(c) Se um anel de corrente tem sua corrente duplicada ao mesmo tempo em que sua área é cortada à metade, então a magnitude de seu momento magnético permanece constante.
(d) O torque máximo em um anel de corrente colocado em um campo magnético ocorre quando o plano do anel é perpendicular à direção do campo magnético.

10 •• Mostre que a constante de von Klitzing, h/e^2, fornece a unidade de resistência no SI (o ohm) se h e e estão em unidades de joule-segundo e coulombs, respectivamente.

11 ••• A teoria da relatividade diz que nenhuma lei da física pode ser descrita usando a velocidade absoluta de um objeto, a qual é, de fato, impossível de ser definida devido à inexistência de um sistema de referência absoluto. Em vez disso, o comportamento de objetos que interagem entre si pode apenas ser descrito pelas velocidades relativas entre os objetos. Novos discernimentos físicos resultam desta idéia. Por exemplo, na Figura 26-31 um ímã se movendo com alta rapidez relativamente a um observador, passa por um elétron que está em repouso relativo ao mesmo observador. Explique por que você tem certeza de que uma força deverá ser exercida sobre o elétron. Em que direção e sentido esta força estará apontando no instante em que o pólo norte do ímã passa diretamente embaixo do elétron? Explique sua resposta.

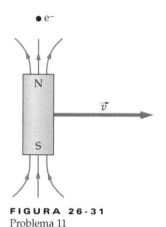

FIGURA 26-31
Problema 11

ESTIMATIVA E APROXIMAÇÃO

12 • Estime o valor da força magnética máxima por metro que o campo magnético da Terra poderia exercer em um fio conduzindo corrente em um circuito de 20 A em sua casa.

13 •• **Rico em Contexto** Seu amigo deseja ser um mágico e pretende usar o campo magnético da Terra para suspender um fio conduzindo corrente acima do palco. Ele lhe pede para estimar o valor mínimo da corrente necessária para suspender o fio acima da superfície da Terra no equador (onde o campo magnético da Terra é horizontal). Considere que o fio tenha uma densidade linear de massa de 10 g/m. Você o aconselharia a continuar com seus planos para este ato?

A FORÇA EXERCIDA POR UM CAMPO MAGNÉTICO

14 • Determine a força magnética em um próton se movendo na direção $+x$ a uma rapidez de 0,446 Mm/s em um campo magnético uniforme de 1,75 T na direção $+z$.

15 • Uma partícula puntiforme tem carga igual a $-3,64$ nC e uma velocidade igual a $2,75 \times 10^3$ m/s $\hat{i}$. Determine a força na carga se o campo magnético é (a) 0,38 T $\hat{j}$, (b) 0,75 T $\hat{i}$ + 0,75 T $\hat{j}$, (c) 0,65 T $\hat{i}$ e (d) 0,75 T $\hat{i}$ + 0,75 T $\hat{k}$.

16 • Um campo magnético uniforme igual a 1,48 T $\hat{k}$ está na direção $+z$. Determine a força exercida pelo campo em um próton se a velocidade do próton é (a) 2,7 km/s $\hat{i}$, (b) 3,7 km/s $\hat{j}$, (c) 6,8 km/s $\hat{k}$ e (d) 4,0 km/s $\hat{i}$ + 3,0 km/s $\hat{j}$.

17 • Um segmento linear de fio tem 2,0 m de comprimento e faz um ângulo de 30° com um campo magnético uniforme de 0,37 T. Determine a magnitude da força no fio se ele tiver uma corrente de 2,6 A.

18 • Um segmento de fio conduzindo corrente tem um elemento de corrente $I\vec{L}$, onde $I = 2,7$ A e $\vec{L} = 3,0$ cm $\hat{i}$ + 4,0 cm $\hat{j}$. O segmento está em uma região com um campo magnético uniforme dado por 1,3 T $\hat{i}$. Determine a força no segmento de fio.

19 • Qual é a força em um elétron que tem velocidade igual a $2,0 \times 10^6$ m/s $\hat{i}$ − $3,0 \times 10^6$ m/s $\hat{j}$ quando está em uma região com um campo magnético dado por 0,80 T $\hat{i}$ + 0,60 T $\hat{j}$ − 0,40 T $\hat{k}$?

20 •• A seção do fio mostrada na Figura 26-32 conduz uma corrente igual a 1,8 A de a até b. O segmento está em uma região que tem um campo magnético cujo valor é 1,2 T $\hat{k}$. Determine a força total no fio e mostre que a força total é a mesma caso o fio tivesse a forma de um segmento linear diretamente de a até b e conduzindo a mesma corrente.

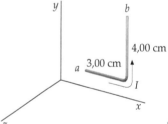

FIGURA 26-32 Problema 20

21 •• Um fio linear, firme e horizontal de 25 cm de comprimento, tem massa igual a 50 g e está conectado a uma fonte de fem através de fios leves e flexíveis. Um campo magnético de 1,33 T é horizontal e perpendicular ao fio. Determine a corrente necessária para fazer o fio "flutuar", isto é, quando o fio é liberado a partir do repouso, ele permanece em repouso.

22 •• **Aplicação em Engenharia** Em sua aula de laboratório de física, você construiu um *gaussímetro* simples para medir a componente horizontal de campos magnéticos. A montagem consiste em um fio firme de 50 cm que está suspenso verticalmente em um pivô condutor e sua extremidade livre faz contato com um recipiente contendo mercúrio (Fi-

FIGURA 26-33 Problema 22

gura 26-33). O mercúrio fornece um contato elétrico sem restringir o movimento do fio. O fio tem massa de 5,0 g e conduz corrente para baixo. (a) Qual é o deslocamento angular de equilíbrio do fio a partir da vertical se a componente horizontal do campo magnético é 0,040 T e se a corrente é 0,20 A? (b) Qual é a sensibilidade deste gaussímetro? Isto é, qual é a razão da saída para a entrada (em radianos por tesla)?

23 •• Um fio linear de 10 cm de comprimento é paralelo ao eixo x e conduz uma corrente de 2,0 A na direção $+x$. A força neste fio devida à presença de um campo magnético $\vec{B}$ é 3,0 N $\hat{j}$ + 2,0 N $\hat{k}$. Se este fio é girado até ficar paralelo ao eixo y com a corrente na direção $+y$, a força no fio torna-se $-3,0$ N $\hat{j} - 2,0$ N $\hat{k}$. Determine o campo magnético $\vec{B}$.

24 •• Um fio linear de 10 cm de comprimento é paralelo ao eixo z e conduz uma corrente de 4,0 A na direção $+z$. A força neste fio devida à presença de um campo magnético $\vec{B}$ é $-0,20$ N $\hat{i} + 0,20$ N $\hat{j}$. Se este fio é girado até ficar paralelo ao eixo x com a corrente na direção $+x$, a força no fio torna-se 0,20 N $\hat{k}$. Determine $\vec{B}$.

25 •• Um fio conduzindo corrente é curvado em um semicírculo fechado de raio R que está no plano xy (Figura 26-34). O fio está em um campo magnético uniforme que está na direção $+z$, como mostrado. Verifique que a força exercida no anel é zero.

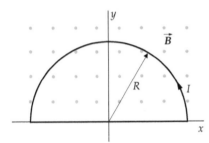

FIGURA 26-34
Problema 25

26 ••• Um fio curvado em um formato arbitrário conduz uma corrente I. O fio está em uma região com um campo magnético uniforme $\vec{B}$. Mostre que a força total na parte do fio a partir de um ponto arbitrário (designado por a) a outro ponto arbitrário (designado por b) é $\vec{F} = I\vec{L} \times \vec{B}$, onde $\vec{L}$ é o vetor do ponto a ao ponto b. Em outras palavras, mostre que a força em uma seção arbitrária do fio curvo é a mesma que a força na seção retilínea do fio conduzindo a mesma corrente e conectando os dois pontos extremos da seção arbitrária.

MOVIMENTO DE UMA PARTÍCULA PUNTIFORME EM UM CAMPO MAGNÉTICO

27 • Um próton move-se em uma órbita circular com 65 cm de raio, perpendicularmente a um campo magnético uniforme de intensidade 0,75 T. (a) Qual é o período da órbita deste movimento? (b) Qual é a rapidez do próton? (c) Qual é a energia cinética do próton?

28 • Um elétron de 4,5 keV (um elétron que tem energia cinética igual a 4,5 keV) move-se em uma órbita circular que é perpendicular a um campo magnético de 0,325 T. (a) Determine o raio da órbita. (b) Determine a freqüência e o período do movimento orbital.

29 •• Um próton, um dêuteron e uma partícula alfa seguem trajetórias circulares de mesmo raio em uma região com um campo magnético uniforme. O dêuteron tem carga igual à do próton, e a carga da partícula alfa é igual ao dobro da carga do próton. Considere $m_\alpha = 2m_d = 4m_p$. Compare (a) a rapidez de cada um, (b) as energias cinéticas e (c) as magnitudes dos momentos angulares em relação aos centros das órbitas.

30 •• Uma partícula tem carga q, massa m, momento linear de módulo igual a p, e energia cinética K. A partícula move-se em uma órbita circular de raio R perpendicular a um campo magnético uniforme $\vec{B}$. Mostre que (a) $p = BqR$ e (b) $K = \frac{1}{2}B^2q^2R^2/m$.

31 •• Um feixe de partículas com velocidade $\vec{v}$ entra em uma região de campo magnético uniforme $\vec{B}$ na direção $+x$. Mostre que, quando a componente x do deslocamento de uma das partículas é $2\pi(m/qB)v\cos\theta$, onde θ é o ângulo entre $\vec{v}$ e $\vec{B}$, a velocidade da partícula está na mesma direção e sentido que quando ela entrou na região de campo.

32 •• Um próton com rapidez igual a $1,00 \times 10^6$ m/s entra em uma região com um campo magnético uniforme com magnitude igual a 0,800 T, que aponta para dentro da página, como mostrado na Figura 26-35. O próton entra na região a um ângulo $\theta = 60°$. Determine o ângulo de saída ϕ e a distância d.

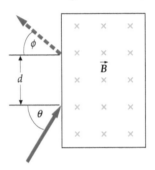

FIGURA 26-35
Problemas 32 e 33

33 •• Considere que, na Figura 26-35, o campo magnético tenha magnitude de 60 mT, a distância d seja de 40 cm e θ seja 24°. Determine a rapidez v com a qual a partícula entra na região e o ângulo ϕ de saída se a partícula é (a) um próton e (b) um dêuteron. Considere que $m_d = 2m_p$.

34 •• O campo magnético galáctico em alguma região do espaço interestelar tem magnitude de $1,00 \times 10^{-9}$ T. Uma partícula de poeira interestelar tem massa de 10,0 μg e carga total de 0,300 nC. Quantos anos são necessários para que a partícula complete uma revolução de órbita circular provocada pela sua interação com o campo magnético?

APLICAÇÕES DA FORÇA MAGNÉTICA EXERCIDA SOBRE PARTÍCULAS CARREGADAS

35 • Um seletor de velocidades tem um campo magnético de magnitude igual a 0,28 T, perpendicular a um campo elétrico de magnitude igual a 0,46 MV/m. (a) Qual deve ser a rapidez de uma partícula para que ela passe pelo seletor de velocidades sem sofrer deflexão? Que energia cinética devem ter (b) prótons e (c) elétrons para que passem pelo seletor sem sofrerem deflexão?

36 •• Um feixe de prótons está se movendo na direção $+x$ com rapidez de 12,4 km/s através de uma região na qual o campo elétrico é perpendicular ao campo magnético. O feixe não sofre deflexão nesta região. (a) Se o campo magnético tem magnitude de 0,85 T e aponta na direção $+y$, determine a magnitude, a direção e o sentido do campo elétrico. (b) Elétrons com a mesma velocidade dos prótons seriam defletidos por estes campos? Caso a resposta seja afirmativa, em que direção e sentido eles seriam defletidos? Caso contrário, por que não?

37 •• As placas de um dispositivo de Thomson q/m têm 6,00 cm de comprimento e estão separadas por 1,20 cm. As extremidades das placas estão a 30,0 cm da tela do tubo. A energia cinética dos elétrons é 2,80 keV. Se uma diferença de potencial de 25,0 V for aplicada entre as placas de deflexão, qual será o deslocamento do ponto onde o feixe de elétrons colide com a tela?

38 •• O cloro tem dois isótopos estáveis, ^{35}Cl e ^{37}Cl. O gás de cloro, constituído de íons monovalentes, deve ser separado em suas componentes isotópicas usando um espectrômetro de massa. A intensidade do campo magnético no espectrômetro é 1,2 T. Qual é o valor mínimo da diferença de potencial através da qual estes íons devem ser acelerados para que a separação entre eles, depois de completarem uma trajetória semicircular, seja de 1,4 cm?

39 •• Em um espectrômetro de massa, um íon de ^{24}Mg monovalente tem massa igual a $3,983 \times 10^{-26}$ kg e é acelerado através de uma diferença de potencial de 2,50 kV. Ele entra, então, em uma região onde é defletido por um campo magnético de 557 G. (a) Determine o raio de curvatura da órbita do íon. (b) Qual é a diferença entre os raios das órbitas dos íons ^{26}Mg e ^{24}Mg? Considere que a razão entre as massas seja de 26:24.

40 •• Um feixe de íons de ^{6}Li e ^{7}Li monovalentes passa por um seletor de velocidades e entra em uma região de campo magnético uniforme, com velocidade perpendicular à direção do campo. Se o diâmetro da órbita dos íons ^{6}Li é 15 cm, qual é o diâmetro da órbita dos íons ^{7}Li? Considere que a razão entre as massas seja de 7:6.

41 •• Usando o Exemplo 26-6, determine o tempo necessário para que um íon ^{58}Ni e um íon ^{60}Ni completem a trajetória semicircular.

42 •• Antes de entrarem em um espectrômetro de massa, íons passam por um seletor de velocidades que consiste em placas paralelas separadas por 2,0 mm, com uma diferença de potencial de 160 V. A intensidade do campo magnético é 0,42 T na região entre as placas. A intensidade do campo magnético no espectrômetro de massa é 1,2 T. Determine (a) a rapidez dos íons ao entrarem no espectrômetro de massa e (b) a diferença entre os diâmetros das órbitas de íons de ^{238}U e ^{235}U. A massa de um íon ^{235}U é $3,903 \times 10^{-25}$ kg.

43 •• Em um cíclotron para aceleração de prótons, a intensidade do campo magnético é 1,4 T e o raio é 0,70 m. (a) Qual é a freqüência de cíclotron? (b) Determine a energia cinética dos prótons quando eles saem. (c) Como suas respostas mudariam se, no lugar de prótons, fossem usados dêuterons?

44 •• Certo cíclotron, cujo campo magnético tem intensidade igual a 1,8 T, é projetado para acelerar prótons até a energia cinética de 25 MeV. (a) Qual é a freqüência de cíclotron para este dispositivo? (b) Qual deve ser o raio mínimo do ímã para atingir esta energia? (c) Se a diferença de potencial alternada aplicada aos ds tem um valor máximo de 50 kV, quantas revoluções devem completar os prótons antes de saírem com energias de 25 MeV?

45 •• Mostre que, para um dado cíclotron, a freqüência de cíclotron para aceleração de dêuterons é a mesma que a freqüência para aceleração de partículas alfa e é metade da freqüência para aceleração de prótons no mesmo campo magnético. O dêuteron tem carga igual a do próton e a carga da partícula alfa é igual ao dobro da carga do próton. Considere que $m_\alpha = 2m_d = 4m_p$.

46 ••• Mostre que o raio da órbita de uma partícula carregada em um cíclotron é proporcional à raiz quadrada do número de órbitas completadas.

TORQUES EM ANÉIS DE CORRENTE, ÍMÃS E MOMENTOS MAGNÉTICOS

47 • Uma pequena bobina circular constituída por 20 voltas de fio está em uma região com um campo magnético uniforme cuja magnitude é 0,50 T. O arranjo é tal que a normal ao plano da bobina faz um ângulo de 60° com a direção do campo magnético. O raio da bobina é 4,0 cm e o fio conduz uma corrente de 3,0 A. (a) Qual é a magnitude do momento magnético da bobina? (b) Qual é a magnitude do torque exercido na bobina?

48 • Qual o valor do torque máximo em uma bobina circular de raio 0,75 cm, com 400 voltas, que conduz uma corrente de 1,6 mA e está em uma região com um campo magnético uniforme de 0,25 T?

49 • Um fio conduzindo corrente tem o formato de um quadrado de 6,0 cm de lado. O quadrado está no plano $z = 0$. O fio conduz uma corrente de 2,5 A. Qual é a magnitude do torque no fio se ele está em uma região com um campo magnético uniforme de intensidade igual a 0,30 T e aponta (a) na direção $+z$ e (b) na direção $+x$?

50 • Um fio conduzindo corrente tem o formato de um triângulo eqüilátero com 8,0 cm de lado. O triângulo está no plano $z = 0$. O fio conduz uma corrente de 2,5 A. Qual é a magnitude do torque no fio se ele está em uma região com um campo magnético uniforme de intensidade igual a 0,30 T e aponta (a) na direção $+z$ e (b) na direção $+x$?

51 •• Um fio rígido tem o formato de um quadrado de lado L. O quadrado tem massa m e o fio conduz uma corrente I. O quadrado está em uma superfície horizontal plana em uma região onde há um campo magnético de intensidade B que é paralelo a dois lados do quadrado. Qual é o valor mínimo de B para que um dos lados do quadrado decole da superfície?

52 •• Uma bobina retangular de 50 voltas, conduzindo corrente como mostra a Figura 26-36, pode girar em torno do eixo z. (a) Se os fios no plano $z = 0$ fazem um ângulo $\theta = 37°$ com o eixo y, que ângulo faz o momento magnético da bobina com o vetor unitário $\hat{i}$? (b) Escreva uma expressão para $\hat{n}$ em termos dos vetores unitários $\hat{i}$ e $\hat{j}$, onde $\hat{n}$ é o vetor unitário na direção e sentido do momento magnético. (c) Qual é o momento magnético da bobina? (d) Determine o torque na bobina quando há um campo magnético uniforme $\vec{B} = 1,5$ T $\hat{j}$ na região ocupada pela bobina. (e) Determine a energia potencial da bobina neste campo. (A energia potencial é zero quando $\theta = 0$.)

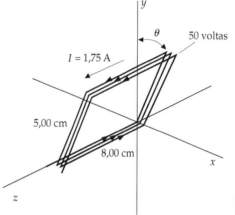

FIGURA 26-36
Problemas 52 e 53

53 •• Para a bobina no Problema 52 o campo magnético é, agora, $\vec{B} = 2,0$ T $\hat{j}$. Determine o torque exercido na bobina quando $\hat{n}$ é igual a (a) $\hat{i}$, (b) $\hat{j}$, (c) $-\hat{j}$ e (d) $(\hat{i} + \hat{j})\sqrt{2}$.

54 •• Um pequeno ímã em barra tem comprimento de 6,8 cm e seu momento magnético está alinhado com um campo magnético uniforme de intensidade 0,040 T. O ímã em barra é, então, girado por um ângulo de 60° em torno de um eixo perpendicular ao seu comprimento. O torque observado no ímã tem magnitude de 0,10 N · m. (a) Determine o momento magnético do ímã. (b) Determine a energia potencial do ímã.

55 •• Um anel consiste em dois semicírculos conectados por segmentos retilíneos (Figura 26-37). Os raios interno e externo são 0,30 m e 0,50 m, respectivamente. Uma corrente de 1,5 A percorre este fio e, no semicírculo externo, ela está no sentido horário. Qual é o momento magnético deste anel de corrente?

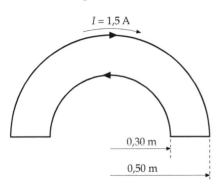

FIGURA 26-37
Problema 55

56 •• Um fio de comprimento L está enrolado em uma bobina circular com N voltas. Mostre que, quando o fio conduz uma corrente I, o momento magnético da bobina tem magnitude dada por $IL^2/(4\pi N)$.

57 •• Uma partícula com carga q e massa m move-se com velocidade angular ω em uma trajetória circular de raio r. (a) Mostre que a corrente média criada por esta partícula em movimento é $\omega q/(2\pi)$ e que o momento magnético de sua órbita tem magnitude de $\frac{1}{2}q\omega r^2$. (b) Mostre que o momento angular desta partícula tem magnitude de $mr^2\omega$ e que os vetores momento magnético e momento angular estão relacionados por $\vec{\mu} = \frac{1}{2}(q/m)\vec{L}$, onde $\vec{L}$ é o momento angular em torno do centro do círculo.

58 ••• Uma casca cilíndrica não-condutora uniformemente carregada (Figura 26-38) tem comprimento L, raios interno e externo R_i e R_o, respectivamente, densidade de carga ρ e velocidade angular ω em torno de seu eixo. Derive uma expressão para o momento magnético do cilindro.

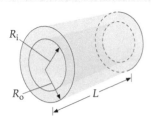

FIGURA 26-38 Problema 58

59 ••• Um bastão fino uniforme e não-condutor, com massa m e comprimento L, tem carga uniforme por unidade de comprimento λ e gira com rapidez angular ω em torno de um eixo que passa por uma extremidade e que é perpendicular ao bastão. (a) Considere um pequeno segmento do bastão de comprimento dx e carga $dq = \lambda\, dr$ a uma distância r do pivô (Figura 26-39). Mostre que a corrente média criada pelo movimento deste segmento é $\omega dq/(2\pi)$ e mostre que o momento magnético deste segmento é $\frac{1}{2}\lambda\omega r^2\, dx$. (b) Use isto para mostrar que a magnitude do momento magnético do bastão é $\frac{1}{6}\lambda\omega L^3$. (c) Mostre que o momento magnético $\vec{\mu}$ e o momento angular $\vec{L}$ estão relacionados por $\vec{\mu} = \frac{1}{2}(Q/m)\vec{L}$, onde Q é a carga total do bastão.

FIGURA 26-39 Problema 59

60 ••• Um disco fino não-condutor e não-uniforme tem massa m, raio R e carga total Q, com carga por unidade de área σ variando de acordo com $\sigma_0 r/R$, e massa por unidade de área σ_m que é dada por $(m/Q)\sigma$. O disco gira com rapidez angular ω em torno de seu eixo central. (a) Mostre que o momento magnético do disco tem magnitude $\frac{1}{5}\pi\omega\sigma_0 R^4$, que pode ser reescrito como $\frac{3}{10}\omega QR^2$. (b) Mostre que o momento magnético $\vec{\mu}$ e o momento angular $\vec{L}$ estão relacionados por $\vec{\mu} = \frac{1}{2}(Q/m)\vec{L}$.

61 ••• Uma casca esférica de raio R tem uma densidade superficial constante de carga σ. A casca gira em torno de seu diâmetro com rapidez angular ω. Determine a magnitude do momento magnético da casca esférica girando.

62 ••• Uma esfera uniforme, sólida, uniformemente carregada, de raio R, tem uma densidade volumétrica de carga ρ. A esfera gira em torno de um eixo que passa pelo seu centro com rapidez angular ω. Determine a magnitude do momento magnético da esfera girando.

63 ••• Um disco uniforme, fino, uniformemente carregado, de massa m, raio r e densidade superficial uniforme de carga σ, gira com rapidez angular ω em torno de um eixo que passa pelo seu centro e é perpendicular ao disco (Figura 26-40). O disco está em uma região com um campo magnético uniforme $\vec{B}$ que faz um ângulo θ com o eixo de rotação. Calcule (a) a magnitude do torque exercido no disco pelo campo magnético e (b) a freqüência de precessão do disco no campo magnético.

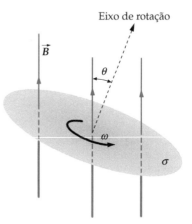

FIGURA 26-40
Problema 63

O EFEITO HALL

64 • Uma tira metálica de 2,00 cm de largura e 0,100 cm de espessura, conduz uma corrente de 20,0 A em uma região com um campo magnético uniforme de 2,00 T, como mostrado na Figura 26-41. A tensão Hall medida é de 4,27 μV. (a) Calcule a rapidez de arraste dos elétrons livres na tira. (b) Determine a densidade de número de elétrons livres na tira. (c) Qual dos pontos, a ou b, está em um potencial mais elevado? Explique sua resposta.

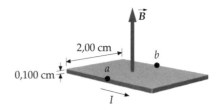

FIGURA 26-41
Problemas 64 e 65

65 •• A densidade de número de elétrons livres no cobre é $8{,}47 \times 10^{22}$ elétrons por centímetro cúbico. Se a tira metálica na Figura 26-41 for feita de cobre e a corrente for 10,0 A, determine (a) a rapidez de deriva v_d e (b) a diferença de potencial $V_a - V_b$. Considere que a intensidade do campo magnético seja 2,00 T.

66 •• **APLICAÇÃO EM ENGENHARIA** Uma tira de cobre com $8,47 \times 10^{22}$ elétrons por centímetro cúbico, com largura de 2,00 cm e espessura de 0,100 cm, é usada para medir as magnitudes de campos magnéticos desconhecidos, perpendiculares a ela. Determine a magnitude B quando a corrente é 20,0 A e a tensão Hall é (a) 2,00 μV, (b) 5,25 μV e (c) 8,00 μV.

67 •• **APLICAÇÃO BIOLÓGICA** Como o sangue contém íons, o sangue em movimento desenvolve uma tensão Hall ao longo do diâmetro de uma artéria. Uma artéria grande com diâmetro de 0,85 cm pode conter sangue fluindo através dela com uma rapidez máxima de 0,60 m/s. Se uma seção da artéria estiver em um campo magnético de 0,20 T, qual será a diferença de potencial máxima ao longo do diâmetro da artéria?

68 •• O coeficiente Hall R_H é uma propriedade de materiais condutores (assim como a resistividade). Ele é definido como $R_H = E_y/(J_x B_z)$, onde J_x é a componente x da densidade de corrente no material, B_z é a componente z do campo magnético e E_y é a componente y do campo elétrico Hall resultante. Mostre que o coeficiente Hall é igual a $1/(nq)$, onde q é a carga dos portadores de carga ($-e$ se eles forem elétrons). (Os coeficientes Hall de metais monovalentes, tais como o cobre, a prata e o sódio, são, portanto, negativos.)

69 •• O alumínio tem densidade de $2,7 \times 10^3$ kg/m³ e massa molar de 27 g/mol. O coeficiente Hall do alumínio é $R = -0,30 \times 10^{-10}$ m³/C. (Veja o Problema 68 para a definição de R.) Qual é o número de elétrons de condução por átomo de alumínio?

PROBLEMAS GERAIS

70 • Um fio longo paralelo ao eixo x conduz uma corrente de 6,50 A na direção $+x$. O fio ocupa uma região com campo magnético uniforme $\vec{B} = 1,35$ T $\hat{j}$. Determine a força magnética por unidade de comprimento no fio.

71 • Uma partícula alfa (carga $+2e$) percorre uma trajetória circular de raio 0,50 m em uma região com campo magnético cuja magnitude é 0,10 T. Determine (a) o período, (b) a rapidez e (c) a energia cinética (em elétron-volts) da partícula alfa. (A massa de uma partícula alfa é $6,65 \times 10^{-27}$ kg.)

72 •• A intensidade do pólo q_m de um ímã em barra é definida como $\vec{\mu} = q_m \vec{\ell}$, onde $\vec{\mu}$ é o momento magnético do ímã e $\vec{\ell}$ é a posição do pólo norte do ímã em relação ao pólo sul. Mostre que o torque exercido em um ímã em barra em um campo magnético uniforme $\vec{B}$ é o mesmo que para o caso de uma força $+q_m \vec{B}$ exercida sobre o pólo norte e uma força $-q_m \vec{B}$ exercida sobre o pólo sul.

73 •• Uma partícula de massa m e carga q entra em uma região onde há um campo magnético uniforme $\vec{B}$ paralelo ao eixo x. A velocidade inicial da partícula é $\vec{v} = v_{0x}\hat{i} + v_{0y}\hat{j}$ e, portanto, a partícula desenvolve um movimento helicoidal. (a) Mostre que o raio da hélice é $r = mv_{0y}/qB$. (b) Mostre que a partícula leva um tempo $\Delta t = 2\pi m/qB$ para completar cada volta da hélice. (c) Qual é a componente x do deslocamento da partícula durante o tempo obtido na Parte (b)?

74 •• Uma barra metálica de massa m desliza em um par de longos trilhos horizontais condutores, paralelos, separados por uma distância L e conectados a um dispositivo que fornece uma corrente constante I ao circuito, como mostra a Figura 26-42. O circuito está em uma região com um campo magnético uniforme $\vec{B}$ cuja direção é vertical e para baixo. Não há atrito e a barra parte do repouso em $t = 0$. (a) Em que sentido a barra começará a se mover? (b) Mostre que no instante t a barra terá uma rapidez de $(BIL/m)t$.

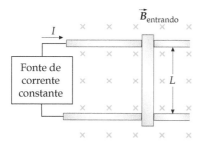

FIGURA 26-42 Problemas 74 e 75

75 •• Considere que os trilhos do Problema 74 não tenham atrito, mas estejam inclinados, fazendo um ângulo θ com a horizontal, e que a fonte de corrente esteja conectada à extremidade mais baixa dos trilhos. O campo magnético ainda está dirigido verticalmente para baixo. (a) Qual o valor mínimo de B necessário para evitar que a barra deslize para baixo nos trilhos? (b) Qual é a aceleração da barra se B é o dobro do valor encontrado na Parte (a)?

76 •• Um longo e fino ímã em barra tem momento magnético $\vec{\mu}$ paralelo ao seu eixo mais longo e está suspenso pelo centro como uma agulha de bússola, sem atrito. Quando colocado em uma região com um campo magnético horizontal $\vec{B}$, a agulha alinha-se com o campo. Se ele for deslocado por um pequeno ângulo θ, mostre que a agulha oscilará em torno de sua posição de equilíbrio com uma freqüência $f = \dfrac{1}{2\pi}\sqrt{\dfrac{\mu B}{I}}$, onde I é o momento de inércia da agulha em torno do ponto de suspensão.

77 •• Um fio retilíneo condutor com 20 m de comprimento é paralelo ao eixo y e está se movendo na direção $+x$ com rapidez de 20 m/s em uma região com campo magnético dado por 0,50 T $\hat{k}$. (a) Devido à força magnética, os elétrons se moverão para uma extremidade do fio, deixando a outra extremidade carregada positivamente, até que o campo elétrico devido a esta separação exerça uma força nos elétrons de condução que equilibra a força magnética. Determine a magnitude, a direção e o sentido deste campo elétrico na situação de equilíbrio. (b) Qual extremidade do fio estará carregada positivamente e qual estará carregada negativamente? (c) Considere que o fio em movimento tenha 2,0 m de comprimento. Qual é a diferença de potencial entre as extremidades devida a este campo elétrico?

78 ••• Um anel circular de fio com massa m e corrente constante I está em uma região com um campo magnético uniforme. Ele está inicialmente em equilíbrio e seu momento magnético está alinhado com o campo magnético. O anel sofre um pequeno deslocamento angular em torno do eixo que passa pelo seu centro e é perpendicular ao campo magnético, e é, então, liberado. Qual é o período do movimento subseqüente? (Considere que o único torque exercido no anel é o devido ao campo magnético e que não há outras forças exercidas sobre ele.)

79 ••• Um pequeno ímã em barra tem momento magnético $\vec{\mu}$ que faz um ângulo θ com o eixo x. O ímã está em uma região com um campo magnético não-uniforme dado por $\vec{B} = B_x(x)\hat{i} + B_y(y)\hat{j}$. Usando $F_x = -\partial U/\partial x$, $F_y = -\partial U/\partial y$ e $F_z = -\partial U/\partial z$, mostre que há uma força magnética resultante no ímã dada por

$$\vec{F} = \mu_x \dfrac{\partial B_x}{\partial x}\hat{i} + \mu_y \dfrac{\partial B_y}{\partial y}\hat{j}$$

80 •• Um próton, um dêuteron e uma partícula alfa têm a mesma energia cinética. Eles estão se movendo em uma região com um campo magnético uniforme que é perpendicular às suas velocidades. Sejam R_p, R_d e R_α os raios das órbitas circulares, respectivamente. O dêuteron tem carga igual a do próton e a carga da partícula alfa é o dobro da carga do próton. Determine as razões R_d/R_p e R_α/R_p. Considere que $m_\alpha = 2m_d = 4m_p$.

81 ••• **APLICAÇÃO EM ENGENHARIA, RICO EM CONTEXTO** Seu grupo de química forense, trabalhando juntamente com agências judiciárias locais, adquiriu um espectrômetro de massa semelhante ao discutido no texto. Ele emprega um campo magnético uniforme com magnitude de 0,75 T. Para calibrar o espectrômetro, você decide medir as massas de vários isótopos de carbono através da medida da posição de impacto dos vários íons de carbono monovalentes que entram no espectrômetro com uma energia cinética de 25 keV. Uma câmara sensível à posição de 0,50 mm faz parte do equipamento. Qual será o limite de resolução em massa (em kg) para íons neste intervalo de massas, isto é, aqueles cujas massas são da ordem da massa do átomo de carbono?

Fontes de Campo Magnético

- 27-1 O Campo Magnético de Cargas Puntiformes em Movimento
- 27-2 O Campo Magnético de Correntes: A Lei de Biot–Savart
- 27-3 A Lei de Gauss para o Magnetismo
- 27-4 A Lei de Ampère
- 27-5 Magnetismo em Materiais

CAPÍTULO 27

ESTAS BOBINAS NO LABORATÓRIO DE MAGNETISMO DE KETTERING, NA UNIVERSIDADE DE OAKLAND (EUA), SÃO CHAMADAS DE BOBINAS DE HELMHOLTZ. ELAS SÃO USADAS PARA CANCELAR O CAMPO MAGNÉTICO DA TERRA E PARA FORNECER UM CAMPO MAGNÉTICO UNIFORME EM UMA PEQUENA REGIÃO DO ESPAÇO PARA O ESTUDO DAS PROPRIEDADES MAGNÉTICAS DA MATÉRIA. *(Bob Williamson, Oakland University, Rochester, Michigan.)*

> Você sabe como calcular a intensidade do campo magnético em uma bobina conduzindo corrente?

(Veja o Exemplo 27-2.)

De acordo com o que vimos no Capítulo 26, a potência de ímãs permanentes é conhecida desde o ano 1000. Entretanto, o estudo sobre os ímãs e sua relação com a eletricidade não ocorreu antes de 1819, quando um físico dinamarquês, Hans Christian Oersted, descobriu que a agulha de uma bússola é defletida por uma corrente elétrica. Apenas um mês depois da descoberta de Oersted, Jean-Baptiste Biot e Félix Savart anunciaram os resultados de suas medidas do torque sobre um ímã próximo a um fio longo, conduzindo corrente, e analisaram estes resultados em termos do campo magnético produzido por cada elemento de corrente. André-Marie Ampère realizou experimentos adicionais e mostrou que elementos de corrente também experimentam uma força na presença de um campo magnético e que dois elementos de corrente exercem forças um sobre o outro.

> Neste capítulo, começamos considerando o campo magnético produzido por uma única carga em movimento e pelas cargas em movimento em um elemento de corrente. Calculamos, então, os campos magnéticos produzidos por algumas configurações comuns de corrente, tais como um segmento retilíneo de fio; um longo fio retilíneo; um anel de corrente e um solenóide. Na seqüência, discutimos a lei de Ampère. Finalmente, consideramos as propriedades magnéticas da matéria.

27-1 O CAMPO MAGNÉTICO DE CARGAS PUNTIFORMES EM MOVIMENTO

Quando uma carga puntiforme q move-se com velocidade $\vec{v}$, ela produz um campo magnético $\vec{B}$ no espaço, dado por*

$$\vec{B} = \frac{\mu_0}{4\pi}\frac{q\vec{v}\times\hat{r}}{r^2} \qquad 27\text{-}1$$

CAMPO MAGNÉTICO DE UMA CARGA PUNTIFORME EM MOVIMENTO

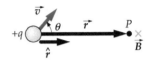

onde $\hat{r}$ é um vetor unitário (veja Figura 27-1) que aponta para o ponto de campo P a partir da carga q em movimento com velocidade $\vec{v}$, e μ_0 é uma constante de proporcionalidade, chamada de **constante magnética (permeabilidade do espaço livre)**,[†] a qual, por definição, tem o valor exato

$$\mu_0 = 4\pi \times 10^{-7}\,\text{T}\cdot\text{m/A} = 4\pi \times 10^{-7}\,\text{N/A}^2 \qquad 27\text{-}2$$

As unidades de μ_0 são tais que B está em teslas quando q está em coulombs, v em metros por segundo e r em metros. A unidade N/A² vem do fato de $1\,\text{T} = 1\,\text{N}\cdot\text{s}/(\text{C}\cdot\text{m})$. A constante $1/(4\pi)$ é incluída arbitrariamente na Equação 27-1 para que o fator 4π não apareça na lei de Ampère (Equação 27-16), sobre a qual estudaremos na Seção 27-4.

FIGURA 27-1 Uma carga puntiforme positiva q movendo-se com velocidade $\vec{v}$ produz um campo magnético $\vec{B}$ em um ponto de campo P. O campo magnético em P está na direção e sentido de $\vec{v}\times\hat{r}$, onde $\vec{v}$ é a velocidade da carga puntiforme e $\hat{r}$ é o vetor unitário apontando da carga até o ponto de campo. O campo varia com o inverso do quadrado da distância da carga ao ponto de campo e é proporcional ao seno do ângulo entre $\vec{v}$ e $\hat{r}$. (O × no ponto-campo indica que o sentido do campo é para dentro da página.)

Exemplo 27-1 Campo Magnético de uma Carga Puntiforme em Movimento

Uma partícula puntiforme com carga $q = 4{,}5\,\mu\text{C}$ está se movendo com velocidade $\vec{v} = 3{,}0$ m/s $\hat{i}$ ao longo da linha $y = 3{,}0$ m no plano $z = 0$. Determine o campo magnético na origem produzido por esta carga quando ela está no ponto $x = -4{,}0$ m, $y = 3{,}0$ m, como mostrado na Figura 27-2.

SITUAÇÃO O campo magnético associado a uma partícula carregada em movimento é dado pela Equação 27-1.

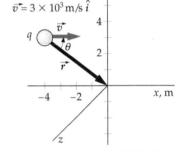

FIGURA 27-2

SOLUÇÃO

1. O campo magnético é dado pela Equação 27-1: $\vec{B} = \dfrac{\mu_0}{4\pi}\dfrac{q\vec{v}\times\hat{r}}{r^2}$ onde $\vec{v} = v\hat{i}$

2. Determine $\hat{r}$ e r da Figura 27-2 e escreva $\hat{r}$ em termos de $\hat{i}$ e $\hat{j}$:

$$\vec{r} = 4{,}0\,\text{m}\,\hat{i} - 3{,}0\,\text{m}\,\hat{j}$$
$$r = \sqrt{4{,}0^2 + 3{,}0^2}\,\text{m} = 5{,}0\,\text{m}$$
$$\hat{r} = \frac{\vec{r}}{r} = \frac{4{,}0\,\text{m}\,\hat{i} - 3{,}0\,\text{m}\,\hat{j}}{5{,}0\,\text{m}} = 0{,}80\,\hat{i} - 0{,}60\,\hat{j}$$

3. Substitua esses resultados na Equação 27-1:

$$\vec{B} = \frac{\mu_0}{4\pi}\frac{q\vec{v}\times\hat{r}}{r^2} = \frac{\mu_0}{4\pi}\frac{q(v\hat{i})\times(0{,}80\hat{i}-0{,}60\hat{j})}{r^2} = \frac{\mu_0}{4\pi}\frac{q(-0{,}60 v\hat{k})}{r^2}$$

$$= -(10^{-7}\,\text{T}\cdot\text{m/A})\frac{(4{,}5\times10^{-6}\,\text{C})(0{,}60)(3{,}0\,\text{m/s})}{(5{,}0\,\text{m})^2}\hat{k}$$

$$= \boxed{-3{,}2\times10^{-14}\,\text{T}\,\hat{k}}$$

CHECAGEM Também é possível obter $\vec{B}$ sem determinar uma expressão explícita para o vetor unitário $\hat{r}$. Da Figura 27-2 vemos que $\vec{v}\times\hat{r}$ está na direção $-z$. Além disso, o módulo de $\vec{v}\times\hat{r}$ é $v\,\text{sen}\,\theta$, onde $\text{sen}\,\theta = (3{,}0\,\text{m})/(5{,}0\,\text{m}) = 0{,}60$. Combinando estes resultados, temos $\vec{v}\times\hat{r} = v\,\text{sen}\,\theta(-\hat{k}) = -v(0{,}60)\hat{k}$, de acordo com nosso resultado na linha 1 da etapa 3.

PROBLEMA PRÁTICO 27-1 Determine, no mesmo instante, o campo magnético no eixo y em $y = 3{,}0$ m e em $y = 6{,}0$ m.

---

* Esta expressão é usada apenas para rapidez muito menor que a velocidade da luz.
† Deve-se ter cuidado para não confundir μ_0 com a intensidade do vetor momento magnético $\vec{\mu}$.

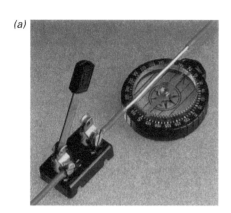
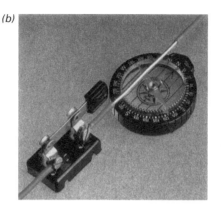

Experimento de Oersted. (*a*) Quando não existe corrente no fio, a agulha da bússola aponta para o norte. (*b*) Quando o fio conduz uma corrente, a agulha da bússola é defletida na direção do campo magnético resultante. A corrente no fio é dirigida para cima, da esquerda para a direita. A capa de isolamento do fio foi cortada para melhorar o contraste da fotografia. (© 1990 Richard Menga/Fundamental Photographs.)

27-2 O CAMPO MAGNÉTICO DE CORRENTES: A LEI DE BIOT–SAVART

No capítulo anterior, estendemos nossa discussão sobre forças em cargas puntiformes para forças em elementos de corrente substituindo $q\vec{v}$ pelo elemento de corrente $I\,d\vec{\ell}$. Fazemos o mesmo para o campo magnético produzido por um elemento de corrente. O campo magnético $d\vec{B}$ produzido por um elemento de corrente $I\,d\vec{\ell}$ é dado pela Equação 27-1, onde $q\vec{v}$ é substituído por $d\vec{\ell}$:

$$d\vec{B} = \frac{\mu_0}{4\pi} \frac{I\,d\vec{\ell} \times \hat{r}}{r^2} \qquad 27\text{-}3$$

LEI DE BIOT–SAVART

A Equação 27-3, conhecida como a **lei de Biot–Savart**, também foi deduzida por Ampère. A lei de Biot–Savart e a Equação 27-1 são análogas à lei de Coulomb para o campo elétrico de uma carga puntiforme. A fonte de campo magnético é uma carga em movimento $q\vec{v}$ ou um elemento de corrente $I\,d\vec{\ell}$, assim como a carga q é a fonte do campo eletrostático. O campo magnético diminui com o quadrado da distância à carga em movimento ou ao elemento de corrente, assim como o campo elétrico diminui com o quadrado da distância à carga puntiforme. Entretanto, os aspectos direcionais dos campos elétrico e magnético são muito diferentes. Enquanto o campo elétrico aponta na direção radial $\hat{r}$ a partir da carga puntiforme até o ponto de campo (para uma carga positiva), o campo magnético é perpendicular a $\hat{r}$ e a $\vec{v}$, no caso de uma carga puntiforme, ou $\hat{r}$ e $d\vec{\ell}$ no caso de um elemento de corrente. Em um ponto ao longo da linha de um elemento de corrente, tal como o ponto P_2 na Figura 27-3, o campo magnético devido a este elemento de corrente é zero. (Equação 27-3 fornece $d\vec{B} = 0$ se $d\vec{\ell}$ e $\hat{r}$ são paralelos ou antiparalelos.)

O campo magnético devido à corrente total em um circuito pode ser calculado usando a lei de Biot–Savart para determinar o campo devido a cada elemento de corrente, e, então, somando (integrando) sobre todos os elementos de corrente no circuito. Este cálculo é complicado para todas as geometrias de circuito, exceto para as mais simples.

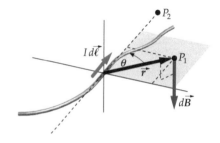

FIGURA 27-3 O elemento de corrente $I\,d\vec{\ell}$ produz um campo magnético $d\vec{B}$ no ponto P_1 que está na direção e sentido de $d\vec{\ell} \times \hat{r}$ e, portanto, perpendicular a $d\vec{\ell}$ e a $\hat{r}$. O elemento de corrente não produz campo magnético no ponto P_2 que está ao longo da linha de $d\vec{\ell}$.

$\vec{B}$ DEVIDO A UM ANEL DE CORRENTE

A Figura 27-4 mostra um elemento de corrente $I\,d\vec{\ell}$ de um anel de raio R e o vetor unitário $\hat{r}$ que aponta do elemento até o centro do anel. O campo magnético no centro do anel devido a este elemento está dirigido ao longo do eixo do anel e seu módulo, obtido através do módulo de ambos os lados da Equação 27-3, é dado por

$$dB = \frac{\mu_0}{4\pi} \frac{I\,d\ell\,\operatorname{sen}\theta}{R^2} \qquad 27\text{-}4$$

onde θ é o ângulo entre $d\vec{\ell}$ e $\hat{r}$, que é 90° para cada elemento de corrente, logo sen $\theta = 1$. O campo magnético resultante devido a todos os elementos de corrente no anel é obtido integrando a Equação 27-4 sobre todos os elementos no anel.

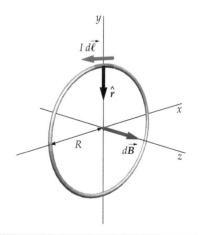

FIGURA 27-4 Elemento de corrente para calcular o campo magnético no centro de um anel circular de corrente. Cada elemento produz um campo magnético que está dirigido ao longo do eixo do anel.

Como *I* e *R* são os mesmos para todos os elementos, obtemos

$$B = \frac{\mu_0}{4\pi} \frac{I}{R^2} \oint d\ell$$

A integral de $d\ell$ ao longo de todo o anel fornece o comprimento total $2\pi R$, a circunferência do anel. O campo magnético devido a todo o anel é, portanto

$$B = \frac{\mu_0}{4\pi} \frac{I}{R^2} 2\pi R = \frac{\mu_0 I}{2R} \qquad 27\text{-}5$$

B NO CENTRO DE UM ANEL DE CORRENTE

PROBLEMA PRÁTICO 27-2

Determine a corrente em um anel circular de raio 8,0 cm que produzirá um campo magnético de 0,20 mT no centro do anel.

A Figura 27-5 mostra a geometria para calcular o campo magnético de um ponto no eixo de um anel circular de corrente a uma distância *z* do centro do anel. Consideramos, primeiramente, o elemento de corrente no topo do anel. Aqui, como em todo o lugar no anel, $I\,d\vec{\ell}$ é tangente ao anel e perpendicular ao vetor $\hat{r}$ que vai do elemento de corrente ao ponto de campo *P*. O campo magnético $d\vec{B}$ devido a este elemento está na direção mostrada na figura, perpendicular a $\hat{r}$ e, também, perpendicular a $I\,d\vec{\ell}$. A magnitude de $d\vec{B}$ é

$$|d\vec{B}| = \frac{\mu_0}{4\pi} \frac{I|d\hat{\ell} \times \hat{r}|}{r^2} = \frac{\mu_0}{4\pi} \frac{I\,d\ell}{(z^2 + R^2)}$$

onde usamos o fato que $r^2 = z^2 + R^2$ e que $d\vec{\ell}$ e $\hat{r}$ são perpendiculares, logo $|d\vec{\ell} \times \hat{r}| = d\ell$.

Quando somamos sobre todos os elementos de corrente no anel, a soma das componentes de $d\vec{B}$ perpendiculares ao eixo do anel, tais como dB_y na Figura 27-5, resulta zero, deixando apenas as componentes dB_z paralelas ao eixo. Calculamos, então, apenas a componentes *z* do campo. Da Figura 27-5, temos

$$dB_z = dB\,\text{sen}\,\theta = \left(\frac{\mu_0}{4\pi} \frac{I\,d\ell}{(z^2 + R^2)}\right)\left(\frac{R}{\sqrt{z^2 + R^2}}\right) = \frac{\mu_0}{4\pi} \frac{IR\,d\ell}{(z^2 + R^2)^{3/2}}$$

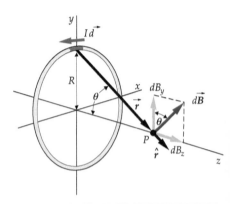

FIGURA 27-5 Geometria para calcular o campo magnético de um ponto no eixo de um anel circular de corrente.

Para determinar o campo devido a todo o anel de corrente, integramos dB_z ao longo do anel:

$$B_z = \oint dB_z = \oint \frac{\mu_0}{4\pi} \frac{IR}{(z^2 + R^2)^{3/2}} d\ell$$

Como nem *z* nem *R* variam enquanto somamos sobre todos os elementos do anel, podemos remover estas quantidades da integral. Então

$$B_z = \frac{\mu_0}{4\pi} \frac{IR}{(z^2 + R^2)^{3/2}} \oint d\ell$$

A integral de $d\ell$ sobre todo o anel resulta em $2\pi R$. Portanto,

$$B_z = \frac{\mu_0}{4\pi} \frac{IR}{(z^2 + R^2)^{3/2}} 2\pi R = \frac{\mu_0}{4\pi} \frac{2\pi R^2 I}{(z^2 + R^2)^{3/2}} \qquad 27\text{-}6$$

B NO EIXO DE UM ANEL DE CORRENTE

PROBLEMA PRÁTICO 27-3

Mostre que a Equação 27-6 se reduz a $B_z = \tfrac{1}{2}\mu_0 I/R$ (Equação 27-5) no centro do anel.

A grandes distâncias do anel, $|z|$ é muito maior que *R*, logo $(z^2 + R^2)^{3/2} \approx (z^2)^{3/2} = |z|^3$. Assim,

$$B_z = \frac{\mu_0}{4\pi} \frac{2I\pi R^2}{|z|^3}$$

ou

$$B_z = \frac{\mu_0}{4\pi}\frac{2\mu}{|z|^3}$$ 27-7

CAMPO DE DIPOLO MAGNÉTICO NO EIXO DO DIPOLO

onde $\mu = I\pi R^2$ é o módulo do momento magnético do anel. Observe a semelhança entre esta expressão e o campo elétrico no eixo de um dipolo elétrico cujo momento de dipolo tem módulo p (Equação 21-10):

$$E_z = \frac{1}{4\pi\epsilon_0}\frac{2p}{|z|^3}$$

Apesar de não ter sido demonstrado, o resultado que um anel de corrente produz um campo de dipolo magnético a grandes distâncias tem validade geral para qualquer ponto quer ele esteja no eixo ou fora do eixo do anel. Portanto, um anel de corrente comporta-se como um dipolo magnético porque ele está sujeito a um torque $\vec{\mu} \times \vec{B}$ quando colocado em um campo magnético externo (como mostrado no Capítulo 26) e ele também produz um campo de dipolo magnético em pontos de campo distantes do anel. A Figura 27-6 mostra as linhas de campo magnético para um anel de corrente.

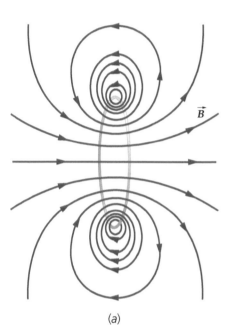
(a)

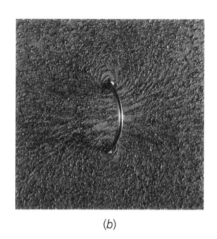
(b)

FIGURA 27-6 (a) As linhas de campo magnético de um anel circular de corrente. (b) As linhas de campo magnético de um anel circular de corrente indicadas por limalhas de ferro. (© 1990 Richard Menga/Fundamental Photographs.)

Exemplo 27-2 Determine $\vec{B}$ no Eixo de uma Bobina

Uma bobina circular tem raio igual a 5,00 cm, 12 voltas, está no plano $z = 0$ e centrada na origem. Ela conduz uma corrente de 4,00 A e o momento magnético da bobina está na direção $+z$. Usando a Equação 27-6, determine o campo magnético no eixo z em (a) $z = 0$, (b) $z = 15,0$ cm e (c) $z = 3,00$ m. (d) Usando a Equação 27-7, determine o campo magnético no eixo z em $z = 3,00$ m.

SITUAÇÃO O campo magnético devido a um anel com N voltas é N vezes o devido a uma única volta. (a) Em $z = 0$, $B = \frac{1}{2}\mu_0 NI/R$ (da Equação 27-5). A Equação 27-6 fornece o campo magnético no eixo devido à corrente em uma única volta. Longe do anel, como na Parte (c), o campo pode ser determinado usando a Equação 27-7. Neste caso, como temos N voltas, o momento magnético é $\mu = NIA$, onde $A = \pi R^2$.

SOLUÇÃO

(a) B_z no centro é N vezes o dado pela Equação 27-5 para uma bobina de uma única volta:

$$B_z = \frac{\mu_0 NI}{2R}$$

$$= (4\pi \times 10^{-7}\,\text{T}\cdot\text{m/A})\frac{(12)(4,00\,\text{A})}{2(0,0500\,\text{m})}$$

$$= \boxed{6,03 \times 10^{-4}\,\text{T}}$$

224 | CAPÍTULO 27

(b) B_z no eixo é N vezes o dado pela Equação 27-6:

$$B_z = \frac{\mu_0}{4\pi} \frac{2\pi R^2 NI}{(z^2 + R^2)^{3/2}}$$

$$= (10^{-7}\,\text{T}\cdot\text{m/A}) \frac{2\pi (0{,}0500\,\text{m})^2(12)(4{,}00\,\text{A})}{\left[(0{,}1500\,\text{m})^2 + (0{,}0500\,\text{m})^2\right]^{3/2}}$$

$$= \boxed{1{,}91 \times 10^{-5}\,\text{T}}$$

(c) Use a Equação 27-6 novamente:

$$B_z = \frac{\mu_0}{4\pi} \frac{2\pi R^2 NI}{(z^2 + R^2)^{3/2}}$$

$$= (10^{-7}\,\text{T}\cdot\text{m/A}) \frac{2\pi (0{,}0500\,\text{m})^2(12)(4{,}00\,\text{A})}{\left[(3{,}00\,\text{m})^2 + (0{,}0500\,\text{m})^2\right]^{3/2}}$$

$$= \boxed{2{,}79 \times 10^{-9}\,\text{T}}$$

(d) 1. Como 3,00 m é muito maior que o raio $R = 0{,}0500$ m, podemos usar a Equação 27-7 para o campo magnético a grandes distâncias do anel:

$$B_z = \frac{\mu_0}{4\pi} \frac{2\mu}{|z|^3}$$

2. O módulo do momento magnético do anel é N/A:

$$\mu = NI\pi R^2 = (12)(4{,}00\,\text{A})\,\pi\,(0{,}0500\,\text{m})^2 = 0{,}377\,\text{A}\cdot\text{m}^2$$

3. Substitua $\mu = 0{,}377$ A $\cdot$ m² e $z = 3{,}00$ m na expressão para B_z no passo 1:

$$B_z = \frac{\mu_0}{4\pi} \frac{2\mu}{|z|^3} = (10^{-7}\,\text{T}\cdot\text{m/A}) \frac{2(0{,}377\,\text{A}\cdot\text{m}^2)}{(3{,}00\,\text{m})^3}$$

$$= \boxed{2{,}79 \times 10^{-9}\,\text{T}}$$

CHECAGEM Na Parte (d) $z = 60R$ e, portanto, podemos usar a aproximação que é válida para $z \gg R$. O resultado difere do valor exato, calculado na Parte (c), por menos de uma parte em 279.

Exemplo 27-3 | Calculando a Quantidade de Carga Móvel

Na bobina descrita no Exemplo 27-2, a corrente é 4,00 A. Considerando que a rapidez de deriva é $1{,}40 \times 10^{-4}$ m/s, determine o número de coulombs de carga móvel (elétrons livres) no fio. (A rapidez de deriva para um fio conduzindo uma corrente de 1 A foi calculada como $3{,}5 \times 10^{-5}$ m/s no Exemplo 25-1.)

SITUAÇÃO A quantidade de carga móvel Q no fio é o produto da taxa na qual a carga entra em uma extremidade do fio e o tempo que ela demora para percorrer o comprimento do fio. A taxa na qual a carga entra em uma extremidade do fio é a corrente I, e o tempo que ela leva para percorrer o comprimento L do fio é L/v_d, onde v_d é a rapidez de deriva.

SOLUÇÃO

1. A quantidade de carga em movimento é o produto da corrente pelo tempo para um portador de carga percorrer o comprimento do fio:

$$Q = I\,\Delta t$$

2. A rapidez de deriva é o comprimento do fio dividido pelo tempo:

$$v_\text{d} = \frac{L}{\Delta t}$$

3. O comprimento L é o número de voltas multiplicado pelo comprimento por volta. Além disso, obtemos o tempo a partir do resultado do passo 2:

$$L = N2\pi R = (12)\,2\pi\,(0{,}0500\,\text{m}) = 3{,}77\,\text{m}$$

e

$$\Delta t = \frac{L}{v_\text{d}} = \frac{3{,}77\,\text{m}}{1{,}40 \times 10^{-4}\,\text{m/s}} = 2{,}69 \times 10^4\,\text{s}$$

4. Resolva o resultado do passo 1 para a quantidade de carga em movimento no fio:

$$Q = I\,\Delta t = (4{,}00\,\text{A})(2{,}69 \times 10^4\,\text{s})$$

$$= \boxed{1{,}08 \times 10^5\,\text{C}}$$

CHECAGEM Há aproximadamente um elétron de condução para cada átomo em um metal. Se o fio é feito de cobre (com massa molar igual a 63,5 g/mol), é plausível que 3,77 m de fio tenha uma massa de aproximadamente 63,5 g. Assim, estimamos que exista cerca de um mol de cobre no fio. Isto significa que o número de elétrons de condução no fio é aproximadamente igual ao número de Avogadro. A carga total Q conduzida pelos elétrons de condução é o número de elétrons multiplicado pela carga do elétron. Isto é, $Q = -N_A e = -(6{,}02 \times 10^{23})(1{,}60 \times 10^{-19}\,\text{C}) = -0{,}965 \times 10^5\,\text{C}$. A magnitude deste resultado é muito semelhante ao resultado do passo 4.

Fontes de Campo Magnético | 225

INDO ALÉM A corrente consiste em aproximadamente 10^5 C de carga em movimento. Comparada à carga armazenada em um capacitor comum, esta quantidade é enorme.

Exemplo 27-4   Torque em um Ímã em Barra
Tente Você Mesmo

Um pequeno ímã em barra com momento magnético de módulo igual a 0,0300 A · m² é colocado no centro da bobina do Exemplo 27-2 de forma que seu momento magnético está no plano $x = 0$ e faz um ângulo de 30° com a direção $+z$, como mostrado. Desprezando qualquer variação de $\vec{B}$ ao longo da região ocupada pelo ímã, determine o torque exercido sobre ele.

SITUAÇÃO O torque em um momento magnético é dado por $\vec{\tau} = \vec{\mu} \times \vec{B}$. $\vec{B}$, está na direção $+z$ e, portanto, você pode usar a regra da mão direita para mostrar que $\vec{\mu} \times \vec{B}$ está na direção $+x$ (Figura 27-7).

SOLUÇÃO

Cubra a coluna da direita e tente por si só antes de olhar as respostas.

Passos	Respostas
1. Calcule a magnitude do torque usando $\vec{\tau} = \vec{\mu} \times \vec{B}$.	$\tau = 9{,}04 \times 10^{-6}\,\text{N}\cdot\text{m}$
2. Indique a direção usando um vetor unitário.	$\vec{\tau} = \boxed{(9{,}04 \times 10^{-6}\,\text{N}\cdot\text{m})\hat{\imath}}$

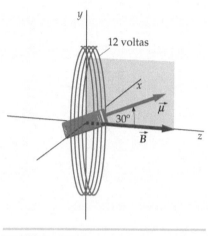

FIGURA 27-7

CHECAGEM Esperamos que o torque tendesse a alinhar o momento magnético com o campo magnético. Assim, o vetor torque na direção $+x$ é esperado.

$\vec{B}$ DEVIDO À CORRENTE EM UM SOLENÓIDE

Um **solenóide** é um fio condutor enrolado em uma hélice com as voltas bem próximas entre si, como ilustrado na Figura 27-8. Um solenóide é usado para produzir um campo magnético intenso e uniforme na região da vizinhança de seus anéis. O papel do solenóide no magnetismo é análogo ao do capacitor de placas paralelas, que produz um campo elétrico intenso e uniforme entre suas placas. O campo magnético de um solenóide é essencialmente o de um conjunto de N anéis de corrente idênticos colocados lado a lado. A Figura 27-9 mostra as linhas de campo magnético para dois destes anéis.

A Figura 27-10a mostra as linhas de campo magnético para um solenóide enrolado firmemente. Dentro do solenóide e distante das bordas, as linhas de campo são aproximadamente paralelas ao eixo, estão próximas e uniformemente espaçadas, indicando um campo magnético intenso e uniforme. Do lado de fora do solenóide (acima e abaixo dele) a densidade de linhas é muito menor. Além disso, as linhas de campo se separam quando nos afastamos de ambos os lados do solenóide. Comparando esta figura com a Figura 27-10b, vemos que o campo magnético de um solenóide, tanto no interior quanto no exterior dele, é virtualmente idêntico ao campo magnético de um ímã em barra do mesmo tamanho e formato do solenóide. Na Figura 27-10c, limalha de ferro se alinha com o campo de um solenóide que conduz corrente.

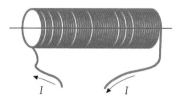

FIGURA 27-8 Um solenóide fortemente enrolado pode ser considerado como um conjunto de anéis circulares colocados lado a lado que conduzem a mesma corrente. O solenóide produz um campo magnético uniforme no interior dos anéis e distante das extremidades do solenóide.

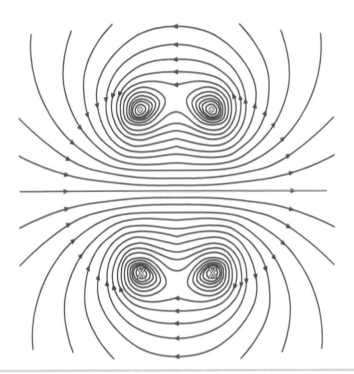

FIGURA 27-9 Linhas de campo magnético de dois anéis coaxiais idênticos conduzindo a mesma corrente. Os pontos onde os anéis interceptam o plano da página estão marcados com × onde a corrente entra na página e com • onde a corrente sai da página. Na região entre os anéis, próxima ao eixo, os campos magnéticos dos anéis individuais se superpõem, e o campo resultante é intenso e surpreendentemente uniforme. A região onde o campo é uniforme é maior se os planos dos dois anéis estiverem separados por uma distância igual ao raio dos anéis.

FIGURA 27-10 (a) Linhas de campo magnético de um solenóide. As linhas são idênticas às de um ímã em barra de mesmo formato, como em (b). (c) Linhas de campo magnético de um solenóide, mostradas por limalha de ferro. (© 1990 Richard Menga/Fundamental Photographs.)

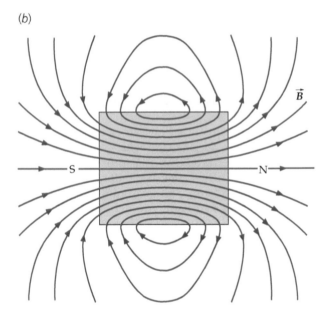

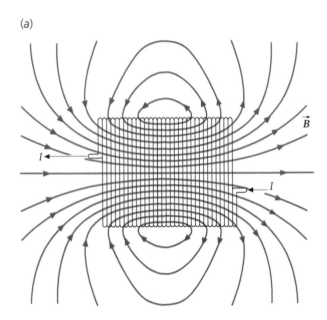

Exemplo 27-1 O Campo de um Solenóide Longo e Firmemente Enrolado   *Conceitual*

O parágrafo anterior afirma que o campo magnético no interior e distante das bordas de um solenóide longo e firmemente enrolado, conduzindo corrente, é uniforme e paralelo ao seu eixo, e que o campo magnético é zero no lado de fora do solenóide. Valide esta afirmativa modelando o solenóide como um conjunto de anéis condutores empacotados bem próximos uns dos outros, e usando o desenho de linhas de campo de um único anel (Figura 27-11).

SITUAÇÃO A Figura 27-12 mostra três anéis condutores igualmente espaçados representando três voltas de um longo solenóide, firmemente enrolado. Em cada um dos pontos A, B e C, onde A está no interior do anel 2, B está no centro do anel 2 e C está do lado de fora do anel 2, esboce os três vetores de campo magnético devidos aos três anéis mostrados. Use o desenho das linhas de campo de um único anel condutor (Figura 27-11) para obter as direções e sentidos, e as magnitudes dos três campos. Usando seu

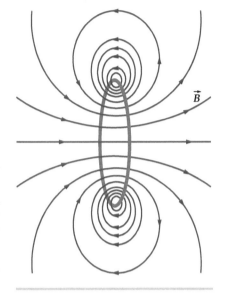

FIGURA 27-11

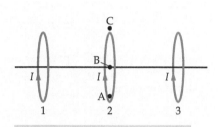

FIGURA 27-12

esboço, apresente um argumento para o fato que os campos magnéticos resultantes nos pontos A e B são iguais em magnitude e paralelos ao eixo do solenóide. Usando seu esboço, apresente um argumento para o fato que o campo magnético resultante no ponto C é zero.

SOLUÇÃO

1. No ponto A, esboce os vetores campo magnético $\vec{B}_1$, $\vec{B}_2$ e $\vec{B}_3$ devidos aos anéis de corrente 1, 2 e 3, respectivamente (Figura 27-13). Use a Figura 27-11 como guia:

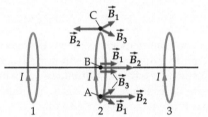

FIGURA 27-13

2. A magnitude do campo magnético é maior onde as linhas de campo estão mais próximas. Uma análise das linhas de campo na Figura 27-11 revela que a magnitude do campo $\vec{B}_2$ (devido ao anel 2) no ponto A é maior que no ponto B:

   A magnitude do campo $\vec{B}_2$ (devido ao anel 2) é maior no ponto A do que a magnitude de $\vec{B}_2$ no ponto B. Entretanto, como $\vec{B}_1$, $\vec{B}_2$ e $\vec{B}_3$ estão na mesma direção e sentido, é plausível que o campo resultante ($\vec{B}_1 + \vec{B}_2 + \vec{B}_3$) no ponto B tenha o mesmo módulo que o campo resultante em A.

3. Uma análise das linhas de campo na Figura 27-11 revela que no plano do anel condutor, em pontos no lado de fora do anel, o campo magnético está no sentido oposto em relação a pontos no interior do anel:

   No ponto C, a direção e o sentido de $\vec{B}_2$ é para a esquerda e a direção e sentido de $\vec{B}_1 + \vec{B}_3$ é para a direita. Além disso, anéis adicionais no solenóide, próximos aos anéis 1 e 3, produzirão campos magnéticos adicionais em C cuja soma vetorial apontará para a direita. É plausível, portanto, que o campo magnético em C seja igual a zero.

INDO ALÉM Os argumentos apresentados neste exemplo são válidos apenas para as seções do solenóide afastadas de ambas as extremidades. Considere que o anel 2 na Figura 27-13 não esteja próximo ao centro de um longo solenóide, mas seja o último anel da extremidade direita do solenóide. Então, o anel 3 estaria ausente da figura e os três vetores identificados como $\vec{B}_3$ também estariam ausentes.

Considere um solenóide de comprimento L, com N voltas e que conduz uma corrente I. Escolhemos o eixo do solenóide como o eixo z, com a extremidade esquerda em $z = z_1$ e a extremidade direita em $z = z_2$, como mostra a Figura 27-14. Calcularemos o campo magnético no ponto de campo P no eixo z a uma distância z da origem. A figura mostra um elemento do solenóide de comprimento dz' a uma distância z' da origem. Se $n = N/L$ é o número de voltas por unidade de comprimento, há $n\,dz'$ voltas do fio neste elemento, com cada volta conduzindo uma corrente I. O elemento é, portanto, equivalente a um único anel conduzindo corrente $di = nI\, dz'$. O campo magnético em um ponto no eixo z devido ao anel na origem conduzindo corrente di é dado pela Equação 27-6:

$$dB_z = \tfrac{1}{2}\mu_0 \frac{R^2\, di}{(z^2 + R^2)^{3/2}}$$

onde z é a distância entre o anel e o ponto de campo. Para um anel em $z = z'$ conduzindo corrente $di = nI\, dz'$, a distância entre o anel e o ponto de campo P é $z = z'$, então

$$dB_z = \tfrac{1}{2}\mu_0 \frac{R^2 nI\, dz'}{\left[(z - z')^2 + R^2\right]^{3/2}}$$

Determinamos o campo magnético em P devido ao solenóide inteiro integrando a expressão desde $z' = z_1$ até $z' = z_2$:

$$B_z = \tfrac{1}{2}\mu_0 nIR^2 \int_{z_1}^{z_2} \frac{dz'}{\left[(z - z')^2 + R^2\right]^{3/2}} \qquad 27\text{-}8$$

A integral na Equação 27-8 pode ser calculada usando a substituição trigonométrica $z - z' = R \tan \theta$. Além disso, a integral pode ser encontrada em tabelas de integrais. O valor da integral é

$$\int_{z_1}^{z_2} \frac{dz'}{\left[(z - z')^2 + R^2\right]^{3/2}} = \frac{1}{R^2}\left(\frac{z - z_1}{\sqrt{(z - z_1)^2 + R^2}} - \frac{z - z_2}{\sqrt{(z - z_2)^2 + R^2}} \right)$$

Substituindo este resultado na Equação 27-8, obtemos

$$B_z(z) = \tfrac{1}{2}\mu_0 nI \left(\frac{z - z_1}{\sqrt{(z - z_1)^2 + R^2}} - \frac{z - z_2}{\sqrt{(z - z_2)^2 + R^2}} \right) \qquad 27\text{-}9$$

B_z NO EIXO DE UM SOLENÓIDE

Um solenóide é considerado longo se seu comprimento L for muito maior que seu raio R. No interior de um longo solenóide e distante das extremidades, a fração à esquerda entre parênteses se aproxima de $+1$ e a fração à direita se aproxima de -1. Isto significa que a expressão entre parênteses tende a $+2$. Assim, na região interna e distante das bordas do solenóide, o campo magnético é dado por

$$B_z = \mu_0 nI \qquad 27\text{-}10$$

B_z NO INTERIOR DE UM LONGO SOLENÓIDE

Para calcular B_z na extremidade direita do solenóide usamos a Equação 27-9 com $z = z_2$. Isto resulta em $B_z(z_2) = \tfrac{1}{2}\mu_0 nI\, L/\sqrt{L^2 + R^2}$, onde $L = z_2 - z_1$. Assim, se $L \gg R$, a razão $L/\sqrt{L^2 + R^2}$ tende a um e $B_z(z_2) \approx \tfrac{1}{2}\mu_0 nI$. Portanto, B_z nas extremidades de um longo solenóide é metade do valor de B em pontos no interior do solenóide (distantes das bordas). A Figura 27-15 mostra um gráfico do campo magnético no eixo de um solenóide *versus* a posição z no eixo (com a origem no centro do solenóide). A aproximação onde o campo é uniforme (independentemente da posição) ao longo do eixo é boa, exceto nas proximidades das bordas.

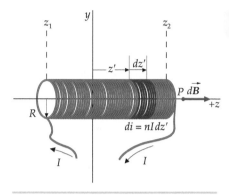

FIGURA 27-14 Geometria para calcular o campo magnético no interior de um solenóide em seu eixo. O número de voltas no elemento dz' é $n\, dz'$, onde $n = N/L$ é o número de voltas por unidade de comprimento. O elemento dz' é considerado como um anel conduzindo uma corrente $di = nI\, dz'$.

Veja
o Tutorial Matemático *para mais informações sobre*
Integrais

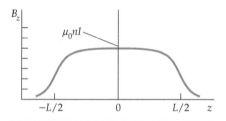

FIGURA 27-15 Gráfico do campo magnético no interior de um solenóide ao longo do eixo *versus* a posição z no eixo. O campo no interior do solenóide é aproximadamente constante exceto na vizinhança das extremidades. O comprimento L do solenóide é dez vezes maior que o raio.

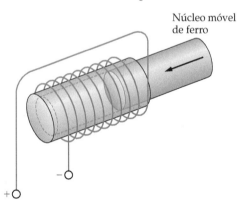

FIGURA 27-16 Um solenóide de partida para automóveis. Quando o solenóide está energizado, seu campo magnético puxa o núcleo de ferro. Isso ativa engrenagens que conectam o motor de partida ao volante do motor. Quando a corrente do solenóide é interrompida, uma mola desativa as engrenagens e empurra o núcleo de ferro para a direita.

Exemplo 27-6 — $\vec{B}$ no Centro de um Solenóide

Determine o campo magnético no centro de um solenóide com 20,0 cm de comprimento, raio de 1,40 cm, 600 voltas e uma corrente de 4,00 A.

SITUAÇÃO Para determinar B no eixo do solenóide aplicamos a Equação 27-9 com a origem no centro do solenóide.

SOLUÇÃO

1. Calcularemos o campo exatamente, usando a Equação 27-9:

$$B_z(z) = \tfrac{1}{2}\mu_0 nI\left(\frac{z - z_1}{\sqrt{(z-z_1)^2 + R^2}} - \frac{z - z_2}{\sqrt{(z-z_2)^2 + R^2}}\right)$$

2. Para determinar o campo magnético no centro do solenóide, escolhemos o centro como a origem. Fixamos, então, $z=0$, $z_1 = -\tfrac{1}{2}L$ e $z_2 = \tfrac{1}{2}L$:

$$B_z(0) = \tfrac{1}{2}\mu_0 nI\left(\frac{0-(-\tfrac{1}{2}L)}{\sqrt{[0-(-\tfrac{1}{2}L)]^2 + R^2}} - \frac{0-(\tfrac{1}{2}L)}{\sqrt{[(0-(\tfrac{1}{2}L))^2] + R^2}}\right)$$

$$= \tfrac{1}{2}\mu_0 nI\frac{L}{\sqrt{\tfrac{1}{4}L^2 + R^2}} = \mu_0 nI\frac{L}{\sqrt{L^2 + 4R^2}}$$

3. Substituindo as informações dadas, temos:

$$\frac{L}{\sqrt{L^2 + 4R^2}} = \frac{20{,}0\text{ cm}}{\sqrt{(20{,}0\text{ cm})^2 + 4(1{,}40\text{ cm})^2}} = 0{,}990$$

$$B_z(0) = 0{,}990\,\mu_0 nI$$

$$= 0{,}990(4\pi \times 10^{-7}\text{ T}\cdot\text{m/A})\frac{600}{0{,}200\text{ m}}(4{,}00\text{ A})$$

$$= \boxed{1{,}50 \times 10^{-2}\text{ T}}$$

CHECAGEM Observe que a aproximação obtida usando a Equação 27-10 equivale a substituir 0,990 por 1 no passo 3. Fazendo isso chegamos a um resultado que difere do obtido no passo 3 por apenas um por cento. Este resultado é esperado para um solenóide cuja razão comprimento sobre raio é 20 cm/1,4 cm ≈ 14.

PROBLEMA PRÁTICO 27-4 Calcule B no eixo à metade da distância entre o centro e uma das extremidades do solenóide. Compare este resultado com o obtido no passo 3.

$\vec{B}$ DEVIDO À CORRENTE EM UM FIO RETILÍNEO

A Figura 27-17 mostra a geometria para calcular o campo magnético $\vec{B}$ em um ponto P devido à corrente no segmento retilíneo de fio mostrado. Escolhemos R perpendicular à distância do fio ao ponto P, e escolhemos o eixo x ao longo do fio com $x = 0$ na projeção de P no eixo x.

Um elemento típico de corrente $I\,d\vec{\ell}$ a uma distância x da origem é mostrado. O vetor $\hat{r}$ aponta do elemento até o ponto de campo P. A direção do campo magnético em P devido a este elemento é a direção de $I\,d\vec{\ell} \times \hat{r}$, que está saindo da página. Observe que, em P, os campos magnéticos devidos a todos os elementos de corrente do fio estão na mesma direção e sentido. Assim, precisamos calcular apenas a magnitude do campo. O campo devido ao elemento de corrente mostrado tem magnitude igual a (Equação 27-3):

$$dB = \frac{\mu_0}{4\pi}\frac{I\,dx}{r^2}\operatorname{sen}\phi$$

É mais conveniente escrever isto em termos de θ em vez de ϕ:

$$dB = \frac{\mu_0}{4\pi}\frac{I\,dx}{r^2}\cos\theta \qquad 27\text{-}11$$

Para somar sobre todos os elementos de corrente, precisamos relacionar as variáveis θ, r e x. É mais fácil expressar x e r em termos de θ. Temos

$$x = R\tan\theta$$

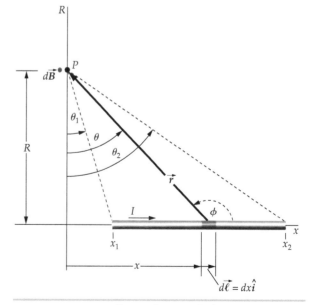

FIGURA 27-17 Geometria para calcular o campo magnético no ponto P devido a um segmento retilíneo de corrente. Cada elemento do segmento contribui para o campo magnético total no ponto P, o qual está apontando para fora da página. O resultado é expresso em termos dos ângulos θ_1 e θ_2.

Então, tomando a diferencial de cada lado, com R constante, temos

$$dx = R\sec^2\theta\, d\theta = R\frac{r^2}{R^2}d\theta = \frac{r^2}{R}d\theta$$

onde usamos $\sec\theta = r/R$. Substituindo esta expressão para dx na Equação 27-11, obtemos

$$dB = \frac{\mu_0}{4\pi}\frac{I}{r^2}\frac{r^2\,d\theta}{R}\cos\theta = \frac{\mu_0}{4\pi}\frac{I}{R}\cos\theta\,d\theta$$

Somamos sobre estes elementos integrando desde $\theta = \theta_1$ até $\theta = \theta_2$, onde θ_1 e θ_2 estão mostrados na Figura 27-17. Este cálculo fornece

$$B = \int_{\theta_1}^{\theta_2}\frac{\mu_0}{4\pi}\frac{I}{R}\cos\theta\,d\theta = \frac{\mu_0}{4\pi}\frac{I}{R}\int_{\theta_1}^{\theta_2}\cos\theta\,d\theta$$

Resolvendo a integral, obtemos

$$B = \frac{\mu_0}{4\pi}\frac{I}{R}(\text{sen}\,\theta_2 - \text{sen}\,\theta_1) \qquad 27\text{-}12$$

B DEVIDO A UM SEGMENTO RETILÍNEO DE FIO

Este resultado fornece o campo magnético devido a qualquer segmento de fio condutor retilíneo em termos da distância perpendicular R e θ_1 e θ_2, que são os ângulos compreendidos entre o ponto de campo e as extremidades do fio. Se o comprimento do fio tende ao infinito em ambos os sentidos, θ_2 tende a $+90°$ e θ_1 tende a $-90°$. O resultado para este fio muito longo é obtido da Equação 27-12, considerando $\theta_1 = -90°$ e $\theta_2 = +90°$:

$$B = \frac{\mu_0}{4\pi}\frac{2I}{R} \qquad 27\text{-}13$$

B DEVIDO A UM FIO RETILÍNEO INFINITAMENTE LONGO

Em qualquer ponto do espaço, as linhas de campo magnético de um fio condutor longo e retilíneo são tangentes a um círculo de raio R em torno do fio, onde R é a distância perpendicular do fio ao ponto de campo. A direção de $\vec{B}$ pode ser determinada aplicando a regra da mão direita, como mostrado na Figura 27-18a. As linhas de campo magnético, portanto, contornam o fio, como mostrado na Figura 27-18b.

O resultado expresso pela Equação 27-13 foi determinado experimentalmente por Biot e Savart em 1820. A partir de sua análise, Biot e Savart foram capazes de descobrir a expressão dada pela Equação 27-3 para o campo magnético devido a um elemento de corrente.

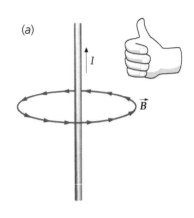

(a)

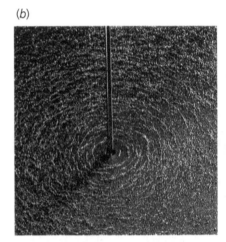

(b)

FIGURA 27-18 (a) Regra da mão direita para determinar a direção e o sentido do campo magnético devido a um fio condutor longo e retilíneo. As linhas de campo magnético contornam o fio no sentido dos dedos da mão direita quando o polegar aponta no sentido da corrente. (b) Linhas de campo magnético devido a um fio longo indicadas por limalha de ferro. (© 1990 Richard Menga/Fundamental Photographs.)

Exemplo 27-7 $\vec{B}$ no Centro de um Anel Quadrado de Corrente

Determine o campo magnético no centro de um anel quadrado de corrente que tem lados de comprimento L igual a 50 cm e que conduz corrente de 1,5 A.

SITUAÇÃO O campo magnético no centro do quadrado é a soma das contribuições de cada um dos quatro lados do anel. Da Figura 27-19 vemos que o campo produzido por cada um dos lados do quadrado tem a mesma magnitude e aponta para fora da página. Assim, usamos a Equação 27-12 para um dos lados e multiplicamos o resultado por 4 para obtermos o campo total.

SOLUÇÃO

1. A magnitude do campo resultante é 4 vezes a magnitude do campo B_s de um dos lados:

$$B = 4B_s$$

FIGURA 27-19

2. Calcule a magnitude do campo magnético B_s devido a um dos lados do quadrado. Observe da figura que $R = \tfrac{1}{2}L$ e $\theta_1 = -45°$ e $\theta_2 = +45°$:

$$B_s = \frac{\mu_0}{4\pi}\frac{I}{R}(\text{sen}\,\theta_2 - \text{sen}\,\theta_1) = \frac{\mu_0}{4\pi}\frac{I}{\tfrac{1}{2}L}[\text{sen}(+45°) - \text{sen}(-45°)]$$

$$= (10^{-7}\,\text{T}\cdot\text{m/A})\frac{1{,}5\,\text{A}}{0{,}25\,\text{m}}2\,\text{sen}\,45° = 8{,}5\times 10^{-7}\,\text{T}$$

3. Multiplique este valor por 4 para determinar a magnitude do campo resultante: $B = 4B_s = 4(8{,}5 \times 10^{-7}\,\text{T}) = \boxed{3{,}4 \times 10^{-6}\,\text{T}}$

CHECAGEM O Problema Prático 27-5 serve como uma checagem.

PROBLEMA PRÁTICO 27-5 Compare o campo magnético no centro de um anel circular de corrente de raio R com o campo magnético no centro de um anel quadrado de corrente com lado $L = 2R$ conduzindo a mesma corrente. Qual é o maior?

PROBLEMA PRÁTICO 27-6 Determine a distância de um segmento retilíneo e longo de fio conduzindo uma corrente de 12 A, até um ponto onde o campo magnético devido à corrente no fio tem magnitude igual a 60 μT.

Um alicate amperímetro usado para medir corrente elétrica. Os ganchos do alicate amperímetro se fecham em torno de um fio condutor sem tocar o fio. O campo magnético produzido pelo fio é medido por um dispositivo baseado no efeito Hall contido no medidor. O dispositivo baseado no efeito Hall produz uma tensão proporcional ao campo magnético o qual, por sua vez, é proporcional à corrente no fio. *(Cortesia de F. W. Bell.)*

Exemplo 27-8 $\vec{B}$ Devido a Dois Fios Paralelos

Um fio retilíneo e longo conduz uma corrente de 1,7 A na direção $+z$ e está ao longo da linha $x = -3{,}0$ cm, $y = 0$. Um segundo fio como este conduz uma corrente de 1,7 A na direção $+z$ e está ao longo da linha $x = +3{,}0$ cm, $y = 0$, como mostrado na Figura 27-20. Determine o campo magnético no ponto P no eixo y em $y = 6{,}0$ cm.

SITUAÇÃO O campo magnético no ponto P é o vetor soma do campo $\vec{B}_E$ devido ao fio à esquerda na Figura 27-21, e do campo $\vec{B}_D$ devido ao fio à direita. Como os fios conduzem a mesma corrente e estão à mesma distância do ponto P, as magnitudes B_E e B_D são iguais. $\vec{B}_E$ é perpendicular ao raio do fio da esquerda até o ponto P, e $\vec{B}_D$ é perpendicular ao raio do fio da direita até o ponto P.

SOLUÇÃO

1. O campo em P é a soma vetorial dos campos $\vec{B}_E$ e $\vec{B}_D$:

$$\vec{B} = \vec{B}_E + \vec{B}_D$$

2. Da Figura 27-21 vemos que o campo magnético resultante está na direção $-x$ e tem magnitude $2B_E\cos\theta$.

$$\vec{B} = -2B_E \cos\theta\,\hat{i}$$

3. As magnitudes de $\vec{B}_E$ e $\vec{B}_D$ são dadas pela Equação 27-13:

$$B_E = B_D = \frac{\mu_0}{4\pi}\frac{2I}{R}$$

4. R é a distância radial de cada fio ao ponto P. Determinamos R da figura e o substituímos na expressão para B_E e B_D:

$$R = \sqrt{(3{,}0\,\text{cm})^2 + (6{,}0\,\text{cm})^2} = 6{,}7\,\text{cm}$$

então

$$B_E = B_D = (10^{-7}\,\text{T}\cdot\text{m/A})\frac{2(1{,}7\,\text{A})}{0{,}067\,\text{m}} = 5{,}07 \times 10^{-6}\,\text{T}$$

5. Obtemos $\cos\theta$ da figura:

$$\cos\theta = \frac{6{,}0\,\text{cm}}{R} = \frac{6{,}0\,\text{cm}}{6{,}7\,\text{cm}} = 0{,}894$$

6. Substitua os valores de $\cos\theta$ e B_E na equação do passo 2 para $\vec{B}$:

$$\vec{B} = -2(5{,}07 \times 10^{-6}\,\text{T})(0{,}894)\hat{i} = \boxed{-9{,}1 \times 10^{-6}\,\text{T}\,\hat{i}}$$

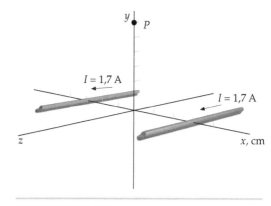

FIGURA 27-20

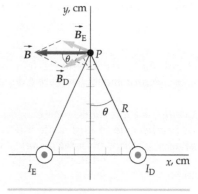

FIGURA 27-21

CHECAGEM A magnitude do resultado do passo 6 é menos do que o dobro do resultado do passo 4, o que é esperado pois os vetores que estão sendo somados não são paralelos.

PROBLEMA PRÁTICO 27-7 Determine $\vec{B}$ na origem.

PROBLEMA PRÁTICO 27-8 Determine $\vec{B}$ na origem considerando que o sentido da corrente é invertido para o fio ao longo da linha $x = 3{,}0$ cm, $y = 0$.

FORÇA MAGNÉTICA ENTRE FIOS PARALELOS

Podemos usar a Equação 27-13 para o campo magnético devido a um fio condutor retilíneo e longo, e $d\vec{F} = I\,d\vec{\ell} \times \vec{B}$ (Equação 26-5) para a força exercida por um campo magnético em um segmento de fio conduzindo corrente para determinar a força magnética exercida por um fio condutor, longo e retilíneo, sobre outro fio. A Figura 27-22 mostra dois fios longos e paralelos conduzindo corrente no mesmo sentido. Consideramos a força em um segmento $d\vec{\ell}_2$ conduzindo corrente I_2, como mostrado. O campo magnético $\vec{B}_1$ neste segmento devido à corrente I_1 é perpendicular ao segmento $d\vec{\ell}_2$, como mostrado. Isto é verdadeiro para todos os elementos de corrente ao longo do fio 2. A força dada por $d\vec{F}_{12} = I_2\,d\vec{\ell}_2 \times \vec{B}_1$ no elemento de corrente $I_2\,d\vec{\ell}_2$ aponta para o fio 1, como pode ser visto pela aplicação da regra da mão direita. De forma análoga, um segmento de corrente $I_1\,d\vec{\ell}_1$ estará sujeito a uma força magnética dirigida para a corrente I_2 devida ao campo magnético $\vec{B}_2$ que surge da corrente I_2, dada por $d\vec{F}_{21} = I_1\,d\vec{\ell}_1 \times \vec{B}_2$. Assim, duas correntes paralelas se atraem. Se o sentido de uma das correntes for invertido, as forças também serão invertidas e, portanto, duas correntes antiparalelas se repelem. A atração ou repulsão entre correntes paralelas ou antiparalelas foi descoberta experimentalmente por Ampère uma semana depois de ele ter escutado sobre a descoberta de Oersted sobre o efeito de uma corrente na agulha de uma bússola.

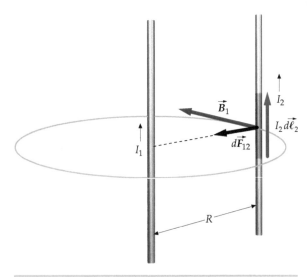

FIGURA 27-22 Dois fios condutores longos, retilíneos e paralelos. O campo magnético $\vec{B}_1$ devido à corrente I_1 é perpendicular à corrente I_2. A força na corrente I_2 é na direção da corrente I_1. Há uma força igual e em sentido oposto exercida pela corrente I_2 em I_1. Os fios condutores, portanto, se atraem.

A magnitude da força magnética no elemento de corrente $I_2\,d\vec{\ell}_2$ é

$$dF_{12} = |I_2\,d\vec{\ell}_2 \times \vec{B}_1|$$

Como o campo magnético no elemento de corrente $I_2\,d\vec{\ell}_2$ é perpendicular ao elemento de corrente, temos

$$dF_{12} = I_2\,d\ell_2 B_1$$

Se a distância R entre os fios é muito menor que seus comprimentos, o campo magnético em $I_2\,d\vec{\ell}_2$ devido à corrente I_1 tende ao campo devido a um fio condutor infinitamente longo, que é dado pela Equação 27-13. A magnitude da força no segmento $I_2\,d\vec{\ell}_2$ é, portanto,

$$dF_{12} = I_2\,d\ell_2 \frac{\mu_0 I_1}{2\pi R}$$

e a força por unidade de comprimento é

$$\frac{dF_{12}}{d\ell_2} = \frac{\mu_0}{2\pi} \frac{I_1 I_2}{R} \qquad 27\text{-}14$$

No Capítulo 21, o coulomb foi definido em termos do ampère, mas a definição do ampère foi protelada. O ampère é definido como:

> O ampère é a corrente constante que, se mantida em dois condutores retilíneos paralelos de comprimento infinito e de seção transversal circular desprezível, separados por uma distância de um metro e em vácuo, produzirá uma força entre os condutores igual a 2×10^{-7} newton por metro de comprimento.
>
> DEFINIÇÃO — AMPÈRE

Esta definição de ampère permite que a unidade de corrente (e, portanto, a unidade de carga elétrica) seja determinada através de uma medida mecânica. Na prática, fios separados por distâncias muito menores que 1 m são usados, permitindo que a força seja medida com maior precisão.

A Figura 27-23 mostra uma **balança de corrente**, um dispositivo que pode ser usado para calibrar um amperímetro a partir da definição de ampère. O condutor superior, diretamente acima do condutor inferior, está preso pelas bordas e pode girar, sendo que, no equilíbrio, os fios (ou bastões condutores) estão separados por uma pequena distância. Os condutores são conectados em série para que conduzam a mesma corrente, mas em sentidos opostos, fazendo com que haja repulsão entre eles. São colocados pesos no condutor superior até que ele volte à separação original de equilíbrio. A força de repulsão é, então, determinada medindo o peso total necessário para equilibrar o condutor superior.

(a)

FIGURA 27-23 (a) Uma fotografia de uma balança de corrente usada em laboratórios de física geral. (b) Um diagrama esquemático de uma balança de corrente. Os dois bastões paralelos da parte da frente conduzem a mesma corrente, mas com sentidos opostos e, portanto, se repelem. A força de repulsão é equilibrada por pesos colocados no bastão superior, que é parte de um retângulo equilibrado pelas bordas na parte de trás. O espelho no topo é usado para refletir um feixe de laser de modo a determinar, com precisão, a posição do bastão superior. *(Fotografia de Gene Mosca.)*

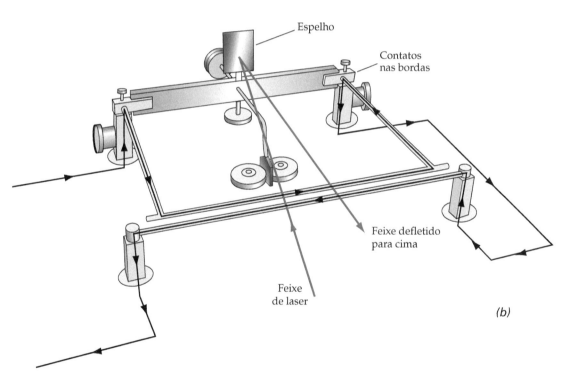

(b)

Exemplo 27-9   Equilibrando a Força Magnética   *Tente Você Mesmo*

Os eixos centrais de dois bastões retilíneos longos de 50,0 cm estão separados por 1,50 mm em uma balança de corrente e conduzem correntes de 15,0 A cada um em sentidos opostos. Que massa deve ser colocada no bastão superior para equilibrar a força magnética de repulsão?

SITUAÇÃO A Equação 27-14 dá a magnitude da força magnética por unidade de comprimento exercida pelo bastão inferior no bastão superior. Determine esta força para um bastão de comprimento L e iguale-a ao peso mg.

SOLUÇÃO

Cubra a coluna da direita e tente por si só antes de olhar as respostas.

Passos	Respostas
1. Iguale o peso mg à força magnética de repulsão nos bastões.	$mg = \dfrac{\mu_0}{2\pi} \dfrac{I_1 I_2}{R} L$
2. Resolva para a massa m.	$m = 1{,}53 \times 10^{-3}$ kg = $\boxed{1{,}53 \text{ g}}$

INDO ALÉM Como apenas 1,53 g é necessário para equilibrar o sistema, vemos que a força magnética entre dois fios condutores retilíneos é relativamente pequena, mesmo para correntes tão grandes quanto 15,0 A separadas por apenas 1,50 mm.

27-3 A LEI DE GAUSS PARA O MAGNETISMO

As linhas de campo magnético mostradas na Figura 27-6, na Figura 27-9 e na Figura 27-10 diferem das linhas de campo elétrico porque as linhas de $\vec{B}$ formam curvas fechadas, enquanto as linhas de $\vec{E}$ começam e terminam em cargas elétricas. O equivalente magnético de uma carga elétrica é um pólo magnético, tal como parecem ser as extremidades de um ímã em barra. Linhas de campo magnético parecem sair da extremidade do pólo norte de um ímã em barra (Figura 27-10b) e parecem convergir para a extremidade do pólo sul. No interior do ímã, entretanto, as linhas de campo magnético nem saem de um ponto próximo ao pólo norte, nem convergem para um ponto próximo ao pólo sul. Em vez disso, as linhas de campo magnético passam através do ímã do pólo sul até o pólo norte, como mostrado na Figura 27-10b. Se uma superfície gaussiana circunda a extremidade de um ímã em barra, o número de linhas de campo magnético que penetram na superfície pelo lado de dentro é exatamente igual ao número de linhas de campo magnético que penetram na superfície pelo lado de fora. Isto é, o fluxo resultante $\phi_{m\,res}$ do campo magnético $\vec{B}$ através de qualquer superfície fechada S é sempre zero.*

$$\phi_{m\,res} = \oint_S \vec{B} \cdot \hat{n}\, dA = \oint_S B_n\, dA = 0 \qquad 27\text{-}15$$

LEI DE GAUSS PARA O MAGNETISMO

onde B_n é a componente de $\vec{B}$ normal à superfície S no elemento de área dA. A definição do fluxo magnético ϕ_m é exatamente análoga à definição de fluxo elétrico, com $\vec{B}$ substituindo $\vec{E}$. Este resultado é chamado de *lei de Gauss para o magnetismo*. É uma afirmativa matemática que não existe ponto no espaço a partir do qual saem linhas de campo magnético ou para o qual convergem linhas de campo magnético. Isto é, não existem pólos magnéticos isolados.† A unidade fundamental do magnetismo é o dipolo magnético. A Figura 27-24 compara as linhas de campo de $\vec{B}$ para um dipolo magnético com as linhas de campo de $\vec{E}$ para um dipolo elétrico. Observe que, a grandes distâncias dos dipolos, as linhas de campo são idênticas. Mas, no interior do dipolo, as linhas de campo de $\vec{E}$ têm sentidos opostos às linhas de $\vec{B}$. As linhas de campo de $\vec{E}$ saem da carga positiva e convergem para a carga negativa, enquanto as linhas de campo de $\vec{B}$ são anéis contínuos.

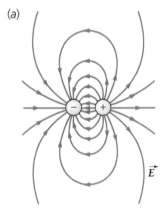
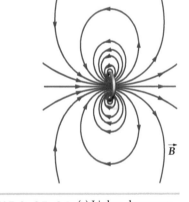

FIGURA 27-24 (a) Linhas de campo elétrico de um dipolo elétrico. (b) Linhas de campo magnético de um dipolo magnético. A grandes distâncias dos dipolos, as linhas de campo são idênticas. Na região entre as cargas em (a), as linhas de campo elétrico têm aproximadamente sentidos opostos aos do momento de dipolo, enquanto, no interior do anel em (b), as linhas de campo magnético são aproximadamente paralelas à direção do momento de dipolo.

---

* Lembre que o fluxo resultante do campo elétrico é uma medida do número líquido de linhas de campo que deixam uma superfície fechada e é igual a Q_{dentro}/ϵ_0.
† A existência de monopólos magnéticos é um assunto de grande debate, e a busca por monopólos magnéticos permanece ativa. Até hoje, entretanto, nenhum foi descoberto.

27-4 A LEI DE AMPÈRE

No Capítulo 22 vimos que, para distribuições de carga altamente simétricas, poderíamos calcular o campo elétrico de maneira mais simples usando a lei de Gauss do que usando a lei de Coulomb. Uma situação similar existe no magnetismo. A lei de Ampère relaciona a componente tangencial B_t do campo magnético somada (integrada) ao longo de uma curva fechada C à corrente I_C que passa através de qualquer superfície limitada por C. Esta lei pode ser usada para obter uma expressão para o campo magnético em situações com alto grau de simetria. Na forma matemática, a **lei de Ampère** é

$$\oint_C B_t \, d\ell = \oint_C \vec{B} \cdot d\vec{\ell} = \mu_0 I_C \quad \text{C é qualquer curva fechada} \qquad 27\text{-}16$$

LEI DE AMPÈRE

onde I_C é a corrente resultante que penetra em qualquer superfície S limitada pela curva C. O sentido tangencial positivo para a integral de caminho ao longo de C está relacionado à escolha para o sentido positivo da corrente I_C através de S pela regra da mão direita mostrada na Figura 27-25. A lei de Ampère vale apenas *enquanto as correntes forem constantes e contínuas*. Isto significa que a corrente não varia no tempo e que não há acúmulo de carga em nenhum lugar. A lei de Ampère é útil para calcular o campo magnético $\vec{B}$ em situações que têm um alto grau de simetria e, então, a integral de linha $\oint_C \vec{B} \cdot d\vec{\ell}$ pode ser escrita como $B_C \oint d\ell$ (o produto de B e alguma distância). A integral $\oint_C \vec{B} \cdot d\vec{\ell}$ é chamada de **integral de circulação**. Mais especificamente, $\oint_C \vec{B} \cdot d\vec{\ell}$ é chamada a circulação de $\vec{B}$ ao longo da curva C. A lei de Ampère e a lei de Gauss são, ambas, de considerável importância teórica, e ambas valem se houver, ou não, simetria. Se não houver simetria, nenhuma das leis é muito útil para calcular os campos elétrico ou magnético.

A aplicação mais simples da lei de Ampère é a determinação do campo magnético devido à corrente em um fio retilíneo infinitamente longo. A Figura 27-26 mostra uma curva circular C em torno de um longo fio, com o centro no fio. Sabemos, da lei de Biot–Savart, que a direção do campo magnético devido a cada elemento de corrente é tangente a este círculo. Considerando que o campo magnético $\vec{B}$ é tangente a este círculo, está na mesma direção e sentido que $d\vec{\ell}$ e tem a mesma magnitude B em qualquer ponto no círculo, a lei de Ampère ($\oint_C \vec{B} \cdot d\vec{\ell} = \mu_0 I_C$) fornece, então

$$B \oint_C d\ell = \mu_0 I_C$$

onde $B = B_t$. Podemos fatorar B da integral, pois B tem o mesmo valor em todos os pontos do círculo. A integral de $d\ell$ em torno do círculo é igual a $2\pi R$ (a circunferência do círculo). A corrente I_C é a corrente I no fio. Obtemos, então, $B 2\pi R = \mu_0 I$, ou

$$B = \frac{\mu_0 I}{2\pi R}$$

que é a Equação 27-13.

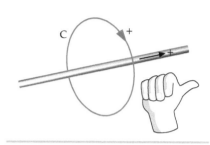

FIGURA 27-25 O sentido positivo para a integral de caminho para a lei de Ampère está relacionado ao sentido positivo da corrente passando através da superfície pela regra da mão direita.

! A lei de Ampère vale sempre que as correntes sejam constantes e contínuas.

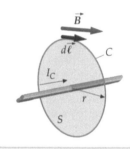

FIGURA 27-26 Geometria para calcular o campo magnético de um fio condutor longo e retilíneo usando a lei de Ampère. O campo magnético é tangente ao círculo e a magnitude do campo magnético é a mesma em todos os pontos do círculo.

Exemplo 27-10 — A Direção do Campo Magnético — *Conceitual*

Uma longa casca cilíndrica retilínea conduz corrente. Mostre que a direção do campo magnético devido à corrente na casca é tangente a um círculo coaxial com a casca (Figura 27-27).

SITUAÇÃO Modele a casca cilíndrica como um feixe de finos fios longos e retilíneos, todos paralelos ao eixo central e conduzindo uma pequena fração da corrente total. Escolha um ponto de campo P em uma posição arbitrária. Divida a casca ao meio com um plano imaginário que contém P e o eixo central da casca. Usando a regra da mão direita (Figura 27-25), determine a direção do campo magnético em P devido à corrente em um dos finos fios no modelo. Identifique o fio fino simétrico na outra metade da casca. Este fio simétrico é eqüidistante ao plano e está no lado oposto ao fio inicialmente identificado. Determine a direção do campo magnético em P devido à corrente no fio fino simétrico. A direção do campo magnético em P é a superposição entre as direções dos campos magnéticos devidos às correntes nos dois fios finos.

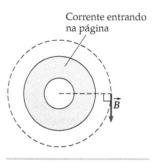

FIGURA 27-27

SOLUÇÃO

1. Escolha um ponto de campo P. Use a regra da mão direita (Figura 27-25) para determinar as direções dos campos magnéticos em P devido à corrente em um fio fino e a corrente no fio simétrico a este. Desenhe um esboço destes dois fios e de seus campos magnéticos no ponto-campo (Figura 27-28). Mostre, também, a soma dos dois campos magnéticos:

2. O campo magnético resultante em P é a soma dos campos magnéticos devidos a todos os fios finos que constituem a casca cilíndrica:

   O campo magnético resultante em P tem a mesma direção e sentido que a soma $\vec{B}_1 + \vec{B}_2$. Isto acontece porque a soma dos campos magnéticos devidos às correntes em qualquer fio fino e em seu simétrico apontará na mesma direção e sentido de $\vec{B}_1 + \vec{B}_2$.

3. Se o ponto de campo P está no interior da casca, o campo magnético em P devido às correntes nos fios finos à direita de P (Figura 27-29) apontará no sentido oposto ao do lado esquerdo de P (Figura 27-28):

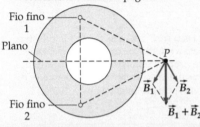

FIGURA 27-28

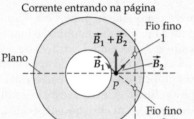

FIGURA 27-29

Exemplo 27-11 $\vec{B}$ no Interior e no Exterior de um Fio

Um fio retilíneo e longo tem raio R e conduz uma corrente I que está uniformemente distribuída na seção transversal circular do fio. Determine o campo magnético no lado de fora e no lado de dentro do fio.

SITUAÇÃO Podemos usar a lei de Ampère para calcular $\vec{B}$ devido ao alto grau de simetria. A uma distância r (Figura 27-30), sabemos que $\vec{B}$ é tangente ao círculo de raio r em torno do fio e que tem magnitude constante em todos os pontos do círculo. A expressão para a corrente através da superfície S que é limitada por C depende se r é menor ou maior que o raio do fio R.

SOLUÇÃO

1. A lei de Ampère é usada para relacionar a circulação de $\vec{B}$ em torno da curva C à corrente passando através da superfície S limitada por C:

$$\oint_C \vec{B} \cdot d\vec{\ell} = \mu_0 I_C$$

2. Calcule a circulação de $\vec{B}$ em torno de um círculo de raio r coaxial ao fio:

$$\oint_C \vec{B} \cdot d\vec{\ell} = B \oint_C d\ell = B 2\pi r$$

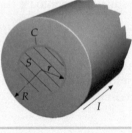

FIGURA 27-30

3. Substitua na lei de Ampère e resolva para B:

$$B 2\pi r = \mu_0 I_C$$
então
$$B = \frac{\mu_0 I_C}{2\pi r}$$

4. Do lado externo do fio, $r > R$, e a corrente total passa através da superfície limitada por C:

$$I_C = I$$
ou
$$\boxed{B = \frac{\mu_0}{2\pi} \frac{I}{r}} \quad r \geq R$$

5. No lado interno do fio, $r < R$. Considere que a corrente seja distribuída uniformemente para resolver para I_C. Resolva para B:

$$\frac{I_C}{\pi r^2} = \frac{I}{\pi R^2} \quad \text{ou} \quad \left(I_C = \frac{r^2}{R^2} I \right)$$

então $\quad B = \dfrac{\mu_0}{2\pi} \dfrac{I_C}{r} = \dfrac{\mu_0}{2\pi} \dfrac{(r^2/R^2)I}{r} = \boxed{\dfrac{\mu_0 I}{2\pi R^2} r} \quad r \leq R$

CHECAGEM Os resultados dos passos 4 e 5 dão a mesma expressão para B quando $r = R$, como esperado.

INDO ALÉM No interior do fio, o campo aumenta com a distância ao centro do fio. A Figura 27-31 mostra o gráfico de B *versus* r para este exemplo.

Vemos do Exemplo 27-11 que o campo magnético devido a uma corrente uniformemente distribuída em um fio de raio R é dado por

$$B = \begin{cases} \dfrac{\mu_0 I}{2\pi R^2} r & r \leq R \\ \dfrac{\mu_0}{2\pi} \dfrac{I}{r} & r \geq R \end{cases} \qquad 27\text{-}17$$

B PARA UM LONGO FIO RETILÍNEO

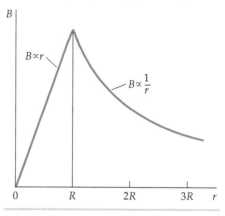

FIGURA 27-31

Para a próxima aplicação da lei de Ampère, calculamos o campo magnético de um **toróide** firmemente enrolado, que consiste em anéis de fio enrolado em torno do formato de uma rosquinha doce, como mostrado na Figura 27-32. Há N voltas do fio, cada uma conduzindo uma corrente I. Para calcular B, resolvemos a integral de linha $\oint_C \vec{B} \cdot d\vec{\ell}$ em torno de um círculo de raio r que é coaxial com o toróide e está no interior de seus anéis. Por simetria, $\vec{B}$ é tangente a este círculo e tem magnitude constante em todos os pontos do círculo. Então,

$$\oint_C \vec{B} \cdot d\vec{\ell} = B 2\pi r = \mu_0 I_C$$

Sejam a e b os raios interno e externo do toróide, respectivamente. A corrente total através da superfície S limitada por um círculo de raio r para $a < r < b$ é $I_C = NI$. A lei de Ampère fornece, então,

$$\oint_C \vec{B} \cdot d\vec{\ell} = \mu_0 I_C \qquad \text{ou} \qquad (B 2\pi r = \mu_0 N I)$$

ou

$$B = \frac{\mu_0 N I}{2\pi r} \qquad a < r < b \qquad 27\text{-}18$$

B NO INTERIOR DE UM TORÓIDE FIRMEMENTE ENROLADO

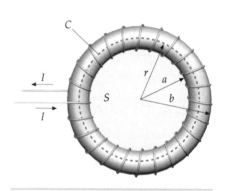

FIGURA 27-32 Um toróide consiste em anéis de fio enrolado em torno da forma imaginária de uma rosquinha doce. O campo magnético a qualquer distância r pode ser determinado aplicando a lei de Ampère ao círculo de raio r. A superfície S é limitada pela curva C. O fio penetra S uma vez para cada volta.

Se r é menor que a, não há corrente na superfície S. Se r é maior que b, a corrente total através de S é zero, pois para cada volta de fio a corrente penetra a superfície S duas vezes (Figura 27-33), uma entrando na página e a outra saindo da página. Assim, o campo magnético é zero para ambas as regiões $r < a$ e $r > b$:

$$B = 0, \qquad r < a \text{ ou } r > b$$

A intensidade do campo magnético no interior do toróide não é uniforme, mas diminui com o aumento de r. Entretanto, se $b - a$ (o diâmetro dos anéis da bobina) é muito menor que $2b$, a variação em r desde $r = a$ até $r = b$ é pequena, logo a variação de B no interior dos anéis é pequena.

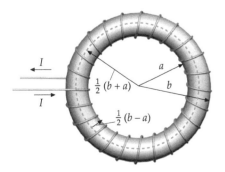

FIGURA 27-33 O toróide tem raio médio $r = \tfrac{1}{2}(b + a)$, onde a e b são os raios interno e externo do toróide. Cada volta do fio é um círculo de raio $\tfrac{1}{2}(b - a)$.

(a) (b)

(a) O reator Tokamak para testes de fusão é um grande toróide que produz um campo magnético para confinamento de partículas carregadas. Bobinas contendo mais de 10 km de fio de cobre refrigerado com água gelada conduzem uma corrente pulsada, que tem um valor de pico de 73.000 A e produz um campo magnético de 5,2 T por aproximadamente 3 s. (b) Inspeção do conjunto do reator Tokamak no interior do toróide. *(Cortesia de Princeton University Plasma Physics Laboratory.)*

LIMITAÇÕES DA LEI DE AMPÈRE

A lei de Ampère é útil para calcular o campo magnético apenas quando a corrente é constante e contínua e quando há um alto grau de simetria. Considere o anel de corrente mostrado na Figura 27-34. De acordo com a lei de Ampère, a integral de linha $\oint_C \vec{B} \cdot d\vec{\ell} = \oint_C B_t \, d\ell$ em torno de uma curva, tal como a curva C na figura, é igual a μ_0 multiplicado pela corrente I no anel. Apesar de a lei de Ampère ser válida para esta curva, a componente tangencial do campo magnético B_t não é constante ao longo de qualquer curva contornando a corrente. Portanto, não há simetria suficiente nesta situação para permitir o cálculo da integral $\oint_C B_t \, d\ell$ para determinar B_t.

A Figura 27-35 mostra um segmento finito de corrente de comprimento ℓ. Desejamos encontrar o campo magnético no ponto P, que é eqüidistante das extremidades do segmento e está a uma distância r do centro do segmento. Uma aplicação direta da lei de Ampère fornece

$$B = \frac{\mu_0}{2\pi} \frac{I}{r}$$

Este resultado é o mesmo que para um fio infinitamente longo, pois os mesmos argumentos de simetria são aplicáveis. Ele não está de acordo com o resultado obtido da lei de Biot–Savart, que depende do comprimento do segmento de corrente e que está de acordo com o experimento. Se o segmento de corrente é apenas uma parte de um circuito contínuo conduzindo corrente, como mostrado na Figura 27-36, a lei de Ampère para a curva C é válida, mas ela não pode ser usada para determinar o campo magnético no ponto P, pois não há suficiente grau de simetria.

Na Figura 27-37, a corrente no segmento surge de um pequeno condutor esférico que tem uma carga inicial $+Q$ à esquerda e outro pequeno condutor esférico à direita, que tem uma carga $-Q$. Quando eles estão conectados, uma corrente $I = -dQ/dt$ existe no segmento por um curto intervalo de tempo, até que as esferas estejam descarregadas. Para este caso, *temos* a simetria necessária para considerar que $\vec{B}$ seja tangente à curva e que o módulo de $\vec{B}$ seja constante ao longo da curva. Para uma situação como esta, na qual a corrente não é contínua no espaço, a lei de Ampère não é válida. No Capítulo 30, veremos como Maxwell foi capaz de modificar a lei de Ampère para que ela seja válida para todas as correntes. Quando a forma generalizada de Maxwell para a lei de Ampère é usada para calcular o campo magnético de um segmento de corrente tal como o mostrado na Figura 27-37, o resultado está de acordo com o encontrado com a lei de Biot–Savart.

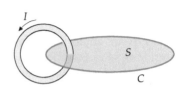

FIGURA 27-34 A lei de Ampère vale para a curva C circundando a corrente no anel circular, mas ela não é útil para determinar B_t, pois B_t não pode ser fatorado para fora da integral de circulação.

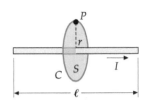

FIGURA 27-35 A aplicação da lei de Ampère para determinar o campo magnético na bissetriz de um segmento finito de corrente fornece um resultado incorreto.

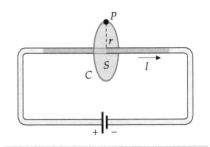

FIGURA 27-36 Se o segmento de corrente na Figura 27-34 é parte de um circuito completo, a lei de Ampère é válida para a curva C, mas não há suficiente simetria para usar a lei de Ampère para determinar o campo magnético no ponto P.

27-5 MAGNETISMO EM MATERIAIS

Átomos têm momentos de dipolo magnético devido ao movimento de seus elétrons e devido ao momento de dipolo magnético intrínseco associado ao spin dos elétrons. Diferentemente do que acontece com dipolos elétricos, o alinhamento dos dipolos magnéticos paralelamente a um campo magnético externo tende a *aumentar* o campo. Podemos ver esta diferença comparando as linhas de campo elétrico de um dipolo elétrico com as linhas de campo magnético de um dipolo magnético, tal como um pequeno anel de corrente, como mostrado na Figura 27-24. A grandes distâncias dos dipolos, as linhas de campo são idênticas. Entretanto, entre as cargas do dipolo elétrico, as linhas de campo elétrico têm sentidos opostos ao momento de dipolo, enquanto no interior do anel de corrente as linhas de campo magnético são paralelas ao momento de dipolo magnético. Portanto, no interior de um material magneticamente polarizado, os dipolos magnéticos criam um campo magnético paralelo aos vetores momentos de dipolo magnético.

Os materiais são classificados em três categorias — **paramagnéticos, ferromagnéticos** e **diamagnéticos** — de acordo com o comportamento de seus momentos magnéticos em um campo magnético externo. O paramagnetismo surge de um alinhamento parcial na direção do campo, dos *spins* dos elétrons (em metais) ou dos momentos magnéticos atômicos ou moleculares pela ação de um campo magnético aplicado. Em materiais paramagnéticos, os dipolos magnéticos não interagem fortemente uns com os outros e estão, normalmente, orientados aleatoriamente. Na presença de um campo magnético aplicado, os dipolos são parcialmente alinhados na direção do campo, aumentando o campo. Entretanto, em campos magnéticos externos de intensidade ordinária a temperaturas ordinárias, apenas uma fração muito pequena dos átomos está alinhada, pois a agitação térmica tende a tornar a orientação deles aleatória. O aumento no campo magnético total é, portanto, muito pequeno. O ferromagnetismo é muito mais complicado. Devido a uma forte interação entre dipolos magnéticos vizinhos, ocorre um alto grau de alinhamento, mesmo em campos magnéticos externos fracos, o que provoca um grande aumento no campo total. Mesmo quando não há campo magnético externo, um material ferromagnético pode ter seus dipolos magnéticos alinhados, como em ímãs permanentes. O diamagnetismo surge dos momentos de dipolo magnético orbitais induzidos por um campo magnético aplicado. Estes momentos magnéticos têm sentido oposto ao campo magnético aplicado, diminuindo o campo. Este efeito ocorre naturalmente em todos os materiais; entretanto, como os momentos magnéticos induzidos são muito pequenos comparados com os momentos magnéticos permanentes, o diamagnetismo é, muitas vezes, mascarado pelos efeitos paramagnéticos ou ferromagnéticos. O diamagnetismo é, portanto, observado apenas em materiais cujos átomos não têm momentos magnéticos permanentes.

MAGNETIZAÇÃO E SUSCETIBILIDADE MAGNÉTICA

Quando algum material é colocado em um campo magnético intenso, tal como o de um solenóide, o campo magnético do solenóide tende a alinhar os momentos de dipolo magnético (sejam permanentes ou induzidos) no interior do material e o material estará magnetizado. Descrevemos um material magnetizado pela sua **magnetização** $\vec{M}$, que é definida como o momento de dipolo magnético resultante por unidade de volume do material:

$$\vec{M} = \frac{d\vec{\mu}}{dV} \qquad 27\text{-}19$$

Muito antes de compreendermos minimamente a estrutura atômica ou molecular, Ampère propôs um modelo de magnetismo no qual a magnetização de materiais é devida a anéis microscópicos de corrente no interior do material magnetizado. Sabemos que estes anéis de corrente são o modelo clássico para o movimento orbital e *spin* dos elétrons em átomos. Considere um cilindro de material magnetizado. A Figura 27-38 mostra anéis de corrente atômicos no cilindro, alinhados com seus momentos magnéticos ao longo do eixo do cilindro. Devido ao cancelamento das correntes nos anéis vizinhos, a corrente resultante em qualquer ponto no interior do material é zero, sobrando uma corrente resultante na superfície do material (Figura 27-39). Esta

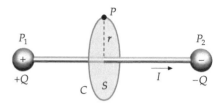

FIGURA 27-37 Se o segmento de corrente na Figura 27-35 fosse devido a um fluxo momentâneo de carga de um pequeno condutor à esquerda para um pequeno condutor à direita, haveria simetria suficiente para usar a lei de Ampère para calcular o campo magnético em *P*, mas a lei de Ampère não seria válida, pois a corrente não seria constante.

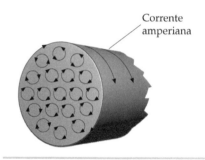

FIGURA 27-38 Um modelo de anéis de corrente atômicos nos quais todos os dipolos atômicos são paralelos ao eixo do cilindro. A corrente resultante em qualquer ponto no interior do material é zero devido ao cancelamento de átomos vizinhos. O resultado é uma corrente na superfície similar à de um solenóide.

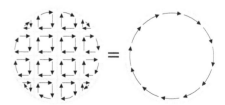

FIGURA 27-39 As correntes nos anéis adjacentes de corrente no interior de um material uniformemente magnetizado se cancelam, deixando apenas uma corrente na superfície. O cancelamento ocorre em todos os pontos no interior, independentemente da forma dos anéis muito pequenos.

corrente na superfície, chamada de **corrente amperiana**, é semelhante à corrente real nos enrolamentos do solenóide.

A Figura 27-40 mostra um pequeno cilindro com seção transversal de área A, comprimento $d\ell$ e volume $dV = Ad\ell$. Seja di a corrente amperiana na superfície curva do disco. A magnitude do momento de dipolo magnético do disco é a mesma que a de um anel de corrente que tem área A e conduz uma corrente di:

$$d\mu = A\, di$$

A magnitude da magnetização do disco é o momento magnético por unidade de volume:

$$M = \frac{d\mu}{dV} = \frac{A\, di}{A\, d\ell} = \frac{di}{d\ell} \qquad 27\text{-}20$$

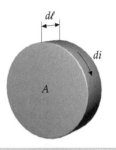

FIGURA 27-40 Um elemento de disco para relacionar a magnetização M à corrente na superfície por unidade de comprimento $di/d\ell$.

Portanto, a magnitude do vetor magnetização é a corrente amperiana por unidade de comprimento ao longo da superfície do material magnetizado. Vemos, a partir deste resultado, que as unidades para a magnetização M no SI são ampères por metro.

Considere um cilindro com magnetização uniforme $\vec{M}$ paralela ao seu eixo. O efeito da magnetização é o mesmo que se o cilindro conduzisse uma corrente de superfície por unidade de comprimento de magnitude M. Esta corrente é semelhante à corrente conduzida por um solenóide firmemente enrolado. Para um solenóide, a corrente por unidade de comprimento é nI, onde n é o número de voltas por unidade de comprimento e I é a corrente em cada volta. A magnitude do campo magnético B_m no interior do cilindro e distante de suas extremidades é, portanto, dada por $B = \mu_0 nI$ (Equação 27-10) para um solenóide com nI substituído por M:

$$B_m = \mu_0 M \qquad 27\text{-}21$$

Considere que colocamos um cilindro de material magnético no interior de um longo solenóide que tem n voltas por unidade de comprimento e conduz uma corrente I. O campo aplicado do solenóide $\vec{B}_{\text{apl}}$ ($B_{\text{apl}} = \mu_0 nI$) magnetiza o material e ele adquire uma magnetização $\vec{M}$. O campo magnético resultante em um ponto no interior do solenóide e distante de suas extremidades, devido à corrente no solenóide mais o material magnetizado, é

$$\vec{B} = \vec{B}_{\text{apl}} + \mu_0 \vec{M} \qquad 27\text{-}22$$

Para materiais paramagnéticos e ferromagnéticos, $\vec{M}$ está no mesmo sentido de $\vec{B}_{\text{apl}}$; para materiais diamagnéticos, $\vec{M}$ tem sentido oposto a $\vec{B}_{\text{apl}}$. Para materiais paramagnéticos e diamagnéticos, observa-se que a magnetização é proporcional ao campo magnético aplicado que produz o alinhamento dos dipolos magnéticos no material. Podemos escrever então

$$\vec{M} = \chi_m \frac{\vec{B}_{\text{apl}}}{\mu_0} \qquad 27\text{-}23$$

onde a constante de proporcionalidade χ_m é um número adimensional chamado de **suscetibilidade magnética**. A Equação 27-22 é então

$$\vec{B} = \vec{B}_{\text{apl}} + \mu_0 \vec{M} = \vec{B}_{\text{apl}}(1 + \chi_m) = K_m \vec{B}_{\text{apl}} \qquad 27\text{-}24$$

onde

$$K_m = 1 + \chi_m \qquad 27\text{-}25$$

é chamada de **permeabilidade relativa** do material. Para materiais paramagnéticos, χ_m é um número positivo e pequeno que depende da temperatura. Para materiais diamagnéticos (que não sejam supercondutores), ela é uma constante pequena e negativa, independentemente da temperatura. A Tabela 27-1 lista a suscetibilidade magnética de vários materiais paramagnéticos e diamagnéticos. Vemos que a suscetibilidade magnética para os sólidos listados é da ordem de 10^{-5} e $K_m \approx 1$.

A magnetização de materiais ferromagnéticos, sobre a qual discutimos brevemente, é muito mais complicada. A permeabilidade relativa K_m definida como a razão B/B_{apl}, não é constante e tem valores máximos no intervalo entre 5000 e 100.000. No caso de ímãs permanentes, K_m não está definida, pois tais materiais exibem magnetização mesmo na ausência de um campo aplicado.

Tabela 27-1 Suscetibilidade Magnética de Vários Materiais a 20°C

Material	χ_m
Alumínio	$2{,}3 \times 10^{-5}$
Bismuto	$-1{,}66 \times 10^{-5}$
Cobre	$-0{,}98 \times 10^{-5}$
Diamante	$-2{,}2 \times 10^{-5}$
Ouro	$-3{,}6 \times 10^{-5}$
Magnésio	$1{,}2 \times 10^{-5}$
Mercúrio	$-3{,}2 \times 10^{-5}$
Prata	$-2{,}6 \times 10^{-5}$
Sódio	$-0{,}24 \times 10^{-5}$
Titânio	$7{,}06 \times 10^{-5}$
Tungstênio	$6{,}8 \times 10^{-5}$
Hidrogênio (1 atm)	$-9{,}9 \times 10^{-9}$
Dióxido de carbono (1 atm)	$-2{,}3 \times 10^{-9}$
Nitrogênio (1 atm)	$-5{,}0 \times 10^{-9}$
Oxigênio (1 atm)	2090×10^{-9}

MOMENTOS MAGNÉTICOS ATÔMICOS

A magnetização de um material paramagnético ou ferromagnético pode ser relacionada aos momentos magnéticos permanentes de átomos individuais ou a elétrons do material. O momento magnético orbital de um elétron no átomo pode ser derivado semiclassicamente, mesmo sabendo que sua origem está na mecânica quântica. Considere uma partícula de massa m e carga q movendo-se com rapidez v em um círculo de raio r, como mostrado na Figura 27-41. A magnitude do momento angular da partícula em torno do centro do círculo é

$$L = mvr \qquad 27\text{-}26$$

A magnitude do momento magnético é o produto da corrente pela área do círculo:

$$\mu = IA = I\pi r^2$$

Se T é o tempo para que a carga complete uma revolução, a corrente (a carga passando por um ponto por unidade de tempo) é q/T. Como o período T é a distância $2\pi r$ dividida pela rapidez v, a corrente é

$$I = \frac{q}{T} = \frac{qv}{2\pi r}$$

O momento magnético é então

$$\mu = IA = \frac{qv}{2\pi r}\pi r^2 = \tfrac{1}{2}qvr \qquad 27\text{-}27$$

Usando $vr = L/m$ da Equação 27-26, temos para o momento magnético

$$\mu = \frac{q}{2m}L$$

Se a carga q é positiva, o momento angular e o momento magnético estão na mesma direção e sentido. Podemos, então, escrever

$$\vec{\mu} = \frac{q}{2m}\vec{L} \qquad 27\text{-}28$$

RELAÇÃO CLÁSSICA ENTRE MOMENTO MAGNÉTICO E MOMENTO ANGULAR

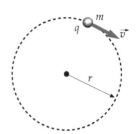

FIGURA 27-41 Uma partícula de carga q e massa m movendo-se com rapidez v em um círculo de raio r. O momento angular aponta para dentro do papel e tem magnitude mvr. O momento magnético aponta para dentro do papel (se q for positiva) e tem magnitude $\tfrac{1}{2}qvr$.

A Equação 27-28 é a relação clássica geral entre momento magnético e momento angular. Ela também é válida na teoria quântica do átomo para o momento angular orbital, mas a equação não vale para o momento angular intrínseco de *spin* do elétron. Para o *spin* do elétron, o momento magnético é o dobro do predito pela equação.* O fator 2 extra, que é explicado pela teoria quântica, não tem análogo na mecânica clássica.

Como o momento angular é quantizado, o momento magnético de um átomo também é quantizado. O quantum do momento angular é $\hbar = h/(2\pi)$, onde h é a constante de Planck e, portanto, expressamos o momento magnético em termos de $\vec{L}/\hbar$:

$$\vec{\mu} = \frac{q\hbar}{2m}\frac{\vec{L}}{\hbar}$$

Para um elétron, $m = m_e$ e $q = -e$, logo, o momento magnético do elétron devido ao seu movimento orbital é

$$\vec{\mu}_\ell = -\frac{e\hbar}{2m_e}\frac{\vec{L}}{\hbar} = -\mu_B\frac{\vec{L}}{\hbar} \qquad 27\text{-}29$$

MOMENTO MAGNÉTICO DEVIDO AO MOVIMENTO ORBITAL DE UM ELÉTRON

---

* Este resultado e o fenômeno do *spin* do elétron foram previstos em 1927 por Paul Dirac, que combinou relatividade especial e mecânica quântica em uma equação de onda relativística chamada de equação de Dirac. Medidas precisas indicam que o momento magnético do elétron devido ao seu *spin* é 2,00232 vezes o predito pela Equação 27-28. O fato de o momento magnético intrínseco do elétron ser aproximadamente o dobro do que esperaríamos torna claro que o modelo simples para o elétron como uma bola girando não deve ser considerado literalmente.

242 | CAPÍTULO 27

onde

$$\mu_B = \frac{e\hbar}{2m_e} = 9{,}27 \times 10^{-24}\,\text{A}\cdot\text{m}^2 = 9{,}27 \times 10^{-24}\,\text{J/T}$$

$$= 5{,}79 \times 10^{-5}\,\text{eV/T} \qquad\qquad 27\text{-}30$$

MAGNÉTON DE BOHR

é a unidade quântica de momento magnético chamada de **magnéton de Bohr**. O momento magnético de um elétron devido ao seu momento angular intrínseco de *spin* $\vec{S}$ é

$$\vec{\mu}_s = -2 \times \frac{e\hbar}{2m_e}\frac{\vec{S}}{\hbar} = -2\mu_B\frac{\vec{S}}{\hbar} \qquad\qquad 27\text{-}31$$

MOMENTO MAGNÉTICO DEVIDO AO *SPIN* DO ELÉTRON

Apesar de o cálculo do momento magnético de qualquer átomo ser um problema complicado na teoria quântica, o resultado para todos os elétrons, de acordo com a teoria e com o experimento, é que o momento magnético é da ordem de poucos magnétons de Bohr. Além disso, qualquer átomo que tem momento angular igual a zero tem um momento magnético resultante igual a zero. (Este assunto será discutido em mais detalhes no Capítulo 36 — Volume 3.)

Se todos os átomos em uma amostra de material têm seus momentos magnéticos alinhados, o momento magnético por unidade de volume da amostra é o produto do número de átomos por unidade de volume n pelo o momento magnético μ de cada átomo. Para este caso extremo, a **magnetização de saturação** M_s é

$$M_s = n\mu \qquad\qquad 27\text{-}32$$

O número de átomos por unidade de volume pode ser determinado a partir da massa molar M, da massa específica ρ do material e do número de Avogadro N_A:

$$n = \frac{N_A\,(\text{átomos/mol})}{M\,(\text{kg/mol})}\rho(\text{kg/m}^3) \qquad\qquad 27\text{-}33$$

Exemplo 27-12 | Magnetização de Saturação para o Ferro

Determine a magnetização de saturação de uma amostra de ferro e determine o campo magnético que ela produz no interior da amostra. Considere que cada átomo de ferro tenha um momento magnético de 1 magnéton de Bohr.

SITUAÇÃO Determinamos o número de átomos por unidade de volume da massa específica do ferro, $\rho = 7{,}87 \times 10^3\,\text{kg/m}^3$, e de sua massa molar $M = 55{,}8 \times 10^{-3}\,\text{kg/mol}$.

SOLUÇÃO

1. A magnetização de saturação é o produto do número de átomos por unidade de volume pelo momento magnético de cada molécula:

$$M_s = n\mu$$

2. Calcule o número de átomos por unidade de volume a partir do número de Avogadro, da massa molar e da massa específica:

$$n = \frac{N_A}{M}\rho = \frac{6{,}01 \times 10^{23}\,\text{átomos/mol}}{55{,}8 \times 10^{-3}\,\text{kg/mol}}(7{,}87 \times 10^3\,\text{kg/m}^3)$$

$$= 8{,}48 \times 10^{28}\,\text{átomos/m}^3$$

3. Substitua este resultado e $\mu = 1$ magnéton de Bohr para calcular a magnetização de saturação:

$$M_s = n\mu$$

$$= (8{,}48 \times 10^{28}\,\text{átomos/m}^3)(9{,}27 \times 10^{-24}\,\text{A}\cdot\text{m}^2)$$

$$= \boxed{7{,}86 \times 10^5\,\text{A/m}}$$

4. O campo magnético no eixo no lado de dentro e longe das extremidades de um longo cilindro de ferro resultante desta magnetização máxima é dado por $B = \mu_0 M_s$:

$$B = \mu_0 M_s$$

$$= (4\pi \times 10^{-7}\,\text{T}\cdot\text{A})(7{,}86 \times 10^5\,\text{A/m})$$

$$= \boxed{0{,}987\,\text{T} \approx 1\,\text{T}}$$

CHECAGEM O resultado do passo 4 de $B \approx 1\,\text{T}$ é um campo magnético intenso. Este resultado é esperado para o campo magnético de saturação no interior de um material ferromagnético.

INDO ALÉM O campo magnético de saturação medido para ferro tratado termicamente é de aproximadamente 2,16 T, indicando que o momento magnético de um átomo de ferro é levemente maior que 2 magnétons de Bohr. Este momento magnético é devido, principalmente, aos *spins* dos dois elétrons não pareados no átomo de ferro.

*PARAMAGNETISMO

O paramagnetismo ocorre em materiais cujos átomos têm momentos magnéticos permanentes que interagem entre si apenas muito fracamente, resultando em uma suscetibilidade magnética positiva e muito pequena χ_m. Quando não há campo magnético externo, estes momentos magnéticos estão orientados aleatoriamente. Na presença de um campo magnético externo, os momentos magnéticos tendem a se alinhar paralelamente ao campo, mas isso é contrabalançado pela tendência de os momentos magnéticos ficarem aleatoriamente orientados devido à agitação térmica. O grau no qual os momentos se alinham com o campo depende da intensidade do campo e da temperatura. Este grau de alinhamento geralmente é muito pequeno porque a energia de um momento magnético em um campo externo é tipicamente muito menor que a energia térmica de um átomo do material, que é da ordem de kT, onde k é a constante de Boltzmann e T é a temperatura absoluta.

A energia potencial de um dipolo magnético de momento $\vec{\mu}$ em um campo magnético externo $\vec{B}$ é dada pela Equação 27-16:

$$U = -\mu B \cos\theta = -\vec{\mu}\cdot\vec{B}$$

Oxigênio líquido, o qual é paramagnético, é atraído pelo campo magnético de um ímã permanente. Uma força resultante é exercida nos dipolos magnéticos porque o campo magnético não é uniforme. (*J. F. Allen, St. Andrews University, Scotland.*)

A energia potencial $U_{mín}$ quando o momento e o campo são paralelos ($\theta = 0$) é, portanto, menor que a energia potencial $U_{máx}$ quando o momento e o campo são antiparalelos ($\theta = 180°$) por $2\mu B$. Para um momento magnético atômico típico de 1 magnéton de Bohr e para um campo magnético intenso típico de 1 T, a diferença nestas energias potenciais é

$$\Delta U = 2\mu_B B = 2(5{,}79 \times 10^{-5}\,\text{eV/T})(1\,\text{T}) = 1{,}16 \times 10^{-4}\,\text{eV}$$

A uma temperatura normal $T = 300$ K, a energia térmica típica kT é

$$kT = (8{,}62 \times 10^{-5}\,\text{eV/K})(300\,\text{K}) = 2{,}59 \times 10^{-2}\,\text{eV}$$

a qual é mais de 200 vezes maior que $2\mu_B B$. Assim, mesmo em um campo magnético muito forte de 1 T, a maior parte dos momentos magnéticos estarão orientados aleatoriamente devido à agitação térmica (a menos que a temperatura seja muito baixa).

A Figura 27-42 mostra um gráfico da magnetização M *versus* campo magnético externo aplicado B_{apl} a uma dada temperatura. Em campos aplicados muito intensos, aproximadamente todos os momentos magnéticos estarão alinhados com o campo e $M \approx M_s$. (Para campos magnéticos gerados em laboratório, isso pode ocorrer apenas para temperaturas muito baixas.) Quando $B_{apl} = 0$, $M = 0$, indicando que a orientação dos momentos é completamente aleatória. Em campos fracos, a magnetização é aproximadamente proporcional ao campo aplicado, como indicado pela linha pontilhada mais escura na figura. Nesta região, a magnetização é dada por

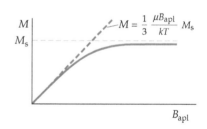

$$M = \frac{1}{3}\frac{\mu B_{apl}}{kT}M_s \qquad 27\text{-}34$$

LEI DE CURIE

FIGURA 27-42 Gráfico da magnetização M *versus* campo magnético aplicado B_{apl}. Em campos muito intensos, a magnetização tende ao valor de saturação M_s. Isso pode ser obtido apenas a temperaturas muito baixas. Em campos fracos, a magnetização é aproximadamente proporcional a B_{apl}, um resultado conhecido como lei de Curie.

Observe que $\mu B_{apl}/(kT)$ é a razão da energia máxima de um dipolo em um campo magnético pela energia térmica característica. O resultado que a magnetização varia inversamente com a temperatura absoluta foi descoberto experimentalmente por Pierre Curie e é conhecido como **lei de Curie**.

Exemplo 27-13 Aplicando a Lei de Curie

Se $\mu = \mu_B$, em que temperatura a magnetização será de 1,00 por cento da magnetização de saturação em um campo magnético aplicado de 1,00 T?

SITUAÇÃO Usando a Equação 27-34 resolva para a temperatura quando M/M_s é igual a 0,0100.

SOLUÇÃO

1. A lei de Curie relaciona M, T, M_s e B_{apl}:

$$M = \frac{1}{3}\frac{\mu B_{apl}}{kT}M_s$$

2. Resolva para T usando $\mu = \mu_B$ e $M/M_s = 0{,}0100$:

$$T = \frac{\mu_B B_{apl}}{3k}\frac{M_s}{M} = \frac{(5{,}79 \times 10^{-5}\,\text{eV/T})(1{,}00\,\text{T})}{3(8{,}62 \times 10^{-5}\,\text{eV/K})}100$$

$$= \boxed{22{,}4\,\text{K}}$$

CHECAGEM O resultado do passo 2 é maior que o zero absoluto, como esperado.

INDO ALÉM Deste exemplo vemos que, mesmo em um campo magnético aplicado intenso de 1,00 T, a magnetização é menor que 1,00 por cento da saturação a temperaturas acima de 22,4 K.

PROBLEMA PRÁTICO 27-9 Se $\mu = \mu_B$, qual a fração da magnetização de saturação é M a 300 K para um campo magnético externo de 1,5 T?

*FERROMAGNETISMO

O ferromagnetismo ocorre em ferro, cobalto e níquel puros, bem como em ligas destes metais uns com os outros. Ele também ocorre para o gadolínio, disprósio e outros poucos compostos. O ferromagnetismo surge de uma forte interação entre os elétrons em uma banda parcialmente preenchida em um metal ou entre os elétrons localizados que formam momentos magnéticos em átomos vizinhos. Esta interação, chamada de **interação de troca**, diminui a energia de um par de elétrons com *spins* paralelos.

Materiais ferromagnéticos têm valores muito grandes e positivos de suscetibilidade magnética χ_m (como medido sob as condições descritas). Em amostras destas substâncias, um pequeno campo magnético externo pode produzir um grande alinhamento dos momentos de dipolo magnéticos atômicos. Em alguns casos, o alinhamento pode persistir mesmo depois de o campo magnetizador externo ter sido removido. Este alinhamento persiste porque os momentos de dipolo magnético exercem fortes forças na vizinhança e, portanto, em uma pequena região do espaço os momentos estão alinhados uns com os outros mesmo quando não há campo externo. A região do espaço na qual os momentos de dipolo magnético estão alinhados é chamada de **domínio magnético**. O tamanho de um domínio é geralmente microscópico. No interior do domínio, todos os momentos magnéticos atômicos permanentes estão alinhados, mas a direção do alinhamento varia de domínio para domínio e, portanto, o momento magnético resultante de um pedaço macroscópico de material ferromagnético é zero no estado normal. A Figura 27-43 ilustra esta situação. As forças nos dipolos que pro-

Uma moeda canadense atraída por um ímã. Moedas canadenses contêm quantidades significativas de níquel, que é ferromagnético. *(Fotografia de Gene Mosca.)*

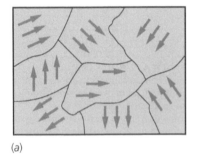

(a)

(b)

Um pedaço de magnetita atrai a agulha de uma bússola. *(© Paul Silverman/Fundamental Photographs.)*

FIGURA 27-43 (*a*) Ilustração esquemática dos domínios ferromagnéticos. Dentro de cada domínio, os dipolos magnéticos estão alinhados, mas o sentido do alinhamento varia de domínio para domínio e, portanto, o momento magnético resultante é zero. Um pequeno campo magnético externo pode causar um aumento do tamanho destes domínios que estão alinhados paralelamente ao campo (à custa dos domínios vizinhos), ou ele pode fazer com que o alinhamento no interior de um domínio mude de direção. Em qualquer um dos casos, o resultado é um momento magnético resultante paralelo ao campo. (*b*) Domínios magnéticos na superfície de um cristal com 97%Fe–3%Si observados usando microscopia eletrônica de varredura com análise de polarização. As quatro cores indicam as quatro possíveis orientações dos domínios. *(Robert J. Celotta, National Institute Standards and Technology.)* (Veja o Encarte em cores.)

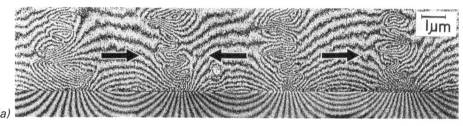

(a)

(a) Linhas de campo magnético em uma fita de gravação magnética de cobalto. As setas sólidas indicam os bits magnéticos codificados. (b) Seção transversal da cabeça de gravação de fita magnética. Quando a fita passa em um espaçamento no interior da cabeça de gravação, o campo magnético grava informação na fita. ((a) Akira Tonomura, Hitachi Advanced Research Library, Hatomaya, Japan; (b) © Bruce Iverson.)

(b)

duzem este alinhamento são previstas pela teoria quântica e não podem ser explicadas pela física clássica. A temperaturas acima de uma temperatura crítica, chamada de **temperatura de Curie**, a agitação térmica é grande o suficiente para destruir este alinhamento e os materiais ferromagnéticos tornam-se paramagnéticos.

Quando um campo magnético externo é aplicado, as fronteiras dos domínios podem ser deslocadas ou a direção do alinhamento no interior de um domínio pode mudar e, portanto, haverá um momento magnético macroscópico resultante na direção e sentido do campo aplicado. Como o grau de alinhamento é grande mesmo para pequenos campos externos, o campo magnético produzido em um material por dipolos é, muitas vezes, muito maior que o campo externo.

Vamos considerar o que acontece quando magnetizamos um longo bastão de ferro colocando-o no interior de um solenóide e gradualmente aumentamos a corrente nos anéis do solenóide. Consideramos que o bastão e o solenóide são longos o suficiente para que seja possível desprezarmos efeitos de borda. Como os momentos magnéticos induzidos estão na mesma direção e sentido que o campo aplicado, $\vec{B}_{apl}$ e $\vec{M}$ estão na mesma direção e sentido. Então,

$$B = B_{apl} + \mu_0 M = \mu_0 nI + \mu_0 M \qquad 27\text{-}35$$

Em materiais ferromagnéticos, o campo magnético $\mu_0 M$ devido aos momentos magnéticos geralmente é maior que o campo magnetizador B_{apl} por um fator de vários milhares.

A Figura 27-44 mostra um gráfico de B versus o campo magnetizador B_{apl}. À medida que a corrente aumenta gradualmente a partir do zero, B aumenta desde zero ao longo da parte da curva que sai da origem O até o ponto P_1. O achatamento desta curva próximo ao ponto P_1 indica que a magnetização M está se aproximando de seu valor de saturação M_s, no qual todos os momentos magnéticos atômicos estão alinhados. Acima da saturação, B aumenta apenas porque o campo magnetizador $B_{apl} = \mu_0 nI$ aumenta. Quando B_{apl} diminui gradualmente a partir do ponto P_1, não há um decréscimo correspondente na magnetização. O deslocamento dos domínios em um material ferromagnético não é completamente reversível e uma dada magnetização permanece mesmo quando B_{apl} é reduzido a zero, como indicado na figura. Este efeito é chamado de **histerese**, da palavra grega *hysteros*, que significa depois ou atrás, e a curva na Figura 27-44 é chamada de **curva de histerese**. O valor do campo magnético no ponto P_4 quando B_{apl} é zero é chamado de **campo remanente** B_{rem}. Neste ponto, o bastão de ferro é um ímã permanente. Se a corrente no solenóide é, então, invertida, fazendo com que B_{apl} esteja no sentido oposto, o campo magnético B vai gradualmente a zero no ponto c. A parte remanescente da curva de histerese é obtida aumentando ainda mais a corrente no sentido oposto até que o ponto P_2 seja atingido, que corresponde à saturação no sentido oposto e, então, diminuindo a corrente a zero no ponto P_3 e aumentando-a novamente no seu sentido original.

Como a magnetização M depende da história prévia do material, e como ela pode ter um valor grande mesmo quando o campo aplicado é zero, não é simples relacioná-la ao campo aplicado B_{apl}. Entretanto, se considerarmos apenas a parte da curva de magnetização desde a origem até o ponto P_1 na Figura 27-44, $\vec{B}_{apl}$ e $\vec{M}$ são paralelos e M é zero quando B_{apl} é zero. Podemos, então, definir a suscetibilidade magnética como na Equação 27-23,

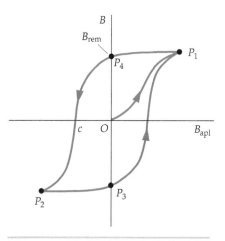

FIGURA 27-44 Gráfico de B versus o campo magnetizador aplicado B_{apl}. A curva externa é chamada de curva de histerese. O campo B_{rem} é chamado de campo remanente. Ele permanece quando o campo aplicado volta a ser zero.

e
$$M = \chi_m \frac{B_{apl}}{\mu_0}$$

$$B = B_{apl} + \mu_0 M = B_{apl}(1 + \chi_m) = K_m \mu_0 nI = \mu nI \qquad 27\text{-}36$$

onde

$$\mu = (1 + \chi_m)\mu_0 = K_m \mu_0 \qquad 27\text{-}37$$

é chamada de **permeabilidade** do material. [Para materiais paramagnéticos e diamagnéticos, χ_m é muito menor que 1 e a permeabilidade μ e a constante magnética (permeabilidade do espaço vazio) μ_0 são praticamente iguais.]

Como B não varia linearmente com B_{apl}, como pode ser visto na Figura 27-44, a permeabilidade relativa não é constante. O valor máximo de K_m ocorre a uma magnetização que é consideravelmente menor que a magnetização de saturação. A Tabela 27-2 lista o campo magnético de saturação $\mu_0 M_s$ e os valores máximos de K_m para alguns materiais ferromagnéticos. Observe que os valores máximos de K_m são muito maiores que 1.

A área circundada pela curva de histerese é proporcional à energia dissipada como calor no processo irreversível de magnetização e desmagnetização. Se o efeito de histerese é pequeno, o que corresponde a uma pequena área sob a curva, indicando uma pequena perda de energia, o material é considerado **magneticamente macio**. Ferro macio (ferro quimicamente puro) é um exemplo. A curva de histerese para um material magneticamente macio é mostrada na Figura 27-45. Aqui o campo remanente B_{rem} é praticamente zero e a perda de energia por ciclo é pequena. Materiais magneticamente macios são usados em núcleos de transformadores para permitir que o campo magnético B varie sem que haja grandes perdas de energia enquanto o campo varia.

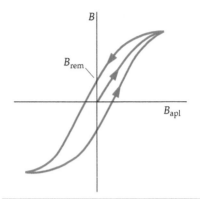

FIGURA 27-45 Curva de histerese para um material magneticamente macio. O campo remanente é muito pequeno comparado com o campo remanente para um material magneticamente duro tal como o mostrado na Figura 27-44.

Tabela 27-2 Valores Máximos de $\mu_0 M_s$ e K_m para Alguns Materiais Ferromagnéticos

Material	$\mu_0 M_s$, T	K_m
Ferro (após tratamento térmico)	2,16	5500
Ferro–silício(96% Fe, 4% Si)	1,95	7000
Permalloy (55% Fe, 45% Ni)	1,60	25.000
Metal Mu (77% Ni, 16% Fe, 5% Cu, 2% Cr)	0,65	100.000

(a) Um disco rígido de capacidade extremamente elevada para armazenamento magnético de informação, capaz de armazenar mais de 250 gigabytes de informação. (b) Um padrão de teste magnético em um disco rígido, amplificado 2400 vezes. As regiões claras e escuras correspondem a campos magnéticos com sentidos opostos. A região contínua ao lado do padrão é a região do disco que foi apagada e está pronta para ser gravada. ((a) © 2003 Western Digital Corporation. Todos os direitos reservados. (b) Tom Chang/IBM Storage Systems Division, San Jose, CA.)

Por outro lado, um campo remanente grande é desejável em um ímã permanente. Materiais **magneticamente duros**, tais como aço-carbono, a liga Alnico 5 e os terras-raras samário e neodímio (samário–cobalto e neodímio–ferro–boro) são usados como ímãs permanentes.

Exemplo 27-14 | Solenóide com Núcleo de Ferro

Um solenóide longo tem 12 voltas por centímetro e um núcleo de ferro macio. Quando a corrente é 0,500 A, o campo magnético no interior do núcleo de ferro é 1,36 T. Determine (a) o campo aplicado B_{apl}, (b) a permeabilidade relativa K_m e (c) a magnetização M.

SITUAÇÃO O campo aplicado é apenas o de um longo solenóide, dado por $B_{apl} = \mu_0 nI$. Como o campo magnético total é conhecido, podemos determinar a permeabilidade relativa a partir de sua definição ($K_m = B/B_{apl}$) e podemos determinar M de $B = B_{apl} + \mu_0 M$.

SOLUÇÃO

(a) O campo aplicado é dado pela Equação 27-10:

$$B_{apl} = \mu_0 nI$$
$$= (4\pi \times 10^{-7}\,\text{T} \cdot \text{m/A})(1200\,\text{m}^{-1})(0,500\,\text{A})$$
$$= \boxed{7,54 \times 10^{-4}\,\text{T}}$$

(b) A permeabilidade relativa é a razão entre B e B_{apl}:

$$K_m = \frac{B}{B_{apl}} = \frac{1,36\,\text{T}}{7,54 \times 10^{-4}\,\text{T}} = \boxed{1,80 \times 10^3}$$

(c) A magnetização M é determinada da Equação 27-35:

$$\mu_0 M = B - B_{apl}$$
$$= 1,36\,\text{T} - 7,54 \times 10^{-4}\,\text{T} \approx B = 1,36\,\text{T}$$
$$M = \frac{B}{\mu_0} = \frac{1,36\,\text{T}}{4\pi \times 10^{-7}\,\text{T} \cdot \text{m/A}} = \boxed{1,08 \times 10^6\,\text{A/m}}$$

CHECAGEM A Tabela 27-2 fornece 5500 para o valor máximo de K_m. Nosso resultado para a Parte (b) é menor que este valor máximo, como esperado.

INDO ALÉM O campo magnético aplicado de $7,54 \times 10^{-4}$ T é uma fração desprezível do campo total de 1,36 T.

*DIAMAGNETISMO

Materiais diamagnéticos são aqueles materiais que têm valores negativos e muito pequenos de suscetibilidade magnética χ_m. O diamagnetismo foi descoberto por Michael Faraday em 1845 quando ele observou que um pedaço de bismuto é repelido pelos dois pólos de um ímã, indicando que o campo externo do ímã induz um momento magnético no bismuto no sentido oposto ao campo.

Podemos entender este efeito qualitativamente na Figura 27-46, que mostra duas cargas positivas se movendo em órbitas circulares com a mesma rapidez, mas em sentidos opostos. Seus momentos magnéticos têm sentidos opostos e, portanto, se cancelam.* Na presença de um campo magnético externo $\vec{B}$ dirigido para dentro da página, as cargas experimentam uma força adicional $q\vec{v} \times \vec{B}$, que tem direção radial. Para a carga à esquerda, esta força adicional aponta para o centro, aumentando a força centrípeta. Se a carga deve permanecer na mesma órbita circular, ela deve aumentar a rapidez para que mv^2/r seja igual à força centrípeta total.[†] Conseqüentemente, seu momento magnético, que é para fora da página, aumenta. Para a carga à direita, a força adicional aponta para fora e, portanto, a rapidez da carga deve diminuir para que ela permaneça na mesma órbita. Seu momento magnético, que é para dentro da página, diminui. Em cada caso, a *variação* no momento magnético das cargas está na direção saindo da página, com sentido oposto ao do campo externo aplicado. Como os momentos magnéticos permanentes das duas cargas são iguais e têm sentidos

---

* É mais simples considerar cargas positivas mesmo sabendo que os elétrons carregados negativamente são os responsáveis pelos momentos magnéticos na matéria.

† A rapidez do elétron aumenta devido a um campo elétrico induzido pelo campo magnético variável, um efeito chamado de indução, que será discutido no Capítulo 28.

opostos, a soma deles é zero, sobrando apenas os momentos magnéticos induzidos, que estão ambos no sentido oposto ao do campo magnético aplicado.

Um material é diamagnético se seus átomos têm momento angular resultante zero e, portanto, não têm quantidade de movimento magnético permanente. (O momento angular resultante de um átomo depende da estrutura eletrônica do átomo, que é apresentada no Capítulo 36 — Volume 3.) Os momentos magnéticos induzidos que produzem o diamagnetismo têm magnitudes da ordem de 10^{-5} magnétons de Bohr. Como isto é muito menor que os momentos magnéticos permanentes dos átomos dos materiais paramagnéticos ou ferromagnéticos, o efeito diamagnético nestes átomos é mascarado pelo alinhamento dos seus momentos magnéticos permanentes. Entretanto, como este alinhamento diminui com a temperatura, todos os materiais teoricamente são diamagnéticos a temperaturas suficientemente elevadas.

Quando um supercondutor é colocado em um campo magnético externo, correntes elétricas são induzidas na superfície do supercondutor e o campo magnético resultante no supercondutor é zero. Considere um bastão supercondutor no interior de um solenóide com n voltas por unidade de comprimento. Quando o solenóide é conectado a uma fonte de fem e conduz uma corrente I, o campo magnético devido ao solenóide é $\mu_0 nI$. Uma corrente na superfície de $-nI$ por unidade de comprimento é induzida no bastão supercondutor que cancela o campo devido ao solenóide e o campo resultante no interior do supercondutor é zero. Da Equação 27-24,

$$\vec{B} = \vec{B}_{apl}(1 + \chi_m) = 0$$

então

$$\chi_m = -1$$

Um supercondutor é, portanto, um diamagneto perfeito com uma suscetibilidade magnética de -1.

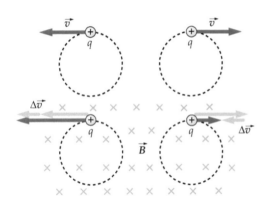

FIGURA 27-46 (a) Uma carga positiva movendo-se no sentido anti-horário em um círculo tem seu momento magnético para fora do papel. Quando um campo magnético externo dirigido para dentro da página é aplicado, a força magnética aumenta a força centrípeta e a rapidez da partícula deve aumentar. A variação no momento magnético é para fora da página. (b) Uma partícula positiva movendo-se no sentido horário em um círculo tem seu momento magnético dirigido para dentro da página. Quando um campo magnético externo dirigido para dentro da página é aplicado, a força magnética diminui a força centrípeta e a rapidez da partícula deve diminuir. Como em (a), a variação no momento magnético é dirigida para fora da página.

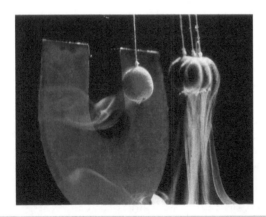

Um supercondutor é um diamagnético perfeito. Aqui um pêndulo supercondutor é repelido por um ímã permanente. (© *Bill Pierce/Time Magazine, Inc.*)

Solenóide Trabalhando

Por que solenóides? Diferentemente de engrenagens, os solenóides não dependem de atrito para transferência de movimento, o que significa que o movimento baseado em solenóides tem menor probabilidade de provocar desgaste em partes de motores. As válvulas, interruptores e atuadores de solenóides são todos baseados no mesmo princípio — um núcleo central no solenóide é movido quando existe corrente na bobina do solenóide. As válvulas de solenóide para controlar o fluxo de líquidos e gases são o uso mecânico mais popular dos solenóides. Algumas válvulas de solenóides são abertas diretamente pelo movimento dos núcleos dos solenóides. Quando os solenóides são desligados, molas retornam às válvulas para a posição desligada.* Outras válvulas de solenóides, conhecidas como válvulas operadas por piloto, usam núcleos de solenóides como interruptores para pistões que têm portas muito grandes, ou usam o movimento dos núcleos dos solenóides para abrir pequenas portas-piloto, que provocam uma pressão diferencial suficiente na linha principal de fluido para abrir a porta da válvula principal.[†]

O maior ímã solenóide supercondutor do mundo atingiu a intensidade máxima de seu campo de 4 T pela primeira vez em dezembro de 2006. Pesando mais de 10.000 toneladas, o ímã é construído em volta de um solenóide supercondutor de 6 m de diâmetro e com 13 m de comprimento. O solenóide, que está no CERN, será usado como parte de um detector de múons. (CERN.)

Como o custo de substituição de uma pequena válvula é grande devido ao tempo perdido na linha de produção, os produtores muitas vezes preferem válvulas de solenóide nestas linhas.[‡] Algumas válvulas de solenóide têm sido usadas em vários milhões de ciclos.[#] Válvulas de solenóides também têm sido projetadas para uso em ambientes bastante desafiadores. Elas podem operar em áreas corrosivas[°,§] e em áreas que têm atmosferas explosivas.[¶] Aplicações em paisagismo e irrigação** requerem solenóides que possam operar ao ar livre. Os solenóides têm sido cada vez mais usados para processos de produção automatizados.[††]

Devido à sua alta confiabilidade, longa vida útil e baixo consumo de energia comparado a sistemas estritamente mecânicos, os solenóides são usados em robótica, aviação e aplicações automotivas. Em robótica, os solenóides geralmente controlam válvulas de ar. Em aplicações automotivas, alguns solenóides controlam a pressão no fluido de transmissão, enquanto outras controlam o fechamento de portas automáticas.

Um problema dos solenóides é que eles estão sujeitos ao superaquecimento se a potência for muito grande[‡‡] ou se o solenóide receber continuamente a potência necessária para ligá-lo.[##] O superaquecimento pode fundir os anéis do solenóide, desligar linhas de produção, impedir máquinas de começarem a funcionar e, até mesmo, provocar incêndios. Devido a estes problemas, os projetistas são muito cuidadosos ao adequar o solenóide a uma aplicação ao circuito.

Nem todos os solenóides são usados em aplicações mecânicas. Alguns dos solenóides mais potentes na Terra são usados para produzir grandes campos magnéticos uniformes para experimentos em física de partículas. Muitos destes solenóides usam supercondutores refrigerados criogenicamente para atingir a intensidade máxima sem superaquecimento. Um solenóide supercondutor de 5 T está no Síncrotron Deutsches Elektronen, ou DESY. Este ímã produz um campo magnético de 5,25 T quando conduz correntes de até 1000 A. Para os supercondutores na bobina funcionarem com a máxima eficiência, bem como para prevenir superaquecimento, o solenóide DESY deve ser refrigerado a 4,4 K.[°°] Em Cessy, França, o maior ímã solenóide supercondutor da Terra, o Solenóide Compacto Muon, teve seu início de operação previsto para novembro de 2007.[§§] Os anéis do solenóide contêm 1947 km de tiras supercondutoras de nióbio/titânio, e o solenóide tem diâmetro interno de 6,0 m. Quando ele é refrigerado a 4,5 K, uma corrente de mais de 56 kA produz um campo magnético de 4 T.[¶¶] A confiabilidade e a previsibilidade para solenóides muito grandes para física de partículas ou para solenóides em miniatura para plantas químicas são dignas de reconhecimento.

---

* Hargraves, D., "Solenoid Valves: Operation, Selection, and Application." *Air Conditioning, Heating, & Refrigeration News*, Apr. 5, 1999, pp. 26–28.
† Zdobinski, D., Mudd, W., and Byrne, G., "Understanding Applications, Uses, Key to Solenoid Valve Selection." *Plant Engineering*, Jun. 2006, pp. 65–68.
‡ Heney, P. J., "Wide Variety of Solenoid Valves Available to Designers." *Hydraulics and Pneumatics*, Sept. 1998, Vol. 51, No. 9, pp. 51–56.
# "Updated Solenoid Survives 20 Million Cycles." *Machine Design*, Aug. 23, 2001, p. 54.
° "Direct-Acting Solenoid Valves." *Design News*, Jun. 5, 2006, pp. 83–84.
§ "Solenoid Valve Handles Acids." *Manufacturing Chemist*, Jul. 1996, Vol. 67, No. 7, p. 51.
¶ "Solenoid Valve for Hazardous Areas." *Offshore*, Nov. 1998, Vol. 58, No. 11, p. 216.
** Mentzer, T., "Control Gets 'Smart'." *Landscape Management*, Jan. 2000, Vol. 39, No. 1, pp. 38+.
†† Mervartova, K., Martinez Calatayud, J., and Catala Icardo, M., "A Fully Automated Assembly Using Solenoid Valves for the Photodegradation and Chemiluminometric Determination of the Herbicide Chlorsulfuron." *Analytical Letters*, Jan. 2005, Vol. 38, No. 1, pp. 179–194.
‡‡ Zdobinski, D., Mudd, W., and Byrne, G., op. cit.
Nakhe, S. V., "Smart Solenoid Driver Reduces Power Loss." *Electronic Design*, Oct. 13, 2005, Vol. 53, No. 22, pp. 62–64.
°° Gadwinkel, E., et al., "Cryogenics for a 5 Tesla Superconducting Solenoid with Large Aperture at DESY." *CP170, Advances in Cryogenic Engineering: Transactions of the Cryogenic Engineering Conference—CEC, Vol. 49, AIP Conference Proceedings*, 2004, Vol. 710, Issue 1, pp. 719–725.
§§ Science Daily, "World's Largest Superconducting Solenoid Magnet Reaches Full Field." *Science Daily*, Sept. 26, 2006. http://www.sciencedaily.com/releases/2006/09/060925075001.htm As of Oct. 2006.
¶¶ Blau, B., and Pauss, F., "Superconducting Magnet: ETH Zürich and Superconductor Manufacture for CMS." *CMS Info, CERN*, Apr. 2003, http://cmsinfo.cern.ch/outreach/CMSdocuments/MagnetBrochure/MagnetBrochure.pdf As of Oct. 2006.

250 | CAPÍTULO 27

Resumo

1. Campos magnéticos surgem de cargas em movimento e, portanto, de correntes.
2. A lei de Biot–Savart descreve o campo magnético produzido por um elemento de corrente.
3. A lei de Ampère relaciona a integral de linha do campo magnético ao longo de uma curva fechada à corrente que passa através de qualquer superfície limitada pela curva.
4. O vetor magnetização $\vec{M}$ descreve o momento de dipolo magnético por unidade de volume da matéria.
5. A relação clássica $\vec{\mu} = [q/(2m)]\vec{L}$ é derivada das definições de momento angular e momento magnético.
6. O magnéton de Bohr é uma unidade conveniente para momentos magnéticos atômicos e nucleares.

TÓPICO	EQUAÇÕES RELEVANTES E OBSERVAÇÕES	
1. Campo Magnético $\vec{B}$		
Devido a uma carga puntiforme em movimento	$$\vec{B} = \frac{\mu_0}{4\pi} \frac{q\vec{v} \times \hat{r}}{r^2}$$	27-1
	onde $\hat{r}$ é um vetor unitário que aponta para o ponto-campo P desde a carga q em movimento com velocidade $\vec{v}$, e μ_0 é uma constante de proporcionalidade chamada de constante magnética (a permeabilidade do espaço vazio):	
	$$\mu_0 = 4\pi \times 10^{-7}\,\text{T}\cdot\text{m/A} = 4\pi \times 10^{-7}\,\text{N/A}^2$$	27-2
Devido a um elemento de corrente (lei de Biot–Savart)	$$d\vec{B} = \frac{\mu_0}{4\pi} \frac{I\,d\vec{\ell} \times \hat{r}}{r^2}$$	27-3
No eixo de um anel de corrente	$$B_z = \frac{\mu_0}{4\pi} \frac{2\pi R^2 I}{(z^2 + R^2)^{3/2}}$$	27-6
No interior de um longo solenóide, afastado das extremidades	$$B_z = \mu_0 n I$$ onde n é o número de voltas por unidade de comprimento.	27-10
Devido a um segmento retilíneo de fio	$$B = \frac{\mu_0}{4\pi} \frac{I}{R}(\operatorname{sen}\theta_2 - \operatorname{sen}\theta_1)$$	27-12
	onde R é a distância perpendicular ao fio e θ_1 e θ_2 são os ângulos subentendidos desde o ponto-campo até as extremidades do fio.	
Devido a um fio retilíneo e longo	Use a Equação 27-12 com $\theta_2 = 90°$ e $\theta_2 = -90°$, ou deduza usando a lei de Ampère.	
	A direção e o sentido de $\vec{B}$ são tais que as linhas de campo magnético de $\vec{B}$ circundam o fio no sentido dos dedos da mão direita se o polegar aponta no sentido da corrente.	
No interior dos anéis de um toróide firmemente enrolado	$$B = \frac{\mu_0}{2\pi} \frac{NI}{r}$$	27-18
2. Linhas de Campo Magnético	As linhas de campo magnético nunca começam nem terminam. Ou elas formam anéis fechados ou elas continuam indefinidamente.	
3. Lei de Gauss para o Magnetismo	$$\phi_{m\,res} = \oint_S \vec{B} \cdot \hat{n}\, dA = \oint_S B_n\, dA = 0$$	27-15
4. Pólos Magnéticos	Pólos magnéticos sempre ocorrem em pares norte–sul. Pólos magnéticos isolados nunca foram observados.	
5. Lei de Ampère	$$\oint_C \vec{B} \cdot d\vec{\ell} = \oint_C B_t\, d\ell = \mu_0 I_C$$	27-16
	onde C é qualquer curva fechada.	
Validade da lei de Ampère	A lei de Ampère é válida somente se as correntes forem constantes e contínuas. Ela pode ser usada para deduzir expressões para o campo magnético para situações com um alto grau de simetria, tais como um fio condutor longo e retilíneo, ou um solenóide longo e firmemente enrolado.	
6. Magnetismo em Materiais	Os materiais podem ser classificados como paramagnético, ferromagnético ou diamagnético.	

Fontes de Campo Magnético | **251**

TÓPICO	EQUAÇÕES RELEVANTES E OBSERVAÇÕES
Magnetização	Um material magnetizado é descrito pelo seu vetor magnetização $\vec{M}$, que é definido como o momento de dipolo magnético por unidade do volume do material: $$\vec{M} = \frac{d\vec{\mu}}{dV} \qquad \text{27-19}$$ O campo magnético devido a um cilindro uniformemente magnetizado é o mesmo que se o cilindro conduzisse uma corrente por unidade de comprimento de magnitude M na sua superfície. Esta corrente, que é devida ao movimento intrínseco das cargas atômicas no cilindro, é chamada de corrente amperiana.
7. $\vec{B}$ em Materiais Magnéticos	$$\vec{B} = \vec{B}_{apl} + \mu_0 \vec{M} \qquad \text{27-22}$$
Suscetibilidade magnética χ_m	$$\vec{M} = \chi_m \frac{\vec{B}_{apl}}{\mu_0} \qquad \text{27-23}$$ Para materiais paramagnéticos, χ_m é um número pequeno e positivo que depende da temperatura. Para materiais diamagnéticos (exceto supercondutores), ela é uma constante pequena e negativa, independentemente da temperatura. Para supercondutores, $\chi_m = -1$. Para materiais ferromagnéticos, a magnetização depende não apenas da corrente de magnetização, mas também da história passada do material.
Permeabilidade relativa	$$\vec{B} = K_m \vec{B}_{apl} \qquad \text{27-24}$$ onde $$K_m = 1 + \chi_m \qquad \text{27-25}$$
8. Momentos Magnéticos Atômicos	$$\vec{\mu} = \frac{q}{2m}\vec{L} \qquad \text{27-28}$$ onde $\vec{L}$ é o momento angular orbital da partícula.
Magnéton de Bohr	$$\mu_B = \frac{e\hbar}{2m_e} = 9{,}27 \times 10^{-24}\,\text{A} \cdot \text{m}^2$$ $$= 9{,}27 \times 10^{-24}\,\text{J/T} = 5{,}79 \times 10^{-5}\,\text{eV/T} \qquad \text{27-30}$$
Devido ao movimento orbital de um elétron	$$\vec{\mu}_\ell = -\mu_B \frac{\vec{L}}{\hbar} \qquad \text{27-29}$$
Devido ao spin do elétron	$$\vec{\mu}_s = -2\mu_B \frac{\vec{S}}{\hbar} \qquad \text{27-31}$$
*9. Paramagnetismo	Materiais paramagnéticos têm momentos magnéticos atômicos permanentes com orientações aleatórias na ausência de um campo magnético aplicado. Na presença de um campo aplicado, estes dipolos tendem a se alinhar com o campo, produzindo uma pequena contribuição para o campo total que se soma ao campo aplicado. O grau de alinhamento é pequeno, exceto em campos muito intensos e a temperaturas muito baixas. A temperaturas ordinárias, a agitação térmica tende a manter as orientações aleatórias dos momentos magnéticos.
Lei de Curie	Em campos fracos, a magnetização é aproximadamente proporcional ao campo aplicado e inversamente proporcional à temperatura absoluta. $$M = \frac{1}{3}\frac{\mu B_{apl}}{kT} M_s \qquad \text{27-34}$$
*10. Ferromagnetismo	Materiais ferromagnéticos têm pequenas regiões do espaço chamadas de domínios magnéticos, nas quais todos os momentos magnéticos atômicos permanentes estão alinhados. Quando o material não está magnetizado, a direção de alinhamento em um domínio é independente da direção em outro domínio e nenhum campo magnético resultante é produzido. Quando o material é magnetizado, os domínios de um material ferromagnético estão alinhados, produzindo uma contribuição muito forte para o campo magnético. Este alinhamento pode persistir em materiais magneticamente duros, mesmo quando o campo externo é removido, conduzindo, então, a ímãs permanentes.
*11. Diamagnetismo	Materiais diamagnéticos são aqueles nos quais os momentos magnéticos de todos os elétrons em cada átomo se cancelam, deixando cada átomo com um momento magnético zero na ausência de um campo externo. Em um campo magnético aplicado, um momento magnético muito pequeno é induzido, o qual tende a enfraquecer o campo. Este efeito é independente da temperatura. Supercondutores são diamagnéticos com uma suscetibilidade magnética igual a -1.

Respostas dos Problemas Práticos

27-1 $\vec{B} = 0, \vec{B} = 3,2 \times 10^{-14}$ T $\hat{k}$

27-2   25 A

27-4 $1,48 \times 10^{-2}$ T. Isto é aproximadamente 2 por cento menor que o resultado do passo 3.

27-5   B no centro é aproximadamente 10 por cento maior para o círculo.

27-6   R = 4,0 cm

27-7   0

27-8 $\vec{B} = 2,2 \times 10^{-5}$ T $\hat{j}$

27-9 $M/M_s = 1,12 \times 10^{-3}$

Problemas

Em alguns problemas, você recebe mais dados do que necessita; em alguns outros, você deve acrescentar dados de seus conhecimentos gerais, fontes externas ou estimativas bem fundamentadas.

Interprete como significativos todos os algarismos de valores numéricos que possuem zeros em seqüência sem vírgulas decimais.

- •   Um só conceito, um só passo, relativamente simples
- ••   Nível intermediário, pode requerer síntese de conceitos
- •••   Desafiante, para estudantes avançados

Problemas consecutivos sombreados são problemas pareados.

PROBLEMAS CONCEITUAIS

1   •   Esboce as linhas de campo para o dipolo elétrico e para o dipolo magnético mostrados na Figura 27-47. Como a aparência das linhas de campo difere próximo ao centro de cada dipolo?

FIGURA 27-47 Problema 1

2   •   Dois fios estão no plano da página e conduzem correntes em sentidos opostos, como mostrado na Figura 27-48. Em um ponto na metade da distância entre os fios, o campo magnético é (a) zero, (b) para dentro da página, (c) para fora da página, (d) em direção ao topo ou à base da página, (e) em direção a um dos dois fios.

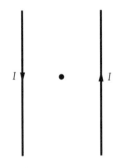

FIGURA 27-48 Problema 2

3   •   Fios paralelos 1 e 2 conduzem correntes I_1 e I_2, respectivamente, onde $I_2 = 2I_1$. As duas correntes estão no mesmo sentido. As magnitudes da força magnética pela corrente 1 no fio 2 e pela corrente 2 no fio 1 são F_{12} e F_{21}, respectivamente. Estas magnitudes estão relacionadas por (a) $F_{21} = F_{12}$, (b) $F_{21} = 2F_{12}$, (c) $2F_{21} = F_{12}$, (d) $F_{21} = 4F_{12}$, (e) $4F_{21} = F_{12}$.

4   •   Faça um esboço das linhas de campo do campo magnético devido às correntes no par de anéis coaxiais idênticos mostrado na Figura 27-49. Considere dois casos: (a) as correntes nos anéis têm a mesma magnitude e o mesmo sentido, e (b) as correntes nos anéis têm a mesma magnitude e sentidos contrários.

FIGURA 27-49 Problema 4

5   •   Discuta as diferenças e as semelhanças entre a lei de Gauss para o magnetismo e a lei de Gauss para a eletricidade.

6   •   Explique como você modificaria a lei de Gauss se os cientistas descobrissem que pólos magnéticos isolados, sozinhos, de fato existissem.

7   •   Você está olhando diretamente para uma das extremidades de um longo solenóide e o campo magnético no interior do solenóide aponta no sentido contrário ao seu. De sua perspectiva, o sentido da corrente nos anéis do solenóide é horário ou anti-horário? Explique sua resposta.

8   •   As extremidades opostas de uma mola metálica helicoidal estão conectadas aos terminais de uma bateria. O espaçamento entre os anéis da mola tende a aumentar, diminuir ou permanecer o mesmo quando a bateria é conectada? Explique sua resposta.

9   •   A densidade de corrente é constante e uniforme em um fio longo e retilíneo que tem seção transversal circular. Verdadeiro ou falso:

(a) A magnitude do campo magnético produzido pelo fio é máxima na superfície do fio.

(b) A intensidade do campo magnético na região que circunda o fio varia inversamente com o quadrado da distância ao eixo central do fio.

(c) O campo magnético é zero em todos os pontos no eixo central do fio.

(d) A magnitude do campo magnético no interior do fio aumenta linearmente com a distância ao eixo central do fio.

10   •   Se a suscetibilidade de um material é positiva, (a) efeitos paramagnéticos ou efeitos ferromagnéticos devem ser maiores que efeitos diamagnéticos, (b) efeitos diamagnéticos devem ser maiores que efeitos paramagnéticos, (c) efeitos diamagnéticos devem ser maiores que efeitos ferromagnéticos, (d) efeitos ferromagnéticos devem ser maiores que efeitos paramagnéticos, (e) efeitos paramagnéticos devem ser maiores que efeitos ferromagnéticos.

11 • Dos quatro gases listados na Tabela 27-1, quais são diamagnéticos e quais são paramagnéticos?

12 • Quando uma corrente passa pelo fio da Figura 27-50, o fio tenderá a se agrupar ainda mais ou tenderá a formar um círculo? Explique sua resposta.

FIGURA 27-50 Problema 12

O CAMPO MAGNÉTICO DE CARGAS PUNTIFORMES EM MOVIMENTO

13 • No instante $t = 0$, uma partícula tem carga de 12 μC, está localizada no plano $z = 0$ em $x = 0$, $y = 2,0$ m, e tem uma velocidade igual a 30 m/s $\hat{i}$. Determine o campo magnético no plano $z = 0$ (a) na origem, (b) $x = 0$, $y = 1,0$ m, (c) $x = 0$, $y = 3,0$ m, e (d) $x = 0$, $y = 4,0$ m.

14 • No instante $t = 0$, uma partícula tem carga de 12 μC, está localizada no plano $z = 0$ em $x = 0$, $y = 2,0$ m, e tem uma velocidade igual a 30 m/s $\hat{i}$. Determine o campo magnético no plano $z = 0$ (a) $x = 1,0$ m, $y = 3,0$ m (b) $x = 2,0$ m, $y = 2,0$ m e (c) $x = 2,0$ m, $y = 3,0$ m.

15 • Um próton tem uma velocidade de $1,0 \times 10^2$ m/s $\hat{i}$ + $2,0 \times 10^2$ m/s $\hat{j}$ e está localizada no plano $z = 0$ em $x = 3,0$ m, $y = 4,0$ m em um instante $t = T$. Determine o campo magnético no plano $z = 0$ em (a) $x = 2,0$ m, $y = 2,0$ m (b) $x = 6,0$ m, $y = 4,0$ m e (c) $x = 3,0$ m, $y = 6,0$ m.

16 •• Em um modelo pré-mecânica quântica para o átomo de hidrogênio, um elétron orbita em torno de um próton a um raio de $5,29 \times 10^{-11}$ m. De acordo com este modelo, qual é a magnitude do campo magnético no próton devido ao movimento orbital do elétron? Despreze qualquer movimento do próton.

17 •• Duas cargas puntiformes iguais estão, em algum instante, localizadas em (0, 0, 0) e em (0, b, 0). Ambas estão se movendo com rapidez v na direção $+x$ (considere $v \ll c$). Determine a razão entre a magnitude da força magnética e a magnitude da força elétrica em cada carga.

O CAMPO MAGNÉTICO USANDO A LEI DE BIOT-SAVART

18 • Um pequeno elemento de corrente na origem tem comprimento de 2,0 mm e conduz uma corrente de 2,0 A na direção $+z$. Determine o campo magnético devido ao elemento de corrente (a) no eixo x em $x = 3,0$ m, (b) no eixo x em $x = -6,0$ m, (c) no eixo z em $z = 3,0$ m, e (d) no eixo y em $y = 3,0$ m.

19 • Um pequeno elemento de corrente na origem tem comprimento de 2,0 mm e conduz uma corrente de 2,0 A na direção $+z$. Determine a magnitude, a direção e o sentido do campo magnético devido a este elemento de corrente no ponto (0, 3,0 m, 4,0 m).

20 • Um pequeno elemento de corrente na origem tem comprimento de 2,0 mm e conduz uma corrente de 2,0 A na direção $+z$. Determine a magnitude do campo magnético devido a este elemento de corrente e indique sua direção e sentido em um diagrama em (a) $x = 2,0$ m, $y = 4,0$ m, $z = 0$, e (b) $x = 2,0$ m, $y = 0$, $z = 4,0$ m.

O CAMPO MAGNÉTICO DEVIDO A ANÉIS DE CORRENTE E BOBINAS

21 • Um único anel condutor tem raio igual a 3,0 cm e conduz corrente igual a 2,6 A. Qual é a magnitude do campo magnético na linha que passa pelo centro do anel e é perpendicular ao plano do anel (a) no centro do anel, (b) a 1,0 cm do centro, (c) a 2,0 cm do centro e (d) a 35 cm do centro?

22 ••• **PLANILHA ELETRÔNICA** Um par de bobinas idênticas, cada uma com raio de 30 cm, está separado por uma distância igual aos seus raios, que é 30 cm. Denominadas *bobinas de Helmholtz*, elas são coaxiais e conduzem correntes iguais em sentidos tais que seus campos axiais estão na mesma direção e sentido. Uma característica das bobinas de Helmholtz é que o campo magnético resultante na região entre as bobinas é bastante uniforme. Considere que a corrente em cada uma seja 15 A e que há 250 voltas para cada bobina. Usando uma planilha eletrônica, calcule e faça um gráfico do campo magnético como função de z, a distância ao centro das bobinas ao longo do eixo comum, para -30 cm $< z < +30$ cm. Em que intervalo de z o campo varia menos que 20%?

23 ••• Um par de bobinas de Helmholtz com raios R tem seus eixos ao longo do eixo z (veja o Problema 22). Uma das bobinas está no plano $z = -\frac{1}{2}R$ e a segunda bobina está em $z = +\frac{1}{2}R$. Mostre que, no eixo z em $z = 0$, $dB_z/dz = 0$, $d^2B_z/dz^2 = 0$ e $d^3B_z/dz^3 = 0$. (*Nota*: Estes resultados mostram que a magnitude e a direção do campo magnético na região de cada lado do ponto médio são aproximadamente iguais à magnitude e à direção do campo magnético no ponto médio.)

24 ••• **APLICAÇÃO EM ENGENHARIA** Bobinas *anti-Helmholtz* são usadas em muitas aplicações físicas, tais como o resfriamento e confinamento a laser, onde um campo com um gradiente uniforme é desejado. Estas bobinas têm a mesma construção que as bobinas de Helmholtz, exceto que as correntes têm sentidos opostos para que os campos axiais tenham sentidos opostos e a separação entre as bobinas é $\sqrt{3}R$ no lugar de R. Faça um gráfico do campo magnético como função de z, a distância axial do centro das bobinas, para as bobinas anti-Helmholtz usando os mesmos parâmetros que no Problema 22. Em que intervalo do eixo z dB_z/dz está dentro de 1 por cento de seu valor no ponto médio entre as bobinas?

O CAMPO MAGNÉTICO DEVIDO A CORRENTES EM FIOS RETILÍNEOS

Os Problemas 25 a 30 referem-se à Figura 27-51, que mostra dois fios longos e retilíneos no plano xy e paralelos ao eixo x. Um fio está em $y = -6,0$ cm e o outro está em $y = +6,0$ cm. A corrente em cada fio é 20 A.

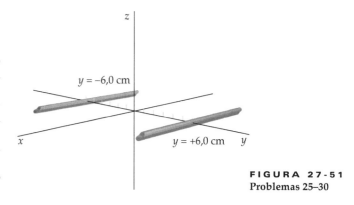

FIGURA 27-51
Problemas 25-30

25 •• Se ambas as correntes estão na direção $-x$, determine o campo magnético nos seguintes pontos no eixo y: (a) $y = -3,0$ cm, (b) $y = 0$, (c) $y = +3,0$ cm e (d) $y = +9,0$ cm.

26 •• **Planilha Eletrônica** Usando uma planilha eletrônica ou uma calculadora gráfica faça um gráfico de B_z versus y quando ambas as correntes estão na direção $-x$.

27 •• A corrente no fio em $y = -6,0$ cm está na direção $-x$ e a corrente no fio em $y = +6,0$ cm está na direção $+x$. Determine o campo magnético nos seguintes pontos no eixo y: (a) $y = -3,0$ cm, (b) $y = 0$, (c) $y = +3,0$ cm e (d) $y = +9,0$ cm.

28 •• **Planilha Eletrônica** A corrente no fio em $y = -6,0$ cm está na direção $+x$ e a corrente no fio em $y = +6,0$ cm está na direção $-x$. Usando uma planilha eletrônica ou uma calculadora gráfica, faça um gráfico de B_z versus y.

29 • Determine o campo magnético no eixo z em $z = +8,0$ cm se (a) ambas as correntes estão na direção $-x$ e (b) a corrente no fio em $y = -6,0$ cm está na direção $-x$ e a corrente no fio em $y = +6,0$ cm está na direção $+x$.

30 • Determine a magnitude da força por unidade de comprimento exercida por um fio sobre o outro.

31 • Dois fios longos, retilíneos e paralelos, separados por 8,6 cm, conduzem correntes iguais. Os fios se repelem com uma força de 3,6 nN/m por unidade de comprimento. (a) As correntes são paralelas ou antiparalelas? Explique sua resposta. (b) Determine a corrente em cada fio.

32 •• A corrente no fio mostrado na Figura 27-52 é 8,0 A. Determine o campo magnético no ponto P.

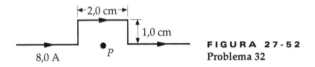

FIGURA 27-52 Problema 32

33 •• Como um estudante técnico, você está preparando uma aula de demonstração sobre "suspensão magnética". Você tem um fio rígido, retilíneo, de 16 cm de comprimento, que será suspenso por guias flexíveis, condutoras e leves, sobre um fio longo e retilíneo. Correntes que são iguais, mas em sentidos opostos, passarão nos dois fios para que o fio de 16 cm "flutue" a uma distância h acima do fio longo sem nenhuma tensão sobre as guias de suspensão. Se a massa do fio de 16 cm é 14 g e se h (a distância entre os eixos centrais dos dois fios) é 1,5 mm, qual deveria ser o valor da corrente comum aos dois fios?

34 •• Três fios longos, retilíneos e paralelos passam pelos vértices de um triângulo eqüilátero que tem lados iguais a 10 cm, como mostrado na Figura 27-53. Um ponto indica que o sentido da corrente é para fora da página e uma cruz indica que o sentido da corrente é para dentro da página. Se cada corrente é 15 A, determine (a) o campo magnético na posição do fio superior devido às correntes nos dois fios inferiores e (b) a força por unidade de comprimento no fio superior.

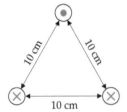

FIGURA 27-53 Problemas 34 e 35

35 •• Refaça o Problema 34 com a corrente invertida no canto inferior direito da Figura 27-53.

36 •• Um fio infinitamente longo está ao longo do eixo x e conduz uma corrente I na direção $+x$. Um segundo fio infinitamente longo está ao longo do eixo y e conduz corrente I na direção $+y$. Em que pontos no plano $z = 0$ o campo magnético resultante é zero?

37 •• Um fio infinitamente longo está ao longo do eixo z e conduz uma corrente de 20 A na direção $+z$. Um segundo fio infinitamente longo é paralelo ao eixo z e intercepta o eixo x em $x = 10,0$ cm. (a) Determine a corrente no segundo fio se o campo magnético é zero em (2,0 cm, 0, 0). (b) Qual é o campo magnético em (5,0 cm, 0, 0)?

38 •• Três fios longos e paralelos estão nos vértices de um quadrado, como mostrado na Figura 27-54. Cada fio conduz uma corrente I. Determine o campo magnético no vértice não ocupado do quadrado quando (a) todas as correntes estão entrando na página, (b) I_1 e I_3 estão para dentro da página e I_2 está saindo, e (c) I_1 e I_2 estão para dentro da página e I_3 está saindo. Suas respostas devem estar em termos de I e L.

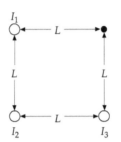

FIGURA 27-54 Problema 38

39 •• Quatro fios longos, retilíneos e paralelos, conduzem corrente I. Em um plano perpendicular aos fios, eles estão nos vértices de um quadrado de lado a. Determine a magnitude da força por unidade de comprimento em um dos fios se (a) todas as correntes estão no mesmo sentido e (b) as correntes nos fios em vértices adjacentes têm sentidos opostos.

40 •• Cinco fios longos, retilíneos e condutores são paralelos ao eixo z e cada um conduz corrente I na direção $+z$. Cada um dos fios está a uma distância R do eixo z. Dois dos fios interceptam o eixo x, um em $x = R$ e o outro em $x = -R$. Outro fio intercepta o eixo y em $y = R$. Um dos fios restantes intercepta o plano $z = 0$ no ponto $(R/\sqrt{2}, R/\sqrt{2})$ e o último fio intercepta o plano $z = 0$ no ponto $(-R/\sqrt{2}, R/\sqrt{2})$. Determine o campo magnético no eixo z.

CAMPO MAGNÉTICO DEVIDO A UM SOLENÓIDE CONDUZINDO CORRENTE

41 •• Um solenóide de comprimento 30 cm, raio 1,2 cm e 300 voltas, conduz corrente de 2,6 A. Determine a magnitude do campo magnético no eixo do solenóide (a) no centro do solenóide e (b) em uma extremidade do solenóide.

42 • Um solenóide tem 2,7 m de comprimento, raio de 0,85 cm e 600 voltas. Ele conduz uma corrente I de 2,5 A. Qual é a magnitude do campo magnético B no interior do solenóide e distante das bordas?

43 •• Um solenóide tem n voltas por unidade de comprimento, raio R e conduz uma corrente I. Seu eixo coincide com o eixo z — uma extremidade em $z = -\frac{1}{2}\ell$ e a outra em $z = +\frac{1}{2}\ell$. Mostre que a magnitude do campo magnético em um ponto no eixo z é dada por $B = \frac{1}{2}\mu_0 nI(\cos\theta_1 - \cos\theta_2)$, onde os ângulos estão relacionados pela geometria através de $\cos\theta_1 = (z + \frac{1}{2}\ell)/\sqrt{(z + \frac{1}{2}\ell)^2 + R^2}$ e $\cos\theta_2 = (z - \frac{1}{2}\ell)/\sqrt{(z - \frac{1}{2}\ell)^2 + R^2}$.

44 ••• No Problema 43, é dada uma expressão para a magnitude do campo magnético ao longo do eixo de um solenóide. Para $z \gg \ell$ e $z \gg R$, os ângulos θ_1 e θ_2 são muito pequenos e as aproximações $\cos \approx -\frac{1}{2}\theta^2$ e $\text{sen }\theta \approx \tan\theta \approx 0$ são válidas com alta precisão. (a) Desenhe um diagrama e use-o para mostrar que, para estas condições, os ângulos podem ser aproximados por $\theta_1 \approx R/(z + \frac{1}{2}\ell)$ e $\theta_2 \approx R/(z - \frac{1}{2}\ell)$. (b) Usando estas aproximações, mostre que o campo magnético nos pontos do eixo z onde $z \gg \ell$ pode ser escrito como

$B = \dfrac{\mu_0}{4\pi}\left(\dfrac{q_m}{r_2^2} - \dfrac{q_m}{r_1^2}\right)$ onde $r_2 = z - \tfrac{1}{2}\ell$ é a distância à extremidade mais próxima do solenóide, $r_1 = z + \tfrac{1}{2}\ell$ é a distância até a extremidade mais distante, e a quantidade q_m é definida por $q_m = nI\pi R^2 = \mu/\ell$, onde $\mu = NI\pi R^2$ é a magnitude do momento magnético do solenóide.

USANDO A LEI DE AMPÈRE

45 • Uma casca longa cilíndrica, retilínea e com paredes finas, tem raio R e conduz uma corrente I paralela ao seu eixo central. Determine o campo magnético (incluindo direção e sentido) no lado de dentro e de fora da casca.

46 • Na Figura 27-55, uma corrente é 8,0 A para dentro da página, a outra corrente é 8,0 A para fora da página e cada curva é uma trajetória circular. (*a*) Determine $\oint_C \vec{B} \cdot d\vec{\ell}$ para cada trajetória considerando que cada integral deve ser calculada no sentido anti-horário. (*b*) Qual trajetória, se houver alguma, pode ser usada para determinar o campo magnético combinado das correntes?

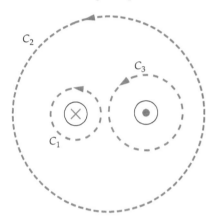

FIGURA 27-55 Problema 46

47 •• Mostre que um campo magnético uniforme, tal como o mostrado na Figura 27-56, é impossível porque ele viola a lei de Ampère. Faça este cálculo aplicando a lei de Ampère para a curva retangular mostrada pelas linhas tracejadas.

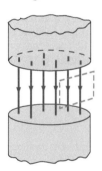

FIGURA 27-56 Problema 47

48 •• **Planilha Eletrônica** Um cabo coaxial consiste em um cilindro sólido condutor que tem raio igual a 1,00 mm e uma casca condutora cilíndrica com raio interno igual a 2,00 mm e raio externo igual a 3,00 mm. O cilindro sólido conduz uma corrente de 15,0 A paralela ao eixo central. A casca cilíndrica conduz uma corrente de 15,0 A no sentido oposto. Considere que as densidades de corrente estão uniformemente distribuídas em ambos os condutores. (*a*) Usando uma planilha eletrônica ou uma calculadora gráfica, faça um gráfico da magnitude do campo magnético como uma função da distância radial r ao eixo central para $0 < R < 3,00$ mm. (*b*) Qual é a magnitude do campo para $R > 3,00$ mm?

49 •• Uma longa casca cilíndrica tem raio interno a, raio externo b e conduz corrente I paralela ao eixo central. Considere que, no interior do material da casca, a densidade de corrente está uniformemente distribuída. Determine uma expressão para a magnitude do campo magnético para (*a*) $0 < R < a$, (*b*) $a < R < b$ e (*c*) $R > b$.

50 •• A Figura 27-57 mostra um solenóide que tem n voltas por unidade de comprimento e conduz uma corrente I. Aplique a lei de Ampère para a curva retangular mostrada na figura para deduzir uma expressão para o campo magnético. Considere que, no interior do solenóide, o campo magnético é uniforme e paralelo ao eixo central, e que no lado de fora do solenóide, não há campo magnético.

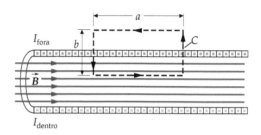

FIGURA 27-57 Problema 50

51 •• Um toróide firmemente enrolado com 1000 voltas tem raio interno de 1,00 cm, raio externo de 2,00 cm e conduz uma corrente de 1,50 A. O toróide está centrado na origem com os centros das voltas individuais no plano $z = 0$. No plano $z = 0$: (*a*) Qual é a intensidade do campo magnético a uma distância de 1,10 cm da origem? (*b*) Qual é a intensidade do campo magnético a uma distância de 1,50 cm da origem?

52 ••• Uma lâmina fina e condutora no plano $z = 0$ conduz corrente na direção $-x$ (Figura 27-58*a*). A lâmina se estende indefinidamente em todas as direções e a corrente está uniformemente distribuída. Para determinar a direção do campo magnético no ponto P considere o campo devido apenas às correntes I_1 e I_2 nas duas faixas estreitas mostradas. As faixas são idênticas e $I_1 = I_2$. (*a*) Quais são a direção e o sentido do campo magnético no ponto P devido a apenas I_1 e I_2? Explique sua resposta através de um esboço. (*b*) Quais são a direção e o sentido do campo magnético no ponto P devido à lâmina *inteira*? Explique sua resposta. (*c*) Quais são a direção e o sentido do campo em um ponto à direita do ponto P (onde $y \neq 0$)? Explique sua resposta. (*d*) Quais são a direção e o sentido do campo em um ponto abaixo da lâmina (onde $z < 0$)? Explique sua resposta usando um esboço. (*e*) Aplique a lei de Ampère na curva retangular (Figura 27-58*b*) para mostrar que a intensidade do campo magnético no ponto P é dada por $B = \tfrac{1}{2}\mu_0\lambda$, onde $\lambda = dI/dy$ é a corrente por unidade de comprimento ao longo do eixo y.

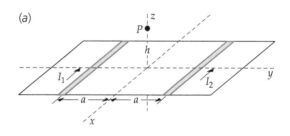

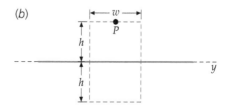

FIGURA 27-58 Problema 52

MAGNETIZAÇÃO E SUSCETIBILIDADE MAGNÉTICA

53 • Um solenóide firmemente enrolado tem 20,0 cm de comprimento, 400 voltas, conduz uma corrente de 4,00 A e seu campo axial está na direção $+z$. Determine B e B_{apl} no centro quando (a) não há núcleo no solenóide e (b) há um núcleo de ferro macio com magnetização de $1,2 \times 10^6$ A/m.

54 • Um longo solenóide com núcleo de tungstênio conduz corrente. (a) Se o núcleo é removido enquanto a corrente é mantida constante, a intensidade do campo magnético na região do interior do solenóide diminui ou aumenta? (b) Calcule a porcentagem de diminuição ou aumento da intensidade do campo magnético na região no interior do solenóide.

55 • Enquanto um líquido preenche o volume no interior de um solenóide que conduz uma corrente constante, o campo magnético no interior dele *diminui* por 0,0040 por cento. Determine a suscetibilidade magnética do líquido.

56 • Um solenóide longo e fino conduz uma corrente de 10 A e tem 50 voltas por centímetro de comprimento. Qual é a intensidade do campo magnético na região do interior do solenóide quando ela está (a) em vácuo, (b) preenchida com alumínio e (c) preenchida com prata?

57 •• Um cilindro de ferro, inicialmente não magnetizado, é refrigerado a 4,00 K. Qual é a magnetização do cilindro a esta temperatura devido à influência do campo magnético da Terra, de 0,300 G? Considere um momento magnético de 2,00 magnétons de Bohr por átomo.

58 •• Um cilindro de prata a uma temperatura de 77 K tem uma magnetização igual a 0,075% de sua magnetização de saturação. Considere um momento magnético de um magnéton de Bohr por átomo. A massa específica da prata é $1,05 \times 10^4$ kg/m³. (a) Qual o valor de campo magnético aplicado paralelamente ao eixo central do cilindro, necessário para atingir esta magnetização? (b) Qual é a intensidade do campo magnético no centro do cilindro?

59 •• Durante um laboratório de física do estado sólido, você está segurando uma amostra com formato cilíndrico de um material magnético desconhecido. Você e seus colegas de laboratório colocam a amostra em um longo solenóide que tem n voltas por unidade de comprimento e uma corrente I. Os valores para o campo magnético B dentro do material *versus* nI são dados a seguir. Use estes valores para fazer um gráfico de B *versus* B_{apl} e K_m *versus* nI, onde B_{apl} é o campo devido à corrente I e K_m é a permeabilidade relativa da amostra.

nI, A/m	0	50	100	150	200	500	1000	10 000
B, T	0	0,04	0,67	1,00	1,2	1,4	1,6	1,7

MOMENTOS MAGNÉTICOS ATÔMICOS

60 •• O níquel tem uma massa específica de 8,70 g/cm³ e uma massa molar de 58,7 g/mol. A magnetização de saturação do níquel é 0,610 T. Calcule o momento magnético de um átomo de níquel em magnétons de Bohr.

61 •• Repita o Problema 60 para o cobalto, que tem massa específica de 8,90 g/cm³, massa molar de 58,9 g/mol e magnetização de saturação de 1,79 T.

*PARAMAGNETISMO

62 • Mostre que a lei de Curie prediz que a suscetibilidade magnética de uma substância paramagnética é dada por $\chi_m = \mu_0 M_s/(3kT)$.

63 •• Em um modelo simples para o paramagnetismo, consideramos que uma fração f de átomos tem seus momentos magnéticos alinhados com o campo magnético externo e que o restante dos átomos está aleatoriamente orientado, não contribuindo, portanto, para o campo magnético. (a) Use este modelo e a lei de Curie para mostrar que na temperatura T e em um campo magnético externo B, a fração de átomos alinhados f é dada por $\mu B/(3kT)$. (b) Calcule esta fração para uma amostra a uma temperatura de 300 K e um campo externo de 1,00 T. Considere que μ tenha o valor de 1,00 magnéton de Bohr.

64 •• Considere que o momento magnético de um átomo de alumínio é 1,00 magnéton de Bohr. A massa específica do alumínio é 2,70 g/cm³ e sua massa molar é 27,0 g/mol. (a) Calcule o valor da magnetização de saturação e o campo magnético de saturação para o alumínio. (b) Use o resultado do Problema 62 para calcular a suscetibilidade magnética a 300 K. (c) Explique por que o resultado da Parte (b) é maior que o valor listado na Tabela 27-1.

65 •• Um toróide tem N voltas, conduz uma corrente I, tem um raio médio R e uma seção transversal de raio r, onde $r \ll R$ (Figura 27-59). Quando o toróide é preenchido com material, ele é chamado de *anel de Rowland*. Determine B_{apl} e B neste anel, considerando que a magnetização seja paralela a $\vec{B}_{apl}$ em todos os pontos.

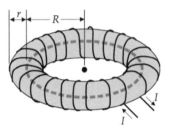

FIGURA 27-59
Problemas 65 e 73

66 •• Um toróide é preenchido com oxigênio líquido que tem uma suscetibilidade magnética de $4,00 \times 10^{-3}$. O toróide tem 2000 voltas e conduz uma corrente de 15,0 A. Seu raio médio é 20,0 cm e o raio de sua seção transversal é 8,00 mm. (a) Qual é a magnetização? (b) Qual é o campo magnético? (c) Qual é a variação percentual no campo magnético produzida pelo oxigênio líquido?

67 •• Os centros das voltas de um toróide formam um círculo com 14,0 cm de raio. A área da seção transversal de cada volta é 3,00 cm². Ele é enrolado com 5278 voltas de fio fino que conduz uma corrente de 4,00 A. O núcleo é preenchido com um material paramagnético de suscetibilidade magnética de $2,90 \times 10^{-4}$. (a) Qual é a magnitude do campo magnético no interior da substância? (b) Qual é a magnitude da magnetização? (c) Qual seria a magnitude do campo magnético se não houvesse o núcleo paramagnético presente?

*FERROMAGNETISMO

68 • Para o ferro tratado termicamente, a permeabilidade relativa K_m tem seu valor máximo de aproximadamente 5500 a $B_{apl} = 1,57 \times 10^{-4}$ T. Determine a magnitude da magnetização e do campo magnético no ferro tratado termicamente quando K_m é máxima.

69 •• A magnetização de saturação para o ferro tratado termicamente ocorre quando $B_{apl} = 0,201$ T. Determine a permeabilidade e a permeabilidade relativa do ferro tratado termicamente na saturação. (Veja a Tabela 27-2.)

70 •• A *força coerciva* (o que é uma denominação incorreta, pois na verdade, trata-se de um valor de campo magnético) é definida como o campo magnético aplicado necessário para trazer o campo magnético de volta a zero ao longo da curva de histerese (que é o ponto c na Figura 27-44). Para um dado ímã permanente em barra, sabe-se que a força coerciva é $5,53 \times 10^{-2}$ T. O ímã em barra deve ser desmagnetizado colocando-o no interior de um solenóide de 15,0 cm de comprimento que tem 600 voltas. Qual a corrente mínima necessária no solenóide para desmagnetizar o ímã?

71 •• Um solenóide longo e fino tem 50 voltas/cm e conduz uma corrente de 2,00 A. O solenóide está preenchido com ferro e o campo magnético medido é 1,72 T. (a) Desprezando os efeitos de borda, qual é a magnitude do campo magnético aplicado? (b) Qual é a magnetização? (c) Qual é a permeabilidade relativa?

72 •• Quando a corrente no Problema 71 é 0,200 A, o campo magnético medido é 1,58 T. (a) Desprezando os efeitos de borda, qual é o campo magnético aplicado? (b) Qual é a magnetização? (c) Qual é a permeabilidade relativa?

73 •• Um toróide tem N voltas, conduz uma corrente I, tem um raio médio R e uma seção transversal com raio r, onde $r \ll R$ (Figura 27-59). O núcleo do toróide é preenchido com ferro. Quando a corrente é 10,0 A, o campo magnético na região onde o ferro está tem magnitude de 1,80 T. (a) Qual é a magnetização? (b) Determine os valores da permeabilidade relativa, da permeabilidade e da suscetibilidade magnética para esta amostra de ferro.

74 • Os centros das voltas de um toróide formam um círculo com 14,0 cm de raio. A área da seção transversal de cada volta é 3,00 cm². Ela é enrolada com 5278 voltas de fio fino que conduz uma corrente de 0,200 A. O núcleo é preenchido com ferro macio, que tem uma permeabilidade relativa de 500. Qual é a intensidade do campo magnético no núcleo?

75 ••• Um fio retilíneo longo de raio igual a 1,00 mm está encapado com um material ferromagnético isolante com espessura de 3,00 mm e permeabilidade magnética relativa de 400. O fio encapado está no ar e o fio não é magnético. O fio conduz uma corrente de 40, A. (a) Determine o campo magnético na região ocupada pelo interior do fio como uma função da distância perpendicular, r, desde o eixo central do fio. (b) Determine o campo magnético na região ocupada pelo interior do material ferromagnético como uma função da distância perpendicular, r, desde o eixo central do fio. (c) Determine o campo magnético na região em torno do fio encapado como uma função da distância perpendicular, r, desde o eixo central do fio. (d) Quais devem ser as magnitudes e sentidos das correntes amperianas nas superfícies do material ferromagnético para explicar os campos magnéticos observados?

PROBLEMAS GERAIS

76 • Determine o campo magnético no ponto P da Figura 27-60.

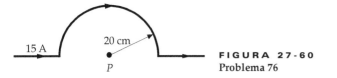

FIGURA 27-60
Problema 76

77 • Usando a Figura 27-61, determine o campo magnético (em termos dos parâmetros dados na figura) no ponto P, o centro comum dos dois arcos.

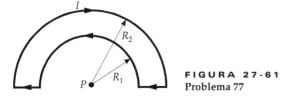

FIGURA 27-61
Problema 77

78 •• Um fio de comprimento ℓ é enrolado em uma bobina de N voltas e conduz uma corrente I. Mostre que a intensidade do campo magnético na região ocupada pelo centro da bobina é dada por $\mu_0 \pi N^2 / \ell$.

79 •• Um fio muito longo conduzindo uma corrente I é curvado no formato da Figura 27-62. Determine o campo magnético no ponto P.

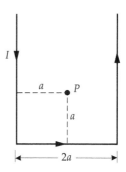

FIGURA 27-62 Problema 79

80 •• Um cabo de energia conduzindo 50 A está a 2,0 m abaixo da superfície da Terra, mas a direção e a posição precisas do cabo são desconhecidas. Explique como você poderia localizar o campo usando uma bússola. Considere que você esteja no equador, onde o campo magnético da Terra é horizontal e 0,700 G para o norte.

81 •• Um fio longo e retilíneo conduz uma corrente de 20,0 A, como mostrado na Figura 27-63. Uma bobina retangular com dois lados paralelos ao fio retilíneo tem lados de 5,00 cm de comprimento e 10,0 cm de comprimento. O lado mais próximo ao fio está a 2,00 cm do fio. A bobina conduz uma corrente de 5,00 A. (a) Determine a força em cada segmento da bobina retangular devido à corrente no fio longo e retilíneo. (b) Qual é a força resultante na bobina?

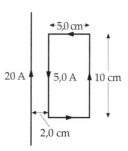

FIGURA 27-63 Problema 81

82 •• O anel fechado mostrado na Figura 27-64 conduz uma corrente de 8,0 A no sentido anti-horário. O raio do arco externo é 0,60 m e o do arco interno é 0,40 m. Determine o campo magnético no ponto P.

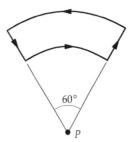

FIGURA 27-64 Problema 82

83 •• Um circuito fechado consiste em dois semicírculos de raios 40 cm e 20 cm, conectados por segmentos retilíneos como mostrado na Figura 27-65. Uma corrente de 3,0 A existe neste circuito e está no sentido horário. Determine o campo magnético no ponto P.

FIGURA 27-65 Problema 83

84 •• Um fio retilíneo muito longo conduz uma corrente de 20,0 A. Um elétron no lado de fora do fio está a 1,00 cm do eixo central do fio e está se movendo com uma rapidez de $5,00 \times 10^6$ m/s. Determine a força no elétron quando ele se move (*a*) se afastando do fio, (*b*) paralelamente ao fio e no sentido da corrente e (*c*) perpendicularmente ao eixo central do fio e tangente ao círculo que é coaxial ao fio.

85 •• **PLANILHA ELETRÔNICA** Uma corrente de 5,00 A está uniformemente distribuída na seção transversal de um fio longo e retilíneo de raio $R_0 = 2,55$ mm. Usando uma planilha eletrônica, faça um gráfico da intensidade do campo magnético como uma função de R (a distância ao eixo central do fio) para $0 \leq R \leq R_0$.

86 •• Uma bobina com 50 voltas de raio 10,0 cm conduz uma corrente de 4,00 A e uma bobina concêntrica de 20 voltas de raio 0,500 cm conduz uma corrente de 1,00 A. Os planos das duas bobinas são perpendiculares. Determine a magnitude do torque exercido pela bobina maior na menor. (Despreze qualquer variação no campo magnético devido à corrente na bobina maior na região ocupada pela bobina menor.)

87 •• A agulha magnética de uma bússola é um bastão uniforme com comprimento de 3,00 cm, raio de 0,850 mm e massa específica de $7,96 \times 10^3$ kg/m³. A agulha está livre para girar em um plano horizontal, onde a componente horizontal do campo magnético da Terra é 0,600 G. Quando levemente perturbada, a bússola executa um movimento harmônico simples em torno de seu ponto intermediário com uma freqüência de 1,40 Hz. (*a*) Qual é o momento de dipolo magnético da agulha? (*b*) Qual é a magnetização da agulha? (*c*) Qual é a corrente amperiana na superfície da agulha?

88 •• Um amperímetro relativamente barato, chamado de *galvanômetro tangencial*, pode ser feito usando o campo magnético da Terra. Uma bobina plana circular que tem N voltas e raio R é orientada de forma que o campo magnético B_c que ela produz no seu centro aponta ou para o leste ou para o oeste. Uma agulha é colocada no centro da bobina. Quando não há corrente na bobina, considere que a agulha da bússola aponte para o norte. Quando há uma corrente na bobina (I), a agulha aponta na direção do campo magnético resultante a um ângulo θ para o norte. Mostre que a corrente I está relacionada a θ e à componente horizontal do campo magnético da Terra B_T por $I = \dfrac{2RB_T}{\mu_0 N} \tan \theta$.

89 •• O campo magnético da Terra é aproximadamente 0,600 G nos pólos magnéticos e aponta verticalmente para baixo no pólo magnético no hemisfério norte. Se o campo magnético fosse devido a uma corrente elétrica circulando em um anel com raio igual ao núcleo de ferro interno da Terra (aproximadamente 1300 km), (*a*) qual seria a magnitude da corrente necessária? (*b*) Que sentido teria esta corrente — o mesmo do movimento de rotação da Terra ou o oposto? Explique sua resposta.

90 •• Um ímã em barra longo e estreito tem seu momento magnético $\vec{\mu}$ paralelo ao seu eixo mais longo e está suspenso pelo seu centro — tornando-se, em essência, uma agulha de bússola sem atrito. Quando o ímã é colocado em um campo magnético $\vec{B}$, ele se alinha com o campo. Se ele é deslocado por um pequeno ângulo e liberado, mostre que o ímã oscila em torno de sua posição de equilíbrio com uma freqüência dada por $\dfrac{1}{2\pi}\sqrt{\dfrac{\mu B}{I}}$, onde I é o momento de inércia em torno do ponto de suspensão.

91 •• Um fio infinitamente longo e retilíneo é dobrado, como mostrado na Figura 27-66. A porção circular tem raio de 10,0 cm e seu centro está a uma distância r da parte retilínea. Determine r para o qual o campo magnético na região ocupada pelo centro da porção circular é zero.

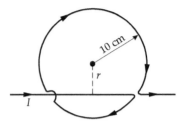

FIGURA 27-66 Problema 91

92 •• (*a*) Determine a intensidade do campo magnético no ponto P na bissetriz de um segmento de fio conduzindo corrente I, como mostra a Figura 27-67. (*b*) Use seu resultado da Parte (*a*) para determinar a intensidade do campo magnético no centro de um polígono regular de N lados. (*c*) Mostre que, quando N é muito grande, seu resultado tende à intensidade do campo magnético no centro de um círculo.

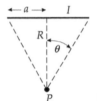

FIGURA 27-67 Problema 92

93 •• A corrente em um longo condutor cilíndrico com 10 cm de raio varia com a distância ao eixo do cilindro de acordo com a relação $I(r) = (50 \text{ A/m})r$. Determine o campo magnético nas seguintes distâncias perpendiculares ao eixo central do fio: (*a*) 5,0 cm, (*b*) 10 cm e (*c*) 20 cm.

94 •• A Figura 27-68 mostra um anel quadrado que tem 20 cm de lado e está no plano $z = 0$ com seu centro na origem. O anel conduz uma corrente de 5,0 A. Um fio infinitamente longo que é paralelo ao eixo x e conduz uma corrente de 10 A intercepta o eixo z em $z = 10$ cm. Os sentidos das correntes são mostrados na figura. (*a*) Determine o torque resultante no anel. (*b*) Determine a força resultante no anel.

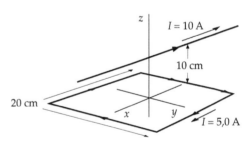

FIGURA 27-68 Problema 94

95 •• Uma balança de corrente é construída da seguinte maneira: Uma seção retilínea de fio com 10,0 cm de comprimento é colocada no topo da bandeja de uma balança eletrônica (Figura 27-69). Esta seção de fio é conectada em série com uma fonte de energia e com uma seção horizontal de fio longo e retilíneo que é paralela ao primeiro e está posicionada diretamente acima dele. A distância entre os eixos centrais dos dois fios é 2,00 cm. A fonte de energia gera uma corrente nos fios. Quando a fonte é ligada, a leitura na balança aumenta por 5,00 mg. Qual é a corrente no fio?

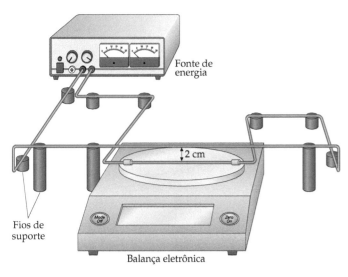

FIGURA 27-69 Problema 95

96 •• Considere a balança de corrente do Problema 95. Se a sensitividade da balança é 0,100 mg, qual é a corrente mínima detectável usando esta balança de corrente?

97 ••• Um disco não-condutor de raio R possui uma densidade superficial uniforme de carga σ e gira com uma rapidez angular ω. (*a*) Considere uma faixa anular de raio r, espessura dr e carga dq. Mostre que a corrente (dI) produzida por esta faixa girando é dada por $\omega\sigma r\,dr$. (*b*) Use seu resultado da Parte (*a*) para mostrar que a intensidade do campo magnético no centro do disco é dada pela expressão $\frac{1}{2}\mu_0\sigma\omega R$. (*c*) Use seu resultado da Parte (*a*) para determinar uma expressão para a intensidade do campo magnético em um ponto no eixo central do disco a uma distância z de seu centro.

98 ••• Um anel quadrado tem lados de comprimento ℓ e está no plano $z = 0$ com seu centro na origem. O anel conduz uma corrente I. (*a*) Derive uma expressão para a intensidade do campo magnético em qualquer ponto no eixo z. (*b*) Mostre que para z muito maior que ℓ, seu resultado da Parte (*a*) torna-se $B \approx \mu\mu_0/(2\pi z^3)$, onde μ é a magnitude do momento magnético do anel.

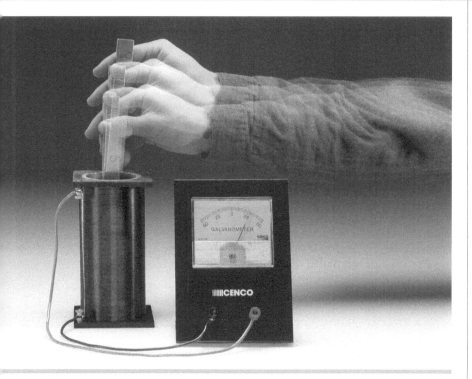

Indução Magnética

28-1   Fluxo Magnético
28-2   FEM Induzida e a Lei de Faraday
28-3   Lei de Lenz
28-4   FEM Induzida por Movimento
28-5   Correntes Parasitas
28-6   Indutância
28-7   Energia Magnética
*28-8   Circuitos *RL*
*28-9   Propriedades Magnéticas de Supercondutores

DEMONSTRAÇÃO DE FEM INDUZIDA. QUANDO O ÍMÃ É APROXIMADO OU AFASTADO DA BOBINA, UMA FEM É INDUZIDA NA BOBINA, COMO MOSTRADO PELA DEFLEXÃO DO GALVANÔMETRO. NENHUMA DEFLEXÃO É OBSERVADA QUANDO O ÍMÃ ESTÁ EM REPOUSO. *(Richard Megna/Fundamental Photographs.)*

> Como você calcula a intensidade da fem induzida na bobina? (Veja o Exemplo 28-2.)

Por volta de 1830, Michael Faraday, na Inglaterra, e Joseph Henry nos Estados Unidos, descobriram, independentemente, que um fluxo magnético variável através de uma superfície limitada por um fio na forma de um anel fechado em repouso que está na presença de um campo magnético *variável* induz uma corrente no fio. As fems e correntes causadas por tais fluxos magnéticos variáveis são chamadas de **fems induzidas** e **correntes induzidas**. O processo em si é chamado de **indução**. Faraday e Henry também descobriram que em um campo magnético *estático* um fluxo magnético variável através de uma superfície limitada por um fio no formato de um anel em movimento induz uma fem no fio. Uma fem causada pelo movimento de um condutor em uma região com um campo magnético é chamada de **fem induzida pelo movimento**.

Quando você desliga um fio da tomada, você observa, algumas vezes, uma pequena faísca. Antes de o fio ser desconectado, ele conduz uma corrente que produz um campo magnético em torno da corrente. Quando o fio é desconectado, a corrente cessa abruptamente e o campo magnético em volta do fio colapsa. Este campo magnético variável induz uma fem que tende a manter a corrente original, resultando em uma faísca na região onde o fio é desconectado. Depois de o campo magnético ter colapsado a zero, ele deixa de ser variável e a fem induzida é zero.

Este capítulo irá explorar os vários métodos de indução magnética, todos os quais podem ser resumidos em uma única relação conhecida como a lei de Faraday. A lei de Faraday relaciona a fem induzida em um circuito à taxa de variação do fluxo magnético no circuito. (O fluxo magnético através do circuito se refere ao fluxo do campo magnético através de uma superfície limitada pelo circuito.)

28-1 FLUXO MAGNÉTICO

O fluxo de qualquer vetor através de uma superfície é calculado da mesma maneira que o fluxo de um campo elétrico através de uma superfície (Seção 22-2). Seja dA um elemento de área na superfície S e seja $\hat{n}$ um vetor unitário normal ao elemento de superfície de área dA (Figura 28-1). Se $\hat{n}$ é normal a um elemento de superfície, então $-\hat{n}$ também o será, havendo dois sentidos normais a qualquer elemento de superfície e a escolha de um dos dois sentidos para $\hat{n}$ é opcional. Entretanto, o sinal do fluxo depende da escolha do sentido de $\hat{n}$. O fluxo magnético ϕ_m através de S é

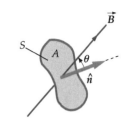

FIGURA 28-1 Quando $\vec{B}$ faz um ângulo θ com a normal à superfície limitada pelo anel, o fluxo através do anel é $\vec{B} \cdot \hat{n} A = BA \cos \theta$, onde A é a área da superfície.

$$\phi_m = \int_S \vec{B} \cdot \hat{n}\, dA = \int_S B_n\, dA \qquad 28\text{-}1$$

FLUXO MAGNÉTICO

A unidade de fluxo magnético é a de intensidade de campo magnético multiplicada pela área, ou seja, o tesla-metro quadrado, que é chamado de **weber** (Wb):

$$1\text{ Wb} = 1\text{ T} \cdot \text{m}^2 \qquad 28\text{-}2$$

Como B é proporcional ao número de linhas de campo por unidade de área, o fluxo magnético é proporcional ao número de linhas de campo através de um elemento de área.

> **PROBLEMA PRÁTICO 28-1**
> Mostre que um weber por segundo é um volt.

Se a superfície é plana e tem uma área A, e se $\vec{B}$ é uniforme (tem a mesma magnitude e direção) em toda a superfície, o fluxo magnético através da superfície é

$$\phi_m = \vec{B} \cdot \hat{n} A = BA \cos\theta = B_n A \qquad 28\text{-}3$$

onde θ é o ângulo entre a direção de $\vec{B}$ e a direção de $\hat{n}$. Consideraremos o sentido de $\hat{n}$ como sendo o da normal positiva. Freqüentemente estamos interessados no fluxo através de uma superfície limitada por uma bobina que tem várias voltas de fio. Se a bobina tem N voltas, o fluxo através da superfície é N multiplicado pelo fluxo através de cada volta (Figura 28-2). Isto é,

$$\phi_m = NBA \cos\theta \qquad 28\text{-}4$$

onde A é a área da superfície plana limitada por cada volta. (*Nota:* Apenas uma curva fechada pode, de fato, limitar uma superfície. Uma única volta de uma bobina com múltiplas voltas não é fechada e, portanto, uma única volta não pode ser, na verdade, uma superfície fechada. Entretanto, se a bobina está firmemente enrolada, uma volta é praticamente fechada e A é a área da superfície plana que está praticamente limitada.)

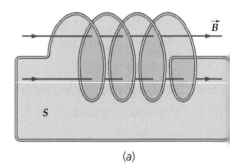

(a)

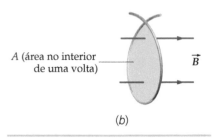

(b)

FIGURA 28-2 (*a*) O fluxo através da superfície S limitada por uma bobina que tem N voltas é proporcional ao número de linhas de campo que penetram na superfície. Esta bobina tem 4 voltas. Para as duas linhas de campo mostradas, cada linha penetra a superfície S quatro vezes, uma para cada volta, e o fluxo através de S é quatro vezes maior que o fluxo através da superfície "limitada" por uma única volta da bobina. A bobina mostrada não está enrolada firmemente, facilitando a visualização da superfície S. (*b*) A área A da superfície plana é (praticamente) limitada por uma única volta.

Indução Magnética | **263**

Exemplo 28-1 | Fluxo através de um Solenóide

Determine o fluxo magnético através de um solenóide que tem 40 cm de comprimento, 2,5 cm de raio, 600 voltas e conduz uma corrente de 7,5 A.

SITUAÇÃO O campo magnético $\vec{B}$ no interior deste longo solenóide é uniforme e paralelo ao eixo do solenóide. (Estamos desprezando efeitos de borda.) Ele é, portanto, perpendicular ao plano de cada volta do solenóide. Assim, para determinar o fluxo precisamos determinar B no interior do solenóide e multiplicar B por NA.

SOLUÇÃO

1. O fluxo magnético é o produto do número de voltas pela intensidade do campo magnético e pela área limitada por uma volta (Equação 28-4):

$$\phi_m = NBA$$

2. O campo magnético no interior do solenóide é dado por $B = \mu_0 nI$ (Equação 27-10), onde $n = N/\ell$ é o número de voltas por unidade de comprimento:

$$\phi_m = N\mu_0 nIA = N\mu_0 \frac{N}{\ell} IA = \frac{\mu_0 N^2 IA}{\ell}$$

3. Expresse a área A em termos de seu raio:

$$A = \pi r^2$$

4. Substitua os valores dados para calcular o fluxo:

$$\phi_m = \frac{\mu_0 N^2 I \pi r^2}{\ell}$$

$$= \frac{(4\pi \times 10^{-7}\ \text{T} \cdot \text{m/A})(600)^2 (7,5\ \text{A})\pi\ (0,025\ \text{m})^2}{0,40\ \text{m}}$$

$$= \boxed{1,66 \times 10^{-2}\ \text{Wb}}$$

CHECAGEM As unidades na linha 2 do passo 4 são T · m², e o weber é definido como 1 T · m². Estas são as unidades corretas para o fluxo magnético.

INDO ALÉM Observe que, como $\phi_m = NBA$ e B é proporcional ao número de voltas N, ϕ_m é proporcional a N^2.

28-2 | FEM INDUZIDA E A LEI DE FARADAY

Experimentos de Faraday, Henry e outros mostraram que, se o fluxo magnético através de uma superfície limitada por um fio (um caminho condutor) varia, uma fem igual em magnitude à taxa de variação do fluxo é induzida no fio. Geralmente detectamos a fem observando uma corrente no condutor, mas a fem nos limites da superfície existe mesmo se não existir o caminho condutor ou se ele for incompleto (não fechado) e não existir corrente. Nos capítulos anteriores, consideramos fems que estavam localizadas em uma parte específica de um circuito, tais como entre os terminais de uma bateria. Entretanto, fems induzidas podem estar distribuídas pelo circuito.

O fluxo magnético ϕ_m através de uma superfície plana de área A em um campo magnético uniforme $\vec{B}$ é dado por $\phi_m = BA \cos \theta$ (Equação 28-3), onde θ é o ângulo entre $\vec{B}$ e a normal à superfície. O fluxo pode ser variado aumentando ou diminuindo B, aumentando ou diminuindo A ou variando o ângulo θ. Se o campo magnético é devido a um ímã permanente, a magnitude do campo magnético pode ser aumentada ou diminuída aproximando ou afastando o ímã da superfície. Se o campo magnético é devido a uma corrente em um circuito, a magnitude do campo magnético pode ser aumentada ou diminuída variando a corrente. O fluxo através da superfície também pode variar através de alterações no ângulo θ. Para variar θ, podemos ou variar a orientação da superfície ou a direção do campo magnético. Em cada caso, se ao longo do perímetro da superfície houver um caminho condutor, tal como um fio metálico, uma fem $\mathcal{E}$ será induzida ao longo do caminho que será igual em magnitude à taxa de variação do fluxo magnético através da superfície. Isto é,

$$\mathcal{E} = -\frac{d\phi_m}{dt}$$

28-5

LEI DE FARADAY

Este resultado é conhecido como a **lei de Faraday**. O sinal de menos na lei de Faraday está relacionado com o sentido da fem induzida (horário ou anti-horário), o qual será discutido mais tarde nesta seção.

A Figura 28-3 mostra um único anel de fio em repouso em um campo magnético. O fluxo através do anel está variando porque a intensidade do campo magnético na superfície S está aumentando e, portanto, uma fem é induzida no anel. Como a fem é o trabalho realizado por unidade de carga, sabemos que deve haver forças exercidas nas cargas em movimento que estão realizando trabalho nestas cargas. Forças magnéticas não podem realizar trabalho; portanto, não podemos atribuir a fem ao trabalho realizado por forças magnéticas. São as forças elétricas associadas ao campo elétrico não-conservativo $\vec{E}_{nc}$ que realizam trabalho nas cargas em movimento. A integral de linha do campo elétrico ao longo de um circuito completo é igual ao trabalho realizado por unidade de carga, o qual é igual à fem induzida no circuito.

Os campos elétricos que estudamos em capítulos anteriores resultavam de cargas elétricas estáticas. Tais campos elétricos são conservativos, o que significa que a integral de linha ao longo de qualquer caminho fechado C é zero. (A integral de linha de um campo vetorial $\vec{E}$ ao longo de uma trajetória fechada C é definida como $\oint_C \vec{E} \cdot d\vec{\ell}$.) Entretanto, o campo elétrico associado ao campo magnético variável é não-conservativo. A integral de linha correspondente ao longo de C é igual à fem induzida no anel de fio. A integral de linha do campo elétrico é igual ao negativo da taxa de variação do fluxo magnético através de qualquer superfície fechada S limitada por C:

$$\mathcal{E} = \oint_C \vec{E}_{nc} \cdot d\vec{\ell} = -\frac{d}{dt}\int_S \vec{B} \cdot \hat{n}\, dA = -\frac{d\phi_m}{dt} \qquad 28\text{-}6$$

FEM INDUZIDA PARA UM CIRCUITO EM REPOUSO EM UM CAMPO MAGNÉTICO VARIÁVEL

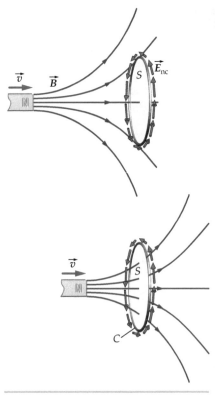

FIGURA 28-3 Se o fluxo magnético através de um fio em repouso, no formato de um anel, está variando, uma fem é induzida no anel. A fem está distribuída em todo o anel, a qual é devida ao campo elétrico não-conservativo $\vec{E}_{nc}$ tangencial ao fio. A trajetória fechada C está no interior do material do anel condutor.

Exemplo 28-2 FEM Induzida em uma Bobina Circular I

Um campo magnético uniforme faz um ângulo de 30,0° com o eixo de uma bobina circular que tem 300 voltas e raio igual a 4,00 cm. A intensidade do campo magnético aumenta a uma taxa de 85,0 T/s, enquanto sua direção e sentido permanecem fixos. Determine a intensidade da fem induzida na bobina.

SITUAÇÃO A fem induzida é igual ao número de voltas N multiplicado pela taxa de variação do fluxo através de uma única volta. Como $\vec{B}$ é uniforme, o fluxo em cada volta é simplesmente $\phi_m = BA \cos\theta$, onde $A = \pi r^2$ é a área do círculo limitado por uma volta da bobina.

SOLUÇÃO

1. A intensidade da fem induzida é dada pela lei de Faraday: $\mathcal{E} = -\dfrac{d\phi_m}{dt}$

2. Para um campo uniforme, o fluxo é: $\phi_m = N\vec{B} \cdot \hat{n} A = NBA\cos\theta$

3. Substitua esta expressão para ϕ_m e calcule $\mathcal{E}$:
$\mathcal{E} = -\dfrac{d\phi_m}{dt} = -\dfrac{d}{dt}(NBA\cos\theta) = -N\pi r^2 \cos\theta \dfrac{dB}{dt}$
$= (300)\pi(0{,}0400\text{ m})^2 \cos 30{,}0°(85{,}0\text{ T/s}) = -111\text{ V}$

$\mathcal{E} = \boxed{111\text{ V}}$

CHECAGEM A linha 2 do passo 3 tem unidades de T · m²/s, onde 1 T · m²/s = 1 Wb/s = 1 volt. [Use a fórmula $\vec{F} = q\vec{v} \times \vec{B}$ para lembrar que 1 N = 1 C · m · T/s, logo 1 T = 1 N · s/(C · m).]

PROBLEMA PRÁTICO 28-2 Se a resistência da bobina é 200 Ω, qual é a corrente induzida?

Indução Magnética | 265

Exemplo 28-3   FEM Induzida em uma Bobina Circular II   *Tente Você Mesmo*

Uma bobina com 80,0 voltas, raio igual a 5,00 cm e uma resistência igual a 30,0 Ω está em uma região que tem um campo magnético uniforme normal ao plano da bobina. A que taxa deve variar a intensidade do campo magnético para produzir uma corrente de 4,00 A na bobina?

SITUAÇÃO O número de voltas multiplicado pela taxa de variação do fluxo magnético através de uma superfície limitada por uma única volta é igual ao negativo da fem induzida usando a lei de Faraday. A fem na bobina é igual a *IR*.

SOLUÇÃO

Cubra a coluna da direita e tente por si só antes de olhar as respostas.

Passos	Respostas
1. Escreva o fluxo magnético em termos de *B*, *N* e o raio *r*, e resolva para *B*.	$\phi_m = NBA = NB\pi r^2$ $B = \dfrac{\phi_m}{N\pi r^2}$
2. Calcule a derivada de *B*.	$\dfrac{dB}{dt} = \dfrac{1}{N\pi r^2}\dfrac{d\phi_m}{dt}$
3. Use a lei de Faraday para relacionar a taxa de variação do fluxo à fem.	$\mathcal{E} = -\dfrac{d\phi_m}{dt}$
4. Calcule a magnitude da fem na bobina a partir da corrente e da resistência da bobina.	$\|\mathcal{E}\| = IR = 120\text{ V}$
5. Substitua os valores numéricos de $\mathcal{E}$, *N* e *r* para calcular $\|dB/dt\|$.	$\left\|\dfrac{dB}{dt}\right\| = \dfrac{1}{N\pi r^2}\|\mathcal{E}\| = \boxed{191\text{ T/s}}$

Uma convenção de sinais nos permite usar o sinal de menos na lei de Faraday para determinar o sentido da fem induzida. De acordo com esta convenção, a direção tangencial positiva ao longo do caminho de integração *C* está relacionada à direção e ao sentido da normal unitária $\hat{n}$ na superfície *S* limitada por *C* pela regra da mão direita (Figura 28-4). Colocando seu dedo polegar direito no sentido de $\hat{n}$, os dedos de sua mão curvam no sentido potencial positivo em *C*. Se $d\phi_m/dt$ é positivo, então, de acordo com a lei de Faraday (Equação 28-6), $\mathcal{E}$ está no sentido tangencial negativo. (O sentido de $\mathcal{E}$ também pode ser determinado através da lei de Lenz, a qual será discutida na Seção 28-3.)

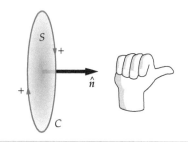

FIGURA 28-4 Colocando seu polegar na direção e sentido de $\hat{n}$ na superfície *S*, os dedos de sua mão se curvam no sentido tangencial positivo de *C*.

Exemplo 28-4   Campo Elétrico Não-conservativo Induzido

Um campo magnético $\vec{B}$ é perpendicular ao plano da página. $\vec{B}$ é uniforme através de uma região circular que tem raio *R*, como mostrado na Figura 28-5. Fora desta região, *B* é igual a zero. A direção de $\vec{B}$ permanece fixa e a taxa de variação de *B* é *dB/dt*. Quais são a magnitude, a direção e o sentido do campo elétrico induzido no plano da página (*a*) a uma distância *r* < *R* do centro da região circular e (*b*) a uma distância *r* > *R* do centro, onde *B* = 0?

SITUAÇÃO O campo magnético $\vec{B}$ está entrando na página e é uniforme em uma região circular de raio *R*, como mostra a Figura 28-6. Como *B* aumenta ou diminui, o fluxo magnético através de uma superfície limitada por uma curva fechada *C* também varia, e uma fem $\mathcal{E} = \oint_C \vec{E}\cdot d\vec{\ell}$ é induzida em torno de *C*. O campo elétrico induzido é determinado através de $\oint_C \vec{E}\cdot d\vec{\ell} = -d\phi_m/dt$ (Equação 28-6). Para aproveitar a simetria do sistema, escolhemos *C* como uma curva circular de raio *r* e, então, calculamos a integral de linha. Por simetria, $\vec{E}$ é tangente ao círculo *C* e tem a mesma

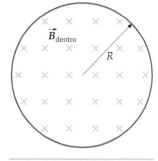

FIGURA 28-5

FIGURA 28-6

266 | CAPÍTULO 28

magnitude em todos os pontos do círculo. Consideraremos que a direção de $\hat{n}$ seja para dentro da página. A convenção de sinal, então, nos diz que o sentido tangencial positivo é horário. Calculamos o fluxo magnético ϕ_m, calculamos sua derivada temporal e resolvemos para E_t (a componente tangencial de $\vec{E}$).

SOLUÇÃO

(a) 1. Os campos $\vec{E}$ e $\vec{B}$ estão relacionados pela Equação 28-6:

$$\oint_C \vec{E} \cdot d\vec{\ell} = -\frac{d\phi_m}{dt}$$

onde

$$\phi_m = \int_S \vec{B} \cdot \hat{n}\, dA$$

2. E_t (a componente tangencial de $\vec{E}$) é determinada a partir da integral de linha para um círculo de raio $r < R$. $\vec{E}$ é tangente ao círculo e tem a mesma intensidade em todos os pontos do círculo:

$$\oint_C \vec{E} \cdot d\vec{\ell} = \oint_C E_t\, d\ell = E_t \oint_C d\ell = E_t 2\pi r$$

3. Para $r < R$, $\vec{B}$ é uniforme na superfície plana S limitada pelo círculo C. Escolhemos o sentido de $\hat{n}$ para dentro da página. Como $\vec{B}$ também está entrando na página, o fluxo através de S é simplesmente BA:

$$\phi_m = \int_S \vec{B} \cdot \hat{n}\, dA = \int_S B_n\, dA = B_n \int_S dA$$
$$= BA = B\pi r^2$$

4. Calcule a derivada temporal de ϕ_m:

$$\frac{d\phi_m}{dt} = \frac{d}{dt}(B\pi r^2) = \frac{dB}{dt}\pi r^2$$

5. Substitua os resultados dos passos 2 e 4 no resultado do passo 1 e resolva para E_t:

$$E_t 2\pi r = -\frac{dB}{dt}\pi r^2$$

então

$$\boxed{E_t = -\frac{r}{2}\frac{dB}{dt} \quad r < R}$$

6. Para a escolha do sentido de $\hat{n}$ no passo 3, o sentido tangencial positivo é horário:

E_t é negativo, logo o sentido de $\vec{E}$ é

$$\boxed{\text{anti-horário.}}$$

(b) 1. Para um círculo de raio $r > R$ (a região onde o campo magnético é zero), a integral de linha é a mesma de antes:

$$\oint_C \vec{E} \cdot d\vec{\ell} = E_t 2\pi r$$

2. Como $B = 0$ para $r > R$, o fluxo magnético através de S é $B\pi R^2$:

$$\phi_m = B\pi R^2$$

3. Aplique a lei de Faraday para determinar E_t:

$$E_t 2\pi r = -\frac{dB}{dt}\pi R^2$$

então

$$\boxed{E_t = -\frac{R^2}{2r}\frac{dB}{dt} \quad r > R}$$

E_t é negativo, logo o sentido de $\vec{E}$ é

$$\boxed{\text{anti-horário.}}$$

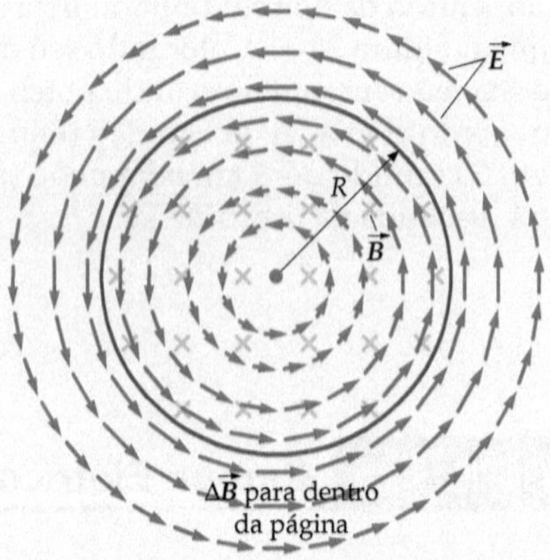

FIGURA 28-7 O campo magnético está entrando na página e aumentando em intensidade. O campo elétrico induzido está no sentido anti-horário.

CHECAGEM O sentido tangencial positivo é horário. Quando $d\phi_m/dt$ é positivo, E_t é negativo. O sentido do campo elétrico é anti-horário, como mostra a Figura 28-7.

INDO ALÉM Observe que o campo elétrico neste exemplo é produzido por um campo magnético variável e não por cargas elétricas. Observe, também, que $\vec{E}$ e, portanto, a fem, existe ao longo de qualquer superfície fechada limitando a área na qual o fluxo magnético está variando, independentemente da existência, ou não, de um fio ou de um circuito ao longo da curva.

! Observe também que $\vec{E}$, e, portanto, a fem, existe ao longo de qualquer curva fechada limitando a área na qual o fluxo magnético está variando, independente da existência, ou não, de um fio ou de um circuito ao longo da curva.

28-3 LEI DE LENZ

O sinal de menos na lei de Faraday está relacionado ao sentido da fem induzida. Isto pode ser obtido aplicando a convenção de sinal descrita na seção anterior, ou aplicando um princípio geral da física conhecido como **lei de Lenz**:

> A fem induzida tem sentido tal que se opõe, ou tende a se opor, à variação que a produz.
>
> LEI DE LENZ

Observe que a lei de Lenz não especifica apenas que tipo de variação provoca a fem e a corrente induzidas. A definição da lei de Lenz é propositalmente vaga para cobrir uma variedade de condições, as quais ilustraremos agora.

A Figura 28-8 mostra um ímã em barra se movendo em direção a um anel condutor. É o movimento do ímã em barra para a direita que induz uma fem e uma corrente no anel. A lei de Lenz nos diz que esta fem induzida e a corrente devem ser no sentido de se opor ao movimento do ímã. Isto é, a corrente induzida no anel produz um campo magnético próprio e este campo magnético deve exercer uma força para a esquerda sobre o ímã que se aproxima. A Figura 28-9 mostra o momento magnético do anel de corrente quando o ímã está se aproximando dele. O anel age como um pequeno ímã com seu pólo norte à esquerda e seu pólo sul à direita. Como pólos iguais se repelem, o momento magnético induzido no anel repele o ímã; isto é, ele se opõe ao movimento em direção ao anel. Este resultado significa que o sentido da corrente induzida no anel deve ser o mostrado na Figura 28-9.

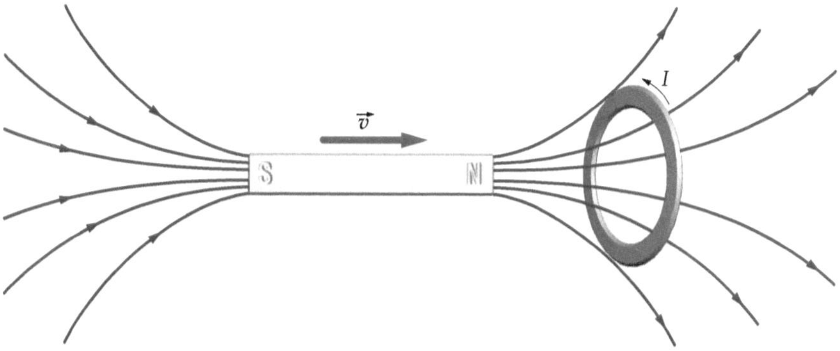

FIGURA 28-8 Quando o ímã em barra está se movendo para a direita, em direção ao anel, a fem induzida no anel produz uma corrente induzida no sentido mostrado. O campo magnético devido a esta corrente induzida no anel exerce uma força no ímã em barra que se opõe ao seu movimento para a direita.

Considere que a corrente induzida no anel mostrada na Figura 28-9 estivesse no sentido oposto ao mostrado. Haveria, então, uma força magnética para a direita no ímã que se aproxima, fazendo com que ele aumentasse sua rapidez. Este ganho em rapidez causaria um aumento na corrente induzida que, por sua vez, aumentaria a força no ímã, e assim sucessivamente. Este resultado é muito bom para ser verdade. Sempre que aproximássemos um ímã de um anel condutor, ele se moveria com uma rapidez crescente e sem nenhum esforço significativo de sua parte. Se esta situação ocorresse, haveria uma violação da conservação de energia. A realidade, entretanto, é que a energia é conservada e a lei de Lenz é consistente com esta realidade.

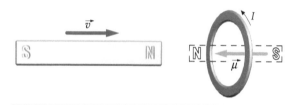

FIGURA 28-9 O momento magnético $\vec{\mu}$ do anel (mostrado como se fosse um ímã em barra) devido à corrente induzida é tal que se opõe ao movimento do ímã em barra. O ímã em barra está se movendo em direção ao anel, logo, o momento magnético induzido repele o ímã.

Uma definição alternativa para a lei de Lenz em termos do fluxo magnético é usada com freqüência. Esta definição é

> Quando um fluxo magnético através de uma superfície varia, o campo magnético devido a qualquer corrente induzida produz um fluxo próprio — através da mesma superfície e de sinal oposto à variação inicial do fluxo.
>
> DEFINIÇÃO ALTERNATIVA DA LEI DE LENZ

Para um exemplo que mostra como esta definição é aplicada, veja o Exemplo 28-5.

Exemplo 28-5 — Lei de Lenz e Corrente Induzida

Usando a definição alternativa da lei de Lenz, determine o sentido da corrente induzida no anel mostrado na Figura 28-8.

SITUAÇÃO Use a definição alternativa para a lei de Lenz para determinar o sentido do campo magnético devido à corrente induzida no anel. Quando o fluxo magnético através de uma superfície varia, o campo magnético devido a qualquer corrente induzida produz um fluxo próprio — através da mesma superfície e de sinal oposto à variação inicial do fluxo. Use, então, a regra da mão direita para determinar o sentido da corrente induzida.

SOLUÇÃO

1. Desenhe um esboço do anel limitando a superfície plana S (Figura 28-10). Na superfície S desenhe o vetor $\Delta \vec{B}_1$, que é a variação no campo magnético $\vec{B}_1$ do ímã em barra que se aproxima de S:

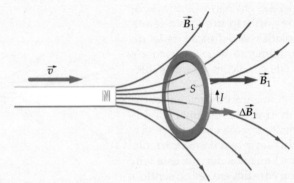

FIGURA 28-10

2. No esboço, desenhe o vetor $\vec{B}_2$, que é o campo magnético da corrente induzida no anel (Figura 28-11). Como $\vec{B}_2$ era inicialmente zero, $\vec{B}_2$ está na mesma direção e sentido de $\Delta \vec{B}_2$. Use a definição alternativa da lei de Lenz para determinar a direção e o sentido de $\vec{B}_2$. $\vec{B}_2$ e $\Delta \vec{B}_1$ devem penetrar S em sentidos opostos para que a variação no fluxo de $\vec{B}_2$ tenha sinal oposto à variação no fluxo de $\vec{B}_1$:

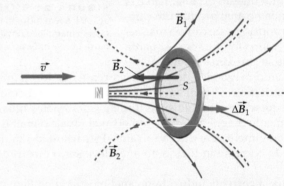

FIGURA 28-11

3. Usando a regra da mão direita e a direção e sentido de $\vec{B}_2$, determine o sentido da corrente induzida no anel (Figura 28-12):

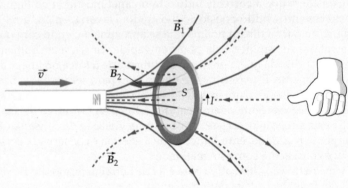

FIGURA 28-12

CHECAGEM O resultado do passo 3 dá o mesmo sentido obtido anteriormente com a definição original da lei de Lenz.

CHECAGEM CONCEITUAL 28-1

Usando a definição alternativa da lei de Lenz, determine o sentido da corrente induzida no anel mostrado na Figura 28-8 se o ímã está se movendo para a esquerda (se afastando do anel).

Na Figura 28-13, o ímã em barra está em repouso e o anel se afasta do ímã. A corrente induzida e o momento magnético são mostrados na figura. Neste caso, o ímã atrai o anel, opondo-se, assim, ao movimento do anel, como requerido pela lei de Lenz.

Na Figura 28-14, quando a corrente no circuito 1 está variando, há uma variação no fluxo através do circuito 2. Considere que a chave S no circuito 1 esteja inicialmente aberta e que não haja corrente no circuito (Figura 28-14a). Quando fechamos a chave (Figura 28-14b), a corrente no circuito 1 não atinge instantaneamente seu valor estacionário $\mathcal{E}_1/R_1$, mas leva algum tempo para variar desde zero até este valor. Durante o tempo no qual a corrente está aumentando, o fluxo através do circuito 2 está variando e é induzida uma corrente no circuito 2 no sentido mostrado. Quando a corrente no circuito 1 atinge seu valor estacionário, o fluxo no circuito 2 não varia mais e, portanto, não há mais corrente induzida no circuito 2. Uma corrente induzida no circuito 2 no sentido oposto aparece rapidamente quando a chave no circuito 1 é aberta (Figura 28-14c) e a corrente no circuito 1 diminui a zero. É importante entender que há uma fem induzida *apenas enquanto o fluxo está variando*. A fem não depende da magnitude do fluxo, mas apenas da sua taxa de variação. Se há um grande fluxo estacionário através de um circuito, não há fem induzida.

FIGURA 28-13 Quando o anel está se afastando do ímã em barra que está parado, o ímã atrai o momento magnético do anel, opondo-se, novamente, ao movimento relativo.

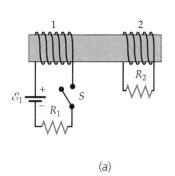
(a)

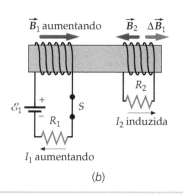
(b)

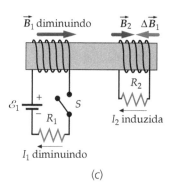
(c)

FIGURA 28-14 (a) Dois circuitos adjacentes. (b) Logo após a chave ser fechada, I_1 aumenta no sentido mostrado. O fluxo variando no circuito 2 induz a corrente I_2. O fluxo no circuito 2 devido a I_2 se opõe à variação no fluxo devido a I_1. (c) Quando a chave é aberta, I_1 diminui e o fluxo através do circuito 2 varia. A corrente induzida I_2 tende, então, a manter o fluxo através do circuito 2.

Para nosso próximo exemplo, consideremos o único circuito isolado mostrado na Figura 28-15. Se há uma corrente no circuito, há um fluxo magnético através da bobina devido à sua própria corrente. Se a corrente está variando, o fluxo através da bobina está variando e há uma fem induzida no circuito enquanto o fluxo varia. Esta *fem auto-induzida* se opõe à variação na corrente. Ela é chamada, então de **fem reversa**. Devido a esta fem auto-induzida, a corrente em um circuito não pode variar instantaneamente desde zero até algum valor finito ou de algum valor finito para zero. Henry foi o primeiro a observar este efeito enquanto ele fazia experimentos com um circuito formado por várias voltas de um fio como o mostrado na Figura 28-15. Este arranjo fornece um grande fluxo no circuito mesmo para uma pequena corrente. Joseph Henry observou uma faísca através da chave quando ele tentava fechar o circuito. Tal faísca é devida à grande fem induzida que ocorre quando a corrente varia rapidamente, como durante a abertura da chave. Neste caso, o sentido da fem induzida tende a manter a corrente original. A grande fem induzida produz uma grande diferença de potencial através da chave quando ela é aberta. O campo elétrico entre os contatos da chave é grande o suficiente para produzir a ruptura dielétrica no ar da vizinhança. Quando ocorre a ruptura dielétrica, o ar conduz corrente elétrica na forma de uma faísca.

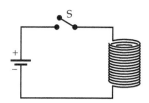

FIGURA 28-15 A bobina que tem muitas voltas de fio fornece um grande fluxo para uma dada corrente no circuito. Portanto, quando a corrente varia, há uma grande fem induzida na bobina que se opõe à variação.

270 | CAPÍTULO 28

Exemplo 28-6 — Lei de Lenz e uma Bobina em Movimento

Uma bobina retangular tem $N = 80$ voltas e cada volta tem largura de $a = 20{,}0$ cm e comprimento $b = 30{,}0$ cm. Metade da bobina está localizada em uma região com um campo magnético de intensidade $B = 0{,}800$ T dirigido para dentro da página (Figura 28-16). A resistência R da bobina é $30{,}0\ \Omega$. Determine a intensidade e o sentido da corrente induzida se a bobina se move a $2{,}00$ m/s (*a*) para a direita, (*b*) para cima na página e (*c*) para baixo na página.

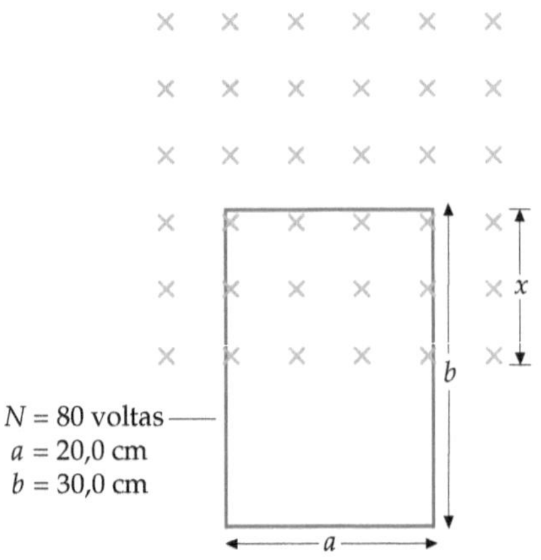

SITUAÇÃO A corrente induzida é igual à fem induzida dividida pela resistência. Podemos calcular a fem induzida no circuito enquanto a bobina se move calculando a taxa de variação do fluxo através da bobina. O sentido da corrente induzida é determinado pela lei de Lenz.

$N = 80$ voltas
$a = 20{,}0$ cm
$b = 30{,}0$ cm

FIGURA 28-16

SOLUÇÃO

(*a*) 1. A corrente induzida é igual à fem dividida pela resistência:

$$I = \frac{\mathcal{E}}{R}$$

2. A fem induzida e o fluxo magnético estão relacionados pela lei de Faraday:

$$\mathcal{E} = -\frac{d\phi_{\mathrm{m}}}{dt}$$

3. O fluxo através da superfície limitada pela bobina é N multiplicado pelo fluxo através de cada volta da bobina. Escolhemos o sentido de $\hat{n}$ para dentro da página. O fluxo através da superfície S limitada por uma única volta é Bax:

$$\phi_{\mathrm{m}} = N\vec{B} \cdot \hat{n}A$$
$$= N[Bax - (0)a(b - x)] = NBax$$

4. Quando a bobina está se movendo para a direita (ou para a esquerda), x não varia e o fluxo não varia (até que a bobina deixe a região do campo magnético). A corrente é, portanto, zero:

$$\mathcal{E} = -\frac{d\phi_{\mathrm{m}}}{dt} = 0$$

então

$$I = \boxed{0}$$

(*b*) 1. Calcule a taxa de variação do fluxo quando a bobina está subindo na página. Neste caso, x está aumentando e dx/dt é positivo:

$$\frac{d\phi_{\mathrm{m}}}{dt} = \frac{d}{dt}(NBax) = NBa\frac{dx}{dt}$$

2. A derivada dx/dt é igual à rapidez da bobina.

$$|I| = \frac{|\mathcal{E}|}{R} = \frac{NBa|dx/dt|}{R} = \frac{(80)(0{,}800\ \text{T})(0{,}200\ \text{m})(2{,}00\ \text{m/s})}{30{,}0\ \Omega}$$
$$= 0{,}853\ \text{A}$$

3. Enquanto a bobina sobe na página, o fluxo de $\vec{B}$ através de S está aumentando. A corrente induzida deve produzir um campo magnético cujo fluxo através de S diminui quando x aumenta. Este seria um campo magnético cujo produto escalar com $\hat{n}$ é negativo. Tal campo magnético está dirigido para fora da página em S. Para produzir um campo magnético nesta direção e sentido, a corrente induzida deve ter sentido anti-horário:

$$\boxed{I = 0{,}853\ \text{A, anti-horário}}$$

(*c*) Quando a bobina se move para baixo na página, o fluxo de $\vec{B}$ através de S está diminuindo. A corrente induzida deve produzir um campo magnético cujo fluxo através de S aumenta quando x diminui. Este seria um campo magnético cujo produto escalar com $\hat{n}$ é positivo. Tal campo magnético está dirigido para dentro da página em S. Para produzir um campo magnético nesta direção e sentido, a corrente induzida deve ter sentido horário:

$$\boxed{I = 0{,}853\ \text{A, horário}}$$

CHECAGEM Na Parte (*b*) o movimento para cima na página provoca a indução da corrente, logo o sentido da corrente induzida deve resultar em uma força que se opõe ao movimento para cima. Aplicando $\vec{F} = I\vec{L} \times \vec{B}$ (Equação 26-4) à seção superior do anel obtemos uma força para baixo na página se a corrente no anel, está no sentido anti-horário. Isto está de acordo como o resultado da Parte (*b*).

INDO ALÉM Neste exemplo o campo magnético é estático, logo não existe campo elétrico não-conservativo. Portanto, a fem não é o trabalho realizado pelo campo elétrico não-conservativo. A causa desta fem será examinada na próxima seção.

28-4 FEM INDUZIDA POR MOVIMENTO

A fem induzida em um condutor devido ao seu movimento em uma região na qual existe um campo magnético é chamada de fem induzida por movimento. De maneira geral,

> Fem induzida por movimento é qualquer fem induzida pelo movimento de um condutor em uma região na qual existe um campo magnético.
>
> DEFINIÇÃO — FEM INDUZIDA PELO MOVIMENTO

Exemplo 28-7 Carga Total através de uma Bobina Girando

Uma pequena bobina com N voltas tem seu plano perpendicular a um campo magnético uniforme e estático $\vec{B}$, como mostrado na Figura 28-17. A bobina está conectada a um integrador de corrente (C.I.) que é um dispositivo usado para medir a carga total passando através da bobina. Determine a carga passando pela bobina se ela girar de 180° em torno do eixo mostrado.

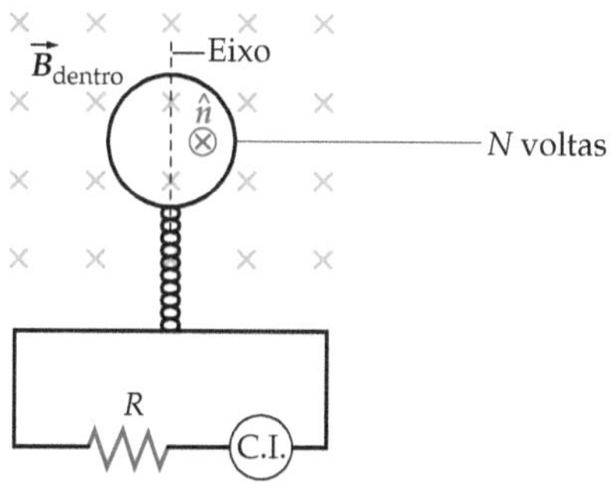

SITUAÇÃO Quando a bobina na Figura 28-17 é girada, o fluxo magnético através dela varia, induzindo uma fem $\mathcal{E}$. A fem, por sua vez, induz uma corrente $I = \mathcal{E}/R$, onde R é a resistência total do circuito. Como $I = dq/dt$, podemos determinar a carga Q passando através do integrador integrando I; isto é, $\int I \, dt$.

SOLUÇÃO

1. O incremento de carga dq é igual à corrente I multiplicada pelo incremento de tempo dt:

   $$dq = I \, dt$$

2. A fem $\mathcal{E}$ está relacionada a I pela lei de Ohm:

   $$\mathcal{E} = RI$$

   então

   $$\mathcal{E} \, dt = RI \, dt$$

3. A fem está relacionada ao fluxo ϕ_m pela lei de Faraday:

   $$\mathcal{E} = -\frac{d\phi_m}{dt}$$

   então

   $$\mathcal{E} \, dt = -d\phi_m$$

4. Substitua $-d\phi_m$ por $\mathcal{E}dt$ e dq por $I \, dt$ no resultado do passo 2 e resolva para dq:

   $$-d\phi_m = R \, dq$$

   então

   $$dq = -\frac{1}{R} d\phi_m$$

5. Integre para determinar a carga total Q:

   $$Q = \int_0^Q dq = -\frac{1}{R}\int_{\phi_{mi}}^{\phi_{mf}} d\phi_m = -\frac{1}{R}(\phi_{mf} - \phi_{mi}) = -\frac{\Delta\phi_m}{R}$$

6. O fluxo através da bobina é $\phi_m = n\vec{B} \cdot \hat{n}A$, onde $\hat{n}$ é a normal à superfície plana limitada pela bobina (Figura 28-18). A normal está inicialmente apontando para dentro da página. Quando a bobina é girada, a superfície e sua normal também giram. Determine a variação em ϕ_m quando a bobina gira de 180°:

   $$\Delta\phi_m = \phi_{mf} - \phi_{mi} = N\vec{B}\cdot\hat{n}_f A - N\vec{B}\cdot\hat{n}_i A$$
   $$= NA(\vec{B}\cdot\hat{n}_f - \vec{B}\cdot\hat{n}_i) = NA[(-B) - (+B)] = -2NBA$$

   Antes da rotação   Depois da rotação   **FIGURA 28-18**

FIGURA 28-17

7. Combinando os resultados dos dois passos anteriores, obtemos Q:

   $$\boxed{Q = \frac{2NBA}{R}}$$

INDO ALÉM Observe que a carga Q não depende se a bobina é girada lentamente ou rapidamente — tudo o que importa é a variação no fluxo magnético através da bobina. Uma bobina usada desta maneira é chamada de *bobina girante*. Ela é usada para medir campos magnéticos. Por exemplo, se o integrador de corrente (C.I.) medir uma carga total Q passando através da bobina quando ela é girada, a intensidade do campo magnético é dada por $B = RQ/(2NA)$, que pode ser obtido diretamente do resultado do passo 7.

PROBLEMA PRÁTICO 28-3 Uma bobina girante tem 40 voltas, raio de 3,00 cm e uma resistência de 16,0 Ω, e o plano da bobina é, inicialmente, perpendicular a um campo magnético estático e uniforme de 0,500 T. Se a bobina girar de 90° em torno de um eixo perpendicular ao campo magnético, quanta carga passará pela bobina?

A Figura 28-19 mostra um fino bastão condutor deslizando para a direita ao longo de trilhos condutores conectados por um resistor. Um campo magnético uniforme $\vec{B}$ está dirigido para dentro da página.

Considere o fluxo magnético através da superfície plana S limitada pelo circuito. Seja a normal $\hat{n}$ à superfície para dentro da página. Enquanto o bastão se move para a direita, a superfície S aumenta, assim como o fluxo magnético através de S. Portanto, uma fem é induzida no circuito. Seja ℓ a separação entre os trilhos e x a distância desde a extremidade esquerda dos trilhos até o bastão. A área da superfície S é, então, ℓx, e o fluxo magnético através de S é

$$\phi_m = \vec{B} \cdot \hat{n} A = B_n A = B\ell x$$

Calculando a derivada temporal em ambos os lados, obtemos

$$\frac{d\phi_m}{dt} = B\ell \frac{dx}{dt} = B\ell v$$

onde $v = dx/dt$ é a rapidez do bastão. A fem induzida neste circuito é então

$$\mathcal{E} = -\frac{d\phi_m}{dt} = -B\ell v$$

onde o sinal negativo nos diz que a fem está no sentido tangencial negativo. Coloque seu polegar direito na direção e sentido de $\hat{n}$ (para dentro da página) e seus dedos se curvarão no sentido tangencial positivo (horário). Portanto, a fem induzida é anti-horária.

Podemos conferir este resultado (o sentido da fem induzida) usando a lei de Lenz. É o movimento do bastão para a direita que produz a corrente induzida, logo a força magnética neste bastão devida à corrente induzida deve ser para a esquerda. A força magnética em um condutor conduzindo corrente é dada por $I\vec{L} \times \vec{B}$ (Equação 26-4), onde $\vec{L}$ está no sentido da corrente. Se $\vec{L}$ está para cima na página e $\vec{B}$ está para dentro da página, a força é para a esquerda, que confirma nosso resultado anterior (que a fem induzida é anti-horária). Se o bastão tem certa velocidade inicial $\vec{v}$ para a direita e é, então, solto, a força devida à corrente induzida diminui a rapidez do bastão até que ele pare. Para manter o movimento do bastão, uma força externa deve ser mantida empurrando o bastão para a direita.

Uma segunda conferência sobre o sentido da fem e corrente induzidas pode ser feita considerando o sentido da força magnética nos portadores de carga se movendo para a direita com o bastão. Os portadores de carga se movem para a direita com a mesma velocidade $\vec{v}$ que o bastão, logo eles estão sujeitos a uma força magnética $\vec{F} = q\vec{v} \times \vec{B}$. Se q é positivo, esta força é para cima, o que significa que a fem induzida é anti-horária.

$$|\mathcal{E}| = B\ell v \qquad \qquad 28\text{-}7$$

INTENSIDADE DA FEM PARA UM BASTÃO EM MOVIMENTO PERPENDICULAR AO COMPRIMENTO DO BASTÃO E A $\vec{B}$

(Se o campo magnético não é normal ao plano do circuito, B na Equação 28-7 deve ser substituído pela componente de B normal ao plano do circuito.)

A Figura 28-20 mostra um portador de carga positiva em um bastão condutor que está se movendo com uma rapidez constante através de um campo magnético dirigido para dentro do papel. Como os portadores de carga estão se movendo horizontalmente com o bastão, há uma força magnética exercida sobre eles de magnitude qvB. Respondendo a esta força, os portadores de carga no bastão se movem para cima, produzindo uma carga líquida positiva no topo do bastão e deixando uma carga líquida negativa na base do bastão. Os portadores de carga continuam a se mover para cima até que o campo elétrico $\vec{E}_{\parallel}$ produzido pelas cargas separadas exerça uma força para baixo de módulo $qE_{\parallel}$ sobre as cargas separadas, a qual equilibra a força magnética para cima qvB. Em equilíbrio, a intensidade deste campo elétrico no bastão é

$$E_{\parallel} = vB$$

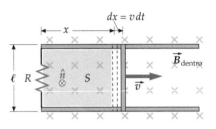

FIGURA 28-19 Um bastão condutor desliza em trilhos condutores em um campo magnético. Enquanto o bastão se move para a direita, a área da superfície S aumenta e, portanto, o fluxo magnético através de S para dentro do papel aumenta. Uma fem de intensidade $B\ell v$ é induzida no circuito, induzindo uma corrente anti-horária que produz um fluxo através de S dirigido para fora do papel, em oposição ao fluxo devido ao movimento do bastão.

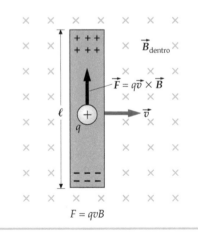

FIGURA 28-20 Um portador de carga positiva em um bastão condutor que está se movendo através de um campo magnético experimenta uma força magnética que tem uma componente para cima. Alguns destes portadores de carga se movem para cima no bastão, deixando a parte de baixo com a carga negativa. A separação de cargas produz um campo elétrico para cima de intensidade $E_{\parallel} = vB$ no bastão. Portanto, o potencial no topo do bastão é maior que o potencial na base do bastão e a diferença é $E_{\parallel}\ell = vB\ell$.

A direção deste campo elétrico é paralela ao bastão e aponta para baixo. A diferença de potencial associada através do comprimento ℓ do bastão é

$$\Delta V = E_{\parallel}\ell = vB\ell$$

com o potencial sendo maior no topo. Isto é, quando não há corrente através do bastão, a diferença de potencial ao longo do comprimento do bastão é igual a $vB\ell$ (a fem induzida por movimento). Quando há uma corrente I através do bastão, a diferença de potencial é

$$\Delta V = vB\ell - Ir \qquad 28\text{-}8$$

onde r é a resistência do bastão.

PROBLEMA PRÁTICO 28-4

Um bastão de 40 cm de comprimento se move a 12 m/s em um plano perpendicular a um campo magnético de 0,30 T. A velocidade do bastão é perpendicular ao seu comprimento. Determine a fem induzida no bastão.

Exemplo 28-8 — Um Condutor com Formato de U e um Bastão Deslizante — *Tente Você Mesmo*

Usando a Figura 28-19, seja $B = 0{,}600$ T, $v = 8{,}00$ m/s, $\ell = 15{,}0$ cm e $R = 25{,}0\ \Omega$; considere que as resistências do bastão e dos trilhos sejam desprezíveis. Determine (a) a fem induzida no circuito, (b) a corrente no circuito, (c) a força necessária para mover o bastão com velocidade constante e (d) a potência dissipada no resistor.

SOLUÇÃO

Cubra a coluna da direita e tente por si só antes de olhar as respostas.

Passos

1. Calcule a fem induzida através da Equação 28-7.
2. Determine a corrente pela lei de Ohm.
3. A força necessária para mover o bastão com velocidade constante é igual em módulo e em direção, mas tem sentido contrário à força exercida pelo campo magnético no bastão, a qual tem intensidade $IB\ell$ (Equação 26-4). Calcule a magnitude desta força.
4. Determine a potência dissipada no resistor.

Respostas

1. $\mathcal{E} = Bv\ell = \boxed{0{,}720\ \text{V}}$
2. $I = \dfrac{\mathcal{E}}{R} = \boxed{28{,}8\ \text{mA}}$
3. $F = IB\ell = \boxed{2{,}59\ \text{mN}}$
4. $P = I^2 R = \boxed{20{,}7\ \text{mW}}$

CHECAGEM Usando $P = Fv$, confirmamos que a potência é 20,7 mW.

INDO ALÉM O potencial no topo do bastão é maior que o potencial na base e a diferença é a fem.

Exemplo 28-9 — Arraste Magnético

Um bastão com massa m desliza em trilhos condutores sem atrito em uma região que tem um campo magnético uniforme e estático $\vec{B}$ dirigido para dentro da página (Figura 28-21). Um agente externo está empurrando o bastão, mantendo seu movimento para a direita a uma rapidez constante v_0. No instante $t = 0$, o agente pára abruptamente de empurrar e o bastão continua se movendo para frente enquanto é desacelerado pela força magnética. Determine a rapidez v do bastão como função do tempo.

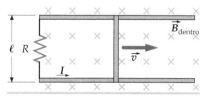

FIGURA 28-21

SITUAÇÃO A rapidez do bastão varia porque uma força magnética é exercida na corrente induzida. O movimento do bastão através de um campo magnético induz uma fem $\mathcal{E} = B\ell v$ e, portanto, uma corrente no bastão, $I = \mathcal{E}/R$. Este resultado provoca uma força magnética no bastão, $F = I\ell B$ (Equação 26-4). Com a força conhecida, aplicamos a segunda lei de Newton para determinar a rapidez como função do tempo. Considere a direção $+x$ para a direita.

SOLUÇÃO

1. Aplique a segunda lei de Newton ao bastão:

$$F_x = ma_x = m\frac{dv}{dt}$$

2. A força exercida no bastão é a força magnética (Equação 26-4), que é proporcional à corrente e está na direção $-x$, como mostrado na Figura 28-21:

$$F_x = -I\ell B$$

3. A corrente é igual à fem induzida pelo movimento dividida pela resistência do bastão:

$$I = \frac{\mathcal{E}}{R} = \frac{B\ell v}{R}$$

4. Combinando estes resultados, encontramos a componente x da força magnética exercida no bastão:

$$F_x = -IB\ell = -\frac{B\ell v}{R}B\ell = -\frac{B^2\ell^2 v}{R}$$

5. A segunda lei de Newton fornece, então:

$$-\frac{B^2\ell^2 v}{R} = m\frac{dv}{dt}$$

6. Separando as variáveis e integrando a velocidade desde v_0 até v_f e o tempo desde 0 até t_f:

$$\frac{dv}{v} = -\frac{B^2\ell^2}{mR}dt$$

$$\int_{v_0}^{v_f}\frac{dv}{v} = -\frac{B^2\ell^2}{mR}\int_0^{t_f} dt$$

$$\ln\frac{v_f}{v_0} = -\frac{B^2\ell^2}{mR}t_f$$

7. Seja $v = v_f$ e $t = t_f$, resolva para v:

$$\boxed{v = v_0 e^{-t/\tau}} \quad \text{onde} \quad \tau = \frac{mR}{B^2\ell^2}$$

CHECAGEM A energia cinética do bastão é transformada em energia térmica no resistor. Para conservar a energia, a energia cinética do bastão deve diminuir, o que significa que a rapidez deve diminuir. O resultado do passo 7 está de acordo com a conservação de energia.

INDO ALÉM Se a força fosse constante, a rapidez do bastão diminuiria linearmente com o tempo. Entretanto, como a força é proporcional à rapidez do bastão, como encontrado no passo 4, a força é grande inicialmente mas decresce quando a rapidez diminui. Em princípio, o bastão nunca pararia de se mover. Entretanto, ele viaja apenas uma distância finita. (Veja o Problema 37.)

GERADORES E MOTORES

A maior parte da energia elétrica usada atualmente é produzida por geradores elétricos na forma de corrente alternada (ac). Um **gerador** simples de corrente alternada é uma bobina girando em um campo magnético uniforme, como mostrado na Figura 28-22. As extremidades da bobina estão conectadas a anéis chamados de anéis coletores que giram com a bobina. O contato elétrico é feito com a bobina por escovas estacionárias de grafite em contato com os anéis.

Quando a normal ao plano da bobina $\hat{n}$ faz um ângulo θ com um campo magnético uniforme $\vec{B}$, como mostrado na figura, o fluxo magnético através da bobina é

$$\phi_m = NBA\cos\theta \quad\quad 28\text{-}9$$

onde N é o número de voltas na bobina e A é a área da superfície plana limitada pela bobina. Quando a bobina é girada mecanicamente, o fluxo através dela irá variar e uma fem será induzida na bobina de acordo com a lei de Faraday. Se o ângulo inicial entre $\hat{n}$ e $\vec{B}$ é zero, então o ângulo em algum instante posterior t é dado por

$$\theta = \omega t$$

onde ω é a freqüência angular de rotação. Substituindo esta expressão para q na Equação 28-9, obtemos

$$\phi_m = NBA\cos\omega t = NBA\cos 2\pi ft$$

A fem na bobina será então

$$\mathcal{E} = -\frac{d\phi_m}{dt} = -NBA\frac{d}{dt}\cos\omega t = \omega NBA\,\text{sen}\,\omega t \quad\quad 28\text{-}10$$

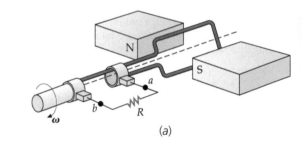

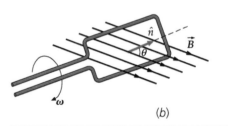

FIGURA 28-22 (*a*) Um gerador ac. Uma bobina girando com rapidez angular constante ω em um campo magnético $\vec{B}$ gera uma fem senoidal. A energia de uma catarata ou de uma turbina a vapor é usada para girar a bobina para produzir energia elétrica. A fem é fornecida a um circuito externo por escovas em contato com os anéis. (*b*) Neste instante, a normal ao plano da bobina faz um ângulo θ com o campo magnético e o fluxo é igual a BA sen θ.

Isto pode ser escrito como

$$\mathcal{E} = \mathcal{E}_{máx} \operatorname{sen} \omega\, t$$

onde

$$\mathcal{E}_{máx} = \omega\, NBA$$

é o valor máximo da fem. Podemos, então, produzir uma fem senoidal em uma bobina girando-a com freqüência constante em um campo magnético. Nesta fonte de fem, a energia mecânica da bobina girando é convertida em energia elétrica. A energia mecânica geralmente provém de uma catarata ou de uma turbina a vapor. Apesar de geradores práticos serem consideravelmente mais complicados, eles trabalham no mesmo princípio que uma fem alternada é produzida em uma bobina girando em um campo magnético, e elas são projetadas para que a fem produzida seja senoidal.

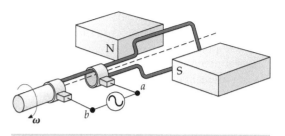

FIGURA 28-23 Quando corrente alternada é fornecida à bobina da Figura 28-22, a bobina torna-se um motor. Enquanto a bobina gira, é gerada uma fem reversa, limitando a corrente.

A mesma bobina em um campo magnético que pode ser usada para gerar uma fem alternada também pode ser usada como um **motor** ac. No lugar de girar mecanicamente a bobina para gerar uma fem, aplicamos uma corrente alternada à bobina proveniente de outro gerador ac como mostrado na Figura 28-23. (Em diagramas de circuitos, um gerador ac é representado pelo símbolo ⊙.) Um anel de corrente em um campo magnético experimenta um torque que tende a girá-lo de maneira que seu momento magnético $\vec{\mu}$ aponte na direção de $\vec{B}$ e que o plano do anel seja perpendicular à $\vec{B}$. Se uma corrente contínua fosse fornecida à bobina na Figura 28-23, o torque na bobina mudaria de sentido enquanto ela gira e passa pela sua posição de equilíbrio, quando o plano da bobina é vertical na figura. A bobina, então, oscilaria em torno de sua posição de equilíbrio, eventualmente atingindo o repouso com seu plano na vertical. Entretanto, se o sentido da corrente é invertido logo que a bobina passa pela posição vertical, o torque não muda de sentido e continua a girar a bobina no mesmo sentido. Enquanto ela gira no campo magnético, uma fem reversa é gerada, a qual tende a se opor à corrente. Quando o motor é ligado, não há fem reversa e a corrente é muito grande, sendo limitada, apenas, pela resistência no circuito. Quando o motor começa a girar, a fem reversa aumenta e a corrente diminui.

CHECAGEM CONCEITUAL 28-2

Quando um gerador entrega energia elétrica a um circuito, de onde vem esta energia?

PROBLEMA PRÁTICO 28-5

Uma bobina com 250 voltas tem uma área de 3,0 cm² por volta. Se ela gira em um campo magnético de 0,40 T a 60 Hz, qual é a fem máxima na bobina?

28-5 CORRENTES PARASITAS

Nos exemplos que discutimos, as correntes foram induzidas em finos fios ou bastões. Entretanto, um fluxo variável muitas vezes induz a circulação de correntes, que são chamadas de *correntes parasitas*, em um pedaço de metal maciço como o núcleo de um transformador. O calor produzido por tais correntes constitui uma perda de potência no transformador. Considere uma lâmina condutora entre as faces dos pólos de um eletroímã (Figura 28-24). Se o campo magnético $\vec{B}$ entre os pólos varia com o tempo (como seria o caso se a corrente nas bobinas fosse alternada), o fluxo através de qualquer anel fechado na lâmina, tal como através da curva C indicada na figura, irá variar. Conseqüentemente, haverá uma fem induzida em torno de C. Como o caminho C está em um condutor, a fem gerará uma corrente no condutor.

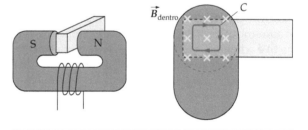

FIGURA 28-24 Correntes parasitas. Quando o campo magnético através da barra metálica está variando, uma fem é induzida em qualquer anel fechado no metal, tal como o anel C. As fem induzidas geram correntes chamadas de correntes parasitas.

A existência de correntes parasitas pode ser demonstrada empurrando uma lâmina de cobre ou alumínio através da região entre os pólos de um forte ímã permanente (Figura 28-25). Parte da área limitada pela curva C na figura está no campo magnético e a outra parte está fora do campo magnético. Quando a lâmina é puxada para a direita, o fluxo através desta curva diminui (considerando que a direção normal positiva é para dentro do papel). Uma fem horária é induzida em torno desta curva. Esta fem gera uma corrente dirigida para cima na região entre as faces dos pólos e o campo magnético exerce uma força nesta corrente para a esquerda, que se opõe ao movimento da lâmina. Você pode sentir esta força de arraste na lâmina se puxá-la rapidamente através de uma região que tenha um forte campo magnético.

Geralmente as correntes parasitas são indesejáveis, pois provocam perda de energia por aquecimento Joule e esta energia dissipada deve ser transferida para o ambiente. A perda de energia pode ser reduzida aumentando a resistência dos caminhos possíveis para as correntes parasitas, como mostrado na Figura 28-26a. Neste caso, a barra condutora é laminada; isto é, a barra condutora é feita de pequenas tiras coladas juntas. Como a cola isolante separa as tiras, as correntes parasitas estão essencialmente confinadas às tiras individuais. Os grandes anéis de correntes parasitas são quebrados e a energia perdida é significativamente reduzida. De maneira similar, se houver cortes na lâmina, como mostrado na Figura 28-26b, as correntes parasitas são minimizadas e a força magnética é significativamente reduzida.

As correntes parasitas nem sempre são indesejadas. Por exemplo, correntes parasitas são usadas com freqüência para amortecer oscilações indesejadas. Sem amortecimento, balanças mecânicas com pratos sensíveis, usadas para medir pequenas massas, podem oscilar muitas vezes, para frente e para trás, em torno de sua posição de equilíbrio. Tais balanças são normalmente projetadas para que uma pequena lâmina de alumínio (ou algum outro metal) se mova entre os pólos de um ímã permanente enquanto os pratos oscilam. As correntes parasitas resultantes amortecem as oscilações, permitindo que a posição de equilíbrio seja rapidamente atingida. Correntes parasitas também desempenham um papel em sistemas magnéticos de freio em alguns vagões rápidos. Um grande eletroímã é posicionado no veículo sobre os trilhos. Se o ímã é energizado por uma corrente em suas bobinas, correntes parasitas são induzidas nos trilhos pelo movimento do ímã e as forças magnéticas produzem uma força de arraste no ímã que serve para frear o vagão.

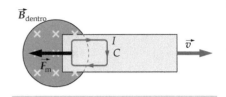

FIGURA 28-25 Demonstração das correntes parasitas. Quando a lâmina de metal é puxada para a direita, há uma força magnética para a esquerda na corrente induzida, opondo-se ao movimento.

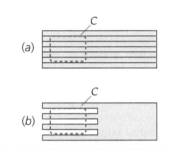

FIGURA 28-26 A interrupção dos caminhos condutores na lâmina metálica pode reduzir as correntes parasitas. (a) Se a lâmina é construída de tiras de metal coladas, a cola isolante entre as tiras aumenta a resistência do anel fechado C. (b) Cortes na barra metálica também reduzem as correntes parasitas.

28-6 INDUTÂNCIA

AUTO-INDUTÂNCIA

Considere uma bobina conduzindo uma corrente I. A corrente na bobina produz um campo magnético $\vec{B}$ que varia de ponto a ponto, mas em cada ponto do espaço o valor de B é proporcional a I. O fluxo magnético de $\vec{B}$ através da bobina é, portanto, também proporcional a I:

$$\phi_m = LI \qquad 28\text{-}11$$

DEFINIÇÃO — AUTO-INDUTÂNCIA

onde L, a constante de proporcionalidade, é chamada de auto-indutância da bobina. A auto-indutância depende da forma geométrica da bobina. A unidade de indutância no SI é o **henry** (H). Da Equação 28-11, podemos ver que a unidade de indutância é igual à unidade de fluxo dividida pela unidade de corrente:

$$1\,\text{H} = 1\,\text{Wb/A} = 1\,\text{T} \cdot \text{m}^2/\text{A}$$

Em princípio, a auto-indutância de qualquer bobina ou circuito pode ser calculada considerando uma corrente I, calculando $\vec{B}$ em cada ponto em uma superfície limitada pela bobina, calculando o fluxo ϕ_m e usando $L = \phi_m/I$. Na prática, o cálculo é muitas vezes complicado. Entretanto, a auto-indutância de um solenóide longo e firmemente enrolado pode ser calculada diretamente. O fluxo magnético através de um solenóide longo e fino é dado por NBA, onde $B = \mu_0 nI$, N é o número de voltas, n é o número de voltas por unidade de comprimento, I é a corrente e A é a área por volta. Portanto, o fluxo magnético através da bobina é

$$\phi_m = NBA = \mu_0 N(\mu_0 nI)A = \frac{\mu_0 N^2 IA}{\ell} = \mu_0 n^2 IA\ell \qquad 28\text{-}12$$

onde ℓ é o comprimento do solenóide. Como esperado, o fluxo é proporcional à corrente. A constante de proporcionalidade é a auto-indutância L:

Indução Magnética | **277**

$$L = \frac{\phi_m}{I} = \mu_0 n^2 A\ell \qquad\qquad 28\text{-}13$$

AUTO-INDUTÂNCIA DE UM LONGO SOLENÓIDE

A auto-indutância de um longo solenóide é proporcional ao quadrado do número de voltas por unidade de comprimento n e ao volume $A\ell$. Portanto, como no caso da capacitância, a auto-indutância depende apenas de fatores geométricos.* Pela análise dimensional da Equação 28-13, podemos ver que μ_0 pode ser expresso em henrys por metro:

$$\mu_0 = 4\pi \times 10^{-7}\ \text{H/m}$$

Exemplo 28-10 | Auto-indutância de um Solenóide

Determine a auto-indutância de um solenóide de comprimento 10,0 cm, área 5,00 cm² e 100 voltas.

SITUAÇÃO Podemos calcular a auto-indutância em henrys com a Equação 28-13.

SOLUÇÃO

1. L é dada pela Equação 28-13:

$$L = \mu_0 n^2 A\ell$$

2. Converta as unidades para o SI:

$$\ell = 10,0\ \text{cm} = 0,100\ \text{m}$$
$$A = 5,00\ \text{cm}^2 = 5,00 \times 10^{-4}\ \text{m}^2$$
$$n = N/\ell = (100\ \text{voltas})/(0,100\ \text{m}) = 1000\ \text{voltas/m}$$
$$\mu_0 = 4\pi \times 10^{-7}\ \text{H/m}$$

3. Substitua as quantidades conhecidas:

$$L = \mu_0 n^2 A\ell$$
$$= (4\pi \times 10^{-7}\ \text{H/m})(1000\ \text{voltas/m})^2(5,00 \times 10^{-4}\ \text{m}^2)(0,100\ \text{m})$$
$$= \boxed{6,28 \times 10^{-5}\ \text{H}}$$

CHECAGEM Espera-se que a indutância de um solenóide que não tenha um núcleo de ferro doce seja uma pequena fração de henry. Este é o caso para o solenóide neste exemplo.

Quando a corrente em um circuito está variando, o fluxo magnético devido à corrente também está variando e, portanto, uma fem é induzida no circuito. Como a auto-indutância L de um circuito é constante, a taxa de variação do fluxo está relacionada à taxa de variação da corrente por

$$\frac{d\phi_m}{dt} = \frac{d(LI)}{dt} = L\frac{dI}{dt}$$

De acordo com a lei de Faraday, temos

$$\mathcal{E} = -\frac{d\phi_m}{dt} = -L\frac{dI}{dt} \qquad\qquad 28\text{-}14$$

FEM AUTO-INDUZIDA

Assim, a fem auto-induzida é proporcional à taxa de variação da corrente. Devido ao sinal negativo na Equação 28-14, a fem auto-induzida é chamada, geralmente, de fem reversa. Uma bobina ou solenóide que tem um número suficiente de voltas para ter uma auto-indutância significativa é chamado de **indutor**. Em circuitos, ele é representado pelo símbolo ⌒⌒⌒. Tipicamente, a auto-indutância do restante do circuito é desprezível em comparação com a de uma bobina ou solenóide. A diferença

---

* Se o indutor tiver um material no seu núcleo, a auto-indutância também dependerá das propriedades deste material.

de potencial em um indutor é dada por

$$\Delta V = \mathcal{E} - Ir = -L\frac{dI}{dt} - Ir \qquad 28\text{-}15$$

DIFERENÇA DE POTENCIAL EM UM INDUTOR

onde r é a resistência interna do indutor.* Para um indutor ideal, $r = 0$.

> **PROBLEMA PRÁTICO 28-6**
> A que taxa deve a corrente no solenóide do Exemplo 28-10 variar para que seja induzida uma fem reversa de 20,0 V?

INDUTÂNCIA MÚTUA

Quando dois ou mais circuitos estão próximos entre si, como na Figura 28-27, o fluxo magnético através de um circuito depende não apenas da corrente em cada circuito, mas também da corrente nos circuitos que estão na vizinhança. Sejam I_1 a corrente no circuito 1, à esquerda na Figura 28-27, e I_2 a corrente no circuito 2, à direita. O campo magnético $\vec{B}$ na superfície S_2 é a superposição de $\vec{B}_1$ devido a I_1 e $\vec{B}_2$ devido a I_2, onde B_1 é proporcional a I_1 e B_2 é proporcional a I_2. Podemos, então, escrever o fluxo de $\vec{B}_1$ através do circuito 2, ϕ_{m12}, como

$$\phi_{m12} = M_{12}I_1 \qquad 28\text{-}16a$$

DEFINIÇÃO — INDUTÂNCIA MÚTUA

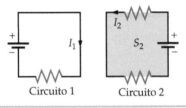

FIGURA 28-27 Dois circuitos adjacentes. O campo magnético em S_2 é parcialmente devido à corrente I_1 e parcialmente devido à corrente I_2. O fluxo através de S_2 é a soma dos dois termos, um proporcional a I_1 e outro a I_2.

onde M_{12} é chamada de **indutância mútua** dos dois circuitos. A indutância mútua depende do arranjo geométrico dos dois circuitos. Por exemplo, se os circuitos estiverem afastados, o fluxo de $\vec{B}_1$ através do circuito 2 será pequeno e a indutância mútua será pequena. (O fluxo resultante ϕ_{m2} de $\vec{B} = \vec{B}_1 + \vec{B}_2$ através do circuito 2 é dado por $\phi_{m2} = \phi_{m12} + \phi_{m22}$.) Uma equação similar à Equação 28-16a pode ser escrita para o fluxo de $\vec{B}_2$ no circuito 1:

$$\phi_{m21} = M_{21}I_2 \qquad 28\text{-}16b$$

Podemos calcular a indutância mútua para dois solenóides coaxiais firmemente enrolados como os mostrados na Figura 28-28. Seja ℓ o comprimento de ambos os solenóides e considere que o solenóide interno tenha N_1 voltas e raio r_1, e que o solenóide externo tenha N_2 voltas e raio r_2. Calcularemos, em primeiro lugar, a indutância mútua M_{12} considerando que o solenóide interno conduza uma corrente I_1 e determinaremos o fluxo magnético ϕ_{m2} devido a esta corrente através do solenóide externo.

O campo magnético $\vec{B}_1$ devido à corrente no solenóide interno é uniforme no interior do solenóide e tem intensidade

$$B_1 = \mu_0(N_1/\ell)I_1 = \mu_0 n_1 I_1 \quad r < r_1 \qquad 28\text{-}17$$

e fora do solenóide interno, a intensidade do campo B_1 é essencialmente zero. O fluxo de $\vec{B}_1$ através do solenóide externo é, portanto,

$$\phi_{m2} = N_2 B_1(\pi r_1^2) = n_2 \ell B_1(\pi r_1^2) = \mu_0 n_2 n_1 \ell (\pi r_1^2) I_1$$

Observe que a área usada para calcular o fluxo através do solenóide externo não é a área da superfície limitada por um anel daquele solenóide, μr_2^2, mas é a área da

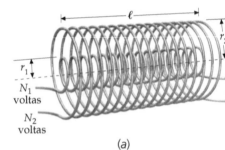

FIGURA 28-28 (a) Um solenóide longo e estreito dentro de um segundo solenóide de mesmo comprimento. Uma corrente em qualquer um dos solenóides produz um fluxo magnético no segundo. (b) Uma bobina tesla ilustrando a geometria dos fios na Figura 28-28a. Tal dispositivo funciona como um transformador.** Aqui, uma corrente alternada de baixa tensão na bobina externa é transformada em uma corrente alternada de alta tensão na bobina interna. A fem induzida na bobina interna pelo campo da corrente na bobina externa é alta o suficiente para acender a lâmpada acima das bobinas. ((b) © Michael Holford, Collection of the Science Museum, Londres.)

---
* Se o indutor tiver um núcleo de ferro, a resistência interna incluirá as propriedades do núcleo.
** O transformador é discutido no Capítulo 29.

superfície limitada por um anel do solenóide interno, μr_1^2. Isto ocorre porque o campo magnético devido ao solenóide interno é zero do lado de fora deste solenóide. A indutância M_{12} é portanto

$$M_{12} = \frac{\phi_{m12}}{I_1} = \mu_0 n_2 n_1 \ell \pi r_1^2 \qquad 28\text{-}18$$

PROBLEMA PRÁTICO 28-7

Calcule a indutância mútua M_{12} dos solenóides coaxiais da Figura 28-28 determinando o fluxo através do solenóide interno devido a uma corrente I_2 no solenóide externo.

Observe que o resultado do Problema Prático 28-7 revela que $M_{12} = M_{21}$. Pode ser mostrado que este é um resultado geral. Portanto, no futuro não usaremos mais os subscritos para indutância mútua e escreveremos, simplesmente, M.

28-7 ENERGIA MAGNÉTICA

Um indutor armazena energia magnética assim como um capacitor armazena energia elétrica. Considere o circuito mostrado na Figura 28-29, o qual consiste em um indutor ideal que tem indutância L e um resistor que tem resistência R, em série com uma bateria ideal que tem fem $\mathcal{E}_0$ e com uma chave S. Consideramos que R e L são a resistência e a indutância do circuito como um todo. A chave está inicialmente aberta e, portanto, não há corrente no circuito. Um instante após a chave ter sido fechada, haverá uma corrente I no circuito, uma diferença de potencial $-IR$ no resistor e uma diferença de potencial $-L\,dI/dt$ no indutor. (Para um indutor ideal, a diferença de potencial no indutor é igual à fem reversa, que é dada pela Equação 28-14.) Aplicando a lei das malhas de Kirchhoff a este circuito, obtemos

$$\mathcal{E}_0 - IR - L\frac{dI}{dt} = 0 \qquad 28\text{-}19$$

Se multiplicarmos cada termo pela corrente I e reorganizarmos os termos, obteremos

$$\mathcal{E}_0 I = I^2 R + LI\frac{dI}{dt} \qquad 28\text{-}20$$

O termo $\mathcal{E}_0 I$ é a taxa na qual a energia potencial elétrica é fornecida pela bateria. O termo I^2R é a taxa na qual a energia potencial é entregue ao resistor. (Esta também é a taxa na qual a energia potencial é dissipada pela resistência no circuito.) O termo $LI\,dI/dt$ é a taxa na qual a energia potencial é entregue ao indutor e, se U_m é a energia armazenada no indutor, então

$$\frac{dU_m}{dt} = LI\frac{dI}{dt}$$

que implica

$$dU_m = LI\,dI$$

Integrando esta equação, obtemos

$$U_m = \frac{1}{2}LI^2 + C$$

onde C é uma constante de integração. Para calcular C, consideramos U_m igual a zero quando I é igual a zero. A energia armazenada em um indutor conduzindo uma corrente I é, portanto, dada por

$$U_m = \frac{1}{2}LI^2 \qquad 28\text{-}21$$

ENERGIA ARMAZENADA EM UM INDUTOR

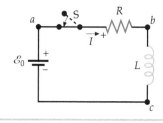

FIGURA 28-29 Logo após a chave S ser fechada neste circuito, a corrente começa a aumentar e uma fem reversa com intensidade $L\,dI/dt$ é induzida no indutor. A queda de potencial no resistor IR mais a queda de potencial no indutor ($L\,dI/dt$) é igual à fem da bateria ($\mathcal{E}_0$).

280 | CAPÍTULO 28

Quando uma corrente é produzida em um indutor, um campo magnético é criado na região interna e externa da bobina indutora. Podemos pensar que a energia armazenada em um indutor é a energia armazenada neste campo magnético. Para o caso especial de um solenóide longo e fino, a intensidade do campo magnético é zero exceto para a região no interior do indutor, onde ela é dada por

$$B = \mu_0 n I$$

A auto-indutância de um solenóide longo e fino é dada pela Equação 28-13:

$$L = \mu_0 n^2 A \ell$$

onde A é a área da seção transversal e ℓ é o comprimento. Substituindo $B/(\mu_0 n)$ por I e $\mu_0 n^2 A \ell$ por L na Equação 28-21, obtemos

$$U_m = \frac{1}{2} L I^2 = \frac{1}{2} \mu_0 n^2 A \ell \left(\frac{B}{\mu_0 n} \right)^2 = \frac{B^2}{2\mu_0} A \ell$$

A quantidade $A\ell$ é o volume do espaço no interior do solenóide contendo o campo magnético. A energia por unidade de volume é a **densidade de energia magnética** u_m:

$$u_m = \frac{B^2}{2\mu_0}$$

28-22

DENSIDADE DE ENERGIA MAGNÉTICA

Embora tenhamos deduzido esta expressão considerando o caso especial do campo magnético em um longo solenóide, este é um resultado geral. Sempre que existir um campo magnético no espaço, a energia magnética por unidade de volume será dada pela Equação 28-22. Observe a similaridade com a densidade de energia em uma região onde existe um campo elétrico (Equação 24-9):

$$u_e = \frac{1}{2} \epsilon_0 E^2$$

Exemplo 28-11 — Densidade de Energia Eletromagnética

Certa região do espaço tem um campo magnético uniforme de 0,0200 T e um campo elétrico uniforme de $2,50 \times 10^6$ N/C. Determine (a) a densidade de energia eletromagnética total na região e (b) a energia em uma caixa cúbica de lado $\ell = 12,0$ cm.

SITUAÇÃO A densidade total de energia u é a soma das densidades de energia elétrica e magnética, $u = u_e + u_m$. A energia em um volume $\mathcal{V}$ é dada por $U = u\mathcal{V}$.

SOLUÇÃO

(a) 1. Calcule a densidade de energia elétrica:

$$u_e = \frac{1}{2} \epsilon_0 E^2$$
$$= \frac{1}{2}(8,85 \times 10^{-12} \, C^2/N \cdot m^2)(2,50 \times 10^6 \, N/C)^2$$
$$= 27,7 \, J/m^3$$

2. Calcule a densidade de energia magnética:

$$u_m = \frac{B^2}{2\mu_0} = \frac{(0,0200 \, T)^2}{2(4\pi \times 10^{-7} \, N/A^2)} = 159 \, J/m^3$$

3. A densidade de energia total é a soma das duas contribuições anteriores:

$$u = u_e + u_m = 27,7 \, J/m^3 + 159 \, J/m^3 = \boxed{187 \, J/m^3}$$

(b) A energia total na caixa é $U = u\mathcal{V}$, onde $\mathcal{V} = \ell^3$ é o volume da caixa:

$$U = u\mathcal{V} = u\ell^3 = (187 \, J/m^3)(0,120 \, m)^3 = \boxed{0,323 \, J}$$

*28-8 CIRCUITOS RL

Um circuito contendo um resistor e um indutor, tal como o mostrado na Figura 28-29, é chamado de **circuito RL**. Como todos os circuitos têm resistência e auto-indutância à temperatura ambiente, a análise de um circuito RL pode ser aplicada, de certa forma, a todos os circuitos.*

Para o circuito mostrado na Figura 28-29, a aplicação da lei das malhas de Kirchhoff resultou em

$$\mathcal{E}_0 - IR - L\frac{dI}{dt} = 0 \qquad 28\text{-}19$$

Vamos analisar algumas características gerais desta equação. Primeiro, a soma $IR + L\, dI/dt$ é igual à fem da bateria, que é constante. Imediatamente depois de fecharmos a chave no circuito, a corrente ainda é zero, logo IR é zero e $L\, dI/dt$ é igual à fem da bateria, $\mathcal{E}_0$. Colocando $I = 0$ na Equação 28-19, obtemos

$$\left.\frac{dI}{dt}\right|_{I=0} = \frac{\mathcal{E}_0}{L} \qquad 28\text{-}23$$

Enquanto a corrente aumenta, IR aumenta e dI/dt diminui. Observe que a corrente não pode variar abruptamente desde zero até algum valor final como se a indutância L fosse zero. Quando a indutância L é maior que zero, dI/dt é finito e, portanto, a corrente deve ser contínua no tempo. Depois de um curto intervalo de tempo, a corrente atinge um valor positivo I e a taxa de variação da corrente é

$$\frac{dI}{dt} = \frac{\mathcal{E}_0 - IR}{L}$$

Neste intervalo, a corrente ainda está aumentando, mas sua taxa de crescimento é menor do que era em $t = 0$. O valor final I_f da corrente pode ser obtido colocando dI/dt igual a zero na Equação 28-19:

$$I_f = \frac{\mathcal{E}_0}{R} \qquad 28\text{-}24$$

A Figura 28-30 mostra a corrente neste circuito como função do tempo. Esta figura é a mesma que a da carga de um capacitor como função do tempo enquanto o capacitor está sendo carregado em um circuito RC (Figura 25-45).

A Equação 28-19 tem a mesma forma da Equação 25-38 para a carga de um capacitor — e pode ser resolvida da mesma maneira (por separação de variáveis e integração). O resultado é

$$I = \frac{\mathcal{E}_0}{R}(1 - e^{-(R/L)t}) = I_f(1 - e^{-t/\tau}) \qquad 28\text{-}25$$

onde $I_f = \mathcal{E}_0/R$ é a corrente quanto $t \to \infty$, e

$$\tau = \frac{L}{R} \qquad 28\text{-}26$$

é a **constante de tempo** do circuito. Quanto maior for a auto-indutância L ou menor for a resistência R, mais tempo será necessário para que a corrente atinja qualquer fração específica de seu valor final I_f.

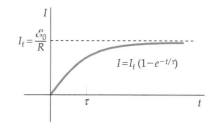

FIGURA 28-30 Corrente *versus* tempo em um circuito RL. Em um instante $t = \tau = L/R$, a corrente é 63 por cento de seu valor máximo $\mathcal{E}_0/R$.

Exemplo 28-12 Energizando uma Bobina

Uma bobina com auto-indutância igual a 5,00 mH e resistência igual a 15,0 Ω, é colocada entre os terminais de uma bateria de 12,0 V que tem resistência interna desprezível. (*a*) Qual é a corrente final? (*b*) Qual é a constante de tempo? (*c*) Quantas constantes de tempo é preciso decorrer para que a corrente atinja 99,0 por cento de seu valor final?

---

* Todos os circuitos também têm alguma capacitância entre as partes do circuito a diferentes potenciais. Consideraremos os efeitos da capacitância no Capítulo 29 quando estudarmos circuitos ac. Agora desprezaremos a capacitância para simplificar a análise e focalizar nos efeitos da indutância.

282 | CAPÍTULO 28

SITUAÇÃO A corrente final é aquela quando $dI/dt = 0$. A corrente como função do tempo é dada pela Equação 28-25, $I = I_f(1 - e^{-t/\tau})$, onde $\tau = L/R$.

SOLUÇÃO

(a) Usando a Equação 28-19, iguale dI/dt a zero e determine a corrente final, I_f:

$$\mathcal{E}_0 - IR - L\frac{dI}{dt} = 0$$

$$\mathcal{E}_0 - I_f R - 0 = 0$$

$$I_f = \frac{\mathcal{E}_0}{R} = \frac{12{,}0\text{ V}}{15{,}0\text{ }\Omega} = \boxed{0{,}800\text{ A}}$$

(b) Calcule a constante de tempo τ.

$$\tau = \frac{L}{R} = \frac{5{,}00 \times 10^{-3}\text{H}}{15{,}0\text{ }\Omega} = \boxed{333\text{ }\mu\text{s}}$$

(c) Use a Equação 28-25 e calcule o tempo t para $I = 0{,}990 I_f$:

$$I = I_f(1 - e^{-t/\tau}),$$

então

$$e^{-t/\tau} = \left(1 - \frac{I}{I_f}\right)$$

Calculando o logaritmo em ambos os lados, obtemos

$$-\frac{t}{\tau} = \ln\left(1 - \frac{I}{I_f}\right)$$

Portanto,

$$t = -\tau \ln\left(1 - \frac{I}{I_f}\right) = -\tau \ln(1 - 0{,}990)$$

$$= -\tau \ln(0{,}010) = \tau \ln 100 = \boxed{4{,}61\tau}$$

CHECAGEM Em cinco constantes de tempo, a corrente está dentro de 1 por cento de seu valor final. Isto é consistente com os resultados do Exemplo 25-18 onde encontramos que, depois de cinco constantes de tempo, a carga em um capacitor que está descarregando era menor que 1 por cento de sua carga inicial.

PROBLEMA PRÁTICO 28-8

Quanta energia é armazenada neste indutor quando a corrente final for atingida?

Na Figura 28-31, o circuito tem uma chave do tipo abertura antes de fechar (mostrada na Figura 28-32), que permite que a bateria seja removida do circuito sem interromper a corrente no indutor. O resistor R_1 protege a bateria para que ela não entre em curto-circuito quando a chave é acionada. Se a chave está na posição e, a bateria, o indutor e os dois resistores estão conectados em série e a corrente aumenta, como previamente discutido, exceto que a resistência total é, agora, $R_1 + R$ e a corrente final é $\mathcal{E}_0/(R + R_1)$. Suponha que a chave estivesse na posição e por um longo intervalo de tempo e, portanto, a corrente permanece no seu valor final, que chamaremos de I_0. No instante $t = 0$, movemos rapidamente a chave da posição e para a posição f. Com a chave em f, a corrente é zero no ramo com a bateria e R_1. Temos, agora, uma malha fechada (malha $abcdfa$) que tem um resistor e um indutor conduzindo uma corrente inicial I_0. Aplicando a lei das malhas de Kirchhoff a este circuito, obtemos

$$-IR - L\frac{dI}{dt} = 0$$

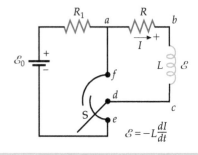

FIGURA 28-31 Um circuito RL que tem uma chave do tipo fecho seguido de abertura que permite que a bateria possa ser removida do circuito sem interromper a corrente no indutor. A corrente no indutor atinge seu valor estacionário com a chave na posição e. A chave é, então, rapidamente movida para a posição f.

Reordenando esta equação para separar as variáveis I e t, obtemos

$$\frac{dI}{I} = -\frac{R}{L}dt \qquad 28\text{-}27$$

(Equação 28-27 tem a mesma forma que a Equação 25-34 para a descarga de um capacitor.) Integrando e, então, resolvendo para I, obtemos

$$I = I_0 e^{-t/\tau} \qquad 28\text{-}28$$

Indução Magnética | 283

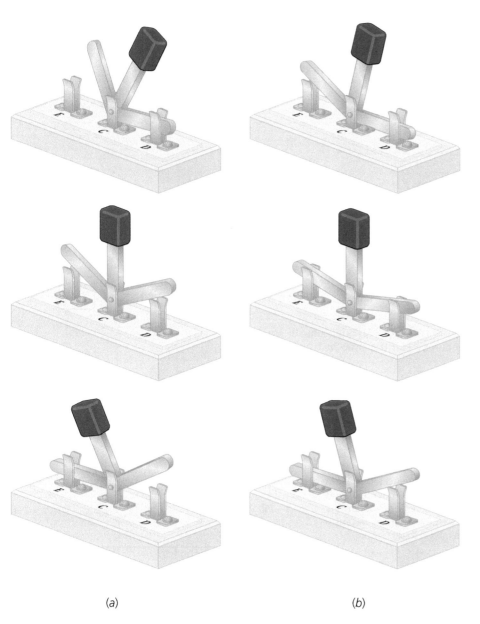

FIGURA 28-32 (*a*) Uma chave-padrão com um pólo e duas posições é uma chave do tipo abertura antes de fechar. Ou seja, ela rompe o primeiro contato antes de fazer o segundo. (*b*) Em uma chave do tipo fechar antes de abrir, contato único, duas chaves, a chave faz o segundo contato antes de romper o primeiro. Com a chave na posição intermediária, ela está em contato elétrico simultaneamente com *E* e *D*.

onde $\tau = L/R$ é a constante de tempo. A Figura 28-33 mostra a corrente como uma função do tempo.

PROBLEMA PRÁTICO 28-9

Qual é a constante de tempo de uma malha isolada que tem uma resistência igual a 85 Ω e uma indutância igual a 6,0 mH?

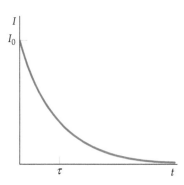

FIGURA 28-33 Corrente *versus* tempo para o circuito na Figura 28-31. A corrente decresce exponencialmente com o tempo.

284 | CAPÍTULO 28

Exemplo 28-13 — Energia Dissipada

Determine a energia total dissipada no resistor R, como mostrado na Figura 28-31, quando a corrente no circuito diminui de seu valor inicial I_0 para 0.

SITUAÇÃO A taxa de dissipação de energia é igual a I^2R.

SOLUÇÃO

1. A taxa de dissipação de energia é I^2R:
$$\frac{dU}{dt} = I^2R$$

2. A energia total U dissipada no resistor é a integral de $P\,dt$ desde $t = 0$ até $t = \infty$:
$$U = \int_0^\infty I^2R\,dt$$

3. A corrente I é dada pela Equação 28-28:
$$I = I_0e^{-(R/L)t}$$

4. Substitua esta corrente na integral:
$$U = \int_0^\infty I^2R\,dt = \int_0^\infty I_0^2e^{-2(R/L)t}R\,dt = I_0^2R\int_0^\infty e^{-2(R/L)t}\,dt$$

5. A integração pode ser realizada substituindo $x = 2Rt/L$:
$$U = I_0^2R\frac{e^{-2(R/L)t}}{-2(R/L)}\bigg|_0^\infty = I_0^2R\frac{-L}{2R}(0-1) = \boxed{\frac{1}{2}LI_0^2}$$

CHECAGEM A quantidade total de energia dissipada é igual a $\frac{1}{2}LI_0^2$ originalmente armazenada no indutor. (A energia armazenada em um indutor é $\frac{1}{2}LI^2$ (Equação 28-21.)

Exemplo 28-14 — Correntes Iniciais e Correntes Finais

Para o circuito mostrado na Figura 28-34, determine as correntes I_1, I_2 e I_3 (a) imediatamente depois que a chave S é fechada e (b) um longo tempo depois de a chave S ter sido fechada. Depois de a chave ter permanecido fechada durante um longo intervalo de tempo, ela é aberta. Imediatamente depois de a chave ter sido aberta (c) determine as três correntes e (d) determine a queda de potencial no resistor de 20 Ω. (e) Determine todas as correntes depois que a chave S ficou aberta por um longo intervalo de tempo.

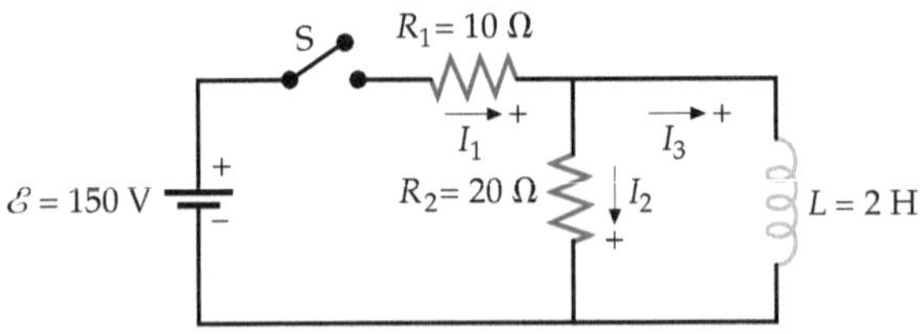

SITUAÇÃO (a) Simplificamos nossos cálculos usando o fato que a corrente em um indutor não pode variar abruptamente. Portanto, como a corrente no indutor é zero antes de a chave ser fechada, a corrente no indutor deve ser zero logo após ela ter sido fechada. (b) Quando a corrente atinge seu valor final, dI/dt é igual a zero e, portanto, não há queda de potencial no indutor. O indutor, neste caso, atua como um curto circuito; isto é, o indutor atua como um fio com resistência nula. (c) Imediatamente depois que a chave é aberta, a corrente no indutor é a mesma que era um instante antes de ela ser aberta. (d) Depois de a chave permanecer aberta por um longo intervalo de tempo, todas as correntes devem ser iguais a zero.

FIGURA 28-34

SOLUÇÃO

(a) 1. A chave acaba de ser fechada. A corrente no indutor é zero, assim como era antes de a chave ter sido fechada. Aplique a regra das junções para relacionar I_1 e I_2:

$$I_3 = \boxed{0}$$
$$I_1 = I_2 + I_3$$
então
$$I_1 = I_2$$

2. A corrente na malha da esquerda é obtida aplicando a regra das malhas à malha da esquerda:

$$\mathcal{E} - I_1R_1 - I_1R_2 = 0$$
então
$$I_1 = I_2 = \frac{\mathcal{E}}{R_1 + R_2} = \frac{150\text{ V}}{10\text{ }\Omega + 20\text{ }\Omega} = \boxed{5{,}0\text{ A}}$$

(b) 1. Depois de um longo tempo, as correntes são estacionárias e o indutor atua como um curto-circuito, logo a queda de potencial em R_2 é zero. Aplique a regra das malhas à malha da direita e resolva para I_2:

$$-L\frac{dI_3}{dt} + I_2R_2 = 0$$
$$0 + I_2R_2 = 0 \quad \Rightarrow \quad I_2 = \boxed{0}$$

2. Aplique a regra das malhas à malha da esquerda e resolva para I_1:

$$\mathcal{E} - I_1R_1 - I_2R_2 = 0$$
$$\mathcal{E} - I_1R_1 - 0 = 0$$
então
$$I_1 = \frac{\mathcal{E}}{R_1} = \frac{150\ \text{V}}{10\ \Omega} = \boxed{15\ \text{A}}$$

3. Aplique a regra das junções e resolva para I_3:

$$I_1 = I_2 + I_3$$
$$15\ \text{A} = 0 + I_3$$
então
$$I_3 = \boxed{15\ \text{A}}$$

(c) Quando a chave é reaberta, I_1 torna-se *"instantaneamente"* zero. A corrente I_3 no indutor varia continuamente de forma que, naquele "instante", $I_3 = 15$ A. Aplique a regra das junções e resolva para I_2:

$$I_3 = \boxed{15\ \text{A}}$$
$$I_1 = I_2 + I_3$$
então
$$I_2 = I_1 - I_3 = 0 - 15\ \text{A} = \boxed{-15\ \text{A}}$$

(d) Aplique a lei de Ohm para determinar a queda de potencial em R_2:

$$V = I_2R_2 = (15\ \text{A})(20\ \Omega) = \boxed{300\ \text{V}}$$

(e) Depois de a chave ter permanecido aberta por um longo tempo, todas as correntes devem ser iguais a zero.

$$I_1 = I_2 = I_3 = \boxed{0}$$

INDO ALÉM Você ficou surpreso ao encontrar que a queda de potencial em R_2 na Parte (*d*) é maior que a fem da bateria? Esta queda de potencial é igual à fem do indutor.

PROBLEMA PRÁTICO 28-10 Considere que $R_2 = 200\ \Omega$ e que a chave tenha permanecido fechada por um longo tempo. Qual é a queda de potencial em R_2 imediatamente após a chave ser, então, aberta?

*28-9 PROPRIEDADES MAGNÉTICAS DE SUPERCONDUTORES

Um supercondutor tem resistividade igual a zero abaixo da temperatura crítica T_c, que varia de material para material. Na presença de um campo magnético $\vec{B}$, a temperatura crítica é menor que a temperatura crítica quando não há campo magnético. Quando o campo magnético aumenta, a temperatura crítica diminui. Se a intensidade do campo magnético é maior que algum valor crítico B_c, a supercondutividade não existe em nenhuma temperatura.

*EFEITO MEISSNER

Quando um supercondutor que está em uma região que contém um campo magnético é resfriado abaixo de sua temperatura crítica, o campo magnético na região do interior do material supercondutor torna-se zero (Figura 28-35). Este efeito foi descoberto por Walter Meissner e Robert Ochsen-

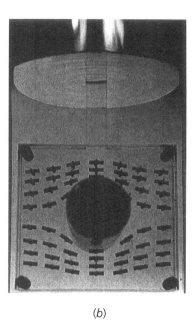

FIGURA 28-35 (*a*) O efeito Meissner em uma esfera sólida supercondutora resfriada em um campo magnético aplicado constante. Quando a temperatura cai abaixo da temperatura crítica T_c, o campo magnético no interior da esfera torna-se zero. (*b*) Demonstração do efeito Meissner. Um cilindro supercondutor de estanho está situado com seu eixo perpendicular a um campo magnético horizontal. As direções das linhas de campo são indicadas por agulhas de bússolas fracamente magnetizadas em um sanduíche de Lucite de forma que ela possa girar livremente. (*A. Leitner/Rensselaer Polytechnic Institute.*)

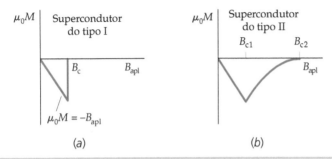

FIGURA 28-36 Gráficos de μ_0 multiplicado pela magnetização M *versus* o campo magnético aplicado para supercondutores do tipo I e do tipo II. (*a*) Em um supercondutor do tipo I, o campo magnético resultante é zero abaixo de um campo aplicado crítico B_c porque o campo devido às correntes induzidas na superfície do supercondutor cancela exatamente o campo aplicado. Acima do campo crítico, o material é um condutor normal e a magnetização é muito pequena para ser vista nesta escala. (*b*) Em um supercondutor do tipo II, o campo magnético começa a penetrar no supercondutor em um campo B_{c1}, mas o material permanece supercondutor até um campo B_{c2}, depois do qual o material se torna um condutor normal.

O disco é um supercondutor. A levitação magnética resulta da repulsão entre o ímã permanente produzindo o campo aplicado e o campo magnético produzido pelas correntes induzidas no supercondutor. (© *Palmer/Kane, Inc./Corbis.*)

feld em 1933 e é conhecido atualmente como **efeito Meissner**. O campo magnético torna-se zero porque correntes supercondutoras induzidas na superfície do supercondutor produzem um segundo campo magnético que cancela o campo aplicado. A levitação magnética (veja a foto) resulta da repulsão entre o ímã permanente produzindo um campo aplicado e o campo magnético produzido pelas correntes induzidas no supercondutor.

Apenas certos supercondutores, chamados de **supercondutores do tipo I**, exibem o efeito Meissner completo. A Figura 28-36*a* mostra um gráfico da magnetização M multiplicada por μ_0 *versus* o campo magnético aplicado B_{apl} para um supercondutor do tipo I. Para um campo magnético menor que a intensidade do campo crítico B_c, o campo magnético $\mu_0 M$ induzido no supercondutor é igual em módulo e tem sentido oposto ao campo magnético aplicado. Os valores de B_c para supercondutores do tipo I são sempre muito pequenos para que tais materiais sejam úteis nas bobinas de um ímã supercondutor.

Outros materiais, conhecidos como **supercondutores do tipo II**, têm uma curva de magnetização similar à da Figura 28-36*b*. Tais materiais são geralmente ligas ou metais que têm valores grandes de resistividade no estado normal. Supercondutores do tipo II exibem propriedades elétricas de supercondutores, exceto para o efeito Meissner até o campo crítico B_{c2}, o qual pode ser várias centenas de vezes maior que os valores típicos dos campos críticos para supercondutores do tipo I. Por exemplo, a liga Nb$_3$Ge tem um campo crítico $B_{c2} = 34$ T. Tais materiais podem ser usados como ímãs supercondutores de campo elevado. Abaixo do campo crítico B_{c1}, o comportamento de um supercondutor do tipo II é o mesmo que o de supercondutor do tipo I.

*QUANTIZAÇÃO DE FLUXO

Considere um anel supercondutor que tem área A e conduz uma corrente. Um fluxo magnético $\phi_m = B_n A$ pode existir através da superfície plana S limitada pelo anel devido à corrente e devido, também, talvez a outras correntes externas ao anel. De acordo com a Equação 28-6, se o fluxo do campo magnético através de S varia, um campo elétrico será induzido no anel cuja circulação é proporcional à taxa de variação do fluxo. Mas nenhum campo elétrico pode existir em um anel supercondutor porque o anel não tem resistência e um campo elétrico finito conduziria a uma corrente infinita. O fluxo através de S é, assim, fixo e não pode variar.

Outro efeito, o qual resulta do tratamento da mecânica quântica à supercondutividade, é que o fluxo total através da superfície S é quantizado e dado por

$$\phi_m = n\frac{h}{2e} \quad n = 1, 2, 3, \ldots \qquad 28\text{-}29$$

A menor unidade de fluxo, chamada de **fluxon**, é

$$\phi_0 = \frac{h}{2e} = 2{,}0678 \times 10^{-15} \text{ T} \cdot \text{m}^2 \qquad 28\text{-}30$$

A Promessa dos Supercondutores

Em 1986, um par de pesquisadores da IBM testou um óxido metálico — uma cerâmica — e descobriu que ele era supercondutor a 23 K.* Pesquisadores do mundo inteiro começaram, então, a testar diferentes cerâmicas procurando por supercondutividade. Em 1987, uma cerâmica supercondutora de alta temperatura (HTS) foi descoberta. Ela é supercondutora a 90 K — o suficiente para ser refrigerada a nitrogênio líquido no lugar de hélio líquido.† Também foi descoberto que cerâmicas supercondutoras poderiam conduzir correntes muito grandes. A imprensa popular considerou que supercondutores à temperatura ambiente poderiam ser descobertos. Livros escritos na década de 1980 discutiam as possibilidades de trens com levitação assistida por supercondutores, computadores baseados em supercondutores, transferência de energia ao longo de grandes distâncias sem grandes perdas devidas à resistência, e, inclusive, lasers satélites assistidos por supercondutores.‡,#

Infelizmente, supercondutores à temperatura ambiente não foram observados de forma confiável. Além disso, cerâmicas supercondutoras de alta temperatura são difíceis de trabalhar.° Elas são frágeis e não podem ser conectadas de forma simples a fios, logo várias maneiras de depositar cerâmicas supercondutoras em outras superfícies tiveram de ser inventadas. Adicionalmente, se as fronteiras entre os minúsculos grãos cerâmicos não estiverem orientadas adequadamente ou se as camadas forem muito espessas, a cerâmica não será supercondutora.§

O pesquisador está preenchendo tubos com pó supercondutor em alta temperatura para fazer um fio. *(Cortesia do Departamento de Energia dos Estados Unidos.)*

Estas dificuldades têm sido, entretanto, lentamente superadas. HTS são agora usados em um número crescente de aplicações. Detectores supercondutores de interferência quântica, ou SQUIDs, usam interrupções¶ na supercondutividade para detectar quantidades extremamente pequenas de energia. Eles são usados em detectores extraordinariamente sensíveis de metal,** detectores de luz†† e, mesmo, para detectar campos magnéticos em sistemas nervosos de recém-nascidos.‡‡ Os HTS têm sido testados em cabos elétricos curtos, que são refrigerados com nitrogênio e conduzem grandes correntes,## e em finos fios supercondutores.°°

Os supercondutores tornam-se condutores resistivos quando conduzem grandes correntes, o que pode ser vantajoso para sistemas de distribuição de energia elétrica de longas distâncias. Quando ocorrem curtos-circuitos em circuitos elétricos, a corrente aumenta rapidamente a menos que o circuito seja protegido por um fusível ou um disjuntor. Sem as proteções, as grandes correntes podem danificar os equipamentos e provocar incêndios. Limitadores de corrente supercondutores estão sendo desenvolvidos§§ para proteger redes de distribuição elétrica destas correntes excessivamente elevadas.¶¶

Em 2001, pesquisadores japoneses descobriram que o diboreto de magnésio, MgB_2, é supercondutor a 39 K, uma temperatura muito maior que para qualquer outro supercondutor metálico. Diferentemente de outros supercondutores metálicos, ele pode ser refrigerado por neônio líquido no lugar do hélio líquido, que é mais caro. Como o MgB_2 é uma liga metálica, ela é facilmente transformada em fio.*** O MgB_2 puro desenvolve resistência a uma corrente crítica menor que outros supercondutores metálicos, logo ele não está sendo utilizado atualmente para aplicações envolvendo altas correntes.††† Os pesquisadores estão estudando a adição de pequenas quantidades de outros elementos para melhorar as características do MgB_2.‡‡‡

---

* Yamazaki, S., "Superconducting Ceramics," *United States Patent* 7,1112,556 B1. September 26, 2006.
† Chu, C. W., "Superconductivity Above 90 K." *Proceedings of the National Academy of Sciences*, Jul. 1987, Vol. 84, pp. 4681–4682.
‡ Asimov, I., *How Did We Find Out About Superconductivity?* New York: Walker and Company, 1988, pp. 57–62.
# Lampton, C. E., *Superconductors*. Hillside, New Jersey: Enslow, 1989, pp. 7–8, 53–69.
° Pool, R., "Superconductors' Material Problems." *Science*, Apr. 1, 1988, Vol. 240, No. 4848, pp. 25–27.
§ Service, R. F., "YBCO Confronts Life in the Slow Lane." *Science*, Feb. 1, 2002, Vol. 295, p. 787.
¶ Irwin, K. D., "Seeing with Superconductors." *Scientific American*, Nov. 2006, pp. 86–94.
** Bick, M., et al., "A SQUID-Based Metal Detector-Comparison to Coil and X-Ray Systems." *Superconducting Science and Technology*, Jan. 18, 2005, Vol. 18, pp. 346–351.
†† "Color Video Streaming from Space" *Machine Design*, May 25, 2006, p. 40.
‡‡ Draganova, R., et al., "Sound Frequency Change Detection in Fetuses and Newborns, a Magnetoencephalographic Study." *Neuroimage*, Nov. 1, 2005, Vol. 28, No. 2, pp. 354–361.
Malozemoff, A. P., Mannhart, J., and Scalapino, D., "High-Temperature Cuprate Superconductors Get to Work." *Physics Today*, April 2005, pp. 41–47.
°° Kang, S., "High-Performance, High-T_C Superconducting Wires." *Science*, Mar. 31, 2006, Vol. 311, pp. 1911–1914.
§§ Malozemoff, A. P., Mannhart, J., and Scalapino, D., op. cit.
¶¶ Meerovich, V., and Sokolovsky, V., "Experimental Study of a Transformer with Superconducting Elements for Fault Current Limitation and Energy Redistribution." *Cryogenics*, Aug. 2005, Vol. 45, No. 8, pp. 572–577.
*** Service, R., "MgB_2 Trades Performance for a Shot at the Real World." *Science*, Feb. 1, 2002, Vol. 295, pp. 786–788.
††† Canfield, P., and Bud'ko, S., "Low-Temperature Superconductivity Is Warming Up." *Scientific American*, Apr. 2005, pp. 80–87.
‡‡‡ Senkowicz, B. J., et al., "Atmospheric Conditions and Their Effect on Ball-Milled Magnesium Diboride." *Superconductor Science and Technology*, Oct. 2006, Vol. 19, pp. 1173–1177.

Resumo

1. Lei de Faraday e lei de Lenz são leis fundamentais da física.
2. A auto-indutância é uma propriedade de um elemento de circuito que relaciona o fluxo através do elemento à corrente.

TÓPICO	EQUAÇÕES RELEVANTES E OBSERVAÇÕES	
1. Fluxo Magnético ϕ_m		
Definição geral	$$\phi_m = \int_S \vec{B} \cdot \hat{n}\, dA$$	28-1
Campo uniforme, superfície plana limitada por uma bobina com N voltas	$\phi_m = NBA \cos\theta$ onde A é a área da superfície plana limitada por uma única volta.	28-4
Unidades	$1\,\text{Wb} = 1\,\text{T} \cdot \text{m}^2$	28-2
Devido à corrente no circuito	$\phi_m = LI$	28-11
Devido à corrente em dois circuitos	$\phi_{m1} = L_1 I_1 + M I_2$ $\phi_{m2} = L_2 I_2 + M I_1$	28-16
2. FEM		
Lei de Faraday (inclui indução e fem induzida por movimento)	$$\mathcal{E} = -\frac{d\phi_m}{dt}$$	28-5
Indução (campo magnético variável no tempo, C estacionária)	$$\mathcal{E} = \oint_C \vec{E} \cdot d\vec{\ell}$$	28-6
Bastão em movimento perpendicular ao seu comprimento e a $\vec{B}$	$\lvert\mathcal{E}\rvert = vB\ell$	28-7
Auto-induzida (fem reversa)	$$\mathcal{E} = -L\frac{dI}{dt}$$	28-14
3. Lei de Faraday	$$\mathcal{E} = -\frac{d\phi_m}{dt}$$	28-5
4. Lei de Lenz	A fem induzida e a corrente induzida são tais que se opõem, ou tendem a se opor, à variação que as produz.	
Definição alternativa	Quando um fluxo magnético através de uma superfície varia, o campo magnético devido a qualquer corrente induzida produz um fluxo próprio — através da mesma superfície e de sinal contrário à variação no fluxo.	
5. Indutância		
Auto-indutância	$$L = \frac{\phi_m}{I}$$	28-11
Auto-indutância de um solenóide	$L = \mu_0 n^2 A \ell$	28-13
Indutância mútua	$$M = \frac{\phi_{m21}}{I_1} = \frac{\phi_{m12}}{I_2}$$	28-18
Unidades e constantes	$1\,\text{H} = 1\,\text{Wb/A} = 1\,\text{T} \cdot \text{m}^2/\text{A}$ $\mu_0 = 4\pi \times 10^{-7}\,\text{H/m}$	
6. Energia Magnética		
Energia armazenada em um campo magnético	$U_m = \tfrac{1}{2}LI^2$	28-21
Densidade de energia em um campo magnético	$$u_m = \frac{B^2}{2\mu_0}$$	28-22

Indução Magnética | **289**

TÓPICO	EQUAÇÕES RELEVANTES E OBSERVAÇÕES

*7. Circuitos RL

Diferença de potencial em um indutor	$$\Delta V = \mathcal{E} - Ir = -L\frac{dI}{dt} - Ir \qquad \text{28-15}$$ onde r é a resistência interna do indutor. Para um indutor ideal, $r = 0$.
Energizando um indutor com uma bateria	Em um circuito de malha simples, constituído de um resistor com resistência R, um indutor com auto-indutância L e uma bateria com fem $\mathcal{E}_0$, a corrente não atinge seu valor máximo I_f instantaneamente, mas leva certo tempo para atingi-lo. Se a corrente é, inicialmente, zero, seu valor em algum instante t depois é dado por $$I = \frac{\mathcal{E}_0}{R}(1 - e^{-t/\tau}) = I_f(1 - e^{-t/\tau}) \qquad \text{28-25}$$
Constante de tempo τ	$$\tau = \frac{L}{R} \qquad \text{28-26}$$
Retirando energia de um indutor	Em um circuito de malha simples, constituído de um resistor com resistência R e um indutor com auto-indutância L, a corrente não cai a zero no resistor instantaneamente, mas leva certo tempo para diminuir. Se a corrente é, inicialmente, I_0, seu valor em algum instante t depois é dado por $$I = I_0 e^{-t/\tau} \qquad \text{28-28}$$

Respostas das Checagens Conceituais

28-1 Direção oposta à mostrada na Figura 28-12.

28-2 O agente externo girando a bobina realiza trabalho na bobina. A energia vem do agente externo.

Respostas dos Problemas Práticos

28-2   0,555 A

28-3   3,53 mC

28-4   1,4 V

28-5   11 V

28-6 $3,18 \times 10^5$ A/s

28-7 $M_{12} = \mu_0 n_2 n_1 \ell \pi r_1^2$

28-8 $U_m = \frac{1}{2}LI_f^2 = 1,60 \times 10^{-3}$ J

28-9   71 μs

28-10   3,0 kV

Problemas

Em alguns problemas, você recebe mais dados do que necessita; em alguns outros, você deve acrescentar dados de seus conhecimentos gerais, fontes externas ou estimativas bem fundamentadas.

Interprete como significativos todos os algarismos de valores numéricos que possuem zeros em seqüência sem vírgulas decimais.

-   Um só conceito, um só passo, relativamente simples
-   Nível intermediário, pode requerer síntese de conceitos
-   Desafiante, para estudantes avançados

Problemas consecutivos sombreados são problemas pareados.

PROBLEMAS CONCEITUAIS

1   •   (*a*) O equador magnético é uma linha na superfície da Terra na qual o campo magnético terrestre é horizontal. No equador magnético, como você orientaria uma folha plana de papel para ter a intensidade máxima do fluxo magnético através dela? (*b*) E para a intensidade mínima do fluxo magnético?

2   •   Em um dos pólos magnéticos da Terra, como você orientaria uma folha plana de papel para ter a intensidade máxima do fluxo magnético através dela?

3   •   Mostre que a seguinte combinação de unidades do SI é equivalente ao volt: $T \cdot m^2/s$.

4   •   Mostre que a seguinte combinação de unidades do SI é equivalente ao ohm: $Wb/(A \cdot s)$.

5   •   Uma corrente é induzida em um anel condutor que está no plano horizontal e a corrente induzida está no sentido horário quando vista de cima. Quais das seguintes afirmações poderiam ser verdadeiras? (*a*) Um campo magnético constante aponta verticalmente para baixo. (*b*) Um campo magnético constante aponta verticalmente para cima. (*c*) Um campo magnético cuja magnitude está aumentando, aponta verticalmente para baixo. (*d*) Um campo magnético cuja magnitude está diminuindo, aponta verticalmente para baixo. (*e*) Um campo magnético cuja magnitude está diminuindo, aponta verticalmente para cima.

6 • Indique o sentido da corrente induzida no circuito mostrado à direita na Figura 28-37, quando a resistência no circuito à esquerda repentinamente (*a*) aumenta e (*b*) diminui. Explique sua resposta.

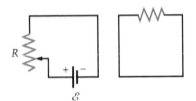

FIGURA 28-37
Problema 6

7 • Os planos dos dois anéis circulares na Figura 28-38 são paralelos. Quando vistos da esquerda, existe uma corrente anti-horária no anel A. Se a intensidade da corrente no anel A está aumentando, qual é o sentido da corrente induzida no anel B? Os anéis se repelem ou se atraem? Explique sua resposta.

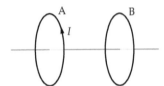

FIGURA 28-38 Problema 7

8 • Um ímã em barra se move com velocidade constante ao longo do eixo de um anel, como mostrado na Figura 28-39. (*a*) Faça um gráfico do fluxo magnético através do anel como função do tempo. Indique no gráfico quando o ímã está à metade do caminho através do anel, indicando este instante por t_1. Escolha a direção da normal à superfície plana limitada pelo anel para a direita. (*b*) Faça um gráfico da corrente induzida no anel como função do tempo. Escolha o sentido positivo para a corrente como o horário quando visto da esquerda.

FIGURA 28-39 Problema 8

9 • Um ímã em barra está montado na extremidade de uma mola e oscila em movimento harmônico simples ao longo do eixo de um anel, como mostrado na Figura 28-40. O ímã está em sua posição de equilíbrio quando seu ponto médio está no plano do anel. (*a*) Faça um gráfico do fluxo magnético através do anel como função do tempo. Indique quando o ímã estiver à metade do caminho no anel, identificando estes instantes por t_1 e t_2. (*b*) Faça um gráfico da corrente induzida no anel como função do tempo, escolhendo o sentido positivo da corrente como sendo o horário quando visto de cima.

FIGURA 28-40 Problema 9

10 • Um pêndulo é construído com um pedaço fino e plano de alumínio. No ponto mais baixo de seu arco, ele passa entre os pólos de um ímã permanente intenso. Na Figura 28-41*a*, a lâmina metálica é contínua, enquanto na Figura 28-41*b*, há ranhuras na lâmina. Quando solto a partir do mesmo ângulo, o pêndulo que tem ranhuras anda para frente e para trás muitas vezes, mas o pêndulo que não contém ranhuras pára de balançar após não mais do que uma oscilação completa. Explique por quê.

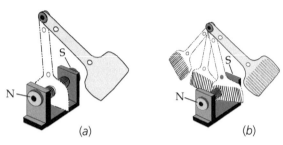

FIGURA 28-41 Problema 10 *(Cortesia da PASCO Scientific Co.)*

11 • Um ímã em barra é abandonado no interior de um tubo longo e vertical. Se o tubo é feito de metal, o ímã rapidamente atinge uma rapidez terminal, mas se o tubo é feito de papelão, o ímã cai com aceleração constante. Explique por que o ímã cai de maneira diferente no tubo de metal em relação ao tubo de papelão.

12 • Um pequeno anel quadrado de fio está no plano desta página e um campo magnético constante aponta para dentro da página. O anel está se movendo para a direita, que é a direção +*x*. Determine o sentido da corrente induzida no anel, se houver alguma, se (*a*) o campo magnético é uniforme, (*b*) a intensidade do campo magnético aumenta quando *x* aumenta e (*c*) a intensidade do campo magnético diminui quando *x* aumenta.

13 • Se a corrente em um indutor for duplicada, a energia armazenada no indutor (*a*) permanecerá a mesma, (*b*) duplicará, (*c*) quadruplicará, (*d*) será a metade.

14 • Dois solenóides têm o mesmo comprimento e raio, e os núcleos de ambos contêm cilindros idênticos de ferro. Entretanto, o solenóide A tem três vezes o número de voltas por comprimento que o solenóide B. (*a*) Qual solenóide tem a maior auto-indutância? (*b*) Qual é a razão entre as auto-indutâncias do solenóide A e do solenóide B?

15 • Verdadeiro ou falso:
(*a*) A fem induzida em um circuito é igual ao negativo do fluxo magnético através do circuito.
(*b*) Pode haver uma fem induzida diferente de zero em um instante quando o fluxo através do circuito é igual a zero.
(*c*) A auto-indutância de um solenóide é proporcional à taxa de variação da corrente no solenóide.
(*d*) A densidade de energia magnética em algum ponto do espaço é proporcional ao quadrado da magnitude do campo magnético naquele ponto.
(*e*) A indutância de um solenóide é proporcional à corrente nele.

ESTIMATIVA E APROXIMAÇÃO

16 • **RICO EM CONTEXTO** Seus colegas de beisebol, logo após estudarem este capítulo, estão preocupados sobre a geração de tensão suficiente para tomarem um choque enquanto movimentam bastões de alumínio contra bolas rápidas. Estime o valor máximo possível para a fem induzida por movimento, medida entre as extremidades de bastões de beisebol de alumínio durante o movimento. Você acha que seu time deve mudar para bastões de madeira para evitar eletrocussão?

17 • Compare a densidade de energia armazenada no campo elétrico da Terra nas proximidades de sua superfície com aquela armazenada no campo magnético da Terra nas proximidades de sua superfície.

18 •• Uma professora de física faz a seguinte demonstração sobre fem. Ela pede para dois estudantes segurarem um longo fio conectado a um voltímetro. O fio é mantido frouxo e forma um grande arco. Quando ela diz "Começar", os estudantes começam a girar o fio como se ele fosse uma corda de pular. Os estudantes estão separados por 3,0 m e o arco no fio tem aproximadamente 1,5 m. A fem induzida pelo movimento da "corda de pular" é, então, medida no voltímetro. (a) Estime um valor razoável para a rapidez angular máxima na qual os estudantes conseguem girar o fio. (b) A partir disso, estime o valor máximo da fem induzida pelo movimento no fio. *Dica: Que campo está envolvido na criação da fem induzida?*

19 •• (a) Estime o máximo valor possível para a fem induzida por movimento entre as pontas das asas de uma aeronave comercial em vôo. (b) Estime a intensidade do campo elétrico entre as pontas das asas.

FLUXO MAGNÉTICO

20 • Um campo magnético com intensidade de 0,200 T está na direção $+x$. Uma bobina quadrada tem lados com 5,00 cm de comprimento e uma única volta que faz um ângulo θ com o eixo z, como mostra a Figura 28-42. Determine o fluxo magnético através da bobina quando θ é (a) 0°, (b) 30°, (c) 60° e (d) 90°.

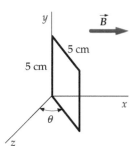

FIGURA 28-42 Problema 20

21 • Uma bobina circular tem 25 voltas e raio de 5,0 cm. Ela está no equador, onde o campo magnético da Terra é 0,70 G, apontando para o norte. O eixo da bobina é a linha que passa pelo seu centro e é perpendicular ao plano da bobina. Determine o fluxo magnético através dela quando o seu eixo é (a) vertical, (b) horizontal com o eixo apontando para o norte, (c) horizontal com o eixo apontando para o leste e (d) horizontal com o eixo fazendo um ângulo de 30° com o norte.

22 • Um campo magnético de 1,2 T é perpendicular ao plano de uma bobina quadrada de 14 voltas com lados de 5,0 cm de comprimento. (a) Determine o fluxo magnético através da bobina. (b) Determine o fluxo magnético através da bobina se o campo magnético faz um ângulo de 60° com a normal ao plano da bobina.

23 • Um campo magnético uniforme $\vec{B}$ é perpendicular à base de um hemisfério de raio R. Calcule o fluxo magnético (em termos de B e R) através da superfície esférica do hemisfério.

24 • Determine o fluxo magnético através de um solenóide de 400 voltas que tem comprimento igual a 25,0 cm, raio igual a 1,00 cm e conduz uma corrente de 3,00 A.

25 • Determine o fluxo magnético através de um solenóide de 800 voltas que tem comprimento igual a 30,0 cm, raio igual a 1,00 cm e conduz uma corrente de 2,00 A.

26 •• Uma bobina circular tem 15,0 voltas, raio de 4,00 cm e está em um campo magnético uniforme de 4,00 kG na direção $+x$. Determine o fluxo através da bobina quando a normal unitária do plano da bobina é (a) $\hat{i}$, (b) $\hat{j}$, (c) $(\hat{i} + \hat{j})/\sqrt{2}$, (d) $\hat{k}$, e (e) $0,60\hat{i} + 0,80\hat{j}$.

27 •• Um longo solenóide tem n voltas por unidade de comprimento, raio R_1 e conduz uma corrente I. Uma bobina circular de raio R_2 e com N voltas é coaxial ao solenóide e está eqüidistante de suas extremidades. (a) Determine o fluxo magnético através da bobina se $R_2 > R_1$. (b) Determine o fluxo magnético através da bobina se $R_2 < R_1$.

28 ••• (a) Calcule o fluxo magnético através do anel retangular mostrado na Figura 28-43. (b) Determine sua resposta para $a = 5,0$ cm, $b = 10$ cm, $d = 2,0$ cm e $I = 20$ A.

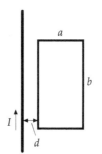

FIGURA 28-43 Problema 28

29 ••• Um condutor cilíndrico longo com raio R e comprimento L conduz uma corrente I. Determine o fluxo magnético por unidade de comprimento através da área indicada na Figura 28-44.

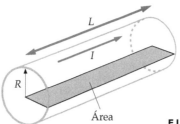

FIGURA 28-44 Problema 29

FEM INDUZIDA E LEI DE FARADAY

30 • O fluxo através de um anel é dado por $\phi_m = (0,10t^2 - 0,40t)$, onde ϕ_m está em webers e t em segundos. (a) Determine a fem induzida como função do tempo. (b) Determine ϕ_m e $\mathcal{E}$ em $t = 0$, $t = 2,0$ s, $t = 4,0$ s e $t = 6,0$ s.

31 • O fluxo através de um anel é dado por $\phi_m = (0,10t^2 - 0,40t)$, onde ϕ_m está em webers e t em segundos. (a) Esboce gráficos do fluxo magnético e da fem induzida como função do tempo. (b) Em que instante(s) o fluxo é mínimo? Qual é a fem induzida neste(s) instante(s)? (c) Em que instante(s) o fluxo é zero? Qual é(são) a(s) fem(s) induzida(s) neste(s) instante(s)?

32 • Um solenóide com comprimento de 25,0 cm, raio igual a 0,800 cm e 400 voltas está em uma região onde um campo magnético de 600 G existe e faz um ângulo de 50° com o eixo do solenóide. (a) Determine o fluxo magnético através do solenóide. (b) Determine a intensidade da fem média induzida no solenóide se o campo magnético é reduzido a zero em 1,40 s.

33 •• Uma bobina circular de 100 voltas tem diâmetro de 2,00 cm, resistência de 50,0 Ω e as suas duas extremidades estão conectadas entre si. O plano da bobina é perpendicular a um campo magnético de intensidade 1,00 T. O sentido do campo é invertido. (a) Determine a carga total que passa através de uma seção transversal do fio. Se a inversão leva 0,100 s, determine (b) a corrente média e (c) a fem média durante a inversão.

34 •• No equador, uma bobina de 1000 voltas com seção transversal de 300 cm² e resistência de 15,0 Ω está alinhada de tal forma que seu plano é perpendicular ao campo magnético da Terra, de 0,700 G. (a) Se a bobina é girada bruscamente em 0,350 s, qual é a corrente média induzida durante 0,350 s?(b) Quanta carga flui através da seção transversal do fio da bobina durante 0,350 s?

35 •• **Aplicação em Engenharia** Um *integrador de corrente* mede a corrente como função do tempo e integra (soma) a corrente para determinar a carga total que passa por ele. (Como $I = dq/dt$, o integrador calcula a integral da corrente ou $Q = \int I\,dt$.) Uma bobina circular com 300 voltas e 5,00 cm de raio está conectada a tal instrumento. A resistência total do circuito é 20,0 Ω. O plano da bobina está originalmente alinhado perpendicularmente ao campo magnético da Terra em algum ponto. Quando a bobina é girada de 90° em torno de um eixo que está no plano da bobina, uma carga de 9,40 μC passa pelo integrador de corrente. Calcule a intensidade do campo magnético da Terra naquele ponto.

FEM INDUZIDA POR MOVIMENTO

36 • Um bastão de 30,0 cm de comprimento se move continuamente a 8,00 m/s em um plano perpendicular a um campo magnético de 500 G. A velocidade do bastão é perpendicular ao seu comprimento. Determine (a) a força magnética em um elétron no bastão, (b) o campo eletrostático no bastão e (c) a diferença de potencial entre as extremidades do bastão.

37 • Um bastão de 30,0 cm de comprimento se move em um plano perpendicular a um campo magnético de 500 G. A velocidade do bastão é perpendicular ao seu comprimento. Determine a rapidez do bastão se a diferença de potencial entre as extremidades é 6,00 V.

38 •• Na Figura 28-45, considere que a intensidade do campo magnético seja 0,80 T, que a rapidez do bastão seja 10 m/s, que o comprimento dele seja de 20 cm e que a resistência do resistor seja de 2,0 Ω. (A resistência do bastão e dos trilhos são desprezíveis.) Determine (a) a fem induzida no circuito, (b) a corrente induzida no circuito (incluindo o sentido) e (c) a força necessária para mover o bastão com rapidez constante (considerando que o atrito seja desprezível). Determine (d) a potência exercida pela força encontrada na Parte (c) e (e) a taxa de aquecimento Joule no resistor.

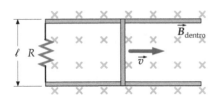

FIGURA 28-45 Problema 38

39 •• Um anel retangular de 10 cm por 5,0 cm (Figura 28-46) com resistência de 2,5 Ω se move a uma rapidez constante de 2,4 cm/s através de uma região que tem um campo magnético uniforme de 1,7 T apontando para fora da página, como mostrado. A frente do anel entra na região do campo no instante $t = 0$. (a) Faça um gráfico do fluxo através do anel como função do tempo. (b) Faça um gráfico da fem induzida e da corrente do anel como funções do tempo. Despreze qualquer auto-indutância do anel e construa seus gráficos incluindo o intervalo $0 \leq t \leq 16$ s.

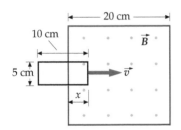

FIGURA 28-46 Problema 39

40 •• Um campo magnético uniforme de 1,2 T está na direção $+z$. Um bastão condutor de 15 cm de comprimento é paralelo ao eixo y e oscila na direção x com deslocamento dado por $x = (2,0$ cm$)\cos(120\pi t)$, onde 120π tem unidades de rad/s. (a) Determine uma expressão para a diferença de potencial entre as extremidades do bastão como função do tempo. (b) Qual é a máxima diferença de potencial entre as extremidades do bastão?

41 •• Na Figura 28-47, o bastão tem massa m e resistência R. Os trilhos são horizontais, sem atrito e têm resistências desprezíveis. A distância entre os trilhos é ℓ. Uma bateria ideal, com fem $\mathcal{E}$, está conectada entre os pontos a e b de tal forma que a corrente no bastão é para baixo. O bastão é liberado a partir do repouso em $t = 0$. (a) Deduza uma expressão para a força no bastão como função da rapidez. (b) Mostre que a rapidez do bastão se aproxima de um valor terminal e determine uma expressão para a rapidez terminal. (c) Qual é a corrente quando o bastão está se movendo com a rapidez terminal?

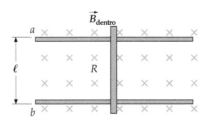

FIGURA 28-47 Problema 41

42 • Um campo magnético uniforme é estabelecido perpendicularmente ao plano de um anel que tem raio igual a 5,00 cm e resistência igual a 0,400 Ω. A intensidade do campo está aumentando a uma taxa de 40,0 mT/s. Determine (a) a intensidade da fem induzida no anel, (b) a corrente induzida no anel, e (c) a taxa de aquecimento Joule no anel.

43 •• Na Figura 28-48, um bastão condutor de massa m e resistência desprezível está livre para deslizar sem atrito ao longo de dois trilhos paralelos que têm resistências desprezíveis, estão separados por uma distância ℓ e conectados por uma resistência R. Os trilhos estão presos a um longo plano inclinado que faz um ângulo θ com a horizontal. Há um campo magnético apontando para cima, como mostrado. (a) Mostre que há uma força retardadora dirigida para cima no plano inclinado dada por $F = (B^2\ell^2 v \cos^2 \theta)/R$. (b) Mostre que a rapidez terminal do bastão é $v_t = mgR \,\text{sen}\, \theta/(B^2\ell^2 \cos^2 \theta)$.

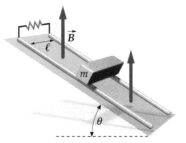

FIGURA 28-48 Problema 43

44 ••• Um bastão condutor de comprimento ℓ gira a uma rapidez angular constante ω em torno de uma de suas extremidades, em um plano perpendicular a um campo magnético uniforme B (Figura 28-49). (a) Mostre que a diferença de potencial entre as extremidades do bastão é $\frac{1}{2}B\omega\ell^2$. (b) Seja o ângulo θ entre o bastão girando e a linha tracejada definida por $\theta = \omega t$. Mostre que a área da região, no formato de torta percorrida pelo bastão durante o tempo t é $\frac{1}{2}\ell^2\theta$. (c) Calcule o fluxo ϕ_m através desta área e aplique $\mathcal{E} = -d\phi_m/dt$ (lei de Faraday) para mostrar que a fem induzida por movimento é dada por $\frac{1}{2}B\omega\ell^2$.

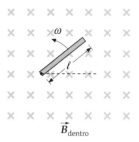

FIGURA 28-49 Problema 44

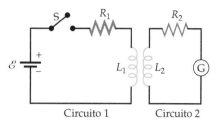

FIGURA 28-51 Problema 52

GERADORES E MOTORES

45 • Uma bobina retangular de 2,00 cm por 1,50 cm tem 300 voltas e gira em uma região que tem um campo magnético de 0,400 T. (*a*) Qual é a máxima fem gerada quando a bobina gira a 60 rev/s? (*b*) Qual deve ser sua rapidez angular para gerar uma fem máxima de 110 V?

46 • A bobina do Problema 45 gira a 60 rev/s em um campo magnético. Se a fem máxima gerada pela bobina é 24 V, qual é a intensidade do campo magnético?

INDUTÂNCIA

47 • Quando a corrente em uma bobina de 8,00 H é igual a 3,00 A e aumenta a 200 A/s, determine (*a*) o fluxo magnético através da bobina e (*b*) a fem induzida na bobina.

48 •• Um solenóide de 300 voltas tem raio igual a 2,00 cm e comprimento de 25,0 cm; um solenóide de 1000 voltas tem raio igual a 5,00 cm e também tem 25,0 cm de comprimento. Os dois solenóides são coaxiais, estando um completamente inserido dentro do outro. Qual é a indutância mútua entre ambos?

49 •• Um fio isolado com resistência de 18,0 Ω/m e comprimento de 9,00 m será usado para construir um resistor. Primeiramente, o fio é dobrado na metade e, então, o fio duplo é enrolado em um formato cilíndrico (Figura 28-50) para criar uma hélice de 25,0 cm de comprimento com diâmetro de 2,00 cm. Determine a resistência e a indutância deste resistor de fio enrolado.

FIGURA 28-50 Problema 49

50 •• Você recebe um fio de comprimento ℓ e raio a e deve transformá-lo em um indutor enrolando-o na forma de uma hélice com seção circular de raio r. As voltas devem estar o mais próximas possível sem sobreposição entre elas. Mostre que a auto-indutância deste indutor é $L = \frac{1}{2}\mu_0 r\ell/a$.

51 • Usando o resultado do Problema 50, calcule a auto-indutância de um indutor feito a partir de 10 cm de fio com diâmetro de 1,0 mm, enrolado no formato de uma bobina com raio de 0,25 cm.

52 ••• Na Figura 28-51, o circuito 2 tem uma resistência total de 300 Ω. Depois de a chave S ter sido fechada, a corrente no Circuito 1 aumenta — atingindo um valor de 5,00 A depois de um longo tempo. Uma carga de 200 μC passa através do galvanômetro no Circuito 2 durante o tempo que a corrente no Circuito 1 está aumentando. Qual é a indutância mútua entre as duas bobinas?

53 ••• Mostre que a indutância de um toróide de seção transversal retangular, como mostrado na Figura 28-52, é dada por $L = \frac{\mu_0 N^2 H \ln(b/a)}{2\pi}$, onde N é o número total de voltas, a é o raio interno, b é o raio externo e H é a altura do toróide.

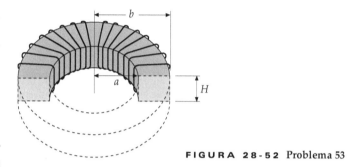

FIGURA 28-52 Problema 53

ENERGIA MAGNÉTICA

54 • Uma bobina com auto-indutância de 2,00 H e resistência de 12,0 Ω está conectada a uma bateria ideal de 24,0 V. (*a*) Qual é a corrente do estado estacionário? (*b*) Quanta energia está armazenada no indutor quando a corrente estacionária é estabelecida?

55 • Em uma onda eletromagnética plana, as magnitudes dos campos elétricos e dos campos magnéticos estão relacionadas por $E = cB$, onde $c = 1/\sqrt{\epsilon_0\mu_0}$ é a velocidade da luz. Mostre que, quando $E = cB$, as densidades de energia elétrica e magnética são iguais.

56 •• Um solenóide de 2000 voltas tem seção transversal com área igual a 4,0 cm² e comprimento igual a 30 cm. O solenóide conduz uma corrente de 4,0 A. (*a*) Calcule a energia magnética armazenada no solenóide usando $U = \frac{1}{2}LI^2$, onde $L = \mu_0 n^2 A\ell$. (*b*) Divida a resposta da Parte (*a*) pelo volume da região no interior do solenóide para determinar a energia magnética por unidade de volume no solenóide. (*c*) Confira o resultado da Parte (*b*) calculando a densidade de energia magnética usando $u_m = B^2/(2\mu_0)$ onde $B = \mu_0 nI$.

57 •• Um longo fio cilíndrico tem raio igual a 2,0 cm e conduz uma corrente de 80 A uniformemente distribuída ao longo da área da seção transversal. Determine a energia magnética por unidade de comprimento no interior do fio.

58 •• Um toróide com raio médio igual a 25,0 cm e anéis circulares com raios iguais a 2,00 cm é enrolado com um fio supercondutor. O fio tem comprimento igual a 1000 m e conduz uma corrente de 400 A. (*a*) Qual é o número de voltas do fio? (*b*) Qual é a intensidade do campo magnético e a densidade de energia magnética no raio médio? (*c*) Estime a energia total armazenada neste toróide assumindo que a densidade de energia seja uniformemente distribuída na região no interior do toróide.

*CIRCUITOS *RL*

59 • Um circuito consiste de uma bobina com resistência igual a 8,00 Ω e auto-indutância igual a 4,00 mH, uma chave aberta e uma bateria ideal de 100 V — todos conectados em série. Em $t = 0$ a chave é fechada. Determine a corrente e sua taxa de variação nos instantes (a) $t = 0$, (b) $t = 0,100$ ms, (c) $t = 0,500$ ms e (d) $t = 1,00$ ms.

60 • No circuito mostrado na Figura 28-53, a chave do tipo fechar antes de romper está no contato a há um longo tempo e a corrente na bobina de 1,00 mH é igual a 2,00 A. Em $t = 0$ a chave é rapidamente movida para o contato b. A resistência total $R + r$ da bobina e do resistor é 10,0 Ω. Determine a corrente quando (a) $t = 0,500$ ms e (b) $t = 100$ ms.

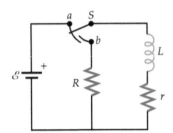

FIGURA 28-53 Problema 60

61 •• No circuito mostrado na Figura 28-54, seja $\mathcal{E}_0 = 12,0$ V, $R = 3,00$ Ω e $L = 0,600$ H. A chave, que estava inicialmente aberta, é fechada no instante $t = 0$. No instante $t = 0,500$ s, determine (a) a taxa na qual a bateria fornece energia, (b) a taxa de aquecimento Joule no resistor e (c) a taxa na qual a energia está sendo armazenada no indutor.

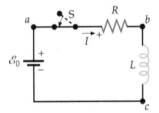

FIGURA 28-54 Problemas 61, 62 e 69

62 •• Quantas constantes de tempo devem passar antes que a corrente no circuito RL (Figura 28-54) que era inicialmente zero atinja (a) 90 por cento, (b) 99 por cento e (c) 99,9 por cento de seu valor de estado estacionário?

63 •• Um circuito consiste em uma bobina de 4,00 mH, um resistor de 150 Ω, uma bateria ideal de 12,0 V e uma chave aberta — todos conectados em série. Depois que a chave é fechada: (a) Qual é a taxa inicial de aumento da corrente? (b) Qual é a taxa de aumento da corrente quando ela atinge metade de seu valor de estado estacionário? (c) Qual é o valor estacionário da corrente? (d) Quanto tempo leva para que a corrente atinja 99 por cento de seu valor estacionário?

64 •• Um circuito consiste em um grande eletroímã que tem indutância igual a 50,0 H e resistência de 8,00 Ω, uma fonte dc de 250 V e uma chave aberta — todos conectados em série. Quanto tempo depois de a chave ter sido fechada a corrente será igual a (a) 10 A e (b) 30 A?

65 •• **PLANILHA ELETRÔNICA** Dado o circuito mostrado na Figura 28-55, considere que o indutor tenha resistência interna desprezível e que a chave S tenha estado fechada por um longo tempo, existindo uma corrente estacionária no indutor. (a) Determine a corrente na bateria, a corrente no resistor de 100 Ω e a corrente no indutor. (b) Determine a queda de potencial no indutor imediatamente depois de a chave S ter sido aberta. (c) Usando uma planilha eletrônica, faça gráficos da corrente no indutor e da queda de potencial no indutor como funções do tempo, para o período durante o qual a chave está aberta.

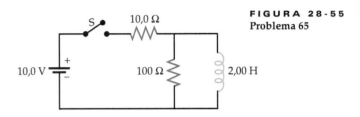

FIGURA 28-55 Problema 65

66 •• Dado o circuito mostrado na Figura 28-56, o indutor tem resistência interna desprezível e a chave S esteve aberta por um longo tempo. A chave é, então, fechada. (a) Determine a corrente na bateria, a corrente no resistor de 100 Ω e a corrente no indutor imediatamente após a chave ter sido fechada. (b) Determine a corrente na bateria, a corrente no resistor de 100 Ω e a corrente no indutor um longo tempo depois de a chave ter sido fechada. Depois de estar fechada por um longo tempo, a chave é agora aberta. (c) Determine a corrente na bateria, a corrente no resistor de 100 Ω e a corrente no indutor imediatamente após a chave ter sido aberta. (d) Determine a corrente na bateria, a corrente no resistor de 100 Ω e a corrente no indutor depois de a chave ter permanecido aberta por um longo tempo.

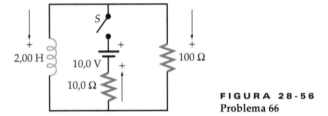

FIGURA 28-56 Problema 66

67 •• Um indutor, dois resistores, uma chave do tipo fechar antes de romper, e uma bateria estão conectados como mostra a Figura 28-57. A chave permaneceu no contato e por um longo tempo e a corrente no indutor é 2,5 A. Então, em $t = 0$, a chave é rapidamente movida para o contato f. Durante os 45 ms subseqüentes, a corrente no indutor cai para 1,5 A. (a) Qual é a constante de tempo para este circuito? (b) Se a resistência R é igual a 0,40 Ω, qual é o valor da indutância L?

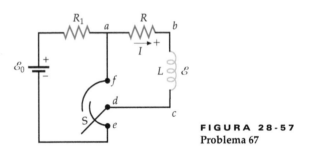

FIGURA 28-57 Problema 67

68 •• Um circuito consiste em uma bobina que tem auto-indutância igual a 5,00 mH e resistência interna igual a 15,0 Ω, uma bateria ideal de 12,0 V e uma chave aberta — todos conectados em série (Figura 28-58). Em $t = 0$, a chave é fechada. Determine o instante em que a taxa na qual a energia é dissipada na bobina é igual à taxa na qual a energia magnética é armazenada na bobina.

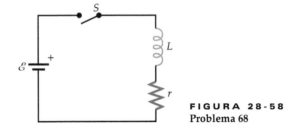

FIGURA 28-58 Problema 68

69 ••• No circuito mostrado na Figura 28-54, seja $\mathcal{E}_0 = 12,0$ V, $R = 3,00$ Ω e $L = 0,600$ H. A chave é fechada no instante $t = 0$. Durante o tempo desde $t = 0$ até $t = L/R$, determine (a) a quantidade de energia fornecida pela bateria, (b) a quantidade de energia dissipada no resistor e (c) a quantidade de energia entregue ao indutor. *Dica: Determine as taxas de transferência de energia como funções do tempo e integre.*

PROBLEMAS GERAIS

70 • Uma bobina com 100 voltas tem raio de 4,00 cm e resistência de 25,0 Ω. (a) A bobina está em um campo magnético uniforme que é perpendicular ao plano da bobina. Qual taxa de variação da intensidade do campo magnético induzirá uma corrente de 4,00 A na bobina? (b) Qual taxa de variação da intensidade do campo magnético é necessária se o campo magnético faz um ângulo de 20° com a normal ao plano da bobina?

71 •• **APLICAÇÃO EM ENGENHARIA** A Figura 28-59 mostra um desenho esquemático de um *gerador ac*. O gerador básico consiste em um anel retangular de dimensões a e b e tem N voltas conectadas a *anéis de deslizamento*. O anel gira (movido por um motor a gasolina) a uma rapidez angular ω em um campo magnético uniforme $\vec{B}$. (a) Mostre que a diferença de potencial induzida entre os dois anéis de deslizamento é dada por $\mathcal{E} = N Bab\omega$ sen ωt. (b) Se $a = 2,00$ cm, $b = 4,00$ cm, $N = 250$ e $B = 0,200$ T, a que freqüência angular ω deve a bobina girar para gerar uma fem cujo valor máximo é 100 V?

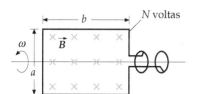

FIGURA 28-59
Problemas 71 e 72

72 •• **APLICAÇÃO EM ENGENHARIA** Antes de 1960, as intensidades de campos magnéticos eram geralmente medidas por uma *bobina giratória gaussimétrica*. O dispositivo usa uma pequena bobina com múltiplas voltas girando a uma alta rapidez em um eixo perpendicular ao campo magnético. A bobina está conectada a um voltímetro ac através de anéis de deslizamento, como os mostrados na Figura 28-59. Em um projeto específico, a bobina giratória tem 400 voltas e uma área de 1,40 cm². A bobina gira a 180 rev/min. Se a intensidade do campo magnético é 0,450 T, determine a fem máxima induzida na bobina e a orientação da normal ao plano da bobina relativa ao campo para o qual ocorre a máxima fem induzida.

73 •• Mostre que a auto-indutância equivalente para dois indutores que têm auto-indutâncias L_1 e L_2 e estão conectados em série é dada por $L_{eq} = L_1 + L_2$ se não há acoplamento de fluxo entre os dois indutores. (Dizer que não há acoplamento de fluxo entre eles é equivalente a dizer que a indutância mútua entre eles é zero.)

74 •• Mostre que a auto-indutância equivalente para dois indutores que têm auto-indutâncias L_1 e L_2 e estão conectados em paralelo é dada por $\dfrac{1}{L_{eq}} = \dfrac{1}{L_1} + \dfrac{2}{L_2}$ se não há acoplamento de fluxo entre os dois indutores. (Dizer que não há acoplamento de fluxo entre eles é equivalente a dizer que a indutância mútua entre eles é zero.)

75 •• Um circuito consiste em uma bateria de 12 V, uma chave e uma lâmpada de filamento — todos conectados em série. É sabido que uma lâmpada de filamento necessita de uma corrente mínima de 0,10 A para produzir um clarão visível. No circuito, a lâmpada em particular consome 2,0 W quando a chave permanece fechada por um longo tempo. A seguir, um indutor é colocado em série com a lâmpada e com o restante do circuito. Se a lâmpada começa a acender 3,5 ms depois de a chave ser fechada, qual é o valor da auto-indutância do indutor? Despreze qualquer tempo para o aquecimento do filamento e considere que o clarão seja observado assim que a corrente no filamento atinja o valor limite de 0,10 A.

76 •• Seu amigo decide gerar potência elétrica girando uma bobina de 100 000 voltas de fio em torno de um eixo no plano da bobina e que passa pelo seu centro. A bobina é perpendicular ao campo magnético da Terra na região onde a intensidade do campo é igual a 0,300 G. Os anéis da bobina têm um raio de 25,0 cm e a bobina tem resistência desprezível. (a) Se o seu amigo gira a bobina a uma taxa de 150 rev/s, qual o valor do pico de corrente que existirá em um resistor de 1500 Ω que está conectado nos terminais da bobina? (b) O valor médio do quadrado da corrente será igual à metade do quadrado da corrente de pico. Qual será a potência média entregue ao resistor? Esta é uma maneira econômica de gerar energia? *Dica: Deve ser gasta energia para manter a bobina girando.*

77 •• A Figura 28-60a mostra um experimento projetado para medir a aceleração devida à gravidade. Um grande tubo plástico é circundado por um fio que está disposto em anéis separados por uma distância de 10 cm. Um forte ímã é solto através da parte de cima do tubo. Quando o ímã começa a cair através de cada anel, a tensão aumenta; então, a tensão rapidamente cai a zero, depois assume um grande valor negativo e novamente retorna a zero. O formato do sinal de tensão é mostrado na Figura 28-60b. (a) Explique a física básica responsável pela geração deste pulso de tensão. (b) Explique por que o tubo não pode ser feito de material condutor. (c) Explique qualitativamente a *forma* do sinal de tensão na Figura 28-60b. (d) Os instantes nos quais a tensão cruza o valor zero enquanto o ímã cai através de cada anel sucessivamente são dados na tabela a seguir. Use estes dados para calcular um valor para g.

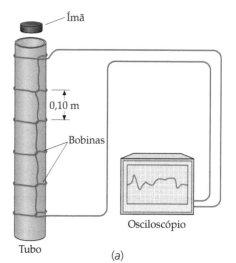

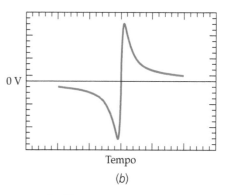

FIGURA 28-60 Problema 77

Número de Voltas	Tempo para Cruzar o Zero (s)
1	0,011189
2	0,063133
3	0,10874
4	0,14703
5	0,18052
6	0,21025
7	0,23851
8	0,26363
9	0,28853
10	0,31144
11	0,33494
12	0,35476
13	0,37592
14	0,39107

78 •• A bobina retangular mostrada na Figura 28-61 tem 80 voltas, 25 cm de largura, 30 cm de comprimento e está localizada em um campo magnético de 0,14 T, que aponta para fora da página, como mostrado. Apenas metade da bobina está na região do campo magnético. A resistência da bobina é 24 Ω. Determine a intensidade e o sentido da corrente induzida se a bobina está se movendo com uma velocidade de 2,0 m/s (a) para a direita, (b) para cima na página, (c) para a esquerda e (d) para baixo na página.

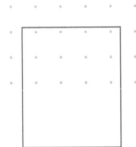

FIGURA 28-61 Problema 78

79 •• Um longo solenóide tem n voltas por unidade de comprimento e conduz uma corrente que varia com o tempo de acordo com $I = I_0 \operatorname{sen} \omega t$. O solenóide tem seção transversal circular de raio R. Determine o campo elétrico induzido em pontos próximos ao plano eqüidistante das extremidades do solenóide como função do tempo t e da distância perpendicular r do eixo do solenóide para (a) $r < R$ e (b) $r > R$.

80 ••• Um cabo coaxial consiste em dois condutores cilíndricos de paredes muito finas com raios r_1 e r_2 (Figura 28-62). As correntes nos cilindros interno e externo são iguais em magnitude mas têm sentidos opostos. (a) Use a lei de Ampère para determinar o campo magnético como função da distância perpendicular r do eixo central do capo para (1) $0 < r < r_1$, (2) $r_1 < r < r_2$ e (3) $r > r_2$. (b) Mostre que a densidade de energia magnética na região entre os cilindros é dada por $u_m = \frac{1}{2}(\mu_0/4\pi)I^2/(\pi r^2)$. (c) Mostre que a energia magnética total no volume de um cabo de comprimento ℓ é dada por $U = (\mu_0/4\pi)I^2\ell \ln(r_2/r_1)$. (d) Use o resultado da Parte (c) e a relação entre a energia magnética, corrente e indutância para mostrar que a auto-indutância por unidade de comprimento da disposição do cabo é dada por $L/\ell = (\mu_0/2\pi)\ln(r_2/r_1)$.

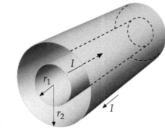

FIGURA 28-62 Problema 80

81 ••• Um cabo coaxial consiste em dois condutores cilíndricos de paredes muito finas com raios r_1 e r_2 (Figura 28-63). As correntes nos cilindros interno e externo são iguais em magnitude mas têm sentidos opostos. Calcule o fluxo através da área retangular de lados ℓ e $r_2 - r_1$ entre os condutores mostrados na Figura 28-63. Use a relação entre o fluxo e a corrente ($\phi_m = LI$) para mostrar que a auto-indutância por unidade de comprimento do cabo é dada por $L/\ell = (\mu_0/2\pi)\ln(r_2/r_1)$.

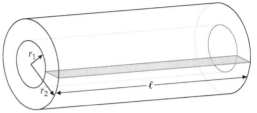

FIGURA 28-63 Problema 81

82 ••• **PLANILHA ELETRÔNICA** A Figura 28-64 mostra um anel retangular de fio que tem 0,300 m de largura, 1,50 m de comprimento e está no plano vertical, perpendicularmente a uma região que tem um campo magnético uniforme. A intensidade do campo magnético uniforme é 0,400 T e o sentido do campo é para dentro da página. A porção do anel que não está no campo magnético tem 0,100 m de comprimento. A resistência do anel é 0,200 Ω e sua massa é 50,0 g. O anel é solto a partir do repouso em $t = 0$. (a) Quais são a magnitude e o sentido da corrente induzida quando o anel tem uma rapidez para baixo v? (b) Qual é a força exercida no anel como conseqüência da corrente? (c) Qual é a força resultante exercida no anel? (d) Escreva a segunda lei de Newton para o anel. (e) Obtenha uma expressão para a rapidez do anel como função do tempo. (f) Integre a expressão obtida na Parte (e) para determinar a distância que o anel cai em função do tempo. (g) Usando uma planilha eletrônica, faça um gráfico da posição do anel como função do tempo (considerando $t = 0$ no início) para valores de y entre 0 m e 1,40 m (isto é, quando o anel deixa o campo magnético). (h) Em que instante o anel deixa completamente a região do campo? Compare este resultado com o tempo que ele levaria se não houvesse campo.

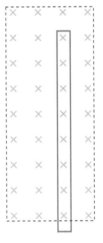

FIGURA 28-64 Problema 82

83 ••• Uma bobina com N voltas e área A está suspensa no teto por um fio que fornece um torque restaurador linear com uma constante de torção κ. As duas extremidades da bobina estão conectadas entre si, ela tem resistência R e momento de inércia I. O plano da bobina é vertical e paralelo a um campo magnético horizontal uniforme $\vec{B}$ quando o fio não está torcido (isto é, $\theta = 0$). A bobina é deslocada em torno de um eixo vertical que passa pelo seu centro por um pequeno ângulo θ_0 e é liberada. A bobina inicia, então, uma oscilação harmônica amortecida. Mostre que o ângulo com a posição de equilíbrio varia com o tempo de acordo com $\theta(t) = \theta_0 e^{-t/2\tau}\cos\omega' t$, onde $\tau = RI/(NBA)^2$, $\omega = \sqrt{\kappa/I}$ e $\omega' = \omega_0\sqrt{1 - (2\omega_0\tau)^{-2}}$.

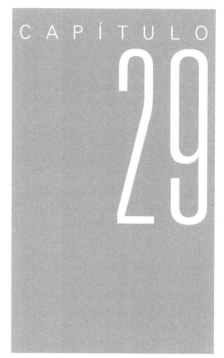

C A P Í T U L O 29

ESTA OUVINTE PROCURA SUA ESTAÇÃO DE RÁDIO FAVORITA. ESTE PROCESSO VARIA A FREQÜÊNCIA DE RESSONÂNCIA DE UM CIRCUITO ELÉTRICO OSCILANTE NO INTERIOR DO SINTONIZADOR DE MANEIRA QUE APENAS A ESTAÇÃO QUE ELA SELECIONA É AMPLIFICADA.
(© Roger Ressmeyer/Corbis.)

> Qual componente do circuito é modificada enquanto ela sintoniza o rádio? (Veja o Exemplo 29-11.)

Circuitos de Corrente Alternada

29-1   Corrente Alternada em um Resistor
29-2   Circuitos de Corrente Alternada
*29-3 O Transformador
*29-4 Circuitos *LC* e *RLC* sem um Gerador
*29-5 Fasores
*29-6 Circuitos *RLC* Forçados

Mais de 99 por cento da energia elétrica utilizada hoje em dia é produzida por geradores elétricos na forma de corrente alternada, que tem uma grande vantagem sobre a corrente contínua. A energia elétrica pode ser distribuída em grandes regiões a tensões muito elevadas e baixas correntes para reduzir as perdas de energia devidas ao aquecimento Joule. Com corrente alternada, a energia elétrica pode, então, ser transformada, sem praticamente nenhuma perda, para tensões mais baixas e mais seguras e, correspondentemente, maiores correntes para distribuição e uso locais.* O transformador que realiza estas variações na diferença de potencial e na corrente trabalha com base na indução magnética. Na América do Norte, a potência é distribuída através de uma corrente senoidal com freqüência de 60 Hz. Dispositivos tais como rádios, televisores e fornos de microondas detectam ou geram correntes alternadas de freqüências muito mais elevadas.

Corrente alternada é produzida por fem induzida por movimento ou por indução magnética em um gerador ac, o qual é projetado para fornecer uma fem senoidal.

---

* Corrente contínua à alta tensão é, algumas vezes, usada para transmitir energia elétrica entre dois pontos distantes. Entretanto, corrente alternada sempre é usada para transmitir energia elétrica de um ponto a dois ou mais pontos distantes.

CAPÍTULO 29

Neste capítulo veremos que, quando a saída do gerador é senoidal, a corrente em um indutor, um capacitor ou um resistor também é senoidal, embora não necessariamente em fase com a fem do gerador. Quando a fem e a corrente são ambas senoidais, seus valores máximos são proporcionais. O estudo de correntes senoidais é particularmente importante porque mesmo correntes que não sejam senoidais podem ser analisadas em termos de componentes senoidais usando análise de Fourier.

29-1 CORRENTE ALTERNADA EM UM RESISTOR

A Figura 29-1 mostra um **gerador ac** simples. Uma análise deste gerador é apresentada no Capítulo 28. A fem de tal gerador é dada pela equação que segue imediatamente da Equação 28-10:

$$\mathcal{E} = \mathcal{E}_{\text{pico}} \cos \omega t \qquad 29\text{-}1$$

onde ω é a rapidez angular da bobina. (A Equação 28-10 tem a fem proporcional a sen ωt no lugar de cos ωt. A diferença entre as duas é a escolha quando $t = 0$.) Se a bobina com N voltas tem área A e se o campo magnético é uniforme com intensidade B, a fem de pico é dada por ωNBA. Apesar de os geradores práticos serem consideravelmente mais complicados, todos eles produzem uma fem senoidal por indução ou por fem induzida por movimento. Em diagramas de circuitos, um gerador ac é representado pelo símbolo ⓐ.

A Figura 29-2 mostra um circuito ac simples que consiste em um gerador ideal e de um resistor. (Um gerador é ideal se sua resistência interna, sua auto-indutância e sua capacitância são desprezíveis.) A queda de tensão no resistor V_R é igual à fem $\mathcal{E}$ do gerador. Se o gerador produz uma fem dada pela Equação 29-1, temos

$$V_R = V_{R\,\text{pico}} \cos \omega t$$

Aplicando a lei de Ohm, temos

$$V_R = IR \qquad 29\text{-}2$$

Portanto,

$$V_{R\,\text{pico}} \cos \omega t = IR \qquad 29\text{-}3$$

assim, a corrente no resistor é

$$I = \frac{V_{R\,\text{pico}}}{R} \cos \omega t = I_{\text{pico}} \cos \omega t \qquad 29\text{-}4$$

onde

$$I_{\text{pico}} = \frac{V_{R\,\text{pico}}}{R} \qquad 29\text{-}5$$

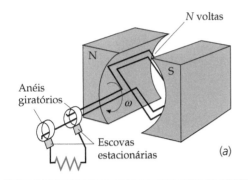
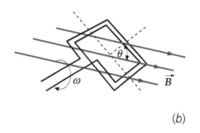
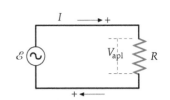

FIGURA 29-1 (*a*) Um gerador ac. Uma bobina girando com freqüência angular constante ω em um campo magnético $\vec{B}$ gera uma fem senoidal. A energia de uma queda d'água ou de uma turbina a vapor é usada para girar a bobina e produzir energia elétrica. A fem é fornecida a um circuito externo por escovas que estão em contato com os anéis.(*b*) Neste instante, a normal ao plano da bobina faz um ângulo θ com o campo magnético e o fluxo através de cada volta da bobina é $BA \cos \theta$.

FIGURA 29-2 Um gerador ac em série com um resistor R.

(a)

(b)

Observe que a corrente através do resistor está em fase com a queda de potencial através do resistor, como mostrado na Figura 29-3.

A potência entregue ao resistor varia com o tempo. Seu valor instantâneo é

$$P = I^2 R = (I_{pico} \cos \omega t)^2 R = I^2_{pico} R \cos^2 \omega t \qquad 29\text{-}6$$

A Figura 29-4 mostra a potência como função do tempo. A potência varia desde zero até seu valor de pico $I^2_{pico}R$, como mostrado. Estamos geralmente interessados na potência média em um ou mais ciclos completos:

$$P_{méd} = (I^2 R)_{méd} = I^2_{pico} R (\cos^2 \omega t)_{méd}$$

O valor médio de $\cos^2 \omega t$ em um ou mais períodos completos é $\frac{1}{2}$. Este resultado pode ser visto da identidade $\cos^2 \omega t + \sen^2 \omega t = 1$. Um gráfico de $\sen^2 \omega t$ parece o mesmo de $\cos^2 \omega t$ exceto que ele é deslocado de 90°. Ambos têm o mesmo valor médio em um ou mais períodos completos e, como a soma deles é igual a 1, o valor médio de cada um deve ser $\frac{1}{2}$. A potência média dissipada no resistor é, portanto,

$$P_{méd} = (I^2 R)_{méd} = \frac{1}{2} I^2_{pico} R \qquad 29\text{-}7$$

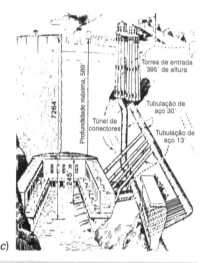
(c)

(a) A energia mecânica de uma queda de água move as turbinas (b) para a geração de eletricidade. (c) Desenho esquemático da represa de Hoover mostrando as torres de entrada e os canos (comportas) para conduzir a água aos geradores abaixo. [(a) Cortesia de U.S. Department of the Interior, Department of Reclamation. (b) © Lee Langum/Photo Researchers, Inc.]

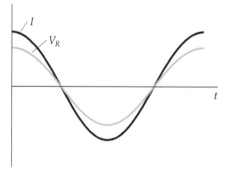

FIGURA 29-3 A queda de tensão em um resistor está em fase com a corrente.

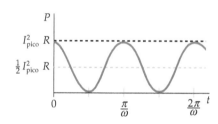

FIGURA 29-4 Gráfico da potência entregue ao resistor mostrado na Figura 29-2 *versus* tempo. A potência varia desde zero até um valor de pico $I^2_{pico}R$. A potência média é a metade da potência de pico.

VALORES QUADRÁTICOS MÉDIOS

A maioria dos amperímetros e voltímetros ac são projetados para medir os **valores quadráticos médios (rms)** da corrente e da diferença de potencial. O valor rms I_{rms} de uma corrente é definido como

$$I_{rms} = \sqrt{(I^2)_{méd}} \qquad 29\text{-}8$$

DEFINIÇÃO — CORRENTE RMS

CAPÍTULO 29

Para uma corrente senoidal, o valor médio de I^2 é

$$(I^2)_{\text{méd}} = \left[(I_{\text{pico}} \cos \omega t)^2 \right]_{\text{méd}} = \frac{1}{2} I_{\text{pico}}^2$$

Substituindo $\frac{1}{2} I_{\text{pico}}^2$ por $(I^2)_{\text{méd}}$ na Equação 29-8, obtemos

$$I_{\text{rms}} = \frac{1}{\sqrt{2}} I_{\text{pico}} \approx 0{,}707 I_{\text{pico}} \qquad \text{29-9}$$

VALOR RMS RELACIONADO AO VALOR DE PICO

O valor rms de *qualquer quantidade* que varia senoidalmente com o tempo é igual ao valor de pico desta quantidade dividido por $\sqrt{2}$.

Substituindo $(I_{\text{rms}})^2$ por $\frac{1}{2} I_{\text{pico}}^2$ na Equação 29-7, obtemos para a potência média entregue ao resistor

$$P_{\text{méd}} = (I_{\text{rms}})^2 R \qquad \text{29-10}$$

A corrente rms é igual à corrente contínua constante que produziria o mesmo aquecimento Joule que a corrente ac real.

Para o circuito simples na Figura 29-2, a potência média fornecida pelo gerador é

$$P_{\text{méd}} = (\mathcal{E}I)_{\text{méd}} = \left[\left(\mathcal{E}_{\text{pico}} \cos \omega t \right)\left(I_{\text{pico}} \cos \omega t \right) \right]_{\text{méd}} = \mathcal{E}_{\text{pico}} I_{\text{pico}} (\cos^2 \omega t)_{\text{méd}}$$

ou

$$P_{\text{méd}} = \tfrac{1}{2} \mathcal{E}_{\text{pico}} I_{\text{pico}}$$

Usando $I_{\text{rms}} = I_{\text{pico}}/\sqrt{2}$ e $\mathcal{E}_{\text{rms}} = \mathcal{E}_{\text{pico}}/\sqrt{2}$, isto pode ser escrito como

$$P_{\text{méd}} = \mathcal{E}_{\text{rms}} I_{\text{rms}} \qquad \text{29-11}$$

POTÊNCIA MÉDIA FORNECIDA POR UM GERADOR

A corrente rms está relacionada à queda de potencial rms da mesma maneira que a corrente de pico está relacionada à queda e potencial de pico. Podemos perceber isso dividindo cada lado da Equação 29-5 por $\sqrt{2}$ e substituindo I_{pico} e $V_{R\,\text{rms}}$ por $I_{\text{rms}} = I_{\text{pico}}/\sqrt{2}$ e $V_{R\,\text{rms}} = V_{R\,\text{pico}}/\sqrt{2}$.

$$I_{\text{rms}} = \frac{V_{R\,\text{rms}}}{R} \qquad \text{29-12}$$

As Equações 29-10, 29-11 e 29-12 têm a mesma forma que as equações correspondentes para os circuitos de corrente contínua; entretanto, I é substituído por I_{rms} e V_R é substituído por $V_{R\,\text{rms}}$. Podemos, então, calcular a potência de entrada e o calor gerado usando as mesmas equações que usamos para corrente contínua se usarmos os valores rms para a corrente e para a queda de potencial.

> ! A corrente rms é igual à corrente contínua constante que produziria o mesmo aquecimento Joule que a corrente ac real.

PROBLEMA PRÁTICO 29-1

A queda de potencial senoidal em um resistor de 12 Ω tem um valor de pico de 48 V. Determine (*a*) a corrente rms, (*b*) a potência média e (*c*) a potência máxima entregue ao resistor.

A potência ac fornecida para as tomadas de parede domésticas e para os suportes de lâmpadas nos Estados Unidos têm uma diferença de potencial rms de 120 V a uma freqüência de 60 Hz. Esta diferença de potencial é mantida independentemente da corrente. Se você ligar um aquecedor de ambiente de 1600 W a uma tomada na parede ele consumirá uma corrente de

$$I_{\text{rms}} = \frac{P_{\text{méd}}}{V_{\text{rms}}} = \frac{1600 \text{ W}}{120 \text{ V}} = 13{,}3 \text{ A}$$

Todos os equipamentos ligados a tomadas de um único circuito de 120 V estão conectados em paralelo. Se você ligar uma torradeira de 500 W em outra tomada do mesmo circuito, ela consumirá uma corrente de 500 W / 120 V = 4,17 A, e a corrente total na combinação em paralelo será de 17,5 A. Os valores típicos de corrente previstas para tomadas domésticas de parede são 15 A ou 20 A, e cada circuito tem várias tomadas. Uma corrente total maior que a prevista para a fiação geralmente conduz

Circuitos de Corrente Alternada 301

ao superaquecimento do fio e pode ocasionar incêndio. Cada circuito tem, portanto, um disjuntor (ou um fusível nas casas mais antigas) que desarma (ou rompe) quando a corrente total excede a previsão de 15 A ou 20 A.

Equipamentos domésticos de alta potência, tais como secadoras de roupa elétricas, fogões elétricos e aquecedores elétricos de água, tipicamente requerem potência fornecida a 240 V rms. Para uma dada requisição de potência, apenas metade da corrente é exigida a 240 V comparada a 120 V, mas é mais provável levar um choque fatal ou iniciar um incêndio a 240 V do que a 120 V.

Exemplo 29-1   Onda Dente-de-serra

Determine (a) a corrente média e (b) a corrente rms para a onda dente-de-serra da Figura 29-5. Na região $0 < t < T$, a corrente é dada por $I = (I_0/T)t$.

SITUAÇÃO A média de qualquer quantidade em um intervalo de tempo T é a integral da quantidade neste intervalo dividida por T. Usamos isto para determinar a corrente média, $I_{méd}$, e a média do quadrado da corrente, $(I^2)_{méd}$.

SOLUÇÃO

(a) Calcule $I_{méd}$ integrando I desde $t = 0$ até $t = T$ e dividindo por T:

$$I_{méd} = \frac{1}{T}\int_0^T I\, dt = \frac{1}{T}\int_0^T \frac{I_0}{T}t\, dt = \frac{I_0}{T^2}\frac{T^2}{2} = \boxed{\frac{1}{2}I_0}$$

(b) 1. Determine $(I^2)_{méd}$ integrando I^2:

$$(I^2)_{méd} = \frac{1}{T}\int_0^T I^2\, dt = \frac{1}{T}\left(\frac{I_0}{T}\right)^2\int_0^T t^2\, dt = \frac{I_0^2}{T^3}\frac{T^3}{3} = \frac{1}{3}I_0^2$$

2. A corrente rms é a raiz quadrada de $(I^2)_{méd}$:

$$I_{rms} = \sqrt{(I^2)_{méd}} = \boxed{\frac{I_0}{\sqrt{3}}}$$

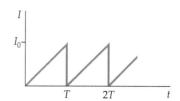

FIGURA 29-5

CHECAGEM A corrente média e a corrente rms são menores que I_0, como esperado.

29-2   CIRCUITOS DE CORRENTE ALTERNADA

A corrente alternada se comporta de maneira diferente da corrente contínua em indutores e capacitores. Quando um capacitor se torna completamente carregado em um circuito dc, ele bloqueia a corrente; isto é, o capacitor atua como se fosse um circuito aberto. Entretanto, se a corrente for alternada, a carga continuará a fluir em direção às placas e saindo das placas do capacitor. Veremos que, em altas freqüências, um capacitor praticamente não impede a corrente. Isto é, o capacitor atua como se fosse um curto-circuito. Ao contrário, uma bobina de indução que tem uma pequena resistência interna é essencialmente um curto-circuito para a corrente contínua; entretanto, quando a corrente está variando, uma fem reversa é gerada em um indutor, a qual é proporcional a dI/dt. Em altas freqüências, a fem reversa é grande e o indutor atua como se fosse um circuito aberto.

INDUTORES EM CIRCUITOS DE CORRENTE ALTERNADA

A Figura 29-6 mostra uma bobina indutora em série com um gerador ac. Quando a corrente varia no indutor, uma fem reversa igual à $L\,dI/dt$ é gerada devido ao fluxo variável. Geralmente esta fem reversa é muito maior que a queda Ir devida à resistência r da bobina e, portanto, normalmente desprezamos a resistência da bobina. A queda de potencial no indutor V_L é, então, dada por

$$V_L = L\frac{dI}{dt} \qquad 29\text{-}13$$

QUEDA DE POTENCIAL EM UM INDUTOR IDEAL

Neste circuito, a queda de potencial V_L no indutor é igual a fem $\mathcal{E}$ do gerador. Isto é,

$$V_L = \mathcal{E} = \mathcal{E}_{máx}\cos\omega t = V_{L\,pico}\cos\omega t$$

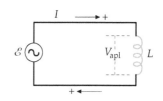

FIGURA 29-6 Um gerador ac em série com um indutor L. A seta indica o sentido positivo ao longo do fio. Observe que, para um valor positivo de dI/dt, a queda de potencial V_L no indutor é positiva.

onde $V_{L\,pico} = \mathcal{E}_{pico}$. Substituindo por V_L na Equação 29-13, obtemos

$$V_{L\,pico} \cos \omega t = L \frac{dI}{dt} \qquad 29\text{-}14$$

Organizando os termos, obtemos

$$dI = \frac{V_{L\,pico}}{L} \cos \omega t \, dt \qquad 29\text{-}15$$

Resolvemos para a corrente I integrando ambos os lados da equação:

$$I = \frac{V_{L\,pico}}{L} \int \cos \omega t \, dt = \frac{V_{L\,pico}}{\omega L} \operatorname{sen} \omega t + C \qquad 29\text{-}16$$

onde a constante de integração C é a componente dc da corrente. Igualando a componente dc da corrente a zero, temos

$$I = \frac{V_{L\,pico}}{\omega L} \operatorname{sen} \omega t = I_{pico} \operatorname{sen} \omega t \qquad 29\text{-}17$$

onde

$$I_{pico} = \frac{V_{L\,pico}}{\omega L} \qquad 29\text{-}18$$

A queda de potencial $V_L = V_{L\,pico} \cos \omega t$ no indutor está 90° fora de fase em relação à corrente $I = I_{pico} \operatorname{sen} \omega t$. Da Figura 29-7, que mostra I e V_L como funções do tempo, podemos ver que o valor de pico da queda de potencial acontece $\tfrac{1}{4}T$ antes no tempo do que o valor correspondente de pico da corrente, onde T é o período. Dizemos que a queda de potencial em um indutor está *adiantada em relação à corrente por* 90°. Podemos entender este resultado também conceitualmente. A queda de potencial no indutor é igual à fem induzida nele. Quando I é zero, mas está decrescendo, dI/dt está no seu mínimo, que é negativo, logo a fem induzida no indutor está em seu máximo. Um quarto de ciclo depois, I é máximo. Neste instante, dI/dt é zero, logo V_L é zero. Usando a identidade trigonométrica $\operatorname{sen} \theta = \cos(\theta - \tfrac{\pi}{2})$, a Equação 29-17 para a corrente pode ser escrita como

$$I = I_{pico} \cos(\omega t - \tfrac{\pi}{2}) \qquad 29\text{-}19$$

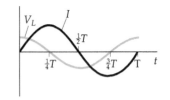

FIGURA 29-7 Corrente e queda de potencial no indutor mostrado na Figura 29-6 como funções do tempo. A máxima queda de potencial ocorre um quarto de período antes da corrente máxima. Portanto, dizemos que a queda de potencial está avançada em relação à corrente por um quarto de período ou 90°.

A relação entre o pico da corrente e o pico da queda de potencial (ou entre a corrente rms e a queda de potencial rms) para um indutor pode ser escrita em uma forma similar a $I_{rms} = V_{R\,rms}/R$ (Equação 29-12). Da Equação 29-18, temos

$$I_{pico} = \frac{V_{L\,pico}}{\omega L} = \frac{V_{L\,pico}}{X_L} \qquad 29\text{-}20$$

onde

$$X_L = \omega L \qquad 29\text{-}21$$

DEFINIÇÃO — REATÂNCIA INDUTIVA

é chamada de **reatância indutiva**. Como $I_{rms} = I_{pico}/\sqrt{2}$ e $V_{L\,rms} = V_{L\,pico}/\sqrt{2}$, a corrente rms é dada por

$$I_{rms} = \frac{V_{L\,rms}}{X_L} \qquad 29\text{-}22$$

Assim como a resistência, a reatância indutiva tem unidade de ohms. Como podemos ver da Equação 29-22, quanto maior a reatância para uma dada queda de potencial rms, menor será a corrente rms. Diferentemente da resistência, a reatância indutiva depende da freqüência — quanto maior a freqüência, maior a reatância.

A potência *instantânea* entregue ao indutor é

$$P = V_L I = (V_{L\,pico} \cos \omega t)(I_{pico} \operatorname{sen} \omega t) = V_{L\,pico} I_{pico} \cos \omega t \operatorname{sen} \omega t$$

A potência *média* entregue ao indutor é zero. Podemos ver isso usando a identidade trigonométrica

$$2 \cos \omega t \operatorname{sen} \omega t = \operatorname{sen} 2\omega t$$

O valor de $\operatorname{sen} 2\omega t$ oscila duas vezes durante cada ciclo da corrente e, portanto, ora é negativo, ora é positivo. Assim, quando calculamos a média sobre um número inteiro de ciclos, nenhuma energia é entregue ao indutor. (Se a resistência r do indutor não é desprezível, então a potência média entregue é igual a $(I_{rms})^2 r$.)

Exemplo 29-2 — Reatância Indutiva

A queda de potencial em um indutor de 40,0 mH é senoidal e tem uma queda de potencial rms de 120 V. Determine a reatância indutiva e a corrente rms quando a freqüência é (a) 60,0 Hz e (b) 2000 Hz.

SITUAÇÃO Calculamos a reatância indutiva em cada freqüência e usamos a Equação 29-20 para determinar a corrente de pico.

SOLUÇÃO

(a) 1. A corrente de pico é igual à queda de potencial rms dividida pela reatância indutiva:
$$I_{rms} = \frac{V_{L\,rms}}{X_L}$$

2. Calcule a reatância indutiva a 60,0 Hz:
$$X_{L1} = \omega_1 L = 2\pi f_1 L$$
$$= (2\pi)(60{,}0 \text{ Hz})(40{,}0 \times 10^{-3} \text{ H})$$
$$= \boxed{15{,}1 \ \Omega}$$

3. Use este valor de X_L para calcular a corrente rms a 60,0 Hz:
$$I_{1\,rms} = \frac{120 \text{ V}}{15{,}1 \ \Omega} = \boxed{7{,}95 \text{ A}}$$

(b) 1. Calcule a reatância indutiva a 2000 Hz:
$$X_{L2} = \omega_2 L = 2\pi f_2 L$$
$$= (2\pi)(2000 \text{ Hz})(40{,}0 \times 10^{-3} \text{ H}) = \boxed{503 \ \Omega}$$

2. Use este valor de X_L para calcular a corrente rms a 2000 Hz:
$$I_{2\,rms} = \frac{120 \text{ V}}{503 \ \Omega} = \boxed{0{,}239 \text{ A}}$$

CHECAGEM A corrente rms a 2000 Hz é aproximadamente 3 por cento da corrente rms a 60,0 Hz. Este resultado é esperado porque o indutor deve se comportar aproximadamente como um circuito aberto quando a freqüência aumenta.

CAPACITORES EM CIRCUITOS DE CORRENTE ALTERNADA

Quando um capacitor é conectado nos terminais de um gerador ac (Figura 29-8), a queda de potencial no capacitor é

$$V_C = \frac{Q}{C} \qquad 29\text{-}23$$

onde Q é a carga na placa superior do capacitor.

Neste circuito, a queda de potencial V_C no capacitor é igual à fem $\mathcal{E}$ do gerador. Isto é,

$$V_C = \mathcal{E}_{pico} \cos \omega t = V_{C\,pico} \cos \omega t$$

onde $V_{C\,pico} = \mathcal{E}_{pico}$. Substituindo por V_C na Equação 29-23 e resolvendo para Q, obtemos

$$Q = V_C C = V_{C\,pico} C \cos \omega t = Q_{pico} \cos \omega t$$

A corrente é

$$I = \frac{dQ}{dt} = -\omega Q_{pico} \operatorname{sen} \omega t = -I_{pico} \operatorname{sen} \omega t$$

onde

$$I_{pico} = \omega Q_{pico} \qquad 29\text{-}24$$

Usando a identidade trigonométrica $\operatorname{sen} \theta = -\cos(\theta + \frac{\pi}{2})$, onde $\theta = \omega t$, obtemos

$$I = -\omega Q_{pico} \operatorname{sen} \omega t = I_{pico} \cos(\omega t + \tfrac{\pi}{2}) \qquad 29\text{-}25$$

A queda de potencial V_C no capacitor está em fase com a carga Q (Equação 29-23), assim como com o indutor, a queda de tensão no capacitor está 90° fora de

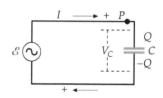

FIGURA 29-8 Um gerador ac em série com um capacitor C. O sentido positivo ao longo do circuito é tal que, quando a corrente é positiva, a carga Q na placa superior do capacitor está aumentando, logo a corrente está relacionada à carga por $I = +dQ/dt$.

fase com relação à corrente no circuito. Da Figura 29-9, vemos que o valor máximo da queda de potencial ocorre 90° ou um quarto de período mais tarde no tempo que o máximo valor da corrente. Assim, *a queda de potencial em um capacitor está atrasada em relação à corrente por 90°*. Podemos entender este resultado de outra maneira. A carga Q é proporcional à queda de potencial V_C, e, portanto, o valor máximo de $dQ/dt = I$ ocorre quando a carga Q e, portanto, V_C é zero. Quando a carga no capacitor aumenta, a corrente diminui até que, um quarto de período depois, a carga Q e, portanto, V_C, é um máximo e a corrente é zero. A corrente torna-se, então, negativa enquanto a carga Q diminui.

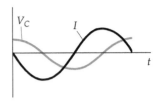

FIGURA 29-9 Corrente e queda de potencial no capacitor mostrado na Figura 29-8 *versus* tempo. A máxima queda de potencial ocorre um quarto de período depois do máximo da corrente. Portanto, a queda de potencial está atrasada em relação à corrente por 90°.

Podemos relacionar a corrente à queda de potencial de uma forma similar a $I_{rms} = V_{R\,rms}/R$ (Equação 29-5) para um resistor. Da Equação 29-24, temos

$$I_{pico} = \omega Q_{pico} = \omega C V_{C\,pico} = \frac{V_{C\,pico}}{1/(\omega C)} = \frac{V_{C\,pico}}{X_C}$$

e, similarmente,

$$I_{rms} = \frac{V_{C\,rms}}{X_C} \qquad 29\text{-}26$$

onde

$$X_C = \frac{1}{\omega C} \qquad 29\text{-}27$$

DEFINIÇÃO — REATÂNCIA CAPACITIVA

é chamada de **reatância capacitiva** do circuito. Assim como a resistência e a reatância indutiva, a reatância capacitiva tem unidade de ohms e, como a reatância indutiva, a reatância capacitiva depende da freqüência da corrente. Neste caso, quanto maior a freqüência, menor a reatância. A potência média entregue a um capacitor em um circuito ac é zero, como no caso de um indutor. Isto ocorre porque a queda de potencial é proporcional a $\cos \omega t$ e a corrente é proporcional a $\sin \omega t$, e $(\cos \omega t \sin \omega t)_{méd} = 0$. Portanto, assim como no caso de indutores sem resistência, os capacitores não dissipam energia.

Como a carga não pode passar pelo espaço vazio entre as placas de um capacitor, pode parecer estranho que haja uma corrente alternada no circuito mostrado na Figura 29-8. Considere que você escolheu o instante de tempo igual a zero quando a queda de potencial V_C no capacitor é zero e está aumentando. (Neste mesmo instante, a carga Q na placa superior do capacitor também é zero e está aumentando.) Enquanto V_C aumenta, carga positiva flui da placa inferior para a placa superior e a carga Q atinge seu valor máximo Q_{pico} um quarto de período mais tarde. Depois que Q atinge seu valor máximo, ela continua a variar, atingindo zero no ponto de meio período, $-Q_{pico}$ no ponto de três quartos de período e zero (novamente) ao completar um ciclo no ponto de período integral. A carga Q_{pico} flui pelo ponto P (veja a Figura 29-8) no fio a cada quarto de período. Se duplicarmos a freqüência, reduziremos o período à metade. Portanto, se duplicarmos a freqüência dividimos pela metade o tempo para que a carga Q_{pico} flua pelo ponto P no fio e duplicaremos a amplitude da corrente I_{pico}. Assim, quanto maior a freqüência, menor é o impedimento do capacitor ao fluxo de carga.

Exemplo 29-3 Reatância Capacitiva

Um capacitor de 20,0 μF é colocado em um gerador ac que aplica uma diferença de potencial com uma amplitude (valor de pico) de 100 V. Determine a reatância capacitiva e a amplitude da corrente quando a freqüência é (*a*) 60 Hz e (*b*) 6000 Hz.

SITUAÇÃO A reatância capacitiva é $X_C = 1/(\omega C)$ e a corrente de pico é $I_{pico} = V_{C\,pico}/X_C$.

SOLUÇÃO
(*a*) Calcule a reatância capacitiva a 60,0 Hz e use este valor para determinar a corrente de pico a 60,0 Hz:

$$X_{C1} = \frac{1}{\omega_1 C} = \frac{1}{2\pi f_1 C} = \frac{1}{2\pi(60,0\ \text{Hz})(20,0 \times 10^{-6}\ \text{F})} = \boxed{133\ \Omega}$$

$$I_{1\,pico} = \frac{V_{C\,pico}}{X_{C1}} = \frac{100\ \text{V}}{133\ \Omega} = \boxed{0,752\ \text{A}}$$

(b) Calcule a reatância capacitiva a 6000 Hz e use este valor para determinar a corrente de pico a 6000 Hz:

$$X_{C2} = \frac{1}{\omega_2 C} = \frac{1}{2\pi f_2 C} = \frac{1}{2\pi (6000 \text{ Hz})(20{,}0 \times 10^{-6}\text{F})} = \boxed{1{,}33 \, \Omega}$$

$$I_{2\,\text{pico}} = \frac{V_{C\,\text{pico}}}{X_{C2}} = \frac{100 \text{ V}}{1{,}33 \, \Omega} = \boxed{75{,}2 \text{ A}}$$

CHECAGEM A corrente a 60,0 Hz é aproximadamente 1 por cento da corrente a 6000 Hz. Este resultado é esperado, pois o capacitor deve atuar aproximadamente como um circuito aberto nas freqüências mais baixas.

INDO ALÉM Observe que a reatância capacitiva é inversamente proporcional à freqüência e, portanto, aumentar a freqüência por duas ordens de magnitude implica diminuir a reatância por duas ordens de magnitude. A corrente é diretamente proporcional à freqüência, de acordo com o esperado.

29-3 O TRANSFORMADOR

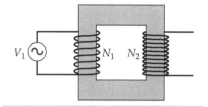

Um transformador é um dispositivo usado para aumentar ou para reduzir a tensão em um circuito sem perda apreciável de energia. A Figura 29-10 mostra um transformador simples que consiste em duas bobinas em torno de um núcleo comum de ferro. A bobina com a potência de entrada é chamada de primário e a outra bobina é chamada de secundário. Cada bobina de um transformador pode ser usada como **primário** ou **secundário**. O transformador opera baseado no princípio que uma corrente alternada em um circuito induz uma fem alternada em um circuito nas proximidades devido à indutância mútua entre os dois circuitos. O núcleo de ferro aumenta o campo magnético para uma dada corrente e conduz sua direção de forma que o fluxo de acoplamento entre as bobinas se aproxima de 100 por cento. (Com um fluxo de acoplamento de 100 por cento, todas as linhas de campo magnético através de uma bobina também passam através da outra bobina.) Se não há perda de energia, o produto da queda de potencial e da corrente no enrolamento do secundário seria igual ao produto da queda de potencial e da corrente no enrolamento do primário. Assim, se a diferença de potencial na bobina secundária é maior que a diferença de potencial na bobina primária, a corrente no secundário é menor que a corrente no primário e vice-versa. Perdas de energia surgem devido ao aquecimento Joule nas pequenas resistências em ambas as bobinas, ou nas correntes parasitas,* e devidas à histerese nos núcleos de ferro.

FIGURA 29-10 Um transformador com N_1 voltas no primário e N_2 voltas no secundário.

(a)

(b)

Desprezaremos estas perdas e consideraremos um transformador ideal com 100 por cento de eficiência, para o qual toda a potência fornecida à bobina primária aparecerá na bobina secundária. Transformadores reais para distribuição de potência freqüentemente têm eficiência de 98 por cento ou mais.

Considere um transformador com uma queda de potencial V_1 na bobina primária com N_1 voltas; a bobina secundária de N_2 voltas é um circuito aberto. Devido à presença do núcleo de ferro, há um grande fluxo através de cada bobina, mesmo quando a corrente de magnetização I_m no primário é muito pequena. (A corrente de magnetização é a corrente no primário quando o circuito secundário está aberto.) Podemos ignorar as resistências das bobinas, que são desprezíveis em comparação às reatâncias indutivas. O circuito primário é, então, um circuito simples formado por um gerador ac e uma indutância pura, como a discutida na Seção 29-2. A corrente de magnetização na bobina primária e a queda de tensão na bobina primária estão fora de fase por 90°, e a potência média dissipada nesta bobina é zero. Se ϕ_{volta} é o fluxo magnético por volta na bobina primária, a queda de potencial nesta bobina é igual à fem reversa, então

(c)

$$V_1 = N_1 \frac{d\phi_{\text{volta}}}{dt} \qquad 29\text{-}28$$

(a) Uma caixa de potência contendo um transformador para reduzir a tensão para distribuição doméstica. (b) Uma subestação suburbana de potência onde transformadores reduzem a tensão das linhas de transmissão de alta tensão. (c) Um transformador portátil de 9 volts. (Cortesia de André Vallim.)

---
* As correntes induzidas, chamadas de correntes parasitas, podem ser fortemente reduzidas usando um núcleo de metal laminado para romper os caminhos de corrente.

306 | CAPÍTULO 29

Se não há fuga do fluxo para fora do núcleo de ferro, o fluxo através de cada volta é o mesmo para ambas as bobinas. Assim, o fluxo total através da bobina secundária é $N_2\phi_{volta}$, e a diferença de potencial na bobina secundária é

$$V_2 = N_2 \frac{d\phi_{volta}}{dt} \qquad\qquad 29\text{-}29$$

Comparando as Equações 29-28 e 29-29, podemos ver que

$$V_2 = \frac{N_2}{N_1} V_1 \qquad\qquad 29\text{-}30$$

Se N_2 é maior que N_1, a diferença de potencial na bobina secundária é maior que a queda de potencial na bobina primária, e o transformador é chamado de *transformador amplificador*. Se N_2 é menor que N_1, a diferença de potencial na bobina secundária é menor que a queda de potencial na bobina primária, e o transformador é chamado de *transformador atenuador*.

Quando colocamos uma resistência R, chamada de *resistência de carga*, na bobina secundária, haverá uma corrente I_2 no circuito secundário que estará em fase com a queda de potencial V_2 na resistência. Esta corrente gera um fluxo adicional ϕ'_{volta} através de cada volta que é proporcional a $N_2 I_2$. Este fluxo se opõe ao fluxo original gerado pela corrente original de magnetização I_m no primário. Entretanto, a queda de potencial na bobina primária é determinada pelo gerador de fem, que não é afetado pelo circuito secundário. De acordo com a Equação 29-29, o fluxo no núcleo de ferro deve variar na taxa original; isto é, o fluxo total no núcleo de ferro deve ser o mesmo quando não existe carga no secundário. A bobina primária, portanto, consome uma corrente adicional I_1 para manter o fluxo original ϕ_{volta}. O fluxo através de cada volta produzido por esta corrente adicional é proporcional a $N_1 I_1$. Como este fluxo é igual à $-\phi'_{volta}$, a corrente adicional I_1 no primário está relacionada à corrente I_2 no secundário por

$$N_1 I_1 = -N_2 I_2 \qquad\qquad 29\text{-}31$$

As correntes estão 180° fora de fase e produzem fluxos contrários. Como I_2 está em fase com V_2, a corrente adicional I_1 está em fase com a queda de potencial no circuito primário. A entrada de potência do gerador é $V_{1\,rms} I_{1\,rms}$, e a potência de saída é $V_{2\,rms} I_{2\,rms}$. (A corrente de magnetização não contribui para a potência de entrada porque está a 90° fora de fase em relação à tensão do gerador.) Se não houver perdas,

$$V_{1\,rms} I_{1\,rms} = V_{2\,rms} I_{2\,rms} \qquad\qquad 29\text{-}32$$

Na maioria dos casos, a corrente adicional no primário I_1 é muito maior que a corrente original de magnetização I_m que é fornecida pelo gerador quando não há carga. Isso pode ser demonstrado colocando uma lâmpada em série com a bobina primária. A lâmpada é muito mais brilhante quando há uma carga no circuito secundário do que quando ele está aberto. Se I_m pode ser desprezado, a Equação 29-32 relaciona as correntes totais nos circuitos primário e secundário.

Exemplo 29-4 — Transformador de Campainha

Uma campainha necessita 0,40 A rms de corrente alternada a 6,0 V rms. Ela está conectada a um transformador cujo primário tem 2000 voltas e está conectada a uma linha de 120 V rms. (*a*) Quantas voltas deve haver no secundário? (*b*) Qual é a corrente no primário?

SITUAÇÃO Podemos determinar o número de voltas a partir da razão entre o número de voltas, que é igual à razão entre as tensões. A corrente no primário pode ser determinada equacionando as potências de saída e de entrada.

SOLUÇÃO

(*a*) A razão entre o número de voltas pode ser obtida da Equação 29-30. Resolva para o número de voltas no secundário, N_2:

$$\frac{N_2}{N_1} = \frac{V_2}{V_1}$$

então

$$N_2 = \frac{V_{2\,rms}}{V_{1\,rms}} N_1 = \frac{6,0\ V}{120\ V} 2000\ \text{voltas} = \boxed{100\ \text{voltas}}$$

Circuitos de Corrente Alternada | **307**

(*b*) Como consideramos 100 por cento de eficiência na transmissão de potência, as correntes de entrada e saída estão relacionadas pela Equação 29-32. Resolva para a corrente no primário, I_1:

$$V_{2\,\text{rms}}I_{2\,\text{rms}} = V_{1\,\text{rms}}I_{1\,\text{rms}}$$

então

$$I_{1\,\text{rms}} = \frac{V_{2\,\text{rms}}}{V_{1\,\text{rms}}}I_{2\,\text{rms}} = \frac{6,0\text{ V}}{120\text{ V}}(0,40\text{ A}) = \boxed{0,020\text{ A}}$$

CHECAGEM Para reduzir a tensão é necessário um menor número de voltas no secundário que no primário. Além disso, um transformador que reduz a tensão amplifica a corrente. Nossos resultados refletem estes atributos.

Um uso importante para os transformadores está na transmissão e distribuição de energia elétrica. Para minimizar a perda de calor I^2R (aquecimento Joule) nas linhas de transmissão, é economicamente recomendável usar alta tensão e baixa corrente. Por outro lado, considerações sobre segurança, dentre outras, exigem que a energia a ser entregue aos consumidores seja realizada em tensões menores e, conseqüentemente, com maiores correntes. Considere, por exemplo, que cada pessoa em uma cidade com uma população de 50 000 utiliza 1,2 kW de potência elétrica. (O consumo per capita de potência nos Estados Unidos é, de fato, um pouco maior que este valor.) A 120 V, a corrente necessária para cada pessoa seria

$$I = \frac{1200\text{ W}}{120\text{ V}} = 10\text{ A}$$

A corrente total para 50 000 pessoas seria, então, de 500 000 A. O transporte de tal corrente desde uma planta geradora de energia até uma cidade que está a quilômetros de distância precisaria de condutores com espessuras enormes e a perda de energia I^2R seria substancial. No lugar de transmitir a energia a 120 V, transformadores amplificadores são usados na planta de energia para aumentar a tensão até um valor muito elevado, tal como 600 000 V. Para esta tensão, a corrente necessária é apenas

$$I = \frac{120\text{ V}}{600\ 000\text{ V}}(500\ 000\text{ A}) = 100\text{ A}$$

Para reduzir a tensão a um nível seguro para o transporte até a cidade, tal como 10 000 V, subestações de energia estão localizadas próximas às cidades. Transformadores em caixas presas a postes no lado de fora de cada casa reduzem, novamente, a tensão para 120 V (ou 240 V), que é então distribuída às residências. Devido à facilidade de amplificar e reduzir a tensão com transformadores, o uso de corrente alternada é mais comum que o uso de corrente contínua.

Exemplo 29-5   **Perdas na Transmissão**

Uma linha de transmissão tem resistência de 0,020 Ω/km. Calcule a perda de potência devida ao aquecimento Joule se 200 kW de potência são transmitidos de um gerador até uma cidade que está a 10 km de distância a (*a*) 240 V rms e (*b*) 4,4 kV rms.

SITUAÇÃO Primeiramente, observe que a resistência total de 10 km de fio é $R = (0,020\ \Omega/\text{km})(10\text{ km}) = 0,20\ \Omega$. Em cada caso, inicie determinando a corrente necessária para transmitir 200 kW usando $P = IV$, e, então, determine a perda de potência usando $(I_{\text{rms}})^2R$. Na solução, as tensões e correntes são valores rms e a potência é a potência média.

SOLUÇÃO

(*a*) 1. Determine a corrente necessária para transmitir 200 kW de potência a 240 V:

$$I = \frac{P}{V} = \frac{200\text{ kW}}{240\text{ V}} = 833\text{ A}$$

2. Calcule a perda de potência:

$$I^2R = (833\text{ A})^2(0,20\ \Omega) = \boxed{1,4 \times 10^2\text{ kW}}$$

(*b*) 1. Agora, determine a corrente necessária para transmitir 200 kW de potência a 4,4 kV:

$$I = \frac{P}{V} = \frac{200\text{ kW}}{4,4\text{ kV}} = 45,4\text{ A}$$

2. Calcule a perda de potência:

$$I^2R = (45,4\text{ A})^2(0,20\ \Omega) = \boxed{0,41\text{ kW}}$$

CHECAGEM A perda de potência a 4,4 kV é menor que 1 por cento da perda de potência a 240 V. Este resultado é consistente com a razão de amplificar a tensão para a transmissão.

INDO ALÉM Observe que com a transmissão a 240 V, praticamente 70 por cento da potência é desperdiçada por aquecimento. Além disso, há uma queda *IR* (tensão) na linha de transmissão de 167 V, logo a potência é fornecida a apenas 73 V. Entretanto, com a transmissão a 4,4 kV, apenas cerca de 0,2 por cento da potência é perdida durante a transmissão e há uma queda *IR* na linha de transmissão de 9 V, logo a potência é fornecida com apenas 0,2 por cento de queda de tensão.

*29-4 CIRCUITOS *LC* E *RLC* SEM UM GERADOR

A Figura 29-11 mostra um circuito simples que tem indutância e capacitância, mas não tem resistência. Tal circuito é chamado de **circuito *LC***. Consideremos que a placa superior do capacitor tenha uma carga inicial positiva Q_0 e que a chave esteja inicialmente aberta. Depois que a chave é fechada em $t = 0$, a carga começa a fluir através do indutor. Seja Q a carga na placa superior do capacitor e considere que o sentido positivo no circuito seja o horário, como indicado. Então,

$$I = +\frac{dQ}{dt}$$

Aplicando a lei das malhas de Kirchhoff ao circuito, obtemos

$$L\frac{dI}{dt} + \frac{Q}{C} = 0 \qquad 29\text{-}33$$

Substituindo dQ/dt por I, temos

$$L\frac{d^2Q}{dt^2} + \frac{1}{C}Q = 0 \qquad 29\text{-}34$$

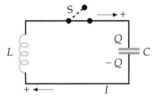

FIGURA 29-11 Um circuito *LC*. Quando a chave é aberta, o capacitor inicialmente carregado descarrega através do indutor, produzindo uma fem reversa.

Esta equação tem a mesma forma que a Equação 14-2 para a aceleração de uma massa presa em uma mola:

$$m\frac{d^2x}{dt^2} + kx = 0$$

O comportamento de um circuito *LC* é, portanto, análogo ao de uma massa presa em uma mola — *L* é análogo à massa *m*, *Q* é análogo à posição *x* e $1/C$ é análogo à constante de mola *k*. Além disso, a corrente *I* é análoga à velocidade *v*, pois $\omega = dx/dt$ e $I = dQ/dt$. Na mecânica, a massa de um objeto descreve a inércia deste objeto. Quanto maior a massa, maior é a oposição à variação da velocidade do objeto. De maneira similar, a indutância *L* pode ser pensada como a inércia de um circuito ac. Quanto maior a indutância, maior a oposição a variações na corrente *I*.

Se dividirmos cada termo na Equação 29-34 por *L* e fizermos um rearranjo, obtemos

$$\frac{d^2Q}{dt^2} = -\frac{1}{LC}Q \qquad 29\text{-}35$$

a qual é análoga à

$$\frac{d^2x}{dt^2} = -\frac{k}{m}x \qquad 29\text{-}36$$

No Capítulo 14 (Volume 1), encontramos que podíamos escrever a solução para a Equação 29-36 para o movimento harmônico simples na forma

$$x = A\cos(\omega t - \delta)$$

onde $\omega = \sqrt{k/m}$ é a freqüência angular, *A* é a amplitude do deslocamento e δ é a constante de fase, a qual depende das condições iniciais. A solução para a Equação 29-35 é, portanto,

$$Q = A\cos(\omega t - \delta)$$

com

$$\omega = \frac{1}{\sqrt{LC}} \qquad 29\text{-}37$$

A corrente I é determinada através da diferenciação:

$$I = \frac{dQ}{dt} = -\omega A \,\text{sen}(\omega t - \delta)$$

Se escolhermos nossas condições iniciais tais que $Q = Q_{\text{pico}}$ e $I = 0$ em $t = 0$, a constante de fase δ é zero e $A = Q_{\text{pico}}$. Nossas soluções são, então

$$Q = Q_{\text{pico}} \cos \omega t \qquad 29\text{-}38$$

e

$$I = -\omega Q_{\text{pico}} \,\text{sen}\, \omega t = -I_{\text{pico}} \,\text{sen}\, \omega t \qquad 29\text{-}39$$

onde $I_{\text{pico}} = \omega Q_{\text{pico}}$.

A Figura 29-12 mostra gráficos de Q e I *versus* tempo. A carga oscila entre os valores $+Q_{\text{pico}}$ e $-Q_{\text{pico}}$ com freqüência angular $\omega = 1/\sqrt{LC}$. A corrente oscila entre $+\omega Q_{\text{pico}}$ e $-\omega Q_{\text{pico}}$ com a mesma freqüência. Além disso, a carga está defasada por 90° atrás da corrente (veja o Problema 29-33). A corrente é máxima quando a carga é zero e a corrente é zero quando a carga é máxima.

Em nosso estudo sobre as oscilações de uma massa presa a uma mola, encontramos que a energia total é constante e que oscila entre energia potencial e energia cinética. Também temos dois tipos de energia no circuito LC — energia elétrica e energia magnética. A energia elétrica armazenada no capacitor é

$$U_e = \frac{1}{2}QV_C = \frac{1}{2}\frac{Q^2}{C}$$

Substituindo $Q_{\text{pico}} \cos \omega t$ por Q, temos para a energia elétrica

$$U_e = \frac{1}{2}\frac{Q^2_{\text{pico}}}{C} \cos^2 \omega t \qquad 29\text{-}40$$

A energia elétrica oscila entre seu valor máximo $Q^2_{\text{pico}}/(2C)$ e zero a uma freqüência angular de 2ω (veja Problema 29-33). A energia magnética armazenada no indutor é

$$U_m = \frac{1}{2}LI^2 \qquad 29\text{-}41$$

Substituindo $I = -\omega Q_{\text{pico}} \,\text{sen}\, \omega t$ (Equação 29-39), obtemos

$$U_m = \frac{1}{2}L\omega^2 Q^2_{\text{pico}} \,\text{sen}^2 \omega t = \frac{1}{2}\frac{Q^2_{\text{pico}}}{C} \,\text{sen}^2 \omega t \qquad 29\text{-}42$$

onde usamos $\omega^2 = 1/LC$ (Equação 29-37). A energia magnética também oscila entre seu valor máximo de $Q^2_{\text{pico}}/(2C)$ e zero a uma freqüência angular de 2ω. A soma da energia eletrostática e da energia magnética é a energia total, a qual é constante no tempo:

$$U_{\text{total}} = U_e + U_m = \frac{1}{2}\frac{Q^2_{\text{pico}}}{C}\cos^2\omega t + \frac{1}{2}\frac{Q^2_{\text{pico}}}{C}\,\text{sen}^2\omega t = \frac{1}{2}\frac{Q^2_{\text{pico}}}{C}$$

Esta soma é igual à energia inicialmente armazenada no capacitor.

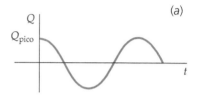
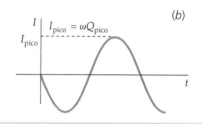

FIGURA 29-12 Gráficos de (*a*) Q *versus* t e (*b*) I *versus* t para o circuito LC mostrado na Figura 29-11.

Exemplo 29-6 Oscilador *LC*

Um capacitor de 2,0 μF é carregado a 20 V e, então, conectado a um indutor de 6,0 μH. (*a*) Qual é a freqüência de oscilação? (*b*) Qual é o valor de pico da corrente?

SITUAÇÃO Em (*b*) a corrente é máxima quando dQ/dt é máxima, logo a amplitude da corrente é ωQ_{pico}. Além disso, $Q = Q_{\text{pico}}$ quando $V = V_{\text{pico}}$, onde V é a tensão no capacitor.

SOLUÇÃO

(a) A freqüência da oscilação depende apenas dos valores da capacitância e da indutância:

$$f = \frac{\omega}{2\pi} = \frac{1}{2\pi\sqrt{LC}} = \frac{1}{2\pi\sqrt{(6,0 \times 10^{-6} \text{H})(2,0 \times 10^{-6} \text{F})}}$$

$$= \boxed{4,6 \times 10^4 \text{ Hz}}$$

(b) 1. O valor de pico da corrente está relacionado ao valor de pico da carga:

$$I_{pico} = \omega Q_{pico} = \frac{Q_{pico}}{\sqrt{LC}}$$

2. O pico de carga no capacitor está relacionado ao valor de pico da queda de potencial no capacitor:

$$Q_{pico} = CV_{pico}$$

3. Substitua CV_{pico} por Q_{pico} e calcule I_{pico}:

$$I_{pico} = \frac{CV_{pico}}{\sqrt{LC}} = \frac{V_{pico}}{\sqrt{L/C}}$$

$$= \frac{(20 \text{ V})}{\sqrt{(6,0 \text{ }\mu\text{H})/(2,0 \text{ }\mu\text{F})}} = \boxed{12 \text{ A}}$$

PROBLEMA PRÁTICO 29-2 Um capacitor de 5,0 μF é carregado e, então, conectado a um indutor. Qual deveria ser o valor da indutância para que a corrente oscile com uma freqüência de 8,0 kHz?

Se incluirmos um resistor em série com o capacitor e com o indutor, como na Figura 29-13, teremos um **circuito RLC**. A lei das malhas de Kirchhoff fornece

$$L\frac{dI}{dt} + IR + \frac{Q}{C} = 0 \qquad 29\text{-}43a$$

ou

$$L\frac{d^2Q}{dt^2} + R\frac{dQ}{dt} + \frac{1}{C}Q = 0 \qquad 29\text{-}43b$$

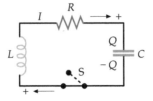

FIGURA 29-13 Um circuito RLC.

onde usamos $I = dQ/dt$ como antes. As Equações 29-43a e 29-43b são análogas à equação para um oscilador harmônico amortecido (veja a Equação 14-38):

$$m\frac{d^2x}{dt^2} + b\frac{dx}{dt} + kx = 0$$

O primeiro termo, $L\, dI/dt = L\, d^2Q/dt^2$, é análogo à massa multiplicada pela aceleração, $m\, dv/dt = m\, d^2x/dt^2$; o segundo termo, $IR = R\, dQ/dt$, é análogo ao termo de amortecimento, $bv = b\, dx/dt$; e o terceiro termo, Q/C, é análogo à força restauradora kx. Na oscilação de uma massa presa a uma mola, a constante de amortecimento b conduz a uma energia dissipativa. Em um circuito RLC, a resistência R é análoga à constante de amortecimento b e conduz a uma energia dissipativa.

Se a resistência for pequena, a carga e a corrente oscilam com freqüência (angular)* que é aproximadamente igual a $\omega_0 = 1/\sqrt{LC}$, chamada de **freqüência natural** do circuito, mas as oscilações são amortecidas. Podemos entender isto qualitativamente considerando a energia. Se multiplicarmos cada termo da Equação 29-43a pela corrente I, obtemos

$$LI\frac{dI}{dt} + I^2R + I\frac{Q}{C} = 0 \qquad 29\text{-}44$$

A energia magnética no indutor é dada por $\frac{1}{2}LI^2$ (veja a Equação 28-21). Observe que

$$\frac{d\left(\frac{1}{2}LI^2\right)}{dt} = LI\frac{dI}{dt}$$

onde $LI\, dI/dt$ é o primeiro termo na Equação 29-44. Se $LI\, dI/dt$ for positivo, é igual à taxa na qual a energia potencial elétrica é transformada em energia magnética. Se $LI\, dI/dt$ for negativo, é igual à taxa na qual a energia magnética é transformada de vol-

---

* Como no Capítulo 14 (Volume 1), quando discutimos as oscilações mecânicas, geralmente omitimos a palavra *angular* quando esta omissão não provocar confusão.

ta em energia potencial elétrica. Observe que $LI\,dI/dt$ é positivo ou negativo dependendo se I e dI/dt têm sinais iguais ou diferentes. O segundo termo na Equação 29-44 é I^2R, a taxa na qual a energia potencial elétrica é dissipada no resistor. I^2R nunca é negativo. Observe que

$$\frac{d(\frac{1}{2}Q^2/C)}{dt} = \frac{Q}{C}\frac{dQ}{dt} = I\frac{Q}{C}$$

onde IQ/C é o terceiro termo na Equação 29-44. Este resultado é a taxa de variação da energia potencial elétrica do capacitor, a qual pode ser positiva ou negativa. A soma das energias elétrica e magnética não é constante para este circuito, pois a energia é dissipada continuamente no resistor. A Figura 29-14 mostra o gráfico de Q versus t e I versus t para uma pequena resistência R em um circuito RLC. Se aumentarmos R, o amortecimento das oscilações aumenta até que um valor crítico da resistência R seja atingido para o qual não existe mais oscilação. A Figura 29-15 mostra um gráfico de Q versus t em um circuito RLC quando o valor de R é maior que o valor crítico de amortecimento.

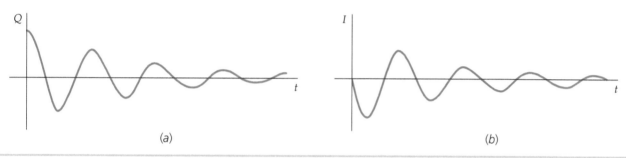

FIGURA 29-14 Gráficos de (a) Q versus t e (b) I versus t para o circuito RLC mostrado na Figura 29-13 quando o valor de R é pequeno o suficiente para que as oscilações não sejam amortecidas.

29-5 FASORES

Até este momento, os circuitos considerados continham um gerador ac ideal e apenas um único elemento passivo (por exemplo, resistor, indutor ou capacitor). Em tais circuitos, a queda de potencial no elemento passivo é igual à fem do gerador. Em circuitos que contêm um gerador ac ideal e dois ou mais elementos adicionais conectados em série, a soma das quedas de potencial nos elementos em um dado instante é igual à fem do gerador naquele instante; assim como no caso dos circuitos dc. Entretanto, em circuitos ac em série as quedas de potencial tipicamente não estão em fase, logo a soma de seus valores rms não é igual ao valor rms da fem do gerador.

Vetores bidimensionais, os quais são chamados de **fasores**, podem representar as relações de fase entre a corrente e as quedas de potencial em resistores, capacitores ou indutores. Na Figura 29-16, a queda de potencial em um resistor V_R é representada por um vetor $\vec{V}_R$ que tem módulo $I_{pico}R$ e faz um ângulo θ com o eixo x. Esta queda de potencial está em fase com a corrente. A corrente em um circuito ac estacionário varia com o tempo como

$$I = I_{pico}\cos\theta = I_{pico}\cos(\omega t - \delta) \qquad 29\text{-}45$$

onde ω é a freqüência angular e δ é alguma constante de fase. A queda de potencial no resistor é, então, dada por

$$V_R = IR = I_{pico}R\cos(\omega t - \delta) \qquad 29\text{-}46$$

A queda de potencial em um resistor é, portanto, igual à componente x do fasor $\vec{V}_R$, que gira no sentido anti-horário com freqüência angular ω. A corrente I pode ser escrita como a componente x do fasor $\vec{I}$ que tem a mesma direção e sentido de $\vec{V}_R$.

Quando vários componentes estão conectados em uma combinação em série, as quedas de potencial se somam. Quando vários componentes estão conectados em paralelo, as correntes se somam. Infelizmente, a soma algébrica de senos e cossenos

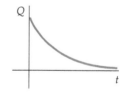

FIGURA 29-15 Um gráfico de Q versus t para o circuito RLC mostrado na Figura 29-13 quando o valor de R é tão grande que as oscilações são superamortecidas.

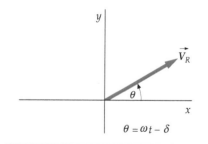

FIGURA 29-16 A queda de potencial em um resistor pode ser representada por um vetor $\vec{V}_R$, o qual é chamado de fasor, cujo módulo é $I_{pico}R$ e faz um ângulo $\theta = \omega t - \delta$ com o eixo x. O fasor gira com uma freqüência angular ω. A queda de potencial $V_R = IR$ é a componente x de $\vec{V}_R$.

com diferentes amplitudes e fases é complicada. É muito mais fácil fazer esta soma através da adição vetorial.*

Vamos ver como os fasores são usados. Qualquer corrente ac ou qualquer queda de potencial é escrita na forma $A \cos(\omega t - \delta)$, a qual, por sua vez, é tratada como A_x, a componente x de um fasor que faz um ângulo $(\omega t - \delta)$, com a direção $+x$. No lugar de somar duas quedas de potencial ou correntes algebricamente, como $A \cos(\omega t - \delta_1) + B \cos(\omega t - \delta_2)$, representamos as quantidades como fasores $\vec{A}$ e $\vec{B}$ e encontramos a soma dos fasores $\vec{C} = \vec{A} + \vec{B}$ geometricamente. A queda de potencial ou a corrente resultante é, então, a componente x do fasor resultante, $C_x = A_x + B_x$. A representação geométrica mostra convenientemente as amplitudes e as fases relativas dos fasores.

Considere um circuito ac que contém um indutor L, um capacitor C e um resistor R conectados em série. Eles conduzem a mesma corrente, que é representada como a componente x do fasor corrente $\vec{I}$. A queda de potencial no resistor V_R é representada por um fasor $\vec{V}_R$ que tem módulo $I_{pico}R$ e está em fase com o fasor corrente $\vec{I}$. A queda de potencial no indutor V_L é representada pelo fasor $\vec{V}_L$ que tem magnitude $I_{pico}X_L$ e está adiantado em relação ao fasor $\vec{I}$ por 90°. De forma semelhante, a queda de potencial no capacitor V_C é representada por um fasor $\vec{V}_C$ que tem magnitude $I_{pico}X_C$ e está atrasado em relação a $\vec{I}$ por 90°. A Figura 29-17 mostra os fasores $\vec{V}_R$, $\vec{V}_L$, $\vec{V}_C$ e $\vec{V}_{apl}$, onde a componente x de V_{apl} é a queda de potencial na combinação em série. Todos os fasores giram no sentido anti-horário com freqüência angular ω. Em qualquer instante de tempo, o valor instantâneo da queda de potencial em qualquer um destes elementos é igual à componente x do fasor correspondente.

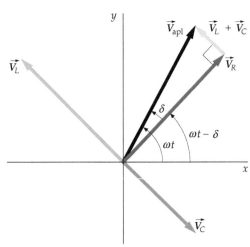

FIGURA 29-17 Representações das quedas de potencial V_R, V_L e V_C com fasores. Cada vetor gira no sentido anti-horário com freqüência angular ω. Em qualquer instante, a queda de potencial em um elemento é igual à componente x do fasor correspondente e a queda de potencial V_{apl} na combinação em série RLC, que é igual à soma das quedas de potencial, é igual à componente x da soma vetorial $\vec{V}_R + \vec{V}_L + \vec{V}_C$.

*29-6 CIRCUITOS *RLC* FORÇADOS

CIRCUITO *RLC* EM SÉRIE

A Figura 29-18 mostra um circuito *RLC* alimentado senoidalmente por um gerador ac. Se a queda de potencial aplicada pelo gerador à combinação em série é $V_{apl} = V_{apl\,pico} \cos \omega t$, a aplicação da lei das malhas de Kirchhoff fornece

$$V_{apl\,pico} \cos \omega t - L\frac{dI}{dt} - IR - \frac{Q}{C} = 0$$

Usando $I = dQ/dt$ e arranjando os termos, obtemos

$$L\frac{d^2Q}{dt^2} + R\frac{dQ}{dt} + \frac{1}{C}Q = V_{apl\,pico} \cos \omega t \qquad 29\text{-}47$$

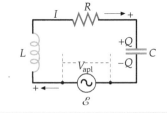

FIGURA 29-18 Um circuito *RLC* em série com um gerador ac.

Esta equação é análoga à Equação 14-53 para oscilação forçada de uma massa presa em uma mola:

$$m\frac{d^2x}{dt^2} + b\frac{dx}{dt} + m\omega_0^2 x = F_0 \cos \omega t$$

(Na Equação 14-53, a constante de força k foi escrita em termos da massa m e da freqüência angular natural ω_0 usando $k = m\omega_0^2$. A capacitância na Equação 29-47 poderia, de maneira semelhante, ser escrita em termos de L e da freqüência angular natural usando $1/C = L\omega_0^2$.)

Discutiremos a solução da Equação 29-47 qualitativamente como fizemos para a Equação 14-53 para um oscilador forçado. A corrente no circuito consiste em uma corrente transiente que depende das condições iniciais (por exemplo, a fase inicial do gerador e a carga inicial no capacitor) e uma corrente estacionária que não depende das condições iniciais. Ignoraremos a corrente transiente, a qual decresce exponencialmente com o tempo e é eventualmente desprezível, e nos concentraremos na corrente estacionária. Esta corrente obtida resolvendo a Equação 29-47 é

$$I = I_{pico} \cos(\omega t - \delta) \qquad 29\text{-}48$$

---

* Também é mais fácil fazer isso utilizando números complexos.

onde o ângulo de fase δ é dado por

$$\tan \delta = \frac{X_L - X_C}{R} \qquad 29\text{-}49$$

CONSTANTE DE FASE PARA UM CIRCUITO *RLC* EM SÉRIE

A corrente de pico é

$$I_{pico} = \frac{V_{apl\,pico}}{\sqrt{R^2 + (X_L - X_C)^2}} = \frac{V_{apl\,pico}}{Z} \qquad 29\text{-}50$$

CORRENTE DE PICO EM UM CIRCUITO *RLC* EM SÉRIE

onde

$$Z = \sqrt{R^2 + (X_L - X_C)^2} \qquad 29\text{-}51$$

IMPEDÂNCIA DE UM CIRCUITO *RLC* EM SÉRIE

A quantidade $X_L - X_C$ é chamada de **reatância total**, e Z é chamada de **impedância**. Combinando estes resultados, temos

$$I = \frac{V_{apl\,pico}}{Z} \cos(\omega t - \delta) \qquad 29\text{-}52$$

A Equação 29-52 também pode ser obtida a partir de um diagrama simples usando vetores chamados de fasores. A Figura 29-19 mostra os fasores representando as quedas de potencial na resistência, na indutância e na capacitância. A componente x de cada um destes vetores é igual à queda de potencial instantânea no elemento correspondente. Como a soma das componentes x é igual à componente x da soma, a soma das componentes x é igual à soma das quedas de potencial nestes elementos, a qual, pela lei das malhas de Kirchhoff, é igual à queda de potencial aplicada instantânea.

Se representarmos a queda de potencial aplicada na combinação em série por $V_{apl} = V_{apl\,pico}\cos \omega t$ como um fasor $\vec{V}_{apl}$ que tem magnitude $V_{apl\,pico}$, temos

$$\vec{V}_{apl} = \vec{V}_R + \vec{V}_L + \vec{V}_C \qquad 29\text{-}53$$

Em termos das magnitudes,

$$V_{apl\,pico} = |\vec{V}_R + \vec{V}_L + \vec{V}_C| = \sqrt{V_{R\,pico}^2 + (V_{L\,pico} - V_{C\,pico})^2}$$

Mas $V_R = I_{pico}R$, $V_L = I_{pico}X_L$ e $V_C = I_{pico}X_C$. Portanto,

$$V_{apl\,pico} = I_{pico}\sqrt{R^2 + (X_L - X_C)^2} = I_{pico}Z$$

O fasor $\vec{V}_{apl}$ faz um ângulo δ com $\vec{V}_R$, como mostrado na Figura 29-19. Da figura, podemos ver que

$$\tan \delta = \frac{|\vec{V}_L + \vec{V}_C|}{|\vec{V}_R|} = \frac{I_{pico}X_L - I_{pico}X_C}{I_{pico}R} = \frac{X_L - X_C}{R}$$

de acordo com a Equação 29-49. Como $\vec{V}_{apl}$ faz um ângulo ωt com o eixo x, $\vec{V}_R$ faz um ângulo $\omega t - \delta$ com o eixo x. Esta queda de potencial aplicada está em fase com a corrente, a qual é, portanto, dada por

$$I = I_{pico}\cos(\omega t - \delta) = \frac{V_{apl\,pico}}{Z}\cos(\omega t - \delta)$$

Esta é a Equação 29-52. A relação entre a impedância Z, a resistência R e a reatância total $X_L - X_C$ é mais bem memorizada usando o triângulo retângulo mostrado na Figura 29-20.

RESSONÂNCIA

Quando X_L e X_C são iguais, a reatância total é zero e a impedância Z tem seu menor valor R. Então I_{pico} tem seu valor máximo e o ângulo de fase δ é zero, o que significa

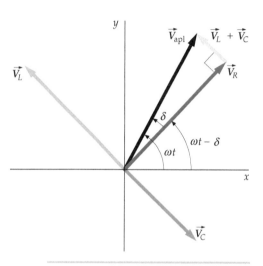

FIGURA 29-19 Relações de fase entre as quedas de potencial em um circuito *RLC* em série. A queda de potencial no resistor está em fase com a corrente. A queda de potencial no indutor V_L está adiantada em relação à corrente por 90°. A queda de potencial no capacitor está atrasada em 90° em relação à corrente. A soma dos vetores representando as quedas de potencial dá um vetor que representa a fem aplicada e que está a um ângulo δ com a corrente. Para o caso mostrado aqui, V_L é maior que V_C e a corrente está atrasada em relação à queda de potencial aplicada por δ.

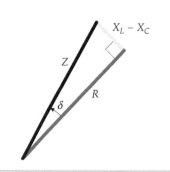

FIGURA 29-20 Um triângulo retângulo relacionando as reatâncias capacitiva e indutiva, a resistência, a impedância e o ângulo de fase em um circuito *RLC*.

que a corrente está em fase com a queda de potencial aplicada. Seja ω_{res} o valor de ω para o qual X_L e X_C são iguais. Ele é obtido de

$$X_L = X_C$$

$$\omega_{res} L = \frac{1}{\omega_{res} C}$$

ou

$$\omega_{res} = \frac{1}{\sqrt{LC}}$$

que é igual à freqüência natural ω_0. Quando a freqüência da queda de potencial aplicada é igual à freqüência natural ω_0, a impedância é mínima, I_{pico} é máxima e dizemos que o circuito está em **ressonância**. A freqüência natural ω_0 é, portanto, também chamada de **freqüência de ressonância**. Esta condição de ressonância em um circuito RLC forçado é semelhante à de um oscilador harmônico simples forçado.

Como nem um indutor nem um capacitor dissipam energia, a potência média entregue a um circuito RLC em série é a potência média fornecida ao resistor. A potência instantânea fornecida ao resistor é

$$P = I^2 R = [I_{pico} \cos(\omega t - \delta)]^2 R$$

Calculando a média em um ou mais ciclos e usando $(\cos^2 \theta)_{méd} = \frac{1}{2}$, obtemos para a potência média

$$P_{méd} = \frac{1}{2} I_{pico}^2 R = (I_{rms})^2 R \qquad 29\text{-}54$$

Usando $R/Z = \cos \delta$ da Figura 29-20 e $I_{pico} = V_{apl\,pico}/Z$, isto pode ser escrito como

$$P_{méd} = \frac{1}{2} V_{apl\,pico} I_{pico} \cos \delta = V_{apl\,rms} I_{rms} \cos \delta \qquad 29\text{-}55$$

A quantidade $\cos \delta$ é chamada de **fator de potência** de um circuito RLC. Em ressonância, δ é zero e o fator de potência é 1.

A potência também pode ser expressa como uma função da freqüência angular ω. Usando $I_{rms} = V_{apl\,rms}/Z$, a Equação 29-54 torna-se

$$P_{méd} = (I_{rms})^2 = (V_{apl\,rms})^2 \frac{R}{Z^2}$$

Da definição de impedância Z, temos

$$Z^2 = (X_L - X_C)^2 + R^2 = \left(\omega L - \frac{1}{\omega C}\right)^2 + R^2$$

$$= \frac{L^2}{\omega^2}\left(\omega^2 - \frac{1}{LC}\right)^2 + R^2$$

$$= \frac{L^2}{\omega^2}(\omega^2 - \omega_0^2)^2 + R^2$$

onde usamos $\omega_0 = 1/\sqrt{LC}$. Usando esta expressão para Z^2, obtemos a potência média como função de ω:

$$P_{méd} = \frac{(V_{apl\,rms})^2 R \omega^2}{L^2(\omega^2 - \omega_0^2)^2 + \omega^2 R^2} \qquad 29\text{-}56$$

A Figura 29-21 mostra a potência média fornecida por um gerador a uma combinação em série como função da freqüência do gerador para dois valores diferentes de resistência R. Estas curvas, chamadas de **curvas de ressonância**, são iguais às curvas de potência *versus* freqüência para um oscilador amortecido forçado (veja a Seção 14-5). A potência média é máxima quando a freqüência do gerador é igual à freqüência de ressonância. Quando a resistência é pequena, a curva de ressonância é estreita; quando a resistência é grande, a curva de ressonância é larga. Uma curva de ressonância pode ser caracterizada pela **largura de ressonância** $\Delta \omega$. Como mostrado na Figura 29-21, a largura de ressonância é a diferença em freqüência entre os dois pontos na curva onde a potência tem metade de seu valor máximo. Quando a

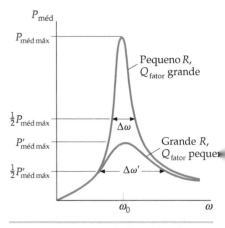

FIGURA 29-21 Gráfico da potência média *versus* freqüência para um circuito RLC em série. A potência é máxima quando a freqüência do gerador ω é igual à freqüência natural do circuito $\omega_0 = 1/\sqrt{LC}$. Se a resistência é pequena, o fator Q é grande e a ressonância é estreita. A largura da ressonância $\Delta \omega$ das curvas é medida entre os pontos onde a potência tem metade de seu valor máximo.

Circuitos de Corrente Alternada | **315**

largura é pequena comparada à freqüência de ressonância, a ressonância é pronunciada; isto é, a curva de ressonância é estreita.

O *fator Q* para um oscilador mecânico é definido como $Q_{\text{fator}} = \omega_0 m/b$ (Equações 14-42 e 14-45), onde *m* é a massa e *b* é a constante de amortecimento. Vimos, então, que para osciladores fracamente amortecidos, $Q_{\text{fator}} = 2\pi E/|\Delta E|$, onde *E* é a energia total do sistema no início de um ciclo e ΔE é a energia dissipada durante o ciclo. O **fator Q** para um circuito *RLC* pode ser definido de maneira semelhante. Como *L* é análogo à massa e *R* é análogo à constante de amortecimento *b*, o fator *Q* para um circuito *RLC* que tem uma pequena resistência é dado por

$$Q_{\text{fator}} = 2\pi \left(\frac{E}{|\Delta E|} \right)_{\text{ciclo}} = \frac{\omega_0 L}{R} \qquad 29\text{-}57$$

Quando a curva de ressonância é razoavelmente estreita (isto é, quando *Q* é maior que 2 ou 3), o fator *Q* pode ser aproximado por

$$Q_{\text{fator}} = \frac{\omega_0}{\Delta\omega} = \frac{f_0}{\Delta f} \qquad 29\text{-}58$$

FATOR *Q* PARA UM CIRCUITO *RLC*

Circuitos ressonantes são usados em receptores de rádio, onde a freqüência de ressonância do circuito é variada através da variação da capacitância ou da indutância. A ressonância ocorre quando a freqüência natural do circuito é igual a uma das freqüências das ondas de rádio recebidas pela antena. Em ressonância, uma corrente relativamente grande existe no circuito da antena. Se o fator *Q* do circuito é suficientemente alto, correntes devidas a freqüências de outras estações fora da ressonância serão desprezíveis comparadas àquelas devidas à freqüência da estação na qual o circuito está sintonizado.

Exemplo 29-7 | Circuito *RLC* em Série Forçado

Uma combinação *RLC* em série com $L = 2,0$ H, $C = 2,0$ μF e $R = 20$ Ω é alimentada por um gerador ideal que tem 100 V de pico de fem e uma freqüência que pode ser variada. Determine (*a*) a freqüência de ressonância f_0, (*b*) o fator *Q*, (*c*) a largura da ressonância Δf e (*d*) a amplitude da corrente na ressonância.

SITUAÇÃO A freqüência de ressonância é determinada de $\omega_0 = 1/\sqrt{LC}$ e o fator *Q* é determinado de $Q_{\text{fator}} = \omega_0 L/R$ (Equação 29-57).

SOLUÇÃO

(*a*) A freqüência de ressonância é $f_0 = \omega_0/2\pi$:

$$f_0 = \frac{\omega_0}{2\pi} = \frac{1}{2\pi\sqrt{LC}}$$
$$= \frac{1}{2\pi\sqrt{(2,0\text{ H})(2,0 \times 10^{-6}\text{ F})}} = \boxed{80\text{ Hz}}$$

(*b*) Use este resultado para calcular Q_{fator}:

$$Q_{\text{fator}} = \frac{\omega_0 L}{R} = \frac{2\pi(80\text{ Hz})(2,0\text{ H})}{20\ \Omega} = \boxed{50}$$

(*c*) Use o valor de Q_{fator} para determinar a largura de ressonância Δf, onde $Q_{\text{fator}} = f_0/\Delta f$:

$$\Delta f = \frac{f_0}{Q_{\text{fator}}} = \frac{80\text{ Hz}}{50} = \boxed{1,6\text{ Hz}}$$

(*d*) Na ressonância, a impedância é igual a *R* e I_{pico} é $V_{\text{apl pico}}/R$:

$$I_{\text{pico}} = \frac{V_{\text{apl pico}}}{R} = \frac{\mathcal{E}_{\text{pico}}}{R} = \frac{100\text{ V}}{20\ \Omega} = \boxed{5,0\text{ A}}$$

CHECAGEM Em ressonância, as reatâncias indutivas e capacitivas são iguais a $X_L = \omega_0 L = 2\pi(80\text{ Hz})(2,0\text{ H}) = 1,0$ kW. A resistência é dada por $R = 20\ \Omega$. Como a resistência é muito menor que a reatância indutiva na ressonância, esperamos que o fator *Q* seja alto e que a ressonância seja estreita. Os resultados das Partes (*b*) e (*c*) estão de acordo com esta expectativa.

INDO ALÉM A largura de 1,6 Hz é aproximadamente 2,0 por cento da freqüência de ressonância de 80 Hz, logo o pico de ressonância é bastante estreito.

316 | CAPÍTULO 29

> **Exemplo 29-8**   **Corrente, Fase e Potência de um Circuito *RLC* em Série Forçado**   *Tente Você Mesmo*

Se o gerador no Exemplo 29-7 tem uma freqüência de 60 Hz, determine (*a*) a corrente de pico, (*b*) a constante de fase δ, (*c*) o fator de potência e (*d*) a potência média fornecida.

SITUAÇÃO A corrente de pico é o valor de pico da queda de potencial aplicado dividido pela impedância total da combinação em série. O ângulo de fase δ é determinado a partir de $\tan \delta = (X_L - X_C)/R$. Você pode usar a Equação 29-54 ou a Equação 29-55 para determinar o valor médio da potência fornecida.

SOLUÇÃO
Cubra a coluna da direita e tente por si só antes de olhar as respostas.

Passos	Respostas
(*a*) 1. Escreva a corrente de pico em termos de $V_{\text{apl pico}}$ e a impedância.	$I_{\text{pico}} = \dfrac{V_{\text{apl pico}}}{Z} = \dfrac{\mathcal{E}_{\text{pico}}}{Z}$
2. Calcule as reatâncias capacitiva e indutiva e a reatância total.	$X_C = 1326\,\Omega$, $X_L = 754\,\Omega$ então $X_L - X_C = -572\,\Omega$
3. Calcule a impedância total Z.	$Z = 573\,\Omega$
4. Use os resultados dos passos 2 e 3 para calcular I_{pico}.	$I_{\text{pico}} = \boxed{0{,}17\text{ A}}$
(*b*) Use os resultados dos passos 2 e 3 da Parte (*a*) para calcular δ.	$\delta = \tan^{-1}\dfrac{X_L - X_C}{R} = \boxed{-88{,}0°}$
(*c*) Use o valor de δ para calcular o fator de potência.	$\cos\delta = \boxed{0{,}035}$
(*d*) Calcule a potência média fornecida usando a Equação 29-54.	$P_{\text{méd}} = \tfrac{1}{2} I_{\text{pico}}^2 R = \boxed{0{,}29\text{ W}}$

CHECAGEM Para conferir nosso resultado para a potência média usando o fator de potência determinado na Parte (*c*), temos $P_{\text{méd}} = \tfrac{1}{2} V_{\text{apl pico}} I_{\text{pico}} \cos\delta = \tfrac{1}{2}\mathcal{E}_{\text{pico}} I_{\text{pico}} \cos\delta = 0{,}29$ W. Este resultado está de acordo com o resultado da Parte (*d*).

INDO ALÉM A freqüência de 60 Hz está bem abaixo da freqüência de ressonância de 80 Hz. (Lembre que a largura do pico de ressonância, calculada no Exemplo 29-7, é apenas 1,6 Hz.) Como conseqüência, a reatância total é muito maior em magnitude do que a resistência. Este resultado é sempre válido para freqüências distantes da ressonância. De maneira semelhante, uma corrente de pico de 0,17 A é muito menor que a corrente de pico na ressonância, que é de 5,0 A conforme calculado no Exemplo 29-7. Finalmente, vemos da Figura 29-19 que um ângulo de fase negativo δ significa que a corrente está adiantada em relação à queda de potencial aplicada.

CHECAGEM CONCEITUAL 29-1

Um circuito consiste em um gerador ideal com freqüência constante, um resistor, um capacitor e um indutor com um núcleo móvel de ferro macio — todos conectados em série. Você observa que, ao empurrar o núcleo de ferro para dentro da bobina de indução, a corrente rms aumenta levemente. Antes disso, a freqüência de ressonância do circuito estava (*a*) abaixo da freqüência do gerador, (*b*) igual à freqüência do gerador, (*c*) acima da freqüência do gerador.

> **Exemplo 29-9**   **Circuito *RLC* em Série Forçado em Ressonância**   *Tente Você Mesmo*

Determine o pico da queda de potencial no resistor, no indutor e no capacitor em ressonância para o circuito do Exemplo 29-7.

SITUAÇÃO O pico da queda de potencial no resistor é I_{pico} multiplicado por R. De maneira semelhante, o pico da queda de potencial no indutor ou no capacitor é I_{pico} multiplicado pela reatância apropriada. Encontramos que, na ressonância, $I_{\text{pico}} = 5{,}0$ A e $f_0 = 80$ Hz no Exemplo 29-7.

SOLUÇÃO

Cubra a coluna da direita e tente por si só antes de olhar as respostas.

Passos	Respostas
1. Calcule $V_{R\,\text{pico}} = I_{\text{pico}}R$.	$V_{R\,\text{pico}} = I_{\text{pico}}\,R = \boxed{100\text{ V}}$
2. Expresse $V_{L\,\text{pico}}$ em termos de I_{pico} e X_L.	$V_{L\,\text{pico}} = I_{\text{pico}}\,X_L = I_{\text{pico}}\,\omega_0 L = \boxed{5{,}0\text{ kV}}$
3. Expresse $V_{C\,\text{pico}}$ em termos de I_{pico} e X_C.	$V_{C\,\text{pico}} = I_{\text{pico}}\,X_C = \dfrac{I_{\text{pico}}}{\omega_0 C} = \boxed{5{,}0\text{ kV}}$

CHECAGEM As reatâncias indutiva e capacitiva são iguais, como se esperaria na ressonância. (Resolvemos para a freqüência de ressonância igualando as reatâncias.)

INDO ALÉM O diagrama de fasores para as quedas de potencial no resistor, capacitor e indutor é mostrado na Figura 29-22. O pico da queda de potencial no resistor é relativamente seguro em 100 V, igual à fem de pico do gerador. Entretanto, os picos das quedas de potencial no indutor e no capacitor são perigosamente elevados a 5,0 kV. Estas quedas de potencial estão 180° fora de fase. Na ressonância, a queda de potencial no indutor em qualquer instante é o negativo da queda de potencial no capacitor, logo eles sempre se anulam, deixando a queda de potencial no resistor igual à fem no circuito.

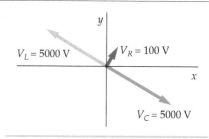

FIGURA 29-22

Exemplo 29-10 | Filtro *RC* Passa-baixas

Um resistor R e um capacitor C estão em série com um gerador ideal, como mostra a Figura 29-23. O gerador aplica uma diferença de potencial na combinação RC dada por $V_{\text{apl}} = \sqrt{2}V_{\text{apl rms}}\cos\omega t$. Determine a diferença de potencial rms no capacitor $V_{\text{saída rms}}$ como função da freqüência ω.

SITUAÇÃO A diferença de potencial rms no capacitor é o produto da corrente rms e da reatância capacitiva. A corrente rms é determinada pela diferença de potencial aplicada pelo gerador e a impedância da combinação RC em série.

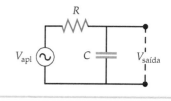

FIGURA 29-23 O pico da tensão de saída diminui quando a freqüência aumenta.

SOLUÇÃO

1. A queda de potencial no capacitor é I_{rms} multiplicada por X_C:
$V_{\text{saída rms}} = I_{\text{rms}}X_C$

2. A corrente rms depende da diferença de potencial rms aplicada e da impedância:
$I_{\text{rms}} = \dfrac{V_{\text{apl rms}}}{Z}$

3. Neste circuito, apenas R e X_C contribuem para a impedância total:
$Z = \sqrt{R^2 + X_C^2}$

4. Substitua estas expressões e $X_C = 1/(\omega C)$ para determinar a diferença de potencial rms de saída:
$V_{\text{saída rms}} = I_{\text{rms}}X_C = \dfrac{V_{\text{apl rms}} X_C}{\sqrt{R^2 + X_C^2}} = \dfrac{V_{\text{apl rms}}}{\sqrt{1 + \dfrac{R^2}{X_C^2}}} = \boxed{\dfrac{V_{\text{apl rms}}}{\sqrt{1 + (\omega RC)^2}}}$

CHECAGEM As dimensões do resultado do passo 4 estão corretas. A dimensão de ω é $1/T$ e a dimensão de RC é T, logo o produto ωRC é adimensional.

INDO ALÉM Este circuito é chamado de *filtro RC passa-baixas*, pois ele transmite baixas freqüências com maior amplitude que altas freqüências. De fato, a diferença de potencial de saída é igual à diferença de potencial aplicada pelo gerador no limite $\omega \to 0$, mas também se aproxima de zero para $\omega \to \infty$, como mostrado no gráfico da razão da diferença de potencial de saída pela diferença de potencial aplicada na Figura 29-24.

PROBLEMA PRÁTICO 29-3 Determine a diferença de potencial de saída para este circuito se o capacitor é substituído por um indutor L.

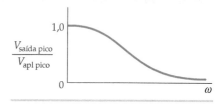

FIGURA 29-24

318 | CAPÍTULO 29

Exemplo 29-11 · Um Sintonizador de FM

Rico em Contexto

Você está improvisando a construção de um sintonizador de rádio usando o conhecimento obtido nas aulas de física. Você sabe que a FM funciona em megahertz e você gostaria de determinar qual o percentual de variação em um indutor que permitiria que você sintonizasse todo o intervalo de FM. Você decide iniciar na metade do intervalo e determinar o percentual de aumento e de diminuição. Um indutor variável é geralmente um solenóide com um núcleo de ferro e a indutância é aumentada pela inserção controlada do núcleo. O intervalo de FM vai de 88 MHz até 108 MHz.

SITUAÇÃO Podemos relacionar indutância à freqüência de ressonância através de $\omega = 2\pi f$ e $\omega = 1/\sqrt{LC}$. Então, se determinamos a variação percentual na freqüência, podemos determinar a variação percentual na indutância. A capacitância C não varia.

SOLUÇÃO

1. A freqüência angular de ressonância ω está relacionada à indutância L:

$$\omega = 1/\sqrt{LC}$$

e

$$\omega = 2\pi f$$

então

$$f = \frac{1}{2\pi\sqrt{LC}}$$

2. Resolvendo para L, obtemos:

$$L = a/f^2$$

onde

$$a = (4\pi^2 C)^{-1}$$

3. Expresse a variação fracionária de L em termos das freqüências. Quando L é máxima, f é mínima e vice-versa. A freqüência intermediária $f_{\text{média}}$ é o valor intermediário entre a freqüência máxima e a mínima e $L_{\text{média}}$ é a indutância quando $f = f_{\text{média}}$:

$$\frac{\Delta L}{L} = \frac{L_{\text{máx}} - L_{\text{mín}}}{L_{\text{média}}} = \frac{a/f^2_{\text{máx}} - a/f^2_{\text{mín}}}{a/f^2_{\text{média}}}$$

$$= f^2_{\text{média}}\left(\frac{1}{f^2_{\text{máx}}} - \frac{1}{f^2_{\text{mín}}}\right) = 98^2\left(\frac{1}{108^2} - \frac{1}{88^2}\right)$$

$$= -0,417$$

4. O sinal de menos não é relevante, exceto como indicação que quando a indutância aumenta, a freqüência de ressonância diminui. Expresse o resultado do passo 3 como percentual:

A indutância varia de aproximadamente

$\boxed{42 \text{ por cento.}}$

CIRCUITO *RLC* EM PARALELO

A Figura 29-25 mostra um resistor R, um capacitor C e um indutor L conectados em paralelo com um gerador ac. A corrente total I do gerador se divide em três: a corrente I_R no resistor, a corrente I_C no capacitor e a corrente I_L no indutor. A queda de potencial instantânea V_{apl} é a mesma em cada elemento. A corrente no resistor está em fase com a queda de potencial e o fasor $\vec{I}_R$ tem magnitude V_{pico}/R. Como a queda de potencial em um indutor *está adiantada* em relação à corrente no indutor por 90°, I_L *está atrasada* em relação à queda de potencial por 90° e o fasor $\vec{I}_L$ tem magnitude V_{pico}/X_L. De maneira semelhante, I_C está adiantada em relação à queda de potencial por 90° e o fasor $\vec{I}_C$ tem magnitude V_{pico}/X_C. Estas correntes são representadas por fasores na Figura 29-26. A corrente total I é a componente x do vetor soma dos fasores individuais das correntes, como mostrado na figura. A magnitude do fasor corrente total é

$$I = \sqrt{I_R^2 + (I_L - I_C)^2} = \sqrt{\left(\frac{V_{\text{pico}}}{R}\right)^2 + \left(\frac{V_{\text{pico}}}{X_L} - \frac{V_{\text{pico}}}{X_C}\right)^2} = \frac{V_{\text{pico}}}{Z} \qquad 29\text{-}59$$

onde a impedância total Z está relacionada à resistência e às reatâncias capacitiva e indutiva por

$$\frac{1}{Z^2} = \frac{1}{R^2} + \left(\frac{1}{X_L} - \frac{1}{X_C}\right)^2 \qquad 29\text{-}60$$

Na ressonância, as correntes no indutor e no capacitor estão fora de fase por 180°, logo a corrente total é mínima e é apenas a corrente no resistor. Vemos da Equação

Um rádio de navio, aproximadamente em 1920. As bobinas de indutância e as placas do capacitor do circuito de sintonização estão expostas à esquerda do operador. (© *George H. Clark Radioana Collection-Archive Center, National Museum of American History.*)

29-59 que isto ocorre se Z é máxima, logo $1/Z$ é mínima. Então, vemos da Equação 29-60 que, se $X_L = X_C$, $1/Z$ tem seu valor mínimo $1/R$. Igualando X_L e X_C e resolvendo para ω, obtemos a freqüência de ressonância, que é igual à freqüência natural $\omega_0 = 1/\sqrt{LC}$.

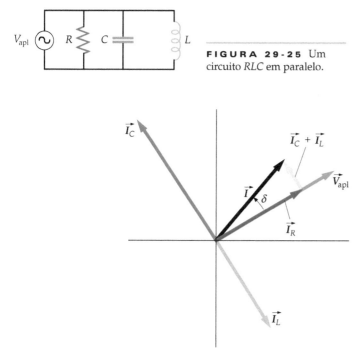

FIGURA 29-25 Um circuito RLC em paralelo.

FIGURA 29-26 Um diagrama de fasores para as correntes no circuito RLC em paralelo mostrado na Figura 29-25. A queda de potencial é a mesma em cada elemento. A corrente no resistor está em fase com a queda de potencial. A corrente no capacitor está adiantada em relação à queda de potencial por 90° e a corrente no indutor está atrasada em relação à queda de potencial por 90°. A diferença de fase δ entre a corrente total e a queda de potencial depende das magnitudes relativas das correntes, as quais dependem dos valores da resistência e das reatâncias capacitiva e indutiva.

320 | CAPÍTULO 29

Física em Foco

A Rede Elétrica: Energia para as Pessoas

Em todo o mundo as pessoas dependem dos sistemas de distribuição de eletricidade, ou redes, para receberem energia elétrica confiável. Geradores, subestações com transformadores e linhas de transmissão de alta tensão são todos necessários para mover eficientemente a energia elétrica de um local para outro.* Em 2002, mais de 240 000 km de linhas de transmissão ac de alta tensão e mais de 10 000 subestações de transmissão faziam parte da rede apenas nos Estados Unidos.† As redes estão crescendo em complexidade‡ por todo o mundo.#,° Infelizmente, à medida que as redes crescem, o número de possíveis pontos de falha também aumenta.

A maior parte das falhas em redes elétricas é de pequena escala, provocadas por intempéries do clima local, por falhas de equipamento§ ou, mesmo, por animais.¶ Mas estas falhas fornecem pistas para as causas de interrupções de grande escala na produção de energia elétrica. Oscilações de energia no interior de transformadores e linhas são a causa primária de interrupções locais no fornecimento de energia elétrica. A propagação do dano é evitada, ou cascateada, por chaves que fecham a linha e atuam como supressores de oscilações para o sistema como um todo. Raramente as interrupções locais são provocadas quando há uma demanda muito maior do que a que os geradores locais podem atender.

Algumas vezes os mesmos mecanismos destinados a prevenir danos de uma interrupção local podem causar o cascateamento da interrupção. Em 9 de novembro de 1965, uma chave desarmou em uma usina hidroelétrica ao sul de Ontário. A corrente daquela linha foi desviada para cinco outras linhas de transmissão, o que fez com que as chaves daquelas linhas também desarmassem. Devido à dramática redução em carga, os geradores aceleraram, fazendo com que a energia que eles forneciam estivesse fora de fase com a potência dos outros fornecedores.** No decorrer de poucos minutos, uma chave após a outra desarmava e muitos geradores foram desligados, pois estavam isolados das suas cargas. Em quatro segundos, chaves haviam sido desarmadas no nordeste dos Estados Unidos. Em poucos minutos, geradores foram desligados e mais de 30 milhões de pessoas ficaram sem eletricidade por várias horas.

Aquele blecaute imediatamente conduziu à formação do Conselho Nacional de Confiabilidade Elétrica.†† As medidas tomadas para a coordenação das demandas elétricas‡‡,## têm prevenido muitos blecautes de grande escala, mas eles ainda acontecem. Em julho de 1977, um relâmpago atingiu as linhas de transmissão na cidade de Nova York e, devido à lenta resposta do sistema operador,°° a cidade ficou sem energia elétrica por três dias.§§ Em 14 de agosto de 2003, uma combinação infeliz de demanda elevada, uma linha de transmissão em curto contra uma árvore não podada e comunicações inadequadas conduziu a um blecaute no nordeste dos Estados Unidos e Canadá que deixou 50 milhões de pessoas sem energia, algumas por dias.¶¶

Para prevenir futuras interrupções, melhorias técnicas nas redes estão sendo ativamente procuradas. Uma melhoria é um software capaz de monitorar e controlar porções da rede com rapidez e flexibilidade.*** Outras melhorias podem incluir linhas de transmissão de maior capacidade, melhores transformadores e programas de manutenção cuja resposta seja ágil.†††,‡‡‡

---

* *The Electricity Delivery System*. United States Department of Energy, Office of Electricity Delivery and Energy Reliability, Feb. 2006. http://www.energetics.com/gridworks/pdfs/fact sheet.pdf As of Nov. 2006.

† Ibid.

‡ Harris, J. L., et al., "Peak Demand and Energy Projection Bandwidths 2005–2014 Regional and National." National Energy Reliability Council, Sept. 14, 2005. ftp://www.nerc.com/pub/sys/all_updl/docs/pubs/Final_NERC_2005-2014_REGIONAL_BANDWIDTH_REPORT.pdf As of Nov. 2006.

"Towards National Power Grid." [sic] Power Grid Corporation of India Limited. http://www.powergridindia.com/pgnew/01-0001-003.asp As of Nov. 2006.

° Chow, J., Kopp, R., and Portney, P., "Energy Resources and Global Development." *Science*, Nov. 28, 2003, Vol. 302, pp. 1528–1531.

§ Chowdhury, A., et al., "MAPP Bulk Transmission System Outage Report." Mid-Continent Area Power Pool, Jun. 2001. http://www.mapp.org/assets/pdf/BTOR19_1.PDF As of Nov. 2006.

¶ Orso, J., "Bangor Hit with Power Outage." *La Crosse Tribune*, Jul. 16, 2006.

** U.S. Federal Power Commission, "Northeast Power Failure: November 9 and 10, 1965." Washington, DC: U.S. Government Printing Office. At http://blackout.gmu.edu/archive/pdf/fpc_65.pdf As of Nov. 2006.

†† Central Maine Power Company, "The Great Northeast Blackout of 1965." http://www.cmpco.com/about/system/blackout.html As of Nov. 2006.

‡‡ California Independent System Operator, "Load Reduction Programs." California Independent System Operator Procedure E-502, Mar. 15, 2005. http://www.caiso.com/docs/2000/06/15/200006151111359621.pdf As of Nov. 2006.

"Emergency Manual Load Shedding." California Independent System Operator Procedure E-502, Feb. 17, 2006. http://www.caiso.com/docs/1998/12/02/1998120218100812000.pdf As of Nov. 2006.

°° Boffey, P. M., "Investigators Agree N. Y. Blackout of 1977 Could Have Been Avoided." *Science*, Sept. 15, 1978, Vol. 201, No. 4360, pp. 994–998.

§§ Metz, W. D., "New York Blackout: Weak Links Tie Con Ed to Neighboring Utilities." *Science*, Jul. 29, 1977, Vol. 197, No. 4302, pp. 441–442.

¶¶ U.S.–Canada Power System Outage Task Force, "Final Report on the August 14, 2003 Blackout in the United States and Canada: Causes and Recommendations." ftp://www.nerc.com/pub/sys/all_updl/docs/blackout/ch1-3.pdf As of Nov. 2006.

*** Brown, E., "Creating Stability in a World of Unstable Electricity Distribution." *Logos*, Argonne National Laboratories, Spring 2004, Vol. 22, No. 1. At http://www.anl.gov/Media_Center/logos22-1/electricity.htm As of Nov. 2006.

††† Office of Electric Transmission and Distribution, "GridWorks Multi-Year Plan." United States Department of Energy. http://www.oe.energy.gov/DocumentsandMedia/multiyear plan_final.pdf As of Nov. 2006.

‡‡‡ U.S.–Canada Power System Outage Task Force, "The August 14, 2003 Blackout One Year Later: Actions Taken in the United States and Canada to Reduce Blackout Risk." Natural Resources Canada and the U.S. Department of Energy, Aug. 13, 2004. ftp://www.nerc.com/pub/sys/all_updl/docs/blackout/Blackout-OneYearLater(PRINT).pdf As of Nov. 2006.

Resumo

Circuitos de Corrente Alternada | **321**

1. Reatância é a propriedade de capacitores e indutores, dependente da freqüência, que é análoga à resistência de um resistor.
2. Impedância é uma propriedade de um circuito ou malha de um circuito ac, dependente da freqüência, que é análoga à resistência de um circuito dc.
3. Fasores são vetores bidimensionais que nos permitem visualizar as relações de fase em um circuito.
4. Ocorre ressonância quando a freqüência do gerador é igual à freqüência natural do circuito oscilante.

TÓPICO	EQUAÇÕES RELEVANTES E OBSERVAÇÕES	
1. Geradores de Corrente Alternada	Um gerador ac é um dispositivo que transforma energia mecânica em energia elétrica. Esta transformação pode ser realizada usando a energia mecânica para girar uma bobina condutora em um campo magnético ou para girar um ímã em uma bobina condutora.	
Fem gerada	$\mathcal{E} = \mathcal{E}_{\text{pico}} \cos(\omega t + \delta)$	29-1
2. Corrente		
Corrente rms	$I_{\text{rms}} = \sqrt{(I^2)_{\text{méd}}}$	29-8
Corrente rms e corrente de pico	$I_{\text{rms}} = \dfrac{I}{\sqrt{2}} I_{\text{pico}}$	29-9
Para um resistor	$I_{\text{rms}} = \dfrac{V_{R\,\text{rms}}}{R}$ queda de potencial e corrente em fase	29-12
Para um indutor	$I_{\text{rms}} = \dfrac{V_{L\,\text{rms}}}{\omega L} = \dfrac{V_{L\,\text{rms}}}{X_L}$ queda de potencial adiantada em relação à corrente por 90°	29-22
Para um capacitor	$I_{\text{rms}} = \dfrac{V_{C\,\text{rms}}}{1/\omega C} = \dfrac{V_{C\,\text{rms}}}{X_C}$ queda de potencial atrasada em relação à corrente por 90°	29-26
3. Reatância		
Reatância indutiva	$X_L = \omega L$	29-21
Reatância capacitiva	$X_C = \dfrac{1}{\omega C}$	29-27
4. Potência Média		
Para um resistor	$P_{\text{méd}} = V_{R\,\text{rms}} I_{\text{rms}} = (I_{\text{rms}})^2 R$	29-10, 29-12
Para um indutor ou para um capacitor	$P_{\text{méd}} = 0$	
5. *Transformadores	Um transformador é um dispositivo usado para aumentar ou diminuir a tensão em um circuito sem uma perda apreciável de potência. Para um transformador com N_1 voltas no primário e N_2 voltas no secundário, uma diferença de potencial na bobina secundária está relacionada à queda de potencial na bobina primária por	
	$V_2 = \dfrac{N_2}{N_1} V_1$	29-30
	Se não há perdas de potência	
	$V_{1\,\text{rms}} I_{1\,\text{rms}} = V_{2\,\text{rms}} I_{2\,\text{rms}}$	29-32

322 | CAPÍTULO 29

TÓPICO	EQUAÇÕES RELEVANTES E OBSERVAÇÕES

6. ***Circuitos LC e RLC em Série**

Se um capacitor é descarregado através de um indutor, a carga e a tensão no capacitor oscilam com freqüência angular

$$\omega = \frac{1}{\sqrt{LC}} \qquad \text{29-37}$$

A corrente no indutor oscila com a mesma freqüência, mas está fora de fase em relação à carga por 90°. A energia oscila entre energia elétrica no capacitor e energia magnética no indutor. Se o circuito também tem resistência, as oscilações são amortecidas devido à energia dissipada no resistor.

7. ***Fasores**

Fasores são vetores bidimensionais que representam a corrente $\vec{I}$, a queda de potencial em um resistor, $\vec{V}_R$, a queda de potencial em um capacitor, $\vec{V}_C$, e a queda de potencial em um indutor, $\vec{V}_L$, em um circuito ac. Estes fasores giram no sentido anti-horário com velocidade angular igual à freqüência angular ω da corrente. $\vec{V}_R$ está em fase com a corrente, $\vec{V}_L$ está adiantado em relação à corrente por 90° e $\vec{V}_C$ está atrasado em relação à corrente por 90°. A componente x de cada fasor é igual à magnitude da corrente ou da queda de potencial correspondente em qualquer instante.

8. ***Circuitos RLC em Série Forçados**

Queda de potencial aplicada

$$V_{apl} = V_{apl\ pico} \cos \omega t$$

Corrente

$$I = \frac{V_{apl\ pico}}{Z} \cos(\omega t - \delta) \qquad \text{29-52}$$

Impedância Z

$$Z = \sqrt{R^2 + (X_L - X_C)^2} \qquad \text{29-51}$$

Ângulo de fase δ

$$\tan \delta = \frac{X_L - X_C}{R} \qquad \text{29-49}$$

Potência média

$$P_{méd} = (I_{rms})^2 R = V_{apl\ rms} I_{rms} \cos \delta = \frac{(V_{apl\ rms})^2 R\omega^2}{L^2(\omega^2 - \omega_0^2)^2 + \omega^2 R^2} \qquad \text{29-54, 29-55, 29-56}$$

Fator de potência

A quantidade cos δ na Equação 29-55 é chamada de fator de potência do circuito RLC. Na ressonância, δ é zero, o fator potência é 1 e

$$P_{méd} = V_{apl\ rms} I_{rms}$$

Ressonância

Quando a corrente rms é máxima, diz-se que o circuito está em ressonância. As condições para ressonância são

$$Z = \sqrt{R^2 + (X_L - X_C)^2} = R$$

$X_L = X_C$, logo

$$\omega = \omega_0 = \frac{1}{\sqrt{LC}} \qquad e \qquad \delta = 0$$

9. ***Fator Q**

A largura da curva de ressonância é descrita pelo fator Q:

$$Q_{fator} = \frac{\omega_0 L}{R} \qquad \text{29-57}$$

Quando a curva de ressonância é razoavelmente estreita, o fator Q pode ser dado aproximadamente por

$$Q_{fator} = \frac{\omega_0}{\Delta \omega} = \frac{f_0}{\Delta f} \qquad \text{29-58}$$

Resposta da Checagem Conceitual

29-1   (c)

Respostas dos Problemas Práticos

29-1   (a) 2,8 A, (b) 96 W, (c) $1,9 \times 10^2$ W

29-2   79 μH

29-3 $V_{saída\ rms} = V_{entrada\ rms}/\sqrt{1 + (R/L)^2/\omega^2}$. Este circuito é um *filtro passa-altas*.

Problemas

Em alguns problemas, você recebe mais dados do que necessita; em alguns outros, você deve acrescentar dados de seus conhecimentos gerais, fontes externas ou estimativas bem fundamentadas.

Interprete como significativos todos os algarismos de valores numéricos que possuem zeros em seqüência sem vírgulas decimais.

- • Um só conceito, um só passo, relativamente simples
- •• Nível intermediário, pode requerer síntese de conceitos
- ••• Desafiante, para estudantes avançados

Problemas consecutivos sombreados são problemas pareados.

PROBLEMAS CONCEITUAIS

1 • Uma bobina em um gerador ac gira a 60 Hz. Quanto tempo passa entre valores de pico sucessivos da fem da bobina?

2 • Se a tensão rms em um circuito ac é duplicada, a tensão de pico é (a) duplicada, (b) reduzida à metade, (c) aumentada por um fator $\sqrt{2}$ ou (d) permanece inalterada.

3 • Se a freqüência no circuito mostrado na Figura 29-27 é duplicada, a indutância do indutor (a) duplicará, (b) permanecerá inalterada, (c) será reduzida à metade ou (d) quadruplicará?

4 • Se a freqüência no circuito mostrado na Figura 29-27 é duplicada, a reatância indutiva do indutor (a) duplicará, (b) permanecerá inalterada, (c) será reduzida à metade ou (d) quadruplicará?

FIGURA 29-27
Problemas 3 e 4

5 • Se a freqüência no circuito mostrado na Figura 29-28 é duplicada, a reatância capacitiva do capacitor do circuito (a) duplicará, (b) permanecerá inalterada, (c) será reduzida à metade ou (d) quadruplicará?

FIGURA 29-28
Problema 5

6 • (a) Em um circuito constituído unicamente por um gerador ac e um indutor ideal, há algum intervalo de tempo no qual o indutor recebe energia do gerador? Caso a resposta seja positiva, quando? Explique sua resposta. (b) Há algum intervalo de tempo quando o indutor fornece energia de volta para o gerador? Caso a resposta seja positiva, quando? Explique sua resposta.

7 • (a) Em um circuito constituído por um gerador ac e um capacitor, há algum intervalo de tempo no qual o capacitor recebe energia do gerador? Caso a resposta seja positiva, quando? Explique sua resposta. (b) Há algum intervalo de tempo quando o capacitor fornece energia para o gerador? Caso a resposta seja positiva, quando? Explique sua resposta.

8 • (a) Mostre que a unidade de indutância no SI multiplicada pela unidade de capacitância no SI é equivalente a segundos ao quadrado. (b) Mostre que a unidade de indutância no SI dividida pela unidade de resistência no SI é equivalente a segundos.

9 • Considere que você aumenta a taxa de rotação da bobina no gerador mostrado no circuito ac simples na Figura 29-29. Então, a corrente rms (a) aumenta, (b) não varia, (c) pode aumentar ou diminuir dependendo da magnitude da freqüência original, (d) pode aumentar ou diminuir, dependendo da magnitude da resistência, (e) diminui.

FIGURA 29-29
Problema 9

10 • Se o valor da indutância é triplicado em um circuito constituído unicamente por um indutor variável e um capacitor variável, como você teria que variar a capacitância para que a freqüência natural do circuito permanecesse inalterada? (a) Triplicar a capacitância. (b) Diminuir a capacitância a um terço de seu valor original. (c) Você não deveria mudar a capacitância. (d) Você não pode determinar como variar a capacitância a partir dos dados fornecidos.

11 • Considere um circuito constituído unicamente por um indutor ideal e um capacitor ideal. Como a energia máxima armazenada no capacitor se compara ao valor máximo armazenado no indutor? (a) Eles são iguais e cada um é igual à energia total armazenada no circuito. (b) Eles são iguais e cada um é igual à metade da energia total armazenada no circuito. (c) A energia máxima armazenada no capacitor é maior que a energia máxima armazenada no indutor. (d) A energia máxima armazenada no indutor é maior que a energia máxima armazenada no capacitor. (e) Você não pode comparar as energias máximas baseado nos dados fornecidos porque a razão entre as energias máximas depende dos valores reais da capacitância e da indutância.

12 • Verdadeiro ou falso:
(a) Um circuito RLC em série forçado que tem um alto fator Q tem uma curva de ressonância estreita.
(b) Um circuito consiste apenas em um resistor, um indutor e um capacitor, todos conectados em série. Se a resistência do resistor for duplicada, a freqüência natural do circuito permanece a mesma.
(c) Na ressonância, a impedância de uma combinação RLC em série forçada é igual à resistência R.
(d) Na ressonância, a corrente em um circuito RLC em série forçado está em fase com a tensão aplicada à combinação.

13 • Verdadeiro ou falso:
(a) Próximo à ressonância, o fator de potência de um circuito RLC em série forçado é próximo a zero.
(b) O fator de potência de um circuito RLC em série forçado não depende do valor da resistência.
(c) A freqüência de ressonância de um circuito RLC em série forçado não depende do valor da resistência.
(d) Na ressonância, a corrente de pico de um circuito RLC em série forçado não depende da capacitância nem da indutância.
(e) Para freqüências abaixo da freqüência de ressonância, a reatância capacitiva de um circuito RLC em série forçado é maior que a reatância indutiva.
(f) Para freqüências abaixo da freqüência de ressonância de um circuito RLC em série forçado, a fase da corrente está adiantada (na frente) da fase da tensão aplicada.

324 | CAPÍTULO 29

14 • Você já deve ter observado que, algumas vezes, duas estações de rádio podem ser ouvidas quando seu receptor é sintonizado em uma freqüência específica. Esta situação ocorre geralmente quando você está dirigindo e está entre duas cidades. Explique como esta situação pode ocorrer.

15 • Verdadeiro ou falso:
(a) Em freqüências muito maiores ou muito menores que a freqüência de ressonância de um circuito RLC em série forçado, o fator de potência é próximo de zero.
(b) Quanto maior for a largura da curva de ressonância de um circuito RLC em série forçado, maior será o fator Q para o circuito.
(c) Quanto maior for a resistência de um circuito RLC em série forçado, maior será a largura da curva de ressonância do circuito.

16 • Um transformador ideal tem N_1 voltas no seu primário e N_2 voltas no seu secundário. A potência média fornecida para uma resistência R conectada ao secundário é P_2 quando a tensão no primário é V_1. A corrente rms no enrolamento do primário pode, então, ser expressa como (a) P_2/V_1,(b) $(N_1/N_2)(P_2/V_1)$, (c) $(N_2/N_1)(P_2/V_1)$, (d) $(N_2/N_1)2(P_2/V_1)$.

17 • Verdadeiro ou falso:
(a) Um transformador é usado para variar freqüência.
(b) Um transformador é usado para variar tensão.
(c) Se um transformador amplifica a corrente, ele deve reduzir a tensão.
(d) Um transformador amplificador reduz a corrente.
(e) A tensão padrão nas tomadas domésticas da Europa é 220 V, aproximadamente o dobro da usada nos Estados Unidos. Se uma viajante européia deseja que seu secador de cabelo funcione apropriadamente nos Estados Unidos, ela deveria usar um transformador que tivesse mais enrolamentos na bobina secundária do que na bobina primária.
(f) A tensão padrão das tomadas domésticas da Europa é 220 V, aproximadamente o dobro da usada nos Estados Unidos. Se um viajante americano deseja que seu barbeador elétrico funcione apropriadamente na Europa, ele deveria usar um transformador que amplifique a corrente.

ESTIMATIVA E APROXIMAÇÃO

18 •• **APLICAÇÃO EM ENGENHARIA** As impedâncias de motores, transformadores e eletroímãs incluem a resistência e a reatância indutiva. Considere que a fase da corrente de uma planta industrial esteja defasada em relação à tensão aplicada por 25° quando a unidade está em operação completa e usando 2,3 MW de potência. A potência é fornecida para a planta de uma subestação a 4,5 km; a tensão rms da linha a 60 Hz na planta é 40 kV. A resistência da linha de transmissão da subestação até a planta é 5,2 Ω. O custo por quilowatt-hora é de R$0,23 e a planta paga apenas pela energia real utilizada. (a) Estime a resistência e a reatância indutiva da demanda total da planta. (b) Estime a corrente rms nas linhas de potência e a tensão rms na subestação. (c) Quanta potência é perdida na transmissão? (d) Considere que a fase na qual a corrente está defasada em relação à tensão aplicada seja reduzida para 18° pela adição de um banco de capacitores em série com a carga. Quanto dinheiro seria economizado em energia elétrica durante um mês de operação, considerando que a planta opere em capacidade máxima por 16 h a cada dia? (e) Qual deve ser a capacitância deste banco de capacitores para atingir esta mudança no ângulo de fase?

CORRENTE ALTERNADA EM RESISTORES, INDUTORES E CAPACITORES

19 • Uma lâmpada de 100 W é conectada a um soquete-padrão de 120 V rms. Determine (a) a corrente rms, (b) a corrente de pico e (c) a potência de pico.

20 • Um disjuntor é apropriado para uma corrente de 15 A rms a uma tensão de 120 V rms. (a) Qual é valor máximo da corrente de pico que o disjuntor pode conduzir? (b) Qual é a potência média máxima que pode ser fornecida por este circuito?

21 • Qual é a reatância de um indutor de 1,00 μH a (a) 60 Hz, (b) 600 Hz e (c) 6,00 kHz?

22 • Um indutor tem uma reatância de 100 Ω a 80 Hz. (a) Qual é sua indutância? (b) Qual é sua reatância a 160 Hz?

23 • Em que freqüência a reatância de um capacitor de 10 μF seria igual à reatância de um indutor de 1,0 μH?

24 • Qual é a reatância de um capacitor de 1,00 nF a (a) 60,0 Hz, (b) 6,00 kHz e (c) 6,00 MHz?

25 • Um gerador ac de 20 Hz que produz uma fem de pico de 10 V é conectado a um capacitor de 20 μF. Determine (a) a corrente de pico e (b) a corrente rms.

26 • Em que freqüência a reatância de um capacitor de 10 μF é igual a (a) 1,00 Ω,(b) 100 Ω e (c) 10,0 mΩ?

27 •• Um circuito consiste em dois geradores ac ideais e um resistor de 25 Ω, todos conectados em série. A diferença de potencial nos terminais de um dos geradores é dada por $V_1 = (5,0 \text{ V})\cos(\omega t - \alpha)$, e a diferença de potencial nos terminais do outro gerador é dada por $V_2 = (5,0 \text{ V})\cos(\omega t + \alpha)$, onde $\alpha = \pi/6$. (a) Use a lei das malhas de Kirchhoff e uma identidade trigonométrica para determinar a corrente de pico no circuito. (b) Use o diagrama de fasores para determinar a corrente de pico no circuito. (c) Determine a corrente no resistor se $\alpha = \pi/4$ e se a amplitude de V_2 é aumentada de 5,0 V para 7,0 V.

*CIRCUITOS NÃO FORÇADOS, CONTENDO CAPACITORES, RESISTORES E INDUTORES

28 • (a) Mostre que $1/\sqrt{LC}$ tem unidade de inverso de segundo substituindo as unidades do SI para a indutância e para a capacitância na expressão. (b) Mostre que $\omega_0 L/R$ (a expressão para o fator Q) é adimensional substituindo as unidades do SI para a freqüência angular, indutância e resistência na expressão.

29 • (a) Qual é o período de oscilação de um circuito LC constituído de uma bobina de 2,0 mH e de um capacitor de 20 μF? (b) Um circuito que oscila, consiste unicamente em um capacitor de 80 μF e um indutor ideal variável. Que indutância é necessária para sintonizar a oscilação deste circuito a 60 Hz?

30 • Um circuito LC tem capacitância C_0 e indutância L. Um segundo circuito LC tem capacitância $\frac{1}{2}C_0$ e indutância $2L$, e um terceiro circuito LC tem capacitância $2C_0$ e indutância $\frac{1}{2}L$. (a) Mostre que cada circuito oscila com a mesma freqüência. (b) Em qual circuito a corrente de pico seria máxima se a tensão de pico no capacitor em cada circuito fosse a mesma?

31 •• Um capacitor de 5,0 μF é carregado a 30 V e, então, é conectado a um indutor ideal de 10 mH. (a) Quanta energia é armazenada no sistema? (b) Qual é a freqüência de oscilação do circuito? (c) Qual é a corrente de pico no circuito?

32 •• Uma bobina com resistência interna pode ser modelada como um resistor e um indutor ideal em série. Considere que a bobina tenha uma resistência interna de 1,00 Ω e uma indutância de 400 mH. Um capacitor de 2,00 μF é carregado a 24,0 V e, então, conectado à bobina. (a) Qual é a tensão inicial na bobina? (b) Quanta energia é dissipada no circuito antes que as oscilações desapareçam? (c) Qual é a freqüência de oscilação do circuito? (Considere que a resistência interna seja suficientemente pequena para que não influencie na freqüência do circuito.) (d) Qual é o fator de qualidade do circuito?

33 •• Um indutor e um capacitor estão conectados como mostra a Figura 29-30. Inicialmente a chave está aberta e a placa esquerda do capacitor tem uma carga Q_0. A chave é, então, fechada. (a) Faça um gráfico de Q versus t e I versus t no mesmo gráfico e explique como pode ser visto nestas duas curvas que a corrente está adiantada em relação à carga por 90°. (b) As expressões para a carga e para a corrente são dadas pelas Equações 29-38 e 29-39, respectivamente. Use trigonometria e álgebra para mostrar que a corrente está adiantada em relação à carga por 90°.

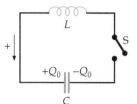

FIGURA 29-30 Problema 33

CIRCUITOS RL FORÇADOS

34 •• Um circuito consiste em um resistor, um indutor ideal de 1,4 H e um gerador ideal de 60 Hz, todos conectados em série. A tensão rms no resistor é de 30 V e a tensão rms no indutor é de 40 V. (a) Qual é a resistência do resistor? (b) Qual é a fem de pico do gerador?

35 •• Uma bobina com resistência de 80,0 Ω tem uma impedância de 200 Ω quando conectada a uma freqüência de 1,00 kHz. Qual é a indutância da bobina?

36 •• **APLICAÇÃO EM ENGENHARIA** Uma linha de transmissão com dois condutores conduz simultaneamente uma superposição de dois sinais de tensão de tal forma que a diferença de potencial entre os dois condutores é dada por $V = V_1 + V_2$, onde $V_1 = (10,0 \text{ V})\cos(\omega_1 t)$ e $V_2 = (10,0 \text{ V})\cos(\omega_2 t)$, com $\omega_1 = 100$ rad/s e $\omega_2 = 10\,000$ rad/s. Um indutor de 1,00 H e um resistor de derivação de 1,00 kΩ são inseridos na linha de transmissão como mostrado na Figura 29-31. (Considere que a saída esteja conectada a uma carga que conduz uma quantidade insignificante de corrente.) (a) Qual é a tensão ($V_{\text{saída}}$) na saída da linha de transmissão? (b) Qual é a razão entre a amplitude de baixa freqüência e de alta freqüência na saída?

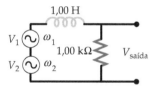

FIGURA 29-31 Problema 36

37 •• Uma bobina está conectada a uma linha de 120 V rms a 60 Hz. A potência média fornecida para a bobina é 60 W e a corrente rms é 1,5 A. Determine (a) o fator de potência, (b) a resistência da bobina e (c) a indutância da bobina. (d) A corrente está atrasada ou adiantada em relação à tensão? (e) Dê suporte à sua resposta para a Parte (d) determinando o ângulo de fase.

38 •• Um indutor de 36 mH com resistência de 40 Ω está conectado a uma fonte de tensão ac ideal cuja saída é dada por $\mathcal{E} = (345 \text{ V})\cos(150\pi t)$, onde t está em segundos. Determine (a) a corrente de pico no circuito, (b) as tensões de pico e rms no indutor, (c) a dissipação média de potência e (d) a energia magnética de pico e média armazenada no indutor.

39 •• Uma bobina com resistência R e indutância L tem um fator de potência igual a 0,866 quando funcionando a 60 Hz. Qual será o fator de potência da bobina se ela estiver funcionando a 240 Hz?

40 •• Um resistor e um indutor estão conectados em paralelo com uma fonte de tensão ac ideal cuja saída é dada por $\mathcal{E} = \mathcal{E}_{\text{máx}}\cos\omega t$ como mostrado na Figura 29-32. Mostre que (a) a corrente no resistor é dada por $I_R = (\mathcal{E}_{\text{pico}}/R)\cos\omega t$, (b) a corrente no indutor é dada por $I_L = (\mathcal{E}_{\text{pico}}/X_L)\cos(\omega t - 90°)$ e (c) a corrente na fonte de tensão é dada por $I = I_R + I_L = I_{\text{pico}}\cos(\omega t - \delta)$, onde $I_{\text{pico}} = \mathcal{E}_{\text{pico}}/Z$.

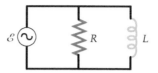

FIGURA 29-32 Problema 40

41 •• A Figura 29-33 mostra um resistor com resistência de carga $R_L = 20,0$ Ω conectado a um filtro passa-altas constituído por um indutor com indutância $L = 3,20$ mH e um resistor com resistência $R = 4,00$ Ω. A saída do gerador ac ideal é dada por $\varepsilon = (100 \text{ V})\cos(2\pi ft)$. Determine as correntes rms em todos os três ramos do circuito se a freqüência é (a) 500 Hz e (b) 2000 Hz. Determine a fração da potência média total fornecida pelo gerador ac que é entregue ao resistor de carga se a freqüência é (c) 500 Hz e (d) 2000 Hz.

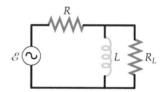

FIGURA 29-33
Problema 41

42 •• Uma fonte de tensão ac ideal cuja fem $\mathcal{E}_1$ é dada por $(20 \text{ V})\cos(2\pi ft)$ e uma bateria ideal cuja fem $\mathcal{E}_2$ é 16 V estão conectados a uma combinação de dois resistores e um indutor (Figura 29-34), onde $R_1 = 10$ Ω, $R_2 = 8,0$ Ω e $L = 6,0$ mH. Determine a potência média entregue a cada resistor se a freqüência é (a) 100 Hz, (b) 200 Hz e (c) 800 Hz.

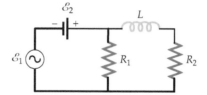

FIGURA 29-34
Problema 42

43 •• Um circuito contém um resistor e um indutor ideal conectados em série. A queda de tensão rms na combinação em série é 100 V e a queda de tensão rms no indutor é 80 V. Qual é a queda de potencial rms no resistor?

FILTROS E RETIFICADORES

44 •• **APLICAÇÃO EM ENGENHARIA** O circuito mostrado na Figura 29-35 é chamado de *filtro RC passa-altas* porque ele transmite sinais de tensão de entrada que tenham altas freqüências com maior amplitude do que sinais de tensão de entrada que tenham baixas freqüências. Se a tensão de entrada é dada por $V_{\text{ent}} = V_{\text{ent pico}}\cos(\omega t)$, mostre que a tensão de saída é $V_{\text{saída}} = V_H\cos(\omega t - \delta)$ onde $V_H = V_{\text{ent pico}}/\sqrt{1 + (\omega RC)^{-2}}$. (Considere que a saída esteja conectada a uma carga que conduz uma corrente insignificante.) Mostre que este resultado justifica o fato de este circuito ser chamado de filtro passa-altas.

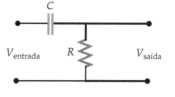

FIGURA 29-35
Problema 44

45 •• (a) Determine uma expressão para a constante de fase δ no Problema 44 em termos de ω, R e C. (b) Qual é o valor de δ no limite ω → 0? (c) Qual é o valor de δ no limite ω → ∞? (d) Explique suas respostas para as Partes (b) e (c).

46 •• **Planilha Eletrônica** Considere que, no Problema 44, $R = 20$ kΩ e $C = 15$ nF. (a) Em que freqüência $V_H = \frac{1}{\sqrt{2}}V_{\text{ent pico}}$? Esta freqüência particular é conhecida como freqüência 3 dB, ou f_{3dB}, para o circuito. (b) Usando uma planilha eletrônica, faça um gráfico de $\log_{10}(V_H)$ versus $\log_{10}(f)$, onde f é a freqüência. Certifique-se de que a escala estenda-se no mínimo desde 10% da freqüência 3 dB até dez vezes esta freqüência. (c) Faça um gráfico de δ versus $\log_{10}(f)$ para o mesmo intervalo de freqüências da Parte (b). Qual é o valor da constante de fase quando a freqüência é igual à freqüência 3 dB?

47 •• Um sinal de tensão $V(t)$ que varia lentamente é aplicado à entrada do filtro passa-altas do Problema 44. Variar lentamente significa que durante uma constante de tempo (igual a RC) não há variação significativa do sinal de tensão. Mostre que, nestas condições, a tensão de saída é proporcional à derivada temporal de $V(t)$. Esta situação é conhecida como *circuito de diferenciação*.

48 •• Podemos descrever a saída do filtro passa-altas do Problema 44 usando uma escala em decibel: $\beta = (20$ dB$)\log_{10}(V_H/V_{\text{ent pico}})$, onde β é a saída em decibéis. Mostre que, para $V_H = \frac{1}{\sqrt{2}}V_{\text{ent pico}}$, $\beta = 3,0$ dB. A freqüência na qual $V_H = \frac{1}{\sqrt{2}}V_{\text{ent pico}}$ é conhecida como f_{3dB} (a freqüência 3 dB). Mostre que, para $f \ll f_{3dB}$, a saída β cai 6 dB se a freqüência f for dividida pela metade.

49 •• Mostre que a potência média dissipada no resistor do filtro passa-altas do Problema 44 é dada por $P_{méd} = \dfrac{V^2_{\text{ent pico}}}{2R[1 + (\omega RC)^{-2}]}$.

50 •• Uma aplicação do filtro passa-altas do Problema 44 é um filtro de ruído para circuitos eletrônicos (um filtro que bloqueia ruídos de baixa freqüência). Usando um valor de resistência de 20 kΩ, determine um valor para a capacitância para que o filtro passa-altas atenue um sinal de tensão de entrada de 60 Hz por um fator de 10, isto é, tal que $V_H = \frac{1}{10}V_{\text{ent pico}}$.

51 •• **Aplicação em Engenharia** O circuito mostrado na Figura 29-36 é um exemplo de filtro passa-baixas. (Considere que a saída esteja conectada a uma carga que conduza uma corrente insignificante.) (a) Se a tensão de entrada é dada por $V_{\text{ent}} = V_{\text{ent pico}} \cos \omega t$, mostre que a tensão de saída é $V_{\text{saída}} = V_L \cos(\omega t - \delta)$, onde $V_L = V_{\text{ent pico}}/\sqrt{1 + (\omega RC)^{-2}}$. (b) Discuta a tendência da tensão de saída nos casos limites ω → 0 e ω → ∞.

52 •• (a) Determine uma expressão para o ângulo de fase δ para o filtro passa-baixas do Problema 51 em termos de ω, R e C. (b) Determine o valor de δ no limite ω → 0 e no limite ω → ∞. Explique sua resposta.

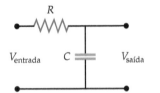

FIGURA 29-36
Problemas 51 e 52

53 •• **Planilha Eletrônica** Usando uma planilha eletrônica faça um gráfico de V_L versus a freqüência de entrada f e um gráfico do ângulo de fase δ versus a freqüência de entrada para o filtro passa-baixas dos Problemas 51 e 52. Use um valor de resistência de 10 kΩ e um valor de capacitância de 5,0 nF.

54 ••• Um sinal de tensão $V(t)$ que varia rapidamente é aplicado à entrada do filtro passa-baixas do Problema 51. Variar rapidamente significa que durante uma constante de tempo (igual a RC) há variações significativas no sinal de tensão. Mostre que, nestas condições, a tensão de saída é proporcional à integral de $V(t)$ no tempo. Esta situação é conhecida como *circuito de integração*.

55 ••• **Aplicação em Engenharia** O circuito mostrado na Figura 29-37 é um *filtro de corte*. (Considere que a saída esteja conectada a uma carga que conduz uma corrente insignificante.) (a) Mostre que o *filtro de corte* rejeita sinais em uma banda de freqüências centrada em $\omega = 1/\sqrt{LC}$. (b) Como a largura da banda de freqüência rejeitada depende da resistência R?

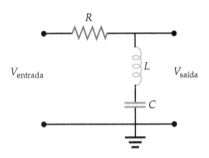

FIGURA 29-37
Problema 55

56 ••• **Aplicação em Engenharia** Um retificador de meia onda para transformar uma tensão ac em uma tensão dc é mostrado na Figura 29-38. O diodo na figura pode ser pensado como uma válvula de sentido único para a corrente. Ele permite que a corrente passe no sentido para frente (o sentido da seta) apenas quando V_{ent} está a um potencial elétrico 0,60 V acima de $V_{\text{saída}}$ (isto é, sempre que $V_{\text{ent}} - V_{\text{saída}} \geq +0,60$ V). A resistência do diodo é efetivamente infinita quando $V_{\text{ent}} - V_{\text{saída}}$ é menor que +0,60 V. Faça um gráfico de dois ciclos para as tensões de entrada e saída como função do tempo, no mesmo gráfico, considerando que a tensão de entrada é dada por $V_{\text{ent}} = V_{\text{ent pico}} \cos \omega t$.

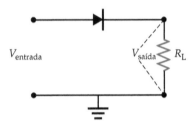

FIGURA 29-38
Problema 56

57 ••• **Aplicação em Engenharia** A saída do retificador do Problema 56 pode ser filtrada adicionalmente conectando sua saída a um filtro passa-baixas como mostrado na Figura 29-39a. A saída resultante é uma tensão dc com uma pequena componente ac (ondulação) mostrada na Figura 29-39b. Se a freqüência de entrada é 60 Hz e a resistência de carga é 1,00 kΩ, determine o valor para a capacitância tal que a tensão de saída varie por menos que 50 por cento do valor médio sobre um ciclo.

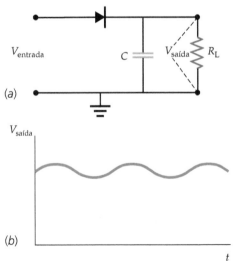

FIGURA 29-39 Problema 57

CIRCUITOS *LC* FORÇADOS

58 •• A tensão do gerador na Figura 29-40 é dada por $\mathcal{E} = (100$ V$)\cos(2\pi ft)$. (*a*) Para cada ramo, qual é a corrente de pico e qual é a fase da corrente relativa à fase da tensão do gerador? (*b*) Na freqüência de ressonância não há corrente no gerador. Qual é a freqüência angular na ressonância? (*c*) Na freqüência de ressonância, determine a corrente no indutor e a corrente no capacitor. Expresse seus resultados como função do tempo. (*d*) Desenhe um diagrama de fasores mostrando os fasores para a tensão aplicada, a corrente no gerador, a corrente no capacitor e a corrente no indutor para o caso onde a freqüência é maior que a de ressonância.

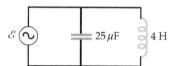

FIGURA 29-40
Problema 58

59 •• Um circuito consiste em um gerador ac ideal, um capacitor e um indutor ideal, todos conectados em série. A carga no capacitor é dada por $Q = (15 \,\mu C)\cos(\omega t + \frac{\pi}{4})$, onde $\omega = 1250$ rad/s. (*a*) Determine a corrente no circuito como função do tempo. (*b*) Determine a capacitância se a indutância for de 28 mH. (*c*) Escreva expressões para a energia elétrica U_e, energia magnética U_m, e energia total U como funções do tempo.

60 ••• **APLICAÇÃO EM ENGENHARIA** Um método para determinar a compressibilidade de um material dielétrico usa um circuito *LC* com um capacitor de placas paralelas. O dielétrico é inserido entre as placas e a variação na freqüência de ressonância é determinada enquanto as placas do capacitor estão sujeitas a uma tensão compressiva. Neste arranjo, a freqüência de ressonância é 120 MHz quando um dielétrico de espessura 0,100 cm e constante dielétrica $\kappa = 6,80$ é colocado entre as placas. Sob uma tensão compressiva de 800 atm, a freqüência de ressonância diminui para 116 MHz. Determine o módulo de Young para o material dielétrico. (Considere que a constante dielétrica não varie com a pressão.)

61 ••• A Figura 29-41 mostra um indutor em série com um capacitor de placas paralelas. O capacitor tem largura *w* de 20 cm e espaçamento de 2,0 mm. Um dielétrico com constante dielétrica de 4,8 pode deslizar para dentro e para fora do espaçamento entre as placas. O indutor tem uma indutância de 2,0 mH. Quando metade do dielétrico está entre as placas do capacitor (quando $x = \frac{1}{2}w$), a freqüência de ressonância para esta combinação é 90 MHz. (*a*) Qual é a capacitância do capacitor sem o dielétrico? (*b*) Determine a freqüência de ressonância como função de *x* para $0 \leq x \leq w$.

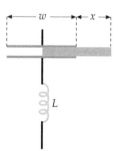

FIGURA 29-41 Problema 61

CIRCUITOS *RLC* FORÇADOS

62 • Um circuito consiste em um gerador ac ideal, um capacitor de 20 μF e um resistor de 80 Ω, todos conectados em série. A saída do gerador tem uma fem de pico de 20 V e a carcaça do gerador gira a 400 rad/s. Determine (*a*) o fator de potência, (*b*) a corrente rms e (*c*) a potência média fornecida pelo gerador.

63 •• Mostre que a expressão $P_{méd} = R\mathcal{E}_{rms}^2/Z^2$ fornece o resultado correto para um circuito contendo apenas um gerador ac ideal e (*a*) um resistor, (*b*) um capacitor e (*c*) um indutor. Na expressão $P_{méd} = R\mathcal{E}_{rms}^2/Z^2$, $P_{méd}$ é a potência média fornecida pelo gerador, $\mathcal{E}_{rms}$ é o valor quadrático médio da fem do gerador, R é a resistência, C é a capacitância e L é a indutância. [Na Parte (*a*), $C = L = 0$; na Parte (*b*), $R = L = 0$, e na Parte (*c*), $R = C = 0$.]

64 •• Um circuito *RLC* em série com uma indutância de 10 mH, uma capacitância de 2,0 μF e uma resistência de 5,0 Ω é alimentado por uma fonte de tensão ac ideal que tem 100 V de fem de pico. Determine (*a*) a freqüência de ressonância e (*b*) a corrente quadrática média na ressonância. Quando a freqüência é 8000 rad/s, determine (*c*) as reatâncias capacitiva e indutiva, (*d*) a impedância, (*e*) a corrente quadrática média e (*f*) o ângulo de fase.

65 •• Determine (*a*) o fator *Q* e (*b*) a largura de ressonância (em hertz) para o circuito no Problema 64. (*c*) Qual é o fator de potência quando $\omega = 8000$ rad/s.

66 •• **APLICAÇÃO EM ENGENHARIA** Estações de rádio FM operam tipicamente em freqüências separadas por 0,20 MHz. Portanto, quando seu rádio está sintonizado em uma estação operando a uma freqüência de 100,1 MHz, a largura de ressonância do circuito receptor deveria ser menor que 0,20 MHz para que você não receba sinal das estações operando nas freqüências adjacentes. Considere que seu circuito receptor tenha largura de ressonância de 0,050 MHz. Quando sintonizado em uma estação particular, qual é o fator *Q* de seu circuito?

67 •• Uma bobina está conectada a um gerador de 60 Hz com 100 V de fem de pico. Nesta freqüência, a bobina tem uma impedância de 10 Ω e uma reatância de 8,0 Ω. (*a*) Qual é a corrente de pico na bobina? (*b*) Qual é o ângulo de fase entre a corrente e a tensão aplicada? (*c*) Um capacitor é colocado em série com a bobina e com o gerador. Que capacitância é necessária para que a corrente esteja em fase com a fem do gerador? (*d*) Qual é a tensão de pico medida no capacitor?

68 •• Um indutor ideal de 0,25 H e um capacitor estão conectados em série com um gerador ideal de 60 Hz. Um voltímetro digital é usado para medir as tensões rms no indutor e no capacitor de forma independente. A leitura do voltímetro no capacitor é 75 V e no indutor é 50 V. (*a*) Determine a capacitância e a corrente rms no circuito. (*b*) Qual é a tensão rms na combinação em série do capacitor e do indutor?

69 •• No circuito mostrado na Figura 29-42 o gerador ideal produz uma tensão rms de 115 V quando operado a 60 Hz. Qual é a tensão rms entre os pontos (*a*) *A* e *B*, (*b*) *B* e *C*, (*c*) *C* e *D*, (*d*) *A* e *C*, e (*e*) *B* e *D*?

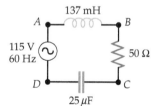

FIGURA 29-42 Problema 69

70 •• Quando um circuito *RLC* em série é conectado a uma linha de 120 V rms e 60 Hz, a corrente rms no circuito é 11 A e a corrente está adiantada em relação à tensão da linha por 45°. (*a*) Determine a potência média fornecida ao circuito. (*b*) Qual é a resistência no circuito? (*c*) Se a indutância no circuito é 50 mH, determine a capacitância no circuito. (*d*) Sem mudar a indutância, de quanto você deveria variar a capacitância para fazer com que o fator de potência fosse igual a 1? (*e*) Sem mudar a capacitância, de quanto você deveria variar a indutância para fazer com que o fator de potência fosse igual a 1?

71 •• **Planilha Eletrônica** Faça um gráfico da impedância versus a freqüência angular para cada um dos circuitos a seguir: (a) um circuito LR em série forçado, (b) um circuito RC em série forçado e (c) um circuito RLC em série forçado.

72 •• Em um circuito RLC em série forçado, o gerador ideal tem uma fem de pico igual a 200 V, a resistência é 60,0 Ω e a capacitância é 8,00 μF. A indutância pode ser variada de 8,00 mH para 40,0 mH pela inserção de um núcleo de ferro no solenóide. A freqüência angular do gerador é 2500 rad/s. Se a tensão no capacitor não pode exceder 150 V, determine (a) a corrente de pico e (b) o intervalo de indutâncias que pode ser usado com segurança.

73 •• Certo dispositivo elétrico conduz uma corrente de 10 A a uma potência média de 720 W quando conectado a uma linha de 120 V rms e 60 Hz. (a) Qual é a impedância do dispositivo? (b) Que combinação em série de resistência e reatância teria a mesma impedância deste dispositivo? (c) Se a corrente está adiantada em relação à fem, a reatância é indutiva ou capacitiva?

74 •• Um método para medida de indutância é conectar o indutor em série com uma capacitância conhecida, uma resistência conhecida, um amperímetro ac e um gerador de sinal com freqüência variável. A freqüência do gerador de sinal é variada e a fem é mantida constante até que a corrente seja máxima. (a) Se a capacitância é de 10 μF, a fem de pico é 10 V, a resistência é 100 Ω e a corrente rms no circuito é máxima quando a freqüência é 5000 rad/s, qual é o valor da indutância? (b) Qual é a corrente rms máxima?

75 •• Um resistor e um capacitor estão conectados em paralelo com um gerador ac (Figura 29-43) que tem uma fem dada por $\mathcal{E} = \mathcal{E}_{pico}\cos\omega t$. (a) Mostre que a corrente no resistor é dada por $I_R = (\mathcal{E}_{pico}/R)\cos\omega t$. (b) Mostre que a corrente na malha do capacitor é dada por $I_C = (\mathcal{E}_{pico}/X_C)\cos(\omega t + 90°)$. (c) Mostre que a corrente no gerador é $I = I_{pico}\cos(\omega t + \delta)$, onde $\tan\delta = R/X_C$ e $I_{pico} = \mathcal{E}_{pico}/Z$.

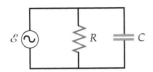

FIGURA 29-43 Problema 75

76 ••• A Figura 29-44 mostra um gráfico da potência média $P_{méd}$ versus freqüência ω do gerador para um circuito RLC em série alimentado por um gerador ac. A potência média $P_{méd}$ é dada pela Equação 29-56. A largura máxima à meia altura, Δω, é a largura da curva de ressonância entre os dois pontos onde $P_{méd}$ tem metade de seu valor máximo. Mostre que, para uma curva de ressonância bastante estreita, $\Delta\omega \approx R/L$ e que $Q_{fator} \approx \omega_0/\Delta\omega$ (Equação 29-58). Dica: Os pontos de metade da potência ocorrem quando o denominador da Equação 29-56 é igual ao dobro do valor que ele tem na ressonância; isto é, quando $L^2(\omega^2 - \omega_0^2)^2 + \omega^2 R^2 \approx +\omega_0^2 R^2$. Suponha que ω_1 e ω_2 sejam as soluções desta equação. Então, mostre que $\Delta\omega = \omega_2 - \omega_1 \approx R/L$.

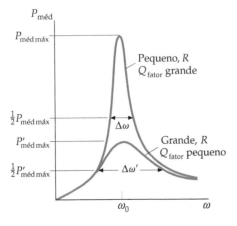

FIGURA 29-44 Problema 76

77 ••• Mostre por substituição direta que $L\dfrac{d^2Q}{dt^2} + R\dfrac{dQ}{dt} + \dfrac{1}{C}Q = 0$ (Equação 29-43b) é satisfeita para $Q = Q_0 e^{-t/\tau}\cos\omega' t$, onde $\tau = 2L/R$, $\omega' = \sqrt{1/(LC) - 1/\tau^2}$ e Q_0 é a carga no capacitor em $t = 0$.

78 ••• **Aplicação em Engenharia** Um método para medir a suscetibilidade magnética de uma amostra usa um circuito LC constituído por um solenóide com núcleo vazio e um capacitor. A freqüência de ressonância do circuito sem a amostra é determinada e, então, medida novamente com a amostra inserida no solenóide. Considere que você tenha um solenóide de 4,00 cm de comprimento, 3,00 mm de diâmetro e 400 voltas de fio fino. Você tem uma amostra que é inserida no solenóide e preenche completamente o espaço vazio. Despreze efeitos de borda. (a) Calcule a indutância do solenóide vazio. (b) Que valor você escolheria para a capacitância do capacitor a fim de que a freqüência de ressonância do circuito sem a amostra fosse exatamente 6,0000 MHz? (c) Quando uma amostra é inserida no solenóide, você determina que a freqüência de ressonância cai para 5,9989 MHz. Use seus dados para determinar a suscetibilidade da amostra.

*O TRANSFORMADOR

79 • Uma tensão rms de 24 V é necessária para um dispositivo cuja impedância é 12 Ω. (a) Qual deve ser a razão entre o número de voltas de um transformador para que o dispositivo possa operar em uma linha de 120 V? (b) Suponha que o transformador seja acidentalmente conectado no sentido contrário, com o enrolamento do secundário na linha de 120 V rms e a carga de 12 Ω no enrolamento primário. Quanta corrente rms estará, então, no enrolamento primário?

80 • Um transformador tem 400 voltas no primário e 8 voltas no secundário. (a) Este transformador é amplificador ou redutor? (b) Se o primário é conectado a uma fonte de tensão de 120 V rms, qual é a tensão rms de circuito aberto no secundário? (c) Se a corrente rms no primário é 0,100 A, qual é a corrente rms no secundário, considerando que a corrente de magnetização seja desprezível e que não haja perda de energia?

81 • O primário de um transformador redutor tem 250 voltas e está conectado a uma linha de 120 V rms. O secundário deve fornecer 20 A rms a 9,0 V rms. Determine (a) a corrente rms no primário e (b) o número de voltas no secundário, considerando eficiência de 100 por cento.

82 •• Um oscilador de áudio (fonte ac) com resistência interna de 2000 Ω e tensão de saída rms de circuito aberto de 12,0 V deve ser usado para alimentar uma bobina de alto-falante que tem resistência de 8,00 Ω. (a) Qual deve ser a razão entre o número de voltas do primário e do secundário de um transformador para que o máximo de potência média seja transferido ao alto-falante? (b) Considere que um segundo alto-falante idêntico seja conectado em paralelo com o primeiro. Qual o valor da potência média fornecida, então, para os dois alto-falantes combinados?

83 • O circuito de distribuição de uma linha de energia residencial é operado a 2000 V rms. Esta tensão deve ser reduzida para 240 V rms para uso no interior de residências. Se o lado secundário do transformador tem 400 voltas, quantas voltas estão no primário?

PROBLEMAS GERAIS

84 •• Um resistor com resistência R conduz uma corrente dada por (5,0 A) sen $2\pi ft$ + (7,0 A) sen $4\pi ft$, onde $f = 60$ Hz. (a) Qual é a corrente rms no resistor? (b) Se $R = 12$ Ω, qual é a potência média entregue ao resistor? (c) Qual é a tensão rms no resistor?

85 •• A Figura 29-45 mostra a tensão versus tempo para uma fonte de tensão do tipo onda quadrada. Se $V_0 = 12$ V, (a) qual é a tensão rms desta fonte? (*b*) Se esta forma de onda alternada é retificada eliminando as tensões negativas, permanecendo apenas as tensões positivas, qual é a nova tensão rms?

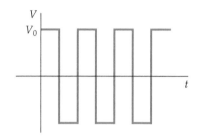

FIGURA 29-45 Problema 85

86 •• Quais são os valores médios e os valores rms da corrente para as duas formas de onda de corrente mostradas na Figura 29-46?

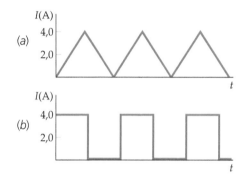

FIGURA 29-46 Problema 86

87 •• No circuito mostrado na Figura 29-47, $\mathcal{E}_1 = (20\ \text{V})\cos 2\pi ft$, onde $f = 180$ Hz; $\mathcal{E}_2 = 18$ V e $R = 36\ \Omega$. Determine os valores máximo, mínimo, médio e rms da corrente no resistor.

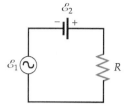

FIGURA 29-47 Problemas 87, 88 e 89

88 •• Repita o Problema 87 se o resistor é substituído por um capacitor de 2,0 μF.

89 ••• Um circuito consiste em um gerador ac, um capacitor e um indutor ideal — todos conectados em série. A fem do gerador é dada por $\mathcal{E}_{\text{pico}}\cos\omega t$. (*a*) Mostre que a carga no capacitor obedece à equação $L\dfrac{d^2Q}{dt^2} + \dfrac{Q}{C} = \mathcal{E}_{\text{pico}}\cos\omega t$. (*b*) Mostre por substituição direta que esta equação é satisfeita por $Q = Q_{\text{pico}}\cos\omega t$, onde $Q_{\text{pico}} = -\dfrac{\mathcal{E}_{\text{pico}}}{L(\omega^2 - \omega_0^2)}$. (*c*) Mostre que a corrente pode ser escrita como $I = I_{\text{pico}}\cos(\omega t - \delta)$, onde $I_{\text{pico}} = \dfrac{\omega\mathcal{E}_{\text{pico}}}{L|\omega^2 - \omega_0^2|} = \dfrac{\mathcal{E}_{\text{pico}}}{|X_L - X_C|}$, $\delta = -90°$ para $\omega < \omega_0$, e $\delta = 90°$ para $\omega > \omega_0$, onde ω_0 é a freqüência de ressonância.

C A P Í T U L O

30

Equações de Maxwell e Ondas Eletromagnéticas

30-1   Corrente de Deslocamento de Maxwell
30-2   Equações de Maxwell
30-3   A Equação de Onda para Ondas Eletromagnéticas
30-4   Radiação Eletromagnética

INSTALADA NO DESERTO NAS PROXIMIDADES DE SOCORRO, NOVO MÉXICO, ESTA ENORME ESTRUTURA ORDENADA DO OBSERVATÓRIO ASTRONÔMICO NACIONAL DE RÁDIO É UM SISTEMA DE 27 ANTENAS DE RÁDIO DISPOSTAS EM UMA CONFIGURAÇÃO COM FORMATO DE Y. COMO A INFORMAÇÃO COLHIDA PELO ARRANJO É COMBINADA ELETRONICAMENTE, O INSTRUMENTO TEM UMA RESOLUÇÃO COM 22 MILHAS (35,40 QUILÔMETROS) DE LARGURA. *(NRAO/AUI.)*

> Você já se perguntou se uma antena de rádio gera uma onda igual em todas as direções? (Veja o Exemplo 30-5.)

As equações de Maxwell, propostas originalmente pelo grande físico escocês James Clerk Maxwell, relaciona os vetores campo elétrico e magnético $\vec{E}$ e $\vec{B}$ e suas fontes, que são as cargas elétricas e as correntes. Estas equações resumem as leis experimentais da eletricidade e do magnetismo — as leis de Coulomb, Gauss, Biot–Savart, Ampère e Faraday. Estas leis experimentais têm validade geral exceto a lei de Ampère, a qual se aplica apenas a correntes contínuas estacionárias.

Neste capítulo, veremos como Maxwell foi capaz de generalizar a lei de Ampère com a invenção da corrente de deslocamento (Seção 30-1). Maxwell foi capaz, então, de mostrar que as leis generalizadas da eletricidade e do magnetismo implicam a existência de ondas eletromagnéticas.

30-1 CORRENTE DE DESLOCAMENTO DE MAXWELL

As equações de Maxwell desempenham um papel no eletromagnetismo clássico análogo ao papel das leis de Newton na mecânica clássica. Em princípio, todos os problemas na eletricidade e no magnetismo clássicos podem ser resolvidos usando as equações de Maxwell, assim como todos os problemas em mecânica clássica podem ser resolvidos usando as leis de Newton. Entretanto, as equações de Maxwell são consideravelmente mais complicadas que as leis de Newton e sua aplicação à maioria dos problemas envolve uma matemática que está além do escopo deste livro. Apesar disso, as equações de Maxwell são de grande importância teórica. Por exemplo, Maxwell mostrou que estas equações podem ser combinadas para fornecer uma equação de onda para os vetores campo elétrico e campo magnético $\vec{E}$ e $\vec{B}$. Tais **ondas eletromagnéticas** são geradas por cargas aceleradas (por exemplo, as cargas em uma corrente alternada em uma antena). Ondas eletromagnéticas foram produzidas pela primeira vez em laboratório por Heinrich Hertz em 1887. Maxwell mostrou que suas equações prevêem a rapidez das ondas eletromagnéticas no espaço livre como

$$c = \frac{1}{\sqrt{\mu_0 \epsilon_0}} \qquad 30\text{-}1$$

A RAPIDEZ DAS ONDAS ELETROMAGNÉTICAS

onde ϵ_0, a constante elétrica, é a constante que aparece nas leis de Coulomb e de Gauss, e μ_0, a constante magnética, é a constante que aparece na lei de Biot–Savart e na lei de Ampère. Maxwell observou com grande entusiasmo a coincidência que a medida para a velocidade da luz é igual a $1/\sqrt{\mu_0 \epsilon_0}$, e Maxwell supôs corretamente que a luz é uma onda eletromagnética. Atualmente, o valor de c é definido como $2,997\,924\,58 \times 10^8$ m/s, o valor de μ_0 é definido como $4\pi \times 10^{-7}$ N/A², e o valor de ϵ_0 é definido pela Equação 30-1.

A lei de Ampère (Equação 27-16) relaciona a integral de linha do campo magnético ao longo de alguma curva fechada C à corrente que passa através de qualquer superfície limitada por tal curva

$$\oint_C \vec{B} \cdot d\vec{\ell} = \mu_0 I_S \qquad \text{para qualquer curva fechada } C \qquad 30\text{-}2$$

Maxwell reconheceu uma falha na lei de Ampère. A Figura 30-1 mostra duas superfícies diferentes, S_1 e S_2, limitadas pela mesma curva C, a qual circunda um fio que conduz corrente e está conectado à placa de um capacitor. A corrente através da superfície S_1 é I, porém não existe corrente através da superfície S_2 pois a carga pára na placa do capacitor. Portanto, existe ambigüidade na frase "a corrente através de qualquer superfície limitada pela curva." Tal problema surge quando a corrente não é contínua.

Maxwell mostrou que a lei pode ser generalizada para incluir todas as situações se a corrente I na equação for substituída pela soma da corrente I, e outro termo I_d, chamado de **corrente de deslocamento de Maxwell**, definida como

$$I_d = \epsilon_0 \frac{d\phi_e}{dt} \qquad 30\text{-}3$$

DEFINIÇÃO — CORRENTE DE DESLOCAMENTO

onde ϕ_e é o fluxo do campo elétrico através da mesma superfície limitada pela curva C. A forma generalizada da lei de Ampère é, então,

$$\oint_C \vec{B} \cdot d\vec{\ell} = \mu_0 (I + I_d) = \mu_0 I + \mu_0 \epsilon_0 \frac{d\phi_e}{dt} \qquad 30\text{-}4$$

FORMA GENERALIZADA DA LEI DE AMPÈRE

Podemos entender esta generalização considerando a Figura 30-1 novamente. Vamos chamar a soma $I + I_d$* de corrente generalizada. De acordo com o argumento que acaba de ser apresentado, a mesma corrente generalizada deve atravessar qualquer

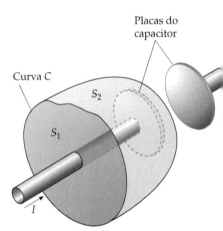

FIGURA 30-1 Duas superfícies S_1 e S_2 limitadas pela mesma curva C. A corrente I passa através da superfície S_1, mas não pela superfície S_2. A lei de Ampère, que relaciona a integral de linha do campo magnético ao longo da curva C à corrente total passando através de qualquer superfície limitada por C, não é válida quando a corrente não for contínua, como no caso aqui representado quando ela pára na placa do capacitor.

---

* Em tratamentos mais avançados, a corrente generalizada é considerada como a soma de uma corrente de condução e uma corrente de deslocamento, quando a corrente de condução é atribuída ao movimento de portadores livres de carga (delocalizados), e a corrente de deslocamento é o que é referido neste livro como a corrente de deslocamento e um termo associado ao movimento dos portadores de carga ligados (localizados).

Equações de Maxwell e Ondas Eletromagnéticas | **333**

superfície limitada pela curva C. As superfícies S_1 e S_2 juntas formam uma única superfície fechada. Assim, a soma das correntes generalizadas na região circundada pelas duas superfícies S_1 e S_2 é igual à soma das correntes generalizadas fora da região. Se a corrente resultante I existe dentro da região fechada, uma corrente resultante de deslocamento I_d igual deve existir do lado de fora da região fechada. Na região fechada na figura, uma corrente resultante I existe na região, a qual aumenta a carga Q_{dentro} no interior da região:

$$I = \frac{dQ_{dentro}}{dt}$$

O fluxo resultante do campo elétrico para fora da região fechada está relacionado à carga no interior pela lei de Gauss:

$$\phi_{e\ res} = \oint_S E_n\, dA = \frac{1}{\epsilon_0} Q_{dentro}$$

Resolvendo para a carga, obtemos

$$Q_{dentro} = \epsilon_0 \phi_{e\ res}$$

e calculando a derivada em ambos os lados

$$\frac{dQ_{dentro}}{dt} = \epsilon_0 \frac{d\phi_{e\ res}}{dt}$$

A taxa de aumento da carga no interior da região é, então, proporcional à taxa de aumento do fluxo resultante do campo elétrico para fora da região:

$$\frac{dQ_{dentro}}{dt} = \epsilon_0 \frac{d\phi_{e\ res}}{dt} = I_d$$

Assim, a corrente resultante dentro do volume é igual à corrente resultante de deslocamento para fora do volume. A corrente generalizada é, portanto, contínua e este é *sempre* o caso.

É interessante comparar a Equação 30-4 com a Equação 28-6:

$$\mathcal{E} = \oint_C \vec{E} \cdot d\vec{\ell} = -\frac{d\phi_m}{dt} = -\int_S \frac{\partial B_n}{\partial t}\, dA \qquad\qquad 30\text{-}5$$

LEI DE FARADAY

que, neste capítulo, será referida como a lei de Faraday. (A Equação 30-5 é uma forma restrita da lei de Faraday, a qual inclui fems associadas a campos magnéticos variáveis no tempo, mas não inclui fems associadas a condutores em movimento.) De acordo com a lei de Faraday, um fluxo magnético variável produz um campo elétrico cuja integral de linha em torno de uma superfície fechada é proporcional à taxa de variação do fluxo magnético através de qualquer superfície limitada pela curva. A modificação de Maxwell para a lei de Ampère mostra que um fluxo elétrico variável produz um campo magnético cuja integral de linha em torno de uma curva é proporcional à taxa de variação do fluxo elétrico. Temos, então, o interessante resultado recíproco que um campo magnético variável produz um campo elétrico (lei de Faraday) e que um campo elétrico variável produz um campo magnético (forma generalizada da lei de Ampère). Observe que não há um análogo magnético à corrente I. Isto é consistente com a observação que o monopólo magnético, o análogo magnético à carga elétrica, não existe.*

Exemplo 30-1 — Calculando a Corrente de Deslocamento

Um capacitor de placas paralelas tem placas circulares de raio R bem próximas uma da outra. A corrente I nos fios conectados às placas é 2,5 A, como mostrado na Figura 30-2. Calcule a corrente de deslocamento I_d através da superfície S passando entre as placas através do cálculo da taxa de variação do fluxo de $\vec{E}$ através da superfície S.

---

* A questão da existência de monopólos magnéticos tem importância teórica. Várias tentativas de observar monopólos magnéticos têm sido feitas, mas, até hoje, nenhuma teve sucesso sem ambiguidades.

SITUAÇÃO A corrente de deslocamento é $I_d = \epsilon_0 d\phi_e/dt$, onde ϕ_e é o fluxo elétrico através da superfície entre as placas. Como as placas paralelas estão muito próximas, o campo elétrico na região entre elas é uniforme e perpendicular às placas. Fora da região entre as placas o campo elétrico é desprezível. Portanto, o fluxo elétrico é simplesmente $\phi_e = EA$, onde E é o campo elétrico entre as placas e A é a área da placa.

SOLUÇÃO

1. A corrente de deslocamento é determinada através da derivada do fluxo elétrico:
$$I_d = \epsilon_0 \frac{d\phi_e}{dt}$$

2. O fluxo é igual à magnitude do campo elétrico multiplicado pela área da placa:
$$\phi_e = EA$$

3. O campo elétrico é proporcional à densidade de carga nas placas, que consideramos uniformemente distribuída:
$$E = \frac{\sigma}{\epsilon_0} = \frac{Q/A}{\epsilon_0}$$

4. Substitua estes resultados para calcular I_d:
$$I_d = \epsilon_0 \frac{d(EA)}{dt} = \epsilon_0 A \frac{dE}{dt} = \epsilon_0 A \frac{d}{dt}\left(\frac{Q}{A\epsilon_0}\right)$$
$$= \frac{dQ}{dt} = \boxed{2,5 \text{ A}}$$

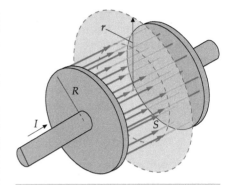

FIGURA 30-2 A superfície S entre as placas do capacitor é atravessada pelas linhas de campo elétrico. A carga Q na placa carregada positivamente está aumentando a 25 C/s = 2,5 A. A distância entre as placas não está desenhada em escala. As placas estão muito mais próximas do que o mostrado na figura.

CHECAGEM O resultado do passo 4 é igual à corrente nos fios, como esperado.

Exemplo 30-2 Calculando $\vec{B}$ a partir da Corrente de Deslocamento

As placas circulares no Exemplo 30-1 têm raio $R = 3{,}0$ cm. Determine a intensidade do campo magnético B em um ponto entre as placas a uma distância $r = 2{,}0$ cm do eixo que passa através do centro entre as placas quando a corrente na placa positiva é 2,5 A.

SITUAÇÃO Encontramos B a partir da forma generalizada da lei de Ampère (Equação 30-4). Escolhemos uma trajetória circular C de raio $r = 2{,}0$ cm em torno da linha central que une as placas, como mostrado na Figura 30-3. Calculamos, então, a corrente de deslocamento através da superfície S limitada por C. Por simetria, $\vec{B}$ é tangente a C e tem a mesma magnitude em todos pontos em C.

SOLUÇÃO

1. Encontramos B a partir da forma generalizada da lei de Ampère:
$$\oint_C \vec{B} \cdot d\vec{\ell} = \mu_0(I + I_d)$$
onde
$$I_d = \epsilon_0 \frac{d\phi_e}{dt}$$

2. A integral de linha é B multiplicado pela circunferência do círculo:
$$\oint_C \vec{B} \cdot d\vec{\ell} = B \cdot 2\pi r$$

3. Como não há cargas em movimento através da superfície S, $I = 0$. Assim, a corrente generalizada através de S é apenas a corrente de deslocamento:
$$\oint_C \vec{B} \cdot d\vec{\ell} = \mu_0 I + \mu_0 \epsilon_0 \frac{d\phi_e}{dt}$$
$$B \cdot 2\pi r = 0 + \mu_0 \epsilon_0 \frac{d\phi_e}{dt}$$

4. O fluxo elétrico através de S é igual ao produto da intensidade uniforme do campo E pela área A da superfície plana S limitada pela curva C, e E é igual a σ/ϵ_0:
$$\phi_e = AE = \pi r^2 E = \pi r^2 \frac{\sigma}{\epsilon_0}$$
$$= \pi r^2 \frac{Q}{\epsilon_0 \pi R^2} = \frac{Qr^2}{\epsilon_0 R^2}$$

5. Substitua estes resultados no passo 3 e resolva para B:
$$B \cdot 2\pi r = \mu_0 \epsilon_0 \frac{d}{dt}\left(\frac{Qr^2}{\epsilon_0 R^2}\right) = \mu_0 \frac{r^2}{R^2} \frac{dQ}{dt}$$
$$B = \frac{\mu_0}{2\pi} \frac{r}{R^2} \frac{dQ}{dt} = \frac{\mu_0}{2\pi} \frac{r}{R^2} I$$
$$= (2 \times 10^{-7} \text{ T} \cdot \text{m/A}) \frac{0{,}02 \text{ m}}{(0{,}03 \text{ m})^2}(2{,}5 \text{ A})$$
$$= \boxed{1{,}11 \times 10^{-5} \text{ T}}$$

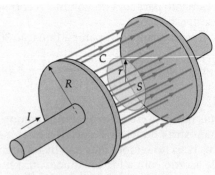

FIGURA 30-3 A distância entre as placas não está desenhada em escala. As placas estão muito mais próximas do que parece.

30-2 EQUAÇÕES DE MAXWELL

As equações de Maxwell são:

$$\oint_S E_n \, dA = \frac{1}{\epsilon_0} Q_{\text{dentro}}$$

$$\qquad\qquad\qquad\qquad\qquad\qquad\qquad\qquad\qquad \text{30-6}a$$

LEI DE GAUSS

$$\oint_S B_n \, dA = 0$$

$$\qquad\qquad\qquad\qquad\qquad\qquad\qquad\qquad\qquad \text{30-6}b$$

LEI DE GAUSS PARA O MAGNETISMO

$$\oint_C \vec{E} \cdot d\vec{\ell} = -\frac{d}{dt} \int_S B_n \, dA = -\int_S \frac{\partial B_n}{\partial t} \, dA$$

$$\qquad\qquad\qquad\qquad\qquad\qquad \text{30-6}c$$

LEI DE FARADAY

$$\oint_C \vec{B} \cdot d\vec{\ell} = \mu_0 (I + I_d), \text{ onde } I_d = \epsilon_0 \int_S \frac{\partial E_n}{\partial t} \, dA$$

$$\qquad\qquad\qquad\qquad\qquad\qquad \text{30-6}d$$

LEI DE AMPÈRE

EQUAÇÕES DE MAXWELL*

A lei de Gauss (Equação 30-6a) diz que o fluxo do campo elétrico através de qualquer superfície fechada é igual a $1/\epsilon_0$ multiplicado pela carga líquida no interior da superfície. Como discutido no Capítulo 22, a lei de Gauss implica que o campo elétrico $\vec{E}$ devido a uma carga puntiforme varia inversamente com o quadrado da distância até a carga. Esta lei descreve como as linhas de campo elétrico saem de uma carga positiva e convergem para uma carga negativa. Sua base experimental é a lei de Coulomb.

A lei de Gauss para o magnetismo (Equação 30-6b) diz que o fluxo do campo magnético $\vec{B}$ através de *qualquer* superfície fechada é zero. Esta equação descreve a observação experimental que as linhas de campo magnético não divergem de nenhum ponto no espaço nem convergem para nenhum ponto no espaço; isto é, ela implica que não existem pólos magnéticos isolados.

A lei de Faraday (Equação 30-6c) diz que a circulação do campo elétrico $\vec{E}$ em torno de qualquer curva fechada C é igual ao negativo da taxa de variação do fluxo do campo magnético $\vec{B}$ através de qualquer superfície S limitada pela curva C. (S não é uma superfície fechada, logo o fluxo magnético através de S não é necessariamente zero.) A lei de Faraday descreve como as linhas de campo elétrico circundam qualquer área através da qual o fluxo magnético está variando e relaciona o vetor campo elétrico $\vec{E}$ à taxa de variação do vetor campo magnético $\vec{B}$.

A lei de Ampère modificada para incluir a corrente de deslocamento de Maxwell (Equação 30-6d) diz que a integral de linha do campo magnético $\vec{B}$ em torno de qualquer superfície fechada C é igual a μ_0 multiplicado pela soma da corrente I através de qualquer superfície S limitada pela curva e da corrente de deslocamento I_d através da mesma superfície. Esta lei descreve como as linhas de campo magnético circundam uma área através da qual uma corrente ou uma corrente de deslocamento estão passando.

Na Seção 30-3 mostramos como as equações de onda para o campo elétrico $\vec{E}$ e para o campo magnético $\vec{B}$ podem ser deduzidas das equações de Maxwell.

---

* Em todas as quatro equações de Maxwell, os caminhos C de integração e as superfícies S de integração estão em repouso e as integrais são calculadas em um instante no tempo.

336 | CAPÍTULO 30

30-3 A EQUAÇÃO DE ONDA PARA ONDAS ELETROMAGNÉTICAS

Na Seção 15-1, vimos que as ondas em uma corda obedecem a uma equação diferencial parcial chamada de **equação de onda**:

$$\frac{\partial^2 y(x, t)}{\partial x^2} = \frac{1}{v^2} \frac{\partial^2 y(x, t)}{\partial t^2}$$

30-7

onde $y(x, t)$ é a função de onda que, para ondas em cordas, é o deslocamento da corda. A velocidade da onda é dada por $v = \sqrt{F_T/\mu}$, onde F_T é a tensão e μ é a massa específica linear de massa. A solução geral desta equação é

$$y(x, t) = y_1(x - vt) + y_2(x + vt)$$

onde y_1 e y_2 são funções de $x - vt$ e $x + vt$, respectivamente. As funções solução gerais podem ser expressas como superposições de funções de onda harmônicas da forma

$$y(x, t) = y_0 \, \text{sen}(kx - \omega t) \qquad e \qquad y(x, t) = y_0 \, \text{sen}(kx + \omega t)$$

onde $k = 2\pi/\lambda$ é o número de onda e $\omega = 2\pi f$ é a freqüência angular.

As equações de Maxwell implicam que $\vec{E}$ e $\vec{B}$ obedecem a equações de onda similares à Equação 30-7. Consideraremos apenas o espaço vazio (espaço no qual não existem cargas nem correntes) e que os campos elétrico e magnético $\vec{E}$ e $\vec{B}$ são funções do tempo e de uma coordenada espacial apenas, que consideraremos como a coordenada x. Tal onda é chamada de **onda plana**, pois $\vec{E}$ e $\vec{B}$ são uniformes ao longo de qualquer plano perpendicular ao eixo x. Para uma onda eletromagnética plana viajando paralelamente ao eixo x, as componentes x dos campos são zero, logo os vetores $\vec{E}$ e $\vec{B}$ são perpendiculares ao eixo x e cada uma obedece à equação de onda:

$$\frac{\partial^2 \vec{E}}{\partial x^2} = \frac{1}{c^2} \frac{\partial^2 \vec{E}}{\partial t^2}$$

30-8*a*

EQUAÇÃO DE ONDA PARA $\vec{E}$

$$\frac{\partial^2 \vec{B}}{\partial x^2} = \frac{1}{c^2} \frac{\partial^2 \vec{B}}{\partial t^2}$$

30-8*b*

EQUAÇÃO DE ONDA PARA $\vec{B}$

onde $c = 1/\sqrt{\mu_0 \epsilon_0}$ é a velocidade das ondas. (*Nota*: A análise dimensional ajuda a lembrar destas equações. Para cada equação, os numeradores de ambos os lados são os mesmos e os denominadores em ambos os lados têm dimensões de comprimento ao quadrado.)

DERIVAÇÃO DA EQUAÇÃO DE ONDA

Podemos relacionar a derivada espacial de um dos campos vetoriais à derivada temporal do outro vetor de campo aplicando a lei de Faraday (Equação 30-6*c*) e a versão modificada da lei de Ampère (Equação 30-6*d*) para curvas apropriadamente selecionadas no espaço. Relacionamos primeiramente a derivada espacial de E_y à derivada temporal de B_z aplicando a Equação 30-6*c* (lei de Faraday) à curva retangular de lados Δx e Δy no plano xy (Figura 30-4). A circulação de $\vec{E}$ em torno de C, para pequenos Δx e Δy é dada por

$$\oint_C \vec{E} \cdot d\vec{\ell} = E_y(x_2) \Delta y - E_y(x_1) \Delta y = [E_y(x_2) - E_y(x_1)] \Delta y$$

onde $E_y(x_1)$ é o valor de E_y em $x = x_1$ e $E_y(x_2)$ é o valor de E_y em $x = x_2$. As contribuições do tipo $E_x \Delta x$ da parte de cima e de baixo desta curva são zero porque $E_x = 0$. Como Δx é muito pequeno (comparado ao comprimento de onda), podemos aproximar a

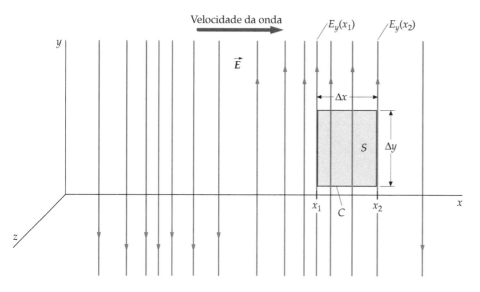

FIGURA 30-4 Uma curva retangular no plano xy para a dedução da Equação 30-9.

diferença em E_y nos lados esquerdo e direito desta curva (em x_1 e x_2) por

$$E_y(x_2) - E_y(x_1) = \Delta E_y \approx \frac{\partial E_y}{\partial x}\Delta x$$

Então

$$\oint_C \vec{E} \cdot d\vec{\ell} \approx \frac{\partial E_y}{\partial x}\Delta x \Delta y$$

A lei de Faraday é:

$$\oint_C \vec{E} \cdot d\vec{\ell} = -\int_S \frac{\partial B_n}{\partial t} dA$$

O fluxo de $\partial B_n/\partial t$ através da superfície retangular limitada por esta curva é dado por

$$\int_S B_n \, dA \approx \frac{\partial B_z}{\partial t}\Delta x \Delta y$$

A lei de Faraday fornece, então,

$$\frac{\partial E_y}{\partial x}\Delta x \Delta y = -\frac{\partial B_z}{\partial t}\Delta x \Delta y$$

ou

$$\frac{\partial E_y}{\partial x} = -\frac{\partial B_z}{\partial t} \qquad 30\text{-}9$$

A Equação 30-9 implica que, se houver uma componente do campo elétrico E_y que dependa de x, deverá haver uma componente do campo magnético B_z que dependa do tempo ou, inversamente, se houver uma componente do campo magnético B_z que dependa do tempo, deverá haver uma componente do campo elétrico E_y que dependa de x. Podemos obter uma equação semelhante relacionando a derivada espacial do campo magnético B_z com a derivada temporal do campo elétrico E_y aplicando a lei de Ampère (Equação 30-6d) à curva com lados Δx e Δz no plano xz mostrado na Figura 30-5.

Para o caso sem correntes ($I = 0$), a Equação 30-6d é

$$\oint_C \vec{B} \cdot d\vec{\ell} = \mu_0 \epsilon_0 \int_S \frac{\partial E_n}{\partial t} dA$$

Os detalhes deste cálculo são semelhantes aos utilizados para a Equação 30-9. O resultado é

$$\frac{\partial B_z}{\partial x} = -\mu_0 \epsilon_0 \frac{\partial E_y}{\partial t} \qquad 30\text{-}10$$

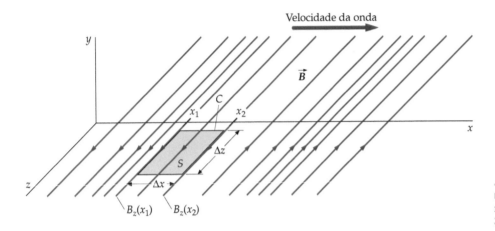

FIGURA 30-5 Uma curva retangular no plano $y = 0$ para a dedução da Equação 30-10.

Podemos eliminar B_z ou E_y das Equações 30-9 e 30-10 diferenciando ambos os lados de cada equação com relação a x ou t. Se diferenciamos ambos os lados da Equação 30-9 com relação a x, obtemos

$$\frac{\partial}{\partial x}\left(\frac{\partial E_y}{\partial x}\right) = -\frac{\partial}{\partial x}\left(\frac{\partial B_z}{\partial t}\right)$$

Trocando a ordem das derivadas no tempo e no espaço no termo à direita do sinal de igual, temos

$$\frac{\partial^2 E_y}{\partial x^2} = -\frac{\partial}{\partial t}\left(\frac{\partial B_z}{\partial x}\right)$$

Usando a Equação 30-10, substituímos $\partial B_z/\partial x$ para obter

$$\frac{\partial^2 E_y}{\partial x^2} = -\frac{\partial}{\partial t}\left(-\mu_0\epsilon_0 \frac{\partial E_y}{\partial t}\right)$$

que resulta na equação de onda

$$\frac{\partial^2 E_y}{\partial x^2} = \mu_0\epsilon_0 \frac{\partial^2 E_y}{\partial t^2} \qquad 30\text{-}11$$

Comparando a Equação 30-11 com a Equação 30-7, vemos que E_y obedece à equação de onda para ondas com velocidade $v = 1/\sqrt{\mu_0\epsilon_0}$, que é a Equação 30-1.

Se tivéssemos escolhido eliminar E_y das Equações 30-9 e 30-10 (diferenciando a Equação 30-9 com relação a t, por exemplo), teríamos obtido uma equação idêntica à Equação 30-11 exceto que, com B_z no lugar de E_y. Portanto, podemos ver que, tanto o campo elétrico E_y quanto o campo magnético B_z, obedecem à equação de onda para ondas viajando com a velocidade $1/\sqrt{\mu_0\epsilon_0}$. Substituindo os valores medidos para μ_0 e ϵ_0, Maxwell mostrou que o valor de $1/\sqrt{\mu_0\epsilon_0}$ é igual ao valor medido para a velocidade da luz.

Seguindo a mesma linha de raciocínio que utilizamos acima e aplicando a Equação 30-6c (lei de Faraday) à curva no plano xz (Figura 30-5), teríamos obtido

$$\frac{\partial E_z}{\partial x} = \frac{\partial B_y}{\partial t} \qquad 30\text{-}12$$

De maneira similar, a aplicação da Equação 30-6d à curva no plano xy (Figura 30-4) fornece

$$\frac{\partial B_y}{\partial x} = \mu_0\epsilon_0 \frac{\partial E_z}{\partial t} \qquad 30\text{-}13$$

Podemos usar estes resultados para mostrar que, para uma onda se propagando na direção x, as componentes E_z e B_y também obedecem à equação de onda.

Para mostrar que o campo magnético B_z está em fase com o campo elétrico E_y, considere a função de onda harmônica da forma

$$E_y = E_0 \operatorname{sen}(kx - \omega t) \qquad 30\text{-}14$$

Se substituirmos esta solução na Equação 30-9, temos

$$\frac{\partial B_z}{\partial t} = -\frac{\partial E_y}{\partial x} = -kE_0 \cos(kx - \omega t)$$

Para encontrar B_z, calculamos a integral de $\partial B_z/\partial t$ com relação ao tempo. Fazendo isso, obtemos

$$B_z = \int \frac{\partial B_z}{\partial t} dt = \frac{k}{\omega} E_0 \, \text{sen}(kx - \omega t) + f(x) \qquad 30\text{-}15$$

onde $f(x)$ é uma função arbitrária de x.

PROBLEMA PRÁTICO 30-1

Verifique a Equação 30-15 mostrando que $\dfrac{\partial}{\partial t}\left[\dfrac{k}{\omega} E_0 \, \text{sen}(kx - \omega t) + f(x)\right]$ é igual a $-kE_0 \cos(kx - \omega t)$.

Substituímos, então, a solução (Equação 30-14) na Equação 30-10 e obtemos

$$\frac{\partial B_z}{\partial x} = -\mu_0 \epsilon_0 \frac{\partial E_y}{\partial t} = \omega \mu_0 \epsilon_0 E_0 \cos(kx - \omega t)$$

Resolvendo para B_z temos

$$B_z = \int \frac{\partial B_z}{\partial x} dx = \frac{\omega \mu_0 \epsilon_0}{k} E_0 \, \text{sen}(kx - \omega t) + g(t) \qquad 30\text{-}16$$

onde $g(t)$ é uma função arbitrária do tempo. Igualando os lados direitos das Equações 30-15 e 30-16, obtemos

$$\frac{k}{\omega} E_0 \, \text{sen}(kx - \omega t) + f(x) = \frac{\omega \mu_0 \epsilon_0}{k} E_0 \, \text{sen}(kx - \omega t) + g(t)$$

Substituindo c por ω/k e $1/c^2$ por $\mu_0 \epsilon_0$ temos

$$\frac{1}{c} E_0 \, \text{sen}(kx - \omega t) + f(x) = \frac{1}{c} E_0 \, \text{sen}(kx - \omega t) + g(t)$$

o que implica que $f(x) = g(t)$ para todos os valores de x e t. Isto é válido apenas se $f(x) = g(t) = $ constante (independentemente de x e t). Assim, a Equação 30-15 torna-se

$$B_z = \frac{k}{\omega} E_0 \, \text{sen}(kx - \omega t) + \text{constante} = B_0 \, \text{sen}(kx - \omega t) \qquad 30\text{-}17$$

onde $B_0 = (k/\omega)E_0 = (1/c)E_0$. A constante de integração foi abandonada porque ela não desempenha nenhum papel na onda. Ela meramente permite a presença de um campo magnético estático e uniforme. Como os campos elétricos e magnéticos oscilam em fase e têm a mesma freqüência, temos o resultado geral que a magnitude do campo elétrico é c multiplicada pela magnitude do campo magnético para uma onda eletromagnética:

$$E = cB \qquad 30\text{-}18$$

A direção de propagação de uma onda eletromagnética é sempre a direção do produto vetorial $\vec{E} \times \vec{B}$. Para a onda descrita na discussão anterior, os campos elétrico e magnético são dados por $\vec{E} = E_0 \, \text{sen}(kx - \omega t)\hat{j}$ e $\vec{B} = B_0 \, \text{sen}(kx - \omega t)\hat{k}$. Portanto,

$$\vec{E} \times \vec{B} = [E_0 \, \text{sen}(kx - \omega t)\hat{j}] \times [B_0 \, \text{sen}(kx - \omega t)\hat{k}] = E_0 B_0 \, \text{sen}^2(kx - \omega t)\hat{i}$$

O termo à direita é um vetor na direção $+x$, logo verificamos que $\vec{E} \times \vec{B}$ está na direção de propagação para esta onda eletromagnética.

Vemos que as equações de Maxwell implicam as equações de onda 30-8a e 30-8b para os campos elétrico e magnético; e que, se E_y varia harmonicamente, como na Equação 30-14, o campo magnético B_z está em fase com E_y e tem uma amplitude relacionada à amplitude de E_y por $B_z = E_y/c$. Os campos elétrico e magnético são perpendiculares entre si e à direção de propagação da onda.

> A direção de propagação de uma onda eletromagnética é sempre a direção do produto vetorial $\vec{E} \times \vec{B}$.

340 | CAPÍTULO 30

Exemplo 30-3 — $\vec{B}(x, t)$ para uma Onda Plana Linearmente Polarizada

A expressão para o campo elétrico de certa onda eletromagnética é dado por $\vec{E}(x, t) = E_0 \,\text{sen}(kx - \omega t)\hat{k}$. (a) Qual é a direção de propagação da onda? (b) Qual é a expressão correspondente para o campo magnético na onda?

SITUAÇÃO O argumento da função seno dá a direção de propagação. $\vec{B}$ é perpendicular a $\vec{E}$ e à direção de propagação. $\vec{B}$ e $\vec{E}$ estão em fase e $\vec{E} \times \vec{B}$ está na direção de propagação.

SOLUÇÃO

(a) O argumento da função seno $(ky + \omega t)$ nos diz a direção de propagação:

A propagação ocorre na direção $-y$, a qual é a direção de $-\hat{j}$.

(b) 1. $\vec{B}$ está em fase com $\vec{E}$ e é perpendicular a $\vec{E}$ e à direção de propagação $\hat{k}$. (Isto é, $\vec{B}$ é perpendicular a $\hat{j}$ e a $\hat{k}$.) Este resultado significa:

Ou $\vec{B}(y, t) = +B_0 \,\text{sen}(kx - \omega t)\hat{i}$ ou
$\vec{B}(y, t) = -B_0 \,\text{sen}(kx - \omega t)\hat{i}$

2. $\vec{E} \times \vec{B}$ está na direção de propagação, $-\hat{j}$. Considere que $\vec{B}(y, t) = +B_0 \,\text{sen}(kx - \omega t)\hat{i}$ e calcule o produto $\vec{E} \times \vec{B}$:

$\vec{E} \times \vec{B} = E_0 \,\text{sen}(ky + \omega t)\hat{k} \times B_0 \,\text{sen}(ky + \omega t)\hat{i}$
$= E_0 B_0 \,\text{sen}^2(ky + \omega t)(\hat{k} \times \hat{i})$
$= E_0 B_0 \,\text{sen}^2(ky + \omega t)\hat{j}$

3. O resultado do passo 2 contradiz a realidade que a direção de propagação está na direção $-y$. Calcule o produto vetorial $\vec{E} \times \vec{B}$ com a outra escolha para a expressão do campo magnético:

$\vec{E} \times \vec{B} = E_0 \,\text{sen}(ky + \omega t)\hat{k} \times (-B_0) \,\text{sen}(ky + \omega t)\hat{i}$
$= E_0(-B_0) \,\text{sen}^2(ky + \omega t)(\hat{k} \times \hat{i})$
$= -E_0 B_0 \,\text{sen}^2(ky + \omega t)\hat{j}$

4. O resultado do passo 3 está na direção de propagação. A expressão correta para o campo magnético é:

$$\boxed{\vec{B}(x, t) = -B_0 \,\text{sen}(ky + \omega t)\hat{i}}$$

onde $B_0 = E_0/c$ (Equação 30-18).

CHECAGEM O resultado do passo 4 é perpendicular a $\vec{E}$ e à direção de propagação, como esperado.

Exemplo 30-4 — $\vec{B}(x, t)$ para uma Onda Plana Circularmente Polarizada

A expressão para o campo elétrico de certa onda eletromagnética é dada por $\vec{E}(x, t) = E_0 \,\text{sen}(kx - \omega t)\hat{j} + E_0 \cos(kx - \omega t)\hat{k}$. (a) Determine o campo magnético correspondente para a mesma onda. (b) Calcule $\vec{E} \cdot \vec{B}$ e $\vec{E} \times \vec{B}$.

SITUAÇÃO Podemos resolver este exemplo utilizando o princípio da superposição. O campo elétrico dado é a superposição de dois campos, o dado pela Equação 30-14, e o outro, dado por $E_0 \cos(kx - \omega t)\hat{k}$.

SOLUÇÃO

(a) 1. Dos argumentos das funções trigonométricas, podemos ver que a propagação ocorre na direção $+x$:

A onda está viajando na direção $+x$.

2. O campo elétrico dado pode ser considerado como a superposição de $\vec{E}_1 = E_0 \,\text{sen}(kx - \omega t)\hat{j}$ e $\vec{E}_2 = E_0 \cos(kx - \omega t)\hat{k}$. Determine os campos magnéticos $\vec{B}_1$ e $\vec{B}_2$ associados a estes campos elétricos, respectivamente. Use o procedimento adotado no Exemplo 30-3:

Para $\vec{E}_1 = E_0 \,\text{sen}(kx - \omega t)\hat{j}$, $\vec{B}_1 = B_0 \,\text{sen}(kx - \omega t)\hat{k}$, onde $B_0 = E_0/c$ (Equação 30-18),
e
Para $\vec{E}_2 = E_0 \cos(kx - \omega t)\hat{k}$, $\vec{B}_2 = -B_0 \cos(kx - \omega t)\hat{j}$, onde $B_0 = E_0/c$.

3. A superposição dos campos magnéticos dá o campo magnético resultante:

$$\boxed{\begin{aligned} \vec{B}(x, t) &= \vec{B}_1 + \vec{B}_2 \\ &= B_0 \,\text{sen}(kx - \omega t)\hat{k} - B_0 \cos(kx - \omega t)\hat{j} \\ \text{onde} \quad & B_0 = E_0/c \end{aligned}}$$

(b) 1. Seja $\theta = kx - \omega t$ para simplificar a notação e calcular $\vec{E} \cdot \vec{B}$:

$\vec{E} \cdot \vec{B} = (E_0 \,\text{sen}\,\theta \, \hat{j} + E_0 \cos\theta \, \hat{k}) \cdot (B_0 \,\text{sen}\,\theta \, \hat{k} - B_0 \cos\theta \, \hat{j})$
$= E_0 B_0 \,\text{sen}^2\theta \, \hat{j} \cdot \hat{k} - E_0 B_0 \,\text{sen}\,\theta \, \cos\theta \, \hat{j} \cdot \hat{j}$
$\quad + E_0 B_0 \cos\theta \,\text{sen}\,\theta \, \hat{k} \cdot \hat{k} - E_0 B_0 \cos^2\theta \, \hat{k} \cdot \hat{j}$
$= 0 - E_0 B_0 \,\text{sen}\,\theta \, \cos\theta + E_0 B_0 \cos\theta \,\text{sen}\,\theta - 0 = \boxed{0}$

2. Calcule $\vec{E} \cdot \vec{B}$:

$$\vec{E} \times \vec{B} = (E_0 \,\text{sen}\,\theta\, \hat{j} + E_0 \cos\theta\, \hat{k}) \times (-B_0 \cos\theta\, \hat{j} + B_0 \,\text{sen}\,\theta\, \hat{k})$$
$$= -E_0 B_0 \,\text{sen}\,\theta\, \cos\theta\, (\hat{j} \times \hat{j}) + E_0 B_0 \,\text{sen}^2\theta\, (\hat{j} \times \hat{k})$$
$$- E_0 B_0 \cos^2\theta\, (\hat{k} \times \hat{j}) + E_0 B_0 \cos\theta\, \text{sen}\,\theta\, (\hat{k} \times \hat{k})$$
$$= 0 + E_0 B_0 \,\text{sen}^2\theta\, \hat{i} + E_0 B_0 \cos^2\theta\, \hat{i} + 0 = \boxed{E_0 B_0 \hat{i}}$$

CHECAGEM O resultado do passo 1 da Parte (*b*) verifica que $\vec{E}$ e $\vec{B}$ são perpendiculares entre si e o resultado do passo 2 da Parte (*b*) verifica que a direção $+x$ é a direção de propagação.

INDO ALÉM Dizemos que este tipo de onda eletromagnética está *polarizada circularmente*. Em um valor fixo de x, $\vec{E}$ e $\vec{B}$ giram em um círculo com freqüência angular ω.

PROBLEMA PRÁTICO 30-2 Calcule $\vec{E} \cdot \vec{E}$ e $\vec{B} \cdot \vec{B}$ Observe que os campos $\vec{E}$ e $\vec{B}$ são constantes em magnitude.

30-4 RADIAÇÃO ELETROMAGNÉTICA

A Figura 30-6 mostra os vetores campo elétrico e campo magnético de uma onda eletromagnética. Os campos elétrico e magnético são perpendiculares entre si e perpendiculares à direção de propagação da onda. As ondas eletromagnéticas são, portanto, ondas transversais. Os campos elétrico e magnético estão em fase e, em cada ponto no espaço e em cada instante de tempo, suas magnitudes estão relacionadas por

$$E = cB \qquad 30\text{-}18$$

onde $c = 1/\sqrt{\mu_0 \epsilon_0}$ é a velocidade da onda. A direção de propagação de uma onda eletromagnética é a direção do produto vetorial $\vec{E} \times \vec{B}$.

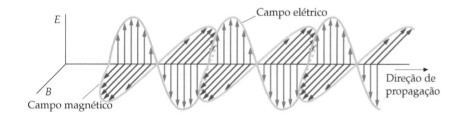

FIGURA 30-6 Os vetores campo elétrico e campo magnético em uma onda eletromagnética. Os campos estão em fase, perpendiculares entre si, e perpendiculares à direção de propagação da onda.

O ESPECTRO ELETROMAGNÉTICO

Os vários tipos de ondas eletromagnéticas (por exemplo, as ondas de rádio e os raios gama) diferem apenas em comprimento de onda e freqüência, os quais estão relacionados de acordo com a equação $f\lambda = c$. A Tabela 30-1 lista o **espectro eletromagnético** e os nomes geralmente associados com os vários intervalos de freqüência e comprimento de onda. Estes intervalos não são, em geral, bem definidos e, algumas vezes, se superpõem. Por exemplo, ondas eletromagnéticas com comprimentos de onda de aproximadamente 0,1 nm são normalmente chamadas de raios X, mas se as ondas eletromagnéticas tiverem origem na radioatividade nuclear, elas são chamadas de raios gama.

O olho humano é sensível à radiação eletromagnética com comprimentos de onda entre 400 e 780 nm,* que é chamada de **luz visível**. Os menores comprimentos de onda da luz visível são os da luz violeta e os mais longos são os da luz vermelha. As ondas eletromagnéticas que têm comprimentos de onda menores que 400 nm, mas maiores que 10 nm (a região de raios X com maior comprimento de onda) são chamados de **raios ultravioletas**. **Radiação no infravermelho** tem comprimentos de onda maiores que 780 nm, mas menores que 100 μm. O calor emitido por objetos a

---

* Luz cujo comprimento de onda está entre 700 e 780 nm pode ser vista apenas em circunstâncias especiais que incluem a intensidade da luz ser bem alta.

Tabela 30-1 — O Espectro Eletromagnético (Veja o Encarte em cores)

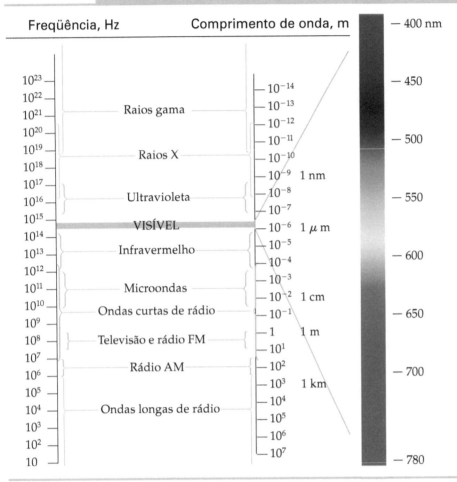

temperaturas no intervalo de temperatura ambiente está na região do infravermelho do espectro eletromagnético. Não há limites para os comprimentos de onda da radiação eletromagnética; isto é, todos os comprimentos de onda (ou freqüências) são teoricamente possíveis.

As diferenças em comprimentos de onda dos vários tipos de ondas eletromagnéticas têm importantes conseqüências físicas. Como você sabe, o comportamento das ondas depende fortemente da relação entre o comprimento de onda e o tamanho dos objetos ou aberturas (orifícios) que as ondas encontram. Como os comprimentos de onda da luz visível estão no estreito intervalo entre 400 e 780 nm, eles são muito menores do que a maioria dos obstáculos. Portanto, a aproximação de raios (introduzida na Seção 15-4) é, geralmente, válida. O comprimento de onda e a freqüência também são importantes para determinar os tipos de interações entre as ondas eletromagnéticas e a matéria. Raios X, por exemplo, têm comprimentos de onda muito curtos e altas freqüências. Eles penetram facilmente em muitos materiais que são opacos a ondas luminosas de menor freqüência, que são absorvidas pelos materiais. As microondas têm comprimentos de onda entre 1 mm e 30 cm. Comprimentos de onda neste intervalo são usados para aquecer alimentos nos fornos de microondas. A principal característica deste aquecimento é que as moléculas que têm momentos de dipolo muito grandes se alinham no campo elétrico da radiação. Este campo elétrico inverte de sentido duas vezes na freqüência da radiação e, portanto, as moléculas polares devem girar rapidamente para manterem-se alinhadas com o campo elétrico alternado. Estas moléculas girando rapidamente colidem com as moléculas da vizinhança — provocando seu aquecimento. *Bluetooth* e outros protocolos sem fio de área local em rede usam comprimentos de onda na região das microondas.

PRODUÇÃO DE ONDAS ELETROMAGNÉTICAS

As ondas eletromagnéticas são produzidas quando cargas livres são aceleradas ou quando elétrons ligados aos átomos e moléculas fazem transições para estados de menor energia. Ondas de rádio, as quais têm freqüências entre 550 e 1600 kHz para AM e entre 88 e 108 MHz para FM, são produzidas por correntes elétricas oscilando nas antenas de transmissão de rádio. A freqüência das ondas emitidas é igual à freqüência de oscilação das cargas.

Um espectro contínuo de raios X é produzido pela desaceleração de elétrons quando eles colidem com um alvo metálico. A radiação produzida é chamada de *bremsstrahlung* (que significa "radiação de freamento" em alemão). Acompanhando o espectro largo e contínuo de *bremsstrahlung*, há um espectro discreto de linhas de raios X produzido pelas transições dos elétrons internos nos átomos do material-alvo.

A radiação síncrotron surge do movimento orbital circular de partículas carregadas (geralmente elétrons ou pósitrons) em aceleradores nucleares chamados de síncrotrons. Considerado originalmente um incômodo por cientistas dos aceleradores, os raios X produzidos por síncrotrons são, agora, usados como uma ferramenta para diagnóstico médico, pois os feixes são facilmente manipuláveis com óptica de reflexão e difração. A radiação síncrotron também é produzida por partículas carregadas presas aos campos magnéticos associados a estrelas e galáxias. Acredita-se que a maior parte das ondas de rádio de baixa freqüência que atinge a Terra vinda do espaço sideral se origina como radiação síncrotron.

O calor é irradiado pelo movimento molecular excitado termicamente. O espectro da radiação de calor é o espectro de radiação de corpo negro discutido na Seção 20-4.

Ondas luminosas, as quais têm freqüências da ordem de 10^{14} Hz, são produzidas, geralmente, por transições de cargas atômicas ligadas. Discutiremos as fontes de ondas luminosas no Capítulo 31.

RADIAÇÃO DE DIPOLO ELÉTRICO

A Figura 30-7 é um desenho esquemático de uma antena de rádio do tipo dipolo elétrico que consiste em dois bastões condutores conectados a um gerador de corrente alternada. No instante $t = 0$ (Figura 30-7a), as extremidades dos bastões estão carregadas e existe um campo elétrico paralelo ao bastão próximo a ele. Um campo magnético também existe, o qual não é mostrado, circundando os bastões devido à corrente. As flutuações nestes campos se afastam dos bastões com a velocidade da luz. Depois de um quarto de período, em $t = T/4$ (Figura 30-7b), os bastões estão descarregados e o campo elétrico próximo a eles é zero. Em $t = T/2$ (Figura 30-7c), os bastões estão novamente carregados, mas as cargas são opostas as de $t = 0$. Os campos elétrico e magnético a uma grande distância da antena são bastante diferentes dos campos próximos à antena. Longe dela, os campos elétrico e magnético oscilam em fase com movimento harmônico simples, perpendiculares entre si e à direção de propagação da onda. A Figura 30-8 mostra os campos elétrico e magnético longe de uma antena de dipolo elétrico.

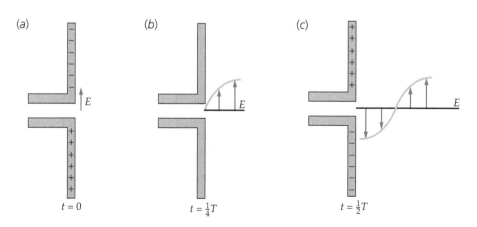

FIGURA 30-7 Uma antena de rádio de dipolo elétrico para radiação de ondas eletromagnéticas. Corrente alternada é fornecida à antena pelo gerador (não mostrado). As flutuações no campo elétrico devido às flutuações das cargas na antena se propagam para longe à velocidade da luz. Há, também, um campo magnético flutuante (não mostrado) perpendicular à página devido à corrente na antena.

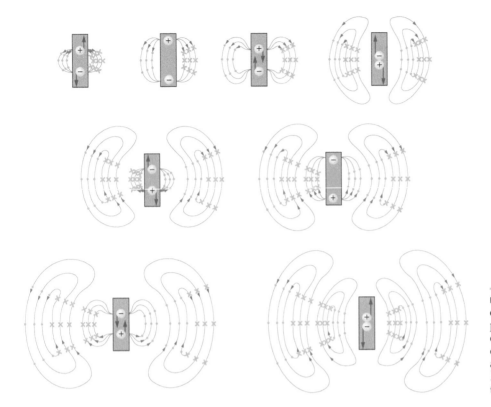

FIGURA 30-8 Linhas de campo elétrico e linhas de campo magnético produzidas por um dipolo elétrico oscilante. Cada linha de campo magnético é um círculo com o eixo de revolução igual ao eixo longo do dipolo. O produto vetorial $\vec{E} \times \vec{B}$ é dirigido para longe do dipolo em todos os pontos.

Ondas eletromagnéticas com freqüências de rádio ou de televisão podem ser detectadas por antenas de dipolo elétrico localizadas paralelamente ao campo elétrico da onda incidente para que ele induza uma corrente alternada na antena (Figura 30-9). Estas ondas eletromagnéticas também podem ser detectadas por uma antena circular colocada perpendicularmente ao campo magnético para que o fluxo magnético variável através do anel induza uma corrente no anel (Figura 30-10). Ondas eletromagnéticas de freqüências no intervalo da luz visível são detectadas pelo olho ou por filmes fotográficos, ambos sensíveis, principalmente, ao campo elétrico.

A radiação de uma antena de dipolo, tal como a mostrada na Figura 30-7, é chamada de radiação de dipolo elétrico. Muitas ondas eletromagnéticas exibem as caracte-

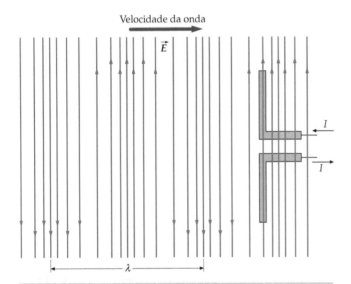

FIGURA 30-9 Uma antena de dipolo elétrico para detecção de ondas eletromagnéticas. O campo elétrico alternado da onda incidente produz uma corrente alternada na antena. As linhas de campo magnético (não mostradas) são perpendiculares ao plano da página.

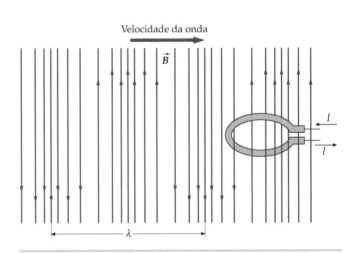

FIGURA 30-10 Antena circular para detecção de radiação eletromagnética. O fluxo magnético alternado através do anel devido ao campo magnético da radiação induz uma corrente alternada no anel. As linhas de campo elétrico (não mostradas) são perpendiculares ao plano da página.

rísticas da radiação de dipolo elétrico. Uma característica importante deste tipo de radiação é que a intensidade das ondas eletromagnéticas irradiadas por uma antena de dipolo é zero ao longo do eixo da antena e máxima na direção radial (para longe do eixo). Se o dipolo estiver na direção y com seu centro na origem, como na Figura 30-11, a intensidade é zero ao longo do eixo y e máxima no plano xz. Na direção de uma linha fazendo um ângulo θ com o eixo y, a intensidade é proporcional a $\text{sen}^2\,\theta$.

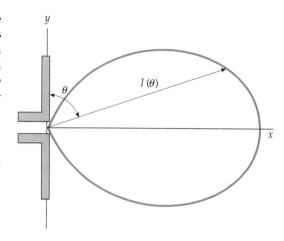

FIGURA 30-11 Gráfico polar da intensidade da radiação eletromagnética de uma antena de dipolo elétrico *versus* ângulo. A intensidade $I(\theta)$ é proporcional ao comprimento da seta. A intensidade é máxima perpendicular à antena (em $\theta = 90°$) e mínima ao longo da antena em $\theta = 0$ ou $\theta = 180°$.

Exemplo 30-5 — FEM Induzida em uma Antena Circular

Uma antena circular consistindo de um único anel com raio de 10,0 cm é usada para detectar ondas eletromagnéticas para as quais $E_{\text{rms}} = 0{,}150$ V/m. Se o plano do anel é perpendicular ao campo magnético, determine a fem rms induzida no anel quando a freqüência da onda plana é (*a*) 600 kHz e (*b*) 60,0 MHz.

SITUAÇÃO A fem induzida no fio está relacionada à taxa de variação do fluxo magnético através do anel pela lei de Faraday (Equação 30-5). Usando a Equação 30-18, podemos obter o valor rms do campo magnético a partir do valor rms dado para o campo elétrico.

SOLUÇÃO

(*a*) 1. A lei de Faraday relaciona a fem à taxa de variação do fluxo magnético através da superfície plana estacionária delimitada pelo anel:

$$\mathcal{E} = -\frac{d\phi_m}{dt}$$

2. O comprimento de onda de uma onda a 600 kHz viajando com rapidez c é $\lambda = c/f = 500$ m. Sobre a superfície plana limitada pelo anel de 10 cm de raio, $\vec{B}$ é praticamente uniforme.

$$\phi_m = BA = \pi r^2 B \quad \text{logo} \quad \mathcal{E} = -\frac{d\phi_m}{dt} = -\pi r^2 \frac{\partial B}{\partial t}$$

e

$$\mathcal{E}_{\text{rms}} = \pi r^2 \left(\frac{\partial B}{\partial t}\right)_{\text{rms}}$$

3. Calcule $\partial B_{\text{rms}}/\partial t$ para um B senoidal:

$$B = B_0 \, \text{sen}(kx - \omega t)$$

$$\frac{\partial B}{\partial t} = -\omega B_0 \cos(kx - \omega t)$$

4. Calcule o valor rms de $\partial B/\partial t$. O valor rms de qualquer função senoidal do tempo é igual a $1/\sqrt{2}$, e o valor de pico dividido por $\sqrt{2}$ é igual ao valor rms:

$$\left(\frac{\partial B}{\partial t}\right)_{\text{rms}} = \omega B_0 [-\cos(kx - \omega t)]_{\text{rms}} = \omega B_0 \frac{1}{\sqrt{2}} = \omega B_{\text{rms}}$$

5. Usando $E = cB$ (Equação 30-18), relacione o valor rms de $\partial B/\partial t$ a E_{rms}:

$$E = cB$$

então

$$B_{\text{rms}} = \frac{E_{\text{rms}}}{c}$$

6. Substituindo no resultado do passo 3, temos:

$$\left(\frac{\partial B}{\partial t}\right)_{\text{rms}} = \omega B_{\text{rms}} = \omega \frac{E_{\text{rms}}}{c} = \frac{2\pi f}{c} E_{\text{rms}}$$

7. Substituindo o resultado do passo 6 no resultado do passo 2, calcule $\mathcal{E}_{\text{rms}}$ a $f = 600$ kHz:

$$\mathcal{E}_{\text{rms}} = \pi r^2 \left(\frac{\partial B}{\partial t}\right)_{\text{rms}} = \pi r^2 \frac{2\pi f}{c} E_{\text{rms}}$$

$$= \pi (0{,}100\ \text{m})^2 \frac{2\pi (6{,}00 \times 10^5\ \text{Hz})}{3{,}00 \times 10^8\ \text{m/s}} (0{,}150\ \text{V/m})$$

$$= \boxed{5{,}92 \times 10^{-5}\ \text{V} = 59{,}2\ \mu\text{V}}$$

(*b*) A fem induzida é proporcional à freqüência [resultado do passo 4, Parte (*a*)] e, portanto, a 60 MHz ela será 100 vezes maior que 600 kHz:

$$\mathcal{E}_{\text{rms}} = (100)(5{,}92 \times 10^{-5}\ \text{V}) = 0{,}00592\ \text{V}$$

$$= \boxed{5{,}92\ \text{mV}}$$

346 | CAPÍTULO 30

CHECAGEM O passo 7 da Parte (*a*) mostra que $\mathcal{E}_{rms}$ aumenta com o aumento da freqüência, E_{rms}, e área. Estes resultados são, todos, esperados.

INDO ALÉM Para a Parte (*b*), a freqüência é 60,0 MHz, logo $\lambda = c/f = 5,00$ m. $\vec{B}$ não é tão uniforme sobre a superfície limitada pelo anel de raio 10 cm quando $\lambda = 5,00$ m comparado ao caso de $\lambda = 500$ m, como na Parte (*a*). Entretanto, $\vec{B}$ na superfície quando $\lambda = 5,00$ m é suficientemente uniforme para que o resultado da Parte (*b*) seja suficientemente preciso para a maioria dos casos de interesse.

ENERGIA E QUANTIDADE DE MOVIMENTO EM UMA ONDA ELETROMAGNÉTICA

Assim como outras ondas, as ondas eletromagnéticas possuem energia e quantidade de movimento. A energia conduzida é descrita pela intensidade, que é a potência média por unidade de área incidente em uma superfície perpendicular à direção de propagação. A quantidade de movimento por unidade de tempo por unidade de área, conduzida por uma onda eletromagnética, é chamada de **pressão de radiação**.

Intensidade Considere uma onda eletromagnética viajando para a direita e uma região cilíndrica de comprimento L, área da seção transversal A e com seu eixo central da esquerda para a direita. A quantidade média de energia eletromagnética $U_{méd}$ dentro desta região é igual a $u_{méd}\mathcal{V}$, onde $u_{méd}$ é a densidade média de energia e $\mathcal{V} = LA$ é o volume da região cilíndrica. No tempo que a onda eletromagnética leva para percorrer a distância L, toda a energia eletromagnética igual a $u_{méd}LA$ passa através da extremidade direita da região. O tempo Δt para que a onda viaje a distância L é L/c e, portanto, a potência $P_{méd}$ (a energia por unidade de tempo) saindo pela extremidade direita da região é

$$P_{méd} = U_{méd}/\Delta t = u_{méd}LA/(L/c) = u_{méd}Ac$$

e a intensidade I (a potência média por unidade de área) é

$$I = P_{méd}/A = u_{méd}c$$

A densidade de energia total na onda u é a soma das densidades de energia elétrica e magnética. A densidade de energia elétrica u_e (Equação 24-9) e a densidade de energia magnética u_m (Equação 28-22) são dadas por

$$u_e = \frac{1}{2}\epsilon_0 E^2 \qquad e \qquad u_m = \frac{B^2}{2\mu_0}$$

Em cada ponto em uma região onde há uma onda eletromagnética no espaço livre, E é igual a cB, logo podemos expressar a densidade de energia magnética em termos do campo elétrico:

$$u_m = \frac{B^2}{2\mu_0} = \frac{(E/c)^2}{2\mu_0} = \frac{E^2}{2\mu_0 c^2} = \frac{1}{2}\epsilon_0 E^2$$

onde usamos $\mu_0\epsilon_0 = 1/c^2$. Portanto, as densidades de energia elétrica e magnética são iguais. Usando $E = cB$, podemos expressar a densidade de energia total de várias maneiras que são úteis:

$$u = u_e + u_m = \epsilon_0 E^2 = \frac{B^2}{\mu_0} = \frac{EB}{\mu_0 c} \qquad\qquad 30\text{-}19$$

DENSIDADE DE ENERGIA EM UMA ONDA ELETROMAGNÉTICA

Para calcular a densidade média de energia, substituímos os campos instantâneos E e B pelos seus valores rms, $E_{rms} = \frac{1}{\sqrt{2}}E_0$ e $B_{rms} = \frac{1}{\sqrt{2}}B_0$, onde E_0 e B_0 são os valores máximos dos campos. A intensidade é então

$$I = u_{méd}c = \frac{E_{rms}B_{rms}}{\mu_0} = \frac{1}{2}\frac{E_0 B_0}{\mu_0} = |\vec{S}|_{méd} \qquad\qquad 30\text{-}20$$

INTENSIDADE DE UMA ONDA ELETROMAGNÉTICA

onde o vetor

$$\vec{S} = \frac{\vec{E} \times \vec{B}}{\mu_0} \qquad 30\text{-}21$$

DEFINIÇÃO — VETOR DE POYNTING

é chamado de **vetor de Poynting** devido ao seu descobridor, John Poynting. O valor médio da magnitude de $\vec{S}$ é a intensidade da onda e a direção de $\vec{S}$ é a direção de propagação da onda.

Pressão de radiação Vamos mostrar agora, através de um simples exemplo, que uma onda eletromagnética conduz quantidade de movimento. Considere uma onda plana viajando na direção $+x$, que incide em uma carga estacionária, como mostrado na Figura 30-12. Considere que $\vec{E}$ esteja na direção $+y$ e $\vec{B}$ na direção $+z$, e despreze a dependência temporal dos campos. A partícula está sujeita a uma força $q\vec{E}$ na direção $+y$ e é, então, acelerada pelo campo elétrico. Em qualquer instante t, a velocidade na direção $+y$ é

$$v_y = a_y t = \frac{qE}{m} t$$

Depois de um curto tempo t_1, a carga adquiriu energia cinética igual a

$$K = \frac{1}{2} m v_y^2 = \frac{1}{2} \frac{m q^2 E^2 t_1^2}{m^2} = \frac{1}{2} \frac{q^2 E^2}{m} t_1^2 \qquad 30\text{-}22$$

Quando a carga está se movendo na direção y, ela está sujeita a uma força magnética

$$\vec{F}_m = q\vec{v} \times \vec{B} = q v_y \hat{j} \times B \hat{k} = q v_y B \hat{i} = \frac{q^2 EB}{m} t \hat{i}$$

Observe que esta força está na direção de propagação da onda. Usando $dp_x = F_x dt$, encontramos para a quantidade de movimento p_x transferida pela onda para a partícula no tempo t_1:

$$p_x = \int_0^{t_1} F_x \, dt = \int_0^{t_1} \frac{q^2 EB}{m} t \, dt = \frac{1}{2} \frac{q^2 EB}{m} t_1^2$$

Se usarmos $B = E/c$, obtemos

$$p_x = \frac{1}{c} \left(\frac{1}{2} \frac{q^2 E^2}{m} t_1^2 \right) \qquad 30\text{-}23$$

Comparando as Equações 30-22 e 30-23, vemos que a quantidade de movimento adquirida pela carga na direção da onda é $1/c$ multiplicado pela energia. Apesar de nosso cálculo simples não ser rigoroso, os resultados estão corretos. A magnitude da quantidade de movimento conduzida por uma onda eletromagnética é $1/c$ multiplicado pela energia conduzida pela onda:

$$p = \frac{U}{c} \qquad 30\text{-}24$$

QUANTIDADE DE MOVIMENTO E ENERGIA EM UMA ONDA ELETROMAGNÉTICA

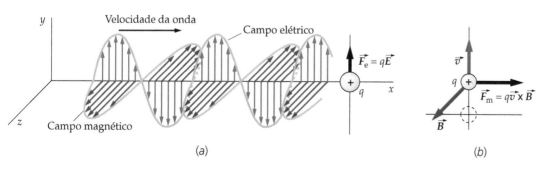

FIGURA 30-12 Uma onda eletromagnética incidente em uma carga puntiforme que está inicialmente em repouso no eixo x. (*a*) A força elétrica $q\vec{E}$ acelera a carga na direção $+y$. (*b*) Quando a velocidade $\vec{v}$ da carga está na direção $+y$, a força magnética $q\vec{v} \times \vec{B}$ acelera a carga na direção de propagação (a direção $+z$) da onda.

Como a intensidade é a energia por unidade de área e por unidade de tempo, a intensidade dividida por c é a quantidade de movimento conduzida pela onda por unidade de área e por unidade de tempo. A quantidade de movimento conduzida por unidade de tempo é uma força. A intensidade dividida por c é, portanto, uma força por unidade de área, a qual é uma pressão. Esta pressão é a pressão de radiação P_r:

$$P_r = \frac{I}{c} \qquad \text{30-25}$$

PRESSÃO DE RADIAÇÃO E INTENSIDADE

Podemos relacionar a pressão de radiação aos campos elétrico e magnético usando a Equação 30-20 para relacionar I com E e B, e a Equação 30-18 para eliminar ou E ou B:

$$P_r = \frac{I}{c} = \frac{E_0 B_0}{2\mu_0 c} = \frac{E_{rms} B_{rms}}{\mu_0 c} = \frac{E_0^2}{2\mu_0 c^2} = \frac{B_0^2}{2\mu_0} \qquad \text{30-26}$$

PRESSÃO DE RADIAÇÃO EM TERMOS DE E E B

Considere uma onda eletromagnética incidindo normalmente em alguma superfície. Se a superfície absorve energia U da onda eletromagnética, ela também absorve quantidade de movimento p dada pela Equação 30-24, e a pressão exercida na superfície é igual à pressão de radiação. Se a onda é refletida, a quantidade de movimento transferida é $2p$, já que a onda conduz, agora, quantidade de movimento no sentido oposto. A pressão exercida na superfície pela onda é, portanto, o dobro daquela da Equação 30-26.

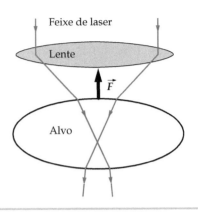

"Pinças com lasers" fazem uso da quantidade de movimento conduzida pelas ondas eletromagnéticas para manipular alvos em uma escala molecular. Os dois raios mostrados são refratados quando passam por um alvo transparente, tal como uma célula biológica ou, em uma escala ainda menor, em uma pequena bolinha presa a uma grande molécula no interior de uma célula. Em cada refração, os raios são desviados para baixo, o que aumenta a componente para baixo da quantidade de movimento dos raios. O alvo, portanto, exerce uma força para baixo nos feixes de laser e os feixes de laser exercem uma força para cima no alvo, que o puxa em direção à fonte de laser. A força é tipicamente da ordem de piconewtons. As pinças de lasers têm sido usadas para realizar tarefas tão impressionantes quando estender as moléculas enroladas do DNA.

Exemplo 30-6   Pressão de Radiação a 3,0 m de uma Lâmpada

Uma lâmpada emite ondas eletromagnéticas esféricas uniformemente em todas as direções. Determine (a) a intensidade, (b) a pressão de radiação e (c) as magnitudes dos campos elétrico e magnético a uma distância de 3,0 m da lâmpada, considerando que ela emita 50 W de radiação eletromagnética.

SITUAÇÃO A uma distância r da lâmpada, a energia é espalhada uniformemente sobre a superfície de uma esfera de raio r — uma área igual a $4\pi r^2$. A intensidade é a potência dividida pela área. A pressão de radiação pode, então, ser encontrada a partir de $P_r = I/c$.

SOLUÇÃO

(a) 1. Divida a potência emitida pela área para determinar a intensidade:
$$I = \frac{50\ W}{4\pi r^2}$$

2. Substitua $r = 3,0$ m:
$$I = \frac{50\ W}{4\pi(3,0\ m)^2} = \boxed{0,44\ W/m^2}$$

(b) A pressão de radiação é a intensidade dividida pela velocidade da luz:
$$P_r = \frac{I}{c} = \frac{0,44\ W/m^2}{3,00 \times 10^8\ m/s} = \boxed{1,5 \times 10^{-9}\ Pa}$$

(c) 1. B_0 está relacionado a P_r pela Equação 30-26:
$$B_0 = \sqrt{2\mu_0 P_r}$$
$$= [2(4\pi \times 10^{-7}\ T\cdot m/A)(1,5 \times 10^{-9}\ Pa)]^{1/2}$$
$$= 6,1 \times 10^{-8}\ T$$

2. O valor máximo do campo elétrico E_0 é c multiplicado por B_0:
$$E_0 = cB_0 = (3,00 \times 10^8\ m/s)(6,1 \times 10^{-8}\ T)$$
$$= 18\ V/m$$

3. As magnitudes dos campos elétrico e magnético naquele ponto são da forma:
$$\boxed{\begin{array}{l} E = E_0\ \text{sen}\ \omega t \quad \text{e} \quad B = B_0\ \text{sen}\ \omega t \\ \text{com}\ E_0 = 18\ V/m \\ \text{e}\ B_0 = 6,1 \times 10^{-8}\ T \end{array}}$$

Equações de Maxwell e Ondas Eletromagnéticas | **349**

CHECAGEM Nosso resultado para a Parte (*b*) é uma pressão muito pequena. (Ela é catorze ordens de magnitude menor que a pressão atmosférica.) Não percebemos nenhuma pressão sobre nós exercida pela lâmpada e, portanto, é de se esperar uma pressão muito pequena.

INDO ALÉM Apenas 2 por cento da potência consumida pelas lâmpadas incandescentes é transformado em luz visível.

Exemplo 30-7 **Um Foguete a Laser**   *Rico em Contexto*

Você está encalhado no espaço a uma distância de 20 m de sua nave. Você tem consigo um laser de 1,0 kW. Se sua massa total, incluindo seu traje espacial e o laser, é 95 kg, quanto tempo levará para você chegar à nave se você apontar o feixe de laser no sentido oposto ao da nave?

SITUAÇÃO O laser emite luz, a qual possui quantidade de movimento. Pela conservação da quantidade de movimento, você adquire quantidade de movimento no sentido oposto, em direção à nave. A quantidade de movimento da luz é $p = U/c$, onde U é a energia da luz. Se a potência do laser é $P = dU/dt$, então a taxa de variação de quantidade de movimento produzida pelo laser é $dp/dt = (dU/dt)/c = P/c$. Esta é a força exercida sobre você, a qual é constante.

SOLUÇÃO

1. O tempo necessário está relacionado à distância e à aceleração. Consideramos que você está inicialmente em repouso relativo à nave:

$$x = \frac{1}{2}at^2 \quad t = \sqrt{\frac{2x}{a}}$$

2. Sua aceleração é a força dividida pela massa e a força é a potência dividida por c:

$$a = \frac{F}{m} = \frac{P/c}{m} = \frac{P}{mc}$$

3. Use $x = \frac{1}{2}at^2$ para calcular o tempo t:

$$t = \sqrt{\frac{2x}{a}} = \sqrt{\frac{2xmc}{P}}$$

$$= \sqrt{\frac{2(20 \text{ m})(95 \text{ kg})(3,00 \times 10^8 \text{ m/s})}{1000 \text{ W}}}$$

$$= 3,38 \times 10^4 \text{ s} = \boxed{9,4 \text{ h}}$$

CHECAGEM Você deve esperar que o tempo seja longo devido à sua experiência de que pressão de uma lâmpada é muito pequena. O resultado do passo 3 está de acordo com o esperado.

INDO ALÉM Observe que a aceleração é extremamente pequena — apenas aproximadamente 10^{-9} g. Sua rapidez quando atinge a nave seria $v = at = 1,2$ mm/s, que é praticamente imperceptível.

PROBLEMA PRÁTICO 30-3 Quanto tempo levaria para que você atingisse a nave se você tirasse um de seus cordões de sapato e o jogasse tão rápido quanto conseguisse, no sentido oposto ao da nave? (Para responder, você precisa, primeiramente, estimar a massa do laço do sapato e a velocidade máxima com a qual você poderia lançar o laço.) Compare este tempo com o resultado do passo 3.

Física em Foco

Sem Fio: Compartilhando o Espectro

Um dia, em março de 1998,* os monitores remotos de coração no Centro Médico da Universidade de Baylor e do Hospital Metodista de Dallas, pararam de funcionar. A estação de televisão WFFA de Dallas estava testando seu novo sistema de transmissão digital na freqüência licenciada. Os monitores de coração, usuários de baixa potência há longo tempo da mesma freqüência, sem licença, foram suprimidos pelo teste. Nenhum paciente foi prejudicado e a estação suspendeu testes até que os hospitais pudessem substituir seus monitores por outros que usassem freqüências diferentes.[†] Em 2000, o Serviço de Telemetria Médica Sem Fio, um conjunto de freqüências licenciadas para dispositivos de monitoração média, foi estabelecido.[‡]

Quando Guglielmo Marconi transmitiu sinais em seu telégrafo sem fio em 1896, ele usou um transmissor com faíscas[#]. As faíscas produziam radiação eletromagnética em freqüências dentro de um intervalo de 5 ou mais ordens de magnitude (desde poucos quilohertz até 2 GHz). Quando mais de um telégrafo sem fio estava transmitindo na mesma área, eles tinham que operar em turnos e seguir algumas regras. Um operador descuidado poderia destruir as comunicações de uma área inteira.[°]

Em 1903, a União Internacional de Telégrafo começou a estudar os problemas da radiotelegrafia. Em 1906, a primeira Convenção de Radiotelégrafo, assinada em Berlim, designou a freqüência de 500 kHz para sinais de perigo marítimo.[§] Navios foram aconselhados a utilizar menos de 1 kW de potência, a menos que estivessem a mais de 300 km da estação mais próxima em terra.[¶] (Estas comunicações ainda eram em uma faixa larga de freqüências, mas o espectro de potência transmitida tem um pico em 500 kHz.) A primeira alternativa prática para os transmissores baseados em faísca foi um circuito de onda contínua inventado por Edwin Armstrong em 1912.[**] Também em 1912, a Convenção Internacional de Radiotelégrafo apresentou a primeira tabela de alocação de freqüências,[††] mas transmissores de faísca ainda eram abundantes e poderiam prejudicar comunicações locais e regionais.[‡‡]

Transmissões de rádio tornaram-se concentradas em torno de bandas estreitas de freqüência. Em 1927, entidades nacionais foram estabelecidas para coordenar o uso do espectro eletromagnético.[##] Em 1934, a entidade internacional foi renomeada para União Internacional de Telecomunicação.[°°] A Comissão Federal de Comunicações regula as porções de freqüência de rádio do espectro nos Estados Unidos.[§§] Desde lá, as comissões federal e internacional cooperam com a alocação internacional de freqüências com outras entidades regulatórias mundiais.

Com a adição de novos serviços, mudanças e acomodações têm sido feitas nas alocações do espectro de freqüências. Estas mudanças nem sempre são feitas globalmente. Por exemplo, nos Estados Unidos, as freqüências de serviços de telefonia celular estão em 850 e 1900 MHz. Em muitos outros países, as bandas de telefonia celular estão em 900 e 1800 MHz.[¶¶]

Não importa qual seja a potência, os dispositivos que têm o potencial de emitir interferência eletromagnética devem estar certificados de que não perturbem o espectro além de sua alocação de freqüência além de um pequeno raio.[***] Muitas aplicações compartilham bandas de freqüência que não têm licenças exclusivas para nenhuma aplicação. Por exemplo, os fornos de microondas, dispositivos de computadores sem fio e alguns telefones sem fio operam, todos, em uma freqüência próxima a 2,4 GHz.[†††] Aplicações de baixa potência que não são os usuários licenciados para uma dada freqüência, algumas vezes precisam de suas próprias freqüências, como demonstrado pelas novas bandas de telemetria médica. Ocasionalmente, receptores sem fio em uma área captam interferência causada pelas faíscas intermitentes de um curto-circuito. Em essência, o mau funcionamento de equipamentos elétricos tornou-se um transmissor de faísca não licenciado.

---

* "Wireless Medical Telemetry—Electromagnetic Interference." *United States Food and Drug Administration Center for Devices and Radiological Health*, Sept. 1, 2002. http://www.fda.gov As of Nov. 2006.

† McClain, J. P., "Time to Upgrade." *American Society for Healthcare Engineering.* www.ashe.org/ashe/wmts/pdfs/timetoupgrade.pdf As of Nov. 2006.

‡ Federal Communications Commission. *FCC-00211.* Washington, DC: United States Federal Communications Commission, Jun. 12, 2000. http://www.fcc.gov/Bureaus/Engineering Technology/Orders/2000/fcc00211.doc As of Nov. 2006.

Thomson, E., "The Field of Experimental Research." *Science*, Aug. 25, 1899, Vol. X, No. 243, pp. 236–245.

° Pitts, A., "Backgrounder: What Is Amateur Radio?" *American Radio Relay League*, Oct. 4, 2004. http://www.arrl.org/pio/bwhatis.html As of Nov. 2006.

§ "ARRL Granted Experimental License for 500 kHz Research by Radio Amateurs." *American Radio Relay League*, Sep. 15, 2006. http://www.arrl.org/news/stories/2006/09/15/104 As of Nov. 2006.

¶ "Service Regulations Affixed to the International Wireless Convention." *United States Early Radio History.* http://earlyradiohistory.us/1906conv.htm#SR As of Nov. 2006.

** Lewis, T., *Empire of the Air.* New York: HarperCollins, 1991, pp. 70–74.

†† "History." *International Telecommunication Union*, Nov. 15, 2004. http://www.itu.int/aboutitu/overview/history.html As of Nov. 2006.

‡‡ Lapin, G. D., "Lessons Learned about Frequency Sharing in the Amateur Radio Service." *American Radio Relay League.* http://www.arrl.org/tis/info/HTML/plc/files/ Lessons%2 Learned%20About%20Frequency%20Sharing%20in%20the%20Amateur%20Radio%20Service%20Rev%202.ppt As of Nov. 2006.

Radio Act of 1927. United States Public Law 632. Feb. 23, 1927. Available at http://showcase.netins.net/web/akline/ pdf/1927act.pdf As of Nov. 2006.

°° "History." *International Telecommunication Union*, Nov. 15, 2004. http://www.itu.int/aboutitu/overview/history.html As of Nov. 2006.

§§ "About the FCC." *United States Federal Communications Commission*, Sept. 26, 2006. http://www.fcc.gov/aboutus.html As of Nov. 2006.

¶¶ Luna, N. "Globetrotting with Cell Phones Tricky but Not Impossible." *The Orange County Register*, May 4, 2005.

*** "Rule 47 CFR Part 15." *United States Federal Register*, Washington, DC: Aug. 14, 2006. http://www.fcc.gov/ As of Nov. 2006.

††† Lowe, M., "Muting Microwaves." *Appliance Design*, Jan. 2006, Vol. 54, No. 1, pp. 74–75.

Equações de Maxwell e Ondas Eletromagnéticas | **351**

Resumo

1. As equações de Maxwell resumem as leis fundamentais da física que governam a eletricidade e o magnetismo.
2. As ondas eletromagnéticas incluem luz, ondas de rádio, ondas de televisão, raios X, raios gama, microondas e outras.

TÓPICO	EQUAÇÕES RELEVANTES E OBSERVAÇÕES	
1. Corrente de Deslocamento de Maxwell	A lei de Ampère pode ser generalizada para correntes que não sejam estacionárias (e que não sejam contínuas) se a corrente I for substituída por $I + I_\mathrm{d}$, onde I_d é a corrente de deslocamento de Maxwell: $$I_\mathrm{d} = \epsilon_0 \frac{d\phi_\mathrm{e}}{dt}$$	30-3
Forma generalizada da lei de Ampère	$$\oint_C \vec{B} \cdot d\vec{\ell} = \mu_0(I + I_\mathrm{d}) = \mu_0 I + \mu_0 \epsilon_0 \frac{d\phi_\mathrm{e}}{dt}$$	30-4
2. Equações de Maxwell	As leis da eletricidade e do magnetismo são resumidas nas equações de Maxwell.	
Lei de Gauss	$$\oint_S E_\mathrm{n}\, dA = \frac{1}{\epsilon_0} Q_\mathrm{dentro}$$	30-6a
A lei de Gauss para o magnetismo (pólos magnéticos isolados não existem)	$$\oint_S B_\mathrm{n}\, dA = 0$$	30-6b
Lei de Faraday (forma que não inclui fem de deslocamento)	$$\oint_C \vec{E} \cdot d\vec{\ell} = -\frac{d}{dt}\int_S B_\mathrm{n}\, dA = -\int_S \frac{\partial B_\mathrm{n}}{\partial t}\, dA$$	30-6c
Lei de Ampère modificado	$$\oint_C \vec{B} \cdot d\vec{\ell} = \mu_0(I + I_\mathrm{d}) = \mu_0 I + \mu_0 \epsilon_0 \int_S \frac{\partial E_\mathrm{n}}{\partial t}\, dA$$	30-6d
3. A Equação de Onda para Ondas Eletromagnéticas	As equações de Maxwell implicam que os vetores campo elétrico e campo magnético no espaço vazio obedecem à equação de onda: $$\frac{\partial^2 \vec{E}}{\partial x^2} = \frac{1}{c^2}\frac{\partial^2 \vec{E}}{\partial t^2}$$	30-8a
	$$\frac{\partial^2 \vec{B}}{\partial x^2} = \frac{1}{c^2}\frac{\partial^2 \vec{B}}{\partial t^2}$$	30-8b
4. Ondas Eletromagnéticas	Em uma onda eletromagnética, os vetores campo elétrico e campo magnético são perpendiculares entre si e à direção de propagação. Suas magnitudes estão relacionadas por $$E = cB$$ O produto vetorial $\vec{E} \times \vec{B}$ está na direção de propagação.	30-18
Velocidade da onda	$$c = \frac{1}{\sqrt{\mu_0 \epsilon_0}} = 3{,}00 \times 10^8 \text{ m/s}$$	30-1
Espectro eletromagnético	Os vários tipos de ondas eletromagnéticas — luz, ondas de rádio, raios X, raios gama, microondas e outras — diferem apenas em comprimento de onda e freqüência. O olho humano é sensível ao intervalo aproximado entre 400 nm e 780 nm.	
Radiação de dipolo elétrico	Ondas eletromagnéticas são produzidas quando cargas elétricas livres são aceleradas. Cargas oscilantes em uma antena de dipolo elétrico irradiam ondas eletromagnéticas com uma intensidade que é máxima em direções perpendiculares à antena. Não há intensidade irradiada ao longo do eixo da antena. O campo elétrico da onda eletromagnética perpendicularmente à antena e distante dela é paralelo à antena.	
Densidade de energia em uma onda eletromagnética	$$u = u_\mathrm{e} + u_\mathrm{m} = \epsilon_0 E^2 = \frac{B^2}{\mu_0} = \frac{EB}{\mu_0 c}$$	30-19
Intensidade de uma onda eletromagnética	$$I = u_\mathrm{méd}c = \frac{E_\mathrm{rms}B_\mathrm{rms}}{\mu_0} = \frac{1}{2}\frac{E_0 B_0}{\mu_0} = |\vec{S}|_\mathrm{méd}$$	30-20

352 | CAPÍTULO 30

TÓPICO	EQUAÇÕES RELEVANTES E OBSERVAÇÕES	
Vetor de Poynting	$$\vec{S} = \frac{\vec{E} \times \vec{B}}{\mu_0}$$	30-21
Quantidade de movimento e energia em uma onda eletromagnética	$$p = \frac{U}{c}$$	30-24
Pressão de radiação e intensidade	$$P_r = \frac{I}{c}$$	30-25

Respostas dos Problemas Práticos

30-2 $\vec{E} \cdot \vec{E} = E_0^2$ e $\vec{B} \cdot \vec{B} = B_0^2$

30-3   Aproximadamente 5 h para um laço de 10 g atirado a 10 m/s. Propulsão por feixe de luz leva aproximadamente o dobro do tempo que a propulsão pelo lançamento do laço de sapato.

Problemas

Em alguns problemas, você recebe mais dados do que necessita; em alguns outros, você deve acrescentar dados de seus conhecimentos gerais, fontes externas ou estimativas bem fundamentadas.

Interprete como significativos todos os algarismos de valores numéricos que possuem zeros em seqüência sem vírgulas decimais.

-   Um só conceito, um só passo, relativamente simples
- •   Nível intermediário, pode requerer síntese de conceitos
- ••   Desafiante, para estudantes avançados
  Problemas consecutivos sombreados são problemas pareados.

PROBLEMAS CONCEITUAIS

1   •   Verdadeiro ou falso:
(a) A corrente de deslocamento tem unidade diferente da corrente de condução.
(b) A corrente de deslocamento apenas existe se o campo elétrico na região está variando no tempo.
(c) Em um circuito LC oscilante, não existe corrente de deslocamento entre as placas do capacitor quando ele está momentaneamente completo de carga.
(d) Em um circuito LC oscilante, não existe corrente de deslocamento entre as placas do capacitor quando ele está momentaneamente vazio.

2   •   Usando unidades do SI, mostre que $\epsilon_0 d\phi_e/dt$ tem unidades de corrente.

3   •   Verdadeiro ou falso:
(a) As equações de Maxwell se aplicam apenas a campos elétricos e magnéticos que são constantes no tempo.
(b) A equação de onda eletromagnética pode ser deduzida das equações de Maxwell.
(c) Ondas eletromagnéticas são ondas transversais.
(d) Os campos elétrico e magnético de uma onda eletromagnética no espaço livre estão em fase.

4   •   Teóricos têm especulado sobre a existência de *monopolos magnéticos*, e muitas buscas experimentais por tais dipolos têm ocorrido. Considere que os momentos de dipolo tenham sido encontrados e que o campo magnético a uma distância r de um monopolo de intensidade q_m é dado por $B = (\mu_0/4\pi)q_m/r^2$. Modifique a lei de Gauss para que a equação do magnetismo seja consistente com tal descoberta.

5   •   (a) Para cada um dos seguintes pares de ondas eletromagnéticas, qual tem a maior freqüência: (1) luz visível ou raios X, (2) luz verde ou luz vermelha, (3) ondas no infravermelho ou luz vermelha. (b) Para cada um dos seguintes pares de ondas eletromagnéticas, qual tem o maior comprimento de onda: (1) luz visível ou microondas, (2) luz verde ou luz ultravioleta, (3) raios gama ou luz ultravioleta.

6   •   A detecção de ondas de rádio pode ser realizada com uma antena de dipolo elétrico ou uma antena circular. Verdadeiro ou falso:
(a) A antena de dipolo elétrico funciona de acordo com a lei de Faraday.
(b) Se uma onda de rádio linearmente polarizada se aproxima frontalmente de você de forma tal que seu campo elétrico oscila verticalmente, para melhor detectar esta onda a normal ao plano da antena circular deveria ser orientada ou para a direita ou para a esquerda.
(c) Se uma onda de rádio linearmente polarizada se aproxima de você de forma tal que seu campo elétrico oscila em um plano horizontal, para melhor detectar esta onda usando uma antena de dipolo, a antena deveria ser orientada verticalmente.

7   •   Um transmissor emite ondas eletromagnéticas usando uma antena de dipolo elétrico orientada verticalmente. (a) Um receptor para detectar as ondas também usa uma antena de dipolo elétrico que está a uma milha (1600 m) da antena transmissora e à mesma altitude. Como deveria ser orientada a antena de dipolo elétrico receptora para otimizar a recepção do sinal? (b) Um receptor para detectar estas ondas usa uma antena circular que está a uma milha (1600 m) da antena transmissora e à mesma altitude. Como deveria ser orientada a antena circular para otimizar a recepção do sinal?

8   •   Mostre que a unidade no SI para a expressão $(\vec{E} \times \vec{B})/\mu_0$ para o vetor de Poynting $\vec{S}$ (Equação 30-21) é watts por metro quadrado (a unidade do SI para a intensidade da onda eletromagnética).

9 • Se um feixe de luz vermelha, um feixe de luz verde e um feixe de luz violeta, todos viajando no espaço vazio, têm a mesma intensidade, qual feixe tem a maior quantidade de movimento? (a) o feixe de luz vermelha, (b) o feixe de luz verde, (c) o feixe de luz violeta, (d) Eles todos têm a mesma quantidade de movimento. (e) Você não pode determinar que feixe tem a maior quantidade de movimento a partir dos dados fornecidos.

10 • Se uma luz vermelha do tipo onda plana, uma luz verde do tipo onda plana e uma luz violeta do tipo onda plana, todas viajando no espaço vazio, têm a mesma intensidade, qual onda tem o maior valor de pico para o campo elétrico? (a) a onda de luz vermelha, (b) a onda de luz verde, (c) a onda de luz violeta, (d) Eles todos têm o mesmo valor de pico do campo elétrico. (e) Você não pode determinar o valor máximo de pico para o campo elétrico a partir dos dados fornecidos.

11 • Duas ondas planas eletromagnéticas senoidais são idênticas, exceto que a onda A tem um valor de pico do campo elétrico que é três vezes maior que o valor de pico do campo elétrico da onda B. Como se comparam suas intensidades? (a) $I_A = \frac{1}{3}I_B$, (b) $I_A = \frac{1}{9}I_B$, (c) $I_A = 3I_B$, (d) $I_A = 9I_B$, (e) você não pode determinar como se comparam as intensidades a partir dos dados fornecidos.

ESTIMATIVA E APROXIMAÇÃO

12 •• **APLICAÇÃO EM ENGENHARIA** No *resfriamento e aprisionamento por laser*, as forças associadas à pressão de radiação são usadas para diminuir a velocidade dos átomos desde velocidades térmicas de centenas de metros por segundo à temperatura ambiente, até velocidades de poucos metros por segundo ou menos. Um átomo isolado absorverá apenas radiação de freqüências específicas. Se a freqüência da radiação do feixe de laser é sintonizada para fazer com que os átomos do alvo absorvam a radiação, então a radiação é absorvida durante um processo chamado de *absorção ressonante*. A área da seção transversal do átomo para absorção ressonante é aproximadamente igual a λ^2, onde λ é o comprimento de onda da luz do laser. (a) Estime a aceleração de um átomo de rubídio (massa molar de 85 g/mol) em um feixe de laser cujo comprimento de onda é 780 nm e intensidade é 10 W/m². (b) Quanto tempo levará, aproximadamente, para que este feixe de luz diminua a velocidade do átomo de rubídio em um gás à temperatura ambiente (300 K) até velocidade próxima de zero?

13 •• **APLICAÇÃO EM ENGENHARIA** Um dos primeiros satélites lançados com sucesso pelos Estados Unidos na década de 1950 era essencialmente um grande balão esférico (aluminizado) de Mylar a partir do qual sinais de onda de rádio eram refletidos. Depois de várias órbitas em volta da Terra, os cientistas observaram que a órbita dele estava mudando com o tempo. Eles determinaram, conseqüentemente, que a pressão de radiação da luz do Sol estava causando a variação da órbita deste objeto — um fenômeno não levado em consideração no planejamento da missão. Estime a razão entre a força da pressão de radiação exercida pela luz do Sol no satélite e a força gravitacional exercida pela Terra no satélite.

14 •• Alguns escritores de ficção científica têm descrito que velas solares poderiam propulsionar naves interestelares. Imagine uma vela gigante em uma nave espacial sujeita à pressão de radiação de nosso Sol. (a) Explique por que este arranjo funciona melhor se a vela tiver alto coeficiente de reflexão em vez de ter alto coeficiente de absorção. (b) Se a vela tiver alto coeficiente de reflexão, mostre que a força exercida pela luz solar na vela da nave é dada por $P_S A/(4\pi r^2 c)$ onde P_S é a potência do Sol ($3,8 \times 10^{26}$ W), A é a área da superfície da vela, r é distância do Sol e c é a velocidade da luz. (Considere que a área da vela é muito maior que a área da nave, logo toda a força é devida à pressão de radiação apenas na vela.) (c) Usando um valor razoável para A, compare a força na nave devida à pressão de radiação e a força na nave devida à força gravitacional do Sol na nave. O resultado implica que tal sistema funcionará? Explique sua resposta.

CORRENTE DE DESLOCAMENTO DE MAXWELL

15 • Um capacitor de placas paralelas tem placas circulares e não há dielétrico entre elas. Cada placa tem raio igual a 2,3 cm e elas estão separadas por 1,1 mm. O fluxo de carga para a placa superior (e saindo da placa inferior) ocorre a uma taxa de 5,0 A. (a) Determine a taxa de variação da intensidade do campo elétrico na região entre as placas. (b) Calcule a corrente de deslocamento na região entre as placas e mostre que ele é igual a 5,0 A.

16 • Em uma região do espaço o campo elétrico varia com o tempo de acordo com (0,050 N/C)sen ωt, onde $\omega = 2000$ rad/s. Determine o valor de pico da corrente de deslocamento através de uma superfície perpendicular ao campo e com área igual a 1,00 m².

17 •• Para o Problema 15, mostre que a intensidade do campo magnético entre as placas a uma distância r do eixo que passa através do centro de ambas as placas é dado por $B = (1,9 \times 10^{-3} \text{ T/m})r$.

18 •• Nos capacitores referidos neste problema há apenas espaço vazio entre as placas. (a) Mostre que um capacitor de placas paralelas tem uma corrente de deslocamento na região entre suas placas que é dada por $I_d = C\, dV/dt$, onde C é a capacitância e V é a diferença de potencial entre as placas. (b) Um capacitor de placas paralelas de 5,00 nF está conectado a um gerador ac ideal e a diferença de potencial entre as placas é dada por $V = V_0 \cos \omega t$, onde $V_0 = 3,00$ V e $\omega = 500\pi$ rad/s. Determine a corrente de deslocamento na região entre as placas como função do tempo.

19 •• Há uma corrente de 10 A em um resistor que está conectado em série com um capacitor de placas paralelas. As placas do capacitor têm uma área de 0,50 m² e não há nenhum dielétrico entre elas. (a) Qual é a corrente de deslocamento entre as placas? (b) Qual é a taxa de variação da intensidade do campo elétrico entre as placas? (c) Determine o valor da integral de linha $\oint_C \vec{B} \cdot d\vec{\ell}$, onde o caminho C de integração é um círculo com raio de 10 cm que está em um plano paralelo às placas e está completamente inserido na região entre elas.

20 ••• Demonstre a validade da forma generalizada da lei de Ampère (Equação 30-4) mostrando que ela fornece o mesmo resultado que a lei de Biot–Savart (Equação 27-3) em uma situação específica. A Figura 30-13 mostra duas cargas puntiformes momentaneamente iguais, com sinais opostos ($+Q$ e $-Q$) no eixo x em $x = -a$ e $x = +a$, respectivamente. No mesmo instante, há uma corrente I no fio que as conecta, como mostrado. O ponto P está no eixo y em $y = R$. (a) Use a lei de Biot–Savart para mostrar que a magnitude do campo magnético no ponto P é dada por $B = \dfrac{\mu_0 Ia}{2\pi R}\dfrac{1}{\sqrt{R^2+a^2}}$. (b) Agora considere uma faixa circular de raio r e largura dr no plano $x = 0$ cujo centro

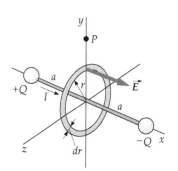

FIGURA 30-13 Problema 20

354 | CAPÍTULO 30

está na origem. Mostre que o fluxo do campo elétrico através desta faixa é dado por $E_x dA = \dfrac{Q}{\epsilon_0 (r^2 + a^2)^{3/2}} \pi r \, dr$. (c) Use o resultado da Parte (b) para mostrar que o fluxo elétrico total ϕ_e através de uma superfície circular S de raio R é dado por $\phi_e = \dfrac{Q}{\epsilon_0}\left(1 - \dfrac{a}{\sqrt{a^2 + R^2}}\right)$. (d) Determine a corrente de deslocamento I_d através de S e mostre que $I + I_d = I\dfrac{a}{\sqrt{a^2 + R^2}}$. (e) Finalmente, mostre que a forma generalizada da lei de Ampère (Equação 30-4) fornece o mesmo resultado para o campo magnético que o encontrado na Parte (a).

EQUAÇÕES DE MAXWELL E O ESPECTRO ELETROMAGNÉTICO

21 • A cor predominante da luz do Sol está na região amarelo-verde do espectro visível. Estime o valor do comprimento de onda e da freqüência da cor predominante emitida pelo nosso Sol. *Dica: Veja a Tabela 30-1.*

22 • (a) Qual é a freqüência da radiação de microondas que tem comprimento de onda de 3,00 cm? (b) Usando a Tabela 30-1, estime a razão entre o menor comprimento de onda da luz verde e o menor comprimento de onda da luz vermelha.

23 • (a) Qual é a freqüência de um raio X que tem 0,100 nm de comprimento de onda? (b) O olho humano é sensível à luz com comprimento de onda igual a 550 nm. Quais são a cor e a freqüência desta luz? Comente a comparação entre esta resposta e a resposta para o Problema 21.

RADIAÇÃO DE DIPOLO ELÉTRICO

Nota: **Todos os problemas nessa seção estão baseados na seguinte informação. Refira-se à Figura 30-11. Pode ser mostrado que a intensidade da radiação de um dipolo elétrico irradiando em um ponto de campo distante da antena é proporcional a** $\mathrm{sen}^2\,\theta / r^2$**, onde** θ **é o ângulo entre o vetor momento de dipolo elétrico** $\vec{p}$ **e o vetor posição** $\vec{r}$ **do ponto de campo em relação ao centro da antena. O padrão de radiação deste tipo de antena é independente do ângulo azimutal, isto é, a forma dele não varia se você girar o padrão em torno do eixo da antena.**

24 •• Considere um dipolo elétrico irradiando que esteja ao longo do eixo z. Seja I_1 a intensidade da radiação a uma distância de 10 m e a um ângulo de 90°. Determine a intensidade (em termos de I_1) a (a) uma distância de 30 m e a um ângulo de 90°, (b) uma distância de 10 e um ângulo de 45°, e (c) uma distância de 20 m e a um ângulo de 30°.

25 •• (a) Para a situação descrita no Problema 24, em que ângulo a intensidade a uma distância de 5,0 m é igual a I_1? (b) A que distância a intensidade é igual a I_1 quando $\theta = 45$°?

26 •• **APLICAÇÃO EM ENGENHARIA, RICO EM CONTEXTO** Você e sua equipe de engenharia estão encarregados de estabelecer uma rede de telefonia sem fio para uma pequena aldeia em uma região montanhosa. A antena transmissora de uma estação é uma antena de dipolo elétrico localizada no topo da montanha a 2,00 km acima do nível do mar. Há uma montanha na vizinhança que está a 4,00 km da antena e também tem 2,00 km acima do nível do mar. Naquela localização, um membro da equipe mede a intensidade do sinal como $4,00 \times 10^{-12}$ W/m². Qual deveria ser a intensidade do sinal na aldeia que está localizada ao nível do mar e a 1,50 km do transmissor?

27 ••• **APLICAÇÃO EM ENGENHARIA** Uma estação de rádio usa uma antena de dipolo elétrico vertical com radiodifusão a 1,20

MHz e tem uma potência total de 500 kW. Calcule a intensidade do sinal a uma distância horizontal de 120 km da estação.

28 ••• **APLICAÇÃO EM ENGENHARIA** Regulamentações exigem que as estações de rádio licenciadas limitem a potência de sua radiodifusão para evitar interferência com sinais de estações distantes. Você está encarregado de verificar a conformidade com a lei. A uma distância de 30,0 km de uma estação de rádio que tem radiodifusão a partir de uma antena de dipolo elétrico vertical a uma freqüência de 800 kHz, a intensidade da onda eletromagnética é $2,00 \times 10^{-13}$ W/m². Qual é a potência total irradiada pela estação?

29 ••• **APLICAÇÃO EM ENGENHARIA** Um pequeno avião particular se aproxima de um aeroporto voando a uma altitude de 2,50 km acima do nível do mar. Como controlador de vôo no aeroporto, você sabe que seu sistema utiliza uma antena de dipolo elétrico vertical para transmitir 100 W a 24,0 MHz. Qual é a intensidade do sinal na antena receptora no avião quando ele está a 4,00 km do aeroporto? Considere que o aeroporto esteja no nível do mar.

ENERGIA E QUANTIDADE DE MOVIMENTO EM UMA ONDA ELETROMAGNÉTICA

30 • Uma onda eletromagnética tem intensidade de 100 W/m². Determine sua (a) intensidade rms do campo elétrico e (b) intensidade de rms do campo magnético.

31 • A amplitude do campo elétrico de uma onda eletromagnética é 400 V/m. Determine (a) a intensidade rms do campo elétrico, (b) a intensidade rms do campo magnético, (c) a intensidade e (d) a pressão de radiação (P_r) da onda.

32 • O valor rms da intensidade do vetor campo elétrico de uma onda eletromagnética é 400 V/m. Determine (a) a intensidade rms do campo magnético, (b) a densidade média de energia e (c) a intensidade da onda.

33 •• (a) Uma onda eletromagnética com intensidade igual a $200 \times$ W/m² é normal a um cartão preto retangular de 20 cm por 30 cm que absorve 100 por cento da onda. Determine a força exercida no cartão pela radiação. (b) Determine a força exercida pela mesma onda se o cartão refletisse 100 por cento da onda.

34 •• Determine a força exercida pela onda eletromagnética no cartão na Parte (b) do Problema 33 se as ondas incidente e refletida estivessem a um ângulo de 30° em relação à normal.

35 • (a) Para uma dada distância de um dipolo elétrico irradiando, em que ângulo (expresso como θ e medido em relação ao eixo do dipolo) a intensidade é igual a 50 por cento do valor da intensidade máxima? (b) Em que ângulo θ a intensidade é igual a 1 por cento do valor da intensidade máxima?

36 •• Um pulso de laser tem energia de 20,0 J e o raio do feixe é de 2,00 mm. A duração do pulso é 10,0 ns e a densidade de energia é uniformemente distribuída no interior do pulso. (a) Qual é a extensão espacial do pulso? (b) Qual é a densidade de energia no pulso? (c) Determine os valores rms dos campos elétrico e magnético no pulso.

37 •• Uma onda plana eletromagnética tem um campo elétrico que é paralelo ao eixo y e tem um vetor de Poynting dado por $\vec{S}(x, t) = (100 \text{ W/m}^2)\cos^2(kx - \omega t)\hat{i}$, onde x está em metros, $k = 10,0$ rad/m, $\omega = 3,00 \times 10^9$ rad/s e t está em segundos. (a) Quais são a direção e o sentido de propagação da onda? (b) Determine o comprimento de onda e a freqüência da onda. (c) Determine os campos elétrico e magnético da onda como funções de x e t.

38 •• Um capacitor de placas paralelas está sendo carregado. O capacitor consiste em um par de placas circulares paralelas idênticas com raio b e distância de separação d. (a) Mostre que a corrente de deslocamento no espaçamento do capacitor tem o mesmo valor que a corrente de condução nos contatos do capacitor. (*b*) Quais são a direção e o sentido do vetor de Poynting na região entre as placas do capacitor? (*c*) Determine uma expressão para o vetor de Poynting nesta região e mostre que seu fluxo na região entre as placas é igual à taxa de variação da energia armazenada no capacitor.

39 •• Um laser pulsado dispara um pulso de 1000 MW com duração de 200 ns em um pequeno objeto que tem massa de 10,0 mg e está suspenso por uma fina fibra de 4,00 cm de comprimento. Se a radiação for completamente absorvida pelo objeto, qual é o máximo ângulo de deflexão deste pêndulo? (Pense no sistema como se fosse um pêndulo balístico e considere que o pequeno objeto estivesse pendurado verticalmente antes que a radiação o atingisse.)

40 •• Os espelhos usados em um tipo particular de laser refletem 99,99 por cento da radiação incidente. (*a*) Se o laser emite uma potência média de 15 W, qual é a potência média da radiação incidente em um dos espelhos? (*b*) Qual é a força devida à pressão de radiação em um dos espelhos?

41 •• (*a*) Estime a força na Terra devida à pressão de radiação exercida pelo Sol na Terra e compare esta à força gravitacional do Sol na Terra. (Na órbita da Terra, a intensidade da luz solar é 1,37 kW/m^2. (*b*) Repita a Parte (*a*) para Marte, que está a uma distância média de $2,28 \times 10^8$ km do Sol e tem um raio de $3,40 \times 10^3$ km. (*c*) Qual dos planetas tem a maior razão entre a pressão de radiação e a atração gravitacional?

A EQUAÇÃO DE ONDA PARA ONDAS ELETROMAGNÉTICAS

42 • Mostre por substituição direta que a Equação 30-8*a* é satisfeita pela função de onda $E_y = E_0 \operatorname{sen}(kx - \omega t) = E_0 \operatorname{sen} k(x - ct)$, onde $c = \omega/k$.

43 • Use os valores de μ_0 e ϵ_0 em unidades no SI para calcular $1/\sqrt{\epsilon_0 \mu_0}$ e mostre que é igual a $3,00 \times 10^8$ m/s.

44 •• (*a*) Use as equações de Maxwell para mostrar para uma onda plana, na qual $\vec{E}$ e $\vec{B}$ são independentes de y e z, que $\dfrac{\partial E_z}{\partial x} = \dfrac{\partial B_y}{\partial t}$ e $\dfrac{\partial B_y}{\partial x} = \mu_0 \epsilon_0 \dfrac{\partial E_z}{\partial t}$. (*b*) Mostre que E_z e B_y também satisfazem à equação de onda.

45 •• Mostre que qualquer função da forma $y(x, t) = f(x - vt)$ ou $y(x, t) = g(x + vt)$ satisfaz a equação de onda (Equação 30-7).

PROBLEMAS GERAIS

46 • Uma onda eletromagnética tem freqüência de 100 MHz e está viajando no vácuo. O campo magnético é dado por $\vec{B}(z, t) = (1,00 \times 10^{-8}$ T$) \cos(kz - \omega t)\hat{i}$. (*a*) Determine o comprimento de onda e a direção de propagação desta onda. (*b*) Determine o vetor campo elétrico $\vec{E}(z, t)$. (*c*) Determine o vetor de Poynting e use-o para determinar a intensidade da onda.

47 •• **APLICAÇÃO EM ENGENHARIA** Um anel circular feito de fio pode ser usado para detectar ondas eletromagnéticas. Considere que a intensidade do sinal de uma estação de rádio FM de 100 MHz que está a 100 km de distância seja 4,0 μW/m^2, e considere que o sinal esteja verticalmente polarizado. Qual é a máxima tensão rms induzida em sua antena, considerando que ela seja um anel de 10,0 cm de raio?

48 •• **APLICAÇÃO EM ENGENHARIA** A intensidade do campo elétrico de uma estação de rádio a certa distância de uma antena transmissora tipo dipolo elétrico é dada por $(1,00 \times 10^{-4}$ N/

C)$\cos[(1,00 \times 10^6 \operatorname{rad}/\operatorname{s})t]$. (*a*) Qual o valor da tensão de pico em um fio de 50,0 cm de comprimento paralelo à direção do campo elétrico? (*b*) Qual é a tensão máxima que pode ser induzida por esta onda eletromagnética em um anel condutor de raio 20,0 cm e que orientação é necessária para o anel?

49 ••• Um capacitor de placas paralelas tem placas circulares de raio a separadas por uma distância d. No espaçamento entre as duas placas está um fino fio retilíneo de resistência R que conecta os centros das duas placas. Uma tensão dependente do tempo dada por $V_0 \operatorname{sen} \omega t$ é aplicada nas placas. (*a*) Qual é a corrente consumida no capacitor? (*b*) Qual é o campo magnético como função da distância radial r até a linha central no interior das placas do capacitor? (*c*) Qual é o ângulo de fase entre a corrente consumida no capacitor e a tensão aplicada?

50 •• Um feixe de 20 kW de radiação eletromagnética é normal a uma superfície que reflete 50 por cento da radiação. Qual é a força exercida pela radiação na superfície?

51 •• Os campos elétricos de duas ondas harmônicas eletromagnéticas de freqüências angulares ω_1 e ω_2 são dados por $\vec{E}_1 = E_{10} \cos(k_1 x - \omega_1 t)\hat{j}$ e por $\vec{E}_2 = E_{20} \cos(k_2 x - \omega_2 t + \delta)\hat{j}$. Para a resultante destas duas ondas, determine (*a*) o vetor de Poynting instantâneo e (*b*) a média temporal do vetor de Poynting. (*c*) Repita as Partes (*a*) e (*b*) se o sentido de propagação da segunda onda for invertido, ou seja, $\vec{E}_2 = E_{20} \cos(k_2 x + \omega_2 t + \delta)\hat{j}$.

52 •• Mostre que $\dfrac{\partial B_z}{\partial x} = -\mu_0 \epsilon_0 \dfrac{\partial E_y}{\partial t}$ (Equação 30-10) sai de $\oint_C \vec{B} \cdot d\vec{\ell} = \mu_0 \epsilon_0 \displaystyle\int_S \dfrac{\partial E_n}{\partial t} dA$ (Equação 30-6*d* e onde $I = 0$) integrando ao longo de uma curva conveniente C e sobre uma superfície conveniente S de maneira semelhante à dedução da Equação 30-9.

53 •• Para suas excursões, você comprou um rádio capaz de detectar um sinal tão fraco quanto $1,00 \times 10^{-14}$ W/m^2. Este rádio tem uma antena circular com 2000 voltas e raio de 1,00 cm enrolada em torno de um núcleo de ferro que aumenta o campo magnético por um fator 200. A freqüência de radiodifusão da estação de rádio é 1400 kHz. (*a*) Qual é a intensidade de pico do campo magnético de uma onda eletromagnética com esta intensidade mínima? (*b*) Qual é a fem de pico que ela é capaz de induzir na antena? (*c*) Qual seria a fem de pico induzida em um fio metálico de 2,00 m de comprimento orientado paralelamente à direção do campo elétrico?

54 •• A intensidade da luz solar incidente na atmosfera superior da Terra é 1,37 kW/m^2. (*a*) Determine os valores rms dos campos magnético e elétrico desta luz. (*b*) Determine a potência média emitida pelo Sol. (*c*) Determine a intensidade da pressão de radiação na superfície do Sol.

55 ••• Um condutor no formato de um longo cilindro sólido com comprimento L, raio a e resistividade ρ, conduz uma corrente estacionária I que está uniformemente distribuída na sua seção transversal. (*a*) Use a lei de Ohm para relacionar o campo elétrico E no condutor a I, ρ e a. (*b*) Determine o campo magnético $\vec{B}$ no lado de fora do condutor. (*c*) Use os resultados da Parte (*a*) e da Parte (*b*) para calcular o vetor de Poynting $\vec{S} = (\vec{E} \times \vec{B})/\mu_0$ em $r = a$ (a borda do condutor). Em que direção e sentido está $\vec{S}$? (*d*) Determine o fluxo $\oint S_n \, dA$ através da superfície do cilindro e use o fluxo para mostrar que a taxa de fluxo de energia para dentro do condutor é $I^2 R$, onde R é a resistência do cilindro.

56 ••• Um longo solenóide com n voltas por unidade de comprimento conduz uma corrente que aumenta linearmente com o tempo. O solenóide tem raio R, comprimento L e a corrente I nas voltas é dada por $I = at$. (*a*) Determine o campo elétrico induzido a uma distância $r < R$ do eixo central do solenóide. (*b*) Determine a magnitude, a direção e o sentido do vetor Poynting $\vec{S}$ em $r = R$ (no interior das voltas do solenóide). (*c*) Calcule o fluxo $\oint S_n \, dA$

356 | CAPÍTULO 30

para dentro do solenóide e mostre que o fluxo é igual à taxa de aumento da energia magnética no interior do solenóide.

57 ••• Pequenas partículas são sopradas pelo sistema solar pela pressão de radiação da luz do Sol. Considere que cada partícula seja esférica de raio r, massa específica de $1,00$ g/cm^3 e absorva toda a radiação em uma seção transversal de área πr^2. Considere que as partículas estejam localizadas a certa distância d do Sol, que emite uma potência total de $3,83 \times 10^{26}$ W. (*a*) Qual é o valor crítico para o raio r da partícula para a qual a força de radiação de repulsão equilibre a força gravitacional de atração do Sol? (*b*) As partículas que têm raios maiores que o valor crítico são ejetadas do sistema solar, ou são apenas as partículas que têm raios menores que o valor crítico que são ejetadas? Explique sua resposta.

58 ••• Quando uma onda eletromagnética em incidência normal em uma superfície perfeitamente condutora é refletida, o campo elétrico da onda refletida na superfície refletora é igual e tem sentido oposto ao campo elétrico da luz incidente na superfície refletora. (*a*) Explique por que esta afirmativa é válida. (*b*) Mostre que a superposição das ondas incidente e refletida resulta em uma onda estacionária. (*c*) Os campos magnéticos das ondas incidentes e das ondas refletidas na superfície refletora são iguais e com sentidos opostos, da mesma maneira? Explique sua resposta.

59 ••• Uma fonte pontual e intensa de luz irradia $1,00$ MW isotropicamente (uniformemente em todas as direções). A fonte está localizada a $1,00$ m acima de um plano infinito e perfeitamente refletor. Determine a força que a pressão de radiação exerce no plano.

PARTE V LUZ

Propriedades da Luz

CAPÍTULO 31

LUZ É TRANSMITIDA POR REFLEXÃO INTERNA TOTAL ATRAVÉS DE MINÚSCULAS FIBRAS DE VIDRO.
(© James L. Amos/Corbis.)

? Quão grande deve ser o ângulo de incidência da luz na parede do tubo para que nenhuma luz escape?
(Veja o Exemplo 31-4.)

31-1 A Velocidade da Luz
31-2 A Propagação da Luz
31-3 Reflexão e Refração
31-4 Polarização
31-5 Dedução das Leis da Reflexão e Refração
31-6 Dualidade Onda–Partícula
31-7 Espectros de Luz
*31-8 Fontes de Luz

O olho humano é sensível à radiação eletromagnética com comprimentos de onda de aproximadamente 400 nm até 700 nm.* Os menores comprimentos de onda no espectro visível correspondem à luz violeta, e os maiores, à luz vermelha. As cores percebidas da luz são o resultado de respostas fisiológicas e psicológicas dos olhos e do cérebro às diferentes freqüências da luz visível. Apesar de a correspondência entre a cor percebida e a freqüência ser bastante boa, há muitos desvios interessantes. Por exemplo, uma mistura de luz vermelha e luz verde é percebida pelos olhos e pelo cérebro como amarelo — mesmo na ausência de luz na região do amarelo do espectro.

Neste capítulo, estudamos como a luz é produzida; como sua velocidade é medida; e como a luz é espalhada, refletida, refratada e polarizada.

---

* Comprimentos de onda tão curtos como 380 nm e tão longos quanto 780 nm podem ser vistos por alguns indivíduos.

358 | CAPÍTULO 31

31-1 A VELOCIDADE DA LUZ

Antes do século XVII muitas pessoas pensavam que a velocidade da luz visível era infinita, e um esforço para medir a velocidade da luz visível foi feito por Galileu. Ele e um colega se posicionaram em cumes de morros separados por quilômetros, cada um com uma lanterna e um obturador para cobri-las. Galileu propôs medir o tempo que levava para a luz viajar entre eles dois. Primeiramente, um deles iria destapar sua lanterna e, quando o outro visse a luz, ele destaparia a sua lanterna. O tempo entre a primeira lanterna ser destapada e ele enxergar a luz da outra lanterna seria o tempo que a luz levaria para viajar ida e volta entre eles. Apesar de este método ser sensato, em princípio, a velocidade da luz é tão grande que o intervalo de tempo a ser medido é muito menor do que variações no tempo de resposta humano e, portanto, Galileu não foi capaz de obter o valor da velocidade da luz.

A primeira indicação da real magnitude da velocidade da luz veio de observações astronômicas do período de Io, uma das luas de Júpiter. Este período é determinado medindo o tempo entre eclipses de Io. Um eclipse ocorre quando Io entra na região atrás de Júpiter onde nenhuma luz solar direta a atinge. O período de eclipse é aproximadamente de 42,5 h, mas medidas feitas quando a Terra está se afastando de Júpiter ao longo da trajetória *ABC* na Figura 31-1 fornecem um tempo maior para este período do que quando medidas são feitas quando a Terra está se movendo em direção à Júpiter ao longo da trajetória *CDA* na figura. Como estas medidas diferem do valor médio por aproximadamente 15 s, foi difícil medir as discrepâncias com exatidão. Em 1675, o astrônomo Ole Römer atribuiu estas discrepâncias ao fato de a velocidade da luz ser finita e que, durante as 42,5 h entre os eclipses da lua de Júpiter, a distância entre a Terra e Júpiter variavam, fazendo com que a trajetória para a luz fosse mais longa ou mais curta. Römer imaginou o seguinte método para medir o efeito cumulativo destas discrepâncias. Júpiter está se movendo muito mais lentamente que a Terra e, portanto, podemos desprezar seu movimento. Quando a Terra está no ponto *A*, mais próxima de Júpiter, a distância entre a Terra e Júpiter está variando de maneira desprezível. O período de Io é medido, fornecendo o tempo entre o início de eclipses sucessivos. Baseado nestas medidas, o número de eclipses durante 6 meses é calculado e é feita a previsão do tempo quando um eclipse deveria começar meio ano depois, quando a Terra está no ponto *C*. Quando a Terra está de fato no ponto *C*, o início observado para o eclipse é aproximadamente 16,6 min mais tarde do que o previsto. Este é o tempo que a luz leva para viajar uma distância igual ao diâmetro da órbita da Terra. Este cálculo despreza a distância viajada por Júpiter em direção a Terra. Entretanto, como a velocidade orbital de Júpiter é muito menor que a da Terra, a distância que Júpiter se move em direção (ou se afastando) à Terra durante os 6 meses é muito menor que o diâmetro da órbita da Terra.

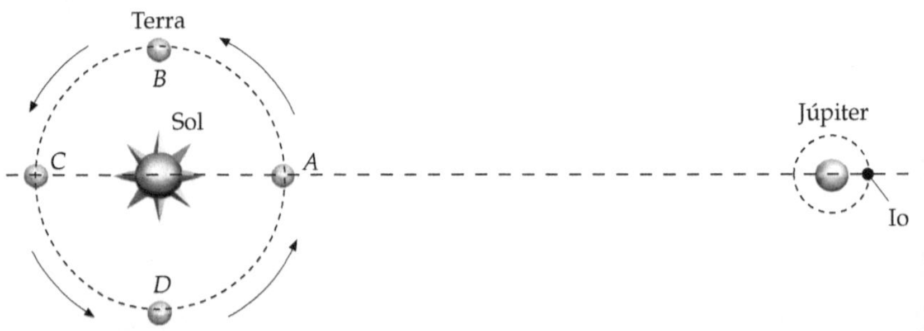

FIGURA 31-1 O método de Römer para medida da velocidade da luz. O tempo entre os eclipses da lua de Júpiter, Io, parece maior quando a Terra está se movendo ao longo da trajetória *ABC* do que quando ela está se movendo ao longo da trajetória *CDA*. A diferença é devida ao tempo que a luz leva para viajar a distância percorrida pela Terra ao longo da linha de visão durante um período de Io.

PROBLEMA PRÁTICO 31-1

Calcule (*a*) a distância percorrida pela Terra entre os eclipses sucessivos de Io e (*b*) a velocidade da luz, sabendo que o tempo entre os eclipses sucessivos é 15 s maior do que a média quando a Terra está se afastando de Júpiter.

O físico francês Armand Fizeau fez a primeira medida não-astronômica da velocidade da luz visível em 1849. Em uma colina em Paris, Fizeau colocou uma fonte de luz e um sistema de lentes disposto de maneira que a luz refletida por um espelho semitransparente fosse focalizada no espaçamento entre os dentes de uma roda dentada, como mostrado na Figura 31-2.

Em uma colina distante (a aproximadamente 8,63 km), Fizeau colocou um espelho para refletir a luz de volta, para que um observador pudesse enxergá-la, como mostrado. A roda dentada foi girada e a rapidez de rotação foi variada. A baixas velocidades de rotação, nenhuma luz era visível, pois a luz que passava através de um dos espaçamentos na roda girando e era refletida de volta pelo espelho era obstruí-

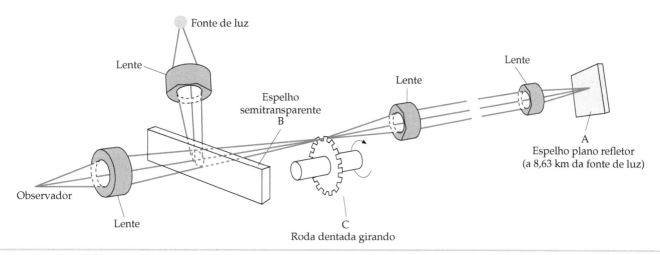

FIGURA 31-2 Método de Fizeau para medir a velocidade da luz. A luz de uma fonte é refletida por um espelho B e é transmitida pelo espaçamento entre os dentes de uma roda dentada até o espelho A. A velocidade da luz é determinada pela medida da rapidez angular da roda que permite que a luz refletida passe através do próximo espaçamento de forma que uma imagem da fonte é observada.

da pelo próximo dente da roda. A velocidade de rotação foi, então, aumentada. Repentinamente a luz tornou-se visível quando a rapidez de rotação era tal que a luz refletida passava pelo próximo intervalo na roda. O tempo para que a roda girasse o ângulo correspondente entre dois intervalos sucessivos é igual ao tempo que a luz leva para ir até o espelho distante e voltar.

O método de Fizeau foi aprimorado por Jean Foucault, que substituiu a roda dentada por um espelho giratório, como mostrado na Figura 31-3. A luz atinge o espelho giratório, é refletida até um espelho fixo distante e é, então, refletida de volta ao espelho giratório e, finalmente, a um telescópio para observação. Durante o tempo que a luz leva para viajar do espelho giratório até o espelho fixo distante e voltar, o espelho gira por um pequeno ângulo. Medindo o ângulo θ, determina-se o tempo para a luz viajar até o espelho distante e voltar. Em aproximadamente 1850, Foucault mediu a velocidade da luz no ar e na água, e ele mostrou que a velocidade da luz na água é menor que no ar. Utilizando essencialmente o mesmo método, o físico americano Albert Michelson fez medidas mais precisas da velocidade da luz em aproximadamente 1880. Meio século mais tarde, Michelson fez medidas ainda mais precisas da velocidade da luz, usando um espelho giratório octogonal (Figura 31-4). Nestas medidas, o espelho gira através de um oitavo de volta durante o tempo que a luz leva para viajar até o espelho fixo e voltar. A taxa de giro é variada até que outra face do espelho esteja na posição correta para refletir a luz para entrar no telescópio.

Outro método para determinação da velocidade da luz envolve a medida das constantes elétricas ϵ_0 e μ_0 para determinar c a partir de $c = 1/\sqrt{\epsilon_0 \mu_0}$.

Os vários métodos que discutimos para a medida da velocidade da luz estão todos de acordo um com o outro. Hoje em dia, a velocidade da luz é definida exatamente como

$$c = 299\ 792\ 458 \text{ m/s} \quad \quad 31\text{-}1$$

DEFINIÇÃO — VELOCIDADE DA LUZ

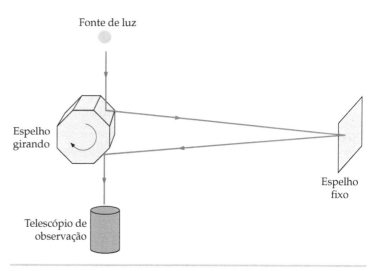

FIGURA 31-3 Desenho simplificado do método de Foucault para medida da velocidade da luz.

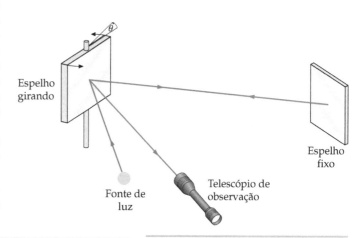

FIGURA 31-4 Desenho simplificado do método de Michelson para medida da velocidade da luz no Monte Wilson na década de 1920 do século passado.

360 | CAPÍTULO 31

e a unidade-padrão de comprimento, o metro, é definido em termos desta velocidade e da unidade-padrão de tempo. O metro é a distância que a luz viaja (no vácuo) em 1/299 792 458 s. O valor $3{,}00 \times 10^8$ m/s para a velocidade da luz é preciso o suficiente para praticamente todos os cálculos neste livro. A velocidade das ondas de rádio e de todas as outras ondas eletromagnéticas (em vácuo) é a mesma que a velocidade da luz visível.

Exemplo 31-1 A Velocidade da Luz

Qual é a velocidade da luz em pés por nanossegundo?

SITUAÇÃO Este é um exercício de conversão de unidades. Há ~30 cm = 0,30 m em 1,0 pé.

SOLUÇÃO
1. Converta m/s para pé/ns: $\quad c = 3{,}0 \times 10^8 \text{ m/s} \times \left(\dfrac{1{,}0 \text{ ft}}{0{,}30 \text{ m}}\right) \times \left(\dfrac{1{,}0 \text{ s}}{10^9 \text{ ns}}\right) = \boxed{1{,}0 \text{ ft/ns}}$

Exemplo 31-2 Determinação de Fizeau para *c*

Você está tentando reproduzir a determinação de Fizeau para a velocidade da luz. Usando uma roda que tem 720 dentes, luz é observada quando a roda gira a 22,3 rev/s. Se a distância da roda até o espelho distante é 8,63 km, que valor estes números dão para a velocidade da luz?

SITUAÇÃO O tempo que a luz leva para viajar da roda até o espelho e de volta é o tempo para que a roda gire $1/N$ de uma revolução, onde $N = 720$ é o número total de dentes.

SOLUÇÃO
1. A velocidade é a distância dividida pelo tempo. A distância da roda até o espelho é L: $\quad c = \dfrac{2L}{\Delta t}$

2. O deslocamento angular é igual à velocidade angular multiplicada pelo tempo: $\quad \Delta\theta = \omega \Delta t$

3. Resolva para o tempo: $\quad \Delta t = \dfrac{\Delta\theta}{\omega}$

4. Substitua Δt e resolva para c: $\quad c = \dfrac{2L\omega}{\Delta\theta} = \dfrac{2(8{,}63 \times 10^3 \text{ m})(25{,}2 \text{ rev/s})}{\dfrac{1}{720} \text{ rev}}$

$\quad = \boxed{2{,}77 \times 10^8 \text{ m/s}}$

CHECAGEM Este resultado é um pouco mais do que 7 por cento menor que a velocidade da luz. Entretanto, como ele difere de apenas 7 por cento, ele é uma resposta plausível.

PROBLEMA PRÁTICO 31-2 Viajantes espaciais na Lua usam ondas eletromagnéticas para se comunicarem com o centro de controle espacial na Terra. Use $c = 3{,}00 \times 10^8$ m/s para calcular o tempo para que o sinal deles chegue à Terra, que está a $3{,}84 \times 10^8$ m de distância.

CHECAGEM CONCEITUAL 31-1

O resultado do passo 4 do Exemplo 31-2 é 7 por cento menor. O que poderia explicar esta discrepância entre este valor medido e o valor conhecido para a velocidade da luz? Erros na conta do número de dentes, na medida da velocidade angular ou na medida da distância até o espelho são possíveis fontes de erro, mas elas são pouco prováveis. Há uma fonte de erro mais provável. Você consegue descobri-la?

Grandes distâncias são, geralmente, dadas em termos da distância percorrida pela luz em um dado intervalo de tempo. Por exemplo, a distância até o Sol é 8,33 minutos-luz, escrita na forma 8,33 $c \cdot$ min. Um ano-luz é a distância que a luz percorre em um ano. Podemos facilmente encontrar o fator de conversão entre anos-luz e metros. O número de segundos em um ano é

$$1 \text{ a} = 1 \text{ a} \times \dfrac{365{,}24 \text{ d}}{1 \text{ a}} \times \dfrac{24 \text{ h}}{1 \text{ d}} \times \dfrac{3600 \text{ s}}{1 \text{ h}} = 3{,}156 \times 10^7 \text{ s}$$

(*Nota:* Há aproximadamente π multiplicado por 10^7 segundos por ano, que é o mecanismo pelo qual alguns indivíduos lembram o valor aproximado de conversão.) O número de metros em um ano-luz é, portanto,

$$1\, c \cdot a = (2{,}998 \times 10^8 \text{ m/s})(3{,}156 \times 10^7 \text{ s}) = 9{,}46 \times 10^{15} \text{ m} \qquad 31\text{-}2$$

31-2 A PROPAGAÇÃO DA LUZ

A propagação da luz é governada pela equação de onda discutida no Capítulo 30. Porém, muito antes da teoria das ondas eletromagnéticas de Maxwell, a propagação da luz e de outras ondas era descrita empiricamente por dois princípios interessantes e muito diferentes, atribuídos ao físico holandês Christian Huygens (1629-1695) e ao matemático francês Pierre de Fermat (1601-1665).

CONSTRUÇÃO DE HUYGENS

A Figura 31-5 mostra uma porção de uma frente de onda esférica saindo de uma fonte puntiforme. A frente de onda é o local dos pontos com fase constante. Se o raio de uma frente de onda é r no instante t, seu raio no instante $t + \Delta t$ será $r + c\Delta t$, onde c é a velocidade da onda. Entretanto, se uma parte da onda é bloqueada por algum obstáculo ou se a onda passa através de um meio diferente, como na Figura 31-6, a determinação da nova posição da frente de onda no instante $t + \Delta t$ é muito mais difícil. A propagação de qualquer frente de onda através do espaço pode ser descrita usando uma construção geométrica inventada por Huygens em aproximadamente 1678, conhecida hoje em dia como **construção de Huygens** ou **princípio de Huygens**:

> Cada ponto em uma frente de onda primária serve como fonte de ondas secundárias esféricas que avançam com a velocidade da onda para o meio de propagação. A frente de onda primária em algum instante posterior será o envelope destas ondas secundárias.
>
> CONSTRUÇÃO DE HUYGENS

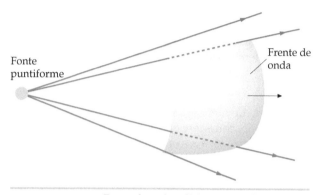

FIGURA 31-5 Frente de onda esférica a partir de uma fonte puntiforme.

A Figura 31-7 mostra a aplicação da construção de Huygens para a propagação de uma onda plana e a propagação de uma onda esférica. É claro que, se cada ponto de uma frente de onda fosse realmente uma fonte puntiforme, haveria ondas no sentido oposto igualmente. Huygens ignorou estas ondas para trás.

A construção de Huygens foi modificada posteriormente por Augustin Fresnel de forma que a nova frente de onda era calculada a partir da antiga pela superposição das ondas secundárias considerando suas amplitudes relativas e fases. Mas tarde, Kirchhoff mostrou que a construção de Huygens–Fresnel era uma conseqüência da equação de onda (Equação 30-8a), dando-lhe uma

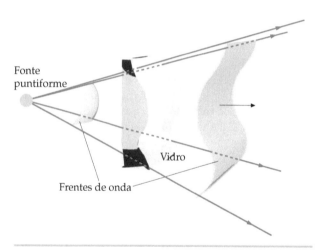

FIGURA 31-6 Frente de onda a partir de uma fonte puntiforme antes e depois de passar através de um pedaço de vidro de espessura variável.

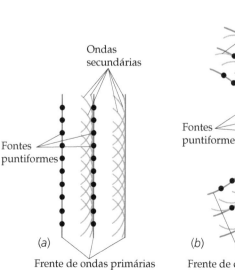 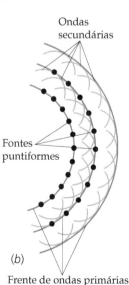

FIGURA 31-7 Construção de Huygens para a propagação da esquerda para a direita de uma frente de onda primária de (a) uma onda plana e (b) de uma onda esférica ou circular.

base matemática firme. Kirchhoff mostrou que a intensidade de cada onda secundária depende do ângulo e é zero a 180° (o sentido para trás).

Usaremos a construção de Huygens para derivar as leis da reflexão e da refração na Seção 31-5. No Capítulo 33, aplicaremos a construção de Huygens com a modificação de Fresnel para calcular o padrão de difração de uma fenda única. Como o comprimento de onda da luz é muito pequeno, podemos geralmente usar a aproximação de raios para descrever sua propagação.

PRINCÍPIO DE FERMAT

A propagação da luz também pode ser descrita pelo princípio de Fermat:

> A trajetória seguida pela luz viajando de um ponto a outro é tal que o tempo de viagem é o mínimo. Isto é, a luz percorre a trajetória mais rápida.*
>
> PRINCÍPIO DE FERMAT

A trajetória de menor tempo não é necessariamente a trajetória de menor distância. Por exemplo, considere que você seja um salva-vidas que está em uma das extremidades de uma piscina e uma pessoa precisa de assistência imediata na extremidade oposta da piscina. Você poderia chegar à pessoa nadando todo o comprimento da piscina, mas você chegaria mais rápido a ela se você corresse através do perímetro da piscina e entrasse na água apenas quando você estivesse próximo dela.

Na Seção 31-5 usaremos o princípio de Fermat para derivar as leis da reflexão e da refração.

31-3 REFLEXÃO E REFRAÇÃO

A velocidade da luz em um meio transparente como o ar, a água ou o vidro é menor que a velocidade $c = 3 \times 10^8$ m/s no vácuo.** Um meio transparente é caracterizado por um **índice de refração**, n, o qual é definido como a razão entre a velocidade da luz no vácuo, c, e a velocidade no meio, v:

$$n = \frac{c}{v} \qquad \qquad 31\text{-}3$$

DEFINIÇÃO — ÍNDICE DE REFRAÇÃO

Para a água, $n = 1{,}33$, enquanto para o vidro, n varia aproximadamente entre 1,50 e 1,66, dependendo do tipo de vidro. O diamante tem um alto índice de refração — aproximadamente 2,4. O índice de refração do ar é aproximadamente 1,0003 e, portanto, para a maioria dos casos, podemos assumir que a velocidade da luz no ar é a mesma que a velocidade da luz no vácuo.

Quando um feixe de luz incide na interface entre dois meios diferentes, tal como a interface entre ar e vidro, parte da energia da luz é refletida e parte entra no segundo meio. Se a luz incidente não é perpendicular à superfície, então o feixe transmitido não é paralelo ao feixe incidente. A variação na direção do raio transmitido é chamada de **refração**. A Figura 31-8 mostra um raio de luz incidindo em uma interface suave entre ar e vidro. O ângulo θ_1 entre o raio incidente e a normal (a linha perpendicular à superfície) é chamado de **ângulo de incidência** e o plano contendo o raio incidente e a normal é chamado de **plano de incidência**. O raio refletido está no plano de incidência e forma um ângulo θ_1' com a normal que é igual ao ângulo de incidência, como mostrado na figura.

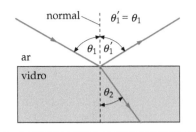

FIGURA 31-8 O ângulo de reflexão θ_1' é igual ao ângulo de incidência θ_1. O ângulo de refração θ_2 é menor que o ângulo de incidência se a velocidade da luz no segundo meio é menor que no meio incidente.

---

* Uma definição mais completa e geral é que o tempo de viagem é constante com relação a variações no caminho; isto é, se t é expresso em termos de algum parâmetro x, a trajetória será tal que $dt/dx = 0$. A característica importante de uma trajetória estacionária é que o tempo correspondente às trajetórias próximas será aproximadamente o mesmo que o da trajetória estacionária.

** Não é o caso que a velocidade da onda nunca é maior que c. Em certos materiais ela é maior que c. Entretanto, isso não significa que a informação possa viajar a velocidades maiores do que c.

$$\theta_1' = \theta_1 \qquad \text{31-4}$$
LEI DA REFLEXÃO

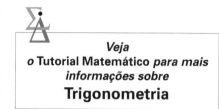

Veja
o Tutorial Matemático para mais informações sobre
Trigonometria

Este resultado é conhecido como a **lei da reflexão**. A lei da reflexão é válida para qualquer tipo de onda. A Figura 31-9 ilustra a lei da reflexão para raios de luz e para frentes de onda de ondas ultrassônicas.

O raio que entra no vidro na Figura 31-8 é chamado de *raio refratado*, e o ângulo θ_2 é chamado de ângulo de refração. Quando uma onda cruza a interface onde a velocidade da onda é reduzida, como no caso da luz entrando no vidro a partir do ar, o ângulo de refração é menor que o ângulo de incidência θ_1, como mostrado na Figura 31-8; isto é, o raio refratado é inclinado em direção à normal. Se, por outro lado, o feixe de luz se originar no vidro e for refratado no ar, então o raio refratado se afastará da normal.

O ângulo de refração θ_2 depende do ângulo de incidência e da velocidade relativa das ondas de luz nos dois meios. Se v_1 é a velocidade da onda no meio incidente e v_2 é a velocidade da onda no meio de transmissão, os ângulos de incidência e de refração estarão relacionados por

$$\frac{1}{v_1}\operatorname{sen}\theta_1 = \frac{1}{v_2}\operatorname{sen}\theta_2 \qquad \text{31-5a}$$

A Equação 31-5a é válida para a refração de qualquer tipo de onda incidente em uma interface separando dois meios.

Os índices de refração dos dois meios são n_1 e n_2. Combinando as Equações 31-3 e 31-5a, obtemos

(a)

$$n_1 \operatorname{sen}\theta_1 = n_2 \operatorname{sen}\theta_2 \qquad \text{31-5b}$$
LEI DE SNELL PARA A REFRAÇÃO

Este resultado foi descoberto experimentalmente em 1621 pelo cientista holandês Willebrord Snell e é conhecido como a **lei de Snell** ou a **lei da refração**. Ele foi descoberto independentemente poucos anos mais tarde pelo matemático e filósofo francês René Descartes.

MECANISMOS FÍSICOS PARA A REFLEXÃO E A REFRAÇÃO

(b)

O mecanismo físico da reflexão e da refração da luz pode ser entendido em termos da absorção e irradiação da luz pelos átomos no meio refletor ou onde ocorre a refração. Quando a luz, viajando pelo ar, incide em uma superfície de vidro, os átomos no vidro absorvem e irradiam a luz na mesma freqüência em todas as direções. As ondas irradiadas pelos átomos do vidro interferem construtivamente em um ângulo igual ao de incidência para produzir a onda refletida.

FIGURA 31-9 (*a*) Raios de luz refletindo na interface entre ar e vidro mostrando ângulos iguais de incidência e reflexão. (*b*) Ondas planas ultra-sônicas na água refletindo em uma placa de aço. (*(a) Ken Kay/Fundamental Photographs. (b) Cortesia Battelle-Northwest Laboratories.*) (Veja o Encarte em cores.)

A onda transmitida é o resultado da interferência da onda incidente e da onda produzida pela absorção e irradiação da energia luminosa pelos átomos do meio. Para a luz que entra no vidro a partir do ar, existe uma defasagem entre a onda irradiada e a onda incidente. Portanto, também existe uma defasagem entre a onda resultante e a onda incidente. Esta defasagem significa que existe um retardo entre a posição da crista da onda transmitida em relação à posição da crista da onda incidente no meio. Como resultado, uma crista da onda transmitida não percorre a mesma distância em um dado intervalo de tempo do que a crista original da onda incidente; isto é, a velocidade da onda transmitida é menor que a da onda incidente. O índice de refração é, portanto, maior do que 1. A freqüência da luz no segundo meio é a mesma que a da luz incidente — os átomos absorvem e irradiam a luz na mesma freqüência — mas a velocidade da onda é diferente, logo o comprimento de onda da luz transmitida é diferente da onda incidente. Se λ é o comprimento de onda da luz no vácuo, então $\lambda f = c$, e se λ_n é o comprimento de onda em um meio que tem um índice de refração n no qual a onda tem velocidade v, então $\lambda_n f = v$. Combinando estas duas relações tem-se $\lambda/\lambda_n = c/v$, ou

$$\lambda_n = \frac{\lambda}{v/c} = \frac{\lambda}{n} \qquad 31\text{-}6$$

REFLEXÃO ESPECULAR E REFLEXÃO DIFUSA

A Figura 31-10a mostra um feixe de raios de luz de uma fonte puntiforme P que são refletidos a partir de uma superfície plana. Depois da reflexão, os raios divergem exatamente como se estivessem vindo de um ponto P' atrás da superfície. (O ponto P' é chamado de *ponto de imagem*. Estudaremos a formação de imagens pela reflexão e refração em superfícies no próximo capítulo.) Quando os raios entram no olho, este não consegue distinguir de raios que realmente divergissem de uma fonte em P'.

A reflexão a partir de uma superfície lisa é chamada de **reflexão especular**. Ela difere da **reflexão difusa**, ilustrada na Figura 31-11. Conseqüentemente, como a superfície é rugosa, os raios de um ponto refletem em direções aleatórias e não divergem de nenhum ponto, logo não existe imagem. A reflexão da luz na página deste livro é difusa. O vidro usado em molduras de quadros é, algumas vezes, levemente lixado para produzir uma reflexão difusa eliminando, assim, o clarão da luz utilizada para iluminar a gravura. A reflexão difusa a partir da superfície de uma estrada permite que você a enxergue quando está dirigindo à noite porque parte da luz dos faróis reflete de volta até você. Em tempo úmido a reflexão é, geralmente, especular; assim, pouca luz reflete de volta até você, dificultando a visualização da estrada.

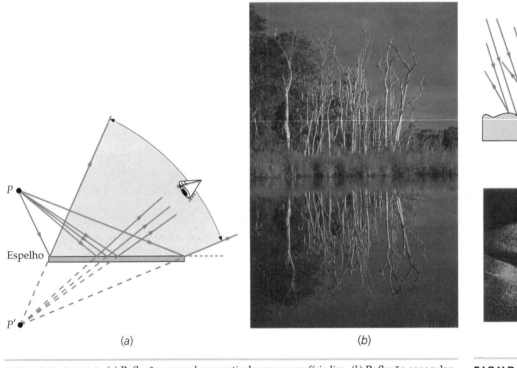
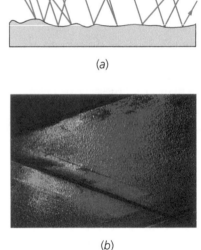

FIGURA 31-10 (a) Reflexão especular a partir de uma superfície lisa. (b) Reflexão especular de árvores na água. (*Macduff Everton/Corbis.*)

FIGURA 31-11 (a) Reflexão difusa a partir de uma superfície rugosa. (b) Reflexão difusa de luz colorida em uma calçada. (*(b) Pete Saloutos/The Stock Market.*) (Veja o Encarte em cores.)

INTENSIDADE RELATIVA DA LUZ REFLETIDA E TRANSMITIDA

A fração da energia luminosa refletida em uma interface, tal como entre ar e vidro, depende de maneira complicada do ângulo incidente, da orientação do vetor campo elétrico associado à onda e dos índices de refração dos dois meios. Para o caso especial de incidência normal ($\theta_1 = \theta_1' = 0$), pode-se mostrar que a intensidade refletida é

$$I = \left(\frac{n_1 - n_2}{n_1 + n_2}\right)^2 I_0 \qquad 31\text{-}7$$

onde I_0 é a intensidade incidente e n_1 e n_2 são os índices de refração dos dois meios.*
Para um caso típico de reflexão em uma interface limpa ar-vidro para o qual $n_1 = 1$
e $n_2 = 1,5$, a Equação 31-7 fornece $I = I_0/25$. Apenas aproximadamente 4 por cento
da energia é refletida; o restante da energia é transmitida.

Exemplo 31-3 — Refração do Ar na Água

Luz viajando no ar entra na água com um ângulo de incidência de 45,0°. Se o índice de
refração da água é 1,33, qual é o ângulo de refração.

SITUAÇÃO O ângulo de refração é determinado pela lei de Snell para a refração. Sejam
os subscritos 1 e 2 correspondentes ao ar e à água, respectivamente. Então $n_1 = 1,00$, $\theta_1 = 45,0°$, $n_2 = 1,33$ e θ_2 é o ângulo de refração (Figura 31-12).

SOLUÇÃO

1. Use a lei da refração de Snell para encontrar sen θ_2, o seno do ângulo de refração:

$$n_1 \operatorname{sen}\theta_1 = n_2 \operatorname{sen}\theta_2$$

então

$$\operatorname{sen}\theta_2 = \frac{n_1}{n_2}\operatorname{sen}\theta_1$$

2. Determine o ângulo cujo seno é 0,532:

$$\theta_2 = \operatorname{sen}^{-1}\left(\frac{n_1}{n_2}\operatorname{sen}\theta_1\right) = \operatorname{sen}^{-1}\left(\frac{1,00}{1,33}\operatorname{sen} 45,0°\right)$$

$$= \operatorname{sen}^{-1}(0,532) = \boxed{32,1°}$$

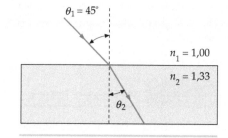

FIGURA 31-12

CHECAGEM Quando entra em um meio no qual a luz viaja mais lentamente, ela é desviada
em direção à normal; então esperamos que θ_2 seja menor que θ_1. O resultado do passo 2 está
de acordo com esta expectativa.

INDO ALÉM Observe que a luz é desviada em relação à normal quando ela entra em um meio
que tem um maior índice de refração.

REFLEXÃO INTERNA TOTAL

A Figura 31-13 mostra uma fonte puntiforme no vidro e raios incidindo na interface vidro–ar em vários ângulos. Todos os raios não perpendiculares à interface são
desviados para longe da normal. À medida que o ângulo de incidência aumenta, o
ângulo de refração aumenta até que um ângulo crítico de incidência θ_c seja atingido,
para o qual o ângulo de refração é 90°. Para ângulos de incidência maiores que o
ângulo crítico, não existe raio refratado. Toda a energia é refletida. Este fenômeno é
chamado de **reflexão interna total**. O ângulo crítico também pode ser determinado
em termos dos índices de refração dos dois meios resolvendo a Equação 31-5b ($n_1 \operatorname{sen}\theta_1 = n_2 \operatorname{sen}\theta_2$) para sen θ_1 e θ_2 igual a 90°.

(a)
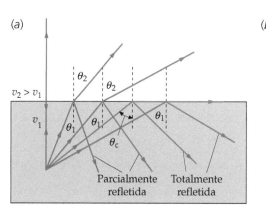

(b)
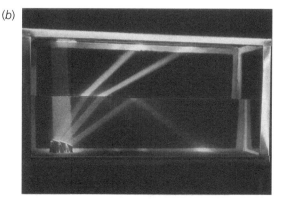

FIGURA 31-13 (a)
Reflexão interna total. À
medida que o ângulo de
incidência aumenta, o ângulo
de refração aumenta até
que, em um ângulo crítico
de incidência θ_c, o ângulo de
refração é 90°. Para ângulos
de incidência maiores que
o ângulo crítico, não há
raio refratado. (b) Uma
fotografia da refração e da
reflexão interna total em uma
interface água–ar. *(Ken Kay/
Fundamental Photographs.)*

---

* Uma equação para ondas em uma corda que é similar à Equação 31-7 é apresentada na Seção 4 do Capítulo 15 (Volume 1).

Isto é,

$$\operatorname{sen}\theta_c = \frac{n_2}{n_1}\operatorname{sen}90° = \frac{n_2}{n_1} \qquad 31\text{-}8$$

ÂNGULO CRÍTICO PARA REFLEXÃO INTERNA TOTAL

Observe que a reflexão interna total ocorre apenas quando a luz incidente está no meio que tem o maior índice de refração. Matematicamente, se n_2 é maior que n_1, a lei de refração de Snell não pode ser satisfeita porque não existe ângulo cujo seno é maior que 1.

Exemplo 31-4 — Reflexão Interna Total — *Tente Você Mesmo*

Um vidro particular tem índice de refração $n = 1{,}50$. Qual é o ângulo crítico para a reflexão interna total se a luz deixa o vidro e entra no ar, para o qual $n = 1{,}00$?

SITUAÇÃO Aplique a lei da refração (Equação 31-5b) com o ângulo de refração igual a 90°.

SOLUÇÃO
Cubra a coluna da direita e tente por si só antes de olhar as respostas.

Passos — **Respostas**

1. Faça um diagrama (Figura 31-14) mostrando os raios incidente e refratado. Para o ângulo crítico, o ângulo de refração é 90°.

2. Aplique a lei da refração (Equação 31-5b). O ângulo crítico é o ângulo de incidência. $\qquad \theta_c = \boxed{41{,}8°}$

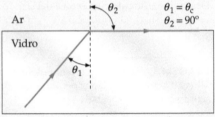

FIGURA 31-14

CHECAGEM A Figura 31-13b mostra que o ângulo crítico para a interface água–ar é um pouco maior que 45°. Como o índice de refração para o vidro é um pouco maior que o índice de refração da água, esperamos que o ângulo crítico para a interface vidro–água seja um pouco menor que 45°. Um ângulo de 41,8° está de acordo com esta expectativa.

Exemplo 31-5 — A que Profundidade Você Está? — *Rico em Contexto*

Você está em uma piscina. Enquanto você está embaixo da água, você olha para cima e observa que consegue enxergar os objetos acima do nível da água em um círculo de luz de raio aproximadamente 2,0 m, e o restante de sua visão é a cor dos lados da piscina. A que profundidade você está abaixo da superfície da água?

SITUAÇÃO Podemos determinar a profundidade na piscina pelo raio da luz e pelo ângulo no qual a luz entra no seu olho a partir da borda do círculo. Na borda do círculo a luz está entrando na água a 90°, logo o ângulo de refração na superfície ar–água é o ângulo crítico para a reflexão interna total na superfície água–ar. Da Figura 31-15, vemos que a profundidade y está relacionada a este ângulo e ao raio do círculo R por $\tan\theta_c = R/y$. O ângulo crítico é determinado com a Equação 31-8 usando $n_2 = 1{,}00$ e $n_1 = 1{,}33$.

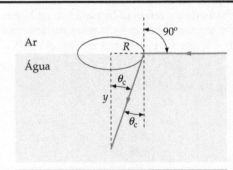

FIGURA 31-15

SOLUÇÃO

1. A profundidade y está relacionada ao raio do círculo R e ao ângulo crítico θ_c: $\qquad \tan\theta_c = R/y$

2. Resolva para a profundidade y: $\qquad y = \dfrac{R}{\tan\theta_c}$

3. Determine o ângulo crítico para a reflexão interna total na superfície água–ar: $\qquad \operatorname{sen}\theta_c = \dfrac{n_2}{n_1} = \dfrac{1{,}00}{1{,}33} = 0{,}752$

$\qquad \theta_c = 48{,}8°$

4. Resolva para a profundidade y:

$$y = \frac{R}{\tan \theta_c} = \frac{2{,}0 \text{ m}}{\tan 48{,}8°} = \boxed{1{,}7 \text{ m}}$$

CHECAGEM O resultado do passo 4 parece um valor plausível. A maioria das piscinas tem, pelo menos, esta profundidade.

A Figura 31-16a mostra a luz atingindo um dos lados curtos de um prisma de vidro de 45–45–90° em incidência normal. Se o índice de refração do vidro é 1,5, o ângulo crítico para reflexão interna total é 41,8°, como calculamos no Exemplo 31-4. Como o ângulo de incidência do raio na interface vidro–ar é 45°, a luz será totalmente refletida e sairá perpendicularmente à outra face do prisma, como mostrado. Na Figura 31-16b, a luz incide perpendicularmente à hipotenusa do prisma e é totalmente refletida duas vezes, saindo a 180° em relação à direção original. Prismas são usados para mudar a direção dos raios de luz. Em binoculares, são usados dois prismas em cada lado. Estes prismas refletem a luz, encurtando o comprimento necessário, e invertem novamente a imagem (invertida pela primeira vez pela lente).* O diamante tem um índice de refração muito elevado ($n \approx 2{,}4$) e, portanto, praticamente toda a luz que entra em um diamante é refletida de volta, conferindo-lhe seu brilho característico.

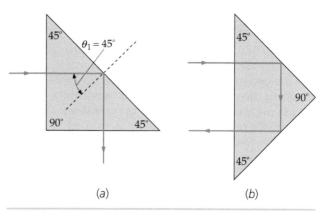

FIGURA 31-16 (a) Luz entrando através de um dos lados curtos de um prisma de vidro de 45–45–90° é totalmente refletida. (b) Luz entrando através do lado longo do prisma é refletida totalmente duas vezes.

Fibra óptica Uma aplicação interessante da reflexão interna total é a transmissão de um feixe de luz através de uma fibra de vidro longa, estreita e transparente (Figura 31-17a). Se o feixe de luz começa aproximadamente paralelo ao eixo da fibra, ele atingirá as paredes da fibra em ângulos maiores que o ângulo crítico (se a fibra não estiver muito encurvada) e nenhuma energia luminosa será perdida através das paredes da fibra. Um conjunto de tais fibras pode ser usado para fazer imagens, como ilustrado na Figura 31-17b.

Fibras ópticas têm muitas aplicações em medicina e em comunicações. Na medicina, a luz é transmitida ao longo de pequenas fibras para sondar visualmente vários órgãos internos sem cirurgia. Em comunicações, a taxa na qual a informação pode ser transmitida está relacionada ao sinal de freqüência. Um sistema de transmissão usando luz com freqüências da ordem de 10^{14} Hz pode transmitir informação a uma

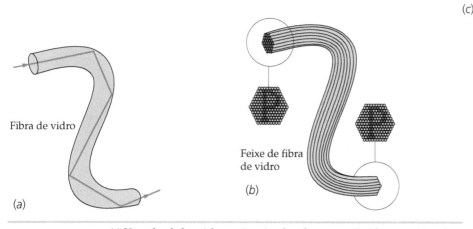

FIGURA 31-17 (a) Um tubo de luz. A luz no interior do tubo sempre incide em um ângulo maior que o ângulo crítico e, portanto, nenhuma luz escapa por refração. (b) Luz de um objeto é transportada por um feixe de fibras de vidro para formar uma imagem do objeto na outra extremidade do feixe. (c) Luz saindo de um feixe de fibras de vidro. ((c) Ted Horowitz/The Stock Market.) (Veja o Encarte em cores.)

---

* A imagem produzida por uma lente objetiva de um telescópio é discutida na Seção 32-4.

taxa muito maior que a usada em ondas de rádio, que tem freqüências da ordem de 10^6 Hz. Em sistemas de telecomunicação, uma única fibra de vidro que é da espessura de um fio de cabelo humano, pode transmitir informação de áudio ou vídeo equivalente a 32 000 vozes falando simultaneamente.

MIRAGENS

Quando o índice de refração de um meio varia gradualmente, a refração é contínua, conduzindo a um desvio gradual da luz. Um exemplo interessante disso é a formação de uma miragem. Em um dia quente e ensolarado, as superfícies expostas de rochas, pavimentos e areia geralmente ficam muito quentes. Neste caso, normalmente há uma camada de ar próxima ao solo que está mais aquecida e, portanto, menos densa, que o ar acima dela. A velocidade de qualquer onda luminosa é levemente maior neste ar menos denso e, portanto, o feixe de luz passando de uma camada mais fria para uma mais quente é desviado. A Figura 31-18a mostra a luz de uma árvore quando todo o ar da vizinhança está na mesma temperatura. As frentes de onda são esféricas e os raios são linhas retas. Na Figura 31-18b, o ar próximo ao solo está mais quente, resultando em frentes de onda viajando mais rápido naquela região. As porções das frentes de onda próximas ao solo quente andam à frente das porções mais elevadas, criando uma frente de onda não-esférica e provocando a curvatura dos raios. Conseqüentemente, o raio mostrado, inicialmente dirigido ao solo, é desviado para cima. Como resultado, o observador vê uma imagem da árvore como se ela estivesse sendo refletida pela superfície da água

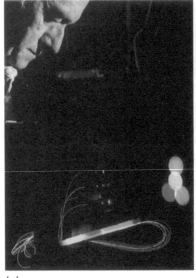
(a)

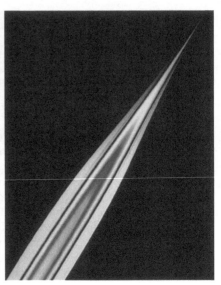
(b)

(a) Nesta demonstração no Laboratório Naval de Pesquisa, uma combinação de fontes de laser gera diferentes cores que excitam elementos sensores adjacentes de fibras, conduzindo à separação da informação com indicado pela separação das cores. (b) A ponta da pré-forma de um guia de luz é amolecida por aquecimento e conformada em uma longa e fina fibra. As cores na pré-forma indicam uma estrutura em camadas de diferentes composições, que é preservada na fibra. ((a) Dan Boyd/Cortesia de Naval Research Laboratory. (b) Cortesia de AT&T Archives.) (Veja o Encarte em cores.)

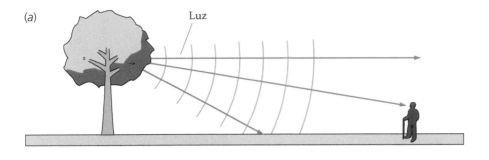

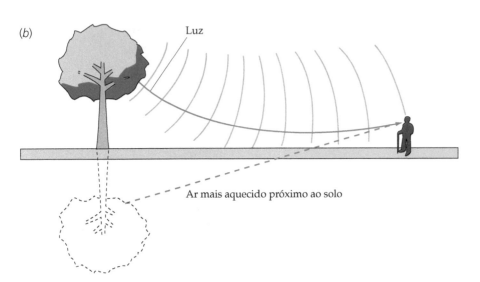

FIGURA 31-18 Uma miragem. (a) Quando o ar está a uma temperatura uniforme, as frentes de onda da luz vindas da árvore são esféricas. (b) Quando o ar próximo ao solo está mais aquecido, as frentes de onda não são esféricas e a luz da árvore é continuamente refratada em uma trajetória curva. (c) Reflexões aparentes de motocicletas em uma rodovia quente. (Robert Greenler.)

no solo. Quando você está dirigindo em um dia quente e ensolarado, você já deve ter percebido marcas úmidas aparentes na auto-estrada à sua frente, que desaparecem quando você se aproxima delas. Estas miragens são devidas à refração da luz do céu pela camada de ar que foi aquecida devido à proximidade do asfalto quente.

DISPERSÃO

O índice de refração de um material depende levemente do comprimento de onda. Para muitos materiais, n diminui levemente com o aumento do comprimento de onda, como mostrado na Figura 31-19. A dependência do índice de refração com o comprimento de onda (e, portanto, com a freqüência) é chamada de **dispersão**. Quando um feixe de luz branca incide com algum ângulo na superfície de um prisma de vidro, o ângulo de refração (que é medido em relação à normal) para os menores comprimentos de onda é levemente menor que o ângulo de refração para os maiores comprimentos de onda. A luz de menor comprimento de onda (em direção à extremidade violeta do espectro) sofre, consequentemente, um maior desvio em relação à normal do que os comprimentos de onda mais longos. O feixe de luz branca é, assim, separado, ou sofre dispersão, nas cores que o compõem, ou comprimentos de onda (Figura 31-20).

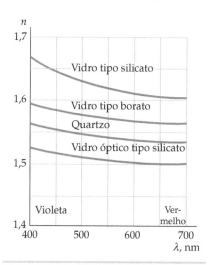

FIGURA 31-19 Índice de refração *versus* comprimento de onda para vários materiais.

Arco-íris O arco-íris é um exemplo familiar de dispersão, neste caso, da luz solar. A Figura 31-21 é um diagrama desenhado originalmente por Descartes, mostrando raios paralelos de luz do Sol entrando em uma gota esférica de água. Primeiramente, os raios são refratados quando entram na gota. Os raios são, então, refletidos pela interface água–ar no outro lado da gota e, finalmente, são novamente refratados quando saem da gota.

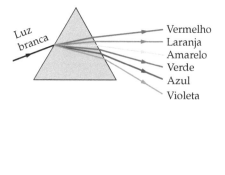

Da Figura 31-21, vemos que o ângulo feito pelos raios emergentes com relação ao diâmetro (ao longo do raio 1) atinge um máximo em torno do raio 7 e, então, diminui. A concentração de raios saindo a aproximadamente o ângulo máximo dá origem ao arco-íris. Por construção, usando a lei da refração, Descartes mostrou que o ângulo máximo é aproximadamente 42°. Para observar um arco-íris precisamos, portanto, olhar para as gotas de água a um ângulo de 42° relativamente à linha de onde está o Sol, como mostrado na Figura 31-22. O raio angular do arco-íris é, deste modo, 42°.

A separação das cores no arco-íris resulta do fato que o índice de refração na água depende levemente do comprimento de onda da luz. O raio angular do arco-íris dependerá, portanto, levemente do comprimento de onda da luz. O arco-íris observado é feito de raios de luz de muitas gotículas diferentes de água (Figura 31-23). A cor vista em um raio angular em particular corresponde ao comprimento de onda da luz que permite que a luz atinja o olho vindo das gotículas naquele raio angular. Como $n_{água}$ é menor para a luz vermelha do que para a luz azul, a parte vermelha do arco-íris está a um raio angular levemente maior que a parte azul do arco-íris, logo o vermelho está no lado externo do arco-íris.

Quando um raio de luz atinge uma superfície separando água e ar, parte da luz é refletida e parte é refratada. Um ar-

FIGURA 31-20 Um feixe de luz branca incidente em um prisma de vidro sofre dispersão nas cores que a compõem. O índice de refração diminui com o aumento do comprimento de onda e, assim, os maiores comprimentos de onda (vermelho) são menos desviados que os menores comprimentos de onda (azul). *(David Parker/Science Photo Library/Photo Researches.)* (Veja o Encarte em cores.)

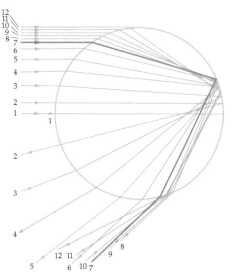

FIGURA 31-21 Construção de Descartes de raios paralelos da luz entrando em uma gota de água esférica. O raio 1 entra na gota ao longo do diâmetro e é refletido de volta ao longo da trajetória incidente. O raio 2 entra levemente acima do diâmetro e emerge abaixo do diâmetro com um pequeno ângulo de desvio. Os raios entrando cada vez mais distantes do diâmetro emergem a ângulos cada vez maiores até o raio 7, mostrado como a linha sólida. Raios entrando acima do raio 7, saem a ângulos cada vez menores em relação ao diâmetro.

co-íris secundário resulta dos raios de luz que são refletidos duas vezes no interior da gotícula (Figura 31-24). O arco-íris secundário tem um raio angular de 51° e sua seqüência de cores é oposta a do arco-íris primário; isto é, o violeta está no lado externo no arco-íris secundário. Devido à pequena fração da luz refletida na interface água-ar, o arco-íris secundário é consideravelmente menos intenso que o primário.

*Calculando o raio angular do arco-íris Podemos calcular o raio angular do arco-íris a partir das leis de reflexão e refração. A Figura 31-25 mostra um raio de luz incidente em uma gotícula esférica de água no ponto A. O ângulo de refração θ_2 está relacionado ao ângulo de incidência θ_1 pela lei da refração de Snell:

$$n_{ar} \operatorname{sen} \theta_1 = n_{água} \operatorname{sen} \theta_2 \qquad 31\text{-}9$$

O ponto P na Figura 31-25 é a interseção da linha do raio incidente e da linha do raio emergente. O ângulo ϕ_d é chamado de ângulo de desvio do raio, e ϕ_d e 2β formam um ângulo reto. Assim,

$$\phi_d + 2\beta = \pi \qquad 31\text{-}10$$

Desejamos relacionar o ângulo de desvio ϕ_d ao ângulo de incidência, θ_1. Do triângulo AOB, temos

$$2\theta_2 + \alpha = \pi \qquad 31\text{-}11$$

De maneira similar, do triângulo AOP, temos

$$\theta_1 + \beta + \alpha = \pi \qquad 31\text{-}12$$

Eliminando α das Equações 31-11 e 31-12 e resolvendo para β, fornece

$$\beta = \pi - \theta_1 - \alpha = \pi - \theta_1 - (\pi - 2\theta_2) = 2\theta_2 - \theta_1$$

Substituindo este valor para β na Equação 31-10, obtemos o ângulo de desvio:

$$\phi_d = \pi - 2\beta = \pi - 4\theta_2 + 2\theta_1 \qquad 31\text{-}13$$

A Equação 31-13 pode ser combinada à Equação 31-9 para eliminar θ_2 e dar o ângulo de desvio ϕ_d em termos do ângulo de incidência θ_1:

$$\phi_d = \pi + 2\theta_1 - 4 \operatorname{sen}^{-1}\left(\frac{n_{ar}}{n_{água}} \operatorname{sen}\theta_1\right) \qquad 31\text{-}14$$

A Figura 31-26 mostra um gráfico de ϕ_d *versus* θ_1. O ângulo de desvio ϕ_d tem seu valor mínimo quando $\theta_1 \approx 60°$. A um ângulo de incidência de 60°, o ângulo de desvio

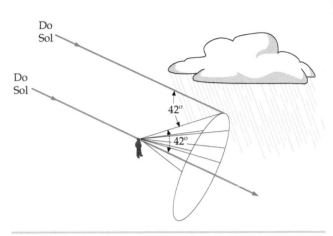

FIGURA 31-22 Um arco-íris é visto a um ângulo de 42° a partir da linha do Sol, como previsto pela construção de Descartes, mostrada na Figura 31-21.

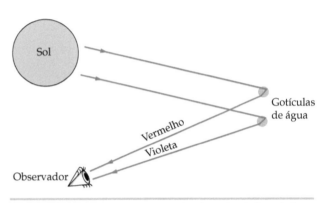

FIGURA 31-23 O arco-íris resulta dos raios de luz vindos de muitas gotículas de água diferentes.

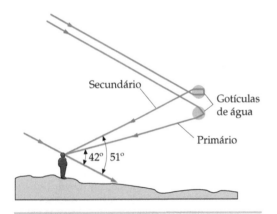

FIGURA 31-24 O arco-íris secundário resulta dos raios de luz refletidos duas vezes no interior da gotícula de água.

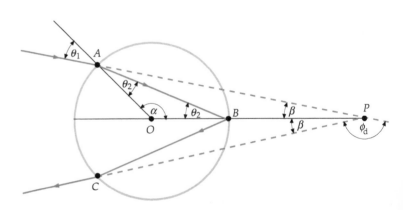

FIGURA 31-25 Raio de luz incidente em uma gota esférica de água. O raio refratado atinge o fundo da gota no ponto B. Ele faz um ângulo θ_2 com a linha radial OB e é refletido com um ângulo igual. O raio é novamente refratado no ponto C, onde ele sai da gota.

é $\phi_{d,\text{mín}} = 138°$. Este ângulo é chamado de **ângulo de desvio mínimo**. Em ângulos de incidência que são levemente maiores ou levemente menores que 60°, o ângulo de desvio é aproximadamente o mesmo. Portanto, a intensidade da luz refletida pela gotícula de água será máxima no ângulo de desvio mínimo. Podemos ver da Figura 31-25 que o máximo valor de β corresponde ao mínimo valor de ϕ_d. Assim, o raio angular de intensidade máxima, dado por $2\beta_{\text{máx}}$, é

$$2\beta_{\text{máx}} = \pi - \phi_{d,\text{mín}} = 180° - 138° = 42° \qquad 31\text{-}15$$

O índice de refração da água varia levemente com o comprimento de onda. Conseqüentemente, para cada comprimento de onda (cor), a intensidade máxima ocorre em um raio angular levemente diferente que para os comprimentos de onda próximos.

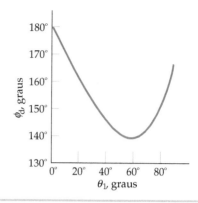

FIGURA 31-26 Gráfico do ângulo de desvio ϕ_d como função do ângulo incidente θ_1. O ângulo de desvio tem seu valor mínimo de 138° quando o ângulo de incidência é 60°. Como $d\phi_d/d\theta_1 = 0$ no desvio mínimo, o desvio dos raios como ângulos de incidência levemente menores ou levemente maiores que 60° será aproximadamente o mesmo.

31-4 POLARIZAÇÃO

Em uma onda eletromagnética, a direção do campo elétrico é perpendicular à direção de propagação da onda. Se o campo elétrico permanece paralelo a uma linha perpendicular à direção de propagação, dizemos que a onda está **linearmente polarizada**. Uma onda produzida por uma antena do tipo dipolo elétrico é polarizada como o vetor campo elétrico em qualquer ponto de campo permanecendo no plano contendo o ponto de campo e o eixo da antena. Ondas produzidas por várias fontes geralmente não são polarizadas. Uma fonte de luz incandescente, por exemplo, contém milhões de átomos atuando independentemente. O campo elétrico para tal onda pode ser separado em suas componentes x e y que variam aleatoriamente, pois não há correlação entre os átomos individuais produzindo a luz.

A polarização das ondas eletromagnéticas pode ser demonstrada com microondas, que têm comprimentos de onda da ordem de centímetros. Em um gerador típico de microondas, ondas polarizadas são irradiadas por uma antena do tipo dipolo elétrico. Na Figura 31-27, a antena do tipo dipolo elétrico é vertical e, portanto, o vetor campo elétrico $\vec{E}$ das ondas irradiadas horizontalmente também é vertical. Uma placa de absorção pode ser feita com uma tela de fios retilíneos paralelos. Quando os fios estão na vertical, como na Figura 31-27a, o vetor campo elétrico paralelo aos fios gera corrente e ocorre absorção de energia. Quando os fios estão na horizontal e, portanto, perpendiculares a $\vec{E}$, como na Figura 31-27b, nenhuma corrente é gerada e as ondas são transmitidas.

Há quatro fenômenos que produzem ondas eletromagnéticas polarizadas a partir de ondas não polarizadas: (1) absorção, (2) reflexão, (3) espalhamento e (4) birrefringência (também conhecida como dupla refração), e cada um deles será examinado nas seções a seguir.

POLARIZAÇÃO POR ABSORÇÃO

Vários cristais naturais, quando cortados em formatos apropriados, absorvem e transmitem luz diferentemente dependendo da polarização da luz. Estes cristais podem ser usados para produzir luz linearmente polarizada. Em 1938, E. H. Land inventou uma lâmina polarizadora comercial simples chamada de Polaróide. Este material contém longas cadeias de moléculas de hidrocarbonetos que são alinhadas quando a lâmina é esticada em uma direção durante o processo de produção. Estas cadeias tornam-se condutoras em freqüências ópticas quando a lâmina é mergulhada em uma solução contendo iodo. Quando a luz incide com seu vetor campo elétrico paralelo às cadeias, correntes elétricas são geradas ao longo das cadeias e a energia da luz é absorvida, assim como as microondas são absorvidas pelos fios na Figura 31-27. Se o campo elétrico é perpendicular às cadeias, a luz é transmitida. A direção perpendicular às cadeias é chamada de **eixo de transmissão**. Assumiremos a hipótese simplificadora que toda a luz é transmitida quando o campo elétrico é paralelo ao eixo de transmissão e que toda a luz é absorvida quando seu eixo é perpendicular ao eixo de transmissão. (Na realidade, lâminas de polarização absorvem parte da luz, mesmo quando o campo elétrico é paralelo ao eixo de transmissão.)

(a)

(b)

FIGURA 31-27 Demonstração sobre a polarização das microondas. O campo elétrico das microondas é vertical, paralelo à antena de dipolo vertical. (a) Quando os fios metálicos da placa de absorção estão na vertical, correntes elétricas são geradas nos fios e a energia é absorvida, como indicado pela baixa leitura no detector de microondas. (b) Quando os fios são horizontais, nenhuma corrente é gerada e as microondas são transmitidas, como indicado pela leitura elevada no detector. *(Larry Langrill.)*

Considere um feixe de luz não polarizado incidente em uma lâmina polarizadora com seu eixo de transmissão ao longo da direção x, como mostrado na Figura 31-28. O feixe incide em uma segunda lâmina polarizadora, o analisador, cujo eixo de transmissão faz um ângulo θ com o eixo x. Se E é a amplitude do campo elétrico do feixe incidente, a componente paralela ao eixo de transmissão é $E_\parallel = E\cos\theta$, e a componente perpendicular ao eixo de transmissão é $E_\perp = E\,\text{sen}\,\theta$. A lâmina absorve $E_\perp$ e transmite $E_\parallel$ e, assim, o feixe transmitido tem uma amplitude de campo elétrico igual a $E_\parallel = E\cos\theta$ e está linearmente polarizado na direção do eixo de transmissão. Como a intensidade da luz é proporcional ao quadrado da magnitude da amplitude do campo elétrico, a intensidade I da luz transmitida pela lâmina é dada por

$$I = I_0 \cos^2\theta \qquad\qquad 31\text{-}16$$

LEI DE MALUS

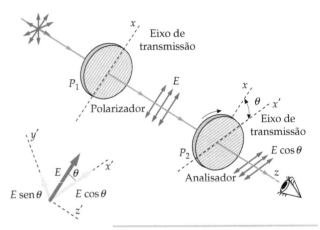

FIGURA 31-28 Um feixe verticalmente polarizado incide em uma lâmina polarizadora com seu eixo de transmissão x' fazendo um ângulo θ com a vertical. Apenas a componente $E\cos\theta$ é transmitida através da segunda lâmina e o feixe transmitido está linearmente polarizado na direção do eixo de transmissão x'. Se a intensidade entre as lâminas é I_0, a intensidade transmitida pela segunda lâmina é $I_0 \cos^2\theta$.

onde I_0 é a intensidade do feixe incidente. Se tivermos um feixe incidente de luz não polarizada de intensidade I_0 incidindo em uma lâmina polarizadora, a direção do campo elétrico varia de posição à posição na lâmina e em cada posição, ela flutua no tempo. Em cada posição, o valor médio de $\cos^2\theta$ fornece $I = I_0(\cos^2\theta)_{\text{méd}} = \frac{1}{2}I_0$, onde I é a intensidade do feixe transmitido.

Quando dois elementos polarizadores são colocados em sucessão em um feixe de luz não polarizada, o primeiro elemento polarizador é chamado de **polarizador**, e o segundo, de **analisador**. Se o polarizador e o analisador estiverem cruzados, isto é, se seus eixos de transmissão forem perpendiculares entre si, nenhuma luz consegue atravessá-los. A Equação 31-16 é conhecida como **lei de Malus** devido ao seu descobridor, E. L. Malus (1775–1812). Ela se aplica a quaisquer dois elementos polarizadores cujos eixos de transmissão fazem um ângulo θ entre eles.

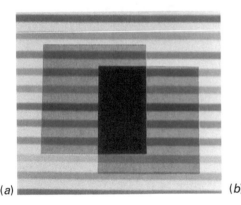
(a)

(b)

(a) Polarizadores cruzados bloqueiam toda a luz. (b) Em um mostrador de cristal líquido, o cristal está entre polarizadores cruzados. Luz incidente no cristal é transmitida porque o cristal gira a direção de polarização da luz por 90°. A luz é refletida de volta para o cristal através de um espelho atrás dele e um fundo uniforme é visto. Quando uma tensão é aplicada ao longo de um pequeno segmento do cristal, a polarização não é girada e, portanto, a luz não é transmitida e o segmento fica preto. (*(a) Fundamental Photographs.* (b) Cortesia de Ana Fidalgo.)

Exemplo 31-6 Intensidade Transmitida

Luz não polarizada de intensidade $3{,}0\ \text{W/m}^2$ incide em duas lâminas polarizadoras cujos eixos de transmissão fazem um ângulo de 60° (Figura 31-29). Qual é a intensidade da luz transmitida pela segunda lâmina?

SITUAÇÃO A luz incidente é não polarizada, logo a intensidade transmitida pela primeira lâmina polarizadora é metade da intensidade incidente. A segunda lâmina reduz ainda mais a intensidade por um fator $\cos^2\theta$, com $\theta = 60°$.

SOLUÇÃO

1. A intensidade I_1 transmitida pela primeira lâmina é metade da intensidade I_0 da luz não polarizada incidente na primeira lâmina: $\qquad I_1 = \tfrac{1}{2}I_0$

2. A intensidade I_2 transmitida pela segunda lâmina está relacionada à intensidade I_1 da luz incidente da segunda lâmina por: $\qquad I_2 = I_1 \cos^2\theta$

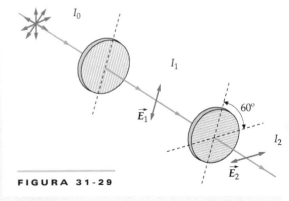

FIGURA 31-29

3. Combine estes resultados e substitua os dados informados: $I_2 = \frac{1}{2}I_0 \cos^2 60° = \frac{1}{2}(3{,}0 \text{ W/m}^2)(0{,}500)^2$

$$= \boxed{0{,}38 \text{ W/m}^2}$$

CHECAGEM O primeiro polarizador corta a intensidade ao meio, logo deveríamos esperar que a intensidade transmitida através de ambas as lâminas fosse menor que metade da intensidade incidente de 3,0 W. O resultado do passo 3 está de acordo com esta expectativa.

INDO ALÉM Observe que a segunda lâmina gira o plano de polarização por 60°.

POLARIZAÇÃO POR REFLEXÃO

Quando luz não polarizada é refletida em uma superfície plana separando dois meios transparentes, tal como ar e vidro ou ar e água, a luz refletida é parcialmente polarizada. O grau de polarização depende do ângulo de incidência e da razão entre as velocidades da onda nos dois meios. Para certo ângulo de incidência, chamado de ângulo de polarização θ_p, a luz refletida é completamente polarizada. No ângulo de polarização, os raios refletido e refratado são perpendiculares entre si. David Brewster (1781–1868), um cientista escocês e inventor de vários instrumentos (incluindo o caleidoscópio), descobriu este fato experimentalmente em 1812. O ângulo de polarização também é conhecido como ângulo de Brewster.

A Figura 31-30 mostra a luz incidindo no ângulo de polarização θ_p para o qual a luz refletida é completamente polarizada. O campo elétrico da luz incidente pode ser decomposto em componentes paralela e perpendicular ao plano de incidência. A luz refletida é linearmente polarizada com seu campo elétrico perpendicular ao plano de incidência. Podemos relacionar o ângulo de polarização aos índices de refração dos meios utilizando a lei de Snell (a lei da refração). Se n_1 é o índice de refração do primeiro meio e n_2 é o índice de refração do segundo meio, a lei da refração fornece

$$n_1 \sen \theta_p = n_2 \sen \theta_2$$

onde θ_2 é o ângulo de refração. Da Figura 31-30, podemos ver que a soma do ângulo de reflexão e do ângulo de refração é 90°. Como o ângulo de reflexão é igual ao ângulo de incidência, temos

$$\theta_2 = 90° - \theta_p$$

Então

$$n_1 \sen \theta_p = n_2 \sen(90° - \theta_p) = n_2 \cos \theta_p$$

ou

$$\tan \theta_p = \frac{n_2}{n_1} \qquad \text{31-17}$$

ÂNGULO DE POLARIZAÇÃO

Apesar de a luz refletida estar completamente polarizada para este ângulo de incidência, a luz transmitida está apenas parcialmente polarizada (porque apenas uma pequena fração da luz incidente é refletida). Se a luz incidente estiver polarizada com o campo elétrico no plano de incidência, não existirá luz refletida quando o ângulo de incidência for θ_p. Podemos entender qualitativamente este resultado usando a Figura 31-31. Se considerarmos que as cargas nos átomos próximos à superfície do segundo meio sejam levadas, pelo campo elétrico da luz refratada, a oscilar paralelamente à direção do campo elétrico, não poderá existir raio refletido pois, para uma antena do tipo dipolo elétrico, nenhuma energia é irradiada ao longo da linha de oscilação. (Cada um dos átomos oscilantes é uma pequena antena do tipo dipolo.)

Devido à polarização da luz refletida, óculos de sol que contêm uma lâmina polarizadora podem ser bastante efetivos na eliminação da reflexão direta de uma superfície. Se a luz é refletida a partir de uma superfície horizontal, tal como a superfície de um lago ou a neve no solo, o campo elétrico da luz refletida estará

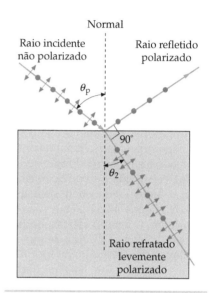

FIGURA 31-30 Polarização por reflexão. A onda incidente não está polarizada e tem componentes do campo elétrico paralelas ao plano de incidência (setas) e componentes perpendiculares a este plano (pontos). Para incidência no ângulo de polarização, a onda refletida está completamente polarizada, com seu campo elétrico perpendicular ao plano de incidência.

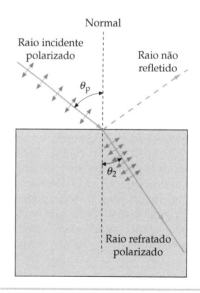

FIGURA 31-31 Luz polarizada incidente no ângulo de polarização. Quando a luz incidente está polarizada com $\vec{E}$ no plano de incidência, não há raio refletido.

predominantemente na horizontal. Óculos de sol com polarizadores com o eixo de transmissão na vertical diminuirão a reflexão através da absorção da luz refletida. Se você tiver óculos com polarizadores, você poderá observar este efeito olhando através deles para a luz refletida e, então, girando-os por 90°; muito mais luz será transmitida.

POLARIZAÇÃO POR ESPALHAMENTO

O fenômeno de absorção e irradiação é chamado de **espalhamento**. O espalhamento pode ser demonstrado passando um feixe de luz através de um recipiente contendo água à qual uma pequena quantidade de leite em pó foi adicionada. As partículas de leite espalham a luz, tornando o feixe visível. De maneira semelhante, feixes de laser podem se tornar visíveis introduzindo pó de giz ou partículas de fumaça no ar para espalhar a luz. Um exemplo familiar de espalhamento da luz é o realizado pelas moléculas de ar, que tende a espalhar comprimentos de onda curtos mais do que os longos, conferindo ao céu sua coloração azulada.

Podemos entender a polarização por espalhamento se pensarmos nas cargas em um átomo espalhador como antenas do tipo dipolo elétrico que irradiam ondas com intensidades máximas nas direções perpendiculares ao eixo da antena e intensidades nulas na direção ao longo do eixo da antena. O vetor campo elétrico da luz espalhada perpendicularmente à direção de propagação está no plano do eixo da antena e do ponto de campo. A Figura 31-32 mostra um feixe de luz não polarizada que inicialmente viaja ao longo do eixo z, incidindo em uma partícula na origem. O campo elétrico no feixe de luz tem componentes nas direções x e y perpendiculares à direção de movimento do feixe de luz. Estes campos provocam oscilações das cargas no interior da molécula no plano $z = 0$, e nenhuma oscilação ao longo da direção z. Estas oscilações podem ser pensadas como uma superposição de uma oscilação ao longo do eixo x e outra ao longo do eixo y, e cada uma destas oscilações produz radiação de dipolo. Portanto, a oscilação ao longo do eixo x não produz radiação ao longo do eixo x, o que significa que a luz irradiada ao longo deste eixo é produzida apenas pelas oscilações ao longo do eixo y. Conseqüentemente, a luz irradiada ao longo do eixo x está polarizada com seu campo elétrico paralelo ao eixo y. Não há nada em especial referente à escolha dos eixos para esta discussão e, portanto, o resultado pode ser generalizado. Isto é, a luz espalhada em uma direção perpendicular ao feixe de luz incidente é polarizada com seu campo elétrico perpendicular ao feixe incidente e à direção de propagação da luz espalhada. Isto pode ser visto facilmente examinando a luz espalhada com um pedaço de lâmina polarizadora.

POLARIZAÇÃO POR BIRREFRINGÊNCIA

Birrefringência é um fenômeno complicado que ocorre na calcita e em outros cristais não-cúbicos e em alguns plásticos tensionados, como o celofane. A maioria dos materiais é **isotrópica**, isto é, a velocidade da luz através do material é independente da polarização da luz. Devido à sua estrutura microscópica, materiais birrefringentes são **anisotrópicos**. A velocidade da luz depende da polarização e da direção de propagação da luz. Quando um raio de luz incide em tais materiais, ele pode ser separado em dois raios chamados de *raio ordinário* e *raio extraordinário*. Estes raios são polarizados em direções mutuamente perpendiculares, e viajam com velocidades diferentes. Dependendo da orientação relativa entre o material e o feixe de luz incidente, os dois raios também podem viajar em direções diferentes.

Há uma direção particular em um material birrefringente na qual ambos os raios se propagam com a mesma velocidade. Esta direção é chamada de **eixo óptico** do material. (O eixo óptico é, na verdade, uma *direção* e não uma linha no material.) Não

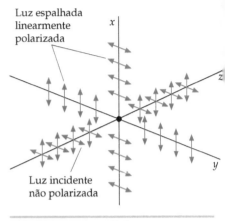

FIGURA 31-32 Polarização por espalhamento. Luz não polarizada se propagando na direção $+z$ incide em um centro de espalhamento localizado na origem. A luz espalhada no plano $z = 0$ na direção $\pm x$ é polarizada paralelamente ao eixo y (e a luz espalhada na direção $\pm y$ é polarizada paralelamente ao eixo x).

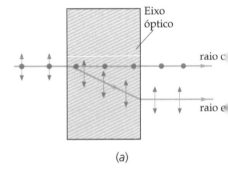

(a)

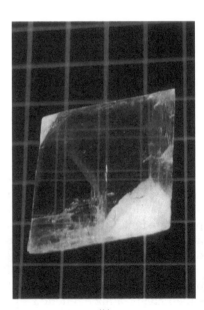

(b)

FIGURA 31-33 (a) Um feixe estreito de luz incide em um cristal birrefringente tal como a calcita e se separa em dois feixes, chamados de raio ordinário (raio o) e raio extraordinário (raio e), que têm polarizações mutuamente perpendiculares. Se o cristal é girado, o raio extraordinário gira no espaço. (b) Uma imagem dupla de linhas cruzadas é produzida por este cristal birrefringente de carbonato de cálcio. *(Paul Silverman Photographs.)*

acontece nada não-usual quando a luz viaja na direção do eixo óptico. Entretanto, quando a luz incide em um ângulo com relação ao eixo óptico, como mostrado na Figura 31-33, os raios viajam em direções diferentes e saem separados no espaço. Se o material é girado, o raio extraordinário (o raio e na figura) gira no espaço em torno do raio ordinário (raio o).

Se a luz incide em uma placa birrefringente perpendicularmente à face do cristal e perpendicularmente ao eixo óptico, os dois raios viajam na mesma direção, mas com velocidades diferentes. O número de comprimentos de onda nos dois raios dentro da placa é diferente porque os comprimentos de onda ($\lambda = v/f$) dos raios diferem. Os raios saem com uma diferença de fase que depende da espessura da placa e do comprimento de onda da luz incidente. Em uma **placa de quarto de onda**, a espessura é tal que existe uma diferença de fase de 90° entre as ondas de um comprimento de onda em particular quando eles saírem. Em uma **placa de meia onda,** os raios saem com uma diferença de fase de 180°.

Considere que a luz incidente esteja linearmente polarizada com o campo elétrico a 45° do eixo óptico, como ilustrado na Figura 31-34. Os raios ordinário e extraordinário iniciam fora de fase e têm amplitudes iguais. Com uma placa de quarto de onda, as ondas saem com uma diferença de fase de 90°, logo o campo elétrico resultante tem componentes $E_x = E_0 \text{sen}\, \omega t$ e $E_y = E_0 \text{sen}(\omega t + 90°) = E_0 \cos \omega t$. O vetor campo elétrico, portanto, gira em um círculo e tem magnitude constante. Dizemos que esta onda está **circularmente polarizada**.

Com uma placa de meia onda, as ondas que saem têm uma diferença de fase de 180° e, portanto, o campo elétrico resultante está linearmente polarizado com componentes $E_x = E_0 \text{sen}\, \omega t$ e $E_y = E_0 \text{sen}(\omega t + 180°) = -E_0 \text{sen}\, \omega t$. O efeito resultante é que a direção de polarização da onda é girada de 90° com relação à luz incidente, como mostrado na Figura 31-35.

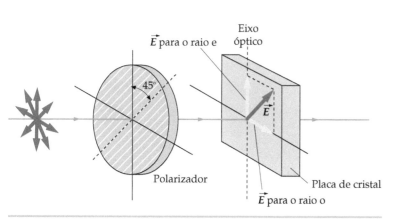

FIGURA 31-34 Luz polarizada emergindo do polarizador incide em um cristal birrefringente com o vetor campo elétrico fazendo um ângulo de 45° com o eixo óptico, o qual é perpendicular ao feixe de luz. Os raios ordinário e extraordinário viajam na mesma direção, mas com velocidades diferentes. A polarização da luz emergente depende da espessura do cristal e do comprimento de onda da luz.

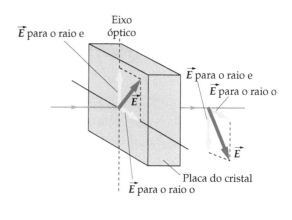

FIGURA 31-35 Se o cristal birrefringente na Figura 31-34 é uma placa de meia onda e se o vetor campo elétrico da luz incidente faz um ângulo de 45° com o eixo óptico, então a direção de polarização da luz emergente é girada de 90°.

Padrões interessantes e bonitos podem ser observados colocando materiais birrefringentes, tais como celofane ou plástico tensionado, entre duas lâminas polarizadoras com seus eixos de transmissão perpendiculares entre si. Geralmente, nenhuma luz é transmitida através de lâminas polarizadoras cruzadas. Entretanto, se colocamos um material birrefringente entre os polarizadores cruzados, o material atua como uma placa de meia onda para luz de determinada cor, dependendo da espessura do material. A direção de polarização é girada e alguma luz passa pelos polarizadores. Vários vidros e plásticos tornam-se birrefringentes sob tensão. Os padrões de tensão podem ser observados quando o material é colocado entre polarizadores cruzados.

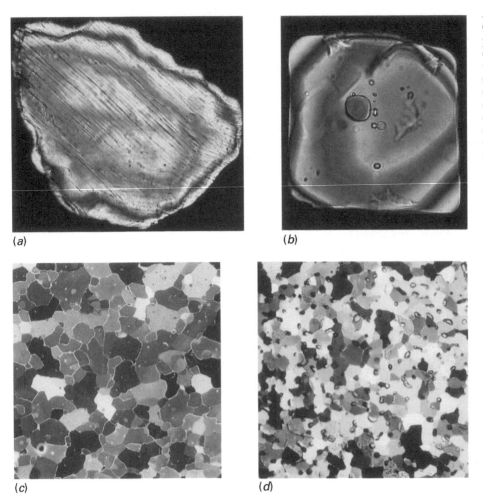

Quando os eixos de transmissão dos dois polarizadores são perpendiculares, dizemos que eles estão cruzados e nenhuma luz é transmitida. Entretanto, muitos materiais são birrefringentes ou tornam-se assim sob tensão. Estes materiais giram a direção de polarização da luz de forma que a luz de um particular comprimento de onda é transmitida através dos polarizadores. Quando um material birrefringente é visto entre polarizadores cruzados, informação sobre sua estrutura interna é revelada.
(a) Um grão de quartzo da cratera de um meteorito. A estrutura em camadas, evidenciada pelas linhas paralelas, surge do choque devido ao impacto do meteorito.
(b) Um grão de quartzo encontrado tipicamente em rochas vulcânicas silicílicas. Não são vistas linhas devidas a choque.
(c) Seções finas de um núcleo de gelo de uma lâmina de gelo da Antártida revelam bolhas de CO_2 armazenadas, que aparecem com coloração âmbar. A amostra foi retirada de uma profundidade de 194 m, correspondente ao ar preso há 1600 anos, enquanto a amostra em (d) é de uma profundidade de 56 m, correspondente ao ar preso há 450 anos. Medidas de núcleos de gelo têm substituído a técnica menos confiável de análise do carbono em anéis de árvores para comparar os níveis atmosféricos atuais de CO_2 com os do passado recente. ((a, b) Glen A. Izett, US Geological Survey. (c, d) Dr. Anthony J Gow/Cold Regions Research and Engineering Laboratory, Hanover New Hampshire.) (Veja o Encarte em Cores.)

31-5 DEDUÇÃO DAS LEIS DA REFLEXÃO E REFRAÇÃO

As leis da reflexão e da refração podem ser deduzidas do princípio de Huygens ou do princípio de Fermat.

CONSTRUÇÃO DE HUYGENS

Reflexão A Figura 31-36 mostra uma frente de onda plana AA' incidindo em um espelho no ponto A. Como pode ser visto da figura, o ângulo ϕ_1 entre a frente de onda e o espelho é o mesmo que o ângulo de incidência θ_1, entre a normal ao espelho e os raios (que são perpendiculares às frentes de onda). De acordo com a construção de Huygens, cada ponto em uma dada frente de onda pode ser considerado como uma fonte puntiforme de ondas secundárias. A posição da frente de onda depois de um tempo t é determinada construindo as ondas secundárias de raio ct com seus centros na frente de onda AA'. Ondas secundárias que ainda não tiverem encontrado o espelho formam a porção da nova frente de onda BB'. Ondas secundárias que já tiverem atingido o espelho são refletidas e formam a porção das novas frentes de onda $B''B$. Através de uma construção similar, a frente de onda $C''C$ é obtida das ondas secundárias de Huygens originárias da frente de onda $B''B$. A Figura 31-37 é uma visão ampliada de uma porção da Figura 31-36 mostrando AP, que á parte da posição inicial da frente de onda. Durante o tempo t, a onda secundária do ponto P atinge o espelho no ponto B e a onda secundária do ponto A atinge o ponto B''. A frente de onda refletida $B''B$ faz um

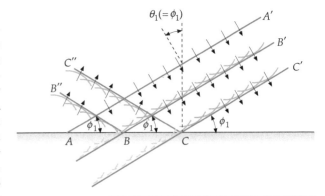

FIGURA 31-36 Onda plana refletida em um espelho plano. O ângulo θ_1 entre o raio incidente e a normal ao espelho é o ângulo de incidência. Ele é igual ao ângulo ϕ_1 entre a frente de onda incidente e o espelho.

ângulo ϕ_1' com o espelho que é igual ao ângulo de reflexão θ_1' entre o raio refletido e a normal ao espelho. Os triângulos $AB''B$ e APB são, ambos, triângulos retângulos que têm um lado comum AB e lados iguais $AB'' = BP = ct$. Assim, estes triângulos são congruentes, e os ângulos ϕ_1 e ϕ_1' são iguais, implicando que o ângulo de reflexão θ_1' é igual ao ângulo de incidência θ_1.

Refração A Figura 31-38 mostra uma onda plana incidente em uma interface ar–vidro. Aplicamos a construção de Huygens para determinar a frente de onda da onda transmitida. A linha AP indica a porção da frente de onda no meio 1 que incide na superfície do vidro em um ângulo ϕ_1. No tempo t, a onda secundária de P viaja a distância $v_1 t$ e atinge o ponto B na linha AB que separa os dois meios, enquanto a onda secundária do ponto A viaja uma distância menor $v_2 t$ no segundo meio. A nova frente de onda BB' não é paralela à frente de onda original AP porque as velocidades v_1 e v_2 são diferentes. Do triângulo APB,

$$\operatorname{sen}\phi_1 = \frac{v_1 t}{AB}$$

ou

$$AB = \frac{v_1 t}{\operatorname{sen}\phi_1} = \frac{v_1 t}{\operatorname{sen}\theta_1}$$

usando o fato que o ângulo ϕ_1 é igual ao ângulo de incidência θ_1. De maneira similar, do triângulo $AB'B$,

$$\operatorname{sen}\phi_2 = \frac{v_2 t}{AB}$$

ou

$$AB = \frac{v_2 t}{\operatorname{sen}\phi_2} = \frac{v_2 t}{\operatorname{sen}\theta_2}$$

onde $\theta_2 = \phi_2$ é o ângulo de refração. Igualando os recíprocos dos dois valores para AB, obtemos

$$\frac{1}{v_1}\operatorname{sen}\theta_1 = \frac{1}{v_2}\operatorname{sen}\theta_2 \qquad 31\text{-}18$$

Multiplicando ambos os lados por c, e, então, substituindo v_1 por c/n_1 e v_2 por c/n_2, obtemos $n_1 \operatorname{sen}\theta_1 = n_2 \operatorname{sen}\theta_2$, que é a lei de Snell.

PRINCÍPIO DE FERMAT

Reflexão A Figura 31-39 mostra dois caminhos nos quais a luz deixa o ponto A, atinge a superfície plana, que pode ser considerada como um espelho, e viaja até o ponto B. O problema para a aplicação do princípio de Fermat para a reflexão pode ser definido como: Em que ponto P na figura a luz deve incidir no espelho para que ela viaje do ponto A até o ponto B no menor tempo? Como a luz está viajando no mesmo meio para este problema, o tempo será mínimo quando a distância for mínima. Na Figura 31-39, a distância APB é a mesma que $A'PB$, onde o ponto A' está ao longo da perpendicular desde A até o espelho e é eqüidistante atrás do espelho. Como podemos mudar o ponto P, a distância $A'PB$ é mínima quando os pontos A', P e B estiverem em uma linha reta. Podemos ver da figura que isto ocorre quando o ângulo de incidência é igual ao ângulo de reflexão.

Refração A dedução da lei de Snell da refração a partir do princípio de Fermat é um pouco mais complicada. A Figura 31-40 mostra várias trajetórias possíveis para a luz percorrer desde o ponto A no ar até o ponto B no vidro. O ponto P_1 está na linha reta entre A e B, mas esta trajetória não é a de menor tempo, pois a luz viaja com uma velocidade menor no vidro. Se nos movermos levemente para a direita de P_1, o comprimento total da trajetória é mais longo, mas a distância percorrida no meio mais lento é menor que a percorrida através de P_1. Não é claro na figura qual é a trajetória de menor tempo. Entretanto, não é surpreendente que a trajetória levemente à direita da linha reta corresponde a um menor tempo, pois o tempo ganho viajando

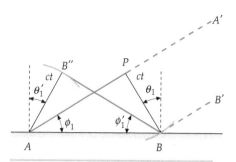

FIGURA 31-37 Geometria da construção de Huygens para o cálculo da lei da reflexão. A frente de onda AP inicialmente incide no espelho no ponto A. Depois de um tempo t, a onda secundária de Huygens de P incide no espelho no ponto B e a onda secundária de Huygens do ponto A atinge o ponto B''.

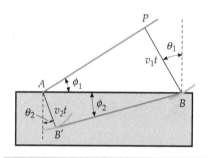

FIGURA 31-38 Aplicação do princípio de Huygens para a refração de ondas planas na superfície separando um meio no qual a velocidade da onda é v_1 de um meio no qual a velocidade da onda v_2 é menor que v_1. O ângulo de refração θ_2 é menor que o ângulo de incidência θ_1.

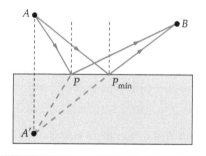

FIGURA 31-39 Geometria para dedução da lei da reflexão a partir do princípio de Fermat. O tempo que a luz leva para percorrer a distância entre o ponto A até a superfície e, então, até o ponto B é mínimo para a luz incidindo na superfície no ponto $P_{\text{mín}}$.

uma distância menor no vidro compensa com sobra o tempo perdido viajando uma distância maior no ar. Quando movemos o ponto de interseção da possível trajetória para a direita do ponto P_1, o tempo total de viagem do ponto A até o ponto B diminui até que atinge um mínimo no ponto $P_{mín}$. Além deste ponto, o tempo economizado por viajar uma menor distância no vidro não é suficiente para compensar o tempo adicional gasto por percorrer uma maior distância no ar.

A Figura 31-41 mostra a geometria para determinar a trajetória de menor tempo. Se L_1 é a distância percorrida no meio 1 que tem índice de refração n_1, e L_2 é a distância percorrida no meio 2 que tem índice de refração n_2, o tempo para que a luz percorra a trajetória total AB é

$$t = \frac{L_1}{v_1} + \frac{L_2}{v_2} = \frac{L_1}{c/n_1} + \frac{L_2}{c/n_2} = \frac{n_1 L_1}{c} + \frac{n_2 L_2}{c} \qquad 31\text{-}19$$

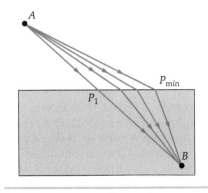

FIGURA 31-40 Geometria para dedução da lei de Snell a partir do princípio de Fermat. O ponto $P_{mín}$ é o ponto no qual a luz deve atingir o vidro para que o tempo necessário para ir do ponto A até o ponto B seja mínimo.

Queremos determinar o ponto $P_{mín}$ para o qual este tempo é mínimo. Fazemos isso expressando o tempo em termos de um único parâmetro x, como mostrado na figura, indicando a posição do ponto $P_{mín}$. Em termos da distância x,

$$L_1^2 = a^2 + x^2 \qquad \text{e} \qquad L_2^2 = b^2 + (d-x)^2 \qquad 31\text{-}20$$

A Figura 31-42 mostra o tempo t como função de x. No valor de x para o qual o tempo é mínimo, a declividade do gráfico t *versus* x é zero:

$$\frac{dt}{dx} = 0$$

Diferenciando cada termo na Equação 31-19 com relação a x e igualando o resultado a zero, obtemos

$$\frac{dt}{dx} = \frac{1}{c}\left(n_1 \frac{dL_1}{dx} + n_2 \frac{dL_2}{dx}\right) = 0 \qquad 31\text{-}21$$

Podemos calcular estas derivadas das Equações 31-20. Temos

$$2L_1 \frac{dL_1}{dx} = 2x \qquad \text{ou} \qquad \frac{dL_1}{dx} = \frac{x}{L_1}$$

onde x/L_1 é sen θ_1, e onde θ_1 é o ângulo de incidência. Portanto,

$$\frac{dL_1}{dx} = \text{sen}\,\theta_1 \qquad 31\text{-}22$$

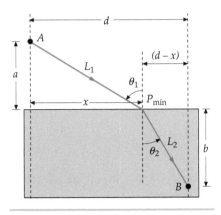

FIGURA 31-41 Geometria para calcular o tempo mínimo na dedução da lei de Snell a partir do princípio de Fermat.

Similarmente,

$$2L_2 \frac{dL_2}{dx} = 2(d-x)(-1)$$

ou

$$\frac{dL_2}{dx} = -\frac{d-x}{L_2} = -\text{sen}\,\theta_2 \qquad 31\text{-}23$$

onde θ_2 é o ângulo de refração. Da Equação 31-21,

$$n_1 \frac{dL_1}{dx} + n_2 \frac{dL_2}{dx} = 0 \qquad 31\text{-}24$$

Substituindo os resultados das Equações 31-22 e 31-23 para dL_1/dx e dL_2/dx obtemos

$$n_1 \text{sen}\,\theta_1 + n_2(-\text{sen}\,\theta_2) = 0$$

ou

$$n_1 \,\text{sen}\,\theta_1 = n_2 \,\text{sen}\,\theta_2$$

que é a lei de Snell.

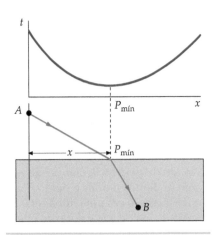

FIGURA 31-42 Gráfico do tempo que a luz leva para viajar do ponto A até o ponto B *versus* x, medido ao longo da superfície de refração. O tempo é mínimo no ponto no qual os ângulos de incidência e de refração obedecem à lei de Snell.

31-6 DUALIDADE ONDA–PARTÍCULA

A natureza ondulatória da luz foi demonstrada pela primeira vez por Thomas Young, quando, em 1801, observou o padrão de interferência de duas fontes coerentes de luz produzido ao iluminar um par de fendas estreitas e paralelas com uma única fonte. (O experimento de Young é apresentado na Seção 3 do Capítulo 33.) A teoria ondulatória da luz culminou em 1860 com a previsão de Maxwell para as ondas eletromagnéticas. A natureza corpuscular da luz foi proposta primeiramente por Albert Einstein em 1905 em sua explicação para o efeito fotoelétrico.* Uma partícula de luz chamada de **fóton** tem energia E que está relacionada à freqüência f e ao comprimento de onda λ da onda de luz pela equação de Einstein

$$E = hf = \frac{hc}{\lambda} \qquad 31\text{-}25$$

EQUAÇÃO DE EINSTEIN PARA A ENERGIA DO FÓTON

onde c é a velocidade da luz e h é a constante de Planck:

$$h = 6{,}626 \times 10^{-34}\,\text{J}\cdot\text{s} = 4{,}136 \times 10^{-15}\,\text{eV}\cdot\text{s}$$

Como a energia é geralmente dada em elétron-volts e o comprimento de onda em nanômetros, é conveniente expressar a combinação hc em eV · nm. Temos

$$hc = (4{,}1357 \times 10^{-15}\,\text{eV}\cdot\text{s})(2{,}9979 \times 10^{8}\,\text{m/s}) = 1{,}2398 \times 10^{-6}\,\text{eV}\cdot\text{m}$$

ou

$$hc = 1240\,\text{eV}\cdot\text{nm} \qquad 31\text{-}26$$

A propagação da luz é governada pelas suas propriedades ondulatórias, enquanto a troca de energia entre a luz e a matéria é governada pelas suas propriedades corpusculares. Esta dualidade onda–partícula é uma propriedade geral da natureza. Por exemplo, a propagação de elétrons (e outras entidades chamadas de partículas) também é governada pelas propriedades ondulatórias, enquanto a troca de energia entre os elétrons e as outras partículas é governada pelas propriedades corpusculares.

31-7 ESPECTROS DE LUZ

Newton foi o primeiro a reconhecer que a luz branca é uma mistura de luz de todas as cores com aproximadamente a mesma intensidade. Ele demonstrou isso fazendo a luz solar passar por um prisma de vidro e observando o espectro da luz refratada (Figura 31-43). Como o ângulo de refração produzido pelo prisma de vidro depende do comprimento de onda da luz, o feixe refratado é separado no espaço nas suas cores ou comprimentos de onda constituintes, como um arco-íris. A Figura 31-44 mostra um espectroscópio, que é um dispositivo para análise do espectro de fontes luminosas. A luz da fonte passa através de uma fenda estreita, atravessa uma lente que forma um feixe paralelo e atinge um prisma de vidro, onde ela é refratada duas vezes (uma ao entrar no vidro e outra ao sair do vidro). O feixe refratado é visto com um telescópio, que é montado em uma plataforma giratória de forma que o ângulo do feixe refratado, que depende do comprimento de onda da luz, possa ser medido. O espectro da fonte de luz pode, portanto, ser analisado em termos de seus comprimentos de onda constituintes. O espectro da luz solar tem um intervalo contínuo de comprimentos de onda e é, então, chamado de **espectro contínuo**. A luz emitida pelos átomos em gases à baixa pressão, como átomos de

FIGURA 31-43 Newton demonstrando o espectro da luz solar com um prisma de vidro. *(Corbis/Bettmann.)*

---

* O efeito fotoelétrico é discutido no Capítulo 34 (Volume 3).

mercúrio em uma lâmpada fluorescente, contêm apenas um conjunto discreto de comprimentos de onda. Cada comprimento de onda emitido pela fonte produz uma imagem separada da fenda de colimação no espectroscópio. Este tipo de espectro é chamado de **espectro de linhas**. O espectro visível contínuo e os espectros de linha de vários elementos são mostrados na fotografia.

*31-8 FONTES DE LUZ

ESPECTROS DE LINHA

As fontes mais comuns de luz visível são transições de elétrons de valência nos átomos. Normalmente um átomo está em seu estado fundamental quando seus elétrons estão nos menores níveis de energia permitidos, consistente com o princípio da exclusão. (O princípio da exclusão, proposto originalmente por Wolfgang Pauli em 1925 para explicar a estrutura eletrônica dos átomos, diz que dois elétrons em um átomo não podem ocupar o mesmo estado quântico.) Os elétrons de menor energia estão fortemente ligados ao núcleo, formando um caroço estável de elétrons. Um ou dois elétrons nos estados mais elevados de energia estão ligados com uma energia bem menor ao núcleo e são facilmente excitados a estados mais altos de energia que estejam desocupados. Estes elétrons externos são responsáveis pelas variações de energia no átomo que resultam na emissão ou na absorção da luz visível.

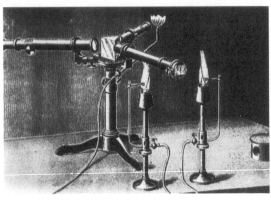

FIGURA 31-44 Um espectroscópio do final do século XIX pertencente a Gustav Kirchhoff. Espectroscópios modernos para estudantes geralmente têm o mesmo design geral. *(Corbis/Bettmann.)*

Quando um átomo colide com outro ou com um elétron livre, ou quando o átomo absorve energia eletromagnética, os elétrons de valência podem ser excitados a estados mais altos de energia. Depois de um tempo de aproximadamente 10 ns (1 ns = 10^{-9} s), os elétrons de valência espontaneamente fazem transições para estados mais baixos de energia com a emissão de um fóton. Este processo, chamado de **emissão espontânea**, é aleatório; os fótons emitidos por dois átomos diferentes não estão correlacionados. A luz emitida é, portanto, incoerente. Por conservação de energia, a energia de um fóton emitido é a diferença $|\Delta E|$ entre o estado inicial e o estado final do átomo. A freqüência da onda de luz está relacionada à energia pela equação de Einsten, $|\Delta E| = hf$ (Equação 31-25). O comprimento de onda da luz emitida é, então,

$$\lambda = \frac{c}{f} = \frac{hc}{hf} = \frac{hc}{|\Delta E|} \qquad 31\text{-}27$$

As energias dos fótons correspondentes aos menores comprimentos de onda (400 nm) e aos maiores comprimentos de onda (700 nm) no espectro visível são

$$E_{400\,nm} = \frac{hc}{\lambda} = \frac{1240\ eV \cdot nm}{400\ nm} = 3{,}10\ eV \qquad 31\text{-}28a$$

e

$$E_{700\,nm} = \frac{hc}{\lambda} = \frac{1240\ eV \cdot nm}{700\ nm} = 1{,}77\ eV \qquad 31\text{-}28b$$

Como os níveis de energia nos átomos formam um conjunto discreto, o espectro de emissão de luz de átomos isolados ou de átomos em gases à baixa pressão, consiste em um conjunto de linhas discretas e estreitas, características do elemento. Estas linhas estreitas são levemente alargadas pelos deslocamentos Doppler, devido ao movimento do átomo em relação ao observador e pelas colisões com outros átomos; geralmente, entretanto, se a massa específica do gás é suficientemente baixa, as linhas são estreitas e bem separadas umas das outras. O estudo do espectro de linha dos átomos de hidrogênio e outros conduziu ao entendimento inicial sobre os níveis de energia dos átomos.

Espectros contínuos Quanto átomos estão próximos e interagem fortemente, como em líquidos e sólidos, os níveis de energia dos átomos individuais são alargados em bandas de energia, resultando em bandas essencialmente contínuas de níveis de energia. Quando as bandas se superpõem, como geralmente ocorre, o resultado é um espectro contínuo de energias possíveis e um espectro contínuo de emissão. Em um material incandescente, tal como uma lâmpada de filamento metálico, elétrons são aleatoriamente acelerados por colisões freqüentes, resultando em um espectro largo de radiação térmica. A taxa na qual um objeto irradia energia térmica é proporcional à quarta potência de sua temperatura absoluta.* A radiação emitida por um objeto a temperaturas abaixo de 600°C está concentrada no infravermelho e não é visível. Quando um objeto é aquecido, a energia irradiada se estende a comprimentos de onda cada vez menores. Entre aproximadamente 600°C e 700°C, uma quantidade suficiente da energia irradiada está no espectro visível para que o objeto emita uma coloração vermelho-escura. A temperaturas cada vez mais elevadas, o objeto se torna mais vermelho-brilhante e, então, branco. Para uma dada temperatura, o comprimento de onda λ_{pico} no qual a potência emitida é um máximo varia inversamente com a temperatura, um resultado conhecido como lei de deslocamento de Wien. A superfície do Sol a $T = 6000$ K emite um espectro contínuo de intensidade aproximadamente constante no intervalo visível de comprimentos de onda.

ABSORÇÃO, ESPALHAMENTO, EMISSÃO ESPONTÂNEA E EMISSÃO ESTIMULADA

Quando radiação é emitida, um átomo (as palavras átomo e molécula são usadas indistintamente nesta seção) faz uma transição de um estado excitado para um estado de menor energia; quando radiação é absorvida, um átomo faz uma transição de um estado de menor energia para um estado de maior energia. Quando átomos são irradiados com um espectro contínuo de radiação, o espectro transmitido mostra linhas escuras correspondendo à absorção da luz em comprimentos de onda discretos. Os espectros de absorção de átomos foram os primeiros espectros de linha observados. Como os átomos a temperaturas normais estão ou nos seus estados fundamentais ou nos estados excitados de menores energias, apenas transições do estado excitado (ou próximos a ele) a um estado mais excitado são observadas. Conseqüentemente, os espectros de absorção geralmente têm um número menor de linhas que os espectros de emissão.

A Figura 31-45 ilustra vários fenômenos interessantes que podem ocorrer quando um fóton incide em um átomo. Na Figura 31-45a, a energia do fóton incidente é muito pequena para excitar o átomo a um estado mais alto em energia, logo o átomo permanece no seu estado fundamental e dizemos que o fóton foi espalhado. Como os fótons incidente e espalhado têm a mesma energia, dizemos que o espalhamento é elástico. Se o comprimento de onda da luz incidente é grande comparado ao tamanho do átomo, o espalhamento é descrito em termos da teoria eletromagnética clássica e é chamado de **espalhamento Rayleigh** devido a Lord Rayleigh, que estabeleceu a teoria em 1871. A probabilidade de ocorrência do espalhamento Rayleigh varia com $1/\lambda^4$. Isso significa que a luz azul é espalhada com probabilidade muito maior que a luz vermelha, o que é responsável pela cor azulada do céu. A remoção da luz azul pelo espalhamento Rayleigh também é responsável por parte da coloração avermelhada da luz transmitida na atmosfera no nascer e no pôr do Sol.

Espalhamento inelástico, também chamado de **espalhamento Raman**, ocorre quando um fóton incidente que tem a quantidade certa de energia é absorvido e o átomo sofre uma transição para um estado de maior energia. O átomo, então, emite um fóton quando faz uma transição para um estado de menor energia que é diferente do estado inicial. Se a energia do fóton espalhado hf' é menor que a do fóton incidente hf (Figura 31-45b), ele é chamado de **espalhamento Raman Stokes**. Se a energia do fóton espalhado é maior que a do fóton incidente (Figura 31-45c), ele é chamado de **espalhamento Raman anti-Stokes**.

Na Figura 31-45d, a energia do fóton incidente é exatamente igual à diferença de energia entre o estado inicial e um estado de maior energia. O átomo absorve o fóton e faz uma transição para o estado mais excitado em um processo chamado de **absorção ressonante**.

Na Figura 31-45e, um átomo em um estado excitado sofre uma transição para um estado de menor energia espontaneamente, em um processo chamado de **emis-

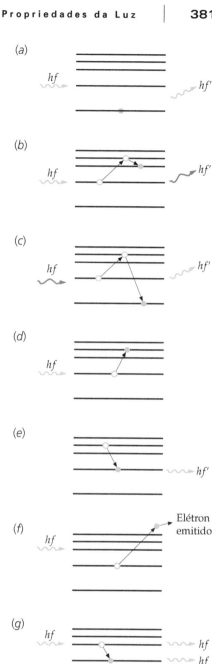

FIGURA 31-45 Interações fóton–átomo e fóton–molécula. (a) Espalhamento elástico. (b) Espalhamento Raman Stokes. (c) Espalhamento Raman anti-Stokes. (d) Absorção ressonante. (e) Emissão espontânea. (f) Efeito fotoelétrico. (g) Emissão estimulada. (h) Espalhamento Compton.

---

* Isso é conhecido como a lei de Stefan–Boltzmann. Esta e outras propriedades da radiação térmica, tal como a lei do deslocamento de Wien, são discutidas em mais detalhes na Seção 20-4.

são espontânea. Freqüentemente um átomo em um estado excitado sofre transições para um ou mais estados intermediários quando ele volta para o estado fundamental. Um exemplo comum ocorre quando um átomo é excitado por luz ultravioleta e emite luz visível quando retorna ao estado fundamental através de múltiplas transições. Este processo, geralmente chamado de **fluorescência**, ocorre em um filme fino depositado no interior dos tubos de vidro de lâmpadas fluorescentes. Como o tempo de vida de um estado de energia atômico excitado típico é da ordem de 10 ns, este processo parece acontecer instantaneamente. Entretanto, alguns estados excitados têm tempos de vida muito mais longos — da ordem de milissegundos ou, ocasionalmente, segundos ou, até, minutos. Estes estados são chamados de **estados metaestáveis**. Materiais que têm estados metaestáveis de longa duração e emitem luz muito tempo depois da excitação original são chamados de **materiais fosforescentes**.

(a)

(b)

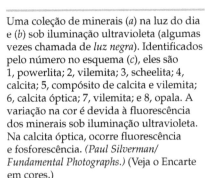

(c)

Uma coleção de minerais (a) na luz do dia e (b) sob iluminação ultravioleta (algumas vezes chamada de *luz negra*). Identificados pelo número no esquema (c), eles são 1, powerlita; 2, vilemita; 3, scheelita; 4, calcita; 5, compósito de calcita e vilemita; 6, calcita óptica; 7, vilemita; e 8, opala. A variação na cor é devida à fluorescência dos minerais sob iluminação ultravioleta. Na calcita óptica, ocorre fluorescência e fosforescência. *(Paul Silverman/Fundamental Photographs.)* (Veja o Encarte em cores.)

A Figura 31-45f ilustra o efeito fotoelétrico, no qual a absorção do fóton ioniza o átomo provocando a emissão de um elétron. A Figura 31-45g ilustra a **emissão estimulada**. Este processo ocorre se o átomo inicialmente está em um estado excitado de energia E_H e a energia do fóton incidente é igual a $E_H - E_L$, onde E_H e E_L são as energias dos estados de mais alta e mais baixa energia, respectivamente. Neste caso, o campo eletromagnético oscilante associado ao fóton incidente pode estimular o átomo excitado, o qual emite, então, um fóton na mesma direção que o fóton incidente e em fase com ele. Os fótons dos átomos estimulados podem estimular a emissão de fótons adicionais se propagando na mesma direção e com a mesma fase. Este processo amplifica o fóton inicialmente emitido, conduzindo a um feixe de luz originário de diferentes átomos que é coerente. Como resultado, pode-se facilmente observar a interferência da luz de um grande número de átomos.

A Figura 31-45h ilustra o **espalhamento Compton**, que ocorre se a energia do fóton incidente é muito maior que a energia de ionização. Observe que no espalhamento Compton, um fóton é absorvido e um fóton é emitido, enquanto no efeito fotoelétrico, um fóton é absorvido e nenhum é emitido.

Exemplo 31-7 Absorção e Emissão Ressonantes

O nível de energia E_1 do primeiro estado excitado de um átomo de potássio está 1,62 eV acima do nível de energia E_0 do estado fundamental. Os níveis de energia E_2 e E_3 do segundo e terceiro estados excitados do átomo de potássio estão 2,61 eV e 3,07 eV, respectivamente, acima do estado fundamental de energia, E_0. (a) Qual é o maior comprimento de onda da radiação que pode ser absorvida por um átomo de potássio no seu estado fundamental? Calcule o comprimento de onda do fóton emitido quando o átomo faz uma transição do (b) terceiro estado excitado (E_3) para o estado fundamental e do (c) terceiro estado excitado (E_3) para o segundo estado excitado (E_2).

SITUAÇÃO O estado fundamental e os primeiros três estados excitados são mostrados na Figura 31-46. (a) Como o comprimento de onda está relacionado à energia de um fóton por $\lambda = hc/\Delta E$, os maiores comprimentos de onda correspondem às menores diferenças de energia, e a menor diferença de energia para uma transição que se origina no estado fundamental é do estado fundamental para o primeiro estado excitado. (b) Os comprimentos de onda dos fótons emitidos quando o átomo faz transições para menores estados de energia estão relacionados às diferenças de energia por $\lambda = hc/|\Delta E|$.

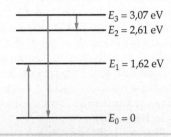

FIGURA 31-46

SOLUÇÃO

(a) Calcule o comprimento de onda da radiação absorvida em uma transição do estado fundamental para o primeiro estado excitado:

$$\lambda = \frac{hc}{\Delta E} = \frac{hc}{E_1 - E_0} = \frac{1240 \text{ eV} \cdot \text{nm}}{1{,}62 \text{ eV} - 0} = \boxed{765 \text{ nm}}$$

(b) Para a transição de E_3 para o estado fundamental, a energia do fóton é $E_3 - E_0 = E_3$. Calcule o comprimento de onda da radiação emitida nesta transição:

$$\lambda = \frac{hc}{|\Delta E|} = \frac{hc}{E_3 - E_0} = \frac{1240 \text{ eV} \cdot \text{nm}}{3{,}07 \text{ eV} - 0} = \boxed{404 \text{ nm}}$$

(c) Para a transição de E_3 para E_2, a energia do fóton é $E_3 - E_2$. Calcule o comprimento de onda da radiação emitida nesta transição:

$$\lambda = \frac{hc}{|\Delta E|} = \frac{hc}{E_3 - E_2} = \frac{1240 \text{ eV} \cdot \text{nm}}{3{,}07 \text{ eV} - 2{,}61 \text{ eV}} = \boxed{2{,}70 \text{ }\mu\text{m}}$$

CHECAGEM O resultado da Parte (b) é menor que o resultado da Parte (a). Este resultado é esperado, pois quanto maior a energia do fóton, menor o comprimento de onda.

INDO ALÉM O comprimento de onda da radiação emitida na transição de E_1 para o estado fundamental E_0 é 765 nm, que é igual ao comprimento de onda da radiação absorvida na transição do estado fundamental para E_1. Esta transição e a transição de E_3 para o estado fundamental resultam em fótons no espectro visível. O fóton emitido durante a transição de E_3 para E_2 está na região do infravermelho do espectro eletromagnético.

LASERS

O *laser* (da sigla em inglês que corresponde à amplificação da luz por emissão estimulada de radiação) é um dispositivo que produz um intenso feixe de fótons coerentes por emissão estimulada. Considere um sistema constituído por átomos cujo estado fundamental tem energia E_0 e apresentam um estado metaestável excitado com energia E_1. Se os átomos são irradiados por fótons de energia $E_1 - E_0$, aqueles átomos que estão no estado fundamental podem absorver um fóton e fazerem a transição para o estado E_1, enquanto os outros átomos que já estiverem no estado excitado podem ser estimulados a decaírem para o estado fundamental. As probabilidades relativas de absorção e emissão estimulada, propostas originalmente por Einstein, são iguais. Em geral, praticamente todos os átomos do sistema à temperatura normal estarão inicialmente no estado fundamental e, portanto, a absorção será o efeito principal. Para produzir um número maior de transições de emissão estimulada do que de absorção, precisamos ter mais átomos no estado excitado do que no estado fundamental. Esta condição, chamada de *inversão de população*, pode ser atingida por um método chamado de bombeamento óptico, no qual os átomos são *bombeados* para níveis de energia maiores que E_1 pela absorção de uma intensa radiação auxiliar. Os átomos, então, decaem para o estado E_1 por emissão espontânea ou por transições que não emitem radiação, como aquelas devidas a colisões.

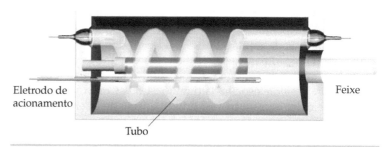

FIGURA 31-47 Diagrama esquemático do primeiro laser de rubi. (Veja o Encarte em cores.)

A Figura 31-47 mostra um diagrama esquemático do primeiro laser, um laser de rubi construído por Theodore Maiman em 1960. O laser consiste em uma barra de rubi com poucos centímetros de comprimento, envolta por um tubo helicoidal contendo gás que emite um espectro amplo de luz. As extremidades da barra de rubi são planas e perpendiculares ao eixo da barra. Rubi é um cristal transparente de Al_2O_3 que tem uma pequena quantidade (aproximadamente 0,05 por cento) de cromo. Ele parece vermelho porque os íons de cromo (Cr^{3+}) têm fortes bandas de absorção nas regiões do azul e do verde do espectro visível, como mostrado na Figura 31-48. Os níveis de energia do cromo — importantes para a operação de um laser de rubi — são mostrados na Figura 31-49. Quando o tubo é ligado, há um clarão intenso de luz durante vários milissegundos. A absorção dos fótons excita muitos dos íons de cromo para as bandas de energia indicadas pela região sombreada na Figura 31-49. Os íons de cromo excitados, então, decaem rapidamente para um par de estados metaestáveis próximos, identificado como E_1 na figura. Os estados metaestáveis estão aproximadamente 1,79 eV acima do estado fundamental. O tempo esperado para que o íon de cromo permaneça em um dos estados metaestáveis é cerca de 5 ms, depois do qual ele espontaneamente emite um fóton e decai para o estado fundamental. Um milissegundo é um tempo longo para um processo atômico. Conseqüentemente, se

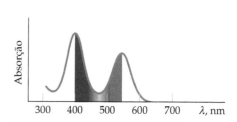

FIGURA 31-48 Absorção *versus* comprimento de onda para o Cr^{3+} no rubi. O rubi é vermelho devido à forte absorção da luz verde e azul pelos íons de cromo. (Veja o Encarte em cores.)

o tubo for intenso o suficiente, o número de íons de cromo nos dois estados metaestáveis será maior que a população de íons de cromo no estado fundamental. Portanto, enquanto o tubo estiver ligado, as populações de íons no estado fundamental e nos estados metaestáveis serão invertidas. Quando os íons de cromo no estado E_1 decaírem para o estado fundamental por emissão espontânea, eles emitirão fótons de energia 1,79 eV e comprimento de onda de 694,3 nm. Os fótons terão exatamente a energia necessária para estimular os íons de cromo no estado metaestável a emitirem fótons de mesma energia (e comprimento de onda) que quando eles sofrem a transição para o estado fundamental. Os fótons também terão exatamente a energia para estimular os íons de cromo no estado fundamental a absorverem um fóton e fazerem a transição para um dos estados metaestáveis. Estes processos competem entre si, mas o processo de emissão estimulada predomina enquanto a população de íons de cromo nos estados metaestáveis for maior que a população no estado fundamental.

No laser de rubi, uma extremidade do cristal é completamente espelhada, ou seja, ela reflete 100 por cento; a outra extremidade do cristal, chamada de acoplamento de saída, é parcialmente espelhada, refletindo aproximadamente 85 por cento. Quando fótons viajando paralelamente ao eixo do cristal atingem as extremidades espelhadas, todos são refletidos na face traseira e 85 por cento são refletidos na face da frente, com 15 por cento dos fótons escapando pela extremidade frontal parcialmente espelhada. Cada vez que atravessam o cristal, os fótons estimulam mais e mais átomos, produzindo um intenso feixe emitido pela extremidade parcialmente espelhada (Figura 31-50). Como a duração de cada clarão do tubo ocorre entre dois ou três segundos, o feixe de laser é produzido em pulsos de poucos milissegundos de duração. Lasers modernos de rubi geram feixes intensos de luz com energias entre 50 J e 100 J por pulso. O feixe pode ter um diâmetro tão pequeno quanto 1 mm e uma divergência angular tão pequena quanto 0,25 mrad até aproximadamente 7 mrad.

A inversão de população é atingida de maneira ligeiramente diferente em um laser contínuo de hélio–neônio. Os níveis de energia do hélio e do neônio que são importantes para a operação do laser são mostrados na Figura 31-51. O hélio tem um estado excitado de energia $E_{1\,He}$ que está 20,61 eV acima de seu estado fundamental. Os átomos de hélio são excitados para o estado $E_{1\,He}$ por uma descarga elétrica. O neônio tem um estado excitado $E_{2\,Ne}$ que está a 20,66 eV acima de seu estado fundamental. Ele está apenas 0,05 eV acima do primeiro estado excitado do hélio. Os átomos de neônio são excitados para o estado $E_{2\,Ne}$ por colisões como os átomos excitados do hélio. A energia cinética dos átomos de hélio fornece a energia extra de 0,05 eV necessária para excitar os átomos de neônio. Outro estado excitado no neônio $E_{1\,Ne}$ existe e está 18,70 eV acima de seu estado fundamental e 1,96 eV abaixo do estado $E_{2\,Ne}$. Como o estado $E_{1\,Ne}$ está normalmente desocupado, a inversão de população entre os estados $E_{2\,Ne}$ e $E_{1\,Ne}$ é obtida imediatamente. A emissão estimulada que ocorre entre estes estados resulta em fótons de energia 1,96 eV e comprimento

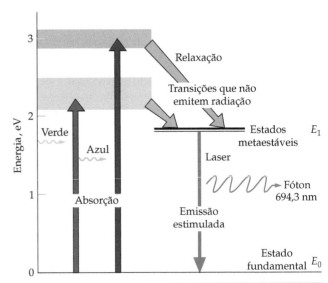

FIGURA 31-49 Níveis de energia em um laser de rubi. Para tornar a população dos estados metaestáveis maior do que a do estado fundamental, o cristal de rubi é submetido à intensa radiação que contém energia nos comprimentos de onda verde e azul. Isto excita os átomos do estado fundamental para as bandas de energia indicadas pela região sombreada, a partir das quais os átomos decaem para estados metaestáveis por transições que não emitem radiação. Então, por emissão estimulada, os átomos sofrem a transição do estado metaestável para o estado fundamental. (Veja o Encarte em cores.)

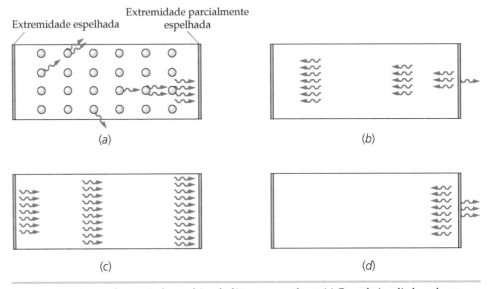

FIGURA 31-50 Construindo um feixe de fótons em um laser. (a) Quando irradiados, alguns átomos espontaneamente emitem fótons, alguns dos quais viajam para a direita e estimulam outros átomos a emitirem fótons paralelamente ao eixo do cristal. (b) Dos quatro fótons que incidem na face direita, um é transmitido e três são refletidos. Quando refletidos, os fótons atravessam o material e estimulam outros átomos a emitirem fótons, formando o feixe. Durante o tempo que o feixe atinge a face da direita novamente, (c) ele acumula muitos fótons. (d) Alguns dos fótons são transmitidos e o restante é refletido.

de onda 632,8 nm, que produz uma luz vermelha brilhante. Depois da emissão estimulada, os átomos de neônio no estado $E_{1\,Ne}$ decaem para o estado fundamental $E_{0\,Ne}$ por emissão espontânea.

Observe que a emissão estimulada envolve transições entre dois estados excitados do átomo de neônio no laser de hélio-neônio, enquanto a emissão estimulada envolve transições entre um estado excitado e o estado fundamental do íon de cromo no laser de rubi. Para a emissão estimulada entre um estado excitado e um estado fundamental, a inversão de população é difícil de atingir, pois mais da metade dos átomos no estado fundamental precisam ser excitados. Entretanto, para a emissão estimulada entre dois níveis excitados, a inversão de população é facilmente atingida porque o estado depois da emissão estimulada não é o estado fundamental, mas um estado excitado que, geralmente, está desocupado.

A Figura 31-52 mostra um diagrama esquemático de um laser hélio-neônio utilizado normalmente para demonstrações em física. O laser hélio-neônio consiste em um tubo de gás que contém 15 por cento de gás de hélio e 85 por cento de gás de neônio. Um espelho plano totalmente refletor é montado em uma das extremidades do tubo de gás e um espelho côncavo com refletividade de 99 por cento é colocado na outra extremidade do tubo de gás. O espelho côncavo focaliza a luz paralela no espelho plano e também atua como uma lente que transmite parte da luz, permitindo que saia um feixe paralelo de luz.

Um feixe de laser é coerente, muito estreito e intenso. Sua coerência torna o laser útil para a produção de hologramas, que serão discutidos no Capítulo 33. A direção precisa e a pequena abertura angular do feixe de laser fazem com que ele seja útil como ferramenta cirúrgica para destruir células de câncer ou para prender uma retina descolada. Os lasers também são usados por agrimensores para alinhamento preciso a grandes distâncias. As distâncias podem ser medidas com precisão pela reflexão de um pulso de laser em um espelho e medindo o tempo que o laser leva para ir e voltar ao espelho. A distância até a Lua tem sido medida com precisão de poucos centímetros usando um arranjo de espelhos colocados na Lua para este propósito. Feixes de laser também são usados em pesquisas sobre fusão nuclear. Um pulso intenso de laser é focalizado em pequenas pastilhas de deutério-trítio em uma câmara de combustão. O feixe aquece as pastilhas até temperaturas da ordem de 10^8 K em um intervalo muito curto de tempo, provocando a fusão do deutério e do trítio e liberando energia.

A tecnologia do laser tem evoluído tão rapidamente que é possível mencionar apenas alguns poucos desenvolvimentos recentes. Além do laser de rubi, muitos outros lasers de estado sólido existem, com comprimentos de onda desde aproximadamente 170 nm até 3900 nm. Lasers que geram mais de 1 kW de potência contínua têm sido construídos. Lasers pulsados podem produzir pulsos de nanossegundos de potência maior que 10^{14} W. Vários lasers de gás podem produzir feixes de comprimentos de onda desde o infravermelho longínquo até o ultravioleta. Lasers de semicondutores (também conhecidos como lasers de diodo ou lasers de junção) têm diminuído de tamanho em apenas 10 anos desde o tamanho de uma cabeça de alfinete até bilionésimos de metro. Lasers líquidos que usam corantes químicos podem ser sintonizados em uma faixa de comprimentos de onda (aproximadamente 70 nm para lasers contínuos e mais de 170 nm para lasers pulsados). Um laser relativamente novo, o laser de elétron livre, extrai energia da luz de um feixe de elétrons se movendo através de um campo magnético que varia no espaço.

O laser de elétron livre pode, em princípio, ter potências muito altas e grande eficiência e pode ser sintonizado em um grande intervalo de comprimentos de onda. Tudo indica que não há limite para a variedade e uso de lasers modernos.

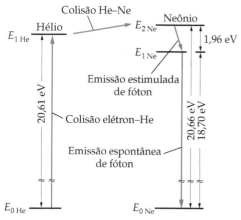

FIGURA 31-51 Níveis de energia do hélio e do neônio que são importantes para o laser de hélio-neônio. Os átomos de hélio são excitados pela descarga elétrica para um estado de energia 20,61 eV acima do estado fundamental. Eles colidem com os átomos de neônio, excitando alguns para um estado de energia 20,66 eV acima do estado fundamental. A inversão de população é, assim, atingida entre este nível e um que está 1,96 eV abaixo dele. A emissão espontânea de fótons de energia 1,96 eV estimula outros átomos no estado mais alto a emitirem fótons com esta energia.

FIGURA 31-52 Desenho esquemático de um laser hélio-neônio. O uso de um espelho côncavo no lugar de um segundo espelho plano faz com que o alinhamento dos espelhos seja menos crítico do que no caso do laser de rubi. O espelho côncavo à direita também serve como lente que focaliza a luz emitida em um feixe paralelo.

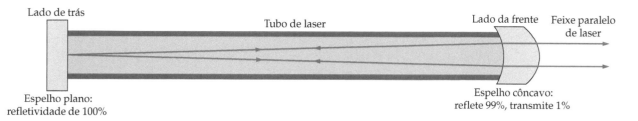

386 | CAPÍTULO 31

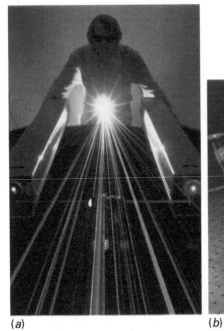
(a)

(b)

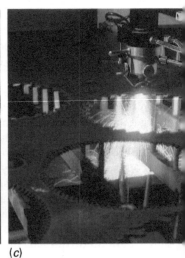
(c)

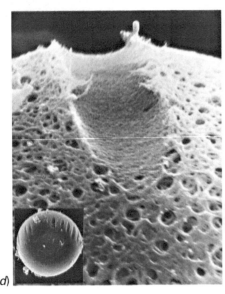
(d)

(e)

(a) Feixes de um laser de criptônio e de um laser de argônio, separados em seus comprimentos de onda. Nestes lasers de gás, os átomos de criptônio e argônio perderam múltiplos elétrons, formando íons positivos. As transições com emissão de energia luminosa ocorrem quando elétrons excitados nos íons decaem de um estado excitado de energia para outro. Aqui, várias transições de energia estão ocorrendo ao mesmo tempo, cada uma correspondendo à luz emitida com um comprimento de onda diferente. (b) Um laser pulsado de femtossegundo. Através da técnica conhecida como *modo chaveado*, diferentes modos excitados no interior da cavidade do laser podem ser conduzidos a interferirem uns com os outros, criando uma série de pulsos ultracurtos, que têm duração de picossegundos, correspondendo ao tempo que a luz leva para ir e voltar uma vez no interior da cavidade. Pulsos ultracurtos têm sido usados como sondas para estudar o comportamento de átomos e moléculas durante reações químicas. (c) Um laser de dióxido de carbono leva apenas 2 minutos para cortar uma lâmina de aço para serra. (d) Uma ranhura feita na zona translúcida (cobertura externa protetora) de um óvulo de rato feita por uma *tesoura laser* facilita a implantação. Esta técnica já tem sido aplicada em terapias de fertilidade humana. Vários efeitos contribuem para a habilidade de focalizar com foco fino para cortar em uma escala tão delicada — a absorção do fóton pode aquecer o alvo, quebrar ligações moleculares ou induzir reações químicas. (e) Os nanolasers mostrados são discos semicondutores com micrômetros em diâmetro e frações de micrômetro em largura. Estes lasers minúsculos funcionam como seus análogos macroscópicos. Explorando efeitos quânticos que prevalecem na escala microscópica, os nanolasers prometem grande eficiência e estão sendo explorados como dispositivos ultra-rápidos para chaveamento em baixa energia. ((a, c) Chuck O'rear/West Light. (b) Cortesia de Ahmed H. Zewail. (d) Michael W. Berns/Scientific American. (e) David Scharf.) (Veja o Encarte em cores.)

Pinças e Vórtices Ópticos: Luz Trabalhando

A pressão da luz tem sido usada para medir a força exercida por moléculas biológicas,* para desdobrar e redobrar proteínas[†] e, até mesmo, para auxiliar no aprisionamento e estudo de átomos.[‡] Usar a pressão de radiação da luz para manter partículas microscópicas em determinada região é chamado de *aprisionamento óptico*. Algumas armadilhas ópticas, geralmente denominadas *pinças ópticas*, podem mover e manipular partículas.

Na década de 1970, um grupo de pesquisa liderado por Arthur Ashkin nos Laboratórios da Bell utilizou a pressão de radiação da luz para levitar gotículas de água de 1 a 40 micrômetros de diâmetro.[#] Depois de muitos anos de experimentos, este grupo demonstrou que um único laser poderia controlar a posição de um vírus em uma solução sobre uma lâmina de microscópio.[°] Biólogos moleculares e microbiologistas rapidamente começaram a usar as pinças ópticas em seus estudos.

Geralmente, a armadilha óptica é realizada usando lasers que transmitem luz com comprimento de onda de aproximadamente 1000 nanômetros,[§] pois muitos materiais biológicos são relativamente transparentes a tais comprimentos de onda do infravermelho próximo. O líquido usado para manter as espécimes biológicas absorve a luz espalhada próxima a este comprimento de onda.[¶,**] (Isto significa que é menor a chance de cozinhar o objeto com a luz.) Outros comprimentos de onda da luz podem ser usados, dependendo dos itens que estarão na armadilha. A força usada nas armadilhas ópticas para examinar moléculas biológicas é de poucos piconewtons.[††]

A armadilha óptica funciona tanto utilizando a pressão da luz quanto tirando proveito do gradiente da intensidade da luz de um feixe de laser altamente focalizado. Se um feixe de luz incide em um pequeno objeto esférico translúcido no interior do feixe, a luz será refratada. O valor médio da pressão da refração de um feixe intenso atuará para manter o objeto centrado no feixe. Quanto mais focalizado estiver o feixe de luz, mais próxima ao foco ao longo do feixe a partícula será presa pelo poder da intensidade do gradiente de luz.[‡‡,##] Isto permite controlar a posição de um objeto em três dimensões. Durante o estudo de moléculas biológicas, uma molécula geralmente é presa a uma esfera de poliestireno que pode estar em qualquer lugar desde 100 nm até 2 μm de diâmetro. O movimento da esfera permite que a molécula seja esticada, dobrada e colocada em foco com o auxílio das pinças ópticas. Objetos muito maiores, tais como células inteiras, também podem ser movidos por pinças ópticas.[°°]

Lentes digitais especializadas podem defletir a luz do laser de maneira cuidadosamente calculada. A luz defletida é chamada de *vórtice óptico*. Apesar de ter muitas outras aplicações em potencial, os vórtices ópticos podem ser usados como pinças ópticas especializadas com quantidade de movimento[§§] angular. Diferentes deflexões têm diferentes quantidades de movimento angular e podem ser usadas para girar partículas. Vórtices ópticos têm sido usados para girar partículas e para combiná-las entre si.

Físicos da Universidade de Chicago descobriram um método para gerar centenas de pinças ópticas diferentes a partir do mesmo feixe passando os feixes de laser através de lentes controladas digitalmente.[¶¶] Estas pinças podem incluir vórtices ópticos que exercem diferentes torques nas partículas. O método de pinças ópticas holográficas para criar vórtices ópticos foi patenteado para manipulação de partículas, e para bombear, misturar e separar fluidos e objetos em uma escala microscópica.[***,†††] Fabricantes de máquinas em miniatura estão entusiasmados com esta tecnologia, pois, diferentemente das delicadas máquinas em miniatura, a luz não se desgasta.[‡‡‡]

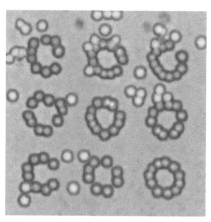

Esferas de silício na água são pegas em um arranjo de três por três de vórtices ópticos. Os vórtices ópticos aprisionam as esferas e exercem torques sobre elas. *(Cortesia de G. Grier, de E. Curtis, B. A. Koss e D. G. Grier, "Dynamic holographic optical tweezers," Optics Comunications 207, 169–175 (2002).)*

---

* Mehta, A. D., et al., "Single-Molecule Biomechanics with Optical Methods." *Science*, Mar. 12, 1999, Vol. 283, No. 5408, pp. 1689–1695.
† Cecconi, C., et al., "Direct Observation of the Three-State Folding of a Single Protein Molecule." *Science*, Sept. 23, 2005, Vol. 309, No. 5743, pp. 2057–2060.
‡ Nagel, B., "Presentation Speech for 1997 Nobel Prize in Physics." *Les Prix Nobel. The Nobel Prizes 1997*, Ed. Tore Frängsmyr [Nobel Foundation], Stockholm, 1998, at http://nobelprize.org/nobel_prizes/physics/laureates/1997/presentation-speech.html As of Dec. 2006.
# Ashkin, A., and Dziedzic, J., M., "Optical Levitation of Liquid Drops by Radiation Pressure." *Science*, Mar. 21, 1975, Vol. 187, No. 4181, pp. 1073–1075.
° Ashkin, A., and Dziedzic, J., M., "Optical Trapping and Manipulation of Viruses and Bacteria." *Science*, Mar. 20, 1987, Vol. 235, No. 4795, pp. 1517–1520.
§ Mohanty, S. K., Dasgupta, R., and Gupta, P. K., "Three-Dimensional Orientation of Microscopic Objects Using Combined Elliptical and Point Optical Tweezers." *Applied Physics B*, Dec. 2005, Vol. 81, No. 8, pp. 1063–1066.
¶ Molloy, J. E., and Padgett, M. E., "Lights, Action: Optical Tweezers." *Contemporary Physics*, Jul./Aug. 2002, Vol. 43, No. 4, pp. 241–258.
** Block, S. M., "Construction of Optical Tweezers." *Cells: A Laboratory Manual. Vol. 2, Sect. 7*, Eds. D. L. Spector, R. D. Goldman, and L. A. Leinwand. Cold Spring Harbor: Cold Spring Harbor Laboratory Press, 1998. At http://www.cshlpress.com/chap_cells.tpl#intro As of Dec. 2006.
†† Mehta, A. D., et al., op. cit.
‡‡ Block, S. M., op. cit.
Molloy, J. E., and Padgett, M. J., op. cit.
°° Pool, R., "Trapping with Optical Tweezers." *Science*, Aug. 26, 1988, Vol. 241, No. 4869, p. 1042.
§§ Dholakia, K., Spalding, G., and MacDonald, M., "Optical Tweezers: The Next Generation." *Physics World*, Oct. 2002, Vol. 15, No. 9, pp. 31–35.
¶¶ Curtis, J. E., Koss, B. A., and Grier, D. G., "Dynamic Holographic Optical Tweezers." *Optics Communications*, 2002, Vol. 207, pp. 169–175
*** Curtis, J. E., Koss, B. A., and Grier, D. G., *Use of Multiple Optical Vortices for Pumping, Mixing and Sorting*. U.S. Patent 6,858,833 B2. Feb. 22, 2005.
††† Curtis, J. E., Koss, B. A., and Grier, D. G., *Multiple Optical Vortices for Manipulating Particles* U.S. Patent 6,995,351 B2. Feb. 7, 2006.
‡‡‡ "Motors of Light May Resolve Dilemma of How to Power MEMS." *Small Times*, April 4, 2004. At http://www.smalltimes.com/document_display.cfm?document_id=5796 As of May 2006.

388 | CAPÍTULO 31

Resumo

TÓPICO	EQUAÇÕES RELEVANTES E OBSERVAÇÕES
1. Velocidade da Luz	A unidade de comprimento no SI, o metro, é definida de tal forma que a velocidade da luz no vácuo é exatamente
	$$c = 299\ 792\ 458\ \text{m/s} \qquad 31\text{-}1$$
v em um meio transparente	$$v = \frac{c}{n} \qquad 31\text{-}3$$
	onde n é o índice de refração.
2. Reflexão e Refração	Quando a luz incide em uma superfície que separa dois meios nos quais a velocidade da luz é diferente, parte da energia da luz é transmitida e parte da energia da luz é refletida.
Lei da reflexão	O raio refletido está no plano de incidência e forma um ângulo θ_1' com a normal que é igual ao ângulo de incidência
	$$\theta_1' = \theta_1 \qquad 31\text{-}4$$
Intensidade refletida, incidência normal	$$I = \left(\frac{n_1 - n_2}{n_1 + n_2}\right)^2 I_0 \qquad 31\text{-}7$$
Índice de refração	$$n = \frac{c}{v} \qquad 31\text{-}3$$
Lei da refração (lei de Snell)	$$n_1\ \text{sen}\,\theta_1 = n_2\ \text{sen}\,\theta_2 \qquad 31\text{-}5b$$
Reflexão interna total	Quando a luz está viajando em um meio que tem índice de refração n_1 e incide na interface com um segundo meio que tem um índice de refração menor $n_2 < n_1$, a luz é totalmente refletida se o ângulo de incidência for maior que o ângulo crítico θ_c dado por
Ângulo crítico	$$n_1 \text{sen}\,\theta_c = n_2 \text{sen}\,90° \qquad n_1 > n_2 \qquad 31\text{-}8$$
Dispersão	A velocidade da luz em um meio e, portanto, o índice de refração deste meio, depende do comprimento de onda da luz. Devido à dispersão, um feixe de luz branca incidindo em um prisma é disperso em suas cores constituintes. De maneira semelhante, a reflexão e a refração da luz solar em gotas de chuva produzem um arco-íris.
3. Polarização	Ondas transversais podem ser polarizadas. Os quatro fenômenos que produzem ondas eletromagnéticas polarizadas a partir de ondas não polarizadas são (1) absorção, (2) espalhamento, (3) reflexão e (4) birrefringência.
Lei de Malus	Quando os eixos de transmissão de dois polarizadores formam um ângulo θ, a intensidade transmitida pelo segundo polarizador é reduzida por um fator $\cos^2 \theta$:
	$$I = I_0 \cos^2\theta \qquad 31\text{-}16$$
4. Construção de Huygens	Cada ponto em uma frente de onda primária serve como fonte de ondas secundárias esféricas que avançam com velocidade e freqüência iguais aos da onda primária. A frente de onda primária mais tarde será o envelope destas ondas secundárias.
5. Dualidade Onda–Partícula	A luz se propaga como uma onda, mas interage com a matéria como uma partícula.
Energia do fóton	$$E = hf = \frac{hc}{\lambda} \qquad 31\text{-}25$$
Constante de Planck	$$h = 6{,}626 \times 10^{-34}\,\text{J}\cdot\text{s} = 4{,}136 \times 10^{-15}\,\text{eV}\cdot\text{s}$$
hc	$$hc = 1240\,\text{eV}\cdot\text{nm} \qquad 31\text{-}26$$
6. Emissão de Luz	Luz é emitida quando um elétron de valência faz uma transição de um estado excitado para um estado de menor energia.
Espectros de linhas	Átomos em um gás diluído emitem um conjunto discreto de comprimentos de onda chamado de espectro de linha. A energia do fóton $E = hf = hc/\lambda$, é igual à diferença em energia entre os estados inicial e final do átomo.
Espectro contínuo	Átomos em gases de alta densidade, líquidos ou sólidos têm bandas contínuas de energia, logo emitem um espectro contínuo de luz. A radiação térmica é visível se a temperatura do objeto emissor está acima de, aproximadamente, 600°C.

Propriedades da Luz | **389**

TÓPICO	EQUAÇÕES RELEVANTES E OBSERVAÇÕES
Emissão espontânea	Um átomo em um estado excitado fará uma transição espontaneamente para um estado de menor energia com a emissão de um fóton. Este processo é aleatório, ocorrendo em um tempo característico de 10^{-8} s. Os fótons de dois ou mais átomos não estão correlacionados e, portanto, a luz não é coerente.
Emissão estimulada	A emissão estimulada ocorre se um átomo está inicialmente em um estado excitado e um fóton com energia igual à diferença de energia entre este estado e um estado de menor energia incide sobre o átomo. O campo eletromagnético oscilante do fóton incidente estimula o átomo excitado a emitir outro fóton na mesma direção e em fase com o fóton incidente. A luz emitida é coerente com a luz incidente.
7. **Luz Visível**	O olho humano é sensível à radiação eletromagnética que tem comprimentos de onda desde aproximadamente 400 nm (violeta) até 700 nm (vermelho). As energias dos fótons variam de cerca de 1,8 eV até 3,1 eV. Uma distribuição uniforme de comprimentos de onda, tal como os emitidos pelo Sol, parece branco para nossos olhos.
8. **Lasers**	Um laser produz um feixe intenso, coerente e estreito de fótons como resultado da emissão estimulada. A operação de um laser depende da inversão de população, na qual há mais átomos em um estado excitado do que no estado fundamental ou em um estado de menor energia.

Resposta da Checagem Conceitual

31-1 Há 720 dentes, mas também há 720 espaçamentos, logo a largura de um dente é menor que $\frac{1}{720}$ da circunferência da roda. Conseqüentemente, a roda deve, na verdade, girar menos que $\frac{1}{720}$ rev para que a luz de um espelho distante seja observada novamente.

Respostas dos Problemas Práticos

31-1 (*a*) $4,57 \times 10^6$ km,(*b*) $3,05 \times 10^8$ m/s

31-2 1,28 s para ir e para voltar

Problemas

Em alguns problemas, você recebe mais dados do que necessita; em alguns outros, você deve acrescentar dados de seus conhecimentos gerais, fontes externas ou estimativas bem fundamentadas.

Interprete como significativos todos os algarismos de valores numéricos que possuem zeros em seqüência e sem vírgulas decimais.

- • Um só conceito, um só passo, relativamente simples
- •• Nível intermediário, pode requerer síntese de conceitos
- ••• Desafiante, para estudantes avançados
  Problemas consecutivos sombreados são problemas pareados.

PROBLEMAS CONCEITUAIS

1 • Um raio de luz reflete em um espelho plano. O ângulo entre o raio incidente e o raio refletido é 70°. Qual é o ângulo de reflexão? (*a*) 70°, (*b*) 140°, (*c*) 35°, (*d*) Não há informação suficiente para determinar o ângulo de reflexão.

2 • Um raio de luz no ar incide na superfície de um pedaço de vidro. O ângulo entre a normal à superfície e o raio incidente é 40°, e o ângulo entre a normal e o raio refratado é 28°. Qual é o ângulo entre o raio incidente e o raio refratado? (*a*) 12°, (*b*) 28°, (*c*) 40°, (*d*) 68°.

3 • **APLICAÇÃO EM ENGENHARIA** Durante um experimento de física, você está medindo os índices de refração de diferentes materiais transparentes usando um feixe de laser vermelho de hélio–neônio. Para um dado ângulo de incidência, o feixe tem um ângulo de refração igual a 28° no material A, e um ângulo de refração igual a 26° no material B. Qual dos materiais tem o maior índice de refração? (*a*) A, (*b*) B, (*c*) os índices de refração são iguais. (*d*) Você não pode determinar as magnitudes relativas dos índices de refração a partir dos dados informados.

4 • Um raio de luz passa do ar para a água, atingindo a su-
perfície da água a um ângulo de incidência de 45°. Qual, se houver alguma, das seguintes quatro quantidades varia quando a luz entra na água: (*a*) comprimento de onda, (*b*) freqüência, (*c*) rapidez de propagação, (*d*) direção de propagação, (*e*) nenhuma das quantidades anteriores?

5 • A massa específica da atmosfera da Terra diminui quando aumenta a altitude. Como conseqüência, o índice de refração da atmosfera também diminui quando aumenta a altitude. Explique como podemos ver o Sol quando ele está abaixo do horizonte. (O horizonte é a extensão de um plano tangente à superfície da Terra.) Por que o Sol parece achatado ao se pôr?

6 • Uma estudante de física jogando bilhar deseja atingir a bola branca de forma que ela atinja a tabela e, então, a bola oito diretamente. Ela escolhe vários pontos na tabela e, então, mede a distância de cada ponto à bola branca e à bola oito. Ela mira o ponto para o qual a soma destas distâncias é mínima. (*a*) A bola branca atingirá a bola oito? (*b*) Como seu método se relaciona ao princípio de Fermat? Despreze qualquer efeito devido à rotação da bola.

7 • Um nadador no ponto S na Figura 31-53 sente câimbra na perna enquanto está nadando próximo à margem de um lago calmo e chama por socorro. Uma salva-vidas no ponto L escuta o chamado. A salva-vidas pode correr a 9,0 m/s e nadar a 3,0 m/s. Ela conhece física e escolhe o caminho que levará o menor tempo para atingir o nadador. Qual dos caminhos mostrados na figura a salva-vidas seguirá?

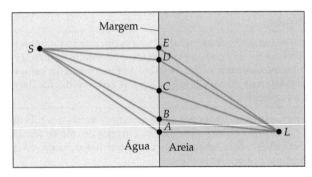

FIGURA 31-53 Problema 7

8 • O material A tem um índice de refração maior que o material B. Qual material tem um ângulo crítico maior para a reflexão interna total quando estiver no ar? (a) A, (b) B, (c) os ângulos são iguais. (d) Você não pode comparar os ângulos baseado nos dados fornecidos.

9 • **APLICAÇÃO EM BIOLOGIA** O olho humano percebe cor usando uma estrutura denominada *cone* que está localizada na retina. Três tipos de moléculas compõem estes cones e cada tipo de molécula absorve luz vermelha, verde ou azul por absorção ressonante. Use este fato para explicar por que a cor de um objeto que parece azul no ar parece azul debaixo da água, apesar de o comprimento de onda da luz ser menor de acordo com a Equação 31-6.

10 • Seja θ o ângulo entre os eixos de transmissão de duas placas polarizadoras. Luz não polarizada de intensidade I incide na primeira placa. Qual é a intensidade da luz transmitida através de ambas as placas? (a) $I \cos^2 \theta$, (b) $(I \cos^2 \theta)/2$, (c) $(I \cos^2 \theta)/4$, (d) $I \cos \theta$, (e) $(I \cos \theta)/4$, (f) nenhuma das anteriores.

11 •• Desenhe um diagrama para explicar como os óculos de sol Polaróide reduzem o clarão da luz solar refletido em uma superfície horizontal plana, tal como a superfície de uma piscina. Seu diagrama deve indicar claramente a direção da polarização da luz enquanto ela se propaga desde o Sol para refletir na superfície e, então, através dos óculos de sol até o seu olho.

12 • **APLICAÇÃO EM BIOLOGIA** Por que é muito menos perigoso parar em frente a um feixe intenso de luz vermelha do que em frente a um feixe de baixa intensidade de raios gama?

13 • Três estados de energia de um átomo são A, B e C. O estado B está 2,0 eV acima do estado A e o estado C está 3,00 eV acima do estado B. Qual transição atômica resulta na emissão de luz com o menor comprimento de onda? (a) B → A, (b) C → B, (c) C → A, (d) A → C.

14 • No Problema 13, se o átomo está inicialmente no estado A, qual transição resulta na emissão de luz de maior comprimento de onda? (a) A → B, (b) B → C, (c) A → C, (d) B → A.

15 • Qual o papel desempenhado pelo hélio no laser de hélio–neônio?

16 • Quando um feixe de luz branca visível que passa através de um gás de hidrogênio atômico à temperatura ambiente é observado com um espectroscópio, linhas escuras são observadas nos comprimentos de onda das séries de emissão do átomo de hidrogênio. Os átomos que participam na absorção ressonante, então, emitem luz com mesmo comprimento de onda quando retornam ao estado fundamental. Explique por que o espectro observado, apesar disso, exibe linhas escuras pronunciadas.

17 • Qual dos seguintes tipos de luz teria fótons com maior energia? (a) vermelho, (b) infravermelho, (c) azul, (d) ultravioleta.

ESTIMATIVA E APROXIMAÇÃO

18 • Estime o tempo necessário para que a luz faça um percurso completo durante o experimento de Galileu para medida da velocidade da luz. Compare o tempo do percurso completo ao tempo típico de resposta humana. Que precisão você acha que este experimento tem?

19 • Estime o atraso no tempo ao receber luz na sua retina quando você está usando óculos comparado à situação sem óculos.

20 •• **APLICAÇÃO EM BIOLOGIA** Estime o número de fótons que entram em seu olho se você olha durante um décimo de segundo para o Sol. Que energia é absorvida por seu olho durante este tempo, considerando que todos os fótons são absorvidos? A potência total emitida pelo Sol é $4{,}2 \times 10^2$ W.

21 •• Römer estava observando os eclipses da Lua de Júpiter Io com a esperança que elas servissem como um relógio altamente preciso que seria independente da longitude. (Antes do GPS, este relógio era necessário para navegação precisa.) Os eclipses de Io (entrada na umbra da sombra de Júpiter) ocorrem a cada 42,5 h. Considerando que um eclipse de Io seja observada na Terra em 1.º de junho à meia-noite quando a Terra está na posição A (como mostrado na Figura 31-54), faça uma previsão do tempo esperado para observação de um eclipse um quarto de ano depois quando a Terra estiver na posição B, supondo que (a) a velocidade da luz seja infinita, e (b) a velocidade da luz seja $2{,}998 \times 10^8$ m/s.

22 •• Se o ângulo de incidência for pequeno o suficiente, a aproximação para ângulos pequenos $\sin \theta \approx \theta$ pode ser usada para simplificar a lei da refração de Snell. Determine o máximo valor do ângulo para o qual a diferença não seja maior que 1 por cento do valor do seno do ângulo. (Esta aproximação será usada em conexão com a formação de imagens por superfícies esféricas no Capítulo 32.)

A VELOCIDADE DA LUZ

23 • O Controle da Missão envia um breve chamado para acordar os astronautas em uma nave que está distante da Terra. Em um instante 5,0 s depois que o chamado é enviado, o Controle da Missão pode escutar o gemido dos astronautas. A que distância da Terra está

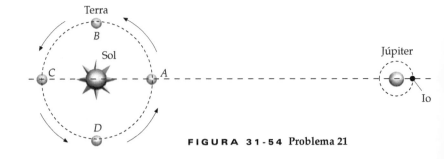

FIGURA 31-54 Problema 21

a nave? (*a*) $7,5 \times 10^8$ m, (*b*) 15×10^8 m, (*c*) 30×10^8 m, (*d*) 45×10^8 m, (*e*) a nave está na Lua.

24 •• **APLICAÇÃO EM ENGENHARIA** A distância de um ponto na superfície da Terra a um ponto na superfície da Lua é medida mirando um feixe de luz laser em um refletor na superfície da Lua e medindo o tempo necessário para que a luz vá e volte. A incerteza na medida da distância Δx está relacionada à incerteza na medida do tempo Δt por $\Delta x = \frac{1}{2} c \Delta t$. Se os intervalos de tempo podem ser medidos com precisão de $\pm 1,00$ ns, (*a*) determine a incerteza na distância. (*b*) Estime a incerteza percentual na distância.

25 •• Ole Römer descobriu a limitação da velocidade da luz observando as luas de Júpiter. Quão sensível, aproximadamente, precisaria ser o dispositivo para medida de tempo capaz de detectar um deslocamento no tempo previsto para os eclipses da lua que ocorrem quando ela está no perigeu ($3,63 \times 10^5$ km) e no apogeu ($4,06 \times 10^5$ km)? Considere que um instrumento deveria ser capaz de medir pelo menos um décimo da intensidade do efeito que ele pretende medir.

REFLEXÃO E REFRAÇÃO

26 • Calcule a fração da energia da luz refletida em uma interface ar–água em incidência normal.

27 • Um raio de luz incide em um de dois espelhos que estão colocados a 90° entre si. O plano de incidência é perpendicular a ambos os espelhos. Mostre que, depois de refletir em cada espelho, o raio emergirá se propagando no sentido oposto ao incidente, independentemente do ângulo de incidência.

28 •• **PLANILHA ELETRÔNICA** (*a*) Um raio de luz no ar incide em uma interface ar–água. Usando uma planilha eletrônica ou um programa gráfico, faça um gráfico do ângulo de refração como função do ângulo de incidência de 0° a 90°. (*b*) Repita a Parte (*a*), mas para um raio de luz na água que incide na interface água–ar. [Para a Parte (*b*), não há raio refletido para ângulos de incidência que sejam maiores que o ângulo crítico.]

29 •• A linha vermelha de um laser hélio–neônio tem comprimento de onda de 632,8 nm no ar. Determine (*a*) a velocidade, (*b*) o comprimento de onda e (*c*) a freqüência da luz do laser hélio–neônio no ar, na água e no vidro. (O vidro tem um índice de refração igual a 1,50.)

30 •• O índice de refração para o vidro tipo silicato é 1,66 para a luz violeta que tem comprimento de onda no ar igual a 400 nm e 1,61 para a luz vermelha que tem comprimento de onda no ar igual a 700 nm. Um raio de luz vermelha com comprimento de onda de 700 nm e um raio de luz violeta com comprimento de onda de 400 nm, ambos têm ângulos de refração de 30° ao entrarem no vidro a partir do ar. (*a*) Qual é maior, o ângulo de incidência do raio de luz vermelha ou o ângulo de incidência do raio de luz violeta? Explique sua resposta. (*b*) Qual é a diferença entre os ângulos de incidência dos dois raios?

31 •• Uma barra de vidro com índice de refração de 1,50 é mergulhada na água que tem índice de refração de 1,33. A luz na água incide no vidro. Determine o ângulo de refração se o ângulo de incidência é (*a*) 60°, (*b*) 45° e (*c*) 30°.

32 •• Repita o Problema 31 para um feixe de luz inicialmente no vidro que incide na interface vidro–água nos mesmos ângulos.

33 •• Um feixe de luz no ar incide em uma lâmina de vidro em incidência normal. A lâmina de vidro tem um índice de refração de 1,50. (*a*) Aproximadamente que porcentagem da intensidade da luz incidente é transmitida através da lâmina (entrando em um lado e saindo no outro)? (*b*) Repita a Parte (*a*) se a lâmina de vidro é imersa na água.

34 •• Este problema é uma analogia à refração. Uma banda está marchando em um campo de futebol com uma velocidade constante v_1. Aproximadamente na metade do campo, a banda entra em uma seção de lama que tem uma fronteira bem definida formando um ângulo de 30° com a linha de 50 jardas, como mostrado na Figura 31-55. Na lama, cada marchador se move com uma velocidade igual a $\frac{1}{2} v_1$ em uma direção perpendicular à fila de marchadores que ele estava. (*a*) Faça um diagrama de como cada linha de marchadores é desviada quando encontra a seção com lama no campo de modo que, conseqüentemente, a banda acabará marchando em uma direção diferente. Indique a direção original por um raio e a direção final por um segundo raio. (*b*) Determine os ângulos entre estes raios e a linha normal à interface. A direção de movimento é "desviada" em direção à normal ou se afasta dela? Explique sua resposta em termos da refração.

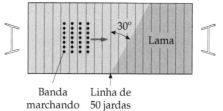

FIGURA 31-55
Problema 34

35 •• Na Figura 31-56, luz está inicialmente em um meio que tem índice de refração n_1. Ela está incidindo em um ângulo θ_1 na superfície de um líquido que tem um índice de refração n_2. A luz passa através do líquido e entra no vidro que tem um índice de refração n_3. Se θ_3 é o ângulo de refração no vidro, mostre que $n_1 \text{sen } \theta_1 = n_3 \text{sen } \theta_3$. Isto é, mostre que o segundo meio pode ser desprezado quando se procura o ângulo de refração no terceiro meio.

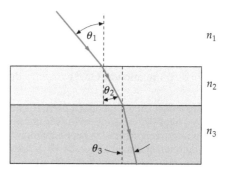

FIGURA 31-56
Problema 35

36 •• Em um safári, você está com uma lança em um rio. Você observa um peixe deslizando na sua direção. Se sua linha de visada até o peixe está 64,0° abaixo da horizontal no ar e considerando que a lança segue uma trajetória retilínea através do ar e na água depois de ser liberada, determine o ângulo abaixo da horizontal que você deveria mirar sua lança para pegar seu jantar. Considere que o disparador da lança esteja a 1,50 m acima da superfície da água, o peixe esteja a 1,20 m abaixo da superfície e que a lança percorra uma linha reta durante todo seu caminho até o peixe.

37 ••• Você está parado na borda de uma piscina e olhando diretamente para o lado oposto. Você nota que o fundo do lado oposto da piscina parece estar a um ângulo de 28° abaixo da horizontal. Entretanto, quando você senta na borda da piscina, o fundo do lado oposto parece estar a um ângulo de apenas 14° abaixo da horizontal. Use estas observações para determinar a largura e a profundidade da piscina. *Dica: Você precisará estimar a altura de seus olhos acima da superfície da água quando estiver em pé e sentado.*

38 ••• A Figura 31-57 mostra um feixe de luz incidente em uma placa de vidro de espessura d e índice de refração n. (*a*) Determine o ângulo de incidência para que a separação b entre o raio refletido da superfície de cima e o raio refletido da superfície de baixo que sai pela superfície de cima seja máximo. (b) Qual é o ângulo de incidência se o índice de refração do vidro é 1,60? (c) Qual é a separação dos dois feixes se a espessura da placa de vidro é 4,0 cm?

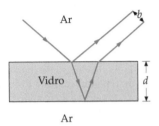

FIGURA 31-57
Problemas 38 e 48

REFLEXÃO INTERNA TOTAL

39 • Qual é o ângulo crítico para a luz viajando na água que incide em uma interface água–ar?

40 • Uma superfície de vidro ($n = 1,50$) tem uma camada de água ($n = 1,33$) sobre ela. A luz no vidro incide na interface vidro–água. Determine o ângulo crítico para reflexão interna total

41 • Uma fonte puntiforme de luz está localizada a 5,0 m abaixo da superfície de uma grande piscina de água. Determine a área do maior círculo na superfície da piscina através do qual a luz vinda diretamente da fonte pode emergir.

42 •• Luz se propagando no ar incide na face maior de um prisma triangular isósceles de ângulo reto com incidência normal. Qual é a velocidade da luz neste prisma se ele está posicionado no limite para produzir reflexão interna total.

43 •• Uma fonte puntiforme de luz está localizada no fundo de um tanque de aço e um cartão circular opaco de raio 6,00 cm é colocado horizontalmente sobre ele. Um fluido transparente é delicadamente adicionado ao tanque de maneira que o cartão flutue na superfície do fluido com seu centro diretamente acima da fonte de luz. Nenhuma luz é vista por um observador acima da superfície até que o fluido atinja 5,00 cm de profundidade. Qual é o índice de refração do fluido?

44 •• **APLICAÇÃO EM ENGENHARIA** Uma fibra óptica permite que os raios de luz se propaguem longas distâncias usando reflexão interna total. Fibras ópticas são intensamente utilizadas na medicina e em comunicação digital. Como mostrado na Figura 31-58, a fibra consiste em um material interno que tem um índice de refração n_2 e raio b circundado por um material de revestimento que tem índice de refração $n_3 < n_2$. A *abertura numérica* da fibra é definida como sen θ_1, onde θ_1 é o ângulo de incidência de um raio de luz que impinge no centro da extremidade da fibra e, então, reflete na interface núcleo-revestimento no ângulo crítico. Usando a figura como guia, mostre que a abertura numérica é dada por sen $\theta_1 = \sqrt{n_2^2 - n_3^2}$ considerando que o raio esteja inicialmente no ar. *Dica: O uso do teorema de Pitágoras pode ser necessário.*

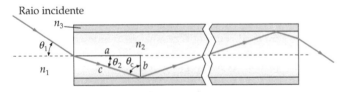

FIGURA 31-58 Problemas 44, 45 e 46

45 •• **APLICAÇÃO EM ENGENHARIA** Determine o ângulo máximo de incidência θ_1 de um raio que poderia se propagar através de uma fibra óptica que tem índice de refração interno de 1,492, raio interno de 50,00 μm e revestimento com índice de 1,489. Veja o Problema 44.

46 •• **APLICAÇÃO EM ENGENHARIA** Calcule a diferença em tempo necessária para que dois pulsos de luz percorram 15,0 km da fibra descrita no Problema 44. Considere que um pulso entra na fibra com incidência normal e que o segundo pulso entra na fibra com o ângulo máximo de incidência calculado no Problema 45. Na fibra óptica, este efeito é conhecido como *dispersão modal*.

47 ••• Investigue como um filme fino de água em uma superfície de vidro afeta o ângulo crítico para reflexão total. Use $n = 1,50$ para o vidro e $n = 1,33$ para a água. (a) Qual é o ângulo crítico para reflexão interna total na interface vidro–água? (b) Existe um intervalo de ângulos incidentes tal que os ângulos sejam maiores que θ_c para a refração vidro–no–ar e para os quais os raios de luz saiam do vidro, viagem na água e, então, passem para o ar?

48 •• Um feixe de laser incide em uma lâmina de vidro que tem 3,0 cm de espessura (Figura 31-57). O vidro tem um índice de refração de 1,5 e o ângulo de incidência é 40°. As superfícies de cima e de baixo do vidro são paralelas. Qual é a distância b entre o feixe formado pela reflexão na superfície de cima do vidro e o feixe refletido pela superfície de baixo do vidro.

DISPERSÃO

49 • Um feixe de luz incide na superfície plana de um vidro tipo silicato a um ângulo de incidência de 45°. O índice de refração do vidro varia com o comprimento de onda (veja a Figura 31-59). Quão menor é o ângulo de refração para a luz violeta de comprimento de onda 400 nm em relação ao ângulo de refração para a luz vermelha de comprimento de onda 700 nm?

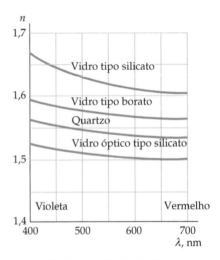

FIGURA 31-59 Problemas 49, 50, 73 e 77

50 •• **APLICAÇÃO EM ENGENHARIA** Em muitos materiais transparentes, a dispersão faz com que diferentes cores (comprimentos de onda) da luz viagem com velocidades diferentes. Isto pode provocar problemas em sistemas de comunicação com fibras ópticas onde pulsos de luz devem percorrer distâncias muito longas no vidro. Considerando que uma fibra seja feita de vidro óptico tipo silicato (veja a Figura 31-59), calcule a diferença nos tempos de viagem para dois pulsos curtos de luz ao percorrerem 15,0 km na fibra se o primeiro pulso tem comprimento de onda de 700 nm e o segundo, tem comprimento de onda de 500 nm.

POLARIZAÇÃO

51 • Qual é o ângulo de polarização para a luz no ar que incide (a) na água ($n = 1,33$) e (b) no vidro ($n = 1,50$)?

Propriedades da Luz | **393**

52 • Luz horizontalmente polarizada incide em uma lâmina polarizadora. Observa-se que apenas 15 por cento da intensidade da luz incidente são transmitidos através da lâmina. Que ângulo faz o eixo de transmissão da placa com a horizontal?

53 • Duas lâminas polarizadoras têm seus eixos de transmissão cruzados e, portanto, nenhuma luz consegue atravessá-las. Uma terceira lâmina é inserida entre as duas primeiras e seu eixo de transmissão faz um ângulo θ com o eixo da primeira lâmina. Luz não polarizada com intensidade I_0 incide na primeira lâmina. Determine a intensidade da luz transmitida através das três lâminas se (a) $\theta = 45°$ e (b) $\theta = 30°$.

54 • Um feixe de laser horizontal de 5,0 mW que está verticalmente polarizado incide em uma lâmina polarizadora que está orientada com seu eixo de transmissão na vertical. Atrás da primeira lâmina há uma segunda que está orientada com seu eixo de transmissão formando 27° com relação à vertical. Qual é a potência do feixe transmitido através da segunda lâmina?

55 •• O ângulo de polarização para a luz no ar ao incidir em certa substância é 60°. (a) Qual é o ângulo de refração da luz incidente neste ângulo? (b) Qual é o índice de refração desta substância?

56 •• Duas lâminas polarizadoras têm seus eixos de transmissão cruzados e, portanto, nenhuma luz é transmitida. Uma terceira lâmina é inserida com seu eixo de transmissão formando um ângulo θ com o eixo de transmissão da primeira lâmina. (a) Derive uma expressão para a intensidade da luz transmitida como função de θ. (b) Mostre que a intensidade transmitida através das três lâminas é máxima quando $\theta = 45°$.

57 •• Se a lâmina polarizadora intermediária no Problema 56 estiver girando com uma velocidade angular ω em relação a um eixo paralelo ao feixe de luz, determine uma expressão para a intensidade transmitida através das três lâminas como função do tempo. Considere que $\theta = 0°$ em $t = 0$.

58 •• **PLANILHA ELETRÔNICA** Uma pilha de $N + 1$ lâminas polarizadoras ideais está disposta de tal forma que cada lâmina está girada por um ângulo de $\pi/(2N)$ rad com relação à lâmina precedente. Uma onda luminosa linearmente polarizada de intensidade I_0 incide normalmente na pilha. A luz incidente está polarizada ao longo do eixo de transmissão da primeira lâmina e é, portanto, perpendicular ao eixo de transmissão da última lâmina da pilha. (a) Mostre que a intensidade da luz transmitida através da pilha inteira é dada por I_0 $\cos^{2N}[\pi/(2N)]$. (b) Usando uma planilha eletrônica ou um programa gráfico, faça um gráfico da intensidade transmitida como função de N para valores de N igual a 2 até 100. (c) Qual é a direção de polarização do feixe transmitido nesse caso?

59 •• **PLANILHA ELETRÔNICA, APLICAÇÃO EM ENGENHARIA** O dispositivo descrito no Problema 58 poderia servir como um *girador de polarização*, que varia o plano linear de polarização de uma direção para outra. A eficiência deste tipo de dispositivo é medida através da razão da intensidade de saída na polarização desejada pela intensidade de entrada. O resultado do Problema 58 sugere que a eficiência máxima é atingida usando um grande valor para o número N. Uma pequena quantidade da intensidade é perdida independentemente da polarização de entrada quando se usa um polarizador real. Para cada polarizador, considere que a intensidade transmitida é 98 por cento da quantidade prevista pela lei de Malus e use uma **planilha eletrônica** ou um programa gráfico para determinar o número ótimo de lâminas que você deveria usar para girar a polarização de 90°.

60 •• Mostre matematicamente que uma onda linearmente polarizada pode ser pensada como uma superposição de duas ondas circularmente polarizadas, uma à esquerda e outra à direita.

61 •• Considere que a lâmina intermediária no Problema 53 seja substituída por duas lâminas polarizadoras. Se os ângulos entre os eixos de transmissão da segunda, terceira e quarta lâminas na pilha formarem ângulos de 30°, 60° e 90°, respectivamente, com o

eixo de transmissão da primeira lâmina, (a) qual é a intensidade da luz transmitida? (b) Como esta intensidade se compara com a obtida na Parte (a) do Problema 53?

62 •• Mostre que o campo elétrico de uma onda circularmente polarizada se propagando paralelamente ao eixo x pode ser expresso por $\vec{E} = E_0 \text{ sen}(kx + \omega t)\hat{j} + E_0 \cos(kx + \omega t)\hat{k}$.

63 •• Uma onda circularmente polarizada está *circularmente polarizada à direita* se os campos elétrico e magnético giram no sentido horário quando vistos ao longo da direção de propagação, e *circularmente polarizada à esquerda* se os campos giram no sentido anti-horário. (a) Qual é o sentido da polarização circular para a onda descrita pela expressão no Problema 62? (b) Qual deveria ser a expressão para o campo elétrico de uma onda circularmente polarizada viajando na mesma direção e sentido da onda no Problema 60, mas com os campos girando no sentido contrário?

FONTES DE LUZ

64 • Um laser de hélio–neônio emite luz com comprimento de onda de 632,8 nm e tem potência de saída de 4,00 mW. Quantos fótons são emitidos por segundo por este laser?

65 •• O primeiro estado excitado de um átomo de um gás está 2,85 eV acima do estado fundamental. (a) Qual é o máximo comprimento de onda da radiação para a absorção ressonante por átomos do gás que estejam no estado fundamental? (b) Se o gás é irradiado com luz monocromática que tem comprimento de onda de 320 nm, qual é o comprimento de onda da luz do espalhamento Raman?

66 •• Um gás é irradiado com luz monocromática ultravioleta de comprimento de onda 368 nm. Luz espalhada com comprimento de onda igual a 368 nm é observada, juntamente com luz espalhada de 658 nm. Considerando que os átomos de gás estejam nos seus estados fundamentais antes da irradiação, determine a diferença de energia entre o estado fundamental e o estado excitado obtido pela irradiação?

67 •• O sódio tem estados excitados 2,11 eV, 3,20 eV e 4,35 eV acima do estado fundamental. Considere que os átomos do gás estejam todos no estado fundamental antes da irradiação. (a) Qual é o máximo comprimento de onda da radiação que resultará da fluorescência de ressonância? Qual é o comprimento de onda da radiação fluorescente? (b) Qual é o comprimento de onda que resultará da excitação do estado 4,35 eV acima do estado fundamental? Se o estado é excitado, quais são os possíveis comprimentos de onda da fluorescência ressonante que poderiam ser observados?

68 •• O hélio ionizado de um elétron é um átomo semelhante ao hidrogênio que tem carga nuclear $+e$. Seus níveis de energia são dados por $E_n = -4E_0/n^2$, onde $n = 1, 2, \ldots$ e $E_0 = 13,6$ eV. Se um feixe de luz branca visível atravessa um gás de átomos de hélio ionizados de um elétron, em quais comprimentos de onda serão encontradas linhas escuras no espectro da radiação transmitida? (Considere que os íons do gás estejam, todos, no estado com energia E_1 antes da irradiação.)

69 • Um pulso de um laser de rubi tem uma potência média de 10 MW e dura 1,5 ns. (a) Qual é a energia total do pulso? (b) Quantos fótons são emitidos no pulso?

PROBLEMAS GERAIS

70 • Um feixe de luz vermelha que tem comprimento de onda de 700 nm no ar viaja na água. (a) Qual é o comprimento de onda na água?(b) Um nadador embaixo da água observa esta luz com a mesma cor ou com uma cor diferente?

71 • O ângulo crítico para a reflexão interna total para uma substância é 48°. Qual é o ângulo de polarização para a substância?

72 •• Mostre que, quando um espelho plano é girado por um ângulo θ em torno de um eixo no plano do espelho, um feixe de luz refletido (a partir de um feixe incidente fixo) que é perpendicular ao eixo de rotação é girado por 2θ.

73 •• Use a Figura 31-59 para calcular os ângulos críticos para a luz inicialmente em um vidro tipo silicato que incide na interface vidro–ar se a luz é (*a*) violeta com comprimento de onda 400 nm e (*b*) vermelha com comprimento de onda de 700 nm.

74 •• Luz incide em uma lâmina de material transparente a um ângulo θ_1, como mostrado na Figura 31-60. A lâmina tem uma espessura *t* e um índice de refração *n*. Mostre que $n = \text{sen}(\theta_1)/\text{sen}[\tan^{-1}(d/t)]$, onde *d* é a distância mostrada na figura.

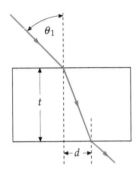

FIGURA 31-60 Problema 74

75 •• Um raio de luz inicia no ponto (−2,00 m, 2,00 m, 0,00 m), incide em um espelho no plano *y* = 0 em algum ponto (*x*, 0, 0) e reflete através do ponto (2,00 m, 6,00 m, 0,00 m). (*a*) Determine o valor de *x* que torna mínima a distância total percorrida pelo raio. (*b*) Qual é o ângulo de incidência no plano de reflexão? (*c*) Qual é o ângulo de reflexão?

76 •• **APLICAÇÃO EM ENGENHARIA** Para produzir um feixe laser polarizado, uma lâmina de material transparente (Figura 31-61) é colocada na cavidade do laser orientada de forma que a luz incide sobre ela no ângulo de polarização. Tal placa é chamada de janela de Brewster. Mostre que, se θ_{p1} é o ângulo de polarização para a interface entre n_1 e n_2, então θ_{p2} é o ângulo de polarização para a interface entre n_2 e n_1.

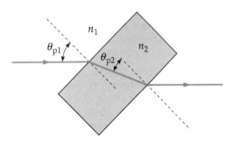

FIGURA 31-61 Problema 76

77 •• A partir dos dados fornecidos na Figura 31-59, calcule o ângulo de polarização para uma interface ar–vidro, usando luz de comprimento de onda 550 nm em cada um dos quatro tipos de vidro mostrados.

78 •• Um raio de luz passa através de um prisma com um ângulo de ápice α, como mostrado na Figura 31-62. O raio e a bissetriz do ângulo de ápice se interceptam em ângulos retos. Mostre que o ângulo de desvio δ está relacionado ao ângulo de ápice e ao índice de refração do material do prisma por $\text{sen}[\frac{1}{2}(\alpha + \delta)] = n\,\text{sen}(\frac{1}{2}\alpha)$.

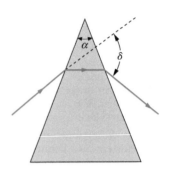

FIGURA 31-62 Problemas 78 e 84

79 •• (*a*) Para raios de luz dentro de um meio transparente que está em vácuo, mostre que o ângulo de polarização e o ângulo crítico para reflexão interna total satisfazem a $\tan\theta_p = \text{sen}\,\theta_c$. (*b*) Qual dos ângulos é maior, o ângulo de polarização ou o ângulo crítico para a reflexão interna total?

80 •• Luz no ar incide na superfície de uma substância transparente a um ângulo de 58° com a normal. Observa-se que os raios refletido e refratado são mutuamente perpendiculares. (*a*) Qual é o índice de refração da substância transparente? (*b*) Qual é o ângulo crítico para a reflexão interna total desta substância?

81 •• Um raio de luz em um vidro denso, que tem índice de refração 1,655, incide na superfície do vidro. Um líquido desconhecido condensa na superfície do vidro. Ocorre reflexão interna total na interface vidro-líquido para um ângulo mínimo de incidência na interface vidro-líquido de 53,7°. (*a*) Qual é o índice de refração do líquido desconhecido? (*b*) Se o líquido é removido, qual é o ângulo de incidência mínimo para a reflexão interna total? (*c*) Para o ângulo de incidência encontrado na Parte (*b*), qual é o ângulo de refração do raio no filme do líquido? Emergirá um raio a partir do filme do líquido para o ar que está acima? Considere que o vidro e o líquido tenham superfícies planares paralelas.

82 ••• (*a*) Mostre que, para luz em incidência normal, a intensidade transmitida através de uma lâmina de vidro com índice de refração *n* e circundada por ar é dada, aproximadamente, por $I_T = I_0[4n/(n+1)^2]^2$. (*b*) Use o resultado da Parte (*a*) para determinar a razão entre a intensidade transmitida e a intensidade incidente através de *N* lâminas paralelas de vidro para luz em incidência normal. (*c*) Quantas lâminas de vidro que tem índice de refração 1,5 são necessárias para reduzir a intensidade a 10 por cento da intensidade incidente?

83 ••• A Equação 31-14 fornece a relação entre o ângulo de desvio ϕ_d de um raio de luz incidente em uma gota esférica de água em termos do ângulo incidente θ_1 e do índice de refração da água. (*a*) Considere que $n_{ar} = 1$ e derive uma expressão para $d\phi_d/d\theta_1$. *Dica:* Se $y = \text{sen}^{-1}x$, então $dy/dx = (1 - x^2)^{-1/2}$. (*b*) Use o resultado para mostrar que o ângulo de incidência para o desvio mínimo θ_{1m} é dado por $\cos\theta_{1m} = \sqrt{\frac{1}{3}(n^2 - 1)}$. (*c*) O índice de refração para certa luz vermelha na água é 1,3318 e o índice de refração para certa luz azul na água é 1,3435. Use o resultado da Parte (*a*) para determinar a separação angular destas cores no arco-íris primário.

84 ••• Mostre que o ângulo de desvio δ é mínimo se o ângulo de incidência é tal que o raio e a bissetriz do ângulo de ápice α (Figura 31-62) se interceptam em ângulos retos.

Imagens Ópticas

32-1 Espelhos
32-2 Lentes
*32-3 Aberrações
*32-4 Instrumentos Ópticos

C omo o comprimento de onda da luz é muito pequeno comparado à maioria dos obstáculos e aberturas, a difração — o desvio das ondas em torno de bordas — é geralmente desprezível, e a aproximação de raios, na qual se considera que a propagação de ondas ocorre em linhas retas, de fato descreve o que é observado.

Neste capítulo, aplicamos as leis da reflexão e refração para explicar a formação de imagens por espelhos e lentes.

32-1 ESPELHOS

ESPELHOS PLANOS

A Figura 32-1 mostra um feixe de raios de luz saindo de uma fonte puntiforme P e refletido em um espelho plano. Depois de refletidos, os raios divergem exatamente como se estivessem vindo de um ponto P' atrás do plano do espelho. O ponto P' é chamado de **imagem** do **objeto** P. Quando os raios refletidos entram no olho, estes não conseguem distingui-los de raios divergindo de uma fonte em P' se não houvesse espelho presente. Esta imagem em P' é chamada de **imagem virtual**, virtual porque a luz não é, de fato, emitida a partir dela. O plano do espelho é a bissetriz perpendicular da linha que vai desde o ponto objeto P até o ponto imagem P' como mostrado. A imagem pode ser vista por olhos localizados em qualquer local da região sombreada, como indicado, na qual uma linha reta da imagem até o olho passa através do espelho. O objeto não precisa estar diretamente na frente do espelho. Desde que o objeto não esteja atrás do plano do espelho, existe alguma posição na qual o olho pode ser posicionado para enxergar a imagem.

Se você está parado na frente de um espelho e levanta sua mão direita, a imagem que você vê não é amplificada nem reduzida, mas parece a da mão esquerda (Figura 32-2). Esta reversão direita-esquerda resulta da **inversão em profundidade** — a mão é transformada de mão direita para mão esquerda porque a frente e

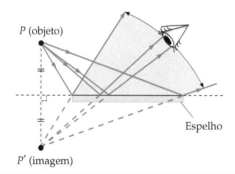

FIGURA 32-1 Imagem formada por um espelho plano. Os raios do ponto P que atingem o espelho e entram no olho parecem vir do ponto imagem P' atrás do espelho. A imagem pode ser vista por olhos localizados em qualquer lugar na região sombreada.

Como você determina o poder de ampliação de um microscópio composto? (Veja o Exemplo 32-15.)

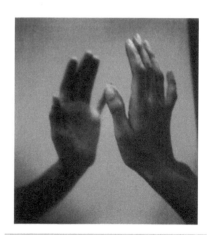

FIGURA 32-2 A imagem de uma mão direita em um espelho plano é transformada em uma mão esquerda. Esta reversão direita-esquerda é resultado de inversão em profundidade. *(Demitrios Zangos.)*

as costas da mão são invertidas pelo espelho. A inversão de profundidade também é ilustrada na Figura 32-3. A Figura 32-4 mostra a imagem de um sistema de coordenadas retangular simples. O espelho transforma um sistema de coordenadas dextrogiro, para o qual $\hat{i} \times \hat{j} = \hat{k}$, em um sistema de coordenadas levogiro, para o qual $\hat{i} \times \hat{j} = -\hat{k}$.

A Figura 32-5 mostra uma seta de altura y paralela a um espelho plano a uma distância s do espelho. Podemos localizar a imagem da ponta da seta (e de qualquer ponto da seta) desenhando dois raios. Um raio, desenhado perpendicularmente ao espelho, atinge o espelho no ponto A e é refletido sobre si mesmo. O outro raio, fazendo um ângulo θ com a normal ao espelho, é refletido, fazendo um ângulo igual θ com o eixo x. A extensão destes dois raios para trás do espelho localiza a imagem da ponta da seta, como mostrado pelas linhas tracejadas na figura. Podemos ver desta figura que a imagem está à mesma distância atrás do espelho que o objeto está na frente do espelho, e que a imagem está para cima (a imagem da seta aponta na mesma direção e sentido que o objeto) e tem o mesmo tamanho do objeto.

A formação de imagens múltiplas por dois espelhos planos, cujos planos fazem um ângulo entre si, é ilustrada na Figura 32-6. Freqüentemente vemos múltiplas imagens como esta em lojas que vendem roupas, as quais utilizam espelhos com este objetivo. A luz da fonte puntiforme P que é refletida pelo espelho 1 atinge o espelho 2 como se viesse do ponto imagem P'_1. A imagem P'_1 é o objeto para o espelho 2. Sua imagem está atrás do plano do espelho 2 no ponto P''_{12}. Esta imagem será formada desde que a imagem P'_1 esteja na frente do plano do espelho 2. A imagem no ponto P'_2 é devida aos raios de P que refletem diretamente no espelho 2. Como P'_2 está atrás do plano do espelho 1, ela não serve como ponto objeto para uma imagem adicional no espelho 1. A imagem no ponto P'_2 não serve como um objeto para o espelho 1 porque a geometria impede que raios de P que refletem diretamente do espelho 2 atinjam, então, o espelho 1. Uma maneira alternativa de dizer isso é que, como P'_2 está atrás do plano do espelho 1, a imagem em P'_2 não pode servir como um objeto para o espelho 1. O número de imagens formadas pelos dois espelhos depende do ângulo entre os espelhos e da posição do objeto.

! Não cometa o erro de pensar que um espelho inverte a esquerda pela direita. Trata-se, em vez disso, de uma inversão no sentido frente para trás.

Considere que seu amigo Ben esteja parado no ponto P (Figura 32-6) e esteja vestindo uma camiseta onde está escrito BEN. Além disso, considere que ele esteja

FIGURA 32-3 Uma pessoa deitada com seus pés contra o espelho. A imagem é invertida em profundidade.

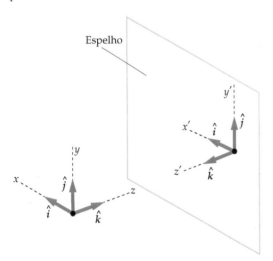

FIGURA 32-4 Imagem de um sistema de coordenadas retangular em um espelho plano. A seta ao longo do eixo z é invertida na imagem. A imagem do sistema de coordenadas original dextrogiro, para o qual $\hat{i} \times \hat{j} = \hat{k}$, é um sistema de coordenadas levogiro, para o qual $\hat{i} \times \hat{j} = -\hat{k}$.

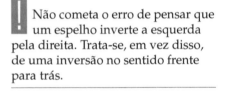

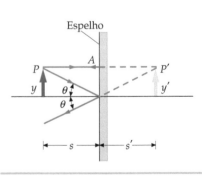

FIGURA 32-5 Diagrama de raios para localizar a imagem de uma seta em um espelho plano.

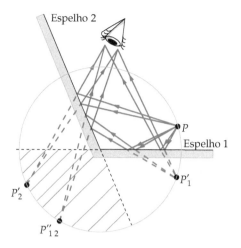

CHECAGEM CONCEITUAL 32-1

Mostre que uma fonte puntiforme e todos os pontos imagem conseqüentes formados por dois espelhos planos são eqüidistantes à interseção dos planos dos dois espelhos. (O círculo mostrado na Figura 32-6 é eqüidistante a tal interseção.)

FIGURA 32-6 Imagens formadas por dois espelhos planos. P'_1 é a imagem do objeto P no espelho 1 e P'_2 é a imagem do objeto no espelho 2. O ponto P''_{12} é a imagem de P'_1 no espelho 2, a qual é vista quando os raios de luz do objeto refletem primeiramente no espelho 1 e, então, no espelho 2. A imagem P'_2 não tem uma imagem no espelho 1 porque ela está atrás deste espelho.

CHECAGEM CONCEITUAL 32-2

Qual das imagens de si mesmo o Ben pode enxergar?

olhando para a interseção dos dois espelhos e abanando a mão direita. Suponha que você esteja parado na posição do olho. Você pode ver uma imagem de Ben em todas as três posições de imagem. Para as imagens em P'_1 e P'_2, Ben está acenando com sua mão esquerda e a escrita em sua camiseta aparece como NƎB. Entretanto, para a imagem em P''_{12}, Ben está acenando com a mão direita e a impressão aparece como BEN. Para a imagem em P''_{12} a inversão de profundidade ocorre duas vezes, uma para cada reflexão e, portanto, o resultado é como se não houvesse inversão de profundidade.

A Figura 32-7 ilustra o fato que um raio horizontal refletido em dois espelhos verticais mutuamente perpendiculares é refletido de volta ao longo de um caminho paralelo, não importando o ângulo que o raio faz com os espelhos. Se três espelhos forem mutuamente perpendiculares entre eles, como os lados de um canto interno de uma caixa, qualquer raio incidente em qualquer um dos espelhos de qualquer direção será refletido de volta em um caminho paralelo ao raio incidente. Um conjunto de três espelhos dispostos desta maneira é chamado de refletor de canto de cubo. Um conjunto de refletores de canto de cubo foi colocado na Lua no Mar da Tranqüilidade pelos astronautas da Apolo 11 em 1969. Um feixe de laser da Terra que é direcionado aos espelhos é refletido de volta para o mesmo lugar na Terra. Este feixe tem sido usado para medir a distância do laser aos espelhos com precisão de alguns centímetros medindo o tempo que a luz leva para percorrer a distância até os espelhos e retornar.

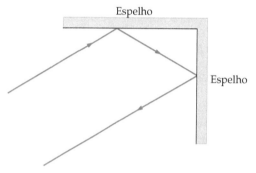

FIGURA 32-7 Um raio incidindo em um de dois espelhos planos perpendiculares é refletido no segundo espelho na mesma direção e no sentido oposto ao original para qualquer ângulo de incidência. O plano dos raios é perpendicular a ambos os espelhos.

ESPELHOS ESFÉRICOS

A Figura 32-8 mostra um feixe de raios de uma fonte puntiforme P no eixo de um espelho esférico côncavo refletindo no espelho e convergindo no ponto P'. (Um espelho côncavo tem a forma de uma caverna quando você olha para ele.) Os raios, então, divergem do ponto P' como se houvesse um objeto neste ponto. Esta imagem é chamada de **imagem real**, pois a luz, de fato, é emanada do ponto imagem. A imagem pode ser enxergada por olhos à esquerda da imagem olhando para o espelho. Ela também pode ser observada em uma pequena tela* ou em um pequeno pedaço de filme fotográfico colocado no ponto imagem. Uma imagem virtual, como a formada por um espelho plano, discutida na seção anterior, não pode ser observada em uma tela no ponto imagem porque não existe luz do ponto objeto no ponto imagem. Apesar desta distinção entre imagens real e virtual, o olho não faz distinção entre elas. Os raios de luz divergindo de uma imagem real e aqueles que parecem divergir de uma imagem virtual são iguais para o olho.

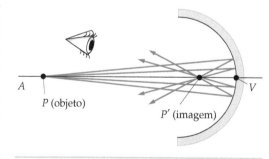

FIGURA 32-8 Raios de um ponto objeto P no eixo AV de um espelho esférico côncavo formam uma imagem em P'. A imagem é bem definida se os raios atingem o espelho próximo ao eixo e se os raios são quase paralelos ao eixo.

---

* Uma tela deve produzir reflexão difusa ou transmissão difusa da luz. Vidro fosco é geralmente utilizado para isto. A tela deve ser relativamente pequena para que parte da luz da fonte atinja o espelho sem ser bloqueada pela tela.

Da Figura 32-9, podemos ver que apenas os raios que atingem o espelho esférico em pontos próximos ao eixo (linha *AV*) são refletidos através do ponto imagem. Os raios que são quase paralelos a este eixo e estão próximos ao eixo são chamados de **raios paraxiais**. Os raios que atingem o espelho em pontos distantes do eixo depois da reflexão passam próximos ao ponto imagem, mas não através dele. Tais raios fazem com que a imagem pareça borrada, um efeito chamado de **aberração esférica**. A imagem pode ser mais nítida bloqueando o espelho exceto sua parte central de maneira que os raios distantes do eixo não o atinjam. A imagem será, então, mais nítida, mas seu brilho será reduzido, pois a quantidade de luz refletida ao ponto imagem será menor.

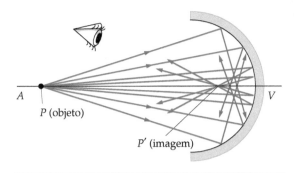

FIGURA 32-9 Aberração esférica de um espelho. Raios não-axiais que atingem o espelho em pontos distantes do eixo *AV* não são refletidos através do ponto imagem *P'* formado pelos raios axiais. Os raios não-axiais fazem com que a imagem não seja clara.

Para descrever a formação de imagens, precisamos obter uma equação que relacione a posição do ponto imagem à posição do ponto objeto. Para fazer isso, desenhamos dois raios (Figura 32-10*a*) de um ponto objeto *P* arbitrariamente posicionado. Um raio passa através do ponto *C*, o centro de curvatura do espelho, e o outro raio atinge o ponto *A*, um ponto posicionado arbitrariamente no espelho. O ponto imagem *P'* está onde estes dois raios se interceptam depois de refletirem no espelho. Usando a lei da reflexão, obtemos a posição de *P'*. O raio que passa por *C* atinge o espelho com incidência normal e, portanto, reflete de volta sobre si mesmo. O raio que atinge o espelho em *A* faz um ângulo θ com a normal e, portanto, como mostrado, o raio refletido também faz um ângulo θ com a normal. (Qualquer linha normal à superfície esférica passa através do centro de curvatura.) A distância imagem *s'* e a distância objeto *s* são medidas a partir do plano tangente ao espelho no seu vértice *V*. O ângulo β é o ângulo exterior ao triângulo *PAC*, logo $\beta = \alpha + \theta$. Similarmente, do triângulo *PAP'*, $\gamma = \alpha + 2\theta$. Eliminando θ destas equações obtemos

$$\alpha + \gamma = 2\beta$$

Veja
o Tutorial Matemático *para mais informações sobre*
Geometria e Trigonometria

Considerando que todos os raios sejam paraxiais, podemos utilizar para pequenos ângulos as aproximações: $\alpha \approx \ell/s$, $\beta \approx \ell/r$ e $\gamma = \ell/s'$. A Equação 32-1 segue diretamente:

$$\frac{1}{s} + \frac{1}{s'} = \frac{2}{r} \qquad 32\text{-}1$$

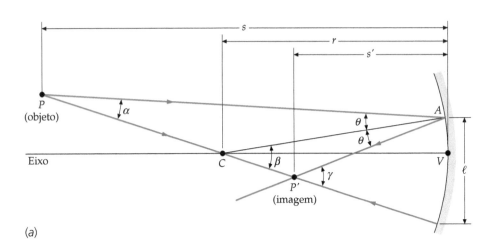

(a)

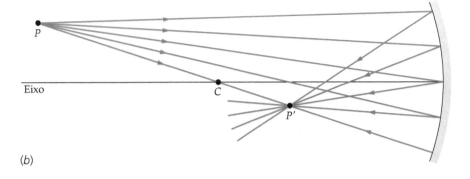

(b)

FIGURA 32-10 (*a*) Geometria para calcular a distância imagem *s'* a partir da distância objeto *s* e do raio de curvatura *r*. O ângulo β é um ângulo exterior ao triângulo *PAC*; portanto, $\beta = \alpha + \theta$. Similarmente, do triângulo *PAP'*, $\gamma = \alpha + 2\theta$. Eliminando θ destas equações obtemos $2\beta = \alpha + \gamma$. A Equação 32-1 segue diretamente se considerarmos as seguintes aproximações para pequenos ângulos: $\alpha \approx \ell/s$, $\beta \approx \ell/r$ e $\gamma = \ell/s'$. (*b*) Todos os raios paraxiais do ponto objeto *P* passam através do ponto imagem *P'* depois de refletirem no espelho.

Esta equação relaciona as distâncias objeto e imagem ao raio de curvatura. O ponto marcante desta equação é que ela não traz absolutamente nenhuma informação sobre a posição do ponto A. Assim, a equação é válida para *qualquer* escolha para a posição do ponto A, desde que ele esteja na superfície do espelho e que todos os raios sejam paraxiais. Isto é, como mostrado na Figura 32-10b, *todos* os raios paraxiais saindo de um ponto objeto irão, depois de refletidos, passar através de um *único* ponto imagem.

A Equação 32-1 especifica a posição da imagem em termos de sua distância ao espelho. Agora especificaremos a posição da imagem em termos de sua distância ao eixo. Primeiramente desenhamos um único raio (Figura 32-11) que reflete no espelho no seu vértice. Os dois triângulos retângulos formados são semelhantes. Lados correspondentes de triângulos semelhantes são iguais e, portanto,

$$\frac{y'}{y} = -\frac{s'}{s} \qquad \qquad 32\text{-}2$$

O sinal de menos leva em consideração que y'/y é negativo porque P e P' estão em lados opostos do eixo. Assim, se y é positivo, y' é negativo, e se y é negativo, y' é positivo.

PROBLEMA PRÁTICO 32-1

Para o ponto imagem e o ponto objeto mostrados na Figura 32-11, mostre que

$$\frac{y'}{y} = -\frac{r/2}{s - (r/2)}$$

Dica: Resolva a Equação 32-1 para s' e substitua o resultado na Equação 32-2.

Quando a distância objeto é grande comparada ao raio de curvatura do espelho, o termo $1/s$ na Equação 32-1 é muito menor que $2/r$ e pode ser desprezado. Isto é, quando $s \to \infty$, $s' \to \frac{1}{2}r$, onde s' é a distância imagem. Esta distância é chamada de **distância focal** f do espelho e o plano no qual os raios paralelos que incidem no espelho são focalizados é chamado de **plano focal**. A interseção do eixo com o plano focal é chamado de **ponto focal** F, como ilustrado na Figura 32-12a. (Novamente, apenas raios paraxiais são focalizados em um único ponto.)

$$f = \tfrac{1}{2}r \qquad \qquad 32\text{-}3$$

DISTÂNCIA FOCAL PARA UM ESPELHO

PROBLEMA PRÁTICO 32-2

Mostre que, resolvendo a Equação 32-1 para s', obtemos

$$s' = \frac{r}{2 - \dfrac{r}{s}}$$

Então mostre que, quando $s \to \infty$, $s' \to \tfrac{1}{2}r$.

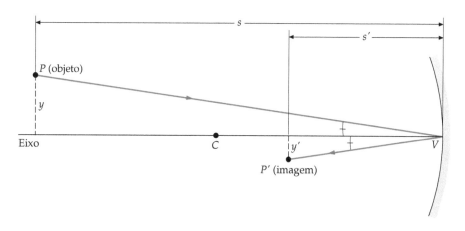

FIGURA 32-11 Geometria para calcular a posição y' do ponto imagem com relação à sua distância ao eixo.

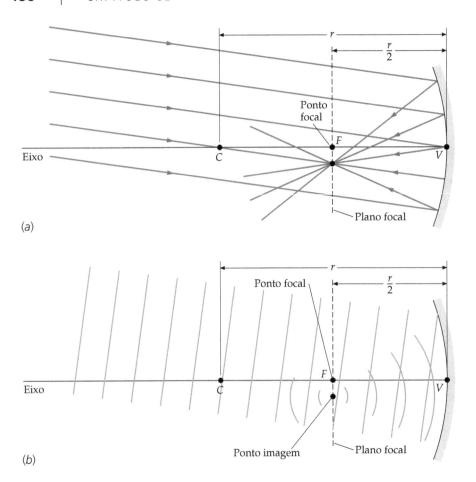

FIGURA 32-12 (a) Raios paralelos incidem em um espelho côncavo e são refletidos até um ponto no plano focal a uma distância $\frac{1}{2}r$ à esquerda do espelho. (b) As frentes de onda que chegam ao espelho são planas; depois da reflexão, elas se tornam frentes de onda esféricas que convergem para e, então, divergem, do ponto imagem.

A distância focal de um espelho esférico é metade do raio de curvatura. Em termos da distância focal f, a Equação 32-1 é

$$\frac{1}{s} + \frac{1}{s'} = \frac{1}{f} \qquad 32\text{-}4$$

EQUAÇÃO DOS ESPELHOS

A Equação 32-4 é chamada de **equação dos espelhos**.

Quando um ponto objeto está muito distante do espelho, os raios que incidem no espelho são aproximadamente paralelos, e as frentes de onda são aproximadamente planas (Figura 32-12b). Na Figura 32-12b, observe que a última parte de cada frente de onda a refletir na superfície do espelho côncavo é a parte logo abaixo do vértice V. Isto resulta em uma frente de onda esférica após a reflexão. A Figura 32-13 mostra ambas as frentes de onda e os raios para ondas planas incidindo em um espelho

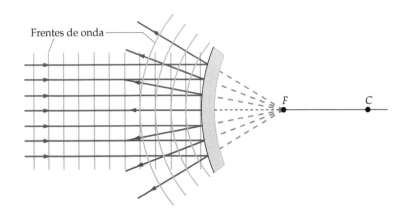

FIGURA 32-13 Reflexão de ondas planas em um espelho convexo. As frentes de onda que saem são esféricas, como se saíssem do ponto focal F atrás do espelho. Os raios são normais às frentes de onda e parecem divergir de F.

convexo. Neste caso, a parte central das frentes de onda incide primeiro no espelho e as ondas refletidas parecem vir de um ponto focal atrás do espelho.

A Figura 32-14 ilustra uma das propriedades das ondas chamada de **reversibilidade**. Se invertermos o sentido de um raio refletido, a lei da reflexão garante que o raio refletido irá acompanhar o raio incidente original, mas no sentido oposto. (A reversibilidade também vale para os raios refratados, os quais serão discutidos nas seções mais adiante.) Portanto, se temos uma imagem real de um objeto formada por uma superfície refletora (ou refratora), podemos colocar um objeto no ponto imagem e uma nova imagem real será formada na posição do objeto original.

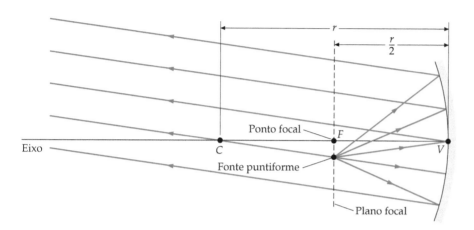

FIGURA 32-14 Reversibilidade. Raios divergindo de uma fonte puntiforme no plano focal de um espelho côncavo são refletidos pelo espelho como raios paralelos. Os raios seguem os mesmos caminhos da Figura 32-12a, mas em sentido oposto.

Exemplo 32-1 Imagem em um Espelho Côncavo

Uma fonte puntiforme está a 12 cm de um espelho côncavo e a 3,0 cm acima do eixo do espelho. O raio de curvatura do espelho é 6,0 cm. Determine (a) a distância focal do espelho e (b) a distância imagem. (c) Determine a posição da imagem com relação ao eixo.

SITUAÇÃO A distância focal de um espelho esférico é metade do raio de curvatura. Uma vez conhecida a distância focal, a distância imagem pode ser determinada usando a equação dos espelhos (Equação 32-4) e a distância da imagem ao eixo pode ser determinada através da Equação 32-2. A distância imagem em relação ao espelho é a distância do plano tangente ao espelho no seu vértice.

SOLUÇÃO

(a) A distância focal é metade do raio de curvatura:

$$f = \tfrac{1}{2}r = \tfrac{1}{2}(6{,}0 \text{ cm}) = \boxed{3{,}0 \text{ cm}}$$

(b) 1. Use a equação dos espelhos para encontrar a relação para a distância imagem s':

$$\frac{1}{s} + \frac{1}{s'} = \frac{1}{f}$$

ou

$$\frac{1}{12 \text{ cm}} + \frac{1}{s'} = \frac{1}{3{,}0 \text{ cm}}$$

2. Resolva para s':

$$\frac{1}{s'} = \frac{4}{12 \text{ cm}} - \frac{1}{12 \text{ cm}} = \frac{3}{12 \text{ cm}}$$

$$s' = \boxed{4{,}0 \text{ cm}}$$

(c) 1. Use a Equação 32-2 para determinar a distância y' da imagem ao eixo:

$$\frac{y'}{y} = -\frac{s'}{s}$$

2. Resolva para y':

$$y' = -\frac{s'}{s}y = -\frac{4{,}0 \text{ cm}}{12 \text{ cm}}(3{,}0 \text{ cm}) = \boxed{-1{,}0 \text{ cm}}$$

CHECAGEM Na Figura 32-15, dois raios da ponta da seta foram desenhados para localizar o ponto correspondente na imagem. O raio que passa através de C e o raio que reflete no espelho em V são os mais fáceis de traçar. Desta figura, podemos ver que os resultados da solução são bastante plausíveis.

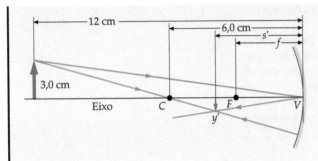

FIGURA 32-15

PROBLEMA PRÁTICO 32-3 Um espelho côncavo tem uma distância focal de 4,0 cm. (a) Qual é o raio de curvatura do espelho? (b) Determine a distância imagem para um objeto a 2,0 cm do espelho.

CHECAGEM CONCEITUAL 32-3

Qual é o raio de curvatura de um espelho plano?

DIAGRAMAS DE RAIOS PARA ESPELHOS

Um método útil para localizar imagens é a construção geométrica de um **diagrama de raios**, como ilustrado na Figura 32-16, onde o objeto é uma figura humana perpendicular ao eixo a uma distância s do espelho. Pela escolha sensata de raios vindos da cabeça da figura, podemos rapidamente localizar a imagem. Da infinidade de raios possíveis, há três raios, **raios principais**, que são particularmente convenientes:

1. O **raio paralelo**, desenhado paralelamente ao eixo. Este raio é refletido através do ponto focal.
2. O **raio focal**, desenhado através do ponto focal. Este raio é refletido paralelamente ao eixo.
3. O **raio radial**, desenhado através do centro de curvatura. Este raio atinge o espelho perpendicularmente à sua superfície e é, portanto, refletido de volta sobre si mesmo.

RAIOS PRINCIPAIS PARA UM ESPELHO

Estes raios são mostrados na Figura 32-16. A interseção de quaisquer dois raios paraxiais localizam o ponto imagem da cabeça. Os três raios principais são os mais fáceis de desenhar. Tipicamente, você desenha dois dos raios principais para localizar a imagem e, então, desenha o terceiro raio principal para conferência do resultado. Os diagramas de raios são melhor desenhados quando o espelho é substituído por uma linha reta que se estende o quanto for necessário para interceptar os raios, como mostrado na Figura 32-17. (Observe que a imagem, neste caso, é real, invertida e menor que o objeto.)

Quando o objeto está entre o espelho e seu ponto focal, os raios de um ponto objeto refletidos não convergem, mas parecem divergir de um ponto atrás do espelho, como ilustrado na Figura 32-18. Neste caso, a imagem é virtual e direita (*direita* significa não invertida em relação ao objeto). Para um objeto entre o espelho e o ponto focal, s é menor que $r/2$, logo a distância imagem s' calculada da Equação 32-1 é negativa. Podemos aplicar as Equações 32-1, 32-2, 32-3 e 32-4 para este caso e para espelhos convexos se adotarmos uma convenção conveniente de sinais. Se o espelho é convexo ou côncavo, imagens reais podem ser formadas apenas na frente do espelho, ou seja, no mesmo la-

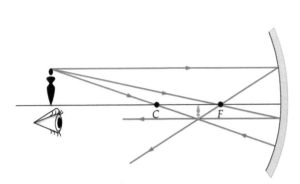

FIGURA 32-16 Diagrama dos raios para localização da imagem por construção geométrica.

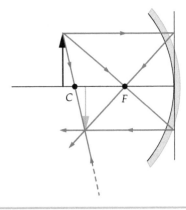

FIGURA 32-17 Diagramas de raios são mais fáceis de construir se a superfície curva for substituída por um plano tangente à superfície no vértice.

do do espelho que está a luz refletida (e o objeto). Imagens virtuais são formadas atrás do espelho onde não há luz do objeto. Nossa convenção de sinais é a seguinte:

1. *s* é positivo se o objeto está no lado da luz incidente do espelho.
2. *s'* é positivo se a imagem está no lado da luz refletida do espelho.
3. *r* (e, portanto, *f*) é positivo se o espelho é côncavo e, assim, o centro de curvatura está no lado da luz refletida do espelho.

CONVENÇÃO DE SINAIS PARA REFLEXÃO

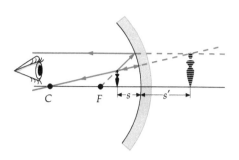

FIGURA 32-18 Uma imagem virtual é formada por um espelho côncavo quando o objeto está entre o ponto focal e o espelho. Aqui a imagem está localizada pelo raio radial, que é refletido sobre si mesmo, e pelo raio focal, que é refletido paralelamente ao eixo. Os dois raios refletidos parecem divergir de um ponto imagem atrás do espelho. Este ponto imagem é localizado pela construção das extensões dos raios refletidos.

O lado da luz incidente e o lado da luz refletida são, é claro, o mesmo lado do espelho. Os parâmetros s, s', r e f são todos positivos se um objeto real* está em frente a um espelho côncavo que forma uma imagem real. Um parâmetro é negativo se ele não atende esta condição para ser positivo.

A razão entre a altura da imagem e a altura do objeto é definida como **ampliação lateral** *m* do objeto. Da Figura 32-19 e da Equação 32-2, vemos que a ampliação lateral é

$$m = \frac{y'}{y} = -\frac{s'}{s}$$

32-5

AMPLIAÇÃO LATERAL

Uma ampliação negativa, que ocorre quando s e s' são positivos, indica que a imagem é invertida.

Para espelhos planos, o raio de curvatura é infinito. A distância focal dada pela Equação 32-3 é, então, também infinita. A Equação 32-4 resulta em $s' = -s$, indicando que a imagem está atrás do espelho a uma distância igual à distância objeto. A ampliação dada pela Equação 32-5 é, assim, $+1$, indicando que a imagem é direita e tem o mesmo tamanho do objeto.

Apesar das equações precedentes, acopladas com nossa convenção de sinais, serem relativamente fáceis de usar, freqüentemente precisamos saber apenas a posição e a ampliação aproximadas da imagem, se ela é real ou virtual, e se é direita ou invertida. Estas informações são geralmente obtidas com maior facilidade construindo um diagrama de raios. É sempre uma boa idéia usar este método gráfico e o método algébrico para localizar a imagem, quando um método serve de conferência para os resultados do outro.

Espelhos convexos A Figura 32-20 mostra um diagrama de raios para um objeto em frente a um espelho convexo. O raio central apontando para o centro de curvatura C é perpendicular ao espelho e é refletido sobre si mesmo. O raio paralelo é refletido como se ele viesse do ponto focal F atrás do espelho. O raio focal (não mostrado)

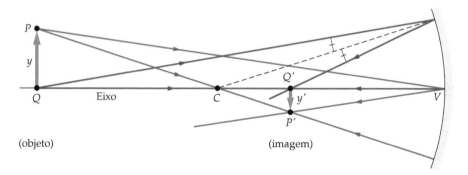

FIGURA 32-19 Geometria para mostrar a ampliação lateral. Raios do topo do objeto em P, depois da reflexão, sofrem interseção em P' e raios da parte de baixo do objeto em Q sofrem interseção em Q', onde os pontos P e P' têm posições verticais y e y', respectivamente. A ampliação lateral *m* é dada pela razão y'/y. De acordo com a Equação 32-2, $y'/y = -s'/s$. O sinal de menos resulta do fato que y'/y é negativo quando s e s' são ambos positivos. Um *m* negativo significa que a imagem é invertida.

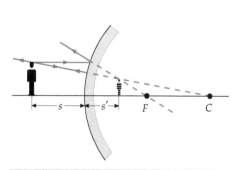

FIGURA 32-20 Diagrama de raios para um objeto em frente a um espelho convexo.

---

* Um objeto é real se ele estiver do mesmo lado do espelho que a luz incidente.

seria desenhado em direção ao ponto focal e seria refletido paralelamente ao eixo. Podemos ver da figura que a imagem está atrás do espelho e é, portanto, virtual. A imagem também é direita e menor que o objeto.

Exemplo 32-2 — Imagem em um Espelho Convexo

Um objeto de 2,0 cm de altura está a 10 cm de um espelho convexo que tem raio de curvatura igual a 10 cm. (*a*) Localize a imagem e (*b*) determine a altura da imagem.

SITUAÇÃO O diagrama de raios para este problema é o mesmo mostrado na Figura 32-20. Da figura, vemos que a imagem é direita, virtual e menor que o objeto. Para determinar a exata posição e altura da imagem, usamos a equação dos espelhos com $s = 10$ cm e $r = -10$ cm.

SOLUÇÃO

(*a*) 1. A distância imagem s' está relacionada à distância objeto s e à distância focal f pela equação do espelho:
$$\frac{1}{s} + \frac{1}{s'} = \frac{1}{f}$$

2. Calcule a distância focal do espelho:
$$f = \tfrac{1}{2}r = \tfrac{1}{2}(-10\text{ cm}) = -5{,}0\text{ cm}$$

3. Substitua $s = 10$ cm e $f = -5{,}0$ cm na equação dos espelhos para determinar a distância imagem:
$$\frac{1}{10\text{ cm}} + \frac{1}{s'} = \frac{1}{-5{,}0\text{ cm}}$$

4. Resolva para s':
$$s' = \boxed{-3{,}3\text{ cm}}$$

(*b*) 1. A altura da imagem é m multiplicada pela altura do objeto:
$$y' = my$$

2. Calcule a ampliação m:
$$m = -\frac{s'}{s} = -\frac{-3{,}3\text{ cm}}{10\text{ cm}} = +0{,}33$$

3. Use m para determinar a altura da imagem:
$$y' = my = (0{,}33)(2{,}0\text{ cm}) = \boxed{0{,}67\text{ cm}}$$

CHECAGEM A distância imagem é negativa, indicando uma imagem virtual atrás do espelho. A ampliação é positiva e menor que um, indicando que a imagem é direita e menor que o objeto. Os resultados estão de acordo com a informação obtida a partir do diagrama de raios (Figura 32-21).

PROBLEMA PRÁTICO 32-4 Determine a distância imagem e a ampliação lateral para um objeto a 5,0 cm de distância do espelho no Exemplo 32-2.

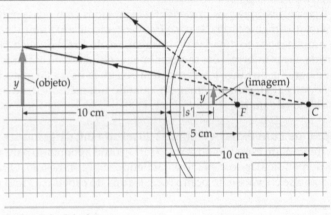

FIGURA 32-21

Exemplo 32-3 — Determinando o Alcance *Rico em Contexto*

Você tem um trabalho de tempo parcial em um curso de golfe. A parte lisa do campo de golfe do 16º buraco é horizontal para as primeiras 50 jardas (45 metros) e, então, desce por uma colina não muito pronunciada (Figura 32-22) de tal forma que as pessoas no marco não conseguem enxergar o próximo grupo de jogadores à frente. Para evitar que as pessoas lancem as bolas do pino "T" em direção às pessoas à frente, um espelho convexo é montado em um poste, permitindo que os golfistas no campo enxerguem se há ou não pessoas à frente. Seu chefe diz que um telêmetro[1] que opera por triangulação poderia ser colocado em frente ao espelho de forma que os golfistas pudessem medir a que distância está atrás do espelho a imagem do grupo de pessoas à frente. Então os golfistas poderiam receber uma planilha informando a eles a que distância está o grupo do pino "T". Seu chefe sabe que você está fazendo um curso de física e lhe pede para calcular a distância da imagem atrás do espelho se o grupo à frente está a 250 jardas (225 metros) do "T". O raio de curvatura do espelho é 20,0 jardas (18,0 metros).

---
[1] Instrumento que se emprega para medir a distância entre um observador e um ponto inacessível. (N.T.)

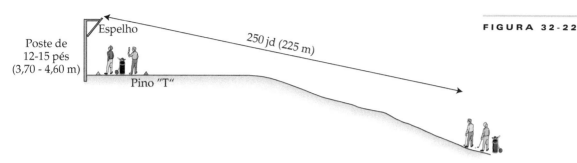

FIGURA 32-22

SITUAÇÃO A distância imagem está relacionada à distância objeto pela fórmula dos espelhos e a distância focal do espelho é metade do raio de curvatura.

SOLUÇÃO

1. Use a equação dos espelhos. Para um espelho convexo, o raio de curvatura é negativo:

$$\frac{1}{s} + \frac{1}{s'} = \frac{1}{f}$$

e

$$f = \frac{2}{r}$$

então

$$\frac{1}{250\,\text{jd}} + \frac{1}{s'} = \frac{2}{-20,0\,\text{jd}}$$

2. A imagem está a 9,62 jardas atrás do espelho:

$$s' = \boxed{-9,62\,\text{jd}\,(-8,66\,\text{m})}$$

CHECAGEM O resultado negativo do passo 2 é esperado. Isto é, era de se esperar que a imagem estivesse atrás do espelho.

PROBLEMA PRÁTICO 32-5 Qual é a distância ao grupo de pessoas à frente se a imagem está a 9,75 jardas atrás do espelho?

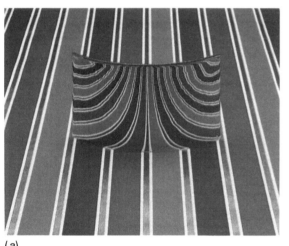

(a)

(b)

(a) Um espelho convexo repousando sobre um papel que tem tiras paralelas igualmente espaçadas. Observe o grande número de linhas na imagem em um pequeno espaço e a redução no tamanho e distorção na forma da imagem. (b) Um espelho convexo é usado para segurança em uma loja. *(Richard Megna/Fundamental Photographs.)*

32-2 LENTES

IMAGENS FORMADAS POR REFRAÇÃO

Uma extremidade de um cilindro longo e transparente é usinada e polida para formar uma superfície esférica convexa. A Figura 32-23 ilustra a formação de uma imagem por refração em tal superfície. Considere que o cilindro esteja submerso em um líquido transparente que tem um índice de refração n_1 e que o cilindro seja feito de um material plástico com índice de refração n_2, onde n_2 é maior que n_1. Novamente, apenas no limite paraxial os raios de um ponto objeto convergem para um ponto. Uma equação relacionando a distância imagem à distância objeto, ao raio de curvatura e aos índices de refração pode ser obtida através da aplicação da lei de Snell da refração aos raios e usando aproximação para pequenos ângulos. A geometria é a mostrada na Figura 32-24. Os ângulos θ_1 e θ_2 estão relacionados pela lei de Snell da refração: $n_1 \text{sen}\, \theta_1 = n_2 \text{sen}\, \theta_2$. Usando a aproximação para pequenos ângulos (sen $\theta = \theta$) a lei de Snell se torna $n_1\theta_1 = n_2\theta_2$. Do triângulo ACP', temos $\beta = \theta_2 + \gamma = (n_1/n_2)\theta_1 + \gamma$; e, do triângulo PAC, temos $\theta_1 = \alpha + \beta$. Eliminando θ_1 destas duas equações obtemos $n_1\alpha + n_2\gamma = (n_2 - n_1)\beta$. Substituindo α, β e γ e usando as aproximações de pequenos ângulos $\alpha \approx \ell/s$, $\beta \approx \ell/r$, e $\gamma \approx \ell/s'$, obtemos

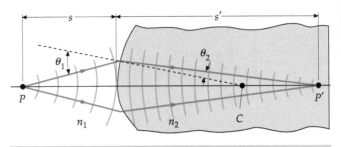

FIGURA 32-23 Imagem formada pela refração em uma superfície esférica entre dois meios onde as ondas se movem mais lentamente no segundo meio.

$$\frac{n_1}{s} + \frac{n_2}{s'} = \frac{n_2 - n_1}{r} \qquad 32\text{-}6$$

REFRAÇÃO EM UMA ÚNICA SUPERFÍCIE

Na refração, as imagens reais são formadas atrás da superfície, que chamaremos de lado da luz refratada, enquanto as imagens virtuais ocorrem no lado da luz incidente, na frente da superfície. A convenção de sinais que usamos para a refração é semelhante à da reflexão:

1. s é positivo para objetos no lado da luz incidente na superfície.
2. s' é positivo para imagens no lado da luz refratada na superfície.
3. r é positivo se o centro de curvatura está no lado da luz refratada.

CONVENÇÃO DE SINAIS PARA REFRAÇÃO*

Vemos que os parâmetros s, s' e r são todos positivos se um objeto real está na frente de uma superfície refratora convexa que forma uma imagem real. Um parâmetro é negativo se ele não atende à condição para ser positivo.

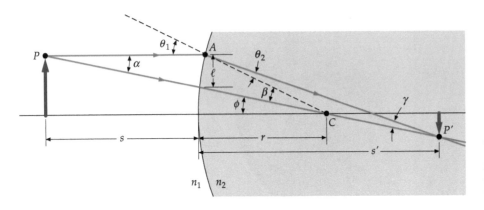

FIGURA 32-24 Geometria para relacionar a posição da imagem à posição do objeto para refração em uma única superfície esférica.

Exemplo 32-4 — Ampliação por uma Superfície Refratora

Tente Você Mesmo

Deduza uma expressão para a ampliação $m = y'/y$ de uma imagem formada por uma superfície refratora esférica.

SITUAÇÃO A ampliação é a razão entre y' e y. Usando a Figura 32-19 e a Figura 32-24 como guias, desenhe um diagrama de raios apropriado para esta derivação. Os ângulos estão relacionados pela lei de Snell. Para raios paraxiais você pode usar as aproximações $\tan \theta \approx \text{sen}\, \theta \approx \theta$, e $\cos \theta \approx 1$.

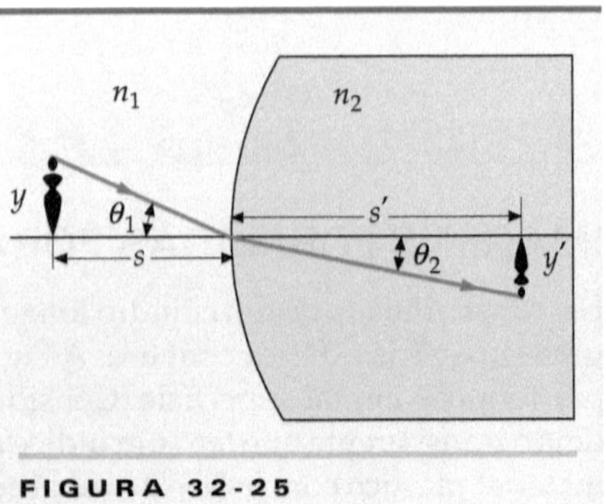

FIGURA 32-25

---

* A convenção de sinais escolhida para trabalho avançado em projetos ópticos é a convenção cartesiana de sinais. Ela pode ser encontrada facilmente na Internet.

Imagens Ópticas | 407

SOLUÇÃO

Cubra a coluna da direita e tente por si só antes de olhar as respostas.

Passos: Respostas

1. Usando a Figura 32-19 e a Figura 32-24 como guias, desenhe um diagrama de raios apropriado para esta dedução. O desenho deveria incluir um objeto, uma imagem real, uma superfície refratora e um eixo. Então, desenhe um raio incidente do topo do objeto até a interseção do eixo com a superfície refratora e desenhe o raio refratado até o ponto imagem correspondente (Figura 32-25).

2. Escreva expressões para $\tan\theta_1$ e $\tan\theta_2$ em termos das alturas y e $-y'$ e das distâncias objeto e imagem s e s'. (Como y' é negativo, use $-y'$ para que $\tan\theta_2$ seja positiva.)

$$\tan\theta_1 = \frac{y}{s}; \quad \tan\theta_2 = \frac{-y'}{s'}$$

3. Aplique a aproximação de ângulos pequenos $\tan\theta \approx \theta$ para suas expressões.

$$\theta_1 = \frac{y}{s}; \quad \theta_2 = \frac{-y'}{s'}$$

4. Escreva a lei de Snell da refração relacionando os ângulos θ_1 e θ_2 usando a aproximação para ângulos pequenos $\mathrm{sen}\,\theta \approx \theta$

$$n_1 \,\mathrm{sen}\,\theta_1 = n_2 \,\mathrm{sen}\,\theta_2$$
$$n_1 \theta_1 = n_2 \theta_2$$

5. Substitua as expressões para θ_1 e θ_2 encontradas no passo 3.

$$n_1\left(\frac{y}{s}\right) = n_2\left(\frac{-y'}{s'}\right)$$

6. Resolva para a ampliação $m = y'/y$.

$$\boxed{m = \frac{y'}{y} = -\frac{n_1 s'}{n_2 s}}$$

CHECAGEM O resultado do passo 6 para a ampliação lateral é adimensional, como esperado.

Vemos do Exemplo 32-4 que a ampliação devida à refração em uma superfície esférica é

$$m = \frac{y'}{y} = -\frac{n_1 s'}{n_2 s} \qquad 32\text{-}7$$

AMPLIAÇÃO PARA UMA INTERFACE REFRATORA

Exemplo 32-5 Imagem Vista através de um Aquário

O peixe dourado está em um aquário esférico de 15,0 cm de raio com água que tem índice de refração 1,33. A gata está sentada na mesa com seu nariz a 10,0 cm da superfície do aquário (Figura 32-26). A luz do nariz da gata é refratada pela interface ar–água para formar uma imagem. Determine (a) a distância imagem e (b) a ampliação da imagem do nariz da gata. Despreze qualquer efeito da parede fina de vidro do aquário.

SITUAÇÃO Determinamos a distância imagem s' usando a Equação 32-6, e a ampliação usando a Equação 32-7. Como estamos interessados na luz que vem desde o nariz da gata até o aquário, a interface ar–água é convexa e o ar está no lado da luz incidente da interface, enquanto a água está no lado da luz refratada. Com estas identificações, temos $n_1 = 1,00$, $n_2 = 1,33$, $s = +10,0$ cm e $r = +15,0$ cm.

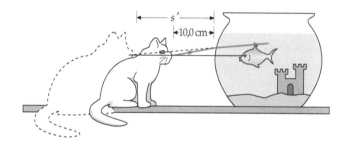

FIGURA 32-26 O peixinho enxerga a imagem da gata mais distante através do aquário do que ela realmente está.

SOLUÇÃO

(a) 1. A equação relacionando a distância objeto à distância imagem é a Equação 32-6:

$$\frac{n_1}{s} + \frac{n_2}{s'} = \frac{n_2 - n_1}{r}$$

2. Identifique e designe sinais para os parâmetros no passo anterior:

$n_1 = 1,00, n_2 = 1,33, s = +10,0$ cm e $r = +15,0$ cm

3. Substitua os valores numéricos e resolva para s':

$$\frac{1,00}{10,0\text{ cm}} + \frac{1,33}{s'} = \frac{1,33 - 1,00}{15,0\text{ cm}}$$

então

$$s' = \boxed{-17,1\text{ cm}}$$

408 | CAPÍTULO 32

(b) Substitua valores numéricos na Equação 32-7 para determinar a ampliação m: $\quad m = -\dfrac{n_1 s'}{n_2 s} = -\dfrac{(1,00)(-17,1 \text{ cm})}{(1,33)(10,0 \text{ cm})} = \boxed{1,29}$

CHECAGEM Como s' é negativa, a imagem é virtual; isto é, a imagem está no lado oposto ao da luz refratada, como mostrado na Figura 32-26. O peixe veria a gata a uma distância levemente maior ($|s'| > s$) do que ela realmente está, e maior ($|m| > 1$) do que ela realmente é. Como m é positiva, a imagem é direita.

PROBLEMA PRÁTICO 32-6 Se o peixe está a 7,5 cm do lado do aquário mais próximo à gata, determine (a) a posição e (b) a ampliação da imagem do peixe, de acordo com a visão da gata.

PROBLEMA PRÁTICO 32-7 O aquário é substituído por outro com lados planos e o peixe está a 7,5 cm do lado onde está a gata. Use a Equação 32-6 para determinar a posição da imagem do peixe de acordo com a visão da gata.

Exemplo 32-6 Imagem Vista de um Ramo Alto

Durante os meses de verão, um peixe passa a maior parte de seu tempo em um pequeno lago no quintal de sua dona. Enquanto está descansando no fundo do lago de 1,00 m de profundidade, o peixe está sendo observado pela gata, que está em um ramo de árvore a 3,00 m acima da superfície do lago. A que distância abaixo da superfície do lago a gata enxerga a imagem do peixe? (O índice de refração da água é 1,33.)

SITUAÇÃO A superfície do lago é uma superfície esférica de refração que tem um raio de curvatura igual ao raio da Terra. (Desprezando a curvatura da superfície da Terra, usamos $r \approx \infty$.) Portanto, a Equação 32-6 se aplica. Como a luz que atinge a gata tem origem na água, use $n_1 = 1,33$ e $n_2 = 1,00$.

SOLUÇÃO

1. Desenhe a situação. Identifique a distância objeto e os índices de refração dos meios. O peixe é o objeto (Figura 32-27):

2. Usando a Equação 32-6, relacione a posição imagem s' aos outros parâmetros relevantes:
$$\dfrac{n_1}{s} + \dfrac{n_2}{s'} = \dfrac{n_2 - n_1}{r}$$

3. A superfície de refração é virtualmente plana. Usando $r = \infty$, resolva para s':
$$s' = -\dfrac{n_2}{n_1} s$$

4. Usando os valores dados $n_1 = 1,33$ e $n_2 = 1,00$ e $s = 1,00$ m, substitua para obter s':
$$\boxed{s' = -\dfrac{1}{1,33}(1,00 \text{ m}) = -0,752 \text{ m}}$$
Imagem negativa significa que ela está no lado da superfície oposto ao da luz refratada. Isto é, ela está a 0,752 m abaixo da superfície.

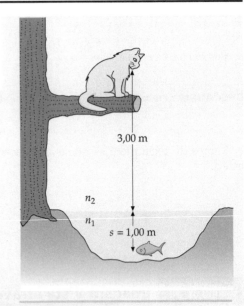

FIGURA 32-27

CHECAGEM A imagem está entre a posição do peixe e a superfície da água. Este resultado é esperado. Lembre que, se você mergulhar um remo na água a certo ângulo, a parte do remo que está abaixo da água parece estar acima de onde você sabe que ela está.

INDO ALÉM (1) Esta imagem pode ser vista na posição calculada apenas quando o objeto é visto diretamente de cima, ou próximo a esta situação. Deste ponto de observação, os raios são paraxiais, uma condição necessária para que a Equação 32-6 seja válida. Se a gata estiver parada na borda do lago, os raios não satisfarão a aproximação paraxial e a Equação 32-6 não preverá corretamente a posição da imagem. (2) A distância (n_2/n_1) multiplicada por s é chamada de profundidade aparente de um objeto submerso. Se $n_2 = 1$, a profundidade aparente é igual a s/n_1.

 CHECAGEM CONCEITUAL 32-4

Desenhe um diagrama de raios para a imagem do peixe, como descrito no Exemplo 32-6. Isto é, desenhe diversos raios saindo de um ponto objeto P no peixe e mostre que, após a refração, os raios parecem divergir de um ponto imagem P' um pouco acima do ponto objeto.

LENTES DELGADAS

Uma aplicação importante da Equação 32-6 para a refração em uma única superfície é determinar a posição da imagem formada por uma lente. Esta determinação é feita considerando a refração em cada superfície da lente separadamente para derivar uma equação relacionando a distância imagem à distância objeto, ao raio de curvatura de cada superfície da lente e ao índice de refração do material da lente.

Consideraremos uma lente delgada com índice de refração n com ar em ambos os lados. Sejam r_1 e r_2 os raios de curvatura das superfícies das lentes. Se um objeto está a uma distância s da primeira superfície (e, portanto, da lente), a distância s'_1 da imagem devida à refração na primeira superfície pode ser encontrada usando a Equação 32-6:

$$\frac{n_{ar}}{s} + \frac{n}{s'_1} = \frac{n - n_{ar}}{r_1} \qquad 32\text{-}8$$

A luz refratada na primeira superfície é novamente refratada na segunda superfície. A Figura 32-28 mostra o caso quando a distância imagem s'_1 para a primeira superfície é negativa, indicando uma imagem virtual à esquerda da superfície. Raios refratados no vidro na primeira superfície divergem como se eles viessem do ponto imagem P'_1. Os raios atingem a segunda superfície nos mesmos ângulos como se houvesse um objeto no ponto imagem P'_1. A imagem para a primeira superfície se torna, então, o objeto para a segunda superfície. Como a lente tem espessura desprezível, a distância objeto s_2 é igual, em módulo, a s'_1. Distâncias objetos para objetos no lado da luz incidente na superfície são positivas, enquanto distâncias imagem para imagens localizadas no lado da luz incidente são negativas. Portanto, a distância objeto para a segunda superfície é $s'_2 = -s'_1$.*
Escrevemos, agora, a Equação 32-6 para a segunda superfície, onde $n_1 = n$, $n_2 = n_{ar}$ e $s = -s'_1$. A distância imagem para a segunda superfície é a distância imagem final s' para a lente:

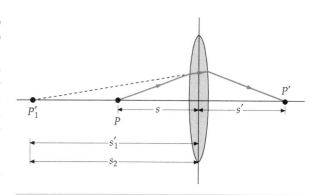

FIGURA 32-28 A refração ocorre em ambas superfícies de uma lente. Aqui, a refração na primeira superfície leva a uma imagem virtual em P'_1. Os raios atingem a segunda superfície como se eles viessem de P'_1. As distâncias imagem são negativas quando a imagem está no lado da luz incidente da superfície, enquanto as distâncias objeto são positivas para objetos localizados neste lado. Assim, $s_2(\approx -s'_1)$ é a distância objeto para a segunda superfície da lente.

$$\frac{n}{-s'_1} + \frac{n_{ar}}{s'} = \frac{n_{ar} - n}{r_2} \qquad 32\text{-}9$$

Podemos eliminar a distância imagem para a primeira superfície $-s'_1$ somando as Equações 32-8 e 32-9. Obtemos

$$\frac{1}{s} + \frac{1}{s'} = \left(\frac{n}{n_{ar}} - 1\right)\left(\frac{1}{r_1} - \frac{1}{r_2}\right) \qquad 32\text{-}10$$

A Equação 32-10 fornece a distância imagem s' em termos da distância objeto s e das propriedades r_1, r_2 e n da lente delgada. Assim como acontece para os espelhos, a distância focal f da lente delgada é definida como a distância imagem quando a distância objeto é infinita. Considerando s igual a infinito e escrevendo f para a distância imagem s', obtemos

$$\frac{1}{f} = \left(\frac{n}{n_{ar}} - 1\right)\left(\frac{1}{r_1} - \frac{1}{r_2}\right) \qquad 32\text{-}11$$

EQUAÇÃO DOS FABRICANTES DE LENTES

A Equação 32-12 é chamada de **equação dos fabricantes de lente**. Substituindo $1/f$ pelo lado direito da Equação 32-10, obtemos

$$\frac{1}{s} + \frac{1}{s'} = \frac{1}{f} \qquad 32\text{-}12$$

EQUAÇÃO PARA LENTES DELGADAS

Esta **equação para as lentes delgadas** é igual à equação dos espelhos (Equação 32-4). Lembre-se de, entretanto, que a convenção de sinais para a refração é ligeiramente diferente da convenção para a reflexão. Para a refração, a distância imagem s' é po-

---

* Se s'_1 fosse positiva, os raios convergiriam quando atingissem a segunda superfície. O objeto para a segunda superfície seria, então, um objeto virtual localizado à direita da segunda superfície. Este objeto seria um objeto virtual. Novamente, $s_2 = -s'_1$.

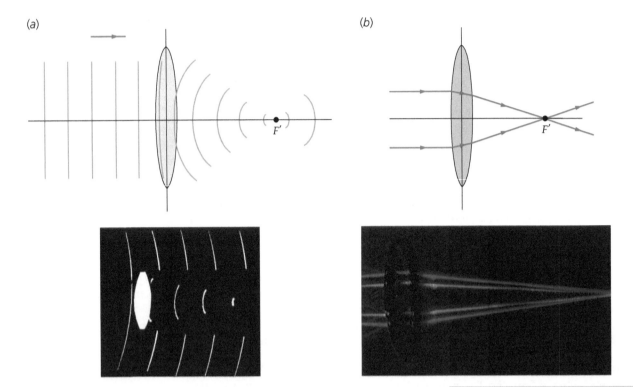

FIGURA 32-29 (a) *Topo:* Frentes de onda para ondas planas incidindo em uma lente convergente. A parte central da frente de onda se atrasa em relação à parte externa devido à lente, resultando em uma onda esférica que converge no ponto focal F'. *Embaixo:* Frentes de onda passando através da lente, mostradas através de uma técnica fotográfica chamada de *registro da luz em movimento* que usa um laser pulsado para fazer um holograma das frentes de onda da luz. (b) *Topo:* Raios para ondas planas incidindo uma lente convergente. Os raios são desviados em cada superfície e convergem para o ponto focal. *Embaixo:* Uma fotografia dos raios focalizados por uma lente convergente. ((a) Nils Abramson, (b) Fundamental Photographs.) (Veja o Encarte em cores.)

sitiva quando a imagem está no lado da luz refratada da(s) superfície(s) de refração, isto é, quando ela está do lado oposto ao da luz incidente. O sinal da distância focal de uma lente (veja a Equação 32-11) é determinado pela convenção de sinais para uma única interface de refração. Isto é, r é positivo se o centro de curvatura está do mesmo lado da superfície que a luz refratada. Para uma lente como a mostrada na Figura 32-28, r_1 é positivo e r_2 é negativo, logo f é positiva.

A Figura 32-29a mostra as frentes de onda de ondas planas incidindo em uma lente convexa. Primeiramente a parte central da frente de onda atinge a lente. Como a velocidade da onda na lente é menor que no ar (considerando $n > 1$), a parte central da frente de onda se atrasa em relação à parte externa, resultando em uma onda esférica que converge para o ponto focal F'. Os raios para esta situação são mostrados na Figura 32-29b. Esta lente é chamada de **lente convergente**. Como sua distância focal calculada pela Equação 32-2 é positiva, ela também é chamada de **lente positiva**.

Qualquer lente que seja mais espessa no meio do que nas bordas é uma lente convergente (desde que o índice de refração da lente seja maior que o do meio onde ela está). A Figura 32-30 mostra as frentes de onda e os raios para ondas planas

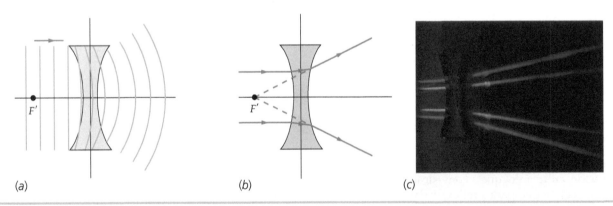

FIGURA 32-30 (a) Frentes de onda para ondas planas incidindo em uma lente divergente. Aqui, a parte externa da frente de onda se atrasa mais do que a parte central, resultando em uma onda esférica que diverge à medida que avança, como se ela viesse do ponto focal F' à esquerda da lente. (b) Raios para ondas planas incidindo na mesma lente divergente. Os raios são desviados para fora e divergem, como se estivessem vindo do ponto focal F'. (c) Uma fotografia dos raios passando através de uma lente divergente. *(Fundamental Photographs.)* (Veja o Encarte em cores.)

incidindo em uma lente côncava. Neste caso, a parte externa das frentes de onda se atrasa em relação às partes centrais, resultando em ondas esféricas que divergem de um ponto focal no lado da luz incidente da lente. A distância focal desta lente é negativa. Qualquer lente que seja mais fina no centro do que nas bordas é uma lente **divergente** ou **negativa**.

Exemplo 32-7 A Fórmula dos Fabricantes de Lente

Uma lente convexa, delgada e feita de vidro com índice de refração $n = 1,50$ tem raios de curvatura cujos módulos são 10 cm e 15 cm, como mostrado na Figura 32-31. Determine sua distância focal no ar.

SITUAÇÃO Podemos encontrar a distância focal usando a equação dos fabricantes de lente (Equação 32-11). Aqui a luz incide na superfície que tem o menor raio de curvatura. O centro de curvatura C_1 desta superfície está no lado da luz refratada da lente; portanto, $r_1 = +10$ cm. Para a segunda superfície, o centro de curvatura C_2 está no lado da luz incidente; então, $r_2 = -15$ cm.

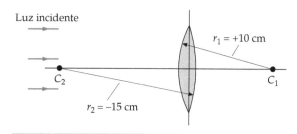

FIGURA 32-31

SOLUÇÃO

A substituição numérica na Equação 32-11 fornece a distância focal f:

$$\frac{1}{f} = \left(\frac{n}{n_{ar}} - 1\right)\left(\frac{1}{r_1} - \frac{1}{r_2}\right)$$

$$= \left(\frac{1,50}{1,00} - 1\right)\left(\frac{1}{10\text{ cm}} - \frac{1}{-15\text{ cm}}\right) = 0,50\left(\frac{5,0}{30\text{ cm}}\right)$$

$$\therefore f = \boxed{12 \text{ cm}}$$

CHECAGEM A distância focal calculada é positiva, como esperado. A lente é mais espessa no meio do que nas bordas, logo, espera-se que a distância focal seja positiva.

PROBLEMA PRÁTICO 32-8 Uma lente delgada convexa tem índice de refração $n = 1,6$ e suas superfícies têm raios de curvatura de mesmo valor. Se a distância focal da lente é 15 cm, qual é o valor dos raios de curvatura das superfícies?

PROBLEMA PRÁTICO 32-9 Mostre que se você inverter o sentido da luz incidindo na lente mostrada no Exemplo 32-7, de forma que a luz incida na superfície que tem o maior raio de curvatura, você obtém o mesmo resultado para a distância focal.

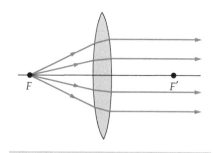

Se raios paralelos incidem na lente do Exemplo 32-7 vindos da esquerda, eles são focalizados em um ponto a 12 cm à direita da lente; por outro lado, se raios paralelos incidem na lente vindos da direita, eles são focalizados a 12 cm à esquerda da lente. Ambos os pontos são pontos focais da lente. Usando a propriedade de reversibilidade dos raios da luz, podemos ver que a luz que sai de um ponto focal e atinge uma lente sairá da lente como um feixe paralelo, como mostrado na Figura 32-32. Raios incidentes paralelos ao eixo emergem em direção ou se afastam do **primeiro ponto focal** F. Raios incidentes dirigidos ou se afastando do **segundo ponto focal** F' emergem paralelamente ao eixo. Para uma lente convergente, o primeiro ponto focal está no lado da luz incidente e o segundo ponto focal está no lado da luz refratada. (Para uma lente divergente o oposto é verdadeiro.) Se um feixe paralelo incide na lente formando um pequeno ângulo em relação ao eixo, como na Figura 32-33, ele é focalizado em um ponto no **plano focal** a uma distância f da lente.

FIGURA 32-32 Raios de luz divergindo do ponto focal de uma lente positiva emergem paralelamente ao eixo.

O recíproco da distância focal é chamado de **poder de uma lente**. Quando a distância focal é expressa em metros, o poder é dado em inverso de metro, chamado de **dioptria** (D):

$$P = \frac{1}{f} \qquad 32\text{-}13$$

O poder de uma lente mede sua capacidade de focalizar luz paralela a uma curta distância da lente. Quanto menor a distância focal, maior o

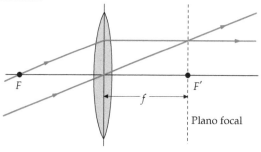

FIGURA 32-33 Raios paralelos incidindo na lente formando um ângulo em relação ao seu eixo são focalizados em um ponto no plano focal da lente.

poder. Por exemplo, uma lente que tem uma distância focal de 25 cm = 0,25 m tem um poder de 4,0 D. Uma lente que tem uma distância focal de 10 cm = 0,10 m tem um poder de 10 D. Como a distância focal de uma lente divergente é negativa, seu poder é negativo.

Exemplo 32-8 — Poder de uma Lente

A lente mostrada na Figura 32-34 tem um índice de refração de 1,50 e raios de curvatura cujas magnitudes são 10,0 cm e 13,0 cm. Determine (a) sua distância focal no ar e (b) seu poder.

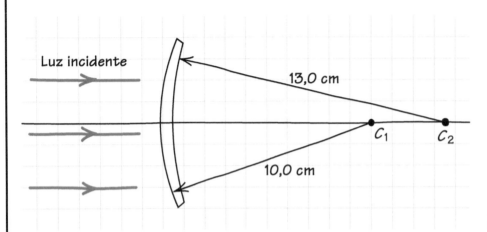

FIGURA 32-34

SITUAÇÃO Para a orientação da lente mostrada na Figura 32-34 relativa à luz incidente, o raio de curvatura da primeira superfície é $r_1 = +10,0$ cm e o da segunda superfície é $r_2 = +13,0$ cm.

SOLUÇÃO
(a) Calcule f a partir da equação dos fabricantes de lente usando o valor dado para n e os valores de r_1 e r_2 para a orientação mostrada:

$$\frac{1}{f} = \left(\frac{n}{n_{ar}} - 1\right)\left(\frac{1}{r_1} - \frac{1}{r_2}\right)$$

$$= \left(\frac{1,50}{1,00} - 1\right)\left(\frac{1}{10,0 \text{ cm}} - \frac{1}{13,0 \text{ cm}}\right)$$

$$\therefore f = \boxed{87 \text{ cm}}$$

(b) O poder é o recíproco da distância focal expressa em metros:

$$P = \frac{1}{f} = \frac{1}{0,867 \text{ m}} = \boxed{1,2 \text{ D}}$$

CHECAGEM Os valores para a distância focal e para o poder são positivos. Isto é o esperado para uma lente que é mais espessa no meio do que nas bordas.

INDO ALÉM Obtemos o mesmo resultado independentemente de qual superfície a luz atingir primeiro.

Durante experimentos de laboratório envolvendo lentes, geralmente é muito mais fácil medir a distância focal do que medir os raios de curvatura das superfícies.

DIAGRAMA DE RAIOS PARA LENTES

Assim como no caso das imagens formadas por espelhos, é conveniente localizar as imagens de lentes por métodos gráficos. A Figura 32-35 ilustra o método gráfico para uma lente delgada convergente. Na aproximação de lentes delgadas, consideramos que os raios são defletidos no plano que passa pelo centro da lente e é perpendicular ao eixo óptico. Os três raios principais são os seguintes:

1. O **raio paralelo**, desenhado paralelamente ao eixo. O raio emergente sai em direção ao segundo ponto focal da lente.

2. O **raio central**, desenhado através do centro (o vértice) da lente. Este raio não sofre deflexão. (As faces da lente são paralelas no centro e, portanto, o raio sai na mesma direção, mas levemente deslocado. Como a lente é delgada, o deslocamento é desprezível.)
3. O **raio focal**, desenhado através do primeiro ponto focal.* Este raio emerge paralelamente ao eixo.

RAIOS PRINCIPAIS PARA UMA LENTE DELGADA

Estes três raios convergem para o ponto imagem, como mostrado na Figura 32-35. Neste caso, a imagem é real e invertida. Da figura temos $\tan\theta = y/s = -y'/s'$. A ampliação lateral é, então,

$$m = \frac{y'}{y} = -\frac{s'}{s} \qquad 32\text{-}14$$

Esta expressão é a mesma dos espelhos. Novamente, uma ampliação negativa indica que a imagem é invertida. O diagrama de raios para uma lente divergente é mostrada na Figura 32-36.

O peso e o volume de uma lente de grande diâmetro podem ser reduzidos construindo uma lente a partir de segmentos anelares com diferentes ângulos de maneira que a luz de um ponto seja refratada pelos segmentos em um feixe paralelo. Este arranjo é chamado de lente de Fresnel. Várias lentes de Fresnel são usadas em faróis para produzir feixes paralelos intensos da luz de uma fonte que está no ponto focal das lentes. A superfície iluminada de um projetor de transparências é uma lente de Fresnel.

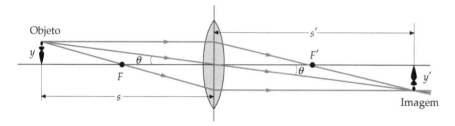

FIGURA 32-35 Diagrama de raios para uma lente delgada convergente. Desenhamos os raios como se toda a deflexão da luz acontecesse no plano central. O raio que passa no centro não sofre deflexão porque as superfícies da lente são paralelas e próximas entre si.

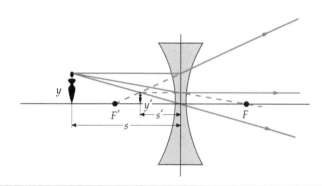

FIGURA 32-36 Diagrama de raios para uma lente divergente. O raio paralelo é desviado para longe do eixo, como se estivesse vindo do segundo ponto focal F'. O raio em direção ao primeiro ponto focal F emerge paralelamente ao eixo. Para uma lente divergente o primeiro ponto focal F está no lado da luz refratada da lente.

Exemplo 32-9 Imagem Formada por uma Lente

Um objeto que tem 1,2 cm de altura é colocado a 4,0 cm de uma lente convexa que tem uma distância focal de 12 cm. Localize a imagem graficamente e algebricamente, diga se a imagem é real ou virtual e determine sua altura. Coloque um olho na figura posicionado e orientado de maneira a enxergar a imagem.

SITUAÇÃO Localize a imagem pelo método gráfico. Isso significa desenhar os três raios principais. O olho é posicionado e orientado de forma que a luz da imagem entra no olho.

---

* O raio focal é desenhado em direção ao primeiro ponto focal F para uma lente divergente.

SOLUÇÃO

1. Desenhe o raio paralelo. Este raio deixa o objeto paralelamente ao eixo, então é desviado pela lente para passar através do segundo ponto focal, F' (Figura 32-37):

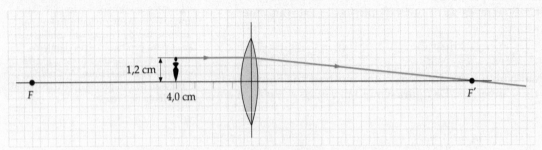

FIGURA 32-37

2. Desenhe o raio central, que passa sem sofrer deflexão através do centro da lente. Como os dois raios são divergentes no lado da luz refratada, fazemos os prolongamentos para o lado da luz incidente para encontrar a imagem (Figura 32-38 aqui):

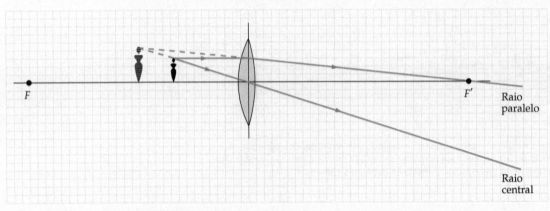

FIGURA 32-38

3. Para conferência, também desenhamos o raio focal. Este raio deixa o objeto em uma linha que passa através do primeiro ponto focal e, então, emerge paralelamente ao eixo. Observe que a imagem é virtual, direita e maior que o objeto (Figura 32-39):

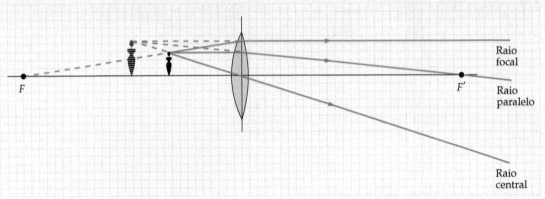

FIGURA 32-39

4. O olho deve ser posicionado de maneira que a luz da imagem entre no olho.

5. Verificamos, agora, algebricamente os resultados do diagrama de raios. Primeiramente encontramos a distância imagem usando a Equação 32-12:

$$\frac{1}{4{,}0\text{ cm}} + \frac{1}{s'} = \frac{1}{12\text{ cm}}$$

$$\frac{1}{s'} = \frac{1}{12\text{ cm}} - \frac{1}{4{,}0\text{ cm}} = -\frac{1}{6{,}0\text{ cm}}$$

$$s' = -6{,}0\text{ cm}$$

6. A altura da imagem é determinada a partir da altura do objeto e da ampliação:

$$h' = mh$$

7. A ampliação m é dada pela Equação 32-14:

$$m = -\frac{s'}{s} = -\frac{-6{,}0\text{ cm}}{4{,}0\text{ cm}} = \boxed{+1{,}5}$$

8. Usando este resultado, encontramos a altura da imagem, h':

$$h' = mh = (1{,}5)(1{,}2 \text{ cm}) = \boxed{1{,}8 \text{ cm}}$$

CHECAGEM Observe a concordância entre os resultados algébricos e o diagrama de raios. Algebricamente, encontramos que a imagem está a 6,0 cm da lente no lado da luz incidente (pois $s' < 0$); isto é, a imagem está a 2,0 cm à esquerda do objeto. Como $m > 0$, a imagem é direita e, como $m > 1$, a imagem é maior que o objeto. É uma boa prática resolver os problemas de lentes graficamente e algebricamente e comparar os resultados.

PROBLEMA PRÁTICO 32-10 Um objeto é colocado a 15 cm de uma lente delgada que tem uma distância focal igual a 10 cm. Determine a distância imagem e a ampliação. A imagem é real ou virtual? A imagem é direita ou invertida?

PROBLEMA PRÁTICO 32-11 Um objeto é colocado a 5,0 cm de uma lente convexa que tem uma distância focal de 10 cm. Determine a distância imagem e a ampliação. A imagem é real ou virtual? A imagem é direita ou invertida?

COMBINAÇÕES DE LENTES

Se tivermos duas ou mais lentes delgadas, podemos determinar a imagem final produzida pelo sistema encontrando a distância imagem para a primeira lente e, então, usando este valor, juntamente com a distância entre as lentes, para determinar a distância objeto para a segunda lente. Isto é, consideramos cada imagem, real ou virtual — mesmo que seja realmente formada ou não — como o objeto para a próxima lente.

Exemplo 32-10 | Imagem Formada por uma Segunda Lente

Uma segunda lente que tem distância focal igual a +6,0 cm é colocada a 12 cm à direita da lente no Exemplo 32-9. Localize a imagem final.

SITUAÇÃO Os raios principais usados para localizar a imagem da primeira lente não necessariamente serão os raios principais para a segunda lente (Figura 32-40a) de maneira que o raio paralelo para a primeira lente se torna o raio central para a segunda lente. Além disso, o raio focal para a primeira lente emerge paralelamente ao eixo e é, portanto, o raio paralelo para a segunda lente. Se raios principais adicionais são necessários para a segunda lente, simplesmente os desenhamos a partir da imagem formada pela primeira lente. Por exemplo, na Figura 32-40b acrescentamos este raio, desenhado a partir da primeira imagem e passando através do ponto focal F_2 da segunda lente.

Algebricamente usamos $s_2 = 18$ cm, pois a primeira imagem está a 6 cm à esquerda da primeira lente e, portanto, a 18 cm à esquerda da segunda lente.

SOLUÇÃO

1. Use $s_2 = 18$ cm e $f = 6$ cm para calcular s'_2:

$$\frac{1}{s_2} + \frac{1}{s'_2} = \frac{1}{f_2}$$

$$\frac{1}{18 \text{ cm}} + \frac{1}{s'_2} = \frac{1}{6 \text{ cm}}$$

$$s'_2 = 9 \text{ cm}$$

A imagem final está no lado da luz refratada da segunda lente e a 9 cm da segunda lente.

2.

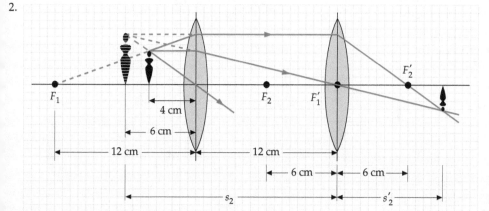

FIGURA 32-40a

CHECAGEM O diagrama de raios no passo 2 confirma os dados do passo 1. Além disso, para conferir o diagrama de raios do passo 2, desenhamos o raio focal para a segunda lente.

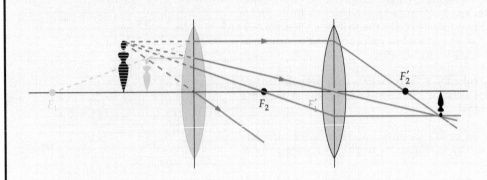

FIGURA 32-40b

Exemplo 32-11 Uma Combinação de Duas Lentes *Tente Você Mesmo*

Duas lentes, cada uma com distância focal igual a 10 cm, estão a 15 cm de distância entre si. Determine a localização da imagem final para um objeto a 15 cm de uma das lentes e a 30 cm da outra.

SITUAÇÃO Use o diagrama de raios para encontrar a localização da imagem formada pela lente 1. Quando estes raios incidem a lente 2 eles serão novamente refratados, formando a imagem final. Resultados mais precisos são obtidos algebricamente usando a equação para lentes delgadas para as lentes 1 e 2.

SOLUÇÃO

Cubra a coluna da direita e tente por si só antes de olhar as respostas.

Passos

1. Desenhe os raios (a) paralelo, (b) central e (c) focal para a lente 1 (Figura 32-41). Se a lente 2 não altera estes raios, então eles formarão a imagem I_1.

Respostas

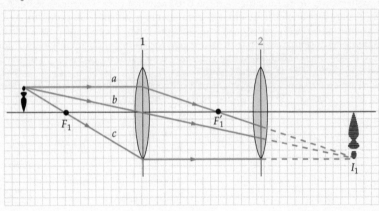

FIGURA 32-41

2. Para localizar a imagem final, adicione três raios principais (d, e e f) para a lente 2. A interseção destes raios dá a localização da imagem I_2 (Figura 32-42).

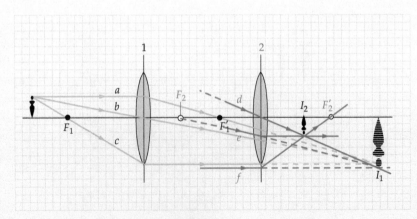

FIGURA 32-42

Imagens Ópticas | **417**

3. Para proceder algebricamente, use a equação para lentes delgadas para determinar a distância imagem s_1' produzida pela lente 1.

$s_1' = 30\ cm$

4. Para a lente 2, a imagem, I_1, está a 15 cm da lente no lado da luz refratada; então, $s_2 = -15\ cm$. Use isto para determinar a distância imagem final s_2':

$s_2' = \boxed{6\ cm}$

CHECAGEM Do diagrama de raios do passo 2 vemos que a imagem final está a aproximadamente seis décimos da distância focal da lente 2. A distância focal da lente 2 é 10 cm, logo o resultado do passo 2 e o resultado do passo 4 concordam entre si.

LENTES COMPOSTAS

Quando duas lentes delgadas de distâncias focais f_1 e f_2 são colocadas juntas, a distância focal efetiva da combinação, f_{ef}, é dada por

$$\frac{1}{f_{ef}} = \frac{1}{f_1} + \frac{1}{f_2} \qquad\qquad 32\text{-}15$$

como mostrado no exemplo a seguir (Exemplo 32-12). O poder das duas lentes em contato é dado por

$$P_{ef} = P_1 + P_2 \qquad\qquad 32\text{-}16$$

Exemplo 32-12 | Duas Lentes em Contato | *Tente Você Mesmo*

Para duas lentes muito próximas, derive a relação $\dfrac{1}{f_{ef}} = \dfrac{1}{f_1} + \dfrac{1}{f_2}$.

SITUAÇÃO Aplique a equação para lentes delgadas a cada uma das lentes usando o fato que a distância entre elas é desprezível, logo a distância objeto para a segunda lente é o negativo da distância imagem para a primeira lente.

SOLUÇÃO

Cubra a coluna da direita e tente por si só antes de olhar as respostas.

Passos

Respostas

1. Escreva a equação para lentes delgadas para a lente 1.

$\dfrac{1}{s_1} + \dfrac{1}{s_1'} = \dfrac{1}{f_1}$

2. Usando $s_2 = -s_1'$, escreva a equação para lentes delgadas para a lente 2.

$\dfrac{1}{-s_1'} + \dfrac{1}{s_2'} = \dfrac{1}{f_2}$

3. Some as duas equações resultantes para eliminar $-s_1'$.

$\boxed{\dfrac{1}{s_1} + \dfrac{1}{s_2'} = \dfrac{1}{f_1} + \dfrac{1}{f_2} = \dfrac{1}{f_{ef}}}$

32-3 ABERRAÇÕES

Quando todos os pontos de um objeto puntiforme não são focalizados em um único ponto imagem, o borrão resultante na imagem é chamado de **aberração**. A Figura 32-43 mostra raios de uma fonte puntiforme no eixo que atravessa uma lente delgada com superfícies esféricas. Raios que atingem a lente distantes do eixo sofrem um maior desvio que os raios próximos ao eixo, fazendo com que nem todos os raios sejam focalizados em um único ponto. No lugar disso, a imagem aparece como um disco circular no ponto C, onde o diâmetro é mínimo. Este tipo de aberração em uma lente é chamado de **aberração esférica**; ela é a mesma aberração de espelhos discutida na Seção 32-1. Aberrações similares, porém mais complicadas, chamadas de *co-*

ma e *astigmatismo*, ocorrem quando objetos não estão no eixo. A aberração na forma da imagem de um objeto extenso que ocorre porque a ampliação depende da distância do objeto puntiforme ao eixo é chamada de **distorção**. Não discutiremos estas aberrações com maior profundidade, exceto para chamar a atenção de que elas não surgem de nenhum defeito na lente ou espelho, mas, no lugar disso, resultam da aplicação das leis da refração e reflexão a superfícies esféricas. Estas aberrações não são evidentes em nossas equações simples, pois usamos aproximações para pequenos ângulos na dedução destas equações.

Algumas aberrações podem ser eliminadas ou parcialmente corrigidas usando superfícies não-esféricas para espelhos ou lentes, mas estas superfícies são geralmente muito mais difíceis e mais caras para produzir do que as superfícies esféricas. Um exemplo de uma superfície refletora não-esférica é o espelho parabólico ilustrado na Figura 32-44. Raios que são paralelos ao eixo de uma superfície parabólica são refletidos e focalizados em um ponto comum, não importa a distância que os raios estejam do eixo. Superfícies refletoras parabólicas são usadas, algumas vezes, em grandes telescópios astronômicos, os quais necessitam uma grande superfície refletora para coletar a maior quantidade possível de luz para tornar a imagem o mais intensa possível (telescópios refletores são descritos na próxima Seção 32-4 opcional). Discos de satélites usam superfícies parabólicas para focalizar microondas na comunicação entre satélites. Uma superfície parabólica também pode ser usada em um holofote para produzir um feixe paralelo de luz a partir de uma pequena fonte colocada no ponto focal da superfície.

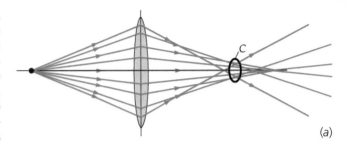

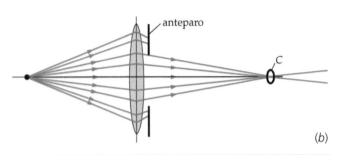

FIGURA 32-43 Aberração esférica em uma lente. (*a*) Raios de um objeto puntiforme no eixo não são focalizados em um ponto. (*b*) A aberração esférica pode ser reduzida usando um anteparo para bloquear as partes externas da lente, mas isso também reduz a quantidade de luz que forma a imagem.

Uma aberração importante encontrada em lentes, mas não em espelhos, é a **aberração cromática**, que é devida a variações no índice de refração com o comprimento de onda. Da Equação 32-11, podemos ver que a distância focal de uma lente depende de seu índice de refração e, portanto, é diferente para diferentes comprimentos de onda. Como n é levemente maior para a luz azul do que para a luz vermelha, a distância focal para a luz azul será menor que a distância focal para a luz vermelha.

A aberração cromática e outras aberrações podem ser parcialmente corrigidas usando combinações de lentes no lugar de uma única lente. Por exemplo, uma lente positiva e uma lente negativa com maior distância focal podem ser usadas para produzir um sistema de lente convergente que tem uma aberração cromática muito menor do que uma lente única de mesma distância focal. Uma lente de câmera de alta qualidade contém seis elementos para corrigir as várias aberrações que estão presentes.

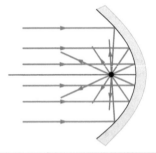

FIGURA 32-44 Um espelho parabólico focaliza todos os raios paralelos a um eixo em um único ponto sem aberração esférica.

*32-4 INSTRUMENTOS ÓPTICOS

*O OLHO

O sistema óptico de suma importância é o olho, mostrado na Figura 32-45. A luz entra no olho através de uma abertura variável, a pupila. A córnea, com o auxílio da lente, provoca a convergência da luz formando uma imagem na retina, a qual tem um filme de fibras nervosas cobrindo a superfície traseira. A retina contém minúsculas estruturas sensíveis chamadas de *bastonetes* e *cones*, que detectam a luz e transmitem a informação ao longo do nervo óptico até o cérebro. A forma da lente do cristalino pode ser alterada levemente pela ação do múscu-

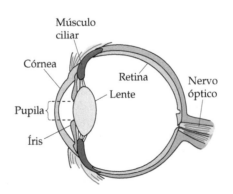

FIGURA 32-45 O olho humano. A quantidade de luz que entra no olho é controlada pela íris, que regula o tamanho da pupila. A espessura da lente é controlada pelo músculo ciliar. A córnea e a lente, juntas, convergem a luz para focalizar a imagem na retina, que contém aproximadamente 125 milhões de receptores, chamados de bastonetes e cones, e aproximadamente 1 milhão de fibras do nervo óptico.

lo ciliar. Quando o olho está focalizado em um objeto distante, o músculo está relaxado e o sistema córnea–lente tem sua máxima distância focal, de aproximadamente 2,5 cm, que é a distância da córnea até a retina. Quando o objeto é aproximado do olho, o músculo ciliar aumenta levemente a curvatura da lente, diminuindo sua distância focal e, portanto, a imagem é novamente focalizada na retina. Este processo é chamado de *acomodação*. Se o objeto está muito próximo do olho, a lente não consegue focalizar a luz na retina e a imagem é um borrão. O ponto mais próximo para o qual a lente consegue focalizar a imagem na retina é chamado de **ponto próximo**. A distância do olho ao ponto próximo varia significativamente de uma pessoa para outra e varia com a idade. Aos 10 anos, o ponto próximo pode ser tão próximo quanto 7 cm, enquanto aos 60 anos, ele pode chegar a 200 cm devido à perda de flexibilidade da lente do cristalino. O valor-padrão considerado para o ponto próximo é 25 cm.

Se o olho não realiza boa convergência, resultando em imagens sendo formadas atrás da retina, dizemos que a pessoa tem hipermetropia. Uma pessoa hipermetrope pode ver objetos distantes claramente, onde pequena convergência é necessária, mas ela tem problemas para ver objetos próximos com clareza. A hipermetropia é corrigida com uma lente convergente (positiva) (Figura 32-46).

Por outro lado, o olho de uma pessoa míope converge e focaliza a luz de objetos distantes em frente à retina. Uma pessoa míope pode ver objetos próximos claramente (objetos para os quais a grande divergência dos raios incidentes pode ser focalizada na retina), mas tem problemas para ver objetos distantes com clareza. A miopia é corrigida com uma lente divergente (negativa) (Figura 32-47).

Outro defeito comum da visão é o astigmatismo, que é causado pelo fato de a córnea não ser totalmente esférica, mas apresentar uma curvatura diferente em um plano em relação ao outro. Isto resulta na deformação da imagem de um objeto puntiforme em uma pequena linha. O astigmatismo é corrigido por óculos com lentes cilíndricas no lugar de esféricas.

O *tamanho aparente* de um objeto é determinado pelo tamanho real da imagem na retina. Quanto maior a imagem na retina, maior é o tamanho aparente e maior o número de bastonetes e cones que são iluminados pela luz do objeto. Da Figura 32-48, vemos que o tamanho da imagem na retina é maior quando o objeto está mais próximo do que quando ele está mais afastado. O tamanho aparente de um objeto é, portanto, maior quando o objeto está mais próximo do olho. O tamanho da imagem é proporcional ao ângulo θ compreendido pelo objeto no olho. Para a Figura 32-48,

$$\phi = \frac{y'}{2{,}5 \text{ cm}} \quad \text{e} \quad \theta \approx \frac{y}{s} \qquad 32\text{-}17$$

para pequenos ângulos. Aplicando a lei da refração obtemos $n_{ar} \operatorname{sen} \theta = n \operatorname{sen} \phi$, onde $n_{ar} = 1{,}00$ e n é o índice de refração no interior do olho. Para pequenos ângulos, isso se torna

$$\theta \approx n\phi \qquad 32\text{-}18$$

Combinando as Equações 32-17 e 32-18 obtemos

$$\frac{y}{s} \approx n\frac{y'}{2{,}5 \text{ cm}} \quad \text{ou} \quad y' \approx \frac{2{,}5 \text{ cm}}{n}\frac{y}{s} \qquad 32\text{-}19$$

O tamanho da imagem na retina é proporcional ao tamanho do objeto e inversamente proporcional à distância entre a córnea e o objeto. Como o ponto próximo é o ponto mais próximo do olho para o qual uma imagem nítida pode ser formada na retina, a distância entre a córnea e o ponto próximo é chamada de *distância para a visão mais distinta*.

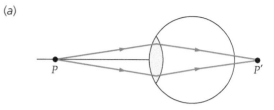
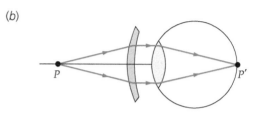

FIGURA 32-46 (*a*) Um olho com hipermetropia focaliza os raios de um objeto próximo em um ponto atrás da retina. (*b*) Uma lente convergente corrige este defeito trazendo a imagem para a retina. Estes diagramas, e os que seguem, são desenhados como se toda a focalização do olho fosse feita pela córnea; de fato, o sistema de lente e córnea atua mais como uma superfície refratora esférica do que como uma lente delgada.

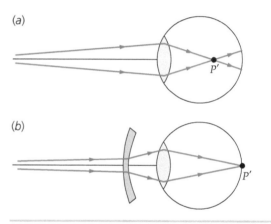

FIGURA 32-47 (*a*) Um olho com miopia focaliza os raios de um objeto distante em um ponto na frente da retina. (*b*) Uma lente divergente corrige este defeito.

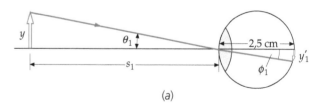
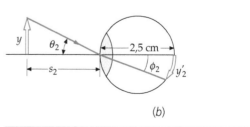

FIGURA 32-48 (*a*) Um objeto distante de altura y parece menor porque a imagem na retina é pequena. (*b*) Quando o mesmo objeto está mais próximo, ele parece maior porque a imagem na retina é maior.

Exemplo 32-13   Moeda Escorregando

A distância do ponto próximo para o olho de uma pessoa é 75 cm. Usando óculos para leitura colocados a uma distância desprezível do olho, a distância do ponto próximo para o sistema óculos-olho é 25 cm. Isto é, a imagem na retina é borrada se um objeto for colocado a uma distância menor que 25 cm em frente aos óculos. (*a*) Qual é o poder dos óculos de leitura e (*b*) qual é a ampliação lateral da imagem formada pelos óculos? (*c*) O que produz a maior imagem na retina, (1) o objeto no ponto próximo de, e olhado por, um olho sem o auxílio de óculos ou (2) o objeto no ponto próximo do sistema óculos-olho e visto através dos óculos que estão imediatamente à frente do olho?

SITUAÇÃO A distância do ponto próximo do sistema óculos-olho ser igual a 25 cm significa que os óculos formam uma imagem virtual a 75 cm em frente à lente se um objeto for colocado a 25 cm da lente. A Figura 32-49*a* mostra um diagrama de um objeto a 25 cm da lente convergente que produz uma imagem virtual, direita, em $s' = -75$ cm. A Figura 32-49*b* mostra a imagem na retina formada pelo poder de focalização do olho.

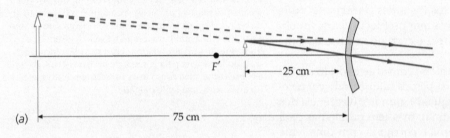

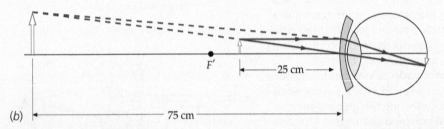

FIGURA 32-49

SOLUÇÃO
(*a*) Use a equação para lentes delgadas, $s = 25$ cm e $s' = -75$ cm para calcular o poder, $1/f$:

$$\frac{1}{f} = \frac{1}{s} + \frac{1}{s'} = \frac{1}{25 \text{ cm}} + \frac{1}{-75 \text{ cm}}$$

$$= \frac{2}{75 \text{ cm}} = \frac{2}{0{,}75 \text{ m}} = \boxed{2{,}7 \text{ D}}$$

(*b*) Usando $m = -s'/s$, determine m:

$$m = -\frac{s'}{s} = -\frac{-75 \text{ cm}}{25 \text{ cm}} = \boxed{3{,}0}$$

(*c*) Em ambos os casos, os raios que entram no olho parecem divergir de pontos em uma imagem a 75 cm da frente do olho. Entretanto, com os óculos, a imagem a 75 cm na frente do olho é maior que o objeto por um fator 3:

$\boxed{\text{Opção 2}}$

INDO ALÉM (1) Se seu ponto próximo é 75 cm, você tem hipermetropia. Para ler um livro você precisa segurá-lo no mínimo a 75 cm de seus olhos para conseguir focalizar o texto. A imagem do texto em sua retina será, então, muito pequena. As lentes dos óculos de leitura produzem uma imagem também a 75 cm dos seus olhos e esta imagem é três vezes maior que o texto real. Portanto, olhando através das lentes, a imagem do texto na retina é maior por um fator 3. (2) Neste exemplo, a distância entre a lente e o olho era desprezível. Os resultados são ligeiramente diferentes se esta distância não for desprezível, a qual deve ser considerada nos cálculos.

PROBLEMA PRÁTICO 32-12 Calcule o poder do olho para o qual o ponto próximo é 75 cm e a distância entre a córnea e a retina é 2,5 cm, e calcule o poder combinado da lente e do olho quando eles estão em contato. Compare este resultado com o poder de uma lente para a qual $s' = 2{,}5$ cm quando $s = 25$ cm.

*A LUPA SIMPLES

Vimos no Exemplo 32-13 que o tamanho *aparente* de um objeto pode ser aumentado usando uma lente convergente colocada próximo ao olho. Uma lente convergente é chamada de **lupa simples** se for colocada próximo ao olho e se o objeto for colocado mais próximo da lente que sua distância focal, como foi o caso para a lente no Exemplo 32-13. Naquele exemplo, a lente formou uma imagem virtual no ponto próximo do olho, a mesma posição que o objeto precisa ser colocado para a melhor visão do olho sem auxílio. Portanto, com a lente no lugar, a magnitude da distância imagem $|s'|$ era maior que a distância objeto s, logo a imagem vista pelo olho é amplificada por $m = |s'|/s$. Se a altura real do objeto é y, então a altura y' da imagem formada pela lente é my. Para o olho, esta imagem compreende um ângulo θ (Figura 32-50) dado aproximadamente por

$$\theta = \frac{my}{|s'|} = m\frac{y}{|s'|} = \frac{|s'|}{s}\frac{y}{|s'|} = \frac{y}{s}$$

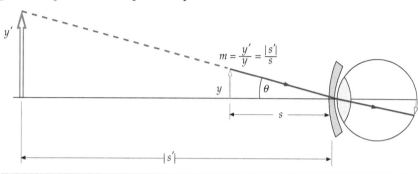

o qual é *o mesmo ângulo* que o objeto compreenderia se a lente fosse removida enquanto o objeto e o olho fossem mantidos no lugar. Isto é, o tamanho aparente da imagem vista pelo olho através da lente é o mesmo que o objeto teria se fosse visto pelo olho sem a lente (considerando que o olho conseguisse focalizar naquela distância). Portanto, o tamanho aparente do objeto visto através da lente é inversamente proporcional à distância do objeto ao olho com a lente no lugar. Quanto menor for s, maior será o ângulo θ e maior o será o tamanho aparente do objeto.

FIGURA 32-50

Na Figura 32-51a, um pequeno objeto de altura y está no ponto próximo do olho a uma distância x_{pp}. O ângulo subentendido, θ_o, é dado aproximadamente por

$$\theta_o = \frac{y}{x_{pp}}$$

Na Figura 32-51b, uma lente convergente de distância focal f menor que x_{pp} é colocada a uma distância desprezível em frente ao olho, e o objeto é colocado no plano focal da lente. Os raios emergem da lente paralelos, indicando que a imagem está localizada a uma distância infinita em frente à lente. Os raios paralelos são focalizados na retina pelo olho relaxado. O ângulo subentendido por esta imagem é igual ao ângulo subentendido pelo objeto (considerando que a lente está a uma distância desprezível do olho). O ângulo subentendido pelo objeto é aproximadamente

$$\theta = \frac{y}{f}$$

A razão θ/θ_o é chamada de *ampliação angular* ou *poder de ampliação M* da lente:

$$M = \frac{\theta}{\theta_o} = \frac{x_{pp}}{f} \qquad 32\text{-}20$$

Lupas simples são usadas como oculares em microscópios e telescópios para ver uma imagem real formada por outra lente ou sistema de lentes. Para corrigir aberrações, combinações de lentes que resultam em uma distância focal positiva pequena podem ser usadas no lugar de uma única lente, mas o princípio da lupa simples é o mesmo.

FIGURA 32-51 (a) Um objeto no ponto próximo compreende um ângulo θ_o para o olho nu. (b) Quando o objeto está no ponto focal da lente convergente, os raios saem da lente paralelos e entram no olho como se viessem de um objeto muito distante. A imagem pode, então, ser vista no infinito pelo olho relaxado. Quando f é menor que a distância do ponto próximo, a lente convergente permite que o objeto seja trazido mais próximo ao olho. Isto aumenta o ângulo subentendido pelo objeto para θ, aumentando, portanto, o tamanho da imagem na retina.

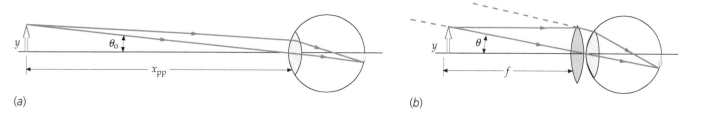

Exemplo 32-14 — Ampliação Angular de uma Lupa Simples
Tente Você Mesmo

Uma pessoa que tem um ponto próximo de 25 cm usa uma lente 40 D como lupa simples. Que ampliação angular é obtida?

SITUAÇÃO A ampliação angular é determinada a partir da distância focal f (Equação 32-20), que é o recíproco do poder.

SOLUÇÃO

Cubra a coluna da direita e tente por si só antes de olhar as respostas.

Passos	Respostas
1. Calcule a distância focal da lente usando $P = 1/f$ (Equação 32-13):	$f = 2,5$ cm
2. Use seu resultado para o passo 1 e incorpore o resultado na Equação 32-20 para calcular a ampliação angular.	$M = \boxed{10}$

INDO ALÉM Olhando através da lente, o objeto parece 10 vezes maior porque ele está colocado a 2,5 cm e não a 25 cm do olho, aumentando dez vezes, portanto, o tamanho da imagem na retina.

PROBLEMA PRÁTICO 32-13 Qual é a ampliação angular neste exemplo se o ponto próximo da pessoa é 30 cm no lugar de 25 cm?

*O MICROSCÓPIO COMPOSTO

O microscópio composto (Figura 32-52) é usado para enxergar objetos muito pequenos a curtas distâncias. Na sua forma mais simples, ele consiste em duas lentes convergentes. A lente mais próxima ao objeto, chamada de **objetiva**, forma uma imagem real do objeto. Esta imagem é aumentada e invertida. A lente mais próxima ao olho, chamada de **ocular**, é usada como uma lupa simples para ver a imagem formada pela objetiva. A ocular é colocada de forma tal que a imagem formada pela objetiva está no primeiro ponto focal da ocular. A luz de cada ponto no objeto emerge, então, da ocular como um raio paralelo, como se estivesse vindo de um ponto a uma grande distância do olho. (Costuma-se chamar de *enxergar a imagem no infinito*.)

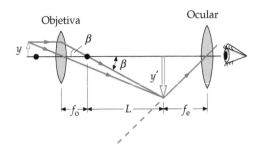

FIGURA 32-52 Diagrama esquemático de um microscópio composto constituído de duas lentes positivas, a objetiva de distância focal f_o e a ocular de distância focal f_e. A imagem real do objeto formada pela objetiva é vista pela ocular, que atua como uma lupa simples. A imagem final está no infinito.

A distância entre o segundo ponto focal da objetiva e o primeiro ponto focal da ocular é chamada de **comprimento do tubo** L. O comprimento do tubo é fixado em 16 cm. O objeto é colocado um pouco além do primeiro ponto focal da objetiva para que seja formada uma imagem aumentada no primeiro ponto focal da ocular a uma distância $L + f_o$ da objetiva, onde f_o é a distância focal da objetiva. Da Figura 32-52, $\tan \beta = y/f_o = -y'/L$. A ampliação lateral da objetiva é, então

$$m_o = \frac{y'}{y} = -\frac{L}{f_o} \qquad 32\text{-}21$$

A ampliação angular da ocular (da Equação 32-20) é

$$M_e = \frac{x_{pp}}{f_e}$$

onde x_{pp} é a distância do ponto próximo do observador e f_e é a distância focal da ocular. O poder de ampliação do microscópio composto é o produto da ampliação lateral da objetiva e da ampliação angular da ocular:

$$M = m_o M_e = -\frac{L}{f_o}\frac{x_{pp}}{f_e} \qquad 32\text{-}22$$

PODER DE AMPLIAÇÃO DE UM MICROSCÓPIO

Exemplo 32-15 O Microscópio Composto

Um microscópio tem uma lente objetiva com distância focal igual a 1,2 cm e uma ocular com distância focal igual a 2,0 cm. Estas lentes estão separadas por 20,0 cm. (*a*) Determine o poder de ampliação se o ponto próximo do observador é 25,0 cm. (*b*) Onde deveria o objeto ser colocado se a imagem final deve ser vista no infinito?

SITUAÇÃO Para calcular o poder de ampliação, usamos a Equação 32-22. Para calcular a distância objeto para a objetiva, usamos a equação das lentes.

SOLUÇÃO

(*a*) 1. O poder de ampliação é dado pela Equação 32-22:

$$M = -\frac{L}{f_o}\frac{x_{pp}}{f_e}$$

2. O comprimento do tubo L é a distância entre as lentes menos as distâncias focais:

$$L = 20,0 \text{ cm} - 2,0 \text{ cm} - 1,2 \text{ cm} = 16,8 \text{ cm}$$

3. Substitua este valor para L e os valores dados para x_{pp}, f_o e f_e para calcular M:

$$M = -\frac{L}{f_o}\frac{x_{pp}}{f_e} = -\frac{16,8 \text{ cm}}{1,2 \text{ cm}}\frac{25,0 \text{ cm}}{2,0 \text{ cm}} = \boxed{-180}$$

(*b*) 1. Calcule a distância objeto s em termos da distância imagem para a objetiva s' e da distância focal f_o:

$$\frac{1}{s} + \frac{1}{s'} = \frac{1}{f_o}$$

2. Da Figura 32-52, a distância imagem para a imagem da objetiva é $f_o + L$:

$$s' = f_o + L = 1,2 \text{ cm} + 16,8 \text{ cm} = 18,0 \text{ cm}$$

$$\frac{1}{s} + \frac{1}{18,0 \text{ cm}} = \frac{1}{1,2 \text{ cm}}$$

3. Substitua para calcular s:

$$s = \boxed{1,3 \text{ cm}}$$

CHECAGEM O poder de ampliação é muito grande, o qual é o objetivo de um microscópio composto.

INDO ALÉM O objeto deveria, então, ser colocado a 1,3 cm da objetiva ou a 0,1 cm além de seu primeiro ponto focal.

*O TELESCÓPIO

Um telescópio é usado para enxergar objetos que estão muito distantes e são geralmente muito grandes. O telescópio funciona criando uma imagem real do objeto a uma distância muito menor do que onde está o objeto. O telescópio astronômico, ilustrado esquematicamente na Figura 32-53, consiste em duas lentes convergentes — uma lente objetiva que forma uma imagem real e invertida, e uma ocular que é usada como lupa simples para enxergar a imagem. Como o objeto está muito distante, a imagem da objetiva está no plano focal da objetiva e a distância imagem é igual à distância focal f_o. A imagem formada pela objetiva é muito menor que o objeto (pois a distância objeto é muito maior que a distância focal da objetiva). Por exemplo, se estamos olhando para a Lua, a imagem formada pela objetiva é muito menor que a Lua. A função da objetiva não é ampliar o objeto, mas produzir uma imagem que esteja próxima o suficiente de nós para que seja possível ampliá-la pela ocular que atua como uma lupa simples. A ocular é colocada a uma distância f_e da imagem, onde f_e é a distância focal da ocular, logo a imagem final pode ser vista no infinito. Como esta imagem está no segundo plano focal da objetiva e no primeiro plano focal da ocular, a lente objetiva e a ocular devem estar separadas pela soma das distâncias focais da objetiva e da ocular, $f_o + f_e$.

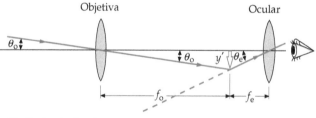

FIGURA 32-53 Diagrama esquemático de um telescópio astronômico. A lente objetiva forma uma imagem real e invertida de um objeto distante próximo ao seu segundo ponto focal, que coincide com o primeiro ponto focal da ocular. A ocular serve como uma lupa simples para enxergar a imagem.

O poder de ampliação do telescópio é a ampliação angular θ_e/θ_o, onde θ_e é o ângulo subentendido pela imagem virtual produzida pela ocular quando observada através da ocular, e θ_o é o ângulo subentendido pelo objeto quando observado diretamente a olho nu. O ângulo θ_o é o mesmo subentendido pelo objeto na objetiva mostrada na Figura 32-53. (A distância de um objeto distante, como a Lua, para a objetiva é essencialmente a mesma que a distância até o olho.) Desta figura, podemos ver que

$$\tan\theta_o = \frac{y}{s} = -\frac{y'}{f_o} \approx \theta_o$$

onde usamos a aproximação para ângulos pequenos $\tan\theta \approx \theta$. O ângulo θ_e na figura é o subentendido pela imagem no infinito formada pela ocular:

$$\tan\theta_e = \frac{y'}{f_e} \approx \theta_e$$

Como y' é negativo, θ_e é negativo, indicando que a imagem está invertida. O poder de ampliação do telescópio é então

$$M = \frac{\theta_e}{\theta_o} = -\frac{f_o}{f_e} \qquad 32\text{-}23$$

PODER DE AMPLIAÇÃO DE UM TELESCÓPIO

Da Equação 32-23, podemos ver que um grande poder de ampliação é obtido com uma objetiva de grande distância focal e com uma ocular de pequena distância focal.

> **PROBLEMA PRÁTICO 32-14**
>
> O maior telescópio de refração do mundo está no Observatório Yerkes da Universidade de Chicago na Baía de Williams, Wisconsin. A objetiva do telescópio tem um diâmetro de 1,02 m e uma distância focal de 19,5 m. A distância focal da ocular é 10,0 cm. Qual é seu poder de ampliação?

A principal consideração com um telescópio astronômico não é seu poder de ampliação, mas seu poder de captação de luz, o qual depende do tamanho da objetiva. Quanto maior a objetiva, mais brilhante é a imagem. Lentes muito grandes sem aberrações são difíceis de produzir. Além disso, há problemas mecânicos para suportar lentes muito grandes e pesadas através de suas bordas. Um telescópio de reflexão (Figura 32-54 e Figura 32-55) usa um espelho côncavo no lugar de uma lente como sua objetiva. O espelho oferece várias vantagens. Por exemplo, um espelho não produz aberração cromática. Além disso, o suporte mecânico é muito mais simples já que os espelhos são muito mais leves que uma lente de qualidade óptica equivalente, e o espelho pode ser suportado pelas costas inteiras. Em telescópios modernos com base na Terra, o espelho objetiva consiste em várias dúzias de segmentos adaptáveis de espelhos que podem ser ajustados individualmente para corrigir pequenas variações na tensão gravitacional quando o telescópio é inclinado e para compensar expansões e contrações térmicas e outras variações causadas por condições climáticas. Além disso, eles podem ser ajustados para anular as distorções produzidas por flutuações atmosféricas.

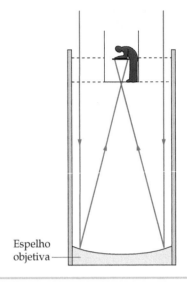

FIGURA 32-54 Um telescópio de reflexão usa um espelho côncavo no lugar de uma lente como sua objetiva. Como o compartimento do observador bloqueia parte da luz incidente, o arranjo mostrado aqui é usado apenas em telescópios com objetivas de espelhos muito grandes.

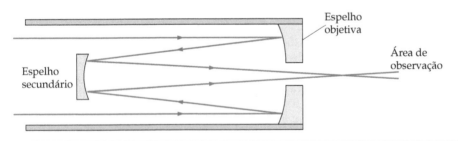

FIGURA 32-55 Este telescópio de reflexão tem um espelho secundário para redirecionar a luz através de um pequeno orifício no espelho objetiva, proporcionando mais espaço para instrumentos auxiliares e área de observação.

Imagens Ópticas | 425

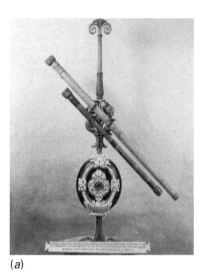
(a)

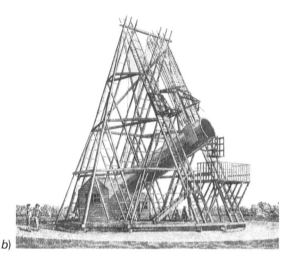
(b)

(c)

(d)

(e)

A astronomia em comprimentos de onda ópticos iniciou com Galileu há aproximadamente 400 anos. No século XX, os astrônomos começaram a explorar o espectro eletromagnético em outros comprimentos de onda; começando com astronomia de rádio na década de 1940, astronomia de raios X baseada em satélite na década de 1960 e, mais recentemente, astronomia no ultravioleta, infravermelho e de raios gama. (a) Telescópio de Galileu do século XVII, com o qual ele descobriu montanhas na Lua, manchas solares, anéis de Saturno e as bandas e luas de Júpiter. (b) Uma gravura do telescópio refletor construído em 1780 e usado pelo grande astrônomo Friedrich Wilhelm Hershel, que foi o primeiro a observar galáxias além da nossa. (c) Como é difícil construir lentes grandes e livres de defeitos, telescópios de refração como este telescópio de 91,4 cm no Observatório Lick foram substituídos por telescópios de reflexão para coleção da luz. (d) O grande astrônomo Edwin Powell Hubble, que descobriu a aparente expansão do universo, é mostrado sentado na posição do observador do telescópio de reflexão Hale de 5,08 m, que é grande o suficiente para que o observador sente no foco primário. (e) Este refletor óptico de 10 m no Observatório Whipple no Arizona (EUA) é o maior instrumento projetado exclusivamente para uso em astronomia de raios gama. Raios gama de alta energia de origem desconhecida atingem a atmosfera superior e criam cascatas de partículas. Entre estas partículas estão elétrons de alta energia que emitem radiação Cerenkov observável no solo. De acordo com uma das hipóteses, os raios gama de alta energia são emitidos quando a matéria é acelerada em direção a estrelas ultra densas em rotação, chamadas de pulsares. ((a) Scala/Art Resource, (b) Royal Astronomical Society Library, (c) Lick Observatory, cortesia da University of California Regents, (d) California Institute of Technology, (e) Gary Ladd.)

(a)

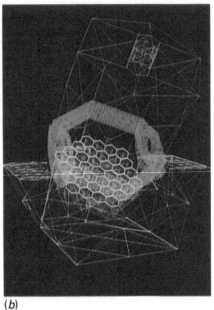
(b)

(c)

(*a*) O Observatório Keck, acima do vulcão inativo Mauna Kea, Havaí, contém o maior telescópio óptico do mundo. O ar limpo e seco e a falta de poluição luminosa fazem com que as alturas remotas do Mauna Kea sejam um local ideal para observações astronômicas. (*b*) O telescópio Keck é composto de 36 segmentos hexagonais de espelhos colocados juntos como se fossem um único espelho de 10 m de extensão — aproximadamente o dobro do maior telescópio de espelho único em operação no presente. (*c*) Abaixo de cada espelho do Keck há um sistema de sensores controlados por computador e atuadores motorizados que podem variar continuamente a forma do espelho. Estas variações, com sensibilidade de 100 nm, permitem corrigir o sistema para variações nos alinhamentos de segmentos devidos a pequenas variações de tensão gravitacional quando o telescópio é inclinado e para compensar as expansões e contrações térmicas e flutuações causadas por rajadas de vento no topo da montanha. *(California Association for Research in Astronomy.)*

O Telescópio Espacial Hubble está acima da turbulência da atmosfera que limita a capacidade de telescópios na Terra de resolver imagens em comprimentos de onda ópticos. *(NASA.)*

Cirurgia de Olho: Novas Lentes por Velhas

A primeira cirurgia de olhos documentada ocorreu há mais de 2000 anos e foi realizada por um cirurgião na Índia conhecido hoje em dia como Susruta.[*,†] A lente do olho humano é suscetível à nebulosidade com a idade e exposição à luz ultravioleta ou exposição a algumas doenças ou agentes químicos. Essa opacidade é chamada de catarata. O cirurgião indiano escreveu sobre a diagnose e a remoção de catarata das lentes dos olhos.

Em 2005, mais de dois milhões de cirurgias de catarata foram realizadas nos Estados Unidos.[‡] A maioria envolveu a remoção da lente e a implantação de uma lente artificial no interior do olho. Apesar de as lentes intraoculares permanentes terem sido descobertas em 1951,[#] elas não foram amplamente aceitas antes da década de 1980. Antes disso, os pacientes tinham que usar fortes lentes corretivas externas (oculares ou lentes de contato depois da década de 1960) depois de uma cirurgia de catarata.

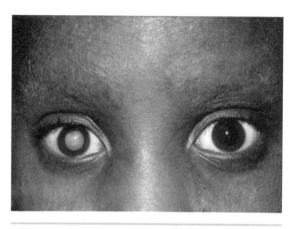

Infelizmente, esta pessoa tem catarata afetando toda a lente do seu olho direito. A presença da catarata está associada ao eczema severo que pode ser visto na sua testa. *(Western Ophthalmic Hospital/Photo Researchers.)*

Pacientes com catarata que tiveram lentes implantadas precisam usar lentes externas corretivas, pois elas são lentes com foco fixo. Entretanto, vários implantes diferentes de lente com foco variável foram recentemente introduzidos.[°,§] Essas lentes multifocais acomodáveis são flexíveis e focalizáveis pelos músculos do olho. Alguns pacientes têm tido resultados tão bons com implantes acomodáveis que não precisam de óculos suplementares.

Muitas pessoas sem catarata utilizam lentes externas corretivas. Apenas nos Estados Unidos, mais de 150 milhões de pessoas gastam pelo menos 15 bilhões de dólares em lentes corretivas externas a cada ano.[¶] Além disso, aproximadamente um milhão sofre cirurgia refrativa a cada ano, a qual promete reduzir a necessidade de usar lentes externas corretivas.[**] A cirurgia refrativa remodela a córnea para minimizar erros devidos à refração. Ela foi pioneira na década de 1930, mas não se tornou popular até que técnicas que usam lasers fossem desenvolvidas na década de 1980.[††] A cirurgia refrativa pode ser feita usando agentes químicos ou abrasão mecânica, mas ela é normalmente feita usando lasers que vaporizam pedaços minúsculos da córnea. Algumas cirurgias refrativas envolvem o corte de uma fina borda das camadas externas da córnea, dando forma ao estroma, a camada mais espessa da córnea e, então, substituindo a borda. Outras cirurgias envolvem apenas a remodelagem da superfície externa da córnea.[‡‡]

As cirurgias refrativas funcionam melhor em pacientes que possuem um erro refrativo médio ou baixo. Nestes pacientes, entretanto, os resultados são promissores. Até 72 por cento dos pacientes que têm baixo ou médio grau de miopia terminam com visão não corrigida após cirurgia, que é considerada 20/20, ou normal.[##] Recentemente, cirurgia customizada com frente de onda guiada de laser tem sido usada para minimizar os erros refrativos que não são corrigidos pelas técnicas anteriores para cirurgia de olho.[°°] Um feixe de luz rebate da retina em vários pontos na córnea. A frente de onda que retorna é mapeada e erros refrativos muito pequenos são localizados para eliminação. Com este tipo de cirurgia, até 89 por cento dos pacientes terminam com visão 20/20 não corrigida.

Mas, mesmo com os melhores cirurgiões, pode haver complicações com cirurgias refrativas.[§§,¶¶] A mais comum é olhos secos, mas em até 2 por cento dos pacientes a visão pode, na verdade, ficar pior depois da cirurgia.[***] As complicações são mais prováveis em pessoas que têm grandes erros refrativos e a cirurgia não é recomendada para eles. Mas estas pessoas podem, também, eventualmente serem capazes de não utilizar lentes corretivas externas. Recentemente, implantes de lentes acomodáveis têm sido testados em pessoas com grandes erros refrativos. Muitas foram capazes de ter visão próxima à normal depois da cirurgia sem lentes corretivas adicionais.[†††]

---

* Raju, V. K., "Susruta of Ancient India." *Indian Journal of Ophthalmology*, Feb. 2003, Vol. 51, No. 2, pp. 119–122. http://www.ijo.in/article.asp?issn=0301-4738;year=2003;volume=51;issue=2;spage=119;epage=122;aulast=Raju As of Nov. 2006.
† Hellemans, A., and Bunch, B., *The Timetables of Science*. New York: Simon & Schuster, 1988, p. 28.
‡ American Academy of Ophthalmology, "Industry News." *Academy Express*, Vol. 5, No. 14, http://www.aao.org/news/academy_express/20060405.cfm#asc As of Nov. 2006.
# Apple, D. J., "Sir Harold Ridley." *Journal of Cataract and Refractive Surgery*, Mar. 2004, Vol. 30, No. 3, pp. 47–52.
° Cummings, J. S., et al., "Clinical Evaluation of the Crystalens AT-45 Accommodating Intraocular Lens: Results of the U.S. Food and Drug Administration Clinical Trial." *Journal of Cataract and Refractive Surgery*, May 2006, Vol. 32, No. 5, pp. 812–825.
§ Charters, L., "Dual-Optic IOL Effective Answer to Presbyopia." *Ophthalmology Times*, Feb. 1, 2006, pp. 20–21.
¶ Rados, C., "A Focus on Vision." *FDA Consumer*, Jul.–Aug. 2006, pp. 10–17.
** American Academy of Ophthalmology, "Industry News." *Academy Express*, Vol. 5, No. 14, http://www.aao.org/news/academy_express/20060405.cfm#asc As of Nov. 2006.
†† Kornmehl, E., "The Start of Something Big." *Ophthalmology Times*, Nov. 1, 2006, Vol. 31, No. 21, p. 24.
‡‡ Sakimoto, T., Rosenblatt, M., and Azar, D., "Laser Eye Surgery for Refractive Errors." *The Lancet*, Apr. 29, 2006, Vol. 367, No. 9520, pp. 1432–1447.
Sakimoto, T., Rosenblatt, M., and Azar, D., op. cit.
°° Mackenzie, D., "Coming Soon: 'Wavefront Eye Surgery'?" *Science*, Mar. 14, 2003, Vol. 299, No. 5613, p. 1655.
§§ Potter, J., "Do What's Right When Refractive Surgery Goes Wrong." *Review of Optometry*, Oct. 15, 2006, pp. 52–62.
¶¶ Guttman, C., "DLK a Lifelong Risk in Post-LASIK eyes." *Ophthalmology Times*, Nov. 1, 2006, Vol. 31, No. 21, pp. 1+.
*** Sakimoto, T., Rosenblatt, M., and Azar, D., op. cit.
††† Charters, L., "Accommodating IOL Improves Vision for High Refractive Errors in Analysis." *Ophthalmology Times*, Jun. 1, 2006, Vol. 31, No. 11, p. 43.

428 | CAPÍTULO 32

Resumo

TÓPICO	EQUAÇÕES RELEVANTES E OBSERVAÇÕES
1. Imagens Virtuais e Reais e Objetos	
Imagens	Uma imagem é *real* se os raios de luz convergem para cada ponto da imagem. Isso pode ocorrer no lado da luz refletida de um espelho ou no lado da luz refratada de uma lente delgada ou de uma superfície refratora. Uma imagem é *virtual* se apenas as extensões dos raios de luz convergem para cada ponto da imagem. Isso pode ocorrer atrás de um espelho ou no lado da luz incidente de uma lente ou superfície refratora.
Objetos	Um objeto real é ou um objeto físico ou uma imagem real. Um objeto é *real* se os raios de luz divergem de cada ponto do objeto. Isso pode ocorrer apenas no lado da luz incidente de um espelho, lente ou superfície refratora. Um objeto é *virtual* se apenas as extensões dos raios de luz divergem de cada ponto do objeto. Isso pode ocorrer apenas atrás de um espelho ou no lado da luz refratada de uma lente ou superfície refratora.
2. Espelhos Esféricos	
Distância focal	A distância focal é a distância imagem quando o objeto está no infinito, logo a luz incidente é paralela ao eixo.
Equação dos espelhos (para localização da imagem)	onde $$\frac{1}{s} + \frac{1}{s'} = \frac{1}{f} \qquad 32\text{-}4$$ $$f = \frac{r}{2} \qquad 32\text{-}3$$
Ampliação lateral	$$m = \frac{y'}{y} = -\frac{s'}{s} \qquad 32\text{-}5$$
Diagramas de raios	As imagens podem ser localizadas através de um diagrama de raios usando quaisquer dois raios paraxiais. Os raios paralelo, focal e radial são os mais fáceis de desenhar: 1. O raio paralelo, desenhado paralelamente ao eixo, é refletido através do ponto focal. 2. O raio focal, desenhado através do ponto focal, é refletido paralelamente ao eixo. 3. O raio radial, desenhado através do centro de curvatura, é refletido de volta sobre si mesmo.
Convenções de sinal para reflexão	1. s é positivo se o objeto está no lado da luz incidente do espelho. 2. s' é positivo se a imagem está no lado da luz refletida do espelho. 3. r e f são positivos se o espelho é côncavo e, portanto, o centro de curvatura está no lado da luz refletida do espelho.
3. Imagens Formadas por Refração	
Refração de uma única superfície	$$\frac{n_1}{s} + \frac{n_2}{s'} = \frac{n_2 - n_1}{r} \qquad 32\text{-}6$$ onde n_1 é o índice de refração do meio no lado da luz incidente da superfície.
Ampliação	$$m = \frac{y'}{y} = -\frac{n_1 s'}{n_2 s} \qquad 32\text{-}7$$
Convenções de sinal para refração	1. s é positivo para objetos no lado da luz incidente da superfície.
	2. s' é positivo para imagens no lado da luz refratada da superfície.
	3. r é positivo se o centro de curvatura está no lado da luz refratada da superfície.
4. Lentes Delgadas	
Distância focal (equação dos fabricantes de lentes)	$$\frac{1}{f} = \left(\frac{n}{n_{\text{ar}}} - 1 \right)\left(\frac{1}{r_1} - \frac{1}{r_2} \right) \qquad 32\text{-}11$$ Uma lente positiva ($f > 0$) é uma lente convergente. Uma lente negativa ($f < 0$) é uma lente divergente.
Primeiro e segundo pontos focais	Os raios incidentes paralelamente ao eixo emergem em direção ou se afastam do *primeiro ponto focal F'*. Os raios que se dirigem ou se afastam do *segundo ponto focal F* emergem paralelamente ao eixo.

Imagens Ópticas | **429**

TÓPICO	EQUAÇÕES RELEVANTES E OBSERVAÇÕES	
Poder	$$P = \frac{1}{f}$$	32-13
Equação das lentes delgadas (para localização da imagem)	$$\frac{1}{s} + \frac{1}{s'} = \frac{1}{f}$$	32-12
Ampliação	$$m = \frac{y'}{y} = -\frac{s'}{s}$$	32-14
Diagramas de raios	As imagens podem ser localizadas através de um diagrama de raios utilizando quaisquer dois raios paraxiais. Os raios paralelo, central e focal são os mais fáceis de desenhar: 1. O raio paralelo, desenhado paralelamente ao eixo, emerge diretamente em direção (ou se afastando) ao segundo ponto focal. 2. O raio central, desenhado através do centro da lente, não é defletido. 3. O raio focal, desenhado através (ou em direção) do primeiro ponto focal, emerge paralelamente ao eixo.	
Convenção de sinais para lentes	A convenção de sinais é a mesma que para a refração em uma superfície esférica.	

5. *Aberrações

Um borrão em torno da imagem de um único objeto puntiforme é chamado de aberração. A aberração esférica resulta do fato que uma superfície esférica focaliza apenas raios paraxiais (aqueles que se propagam próximos ao eixo) em um único ponto. Raios não-paraxiais são focalizados em pontos da vizinhança, dependendo do ângulo e da distância ao eixo. A aberração esférica pode ser reduzida bloqueando os raios mais afastados do eixo. Isso, é claro, reduz a quantidade de luz que atinge a imagem.

A aberração cromática, que ocorre em lentes, mas não ocorre em espelhos, resulta da variação do índice de refração com o comprimento de onda. As aberrações em uma lente são geralmente reduzidas usando uma série de lentes.

6. *O Olho

O sistema córnea–lente do olho focaliza a luz na retina, onde ela é registrada por bastonetes e cones que enviam a informação ao longo do nervo óptico até o cérebro. Quando o olho está relaxado, a distância focal do sistema córnea–lente é aproximadamente 2,5 cm, correspondente à distância até a retina. Quando os objetos são aproximados do olho, a lente muda sua forma para diminuir a distância focal geral para que a imagem continue em foco na retina. A menor distância na qual a imagem pode ser focalizada na retina é chamada de ponto próximo, tipicamente cerca de 25 cm. O tamanho aparente de um objeto depende do tamanho da imagem na retina. Quanto mais próximo estiver o objeto, maior a imagem na retina e, portanto, maior é o tamanho aparente do objeto.

7. *A Lupa Simples

Uma lupa simples consiste em uma lente com uma distância focal positiva que é menor que o ponto próximo.

Poder de ampliação (ampliação angular)	$$M = \frac{\theta}{\theta_o} = \frac{x_{pp}}{f}$$	32-20

8. *O Microscópio Composto

O microscópio composto é usado para enxergar objetos muito pequenos que estão na vizinhança. Ele consiste em duas lentes convergentes (ou sistemas de lentes), uma objetiva e uma ocular. O objeto a ser visto é colocado um pouco além do ponto focal da objetiva, que forma uma imagem ampliada do objeto no plano focal da ocular. A ocular atua como uma lupa simples para enxergar a imagem final.

Poder de ampliação (ampliação angular)	$$M = m_o M_e = -\frac{L}{f_o} \frac{x_{pp}}{f_e}$$	32-22

onde L é o comprimento do tubo, a distância entre o segundo ponto focal da objetiva e o primeiro ponto focal da ocular.

9. *O Telescópio

O telescópio é usado para enxergar objetos que estão muito distantes. A objetiva do telescópio forma uma imagem real do objeto que é muito menor que o objeto, porém está muito mais próxima. A ocular é, então, usada como uma lupa simples para enxergar a imagem. Um telescópio refletor usa um espelho como sua objetiva.

Poder de ampliação (ampliação angular)	$$M = \frac{\theta_e}{\theta_o} = -\frac{f_o}{f_e}$$	32-23

Respostas das Checagens Conceituais

32-2 Ben só pode enxergar a imagem em P'_1.
32-3 Infinito
32-4

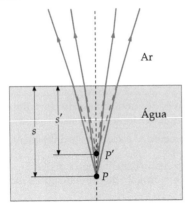

FIGURA 32-56 Diagrama de raios para a imagem de um objeto na água como visto diretamente acima. A profundidade da imagem é menor que a profundidade do objeto.

Respostas dos Problemas Práticos

32-3	(a) 8,0 cm (b) $s' = -4,0$ cm
32-4	$s' = -2,5$ cm, $m = +0,50$; a imagem é direita, virtual e reduzida.
32-5	390 jardas
32-6	(a) $s' = -6,44$ cm e (b) $m = 1,14$. A gata enxerga o peixe 1,1 cm mais próximo e 14 por cento maior do que ele realmente é.
32-7	A imagem está a 5,6 cm do ponto mais próximo do aquário.
32-8	18 cm
32-10	$s' = 30$ cm, $m = -2,0$; real, invertida
32-11	$s' = -10$ cm, $m = 2,0$; virtual, direita
32-12	$P_{olho} = 41,33$ D; $P_c = 41,33$ D + 2,67 D = 44 D; o poder é igual para os dois
32-13	$M = 12$
32-14	$M = -195$

Problemas

Em alguns problemas, você recebe mais dados do que necessita; em alguns outros, você deve acrescentar dados de seus conhecimentos gerais, fontes externas ou estimativas bem fundamentadas.

Interprete como significativos todos os algarismos de valores numéricos que possuem zeros em seqüência sem vírgulas decimais.

- • Um só conceito, um só passo, relativamente simples
- •• Nível intermediário, pode requerer síntese de conceitos
- ••• Desafiante, para estudantes avançados

Problemas consecutivos sombreados são problemas pareados.

PROBLEMAS CONCEITUAIS

1 • Pode uma imagem virtual ser fotografada? Se pode, dê um exemplo. Se não, explique por quê.

2 • Considere que os eixos x, y e z de um sistema de coordenadas 3-D sejam pintados com cores diferentes. Uma fotografia é tomada no sistema de coordenadas e outra é tomada de sua imagem em um espelho plano. É possível dizer que uma das fotografias é a da imagem do espelho? Ou ambas as fotografias seriam do sistema real de coordenadas visto de ângulos diferentes?

3 • Verdadeiro ou Falso:
(a) A imagem virtual formada por um espelho côncavo é sempre menor que o objeto.
(b) Um espelho côncavo sempre forma uma imagem virtual.
(c) Um espelho convexo nunca forma uma imagem real de um objeto real.
(d) Um espelho côncavo nunca forma uma imagem real ampliada de um objeto.

4 • Uma formiga está rastejando ao longo do eixo de um espelho côncavo que tem raio de curvatura R. Em que distâncias objeto, se houver alguma, o espelho produzirá (a) uma imagem direita, (b) uma imagem virtual, (c) uma imagem menor que o objeto e (d) uma imagem maior que o objeto?

5 • Uma formiga está rastejando ao longo do eixo de um espelho convexo que tem raio de curvatura R. Em que distâncias objeto, se houver alguma, o espelho produzirá (a) uma imagem direita, (b) uma imagem virtual, (c) uma imagem menor que o objeto e (d) uma imagem maior que o objeto?

6 •• Espelhos convexos são geralmente usados como retrovisores em automóveis e caminhões para dar uma visão de grande angular. "Cuidado: os objetos estão mais próximos do que parece" está escrito abaixo dos espelhos. De fato, de acordo com um diagrama de raios, a distância imagem para objetos distantes é muito menor que a distância objeto. Por que, então, eles parecem mais distantes?

7 • Enquanto uma formiga no eixo de um espelho côncavo rasteja desde uma grande distância até o ponto focal de um espelho côncavo, a imagem dela se moverá (a) desde uma grande distância até o ponto focal e será sempre real, (b) desde o ponto focal até uma grande distância do espelho e será sempre real, (c) desde o ponto focal até o centro de curvatura do espelho e será sempre real, (d) desde o ponto focal até uma grande distância do espelho e mudará de imagem real para imagem virtual.

8 • Um pássaro pousado em um galho acima da água é visto por um mergulhador submerso na água diretamente abaixo do pássaro. Para o mergulhador, o pássaro parece estar mais próximo ou mais afastado da superfície da água do que ele realmente está? Explique sua resposta usando um diagrama de raios.

9 • Um objeto é colocado no eixo de uma lente divergente cuja distância focal tem magnitude de 10 cm. A distância do objeto à lente é 40 cm. A imagem é (a) real, invertida e reduzida, (b) real, invertida e ampliada, (c) virtual, invertida e reduzida, (d) virtual, direita e reduzida, (e) virtual, direita e ampliada.

10 • Se um objeto é colocado entre o ponto focal de uma lente convergente e o centro óptico da lente, a imagem é (a) real, invertida e ampliada, (b) virtual, direita e reduzida, (c) virtual, direita e ampliada, (d) real, invertida e reduzida.

11 • Uma lente convergente é feita de vidro com índice de refração 1,6. Quando a lente está no ar, sua distância focal é 30 cm. Quando a lente é imersa na água, sua distância focal (a) é maior que 30 cm, (b) está entre zero e 30 cm, (c) é igual a 30 cm, (d) tem um valor negativo.

12 • Verdadeiro ou Falso:
(a) Uma imagem virtual não pode ser mostrada em um anteparo.
(b) Uma distância imagem negativa implica que a imagem seja virtual.
(c) Todos os raios paralelos ao eixo de um espelho esférico são refletidos através de um único ponto.
(d) Uma lente divergente não pode formar uma imagem real de um objeto real.
(e) A distância imagem para uma lente convergente é sempre positiva.

13 • **APLICAÇÃO BIOLÓGICA** Tanto o olho humano quanto a câmera digital trabalham para formar imagens reais em superfícies sensíveis à luz. O olho forma uma imagem real na retina e a câmera forma uma imagem real em um arranjo CCD. Explique a diferença entre as maneiras pelas quais estes dois sistemas se *acomodam*. Isto é, a diferença entre como um olho se ajusta e como uma câmera se ajusta (ou pode ser ajustada) para formarem uma imagem focalizada de objetos a grandes e pequenas distâncias da câmera.

14 • **APLICAÇÃO BIOLÓGICA** Se um objeto estivesse a 25 cm na frente dos olhos nus de uma pessoa míope, uma imagem (a) seria formada atrás da retina se não fosse pelo fato de a luz ser bloqueada (pelo fundo do globo ocular) e a lente de contato corretiva deveria ser convexa, (b) seria formada atrás da retina se não fosse pelo fato de a luz ser bloqueada (pelo fundo do globo ocular) e a lente de contato corretiva deveria ser côncava, (c) é formada na frente da retina e a lente de contato corretiva deveria ser convexa, (d) é formada na frente da retina e a lente de contato corretiva deveria ser côncava.

15 •• Explique a seguinte afirmativa: Um microscópio amplia objetos, mas um telescópio amplia ângulos. *Dica: Veja os diagramas de raios para cada um e use-os para explicar esta diferença.*

ESTIMATIVA E APROXIMAÇÃO

16 • Estime a posição e o tamanho da imagem de sua face quando você segura uma colher nova e brilhante a aproximadamente 30 cm de seu rosto com o lado convexo na sua direção.

17 • Estime a distância focal do "espelho" produzido pela superfície da água de uma piscina em uma noite calma.

18 •• Estime o valor máximo que pode ser obtido para o poder de ampliação de uma lupa simples usando a Equação 32-20. *Dica: Pense na lente de menor distância focal que poderia ser feita de vidro e, ainda assim, ser usada como uma lupa.*

ESPELHOS PLANOS

19 • A imagem do ponto objeto P na Figura 32-57 é vista por um olho, como mostrado. Desenhe dois raios do objeto puntiforme que refletem no espelho e entram no olho. Se o ponto objeto e o espelho estivessem fixos em suas posições, indique o intervalo de posições no qual o olho pode ser posicionado e, ainda assim, ver a imagem do objeto puntiforme.

FIGURA 32-57 Problema 19

20 • Você tem 1,62 m de altura e deseja ver sua imagem completa em um espelho plano vertical. (a) Qual é a altura mínima do espelho que atende à sua necessidade? (b) A que distância acima do solo deve estar a base do espelho em (a), considerando que o topo de sua cabeça esteja a 14 cm acima do nível de seus olhos? Use um diagrama de raios para explicar sua resposta.

21 •• (a) Dois espelhos planos fazem um ângulo de 90°. A luz de um objeto puntiforme que está posicionado arbitrariamente na frente dos espelhos produz imagens em três posições. Para cada posição de imagem, desenhe dois raios do objeto que, depois de uma ou duas reflexões, parecem vir da posição da imagem. (b) Dois espelhos planos fazem um ângulo de 60° entre si. Desenhe um esboço para mostrar a posição de todas as imagens formadas de um objeto que está na bissetriz do ângulo entre os espelhos. (c) Repita a Parte (b) para um ângulo de 120°.

22 •• Mostre que a equação dos espelhos (Equação 32-4 onde $f = r/2$) fornece a distância imagem correta e a ampliação para um espelho plano.

23 •• Quando dois espelhos planos são paralelos, como nas paredes opostas de uma barbearia, surgem imagens múltiplas porque cada imagem em um dos espelhos serve como objeto para o outro espelho. Um objeto está colocado entre espelhos paralelos separados por 30 cm. O objeto está a 10 cm na frente do espelho da esquerda e a 20 cm do espelho da direita. (a) Determine a distância do espelho da esquerda até as primeiras quatro imagens naquele espelho. (b) Determine a distância do espelho da direita até as primeiras quatro imagens naquele espelho. (c) Explique por que as imagens mais distantes se tornam cada vez mais fracas.

ESPELHOS ESFÉRICOS

24 •• Um espelho côncavo tem raio de curvatura igual a 24 cm. Use diagramas de raios para localizar a imagem, se ela existe, para um objeto próximo ao eixo a distâncias de (a) 55 cm, (b) 24 cm, (c) 12 cm e (d) 8,0 cm do espelho. Para cada caso, diga se a imagem é real ou virtual; direita ou invertida; e ampliada, reduzida ou tem o mesmo tamanho que o objeto.

25 • (a) Use a equação dos espelhos (Equação 32-4 onde $f = r/2$) para calcular as distâncias imagem para as distâncias objeto e para o espelho do Problema 24. (b) Calcule a ampliação para cada distância objeto dada.

26 • Um espelho convexo tem raio de curvatura com magnitude igual a 24 cm. Use diagramas de raios para localizar a imagem, se ela existir, para um objeto próximo ao eixo a distâncias de (a) 55 cm, (b) 24 cm, (c) 12 cm, (d) 8,0 cm e (e) 1,0 cm do espelho. Para cada caso, diga se a imagem é real ou virtual; direita ou invertida; e ampliada, reduzida ou tem o mesmo tamanho que o objeto.

27 • (a) Use a equação dos espelhos (Equação 32-4 onde $f = r/2$) para calcular as distâncias imagem para as distâncias objeto e para o espelho do Problema 26. (b) Calcule a ampliação para cada distância objeto dada.

28 •• Use a equação dos espelhos (Equação 32-4 onde $f = r/2$) para provar que um espelho convexo não pode formar uma imagem real de um objeto real, não importa onde o objeto seja colocado.

29 • Um dentista deseja usar um pequeno espelho que irá produzir uma imagem direita com uma ampliação de 5,5 quando o espelho é posicionado a 2,1 cm de um dente. (a) O espelho deveria ser côncavo ou convexo? (b) Qual deveria ser o raio de curvatura do espelho?

30 •• **RICO EM CONTEXTO** Espelhos convexos são usados em muitas lojas para fornecer um grande ângulo de vigilância em um espelho com tamanho razoável. Seu trabalho de verão é em uma loja de conveniência que usa o espelho mostrado na Figura 32-58. Este arranjo permite que você (ou o funcionário) supervisione a loja inteira quando você está a 5,0 m do espelho. O espelho tem raio de curvatura de 1,2 m. Considere que todos os raios sejam paraxiais. (a) Se um cliente está a 10 m do espelho, a que distância do espelho estará a imagem dele? (b) A imagem está na frente ou atrás do espelho? (c) Se o cliente tem 2,0 m de altura, que altura terá a imagem dele?

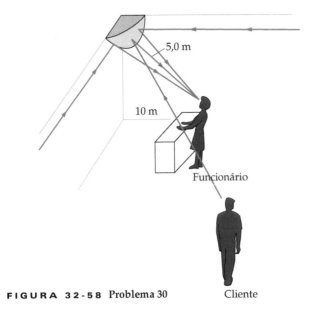

FIGURA 32-58 Problema 30

31 •• Certo telescópio usa um espelho esférico côncavo com raio igual a 8,0 cm. Determine a posição e o diâmetro da imagem da Lua formada por este espelho. A Lua tem um diâmetro de $3,5 \times 10^6$ m e está a $3,8 \times 10^8$ m da Terra.

32 •• Um pedaço de uma fina casca esférica com raio de curvatura de 100 cm é metalizada nos dois lados. O lado côncavo da peça forma uma imagem real a 75 cm dela. A peça é, então, virada e seu lado convexo fica de frente ao objeto. A peça é deslocada até que a imagem esteja a 35 cm do lado côncavo. (a) Qual a distância que a peça foi deslocada? (b) Ela foi aproximada ou afastada do objeto?

33 •• Dois raios de luz paralelos ao eixo óptico de um espelho côncavo atingem o espelho como mostrado na Figura 32-59. O espelho tem um raio de curvatura igual a 5,0 m. Eles, então, atingem um pequeno espelho esférico que está a 2,0 m do espelho maior. Os raios de luz finalmente encontram o vértice do espelho grande. *Nota*: O espelho pequeno é mostrado como planar, mas, para não entregar a resposta, ele *não é*, de fato, planar. (a) Qual é o raio de curvatura do espelho menor? (b) Este espelho é convexo ou côncavo? Explique sua resposta.

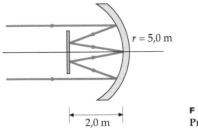

FIGURA 32-59 Problema 33

IMAGENS FORMADAS POR REFRAÇÃO

34 •• Um bastão de vidro muito longo com 1,75 cm de diâmetro tem um lado polido formando uma superfície esférica convexa com 7,20 cm de raio. O material do vidro tem índice de refração de 1,68. (a) Um objeto puntiforme no ar está no eixo do bastão e a 30,0 cm da superfície esférica. Determine a localização da imagem e diga se ela é real ou virtual. (b) Repita a Parte (a) para um objeto puntiforme no ar, no eixo e a 5,00 cm da superfície esférica. Desenhe um diagrama de raios para cada caso.

35 • Um peixe está a 10 cm da superfície da frente de um aquário esférico com 20 cm de raio. (a) A que distância atrás da superfície do aquário o peixe parece estar para alguém que o observe pela frente do aquário? (b) A que distância a localização aparente do peixe varia (relativamente à superfície frontal do aquário) quando ele nada se afastando 30 cm da superfície frontal?

36 •• Um bastão de vidro muito longo com 1,75 cm de diâmetro tem um lado polido formando uma superfície esférica côncava com 7,20 cm de raio. O material do vidro tem índice de refração de 1,68. (a) Um objeto puntiforme no ar está no eixo do bastão e a 15,0 cm da superfície esférica. Determine a localização da imagem e diga se ela é real ou virtual. Desenhe um diagrama de raios.

37 •• Repita o Problema 34 para quando o bastão de vidro e o objeto estão imersos na água e (a) o objeto está a 6,00 cm da superfície esférica e (b) o objeto está a 12,0 da superfície esférica.

38 •• Repita o Problema 36 para quando o bastão de vidro e o objeto estão imersos na água e o objeto está a 20 cm da superfície esférica.

39 •• Um bastão tem 96,0 cm de comprimento e é feito de vidro com índice de refração igual a 1,60. O bastão tem suas extremidades polidas formando superfícies esféricas convexas com raios iguais a 8,00 cm e 16,0 cm. Um objeto está no ar no eixo longo do bastão a 20,0 cm da extremidade que tem 8,00 cm de raio. (a) Determine a distância imagem devida à refração na superfície de 8,00 cm de raio. (b) Determine a posição da imagem final devida à refração em ambas as superfícies. (c) A imagem final é real ou virtual?

40 •• Repita o Problema 39 para um objeto no ar no eixo do bastão de vidro a 20,0 cm da extremidade que tem 16,0 cm de raio.

LENTES DELGADAS E A EQUAÇÃO DOS FABRICANTES DE LENTE

41 • Uma lente dupla côncava que tem índice de refração igual a 1,45 tem raios cujas magnitudes são iguais a 30,0 cm e 25,0 cm. Um objeto está localizado a 80,0 cm à esquerda da lente. Determine (a) a distância focal da lente, (b) a localização da imagem e (c) a ampliação da imagem. (d) A imagem é real ou virtual? A imagem é direita ou invertida?

42 • As seguintes lentes delgadas são feitas de vidro com índice de refração igual a 1,60. Faça um esboço de cada lente e determine a distância focal de cada uma no ar: (a) $r_1 = 20,0$ cm e $r_2 = 10,0$ cm, (b) $r_1 = 10,0$ cm e $r_2 = 20,0$ cm e (c) $r_1 = -10,0$ cm e $r_2 = -20,0$ cm.

43 • As quatro lentes a seguir são feitas de vidro com índice de refração 1,5. Os raios são dados em *módulo*. Faça um esboço de cada lente e determine a distância focal de cada uma no ar: (a) dupla-convexa com raios de curvatura iguais a 15 cm e 26 cm, (b) plano-convexa com raio de curvatura igual a 15 cm, (c) côncava dupla com raios de curvatura de 15 cm e (d) plano-convexa com raio de curvatura igual a 26 cm.

44 • Determine a distância focal de uma lente de vidro com índice de refração igual a 1,62, com uma superfície côncava com raio de curvatura de magnitude 100 cm e uma superfície convexa com raio de curvatura de magnitude 40,0 cm.

45 •• (a) Um objeto que tem 3,00 cm de altura é colocado a 25,0 cm em frente a uma lente delgada que tem um poder igual a 10,0 D. Desenhe um diagrama de raios para determinar a posição e o tamanho da imagem e verifique seus resultados usando a equação das lentes delgadas. (b) Repita a Parte (a) se o objeto é colocado a 20,0 cm em frente à lente. (c) Repita a Parte (a) para um objeto colocado a 20,0 cm em frente a uma lente delgada que tem um poder igual a $-10,0$ D.

46 •• A equação dos fabricantes de lente tem três parâmetros de design. Eles consistem no índice de refração da lente e nos raios de curvatura para as duas superfícies. Portanto, há muitas maneiras de projetar uma lente que tenha uma particular distância focal no ar. Use a equação dos fabricantes de lentes para projetar três lentes convergentes delgadas diferentes, cada uma com uma distância focal de 27,0 cm e cada uma delas feita de vidro com índice de refração 1,60. Faça um esboço dos seus projetos.

47 •• Repita o Problema 46, mas para lentes divergentes com distância focal no ar com a mesma magnitude.

48 •• (a) O que significa uma distância objeto negativa? Descreva uma situação específica na qual uma distância objeto negativa possa ocorrer. (b) Determine a distância imagem e a ampliação para uma lente delgada no ar quando a distância objeto é −20 cm e a lente é convergente com distância focal de 20 cm. Descreva a imagem — ela é virtual ou real, direita ou invertida? (c) Repita a Parte (b) se a distância objeto é, agora, −10 cm, e a lente é divergente com distância focal (magnitude) de 30 cm.

49 •• Duas lentes convergentes, cada uma com distância focal igual a 10 cm, estão separadas por 35 cm. Um objeto está a 20 cm à esquerda da primeira lente. (a) Determine a posição da imagem final usando um diagrama de raios e a equação das lentes delgadas. (b) A imagem final é real ou virtual? A imagem final é direita ou invertida? (c) Qual é a ampliação lateral total?

50 •• Repita o Problema 49, mas com a segunda lente substituída por uma lente divergente com distância focal igual a −15 cm.

51 •• (a) Mostre que, para obter uma ampliação de magnitude |m| usando uma lente delgada convergente de distância focal f, a distância objeto deve ser igual a $(1 + |m|^{-1})f$. (b) Você deseja usar uma câmera digital que tem uma lente com distância focal de 50,0 mm para tirar uma fotografia de uma pessoa de 1,75 m de altura. A que distância da lente da câmera a pessoa deve estar para que o tamanho da imagem nos sensores de luz de sua câmera seja 24,0 mm?

52 •• **Planilha Eletrônica** Uma lente convergente tem distância focal de 12,0 cm. (a) Usando uma planilha eletrônica ou calculadora gráfica, faça um gráfico da distância imagem como função da distância objeto para distâncias objeto variando de 1,10f até 10,0f, onde f é a distância focal. (b) No mesmo gráfico usado na Parte (a), mas usando um eixo y diferente, faça um gráfico da ampliação da lente como função da distância objeto. (c) Que tipo de imagem é produzido para este intervalo de distância objeto — real ou virtual, direita ou invertida? (d) Discuta o significado de quaisquer limites assintóticos que seus gráficos apresentarem.

53 •• **Planilha Eletrônica** Uma lente convergente tem distância focal de 12,0 cm. (a) Usando uma planilha eletrônica ou calculadora gráfica, faça um gráfico da distância imagem como função da distância objeto, para distâncias objeto variando de 0,010f até 0,90f, onde f é a distância focal. (b) No mesmo gráfico usado na Parte (a), mas usando um eixo y diferente, faça um gráfico da ampliação da lente como função da distância objeto. (c) Que tipo de imagem é produzido para este intervalo de distância objeto — real ou virtual, direita ou invertida? (d) Discuta o significado de quaisquer limites assintóticos que seus gráficos apresentarem.

54 •• Um objeto está a 15,0 cm à frente de uma lente convergente que tem distância focal igual a 15,0 cm. Uma segunda lente convergente que também tem distância focal igual a 15,0 cm está localizada a 20,0 cm atrás da primeira. (a) Determine a posição da imagem final e descreva suas propriedades (por exemplo, real e invertida) e (b) desenhe um diagrama de raios para corroborar suas respostas para a Parte (a).

55 •• Um objeto está a 15,0 cm à frente de uma lente convergente que tem distância focal igual a 15,0 cm. Uma lente divergente que tem distância focal de magnitude igual a 15,0 cm está localizada a 20,0 cm atrás da primeira. (a) Determine a posição da imagem final e descreva suas propriedades (por exemplo, real e invertida) e (b) desenhe um diagrama de raios para corroborar suas respostas para a Parte (a).

56 ••• Em uma forma conveniente da equação das lentes delgadas usada por Newton, as distâncias objeto e imagem x e x' são medidas a partir dos pontos focais F e F', e não a partir do centro da lente. (a) Indique x e x' em um esboço de uma lente e mostre que se $x = s − f$ e $x' = s' − f$, a equação das lentes delgadas (Equação 32-12) pode ser reescrita como $xx' = f^2$. (b) Mostre que a ampliação lateral é dada por $m = −x'/f = −f/x$.

57 ••• No *método de Bessel* para determinar a distância focal f de uma lente, um objeto e um anteparo estão separados por uma distância L, onde $L > 4f$. É, então, possível, colocar uma lente entre o objeto e o anteparo em duas posições diferentes permitindo que exista uma imagem do objeto no anteparo, em um dos casos ampliada, e no outro, reduzida. Mostre que, se a distância entre duas posições da lente é D, então a distância focal é dada por $f = \frac{1}{4}(L^2 − D^2)/L$. *Dica: Veja a Figura 32-60*.

58 ••• **Aplicação em Engenharia, Rico em Contexto** Você está trabalhando para um especialista em óptica durante o verão. Ele precisa medir uma distância focal desconhecida e você sugere usar o *método de Bessel* (veja o Problema 57), que você utilizou durante um laboratório de física. Você define a distância objeto-imagem como 1,70 m. A posição da lente é ajustada para obter uma imagem definida no anteparo. Uma segunda imagem definida é encontrada quando a lente é movida por 72 cm a partir da primeira posição. (a) Esboce o diagrama de raios para as duas posições. (b) Determine a distância focal da lente usando o método de Bessel. (c) Quais são as duas posições da lente com relação ao objeto? (d) Quais são as ampliações das imagens quando a lente está nas duas posições?

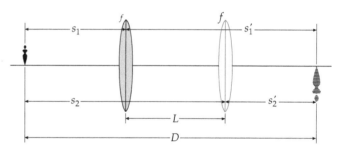

FIGURA 32-60 Problemas 57 e 58

59 ••• Um objeto está a 17,5 cm à esquerda de uma lente que tem distância focal de +8,50 cm. Uma segunda lente, que tem distância focal de −30,0 cm, está a 5,00 cm à direita da primeira lente. (a) Determine a distância entre o objeto e a imagem final formada pela segunda lente. (b) Qual é ampliação total? (c) A imagem final é real ou virtual? Ela é direita ou invertida?

*ABERRAÇÕES

60 • A aberração cromática é um defeito comum de (a) lentes côncavas e convexas, (b) apenas lentes côncavas, (c) espelhos côncavos e convexos, (d) todas as lentes e espelhos.

61 • **Aplicação em Engenharia** Discuta algumas razões pelas quais a maioria dos telescópios que são usados por astrônomos é telescópio de reflexão e não de refração.

62 • Uma lente dupla-convexa simétrica tem raios de curvatura iguais a 10,0 cm. Ela é feita de vidro com índice de refração igual a 1,530 para luz azul e igual a 1,470 para luz vermelha. Determine a distância focal desta lente para (a) luz vermelha e (b) luz azul.

*O OLHO

63 • **APLICAÇÃO BIOLÓGICA** Determine a variação na distância focal do olho quando um objeto originalmente a 3,0 m é trazido a 30 cm do olho.

64 • **APLICAÇÃO BIOLÓGICA** Uma pessoa míope necessita de lentes com poder igual a 1,75 D para ler confortavelmente um livro a 25,0 cm de seus olhos. Qual é o ponto próximo desta pessoa sem lentes?

65 • **APLICAÇÃO BIOLÓGICA** Se dois objetos puntiformes próximos entre si devem ser enxergados como dois objetos distintos, as imagens devem atingir a retina em dois cones diferentes que não sejam adjacentes. Isto é, deve haver um cone não ativado entre eles. A separação entre os cones é aproximadamente 1,00 µm. Considere o olho como uma esfera uniforme de 2,5 cm de diâmetro que tem índice de refração de 1,34. (a) Qual é o menor ângulo que os dois pontos podem formar? (Veja a Figura 32-61.) (b) Quão próximos os dois pontos podem estar se eles estão a 20,0 m do olho?

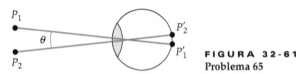

FIGURA 32-61
Problema 65

66 • **APLICAÇÃO BIOLÓGICA** Considere que o olho tenha sido projetado como uma câmera que tem uma lente de distância focal fixa igual a 2,50 cm que pode se aproximar ou se afastar da retina, tem ar em ambos os lados da lente e não tem córnea. Qual o valor da distância, aproximadamente, que a lente teria que se deslocar para focalizar a imagem de um objeto a 25,0 cm do olho na retina? *Dica: Determine a distância da retina à imagem atrás dela para um objeto a 25,0 cm.*

Nota: Os Problemas 67 a 69 referem-se ao modelo de olho mostrado na Figura 32-62.

67 •• **APLICAÇÃO BIOLÓGICA** Um modelo simples para o olho é uma lente que tem um poder P variável, localizada a uma distância fixa d em frente a um anteparo, com o espaço entre a lente e o anteparo contendo ar. Este "olho" pode focalizar todos os valores de distância objeto s tais que $x_{pp} \leq s \leq x_{pd}$, onde os subscritos se referem a "ponto próximo" e "ponto distante", respectivamente. Este "olho" é considerado normal se ele pode focalizar objetos muito distantes. (a) Mostre que para um "olho" normal deste tipo, o valor mínimo necessário de P é dado por $P_{mín} = 1/d$. (b) Mostre que o valor máximo de P é dado por $P_{máx} = 1/x_{pp} + 1/d$. (c) A diferença entre os poderes máximo e mínimo, simbolizada por A, é definida como $A = P_{máx} - P_{mín}$ e é chamada de *acomodação*. Determine o poder mínimo e a acomodação para este modelo de olho que tem uma distância até o anteparo de 2,50 cm, um ponto distante no infinito e a distância do ponto próximo igual a 25,0 cm.

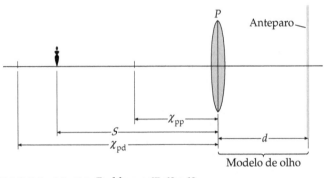

FIGURA 32-62 Problemas 67, 68 e 69

68 •• **APLICAÇÃO BIOLÓGICA** (Este problema se refere ao modelo de olho descrito no Problema 67.) Um olho que exibe miopia não pode focalizar objetos distantes. (a) Mostre que, para um modelo de olho com miopia capaz de focalizar até uma distância máxima x_{pd}, o valor mínimo do poder P é maior que o de um olho normal (que tem um ponto distante no infinito) e é dado por $P_{mín} = 1/x_{pd} + 1/d$. (b) Para corrigir a miopia, uma lente de contato deve ser colocada diretamente na frente da lente do modelo do olho. Que poder deveria ter a lente de contato para corrigir a visão do modelo de olho míope que tem uma distância de ponto distante igual a 50,0 cm?

69 •• **APLICAÇÃO BIOLÓGICA** (Este problema se refere ao modelo de olho descrito no Problema 67.) Em um olho que exibe hipermetropia, o olho pode ser capaz de focalizar objetos distantes mas não consegue focalizar objetos próximos. (a) Mostre que, para um modelo de olho com hipermetropia capaz de focalizar até uma distância x'_{pp}, o valor máximo do poder P é dado por $P_{máx} = 1/x'_{pp} + 1/d$. (b) Mostre que, comparado ao modelo de olho capaz de focalizar a uma distância tão próxima quanto x_{pp} (onde $x_{pp} < x'_{pp}$), o poder máximo da lente com hipermetropia é muito pequeno, dado por $1/x_{pp} - 1/x'_{pp}$. (c) Que poder deveria ter a lente de contato para corrigir a visão do modelo de olho com hipermetropia, com $x'_{pp} = 150$ cm, para que o olho pudesse focalizar objetos tão próximos quanto 15 cm?

70 •• **APLICAÇÃO BIOLÓGICA** Uma pessoa que tem um ponto próximo de 80 cm precisa ler a tela de um computador que está a apenas 45 cm de seus olhos. (a) Determine a distância focal das lentes dos óculos de leitura que produzirão uma imagem da tela a uma distância de 80 cm dos olhos. (b) Qual é o poder destas lentes?

71 •• **APLICAÇÃO BIOLÓGICA** Uma pessoa míope não consegue focalizar claramente objetos que estão mais distantes do que 2,25 m de seus olhos. Qual o poder das lentes necessárias para que ela veja objetos distantes com clareza?

72 •• **APLICAÇÃO BIOLÓGICA** Como o índice de refração da lente do olho não é muito diferente do material que está a sua volta, a maior parte da refração ocorre na córnea, onde o índice varia abruptamente de 1,00 (ar) até aproximadamente 1,38. (a) Modelando a córnea, o humor aquoso, a lente e o humor vítreo como uma esfera sólida transparente e homogênea com índice de refração de 1,38, calcule o raio da esfera se ela focaliza raios paralelos na retina a uma distância de 2,50 cm. (b) Você espera que seu resultado seja maior ou menor que o raio real da córnea? Explique sua resposta.

73 •• **APLICAÇÃO BIOLÓGICA** O ponto próximo dos olhos de certa pessoa é 80 cm. Óculos de leitura são prescritos para que ela possa ler um livro a 25 cm de seu olho. Os óculos estão a 2,0 cm dos olhos. Qual a dioptria das lentes que deveriam ser usadas nesses óculos?

74 ••• **APLICAÇÃO BIOLÓGICA** Aos 45 anos, uma pessoa está ajustada para óculos de leitura que têm um poder igual a 2,10 D para que consiga ler a 25 cm. Ao atingir a idade de 55 anos, ela se vê segurando o jornal a uma distância de 40 cm para conseguir ler claramente com seus óculos. (a) Qual era seu ponto próximo aos 45 anos? (b) Onde está seu ponto próximo aos 55 anos? (c) Que poder é, agora, necessário para as lentes de seus óculos de leitura para que ela consiga, novamente, ler a 25 cm? Considere que os óculos sejam colocados a 2,2 cm de seus olhos.

*A LUPA SIMPLES

75 • Qual é o poder de ampliação de uma lente que tem uma distância focal igual a 7,0 cm quando a imagem é vista no infinito por uma pessoa cujo ponto próximo está a 35 cm?

76 •• Uma lente que tem distância focal igual a 6,0 cm é usada como uma lupa simples por uma pessoa cujo ponto próximo é 25 cm e por outra pessoa cujo ponto próximo é 40 cm. (a) Qual é

Imagens Ópticas | **435**

o poder ampliador efetivo da lente para cada pessoa? (b) Compare os tamanhos das imagens nas retinas quando cada pessoa enxerga o mesmo objeto com a lupa.

77 •• Em sua aula de botânica, você examina uma folha usando uma lente convexa 12 D como lupa simples. Qual é a ampliação angular da folha se a imagem formada pela lente está (a) no infinito e (b) a 25 cm?

*O MICROSCÓPIO

78 •• A objetiva de seu microscópio no laboratório tem uma distância focal de 17,0 mm. Ela forma uma imagem de uma amostra muito pequena a 16,0 cm de seu segundo ponto focal. (a) A que distância da objetiva está localizada a amostra? (b) Qual é o poder de ampliação para você se seu ponto próximo é 25 cm e a distância focal da ocular é 51,0 mm?

79 •• Um microscópio tem uma objetiva com distância focal igual a 8,5 mm. A ocular fornece uma ampliação angular de 10 para uma pessoa cujo ponto próximo é 25 cm. O comprimento do tubo é 16 cm. (a) Qual é a ampliação lateral da objetiva? (b) Qual é o poder de ampliação do microscópio?

80 •• Um microscópio grosseiro, portátil e simétrico consiste em duas lentes 20 D presas nas extremidades de um tubo de 30 cm de comprimento. (a) Qual é o comprimento do tubo deste microscópio? (b) Qual é a ampliação lateral da objetiva? (c) Qual é o poder de ampliação do microscópio? (d) A que distância da objetiva o objeto deveria ser colocado?

81 •• Um microscópio composto tem uma lente objetiva com poder de 45 D e uma ocular com um poder de 80 D. As lentes estão separadas por 28 cm. Considerando que a imagem final formada pelo microscópio está a 25 cm dos olhos, qual é o poder de ampliação?

82 ••• Um microscópio tem um poder de ampliação de 600. A ocular tem uma ampliação angular de 15,0. A lente objetiva está a 22,0 cm da ocular. Calcule (a) a distância focal da ocular, (b) a localização do objeto para que ele esteja no foco para um olho normal relaxado e (c) a distância focal da lente objetiva.

*O TELESCÓPIO

83 • Você tem um telescópio simples que tem uma objetiva com distância focal de 100 cm e uma ocular com distância focal de 5,00 cm. Você está usando-o para olhar para a Lua, que subentende um ângulo de aproximadamente 9,00 mrad. (a) Qual é o diâmetro da imagem formada pela objetiva? (b) Qual é o ângulo subentendido pela imagem formada no infinito pela ocular? (c) Qual é o poder de ampliação de seu telescópio?

84 • A lente objetiva do telescópio de refração no Observatório Yerkes tem uma distância focal de 19,5 m. A Lua subentende um ângulo de aproximadamente 9,00 mrad. Quando o telescópio é usado para olhar a Lua, qual é o diâmetro da imagem da Lua formada pela objetiva?

85 •• O espelho com 5,10 m de diâmetro do telescópio de reflexão no Monte Palomar tem uma distância focal de 1,68 m. (a) Por qual fator aumenta o poder de coleção de luz em comparação com as lentes de 1,02 m de diâmetro do telescópio do Observatório Yerkes? (b) Se a distância focal da ocular é 1,25 cm, qual é o poder de ampliação do telescópio de 5,10 m?

86 •• Um telescópio astronômico tem um poder de ampliação de 7,0. As duas lentes estão separadas por 32 cm. Determine a distância focal de cada lente.

87 •• Uma desvantagem do telescópio astronômico para uso terrestre (por exemplo, em um jogo de futebol) é que a imagem é invertida. Um telescópio galileano utiliza uma lente convergente como objetiva, mas uma lente divergente como ocular. A imagem formada pela objetiva está no segundo ponto focal da ocular (o ponto focal no lado da luz refratada da ocular) e, portanto, a imagem final é virtual, direita e no infinito. (a) Mostre que o poder de ampliação é dado por $M = -f_o/f_e$, onde f_o é a distância focal da objetiva e f_e é a da ocular (que é negativa). (b) Desenhe um diagrama de raios para mostrar que a imagem final é, de fato, virtual, direita e no infinito.

88 •• Um telescópio galileano (veja o Problema 87) é projetado para que a imagem final esteja no ponto próximo, que está a 25 cm (e não no infinito). A distância focal da objetiva é 100 cm e a distância focal da ocular é $-5,0$ cm. (a) Se a distância objetiva é 30,0 m, onde está a imagem da objetiva? (b) Qual é a distância objeto para a ocular para que a imagem final esteja no ponto próximo? (c) Qual a separação entre as lentes? (d) Se a altura do objeto é 1,5 m, qual a altura da imagem final? Qual é a ampliação angular?

89 ••• Se você olhar no lado errado do telescópio, isto é, na objetiva, você verá objetos distantes com tamanho angular reduzido. Para um telescópio de refração que tem uma objetiva com distância focal de 2,25 m e uma ocular com distância focal igual a 1,50 cm, qual o fator de variação do tamanho angular do objeto?

PROBLEMAS GERAIS

90 • Para focalizar uma câmera, a distância entre a lente e a superfície sensível à imagem é variada. Uma lente de grande angular de uma câmera tem distância focal de 28 mm. De quanto deve variar a posição da lente para focalizar um objeto no infinito e um objeto a 5,00 m na frente da câmera?

91 • Uma lente convergente com distância focal de 10 cm é usada para obter uma imagem que tem o dobro da altura do objeto. Determine as distâncias objeto e imagem se (a) a imagem deve ser direita e (b) a imagem deve ser invertida. Desenhe um diagrama de raios para cada caso.

92 •• Você recebe duas lentes convergentes com distâncias focais de 75 mm e 25 mm. (a) Mostre como as lentes deveriam ser dispostas para formar um telescópio. Diga qual das lentes deve ser usada como objetiva e qual deve ser usada como ocular, qual a separação entre elas e qual a ampliação angular que você espera. (b) Desenhe um diagrama de raios para mostrar como os raios de um objeto distante são refratados pelas duas lentes.

93 •• (a) Mostre como as mesmas duas lentes no Problema 92 deveriam ser dispostas para formar um microscópio composto que tem um comprimento de tubo de 160 mm. Diga qual das lentes deve ser usada como objetiva, qual deve ser usada como ocular, qual deve ser a distância entre elas e qual deve ser a ampliação total que você espera obter, considerando que o usuário tem um ponto próximo de 25 cm. (b) Desenhe um diagrama de raios para mostrar como os raios de um objeto próximo são refratados pelas lentes.

94 •• **RICO EM CONTEXTO** Durante as férias, você está mergulhando e usando uma máscara de mergulho que tem um bojo saliente para fora, com um raio de curvatura de 0,50 m. Como conseqüência, existe uma superfície esférica convexa entre a água e o ar na máscara. Um peixe nada a 2,5 m à frente de sua máscara. (a) A que distância de sua máscara o peixe parece estar? (b) Qual é a ampliação lateral da imagem do peixe?

95 •• Uma câmera digital de 35 mm tem um arranjo retangular de CCDs (sensores de luz) que tem 24 mm por 36 mm. Ele é usado para tirar uma foto de uma pessoa com 175 cm de altura de maneira que a imagem ocupe exatamente a altura (24 mm) do arranjo de CCDs. A que distância a pessoa deve estar da câmera se a distância focal da lente é 50 mm?

96 •• Uma câmera de 35 mm com lentes permutáveis é usada para tirar uma foto de um falcão que tem 2,0 m de envergadura da asa. O falcão está a 30 m de distância. Qual deveria ser a distância focal ideal da lente usada para que a imagem das asas coubesse na largura da área da câmera sensível à luz, que tem 36 mm?

97 •• Um objeto é colocado a 12,0 cm em frente a uma lente com distância focal igual a 10,0 cm. Uma segunda lente com distância focal de 12,5 cm é colocada a 20,0 cm atrás da primeira lente. (a) Determine a posição da imagem final. (b) Qual é a ampliação da imagem? (c) Faça um esboço do diagrama de raios mostrando a imagem final.

98 •• (a) Mostre que, se f_a é a distância focal de uma lente delgada no ar, sua distância focal na água é dada por $f_w = -(n_w/n_a)(n - n_a)/(n - n_w)f_a$, onde n_w é o índice de refração da água, n é o do material da lente e n_a é o do ar. (b) Calcule a distância focal no ar e na água de uma lente côncava dupla que tem índice de refração 1,50 e raios com magnitudes 30 cm e 35 cm.

99 •• Enquanto você estaciona seu carro, você vê uma pessoa correndo através de seu espelho retrovisor, o qual é convexo e tem raio de curvatura cuja magnitude é igual a 2,00 m. O corredor está a 5,00 m do espelho e está se aproximando a 3,50 m/s. Qual é a velocidade da imagem do corredor relativa ao espelho?

100 •• Uma camada de 2,00 cm de espessura de água ($n = 1,33$) flutua sobre uma camada de 4,00 cm de espessura de tetracloreto de carbono ($n = 1,46$) em um tanque. A que distância abaixo da superfície superior da água a base do tanque parece estar, de acordo com um observador que olha para baixo com incidência normal?

101 ••• Um objeto está a 15,0 cm à frente de uma lente delgada convergente que tem distância focal igual a 10,0 cm. Um espelho côncavo com raio igual a 10,0 cm está a 25,0 cm atrás da lente. (a) Determine a posição da imagem final formada pela combinação espelho–lente. (b) A imagem é real ou virtual? A imagem é direita ou invertida? (c) Em um diagrama, mostre onde seu olho deve estar para enxergar esta imagem.

102 ••• Quando uma fonte brilhante de luz é colocada a 30 cm na frente de uma lente, há uma imagem direita a 7,5 cm da lente. Há, também, uma imagem invertida mais fraca a 6,0 cm da lente no lado da luz incidente devida à reflexão pela superfície da frente da lente. Quando a lente é girada sobre si mesma, esta imagem invertida mais fraca está a 10 cm na frente da lente. Determine o índice de refração da lente.

103 ••• Um espelho côncavo com raio de curvatura igual a 50,0 cm é orientado com seu eixo vertical. O espelho é preenchido com água que tem índice de refração igual a 1,33 e uma profundidade máxima de 1,00 cm. A que altura acima do vértice do espelho deve ser colocado um objeto para que a imagem esteja na mesma posição do objeto?

104 ••• O lado côncavo de uma lente tem raio de curvatura com magnitude igual a 17,0 cm e o lado convexo da lente tem raio de curvatura com magnitude igual a 8,00 cm. A distância focal da lente no ar é 27,5 cm. Quando a lente é colocada em um líquido que tem índice de refração desconhecido, a distância focal aumenta para 109 cm. Qual é o índice de refração do líquido?

105 ••• Uma bola sólida de vidro com 10,0 cm de raio tem índice de refração igual a 1,500. A metade direita da bola é metalizada para que atue como um espelho côncavo (Figura 32-63). Determine a posição da imagem final formada para um objeto localizado a (a) 40,0 cm e (b) 30,0 cm à esquerda do centro da bola.

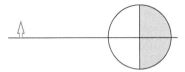

FIGURA 32-63 Problema 105

106 ••• (a) Mostre que uma pequena variação dn no índice de refração do material de uma lente produz uma pequena variação na distância focal df dada aproximadamente por $df/f = -dn/(n - n_{ar})$. (b) Use este resultado para estimar a distância focal de uma lente delgada para a luz azul, para a qual $n = 1,530$, se a distância focal para a luz vermelha, para a qual $n = 1,470$, é 20,0 cm.

107 ••• A ampliação lateral de um espelho esférico ou uma lente delgada é dada por $m = -s'/s$. Mostre que, para objetos de pequena extensão horizontal, a ampliação longitudinal é aproximadamente $-m^2$. Dica: Mostre que $ds'/ds = -s'^2/s^2$.

Interferência e Difração

- 33-1 Diferença de Fase e Coerência
- 33-2 Interferência em Filmes Finos
- 33-3 Padrão de Interferência de Fenda Dupla
- 33-4 Padrão de Difração de Fenda Simples
- *33-5 Usando Fasores para Somar Ondas Harmônicas
- 33-6 Difração de Fraunhofer e Fresnel
- 33-7 Difração e Resolução
- *33-8 Redes de Difração

nterferência e difração são os fenômenos importantes que distinguem as ondas das partículas.* A interferência é a formação de um padrão de intensidade permanente por duas ou mais ondas que se superpõem no espaço. A difração é o desvio das ondas em torno de bordas que ocorre quando uma porção de uma frente de onda é bloqueada por uma barreira ou obstáculo.

Neste capítulo, veremos como o padrão da onda resultante pode ser calculado tratando cada ponto da frente de onda original como uma fonte puntiforme, de acordo com o princípio de Huygens e calculando o padrão de interferência resultante destas fontes.

LUZ BRANCA É REFLETIDA EM UMA BOLHA DE SABÃO. QUANDO A LUZ DE UM COMPRIMENTO DE ONDA INCIDE EM UM FILME FINO DE ÁGUA COM SABÃO, ELA É REFLETIDA EM AMBAS AS SUPERFÍCIES DO FILME. SE A ESPESSURA DO FILME É DA ORDEM DE GRANDEZA DO COMPRIMENTO DE ONDA DA LUZ, AS DUAS ONDAS REFLETIDAS INTERFEREM. SE AS DUAS ONDAS REFLETIDAS ESTÃO 180° FORA DE FASE, AS ONDAS REFLETIDAS INTERFEREM DESTRUTIVAMENTE E O EFEITO RESULTANTE É QUE NENHUMA LUZ É REFLETIDA. SE A LUZ BRANCA, QUE CONTÉM UM CONTÍNUO DE COMPRIMENTOS DE ONDA, INCIDE NO FILME FINO, ENTÃO AS ONDAS REFLETIDAS INTERFERIRÃO DESTRUTIVAMENTE APENAS PARA CERTOS COMPRIMENTOS DE ONDA E, PARA OUTROS COMPRIMENTOS DE ONDA, ELAS INTERFERIRÃO CONSTRUTIVAMENTE. ESTE PROCESSO PRODUZ AS FRANJAS COLORIDAS QUE VOCÊ ENXERGA NA BOLHA DE SABÃO. *(© Tommason/Dreamstime.com.)*

? Você já se perguntou se o fenômeno que produz as bandas que você enxerga na luz refletida pela bolha de sabão tem alguma aplicação prática? (Veja o Exemplo 33-2.)

---

* Antes de estudar este capítulo, você deveria revisar os Capítulos 15 e 16 (Volume 1), onde tópicos gerais sobre interferência e difração de ondas foram discutidos pela primeira vez.

438 | CAPÍTULO 33

33-1 DIFERENÇA DE FASE E COERÊNCIA

Quando duas ondas senoidais harmônicas de mesma freqüência e comprimento de onda, mas com fases diferentes, são combinadas, a onda resultante é uma onda harmônica cuja amplitude depende da diferença de fase. Se a diferença de fase é zero, ou um múltiplo inteiro de 360°, as ondas estão em fase e interferem construtivamente. A amplitude resultante é igual à soma das duas amplitudes individuais e a intensidade (que é proporcional ao quadrado da amplitude) é máxima. (Se as amplitudes são iguais e as ondas estão em fase, a intensidade é quatro vezes a intensidade de cada onda individual.) Se a diferença de fase é 180° ou qualquer número ímpar multiplicado por 180°, as ondas estão fora de fase e interferem destrutivamente. A amplitude resultante é, então, a diferença entre as duas amplitudes individuais e a intensidade é mínima. (Se as amplitudes são iguais e as ondas estão fora de fase por 180°, a intensidade é zero.)

A diferença de fase entre duas ondas é, geralmente, resultado de uma diferença de caminho percorrido. Quando uma onda de luz incide em um filme fino transparente, tal como uma bolha de sabão, a luz refletida é a superposição da luz refletida pela superfície de cima do filme e da luz refletida pela superfície de trás. A distância adicional viajada pela luz refletida pela superfície de trás é chamada de diferença de caminho óptico entre as duas ondas refletidas. Uma diferença de caminho óptico de um comprimento de onda produz uma diferença de fase de 360°, que equivale a nenhuma diferença de fase. Uma diferença de caminho óptico de meio comprimento de onda produz uma diferença de fase de 180°. Em geral, uma diferença de caminho óptico de Δr contribui para uma diferença de fase δ dada por

$$\delta = \frac{\Delta r}{\lambda} 2\pi = \frac{\Delta r}{\lambda} 360°$$

33-1

DIFERENÇA DE FASE DEVIDA À DIFERENÇA DE CAMINHO ÓPTICO

Exemplo 33-1 — Diferença de Fase

(*a*) Qual é a mínima diferença de caminho óptico que produzirá uma diferença de fase de 180° para luz de comprimento de onda de 800 nm? (*b*) Que diferença de fase produzirá esta diferença de caminho óptico em luz de comprimento de onda de 700 nm?

SITUAÇÃO A diferença de fase está para 360° assim como a diferença de caminho óptico está para o comprimento de onda.

SOLUÇÃO

(*a*) A diferença de fase δ está para 360° assim como a diferença de caminho óptico Δr está para o comprimento de onda λ. Sabemos que $\lambda = 800$ nm e $\delta = 180°$:

$$\frac{\delta}{360°} = \frac{\Delta r}{\lambda}$$

$$\Delta r = \frac{\delta}{360°}\lambda = \frac{180°}{360°}(800 \text{ nm}) = \boxed{400 \text{ nm}}$$

(*b*) Use $\lambda = 700$ nm, $\Delta r = 400$ nm e resolva para δ:

$$\delta = \frac{\Delta r}{\lambda}360° = \frac{400 \text{ nm}}{700 \text{ nm}}360° = \boxed{206° = 3,59 \text{ rad}}$$

CHECAGEM O resultado da Parte (*b*) é um pouco maior que 180°. Este resultado é esperado porque 400 nm é maior que a metade do comprimento de onda de 700 nm.

Outra causa de diferença de fase é a variação de 180° que ocorre algumas vezes durante a reflexão em uma superfície. Esta variação de fase é análoga à inversão de um pulso em uma corda quando ele reflete em um ponto onde a massa específica aumenta repentinamente, tal como quando um barbante leve está preso a um barbante mais grosso ou a uma corda. A inversão do pulso refletido é equivalente à variação de fase de 180° para uma onda senoidal (que pode ser pensada como uma série de pulsos). Quando a luz viajando no ar atinge a superfície de um meio no qual a luz viaja mais lentamente, como no vidro ou na água, há uma variação de fase de 180° na luz refletida. Quando a luz está viajando na parede líquida de uma bolha de sabão, não há variação de fase na luz refletida na superfície entre o líquido e o ar. Esta situação é análoga à reflexão sem inversão de um pulso em uma corda pesada em um ponto onde ela está presa a uma corda mais leve.

> Se a luz viajando em um meio atinge a superfície de outro meio no qual a luz viaja mais lentamente, há uma variação de fase de 180° na luz refletida.
>
> DIFERENÇA DE FASE DEVIDA À REFLEXÃO

Como vimos no Capítulo 16 (Volume 1), a interferência de ondas é observada quando duas ou mais ondas coerentes se superpõem. A interferência de ondas superpostas de duas fontes não é observada exceto se as fontes forem coerentes. Como a luz de cada fonte geralmente é o resultado de milhões de átomos irradiando independentemente, a diferença de fase entre as ondas de tais fontes flutua aleatoriamente muitas vezes por segundo e, portanto, elas não são, geralmente, coerentes. A coerência em óptica é usualmente obtida dividindo um feixe de luz de uma única fonte em dois ou mais feixes que podem, então, ser combinados para produzir o padrão de interferência. O feixe de luz pode ser separado por reflexão da luz nas duas superfícies de um filme fino (Seção 33-2), pela difração do feixe através de duas pequenas aberturas ou fendas em um anteparo opaco (Seção 33-3), ou usando uma única fonte puntiforme e sua imagem em um espelho plano como as duas fontes (Seção 33-3). Hoje em dia, os lasers são as fontes mais importantes de luz coerente no laboratório.

A luz de uma fonte monocromática ideal é uma onda senoidal de duração infinita e a luz de certos lasers se aproxima desta condição ideal. Entretanto, a luz de fontes *monocromáticas* convencionais, tais como tubos de descarga de gás projetados para este objetivo, consiste em pacotes de onda senoidais com comprimento de poucos milhões de comprimento de onda. A luz de tal fonte consiste em muitos pacotes deste tipo, todos com aproximadamente o mesmo comprimento. Os pacotes têm, essencialmente, o mesmo comprimento de onda, mas diferem em fase de maneira aleatória. O comprimento dos pacotes individuais é chamado de **comprimento de coerência** da luz e o tempo que leva para que um pacote passe por um ponto no espaço é o **tempo de coerência**. A luz emitida por um tubo de descarga de gás projetado para produzir luz monocromática tem um comprimento de coerência de apenas poucos milímetros. Por comparação, alguns lasers altamente estáveis produzem luz com comprimento de coerência de muitos quilômetros.

33-2 INTERFERÊNCIA EM FILMES FINOS

Você provavelmente já notou as bandas coloridas em uma bolha de sabão ou na superfície de um filme de água com óleo. Estas bandas são devidas à interferência da luz refletida nas duas superfícies do filme. As diferentes cores surgem devido à variação na espessura do filme, causando a interferência de diferentes comprimentos de onda em diferentes pontos.

Quando ondas viajando em um meio cruzam uma superfície onde a velocidade da onda varia, parte da onda é refletida e parte é transmitida. Além disso, a onda refletida sofre uma mudança de fase de 180° na reflexão se a onda transmitida viaja com uma velocidade menor que as ondas incidente e refletida. (Esta mudança de fase de 180° é estabelecida para ondas em uma corda na Seção 15-4 do Capítulo 15 — Volume 1.) A onda refletida não sofre mudança de fase na reflexão se a onda transmitida viaja mais rápido do que as ondas incidente e refletida.

Considere um filme fino de água (tal como uma pequena seção de uma bolha de sabão) de espessura uniforme visto de pequenos ângulos com a normal, como mostrado na Figura 33-1. Parte da luz é refletida na interface superior ar–água onde ela sofre uma mudança de fase de 180°. A maior parte da luz entra no filme e parte dela é refletida pela interface inferior água–ar. Não há mudança de fase nesta luz refletida. Se a incidência é aproximadamente perpendicular às superfícies, tanto a luz refletida na superfície superior quanto a luz refletida na superfície de baixo podem

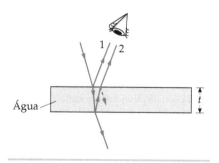

FIGURA 33-1 Raios de luz refletidos nas superfícies de cima e de baixo de um filme fino são coerentes porque ambos vêm da mesma fonte. Se a luz incide quase normalmente, os dois raios refletidos estarão muito próximos entre si e produzirão interferência.

entrar no olho. A diferença de caminho óptico entre estes dois raios é $2t$, onde t é a espessura do filme. Esta diferença de caminho óptico produz uma diferença de fase de $(2t/\lambda')360°$, onde $\lambda' = \lambda/n$ é o comprimento de onda da luz no filme, n é o índice de refração do filme e λ é o comprimento de onda da luz no vácuo. A diferença de fase total entre os dois raios é, então, $180°$ mais a diferença de fase devida à diferença de caminho óptico. Ocorrerá interferência destrutiva quando a diferença de caminho óptico $2t$ for zero ou um número inteiro de comprimentos de onda λ' (no filme). Ocorrerá interferência construtiva quando a diferença de caminho óptico for um número ímpar de meios comprimentos de onda.

Quando um filme fino de água está sobre uma superfície de vidro, como na Figura 33-2, o raio que reflete na interface inferior de água–vidro também sofre uma mudança de fase de $180°$ porque o índice de refração do vidro (aproximadamente 1,50) é maior que o da água (aproximadamente 1,33). Assim, ambos os raios mostrados na figura sofreram uma mudança de fase de $180°$ na reflexão. A diferença de fase δ entre estes raios é devida somente à diferença de caminho óptico e é dada por $\delta = (2t/\lambda')\,360°$.

Quando um filme fino de espessura variável é visto com luz monocromática, tal como a luz amarela de uma lâmpada de sódio, bandas ou linhas alternadas, brilhantes e escuras, chamadas de **franjas de interferência**, são observadas. A distância entre uma franja brilhante e uma franja escura é aquela distância na qual a espessura do filme t varia o suficiente para que a diferença de caminho óptico $2t$ mude de $\lambda'/2$. A Figura 33-3a mostra o padrão de interferência observado quando a luz é refletida em um filme de ar entre uma superfície esférica de vidro e uma superfície plana de vidro em contato. Estas franjas de interferência circulares são conhecidas como **anéis de Newton**. Raios típicos refletidos pela parte de cima e de baixo do filme de ar são mostrados na Figura 33-3b. Próximo ao ponto de contato das superfícies, onde a diferença de caminho óptico entre o raio refletido pela interface superior vidro–ar e o raio refletido pela interface inferior ar–vidro é aproximadamente zero (é pequeno comparado ao comprimento de onda da luz), a interferência é destrutiva devido à diferença de fase de $180°$ do raio refletido na interface inferior ar–vidro. Esta região central na Figura 33-3a é, portanto, escura. A primeira franja brilhante ocorre no raio no qual a diferença de caminho óptico é $\lambda/2$, que contribui com uma diferença de fase de $180°$. Esta se soma à diferença de fase devida à reflexão para produzir uma diferença de fase total de $360°$, que é equivalente a nenhuma diferença de fase. A segunda região escura ocorre no raio no qual a diferença de caminho óptico é λ, e assim por diante.

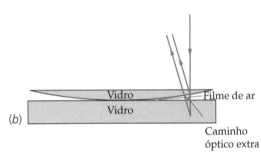

FIGURA 33-2 A interferência da luz refletida em um filme fino de água sobre uma superfície de vidro. Neste caso, ambos os raios sofrem uma mudança de fase de $180°$ na reflexão.

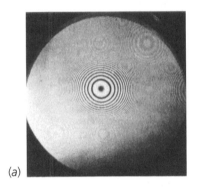

FIGURA 33-3 (a) Anéis de Newton observados quando a luz é refletida em um filme fino de ar entre uma placa plana de vidro e uma superfície esférica de vidro. No centro, a espessura do filme de ar é desprezível e a interferência é destrutiva devido à diferença de fase de $180°$ de um dos raios na reflexão. (b) Superfícies de vidro para a observação dos anéis de Newton mostrados na Figura 33-3a. O filme fino neste caso é o filme de ar entre as superfícies de vidro.

Exemplo 33-2   Uma Cunha de Ar

Um filme de ar na forma de uma cunha é feito colocando um pequeno pedaço de papel entre as bordas de dois pedaços planos de vidro, como mostrado na Figura 33-4. Luz de comprimento de onda de 500 nm incide normalmente no vidro e franjas de interferência são observadas por reflexão. Se o ângulo θ formado pelas placas é $3{,}0 \times 10^{-4}$ rad ($0{,}017°$), quantas franjas de interferência escuras por centímetro são observadas?

SITUAÇÃO Encontramos o número de franjas por centímetro descobrindo a distância horizontal x da m-ésima franja e resolvendo para m/x. Como o raio refletido pela placa inferior sofre uma mudança de fase de $180°$, o ponto de contato (onde a diferença de caminho óptico é zero) será escuro. A m-ésima franja escura depois do ponto de contato ocorre quando $2t = m\lambda'$, onde $\lambda' = \lambda$ é o comprimento de onda no filme de ar, e t é a separação entre as placas em x, como mostrado na Figura 33-4. Como o ângulo θ é pequeno, podemos usar a aproximação para ângulos pequenos $\theta \approx \tan\theta = t/x$.

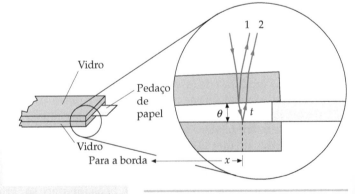

FIGURA 33-4 O ângulo θ, que é menor que $0{,}02°$, está exagerado. Os raios que chegam e saem são virtualmente perpendiculares a todas as interfaces ar–vidro.

SOLUÇÃO

1. A m-ésima franja escura desde o ponto de contato ocorre quando a diferença de caminho óptico $2t$ é igual a m comprimentos de onda:

$$2t = m\lambda' = m\lambda$$

$$m = \frac{2t}{\lambda}$$

2. A espessura t está relacionada ao ângulo θ:

$$\theta = \frac{t}{x}$$

3. Substitua $t = x\theta$ na equação para m:

$$m = \frac{2x\theta}{\lambda}$$

4. Calcule m/x:

$$\frac{m}{x} = \frac{2\theta}{\lambda} = \frac{2(3{,}0 \times 10^{-4})}{5{,}0 \times 10^{-7}\,\text{m}} = 1200\,\text{m}^{-1} = \boxed{12\,\text{cm}^{-1}}$$

CHECAGEM A expressão para o número de franjas escuras por unidade de comprimento no passo 4 mostra que o número por centímetro decresceria se fosse usada luz com comprimento de onda menor. Este resultado está de acordo com o esperado.

INDO ALÉM Observamos 12 franjas escuras por centímetro. Na prática, o número de franjas por centímetro, que é fácil de contar, pode ser usado para determinar o ângulo. Observe que, se o ângulo na borda aumentar, as franjas ficarão mais próximas entre si.

PROBLEMA PRÁTICO 33-1 Quantas franjas escuras por centímetro são observadas se for usada luz de comprimento de onda de 650 nm?

A Figura 33-5a mostra franjas de interferência produzidas por um filme de ar na forma de uma cunha entre duas placas planas de vidro, como no Exemplo 33-2. Placas que produzem franjas retilíneas, como as mostradas na Figura 33-5a, são ditas **opticamente planas**. Para ser opticamente plana, a superfície deve ser plana dentro de uma precisão de fração de um comprimento de onda. Um filme de ar semelhante, na forma de uma cunha, formado por duas placas comuns de vidro, produz um padrão irregular de franjas na Figura 33-5b, indicando que estas placas não são opticamente planas.

Uma aplicação dos efeitos de interferência em filmes finos são as lentes anti-reflexo, feitas recobrindo a superfície da lente com um filme fino de um material que tem índice de refração de aproximadamente 1,38, que está entre o índice de refração do vidro e o do ar. As intensidades da luz refletida das superfícies de cima e de baixo do filme são aproximadamente iguais e, devido à mudança de fase de 180° do raio refletido em ambas as superfícies, não há diferença de fase devida à reflexão entre os dois raios. A espessura do filme é escolhida para que $\frac{1}{4}\lambda' = \frac{1}{4}\lambda n$, onde λ é o comprimento de onda, no vácuo, que está no meio do espectro visível e, portanto, há uma variação de fase de 180° devida à diferença de caminho óptico de $\lambda'/2$ para luz com incidência normal. A reflexão pela superfície recoberta é, então, minimizada, o que significa que a transmissão através da superfície é maximizada.

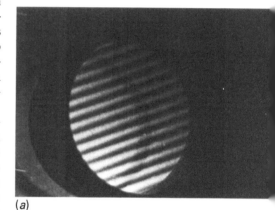

(a)

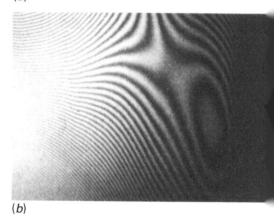

(b)

FIGURA 33-5 (a) Franjas retilíneas de um filme de ar na forma de uma cunha, como as mostradas na Figura 33-4. Franjas retilíneas indicam que as placas de vidro são opticamente planas. (b) Franjas de um filme de ar na forma de uma cunha entre placas de vidro que não são opticamente planas. *(Cortesia de T. A. Wiggins.)*

33-3 PADRÃO DE INTERFERÊNCIA DE FENDA DUPLA

Padrões de interferência da luz de duas ou mais fontes podem ser observados apenas se as fontes forem coerentes. A interferência em filmes finos discutida previamente pode ser observada porque os dois feixes vêm da mesma fonte de luz, mas são separados pela reflexão. No famoso experimento de Thomas Young de 1801, no qual ele demonstrou que a natureza da luz é ondulatória, dois feixes coerentes são produzidos iluminando duas fendas paralelas muito estreitas usando uma única fonte de luz. Vimos no Capítulo 15 (Volume 1) que, quando uma onda encontra uma barreira que tem uma abertura muito pequena, a abertura atua como uma fonte puntiforme de ondas (Figura 33-6).

Durante o experimento de Young, a difração faz com que cada fenda atue como uma fonte linear (equivalente a uma fonte puntiforme em duas dimensões). O padrão de interferência é observado em um anteparo distante das fendas (Figura 33-7a). A distâncias muito grandes das fendas, as linhas das duas fendas até algum ponto P no anteparo são aproximadamente paralelas e a diferença de caminho óptico é aproximadamente $d\,\text{sen}\,\theta$, onde d é a separação entre as fendas, como mostrado na Figura 33-7b. Quando a diferença de caminho óptico é igual a um número inteiro de comprimentos de onda, a interferência é construtiva. Temos, então, máximos de interferência em um ângulo θ_m dado por

$$d\,\text{sen}\,\theta_m = m\lambda \qquad m = 0, 1, 2, \ldots \qquad \text{33-2}$$
MÁXIMOS DE INTERFERÊNCIA PARA FENDA DUPLA

onde m é chamado de **ordem da franja**. Os mínimos de interferência ocorrem em

$$d\,\text{sen}\,\theta_m = \left(m - \tfrac{1}{2}\right)\lambda \qquad m = 1, 2, 3, \ldots \qquad \text{33-3}$$
MÍNIMOS DE INTERFERÊNCIA PARA FENDA DUPLA

A diferença de fase δ em um ponto P está relacionada à diferença de caminho óptico $d\,\text{sen}\,\theta$ por

$$\delta = \frac{\Delta r}{\lambda}2\pi = \frac{d\,\text{sen}\,\theta}{\lambda}2\pi \qquad \text{33-4}$$

Podemos relacionar a distância y_m medida ao longo do anteparo a partir do ponto central até a m-ésima franja brilhante (veja a Figura 33-7b) à distância L desde as fendas até o anteparo:

$$\tan\theta_m = \frac{y_m}{L}$$

Para pequenos ângulos, $\tan\theta \approx \text{sen}\,\theta$. Substituindo y_m/L por sen θ_m na Equação 33-2 e resolvendo para y_m, temos

$$y_m = m\frac{\lambda L}{d} \qquad \text{33-5}$$

A partir deste resultado, vemos que para pequenos ângulos as franjas são igualmente espaçadas no anteparo.

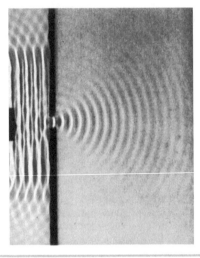

FIGURA 33-6 Ondas planas na água em um tanque encontram uma barreira que tem uma pequena abertura. As ondas à direita da barreira são circulares e concêntricas em torno da abertura, como se houvesse uma fonte puntiforme na abertura.

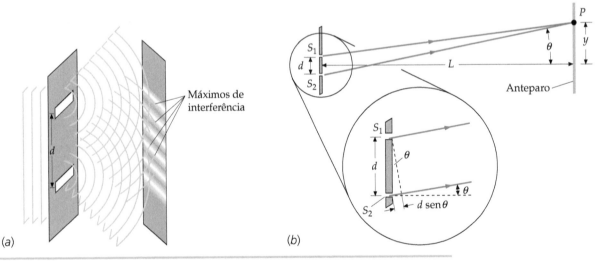

FIGURA 33-7 (a) Duas fendas atuam como fontes coerentes de luz para a observação da interferência no experimento de Young. Ondas cilíndricas das fendas se superpõem e produzem um padrão de interferência no anteparo. (b) Geometria para relacionar a distância y medida ao longo do anteparo a L e θ. Quando o anteparo está muito distante comparado à separação entre as fendas, os raios desde as fendas até o ponto no anteparo são aproximadamente paralelos e a diferença de caminho óptico entre os dois raios é $d\,\text{sen}\,\theta$.

Exemplo 33-3 — Espaçamento entre as Franjas a partir do Espaçamento entre as Fendas

Tente Você Mesmo

Duas fendas estreitas separadas por 1,50 mm são iluminadas pela luz amarela de uma lâmpada de sódio com comprimento de onda igual a 589 nm. Determine o espaçamento entre as franjas brilhantes observadas em um anteparo a 3,00 m de distância.

SITUAÇÃO A distância y_m medida ao longo do anteparo até a m-ésima franja brilhante é dada pela Equação 33-5, onde $L = 3,00$ m, $d = 1,50$ mm e $\lambda = 589$ nm.

SOLUÇÃO

Cubra a coluna da direita e tente por si só antes de olhar as respostas.

Passos	Respostas
1. Faça um desenho da situação (Figura 33-8).	
2. O espaçamento entre as franjas é a distância entre a m-ésima franja brilhante e a $(m+1)$-ésima franja brilhante. Usando o desenho, obtenha uma expressão para o espaçamento entre as franjas.	espaçamento entre as franjas $= y_{m+1} - y_m$
3. Aplique a Equação 33-5 para as franjas m e $m+1$-ésima.	$y_m = m\dfrac{\lambda L}{d}$ e $y_{m+1} = (m+1)\dfrac{\lambda L}{d}$
4. Substitua no resultado do passo 2 e simplifique.	$y_{m+1} - y_m = \dfrac{\lambda L}{d}$
5. Substitua no resultado do passo 4 e resolva para o espaçamento entre as franjas.	espaçamento entre as franjas $= \boxed{1,18 \text{ mm}}$

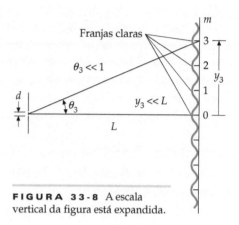

FIGURA 33-8 A escala vertical da figura está expandida.

INDO ALÉM As franjas estão uniformemente espaçadas apenas enquanto vale a aproximação para pequenos ângulos, isto é, enquanto $\lambda/d \ll 1$. Neste exemplo, $\lambda/d = (589 \text{ nm})/(1,50 \text{ mm}) \approx 0,0004$.

Veja o Tutorial Matemático para mais informações sobre **Trigonometria**

Exemplo 33-4 — Quantas Franjas?

Exemplo Conceitual

Duas fendas estreitas são iluminadas por luz monocromática. Se a distância entre as fendas é igual a 2,75 comprimentos de onda, qual é o número máximo de franjas brilhantes que podem ser vistas em um anteparo? (a) 1, (b) 2, (c) 3, (d) 4, (e) 5, (f) 6 ou mais.

SITUAÇÃO Uma franja brilhante (interferência construtiva) existe nos pontos no anteparo para os quais a distância até as duas fendas difere por um múltiplo inteiro do comprimento de onda. Entretanto, a diferença máxima na distância possível é igual à distância entre as duas fendas.

SOLUÇÃO

1. Determine a diferença máxima na distância de pontos no anteparo até as duas fendas:	Em todos os pontos no anteparo, a diferença na distância até as duas fendas é 2,75 comprimentos de onda ou menos.
2. Uma franja brilhante (interferência construtiva) existe nos pontos do anteparo para os quais a distância até as duas fendas difere por um múltiplo inteiro de comprimentos de onda:	Franjas brilhantes existem no anteparo em locais onde a diferença na distância até as duas fendas é 2 comprimentos de onda, 1 comprimento de onda ou zero comprimentos de onda.
3. Conte as franjas brilhantes. Há o máximo central e duas de cada lado do máximo central.	(e) 5

Qual é o número máximo de franjas escuras que podem ser vistas em um anteparo?

CÁLCULO DA INTENSIDADE

Para calcular a intensidade da luz no anteparo em um ponto qualquer P, precisamos somar duas funções de onda harmônicas que diferem em fase.* As funções de onda para ondas eletromagnéticas são vetores de campo elétrico. Seja E_1 o campo elétrico em algum ponto P no anteparo devido às ondas da fenda 1, e seja E_2 o campo elétrico naquele ponto devido às ondas da fenda 2. Como os ângulos de interesse são pequenos, podemos tratar os campos como se fossem paralelos. Ambos os campos elétricos oscilam com a mesma freqüência (eles resultam de uma única fonte que ilumina ambas as fendas) e eles têm a mesma amplitude. (A diferença de caminho óptico é, no máximo, da ordem de poucos comprimentos de onda da luz). Eles têm uma diferença de fase δ dada pela Equação 33-4. Se representarmos as funções de onda por

$$E_1 = A_0 \operatorname{sen} \omega t$$

e

$$E_2 = A_0 \operatorname{sen}(\omega t + \delta)$$

a função de onda resultante é

$$E = E_1 + E_2 = A_0 \operatorname{sen} \omega t + A_0 \operatorname{sen}(\omega t + \delta) \qquad 33\text{-}6$$

Utilizando a identidade

$$\operatorname{sen} \alpha + \operatorname{sen} \beta = 2 \cos\tfrac{1}{2}(\alpha - \beta) \operatorname{sen}\tfrac{1}{2}(\alpha + \beta)$$

a função de onda resultante é dada por

$$E = \left[2 A_0 \cos\tfrac{1}{2}\delta\right] \operatorname{sen}\left(\omega t + \tfrac{1}{2}\delta\right) \qquad 33\text{-}7$$

A amplitude da onda resultante é, portanto, $2A_0 \cos\tfrac{1}{2}\delta$. Ela tem seu valor máximo de $2A_0$ quando as ondas estão em fase e é zero quando elas têm uma diferença de fase de 180°. Como a intensidade é proporcional ao quadrado da amplitude, a intensidade em qualquer ponto P é

$$I = 4I_0 \cos^2 \tfrac{1}{2}\delta \qquad 33\text{-}8$$

INTENSIDADE EM TERMOS DA DIFERENÇA DE FASE

onde I_0 é a intensidade da luz que atinge o anteparo vinda de cada fenda separadamente. O ângulo de fase δ está relacionado à posição no anteparo por $\delta = (d \operatorname{sen} \theta/\lambda)/2\pi$ (Equação 33-4).

A Figura 33-9a mostra o padrão de intensidade como visto no anteparo. Um gráfico da intensidade como função de $\operatorname{sen} \theta$ é mostrado na Figura 33-9b. Para pequenos θ, este gráfico é equivalente ao gráfico da intensidade *versus* y (pois $y = L \tan \theta \approx L \operatorname{sen} \theta$). A intensidade I_0 é a intensidade de cada fenda separadamente. A linha tracejada na Figura 33-9b mostra a intensidade média $2I_0$, que resulta da média sobre a distância contendo muitos máximos e mínimos de interferência. Esta é a intensidade que deveria surgir de duas fontes se elas agissem independentemente sem interferência, isto é, se elas não fossem coerentes. Nesse caso, a diferença de fase entre as duas fontes deveria flutuar aleatoriamente e, portanto, apenas a intensidade média seria observada.

A Figura 33-10 mostra outro método de produzir o padrão de interferência de fenda dupla, um arranjo conhecido como **espelho de Lloyd**. Uma fonte linear horizontal

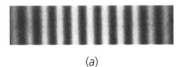

(a)

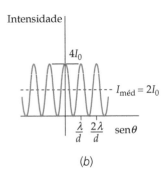

(b)

FIGURA 33-9 (a) O padrão de interferência observado em um anteparo muito distante das duas fendas mostradas na Figura 33-7. (b) Gráfico da intensidade *versus* $\operatorname{sen} \theta$. A intensidade máxima é $4I_0$, onde I_0 é a intensidade devida à cada fenda separadamente. A intensidade média (curva tracejada) é $2I_0$. (*Cortesia de Michael Cagnet.*)

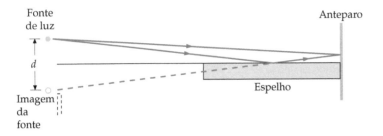

FIGURA 33-10 O espelho de Lloyd para produzir um padrão de interferência de fenda dupla. As duas fontes (a fonte e sua imagem virtual) são coerentes e estão fora de fase por 180°.

---

* Fizemos isso no Capítulo 16 (Volume 1) onde apresentamos, pela primeira vez, a superposição de duas ondas.

monocromática é colocada a uma distância de $\tfrac{1}{2}d$ acima do plano de um espelho. A luz que incide no anteparo diretamente da fonte interfere com a luz que é refletida no espelho. Pode-se considerar que a luz refletida esteja vindo de uma imagem virtual da fonte linear formada pelo espelho. Devido à mudança de fase de 180° na reflexão pelo espelho, o padrão de interferência corresponde ao de duas fontes lineares coerentes com uma diferença de fase de 180°. O padrão é o mesmo que o mostrado na Figura 33-9 para duas fendas, exceto que os máximos e mínimos trocam de posição. A interferência construtiva ocorre nos pontos para os quais a diferença de caminho óptico é metade do comprimento de onda ou qualquer número ímpar de meios comprimentos de onda. Nestes pontos, a diferença de fase de 180° devida à diferença de caminho óptico se combina com a diferença de fase de 180° das fontes para produzir interferência construtiva.

PROBLEMA PRÁTICO 33-2

Uma fonte puntiforme de luz ($\lambda = 589$ nm) é colocada a 0,40 mm acima da superfície de um espelho de vidro. Franjas de interferência são observadas em um anteparo a 6,0 m de distância e a interferência ocorre entre a luz refletida pela superfície do vidro e a luz que vai diretamente ao anteparo. Determine o espaçamento das franjas no anteparo.

A física do espelho de Lloyd foi usada nos primórdios da astronomia de rádio para determinar a localização de fontes distantes de rádio na esfera celeste. Um receptor de onda de rádio era colocado em uma montanha acima do mar e a superfície do mar servia como espelho.

33-4 PADRÃO DE DIFRAÇÃO DE FENDA SIMPLES

Em nossa discussão sobre padrões de interferência produzidos por duas ou mais fendas, consideramos que cada fenda era muito estreita, permitindo que pudéssemos considerá-las como fontes lineares de ondas cilíndricas, as quais, em nossos diagramas bidimensionais, são fontes puntiformes de ondas circulares. Podemos, então, considerar que o valor da intensidade devido a uma fenda sozinha fosse o mesmo (I_0) em qualquer ponto P no anteparo, independentemente do ângulo θ entre o raio até o ponto P e a linha normal entre a fenda e o anteparo. Quando a fenda não é estreita, a intensidade em um anteparo muito distante não é independente do ângulo, mas diminui quando o ângulo aumenta. Considere uma fenda de largura a. A Figura 33-11 mostra o padrão de intensidade em um anteparo distante da fenda de largura a como função de sen θ. Podemos ver que a intensidade é máxima na direção frontal (sen $\theta = 0$) e diminui a zero em um ângulo que depende da largura da fenda a e do comprimento de onda λ.

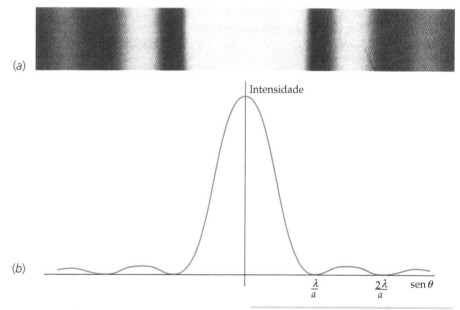

FIGURA 33-11 (a) Padrão de difração de fenda simples observado em um anteparo distante. (b) Gráfico da intensidade *versus* sen θ para o padrão na Figura 33-11a. (*Cortesia de Michael Cagnet.*)

A maior fração da luz incidente está concentrada no largo **máximo central de difração**, apesar de haver bandas de máximos secundários menos intensos em cada lado do máximo central. Os primeiros zeros de intensidade ocorrem em ângulos especificados por

$$\operatorname{sen}\theta_1 = \lambda/a \qquad 33\text{-}9$$

Observe que, para um dado comprimento de onda λ, a Equação 33-9 descreve como variações da largura da fenda resultam em variações na largura angular do máximo central. Se *aumentamos* a largura a, o ângulo θ_1 no qual a intensidade se torna zero pela primeira vez *diminui*, fazendo com que o máximo central seja mais estreito. Por outro lado, se *diminuímos* a abertura da fenda, o ângulo do primeiro zero *aumenta*, fazendo com que o máximo central seja mais largo. Quando a é menor que λ, então sen θ_1 deveria ser maior do que 1 para satisfazer a Equação 33-9. Portanto, para a menor que λ, não há pontos de intensidade zero no padrão e a fenda atua como uma fonte linear (uma fonte puntiforme em duas dimensões) irradiando energia luminosa igualmente em todas as direções, essencialmente.

Multiplicando ambos os lados da Equação 33-9 por $a/2$ obtemos

$$\tfrac{1}{2}a \operatorname{sen} \theta_1 = \tfrac{1}{2}\lambda \qquad 33\text{-}10$$

A quantidade $\tfrac{1}{2}a$ sen θ_1 é a diferença de caminho óptico entre um raio de luz que sai do meio da parte superior da fenda e um que sai do meio da parte inferior da fenda. Vemos que o primeiro *mínimo* de difração ocorre quando estes dois raios estão defasados de 180°, isto é, quando a diferença de caminho óptico é igual a meio comprimento de onda. Podemos entender este resultado considerando que cada ponto em uma frente de onda é uma fonte puntiforme de luz, de acordo com o princípio de Huygens. Na Figura 33-12, colocamos uma linha de pontos na frente de onda na fenda para representar estas fontes puntiformes esquematicamente. Considere, por exemplo, que temos 100 pontos deste tipo e que estamos olhando em um ângulo θ_1 para o qual a sen $\theta_1 = \lambda$. Vamos considerar que a fenda seja dividida em duas metades, com as fontes de 1 a 50 na metade superior e as fontes 51 a 100 na metade inferior. Quando a diferença de caminho óptico entre o meio da metade superior e o meio da metade inferior da fenda é igual a meio comprimento de onda, a diferença de caminho óptico entre a fonte 1 (a primeira fonte na metade superior) e a fonte 51 (a primeira fonte na metade inferior) também é $\tfrac{1}{2}\lambda$. As ondas destas duas fontes estarão defasadas por 180° e, portanto, se cancelarão. De maneira similar, ondas da segunda fonte em cada região (fonte 2 e fonte 52) se cancelarão. Continuando com este argumento, podemos ver que as ondas de cada par de fontes separadas por $a/2$ se cancelam. Portanto, não haverá energia luminosa naquele ângulo. Podemos estender este argumento para o segundo e terceiro mínimos no padrão de difração da Figura 33-11. Em um ângulo θ_2 onde a sen $\theta_2 = 2\lambda$, podemos dividir a fenda em quatro regiões, duas regiões para a metade superior e duas regiões para a metade inferior. Usando este mesmo argumento, a intensidade da luz da metade superior é zero devido ao cancelamento dos pares de fontes; similarmente, a intensidade da metade inferior é zero. A expressão geral para os pontos de intensidade zero no padrão de difração de uma fenda simples é, portanto,

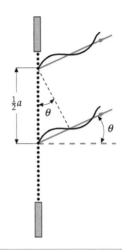

FIGURA 33-12 Uma fenda simples é representada por um grande número de fontes puntiformes de mesma amplitude. No primeiro mínimo de difração de uma fenda simples, as ondas de cada fonte puntiforme na metade superior da fenda estão defasadas de 180° em relação às ondas que estão a uma distância $a/2$ na metade inferior da fenda. Assim, a interferência entre cada um destes pares de fontes puntiformes é destrutiva.

$$a \operatorname{sen} \theta_m = m\lambda \qquad m = 1, 2, 3, \ldots \qquad 33\text{-}11$$

PONTOS DE INTENSIDADE ZERO PARA O PADRÃO DE DIFRAÇÃO DE FENDA SIMPLES

Geralmente estamos interessados na primeira ocorrência de um mínimo na intensidade da luz, pois praticamente toda a energia luminosa está contida no máximo central de difração.

Na Figura 33-13, a distância y_1 desde o máximo central até o primeiro mínimo de difração está relacionada ao ângulo θ_1 e à distância L da fenda ao anteparo por

$$\tan \theta_1 = \frac{y_1}{L}$$

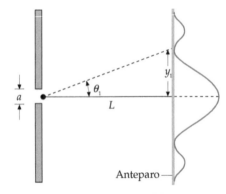

FIGURA 33-13 A distância y_1 medida ao longo do anteparo desde o máximo central até o primeiro mínimo de difração está relacionada ao ângulo θ_1 por $\tan \theta_1 = y_1/L$, onde L é a distância até o anteparo.

Exemplo 33-5 Largura do Máximo Central de Difração

Durante uma aula de demonstração sobre difração em fenda simples, um feixe de laser com comprimento de onda de 700 nm passa através de uma fenda vertical de 0,20 mm de largura e atinge um anteparo a 6,0 m de distância. Determine a largura do máximo central de difração no anteparo; isto é, determine a distância entre o primeiro mínimo à esquerda e o primeiro mínimo à direita do máximo central.

SITUAÇÃO Referindo-se a Figura 33-13, a largura do máximo central de difração é $2y_1$.

SOLUÇÃO

1. A meia largura do máximo central y_1 está relacionada ao ângulo θ_1 por:

$$\tan\theta_1 = \frac{y_1}{L}$$

2. O ângulo θ_1 está relacionado à largura da fenda a pela Equação 33-11:

$$\sen\theta_1 = \lambda/a$$

3. Resolva o resultado do passo 2 para θ_1, substitua no resultado do passo 1 e resolva para $2y_1$:

$$2y_1 = 2L\tan\theta_1 = 2L\tan\left(\sen^{-1}\frac{\lambda}{a}\right)$$

$$= 2(6{,}0\text{ m})\tan\left(\sen^{-1}\frac{700\times 10^{-9}\text{ m}}{0{,}00020\text{ m}}\right)$$

$$= 4{,}2\times 10^{-2}\text{ m} = \boxed{4{,}2\text{ cm}}$$

CHECAGEM Como $\sen\theta_1 = \lambda/a = (700\text{ nm})/(0{,}20\text{ mm}) = 0{,}0035$, podemos usar a aproximação para pequenos ângulos para calcular $2y_1$. Nesta aproximação, $\sen\theta_1 = \tan\theta_1$, logo $\lambda/a = y_1/L$ e $2y_1 = 2L\lambda/a = 2(6{,}0\text{ m})(700\text{ nm})/(0{,}20\text{ mm}) = 4{,}2$ cm. (Este valor aproximado está de acordo com o valor exato dentro de um erro de 0,0006 por cento.)

PADRÃO DE INTERFERÊNCIA–DIFRAÇÃO PARA FENDA DUPLA

Quando há duas ou mais fendas, o padrão de intensidade em um anteparo distante é uma combinação do padrão de difração de fenda simples das fendas individuais com o da interferência de múltiplas fendas que estudamos. A Figura 33-14 mostra o padrão de intensidade em um anteparo distante das duas fendas cuja separação d é $10a$, onde a é a largura de cada fenda. O padrão é o mesmo que o de duas fendas muito estreitas (Figura 33-11) exceto pelo fato de ser modulado pelo padrão de difração de fenda simples; isto é, a intensidade devida a cada fenda separadamente não é, agora, constante, mas diminui com o ângulo, como mostrado na Figura 33-14b.

Observe que o máximo central de difração na Equação 33-14 tem 19 máximos de interferência — o máximo central de interferência e 9 máximos de cada lado. O décimo máximo de interferência de cada lado do central está no ângulo θ_{10}, dado por $\sen\theta_{10} = 10\lambda/d = \lambda/a$, pois $d = 10a$. Isto coincide com a posição do primeiro mínimo de difração e, portanto, este máximo de interferência não é observado. Nestes pontos, a luz das duas fendas estaria em fase e interferiria construtivamente, mas não há luz vindo de nenhuma das fendas porque os pontos estão nos mínimos de difração de cada fenda. Em geral, podemos ver que se $m = d/a$, o m-ésimo máximo de interferência cairá no primeiro mínimo de difração. Como a m-ésima franja não é vista, haverá $m - 1$ franjas de cada lado da franja central para um total de N franjas no máximo central, onde N é dado por

$$N = 2(m - 1) + 1 = 2m - 1 \qquad 33\text{-}12$$

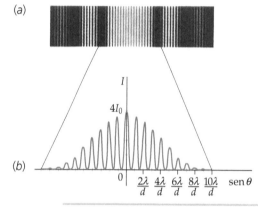

FIGURA 33-14 (a) Padrão de interferência–difração para duas fendas cuja separação d é igual a 10 vezes a largura delas, a. O décimo máximo de interferência de cada lado do máximo central de interferência está ausente porque ele coincide com o primeiro mínimo de difração. (b) Gráfico da intensidade versus $\sen\theta$ para a banda central do padrão da Figura 33-14a. (Cortesia de Michael Cagnet.)

Exemplo 33-6 Interferência e Difração

Duas fendas, cada uma com largura $a = 0{,}015$ mm, estão separadas por uma distância $d = 0{,}060$ mm e são iluminadas por luz com comprimento de onda $\lambda = 650$ nm. Quantas franjas brilhantes são vistas no máximo central de difração?

SITUAÇÃO Precisamos determinar o valor de m para o qual o m-ésimo máximo de interferência coincida com o primeiro mínimo de difração. Então haverá $N = 2m - 1$ franjas no máximo central.

SOLUÇÃO

1. Relacione o ângulo θ_1 do primeiro mínimo de difração à largura de fenda a:

$$\sen\theta_1 = \frac{\lambda}{a} \quad \text{(primeiro mínimo de difração)}$$

2. Relacione o ângulo θ_m do m-ésimo máximo de interferência à separação entre as fendas d:

$$\sen\theta_m = \frac{m\lambda}{d} \quad (m\text{-ésimo máximo de interferência})$$

3. Iguale os ângulos e resolva para m:

$$\frac{m\lambda}{d} = \frac{\lambda}{a}$$

$$m = \frac{d}{a} = \frac{0{,}060 \text{ mm}}{0{,}015 \text{ mm}} = 4{,}0$$

4. O primeiro mínimo de difração coincide com a quarta franja brilhante. Então, há 3 franjas brilhantes visíveis de cada lado do máximo central de difração. Estes 6 máximos, mais o máximo central de interferência, formam um total de 7 franjas brilhantes no máximo central de difração:

$N = \boxed{7 \text{ franjas brilhantes}}$

*33-5 USANDO FASORES PARA SOMAR ONDAS HARMÔNICAS

Para calcular o padrão de interferência produzido por três, quatro ou mais fontes de luz coerentes e para calcular o padrão de difração de uma fenda simples, precisamos combinar várias ondas harmônicas de mesma freqüência que diferem em fase. Uma interpretação geométrica simples das funções de onda harmônicas conduz a um método de somar ondas harmônicas de mesma freqüência através de uma construção geométrica.

Considere que as funções de onda para duas ondas em algum ponto sejam $E_1 = A_1 \operatorname{sen} \alpha$ e $E_2 = A_2 \operatorname{sen}(\alpha + \delta)$, onde $\alpha = \omega t$. Nosso problema é, então, determinar a soma:

$$E_1 + E_2 = A_1 \operatorname{sen} \alpha + A_2 \operatorname{sen}(\alpha + \delta)$$

Podemos representar cada função de onda pela componente y de um vetor bidimensional, como mostrado na Figura 33-15. O método geométrico de adição é baseado no fato que a componente y da soma de dois ou mais vetores é igual à soma das componentes y dos vetores, como ilustrado na figura. A função de onda E_1 é representada pela componente y do vetor $\vec{A}_1$. Enquanto o tempo passa, este vetor gira no plano xy com freqüência angular ω. O vetor $\vec{A}_1$ é chamado de **fasor**. (Encontramos fasores no nosso estudo sobre circuitos ac na Seção 29-5.) A função de onda E_2 é a componente y de um fasor de magnitude A_2 que faz um ângulo $\alpha + \delta$ com o eixo x. Pelas leis da adição de vetores, a soma das componentes y dos fasores individuais é igual à componente y do fasor resultante $\vec{A}$, como mostrado na Figura 33-15. A componente y do fasor resultante, $A \operatorname{sen}(\alpha + \delta')$ é uma função de onda harmônica que é a soma das funções de onda originais. Isto é,

$$A_1 \operatorname{sen} \alpha + A_2 \operatorname{sen}(\alpha + \delta) = A \operatorname{sen}(\alpha + \delta') \qquad 33\text{-}13$$

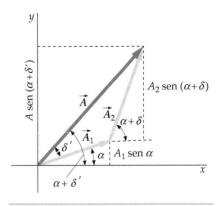

FIGURA 33-15 Representação das funções de onda por fasores.

onde A (a amplitude da onda resultante) e δ' (a fase da onda resultante relativa à fase da primeira onda) são encontrados somando os fasores representando as ondas. Enquanto o tempo varia, α varia. Os fasores representando as duas funções de onda e o fasor resultante representando a função de onda resultante giram no espaço, mas suas posições relativas não variam porque todos giram com a mesma velocidade angular ω.

Exemplo 33-7 Superposição de Ondas Usando Fasores   *Tente Você Mesmo*

Use o método dos fasores de adição para deduzir $E = [2A_0 \cos\frac{1}{2}\delta] \operatorname{sen}(\omega t + \frac{1}{2}\delta)$ (Equação 33-7) para a superposição de duas ondas de mesma amplitude.

SITUAÇÃO Represente as ondas $y_1 = A_0 \operatorname{sen} \alpha$ e $y_2 = A_0 \operatorname{sen}(\alpha + \delta)$ por vetores (fasores) de comprimento A_0 formando um ângulo δ entre eles. A onda resultante $y_r = A \operatorname{sen}(\alpha + \delta')$ é representada pela soma destes vetores, que formam um triângulo isósceles, como mostrado na Figura 33-16.

SOLUÇÃO

Cubra a coluna da direita e tente por si só antes de olhar as respostas.

Passos	Respostas
1. Relacione δ e δ' usando o teorema: "Um ângulo externo de um triângulo é igual à soma dos ângulos internos não-adjacentes."	$\delta' + \delta' = \delta$
2. Resolva para δ'.	$\delta' = \frac{1}{2}\delta$
3. Escreva $\cos \delta'$ em termos de A e A_0.	$\cos \delta' = \dfrac{\frac{1}{2}A}{A_0}$
4. Resolva para A em termos de δ.	$A = 2A_0 \cos \delta' = 2A_0 \cos \frac{1}{2}\delta$
5. Use seus resultados para A e δ' para escrever a função de onda resultante.	$y_r = A \operatorname{sen}(\alpha + \delta')$ $= \boxed{\left[2A_0 \cos \tfrac{1}{2}\delta\right] \operatorname{sen}\left(\alpha + \tfrac{1}{2}\delta\right)}$

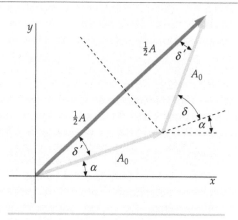

FIGURA 33-16

CHECAGEM O resultado do passo 5 é idêntico à Equação 33-7 (veja o enunciado do Problema).

PROBLEMA PRÁTICO 33-3 Determine a amplitude e a fase constante da função de onda resultante produzida pela superposição de duas ondas $E_1 = (4{,}0 \text{ V/m}) \operatorname{sen}(\omega t)$ e $E_2 = (3{,}0 \text{ V/m}) \operatorname{sen}(\omega t + 90°)$.

*PADRÃO DE INTERFERÊNCIA PARA TRÊS OU MAIS FONTES IGUALMENTE ESPAÇADAS

Podemos aplicar o método de fasores de adição para calcular o padrão de interferência de três ou mais fontes coerentes que estão igualmente espaçadas e em fase. Estamos mais interessados na posição dos máximos e mínimos de interferência. A Figura 33-17 ilustra o caso para três destas fontes. A geometria é a mesma que para duas fontes. A uma grande distância das fontes, os raios em um ponto P no anteparo são aproximadamente paralelos. A diferença de caminho óptico entre a primeira e a segunda fonte é $d \operatorname{sen} \theta$, como antes, e a diferença de caminho óptico entre a primeira e a terceira fonte é $2d \operatorname{sen} \theta$. A onda no ponto P é a soma das três ondas. Seja $\alpha = \omega t$ a fase da primeira onda no ponto P. Temos, então, o problema de somar três ondas da forma

$$E_1 = A_0 \operatorname{sen} \alpha$$
$$E_2 = A_0 \operatorname{sen}(\alpha + \delta) \qquad 33\text{-}14$$
$$E_3 = A_0 \operatorname{sen}(\alpha + 2\delta)$$

onde

$$\delta = \frac{2\pi}{\lambda} d \operatorname{sen} \theta \approx \frac{2\pi}{\lambda}\frac{yd}{L} \qquad 33\text{-}15$$

como no problema de duas fendas.

Em $\theta = 0$, $\delta = 0$, logo todas as ondas estão em fase. A amplitude da onda resultante é 3 vezes a de cada onda individual e a intensidade é 9 vezes a de cada onda atuando separadamente. À medida que o ângulo θ aumenta desde $\theta = 0$, o ângulo de fase δ aumenta e a intensidade diminui. A posição $\theta = 0$ é, portanto, uma posição de intensidade máxima.

A Figura 33-18 mostra a adição de fasores para três ondas para um ângulo de fase $\delta = 30° = \pi/6$ rad. Isto corresponde a um ponto P no anteparo para o qual θ é dado por $\operatorname{sen} \theta = \lambda\delta/(2\pi d) = \lambda/(12d)$. A amplitude resultante A é consideravelmente menor que 3 vezes a amplitude A_0 de

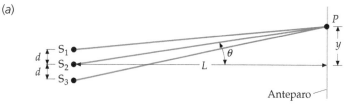

(a)

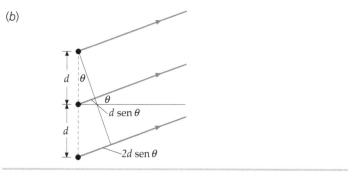

(b)

FIGURA 33-17 Geometria para calcular o padrão de intensidade distante de três fontes coerentes igualmente espaçadas que estão em fase.

cada fonte. Quando δ aumenta, a amplitude resultante diminui até que a amplitude é zero em δ = 120°. Para este valor de δ, os três fasores formam um triângulo eqüilátero (Figura 33-19). Este primeiro mínimo de interferência para três fontes ocorre em um valor menor de δ (e, portanto, em um menor ângulo θ) que para apenas duas fontes (onde o primeiro mínimo de interferência ocorre em δ = 180°). Quando δ aumenta a partir de 120°, a amplitude resultante aumenta, atingindo um máximo secundário em δ = 180°. No ângulo de fase δ = 180°, a amplitude é a mesma que a de uma fonte única, porque as ondas das duas primeiras fontes se cancelam deixando apenas a terceira. A intensidade do máximo secundário é um nono da intensidade do máximo em θ = 0. Quando δ aumenta além de 180°, a amplitude decresce novamente e é zero em δ = 180° + 60° = 240°. Para δ maior que 240°, a amplitude aumenta e é, novamente, 3 vezes o valor de cada fonte quando δ = 360°. Este ângulo de fase corresponde à diferença de caminho óptico de 1 comprimento de onda para as ondas das duas primeiras fontes e 2 comprimentos de onda para as ondas da primeira e terceira fontes. Conseqüentemente, as três ondas estão em fase neste ponto. Os máximos mais intensos, chamados de máximos principais, estão nas mesmas posições que no caso de duas fontes, que são os pontos correspondentes aos ângulos θ dados por

$$d \operatorname{sen} \theta_m = m\lambda \quad m = 0, 1, 2, \ldots \qquad 33\text{-}16$$

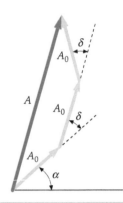

FIGURA 33-18 Diagrama de fasores para determinar a amplitude resultante A devida a três ondas, cada uma com amplitude A_0, com diferenças de fase δ e 2δ devidas às diferenças de caminho óptico de $d \operatorname{sen} \theta$ e $2d \operatorname{sen} \theta$. O ângulo $\alpha = \omega t$ varia com o tempo, mas isto não afeta o cálculo de A.

Estes máximos são mais intensos e estreitos que para duas fontes. Eles ocorrem em pontos para os quais a diferença de caminho óptico entre fontes adjacentes é zero ou um número inteiro de comprimentos de onda.

Estes resultados podem ser generalizados para mais de três fontes. Para quatro fontes coerentes igualmente espaçadas e em fase, os máximos principais de interferência são, novamente, dados pela Equação 33-16, mas os máximos são ainda mais intensos, são mais estreitos e há dois máximos secundários menores entre cada par de máximos principais. Em θ = 0, a intensidade é 16 vezes a de uma única fonte. O primeiro mínimo de interferência ocorre quando δ é 90°, como pode ser visto do diagrama de fasores da Figura 33-20. O primeiro máximo secundário está próximo a δ = 132°. A intensidade do máximo secundário é aproximadamente um quatorze avos da intensidade do máximo central. Há outro mínimo em δ = 180°, outro máximo secundário próximo a δ = 228°, e outro mínimo em δ = 270° antes do próximo máximo principal em δ = 360°.

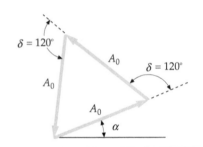

FIGURA 33-19 A amplitude resultante para as ondas das três fontes é zero quando δ é 120°. Este mínimo de interferência ocorre em um ângulo menor θ que o primeiro mínimo para duas fontes, que ocorre quando δ é 180°.

A Figura 33-21 mostra os padrões de intensidade para duas, três e quatro fontes coerentes igualmente espaçadas. A Figura 33-22 mostra um gráfico de I/I_0, onde I_0 é a intensidade devida a cada fonte atuando separadamente. Para três fontes, há um máximo secundário muito pequeno entre cada par de máximos principais e os máximos principais são mais finos e mais intensos que os de apenas duas fontes. Para quatro fontes, há dois máximos secundários pequenos entre cada par de máximos principais, e o máximo principal é ainda mais estreito e intenso.

A partir desta discussão, podemos ver que, quando aumentamos o número de fontes, a intensidade se torna mais e mais concentrada nos máximos principais dados pela Equação 33-16 e estes máximos se tornam cada vez mais estreitos. Para N fontes, a intensidade dos máximos principais é N^2 vezes a de uma única fonte. O primeiro mínimo ocorre em um ângulo de fase de δ = 360°/N, para o qual os N fasores formam um polígono fechado de N lados. Há $N - 2$ máximos secundários entre cada par de máximos principais. Estes máximos secundários são muito fracos comparados aos máximos principais.

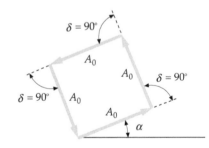

FIGURA 33-20 Diagrama de fasores para o primeiro mínimo para quatro fontes coerentes que estão igualmente espaçadas e em fase. A amplitude é zero quando a diferença de fase entre as ondas de fontes adjacentes é 90°.

Quando o número de fontes aumenta, os máximos principais se tornam mais finos e mais intensos e as intensidades dos máximos secundários se tornam desprezíveis comparadas às dos máximos principais.

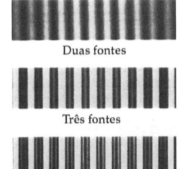

*CALCULANDO O PADRÃO DE DIFRAÇÃO DE FENDA SIMPLES

Vamos agora usar o método dos fasores para somar ondas harmônicas para calcular o padrão de intensidade mostrado na Figura 33-11. Consideramos que

FIGURA 33-21 Padrões de intensidade para duas, três e quatro fontes coerentes igualmente espaçadas e em fase. Há um máximo secundário entre cada par de máximos principais para três fontes e dois máximos secundários entre cada par de máximos principais para quatro fontes. *(Cortesia de Michael Cagnet.)*

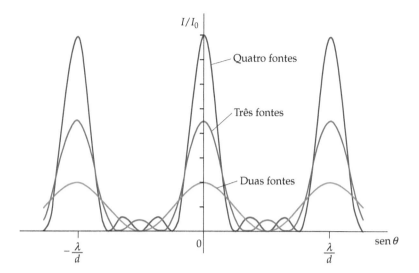

FIGURA 33-22 Gráfico da intensidade relativa *versus* sen θ para duas, três e quatro fontes coerentes, igualmente espaçadas e em fase.

a fenda de largura a é dividida em N intervalos iguais e que há uma fonte puntiforme de ondas no ponto médio de cada intervalo (Figura 33-23). Se d é a distância entre duas fontes adjacentes e a é a largura da abertura, temos $d = a/N$. Como o anteparo no qual estamos calculando a intensidade está distante das fontes, os raios das fontes até o ponto P no anteparo são aproximadamente paralelos. A diferença de caminho óptico entre quaisquer duas fontes adjacentes é δ sen θ e a diferença de fase δ está relacionada à diferença de caminho óptico por

$$\delta = \frac{d \operatorname{sen} \theta}{\lambda} 2\pi$$

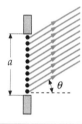

FIGURA 33-23 Diagrama para calcular o padrão de difração à grande distância de uma fenda estreita. Consideramos que a largura da fenda a contenha um grande número de fontes puntiformes igualmente espaçadas e em fase, separadas por uma distância d. Os raios das fontes até um ponto distante são aproximadamente paralelos. A diferença de caminho óptico para as ondas das fontes adjacentes é d sen θ.

Se A_0 é a amplitude devida a uma fenda simples, a amplitude no máximo central, onde $\theta = 0$ e todas as ondas estão em fase, é $A_{\text{máx}} = NA_0$ (Figura 33-24).

Podemos determinar a amplitude em algum ponto em um ângulo θ usando o método de fasores para a soma de ondas harmônicas. Como na soma de duas, três e quatro ondas, a intensidade é zero em qualquer ponto onde os fasores representando as ondas formam um polígono fechado. Neste caso, o polígono tem N lados (Figura 33-25). No primeiro mínimo, a onda da primeira fonte logo abaixo do topo da abertura e a onda da fonte logo abaixo da metade da abertura estão defasadas por 180°. Neste caso, a onda da fonte próxima ao topo da abertura difere daquela na base da abertura por aproximadamente 360°. [A diferença de fase é, de fato, 360° − (360°/N).] Então, se o número de fontes é muito grande, 360°/N é desprezível e obtemos o cancelamento completo se as ondas da primeira e última fontes estão fora de fase por 360°, correspondendo a uma diferença de fase de um comprimento de onda, de acordo com a Equação 33-11.

Calcularemos agora a amplitude em um ponto geral no qual as ondas de duas fontes adjacentes diferem em fase por δ. A Figura 33-26 mostra o diagrama de fasores para a soma de N ondas, onde as ondas subseqüentes diferem em fase a partir da primeira onda por $\delta, 2\delta, \ldots, (N-1)\delta$. Quando N é muito grande e δ é muito pequeno, o diagrama de fasores se aproxima de um arco de círculo. A amplitude resultante A é o comprimento da corda deste arco. Calcularemos esta amplitude resultante em termos

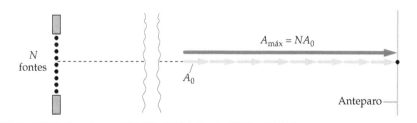

FIGURA 33-24 Uma fenda simples é representada por N fontes, cada uma com amplitude A_0. No ponto do máximo central, onde $\theta = 0$, as ondas das fontes estão em fase, dando uma amplitude resultante $A_{\text{máx}} = NA_0$.

FIGURA 33-25 Diagrama de fasores para calcular o primeiro mínimo em um padrão de difração de fenda simples. Quando as ondas de N fasores se cancelam completamente, os N fasores formam um polígono fechado. A diferença de fase entre as ondas de fontes adjacentes é, então, $\delta = 180°/N$. Quando N é muito grande, as ondas da primeira e última fontes estão aproximadamente em fase.

da diferença de fase ϕ entre a primeira e a última ondas. Da Figura 33-26, temos

$$\operatorname{sen} \tfrac{1}{2}\phi = \frac{A/2}{r}$$

ou

$$A = 2r \operatorname{sen} \tfrac{1}{2}\phi \qquad 33\text{-}17$$

onde r é o raio do arco. Como o comprimento do arco é $A_{máx} = NA_0$ e o ângulo subentendido é ϕ, temos

$$\phi = \frac{A_{máx}}{r} \qquad 33\text{-}18$$

ou

$$r = \frac{A_{máx}}{\phi}$$

Substituindo isto na Equação 33-17, temos

$$A = \frac{2A_{máx}}{\phi} \operatorname{sen} \tfrac{1}{2}\phi = A_{máx} \frac{\operatorname{sen} \tfrac{1}{2}\phi}{\tfrac{1}{2}\phi}$$

Como a amplitude no centro do máximo central ($\theta = 0$) é $A_{máx}$, a razão da intensidade em outro ponto qualquer em relação ao centro do máximo central é

$$\frac{I}{I_0} = \frac{A^2}{A_{máx}^2} = \left(\frac{\operatorname{sen} \tfrac{1}{2}\phi}{\tfrac{1}{2}\phi}\right)^2$$

ou

$$I = I_0 \left(\frac{\operatorname{sen} \tfrac{1}{2}\phi}{\tfrac{1}{2}\phi}\right)^2 \qquad 33\text{-}19$$

INTENSIDADE PARA UM PADRÃO DE DIFRAÇÃO DE FENDA SIMPLES

A diferença de fase ϕ entre a primeira e a última ondas está relacionada à diferença de caminho óptico $a \operatorname{sen} \theta$ entre o topo e a base da abertura por

$$\phi = \frac{a \operatorname{sen} \theta}{\lambda} 2\pi \qquad 33\text{-}20$$

A Equação 33-19 e a Equação 33-20 descrevem o padrão de intensidade mostrado na Figura 33-11. O primeiro mínimo ocorre em $a \operatorname{sen} \theta = \lambda$, o qual está no ponto onde as ondas do meio da metade superior e do meio da metade inferior da fenda têm uma diferença de caminho óptico de $\lambda/2$ e estão fora de fase por 180°. O segundo mínimo ocorre em $a \operatorname{sen} \theta = 2\lambda$, onde as ondas da metade superior da metade superior da fenda e aquelas da metade inferior da metade superior da fenda têm uma diferença de caminho óptico de $\lambda/2$ e estão fora de fase de 180°.

Há um máximo secundário aproximadamente na metade da distância entre o primeiro e o segundo mínimos, em $a \operatorname{sen} \theta \approx \tfrac{3}{2} \lambda$. A Figura 33-27 mostra o diagrama de fasores para determinar a intensidade aproximada deste máximo secundário. A diferença de fase ϕ entre a primeira e a última ondas é aproximadamente $2\pi + \pi$. Os fasores completam, então, $1\tfrac{1}{2}$ ciclos. A amplitude resultante é o diâmetro de um círculo cuja circunferência é dois terços do comprimento total $A_{máx}$. Se $C = \tfrac{2}{3} A_{máx}$ é a circunferência, o diâmetro A é

$$A = \frac{C}{\pi} = \frac{\tfrac{2}{3} A_{máx}}{\pi} = \frac{2}{3\pi} A_{máx}$$

e

$$A^2 = \frac{4}{9\pi^2} A_{máx}^2$$

A intensidade neste ponto é

$$I = \frac{4}{9\pi^2} I_0 = \frac{1}{22{,}2} I_0 \qquad 33\text{-}21$$

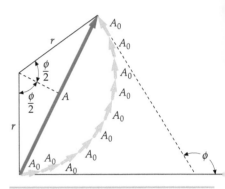

FIGURA 33-26 Diagrama de fasores para calcular a amplitude resultante devida a ondas de N fontes em termos da diferença de fase ϕ entre a onda da primeira fonte logo abaixo do topo da fenda e a onda da última fonte logo acima da base da fenda. Quando N é muito grande, a amplitude resultante A é a corda de um arco circular de comprimento $NA_0 = A_{máx}$.

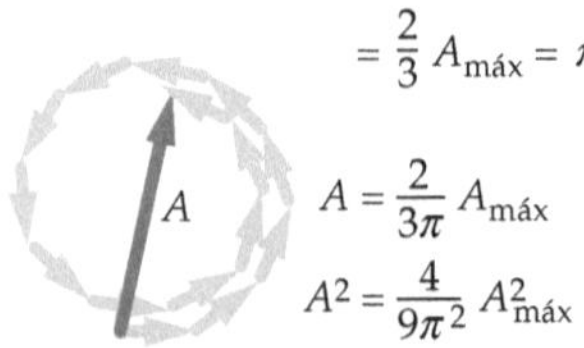

Circunferência $C = \tfrac{2}{3} NA_0$
$= \tfrac{2}{3} A_{máx} = \pi A$

$A = \tfrac{2}{3\pi} A_{máx}$

$A^2 = \tfrac{4}{9\pi^2} A_{máx}^2$

FIGURA 33-27 Diagrama de fasores para calcular a amplitude aproximada do primeiro máximo secundário do padrão de difração de uma fenda simples. O máximo secundário ocorre próximo ao ponto médio entre o primeiro e o segundo mínimos quando os N fasores completam $1\tfrac{1}{2}$ ciclos.

Interferência e Difração | **453**

*CALCULANDO O PADRÃO DE INTERFERÊNCIA–DIFRAÇÃO DE FENDAS MÚLTIPLAS

A intensidade do padrão de interferência–difração de duas fendas pode ser calculada a partir do padrão para duas fendas (Equação 33-8) onde a intensidade de cada fenda (I_0 naquela equação) é substituída pela intensidade do padrão de difração devido a cada fenda, I, dado pela Equação 33-19. A intensidade para o padrão de interferência–difração para duas fendas é, portanto,

$$I = 4I_0\left(\frac{\mathrm{sen}\,\frac{1}{2}\phi}{\frac{1}{2}\phi}\right)^2 \cos^2\frac{1}{2}\delta \qquad\qquad 33\text{-}22$$

INTENSIDADE DE INTERFERÊNCIA–DIFRAÇÃO PARA DUAS FENDAS

onde ϕ é a diferença de fase entre os raios do topo e da base de cada fenda, que está relacionada com a largura de cada fenda por

$$\phi = \frac{a\,\mathrm{sen}\,\theta}{\lambda}2\pi$$

e δ é a diferença de fase entre raios desde o centro de duas fendas adjacentes, que está relacionada à separação entre as fendas por

$$\delta = \frac{d\,\mathrm{sen}\,\theta}{\lambda}2\pi$$

Na Equação 33-22, a intensidade I_0 é a intensidade em $\theta = 0$ devida a uma fenda única.

Exemplo 33-8 | **Padrão de Interferência–Difração para Cinco Fendas**

Determine o padrão de intensidade–difração para cinco fendas igualmente espaçadas, onde a é a largura de cada fenda e d é a distância entre fendas adjacentes.

SITUAÇÃO Primeiro determine o padrão de intensidade de interferência para as cinco fendas, considerando que não há variações angulares na intensidade devido à difração. Para fazer isso, primeiro construa um diagrama de fasores para determinar a amplitude da onda resultante em uma direção arbitrária θ. A intensidade é proporcional ao quadrado da amplitude. Depois, corrija para a variação da intensidade com θ usando a relação para o padrão de intensidade de difração de fenda simples (Equação 33-19 e Equação 33-20).

SOLUÇÃO

1. A intensidade do padrão de difração I' devida a uma fenda de largura a é dada pela Equação 33-19 e pela Equação 33-20:

$$I' = I_0\left(\frac{\mathrm{sen}\,\frac{1}{2}\phi}{\frac{1}{2}\phi}\right)^2$$

onde

$$\phi = \frac{2\pi}{\lambda}a\,\mathrm{sen}\,\theta$$

2. A intensidade do padrão de interferência I é proporcional ao quadrado da amplitude A da superposição das funções de onda para a luz das cinco fendas:

$$I \propto A^2$$

onde

$$A\,\mathrm{sen}(\alpha + \delta') = A_0\,\mathrm{sen}\,\alpha + A_0\,\mathrm{sen}(\alpha + \delta) + A_0\,\mathrm{sen}(\alpha + 2\delta)$$
$$+ A_0\,\mathrm{sen}(\alpha + 3\delta) + A_0\,\mathrm{sen}(\alpha + 4\delta)$$

e onde $\quad \alpha = \omega t \quad$ e $\quad \delta = \frac{d\,\mathrm{sen}\,\theta}{\lambda}2\pi$

3. Para determinar A, construímos um diagrama de fasores (Figura 33-28). A amplitude A é igual à soma das projeções dos fasores individuais no fasor resultante:

$$\delta' = \beta + \delta$$

então

$$\beta = \delta' - \delta = 2\delta - \delta = \delta$$

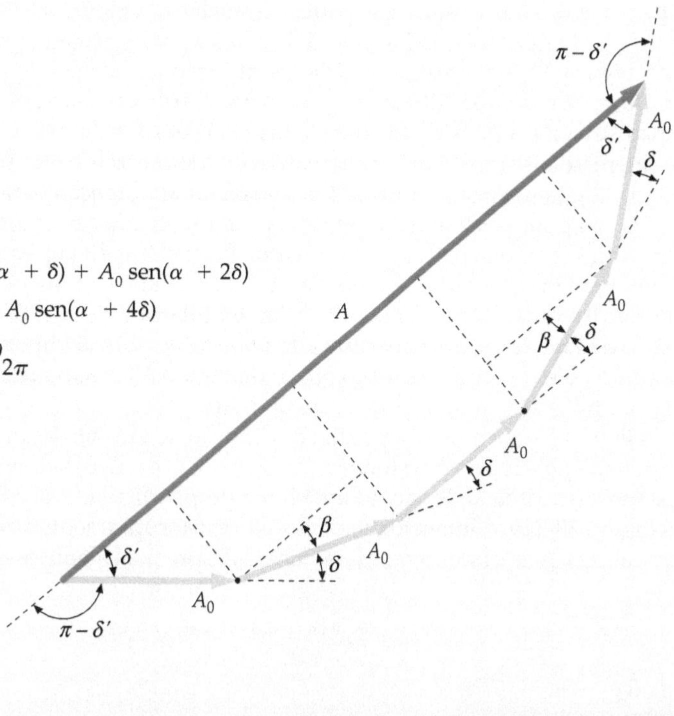

FIGURA 33-28

4. Para determinar δ', somamos os ângulos exteriores. A soma dos ângulos exteriores é igual a 2π (se você andar pelo perímetro de qualquer polígono você gira através da soma dos ângulos exteriores e você gira por 2π radianos):

$$2(\pi - \delta') + 4\delta = 2\pi \quad \Rightarrow \quad \delta' = 2\delta$$

5. Resolva para A a partir da figura:

$$A = 2A_0 \cos\delta' + 2A_0 \cos\beta + A_0$$

6. Substitua para δ' usando o resultado do passo 4 e substitua para β usando a relação $\beta = \delta$. (A igualdade entre β e δ segue do teorema "Se duas linhas paralelas são cortadas na transversal, os ângulos interior e exterior no mesmo lado da transversal são iguais."):

$$A = A_0(2\cos 2\delta + 2\cos\delta + 1)$$

7. Eleve ambos os lados ao quadrado para relacionar as intensidades. Lembre-se de que I' é a intensidade de uma única fenda e A_0 é a amplitude de uma única fenda:

$$A^2 = A_0^2(2\cos 2\delta + 2\cos\delta + 1)^2$$
então
$$I = I'(2\cos 2\delta + 2\cos\delta + 1)^2$$

8. Substitua para I' usando o resultado do passo 1:

$$I = I_0 \left(\frac{\operatorname{sen}\frac{1}{2}\phi}{\frac{1}{2}\phi}\right)^2 (2\cos 2\delta + 2\cos\delta + 1)^2$$

$$\text{onde } \phi = \frac{a\operatorname{sen}\theta}{\lambda}2\pi \quad \text{e} \quad \delta = \frac{d\operatorname{sen}\theta}{\lambda}2\pi$$

CHECAGEM Se $\theta = 0$, então $\phi = 0$ e $\delta = 0$. Logo, para $\theta = 0$, o passo 5 torna-se $A = 5A_0$ e o passo 8 torna-se $I = 5^2 I_0 = 25 I_0$, como esperado.

33-6 DIFRAÇÃO DE FRAUNHOFER E FRESNEL

Padrões de difração como o padrão de fenda simples mostrado na Figura 33-11, que são observados em pontos para os quais os raios de uma abertura ou um obstáculo são aproximadamente paralelos, são chamados de **padrões de difração de Fraunhofer**. Padrões de Fraunhofer podem ser observados a grandes distâncias do obstáculo ou abertura, pois os raios que atingem qualquer ponto são aproximadamente paralelos, ou eles podem ser observados usando uma lente para focalizar raios paralelos em um anteparo colocado no plano focal da lente.

O padrão de difração observado próximo de uma abertura ou de um obstáculo é chamado de **padrão de difração de Fresnel**. Como os raios de uma abertura ou obstáculo próximos a um anteparo não podem ser considerados paralelos, a difração de Fresnel é muito mais difícil de analisar. A Figura 33-29 ilustra a diferença entre os padrões de Fresnel e Fraunhofer para uma fenda simples.*

A Figura 33-30a mostra o padrão de difração de Fresnel de um disco opaco. Observe o ponto brilhante no centro do padrão causado pela interferência construtiva das ondas de luz difratadas pelas bordas do disco. Este padrão é de interesse histórico. Em uma tentativa de depreciar a teoria ondulatória da luz de Augustin Fresnel, Siméon Poisson chamou a atenção para o fato que ela previa um ponto brilhante no centro da sombra, o que ele assumiu como uma contradição ridícula da teoria. Entretanto, Fresnel imediatamente demonstrou experimentalmente que tal ponto, de fato, existe. Esta demonstração convenceu muitos duvidosos da validade da teoria ondulatória da luz. O padrão de difração de Fresnel de uma abertura circular é mostrado na Figura 33-30b. Comparando com o padrão do disco opaco da Figura 33-30a, podemos ver que os dois padrões são complementos um do outro.

A Figura 33-31a mostra o padrão de difração de Fresnel de uma borda linear iluminada pela luz de uma fonte puntiforme. Um gráfico da intensidade *versus* distância (medida ao longo de uma linha perpendicular à borda) é mostrado na Figura 33-31b. A intensidade da luz não cai abruptamente a zero na sombra geométrica, mas diminui rapidamente e é desprezível a poucos comprimentos

À medida que o anteparo se aproxima,

o padrão de Fraunhofer observado distante da fenda ...

gradualmente se transforma no ...

padrão de Fresnel observado próximo à fenda.

FIGURA 33-29 Padrões de difração para uma fenda única a várias distâncias do anteparo.

---

* Veja Richard E. Haskel, "A Simple Experiment on Fresnel Diffraction," *American Journal of Physics* 38 (1970): 1039.

Interferência e Difração | 455

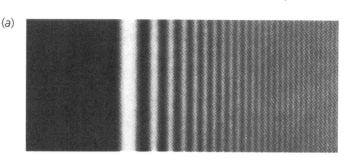

(a)

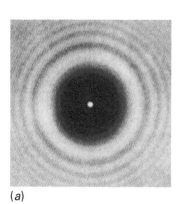

(a)

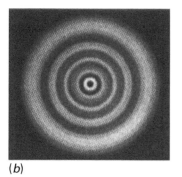

(b)

FIGURA 33-30 (a) O padrão de difração de Fresnel de um disco opaco. No centro da sombra, as ondas de luz difratadas pela borda do disco estão em fase e produzem um ponto brilhante chamado de *ponto de Poisson*. (b) O padrão de difração de Fresnel de uma abertura circular. Compare com a Figura 33-30a. ((a) e (b) M. Cagnet, M. Fraçon, J. C. Thrierr, *Atlas of Optical Phenomena*.)

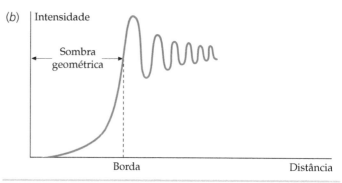

FIGURA 33-31 (a) A difração de Fresnel de uma borda linear. (b) Um gráfico da intensidade *versus* distância ao longo de uma linha perpendicular à borda. (*Cortesia de Battelle-Northwest Laboratories.*)

de onda da borda. O padrão de difração de Fresnel de uma abertura retangular é mostrado na Figura 33-32. Estes padrões não podem ser vistos usando fontes de luz estendidas como uma lâmpada de filamento, porque as franjas escuras do padrão produzido pela luz de um ponto na fonte se superpõem às franjas brilhantes do padrão produzido pela luz de outro ponto.

33-7 DIFRAÇÃO E RESOLUÇÃO

A difração devida a uma abertura circular tem implicações importantes para a resolução de muitos instrumentos ópticos. A Figura 33-33 mostra o padrão de difração de Fraunhofer de uma abertura circular. O ângulo θ subentendido pelo primeiro mínimo de difração está relacionado ao comprimento de onda e ao diâmetro da abertura por

$$\operatorname{sen}\theta = 1{,}22\frac{\lambda}{D} \qquad 33\text{-}23$$

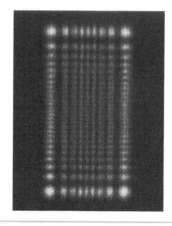

FIGURA 33-32 O padrão de difração de Fresnel de uma abertura retangular. (*Cortesia de Michael Cagnet.*)

A Equação 33-23 é similar à Equação 33-9 exceto pelo fator 1,22, o qual surge da análise matemática e é similar à equação para uma fenda simples, porém mais complicada devido à geometria circular. Em muitas aplicações, o ângulo θ é pequeno e sen θ pode ser substituído por θ. O primeiro mínimo de difração está, então, em um ângulo θ dado por:

$$\theta \approx 1{,}22\frac{\lambda}{D} \qquad 33\text{-}24$$

A Figura 33-34 mostra duas fontes puntiformes que subentendem um ângulo α em uma abertura circular distante das fontes. As intensidades do padrão de difração de Fraunhofer também são indicadas nesta figura. Se α é muito maior que $1{,}22\lambda/D$, as fontes seriam vistas como duas fontes. Entretanto, quando α diminui, a superposição dos padrões de difração aumenta, tornando difícil distinguir as duas fontes de uma única fonte. Na separação angular crítica, α_c, dada por

$$\alpha_c = 1{,}22\frac{\lambda}{D} \qquad 33\text{-}25$$

FIGURA 33-33 O padrão de difração de Fraunhofer de uma abertura circular. (*Cortesia de Michael Cagnet.*)

o primeiro mínimo do padrão de difração de uma fonte coincide com o máximo central da outra fonte. Dizemos que estes objetos estão no limite de resolução pelo **critério de resolução de Rayleigh**. A Figura 33-35 mostra os padrões de difração para duas fontes quando α é maior que o ângulo crítico para a resolução e quando α é igual ao ângulo crítico para resolução.

A Equação 33-25 tem muitas aplicações. O *poder de resolução* de um instrumento óptico, tal como um microscópio ou telescópio, é a habilidade de o instrumento resolver dois objetos que estão próximos entre si. As imagens dos objetos tendem a se sobrepor devido à difração na entrada da abertura do instrumento. Podemos ver, da Equação 33-25, que o poder de resolução pode ser aumentado aumentando o diâmetro D da lente (ou espelho) ou diminuindo o comprimento de onda λ. Telescópios astronômicos usam lentes objetivas ou espelhos grandes para aumentar sua resolução, bem como para aumentar o poder de coleta de luz. Um arranjo de 27 antenas de rádio (Figura 33-36) montado sobre trilhos, pode ser configurado para formar um único telescópio com uma distância de resolução D de 36 km. Em um microscópio, um filme de óleo transparente que tem um índice de refração de aproximadamente 1,55 é, algumas vezes, usado abaixo da objetiva para diminuir o comprimento de onda da luz ($\lambda' = \lambda/n$). O comprimento de onda pode ser reduzido ainda mais usando luz ultravioleta e filme fotográfico; entretanto, o vidro comum é opaco à luz ultravioleta e, portanto, as lentes em um microscópio no ultravioleta devem ser feitas de quartzo ou fluorita. Para obter resoluções muito altas, são usados microscópios eletrônicos — microscópios que usam elétrons no lugar da luz. Os comprimentos de onda dos elétrons variam inversamente proporcionais à raiz quadrada da sua energia cinética e podem ser tão pequenos quanto se queira.*

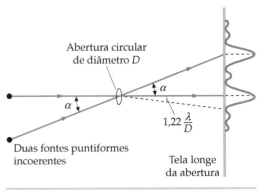

FIGURA 33-34 Duas fontes distantes que subentendem um ângulo α. Se α é muito maior que $1{,}22\lambda/D$, onde λ é o comprimento de onda da luz e D é o diâmetro da abertura, os padrões de difração têm pequena superposição e as fontes são facilmente identificadas como duas fontes distintas. Se α não for muito maior que $1{,}22\lambda/D$, a superposição dos padrões de difração dificulta a distinção das duas fontes, pois elas parecem uma só.

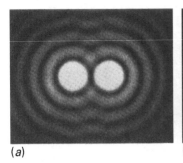 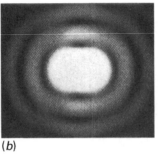

(a) (b)

FIGURA 33-35 Padrões de difração para uma abertura circular e duas fontes puntiformes incoerentes quando (a) α é um fator 2 ou mais, maior que $\alpha_c = 1{,}22\lambda/D$ e (b) quando α é igual ao limite de resolução, $\alpha_c = 1{,}22\lambda/D$. ((a) e (b) Cortesia de Michael Cagnet.)

FIGURA 33-36 O enorme arranjo de antenas de rádio está localizado próximo a Socorro, Novo México. As antenas de 25 m de diâmetro estão montadas sobre trilhos, os quais podem ser dispostos em várias configurações e podem ser estendidos em um diâmetro de 36 km. Os dados das antenas são combinados eletronicamente e, portanto, o arranjo realmente é um único telescópio de alta resolução. (*Cortesia de National Radio Astronomy Observatory/Associated Universities, Inc./National Science Foundation. Fotografia de Kelly Gatlin e Patricia Smiley.*)

Exemplo 33-9 Física na Biblioteca — *Rico em Contexto*

Enquanto você está estudando na biblioteca, você reclina sua cadeira e considera os pequenos orifícios que você percebeu no teto. Você nota que os orifícios estão separados por aproximadamente 5,0 mm. Você pode ver claramente os orifícios diretamente acima de você, a cerca de 2 m acima, mas a parte do teto que está distante parece não conter orifícios. Você se pergunta se a razão para você não conseguir ver os orifícios distantes é devido ao fato de eles não obedecerem ao critério de resolução estabelecido por Rayleigh. Esta é uma explicação aceitável para o desaparecimento dos orifícios? Você nota que eles desaparecem a aproximadamente 20 m de você.

SITUAÇÃO Vamos ter que fazer algumas hipóteses sobre esta situação. Se usarmos a Equação 33-25, precisaremos saber o comprimento de onda da luz e o diâmetro da abertura. Conside-

---

* As propriedades ondulatórias dos elétrons são discutidas no Capítulo 34 (Volume 3).

rando que nossa pupila seja a abertura, podemos tomar o diâmetro como aproximadamente 5,0 mm. (Este é o valor usado neste livro-texto.) O comprimento de onda da luz é provavelmente cerca de 500 nm ou próximo a este.

SOLUÇÃO

1. O limite angular para a resolução pelo olho depende da razão entre o comprimento de onda e o diâmetro da pupila:

$$\theta_c \approx 1{,}22 \frac{\lambda}{D}$$

2. O ângulo subentendido pelos dois orifícios depende da distância de separação d entre eles e da distância deles até seus olhos:

$$\theta \approx \frac{d}{L}$$

3. Equacionando os dois ângulos e colocando os números, obtemos:

$$\frac{d}{L} \approx 1{,}22 \frac{\lambda}{D}$$

$$\frac{5{,}0 \text{ mm}}{L} \approx 1{,}22 \frac{500 \text{ nm}}{5{,}0 \text{ mm}}$$

4. Resolvendo para L:

$$L = 41 \text{ m}$$

5. Por um fator 2, 41 m é muito grande. Entretanto, você suspeita do valor dado para o diâmetro da pupila no seu livro-texto de física. Você sabe que a pupila é menor quando a luz é brilhante e o teto da biblioteca é muito brilhante e pintado de branco. Uma busca na Internet pelo diâmetro da pupila do olho fornece rapidamente a informação que você precisa. O diâmetro da pupila varia de 2 a 3 mm até 7 mm.

> Sucesso. Se o diâmetro da pupila é 2,5 mm, o valor de L é 20 m.

É instrutivo comparar o limite de resolução do olho devido à difração, como visto no Exemplo 33-9, com o limite de resolução devido à separação dos receptores (cones) na retina. Para serem vistos como dois objetos distintos, as imagens dos objetos devem chegar à retina em dois cones não-adjacentes. (Veja o Problema 65 no Capítulo 32.) Como a retina está a aproximadamente 2,5 cm da córnea, a distância y na retina correspondente a uma separação angular de $1{,}5 \times 10^{-4}$ rad é determinada de

$$\alpha_c = 1{,}5 \times 10^{-4} \text{ rad} = \frac{y}{2{,}5 \text{ cm}}$$

ou

$$y = 3{,}8 \times 10^{-4} \text{ cm} = 3{,}8 \times 10^{-6} \text{ m} = 3{,}8 \ \mu\text{m}$$

> **CHECAGEM CONCEITUAL 33-2**
> Verdadeiro ou Falso:
> A difração de Fraunhofer é um caso limite da difração de Fresnel.

A separação real dos cones na fóvea central, onde os cones estão dispostos com o maior grau de empacotamento, é aproximadamente 1 μm. Fora desta região, eles estão separados por aproximadamente 3 μm a 5 μm.

33-8 REDES DE DIFRAÇÃO

Uma ferramenta amplamente usada para medida de comprimentos de onda da luz é a **rede de difração**, que consiste em um grande número de linhas ou fendas igualmente espaçadas em uma superfície plana. Uma rede como esta pode ser feita através de ranhuras paralelas e igualmente espaçadas em uma placa de vidro ou metálica com uma máquina de precisão. Com uma rede de reflexão, a luz é refletida pelas saliências entre as linhas ou ranhuras. Discos fonográficos e CDs exibem algumas das propriedades das redes de reflexão. Em uma rede de transmissão, a luz passa através de espaçamentos entre as ranhuras. Redes plásticas de baixo custo, produzidas opticamente, com 10 000 fendas ou mais por centímetro, são itens comuns em laboratórios de ensino. O espaçamento entre as fendas em uma rede que tem 10 000 fendas por centímetro é $d = (1 \text{ cm})/10\,000 \text{ fendas} = 10^{-4}$ cm.

Considere uma onda plana de luz monocromática incidindo normalmente em uma rede de transmissão (Figura 33-37). Considere que a largura de cada fenda seja muito pequena e, portanto, ela produz um feixe amplamente difratado. O padrão de interferência produzido em um anteparo a uma grande distância da rede é devido a um grande número de fontes de luz igualmente espaçadas e coerentes. Suponha que temos N fendas com separação d entre fendas adjacentes. Em $\theta = 0$, a luz de cada fenda está em fase com a de todas as outras fendas, logo a amplitude da onda é NA_0, onde A_0 é a amplitude de cada fenda e a intensidade é $N^2 I_0$, onde I_0 é a intensidade

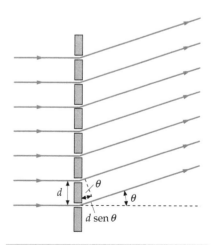

FIGURA 33-37 Luz incidindo normalmente em uma rede de difração. A um ângulo θ, a diferença de caminho óptico entre os raios das fendas adjacentes é $d \operatorname{sen} \theta$.

devida a cada fenda individualmente. Em um ângulo θ_1, onde $d\,\text{sen}\,\theta_1 = \lambda_1$, a diferença de caminho óptico entre quaisquer duas fendas sucessivas é λ_1 e, novamente, a luz de cada fenda está em fase com a de todas as outras fendas e a intensidade é $N^2 I_0$. Os máximos de interferência estão, portanto, nos ângulos θ dados por

$$d\,\text{sen}\,\theta_m = m\lambda \qquad m = 0, 1, 2, \ldots \qquad 33\text{-}26$$

As posições dos máximos de interferência independem do número de fontes, mas, quanto maior o número de fontes, mais estreitos e mais intensos os máximos serão.

Para ver que os máximos de interferência serão mais finos quando houver muitas fendas, considere o caso de N fendas iluminadas, onde N é grande ($N \gg 1$). A distância da primeira fenda até a N-ésima fenda é $(N-1)d \approx Nd$. Quando a diferença de caminho óptico para a luz da primeira e da N-ésima fenda é λ, a intensidade resultante será zero porque a luz de quaisquer duas fendas separadas por $\frac{1}{2}Nd$ interfere destrutivamente. (Vimos isso em nossa discussão sobre a difração em fenda simples na Seção 33-4.) Como a primeira e a N-ésima fenda estão separadas por aproximadamente Nd, a intensidade será zero no ângulo $\theta_{\text{mín}}$ dado por

$$Nd\,\text{sen}\,\theta_{\text{mín}} = \lambda$$

logo

$$\theta_{\text{mín}} \approx \text{sen}\,\theta_{\text{mín}} = \frac{\lambda}{Nd}$$

A largura angular do máximo de interferência, que é igual a $2\theta_{\text{mín}}$, é, portanto, inversamente proporcional a N. Assim, quanto maior o número de fendas iluminadas N, mais estreito será o máximo. Como a intensidade no máximo é proporcional a $N^2 I_0$, a intensidade no máximo multiplicada pela largura do máximo é proporcional a $N I_0$. A intensidade multiplicada pela largura é uma medida da energia por unidade de comprimento no máximo.

A Figura 33-38a mostra um espectroscópio para estudantes que usa uma rede de difração para analisar a luz. Em laboratórios de ensino, a fonte de luz é tipicamente um tubo de vidro contendo átomos de um gás (por exemplo, hélio ou vapor de sódio) que são excitados pelo bombardeamento de elétrons acelerados pela alta tensão no tubo. A luz emitida por fontes como esta contém apenas certos comprimentos de onda que são característicos dos átomos na fonte. A luz da fonte passa através de uma fenda colimadora estreita e se transforma em um feixe paralelo através de uma lente. A luz paralela da lente incide na rede. Em vez de ir até um anteparo distante, a luz paralela da rede é focalizada por um telescópio e observada pelo olho. O telescópio é montado em uma plataforma giratória calibrada para que o ângulo θ possa ser medido. Na direção frontal ($\theta = 0$), o máximo central para todos os comprimentos de onda é visto. Se luz de um particular comprimento de onda λ é emitida pela fonte, o primeiro máximo de interferência é visto em um ângulo θ dado por $d\,\text{sen}\,\theta_m = m\lambda$ (Equação 33-26) com $m = 1$. Cada comprimento de onda emitido pela fonte produz uma imagem separada da fenda colimadora no espectroscópio, chamada de **linha espectral**. O conjunto de linhas correspondentes a $m = 1$ é chamado de **espectro de primeira ordem**. O **espectro de segunda ordem** corresponde a $m = 2$ para cada comprimento de onda. Ordens mais elevadas podem ser vistas, desde que o ângulo θ dado por $d\,\text{sen}\,\theta_m = m\lambda$ seja menor que 90°. Dependendo dos comprimentos de

(a)

(b)

FIGURA 33-38 (a) Um espectroscópio típico para estudantes. A luz de uma fenda colimadora próxima à fonte se transforma em um feixe paralelo através de uma lente e incide em uma rede. A luz difratada é vista com um telescópio em um ângulo que pode ser medido com precisão. (b) Vista aérea de um arranjo muito grande de radiotelescópios no Novo México. Os sinais de rádio de galáxias distantes se somam construtivamente quando a Equação 33-26 é satisfeita, onde d é a distância entre dois telescópios adjacentes. ((a) Clarence Bennett/Oakland University, Rochester, Michigan. (b) NRAO/AUI/Science Photo Library/Photo Researchers.)

Interferência e Difração | **459**

onda, as ordens podem estar misturadas; isto é, a linha de terceira ordem para um comprimento de onda pode ocorrer em um valor menor de θ do que a linha de segunda ordem para outro comprimento de onda. Se o espaçamento entre as fendas na rede é conhecido, os comprimentos de onda emitidos podem ser determinados através das medidas dos ângulos.

Exemplo 33-10 — Linhas D do Sódio

A luz do sódio incide em uma rede de difração com 12 000 linhas por centímetro. Em que ângulo as duas linhas amarelas (chamadas de linhas D do sódio) de comprimentos de onda 589,00 nm e 589,59 nm são vistas em primeira ordem?

SITUAÇÃO Aplique $d\,\text{sen}\,\theta_m = m\lambda$ para cada comprimento de onda, com $m = 1$ e $d = (1/12\ 000)$cm.

SOLUÇÃO

1. O ângulo θ_m é dado por $d\,\text{sen}\,\theta_m = m\lambda$ com $m = 1$:

$$\text{sen}\,\theta_1 = \frac{\lambda}{d}$$

2. Calcule θ_1 para $\lambda = 589,00$ nm:

$$\theta_1 = \text{sen}^{-1}\left[\frac{589,00 \times 10^{-9}\,\text{m}}{(1/12\ 000)\,\text{cm}} \times \left(\frac{100\,\text{cm}}{1\,\text{m}}\right)\right] = \boxed{44,98°}$$

3. Repita o cálculo para $\lambda = 589,59$ nm:

$$\theta_1 = \text{sen}^{-1}\left[\frac{589,59 \times 10^{-9}\,\text{m}}{(1/12\ 000)\,\text{cm}} \times \left(\frac{100\,\text{cm}}{1\,\text{m}}\right)\right] = \boxed{45,03°}$$

CHECAGEM O máximo de primeira ordem para o maior comprimento de onda aparece em um ângulo maior, como esperado.

PROBLEMA PRÁTICO 33-4 Determine os ângulos para os máximos de intensidade de primeira ordem para as duas linhas amarelas se a rede tem 15 000 linhas por centímetro.

Uma característica importante de um espectroscópio é sua habilidade para resolver linhas espectrais com comprimentos de onda aproximadamente iguais, λ_1 e λ_2. Por exemplo, as duas linhas amarelas proeminentes no espectro do sódio têm comprimentos de onda de 589,00 nm e 589,59 nm. Elas podem ser vistas como dois comprimentos de onda separados se os seus máximos de interferência não se superpuserem. De acordo com o critério de resolução de Rayleigh, estes comprimentos de onda são resolvidos se a separação angular dos seus máximos de interferência for maior que a separação angular entre um máximo de interferência e o primeiro mínimo de interferência de cada lado. O **poder de resolução** de uma rede de difração é definido como $\lambda/|\Delta\lambda|$, onde $|\Delta\lambda|$ é a menor diferença observável entre os dois comprimentos de onda, cada um aproximadamente igual a λ que pode ser resolvido. O poder de resolução é proporcional ao número de fendas iluminadas, pois, quanto maior o número de fendas iluminadas, mais estreitos serão os máximos de interferência. Pode-se mostrar que o poder de resolução R é dado por

$$R = \frac{\lambda}{|\Delta\lambda|} = mN \qquad\qquad 33\text{-}27$$

onde N é o número de fendas iluminadas e m é a ordem de interferência (veja o Problema 78). Podemos ver da Equação 33-27 que, para resolver as duas linhas amarelas em primeira ordem ($m = 1$) do espectro do sódio, o poder de resolução precisa ser

$$R = 1 \times \frac{589,00\,\text{nm}}{589,59\,\text{nm} - 589,00\,\text{nm}} = 998$$

Portanto, para resolver as duas linhas amarelas do sódio em primeira ordem, precisamos de uma rede contendo 998 ou mais fendas na área iluminada pela luz.

*HOLOGRAMAS

Uma aplicação interessante para as redes de difração é a produção de fotografias tridimensionais chamadas de **hologramas** (Figura 33-39). Em uma fotografia comum, a intensidade da luz refletida de um objeto é focalizada em uma superfície sensível à luz. Como resultado, uma imagem bidimensional é registrada. Em um holograma, um feixe de laser é dividido em dois, um feixe de referência e um feixe objeto. O feixe objeto reflete do objeto a ser fotografado e o padrão de interferência entre ele e o feixe referência é registrado em um filme transparente coberto com uma emulsão fotossensível. Isso pode ser feito porque o feixe laser é coerente e a diferença de fase relativa entre o feixe referência e o feixe objeto pode ser mantida constante durante a exposição. O filme pode ser usado para produzir uma imagem holográfica depois que a emulsão é revelada (processada quimicamente). As franjas de interferência no filme atuam como uma rede de difração. Quando o filme revelado é iluminado com um laser, uma imagem holográfica tridimensional do objeto é produzida.

Os hologramas que você vê em cartões de crédito ou selos, chamados de hologramas arco-íris, são mais complicados. Uma faixa horizontal do holograma original é usada para fazer um segundo holograma. A imagem tridimensional pode ser vista enquanto o observador se move de lado a lado, mas, se observada usando luz monocromática, a imagem desaparece quando os olhos do observador se movem acima ou abaixo da faixa de imagem. Quando observada com luz branca, a imagem é vista em diferentes cores enquanto o observador se move na direção vertical.

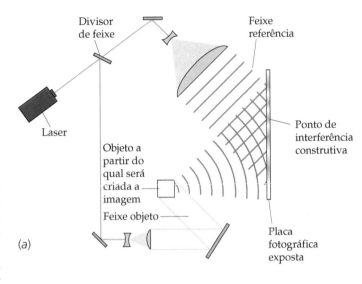

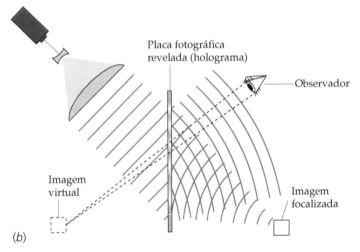

FIGURA 33-39 (a) A produção de um holograma. O padrão de interferência produzido por um feixe de referência e feixe objeto é registrado em um filme fotográfico. (b) Quando o filme é revelado e iluminado por luz coerente de laser, uma imagem tridimensional é vista.

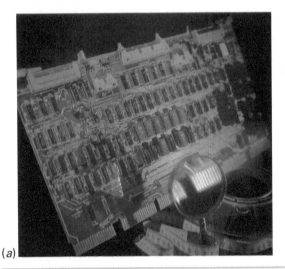
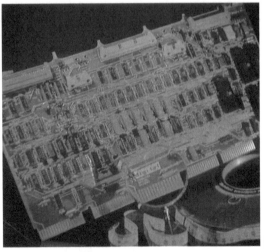

Um holograma visto de dois ângulos diferentes. Observe que partes diferentes da placa do circuito aparecem atrás da lupa. (© 1981 por Ronald R. Erickson, Holograma de Nicklaus Phillips, 1978, para Digital Equipment Corporation.) (Veja Encarte em cores.)

Física em Foco

Hologramas: Interferência Guiada

A holografia foi inventada por Dennis Gabor em 1948 quando ele tentou melhorar a resolução da microscopia eletrônica.[*] Ele reconstruiu frentes de onda usando interferência na placa fotográfica para fazer uma imagem que continha informação de fase, bem como informação sobre intensidade. Ele nomeou este tipo de imagem de holografia, devido às palavras gregas para "tudo" e "escrever", pois ele achou que a inclusão da informação sobre a fase daria uma imagem completa.[†]

Era extremamente difícil criar aqueles primeiros hologramas e ele não conseguiu a resolução desejada. Ele usou lâmpadas de vapor de mercúrio como fonte de luz. A luz era altamente monocromática, porém incoerente. (A fase da luz flutuava aleatoriamente.) Depois de pouco mais de uma década, após o laser ser inventado, o uso da luz coerente do laser tornou a holografia prática para muitos propósitos.

Hologramas em relevo são usados freqüentemente, pois têm baixo custo. Estes hologramas são feitos por estamparia a quente em um filme plástico metalizado[‡] com uma matriz que é uma cópia negativa das linhas de interferência extremamente rasas (aproximadamente 0,3–0,5 micrometro de profundidade) presentes em um holograma.[#] O filme plástico é, então, uma duplicata das franjas de interferência muito pequenas do holograma original. Quando a luz brilha através do filme e reflete no fundo metálico, a imagem holográfica é reconstruída. Praticamente todos os hologramas em relevo são hologramas arco-íris — possíveis de serem vistos sem o uso de um laser. A criação do original de um holograma arco-íris é um processo complexo envolvendo múltiplas exposições em ângulos precisos.[°]

Hologramas em relevo são visíveis e reconhecidos com facilidade, e difíceis de falsificar.[§] Como eles podem substituir etiquetas de papel ou serem adicionados ao papel ou plástico, eles são usados em cartões de crédito, embalagens farmacêuticas, dinheiro e cheques de viagem como um método rápido para autenticação.[¶,**]

Em janeiro de 1999, a Ford Motor usou uma série de hologramas digitais para criar um holograma de 3 metros por 1,20 metros de um carro conceitual. Os hologramas foram impressos diretamente a partir de dados projetados no computador.[††] A holografia digital é atualmente usada para auxiliar os médicos a visualizarem os resultados de tomografia computadorizada ou de ressonância magnética.[‡‡] A saída de uma série de varreduras de tomografia ou ressonância é coletada, processada digitalmente e, então, impressa em um único holograma, que pode ser observado em um dispositivo portátil. O holograma resultante permite aos cirurgiões prepararem cirurgias difíceis[##] e podem, também, ter aplicações biomédicas e de engenharia industrial.[°°] A holografia digital está começando a ser usada em aplicações de vídeo holográficas.[§§]

Os hologramas também têm sido usados como substitutos para lentes tradicionais. Os elementos ópticos holográficos permitem a construção de telas menores e mais compactas. Telas para pilotos de aeronaves são criadas usando elementos ópticos holográficos.[¶¶] Um sistema extremamente compacto que usa hologramas calculados digitalmente como elemento óptico tem sido testado para uso como projetor para telefone celular.[***] O uso de hologramas como elementos ópticos e para armazenamento de dados ópticos depende de avanços em materiais que sejam mais leves, resistentes e que apresentem as propriedades ópticas desejadas.[†††]

Recentemente, os hologramas têm sido usados para medida do potencial eletrostático[‡‡‡] e de campos magnéticos[###] de objetos muito pequenos. Eles também têm sido usados para aumentar a resolução óptica para lentes de raios X.[°°°] Mais de cinqüenta anos depois de os hologramas terem sido inventados, eles são usados para melhorar a resolução de imagens microscópicas.

---

[*] Gabor, D., "Nobel Lecture." *Nobel Prize Lectures, 1971*, Dec. 11, 1971, at http://nobelprize.org/nobel_prizes/physics/laureates/1971/gabor-lecture.pdf As of Nov. 2006.

[†] Scanlon, L., "The Whole Picture." *Technology Review*, Dec. 2002/Jan. 2003, Vol. 105, No. 10, p. 88.

[‡] Ruschmann, H. W., "Apparatus for Embossing Holograms on Metallized Thermoplastic Films." *United States Patent 4,547,141*, Oct. 15, 1985.

[#] Abraham, N. C., "Optical Data Storage Disc." *United States Patent 5,452,282*, Sept. 19, 1995.

[°] Benton, S., Houde-Walter, W., and Mingace, Jr., H., "Methods of Making Holographic Images." *United States Patent 4,415,225.*, Nov. 15, 1983.

[§] Cross, L., "Brand Security." *Graphic Arts Monthly*, Jan. 2006, Vol. 78, No. 1, pp. 32–33.

[¶] "MasterCard Renews Hologram Contract." *American Banker*, Mar. 3, 2003, Vol. 168, No. 44, p. 18.

[**] Miller, H. I., "Fear and Pharmaceutical Failure." *The Washington Times*, Oct. 5, 2006, p. A16.

[††] Mahoney, D. P., "Ford Drives Holography Development." *Computer Graphics World*, Feb. 1999, Vol. 22, No. 2, pp. 12–13.

[‡‡] Samudhram, A., "Digital Holography Opens New Frontiers." *New Straits Times (Malaysia)*, Nov. 23, 2000, p. 2W.

[##] Penrod, S., "3D Imaging Assisting Surgeons in Separation Surgery." *Local News*, KSL, Salt Lake City, Aug. 7, 2006. At http://www.ksl.com/?nid=148&sid=408002 As of Dec. 2006.

[°°] Liu, C., Yan, C., and Gao, S., "Digital Holographic Method for Tomography Reconstruction." *Applied Physics Letters*, Feb. 9, 2004, Vol. 84, No. 6, pp. 1010–1012.

[§§] Freedman, D. H., "Holograms in Motion." *Technology Review*, Nov. 2002, Vol. 105, No. 9, pp. 48–55.

[¶¶] Stevens, T., "Holograms: More than Pretty Pictures." *Industry Week*, Oct. 4, 1993, Vol. 242, No. 19, pp. 34–46.

[***] Buckley, E., "Miniature Projectors Based on LBO Technology." *SID Mobile Displays Conference*, San Diego: Oct. 3–5. 2006. At http://www.lightblueoptics.com/images/news/SID_Mobile_Displays_2006.pdf As of Nov. 2006.

[†††] Huang, G. T., "Holographic Memory." *Technology Review*, Sept. 2005, Vol. 108, No. 9, pp. 64–67.

[‡‡‡] Chou, L.-J., Chang, M.-T., and Chueh, Y.-L., "Electron Holography for Improved Measurement of Microfields in Nanoelectrode Assemblies." *Applied Physics Letters*, Jul. 10, 2006, Vol. 89, No. 2, Letter 023112, 3 pp.

[###] Nepijko, S., and Wiesendanger, R., "Studies of Magnetic Properties of Small Particles by Electron Holography." *Applied Physics A, Materials Science and Processing*, 1997, Vol. 65, No. 4/5, pp. 361–366.

[°°°] "Solak, H. H., David, C., and Gobrecht, J., "Fabrication of High-Resolution Zone Plates with Wideband Extreme-Ultraviolet Holography." *Applied Physics Letters*, Oct. 4, 2004, Vol. 85, No. 14, pp. 2700–2702.

462 | CAPÍTULO 33

Resumo

TÓPICO	EQUAÇÕES RELEVANTES E OBSERVAÇÕES	
1. Interferência	Duas ondas de luz superpostas interferem se a diferença de fase entre elas permanece constante por um tempo longo o suficiente para observar a interferência. Elas interferem construtivamente se a diferença de fase é zero ou um número inteiro multiplicado por 360°. Elas interferem destrutivamente se a diferença de fase entre elas é 180° ou um número ímpar multiplicado por 180°.	
Diferença de fase devida à diferença de caminho óptico	$$\delta = \frac{\Delta r}{\lambda} 2\pi$$	33-1
Diferença de fase devida à reflexão	Uma diferença de fase de 180° é introduzida quando a luz é refletida em uma interface entre dois meios onde a velocidade da luz é maior no lado da onda incidente na interface.	
Filmes finos	A interferência de ondas luminosas refletidas nas duas superfícies de um filme fino produz franjas de interferência, normalmente observadas em bolhas de sabão ou filmes de óleo. A diferença de fase entre as duas ondas refletidas resulta da diferença de caminho óptico do dobro da espessura do filme mais qualquer mudança de fase devida à reflexão de um ou de ambos os raios.	
Fenda dupla	A diferença de caminho óptico em um ângulo θ em um anteparo distante de duas fendas estreitas separadas por uma distância d é $d \operatorname{sen} \theta$. Se a intensidade devida a cada fenda separadamente é I_0, a intensidade em pontos de interferência construtiva é $4I_0$, e a intensidade em pontos de interferência destrutiva é zero.	
Máximos de interferência em fenda dupla (fontes em fase)	$$d \operatorname{sen} \theta_m = m\lambda \qquad m = 0, 1, 2, \ldots$$	33-2
Máximos de interferência em fenda dupla (fontes fora de fase por 180°)	$$d \operatorname{sen} \theta_m = (m - \tfrac{1}{2})\lambda \qquad m = 1, 2, 3, \ldots$$	33-3
2. Difração	A difração ocorre sempre que uma porção de uma frente de onda é limitada por um obstáculo ou por uma abertura. A intensidade da luz de qualquer ponto no espaço pode ser calculada usando a construção de Huygens tomando cada ponto da frente de onda como uma fonte puntiforme e calculando o padrão de interferência resultante.	
Padrões de Fraunhofer	Os padrões de Fraunhofer são observados a grandes distâncias do obstáculo ou abertura e, portanto, os raios atingindo qualquer ponto são aproximadamente paralelos ou eles podem ser observados usando uma lente para focalizar os raios paralelos em um anteparo colocado no plano focal da lente.	
Padrões de Fresnel	Os padrões de Fresnel são observados em pontos não necessariamente distantes da fonte.	
Fenda simples	Quando a luz incide em uma fenda simples de largura a, o padrão de intensidade em um anteparo distante mostra um máximo central de difração largo que diminui a zero em um ângulo θ_1 dado por $$\operatorname{sen} \theta_1 = \frac{\lambda}{a}$$ A largura do máximo central é inversamente proporcional à largura da fenda. Os zeros no padrão de difração de fenda simples ocorrem em ângulos dados por $$a \operatorname{sen} \theta_m = m\lambda \qquad m = 1, 2, 3, \ldots$$ Os máximos de cada lado do máximo central têm intensidades muito menores que a intensidade do máximo central.	33-9 33-11
Fenda dupla	O padrão de interferência–difração de duas fendas é o padrão de interferência de fenda dupla modulado pelo padrão de difração de fenda simples.	
Resolução de duas fontes	Quando a luz de duas fontes puntiformes próximas entre si passa através de uma abertura, os padrões de difração das fontes podem se superpor. Se a superposição é muito grande, as duas fontes não podem ser resolvidas como duas fontes separadas. Quando o máximo central de difração de uma fonte coincide com o mínimo de difração da outra fonte, dizemos que as fontes estão no limite de resolução de acordo com o critério de Rayleigh. Para uma abertura circular de diâmetro D, a separação angular crítica entre as duas fontes para o critério de resolução de Rayleigh é dado por	
Critério de Rayleigh	$$\alpha_c = 1{,}22 \frac{\lambda}{D}$$	33-25

Interferência e Difração | **463**

TÓPICO	EQUAÇÕES RELEVANTES E OBSERVAÇÕES
*Redes	Uma rede de difração que consiste em um grande número de linhas ou fendas igualmente espaçadas é usada para medir o comprimento de onda da luz emitida por uma fonte. As posições dos máximos de interferência de ordem m para uma rede estão em ângulos dados por $$d\,\mathrm{sen}\,\theta_m = m\lambda \qquad m = 0, 1, 2, \ldots \qquad \text{33-26}$$ O poder de resolução de uma rede é $$R = \frac{\lambda}{|\Delta\lambda|} = mN \qquad \text{33-27}$$ onde N é o número de fendas da rede que estão iluminadas e m é o número de ordem.
3. *Fasores	Duas ou mais ondas harmônicas podem ser somadas representando cada onda pela componente y de um vetor bidimensional chamado de fasor. A diferença de fase entre as duas ondas harmônicas é representada pelo ângulo entre os fasores.

Respostas das Checagens Conceituais

33-1   6

33-2   Verdadeiro. A difração de Fresnel é o nome que descreve as observações quando o anteparo está a qualquer distância da fonte de difração. A difração de Fraunhofer é o nome que descreve as observações no limite que o anteparo está distante da fonte de difração.

Respostas dos Problemas Práticos

33-1 $9,2\ \text{cm}^{-1}$

33-2 $4,4\ \text{mm}$

33-3 $A = 5,0\ \text{V/m},\ \delta = 37°$

33-4 $62,07°$ e $62,18°$

Problemas

Em alguns problemas, você recebe mais dados do que necessita; em alguns outros, você deve acrescentar dados de seus conhecimentos gerais, fontes externas ou estimativas bem fundamentadas.

Interprete como significativos todos os algarismos de valores numéricos que possuem zeros em seqüência sem vírgulas decimais.

•   Um só conceito, um só passo, relativamente simples
•• Nível intermediário, pode requerer síntese de conceitos
••• Desafiante, para estudantes avançados
Problemas consecutivos sombreados são problemas pareados.

PROBLEMAS CONCEITUAIS

1   •   Uma diferença de fase devida a uma diferença de caminho óptico é observada para luz visível monocromática. Qual diferença de fase requer a menor (mínima) diferença de caminho óptico? (a) 90°, (b) 180°, (c) 270°, (d) a resposta depende do comprimento de onda da luz.

2   •   Qual dos seguintes pares de fontes de luz são coerentes: (a) duas velas, (b) uma fonte puntiforme e sua imagem em um espelho plano, (c) dois orifícios uniformemente iluminados pela mesma fonte puntiforme, (d) os dois faróis de um carro, (e) duas imagens de uma fonte puntiforme devidas à reflexão nas duas superfícies de uma bolha de sabão?

3   •   O espaçamento entre os anéis de Newton diminui rapidamente à medida que o diâmetro dos anéis aumenta. Explique por que ocorre este resultado.

4   •   Se o ângulo de um filme de ar no formato de uma cunha tal como o ângulo no Exemplo 33-2 é muito grande, as franjas não são observadas. Por quê?

5   •   Por que um filme usado para observar cores de interferência deve ser fino?

6   •   Um anel feito de fio é mergulhado em água com sabão e segurado para que o filme de água com sabão fique na vertical. (a)

Observado por reflexão e usando luz branca, o topo do filme aparece preto. Explique por quê. (b) Abaixo da região preta há bandas coloridas. A primeira banda é vermelha ou violeta?

7   •   Um padrão de interferência de fenda dupla é formado usando luz de laser monocromática com comprimento de onda de 640 nm. No segundo máximo a partir do máximo central, qual é a diferença de caminho óptico entre a luz vinda de cada uma das fendas? (a) 640 nm, (b) 320 nm, (c) 960 nm, (d) 1280 nm.

8   •   Um padrão de interferência de fenda dupla é formado usando luz de laser monocromática com comprimento de onda de 640 nm. No primeiro mínimo do máximo central, qual é a diferença de caminho óptico entre a luz vinda de cada uma das fendas? (a) 640 nm, (b) 320 nm, (c) 960 nm, (d) 1280 nm.

9   •   Um padrão de interferência de fenda dupla é formado usando luz de laser monocromática com comprimento de onda de 450 nm. O que acontece com a distância entre o primeiro máximo e o máximo central quando as duas fendas se aproximam? (a) A distância aumenta. (b) A distância diminui. (c) A distância permanece a mesma.

10   •   Um padrão de interferência de fenda dupla é formado usando dois lasers monocromáticos diferentes, um verde e um vermelho. Qual cor tem seu primeiro máximo mais próximo do máximo central? (a) verde, (b) vermelho, (c) ambos os máximos estão na mesma posição.

11 • Um padrão de difração de fenda simples é formado usando luz de laser monocromático com comprimento de onda de 450 nm. O que acontece com a distância entre o primeiro máximo e o máximo central quando a largura da fenda diminui? (a) A distância aumenta. (b) A distância diminui. (c) A distância permanece a mesma.

12 • A Equação 33-2, que é $d \sin \theta_m = m\lambda$, e a Equação 33-11, que é $a \sin \theta_m = m\lambda$, algumas vezes são confundidas. Para cada equação, defina os símbolos e explique a aplicação de cada equação.

13 • Quando uma rede de difração é iluminada com luz branca, o máximo de primeira ordem da luz verde (a) está mais próximo do máximo central que o máximo de primeira ordem da luz vermelha, (b) está mais próximo do máximo central que o máximo de primeira ordem da luz azul, (c) se superpõe ao máximo de segunda ordem da luz vermelha, (d) se superpõe ao máximo de segunda ordem da luz azul.

14 • Um experimento de interferência de fenda dupla é montado em uma câmara na qual é possível fazer vácuo. Usando luz de um laser de hélio–neônio, um padrão de interferência é observado quando a câmara está aberta ao ar. Quando é feito vácuo na câmara, observaremos que (a) as franjas de interferência permanecem fixas, (b) as franjas de interferência se aproximam, (c) as franjas de interferência se afastam, (d) as franjas de interferência desaparecem completamente.

15 • Verdadeiro ou falso:
(a) Quando ondas interferem destrutivamente, a energia é convertida em calor.
(b) Padrões de interferência são observados apenas se as fases relativas das ondas que se superpõem permanecem constantes.
(c) No padrão de difração de Fraunhofer para uma fenda simples, quanto mais estreita a fenda, mais largo é o máximo central do padrão de difração.
(d) Uma abertura circular pode produzir um padrão de difração de Fraunhofer e um padrão de difração de Fresnel.
(e) A capacidade de resolver duas fontes puntiformes depende do comprimento de onda da luz.

16 • Você observa duas fontes muito próximas de luz branca através de uma abertura circular usando vários filtros. Que cor de filtro é mais provável que evite que você consiga resolver as imagens na sua retina como duas fontes distintas? (a) vermelha, (b) amarela, (c) verde, (d) azul, (e) a escolha do filtro é irrelevante.

17 •• Explique por que a habilidade para distinguir os dois faróis de um carro vindo a certa distância é maior para o olho humano à noite do que durante o dia. Considere que os faróis do carro que se aproxima estejam ligados tanto durante o dia como durante a noite.

ESTIMATIVA E APROXIMAÇÃO

18 • Diz-se que a Grande Muralha da China é a única construção humana que pode ser vista do espaço sem auxílio de equipamento. Verifique se esta afirmativa é verdadeira, baseando-se no poder de resolução do olho humano. Considere que os observadores estejam em uma órbita baixa da Terra a uma altitude de aproximadamente 250 km.

19 •• (a) Estime quão próximo um carro se aproximando à noite em uma rodovia plana e retilínea de uma auto-estrada pode estar antes que seus faróis sejam distinguidos de um único farol de uma motocicleta. (b) Estime quão longe de você um carro está se suas duas luzes traseiras vermelhas se superpõem como se fossem uma só.

20 •• Um pequeno alto-falante está localizado a uma grande distância a leste de você. O alto-falante é acionado por uma corrente senoidal cuja freqüência pode ser variada. Estime a menor freqüência para a qual seus ouvidos receberiam as ondas de som exatamente fora de fase quando você está olhando para o norte.

21 •• Estime a distância máxima na qual um sistema binário de estrelas pode ser resolvido pelo olho humano. Considere que as duas estrelas estejam aproximadamente cinqüenta vezes mais afastadas que a Terra e o Sol estão. Despreze qualquer efeito da atmosfera. (Um teste similar a este "teste de olho" foi usado na Roma antiga para testar a acuidade de visão antes de entrar no exército. Uma pessoa com visão normal poderia resolver, no limite, duas estrelas bem conhecidas que aparecem próximas no céu. Qualquer um que não dissesse onde as duas estrelas estavam falhava no teste.)

DIFERENÇA DE FASE E COERÊNCIA

22 • Luz com comprimento de onda de 500 nm incide normalmente em um filme de água de 1,00 μm de espessura. (a) Qual é o comprimento de onda da luz na água? (b) Quantos comprimentos de onda estão contidos na distância 2t, onde t é a espessura do filme? (c) O filme tem ar em ambos os lados. Qual é a diferença de fase entre a onda refletida pela superfície da frente e a onda refletida pela superfície de trás na região onde as duas ondas refletidas se superpõem?

23 •• Duas fontes coerentes de microondas produzem ondas com um comprimento de onda igual a 1,50 cm. As fontes estão localizadas no plano $z = 0$, uma em $x = 0$, $y = 15,0$ cm e a outra em $x = 3,00$ cm, $y = 14,0$ cm. Se as fontes estão em fase, determine a diferença de fase entre as duas ondas para um receptor localizado na origem.

INTERFERÊNCIA EM FILMES FINOS

24 • Um filme de ar no formato de uma cunha é feito colocando um pequeno pedaço de papel entre as bordas de duas placas planas de vidro. Luz com comprimento de onda de 700 nm incide normalmente nas placas de vidro e são observadas franjas de interferência por reflexão. (a) A primeira franja próxima ao ponto de contato entre as placas é preta ou brilhante? Por quê? (b) Se há cinco franjas escuras por centímetro, qual é o ângulo da cunha?

25 •• Os diâmetros de fibras finas podem ser medidos com precisão usando padrões de interferência. Duas placas opticamente planas de vidro, cada uma com comprimento L, são dispostas com a fibra entre elas, como mostra a Figura 33-40. O arranjo é iluminado com luz monocromática e as franjas de interferência resultantes são observadas. Considere que L é 20,0 cm e que luz amarela de sódio (590 nm) é usada para iluminação. Se 19 franjas brilhantes são vistas ao longo desta distância de 20,0 cm, quais são os limites para o diâmetro da fibra? *Dica: A décima-nona franja pode não estar bem no final, mas você não enxerga nada da vigésima franja.*

26 •• Luz com comprimento de onda de 600 nm é usada para iluminar duas placas de vidro com incidência normal. As placas têm 22 cm de comprimento, se encostam em uma extremidade e estão separadas na outra extremidade por um fio que tem raio igual a 0,025 mm. Quantas franjas brilhantes aparecem ao longo do comprimento total das placas?

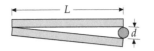

FIGURA 33-40 Problema 25

27 •• Um filme fino com índice de refração de 1,50 é envolto por ar. Ele é iluminado com incidência normal por luz branca. A análise da luz refletida mostra que os comprimentos de onda de 360, 450 e 602 nm são os únicos faltando na porção visível, ou próxima dela, do espectro. Isto é, para estes comprimentos de onda, há interferência destrutiva. (a) Qual é a espessura do filme? (b) Quais comprimentos de onda visíveis são mais brilhantes no padrão de interferência refletido? (c) Se este filme estivesse sobre vidro com índice de refração de 1,60, quais comprimentos de onda no espectro visível estariam faltando na luz refletida?

28 •• Uma gota de óleo (índice de refração de 1,22) flutua na água (índice de refração de 1,33). Quando a luz refletida é observada de cima, como mostrado na Figura 33-41, qual é a espessura da gota no ponto onde a segunda franja vermelha, contando da borda da gota, é observada? Considere que a luz vermelha tem comprimento de onda de 650 nm.

FIGURA 33-41
Problema 28

29 •• Um filme de óleo com índice de refração de 1,45 repousa sobre uma superfície de vidro opticamente plana que tem índice de refração de 1,60. Quando iluminado com luz branca em incidência normal, luz com comprimento de onda de 690 nm e 460 nm predomina na reflexão. Determine a espessura do filme de óleo.

30 •• Um filme de óleo com índice de refração de 1,45 flutua na água. Quando iluminado por luz branca em incidência normal, luz com comprimentos de onda de 700 nm e 500 nm predomina na reflexão. Determine a espessura do filme de óleo.

ANÉIS DE NEWTON

31 •• Um dispositivo para obtenção de anéis de Newton consiste em uma lente plano-convexa de vidro com raio de curvatura R que repousa sobre uma placa plana de vidro, como mostrado na Figura 33-42. O filme fino é de ar com espessura variável. O dispositivo é iluminado de cima pela luz de uma lâmpada de sódio com comprimento de onda de 590 nm. O padrão é observado na luz refletida. (a) Mostre que para uma espessura t a condição para um anel de interferência brilhante (construtiva) é $2t = (m + \frac{1}{2})\lambda$, onde $m = 0, 1, 2, ...$ (b) Mostre que, para $t \ll R$, o raio r de uma franja está relacionado a t por $r = \sqrt{2tR}$. (c) Para um raio de curvatura de 10,0 m e uma lente de 4,00 cm de diâmetro, quantas franjas brilhantes você veria na luz refletida? (d) Qual seria o diâmetro da sexta franja brilhante? (e) Se o vidro usado no dispositivo tem índice de refração $n = 1,50$ e o ar for substituído por água entre as duas partes de vidro, explique qualitativamente as variações que ocorrerão no padrão de franjas brilhantes.

32 •• Uma lente de vidro plano-convexa de raio de curvatura 2,00 m repousa sobre uma placa de vidro opticamente plana. O arranjo é iluminado de cima usando luz monocromática com comprimento de onda de 520 nm. Os índices de refração da lente e da placa são 1,60. Determine os raios da primeira e da segunda franjas desde o centro da luz refletida.

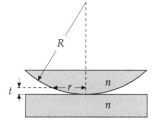

FIGURA 33-42 Problema 31

33 ••• Considere que, antes que a lente do Problema 32 seja colocada sobre a placa, um filme de óleo com índice de refração igual a 1,82 seja depositado sobre a placa. Quais seriam, então, os raios das primeira e segunda franjas brilhantes?

PADRÕES DE INTERFERÊNCIA DE FENDA DUPLA

34 • Duas fendas estreitas separadas por 1,00 mm são iluminadas por luz com comprimento de onda de 600 nm e o padrão de interferência é observado em um anteparo a 2,00 m de distância. Calcule o número de franjas brilhantes por centímetro no anteparo na região próxima à franja central.

35 • Usando um dispositivo convencional de fenda dupla e luz com comprimento de onda de 589 nm, 28 franjas brilhantes por centímetro são observadas próximo ao centro de um anteparo a 3,00 m de distância. Qual é a separação entre as fendas?

36 • Luz com comprimento de onda de 633 nm de um laser de hélio–neônio incide normalmente em um plano contendo duas fendas. O primeiro máximo de interferência está a 82 cm do máximo central no anteparo que está a 12 m de distância. (a) Determine a separação entre as fendas. (b) Quantos máximos de interferência é possível, em princípio, observar?

37 •• Duas fendas estreitas estão separadas por uma distância d. Seu padrão de interferência deve ser observado em um anteparo a uma grande distância L. (a) Calcule o espaçamento entre máximos sucessivos próximos à franja central para luz com comprimento de onda de 500 nm quando L é 1,00 m e d é 1,00 cm. (b) Você esperaria ser capaz de observar a interferência da luz no anteparo para esta situação? (c) Quão próximas as fendas deveriam ser colocadas para que os máximos estivessem separados por 1,00 mm para este comprimento de onda e distância do anteparo?

38 •• Luz incide formando um ângulo ϕ com a normal em um plano vertical que contém duas fendas de separação d (Figura 33-43). Mostre que os máximos de interferência estão localizados em ângulos θ_m dados por $\sen \theta_m + \sen \phi = m\lambda/d$.

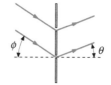

FIGURA 33-43 Problemas 38 e 39

39 •• Luz branca incide em um ângulo de 30° com a normal a um plano que tem um par de fendas separadas por 2,50 μm. Quais comprimentos de onda na região do visível dão máximos de interferência na luz transmitida na direção normal ao plano? (Veja o Problema 38.)

40 •• Dois pequenos alto-falantes estão separados por uma distância de 5,0 cm, como mostrado na Figura 33-44. Os alto-falantes são acionados em fase com um sinal de onda senoidal de freqüência 10 kHz. Um pequeno microfone é colocado a uma distância de 1,00 m dos alto-falantes no eixo que passa pelo meio dos dois e o microfone é, então, movido perpendicularmente ao eixo. Onde o microfone registra o primeiro mínimo e o primeiro máximo do padrão de interferência dos alto-falantes? A velocidade do som no ar é 343 m/s.

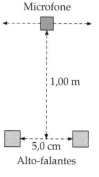

FIGURA 33-44 Problema 40

PADRÃO DE DIFRAÇÃO DE FENDA SIMPLES

41 • Luz com comprimento de onda de 600 nm incide em uma fenda longa e estreita. Determine o ângulo do primeiro mínimo de difração se a largura da fenda é (a) 1,0 mm, (b) 0,10 mm e (c) 0,010 mm.

42 • Microondas planas incidem em uma fina placa metálica que tem uma fenda longa e estreita de largura 5,0 cm. A radiação de microondas incide na lâmina com incidência normal. O primeiro mínimo de difração é observado em $\theta = 37°$. Qual é o comprimento de onda das microondas?

43 ••• A medida da distância até a Lua (distância lunar) é rotineiramente feita através de pulsos curtos de laser e da medida do tempo que eles levam para refletir na Lua. Um pulso é disparado da Terra. Para enviá-lo, o pulso é expandido para que preencha a abertura de um telescópio com 15 cm de diâmetro. Considerando que a única causa da abertura do feixe é a difração e que o comprimento de onda da luz é 500 nm, qual será a largura do feixe quando ele atingir a Lua, a $3,82 \times 10^5$ km de distância.

PADRÕES DE INTERFERÊNCIA–DIFRAÇÃO DE FENDA DUPLA

44 • Quantos máximos de interferência estarão contidos no máximo central de difração no padrão de interferência–difração de fenda dupla se a separação entre as fendas for exatamente 5 vezes o valor da largura de cada uma? Quantas existirão se a separação entre as fendas é um múltiplo inteiro da largura da fenda (isto é, $d = na$ para qualquer valor de n)?

45 •• Um padrão de interferência–difração de fenda dupla do tipo Fraunhofer é observado usando luz com comprimento de onda de 500 nm. As fendas estão separadas por 0,100 mm e têm largura desconhecida. (a) Determine a largura se o quinto máximo de interferência está no mesmo ângulo que o primeiro mínimo de difração. (b) Para este caso, quantas franjas brilhantes de interferência serão vistas no máximo central de difração?

46 •• Um padrão de interferência–difração de fenda dupla do tipo Fraunhofer é observado usando luz com comprimento de onda de 700 nm. As fendas têm larguras de 0,010 mm e estão separadas por 0,20 mm. Quantas franjas brilhantes serão vistas no máximo central de difração?

47 •• Considere que o máximo *central* de difração para duas fendas tenha 17 franjas de interferência para algum comprimento de onda da luz. Quantas franjas de interferência seriam esperadas no máximo de difração adjacente ao lado do máximo central de difração?

48 •• Luz com comprimento de onda igual a 550 nm ilumina duas fendas cujas larguras são iguais a 0,030 mm e a separação entre elas é 0,15 mm. (a) Quantos máximos de interferência estão inseridos na largura completa do máximo central de difração? (b) Qual é a razão entre a intensidade do terceiro máximo de interferência de um lado do máximo central de interferência e a intensidade do máximo central de interferência?

*USANDO FASORES PARA SOMAR ONDAS HARMÔNICAS

49 • Determine a resultante de duas ondas cujos campos elétricos em uma dada posição variam com o tempo como se segue: $2A_0 = \vec{E}_1\, 2,0 \operatorname{sen} \omega t \hat{i}$ e $3A_0 = \vec{E}_2\, 3,0 \operatorname{sen}(\omega t + \frac{3}{2}\pi)\hat{i}$.

50 • Determine a resultante de duas ondas cujos campos elétricos em uma dada posição variam com o tempo como se segue: $4A_0 = \vec{E}_1\, 4,0 \operatorname{sen} \omega t \hat{i}$ e $3A_0 = \vec{E}_2\, 3,0 \operatorname{sen}(\omega t + \frac{1}{6}\pi)\hat{i}$.

51 •• Luz monocromática incide em uma lâmina que contém uma fenda longa e estreita (Figura 33-45). Seja I_0 a intensidade no máximo central do padrão de difração em um anteparo distante, e seja I a intensidade no segundo máximo desde o máximo central. A distância deste segundo máximo até borda mais distante da fenda é aproximadamente 2,5 comprimentos de onda maior que a distância do segundo máximo até a borda mais próxima da fenda. Qual é a razão entre I e I_0?

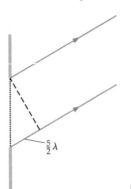

FIGURA 33-45 Problema 51

52 •• Luz monocromática incide em uma lâmina que tem três fendas longas, estreitas e igualmente espaçadas por uma distância d. (a) Mostre que as posições dos mínimos de interferência em um anteparo a uma grande distância L da lâmina com as fendas (com $d \ll \lambda$) são dadas aproximadamente por $y_m = m\lambda L/3d$, onde $m = 1$, 2, 4, 5, 7, 8, 10, ..., isto é, m não é um múltiplo de 3. (b) Para um anteparo a uma distância de 1,00 m, luz de comprimento de onda de 500 nm e um espaçamento entre as fontes de 0,100 mm, calcule a largura do máximo principal de interferência (a distância entre mínimos sucessivos) para as três fontes.

53 •• Luz monocromática incide em uma lâmina que tem quatro fendas longas, estreitas e igualmente espaçadas por uma distância d. (a) Mostre que as posições dos mínimos de interferência em um anteparo a uma grande distância L da lâmina com as fendas (com $d \ll \lambda$) são dadas aproximadamente por $y_m = m\lambda L/4d$, onde $m = 1, 2, 3, 5, 6, 7, 9, 10, ...$, isto é, m não é um múltiplo de 4. (b) Para um anteparo a uma distância de 2,00 m, luz de comprimento de onda de 600 nm e um espaçamento entre as fontes de 0,100 mm, calcule a largura do máximo principal de interferência (a distância entre mínimos sucessivos) para as quatro fontes. Compare a largura com a de duas fontes com o mesmo espaçamento.

54 •• Luz com comprimento de onda de 480 nm incide normalmente em quatro fendas. Cada fenda tem 2,00 μm de largura e a separação centro a centro entre ela e a próxima fenda é 6,00 μm. (a) Determine a largura angular do máximo central de intensidade do padrão de difração de fenda simples em um anteparo distante. (b) Determine a posição angular de todos os máximos de interferência que estão no interior do máximo central de difração. (c) Determine a largura angular do máximo central de interferência. Isto é, determine o ângulo entre os primeiros mínimos de interferência de cada lado do máximo central de interferência. (d) Faça um esboço da intensidade relativa como função do seno do ângulo.

55 ••• Três fendas, cada uma separada da fenda ao lado por 60,0 μm, são iluminadas no máximo central de intensidade por uma fonte de luz coerente com comprimento de onda igual a 550 nm. As fendas são extremamente estreitas. Um anteparo é colocado a 2,50 m das fendas. A intensidade é 50,0 mW/m². Considere a posição a 1,72 cm do máximo central. (a) Desenhe um diagrama de fasores adequado para a adição das três ondas harmônicas naquela posição. (b) Do diagrama de fasores, calcule a intensidade da luz naquela posição.

56 ••• Na difração de fenda simples de Fraunhofer, o padrão de intensidade (Figura 33-11) consiste em um máximo central largo com uma seqüência de máximos secundários de cada lado do máximo central. A intensidade é dada por $I = I_0 \left(\dfrac{\text{sen}\frac{1}{2}\phi}{\frac{1}{2}\phi} \right)^2$, onde ϕ é a diferença de fase entre as ondas secundárias chegando das extremidades opostos das fendas. Calcule os valores de ϕ para os primeiros três máximos secundários de um lado do máximo central determinando os valores de ϕ para os quais $dI/d\phi$ é igual a zero. Confira seus resultados comparando suas respostas com valores aproximados para ϕ igual a 3π, 5π e 7π. (Na discussão sobre a Figura 33-27 será mostrado que estes valores de ϕ são aproximadamente corretos nos máximos de intensidade secundários.)

DIFRAÇÃO E RESOLUÇÃO

57 • Luz com comprimento de onda igual a 700 nm incide em um orifício com diâmetro de 0,100 mm. (a) Qual é o ângulo entre o máximo central e o primeiro mínimo de difração para o padrão de difração de Fraunhofer? (b) Qual é a distância entre o máximo central e o primeiro mínimo de difração em um anteparo a 8,00 m de distância?

58 • Duas fontes de luz com comprimentos de onda iguais a 700 nm estão a 10,0 m de distância do orifício do Problema 57. Qual deve ser a separação entre as fontes para que seus padrões de difração sejam resolvidos pelo critério de Rayleigh?

59 • Duas fontes de luz com comprimentos de onda iguais a 700 nm estão separadas por uma distância horizontal x. Elas estão a 5,00 m de uma fenda vertical de largura 0,500 mm. Qual é o menor valor de x para o qual o padrão de difração das fontes possa ser resolvido pelo critério de Rayleigh?

60 •• O teto de seu quarto de leitura provavelmente seja coberto com telha acústica, que tem pequenos orifícios separados por aproximadamente 6,0 mm. (a) Usando luz com comprimento de onda de 500 nm, a que distância da cobertura você pode estar e ainda resolver os orifícios? Considere que o diâmetro da pupila dos seus olhos seja de aproximadamente 5,0 mm. (b) Você poderia resolver os orifícios melhor usando luz vermelha ou luz violeta? Explique sua resposta.

61 •• O telescópio do Monte Palomar tem diâmetro de 500 cm. Considere que uma estrela dupla esteja a 4,00 anos-luz de distância. Em condições ideais, qual deve ser a mínima separação entre as duas estrelas para que suas imagens sejam resolvidas usando luz com comprimento de onda de 550 nm?

62 •• A estrela Mizar na Ursa Maior é um sistema binário de estrelas que têm magnitudes aproximadamente iguais. A separação angular entre as duas estrelas é 14 segundos de arco. Qual é o diâmetro mínimo da pupila que permite a resolução das duas estrelas usando luz com comprimento de onda de 550 nm?

*REDES DE DIFRAÇÃO

63 • Uma rede de difração com 2000 fendas por centímetro é usada para medir comprimentos de onda emitidos por gás hidrogênio. (a) Em que ângulos no espectro de primeira ordem você esperaria encontrar as duas linhas violetas com comprimentos de onda de 434 nm e 410 nm? (b) Quais são os ângulos se a rede tem 15 000 fendas por centímetro?

64 • Usando uma rede de difração com 2000 fendas por centímetro, duas linhas no espectro de primeira ordem do hidrogênio são encontradas nos ângulos de $9,72 \times 10^{-2}$ rad e $1,32 \times 10^{-1}$ rad. Quais são os comprimentos de onda das linhas?

65 • As cores de muitas asas de borboletas e carapaças de besouros são devidas a efeitos de difração. A borboleta *Morfo* tem elementos estruturais nas suas asas que efetivamente atuam como uma rede de difração com espaçamento de 880 nm. Em que ângulo ocorrerá o primeiro máximo de difração para luz com incidência normal difratada pelas asas da borboleta? Considere que a luz seja azul e tenha comprimento de onda de 440 nm.

66 •• Uma rede de difração tem 2000 fendas por centímetro e é usada para analisar o espectro do mercúrio. (a) Determine a separação angular no espectro de primeira ordem das duas linhas com comprimentos de onda de 579 nm e 577 nm. (b) Qual deve ser a largura do feixe na rede para que as linhas sejam resolvidas?

67 •• Uma rede de difração tem 4800 linhas por centímetro e é iluminada com incidência normal usando luz branca (intervalo de comprimento de onda de 400 nm a 700 nm). Quantas ordens do espectro completo podem ser observadas na luz transmitida? Algumas destas ordens se superpõem? Se a resposta for positiva, descreva as regiões de superposição.

68 •• Uma rede de difração quadrada com área de 25,0 cm^2 tem resolução de 22 000 na quarta ordem. Em que ângulo devemos olhar para ver um comprimento de onda de 510 nm na quarta ordem?

69 •• Luz de sódio com comprimento de onda igual a 589 nm incide normalmente em uma rede de difração quadrada de 2,00 cm com 4000 linhas por centímetro. O padrão de difração de Fraunhofer é projetado em um anteparo a uma distância de 1,50 m da rede por uma lente com 1,50 m de distância focal colocada imediatamente em frente à rede. Determine (a) as distâncias entre os máximos de intensidade de primeira e segunda ordem do máximo central, (b) a largura do máximo central e (c) a resolução na primeira ordem. (Considere que a rede inteira esteja iluminada.)

70 •• O espectro do neon é excepcionalmente rico na região do visível. Entre as muitas linhas há duas com comprimentos de onda de 519,313 nm e 519,322 nm. Se a luz de um tubo de descarga de neônio incide normalmente em uma rede de transmissão com 8400 linhas por centímetro e o espectro é observado em segunda ordem, qual a largura da rede que deve ser iluminada para que as duas linhas possam ser resolvidas?

71 •• O mercúrio tem vários isótopos estáveis, dentre os quais estão o ^{198}Hg e o ^{202}Hg. O intenso espectro de linhas do mercúrio em aproximadamente 546,07 nm é uma composição de linhas espectrais dos vários isótopos do mercúrio. Os comprimentos de onda da linha para o ^{198}Hg e para o ^{202}Hg são 546,07532 nm e 546,07355 nm, respectivamente. Qual deve ser o poder de resolução de uma rede capaz de resolver as duas linhas dos isótopos na terceira ordem do espectro? Se a rede é iluminada em uma região de 2,00 cm de largura, qual deve ser o número de linhas por centímetro da rede?

72 ••• Uma rede de difração tem n linhas por unidade de comprimento. Mostre que a separação angular ($\Delta\theta$) entre duas linhas de comprimentos de onda λ e $\lambda + \Delta\lambda$ é aproximadamente $\Delta\theta = \Delta\lambda / \sqrt{\dfrac{1}{n^2 m^2} - \lambda^2}$, onde m é o número de ordem.

73 ••• Para uma rede de difração na qual todas as superfícies são normais à radiação incidente, a maior parte da energia está na ordem zero, a qual é inútil do ponto de vista espectroscópico, pois todos os comprimentos de onda estão em 0°. Assim, redes modernas de reflexão têm sulcos inclinados como mostrado na Figura 33-46. Este sulco desvia a reflexão especular, que contém a maior parte da energia, da ordem zero para alguma ordem mais elevada. (a) Calcule o *ângulo de inclinação* (em inglês, *blaze*) ϕ_m em termos da separação entre os sulcos d, do comprimento de onda λ e do número de ordem m no qual deve ocorrer a reflexão especular para $m = 1, 2, \ldots$ (b) Calcule o ângulo de inclinação apropriado para que ocorra reflexão especular em segunda ordem para luz com comprimento de onda de 450 nm incidente em uma rede com 10 000 linhas por centímetro.

74 ••• Neste problema, você deduzirá a relação $R = \lambda / |\Delta\lambda| = mN$ (Equação 33-27) para o poder de resolução de uma rede de difração tendo N fendas separadas por uma distância d. Para fazer isso, você calculará a separação angular entre o máximo de intensidade e o mínimo de intensidade para algum comprimento de onda λ e igualará à separação angular do máximo de ordem m para dois comprimen-

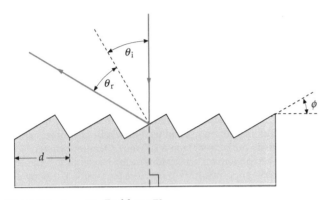

FIGURA 33-46 Problema 73

tos de onda próximos. (a) Primeiro mostre que a diferença de fase ϕ entre as ondas de duas fendas adjacentes é dada por $\phi = \dfrac{2\pi d}{\lambda} \operatorname{sen} \theta$. (b) Depois, diferencie esta expressão para mostrar que uma pequena variação no ângulo $d\theta$ resulta em uma variação na fase $d\phi$ dada por $d\phi = \dfrac{2\pi d}{\lambda} \cos\theta\, d\theta$. (c) Então, para N fendas, a separação angular entre um máximo de interferência e um mínimo de interferência corresponde a uma variação de fase de $d\phi = 2\pi/N$. Use isso para mostrar que a separação angular $d\theta$ entre o máximo de intensidade e o mínimo de intensidade para algum comprimento de onda λ é dado por $d\theta = \dfrac{\lambda}{Nd \cos\theta}$. (d) Depois, use o fato que o ângulo entre o m-ésimo máximo de interferência para o comprimento de onda λ é especificado por $d \operatorname{sen}\theta = m\lambda$ (Equação 33-26). Calcule a diferencial de cada lado da equação para mostrar que a separação angular entre o m-ésimo máximo para dois comprimentos de onda aproximadamente iguais diferindo por $d\lambda$ é dado por $d\theta = \dfrac{m\, d\lambda}{d \cos\theta}$. (e) De acordo com o critério de Rayleigh, dois comprimentos de onda serão resolvidos na ordem m se a separação angular entre os comprimentos de onda, dados pelo resultado da Parte (d), é igual à separação angular do máximo de interferência e do mínimo de interferência dada pelo resultado da Parte (c). Use isto para chegar a $R = \lambda/|\Delta\lambda| = mN$ (Equação 33-27) para o poder de resolução de uma rede.

PROBLEMAS GERAIS

75 • Coronas que ocorrem naturalmente (anéis brilhantes coloridos) são algumas vezes vistas em volta da Lua ou do Sol quando observados através de uma nuvem fina. (Cuidado: Ao observar uma corona no Sol, se assegure que todo o Sol seja bloqueado pela borda de um edifício, de uma árvore ou de um poste para proteger seus olhos.) Estas coronas são devidas à difração da luz por pequenas gotas de água na nuvem. Um diâmetro angular típico para um anel corona é aproximadamente 10°. A partir disso, estime o tamanho das gotículas de água na nuvem. Considere que as gotículas possam ser modeladas como discos opacos com o mesmo raio das gotas e que o padrão de difração de Fraunhofer de um disco opaco seja o mesmo que o de uma abertura de mesmo diâmetro. (Esta última afirmação é conhecida como *princípio de Babinet*.)

76 • Uma corona artificial (veja o Problema 75) pode ser produzida colocando uma suspensão de microesferas de poliestireno na água. As microesferas de poliestireno são pequenas e uniformes, feitas de plástico com índice de refração de 1,59. Considerando que a água tenha um índice de refração de 1,33, qual é o diâmetro angular de tal corona artificial se as partículas de 5,00 μm de diâmetro são iluminadas por luz de um laser de hélio–neônio com comprimento de onda de 632,8 nm no ar?

77 • O efeito corona (veja o Problema 75) pode ser causado por grãos de pólen, tipicamente de vidoeiro ou pinheiro. Tais grãos têm formato irregular, mas podemos considerar que tenham um diâmetro médio de aproximadamente 25 μm. Qual é o diâmetro angular (em graus) da corona para a luz azul? Qual é o diâmetro angular (em graus) da corona para a luz vermelha?

78 • Luz de um laser de He–Ne (632,8 nm) incide em um cabelo humano em uma tentativa de medir seu diâmetro através do exame do padrão de difração. O cabelo é montado em uma armação a 7,5 m de uma parede e a largura medida para o máximo central de difração é 14,6 cm. Qual é o diâmetro do cabelo? (O padrão de difração de um cabelo com diâmetro d é o mesmo que o de uma fenda simples com largura $a = d$. Veja o princípio de Babinet discutido no Problema 75.)

79 • Uma fenda horizontal longa e estreita está 1,00 μm acima de um espelho plano, que está no plano horizontal. O padrão de interferência produzido pela fenda e sua imagem é observado em um anteparo a 1,00 m da fenda. O comprimento de onda da luz é 600 nm. (a) Determine a distância do espelho até o primeiro máximo. (b) Quantas franjas escuras por centímetro são vistas no anteparo?

80 • Um radiotelescópio está situado na beira de um lago. O telescópio está observando a luz de uma radiogaláxia que está surgindo no horizonte. Se a altura da antena está a 20 m acima da superfície do lago, em que ângulo acima do horizonte a radiogaláxia estará quando o telescópio está centrado no primeiro máximo de intensidade das ondas de rádio? Considere que o comprimento de onda das ondas de rádio é 20 cm. *Dica: A interferência é causada pela luz refletida no lago e lembre que esta reflexão resultará em uma mudança de fase de 180°.*

81 • O diâmetro do radiotelescópio em Arecibo, Porto Rico, é 300 m. Qual é a menor separação angular entre dois objetos que este telescópio pode detectar quando está ajustado para detectar microondas de 3,2 cm de comprimento de onda?

82 •• Uma fina camada de um material transparente com índice de refração de 1,30 é usada como camada anti-refletora em uma superfície de vidro com índice de refração de 1,50. Qual deveria ser a mínima espessura do material para que ele não refletisse luz com comprimento de onda de 600 nm?

83 •• Um *interferômetro Fabry–Perot* (Figura 33-47) consiste em dois espelhos paralelos, semitransparentes que estão de frente um para o outro, separados por uma pequena distância a. Um espelho semitransparente é tal que transmite 50 por cento e reflete 50 por cento da intensidade incidente. Mostre que, quando luz incide no interferômetro em um ângulo de incidência θ, a luz transmitida terá um máximo de intensidade quando $2a = m\lambda \cos\theta$.

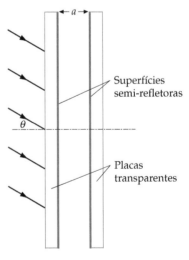

FIGURA 33-47 Problema 83

Interferência e Difração | **469**

84 •• Uma lâmina de mica com 1,20 μm de espessura está suspensa no ar. Na luz refletida, há intervalos escuros no espectro visível em 421, 474, 542 e 633 nm. Determine o índice de refração da lâmina de mica.

85 •• A lente de uma câmera é feita de vidro com índice de refração de 1,60. Esta lente é coberta com um filme de fluoreto de magnésio (índice de refração igual a 1,38) para aumentar a transmissão da luz. O propósito deste filme é produzir uma reflexão nula para luz com comprimento de onda de 540 nm. Considere que a superfície da lente seja plana e que o filme tenha uma espessura uniforme e plana. (*a*) Qual é a espessura mínima deste filme para esta objetiva? (*b*) Haveria interferência destrutiva para qualquer outro comprimento de onda na faixa do visível? (*c*) Por qual fator a reflexão da luz com comprimento de onda de 400 nm seria reduzida pela presença deste filme? Despreze a variação da amplitude da luz refletida pelas duas superfícies.

86 •• Em uma câmera de orifício, a imagem não é clara devido à geometria (raios chegam ao filme depois de passarem através de diferentes partes do orifício) e devido à difração. Quando o tamanho do orifício é diminuído, o efeito da geometria é reduzido, mas o efeito devido à difração aumenta. O tamanho ótimo do orifício para a imagem mais clara possível ocorre quando o alargamento devido à difração se iguala ao alargamento devido aos efeitos geométricos do orifício. Estime o tamanho ótimo do orifício se a distância entre o orifício e o filme é 10,0 cm e o comprimento de onda da luz é 550 nm.

87 •• O pintor impressionista Georges Seurat usou uma técnica chamada de *pontilhismo*, na qual suas pinturas são compostas por pequenos pontos muito próximos entre si de uma única cor, cada um com aproximadamente 2,0 mm de diâmetro. A ilusão da mistura das cores de maneira suave é produzida nos olhos do observador devido aos efeitos da difração. Calcule a mínima distância de observação para que este efeito funcione adequadamente. Use o comprimento de onda da luz visível que requer a distância *máxima* entre os pontos e, portanto, você terá certeza que o efeito funcionará para *todos* os comprimentos de onda do visível. Considere que a pupila do olho tenha um diâmetro de 3,0 mm.

Apêndice A
Unidades SI e Fatores de Conversão

Unidades de Base*

Comprimento	O *metro* (m) é a distância percorrida pela luz no vácuo em 1/299.792.458 s.
Tempo	O *segundo* (s) é a duração de 9.192.631.770 períodos da radiação correspondente à transição entre os dois níveis hiperfinos do estado fundamental do átomo de ^{133}Cs.
Massa	O *quilograma* (kg) é a massa do protótipo internacional conservado em Sèvres, na França.
Mol	O *mol* (mol) é a quantidade de matéria de um sistema contendo tantas entidades elementares quantos átomos existem em 0,012 quilograma de carbono 12.
Corrente	O *ampère* (A) é a corrente elétrica constante que, se mantida em dois condutores paralelos, retilíneos, de comprimento infinito, de seção circular desprezível, e situados à distância de 1 metro entre si no vácuo, produz entre estes condutores uma força igual a 2×10^{-7} newton por metro de comprimento.
Temperatura	O *kelvin* (K) é 1/273,16 da temperatura termodinâmica no ponto tríplice da água.
Intensidade luminosa	A *candela* (cd) é a intensidade luminosa, numa dada direção, de uma fonte que emite uma radiação monocromática de freqüência 540×10^{12} hertz e cuja intensidade radiante nessa direção é 1/683 watt/esterradiano.

* Essas definições são encontras no site do órgão oficial brasileiro responsável pela padronização e assuntos de medição, cujo endereço é: http://www.inmetro.gov.br. (N.T.)

Unidades Derivadas

Força	newton (N)	$1\ N = 1\ kg \cdot m/s^2$
Trabalho, energia	joule (J)	$1\ J = 1\ N \cdot m$
Potência	watt (W)	$1\ W = 1\ J/s$
Freqüência	hertz (Hz)	$1\ Hz = ciclo/s$
Carga	coulomb (C)	$1\ C = 1\ A \cdot s$
Potencial	volt (V)	$1\ V = 1\ J/C$
Resistência	ohm (Ω)	$1\ \Omega = 1\ V/A$
Capacitância	farad (F)	$1\ F = 1\ C/V$
Campo magnético	tesla (T)	$1\ T = 1\ N/(A \cdot m)$
Fluxo magnético	weber (Wb)	$1\ Wb = 1\ T \cdot m^2$
Indutância	henry (H)	$1\ H = 1\ J/A^2$

472 | APÊNDICE A

Fatores de Conversão

Por simplicidade, os fatores de conversão são escritos como equações; as relações marcadas com asterisco são exatas.

Comprimento

1 km = 0,6215 mi

1 mi = 1,609 km

1 m = 1,0936 yd = 3,281 ft = 39,37 in

*1 in = 2,54 cm

*1 ft = 12 in = 30,48 cm

*1 yd = 3 ft = 91,44 cm

1 ano-luz = 1 $c \cdot a$ = 9,461 × 10^{15} m

*1 Å = 0,1 nm

Área

*1 m^2 = 10^4 cm^2

1 km^2 = 0,3861 mi^2 = 247,1 acres

*1 in^2 = 6,4516 cm^2

1 ft^2 = 9,29 × 10^{-2} m^2

1 m^2 = 10,76 ft^2

*1 acre = 43 560 ft^2

1 mi^2 = 640 acres = 2,590 km^2

Volume

*1 m^3 = 10^6 cm^3

*1 L = 1000 cm^3 = 10^{-3} m^3

1 gal = 3,785 L

1 gal = 4 qt = 8 pt = 128 oz = 231 in^3

1 in^3 = 16,39 cm^3

1 ft^3 = 1728 in^3 = 28,32 L

$\quad$ = 2,832 × 10^4 cm^3

Tempo

*1 h = 60 min = 3,6 ks

*1 d = 24 h = 1440 min = 86,4 ks

1 a = 365,24 d = 3,156 × 10^7 s

Rapidez

*1 m/s = 3,6 km/h

1 km/h = 0,2778 m/s = 0,6215 mi/h

1 mi/h = 0,4470 m/s = 1,609 km/h

1 mi/h = 1,467 ft/s

Ângulo e Rapidez Angular

*π rad = 180°

1 rad = 57,30°

1° = 1,745 × 10^{-2} rad

1 rev/min = 0,1047 rad/s

1 rad/s = 9,549 rev/min

Massa

*1 kg = 1000 g

*1 t = 1000 kg = 1 Mg

1 u = 1,6605 × 10^{-27} kg

$\quad$ = 931,49 MeV/c^2

1 kg = 6,022 × 10^{26} u

1 slug = 14,59 kg

1 kg = 6,852 × 10^{-2} slug

Massa Específica

*1 g/cm^3 = 1000 kg/m^3 = 1 kg/L

(1 g/cm^3)g = 62,4 lb/ft^3

Força

1 N = 0,2248 lb = 10^5 dyn

*1 lb = 4,448222 N

(1 kg)g = 2,2046 lb

Pressão

*1 Pa = 1 N/m^2

*1 atm = 101,325 kPa = 1,01325 bar

1 atm = 14,7 lb/in^2 = 760 mmHg

$\quad$ = 29,9 inHg = 33,9 ftH_2O

1 lb/in^2 = 6,895 kPa

1 torr = 1 mmHg = 133,32 Pa

1 bar = 100 kPa

Energia

*1 kW $\cdot$ h = 3,6 MJ

*1 cal = 4,1840 J

1 ft $\cdot$ lb = 1,356 J = 1,286 × 10^{-3} Btu

*1 L $\cdot$ atm = 101,325 J

1 L $\cdot$ atm = 24,217 cal

1 Btu = 778 ft $\cdot$ lb = 252 cal = 1054,35 J

1 eV = 1,602 × 10^{-19} J

1 u $\cdot$ c^2 = 931,49 MeV

*1 erg = 10^{-7} J

Potência

1 HP = 550 ft $\cdot$ lb/s = 745,7 W

1 Btu/h = 2,931 × 10^{-4} kW

1 W = 1,341 × 10^{-3} HP

$\quad$ = 0,7376 ft $\cdot$ lb/s

Campo Magnético

*1 T = 10^4 G

Condutividade Térmica

1 W/(m·K) = 6,938 Btu·in/(h·ft^2·F°)

1 Btu·in/(h·ft^2·F°) = 0,1441 W/(m·K)

Apêndice B

Dados Numéricos

Dados Terrestres

Aceleração de queda livre g	
Valor-padrão (ao nível do mar e a 45° de latitude)*	9,806 65 m/s²; 32,1740 ft/s²
No equador*	9,7804 m/s²
Nos pólos*	9,8322 m/s²
Massa da Terra M_T	$5,97 \times 10^{24}$ kg
Raio médio da Terra R_T	$6,37 \times 10^6$ m; 3960 mi
Rapidez de escape $\sqrt{2R_E g}$	$1,12 \times 10^4$ m/s; 6,95 mi/s
Constante solar†	1,37 kW/m²
Condições normais de temperatura e pressão (CNTP):	
Temperatura	273,15 K (0,00°C)
Pressão	101,325 kPa (1,00 atm)
Massa molar do ar	28,97 g/mol
Massa específica do ar (CNTP), ρ_{ar}	1,217 kg/m³
Rapidez do som (CNTP)	331 m/s
Calor de fusão de H_2O (0°C, 1 atm)	333,5 kJ/kg
Calor de vaporização de H_2O (100°C, 1 atm)	2,257 MJ/kg

* Medido em relação à superfície da Terra.
† Potência média incidente perpendicularmente sobre uma área de 1 m², fora da atmosfera terrestre e a meio caminho entre a Terra e o Sol.

Dados Astronômicos

Terra	
Distância média à lua	$3,844 \times 10^8$ m; $2,389 \times 10^5$ mi
Distância média ao Sol	$1,496 \times 10^{11}$ m; $9,30 \times 10^7$ mi; 1,00 UA
Rapidez orbital média	$2,98 \times 10^4$ m/s
Lua	
Massa	$7,35 \times 10^{22}$ kg
Raio	$1,737 \times 10^6$ m
Período	27,32 d
Aceleração da gravidade na superfície	1,62 m/s²
Sol	
Massa	$1,99 \times 10^{30}$ kg
Raio	$6,96 \times 10^8$ m

* Dados adicionais sobre o sistema solar podem ser encontrados em http://nssdc.gsfc.nasa.gov/planetary/planetfact.html.
† Centro a centro.

474 | APÊNDICE B

Constantes Físicas*

Constante de gravitação	G	$6,6742(10) \times 10^{-11}$ N·m²/kg²
Rapidez da luz	c	$2,997\ 924\ 58 \times 10^8$ m/s
Carga fundamental	e	$1,602\ 176\ 453(14) \times 10^{-19}$ C
Número de Avogadro	N_A	$6,022\ 141\ 5(10) \times 10^{23}$ partículas/mol
Constante dos gases	R	$8,314\ 472(15)$ J/(mol·K)
		$1,987\ 2065(36)$ cal/(mol·K)
		$8,205\ 746(15) \times 10^{-2}$ L·atm/(mol·K)
Constante de Boltzmann	$k = R/N_A$	$1,380\ 650\ 5(24) \times 10^{-23}$ J/K
		$8,617\ 343(15) \times 10^{-5}$ eV/K
Constante de Stefan-Boltzmann	$\sigma = (\pi^2/60)k^4/(\hbar^3 c^2)$	$5,670\ 400(40) \times 10^{-8}$ W/(m²k⁴)
Constante de massa atômica	$m_u = \frac{1}{12} m(^{12}C)$	$1,660\ 538\ 86(28) \times 10^{-27}$ kg = 1u
Constante magnética (permeabilidade do vácuo)	μ_0	$4\pi \times 10^{-7}$ N/A²
		$1,256\ 637 \times 10^{-6}$ N/A²
Constante elétrica (permitividade do vácuo)	$\epsilon_0 = 1/(\mu_0 C^2)$	$8,854\ 187\ 817\ \ldots \times 10^{-12}$ C²/(N·m²)
Constante de Coulomb	$k = 1/(4\pi\epsilon_0)$	$8,987\ 551\ 788\ \ldots \times 10^9$ N·m²/C²
Constante de Planck	h	$6,626\ 0693(11) \times 10^{-34}$ J·s
		$4,135\ 667\ 43(35) \times 10^{-15}$ eV·s
	$\hbar = h/2\pi$	$1,054\ 571\ 68(18) \times 10^{-34}$ J·s
		$6,582\ 119\ 15(56) \times 10^{-16}$ eV·s
Massa do elétron	m_e	$9,109\ 382\ 6(16) \times 10^{-31}$ kg
		$0,510\ 998\ 918(44)$ MeV/c^2
Massa do próton	m_p	$1,672\ 621\ 71(29) \times 10^{-27}$ kg
		$938,272\ 029(80) \times$ MeV/c^2
Massa do nêutron	m_n	$1,674\ 927\ 28(29) \times 10^{-27}$ kg
		$939,565\ 360(81)$ MeV/c^2
Magnéton de Bohr	$m_B = eh/2m_e$	$9,274\ 009\ 49(80) \times 10^{-24}$ J/T
		$5,788\ 381\ 804(39) \times 10^{-5}$ eV/T
Magnéton nuclear	$m_n = eh/2m_p$	$5,050\ 783\ 43(43) \times 10^{-27}$ J/T
		$3,152\ 451\ 259(21) \times 10^{-8}$ eV/T
Quantum de fluxo magnético	$\phi_0 = h/2e$	$2,067\ 833\ 72(18) \times 10^{-15}$ T·m²
Resistência Hall quantizada	$R_K = h/e^2$	$2,581\ 280\ 7449(86) \times 10^4\ \Omega$
Constante de Rydberg	R_H	$1,097\ 373\ 156\ 8525(73) \times 10^7$ m⁻¹
Quociente freqüência-tensão de Josephson	$K_J = 2e/h$	$4,835\ 978\ 79(41) \times 10^{14}$ Hz/V
Comprimento de onda de Compton	$\lambda_C = h/m_e c$	$2,426\ 310\ 238(16) \times 10^{-12}$ m

* Os valores destas e de outras constantes podem ser encontrados na internet em http://physics.nist.gov/cuu/Constants/index.html. Os números entre parênteses representam as incertezas nos dois últimos algarismos. (Por exemplo, 2,044 43(13) significa 2,044 43 ± 0,000 13.) Valores sem indicação de incertezas são exatos, bem como valores com reticências (como o número pi, que vale exatamente 3,1415...)

Para dados adicionais, veja as seguintes tabelas no texto.

- **21-1** A Série Triboelétrica
- **21-2** Alguns Campos Elétricos na Natureza
- **24-1** Constante Dielétrica e Rigidez Dielétrica de Vários Materiais
- **25-1** Resistividade e Coeficientes de Temperatura
- **25-2** Diâmetros e Áreas das Seções Transversais para Fios de Cobre Tipicamente Usados
- **27-1** Suscetibilidade Magnética de Vários Materiais a 20°C
- **27-2** Valores Máximos de $\mu_0 M_s$ e de K_m para Alguns Materiais Ferromagnéticos
- **30-1** O Espectro Eletromagnético

Geometria e Trigonometria

$C = \pi d = 2\pi r$ definição de π
$A = \pi r^2$ área do círculo
$V = \frac{4}{3}\pi r^3$ volume da esfera
$A = \partial V / \partial r = 4\pi r^2$ área da superfície da esfera
$V = A_{\text{base}} L = \pi r^2 L$ volume do cilindro
$A = \partial V / \partial r = 2\pi r L$ área da superfície do cilindro

$o = h \operatorname{sen}\theta$
$a = h \cos\theta$

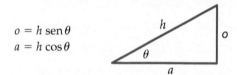

$\operatorname{sen}^2\theta + \cos^2\theta = 1$
$\operatorname{sen}(A \pm B) = \operatorname{sen} A \cos B \pm \cos A \operatorname{sen} B$
$\cos(A \pm B) = \cos A \cos B \mp \operatorname{sen} A \operatorname{sen} B$
$\operatorname{sen} A \pm \operatorname{sen} B = 2 \operatorname{sen}[\tfrac{1}{2}(A \pm B)] \cos[\tfrac{1}{2}(A \mp B)]$

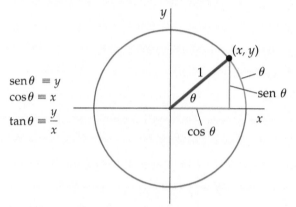

$\operatorname{sen}\theta \equiv y$
$\cos\theta \equiv x$
$\tan\theta \equiv \dfrac{y}{x}$

Se $|\theta| \ll 1$, então
$\cos\theta \approx 1$ e $\tan\theta \approx \operatorname{sen}\theta \approx \theta$ (θ em radianos)

Fórmula Quadrática

Se $ax^2 + bx + c = 0$, então $x = \dfrac{-b \pm \sqrt{b^2 - 4ac}}{2a}$

Expansão Binomial

Se $|x| < 1$, então $(1 + x)^n =$
$$1 + nx + \frac{n(n-1)}{2!} x^2 + \frac{n(n-1)(n-2)}{3!} x^3 + \ldots$$

Se $|x| \ll 1$, então $(1 + x)^n \approx 1 + nx$

Aproximação Diferencial

Se $\Delta F = F(x + \Delta x) - F(x)$ e se $|\Delta x|$ é pequeno,
então $\Delta F \approx \dfrac{dF}{dx} \Delta x$.

Apêndice C

Tabela Periódica dos Elementos*

1												13	14	15	16	17	18
1 H	2																2 He
3 Li	4 Be											5 B	6 C	7 N	8 O	9 F	10 Ne
11 Na	12 Mg	3	4	5	6	7	8	9	10	11	12	13 Al	14 Si	15 P	16 S	17 Cl	18 Ar
19 K	20 Ca	21 Sc	22 Ti	23 V	24 Cr	25 Mn	26 Fe	27 Co	28 Ni	29 Cu	30 Zn	31 Ga	32 Ge	33 As	34 Se	35 Br	36 Kr
37 Rb	38 Sr	39 Y	40 Zr	41 Nb	42 Mo	43 Tc	44 Ru	45 Rh	46 Pd	47 Ag	48 Cd	49 In	50 Sn	51 Sb	52 Te	53 I	54 Xe
55 Cs	56 Ba	57–71 Terras-raras	72 Hf	73 Ta	74 W	75 Re	76 Os	77 Ir	78 Pt	79 Au	80 Hg	81 Tl	82 Pb	83 Bi	84 Po	85 At	86 Rn
87 Fr	88 Ra	89–103 Actiní-deos	104 Rf	105 Db	106 Sg	107 Bh	108 Hs	109 Mt	110 Ds	111 Rg							

Terras-raras (Lantanídeos)	57 La	58 Ce	59 Pr	60 Nd	61 Pm	62 Sm	63 Eu	64 Gd	65 Tb	66 Dy	67 Ho	68 Er	69 Tm	70 Yb	71 Lu
Actinídeos	89 Ac	90 Th	91 Pa	92 U	93 Np	94 Pu	95 Am	96 Cm	97 Bk	98 Cf	99 Es	100 Fm	101 Md	102 No	103 Lr

* A designação dos grupos de 1 a 18 foi recomendada pela União Internacional de Química Pura e Aplicada (IUPAC). A partir de setembro de 2003 foram comunicadas as existências dos elementos de números atômicos 112, 114 e 116, ainda sem confirmação.

Números Atômicos e Massas Atômicas*

Número Atômico	Nome	Símbolo	Massa	Número Atômico	Nome	Símbolo	Massa
1	Hidrogênio	H	1,00794(7)	57	Lantânio	La	138,90547(7)
2	Hélio	He	4,002602(2)	58	Cério	Ce	140,116(1)
3	Lítio	Li	6,941(2)	59	Praseodímio	Pr	140,90765(2)
4	Berílio	Be	9,012182(3)	60	Neodímio	Nd	144,242(3)
5	Boro	B	10,811(7)	61	Promécio	Pm	[145]
6	Carbono	C	12,0107(8)	62	Samário	Sm	150,36(2)
7	Nitrogênio	N	14,0067(2)	63	Európio	Eu	151,964(1)
8	Oxigênio	O	15,9994(3)	64	Gadolínio	Gd	157,25(3)
9	Flúor	F	18,9984032(5)	65	Térbio	Tb	158,92535(2)
10	Neônio	Ne	20,1797(6)	66	Disprósio	Dy	162,500(1)
11	Sódio	Na	22,98976928(2)	67	Hólmio	Ho	164,93032(2)
12	Magnésio	Mg	24,3050(6)	68	Érbio	Er	167,259(3)
13	Alumínio	Al	26,9815386(8)	69	Túlio	Tm	168,93421(2)
14	Silício	Si	28,0855(3)	70	Itérbio	Yb	173,04(3)
15	Fósforo	P	30,973762(2)	71	Lutécio	Lu	174,967(1)
16	Enxofre	S	32,065(5)	72	Háfnio	Hf	178,49(2)
17	Cloro	Cl	35,453(2)	73	Tântalo	Ta	180,94788(2)
18	Argônio	Ar	39,948(1)	74	Tungstênio	W	183,84(1)
19	Potássio	K	39,0983(1)	75	Rênio	Re	186,207(1)
20	Cálcio	Ca	40,078(4)	76	Ósmio	Os	190,23(3)
21	Escândio	Sc	44,955912(6)	77	Irídio	Ir	192,217(3)
22	Titânio	Ti	47,867(1)	78	Platina	Pt	195,084(9)
23	Vanádio	V	50,9415(1)	79	Ouro	Au	196,966569(4)
24	Cromo	Cr	51,9961(6)	80	Mercúrio	Hg	200,59(2)
25	Manganês	Mn	54,938045(5)	81	Tálio	Tl	204,3833(2)
26	Ferro	Fe	55,845(2)	82	Chumbo	Pb	207,2(1)
27	Cobalto	Co	58,933195(5)	83	Bismuto	Bi	208,98040(1)
28	Níquel	Ni	58,6934(2)	84	Polônio	Po	[209]
29	Cobre	Cu	63,546(3)	85	Astatínio	At	[210]
30	Zinco	Zn	65,409(4)	86	Radônio	Rn	[222]
31	Gálio	Ga	69,723(1)	87	Frâncio	Fr	[223]
32	Germânio	Ge	72,64(1)	88	Rádio	Ra	[226]
33	Arsênio	As	74,92160(2)	89	Actínio	Ac	[227]
34	Selênio	Se	78,96(3)	90	Tório	Th	232,03806(2)
35	Bromo	Br	79,904(1)	91	Protactínio	Pa	231,03588(2)
36	Criptônio	Kr	83,798(2)	92	Urânio	U	238,02891(3)
37	Rubídio	Rb	85,4678(3)	93	Netúnio	Np	[237]
38	Estrôncio	Sr	87,62(1)	94	Plutônio	Pu	[244]
39	Ítrio	Y	88,90585(2)	95	Amerício	Am	[243]
40	Zircônio	Zr	91,224(2)	96	Cúrio	Cm	[247]
41	Nióbio	Nb	92,90638(2)	97	Berquélio	Bk	[247]
42	Molibdênio	Mo	95,94(2)	98	Califórnio	Cf	[251]
43	Tecnécio	Tc	[98]	99	Einstênio	Es	[252]
44	Rutênio	Ru	101,07(2)	100	Férmio	Fm	[257]
45	Ródio	Rh	102,90550(2)	101	Mendelévio	Md	[258]
46	Paládio	Pd	106,42(1)	102	Nobélio	No	[259]
47	Prata	Ag	107,8682(2)	103	Laurêncio	Lr	[262]
48	Cádmio	Cd	112,411(8)	104	Rutherfórdio	Rf	[261]
49	Índio	In	114,818(3)	105	Dúbnio	Db	[262]
50	Estanho	Sn	118,710(7)	106	Seabórgio	Sg	[266]
51	Antimônio	Sb	121,760(1)	107	Bóhrio	Bh	[264]
52	Telúrio	Te	127,60(3)	108	Hássio	Hs	[277]
53	Iodo	I	126,90447(3)	109	Meitnério	Mt	[268]
54	Xenônio	Xe	131,293(6)	110	Darmstádio	Ds	[271]
55	Césio	Cs	132,9054519(2)	111	Roentgênio	Rg	[272]
56	Bário	Ba	137,327(7)				

* Valores de massa atômica com incertezas indicadas pelo último algarismo, entre parênteses.

Tutorial Matemático

M-1 Algarismos Significativos
M-2 Equações
M-3 Proporções Diretas e Inversas
M-4 Equações Lineares
M-5 Equações Quadráticas e Fatoração
M-6 Expoentes e Logaritmos
M-7 Geometria
M-8 Trigonometria
M-9 A Expansão Binomial
M-10 Números Complexos
M-11 Cálculo Diferencial
M-12 Cálculo Integral

Neste tutorial, revisamos alguns dos resultados básicos de álgebra, geometria, trigonometria e cálculo. Em muitos casos, meramente enunciamos resultados sem prova. A Tabela M-1 lista alguns símbolos matemáticos.

M-1 ALGARISMOS SIGNIFICATIVOS

Muitos dos números com que trabalhamos, em ciência, são o resultado de medidas e, portanto, conhecidos apenas dentro de um certo grau de incerteza. Esta incerteza deve ser refletida no número de algarismos utilizados. Por exemplo, se você tem uma régua de 1 metro, graduada em centímetros, você sabe que pode medir a altura de uma caixa com a precisão de um quinto de centímetro, mais ou menos. Usando esta régua, você pode encontrar um comprimento da caixa de 27,0 cm. Se a graduação de sua régua for em milímetros, talvez você possa medir a altura da caixa como 27,03 cm. No entanto, se sua régua é graduada em milímetros, talvez você não seja capaz de medir a altura com uma precisão maior do que 27,03 cm, porque a altura pode variar uns 0,01 cm, dependendo de qual parte da caixa você toma para fazer a medida. Quando você escreve que a altura da caixa é 27,03 cm, está afirmando que sua melhor estimativa do comprimento é 27,03 cm, mas não está alegando que ele vale exatamente 27,030000… cm. Os quatro algarismos em 27,03 cm são chamados de **algarismos significativos**. Seu comprimento medido, 2,703 m, possui quatro algarismos significativos.

O número de algarismos significativos no resultado de um cálculo dependerá do número de algarismos significativos dos dados. Quando você trabalha com números que têm incertezas, deve cuidar para não incluir mais algarismos do que a certeza da medida garante. Cálculos *aproximados* (estimativas de ordens de grandeza) sempre resultam em respostas que têm apenas um algarismo significativo, ou nenhum. Ao multiplicar, dividir, somar ou subtrair números, você deve considerar a precisão dos resultados. A seguir, estão listadas algumas regras que o ajudarão a determinar o número de algarismos significativos de seus resultados.

1. Ao multiplicar ou dividir quantidades, o número de algarismos significativos do resultado final não deve ser maior do que o da quantidade com o menor número de algarismos significativos.
2. Ao somar ou subtrair quantidades, o número de casas decimais do resultado deve ser igual ao da quantidade com o menor número de casas decimais.
3. Valores exatos possuem um número ilimitado de algarismos significativos. Por exemplo, um valor a que se chegou por contagem, como 2 mesas, não apresenta incerteza e é um valor exato. Além disso, o fator de conversão 0,0254000… m/in é um valor exato, porque 1,000… polegada é exatamente igual a 0,0254000…

Tabela M-1 Símbolos Matemáticos

$=$	é igual a
$\neq$	é diferente de
$\approx$	é aproximadamente igual a
$\sim$	é da ordem de
$\propto$	é proporcional a
$>$	é maior do que
$\geq$	é maior ou igual a
$\gg$	é muito maior do que
$<$	é menor do que
$\leq$	é menor ou igual a
$\ll$	é muito menor do que
Δx	variação de x
$\lvert x \rvert$	valor absoluto de x
Σ	soma
$\lim$	limite
$\Delta t \to 0$	Δt tende a zero
$\dfrac{dx}{dt}$	derivada de x em relação a t
$\dfrac{\partial x}{\partial t}$	derivada parcial de x em relação a t
$\int$	integral

480 | TUTORIAL MATEMÁTICO

metros. (A jarda é, por definição, igual a exatamente 0,9144 metros, e 0,9144 dividido por 36 é exatamente igual a 0,0254.)

4. Às vezes os zeros são significativos, outras vezes não. Se um zero está antes do primeiro algarismo não-nulo, então o zero é não significativo. Por exemplo, o número 0,00890 possui três algarismos significativos. Os primeiros três zeros não são algarismos significativos, e indicam apenas a posição da vírgula decimal. Note que o zero após o nove é significativo.

5. Zeros entre algarismos não-nulos são significativos. Por exemplo, 5603 possui quatro algarismos significativos.

6. O número de algarismos significativos em números com zeros em seqüência sem vírgula decimal é ambíguo. Por exemplo, 31000 pode ter cinco algarismos significativos, ou dois algarismos significativos. Para evitar ambigüidade, você deve informar valores usando notação científica, ou uma vírgula decimal.

Exemplo M-1 — Determinando a Média de Três Números

Determine a média de 19,90; −7,524 e −11,8179.

SITUAÇÃO Você somará três números, e depois dividirá o resultado por três. Os primeiros dois números possuem quatro algarismos significativos e o terceiro possui seis.

SOLUÇÃO

1. Some os três números.

$$19,90 + (-7,524) + (-11,8179) = 0,55\textit{81}$$

2. Se o problema tivesse pedido apenas a soma dos três números, arredondaríamos o resultado até o menor número de casas decimais dos três números que estão sendo somados. No entanto, devemos dividir este resultado intermediário por 3, de forma que usamos o resultado intermediário com os dois algarismos extras (em itálico).

$$\frac{0,55\textit{81}}{3} = 0,1860333\ldots$$

3. Apenas dois dos algarismos na resposta intermediária, 0,1860333..., são algarismos significativos, e então devemos arredondar este número para obter o resultado final. O número 3 no denominador é um número inteiro e tem um número ilimitado de algarismos significativos. Então, a resposta final possui o mesmo número de algarismos significativos que o numerador, que é 2.

A resposta final é $\boxed{0,19.}$

CHECAGEM A soma no passo 1 tem dois algarismos significativos após a vírgula decimal, o mesmo que o número a ser somado que possui o menor número de algarismos significativos após a vírgula decimal.

PROBLEMAS PRÁTICOS

1. $\dfrac{5,3\ \text{mol}}{22,4\ \text{mol/L}}$

2. $57,8\ \text{m/s} - 26,24\ \text{m/s}$

M-2 EQUAÇÕES

Uma **equação** é uma assertiva escrita usando números e símbolos para indicar que duas quantidades, escritas uma de cada lado de um sinal de igualdade (=), são iguais. As quantidades de cada lado do sinal de igualdade podem consistir em um único termo, ou da soma ou diferença de dois ou mais **termos**. Por exemplo, a equação $x = 1 - (ay + b)/(cx - d)$ contém três termos, x, 1 e $(ay + b)/(cx - d)$.

Você pode realizar as seguintes operações com equações:

1. A mesma quantidade pode ser somada a ou subtraída de cada lado de uma equação.

2. Cada lado de uma equação pode ser multiplicado ou dividido pela mesma quantidade.

3. Cada lado de uma equação pode ser elevado à mesma potência.

Estas operações devem ser aplicadas a cada *lado* da equação, e não a cada termo. (Como a multiplicação é distributiva em relação à adição, a operação 2 — e somente a operação 2 — também se aplica termo-a-termo.)

Cuidado: A divisão por zero é proibida em cada *passo da solução de uma equação; isto tornaria os resultados (se existentes) inválidos.*

Somando ou Subtraindo a Mesma Quantidade

Para determinar x quando $x - 3 = 7$, some 3 aos dois lados da equação: $(x - 3) + 3 = 7 + 3$; assim, $x = 10$.

Multiplicando ou Dividindo pela Mesma Quantidade

Se $3x = 17$, determine x dividindo os dois lados da equação por 3; assim, $x = \frac{17}{3}$, ou 5,7.

Exemplo M-2 — Simplificando Inversos em uma Equação

Determine x, para a seguinte equação:

$$\frac{1}{x} + \frac{1}{4} = \frac{1}{3}$$

Equações contendo inversos de incógnitas ocorrem na óptica geométrica ou em análise de circuitos elétricos — por exemplo, na determinação da resistência equivalente para resistores em paralelo.

SITUAÇÃO Nesta equação, o termo que contém x está do mesmo lado da equação em que se encontra um termo que não contém x. Além disso, x está no denominador de uma fração.

SOLUÇÃO

1. Subtraia $\frac{1}{4}$ de cada lado:

$$\frac{1}{x} = \frac{1}{3} - \frac{1}{4}$$

2. Simplifique o lado direito da equação usando o mínimo denominador comum:

$$\frac{1}{x} = \frac{1}{3} - \frac{1}{4} = \frac{4}{12} - \frac{3}{12} = \frac{4-3}{12} = \frac{1}{12} \quad \text{logo} \quad \frac{1}{x} = \frac{1}{12}$$

3. Multiplique os dois lados da equação por $12x$ para determinar o valor de x:

$$12x\frac{1}{x} = 12x\frac{1}{12}$$

$$\boxed{12} = x$$

CHECAGEM Substitua x por 12 no lado esquerdo da equação original.

$$\frac{1}{x} + \frac{1}{4} = \frac{1}{12} + \frac{3}{12} = \frac{4}{12} = \frac{1}{3}$$

PROBLEMAS PRÁTICOS Resolva para x cada uma das seguintes equações.

3. $(7{,}0 \text{ cm}^3)x = 18 \text{ kg} + (4{,}0 \text{ cm}^3)x$

4. $\frac{4}{x} + \frac{1}{3} = \frac{3}{x}$

M-3 PROPORÇÕES DIRETAS E INVERSAS

Quando dizemos que as variáveis x e y são **diretamente proporcionais** estamos dizendo que, quando x e y variam, a razão x/y permanece constante. Dizer que duas quantidades são proporcionais é dizer que elas são diretamente proporcionais. Quando dizemos que as variáveis x e y são **inversamente proporcionais** estamos dizendo que, quando x e y variam, o produto xy é constante.

Relações de proporções diretas e inversas são comuns em física. Corpos que se movem com a mesma velocidade possuem as quantidades de movimento linear diretamente proporcionais às suas massas. A lei dos gases ideais ($PV = nRT$) estabelece que a pressão P é diretamente proporcional à temperatura (absoluta) T, quando o volume V permanece constante, e é inversamente proporcional ao volume, quando a temperatura permanece constante. A lei de Ohm ($V = IR$) afirma que a tensão V através de um resistor é diretamente proporcional à corrente elétrica no resistor quando a resistência R permanece constante.

482 | TUTORIAL MATEMÁTICO

CONSTANTE DE PROPORCIONALIDADE

Quando duas quantidades são diretamente proporcionais, elas se relacionam através de uma *constante de proporcionalidade*. Se você recebe, por um trabalho regular, R reais por dia, por exemplo, o valor v que você recebe é diretamente proporcional ao tempo t que você trabalha; a taxa R é a constante de proporcionalidade que relaciona o valor recebido em reais com o tempo trabalhado em dias, t:

$$\frac{v}{t} = R \quad \text{ou} \quad v = Rt$$

Se você recebe 400 reais em 5 dias, o valor de R é R\$400/(5 dias) = R\$80/dia. Para determinar o valor que você recebe em 8 dias, basta fazer o cálculo

$$v = (R\$80/dia)(8 \text{ dias}) = \$640$$

Às vezes, a constante de proporcionalidade pode ser ignorada em problemas de proporção. Como o valor que você recebe em 8 dias é $\frac{8}{5}$ vezes o valor que você recebe em 5 dias, esse valor é

$$v = \frac{8}{5}(R\$400) = R\$640$$

Exemplo M-3 | **Pintando Cubos**

Você precisa de 15,4 mL de tinta para pintar um lado de um cubo. A área de um lado do cubo é 426 cm². Qual é a relação entre o volume da tinta necessária e a área a ser recoberta? Quanta tinta é necessária para pintar um lado de um cubo cujo lado possui uma área de 503 cm²?

SITUAÇÃO Para determinar a quantidade de tinta para um lado cuja área é 503 cm², você precisa estabelecer uma proporção.

SOLUÇÃO

1. O volume V da tinta necessária cresce proporcionalmente à área A a ser pintada.

> V e A são diretamente proporcionais.

Isto é, $\dfrac{V}{A} = k$ ou $V = kA$

onde k é a constante de proporcionalidade

2. Determine o valor da constante de proporcionalidade, usando os dados fornecidos $V_1 = 15{,}4$ mL e $A_1 = 426$ cm²:

$$k = \frac{V_1}{A_1} = \frac{15{,}4 \text{ mL}}{426 \text{ cm}^2} = 0{,}0361 \text{ mL/cm}^2$$

3. Determine o volume necessário de tinta para pintar um lado de um cubo cuja área vale 503 cm², usando a constante de proporcionalidade do passo 1:

$$V_2 = kA_2 = (0{,}0361 \text{ mL/cm}^2)(503 \text{ cm}^2) = \boxed{18{,}2 \text{ mL}}$$

CHECAGEM Nosso valor para V_2 é maior do que o valor de V_1, como esperado. A quantidade de tinta necessária para recobrir uma área igual a 503 cm² deve ser maior do que a quantidade de tinta necessária para recobrir uma área de 426 cm², porque 503 cm² é maior do que 426 cm².

PROBLEMAS PRÁTICOS

5. Um recipiente cilíndrico contém 0,384 L de água, quando cheio. Quanta água poderia conter o recipiente, se seu raio fosse dobrado e sua altura permanecesse a mesma?
   Dica: O volume de um cilindro circular reto é dado por $V = \pi r^2 h$, onde r é seu raio e h é sua altura. Assim, V é diretamente proporcional a r^2 quando h permanece constante.
6. Quanta água poderia conter o recipiente do Problema Prático 5, se tanto sua altura quanto seu raio fossem dobrados?

M-4 EQUAÇÕES LINEARES

Uma **equação linear** é uma equação da forma $x + 2y - 4z = 3$. Isto é, uma equação é linear se cada termo ou é constante ou é o produto de uma constante por uma variável elevada à primeira potência. Tais equações são ditas lineares porque são representadas graficamente por linhas retas ou planos. As relações de proporção direta entre duas variáveis são equações lineares.

GRÁFICO DE UMA LINHA RETA

Uma equação linear que relaciona y com x pode sempre ser colocada na forma padrão

$$y = mx + b \qquad \text{M-1}$$

onde m e b são constantes que podem ser positivas ou negativas. A Figura M-1 mostra um gráfico dos valores de x e y que satisfazem à Equação M-1. A constante b é a **interseção com o eixo y**, o valor de y em $x = 0$. É o chamado coeficiente linear. A constante m é a **inclinação** da reta, que é igual à razão entre a variação de y e a correspondente variação de x. É o chamado coeficiente angular. Na figura, indicamos dois pontos sobre a reta, (x_1, y_1) e (x_2, y_2), e as variações $\Delta x = x_2 - x_1$ e $\Delta y = y_2 - y_1$. A inclinação m, então, vale

$$m = \frac{y_2 - y_1}{x_2 - x_1} = \frac{\Delta y}{\Delta x}$$

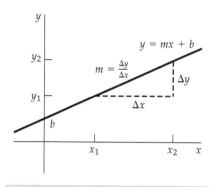

FIGURA M-1 Gráfico da equação linear $y = mx + b$, onde b é a interseção com o eixo y e $m = \Delta y / \Delta x$ é a inclinação.

Se x e y são ambos incógnitas na equação $y = mx + b$, não há valores únicos de x e y que sejam soluções da equação. Qualquer par de valores (x_1, y_1) sobre a reta da Figura M-1 irá satisfazer à equação. Se tivermos duas equações, cada uma com as mesmas duas incógnitas x e y, as equações podem ser resolvidas simultaneamente para as duas incógnitas. O Exemplo M-4 mostra como equações lineares simultâneas podem ser resolvidas.

Exemplo M-4 Usando Duas Equações para Determinar Duas Incógnitas

Determine todos os valores de x e y que satisfaçam, simultaneamente, a

$$3x - 2y = 8 \qquad \text{M-2}$$

e

$$y - x = 2 \qquad \text{M-3}$$

SITUAÇÃO A Figura M-2 mostra um gráfico das duas equações. No ponto de interseção das duas retas, os valores de x e y satisfazem às duas equações. Podemos resolver duas equações simultâneas primeiro explicitando, em uma das equações, uma das variáveis em termos da outra variável, e depois substituindo o resultado na outra equação.

SOLUÇÃO

1. Explicite y na Equação M-3: $y = x + 2$

2. Substitua este valor de y na Equação M-2: $3x - 2(x + 2) = 8$

3. Simplifique a equação e determine x:
$$3x - 2x - 4 = 8$$
$$x - 4 = 8$$
$$x = \boxed{12}$$

4. Use sua solução para x, e uma das equações dadas, para determinar o valor de y:
$$y - x = 2, \text{ onde } x = 12$$
$$y - 12 = 2$$
$$y = 2 + 12 = \boxed{14}$$

CHECAGEM Um método alternativo é o de multiplicar uma das equações por uma constante que faça com que um termo que contenha uma incógnita seja eliminado quando as equações são somadas ou subtraídas. Podemos multiplicar a Equação M-3 por 2

$$2(y - x) = 2(2)$$
$$2y - 2x = 4$$

e somar o resultado à Equação M-2 para determinar x:

$$\begin{array}{r} \cancel{2y} - 2x = 4 \\ 3x - \cancel{2y} = 8 \\ \hline 3x - 2x = 12 \Rightarrow x = 12 \end{array}$$

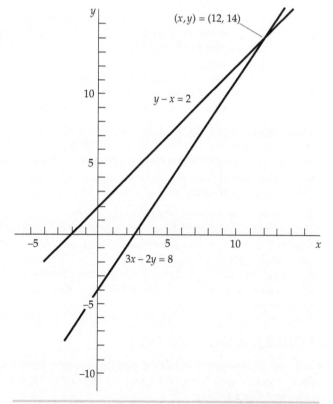

FIGURA M-2 Gráfico das Equações M-2 e M-3. No ponto de interseção das linhas, os valores de x e de y satisfazem às duas equações.

Substitua na Equação M-3 e determine y:

$$y - 12 = 2 \Rightarrow y = 14$$

PROBLEMAS PRÁTICOS

7. Verdadeiro ou falso: $xy = 4$ é uma equação linear.
8. No tempo $t = 0{,}0$ s, a posição de uma partícula que se move no eixo x com velocidade constante é $x = 3{,}0$ m. Em $t = 2{,}0$ s, a posição é $x = 12{,}0$ m. Escreva uma equação linear mostrando a relação entre x e t.
9. Resolva o seguinte par de equações simultâneas para x e y:

$$\frac{5}{4}x + \frac{1}{3}y = 30$$
$$y - 5x = 20$$

M-5 EQUAÇÕES QUADRÁTICAS E FATORAÇÃO

Uma **equação quadrática** é uma equação com a forma $ax^2 + bxy + cy^2 + ex + fy + g = 0$, onde x e y são variáveis e a, b, c, e, f e g são constantes. Em cada termo da equação as potências das variáveis são inteiros cuja soma vale 2, 1 ou 0. A designação *equação quadrática* usualmente se aplica a uma equação de uma variável que possa ser escrita na forma padrão

$$ax^2 + bx + c = 0 \qquad \text{M-4}$$

onde a, b e c são constantes. A equação quadrática possui duas soluções ou **raízes** — valores de x para os quais a equação é verdadeira.

FATORAÇÃO

Podemos resolver algumas equações quadráticas por **fatoração**. Muito freqüentemente, os termos de uma equação podem ser agrupados ou organizados em outros termos. Quando fatoramos termos, procuramos por multiplicadores e multiplicandos — que, agora, chamamos de **fatores** — que produzirão dois ou mais novos termos em um produto. Por exemplo, podemos encontrar as raízes da equação quadrática $x^2 - 3x + 2 = 0$ fatorando o lado esquerdo, obtendo $(x - 2)(x - 1) = 0$. As raízes são $x = 2$ e $x = 1$.

A fatoração é útil para simplificar equações e para compreender as relações entre quantidades. Você deve estar familiarizado com a multiplicação dos fatores $(ax + by)(cx + dy) = acx^2 + (ad + bc)xy + bdy^2$.

Você reconhecerá facilmente algumas típicas combinações fatoráveis:

1. Fator comum: $2ax + 3ay = a(2x + 3y)$
2. Quadrado perfeito: $x^2 - 2xy + y^2 = (x - y)^2$ (Se a expressão do lado esquerdo de uma equação quadrática na forma padrão é um quadrado perfeito, então as duas raízes são iguais.)
3. Diferença de quadrados: $x^2 - y^2 = (x + y)(x - y)$

Você também deve procurar por fatores que sejam números primos (2, 5, 7 etc.), pois esses fatores podem ajudá-lo a rapidamente fatorar e simplificar termos. Por exemplo, a equação $98x^2 - 140 = 0$ pode ser simplificada, pois 98 e 140 possuem o fator comum 2. Isto é, $98x^2 - 140 = 0$ se torna $2(49x^2 - 70) = 0$ e temos, portanto, $49x^2 - 70 = 0$.

Este resultado ainda pode ser simplificado, porque 49 e 70 possuem o fator comum 7. Assim, $49x^2 - 70 = 0$ se torna $7(7x^2 - 10) = 0$, de forma que ficamos com $7x^2 - 10 = 0$.

A FÓRMULA QUADRÁTICA

Nem todas as equações quadráticas podem ser resolvidas por fatoração. No entanto, *qualquer* equação quadrática na forma padrão $ax^2 + bx + c = 0$ pode ser resolvida pela **fórmula quadrática**,

$$x = \frac{-b \pm \sqrt{b^2 - 4ac}}{2a} = -\frac{b}{2a} \pm \frac{1}{2a}\sqrt{b^2 - 4ac} \qquad \text{M-5}$$

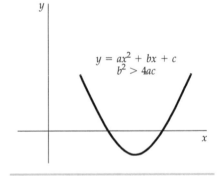

FIGURA M-3 Gráfico de y versus x para $y = ax^2 + bx + c$ no caso $b^2 > 4ac$. Os dois valores de x para os quais $y = 0$ satisfazem à equação quadrática (Equação M-4).

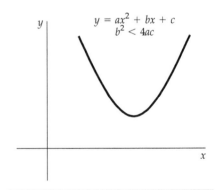

FIGURA M-4 Gráfico de y versus x para $y = ax^2 + bx + c$ no caso $b^2 < 4ac$. Neste caso, não há valores reais de x para os quais $y = 0$.

Quando b^2 é maior do que $4ac$, há duas soluções, correspondentes aos sinais $+$ e $-$. A Figura M-3 mostra um gráfico de y *versus* x para $y = ax^2 + bx + c$. A curva, uma **parábola**, cruza duas vezes o eixo x. (A representação mais simples de uma parábola em coordenadas (x, y) é uma equação da forma $y = ax^2 + bx + c$.) As duas raízes desta equação são os valores para os quais $y = 0$; isto é, as *interseções com o eixo x*.

Quando b^2 é menor do que $4ac$, o gráfico de y *versus* x não cruza o eixo x, como mostra a Figura M-4; ainda existem duas raízes, mas elas não são números reais (veja a discussão sobre números complexos, adiante). Quando $b^2 = 4ac$, o gráfico de y *versus* x é tangente ao eixo x no ponto $x = -b/2a$; as duas raízes são ambas iguais a $-b/2a$.

Exemplo M-5 — Fatorando um Polinômio de Segundo Grau

Fatore a expressão $6x^2 + 19xy + 10y^2$.

SITUAÇÃO Examinamos os coeficientes dos termos para verificar se a expressão pode ser fatorada sem o recurso de métodos mais avançados. Lembre-se da multiplicação $(ax + by)$ $(cx + dy) = acx^2 + (ad + bc)xy + bdy^2$.

SOLUÇÃO

1. O coeficiente de x^2 é 6, que pode ser fatorado de duas maneiras:

   $ac = 6$

   $3 \cdot 2 = 6$ ou $6 \cdot 1 = 6$

2. O coeficiente de y^2 é 10, que também pode ser fatorado de duas maneiras:

   $bd = 10$

   $5 \cdot 2 = 10$ ou $10 \cdot 1 = 10$

3. Liste as possibilidades para a, b, c e d em uma tabela. Inclua uma coluna para $ad + bc$.

   Se $a = 3$, então $c = 2$, e vice-versa. Também, se $a = 6$, então $c = 1$, e vice-versa. Para cada valor de a existem quatro valores de b.

a	b	c	d	$ad + bc$
3	5	2	2	16
3	2	2	5	**19**
3	10	2	1	23
3	1	2	10	32
2	5	3	2	**19**
2	2	3	5	16
2	10	3	1	32
2	1	3	10	23
6	5	1	2	17
6	2	1	5	32
6	10	1	1	16
6	1	1	10	61
1	5	6	2	32
1	2	6	5	**17**
1	10	6	1	61
1	1	6	10	16

4. Encontre uma combinação tal que $ad + bc = 19$. Como você pode ver na tabela, há duas dessas combinações, ambas dando os mesmos resultados:

   $ad + bc = 19$

   $3 \cdot 5 + 2 \cdot 2 = 19$

5. Use a combinação da legunda linha da tabela para fatorar a expressão:

   $6x^2 + 19xy + 10y^2 = (3x + 2y)(2x + 5y)$

CHECAGEM Para checar, expanda $(3x + 2y)(2x + 5y)$.

$$(3x + 2y)(2x + 5y) = 6x^2 + 15xy + 4xy + 10y^2 = 6x^2 + 19xy + 10y^2$$

A combinação da quinta linha da tabela também fornece o resultado do passo 4.

PROBLEMAS PRÁTICOS

10. Mostre que a combinação da quinta linha da tabela também fornece o resultado do passo 4.
11. Fatore $2x^2 - 4xy + 2y^2$.
12. Fatore $2x^4 + 10x^3 + 12x^2$.

486 | TUTORIAL MATEMÁTICO

M-6 EXPOENTES E LOGARITMOS

EXPOENTES

A notação x^n significa a quantidade obtida multiplicando-se x por ele mesmo n vezes. Por exemplo, $x^2 = x \cdot x$ e $x^3 = x \cdot x \cdot x$. A quantidade n é a **potência**, ou o **expoente**, de x (a **base**). Segue uma lista de algumas regras que o ajudarão a simplificar termos que possuem expoentes.

1. Quando duas potências de x são multiplicadas, os expoentes são somados:

$$(x^m)(x^n) = x^{m+n} \qquad \text{M-6}$$

Exemplo: $x^2 \cdot x^3 = x^{2+3} = (x \cdot x)(x \cdot x \cdot x) = x^5$.

2. Qualquer número (exceto 0) elevado à potência 0 é, por definição, igual a 1:

$$x^0 = 1 \qquad \text{M-7}$$

3. Com base na regra 2,

$$x^n x^{-n} = x^0 = 1$$

$$x^{-n} = \frac{1}{x^n} \qquad \text{M-8}$$

4. Quando duas potências são divididas, os expoentes são subtraídos:

$$\frac{x^n}{x^m} = x^n x^{-m} = x^{n-m} \qquad \text{M-9}$$

5. Quando uma potência é elevada a outra potência, os expoentes são multiplicados:

$$(x^n)^m = x^{nm} \qquad \text{M-10}$$

6. Quando expoentes são escritos como frações, eles representam raízes da base. Por exemplo,

$$x^{1/2} \cdot x^{1/2} = x$$

logo,

$$x^{1/2} = \sqrt{x} \qquad (x > 0)$$

Exemplo M-6 — Simplificando uma Quantidade com Expoentes

Simplifique $\frac{x^4 x^7}{x^8}$.

SITUAÇÃO De acordo com a regra 1, quando duas potências de x são multiplicadas, os expoentes são somados. A regra 4 estabelece que, quando duas potências são divididas, os expoentes são subtraídos.

SOLUÇÃO

1. Simplifique o numerador $x^4 x^7$ usando a regra 1:
$$x^4 x^7 = x^{4+7} = x^{11}$$

2. Simplifique $\frac{x^{11}}{x^8}$ usando a regra 4:
$$\frac{x^{11}}{x^8} = x^{11} x^{-8} = x^{11-8} = x^3$$

CHECAGEM Use o valor $x = 2$ para verificar se sua resposta é correta.

$$\frac{2^4 2^7}{2^8} = 2^3 = 8$$

$$\frac{2^4 2^7}{2^8} = \frac{(16)(128)}{256} = \frac{2048}{256} = 8$$

PROBLEMAS PRÁTICOS

13. $(x^{1/18})^9$

14. $x^6 x^0 =$

LOGARITMOS

Qualquer número positivo pode ser expresso como alguma potência de qualquer outro número positivo, exceto um. Se y se relaciona com x por $y = a^x$, então o número x é dito o **logaritmo** de y na **base** a, e a relação é escrita

$$x = \log_a y$$

Assim, logaritmos são *expoentes*, e as regras para trabalhar com logaritmos correspondem a leis similares para expoentes. Segue uma lista de algumas regras que o ajudarão a simplificar termos que possuem logaritmos.

1. Se $y_1 = a^n$ e $y_2 = a^m$, então

$$y_1 y_2 = a^n a^m = a^{n+m}$$

Correspondentemente,

$$\log_a y_1 y_2 = \log_a a^{n+m} = n + m = \log_a a^n + \log_a a^m = \log_a y_1 + \log_a y_2 \qquad \text{M-11}$$

Segue, então, que

$$\log_a y^n = n \log_a y \qquad \text{M-12}$$

2. Como $a^1 = a$ e $a^0 = 1$,

$$\log_a a = 1 \qquad \text{M-13}$$

e

$$\log_a 1 = 0 \qquad \text{M-14}$$

Existem duas bases de uso comum: logaritmos na base 10 são chamados de **logaritmos comuns**, e logaritmos na base e (onde $e = 2{,}718\ldots$) são chamados de **logaritmos naturais**.

Neste texto, o símbolo ln é usado para logaritmos naturais e o símbolo log, sem subscrito, é usado para logaritmos comuns. Assim,

$$\log_e x = \ln x \qquad \text{e} \qquad \log_{10} x = \log x \qquad \text{M-15}$$

e $y = \ln x$ implica

$$x = e^y \qquad \text{M-16}$$

Logaritmos podem ser transformados de uma base para outra. Suponha que

$$z = \log x \qquad \text{M-17}$$

Então,

$$10^z = 10^{\log x} = x \qquad \text{M-18}$$

Tomando o logaritmo natural dos dois lados da Equação M-18, obtemos

$$z \ln 10 = \ln x$$

Substituindo log x por z (veja a Equação M-17), fica

$$\ln x = (\ln 10)\log x \qquad \text{M-19}$$

Exemplo M-7 — Mudando Logaritmos de Base

Os passos que levam à Equação M-19 mostram que, em geral, $\log_b x = (\log_b a)\log_a x$ e, portanto, a mundança de base de logaritmos requer apenas a multiplicação por uma constante. Descreva a relação matemática entre a constante para passar logaritmos comuns para logaritmos naturais e a constante para passar logaritmos naturais para logaritmos comuns.

SITUAÇÃO Temos uma regra matemática geral para transformar logaritmos de uma base para outra. Procuramos a relação matemática trocando a por b ou vice-versa, na fórmula.

SOLUÇÃO

1. Você tem uma fórmula para mudar logaritmos da base a para a base b: $\qquad \log_b x = (\log_b a)\log_a x$

2. Para mudar da base b para a base a, troque a por b e vice-versa: $\qquad \log_a x = (\log_a b)\log_b x$

3. Divida os dois lados da equação do passo 1 por $\log_a x$:

$$\frac{\log_b x}{\log_a x} = \log_b a$$

4. Divida os dois lados da equação do passo 2 por $(\log_a b)\log_a x$:

$$\frac{1}{\log_a b} = \frac{\log_b x}{\log_a x}$$

5. Os resultados mostram que os fatores $\log_b a$ e $\log_a b$ são um o inverso do outro:

$$\frac{1}{\log_a b} = \log_b a$$

CHECAGEM Para o valor de $\log_{10} e$, sua calculadora dará 0,43429. Para ln 10, sua calculadora dará 2,3026. Multiplique 0,43429 por 2,3026; você obterá 1,0000.

PROBLEMAS PRÁTICOS
15. Calcule $\log_{10} 1000$.
16. Calcule $\log_2 5$.

M-7 GEOMETRIA

As propriedades das mais comuns **figuras geométricas** — formas limitadas em duas ou três dimensões cujos comprimentos, áreas ou volumes são regulados por razões específicas — são uma ferramenta analítica básica na física. Por exemplo, as razões características em triângulos nos dão as leis da *trigonometria* (veja a próxima seção deste tutorial) que, por sua vez, nos dá a teoria dos vetores, essencial na análise do movimento em duas ou mais dimensões. Círculos e esferas são essenciais para a compreensão, entre outros conceitos, da quantidade de movimento angular e das densidades de probabilidade da mecânica quântica.

FÓRMULAS BÁSICAS NA GEOMETRIA

Círculo A razão entre a circunferência de um círculo e o seu diâmetro é o número π, que vale aproximadamente

$$\pi = 3{,}141\,592$$

A circunferência C de um círculo relaciona-se, portanto, com o seu diâmetro d e o seu raio r por

$$C = \pi d = 2\pi r \quad \text{circunferência do círculo} \quad \text{M-20}$$

A área de um círculo é (Figura M-5)

$$A = \pi r^2 \quad \text{área do círculo} \quad \text{M-21}$$

Paralelograma A área de um paralelograma é a base b vezes a altura h (Figura M-6):

$$A = bh$$

A área de um triângulo é a metade da base vezes a altura (Figura M-7):

$$A = \frac{1}{2}bh$$

Esfera Uma esfera de raio r (Figura M-8) tem uma área superficial dada por

$$A = 4\pi r^2 \quad \text{superfície esférica} \quad \text{M-22}$$

e um volume dado por

$$V = \frac{4}{3}\pi r^3 \quad \text{volume da esfera} \quad \text{M-23}$$

Cilindro Um cilindro de raio r e comprimento L (Figura M-9) tem uma área superficial (não incluindo as bases) de

$$A = 2\pi r L \quad \text{superfície cilíndrica} \quad \text{M-24}$$

Área do círculo $A = \pi r^2$

FIGURA M-5 Área de um círculo.

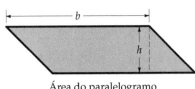

Área do paralelogramo
$A = bh$

FIGURA M-6 Área de um paralelogramo.

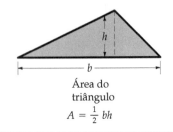

Área do triângulo
$A = \frac{1}{2} bh$

FIGURA M-7 Área de um triângulo.

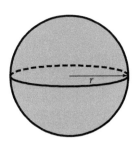

Área da superfície esférica
$A = 4\pi r^2$
Volume da esfera
$V = \frac{4}{3}\pi r^3$

FIGURA M-8 Área superficial e volume de uma esfera.

e um volume de

$$V = \pi r^2 L \qquad \text{volume do cilindro} \qquad \text{M-25}$$

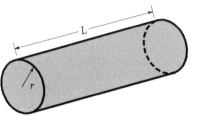

Área da superfície cilíndrica
$A = 2\pi r L$
Volume do cilindro
$V = \pi r^2 L$

FIGURA M-9 Área superficial (não incluindo as bases) e volume de um cilindro.

Exemplo M-8 Calculando o Volume de uma Casca Esférica

Uma casca esférica de alumínio possui um diâmetro externo de 40,0 cm e um diâmetro interno de 39,0 cm. Determine o volume do alumínio nesta casca.

SITUAÇÃO O volume do alumínio na casca esférica é o volume que resta quando subtraímos o volume da esfera interna com $d_i = 2r_i = 39,0$ cm do volume da esfera externa com $d_e = 2r_e = 40,0$ cm.

SOLUÇÃO
1. Subtraia o volume da esfera de raio r_i do volume da esfera de raio r_e:

   $$V = \tfrac{4}{3}\pi r_e^3 - \tfrac{4}{3}\pi r_i^3 = \tfrac{4}{3}\pi(r_e^3 - r_i^3)$$

2. Substitua r_e por 20,0 cm e r_i por 19,5 cm:

   $$V = \tfrac{4}{3}\pi[(20,0\text{ cm})^3 - (19,5\text{ cm})^3] = \boxed{2,45 \times 10^3 \text{ cm}^3}$$

CHECAGEM Espera-se que o volume da casca possua a mesma ordem de grandeza do volume de um cubo oco com uma aresta externa de 40,0 cm e uma aresta interna de 39,0 cm. O volume deste cubo é $(40,0\text{ cm})^3 - (39,0\text{ cm})^3 = 4,68 \times 10^3 \text{ cm}^3$. O resultado do passo 2 satisfaz a expectativa de que o volume da casca tenha a mesma ordem de grandeza do volume desse cubo oco.

PROBLEMAS PRÁTICOS
17. Determine a razão entre o volume V e a superfície A de uma esfera de raio r.
18. Qual é a área de um cilindro que tem um raio igual a 1/3 de seu comprimento?

M-8 TRIGONOMETRIA

Trigonometria, palavra de raízes gregas que significam "triângulo" e "medida", é o estudo de algumas importantes funções matemáticas, chamadas de **funções trigonométricas**. Estas funções são mais simplesmente definidas como razões entre lados de triângulos retângulos. No entanto, estas definições com base em triângulos retângulos são de utilidade limitada, por serem válidas apenas para ângulos entre zero e 90°. Mas a validade das definições baseadas em triângulos retângulos pode ser estendida definindo-se as funções trigonométricas em termos da razão entre as coordenadas de pontos sobre um círculo de raio unitário traçado com seu centro na origem do plano xy.

Em física, a primeira vez em que encontramos a trigonometria é quando usamos vetores para analisar o movimento em duas dimensões. Funções trigonométricas também são essenciais na análise de qualquer espécie de comportamento periódico, tais como o movimento circular, o movimento oscilatório e a mecânica ondulatória.

ÂNGULOS E SUA MEDIDA: GRAUS E RADIANOS

O tamanho de um ângulo formado por duas linhas retas que se cruzam é conhecido como sua **medida**. A maneira padrão de encontrar a medida de um ângulo é colocá-lo de forma que seu **vértice**, o ponto de interseção das duas linhas retas que o formam, esteja no centro de um círculo localizado na origem de um gráfico de coordenadas cartesianas com uma das linhas se estendendo para a direita como eixo x positivo. A distância percorrida *no sentido anti-horário* sobre a circunferência, a partir do eixo x positivo, até se atingir a interseção da circunferência com a outra reta, define a medida do ângulo. (Viajar no sentido horário até a segunda reta simplesmente daria uma medida negativa; para ilustrar os conceitos básicos, posicionamos o ângulo de forma que a menor rotação será a do sentido anti-horário.)

A unidade mais familiar usada para expressar a medida de um ângulo é o **grau**, que equivale a 1/360 do percurso completo em torno da circunferência do círculo. Para melhor precisão, ou para ângulos menores, podemos usar graus, minutos (') e segundos ("), com $1' = 1°/60$ e $1'' = 1'/60 = 1°/360$; ou indicar os graus como um número decimal comum.

Em trabalhos científicos, uma medida de ângulo mais útil é o **radiano** (rad). Novamente, coloque o ângulo com seu vértice no centro de um círculo e meça a rotação anti-horária na circunferência. A medida do ângulo em radianos é, então, definida como o comprimento do arco circular entre as duas linhas retas dividido pelo raio do círculo (Figura M-10). Se s é o comprimento do arco e r é o raio do círculo, o ângulo θ medido em radianos é

$$\theta = \frac{s}{r} \qquad \text{M-26}$$

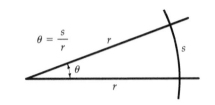

FIGURA M-10 O ângulo θ em radianos é definido como a razão s/r, onde s é o comprimento do arco interceptado em um círculo de raio r.

Como o ângulo medido em radianos é a razão de dois comprimentos, ele é adimensional. A relação entre radianos e graus é

$$360° = 2\pi \text{ rad}$$

ou

$$1 \text{ rad} = \frac{360°}{2\pi} = 57{,}3°$$

A Figura M-11 mostra algumas relações úteis com ângulos.

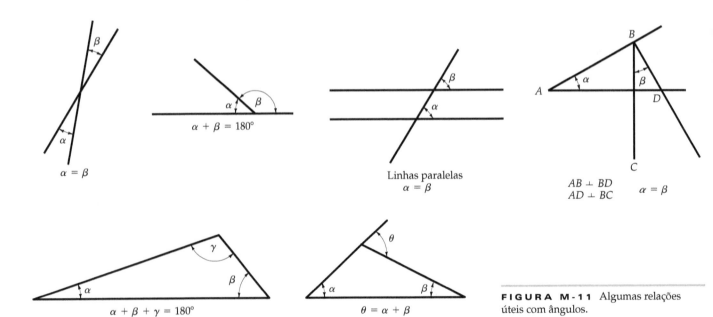

FIGURA M-11 Algumas relações úteis com ângulos.

AS FUNÇÕES TRIGONOMÉTRICAS

A Figura M-12 mostra um triângulo retângulo formado pelo traçado da linha BC perpendicularmente à linha AC. Os comprimentos dos lados são designados por a, b e c. As definições baseadas no triângulo retângulo, para as funções trigonométricas sen θ (o **seno**), cos θ (o **cosseno**) e tan θ (a **tangente**) para um ângulo agudo θ, são

$$\text{sen}\,\theta = \frac{a}{c} = \frac{\text{Lado oposto}}{\text{Hipotenusa}} \qquad \text{M-27}$$

$$\cos\theta = \frac{b}{c} = \frac{\text{Lado adjacente}}{\text{Hipotenusa}} \qquad \text{M-28}$$

$$\tan\theta = \frac{a}{b} = \frac{\text{Lado oposto}}{\text{Lado adjacente}} = \frac{\text{sen}\,\theta}{\cos\theta} \qquad \text{M-29}$$

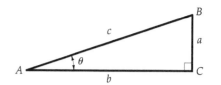

FIGURA M-12 Um triângulo retângulo com lados de comprimentos a e b e hipotenusa de comprimento c.

(**Ângulos agudos** são ângulos que correspondem a uma rotação positiva ao longo da circunferência do círculo menor do que 90°, ou $\pi/2$.) Três outras funções trigonométricas — a **secante** (sec), a **co-secante** (csc) e a **co-tangente** (cot), definidas como os inversos dessas funções — são

$$\sec\theta = \frac{c}{b} = \frac{1}{\cos\theta} \qquad \text{M-30}$$

$$\csc\theta = \frac{c}{a} = \frac{1}{\text{sen}\,\theta} \qquad \text{M-31}$$

$$\cot\theta = \frac{b}{a} = \frac{1}{\tan\theta} = \frac{\cos\theta}{\text{sen}\,\theta} \qquad \text{M-32}$$

O ângulo θ cujo seno é x é dito arco-seno e é representado por $\text{arcsen}\,x$ ou $\text{sen}^{-1}\,x$. Isto é, se

$$\text{sen}\,\theta = x$$

então

$$\theta = \text{arcsen}\,x = \text{sen}^{-1}\,x \qquad \text{M-33}$$

O arco-seno é a função inversa do seno. As funções inversas do cosseno e da tangente são definidas de forma similar. O ângulo cujo cosseno é y é o arco-cosseno de y. Isto é, se

$$\cos\theta = y$$

então

$$\theta = \arccos y = \cos^{-1} y \qquad \text{M-34}$$

O ângulo cuja tangente é z é o arco-tangente de z. Isto é, se

$$\tan\theta = z$$

então

$$\theta = \arctan z = \tan^{-1} z \qquad \text{M-35}$$

IDENTIDADES TRIGONOMÉTRICAS

Podemos deduzir várias fórmulas, chamadas de **identidades trigonométricas**, examinando relações entre as funções trigonométricas. As Equações M-30 a M-32 são três das identidades mais óbvias, fórmulas que expressam algumas funções trigonométricas como inversas de outras. Quase tão fáceis de perceber são as identidades deduzidas a partir do **teorema de Pitágoras**,

$$a^2 + b^2 = c^2 \qquad \text{M-36}$$

(A Figura M-13 ilustra uma prova gráfica deste teorema.) Manipulações algébricas simples da Equação M-36 nos dão mais três identidades. Primeiro, se dividirmos cada termo da Equação M-36 por c^2, obtemos

$$\frac{a^2}{c^2} + \frac{b^2}{c^2} = 1$$

ou, das definições de sen θ (que é a/c) e de cos θ (que é b/c),

$$\text{sen}^2\,\theta + \cos^2\theta = 1 \qquad \text{M-37}$$

De forma similar, podemos dividir cada termo da Equação M-36 por a^2 ou b^2, para obter

$$1 + \cot^2\theta = \csc^2\theta \qquad \text{M-38}$$

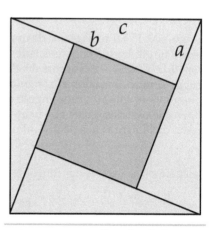

FIGURA M-13 Quando esta figura foi publicada pela primeira vez, não havia as letras e ela estava acompanhada pela única palavra "Veja!". Usando o desenho, demonstre o teorema de Pitágoras ($a^2 + b^2 = c^2$).

Tabela M-2 Identidades Trigonométricas

$\operatorname{sen}(A \pm B) = \operatorname{sen} A \cos B \pm \cos A \operatorname{sen} B$

$\cos(A \pm B) = \cos A \cos B \mp \operatorname{sen} A \operatorname{sen} B$

$\tan(A \pm B) = \dfrac{\tan A \pm \tan B}{1 \mp \tan A \tan B}$

$\operatorname{sen} A \pm \operatorname{sen} B = 2\operatorname{sen}\left[\dfrac{1}{2}(A \pm B)\right]\cos\left[\dfrac{1}{2}(A \mp B)\right]$

$\cos A + \cos B = 2\cos\left[\dfrac{1}{2}(A + B)\right]\cos\left[\dfrac{1}{2}(A - B)\right]$

$\cos A - \cos B = 2\operatorname{sen}\left[\dfrac{1}{2}(A + B)\right]\operatorname{sen}\left[\dfrac{1}{2}(B - A)\right]$

$\tan A \pm \tan B = \dfrac{\operatorname{sen}(A \pm B)}{\cos A \cos B}$

$\operatorname{sen}^2 \theta + \cos^2 \theta = 1;\ \sec^2 \theta - \tan^2 \theta = 1;\ \csc^2 \theta - \cot^2 \theta = 1$

$\operatorname{sen} 2\theta = 2 \operatorname{sen} \theta \cos \theta$

$\cos 2\theta = \cos^2 \theta - \operatorname{sen}^2 \theta = 2\cos^2 \theta - 1 = 1 - 2\operatorname{sen}^2 \theta$

$\tan 2\theta = \dfrac{2 \tan \theta}{1 - \tan^2 \theta}$

$\operatorname{sen}\dfrac{1}{2}\theta = \pm\sqrt{\dfrac{1 - \cos \theta}{2}};\ \cos\dfrac{1}{2}\theta = \pm\sqrt{\dfrac{1 + \cos \theta}{2}};\ \tan\dfrac{1}{2}\theta = \pm\sqrt{\dfrac{1 - \cos \theta}{1 + \cos \theta}}$

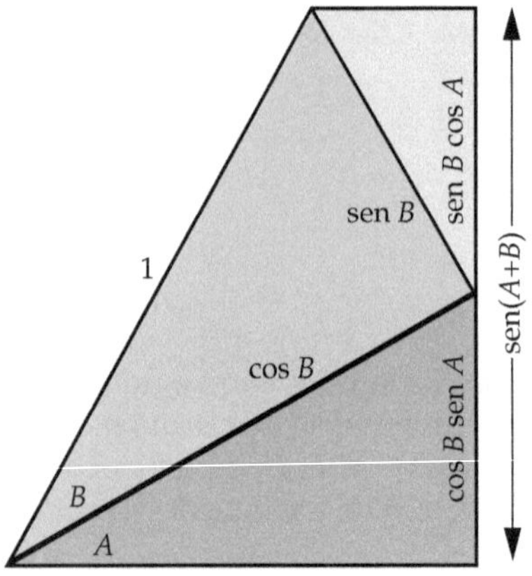

FIGURA M-14 Usando este desenho, prove a identidade $\operatorname{sen}(A + B) = \operatorname{sen} A \cos B + \cos A \operatorname{sen} B$. Você também pode usá-lo para provar a identidade $\cos(A + B) = \cos A \cos B - \operatorname{sen} A \operatorname{sen} B$. Tente.

e

$$1 + \tan^2 \theta = \sec^2 \theta \qquad \text{M-39}$$

A Tabela M-2 lista estas últimas três identidades trigonométricas, além de muitas outras. Note que elas caem em quatro categorias: funções de somas ou diferenças de ângulos, somas ou diferenças de quadrados de funções, funções de ângulos duplos (2θ) e funções de meios ângulos ($\frac{1}{2}\theta$). Note, também, que algumas dessas fórmulas contêm alternativas pareadas, expressas pelos sinais $\pm$ ou $\mp$; em tais fórmulas, lembre-se de sempre aplicar a fórmula ou com todas as alternativas "superiores" ou com todas as alternativas "inferiores". A Figura M-14 mostra uma prova gráfica das primeiras duas identidades de soma de ângulos.

ALGUNS VALORES IMPORTANTES DAS FUNÇÕES

A Figura M-15 é um diagrama de um triângulo retângulo *isósceles* (um triângulo isósceles é um triângulo com dois lados iguais), a partir do qual podemos determinar o seno, o cosseno e a tangente de 45°. Os dois ângulos agudos deste triângulo são iguais. Como a soma dos três ângulos de um triângulo deve ser igual a 180°, e como o ângulo reto é de 90°, cada ângulo agudo deve valer 45°. Por conveniência, vamos supor que os lados iguais possuem, cada um, um comprimento de 1 unidade. O teorema de Pitágoras nos dá um valor para a hipotenusa de

$$c = \sqrt{a^2 + b^2} = \sqrt{1^2 + 1^2} = \sqrt{2}\ \text{unidades}$$

Calculamos os valores das funções:

$\operatorname{sen} 45° = \dfrac{a}{c} = \dfrac{1}{\sqrt{2}} = 0{,}707 \quad \cos 45° = \dfrac{b}{c} = \dfrac{1}{\sqrt{2}} = 0{,}707 \quad \tan 45° = \dfrac{a}{b} = \dfrac{1}{1} = 1$

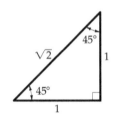

FIGURA M-15 Um triângulo retângulo isósceles.

Outro triângulo comum, um triângulo retângulo 30°–60°, é mostrado na Figura M-16. Como este triângulo retângulo particular é, com efeito, a metade de um *triângulo equilátero* (um triângulo 60°–60°–60°, ou um triângulo com os três lados e os três ângulos iguais), podemos ver que o seno de 30° deve valer exatamente 0,5 (Figura M-17). O triângulo equilátero deve ter todos os lados iguais a c, a hipotenusa do tri-

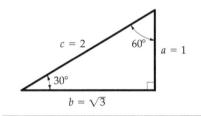

FIGURA M-16 Um triângulo retângulo 30°–60°.

ângulo retângulo 30°–60°. Então, o lado a vale a metade do comprimento da hipotenusa, e logo

$$\text{sen } 30° = \frac{1}{2}$$

Para determinar as outras razões no triângulo retângulo 30°–60°, vamos atribuir um valor 1 ao lado oposto ao ângulo de 30°. Então,

$$c = \frac{1}{0,5} = 2 \qquad\qquad b = \sqrt{c^2 - a^2} = \sqrt{2^2 - 1^2} = \sqrt{3}$$

$$\cos 30° = \frac{b}{c} = \frac{\sqrt{3}}{2} = 0,866 \qquad \tan 30° = \frac{a}{b} = \frac{1}{\sqrt{3}} = 0,577$$

$$\text{sen } 60° = \frac{b}{c} = \cos 30° = 0,866 \qquad \cos 60° = \frac{a}{c} = \text{sen } 30° = \frac{1}{2}$$

$$\tan 60° = \frac{b}{a} = \frac{\sqrt{3}}{1} = 1,732$$

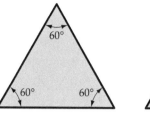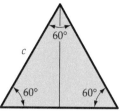

FIGURA M-17 (*a*) Um triângulo equilátero. (*b*) Um triângulo equilátero dividido em dois triângulos retângulos 30°–60°.

APROXIMAÇÃO PARA ÂNGULOS PEQUENOS

Para pequenos ângulos, o comprimento a é quase igual ao comprimento de arco s, como pode ser visto na Figura M-18. O ângulo $\theta = s/c$ é, portanto, quase igual a sen $\theta = a/c$:

$$\text{sen } \theta \approx \theta \qquad \text{para valores pequenos de } \theta \qquad \text{M-40}$$

De forma similar, os comprimentos c e b são quase iguais, e logo $\tan \theta = a/b$ é quase igual a θ e a sen θ para pequenos valores de θ:

$$\tan \theta \approx \text{sen } \theta \approx \theta \qquad \text{para valores pequenos de } \theta \qquad \text{M-41}$$

As Equações M-40 e M-41 valem apenas se θ for medido em radianos. Como $\cos \theta = b/c$, e como estes comprimentos são quase iguais para pequenos valores de θ, temos

$$\cos \theta \approx 1 \qquad \text{para valores pequenos de } \theta \qquad \text{M-42}$$

A Figura M-19 mostra gráficos de θ, sen θ e tan θ *versus* θ para pequenos valores de θ. Se é necessária uma precisão de alguns pontos percentuais, a aproximação para ângulos pequenos só pode ser usada para ângulos da ordem de um quarto de um radiano (ou cerca de 15°) ou menos. Abaixo deste valor, quando o ângulo se torna menor, a aproximação $\theta \approx$ sen $\theta \approx$ tan θ é ainda mais precisa.

FUNÇÕES TRIGONOMÉTRICAS COMO FUNÇÕES DE NÚMEROS REAIS

Até agora, ilustramos as funções trigonométricas como propriedades de ângulos. A Figura M-20 mostra um ângulo *obtuso* com o vértice na origem e um dos lados ao longo do eixo x. As funções trigonométricas para um ângulo "genérico" como este são definidas por

$$\text{sen } \theta = \frac{y}{c} \qquad \text{M-43}$$

$$\cos \theta = \frac{x}{c} \qquad \text{M-44}$$

$$\tan \theta = \frac{y}{x} \qquad \text{M-45}$$

É importante lembrar que os valores de x à esquerda do eixo vertical e que os valores de y abaixo do eixo horizontal são negativos; na figura, c é sempre visto como positivo. A Figura M-21 mostra gráficos das funções genéricas seno, cosseno e tangente, *versus* θ. A função seno tem um período de 2π rad. Assim, para qualquer valor de θ, sen$(\theta + 2\pi)$ = sen θ, e assim por diante. Isto é, quando um ângulo varia de 2π rad,

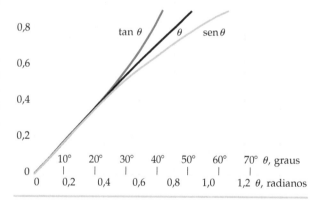

FIGURA M-18 Para ângulos pequenos, sen $\theta = a/c$, tan $\theta = a/b$ e o ângulo $\theta = s/c$ são todos aproximadamente iguais.

FIGURA M-19 Gráficos de tan θ, θ e sen θ *versus* θ para pequenos valores de θ.

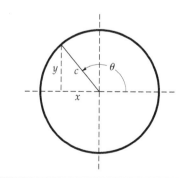

FIGURA M-20 Diagrama para a definição das funções trigonométricas de um ângulo obtuso.

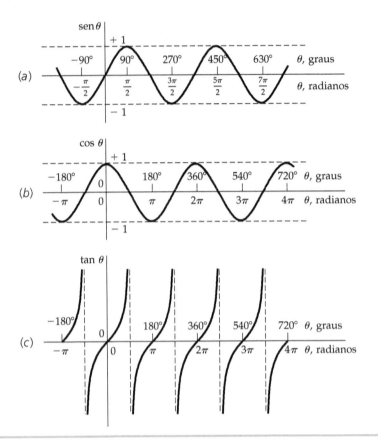

FIGURA M-21 As funções trigonométricas sen θ, cos θ e tan θ *versus* θ.

a função retorna ao seu valor original. A função tangente tem um período de π rad. Assim, $\tan(\theta + \pi) = \tan \theta$, e assim por diante. Algumas outras relações úteis são

$$\operatorname{sen}(\pi - \theta) = \operatorname{sen} \theta \qquad \text{M-46}$$
$$\cos(\pi - \theta) = -\cos \theta \qquad \text{M-47}$$
$$\operatorname{sen}(\tfrac{1}{2}\pi - \theta) = \cos \theta \qquad \text{M-48}$$
$$\cos(\tfrac{1}{2}\pi - \theta) = \operatorname{sen} \theta \qquad \text{M-49}$$

Como o radiano é adimensional, não é difícil ver, dos gráficos da Figura M-21, que as funções trigonométricas são funções de todos os números reais. As funções também podem ser expressas como séries de potências de θ. As séries para sen θ e cos θ são

$$\operatorname{sen} \theta = \theta - \frac{\theta^3}{3!} + \frac{\theta^5}{5!} - \frac{\theta^7}{7!} + \cdots \qquad \text{M-50}$$

$$\cos \theta = 1 - \frac{\theta^2}{2!} + \frac{\theta^4}{4!} - \frac{\theta^6}{6!} + \cdots \qquad \text{M-51}$$

Quando θ é pequeno, boas aproximações são obtidas usando-se apenas alguns dos primeiros termos das séries.

Exemplo M-9 Cosseno de uma Soma

Usando uma adequada identidade trigonométrica da Tabela M-2, determine o $\cos(135° + 22°)$. Dê sua resposta com quatro algarismos significativos.

SITUAÇÃO Desde que todos os ângulos são dados em graus, não há necessidade de convertê-los para radianos, já que todas as operações são valores numéricos das funções. Verifique, no entanto, se sua calculadora está no modo grau. A identidade adequada é $\cos(A \pm B) = \cos A \cos B \mp \operatorname{sen} A \operatorname{sen} B$, onde os sinais superiores são os apropriados.

SOLUÇÃO

1. Escreva a identidade trigonométrica para o cosseno de uma soma, com $A = 135°$ e $B = 22°$:

$$\cos(135° + 22°) = (\cos 135°)(\cos 22°) - (\text{sen } 135°)(\text{sen } 22°)$$

2. Usando uma calculadora, determine $\cos 135°$, $\text{sen } 135°$, $\cos 22°$ e $\text{sen } 22°$:

$$\cos 135° = -0{,}7071 \qquad \text{sen } 135° = 0{,}7071$$
$$\cos 22° = 0{,}9272 \qquad \text{sen } 22° = 0{,}3746$$

3. Entre com os valores na fórmula e calcule o resultado:

$$\cos(135° + 22°) = (-0{,}7071)(0{,}9272) - (0{,}7071)(0{,}3746)$$
$$= -0{,}9205$$

CHECAGEM A calculadora fornece $\cos(135° + 22°) = \cos(157°) = -0{,}9205$.

PROBLEMAS PRÁTICOS

19. Determine $\text{sen } \theta$ e $\cos \theta$ para o triângulo retângulo da Figura M-12, com $a = 4$ cm e $b = 7$ cm. Qual é o valor de θ?
20. Determine $\text{sen } \theta$, para $\theta = 8{,}2°$. Sua resposta é consistente com a aproximação para ângulos pequenos?

M-9 A EXPANSÃO BINOMIAL

Um **binômio** é uma expressão que consiste em dois termos ligados por um sinal de mais ou de menos. O **teorema binomial** estabelece que um binômio elevado a uma potência pode ser escrito, ou *expandido*, como uma série de termos. Se elevarmos o binômio $(1 + x)$ à potência n, o teorema binomial toma a forma

$$(1 + x)^n = 1 + nx + \frac{n(n-1)}{2!}x^2 + \frac{n(n-1)(n-2)}{3!}x^3 + \cdots \qquad \text{M-52}$$

A série é válida para qualquer valor de n se $|x|$ é menor do que 1. A expansão binomial é muito útil em aproximações de expressões algébricas, porque quando $|x| < 1$ os termos de ordens superiores na soma são pequenos. (A ordem de um termo é a potência de x no termo. Assim, os termos mostrados explicitamente na Equação M-52 são de ordens 0, 1, 2 e 3.) A série é particularmente útil em situações onde $|x|$ é pequeno em comparação com 1; então, cada termo é *muito* menor do que o termo anterior e podemos descartar todos os termos além dos primeiros dois ou três termos da expansão. Se $|x|$ é muito menor do que 1, temos

$$(1 + x)^n \approx 1 + nx, \qquad |x| \ll 1 \qquad \text{M-53}$$

A expansão binomial é usada na dedução de muitas fórmulas de cálculo que são importantes em física. Um bem conhecido uso da aproximação na Equação M-53, em física, é a prova de que a energia cinética relativística se reduz à fórmula clássica quando a velocidade de uma partícula é muito pequena em comparação com a velocidade da luz c.

Exemplo M-10

Usando a Expansão Binomial para Encontrar uma Potência de um Número

Use a Equação M-53 para encontrar um valor aproximado da raiz quadrada de 101.

SITUAÇÃO O número 101 sugere, imediatamente, um binômio, qual seja, $(100 + 1)$. Para encontrar um resultado aproximado, usando a expansão binomial, precisamos manipular a expressão para obter um binômio consistindo de 1 e de um termo menor do que 1.

SOLUÇÃO

1. Escreva $(101)^{1/2}$ em termos de uma expressão $(1 + x)^n$, com x muito menor do que 1:

$$(101)^{1/2} = (100 + 1)^{1/2} = (100)^{1/2}(1 + 0{,}01)^{1/2} = 10(1 + 0{,}01)^{1/2}$$

2. Use a Equação M-53 com $n = \frac{1}{2}$ e $x = 0{,}01$ para expandir $(1 + 0{,}01)^{1/2}$:

$$(1 + 0{,}01)^{1/2} = 1 + \tfrac{1}{2}(0{,}01) + \frac{\tfrac{1}{2}\left(-\tfrac{1}{2}\right)}{2}(0{,}01)^2 + \cdots$$

3. Como $|x| \ll 1$, esperamos que as magnitudes dos termos de ordens 2 e superiores sejam significativamente menores do que a magnitude do termo de primeira ordem. Aproxime o binômio (1) mantendo apenas os termos de ordens zero e um, e (2) mantendo apenas os três primeiros termos:

   Mantendo apenas os termos de ordens zero e um, temos
   $$(1 + 0{,}01)^{1/2} \approx 1 + \tfrac{1}{2}(0{,}01) = 1 + 0{,}005\,000\,0$$
   $$= 1{,}005\,000\,0$$

   Mantendo apenas os termos de ordens zero, um e dois, temos
   $$(1 + 0{,}01)^{1/2} \approx 1 + \tfrac{1}{2}(0{,}01) + \frac{\tfrac{1}{2}(-\tfrac{1}{2})}{2}(0{,}01)^2$$
   $$\approx 1 + 0{,}005\,000\,0 - 0{,}000\,012\,5$$
   $$= 1{,}004\,987\,5$$

4. Substitua estes resultados na equação do passo 1:

   Mantendo apenas os termos de ordens zero e um, temos
   $$(101)^{1/2} = 10(1 + 0{,}01)^{1/2} \approx \boxed{10{,}050\,000}$$
   Mantendo apenas os termos de ordens zero, um e dois, temos
   $$(101)^{1/2} = 10(1 + 0{,}01)^{1/2} \approx \boxed{10{,}049\,875}$$

CHECAGEM Esperamos nossa resposta correta em até cerca de 0,001%. O valor de $(101)^{1/2}$, com até oito algarismos, é 10,049 876. Isto difere de 10,050 000 em 0,000 124, ou cerca de uma parte em 10^5, e difere de 10,049 875 em cerca de uma parte em 10^7.

PROBLEMAS PRÁTICOS No que segue, calcule a resposta mantendo os termos de ordem zero e de primeira ordem na série binomial (Equação M-53), encontre a resposta usando sua calculadora e determine a diferença percentual entre os dois valores:

21. $(1 + 0{,}001)^{-4}$
22. $(1 - 0{,}001)^{40}$

M-10 NÚMEROS COMPLEXOS

Números reais são todos os números, de $-\infty$ a $+\infty$, que podem ser *ordenados*. Sabemos que, dados dois números reais, um deles sempre é igual, maior ou menor do que o outro. Por exemplo, $3 > 2$; $1{,}4 < \sqrt{2} < 1{,}5$ e $3{,}14 < \pi < 3{,}15$. Um número que *não pode* ser ordenado é $\sqrt{-1}$; não podemos medir o tamanho deste número, e portanto, não tem sentido dizer, por exemplo, que $3 \times \sqrt{-1}$ é maior ou menor do que $2 \times \sqrt{-1}$. Os primeiros matemáticos que lidaram com números contendo $\sqrt{-1}$ se referiam a esses números como números *imaginários*, porque eles não podiam ser usados para medir ou contar alguma coisa. Em matemática, o símbolo i é usado para representar $\sqrt{-1}$.

A Equação M-5, a fórmula quadrática, se aplica a equações da forma
$$ax^2 + bx + c = 0$$
A fórmula mostra que não há raízes reais quando $b^2 < 4ac$. Ainda existem, no entanto, duas raízes. Cada raiz é um número contendo dois termos: um número real e um múltiplo de $i = \sqrt{-1}$. O múltiplo de i é chamado de **número imaginário** e i é chamado de **unidade imaginária**.

Um **número complexo** z pode ser escrito, de forma geral, como
$$z = a + bi \qquad \text{M-54}$$
onde a e b são números reais. A quantidade a é a chamada parte real de z, ou Re(z), e a quantidade b é a chamada parte imaginária de z, ou Im(z). Podemos representar um número complexo z como um ponto em um plano, chamado de plano complexo, como mostrado na Figura M-22, onde o eixo x é o **eixo real** e o eixo y é o **eixo imaginário**. Podemos, também, usar as relações $a = r\cos\theta$ e $b = r\,\text{sen}\,\theta$, da Figura M-22, para escrever o número complexo z em **coordenadas polares** (um sistema onde um ponto é localizado pelo ângulo de rotação anti-horária θ e pela distância r ao longo da direção θ):
$$z = r\cos\theta + ir\,\text{sen}\,\theta \qquad \text{M-55}$$
onde $r = \sqrt{a^2 + b^2}$ é a chamada **magnitude** de z.

Quando números complexos são somados ou subtraídos, as partes reais e imaginárias são somadas ou subtraídas separadamente:
$$z_1 + z_2 = (a_1 + ib_1) + (a_2 + ib_2) = (a_1 + a_2) + i(b_1 + b_2) \qquad \text{M-56}$$

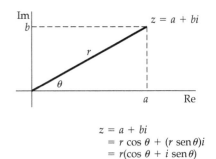

FIGURA M-22 Representação de um número complexo no plano. A parte real do número complexo é plotada no eixo horizontal, e a parte imaginária é plotada no eixo vertical.

No entanto, quando dois números complexos são multiplicados, cada parte de um número é multiplicada por cada parte do outro número:

$$z_1 z_2 = (a_1 + ib_1)(a_2 + ib_2) = a_1 a_2 + i^2 b_1 b_2 + i(a_1 b_2 + a_2 b_1)$$
$$= a_1 a_2 - b_1 b_2 + i(a_1 b_2 + a_2 b_1) \qquad \text{M-57}$$

onde usamos $i^2 = -1$.

O **complexo conjugado** z^* de um número complexo z é o número obtido substituindo i por $-i$ em z. Se $z = a + ib$, então

$$z^* = (a + ib)^* = a - ib \qquad \text{M-58}$$

(Quando uma equação quadrática tem raízes complexas, as raízes são **números complexos conjugados**, da forma $a \pm ib$.) O produto de um número complexo por seu complexo conjugado é igual ao quadrado da magnitude do número:

$$zz^* = (a + ib)(a - ib) = a^2 + b^2 = r^2 \qquad \text{M-59}$$

Uma função de número complexo particularmente útil é a exponencial $e^{i\theta}$. Usando uma expansão para e^x, temos

$$e^{i\theta} = 1 + i\theta + \frac{(i\theta)^2}{2!} + \frac{(i\theta)^3}{3!} + \frac{(i\theta)^4}{4!} + \cdots$$

Usando $i^2 = -1$, $i^3 = -i$, $i^4 = +1$, e assim por diante, e separando as partes reais das partes imaginárias, esta expansão pode ser escrita como

$$e^{i\theta} = \left(1 - \frac{\theta^2}{2!} + \frac{\theta^4}{4!} - \cdots\right) + i\left(\theta - \frac{\theta^3}{3!} + \cdots\right)$$

Comparando este resultado com as Equações M-50 e M-51, podemos ver que

$$e^{i\theta} = \cos\theta + i\operatorname{sen}\theta \qquad \text{M-60}$$

Usando este resultado, podemos expressar um número complexo genérico como uma exponencial:

$$z = a + ib = r\cos\theta + ir\operatorname{sen}\theta = re^{i\theta} \qquad \text{M-61}$$

Se $z = x + iy$, onde x e y são variáveis reais, então z é uma **variável complexa**.

VARIÁVEIS COMPLEXAS EM FÍSICA

Variáveis complexas são, com freqüência, usadas em fórmulas que descrevem circuitos de corrente alternada: a impedância de um capacitor ou de um indutor inclui uma parte real (a resistência) e uma parte imaginária (a reatância). (Há formas alternativas, no entanto, de analisar circuitos de corrente alternada — como os vetores girantes chamados de *fasores* — que não requerem atribuição de valores imaginários.) Variáveis complexas são, também, importantes no estudo de ondas harmônicas, através de análise e síntese de Fourier. A equação de Schrödinger dependente do tempo contém uma função da posição e do tempo de valores complexos.

Exemplo M-11   **Determinando a Potência de um Número Complexo**

Calcule $(1 + 3i)^4$ usando a expansão binomial.

SITUAÇÃO A expressão é da forma $(1 + x)^n$. Como n é um inteiro positivo, a expansão é válida para qualquer valor de x e todos os termos, além daqueles de ordem n ou menor, devem ser iguais a zero.

SOLUÇÃO

1. Desenvolva a expansão $(1 + 3i)^4$ para mostrar os termos de ordem até quatro:
$$1 + 4\cdot 3i + \frac{4(3)}{2!}(3i)^2 + \frac{4(3)(2)}{3!}(3i)^3 + \frac{4(3)(2)(1)}{4!}(3i)^4$$

2. Calcule cada termo, lembrando que $i^2 = -1$, $i^3 = -i$ e $i^4 = +1$:
$$1 + 12i - 54 - 108i + 81$$

3. Escreva o resultado na forma $a + bi$:
$$(1 + 3i)^4 = \boxed{28 - 96i}$$

CHECAGEM Podemos resolver o problema algebricamente para mostrar que a resposta está correta. Primeiro, elevamos $1 + 3i$ ao quadrado e, depois, elevamos o resultado ao quadrado para obter $(1 + 3i)^4$:

$$(1 + 3i)^2 = 1 \cdot 1 + 2 \cdot 1 \cdot 3i + (3i)^2 = 1 + 6i - 9 = -8 + 6i$$
$$(-8 + 6i)^2 = (-8)(-8) + 2(-8)(6i) + (6i)^2 = 64 - 96i - 36 = 28 - 96i$$

PROBLEMAS PRÁTICOS Expresse na forma $a + bi$:

23. $e^{i\pi}$
24. $e^{i\pi/2}$

M-11 CÁLCULO DIFERENCIAL

O **cálculo** é um ramo da matemática que nos permite lidar com taxas instantâneas de variação de funções e variáveis. Da equação de uma função — digamos, x como função de t — podemos sempre determinar x para um dado t, mas com os métodos do cálculo você pode ir muito além. Você pode saber onde x possuirá certas propriedades, tais como um valor máximo ou um valor mínimo, sem ter que testar com um enorme número de valores de t. Com o cálculo, se são fornecidos os dados apropriados, você pode determinar, por exemplo, o ponto de máxima tensão em uma viga, ou a velocidade ou posição de um corpo em queda no instante t, ou a energia que um corpo em queda adquiriu até o momento do impacto. Os princípios do cálculo provêm do exame das funções em nível infinitesimal — analisando como, por exemplo, x variará quando a variação em t se tornar tão pequena quanto se queira. Começamos com o **cálculo diferencial**, onde determinamos o *limite* da taxa de variação de x em relação a t, quando a variação em t tende a zero.

A Figura M-23 é um gráfico de x *versus* t para uma função típica $x(t)$. Para um particular valor $t = t_1$, x tem o valor x_1, como indicado. Para outro valor t_2, x tem o valor x_2. A variação de t, $t_2 - t_1$, é escrita $\Delta t = t_2 - t_1$; e a correspondente variação em x é escrita $\Delta x = x_2 - x_1$. A razão $\Delta x/\Delta t$ é a inclinação da linha reta que liga (x_1, t_1) a (x_2, t_2). Se tomarmos o limite em que t_2 tende a t_1 (enquanto Δt tende a zero), a inclinação da linha que liga (x_1, t_1) a (x_2, t_2) se aproxima da inclinação da linha que é tangente à curva no ponto (x_1, t_1). A inclinação desta linha tangente é igual à **derivada** de x em relação a t e é escrita como dx/dt:

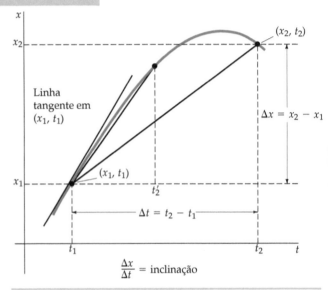

FIGURA M-23 Gráfico de uma função $x(t)$ típica. Os pontos (x_1,t_1) e (x_2,t_2) estão ligados por uma linha reta. A inclinação desta linha é $\Delta x/\Delta t$. Quando o intervalo de tempo que começa em t_1 diminui, a inclinação para esse intervalo se aproxima da inclinação da linha tangente à curva no tempo t_1, que é a derivada de x em relação a t.

$$\frac{dx}{dt} = \lim_{\Delta t \to 0} \frac{\Delta x}{\Delta t} \qquad \text{M-62}$$

(Quando determinamos a derivada de uma função, dizemos que estamos **diferenciando** ou **derivando** a função; e os elementos muito pequenos "dx" e "dt" são as chamadas **diferenciais** de x e de t, respectivamente.) A derivada de uma função de t é outra função de t. Se x é uma constante e não varia, o gráfico de x *versus* t é uma reta horizontal de inclinação zero. A derivada de uma constante é, então, zero. Na Figura M-24, x não é constante mas é proporcional a t:

$$x = Ct$$

Esta função possui uma inclinação constante igual a C. Assim, a derivada de Ct é C. A Tabela M-3 lista algumas propriedades das derivadas e as derivadas de algumas funções particulares que ocorrem com freqüência em física. Ela é seguida de comentários feitos com o intuito de tornar estas propriedades e regras mais claras. Discussões mais detalhadas podem ser encontradas na maioria dos livros-texto de cálculo.

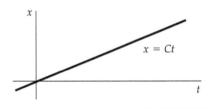

FIGURA M-24 Gráfico da função linear $x = Ct$. Esta função possui uma inclinação constante C.

COMENTÁRIOS SOBRE AS REGRAS 1 A 5

As regras 1 e 2 seguem do fato de que o processo limite é linear. Podemos entender a regra 3, a regra da cadeia, multiplicando $\Delta f/\Delta t$ por $\Delta x/\Delta x$ e reparando que, quando

Tutorial Matemático | **499**

Tabela M-3
Propriedades das Derivadas e Derivadas de Algumas Funções

Linearidade
1. A derivada de uma constante C vezes uma função $f(t)$ é igual à constante vezes a derivada da função:

$$\frac{d}{dt}[Cf(t)] = C\frac{df(t)}{dt}$$

2. A derivada de uma soma de funções é igual à soma das derivadas das funções:

$$\frac{d}{dt}[f(t) + g(t)] = \frac{df(t)}{dt} + \frac{dg(t)}{dt}$$

Regra da cadeia
3. Se f é uma função de x e x é, por sua vez, uma função de t, a derivada de f em relação a t é igual ao produto da derivada de f em relação a x pela derivada de x em relação a t:

$$\frac{d}{dt}f(x(t)) = \frac{df}{dx}\frac{dx}{dt}$$

Derivada de um produto
4. A derivada de um produto de funções $f(t)g(t)$ é igual à primeira função vezes a derivada da segunda mais a segunda função vezes a derivada da primeira:

$$\frac{d}{dt}[f(t)g(t)] = f(t)\frac{dg(t)}{dt} + g(t)\frac{df(t)}{dt}$$

Inverso de uma derivada
5. A derivada de t em relação a x é o inverso da derivada de x em relação a t, supondo-se que nenhuma das derivadas seja nula:

$$\frac{dt}{dx} = \left(\frac{dx}{dt}\right)^{-1} \quad \text{se} \quad \frac{dt}{dx} \neq 0 \quad \text{e} \quad \frac{dx}{dt} \neq 0$$

Derivadas de algumas funções
6. Se C é uma constante, então $dC/dt = 0$.

7. $\dfrac{d(t^n)}{dt} = nt^{n-1}$ Se n é constante.

8. $\dfrac{d}{dt}\operatorname{sen}\omega t = \omega\cos\omega t$ Se ω é constante.

9. $\dfrac{d}{dt}\cos\omega t = -\omega\operatorname{sen}\omega t$ Se ω é constante.

10. $\dfrac{d}{dt}\tan\omega t = \omega\operatorname{sen}^2\omega t$ Se ω é constante.

11. $\dfrac{d}{dt}e^{bt} = be^{bt}$ Se b é constante.

12. $\dfrac{d}{dt}\ln bt = \dfrac{1}{t}$ Se b é constante.

Δt tende a zero, Δx também tende a zero. Isto é,

$$\lim_{\Delta t\to 0}\frac{\Delta f}{\Delta t} = \lim_{\Delta t\to 0}\left(\frac{\Delta f}{\Delta t}\frac{\Delta x}{\Delta x}\right) = \lim_{\Delta t\to 0}\left(\frac{\Delta f}{\Delta x}\frac{\Delta x}{\Delta t}\right) = \left(\lim_{\Delta x\to 0}\frac{\Delta f}{\Delta x}\right)\left(\lim_{\Delta t\to 0}\frac{\Delta x}{\Delta t}\right) = \frac{df}{dx}\frac{dx}{dt}$$

onde usamos o fato de que o limite de um produto é igual ao produto dos limites.

A regra 4 não é imediatamente evidente. A derivada de um produto de funções é o limite da razão

$$\frac{f(t + \Delta t)g(t + \Delta t) - f(t)g(t)}{\Delta t}$$

Se somarmos e subtrairmos a quantidade $f(t + \Delta t)g(t)$ ao numerador, podemos escrever esta razão como

$$\frac{f(t + \Delta t)g(t + \Delta t) - f(t + \Delta t)g(t) + f(t + \Delta t)g(t) - f(t)g(t)}{\Delta t}$$

$$= f(t + \Delta t)\left[\frac{g(t + \Delta t) - g(t)}{\Delta t}\right] + g(t)\left[\frac{f(t + \Delta t) - f(t)}{\Delta t}\right]$$

Quando Δt tende a zero, os termos entre colchetes se tornam $dg(t)/dt$ e $df(t)/dt$, respectivamente, e o limite da expressão é

$$f(t)\frac{dg(t)}{dt} + g(t)\frac{df(t)}{dt}$$

A regra 5 segue diretamente da definição:

$$\frac{dx}{dt} = \lim_{\Delta t \to 0}\frac{\Delta x}{\Delta t} = \lim_{\Delta x \to 0}\left(\frac{\Delta t}{\Delta x}\right)^{-1} = \left(\frac{dt}{dx}\right)^{-1}$$

COMENTÁRIOS SOBRE A REGRA 7

Podemos obter este importante resultado usando a expansão binomial. Temos

$$f(t) = t^n$$

$$f(t + \Delta t) = (t + \Delta t)^n = t^n\left(1 + \frac{\Delta t}{t}\right)^n$$

$$= t^n\left[1 + n\frac{\Delta t}{t} + \frac{n(n-1)}{2!}\left(\frac{\Delta t}{t}\right)^2 + \frac{n(n-1)(n-2)}{3!}\left(\frac{\Delta t}{t}\right)^3 + \cdots\right]$$

Então,

$$f(t + \Delta t) - f(t) = t^n\left[n\frac{\Delta t}{t} + \frac{n(n-1)}{2!}\left(\frac{\Delta t}{t}\right)^2 + \cdots\right]$$

e

$$\frac{f(t + \Delta t) - f(t)}{\Delta t} = nt^{n-1} + \frac{n(n-1)}{2!}t^{n-2}\Delta t + \cdots$$

O termo seguinte, omitido da última soma, é proporcional a $(\Delta t)^2$, o próximo é proporcional a $(\Delta t)^3$, e assim por diante. Cada termo, exceto o primeiro, tende a zero quando Δt tende a zero. Assim,

$$\frac{df}{dt} = \lim_{\Delta x \to 0}\frac{f(t + \Delta t) - f(t)}{\Delta t} = nt^{n-1}$$

COMENTÁRIOS SOBRE AS REGRAS 8 A 10

Primeiro, escrevemos sen ωt = sen θ, com $\theta = \omega t$, e usamos a regra da cadeia,

$$\frac{d \operatorname{sen} \theta}{dt} = \frac{d \operatorname{sen} \theta}{d\theta}\frac{d\theta}{dt} = \omega\frac{d \operatorname{sen} \theta}{d\theta}$$

Depois, usamos as fórmulas trigonométricas para o seno da soma dos dois ângulos θ e $\Delta\theta$:

$$\operatorname{sen}(\theta + \Delta\theta) = \operatorname{sen} \Delta\theta \, \cos \theta + \cos \Delta\theta \operatorname{sen} \theta$$

Como $\Delta\theta$ deve tender a zero, podemos usar as aproximações para pequenos ângulos

$$\operatorname{sen} \Delta\theta \approx \Delta\theta \qquad \text{e} \qquad \cos \Delta\theta \approx 1$$

Então,

$$\operatorname{sen}(\theta + \Delta\theta) \approx \Delta\theta \cos \theta + \operatorname{sen} \theta$$

e

$$\frac{\operatorname{sen}(\theta + \Delta\theta) - \operatorname{sen} \theta}{\Delta\theta} \approx \cos \theta$$

Um raciocínio similar pode ser aplicado à função cosseno para obter a regra 9.

A regra 10 é obtida escrevendo $\tan \theta = \text{sen } \theta / \cos \theta$ e aplicando a regra 4, juntamente com as regras 8 e 9:

$$\frac{d}{dt}(\tan \theta) = \frac{d}{dt}(\text{sen}\,\theta)(\cos \theta)^{-1} = \text{sen } \theta \frac{d}{dt}(\cos \theta)^{-1} + \frac{d(\text{sen}\,\theta)}{dt}(\cos \theta)^{-1}$$

$$= \text{sen } \theta(-1)(\cos \theta)^{-2}(-\text{sen } \theta) + (\cos \theta)(\cos \theta)^{-1}$$

$$= \frac{\text{sen}^2 \theta}{\cos^2 \theta} + 1 = \tan^2 \theta + 1 = \sec^2 \theta$$

Para obter a regra 10, faça $\theta = \omega t$ e use a regra da cadeia.

COMENTÁRIOS SOBRE A REGRA 11

Usamos novamente a regra da cadeia

$$\frac{de^\theta}{dt} = \frac{b \, de^\theta}{b \, dt} = b \frac{de^\theta}{d(bt)} = b \frac{de^\theta}{d\theta} \qquad \text{com} \qquad \theta = bt$$

e a expansão em série da função exponencial:

$$e^{\theta + \Delta\theta} = e^\theta e^{\Delta\theta} = e^\theta \left[1 + \Delta\theta + \frac{(\Delta\theta)^2}{2!} + \frac{(\Delta\theta)^3}{3!} + \cdots \right]$$

Então,

$$\frac{e^{\theta + \Delta\theta} - e^\theta}{\Delta\theta} = e^\theta + e^\theta \frac{\Delta\theta}{2!} + e^\theta \frac{(\Delta\theta)^2}{3!} + \cdots$$

Quando $\Delta\theta$ tende a zero, o lado direito desta equação tende a e^θ.

COMENTÁRIOS SOBRE A REGRA 12

Seja

$$y = \ln bt$$

Logo,

$$e^y = bt \Rightarrow t = \frac{1}{b}e^y$$

Então, usando a regra 11, obtemos

$$\frac{dt}{dy} = \frac{1}{b}e^y \; \therefore \; \frac{dt}{dy} = t$$

E, usando a regra 5, fica

$$\frac{dy}{dt} = \left(\frac{dt}{dy} \right)^{-1} = \frac{1}{t}$$

DERIVADAS DE SEGUNDA ORDEM E DE ORDENS SUPERIORES; ANÁLISE DIMENSIONAL

Uma vez tendo derivado uma função, podemos derivar a derivada resultante, desde que restem termos para serem derivados. Uma função como $x = e^{bt}$ pode ser derivada indefinidamente: $dx/dt = be^{bt}$ (esta função tem como derivada $b^2 e^{bt}$, e assim por diante).

Considere a velocidade e a aceleração. Podemos definir velocidade como a taxa de variação da posição de uma partícula, ou dx/dt, e aceleração como a taxa de variação da velocidade, ou a *segunda* derivada de x em relação a t, escrita como d^2x/dt^2. Se uma partícula se move com velocidade constante, então dx/dt será igual a uma constante. A aceleração, no entanto, será zero: possuir uma velocidade constante equivale a não possuir aceleração, e a derivada de uma constante é zero. Considere, agora, um objeto em queda, sujeito à aceleração constante da gravidade: a velocidade será dependente do tempo, e a *segunda* derivada, d^2x/dt^2, será uma constante.

As *dimensões físicas* de uma derivada em relação a uma variável são as que resultariam se a função original da variável fosse dividida por um valor da variável. Por

502 | TUTORIAL MATEMÁTICO

exemplo, a dimensão de uma equação na qual um termo é x (posição) é a de comprimento (L); as dimensões da derivada de x em relação ao tempo t são as de velocidade (L/T) e as dimensões de d^2x/dt^2 são as de aceleração (L/T²).

Exemplo M-12 — Posição, Velocidade e Aceleração

Determine a primeira e a segunda derivadas de $x = \frac{1}{2}at^2 + bt + c$, onde a, b e c são constantes. A função fornece a posição (em m) de uma partícula em uma dimensão, onde t é o tempo (em s), a é a aceleração (em m/s²), b é a velocidade (em m/s) no tempo $t = 0$ e c é a posição (em m) da partícula em $t = 0$.

SITUAÇÃO A primeira e a segunda derivadas são somas de termos; para cada derivação, tomamos a derivada de cada termo separadamente e somamos os resultados.

SOLUÇÃO

1. Para determinar a primeira derivada, calcule inicialmente a derivada do primeiro termo:

$$\frac{d(\frac{1}{2}at^2)}{dt} = \left(\frac{1}{2}a\right)2t^1 = at$$

2. Calcule a primeira derivada dos segundo e do terceiro termos:

$$\frac{d(bt)}{dt} = b, \qquad \frac{d(c)}{dt} = 0$$

3. Some estes resultados:

$$\frac{dx}{dt} = at + b$$

4. Para calcular a segunda derivada, repita o processo para o resultado do passo 3:

$$\frac{d^2x}{dt^2} = a + 0 = a$$

CHECAGEM As dimensões físicas mostram que o resultado é plausível. A função original é uma equação da posição; todos os termos são em metros — as unidades de t^2 e de t cancelam as unidades s² e s nas constantes a e b, respectivamente. Na função dx/dt, todos os termos são em m/s: a constante c tem derivada zero, e a unidade de t cancela uma das unidades s na constante a. Na função d^2x/dt^2, apenas a aceleração constante permanece; como esperado, suas dimensões são L/T².

PROBLEMAS PRÁTICOS

25. Determine dy/dx para $y = \frac{5}{8}x^3 - 24x - \frac{5}{8}$.

26. Determine dy/dt para $y = ate^{bt}$, onde a e b são constantes.

SOLUÇÃO DE EQUAÇÕES DIFERENCIAIS USANDO NÚMEROS COMPLEXOS

Uma **equação diferencial** é uma equação na qual as derivadas de uma função aparecem como variáveis. É uma equação onde as variáveis estão relacionadas entre si através de suas derivadas. Considere uma equação da forma

$$a\frac{d^2x}{dt^2} + b\frac{dx}{dt} + cx = A\cos\omega t \qquad \text{M-63}$$

que representa um processo físico, como um oscilador harmônico amortecido sujeito a uma força senoidal, ou uma combinação em série RLC sujeita a uma diferença de potencial senoidal. Apesar de todos os parâmetros da Equação M-63 serem números reais, o termo em cosseno dependente do tempo sugere que devemos procurar uma solução estacionária para esta equação através da introdução de números complexos. Primeiro, construímos a equação "paralela"

$$a\frac{d^2y}{dt^2} + b\frac{dy}{dt} + cy = A\,\text{sen}\,\omega t \qquad \text{M-64}$$

A Equação M-64 não tem significado físico próprio, e não temos interesse em resolvê-la. No entanto, ela é útil para resolver a Equação M-63. Após multiplicar a Equação M-64 pela unidade imaginária i, somamos as Equações M-63 e M-64 para obter

$$\left(a\frac{d^2x}{dt^2} + ai\frac{d^2y}{dt^2}\right) + \left(b\frac{dx}{dt} + bi\frac{dy}{dt}\right) + (cx + ciy) = A\cos\omega t + Ai\,\text{sen}\,\omega t$$

Agora, combinamos termos para chegar a

$$a\frac{d^2(x+iy)}{dt^2} + b\frac{d(x+iy)}{dt} + c(x+iy) = A(\cos\omega t + i\,\text{sen}\,\omega t) \quad \text{M-65}$$

o que é válido, porque a derivada de uma soma é igual à soma das derivadas. Simplificamos nosso resultado definindo $z = x + iy$ e usando a identidade $e^{i\omega t} = \cos\omega t + i\,\text{sen}\,\omega t$. Substituindo na Equação M-65, obtemos

$$a\frac{d^2z}{dt^2} + b\frac{dz}{dt} + cz = Ae^{i\omega t} \quad \text{M-66}$$

que, agora, resolvemos para z. Uma vez obtido z, podemos determinar x usando $x = \text{Re}(z)$.

Como estamos procurando apenas a solução estacionária da Equação M-65, podemos supor esta solução com a forma $x = x_0 \cos(\omega t - \phi)$, onde ϕ é uma constante. Isto equivale a supor que a solução da Equação M-66 tem a forma $z = \eta e^{i\omega t}$, onde η (eta) é um número complexo constante. Então, $dz/dt = i\omega z$, $d^2z/dt^2 = -\omega^2 z$ e $e^{i\omega t} = z/\eta$. A substituição disto na Equação M-65 leva a

$$-a\omega^2 z + i\omega b z + cz = A\frac{z}{\eta}$$

Dividindo os dois lados desta equação por z, e explicitando η, fica

$$\eta = \frac{A}{-a\omega^2 + i\omega b + c}$$

Expressando o denominador em forma polar, temos

$$(-a\omega^2 + c) + i\omega b = \sqrt{(-a\omega^2 + c)^2 + \omega^2 b^2}\, e^{i\phi}$$

onde $\tan\phi = \omega^2 b^2/(-a\omega^2 + c)$. Então,

$$\eta = \frac{A}{\sqrt{(-a\omega^2 + c)^2 + \omega^2 b^2}} e^{-i\phi}$$

logo,

$$z = \eta e^{i\omega t} = \frac{A}{\sqrt{(-a\omega^2 + c)^2 + \omega^2 b^2}} e^{i(\omega t - \phi)}$$

$$= \frac{A}{\sqrt{(-a\omega^2 + c)^2 + \omega^2 b^2}}[\cos(\omega t - \phi) + i\,\text{sen}(\omega t - \phi)] \quad \text{M-67}$$

Segue que

$$x = \text{Re}(z) = \frac{A}{\sqrt{(-a\omega^2 + c)^2 + \omega^2 b^2}}\cos(\omega t - \phi) \quad \text{M-68}$$

A FUNÇÃO EXPONENCIAL

Uma **função exponencial** é uma função da forma a^{bx}, onde $a > 0$ e b são constantes. A função é, normalmente, escrita como e^{cx}, onde c é uma constante.

Quando a taxa de variação de uma quantidade é proporcional à própria quantidade, a quantidade aumenta ou diminui exponencialmente, dependendo do sinal da constante de proporcionalidade. Um exemplo de uma função *exponencialmente* decrescente é o decaimento nuclear. Se N é o número de núcleos radioativos em determinado instante, então a variação dN em um intervalo de tempo muito pequeno dt será proporcional a N e a dt:

$$dN = -\lambda N\, dt$$

onde λ é a *constante de decaimento* (não confundir com a taxa de decaimento dN/dt, que decresce exponencialmente). A função N que satisfaz esta equação é

$$N = N_0 e^{-\lambda t} \quad \text{M-69}$$

onde N_0 é o valor de N no tempo $t = 0$. A Figura M-25 mostra N *versus* t. Uma característica do decaimento exponencial é que N diminui por um fator constante, em

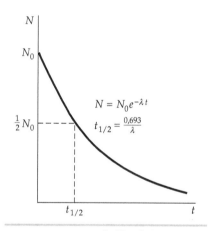

FIGURA M-25 Gráfico de N *versus* t quando N decresce exponencialmente. O tempo $t_{1/2}$ é o tempo que leva para N cair à metade.

504 | TUTORIAL MATEMÁTICO

dado intervalo de tempo. O intervalo de tempo para N diminuir à metade de seu valor original é sua *meia-vida* $t_{1/2}$. A meia-vida é obtida da Equação M-69 fazendo $N = \frac{1}{2}N_0$ e resolvendo para o tempo. Isto dá

$$t_{1/2} = \frac{\ln 2}{\lambda} = \frac{0{,}693}{\lambda} \qquad \text{M-70}$$

Um exemplo de *crescimento exponencial* é o crescimento populacional. Se N é o número de organismos, a variação de N após um intervalo de tempo muito pequeno dt é dada por

$$dN = +\lambda N\, dt$$

onde λ é, agora, a *constante de crescimento*. A função N que satisfaz esta equação é

$$N = N_0 e^{\lambda t} \qquad \text{M-71}$$

(Repare na mudança de sinal do expoente.) Um gráfico desta função é mostrado na Figura M-26. Um crescimento exponencial pode ser caracterizado pelo tempo de duplicação T_2, que se relaciona com λ por

$$T_2 = \frac{\ln 2}{\lambda} = \frac{0{,}693}{\lambda} \qquad \text{M-72}$$

Com freqüência, somos informados sobre o crescimento populacional através de um percentual anual de aumento, e desejamos calcular o tempo de duplicação. Neste caso, determinamos T_2 (em anos) com a equação

$$T_2 = \frac{69{,}3}{r} \qquad \text{M-73}$$

onde r é o percentual anual. Por exemplo, se a população cresce 2 por cento ao ano, ela dobrará a cada $69{,}3/2 \approx 35$ anos. A Tabela M-4 lista algumas relações úteis com as funções exponencial e logaritmo.

Tabela M-4 — Função Exponencial e Função Logaritmo

$e = 2{,}718\,28$
$e^0 = 1$
Se $y = e^x$, então $x = \ln y$.
$e^{\ln x} = x$
$e^x e^y = e^{(x+y)}$
$(e^x)^y = e^{xy} = (e^y)^x$
$\ln e = 1;\ \ln 1 = 0$
$\ln xy = \ln x + \ln y$
$\ln \dfrac{x}{y} = \ln x - \ln y$
$\ln e^x = x;\ \ln a^x = x \ln a$
$\ln x = (\ln 10) \log x$
$\quad\ = 2{,}30\,26 \log x$
$\log x = (\log e) \ln x = 0{,}434\,29 \ln x$
$e^x = 1 + x + \dfrac{x^2}{2!} + \dfrac{x^3}{3!} = \ldots$
$\ln(1+x) = x - \dfrac{x^2}{2} + \dfrac{x^3}{3} - \dfrac{x^4}{4}$

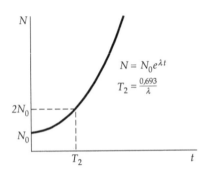

FIGURA M-26 Gráfico de N versus t quando N cresce exponencialmente. O tempo T_2 é o tempo que leva para N dobrar.

Exemplo M-13 — Decaimento Radioativo do Cobalto-60

A meia-vida do cobalto-60 (^{60}Co) é 5,27 anos. Em $t = 0$, você possui uma amostra de ^{60}Co com 1,20 mg de massa. Em que tempo t (em anos) terão decaído 0,400 mg da amostra de ^{60}Co?

SITUAÇÃO Ao deduzirmos a meia-vida em um decaimento exponencial, fizemos $N/N_0 = 1/2$. Neste exemplo, devemos determinar o tempo em que dois terços de uma amostra permanecem, e portanto, a razão N/N_0 será 0,667.

SOLUÇÃO

1. Expresse a razão N/N_0 em forma exponencial:

$$\frac{N}{N_0} = 0{,}667 = e^{-\lambda t}$$

2. Inverta os dois lados:

$$\frac{N_0}{N} = 1{,}50 = e^{\lambda t}$$

3. Resolva para t:

$$t = \frac{\ln 1{,}50}{\lambda} = \frac{0{,}405}{\lambda}$$

4. A constante de decaimento está relacionada à meia-vida por $\lambda = (\ln 2)/t_{1/2}$ (Equação M-70). Substitua λ por $(\ln 2)/t_{1/2}$ e determine o tempo:

$$t = \frac{\ln 1{,}5}{\ln 2} t_{1/2} = \frac{\ln 1{,}5}{\ln 2} \times 5{,}27\ \text{a} = 3{,}08\ \text{a}$$

CHECAGEM Leva 5,27 anos para a massa de uma amostra de ^{60}Co decair a 50 por cento de sua massa inicial. Assim, esperamos que leve menos do que 5,27 anos para que a amostra perca 33,3 por cento de sua massa. Nosso resultado de 3,08 anos, do passo 4, é menor do que 5,27 anos, como esperado.

PROBLEMAS PRÁTICOS

27. A constante de tempo de descarga τ de um capacitor em um circuito RC é o tempo no qual o capacitor descarrega até atingir e^{-1} (ou 0,368) vezes a sua carga em $t = 0$. Se $\tau = 1$ s para um capacitor, em que tempo (em segundos) ele terá descarregado 50,0 por cento de sua carga inicial?

28. Se a população canina de seu estado cresce a uma taxa de 8,0 por cento a cada década e continua crescendo indefinidamente à mesma taxa, em quantos anos ela atingirá 1,5 vez o nível atual?

M-12 CÁLCULO INTEGRAL

A **integração** pode ser considerada como o inverso da derivação. Se uma função $f(t)$ é *integrada*, uma função $F(t)$ é encontrada tal que $f(t)$ seja a derivada de $F(t)$ em relação a t.

A INTEGRAL COMO UMA ÁREA SOB UMA CURVA; ANÁLISE DIMENSIONAL

O processo de determinação da área sob uma curva em um gráfico ilustra a integração. A Figura M-27 mostra uma função $f(t)$. A área do elemento sombreado é, aproximadamente, $f_i \Delta t_i$, onde f_i é calculado não importando em que ponto do intervalo Δt_i. Esta aproximação é muito boa, se Δt_i é muito pequeno. A área total sob um trecho da curva é determinada somando todos os elementos de área que ela cobre, e tomando o limite quando cada Δt_i tende a zero. Este limite é chamado de **integral** de f em relação a t e é escrito como

$$\int f \, dt = \text{área}_i = \lim_{\Delta t_i \to 0} \sum_i f_i \Delta t_i \qquad \text{M-74}$$

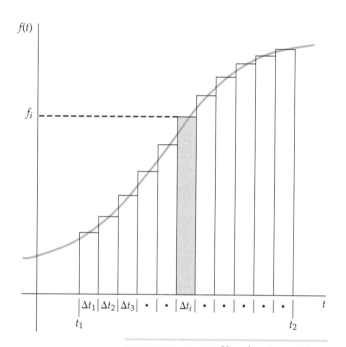

FIGURA M-27 Uma função genérica $f(t)$. A área do elemento sombreado vale aproximadamente $f_i \Delta t_i$, para qualquer f_i do intervalo.

As *dimensões físicas* de uma integral de uma função $f(t)$ são encontradas multiplicando as dimensões do *integrando* (a função que está sendo integrada) pelas dimensões da variável de integração t. Por exemplo, se o integrando é uma função velocidade $v(t)$ (dimensões L/T) e a variável de integração é o tempo t, a dimensão da integral é L = (L/T) × T. Isto é, as dimensões da integral são as de velocidade vezes tempo.

Seja

$$y = \int_{t_1}^{t} f \, dt \qquad \text{M-75}$$

A função y é a área sob a curva f versus t, de t_1 até um valor genérico t. Para um pequeno intervalo Δt, a variação da área Δy é aproximadamente $f \Delta t$:

$$\Delta y \approx f \Delta t$$

$$f \approx \frac{\Delta y}{\Delta t}$$

Se tomarmos o limite quando Δt tende a 0, podemos ver que f é a derivada de y:

$$f = \frac{dy}{dt} \qquad \text{M-76}$$

INTEGRAIS INDEFINIDAS E INTEGRAIS DEFINIDAS

Quando escrevemos

$$y = \int f \, dt \qquad \text{M-77}$$

506 | TUTORIAL MATEMÁTICO

estamos mostrando y como uma **integral indefinida** de f em relação a t. Para calcular uma integral indefinida, determinamos a função y cuja derivada é f. Como essa função pode conter um termo constante que, derivado, contribui com zero, incluímos como termo final um **constante de integração** C. Se estamos integrando a função em uma região conhecida — como de t_1 a t_2, na Figura M-27 — podemos determinar uma **integral definida**, eliminando a constante desconhecida C:

$$\int_{t_1}^{t_2} f \, dt = y(t_2) - y(t_1) \qquad \text{M-78}$$

A Tabela M-5 lista algumas fórmulas de integração importantes. Listas mais extensas de fórmulas de integração podem ser encontradas em qualquer livro-texto de cálculo ou procurando "tabela de integrais" na Internet.

Tabela M-5 Fórmulas de Integração*

1. $\displaystyle\int A \, dt = At$

2. $\displaystyle\int At \, dt = \frac{1}{2} A t^2$

3. $\displaystyle\int A t^n \, dt = A \frac{t^{n+1}}{n+1}, \; n \neq -1$

4. $\displaystyle\int A t^{-1} \, dt = A \ln |t|$

5. $\displaystyle\int e^{bt} \, dt = \frac{1}{b} e^{bt}$

6. $\displaystyle\int \cos \omega t \, dt = \frac{1}{\omega} \operatorname{sen} \omega t$

7. $\displaystyle\int \operatorname{sen} \omega t \, dt = -\frac{1}{\omega} \cos \omega t$

8. $\displaystyle\int_0^\infty e^{-ax} \, dx = \frac{1}{a}$

9. $\displaystyle\int_0^\infty e^{-ax^2} \, dx = \frac{1}{2} \sqrt{\frac{\pi}{a}}$

10. $\displaystyle\int_0^\infty x e^{-ax^2} \, dx = \frac{2}{a}$

11. $\displaystyle\int_0^\infty x^2 e^{-ax^2} \, dx = \frac{1}{4} \sqrt{\frac{\pi}{a^3}}$

12. $\displaystyle\int_0^\infty x^3 e^{-ax^2} \, dx = \frac{4}{a^2}$

13. $\displaystyle\int_0^\infty x^4 e^{-ax^2} \, dx = \frac{3}{8} \sqrt{\frac{\pi}{a^5}}$

* Nestas fórmulas, A, b e ω são constantes. Nas fórmulas 1 a 7, uma constante arbitrária C pode ser somada ao lado direito de cada equação. A constante a é maior do que zero.

Exemplo M-14 Integrando Equações de Movimento

Uma partícula está se movendo com aceleração constante a. Escreva uma fórmula para a posição x no tempo t, sabendo que a posição e a velocidade são x_0 e v_0, no tempo $t = 0$.

SITUAÇÃO A velocidade v é a derivada de x em relação ao tempo t, e a aceleração é a derivada de v em relação a t. Podemos escrever uma função $x(t)$ realizando duas integrações.

SOLUÇÃO

1. Integre a em relação a t para determinar v como função de t. Pode-se fatorar a do integrando, já que a é constante:

$$v = \int a \, dt = a \int dt$$
$$v = at + C_1$$

onde C_1 representa a vezes a constante de integração.

2. A velocidade v é igual a v_0 quando $t = 0$:

$$v_0 = 0 + C_1 \Rightarrow C_1 = v_0$$
$$\text{logo} \quad v = v_0 + at$$

3. Integre v em relação a t para determinar x como função de t:

$$x = \int v \, dt = \int (v_0 + at) \, dt = \int v_0 \, dt + \int at \, dt$$
$$x = v_0 \int dt + a \int t \, dt = v_0 t + \tfrac{1}{2} a t^2 + C_2$$

onde C_2 representa a combinação das constantes de integração.

4. A posição x é igual a x_0 quando $t = 0$:

$$x_0 = 0 + 0 + C_2$$
$$\text{logo} \quad x = x_0 + v_0 t + \tfrac{1}{2} a t^2$$

CHECAGEM Derive duas vezes o resultado do passo 4 para obter a aceleração:

$$v = \frac{dx}{dt} = \frac{d}{dt}(x_0 + v_0 t + \tfrac{1}{2} a t^2) = 0 + v_0 + at$$

$$a = \frac{dv}{dt} = \frac{d}{dt}(v_0 + at) = a$$

PROBLEMAS PRÁTICOS

29. $\displaystyle\int_3^6 3 \, dx =$

30. $\displaystyle V = \int_5^8 \pi r^2 \, dL =$

Respostas dos Problemas Práticos

1. 0,24 L
2. 31,6 m/s
3. $6{,}0 \text{ kg/cm}^3$
4. -3
5. 1,54 L
6. 3,07 L
7. Falso
8. $x = (4{,}5 \text{ m/s})t + 3{,}0 \text{ m}$
9. $x = 8, y = 60$
11. $2(x - y)^2$
12. $x^2(2x + 4)(x + 3)$
13. $x^{1/2}$
14. x^6
15. 3
16. $\sim 2{,}322$
17. $V/A = \frac{1}{3}r$

18. $A = \dfrac{2}{3}\pi L^2$
19. $\text{sen } \theta = 0{,}496, \cos \theta = 0{,}868, \theta = 29{,}7°$
20. $\text{sen } 8{,}2° = 0{,}1426, 8{,}2° = 0{,}1431 \text{ rad}$
21. $0{,}996, 0{,}996\,00$, próximo de 0%
22. $0{,}96, 0{,}960\,77, \ll 1\%$
23. $-1 + 0i = -1$
24. $0 + i = i$
25. $dy/dx = \frac{5}{24}x^2 - 24$
26. $dy/dt = ae^{bt}(bt + 1)$
27. 0,693 s
28. 51 a
29. 9
30. $3\pi r^2$

Respostas dos Problemas Ímpares de Finais de Capítulos

Capítulo 21

1. A carga resultante em objetos grandes sempre é muito próxima a zero. Então a força mais óbvia é a força gravitacional.

3. (a) A lei de Coulomb só é válida para partículas puntiformes. Os pedaços de papel não podem ser considerados como partículas puntiformes porque eles se tornam polarizados.
(b) Não, a atração não depende do sinal da carga no pente. A carga induzida no papel que está mais próximo ao pente tem, sempre, sinal oposto ao da carga no pente e, portanto, a força resultante no papel é sempre atrativa.

5. (a)

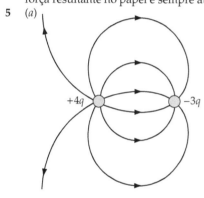

(b)

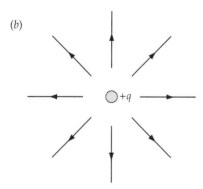

7. Considere que o bastão tenha uma carga negativa. Quando o bastão carregado é aproximado da folha de alumínio, ele induz uma redistribuição de cargas com o lado mais próximo ao bastão se tornando positivamente carregado e, portanto, a bola de alumínio balança em direção ao bastão. Quando ela toca o bastão, parte da carga negativa é transferida para o alumínio que, como consequência, adquire uma carga resultante negativa e, agora, é repelido pelo bastão.

9. (a) Na esfera próxima ao bastão carregado positivamente, a carga induzida é negativa e próxima ao bastão. Na outra esfera, a carga resultante é positiva e no lado afastado do bastão. Isto é mostrado no diagrama.

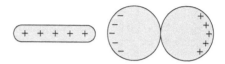

(b) Quando as esferas são afastadas depois de removido o bastão, as cargas induzidas são distribuídas uniformemente em cada esfera. As distribuições são mostradas no diagrama.

11. (a) Falso, (b) Verdadeiro, (c) Falso, (d) Possivelmente, (e) Falso, (f) Verdadeiro

13. (a)

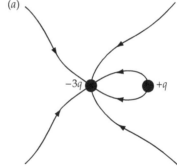

(b)

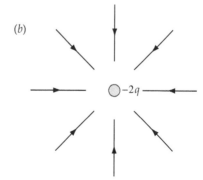

15. O momento de dipolo oscila para frente e para trás. O momento de dipolo ganha velocidade angular enquanto oscila em direção ao campo elétrico e perde velocidade angular enquanto oscila se afastando do campo elétrico.

17.
	1	2	3
(a)	para baixo	para cima	para cima
(b)	para cima	direita	esquerda
(c)	para baixo	para cima	para cima
(d)	para baixo	para cima	para cima

A Figura 21-23 mostra o campo elétrico devido a um único dipolo, onde o momento de dipolo aponta para a direita. O campo elétrico devido a um par de dipolos pode ser obtido pela superposição dos dois campos elétricos.

19 Como a lata está aterrada, a presença de um bastão plástico negativamente carregado induz uma carga positiva na lata. A carga positiva induzida na lata é atraída, através da interação de Coulomb, pela carga negativa do bastão plástico. Cargas opostas se atraem, logo a lata rolará em direção ao bastão.

21 $5{,}0 \times 10^{12}$ elétrons
23 $4{,}82 \times 10^7$ C
25 (a) 2,60 h, (b) $2{,}1 \times 10^{-13}$ W
27 $\vec{F}_1 = (1{,}5 \times 10^{-2}\text{ N})\hat{i}$
29 A uma distância igual a $0{,}41L$ da carga de $-2{,}0\ \mu$C e no lado oposto ao da carga de $4{,}0\ \mu$C.
31 $\vec{F}_3 = -(8{,}65\text{ N})\hat{j}$
33 $\vec{F}_1 = (0{,}90\text{ N})\hat{i} + (1{,}8\text{ N})\hat{j}$, $\vec{F}_2 = (-1{,}3\text{ N})\hat{i} - (1{,}2\text{ N})\hat{j}$, $\vec{F}_3 = (0{,}4\text{ N})\hat{i} - (0{,}64\text{ N})\hat{j}$
35 $\vec{F}_q = \dfrac{kqQ}{R^2}(1+\sqrt{2})\hat{i}$
37 (a) $(1{,}0\text{ kN/C})\hat{i}$ (b) $(-0{,}36\text{ kN/C})\hat{i}$, (c)

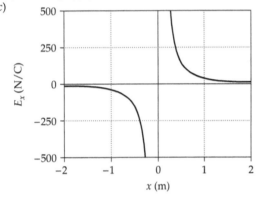

39 (a) $\vec{E}(0,0) = (4{,}0 \times 10^5\text{ N/C})\hat{j}$, (b) $\vec{F}(0,0) = (-1{,}6\text{ mN})\hat{j}$, (c) -40 nC
41 (a) 35 kN/C em $0°$, (b) $\vec{F} = (69\ \mu\text{N})\hat{i}$
43 (a) 13 kN/C em $230°$, (b) $2{,}1 \times 10^{-15}$ N em $51°$
45 (a) 1,9 kN/C em $230°$, (b) $3{,}0 \times 10^{-16}$ N em $230°$
47 A carga deve ser colocada a uma distância $L/\sqrt{3}$ abaixo do ponto médio da base do triângulo, onde L é o comprimento de um dos lados do triângulo.
49 (a) Para uma carga teste positiva o equilíbrio em $(0,0)$ é instável para pequenos deslocamentos em qualquer sentido ao longo do eixo x, e estável para pequenos deslocamentos em qualquer sentido ao longo do eixo y.
(b) Para uma carga teste negativa o equilíbrio é estável em $(0,0)$ para deslocamentos ao longo do eixo x e instável para deslocamentos ao longo do eixo y.
(c) $q_0 = -\tfrac{1}{4}q$
51 (a) $1{,}76 \times 10^{11}$ C/kg, (b) $1{,}76 \times 10^{13}$ m/s² no sentido oposto ao do campo elétrico, (c) $0{,}2\ \mu$s, (d) 3 mm
53 (a) $\vec{a} = (-5{,}28 \times 10^{13}\text{ m/s}^2)\hat{j}$, (b) 50,0 ns, (c) $33{,}4°$ na direção $-y$
55 $800\ \mu$C
57 O elétron colidirá na placa inferior a 4,1 cm à direita de sua posição inicial.
59 (a) $8{,}0 \times 10^{-18}$ C · m
(b)

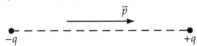

63 (a) $1{,}83 \times 10^6$ N/C, (b) $1{,}80 \times 10^6$ N/C. Os valores exato e estimado de E_P concordam dentro de 2 por cento. Esta diferença é grande devido à separação entre as duas cargas do dipolo ser 20 por cento da distância do centro do dipolo ao ponto P.
67 (a) $1{,}8 \times 10^{-5}$ C e $1{,}8 \times 10^{-4}$ C
(b) $-1{,}4 \times 10^{-5}$ C e $2{,}1 \times 10^{-4}$ C
69 (a) 0,225 N para baixo, (b) $0{,}112$ N · m no sentido anti-horário, (c) 45,8 g, (d) $5{,}00 \times 10^7$ C
71 (a) $28{,}0\ \mu$C e $172\ \mu$C
(b) 250 N
73 (a) $-97{,}2\ \mu$C, (b) $x = 0{,}0508$ m e $x = 0{,}169$ m
75 (a) $10°$, (b) $9{,}9°$ para cada uma
79 $v = e\sqrt{k/(2mL)}$
83 (a) $E_y = \dfrac{2kQy}{\left[y^2 + \dfrac{1}{4}a^2\right]^{3/2}}$

(b) $\vec{F} = \dfrac{2kqQy}{\left[y^2 + \dfrac{1}{4}a^2\right]^{3/2}}\hat{j}$, onde q é positiva

(c) $v = \sqrt{8(1-\sqrt{2/3})}\sqrt{\dfrac{kqQ}{am}} = 1{,}21\sqrt{\dfrac{kqQ}{am}}$

85 $4{,}60 \times 10^{-14}$ m $= 46$ fm
87 (b) $52\ \mu$m/s

Capítulo 22

1 A direção do campo resultante está ao longo da linha tracejada, se afastando da interseção entre os dois lados do objeto em formato de L. Isto pode ser visto dividindo cada parte do objeto em 10 (ou mais) segmentos iguais e, então, desenhando o campo elétrico na linha tracejada devido à carga em cada par de segmentos eqüidistantes da interseção entre as partes.
3 (a) Verdadeiro (considerando que não há cargas no interior da casca)
(b) Verdadeiro, (c) Falso
5 (a) Falso, (b) Verdadeiro
7 (a) Falso, (b) Falso, (c) Verdadeiro, (d) Falso, (e) Verdadeiro
9 (a) radialmente para dentro, (b) radialmente para fora, (c) radialmente para dentro
11 (a) radialmente para dentro, (b) radialmente para dentro, (c) O campo é zero.
13 (a) 18 nC, (b) 26 N/C, (c) 4,4 N/C, (d) 2,6 mN/C, (e) Este resultado é aproximadamente 0,01 por cento menor que o valor exato obtido em (d).
15 (a) $4{,}7 \times 10^5$ N/C, (b) $1{,}1 \times 10^6$ N/C, (c) $1{,}5 \times 10^3$ N/C, (d) $1{,}5 \times 10^3$ N/C. Este valor concorda exatamente, com dois algarismos significativos, com o resultado obtido na Parte (c).
17 (a) $0{,}189\ kQ/a^2$, (b) $0{,}358\ kQ/a^2$, (c) $0{,}385\ kQ/a^2$, (d) $0{,}354\ kQ/a^2$, (e) $0{,}179\ kQ/a^2$,
(f)

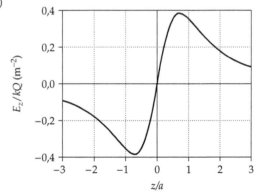

19 (a)

Célula	Conteúdo/Fórmula	Forma Algébrica
B3	9,00E+09	k
B4	5,00E−10	σ
B5	0,3	r
A8	0	x_0
A9	A8+0,01	$x_0 + 0,01$
B8	2*PI()*$B$3*$B$4*(1−A8/ (A8^2+$B$5^2)^2)^0,5)	$2\pi k\sigma\left(1 - \dfrac{x}{\sqrt{x^2 + a^2}}\right)$
C8	2*PI()*$B$3*$B$4	$2\pi k\sigma$

	A	B	C
1			
2			
3	$k=$	9,00E+09	N·m²/C²
4	$\sigma=$	5,00E−10	C/m²
5	$a=$	0,300	m
6			
7	x	$E(x)$	$E_{\text{lâmina}}$
8	0,00	28,27	28,3
9	0,01	27,33	28,3
77	0,69	2,34	28,3
78	0,70	2,29	28,3

(b)

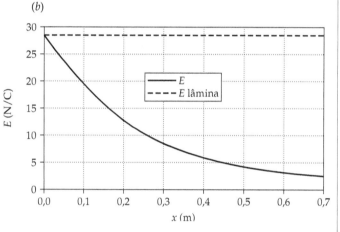

As magnitudes diferem por mais de 10,0 por cento para $x \geq 0{,}0300$ m.

27 (a) 20,0 N·m²/C, (b) 17 N·m²/C

29 (a) 1,5 N·m²/C, 1,5 N·m²/C, (b) 0, (c) 3,0 N·m²/C, (d) $2{,}7 \times 10^{-11}$ C

31 (a) 3,14 m², (b) $7{,}19 \times 10^4$ N/C, (c) $2{,}26 \times 10^5$ N·m²/C, (d) Não, (e) $2{,}26 \times 10^5$ N·m²/C

33 −79,7 nC

35 $\cos\theta$

37 (a) $E_{r<R_1} = 0$, $\vec{E}_{R_1<r<R_2} = \dfrac{kq_1}{r^2}\hat{r}$, $\vec{E}_{r>R_2} = \dfrac{k(q_1+q_2)}{r^2}\hat{r}$, (b) −1, (c)

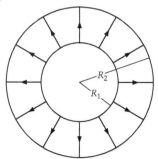

39 (a) 0,407 nC, (b) 339 N/C, (c) 1,00 kN/C, (d) 983 N/C, (e) 366 N/C

41 (a) 2,00 µC/m³, (b) 470 N/C

43 (a) $Q = 2\pi BR^2$, (b) $E_r = \dfrac{BR^2}{2\epsilon_0 r^2}\ r>R$, $E_r = \dfrac{B}{2\epsilon_0}\ r<R$

(c)

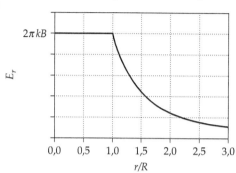

45 (a) $Q_{\text{dentro}} = \dfrac{4\pi\rho}{3}(r^3 - R_1^3)$,

(b) $E_r = 0\ r<R_1$, $E_r = \dfrac{\rho}{3\epsilon_0 r^2}(R_2^3 - R_1^3)$

$R_1 < r < R_2,\ E_r = \dfrac{\rho}{3\epsilon_0 r^2}(R_2^3 - R_1^3)\ r>R_2$

47 (a) $1{,}41 \times 10^6$ m/s, (b) Devido à sua massa muito maior, a rapidez do impacto do íon será muito menor que a rapidez do impacto do elétron. (O íon colidirá com o tubo em vez do fio.)

49 (a) 679 nC, (b) 0, (c) 0, (d) 1,00 kN/C, (e) 610 N/C

51 (a) 679 nC, (b) 339 N/C, (c) 1,00 kN/C, (d) 1,00 kN/C, (e) 610 N/C

53 (a) $E_R = 0\ r<1{,}50$ cm, $E_R = \dfrac{(108\text{ N}\cdot\text{m/C})}{R}\ 1{,}50$ cm $<r<4{,}50$ cm, $E_R = 0\ 4{,}50$ cm $<r<6{,}50$ cm,

$E_R = \dfrac{156\text{ N}\cdot\text{m/C}}{R}\ r>6{,}50$ cm

(b) $\sigma_{\text{dentro}} = -21{,}2$ nC/m² e $\sigma_{\text{fora}} = 14{,}7$ nC/m²

55 (b) $E_R = \dfrac{b}{4\epsilon_0}R^3\ r<a$, $E_R = \dfrac{ba^4}{4R\epsilon_0}\ r>a$

57 (a) 18,8 nC/m, (b) $E_R = 22{,}6$ kN/C $R<1{,}50$ cm,

$E_R = \dfrac{339\text{ N}\cdot\text{m/C}}{R}\ 1{,}50$ cm $<R<4{,}50$ cm,

$E_R = 0\ 4{,}50$ cm $<r<6{,}50$ cm, $E_R = \dfrac{339\text{ N}\cdot\text{m/C}}{R}\ R>6{,}50$ cm

59 9,4 kN/C

61 (a) $E_r = \dfrac{kq}{r^2}\ r<R_1$, $E_r = 0\ R_1<r<R_2$, $E_r = \dfrac{kq}{r^2}\ r>R_2$

(b)

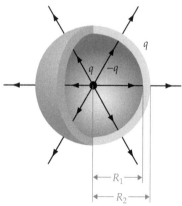

(c) $\sigma_{\text{dentro}} = -\dfrac{q}{4\pi R_1^2}$, $\sigma_{\text{fora}} = \dfrac{q}{4\pi R_2^2}$

63 (a) $\sigma_{dentro} = -0{,}55\ \mu C/m^2$, $\sigma_{fora} = 0{,}25\ \mu C/m^2$

(b) $E_r = (2{,}3 \times 10^4\ N \cdot m^2/C)\dfrac{1}{r^2}$ $r < 60$ cm, $E_r = 0$ 60 cm $< r < 90$ cm, $E_r = (2{,}3 \times 10^4\ N \cdot m^2/C)\dfrac{1}{r^2}$ $r > 90$ cm

(c) $\sigma_{dentro} = -0{,}55\ \mu C/m^2$, $\sigma_{fora} = 0{,}56\ \mu C/m^2$, $E_r = (2{,}3 \times 10^4\ N \cdot m^2/C)\dfrac{1}{r^2}$ $r < 60$ cm, $E_r = 0$ 60 cm $< r < 90$ cm, $E_r = (5{,}4 \times 10^4\ N \cdot m^2/C)\dfrac{1}{r^2}$ $r > 90$ cm

65 (a) $Q_{esquerda} = 15\ \mu C$ e $Q_{direita} = 65\ \mu C$, (b) $E_{esq\,x} = -68$ kN/C e $E_{dir\,x} = 294$ kN/C, $\sigma_{esquerda} = 0{,}60\ \mu C/m^2$ e $\sigma_{direita} = 2{,}60\ \mu C/m^2$

67 -115 kN/C

69 (a) $E = \dfrac{Q}{8\pi\epsilon_0 r^2}$, radialmente para fora,

(b) $F = \dfrac{Q^2 a^2}{32\pi\epsilon_0 r^4}$, radialmente para fora,

(c) $P = \dfrac{Q^2}{32\pi^2\epsilon_0 r^4}$

71 (a) $3{,}39 \times 10^9$ N/C, apontando para a direita, (b) $3{,}39 \times 10^9$ N/C, apontando para a direita, (c) zero, (d) zero

73 (a) $\rho_0 = \dfrac{-e}{\pi a^3}$

(b) $E_r(r) = \dfrac{ke}{r^2}\left(1 - \dfrac{1}{4}\left[(1 - e^{-2r/a}) - 2e^{-2r/a}\left(\dfrac{r}{a} + \dfrac{r^2}{a^2}\right)\right]\right)$

75 (a) Radialmente para fora em direção ao espaçamento, (b) $E_{centro} = \dfrac{kQ\ell}{2\pi R^3}$

77 (a) $\vec{E} = 204$ kN/C a $56{,}3°$, (b) $\vec{E} = 263$ kN/C a $153°$,

79 (a) $v = \sqrt{\dfrac{2kq\lambda}{m}}$ (b) $T = \pi R\sqrt{\dfrac{2m}{kq\lambda}}$

81 (a) $0{,}997$ kg, (b) $1{,}18$ Hz

83 (b) $\vec{E}_1 = \vec{E}_2 = \dfrac{\rho b}{3\epsilon_0}\hat{i}$

85 $\vec{E}_1 = \left(\dfrac{\rho b}{3\epsilon_0} + \dfrac{Q}{4\pi\epsilon_0 b^2}\right)\hat{i}$, $\vec{E}_2 = \left(\dfrac{\rho b}{3\epsilon_0} - \dfrac{Q}{4\pi\epsilon_0 b^2}\right)\hat{i}$

87 $\tfrac{1}{2}R$

Capítulo 23

1 O próton está se movendo para uma região de maior energia potencial. A energia potencial eletrostática do próton está aumentando.

3 O campo elétrico é nulo nesta região.

5
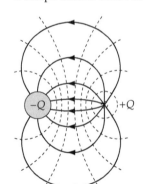

7
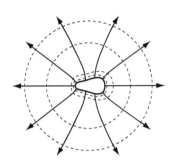

9 (a) 2, (b) 3

11 Não. A densidade superficial de carga é proporcional à componente normal do campo elétrico e não ao potencial na superfície.

13 $3{,}0 \times 10^9$ V

15 $0{,}72$ MeV

17 $27\ \mu C/m^2$

19 (a) $4{,}49$ kV, (b) $13{,}5$ mJ

21 (a) $-8{,}00$ kV, (b) $-24{,}0$ mJ, (c) $24{,}0$ mJ, (d) $V(x) = (2{,}00$ kV$/$m$)x$

23 (a) $3{,}09 \times 10^7$ m/s, (b) $2{,}50$ MV/m

25 (a) $r = kzZe^2/K_i$, (b) 46 fm, 25 fm, (c) Não. A distância de aproximação máxima para uma partícula alfa de 5 MeV determinada acima (45,5 fm) é muito maior que os 7 fm de raio de um núcleo de ouro. Portanto, o espalhamento foi apenas resultado da força inversamente proporcional ao quadrado de Coulomb.

27 (a) $12{,}9$ kV, (b) $7{,}55$ kV, (c) $4{,}43$ kV

29 (a) 135 kV, (b) $95{,}3$ kV (c) Como os dois pontos de campo são eqüidistantes de todos os pontos no círculo, as respostas para as Partes (a) e (b) não mudariam.

31 (a) $V(x) = kq\left(\dfrac{1}{|x-a|} + \dfrac{1}{|x+a|}\right)$,

(b)
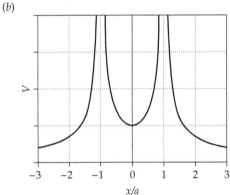

33 (b) em pontos no eixo z

35 (a) positiva, (b) $25{,}0$ kV/m

37 (a) $+668$ nC, (b) $3{,}00$ kV. O plano em $x = 2{,}00$ m está no potencial mais elevado.

39 (a) $V(x) = kq\left(\dfrac{2}{\sqrt{x^2 + a^2}} + \dfrac{1}{|x-a|}\right)$ $x \neq a$,

(b) $E_x(x) = \dfrac{2kqx}{(x^2 + a^2)^{3/2}} + \dfrac{kq}{(x-a)^2}$ $x > a$,

$E_x(x) = \dfrac{2kqx}{(x^2 + a^2)^{3/2}} - \dfrac{kq}{(a-x)^2}$ $x < a$

41 (a) $6{,}02$ kV, (b) $-12{,}7$ kV, (c) $-42{,}3$ kV

43 $\sim 3{,}0 \times 10^{-5}\,C/m^2$

45 $V_a - V_b = \dfrac{2kq}{L}\ln\left(\dfrac{b}{a}\right)$

47 $V_a - V_b = kq\left(\dfrac{1}{a} - \dfrac{1}{b}\right)$

49

Região	$x \le 0$	$0 \le x \le a$	$x \ge a$
Parte (a)	$\dfrac{\sigma}{\epsilon_0}x$	0	$-\dfrac{\sigma}{\epsilon_0}(x-a)$
Parte (b)	0	$-\dfrac{\sigma}{\epsilon_0}x$	0

51 (a) $V(x,0) = \dfrac{kQ}{L}\ln\left(\dfrac{\sqrt{x^2 + \tfrac{1}{4}L^2} + \tfrac{1}{2}L}{\sqrt{x^2 + \tfrac{1}{4}L^2} - \tfrac{1}{4}L^2}\right)$

53 (a) $Q = \tfrac{1}{2}\pi\sigma_0 R^2$, (b) $V = \dfrac{2\pi k\sigma_0}{3R^2}((R^2 - 2z^2)\sqrt{z^2 + R^2} + 2z^3)$

55 (a) $V(x) = \dfrac{kQ}{L}\ln\left(\dfrac{x + \tfrac{1}{2}L}{x - \tfrac{1}{2}L}\right)$

57 (a) $dQ = \dfrac{3Q}{R^3}r'^2\,dr'$, (b) $dV = \dfrac{3kQ}{R^3}r'\,dr'$, (c) $V = \dfrac{3kQ}{2R^3}(R^2 - r^2)$,

(d) $dV = \dfrac{3kQ}{R^3 r}r'^2\,dr'$, (e) $V = \dfrac{kQ}{R^3}r^2$, (f) $V = \dfrac{kQ}{2R}\left(3 - \dfrac{r^2}{R^2}\right)$

61 (a) As superfícies eqüipotenciais são planos paralelos aos planos carregados. (b) As regiões de cada lado dos dois planos carregados são regiões eqüipotenciais e, portanto, qualquer superfície em qualquer uma destas regiões será uma superfície eqüipotencial.

63 (a) 0,224 cm, mais próximo ao fio, (b) 0,864 mm, (c) A distância entre os eqüipotenciais de 700 V e 725 V é 0,0966 mm. Este espaçamento menor entre estas duas superfícies eqüipotenciais era esperado. Próximo ao fio central, duas superfícies eqüipotenciais com a mesma diferença de potencial deveriam estar mais próximas para refletirem o fato que a intensidade do campo elétrico é maior próximo ao fio.

65 (a) 30,0 mJ, (b) −5,99 mJ, (c) −18,0 mJ

67 (a) 22,3 nC, (b) 22,3 μJ

69 $v = q\sqrt{\dfrac{6\sqrt{2k}}{ma}} = 2{,}91q\sqrt{\dfrac{k}{ma}}$

71 (a) $9{,}61 \times 10^{-20}$ J, (b) $4{,}59 \times 10^5$ m/s, (c) Como $2K_{i\,\text{mín}} > K_{i\,\text{escapa}}$, o elétron escapa do próton com energia cinética residual.

73 (a) $V(x) = \dfrac{2kq}{\sqrt{x^2 + a^2}}$, (b) $\vec{E}(x) = \dfrac{2kqx}{(x^2+a^2)^{3/2}}\hat{i}$

75 (a) $V(x,y) = \dfrac{\lambda}{2\pi\epsilon_0}\ln\left(\dfrac{\sqrt{(x-a)^2 + y^2}}{\sqrt{(x+a)^2 + y^2}}\right)$, $V(0,y) = 0$

(b) $y = \pm\sqrt{21{,}25x - x^2 - 25}$
(c)

Célula	Conteúdo/Fórmula	Forma Algébrica
A2	1,25	$\tfrac{1}{4}a$
A3	A2+0,05	$x + \Delta x$
B2	SQRT(21,25*A2−A2^2−25)	$y = \sqrt{21{,}25x - x^2 - 25}$
B4	−B2	$y = -\sqrt{21{,}25x - x^2 - 25}$

	A	B	C
1	x	y_{pos}	y_{neg}
2	1,25	0,00	0,00
3	1,30	0,97	−0,97
4	1,35	1,37	−1,37
5	1,40	1,67	−1,67
6	1,45	1,93	−1,93
7	1,50	2,15	−2,15
370	19,65	2,54	−2,54
371	19,70	2,35	−2,35
372	19,75	2,15	−2,15
373	19,80	1,93	−1,93
374	19,85	1,67	−1,67
375	19,90	1,37	−1,37
376	19,95	0,97	−0,97

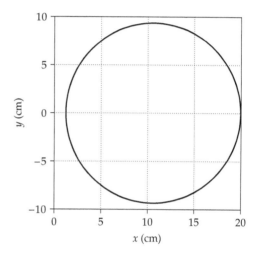

Os fios estão no plano $y = 0$

77 (a) $3{,}56 \times 10^8$ C/m^3,

(b) $V(r) = \pi k a^3 \rho_0 \left(\dfrac{1}{a} + \dfrac{1}{r}\right)e^{-2r/a} = ke\left(\dfrac{1}{a} + \dfrac{1}{r}\right)e^{-2r/a}$

79 (a) $W_{+Q\to+a} = \dfrac{kQ^2}{2a}$, (b) $W_{-Q\to 0} = \dfrac{-2kQ^2}{a}$, (c) $W_{-Q\to 2a} = \dfrac{2kQ^2}{3a}$

81 (a) 100 eV, (b) $1{,}38 \times 10^5$ m/s

83 $R_2 = \dfrac{2}{3}R_1$

85 7,1 nC

87 (b) $\sigma = \dfrac{qd}{4\pi(d^2 + r^2)^{3/2}}$

89 (a) $V(c) = 0$, $V(b) = kQ\left(\dfrac{1}{b} - \dfrac{1}{c}\right)$, $V(a) = V(b) = kQ\left(\dfrac{1}{b} - \dfrac{1}{c}\right)$,

(b) $Q_b = Q$, $V(a) = V(c) = 0$, $Q_a = -Q\dfrac{a(c-b)}{b(c-a)}$, $Q_c = -Q\dfrac{c(b-a)}{b(c-a)}$,

$V(b) = kQ\dfrac{(c-b)(b-a)}{b^2(c-a)}$

93 (a) $R' = 0{,}794R$ (b) $\Delta E = -0{,}370E$

Capítulo 24

1 (c)
3 Falso. A densidade de energia eletrostática não está uniformemente distribuída porque a intensidade do campo elétrico não está uniformemente distribuída.

5   1/3
7   (a) Verdadeiro, (b) Verdadeiro
9   (a) Verdadeiro, (b) Falso. Como $Q = CV$, e C aumenta, Q deve aumentar. (c) Verdadeiro. $E = V/d$, onde d é a separação entre as placas. (d) Falso. $U = \frac{1}{2}QV$.
11 (a) $U_{paralelo} = 2U_{1\,capacitor}$, (b) $U_{série} = \frac{1}{2}U_{1\,capacitor}$
13 $0{,}1\,\text{nF/m} \leq C/L \leq 0{,}2\,\text{nF/m}$
15 2,3 nF
17 75,0 nF
19 (a) 15,0 mJ, (b) 45,0 mJ
21 (a) 0,625 J, (b) 1,88 J
23 (a) 100 kV/m, (b) 44,3 mJ/m³, (c) 88,5 μJ, (d) 17,7 nF, (e) 88,5 μJ
25 (a) 11 nC, (b) Como é necessário realizar trabalho para separar e afastar as placas, você esperaria que a energia armazenada no capacitor aumentasse, (c) 0,55 μJ
27 10,00 μF

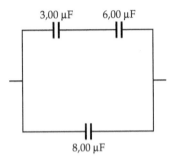

29 (a) 30,0 μF, (b) 6,00 V, (c) $Q_{10} = 60{,}0\,\mu C$, $Q_{20} = 120\,\mu C$, (d) $U_{10} = 180\,\mu J$, $U_{20} = 360\,\mu J$.
31 (a) Se a capacitância equivalente é máxima, os capacitores devem estar conectados em paralelo.

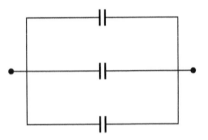

(b) (1) 1,67 μF

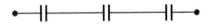

(2) 3,33 μF

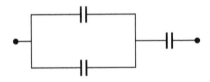

(3) 7,50 μF

35 (a) $2C_0$, (b) $11C_0$
37 0,571 μF, 0,667 μF, 0,800 μF, 0,857 μF, 1,33 μF, 1,43 μF, 1,71 μF, 2,33 μF, 2,80 μF, 3,00 μF, 4,67 μF, 5,00 μF, 6,00 μF, 7,00 μF
39 (a) 4,80 kV, (b) 9,60 mC
41 (a) 7,9 m², (b) 23 V, (c) 37 μJ, (d) 0,16 J
43 (a) 1,55 pF, (b) 15,5 nC/m
45 179 pF/m
47 $\Delta C = -2\dfrac{P}{Y}C$
51 $R' = 2R$
53 (a) $V_{100} = V_{400} = 1{,}20\,\text{kV}$, (b) 640 μJ
55 (a) 2,4 μF, (b) 0,4 mJ
57 (a) $V_{4,00} = V_{12,0} = 6{,}0\,V$, (b) $U_i = 1{,}15\,\text{mJ}$, $U_f = 0{,}29\,\text{mJ}$
59 (a) $V_1 = V_2 = V_3 = 200\,V$,
    (b) $Q_1 = -255\,\mu C$, $Q_2 = 145\,\mu C$, $Q_3 = 545\,\mu C$,
    (c) $V_1 = 127\,V$, $V_2 = 36{,}4\,V$, $V_3 = 90{,}9\,V$
61 2,72 nF
63 (a) 50 μm, (b) 240 cm²
65 $Q_1 = \dfrac{2Q}{1+\kappa}$, $Q_2 = \dfrac{2Q\kappa}{1+\kappa}$
67 (a) 16,7 nF, (b) 1,17 nC
69 (a) 2,1, (b) 45 cm², (c) 5,2 nC
71 Uma combinação em série de dois capacitores conectados em paralelo com uma combinação em série de outros dois capacitores resultará em energia total U_0 armazenada nos quatro capacitores.
73 2,00 μF
75 (a) $\frac{2}{3}C_0$, (b) C_0, (c) $3C_0$
77 (a) $C_{novo} = \dfrac{\epsilon_0 A}{3d}$, (b) $V_{novo} = 3V$, (c) $U_{novo} = \dfrac{3\epsilon_0 AV^2}{2d}$,
    (d) $W = \dfrac{\epsilon_0 AV^2}{d}$
79 1,33 μC, 267 μC
83 (a) $U = \dfrac{Q^2}{2\epsilon_0 A}x$, (b) $dU = \dfrac{Q^2}{2\epsilon_0 A}dx$
85 (a) $U = \dfrac{Q^2 d}{2\epsilon_0 a[(\kappa-1)x-a]}$, (b) $F = \dfrac{(\kappa-1)Q^2 d}{2a\epsilon_0[(\kappa-1)x-a]^2}$,
    (c) $F = \dfrac{(\kappa-1)a\epsilon_0 V^2}{2d}$, (d) A força tem origem nos campos em torno das bordas do capacitor. O efeito da força é puxar o dielétrico polarizado para o espaço entre as placas do capacitor.
87 (a) Primeiro mostre que F é inversamente proporcional a d para um dado V_0. Como F aumenta quando d diminui, uma diminuição na separação entre as placas desequilibrará o sistema. Portanto, o equilíbrio é instável. (b) $V_0 = d_0\sqrt{\dfrac{2Mg}{\epsilon_0 A}}$
89 (a) $Q_1 = (200\,V)C_1$, $Q_2 = (200\,V)\kappa C_1$,
    (b) $U = (2{,}00 \times 10^4\,V^2)(1+\kappa)C_1$,
    (c) $U_f = (1{,}00 \times 10^4\,V^2)C_1(1+\kappa)^2$, (d) $V_f = 100(1+\kappa)V$
91 0,100 μF, 16,0 μC
93 $C = \dfrac{\epsilon_0 ab}{y_0}\ln(2)$

Capítulo 25

1   Em capítulos anteriores os condutores eram obrigados a estar em equilíbrio eletrostático. Neste capítulo, este vínculo não existe mais.
3   (c)
5   (a)
7   Não, isto não é necessariamente verdade para uma bateria. Em condições normais de operação a corrente na bateria se afasta do terminal negativo e se aproxima do terminal

positivo da bateria. Isto é, ela tem sentido oposto ao do campo elétrico.
9 (e)
11 (d)
13 Você deveria diminuir a resistência. A saída de calor é dada por $P = V^2/R$. Como a tensão no resistor é constante, a diminuição da resistência aumentará P.
15 (a)
17 (a)
19 (a) Falso, (b) Verdadeiro, (c) Verdadeiro
21 (b)
23 $P_2 = \frac{1}{2}P$ e $P_3 = \frac{1}{2}P$
25 1,9 kA
27 26 m
29 calibre 12
31 0,28 mm/s
33 (a) 0,21 mm/s, 0,53 mm/s, (b) 0,396
35 (a) $1,04 \times 10^8$ m^{-1}, (b) $1,04 \times 10^{14}$ m^{-3}, (c) 5,00 kA/m^2
37 0,86 s
39 (a) 33,3 Ω, (b) 0,750 A
41 1,9 V
43 63 anos-luz
45 1,20 Ω
47 31 mΩ
49 $R = \dfrac{\rho L}{\pi ab}$
51 (a) $R = \dfrac{\rho}{2\pi L}\ln(b/a)$, (b) 2,05 A
53 46°C
55 (a) 15,0 A, (b) 11,1 Ω, (c) 1,30 kW
57 (b) 3×10^2
59 (a) 636 K, (b) Enquanto o filamento esquenta, sua resistência diminui. Isto resulta em maior energia sendo dissipada, maior aquecimento, maior temperatura etc. Se não for controlado, este aquecimento descontrolado pode queimar o filamento.
61 0,18 kJ
63 (a) 0,24 kW, (b) 0,23 kW, (c) 1,7 kJ, (d) 84 J
65 (a) 6,9 MJ, (b) 12,8 h
67 (a) 26,7 kW, (b) 576 kC, (c) 69,1 MJ, (d) 57,6 km, (e) $0,03 por km
69 $I_4 = 3,00$ A, $I_3 = 4,00$ A, $I_6 = 2,00$ A
71 (b) Não afetaria.
73 0,45 kΩ
75 (a) 6,00 Ω, (b) A corrente em ambos os resistores de 6,00 Ω e 12,0 Ω no ramo superior é 667 mA. A corrente em cada resistor de 6,00 Ω na combinação em paralelo no ramo inferior é 667 mA. A corrente no resistor de 6,00 Ω à direita no ramo inferior é 1,33 A.
77 8 peças
79 (a) $R_3 = \dfrac{R_1^2}{R_1 + R_2}$, (b) 0, (c) $R_1 = \dfrac{R_3 + \sqrt{R_3^2 + 4R_2R_3}}{2}$
81 (a) 4,00 A, (b) 2,00 V, (c) 1,00 Ω
83 (a)

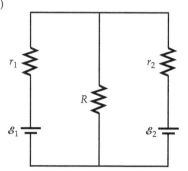

(b) $I_1 = -19,0$ A, $I_2 = 25,1$ A, $I_R = 6,17$ A, (c) A bateria 2 fornece 311 W. Dos 234 W que são entregues à bateria 1, 216 W são usados para recarregar a bateria 1 e 18,0 W são dissipados pela resistência interna. Além disso, 76,2 W são entregues ao resistor de 2,00 Ω.
85 (a) $I_{4\Omega} = 0,667$ A, $I_{3\Omega} = 0,889$ A, $I_{6\Omega} = 1,56$ A, (b) $V_{ab} = 9,33$ V, (c) $P_{esq} = 8,00$ W, $P_{dir} = 10,7$ W
87 Para a combinação em série, a potência entregue à carga é maior se $R > r$ e é máxima quando $R = 2r$. Se $r = R$, ambos os arranjos fornecem a mesma potência à carga. Para a combinação em paralelo, a potência entregue à carga é maior se $R < r$ e é máxima quando $R = \frac{1}{2}r$.
89 $V_a - V_b = 2,40$ V
91 (a) 3,33 V, (b) 3,33 V, (c) 3,13 V, (d) 2,00 V, (e) 0,435 V, (f) $R_{máx} = 1,67$ MΩ
93 2,5 Ω
95 (a) 600 μC, (b) 0,200 A, (c) 3,00 ms, (d) 81,2 μC
97 2,18 MΩ
99 (a) 5,69 μC, (b) 1,10 μC/s, (c) 1,10 μA, (d) 6,62 μW, (e) 2,44 μW, (f) 4,19 μW
103 (a) 0,250 A, (b) 62,5 mA, (c) $I_2(t) = (62,5$ mA$)(1 - e^{-t/0,750\,ms})$
105 (a) 48,0 μA, (b) 0,866 s
107 (a) (1) As quedas de potencial em R_2 e em R_3 são iguais, logo $I_2 > I_3$. A corrente em R_1 é igual à soma das correntes I_2 e I_3, logo I_1 é maior que I_2 e que I_3. (b) $I_1 = 1,50$ A, $I_2 = 1,00$ A, $I_3 = 0,50$ A
109 (a) 43,9 Ω, (b) 300 Ω, (c) 3,8 kΩ
111 (a) $2,18 \times 10^{13}$ s^{-1}, (b) 210 J/s, (c) 27,6 s
113 0,16 L/s
115 (a) 10,0 ms, (c) 1,00 GΩ, (d) 60,9 ps, (e) 2,89 kW
119 (a) $R_{eq} = \left(\dfrac{1 + \sqrt{5}}{2}\right)R$, (b) $R_{eq} = \dfrac{R_1 + \sqrt{R_1^2 + 4R_1R_2}}{2}$

Capítulo 26

1 (b)
3 Como o sentido da corrente alternada pelo filamento está mudando a cada 1/60 s, o filamento experimenta uma força que varia de direção na freqüência da corrente. Portanto, ela oscila a 60 Hz.
5 (a)
9 (a) Falso, (b) Verdadeiro, (c) Verdadeiro, (d) Verdadeiro
11 De acordo com o princípio da relatividade, isto é equivalente a um elétron se movendo da direita para a esquerda com uma velocidade v com o ímã estacionário. Quando o elétron está diretamente sobre o ímã, o campo aponta para cima, logo há uma força dirigida para fora da página atuando sobre o elétron.
13 $I \sim 2 \times 10^3$ A. Você deveria aconselhá-lo a desenvolver algum outro ato. Uma corrente de 2000 A aqueceria o fio (o que é uma aproximação grosseira).
15 (a) $-(3,8\,\mu N)\hat{k}$, (b) $-(7,5\,\mu N)\hat{k}$, (c) 0, (d) $(7,5\,\mu N)\hat{j}$
17 0,96 N
19 $-(19\,fN)\hat{i}, -(13\,fN)\hat{j} - (58\,fN)\hat{k}$
21 1,5 A
23 $(10\,T)\hat{i} + (10\,T)\hat{j} - (15\,T)\hat{k}$
27 (a) 87 ns, (b) $4,7 \times 10^7$ m/s, (c) 11 MeV
29 (a) $2v_\alpha = 2v_d = 1v_p$, (b) $1K_\alpha = 2K_d = 1K_p$, (c) $L_\alpha = 2L_d = 2L_p$
33 (a) 24°, $1,3 \times 10^6$ m/s, (b) 24°, $6,3 \times 10^5$ m/s
35 (a) $1,6 \times 10^6$ m/s, (b) 14 keV, (c) 7,7 eV
37 7,37 mm
39 (a) 63,3 cm, (b) 2,58 cm
41 $\Delta t_{58} = 15,7\,\mu s$, $\Delta t_{60} = 16,3\,\mu s$
43 (a) 21 MHz, (b) 46 MeV, (c) $f_{dêuterons} = 11$ MHz, $K_{dêuterons} = 23$ MeV

47 (a) $0{,}30\ \text{A}\cdot\text{m}^2$, (b) $0{,}13\ \text{N}\cdot\text{m}$
49 (a) 0, (b) $2{,}7\times10^{-3}\ \text{N}\cdot\text{m}$
51 $B_{\text{mín}} = \dfrac{mg}{I\pi R}$
53 (a) $(0{,}84\ \text{N}\cdot\text{m})\hat{k}$, (b) 0, (c) 0, (d) $(0{,}59\ \text{N}\cdot\text{m})\hat{k}$
55 $0{,}38\ \text{A}\cdot\text{m}^2$, para dentro da página
61 $\mu = \tfrac{4}{3}\pi\sigma R^4\omega$
63 (a) $\tau = \tfrac{1}{4}\pi\sigma r^4\omega B\ \text{sen}\ \theta$, (b) $\Omega = \dfrac{\pi\sigma r^2 B}{2m}\ \text{sen}\ \theta$
65 (a) $3{,}68\times10^{-5}\ \text{m/s}$, (b) $1{,}47\ \mu\text{V}$
67 $1{,}0\ \text{mV}$
69 4
71 (a) $1{,}3\ \mu\text{s}$, (b) $2{,}4\times10^6\ \text{m/s}$, (c) $0{,}12\ \text{MeV}$
75 (a) $B = -\dfrac{mg}{IL}\tan\theta$, (b) $\vec{a} = g\ \text{sen}\ \theta$ para cima no plano
77 (a) $(10\ \text{V/m})\hat{j}$, (b) A extremidade positiva tem a menor coordenada y, (c) $20\ \text{V}$
81 $1{,}0\times10^{-28}\ \text{kg}$

Capítulo 27

1 Observe que, enquanto os dois campos distantes (os campos distantes dos dipolos) são iguais, os dois campos próximos (os campos próximos aos dipolos) não são. No centro do dipolo elétrico, o campo elétrico é antiparalelo ao sentido do campo distante acima e abaixo do dipolo e no centro do dipolo magnético, o campo magnético é paralelo ao sentido do campo distante acima e abaixo do dipolo. É especialmente importante observar que, enquanto as linhas de campo elétrico começam e terminam em cargas elétricas, as linhas de campo magnético são contínuas, isto é, elas formam anéis fechados.

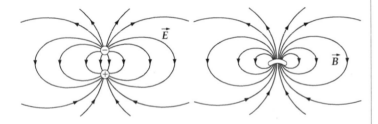

3 (a)
5 Ambas lhe falam sobre os respectivos fluxos através de superfícies fechadas. No caso elétrico, o fluxo é proporcional à carga líquida no interior da superfície. No caso magnético, o fluxo é sempre zero porque não existe o que seria uma carga magnética (um monopolo magnético). A fonte do campo magnético NÃO é o equivalente à carga elétrica; isto é, NÃO é algo chamado carga magnética, mas cargas elétricas em movimento.
7 Horário
9 (a) Verdadeiro, (b) Falso, (c) Verdadeiro, (d) Verdadeiro
11 H_2, CO_2 e N_2 são diamagnéticos ($\chi_m < 0$); O_2 é paramagnético ($\chi_m > 0$).
13 (a) $\vec{B}(0,0) = -(9{,}0\ \text{pT})\hat{k}$, (b) $\vec{B}(0;1{,}0\ \text{m}) = -(36\ \text{pT})\hat{k}$, (c) $\vec{B}(0;3{,}0\ \text{m}) = -(36\ \text{pT})\hat{k}$, (d) $\vec{B}(0;4{,}0\ \text{m}) = -(9{,}0\ \text{pT})\hat{k}$
15 (a) $\vec{B}(2{,}0\ \text{m},2{,}0\ \text{m}) = 0$
    (b) $\vec{B}(6{,}0\ \text{m},4{,}0\ \text{m}) = -(3{,}6\times10^{-23}\ \text{T})\hat{k}$,
    (c) $\vec{B}(3{,}0\ \text{m},6{,}0\ \text{m}) = (4{,}0\times10^{-23}\ \text{T})\hat{k}$
17 $\epsilon_0\mu_0 v^2$
19 $\vec{B}(0;3{,}0\ \text{m};4{,}0\ \text{m}) = -(9{,}6\ \text{pT})\hat{i}$
21 (a) $B(0) = 54\ \mu\text{T}$, (b) $B(0{,}010\ \text{m}) = 46\ \mu\text{T}$, (c) $B(0{,}020\ \text{m}) = 31\ \mu\text{T}$, (d) $B(0{,}35\ \text{m}) = 34\ \text{nT}$
25 (a) $\vec{B}(-3{,}0\ \text{cm}) = -(89\ \mu\text{T})\hat{k}$, (b) $\vec{B}(0) = 0$
    (c) $\vec{B}(3{,}0\ \text{cm}) = (89\ \mu\text{T})\hat{k}$, (d) $\vec{B}(9{,}0\ \text{cm}) = -(160\ \mu\text{T})\hat{k}$

27 (a) $\vec{B}(-3{,}0\ \text{cm}) = -(0{,}18\ \text{mT})\hat{k}$, (b) $\vec{B}(0) = -(0{,}13\ \text{mT})\hat{k}$,
    (c) $\vec{B}(3{,}0\ \text{cm}) = -(0{,}18\ \text{mT})\hat{k}$, (d) $\vec{B}(9{,}0\ \text{cm}) = (0{,}11\ \text{mT})\hat{k}$
29 (a) $\vec{B}(z=8{,}0\ \text{cm}) = (48\ \mu\text{T})\hat{j}$, (b) $\vec{B}(z=8{,}0\ \text{cm}) = -(64\ \mu\text{T})\hat{k}$
31 (a) Como os fios se repelem, elas são antiparalelas.
    (b) $39\ \text{mA}$
33 $80\ \text{A}$
35 (a) $30\ \mu\text{T}$, para baixo, (b) $4{,}5\times10^{-4}\ \text{N/m}$, para a direita
37 (a) $80\ \text{A}$, (b) $\vec{B}(5{,}0\ \text{cm},0,0) = -(0{,}24\ \text{mT})\hat{j}$
39 (a) $\dfrac{F}{\ell} = \dfrac{3\sqrt{2}\mu_0 I^2}{4\pi a}$, (b) $\dfrac{F}{\ell} = \dfrac{\sqrt{2}\mu_0 I^2}{4\pi a}$
41 (a) $3{,}3\ \text{mT}$, (b) $1{,}6\ \text{mT}$
45 $B_{\text{dentro}} = 0$, $B_{\text{fora}} = \dfrac{\mu_0 I}{2\pi R}$. A direção do campo magnético é a dos dedos curvados de sua mão direita quando você segura o cilindro com o polegar direito no sentido da corrente.
49 (a) $B_{R<a} = 0$, (b) $B_{a<R<b} = \dfrac{\mu_0 I}{2\pi R}\dfrac{R^2-a^2}{b^2-a^2}$, (c) $B_{R>b} = \dfrac{\mu_0 I}{2\pi R}$
51 (a) $B(1{,}10\ \text{cm}) = 27{,}3\ \text{mT}$, (b) $B(1{,}50\ \text{cm}) = 20{,}0\ \text{mT}$
53 (a) $B = B_{\text{apl}} = 10{,}1\ \text{mT}$, (b) $B_{\text{apl}} = 10{,}1\ \text{mT}$, $B = 1{,}5\ \text{T}$
55 $-4{,}0\times10^{-5}$
57 $5{,}43\ \text{A/m}$
59
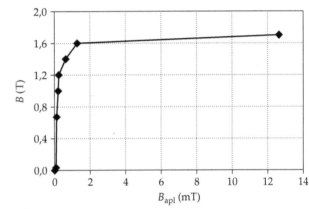

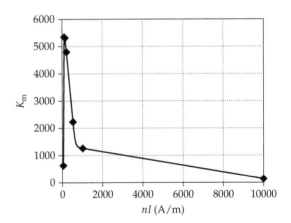

61 $1{,}69\mu_B$
63 (b) $7{,}46\times10^{-4}$
65 $B_{\text{apl}} = \dfrac{\mu_0 NI}{2\pi a}$, $B = \dfrac{\mu_0 NI}{2\pi a} + \mu_0 M$
67 (a) $30{,}2\ \text{mT}$, (b) $6{,}96\ \text{A/m}$, (c) $30{,}2\ \text{mT}$
69 $11{,}7$; $1{,}48\times10^{-5}\ \text{N/A}^2$
71 (a) $12{,}6\ \text{mT}$, (b) $1{,}36\times10^6\ \text{A/m}$, (c) 137
73 (a) $1{,}42\times10^6\ \text{A/m}$, (b) $K_m = 90{,}0$, $\mu = 1{,}13\times10^{-4}\ \text{T}\cdot\text{m/A}$, $\chi_m = 89$
75 (a) $(8{,}00\ \text{T/m})r$, (b) $(3{,}20\times10^{-3}\ \text{T}\cdot\text{m})\dfrac{1}{r}$,

(c) $(8{,}00 \times 10^{-6}$ T $\cdot$ m$)\dfrac{1}{r}$, (d) Observe que o campo na região ferromagnética é o que seria produzido em uma região não magnética por uma corrente de $400I = 1600$ A. A corrente amperiana no lado interno da superfície do material ferromagnético deve, portanto, ser 1600 A $- 40$ A $= 1560$ A no sentido de I. No lado externo da superfície deve haver, então, uma corrente amperiana de 1560 A no sentido oposto.

77 $\vec{B}_p = \dfrac{\mu_0 I}{4}\left(\dfrac{1}{R_1} - \dfrac{1}{R_2}\right)$, para fora da página

79 $\vec{B}_p = \dfrac{\mu_0}{2\pi}\dfrac{I}{a}(1 + \sqrt{2})$, para fora da página

81 As direções $+x$ e $+y$ são para cima da página e para a direita. (a) $\vec{F}_{\text{topo}} = -(2{,}5 \times 10^{-5}\text{ N})\hat{j}$, (b) $\vec{F}_{\text{lado esq}} = -(1{,}0 \times 10^{-4}\text{ N})\hat{i}$, (c) $\vec{F}_{\text{baixo}} = (2{,}5 \times 10^{-5}\text{ N})\hat{j}$, (d) $\vec{F}_{\text{lado dir}} = -(0{,}29 \times 10^{-4}\text{ N})\hat{i}$, (e) $\vec{F}_{\text{res}} = (0{,}71 \times 10^{-4}\text{ N})\hat{i}$

83 $7{,}1\ \mu$T, para dentro da página

85

Célula	Conteúdo/Fórmula	Forma Algébrica
B1	1,00E−07	$\dfrac{\mu_0}{4\pi}$
B2	5,00	I
B3	2,55E−03	r_0
C6	10^4*$B$1*2*$BS2*A6/$B$3^2	$\dfrac{\mu_0}{4\pi}\dfrac{2I}{R_0^2}R$
C17	10^4*$B$1*2*$B$2*A6/A17	$\dfrac{\mu_0}{4\pi}\dfrac{2I}{R}$

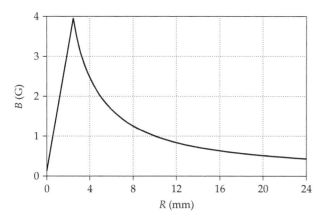

87 (a) $5{,}24 \times 10^{-2}$ A $\cdot$ m^2, (b) $7{,}70 \times 10^5$ A/m, (c) $23{,}1$ kA
89 (a) $15{,}5$ GA, (b) Como o campo magnético da Terra aponta para baixo no pólo norte, a aplicação da regra da mão direita indica que a corrente é no sentido horário quando vista de cima do pólo norte.
91 $3{,}18$ cm
93 (a) e (b) $B(5{,}0$ cm$) = B(10$ cm$) = 10\ \mu$T, (c) $B(20$ cm$) = 5{,}0\ \mu$T
95 $2{,}24$ A
97 (c) $B_z = \tfrac{1}{2}\mu_0\omega\sigma\left(\dfrac{R^2 + 2z^2}{\sqrt{R^2 + z^2}} - 2z\right)$

Capítulo 28

1 (a) Oriente a folha de modo que ela esteja na horizontal e perpendicular à tangente local ao equador magnético.
(b) Oriente a folha de papel para que a normal à folha seja perpendicular à direção da normal descrita na resposta da Parte (a).
5 (d)
7 A corrente induzida está no sentido horário quando vista da esquerda. Os anéis se repelem.
9 (a) e (b)

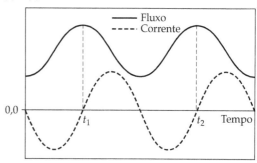

11 O campo magnético do ímã caindo induz correntes parasitas no tubo metálico. As correntes parasitas estabelecem um campo magnético que exerce uma força no ímã oposta ao seu movimento; assim, o ímã é desacelerado. Se o tubo for feito de material não-condutor, não haverá corrente parasita.
13 (c)
15 (a) Falso, (b) Verdadeiro, (c) Falso, (d) Verdadeiro, (e) Falso
17 $u_m \approx (8 \times 10^3)u_e$
19 (a) $0{,}5$ V, (b) 7 mV/m
21 (a) 0, (b) $14\ \mu$Wb, (c) 0, (d) $12\ \mu$Wb
23 $\phi_m = \pm\pi R^2 B$
25 $6{,}74$ mWb
27 (a) $\phi_m = \mu_0 n I N \pi R_1^2$, (b) $\phi_m = \mu_0 n I N \pi R_2^2$
29 $\dfrac{\phi_m}{L} = \dfrac{\mu_0 I}{4\pi}$
31 (a)

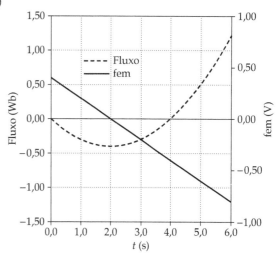

(b) O fluxo é mínimo quando $t = 2{,}0$ s; $V(2{,}0$ s$) = 0$.
(c) O fluxo é zero quando $t = 0$ e $t = 4{,}0$ s; $\mathcal{E}(0) = 0{,}40$ V e $\mathcal{E}(4{,}0$ s$) = -0{,}40$ V

33 (a) 1,26 mC, (b) 12,6 mA, (c) 628 mV
35 79,8 μT
37 400 m/s
39 (a)

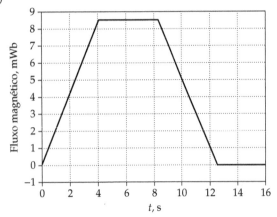

(b)

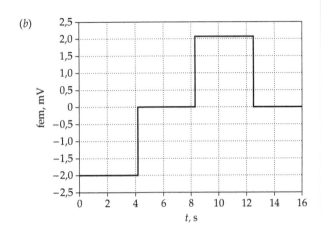

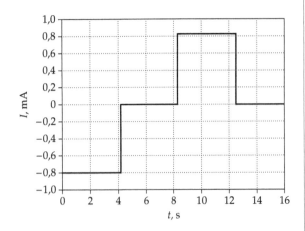

41 (a) $F_m = \dfrac{B\ell}{R}(\epsilon - B\ell v)$, (c) 0
45 (a) 14 V, (b) 486 rev/s
47 (a) 24,0 Wb, (b) −1,60 kV
49 $L = 0$, $R = 162\ \Omega$
51 0,16 μH
57 $\dfrac{dU_m}{dx} = \dfrac{\mu_0 I^2}{16\pi}$
59 (a) $I = 0$, $dI/dt = 25{,}0$ kA/s,
 (b) $I = 2{,}27$ A, $dI/dt = 20{,}5$ kA/s,
 (c) $I = 7{,}90$ A, $dI/dt = 9{,}20$ kA/s,
 (d) $I = 10{,}8$ A, $dI/dt = 3{,}38$ kA/s
61 (a) 44,1 W, (b) 40,4 W, (c) 3,62 W

63 (a) 3,00 kA/s, (b) 1,50 kA/s, (c) 80,0 mA, (d) 0,123 ms
65 (a) $I_{10\,\Omega} = I_{2\,H} = 1{,}0$ A, $I_{100\,\Omega} = 0$, (b) $V_{2\,H} = 100$ V
(c)

Célula	Conteúdo/Fórmula	Forma Algébrica
B1	2,0	L
B2	100	R
B3	1	I_0
A6	0	t_0
B6	$B$3*EXP((−$B$2/$B$1)*A6)	$I_0 e - \dfrac{R}{L} t$

	A	B	C
1	L=	2	H
2	R=	100	ohms
3	I_0=	1	A
4			
5	t	I(t)	V(t)
6	0,000	1,00E+00	100,00
7	0,005	7,79E−01	77,88
8	0,010	6,07E−01	60,65
9	0,015	4,72E−01	47,24
10	0,020	3,68E−01	36,79
11	0,025	2,87E−01	28,65
12	0,030	2,23E−01	22,31
32	0,130	1,50E−03	0,15
33	0,135	1,17E−03	0,12
34	0,140	9,12E−04	0,09
35	0,145	7,10E−04	0,07
36	0,150	5,53E−04	0,06

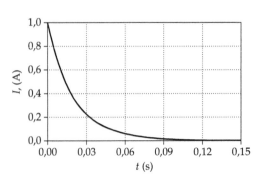

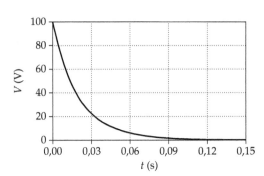

67 (a) 88 ms, (b) 35 mH
69 (a) 3,53 J, (b) 1,61 J, (c) 1,92 J
71 (b) 2,50 krad/s
75 0,28 H
77 (a) Enquanto o ímã passa através do anel ele induz uma fem, pois o fluxo varia através do anel. Isto permite que a bobina "sinta" quando o ímã está passando através dela.
(b) Não podemos usar um cilindro feito de um material

condutor porque as correntes parasitas induzidas nele pelo ímã caindo desacelerariam o ímã. (c) Quando o ímã se aproxima do anel o fluxo aumenta, resultando em um sinal negativo de tensão de magnitude crescente. Quando o ímã está passando pelo anel, o fluxo atinge um valor máximo e, então, diminui, logo a fem induzida se torna zero e, depois, positiva. O instante no qual a fem é zero é o instante no qual o ímã está no centro do anel.

(d)

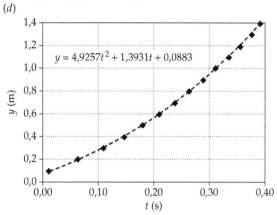

$g = 9,85 \text{ m/s}^2$

79   (a) $E_r = -\frac{1}{2} r \mu_0 n I_0 \omega \cos \omega t, \, r < R,$

    (b) $E_r = -\frac{\mu_0 n R^2 I_0 \omega}{2r} \cos \omega t, \, r > R$

Capítulo 29

1   8,33 ms
3   (b)
5   (c)
7   Sim para ambas as questões. (a) Enquanto a magnitude da carga está aumentando em cada placa do capacitor, ele absorve potência do gerador. (b) Quando a magnitude da carga em cada placa do capacitor está diminuindo, ele fornece energia ao gerador.
9   (a)
11   (a)
13   (a) Falso, (b) Falso, (c) Verdadeiro, (d) Verdadeiro, (e) Verdadeiro, (f) Verdadeiro
15   (a) Verdadeiro, (b) Falso, (c) Verdadeiro
17   (a) Falso, (b) Verdadeiro, (c) Verdadeiro, (d) Verdadeiro, (e) Verdadeiro, (f) Verdadeiro
19   (a) 0,833 A, (b) 1,18 A, (c) 200 W
21   (a) 0,38 Ω, (b) 3,77 Ω, (c) 3,77 Ω
23   1,6 kHz
25   (a) 25 mA, (b) 18 mA
27   (a) 0,35 A, (b) 0,35 A, (c) $I = (0,34 \text{ A})\cos(\omega t + 0,17 \text{ rad})$
29   (a) 1,3 ms, (b) 88 mH
31   (a) 2,3 mJ, (b) 0,71 kHz, (c) 0,67 A
33   (a)

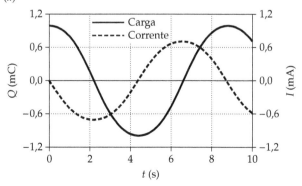

35   29,2 mH
37   (a) 0,33, (b) 27 Ω, (c) 0,20 H, (d) Como o circuito é indutivo, a corrente está atrasada em relação à tensão. (e) 71°
39   0,397
41   (a) $I_{\text{rms}} = 6{,}23$ A, $I_{R_L \text{rms}} = 2{,}80$ A, $I_{L \text{rms}} = 5{,}53$ A, (b) $I_{\text{rms}} = 3{,}28$ A, $I_{R_L \text{rms}} = 2{,}94$ A, $I_{L \text{rms}} = 1{,}46$ A, (c) 50,2 %, (d) 80,0 %
43   60 V
45   (a) $\delta = \tan^{-1}\left[-\dfrac{1}{\omega RC}\right]$, (b) $\delta \to -90°$, (c) $\delta \to 0$,

(d) Para freqüências muito baixas, $X_C \gg R$ e, portanto, $\vec{V}_C$ efetivamente está atrasado em relação a $\vec{V}_{\text{ent}}$ por 90°. Para freqüências muito altas, $X_C \ll R$ e $\vec{V}_R$ efetivamente está em fase com $\vec{V}_{\text{ent}}$.

51   (b) Observe que, quando $\omega \to 0$, $V_L \to V_{\text{pico}}$. Isso faz sentido fisicamente pois, para baixas freqüências, X_C é grande e, portanto, uma maior tensão de pico aparecerá comparado ao caso de altas freqüências. Observe, ainda, que, quando $\omega \to \infty$, $V_L \to 0$. Isto faz sentido fisicamente para altas freqüências pois X_L é pequeno e, portanto, aparecerá uma menor tensão de pico comparado ao caso de baixas freqüências.

53

Célula	Conteúdo/Fórmula	Forma Algébrica
B1	2,00E+03	R
B2	5,00E−09	C
B3	1	$V_{\text{ent pico}}$
B8	$B$3/SQRT(1+((2*PI()*A8*1000*$B$1*$B$2)^2))	$\dfrac{V_{\text{ent pico}}}{\sqrt{1 + (2\pi fRC)^2}}$
C8	ATAN(2*PI()*A8*1000*$B$1*$B$2)	$\tan^{-1}(2\pi fRC)$
D8	C8*180/PI()	δ em graus

	A	B	C	D
1	R =	1,00E+04	ohms	
2	C =	5,00E−09	F	
3	$V_{\text{ent pico}}$ =	1	V	
4				
5				
6	f(kHz)	$V_{\text{saída}}$	δ(rad)	δ(graus)
7	0	1,000	0,000	0,0
8	1	0,954	0,304	17,4
56	49	0,065	1,506	86,3
57	50	0,064	1,507	86,4

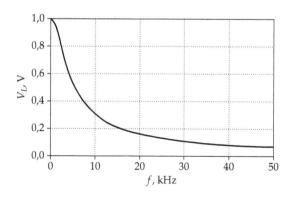

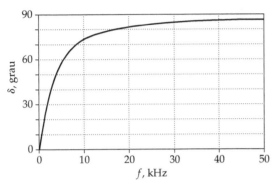

55 (b) $\Delta\omega = \dfrac{R}{L}$

57 33 μF

59 (a) $I(t) = -(19\text{ mA})\text{sen}\left(\omega t + \dfrac{\pi}{4}\right)$,
onde $\omega = 1250$ rad/s, (b) 23 μF,
(c) $U_m(t) = (4,9\text{ μJ})\text{sen}^2\left(\omega t + \dfrac{\pi}{4}\right)$, $U_e(t) = (4,9\text{ μJ})\cos^2\left(\omega t + \dfrac{\pi}{4}\right)$,
onde $\omega = 1250$ rad/s, $U = 4,9$ μJ

61 (a) 5,4 fF, (b) $f(x) = \dfrac{70\text{ MHz}}{\sqrt{1 - (4,0\text{ m}^{-1})x}}$

65 (a) 14, (b) 80 Hz, (c) 0,27
67 (a) 10 A, (b) 53°, (c) 0,33 mF, (d) 0,13 kV
69 (a) 80 V, (b) 78 V, (c) 0,17 kV, (d) 0,11 kV, (e) 0,18 kV
71 (a)

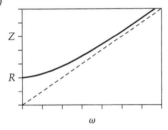

(b)

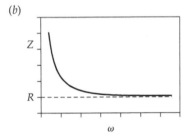

(c)

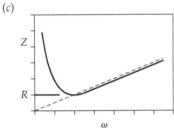

73 (a) $Z = 12$ Ω, (b) $R = 7,2$ Ω, $X = 10$ Ω, (c) Se a corrente está à frente da fem, a reatância é capacitiva.
79 (a) 1:5, (b) 50 A
81 (a) 1,5 A, (b) 19
83 $3,33 \times 10^3$
85 (a) 12 V, (b) 8,5 V
87 $I_{\text{máx}} = 1,06$ A, $I_{\text{mín}} = -0,06$ A, $I_{\text{méd}} = 0,50$ A, $I_{\text{rms}} = 0,64$ A

Capítulo 30

1 (a) Falso, (b) Verdadeiro, (c) Verdadeiro, (d) Falso
3 (a) Falso, (b) Verdadeiro, (c) Verdadeiro, (d) Verdadeiro
5 (a) (1) raios X, (2) luz verde, (3) luz vermelha, (b) (1) microondas, (2) luz verde, (3) luz ultravioleta.
7 (a) A antena de dipolo elétrico deveria ser orientada verticalmente. (b) A antena circular e a antena transmissora tipo dipolo elétrico deveriam estar no mesmo plano vertical.
9 (d)
11 (d)
13 2×10^{-7}
15 (a) $3,4 \times 10^{14}$ V/m · s
19 (a) 10 A, (b) $\dfrac{dE}{dt} = 2,3 \times 10^{12}$ V/m · s,
   (c) $\oint_C \vec{B} \cdot d\vec{\ell} = 0,79$ μT · m
21 580 nm, $5,17 \times 10^{14}$ Hz
23 (a) $3,00 \times 10^{18}$ Hz, (b) $5,45 \times 10^{14}$ Hz. Consultando a Tabela 30-1, vemos que a cor da luz que tem comprimento de onda de 550 nm é amarelo-esverdeado. Este resultado é consistente com os do Problema 21 e está próximo ao comprimento de onda correspondente ao pico de emissão do Sol. Como vemos naturalmente pela luz do Sol refletida, este resultado não é surpreendente.
25 (a) 30°, (b) 7,1 m
27 4,13 μW/m²
29 386 nW/m²
31 (a) 283 V/m, (b) 943 nT, (c) 212 W/m², (d) 708 nPa
33 (a) 40 nN, (b) 80 nN
35 (a) 45°, (b) 5,7°
37 (a) direção $+x$, (b) $\lambda = 0,628$ m, $f = 477$ MHz,
   (c) $\vec{E}(x, t) = (194\text{ V/m})\cos[kx - \omega t]\hat{j}$,
   $\vec{B}(x, t) = (647\text{ nT})\cos[kx - \omega t]\hat{k}$,
   onde $k = 10,0$ rad/m e $\omega = 3,00 \times 10^9$ rad/s
39 $6,10 \times 10^{-3}$ graus
41 (a) $F_{r\text{ Terra}} = 5,83 \times 10^8$ N, $F_{r\text{ Terra}} = (1,65 \times 10^{-14})F_{g\text{ Terra}}$, (b) $F_{r\text{ Marte}} = 7,18 \times 10^7$ N, $F_{r\text{ Marte}} = (4,27 \times 10^{-14})F_{g\text{ Marte}}$, (c) Marte
47 2,6 mV
49 (a) $I = V_0\left(\dfrac{1}{R}\text{sen}\,\omega t + \dfrac{\epsilon_0 \pi a^2}{d}\cos\omega t\right)$,
   (b) $B(r) = \dfrac{\mu_0 V_0}{2\pi r}\left(\dfrac{1}{R}\text{sen}\,\omega t + \omega\dfrac{\epsilon_0 \pi r^2}{d}\cos\omega t\right)$
   (c) $\delta = \tan^{-1}\left(\dfrac{R\omega\epsilon_0 \pi a^2}{d}\right)$
51 (a) $\vec{S}(x, t) = \dfrac{1}{\mu_0 c}[E_{10}^2 \cos^2(k_1 x - \omega_1 t) + 2E_{10}E_{20}\cos(k_1 x - \omega_1 t)$
   $\cos(k_2 x - \omega_2 t + \delta) + E_{20}^2 \cos^2(k_2 x - \omega_2 t + \delta)]\hat{i}$
   (b) $\vec{S}_{\text{méd}} = \dfrac{1}{2\mu_0 c}[E_{10}^2 + E_{20}^2]\hat{i}$
   (c)
   $\vec{S}(x, t) = \dfrac{1}{\mu_0 c}[E_{10}^2 \cos^2(k_1 x - \omega_1 t) - E_{20}^2 \cos^2(k_2 x + \omega_2 t + \delta)]\hat{i}$,
   $\vec{S}_{\text{méd}} = \dfrac{1}{2\mu_0 c}[E_{10}^2 + E_{20}^2]\hat{i}$
53 (a) $9,16 \times 10^{-15}$ T, (b) 101 mV, (c) 5,49 μV
55 (a) $\vec{E} = \dfrac{I\rho}{\pi a^2}\hat{i}$, onde $\hat{i}$ é um vetor unitário no sentido da corrente, (b) $\vec{B} = \dfrac{\mu_0 I}{2\pi a}\hat{\theta}$ onde $\hat{\theta}$ é um vetor unitário perpendicular a $\hat{i}$ e tangente à superfície do cilindro condutor. (c) $\vec{S} = \dfrac{I^2 \rho}{2\pi^2 a^3}\hat{r}$, onde $\hat{r}$ é um vetor unitário radial para fora — se afastando do eixo do cilindro condutor.
(d) $\int S_n dA = I^2 R$

57 (a) 574 nm, (b) O raio crítico é o limite superior e, portanto, partículas menores que o raio serão ejetadas.
59 3,34 mN

Capítulo 31

1 (c)
3 (b)
5 A diminuição no índice de refração n da atmosfera com a altitude resulta na refração da luz do Sol, desviando-a em direção à normal para superfícies com n constante (isto é, em direção à Terra). Conseqüentemente o Sol pode ser visto mesmo após ter se posto no horizonte.
7 A trajetória de menor tempo é a que passa através do ponto D.
9 Na absorção ressonante, as moléculas respondem à freqüência da luz através da relação de Einstein para os fótons, $E = hf$. Nem o comprimento de onda nem a freqüência da luz no interior do olho dependem do índice de refração do meio fora do olho. Portanto, a cor parece a mesma apesar de o fato do comprimento de onda ter variado.
11

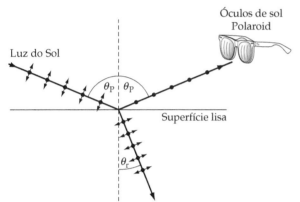

13 (c)
15 A inversão de população entre o estado $E_{2\,Ne}$ e o estado a 1,96 eV abaixo dele (veja a Figura 31-51) é atingida através de colisões inelásticas entre os átomos de neônio e os átomos de hélio excitados para o estado $E_{2\,He}$.
17 (d)
19 3 ps
21 (a) 1.º de setembro, às 2:00 h, (b) 1.º de setembro, às 2:08 h
23 (a)
25 14 ms
29

	(a) rapidez (m/s)	(b) comprimento de onda (nm)	(c) freqüência (Hz)
ar	$3{,}00 \times 10^8$	633	$4{,}74 \times 10^{14}$
água	$2{,}25 \times 10^8$	476	$4{,}74 \times 10^{14}$
vidro	$2{,}00 \times 10^8$	422	$4{,}74 \times 10^{14}$

31 (a) 50°, (b) 39°, (c) 26°
33 (a) 92 %, (b) 99 %
37 5,1 m de largura, 2,2 m de profundidade
39 48,8°
41 $1{,}0 \times 10^2\ m^2$
43 1,30
45 5°
47 (a) 62,5°, (b) Sim, se $\theta \geq 41{,}8°$, onde θ é o ângulo de incidência para raios no vidro que incidem na interface vidro–água, os raios deixarão o vidro através da água e passarão para o ar.
49 1,0°
51 (a) 53,1°, (b) 56,3°
53 (a) $\frac{1}{8}I_0$, (b) $\frac{3}{32}I_0$
55 (a) 30°, (b) 1,7
57 $I_3 = \frac{1}{8}I_0 \operatorname{sen}^2 2\omega t$
59

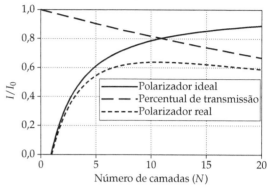

O número ótimo de camadas é 11.

61 (a) $I_4 = 0{,}211 I_0$, (b) Para uma única lâmina entre as duas outras com $\theta = 45°$, $I_3 = 0{,}125 I_0$. A intensidade com quatro lâminas em ângulos de 0°, 30°, 60° e 90° é maior que a intensidade de três lâminas em ângulos de 0°, 45° e 90° por um fator de 1,69.
63 (a) circularmente polarizada para a direita, (b) $\vec{E} = E_0\operatorname{sen}(kx + \omega t)\hat{j} - E_0\cos(kx + \omega t)\hat{k}$
65 (a) 435 nm, (b) 1210 nm
67 (a) $\lambda_{máx} = 388$ nm, $\lambda_{2\to1} = 1140$ nm, $\lambda_{1\to0} = 588$ nm, (b) $\lambda_{1\to0} = 588$ nm, $\lambda_{3\to1} = 554$ nm
69 (a) 15 mJ, (b) $5{,}2 \times 10^{16}$
71 37°
73 (a) 36,8°, (b) 38,7°
75 (a) $x = -1{,}00$ m, (b) 26,6°, (c) 26,6°
77 $\theta_{p\text{ tipo silicato}} = 58{,}3°$, $\theta_{p\text{ tipo borato}} = 57{,}5°$, $\theta_{p\text{ quartzo}} = 57{,}0°$, $\theta_{p\text{ tipo óptico silicato}} = 56{,}5°$
79 $\theta_p > \theta_C$
81 (a) 1,33, (b) 37,2°, (c) 48,6°. Como 48,6° também é o ângulo de incidência na interface líquido–ar e como ele é igual ao ângulo crítico para a reflexão interna total nesta interface, não sairá luz no ar.
83 (c) 1,67°

Capítulo 32

1 Sim. Observe que a imagem virtual é "vista" porque o olho focaliza os raios divergentes para formar uma imagem real na retina. Por exemplo, você pode fotografar a imagem virtual de você mesmo em um espelho e obter uma fotografia boa e perfeita.
3 (a) Falso, (b) Falso, (c) Verdadeiro, (d) Falso
5 (a) O espelho produzirá uma imagem direita para qualquer distância objeto.
(b) O espelho produzirá uma imagem virtual para qualquer distância objeto.
(c) O espelho produzirá uma imagem menor que o objeto para qualquer distância objeto.
(d) O espelho nunca produzirá uma imagem ampliada.
7 (b)
9 (d)
11 (a)
13 Os músculos no olho variam a espessura da lente (cristalino) e, portanto, variam a distância focal da lente para acomodar objetos a diferentes distâncias. Uma lente de câmera, por outro lado, tem uma distância focal fixa e a focalização é realizada variando a distância entre a lente e a superfície sensível à luz.

15 A lente objetiva de um microscópio produz, primeiramente, uma imagem maior que o objeto sendo observado (veja a Figura 32-52) e esta imagem é ampliada angularmente pela ocular. A lente objetiva de um telescópio, por outro lado, produz primeiramente, uma imagem menor que o objeto sendo observado (veja a Figura 32-53) e esta imagem é ampliada angularmente pela ocular. O telescópio nunca produz uma imagem real maior que o objeto.

17 $\frac{1}{2} R_{Terra}$

19

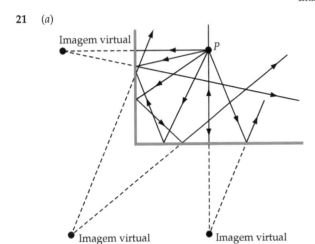

21 (a)

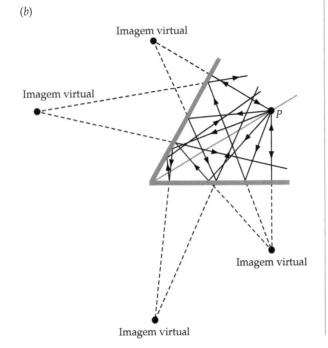

(b)

(c)

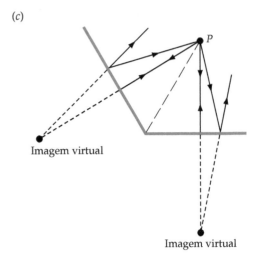

23 (a) Para o espelho à esquerda, as posições das imagens serão 10 cm, 50 cm, 70 cm e 110 cm atrás do espelho à esquerda.
(b) Para o espelho à direita, as posições das imagens serão 20 cm, 40 cm, 80 cm e 100 cm atrás do espelho à direita.
(c) As imagens sucessivas são menos intensas porque a luz viaja uma distância maior para formá-las. A intensidade decai com o inverso do quadrado da distância percorrida pela luz. Além disso, à cada reflexão uma pequena fração da intensidade da luz é perdida. Espelhos reais não refletem 100 por cento da luz incidente.

25 (a) 15 cm, 24 cm, indefinido, −0,2 cm,
(b) −0,28, −1,0, indefinido, 3,0

27 (a) −9,9 cm, −8,0 cm, −6,0 cm, −4,8 cm
(b) 0,18, 0,33, 0,50, 0,60

29 (a) côncavo, (b) 5,1 cm

31 A imagem de 3,7 cm de diâmetro está a 4,0 m na frente do espelho.

33 (a) −1,3 m, (b) convexo

35 (a) $s' = -8,6$ cm, (b) 27 cm

37 (a) $s' = -104$ cm, virtual

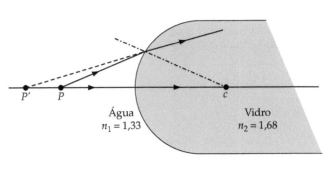

(b) $s' = -8{,}29$ cm, virtual

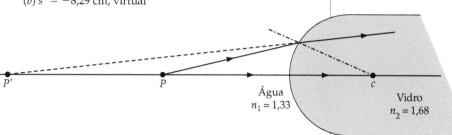

(c) $s' = 64$ cm, real

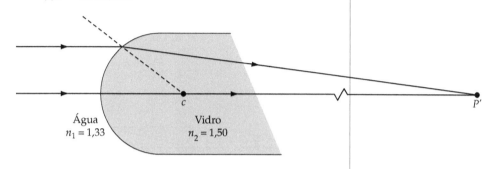

39 (a) 0,6 m, (b) −0,8 m, (c) A imagem final está dentro do bastão e a 0,2 m da superfície cujo raio de curvatura é 8,00 cm e é virtual.

41 (a) −30 cm, (b) 22 cm da lente e do mesmo lado que está o objeto, (c) 0,27, (d) virtual e direita

43 (a) 19 cm

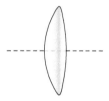

(b) 30 cm

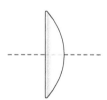

(c) −15 cm

(d) −52 cm

45 (a) $s' = 16{,}7$ cm, $y' = -2{,}00$ cm. Como $s' > 0$, a imagem é real, e como $y'/y = -0{,}67$, a imagem é invertida e reduzida. Estes resultados confirmam os obtidos graficamente. Entretanto, este diagrama de raios não está em escala.

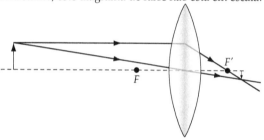

(b) $s' = 20{,}0$ cm, $y' = -3{,}00$ cm. Como $s' > 0$ a imagem é real. Como $y' = -3{,}00$ cm, a imagem é invertida e do mesmo tamanho que o objeto. Estes resultados confirmam os obtidos no diagrama de raios.

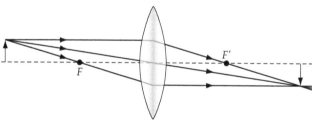

(c) $s' = -6{,}67$ cm, $y' = 1{,}00$ cm. Como $s' < 0$ a imagem é virtual. Como $y' = 1{,}00$ cm, a imagem é direita e tem aproximadamente um terço do tamanho do objeto. Estes resultados são consistentes com os obtidos graficamente.

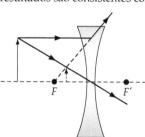

47 $r_1 = -16{,}2$ cm, $r_2 = \infty$,

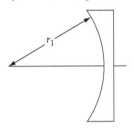

$r_1 = -32{,}40$ cm, $r_2 = 32{,}4$ cm,

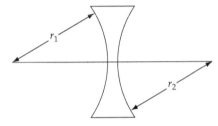

$r_1 = -5{,}40$ cm, $r_2 = -8{,}10$ cm

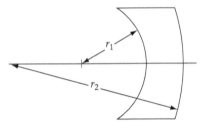

49 (a) A imagem final está a 85 cm à direita do objeto.

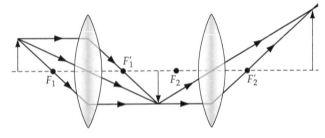

(b) Como $s'_2 > 0$, a imagem é real e, como $m = m_1 m_2 = 2{,}0$, a imagem é direita e tem o dobro do tamanho do objeto.
(c) 2,0

51 (b) 3,70 m

53 (a) e (b)

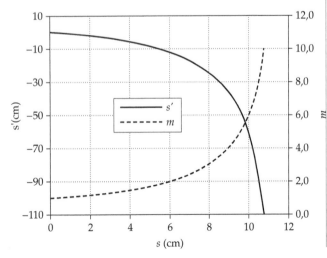

(c) As imagens são virtuais e direitas para este intervalo de distâncias objeto.
(d) A equação para a assíntota vertical do gráfico de s' versus s é $s = f$. Isto indica que, à medida que o objeto se desloca em direção ao segundo ponto focal, a magnitude da distância imagem aumenta sem limite. A equação para a assíntota vertical do gráfico de m versus s é $s = f$. Isto indica que, quando o objeto se move em direção ao segundo ponto focal, a imagem aumenta sem limite. Além disso, quando s se aproxima de zero, s' se aproxima de infinito negativo e m tende a 1 e, assim, quando o objeto se aproxima da lente, a imagem tende a ter o mesmo tamanho do objeto e a magnitude da distância imagem aumenta sem limite.

55 (a) $s'_2 = f_2 - 15{,}0$ cm, $m = m_2 = 1{,}00$. A imagem final está a 20 cm do objeto, é virtual, direita e tem o mesmo tamanho do objeto.
(b)

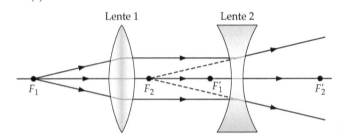

59 (a) A imagem final está a 18,7 cm à direita da segunda lente. (b) $= -1{,}53$. (c) Como $m < 0$, a imagem está invertida. Como $s'_2 > 0$, a imagem é real.

61 Dentre as razões para a preferência por refletores estão: (1) não há aberrações cromáticas, (2) é mais barato conformar um dos lados de uma peça de vidro em comparação aos dois lados, (3) os refletores são mais fáceis de suportar pelas costas em vez das bordas, evitando arqueamento e variações na distância focal, e (4) o fato de ser suportado pelas costas faz com que tamanhos maiores sejam mais fáceis de manusear.

63 $-1{,}77$ mm

65 (a) 80,0 μrad, (b) 1,60 mm

67 (c) $P_{min} = 40{,}0$ D, $A = 4{,}00$ D

69 (c) 6,0 D

71 0,444 D

73 3,1 D

75 5,0

77 (a) 3,0, (b) 4,0

79 (a) -19, (b) $-1{,}9 \times 10^2$

81 -230

83 (a) 9,00 mm, (b) 0,180 mrad, (c) $M = -20{,}0$

85 (a) 25,0, (b) -134

87 (b)

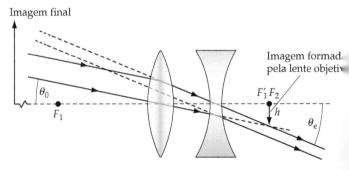

89 $-6{,}67 \times 10^{-3}$

91 (a) $s = 5{,}0$ cm, $s' = -10$ cm

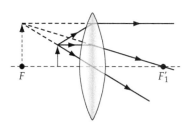

(b) $s = 15$ cm, $s' = 30$ cm

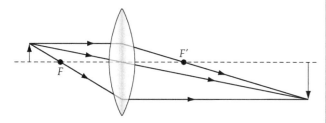

93 (a) A lente que tem distância focal de 25 mm deveria ser a objetiva. As duas lentes deveriam estar separadas por 210 mm. A ampliação angular é -21.
(b)

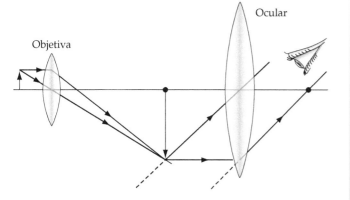

95 3,7 m
97 (a) 9,5 cm à direita da segunda lente. (b) Aproximadamente 20 por cento maior que o objeto e invertida.
(c)

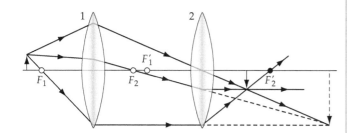

99 9,72 cm/2
101 (a) 18 cm da lente, no mesmo lado que o objeto original, (b) real e direita, (c) Para ver esta imagem o olho deve estar à esquerda da imagem 1.

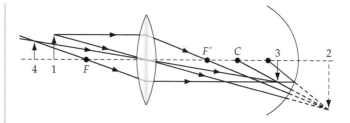

103 37 cm
105 (a) A imagem está a 13,2 cm à esquerda do centro da bola. (b) Como s'_1 é indefinida, nenhuma imagem é formada quando o objeto está a 20,0 cm à esquerda da bola de vidro. (De forma alternativa, uma imagem é formada a uma distância infinita à esquerda da bola.)

Capítulo 33

1 (a)
3 A espessura da camada de ar entre o vidro plano e a lente é aproximadamente proporcional ao quadrado de d, o diâmetro do anel. Conseqüentemente, a separação entre anéis adjacentes é proporcional a $1/d$.
5 Cores são observadas quando a luz refletida pelas superfícies da frente e de trás do filme interferem destrutivamente para alguns comprimentos de onda e construtivamente para outros comprimentos de onda. Para que esta interferência ocorra, a diferença de fase entre a luz refletida pelas superfícies da frente e de trás do filme deve ser constante. Isto significa que duas vezes a espessura do filme deve ser menor que o comprimento de coerência da luz. O filme é chamado de filme fino se o dobro de sua espessura é menor que o comprimento de coerência da luz.
7 (d)
9 (a)
11 (a)
13 (a)
15 (a) Falso, (b) Verdadeiro, (c) Verdadeiro, (d) Verdadeiro, (e) Verdadeiro
17 A condição para a resolução de duas fontes é dada pelo critério de Rayleigh: $\alpha_c = 1{,}22\lambda/D$ (Equação 33-25), onde α_c é a separação angular crítica, D é o diâmetro da abertura e λ é o comprimento de onda da luz iluminando (ou emitida) os objetos, neste caso os faróis, para serem resolvidos. Como o diâmetro das pupilas de seus olhos é maior à noite, o ângulo crítico é menor à noite, o que significa que, à noite, você consegue resolver a luz vinda de duas fontes distintas quando elas estão a uma distância maior.
19 (a) 11 km, (b) 9,6 km
21 $5{,}9\,c \cdot$ a
23 $\approx 2{,}9$ rad
25 $5{,}5\,\mu\text{m} < d < 5{,}8\,\mu\text{m}$
27 (a) 600 nm, (b) 720 nm, 514 nm e 400 nm, (c) 720 nm, 514 nm e 400 nm
29 476 nm
31 (c) 68, (d) 1,14 cm (e) As franjas ficariam mais próximas entre si.
33 0,535 mm, 0,926 mm
35 4,95 mm
37 (a) $50{,}0\,\mu\text{m}$, (b) Não a olho nu. A separação é muito pequena para ser observada a olho nu. (c) 0,500 mm
39 625 nm e 417 nm
41 (a) 0,60 mrad, (b) 6,0 mrad, (c) 60 mrad
43 (a) 1,53 km
45 (a) $20{,}0\,\mu\text{m}$, (b) 9
47 8

49 $\vec{E} = 3{,}6\,A_0\,\text{sen}(\omega t - 0{,}98\,\text{rad})\hat{i}$
51 $I/I_0 = 0{,}0162$
53 (b) 6,00 mm. A largura para quatro fontes é metade da largura para duas fontes.
55 (a)

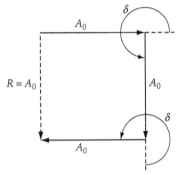

(b) 5,56 mW/m²
57 (a) 8,54 mrad, (b) 6,83 cm
59 7,00 mm
61 $5{,}00 \times 10^9$ m
63 (a) 86,9 mrad, 82,1 mrad, (b) 709 mrad, 662 mrad
65 30,0°
67 Podemos ver o espectro completo apenas para os espectros de primeira e segunda ordens. Isto é, apenas para $m = 1$ e 2. Como 700 nm < 2 × 400 nm, não há superposição do espectro de segunda ordem com o espectro de primeira ordem; entretanto, há superposição de longos comprimentos de onda de segunda ordem com comprimentos de onda curtos no espectro de terceira ordem.
69 (a) 36,4 cm, 80,1 cm, (b) 88,4 μm, (c) 8000
71 $3{,}09 \times 10^5$, $5{,}14 \times 10^4$ cm^{-1}
73 (a) $\phi_m = \dfrac{1}{2}\,\text{sen}^{-1}\!\left(m\dfrac{\lambda}{d}\right)$, (b) 32,1°
75 3,5 μm
77 3,6°, 2,5°
79 (a) 15,1 cm, (b) 3,33 m^{-1}
81 0,13 mrad
85 (a) 97,8 nm, (b) Não porque 180 nm não está na região visível do espectro. (c) 0,273
87 12 m

Índice

A

Aberração(ões), 417
  cromática, 418
  esféricas, 398, 417
Absorção, luz, 381
Algarismos significativos, 479
Ampère (A), 146, 471
  definição, 232
Amperímetros, 170
Anéis de Newton, 440
Ângulo(s)
  agudos, 491
  medidas, 489
  pequenos, aproximação, 493
  sólido, 60
Anisotrópico, material, 374
Aquecimento Joule, 154
Ar, refração na água, 365
Arco-íris, 369
  cálculo do raio angular, 370
Armazenamento de energia elétrica,
  capacitância, 114
Arraste magnético, 273
Astigmatismo, 418
Aterramento, 5
Átomos, 3
  hidrogênio
    energia potencial, 76
    momento de dipolo induzido, 132
Auto-indutância, 276
  solenóide, 277
Autocapacitância, 109

B

Balança de corrente, 232
Bateria
  ideal, 155
  real, 156
  tensão dos terminais, 156
Birrefringência, 374
Bobina, energizar, 281
Bremsstrahlung, 343

C

Cálculo(s)
  campo elétrico
    a partir do potencial, 80
    resultante, 12
  corrente de deslocamento, 333
  diferencial, 498
  $\vec{E}$ da lei de Coulomb, 36-46
    campo elétrico devido a dois planos
      infinitos, 45
    campo elétrico devido a uma linha
      carregada de comprimento finito, 37
    eixo de um anel carregado, 41
    eixo de um disco carregado, 43
    lei de Gauss, 50
    linha finita de cargas, 38, 39
  função V para distribuições contínuas de
    carga, 81
  integral, 505
  padrão de difração de fenda simples, 450
  raio angular do arco-íris, 370
Campo

elétrico, 11
  ação em cargas, 20
  carga puntiforme e uma casca esférica
    carregada, 53
  cargas puntiformes no eixo x, 14
  direção, 13
  distribuição(ões)
    contínua(s) de carga(s), 35-70
    discretas de cargas, 1-33
  dois planos infinitos, 45
  duas cargas de mesmo módulo e sinais
    opostos, 16
  eixo de um disco uniforme de
    cargas, 45
  em uma linha entre duas cargas
    puntiformes positivas, 14
  impressora jato de tinta, 22
  linha carregada de comprimento
    finito, 37
  não-conservativo induzido, 265
  natureza, 12
  plano uniforme de cargas, 45
  potencial elétrico, 73
  resultante, cálculo, 12
  superfícies condutoras, 58
  uma linha infinita de cargas, 56
eletrostático, energia do, 116
magnético, 191-217
  cargas puntiformes em
    movimento, 220
  de correntes: lei de Biot-Savart, 221
  direção, 235
  efeito Hall, 207
  fios paralelos, 232
  fontes, 219-259
  força exercida por um, 191-196
  lei de Ampère, 235-238
  materiais, 239-248
  movimento de uma carga
    puntiforme, 196-203
  Sol, 210
  solenóide, 249
  Terra, 210
  torques em anéis de corrente e ímãs,
    203-207
Candela (cd), 471
Capacitância, 109-143
Capacitores, 109-143
  armazenamento de energia elétrica, 114
    campo eletrostático, 116
  baterias e circuitos, 117
  carregar, 173, 174, 176
  cilíndricos, 112
  circuitos de corrente alternada, 303
  combinações, 118, 119
  conectados
    em série, 119, 123
    em série e em paralelo, 123
    novamente, 123
  descarregar, 171-173
  dielétricos, 124
    energia armazenada, 127
    visão molecular, 130
  EDLC, 134
  mudanças, 134
  PCB, 134
  placas paralelas, 110, 111, 115, 118
Carga(s) elétrica(s), 2
  ação do campo elétrico, 20

campo elétrico, 11
condutores, 4
conservação, 3
dipolos elétricos, 16
distribuição
  contínua, 35-70
  discreta, 1-33
distribuição de, quente e frio, 62
forças exercidas por um sistema de, 8
indução, 5
isolantes, 4
lei de Coulomb, 6
ligada, dielétrico, 131
linhas de campo elétrico, 17
quantização, 3
superfícies condutoras, 58
Terra, 59
Carregar um capacitor, 173
  conservação de energia, 176
Casca esférica
  cálculo do volume, 489
  oca, 89
Cíclotron, 202
Cilindro, 488
Circuitos
  corrente alternada de, 297-329
    fasores, 311
    indutores, 301
    LC, 308
    resistor, 298
    RLC, 308, 310
      forçados, 312
    transformador, 305
  energia, 154
  LC, 308
  RC, 171
  RL, 281
  RLC, 308, 310
    em série forçado, 312, 315
    fator Q, 315
    forçados, 312
    paralelo, 318
    ressonância, 313
Círculo, 488
Cirurgia de olho, 427
Cobalto-60, decaimento radioativo, 504
Código de cores para resistores e outros
  dispositivos, 153
Coeficiente de temperatura para a
  resistividade, 151, 152
Coma, 417-418
Complexo conjugado, 497
Comprimento
  coerência, 439
  onda de Compton, 474
Condutividade elétrica, 151
Condutores, 4
  esféricos carregados, 93
Conservação de energia, 3
Constante
  Boltzmann, 474
  Coulomb, 7,474
  dielétrica, 124, 125
  elétrica, 40, 110, 474
  gases, 474
  gravitação, 474
  magnética, 220, 474
  massa atômica, 474
  Planck, 474

528 | Índice

proporcionalidade, 482
Rydberg, 474
Stefan-Boltzmann, 474
tempo, 172
von Klitzing, 209
Construção de Huygens, 361
reflexão, 376
refração, 377
Corrente(s)
elétrica, 145-189
amperiana, 240
combinações de resistores, 158
deslocamento de Maxwell, 331
energia em circuitos elétricos, 154
leis de Kirchhoff, 164
movimento de cargas, 145
resistência e lei de Ohm, 149
sistemas elétricos em veículos, 177
parasita, indução magnética, 275
Co-secante, 491
Cosseno, 490
de uma soma, 494
Co-tangente, 49
Coulomb, Charles, 6
Coulomb (C), 3
Curva de histerese, 245

D

Dados
astronômicos, 473
terrestres, 473
Decaimento exponencial, 172
Deflexão de um feixe de elétrons, 200
Densidade
corrente, 147
número, 146, 148
Derivação
equação de onda, 336
quantitativa da lei de Gauss, 48
Descarga em arco, 92
Descarregar um capacitor, 171
Descontinuidade de E_n, 57
Diagramas de raios
espelhos, 402
lentes, 412
Diamagnetismo, 239, 247
Dielétricos, 124-130
bateria
conectada, 130
desconectada, 128
campo elétrico no interior, 124
capacitor
caseiro, 127
placas paralelas, 126
constante e rigidez dielétrica, 125
energia armazenada, 127
visão molecular, 130
efeitos piezoelétricos e
piroelétricos, 133
magnitude da carga ligada, 132
Diferença
de fase, 438
potencial, 72
finita, 72
Difração, 437
fenda simples, 445
Fraunhofer, 454
Fresnel, 454
redes, 457
resolução, 455
Dioptria, 411
Dipolos elétricos, 16
campos elétricos, 23
Dispersão, 369
Distância focal para um espelho, 399
Distorção, imagem, 418
Domínio magnético, 244

E

Ebonite, 2
EDLC, dielétrico, 134
Efeitos
Hall, 207
quântico, 209
Meissner, 285
piezoelétricos, 133
piroelétricos, 133
Eixo
imaginário, 496
óptico, 374
real, 496
Elemento de corrente, 194
Eletricidade e magnetismo, 1-33
Eletrodos, 117
Eletrólitos, 117
Elétron, 3
medida de Thomson para q/m, 199
moeda de cobre, 4
movimento paralelo a um campo elétrico
uniforme, 21
movimento perpendicular a um campo
elétrico uniforme, 21
Elétron-volt (eV), 73
Eletroscópio, 4
Eletrostática e a lei
Coulomb, 60
Gauss, 60
Emissão, luz, 381
espontânea, 381
estimulada, 382
Energia(s)
eletromagnética, densidade, 280
magnética, 279
potencial
átomo de hidrogênio, 76
dipolo magnético em um campo
magnético, 205
eletrostática, 94
sistema de cargas puntiformes, 96
sistema de duas cargas, 75
sistemas condutores, 96
produtos de fissão nuclear, 76
taxa de perda, 155
Equação(ões), 480
de onda para ondas eletromagnéticas, 336
diferencial, 502
Einstein para a energia do fóton, 379
espelhos, 400
fabricantes de lente, 409, 411
lineares, 482
Maxwell, 331, 335
quadráticas, 484
simplificando inversos, 481
uso de duas, para determinar duas
incógnitas, 483
Equilíbrio eletrostático, 58
Esfera, 488
Espalhamento, luz, 374
Compton, 382
inelástico, 381
Raman, 381
anti-Stokes, 381
Stokes, 381
Rayleigh, 381
Espectro(s)
eletromagnético, 341
luz, 379
Espectrômetro de massa, 200
Espelho(s), 395-405
côncavos, 401
convexos, 403, 404
diagramas de raios, 402
distância focal, 399
equação, 400
esféricos, 397

Lloyd, 444
planos, 395
Estados metaestáveis, 382
Esterorradiano, 60
Expansão binomial, 495
Expoentes, 486

F

Farad, 110
Fasores, 311
soma de ondas harmônicas, 448
Fatoração, 484
polinômio de segundo grau, 485
Fatores de conversão, 472
Fem (força eletromotriz), 155
baterias e, 155
induzidas, 261
antena circular, 345
bobina circular, 264, 265
lei de Faraday, 263
por movimento, 261, 271
reversa, 269
Ferromagnetismo, 239, 244
Fibra óptica, 367
Fios de cobre, diâmetros e áreas das seções,
152
Fluorescência, 382
Fluxo
elétrico, 47
superfície fechada contínua, 49
magnético, 262
através de um solenóide, 263
Fluxon, 286
Foguete a laser, 349
Fontes
campo magnético, 219-259
cargas puntiformes em movimento, 220
lei
ampère, 235
Biot-Savart, 221
Gauss, 234
materiais, 239
fem, 155
potência fornecida por, 156
luz, 380
absorção, espalhamento, emissão
espontânea e emissão estimulada, 381
espectros de linha, 380
lasers, 383
Força
campo magnético, 191
elemento de corrente, 194
fio encurvado, 195
partícula carregada em movimento,
192
próton indo para o norte, 193
segmento retilíneo de um fio
conduzindo corrente, 194, 195
elétrica, 8
em uma carga, 9
hidrogênio, 7
soma em duas dimensões, 10
exercida por um sistema de cargas, 8
gravitacional, 8
magnética entre fios paralelos, 232
Fórmulas
fabricantes de lente, 411
integração, 506
quadráticas, 484
Fosforescentes, materiais, 382
Fóton, 379
Franjas de interferência, 440
ordem, 442
Freqüência de cíclotron, 196
Função
exponencial, 503
trigonométrica, 490

Índice

529

como função de números reais, 493
Fusível, queimado, 163

G

Galvanômetro, 170
Gauss, 193
Geometria, 488
  fórmulas básicas, 488
Gerador, 274
  ac simples, 298
  van de Graaff, 91
Gradiente, 80

H

Henry, 276
Hidrogênio, força elétrica, 7
Histerese, 245
Hologramas, 459, 461

I

Identidades trigonométricas, 491, 492
Ímã, 191
Imagem
  através de um aquário, 407
  formada por uma lente, 413
  ópticas, 395-436
    aberrações, 417
    cirurgia de olho, 427
    espelhos, 395-405
    instrumentos ópticos, 418-426
    lentes, 405-417
  real, 397
  virtual, 395
  vista de um ramo alto, 408
Impedância, 313
Impressora jato de tinta, campo elétrico, 22
Índice de refração, 362
Indução magnética, 261-296
  circuitos RL, 281
  correntes parasitas, 275
  definição, 261
  energia magnética, 279
  fem induzida
    lei de Faraday, 263
    por movimento, 271
  fluxo magnético, 262
  indutância, 276
  lei de Lenz, 267
  propriedades magnéticas de
    supercondutores, 285
Indutância, 276
  mútua, 278
Indutores em circuitos de corrente
  alternada, 301
Instrumentos ópticos, 418-426
  lupa simples, 421
  microscópio composto, 422
  olho, 418
  telescópio, 423
Integração, 505
Integrais, 505
  de circulação, 235
  definidas, 505
  indefinidas, 505
Intensidade
  campo, 17
  luz, 364
Interferência, 437-469
  difração para fendas
    dupla, 447
    múltiplas, 453
  fenda dupla, 441
  filmes finos, 439
  três ou mais fontes igualmente
    espaçadas, 449

Íon, 5
Isolantes, 4
Isótopos, separação de níquel, 201
Isotrópico, material, 374

J

Junção, 120

K

Kelvin (K), 471
Kirchhoff, lei das malhas, 120

L

Lasers, 383
Lei
  ampère, 235, 335
    forma generalizada, 332
    limitações, 238
  Biot-Savart, 221
  conservação da carga elétrica, 3
  Coulomb, 6
    cálculo de $\vec{E}$, 36-46
    eletrostática, 60
  Curie, 243
  Faraday, 263, 333, 335
  Gauss, 46, 335
    cálculo de $\vec{E}$, 50
    derivação quantitativa, 48
    eletrostática, 60
    fluxo elétrico, 47
    magnetismo, 234, 335
  Kirchhoff, 164-171
    aplicação, 168
    malhas, 120, 164
      múltiplas, 167, 169
      simples, 164
    nós, 164
  Lenz, 267
    bobina em movimento, 270
    corrente induzida, 268
  Malus, 372
  Ohm, resistência e, 149
  reflexão, 363
  Snell para a refração, 363
Lente(s), 405-417
  combinações, 415
  compostas, 417
  convergentes, 410
  delgadas, 408
  diagrama de raios, 412
  divergente, 411
  imagens formadas por refração, 405
  poder, 412
Linhas
  campo
    elétrico, 17
      desenhos, 18
      duas esferas condutoras, 20
    magnético, 194
  espectral, 458
Logaritmos, 487
Lupa simples, 421
Luz, 357-394
  dispersão, 369
  dualidade onda-partícula, 379
  espectros, 379
  fontes, 380
    absorção, espalhamento, emissão
      espontânea e estimulada, 381
    espectros de linha, 380
    lasers, 383
  intensidade relativa refletida e
    transmitida, 364
  leis da reflexão e refração, dedução, 376

construção de Huygens, 376
  princípio de Fermat, 377
  miragens, 368
  polarização, 371
    absorção, 371
    birrefringência, 374
    espalhamento, 374
    reflexão, 373
  propagação, 361
    construção de Huygens, 361
    princípio de Fermat, 362
  reflexão, 362
    difusa, 364
    especular, 364
    interna total, 365
  refração, 362
  velocidade, 358

M

Magnetismo. *Ver* Campo magnético
Magnetita, 191
Magnetização, 239
  de saturação, 242
  nuclear, 474
Magnéton de Bohr, 242, 474
Massa
  atômica, 478
  elétron, 474
  nêutron, 474
  próton, 474
Matéria, 3
Maxwell, equações, 331
Medida de Thomson para q/m para
  elétrons, 199
Metro, 471
Microscópio composto, 422
Miragens, 368
Moléculas
  apolares, 24
  do dielétrico, 130
  polares, 23
Momento magnético, 204
  atômico, 241
Motores, 274
Movimento de cargas puntiformes em
  campo(s)
  elétricos, 20
  magnético, 196
    cíclotron, 202
    espectrômetro de massa, 200
    medida de Thomson para q/m para
      elétrons, 199
    seletor de velocidades, 198

N

Natureza, campos elétricos, 12
Nêutrons, 3
Número(s)
  atômico, 478
  Avogadro, 474
  complexos, 496
  imaginário, 496
  reais, 496

O

Ohm, 150
Ohmímetros, 170
Olho, 418
  cirurgia, 427
Onda(s)
  dente-de-serra, 301
  eletromagnéticas, 332
    densidade de energia, 346
    equações de onda, 336
    intensidade, 346

530 | Índice

produção, 343
quantidade de movimento e
energia, 346
Oscilador *LC*, 309

P

Paralelograma, 488
Paramagnetismo, 239, 243
PCB, dielétrico, 134
Período de cíclotron, 196, 197
Pinças ópticas, 387
Pintura estática a pó — industrial, 25
Plano focal, 399
Polarização, luz, 371
  absorção, 371
  birrefringência, 374
  espalhamento, 374
  reflexão, 373
Pólos magnéticos, 191
Ponto(s)
  focal, 399, 411
  referência para a função potencial *V*, 74
Potência entregue a um resistor, 155
Potencial elétrico, 71-108
  cálculo do campo elétrico, 80
  campos elétricos, 73
  continuidade, 73
  Coulomb, 75
  dentro e fora de uma casca esférica de
    cargas, 86
  distribuições contínuas de carga,
    cálculo, 81-88
  eixo de um anel carregado, 82
  eixo de um disco uniformemente
    carregado, 83
  energia potencial eletrostática, 94
  plano infinito de cargas, 84
  sistema de cargas puntiformes, 75-79
  superfícies eqüipotenciais, 88-94
    gerador de van de Graaff, 91
    ruptura dielétrica, 91
  uma linha infinita de cargas, 88
  unidades, 73
Pressão de radiação, 346, 347
Princípios
  Fermat, 362
    reflexão, 377
    refração, 377
  Huygens, 361
  superposição de forças, 8
Propagação da luz, 361
  construção de Huygens, 361
  princípio de Fermat, 362
Proporções diretas e inversas, 481
Próton(s), 3
  indo para o norte, força em um, 193

Q

Quantização da carga elétrica, 3
Quantum de fluxo magnético, 474
Quilograma, 471
Quociente freqüência-tensão de
  Josephson, 474

R

Radiação eletromagnética, 341
  dipolo elétrico, 343
  energia e quantidade de movimento em
    uma onda eletromagnética, 346

espectro eletromagnético, 341
  pressão, 347
  produção de ondas, 343
Radiano (rad), 490
Raios
  espelhos, 402
  lentes, diagrama, 412
  paraxiais, 398
  ultravioleta, 341
Rapidez
  da lua, 474
  de deriva, 146, 147
  ondas eletromagnéticas, 332
Reatância
  capacitiva, 304
  indutiva, 302
  total, 313
Rede
  cristalina, 5
  elétrica, 320
Reflexão, luz, 362
  construção de Huygens, 376
  difusa, 364
  especular, 364
  interna total, 365, 366
  mecanismos físicos, 363
  polarização, 373
  princípio de Fermat, 377
Refração, luz, 362
  ar na água, 365
  construção de Huygens, 377
  imagens formadas, 405
  mecanismos físicos, 363
  princípio de Fermat, 377
Região eqüipotencial, 89
Relâmpagos — campos de atração, 98
Resistência
  dielétrica, 92
  equivalente para resistores em
    paralelo, 159
  Hall quantizada, 474
  lei de Ohm, 149
Resistividade, 150
  coeficiente de temperatura, 151, 152
Resistores
  código de cores, 153
  combinações, 158, 160, 162, 163
  corrente alternada, 298
    valores quadráticos médios, 299
  derivação, 171
  em paralelo, 159, 161
  em série, 158, 161
Ressonância, *RLC* forçados, 313
  curvas, 314
  freqüência, 314
  largura, 314
Reversibilidade, 401
Rigidez dielétrica, 125
Ruptura dielétrica, 91
  esfera carregada, 92

S

Secante, 491
Segundo, 471
Seletor de velocidades, 198
Sem fio, 350
Seno, 490
Série triboelétrica, 2
Simetria
  cilíndrica, 49
  esférica, 49
  plana, 49

Sintonizador de FM, 318
Sistema(s)
  cargas, força exercida, 8
  elétricos em veículos, 177
Sol, mudanças magnéticas, 210
Solenóide, 225, 249
  auto-indutância, 277
  fluxo magnético, 263
Supercondutores, 285, 287
  efeito Meissner, 285
  quantização do fluxo, 286
  tipo I, 286
  tipo II, 286
Superfície(s)
  eqüipotenciais, 88
  gaussiana, 50
Suscetibilidade magnética, 239, 240

T

Tabela periódica dos elementos, 477
Tangente, 490
Taxa de perda de energia potencial, 155
Telescópio, 423
Temperatura de Curie, 245
Tempo de coerência, 439
Tensão
  capacitância, 117
    circuito aberto, 117
  Hall, 208
Teorema de Pitágoras, 491
Terra
  carga elétrica, 59
  mudanças magnéticas, 210
Tesla (T), 192
Torque(s)
  e energia potencial, 24
  em anéis de corrente e ímãs, 203
  em uma bobina, 205
Transformador, 305
  campainha, 306
Trigonometria, 489

U

Unidade(s)
  base, 471
  derivadas, 471
  fundamental de carga elétrica, 3
  imaginária, 496

V

Valores quadráticos médios, corrente
  alternada, 299
Variáveis complexas em física, 497
Veículos, sistemas elétricos, 177
Velocidade
  da luz, 358
  de deriva, 146
Vento solar, 210
Vértice, 490
Vetor de Poynting, 347
Volt (V), 73
Voltagem, 73
Voltímetros, 170
Vórtices ópticos, 387

W

Weber (Wb), 262

Constantes Físicas*

Carga fundamental	e	$1{,}602\ 176\ 53(14) \times 10^{-19}$ C
Comprimento de onda de Compton	$\lambda_C = h/(m_e c)$	$2{,}426\ 310\ 238(16) \times 10^{-12}$ m
Constante de Boltzmann	$k = R/N_A$	$1{,}380\ 6505(24) \times 10^{-23}$ J/K $8{,}617\ 343(15) \times 10^{-5}$ eV/K
Constante de Coulomb	$k = 1/(4\pi\epsilon_0)$	$8{,}987\ 551\ 788\ldots \times 10^{9}$ N $\cdot$ m²/C²
Constante de gravitação	G	$6{,}6742(10) \times 10^{-11}$ N $\cdot$ m²/kg²
Constante de massa atômica	$m_u = \frac{1}{12} m(^{12}\text{C})$	$1\ \text{u} = 1{,}660\ 538\ 86(28) \times 10^{-27}$ kg
Constante de Planck	h	$6{,}626\ 0693(11) \times 10^{-34}$ J $\cdot$ s $=$ $4{,}135\ 667\ 43(35) \times 10^{-15}$ eV $\cdot$ s
	$\hbar = h/(2\pi)$	$1{,}054\ 571\ 68(18) \times 10^{-34}$ J $\cdot$ s $=$ $6{,}582\ 119\ 15(56) \times 10^{-16}$ eV $\cdot$ s
Constante de Stefan–Boltzmann	σ	$5{,}670\ 400(40) \times 10^{-8}$ W/(m² $\cdot$ K⁴)
Constante dos gases	R	$8{,}314\ 472(15)$ J/(mol $\cdot$ K) $=$ $1{,}987\ 2065(36)$ cal/(mol $\cdot$ K) $=$ $8{,}205\ 746(15) \times 10^{-2}$ L $\cdot$ atm/(mol $\cdot$ K)
Constante elétrica (permitividade do vácuo)	ϵ_0	$= 1/(\mu_0 c^2) = 8{,}854\ 187\ 817\ldots \times 10^{-12}$ C²/(N $\cdot$ m²)
Constante magnética (permeabilidade do vácuo)	μ_0	$4\pi \times 10^{-7}$ N/A²
Magnéton de Bohr	$m_B = e\hbar/(2m_e)$	$9{,}274\ 009\ 49(80) \times 10^{-24}$ J/T $=$ $5{,}788\ 381\ 804(39) \times 10^{-5}$ eV/T
Massa do elétron	m_e	$9{,}109\ 3826(16) \times 10^{-31}$ kg $=$ $0{,}510\ 998\ 918(44)$ MeV/c^2
Massa do nêutron	m_n	$1{,}674\ 927\ 28(29) \times 10^{-27}$ kg $=$ $939{,}565\ 360(81)$ MeV/c^2
Massa do próton	m_p	$1{,}672\ 621\ 71(29) \times 10^{-27}$ kg $=$ $938{,}272\ 029(80)$ MeV/c^2
Número de Avogadro	N_A	$6{,}022\ 1415(10) \times 10^{23}$ partículas/mol
Rapidez da luz	c	$2{,}997\ 924\ 58 \times 10^{8}$ m/s

* Os valores destas e de outras constantes podem ser encontrados no Apêndice B, assim como na Internet em http://physics.nist.gov/cuu/Constants/index.html. Os números entre parênteses representam as incerteza nos dois últimos algarismos. (Por exemplo, 2,044 43(13) significa 2,044 43 ± 0,000 13.) Valores sem indicação de incertezas são exatos. Valores com reticências são exatos (como o número π = 3,1415...), mas não estão completamente especificados.

Derivadas e Integrais Definidas

$$\frac{d}{dx}\operatorname{sen}ax = a\cos ax \qquad \int_0^\infty e^{-ax}\,dx = \frac{1}{a} \qquad \int_0^\infty x^2 e^{-ax^2}\,dx = \frac{1}{4}\sqrt{\frac{\pi}{a^3}}$$

$$\frac{d}{dx}\cos ax = -a\operatorname{sen}ax \qquad \int_0^\infty e^{-ax^2}\,dx = \frac{1}{2}\sqrt{\frac{\pi}{a}} \qquad \int_0^\infty x^3 e^{-ax^2}\,dx = \frac{4}{a^2}$$

$$\frac{d}{dx}e^{ax} = ae^{ax} \qquad \int_0^\infty xe^{-ax^2}\,dx = \frac{2}{a} \qquad \int_0^\infty x^4 e^{-ax^2}\,dx = \frac{3}{8}\sqrt{\frac{\pi}{a^5}}$$

O a nas seis integrais é uma constante positiva.

Produtos de Vetores

(Escalar) $\vec{A} \cdot \vec{B} = AB\cos\theta$ (Vetorial) $\vec{A} \times \vec{B} = AB\operatorname{sen}\theta\,\hat{n}$ ($\hat{n}$ obtido usando a regra da mão direita)